国家出版基金项目
NATIONAL PUBLICATION FOUNDATION

中国植物保护百科全书

植物病理卷

一 二 三 四

中国林业出版社

耐病性　disease tolerance

植物对病原菌侵染的重要反应特性之一。一般认为，耐病性是植物对病害包容、忍受并同时维持一定生长的能力或者特性。植物在受到病原物侵染后，有的并不发生明显的病变，有的虽然表现明显的病害症状，甚至相当严重，但仍然可以获得较高的产量。

植物耐病性的特点，在于寄主植物为病原菌提供了一定的生存空间和环境，而自身仍然保持生长，这是一种较为缓和的抵御病害的方式，是植物与病菌交互作用中的一种妥协形式。这种形式的优越性，在于它不形成对病原菌的选择压力，因此，产生致病性更强的生理小种的机会较小，从而为形成一个具有相当生产力而又稳定的植物—病原系统提供了可能，但其缺点在于大量病原菌的存在，潜在地威胁到邻近非耐病性植物。

广义讲，抗病性是总称，耐病性是植物抗性的一种性能，是处于免疫和感病之间的一种抗性。狭义讲，抗病性是指寄主植物作用于病原菌的一种性能。例如，过敏性反应，是寄主植物和病原菌在一个局部的侵染点相互作用的结果。耐病性是指植物受病原物侵染后在产量和质量上不受严重影响的一种性能。这种性能并不直接作用于病原物，而是能忍受病原物的发育或病害的危害。在寄生物与寄主的相互关系中，寄生物表现两种特性：寄生性和致病性。植物的抗病性是相对于寄生物的寄生性而言，而植物的耐病性则是针对寄生物的致病性。植物在不同程度上抑制寄生物的生长和繁殖是植物抗病性的表现。当植物受寄生物的寄生而不受或少受其危害时，我们认为植物表现出了耐病性。

植物耐病性本身并不对植物提供高度的保护，而且相对于抗病性也是处于次要地位，但耐病性本身的优点也决定了它在植物病害的综合防治中应占有一定地位。对植物耐病性的深入研究，能够更加全面地诠释植物与病原菌的互作，并且可能提供对病害更有效的防治方法。

参考文献
SCHAFER J F, 1971. Tolerance to plant disease[J]. Annual review of phytopathology, 9(1): 235-252.

SCHNEIDER D S, AYRES J S, 2008. Two ways to survive infection: what resistance and tolerance can teach us about treating infectious diseases[J]. Nature reviews immunology, 8(11): 889-895.

（撰稿：王源超；审稿：彭友良）

南方水稻黑条矮缩病　southern rice black-streaked dwarf disease

由南方水稻黑条矮缩病毒引起的、危害水稻生产的病毒病害。

发展简史　2001 年首次发现于中国广东阳西的一种水稻病毒病，随后在南亚和东南亚稻区迅速扩散。

分布与危害　主要分布在中国南部及越南北部，以华南、西南及长江中下游稻区发生较重，主要危害单季稻及双季晚稻，山区及河谷地区发病较普遍。感病水稻植株矮缩，不抽穗或穗短小，空瘪粒多，发病田块减产 5%～30%，重病田减产可达 50%～70%，甚至绝收。

水稻各生育期均可感染南方水稻黑条矮缩病，其症状因不同染病时期而异。秧苗期染病的稻株严重矮缩，不及正常株高的 1/3，不能拔节，重病株早枯死亡。分蘖初期染病的稻株明显矮缩，约为正常株高的一半，不抽穗或仅抽包颈穗。分蘖期和拔节期感病稻株矮缩不明显，能抽穗，但穗小，不实粒多，粒重轻。发病稻株叶色深绿，叶片短小僵直，上部叶的叶面可见凹凸不平的皱褶，皱褶多发生于叶片近基部。拔节期的病株地上数节节部有气生须根及高节位分枝。圆秆后的病株茎秆表面可见大小 1～2mm 的瘤状突起（手摸有明显粗糙感），瘤突呈蜡点状纵向排列，病瘤早期乳白色，后期黑褐色；病瘤产生的节位因感病时期不同而异，早期感病稻株的病瘤产生在下位节，感病时期越晚，病瘤产生的部位越高；部分品种叶鞘及叶背也产生类似的小瘤突。感病植株根系不发达，须根少而短，严重时根系呈黄褐色。不同田块间病株率差异很大，轻病田病株呈零星分散分布，重病田病株呈集团分布。

病原及特征　病原为南方水稻黑条矮缩病毒（southern rice black-streaked dwarf virus，SRBSDV），属于呼肠孤病毒科（Reoviridae）斐济病毒属（*Fijivirus*），病毒粒子呈球状，直径 70～75nm。

该病毒经远距离迁飞性昆虫白背飞虱以持久增殖型方式传播，介体昆虫最短获毒时间为 5 分钟，最短传毒时间为 30 分钟。病毒在飞虱体内的循回期为 6～14 天，循回期后，多数个体呈 1 次或多次间歇性传毒，间歇期为 2～6 天。白背飞虱不但可在水稻植株间传播病毒，还能将病毒传至针叶期至二叶一心期玉米幼苗上，但很难从 4～5 叶期以后的感病玉米植株上获得病毒。自然条件下，该病毒可侵染水稻、玉米、稗草、薏米、高粱、野燕麦、牛筋草、双穗雀稗、看麦娘及白草等禾本科植物和水莎草及异型莎草等莎草科植物，病毒仅分布于感病植株韧皮部，常在寄主细胞内聚集成晶格状结构。

SRBSDV 基因组为双链 RNA，共 10 个片段，由大到小分别命名为 S1～S10，其中 S1～S4、S6、S8、S10 各编码 1 个蛋白，S5、S7、S9 分别编码 2 个蛋白，P1～P4、P8 和 P10 为结构蛋白，其余 7 个蛋白为非结构蛋白；推导 P1～P4 分别编码 RNA 依赖的 RNA 聚合酶、大核心衣壳蛋白、外壳 B- 刺突蛋白和加帽酶；P8 和 P10 分别是病毒的小核心蛋白与外层衣壳蛋白；P6 是一个 RNA 沉默抑制子，它和 P5-1、P9-1 之间通过复杂的互作，构成病毒原质。此外，P6 蛋白亦可与水稻的翻译延伸因子 1A（eEF-1A）互作，来抑制寄主蛋白的合成；P7-1 可在介体昆虫细胞中形成管状结构，使病毒得以在细胞间转运并在虫体中传播；P5-2、P7-2 与 P9-2 的功能尚不明确。

侵染过程与侵染循环　病毒及其传播介体主要在中南半岛越冬，中国的海南岛及广东、广西南部和云南西南部少数地区也可越冬。每年春夏季节，随着白背飞虱的北迁，病害由南向北逐渐扩散。越冬代带毒虫可在 2～3 月迁入两广南部及越南北部，在早稻上扩繁后，长翅成虫于 3 月中下旬携带病毒随西南气流迁入珠江流域和云南红河，4 月迁至广东、广西北部和湖南、江西南部及贵州、福建中部，5 月下旬至 6 月中下旬迁至长江中下游和江淮地区，6 月下旬至 7 月初迁至华北和东北南部；8 月下旬后，季风转向，白背飞虱再携带病毒随东北气流南回至越冬区。每年的病毒初侵染源主要来自迁入性带毒白背飞虱成虫，通常迁入代成虫群体带毒率不超过 3%，仅引致少量植株染病，但感病植株上产生的第二代或第三代飞虱高比例带毒，经短距离转移或长距离迁飞成为本地或异地再侵染源，对中季稻或晚季稻造成危害。如果带毒成虫在二叶期以前转入中、晚稻秧田并传毒、产卵，则在水稻移栽前可产生下一代中高龄若虫并传毒，致使秧苗高比例带毒，造成本田严重发病；如果带毒成虫在秧田后期侵入，则感病秧苗将带卵被移栽至本田，在本田初期（分蘖期前）产生大量的带毒若虫，这批若虫在田间进行短距离转移并传毒，致使田间矮缩病株成集团式分布；水稻拔节期以后感病，表现为抽穗不完全或其他轻微症状，对产量影响不大。

流行规律　该病害的发生与入侵白背飞虱带毒率及其迁入时间和带毒飞虱在秧田及本田初期的扩繁数量密切相关。

防治方法　该病害的防控，应采取分区治理和跨区域联防联控对策。在毒源越冬区实施重点防控以减少总体防控成本；在早春毒源扩繁区实施重点监控以提高测报预警水平；在主要受害区的中、晚季稻栽培中采用"种子处理，施药送嫁"等治虫防病措施阻断带毒白背飞虱在水稻生长早期传毒侵染。

参考文献

周国辉，温锦君，蔡德江，等，2008. 呼肠孤病毒科斐济病毒属一新种：南方水稻黑条矮缩病毒 [J]. 科学通报 (20): 2500-2508.

ZHOU G, XU D, XU D, et al, 2013. Southern rice black-streaked dwarf virus: a white-backed planthopper-transmitted *Fijivirus* threatening rice production in Asia[J]. Frontiers in microbiology, 4: 270.

DOI:10.3389/fmicb.2013.00270.

（撰稿：周国辉；审稿：王锡锋）

南洋杉叶枯病　hoop pine foliage blight

由可可毛色二孢和叶点霉引起的危害南洋杉针叶和嫩枝的真菌性病害。

分布与危害　该病分布于广东各地。主要危害南洋杉针叶，也可危害嫩枝，形成枯枝，影响生长和观赏。该病害 3～11 月均可发生，但温暖多雨的季节最严重。栽植土壤干旱瘠薄、黏重、排水不良以及过度荫蔽的环境发病严重。病菌可以在树上的发病枝叶和地下的病残体上越冬，翌年春末开始初侵染。

感病叶片初为黄色段斑，迅速扩展全叶致叶片干枯，病部褐色至灰白色，上面生小黑点。病叶不易脱落，经风吹雨打后易断裂（见图）。

病原及特征　南洋杉叶枯病病原菌有两种，侵染枝条的毛色二孢属可可毛色二孢 [*Lasiodiplodia theobromae*（Pat.）Griff. et Maubl.]，侵染针叶的叶点霉属某种（*Phyllosticta* sp.），二者皆属于球壳孢目，兼性寄生。叶点菌属分生孢子椭圆形，两端钝圆，单胞，无色，3～4μm×1.5～2μm。

侵染过程与侵染循环　病菌均以菌丝体和分孢器在病叶和病残体上存活越冬。条件适宜时，产生分生孢子，经风雨传播侵染。

流行规律　温暖多雨的年份和季节较多发病。

防治方法　修剪病枝，清除地下枯枝落叶，集中烧毁；树冠修剪后，喷一次 50% 复方硫菌灵 600～800 倍液。发病期间，交替喷洒 50% 复方硫菌灵 600～800 倍液和 40% 多硫悬浮剂 400～600 倍液，或 50% 退菌特 800～1000 倍液。

参考文献

岑炳沾，苏星，2003. 景观植物病虫害防治 [M]. 广州：广东科技出版社.

陆家云，1997. 植物病害诊断 [M]. 北京：中国农业出版社.

苏星，岑炳沾，1985. 花木病虫害防治 [M]. 广州：广东科技出版社.

南洋杉叶枯病症状（王军提供）

魏景超, 1979. 真菌鉴定手册 [M]. 上海：上海科学技术出版社.

袁嗣令, 1997. 中国乔、灌木病害 [M]. 北京：科学出版社.

（撰稿：王军；审稿：张星耀）

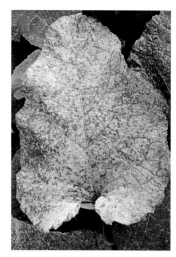

牛蒡白粉病病叶（丁万隆提供）

黏菌　slime molds

黏菌门真菌的简称。黏菌的营养体是一团裸露的变形体状的原生质团，没有细胞壁，多核，无叶绿素。原生质团能作变形虫式运动，割开后仍然能够生存。黏菌营养体的营养方式和低等动物相似，主要是摄食，能吞食其他微生物和有机质，并在原生质内消化吸收。生殖时黏菌的变形体能分成若干小团，然后形成具有细柄的孢子囊。孢子囊中的细胞核进行减数分裂，小块原生质体缩成球形并产生具有纤维素壁的孢子。孢子成熟后，能从干裂的孢子囊中散出。孢子能在干燥的环境中长期存活。环境适宜时，其孢子可以萌发成1～4个有鞭毛的单倍性游动细胞，游动细胞两两结合，成为二倍性合子，合子不经休眠发育成多核变性体。因而，黏菌的营养方式近似于动物，而生殖方式又近似于真菌，所以说黏菌是介于原生动物和真菌之间的一类生物，兼有动物特征和真菌的特征。黏菌主要分布在温带地区，热带和高寒地区较少。黏菌大多是腐生的，多数栖息在腐朽的树木、落叶和烂草堆中，少数能生存在草本植物茎叶上。黏菌中的扁绒泡菌和草生发网菌对植物生长有所影响。在高温、高湿条件下，对甘薯幼苗的危害主要是黏菌繁密的子实体覆盖其茎叶而影响生长，严重时造成幼苗萎蔫。有些黏菌对烟草也能造成同样的危害。还有些黏菌能侵害栽培中的银耳和侧耳。总体来说，黏菌中无真正危害高等植物的病原菌。

参考文献
KAR A K, 李晓健, 张德荣, 1984. 黏菌分类的现状 [J]. 微生物学杂志, 4(2): 50-51.

许志刚, 2009. 普通植物病理学 [M]. 4版. 北京：中国农业出版社.

（撰稿：喻大昭；审稿：黄丽丽）

牛蒡白粉病　arctii powdery mildew

由单丝壳属真菌引起的一种牛蒡病害。

发展简史　2007年周军等对牛蒡白粉病的发生规律进行了研究。

分布与危害　牛蒡白粉病主要危害叶片，茎秆等其他部位也可不同程度受害。在叶片上，叶两面生白色粉状斑，为病原菌的菌丝体、分生孢子梗和分生孢子，后逐渐扩大连在一起，布满叶片。叶片逐渐变黄，最后枯死（见图）。后期在粉状斑上长出黑色小点，即病原菌的闭囊壳。在东北，闭囊壳9月成熟。

病原及特征　病原菌为 *Sphaerotheca fuliginea*（Schl.）Pollac., 现名为 *Podosphaera fuliginea*（Schltdl.）U. Braun & S. Takam., 属叉丝单丝壳属。闭囊壳球形，内含1个子囊。附属丝菌丝状。子囊短椭圆形，内含8个子囊孢子。子囊孢子椭圆形，无色。菌丝体外生，产生吸器深入寄主细胞内吸取养分。分生孢子梗侧生于菌丝上，基部膨大。分生孢子串生，椭圆形，无色，单胞。

分生孢子萌发的适宜温度为20～25℃，26℃左右能存活9小时，高于30℃或低于−1℃时，很快失去活力。

侵染过程与侵染循环　病原菌以闭囊壳在病株残体上越冬。翌春，雨后闭囊壳吸水释放出子囊孢子，子囊孢子借助风雨传播，条件适宜时萌发侵入寄主，引起初侵染。初侵染产生的病斑很快产生分生孢子，借风雨传播不断引起再侵染。

流行规律　在干旱季节，若早、晚有大雾或露水也能导致病害严重发生。病叶枯死或进入深秋后即产生闭囊壳越冬。重茬田、种植过密、通风不良、氮肥偏多、地上部生长过旺、牛蒡叶片等组织过嫩的田块发病较重。

防治方法　及时清除病残体，降低越冬菌源基数。在秋季或早春彻底清除田间病残体及田块周围的瓜类等病残体，集中深埋或烧毁，减少初侵染源。发病前喷施1:1:200波尔多液预防保护。发病初期及时喷施25%三唑酮可湿性粉剂800倍液，或70%甲基硫菌灵可湿性粉剂1000～1500倍液、75%百菌清可湿性粉剂500～600倍液或29%苯菎·嘧菌酯悬浮剂1500倍液等药剂防治。

参考文献
周军, 戴率善, 丁书礼, 等, 2007. 牛蒡白粉病的发生规律及其测报防治技术 [J]. 中国植保导刊, 27(3): 14-15.

周如军, 傅俊范, 2016. 药用植物病害原色图鉴 [M]. 北京：中国农业出版社: 81-82.

（撰稿：张国珍；审稿：丁万隆）

牛膝白锈病　achyranthes white blister rust

由牛膝白锈菌或苋白锈菌引起的、主要危害牛膝叶片的真菌性病害。

发展简史　牛膝白锈病的病原菌最早由 Bivona-Bernardi

于 1815 年定名为 Uredo bliti Biv.，后更名为 *Cystopus bliti*（Biv.）Lév.（1847）、*Albugo bliti*（Biv.）Kuntze（1891）、*Wilsoniana bliti*（Biv.）Thines（2005）。Hennings 于 1907 年将白锈病的病原菌定名为 *Cystopus bliti* f. *achyranthis* Henn.，后更名为 *Albugo achyranthis*（Henn.）Miyabe ex S. Ito & Tokun.（1935）、*Wilsoniana achyranthis*（Henn.）Thines（2005）。1979 年，魏景超记载了这两种病原菌在中国的发生情况。1994 年，王守正报道 *Albugo achyranthis* 引起的牛膝白锈病在河南郑州、武陟、信阳、沁阳、温县、博爱、辉县等地有发生。

分布与危害　牛膝白锈病是牛膝上常见的病害，在河南、吉林、江苏、浙江、云南、四川等地均有分布，在日本也有报道。发病初期在叶正面出现黄色褪绿小斑点，叶背面对应处有圆形、近圆形或多角形的白色疱状物，微隆起，为病菌的孢子堆。孢子堆成熟后表皮破裂，散出白色粉状物（卵孢子），孢子消失后，叶片正反面发病部位均呈黑褐色不定形角斑（见图）。若病害发生在叶柄、幼芽等部位，先产生淡黄色斑点，后成白色疱斑，可导致茎秆肿大畸形。发病严重的田块所有植株均发病。

病原及特征　病原为牛膝白锈菌［*Albugo achyranthis*（Henn.）Miyabe］和苋白锈菌［*Albugo blitis*（Biv.）Kuntze］，属白锈菌属。孢子堆生于表皮下，主要是叶背生，白色，后期淡黄色。孢囊梗棍棒状，单胞，无色，串生于孢囊梗顶端。牛膝白锈菌未发现卵孢子，孢子囊椭圆形至圆柱形。寄主为苋科牛膝属多种植物，牛膝白锈菌引起的白锈病分布于亚洲和非洲；苋白锈菌的卵孢子网状，孢子囊球形，寄主为苋科植物，全世界均有分布。

侵染过程与侵染循环　牛膝白锈病病菌有两种越冬方式：一是以卵孢子在土壤、病残体和种子上越冬；另一种是在低海拔地区以菌丝体在多年生植株的病茎或病芽中越冬。

牛膝白锈病症状（刘红彦提供）

翌春病菌萌发产生孢子囊，在孢子囊中产生游动孢子进行初侵染。游动孢子萌发生出芽管，从气孔侵入植株引起发病。病菌借风雨传播，引发再侵染。

流行规律　低温、多雨潮湿发病重，低海拔地区较高海拔地区发病重。春秋两季为侵染和发病的盛期。

防治方法

农业防治　增施磷钾肥，增强植株抗病力。在多雨季节注意排水，降低田间湿度。牛膝收获后及时清除病残株和落叶等，集中深埋或烧毁，可减少菌源。合理轮作，建议与禾本科作物、豆科作物轮作 3 年以上，不可与苋科植物轮作。

化学防治　在发病初期，可使用 58% 甲霜灵锰锌可湿性粉剂 500 倍液、90% 乙膦铝可湿性粉剂 500 倍液、64% 杀毒矾可湿性粉剂 600 倍液喷雾防治。

参考文献

王守正，1994. 河南省经济植物病害志 [M]. 郑州：河南科学技术出版社 .

叶华智，严吉明，2010. 药用植物病虫害原色图谱 [M]. 北京：科学出版社 .

（撰稿：刘红彦、刘新涛；审稿：丁万隆）

牛膝根结线虫病　achyranthes root-knot nematodes

由南方根结线虫引起的、危害牛膝根系生长的线虫病害。

发展简史　1994 年王守正在《河南省经济植物病害志》中记载牛膝根结线虫病在武陟、沁阳和温县发生危害，王佩佩（2009）发现徐长卿、黄姜、1 号和喜树 4 种中药提取物对牛膝根结线虫有很强杀线虫活性。

分布与危害　牛膝根结线虫病在中国牛膝产区发生普遍，主要危害牛膝根部，主根和侧根上产生大小不等的瘤状根结，多个根结相连呈节结状、鸡爪状或串珠状，使牛膝根系生长受阻，主根和侧根短而细小，失去药用价值。地上部分因发病程度不同而有差异，发病较轻的植株症状不明显，发病重的植株发育不良，表现为植株矮小、黄化（见图）。

病原及特征　病原为南方根结线虫［*Meloidogyne incognita*（Kofoid et White）Chitwood］，属根结线虫属。雄虫线形，成虫有一对交合刺。雌虫三龄前为线形，三、四龄幼虫体变粗短呈豆荚状，成熟雌虫在根结内膨大呈梨形，大量卵粒充满整个体腔。南方根结线虫是很重要的植物寄生线虫，寄主范围很广。

侵染过程与侵染循环　南方根结线虫以卵、幼虫以及雌虫在田间病株的根结及土壤中越冬，翌春温度适宜时侵染危害。可通过根部伤口侵入，也可以吻针刺伤牛膝，分泌唾液，破坏牛膝细胞的正常代谢功能而产生病变，使根部产生变形。侧根和须根最易受害。线虫在土壤中活动范围很小，初侵染源主要是病土、病苗及灌溉水，远距离传播则需借助于流水和农事活动完成。

流行规律　温度 25～30℃ 时有利于病害发生，线虫发生代数多，侵染频繁。雨季有利于线虫的孵化和侵染，但在

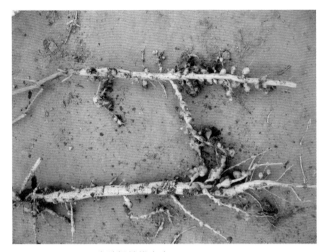

牛膝根结线虫病（刘红彦提供）

牛膝褐斑病症状（刘红彦提供）

干燥或过湿土壤中，其活动受到抑制。pH 4～8、土壤质地疏松、盐分低适宜线虫活动，易于发病。连作可使虫源积累，加重病害发生。

防治方法

农业防治　与禾本科作物轮作可减轻病害发生，严禁与山药、花生等易发生线虫病的作物轮作。拔除病株，集中销毁，减少病源。

化学防治　整地时用 98% 必速灭或 10% 噻唑膦进行土壤处理。

参考文献

王守正，1994. 河南省经济植物病害志 [M]. 郑州：河南科学技术出版社.

叶华智，严吉明，2010. 药用植物病虫害原色图谱 [M]. 北京：科学出版社.

（撰稿：刘新涛、刘红彦；审稿：丁万隆）

牛膝褐斑病　achyranthes leaf spot

由尾孢引起的、主要危害牛膝叶片的真菌性病害。

发展简史　1909 年 Sydow 和 P. Sydow 首次定名引起牛膝褐斑病的病原菌为 *Cercospora achyranthis* Syd. & P. Syd.，1994 年王守正报道该病害在河南武陟、沁阳、温县等地发生危害。1989 年 Castañeda 和 Braun 发现 *Cercospora pseudachyranthis* R. F. Castañeda & U. Braun 也能寄生牛膝属植物，后更名为 *Passalora pseudachyranthis*（R. F. Castañeda & U. Braun）、*Cercosporella pseudachyranthis*（R. F. Castañeda & U. Braun）。

分布与危害　*Cercospora achyranthis* 引起的牛膝褐斑病分布于亚洲和加勒比海地区，*Cercospora pseudachyranthis* 引起的牛膝褐斑病仅分布于加勒比海地区。该病害在中国牛膝产区发生普遍，发病初期在叶片上表现为褐色小点，之后扩展为多角形或者不规则形，病斑边缘黄色或黄褐色，中间灰色。病害严重时，叶片呈紫褐色枯死（见图）。湿度大时，

在叶片背面病斑产生灰褐色霉层，即病菌的分生孢子梗和分生孢子。

病原及特征　在中国、日本等亚洲国家引起牛膝褐斑病的病原菌为牛膝尾孢（*Cercospora achyranthis*），该病菌寄生苋科牛膝属植物，分生孢子梗灰色至暗棕色，颜色均匀，宽度不规则，具多个分隔，0～7 个分枝，膝状。分生孢子透明针状，线形或者近线形，大小为 3～5.5μm×40～150μm。*Cercospora pseudachyranthis* 寄主范围同样为苋科牛膝属植物，但在中国、日本等亚洲国家未见报道。

侵染过程与侵染循环　病菌以分生孢子梗和分生孢子在病残叶上越冬，翌年以分生孢子侵染牛膝，造成初侵染。条件合适时，新病斑可产生分生孢子借风雨等传播，引发再侵染。

流行规律　田间湿气大、雨水多有利于病害传播，易引发病害的流行。

防治方法

农业防治　适时适量浇水，雨量大时注意排水，降低田间湿度。

化学防治　发病初期喷洒 50% 多菌灵 500 倍液或 70% 甲基硫菌灵 800 倍液喷雾，每隔 10～15 天喷雾 1 次，视病情喷 2～3 次。

参考文献

丁万隆，2001. 药用植物病虫害防治彩色图谱 [M]. 北京：中国农业出版社.

FARR D F, ROSSMAN A Y, 2017. Fungal databases, systematic mycology and microbiology laboratory, ARS, USDA. Retrieved January 22. http ://nt.ars-grin. gov/fungaldatabases/.

（撰稿：刘新涛、刘红彦；审稿：丁万隆）

农业防治　agricultural control

采取农业技术综合措施，调整和改善作物的生长环境，以增强作物对病、虫、草害的抵抗力，创造不利于病原物、

害虫和杂草生长发育或传播的条件，以控制、避免或减轻病、虫、草的危害来达到防治农作物病、虫、草害目的的技术措施。农业防治与物理、化学防治等措施有效结合，可取得更好的效果。与其他防治措施相比，农业防治的特点是不增加额外成本，不杀伤自然天敌，不造成有害生物产生抗药性以及污染环境等不良副作用；可随作物生产的不断进行而保持对有害生物的抑制，具有累积的效果；一般具有预防作用。但应用上常受地区、劳动力和季节的限制，效果不如药剂防治明显易见。

发展简史 农业防治法伴随种植业的兴起而产生。中国先秦时代的一些古籍中已有除草、防虫的记载，其后，如《齐民要术》等古农书中对耕翻、轮作、适时播种、施肥、灌溉等农事操作和选用适当品种可以减轻病、虫、杂草的危害，都有较详细的论述。在长期的农业生产实践中，农业防治也一直被用作防治有害生物的重要手段。18世纪末至19世纪，欧美国家报道了有关农业防治取得明显效果的一些实例。1915年，美国E.D.桑德森开始以生物学观点研究多种农业防治方法。其后，在主要害虫抗性品种的培育、筛选和鉴定，抗性机制、抗虫性和害虫致害力的遗传以及环境条件对作物抗虫性的影响等基础理论方面的研究逐步取得进展。20世纪70年代关于有害生物综合治理的理论提出以后，农业防治成为综合防治的一个重要组成部分，并作为一项具有预防作用的措施而日益受到世界各国的重视。

主要技术措施 有选用抗病、虫品种，调整品种布局，选留健康种苗，轮作，深耕灭茬，调节播种期，合理施肥，及时灌溉、排水，适度整枝、打杈，搞好田园卫生和安全运输储藏等。

使用无病苗木 使用无病苗木可以压低初侵染源，预防病虫害传播。①建立无病留种田。在无病区进行商品化种苗生产，确保种苗材料不带菌。②种苗处理。采用机械筛选、风选、盐水、泥水漂选等方法汰除混在种子间的菌核、菌瘿、虫瘿、虫卵、病残体及病籽粒；热处理，表面杀菌剂及渗透性透性杀菌剂杀灭种子内部病原菌。③苗木无病毒化。是防治病毒病的有效措施，对果树、马铃薯、花卉等无性繁殖材料繁殖的栽培植物进行苗木无病毒化处理，可以进行茎尖组培、热处理或者化学处理后再茎尖组培，建立无病毒化种苗繁育体系。

建立合理的种植制度 ①轮作。对寄主范围狭窄、食性单一的有害生物，轮作可恶化其营养条件和生存环境，或切断其生命活动过程的某一环节。如大豆食心虫仅危害大豆，采用大豆与禾谷类作物轮作，就能防止其危害。对一些土传病害和专性寄主或腐生性不强的病原物，轮作也是有效的防治方法之一。此外，轮作还能促进有拮抗作用的微生物活动，抑制病原物的生长、繁殖。水旱轮作，如稻麦、稻棉轮作对麦红吸浆虫、棉花枯萎病以及不耐旱或不耐水的杂草等有害生物尤其具有良好的防治效果。②间、套作。合理选择不同作物实行间作或套作，辅以良好的栽培管理措施，也是防治病虫害的途径。如麦、棉间作可使棉蚜的天敌如瓢虫等顺利转移到棉田，从而抑制棉蚜的发展，并可由于小麦的屏障作用而阻碍有翅棉蚜的迁飞扩展。高矮秆作物的配合也不利于喜温湿和郁闭条件的有害生物发育繁殖。③作物布局。合理

的作物布局，如有计划地集中种植某些品种，使其易于受害的生育阶段与病虫发生侵染的盛期相配合，可诱集歼灭有害生物，减轻大面积危害。在一定范围内采用一熟或多熟种植，调整春、夏播面积的比例，均可控制有害生物的发生、消长。如适当压缩春播玉米面积，可使玉米螟食料和栖息条件恶化，从而减低早期虫源基数等。此外，种植制度或品种布局的改变还会影响有害生物的生活史、发生代数、侵染循环的过程和流行。如单季稻改为双季稻，或一熟制改为多熟制，不仅可增加稻螟虫的年世代数，还会影响螟虫优势种的变化，必须特别重视。

耕翻整地 耕翻整地和改变土壤环境，可使生活在土壤中和以土壤、作物根茎为越冬场所的有害生物经日晒、干燥、冷冻、深理或被天敌捕食等而被治除。冬耕、春耕或结合灌水常是有效的防治措施。对生活史短、发生代数少、寄主专一、越冬场所集中的病虫，防治效果尤为显著。中耕则可防除田间杂草。

播种 包括调节播种期、密度、深度等。调节播种期，可使作物易受害的生育阶段避开病虫发生侵染盛期。如中国华北地区适当推迟大白菜的播种期，可减轻孤丁病的发生；适当推迟冬小麦的播种期，可减少丛矮病的发生等。此外，适当的播种深度、密度和方法，结合种子、苗木的精选和药剂处理等，可促使苗齐苗壮，影响田间小气候，从而控制苗期有害生物危害。

田间管理 包括水分调节、合理施肥以及清洁田园等措施。灌溉可使害虫处于缺氧状况下窒息死亡；采用高垄栽培大白菜，可减少白菜软腐病的发生；稻田适时晒田，有助于防治飞虱、叶蝉、纹枯病、稻瘟病；施用腐熟有机肥，可杀灭肥料中的病原物、虫卵和杂草种子；合理施用氮、磷、钾肥，可减轻病虫危害程度，如增施磷肥可减轻小麦锈病等。但氮肥过多易致作物生长柔嫩；田间郁闭阴湿利于病虫害发生；而钾肥过少，则易加重水稻胡麻斑病等。此外，清洁田园对病虫防治也有重要作用。

收获处理 收获的时期、方法、工具以及收获后的处理，也与病虫防治密切有关。如大豆食心虫、豆荚螟，均以幼虫脱荚入土越冬，若收获不及时，或收获后堆放田间，就有利于幼虫越冬繁衍。用联合收割机收获小麦，常易混入野荞麦和燕麦线虫病的植株而发生危害。

植物抗性利用 农作物对病、虫的抗性是植物一种可遗传的生物学特性。通常在同一条件下，抗性品种受病、虫危害的程度较非抗性品种轻或不受害。植物抗病性的研究内容主要包括抗病性的分类、抗性机制、环境条件对抗病性的影响、病原物致病性与其变异、抗性遗传规律以及抗病育种的技术等。品种抗性性状受显性或隐形基因的控制而遗传给后代，其中有单基因抗性，也有多基因抗性。另外，在高抗品种和害虫繁殖快的情况下，同种害虫因地理生态条件的差别，或因抗虫作物品种对其群体影响，常易产生不同的生物型，从而使同一抗虫作物品种对某些新产生的生物型的抗性较弱或丧失抗性，这种情况常通过培育中抗、低抗品种来避免或延缓。选育抗虫品种的方法有引种、选种、杂交、嫁接、诱发变变等，以品种间杂交应用最为广泛。

植物增抗剂的应用 由于环境污染和食品安全等问题

日益突出，保护环境，发展可持续农业、开发有机农产品成为了当今农业发展、植物病害控制的总趋势。植物增抗剂的研发与应用出现了一种方兴未艾的局面。植物增抗剂包括植物生长调节剂和植物抗病性诱导剂两大类。植物生长调节剂的作用机理是相当于激素类物质或者植物免疫调节剂，调节和促进植物生长。如"碧护"可湿性粉剂就是一种新型植物生长调节剂。植物抗病性诱导剂作用机理是在诱导剂刺激下，植物产生了系统抗性或免疫性，对随后的病原菌侵染具有抵抗性。如瑞宝牌 83 增抗剂具有抗植物病毒、促进农作物增产早熟的特性；植物抗病毒诱导剂 88-D 是在 83 增抗剂作用机制研究的基础上开发的，具有抑制植物病毒、防病、增产、优质的综合效果。

农业防治的效果　①压低有害生物的发生基数。如越冬防治措施可消灭越冬病、虫等有害生物，从而减轻翌年病、虫等繁殖的数量。②压低有害生物的繁殖率，从而减少种群或群体内数量。如在飞蝗发生基地种植飞蝗不喜取食的豆类作物，可压低飞蝗的繁殖率和种群发生的数量。③有利于利用自然天敌，降低有害生物的存活率。如在蔗田间种绿肥，或行间套种甘薯，可减小田间小气候的变动幅度，有利于赤眼蜂的生活，提高其对蔗螟的寄生率。轮作、换茬可以改变作物根际和根围微生物的区系，促进有拮抗作用的微生物活动，或抑制病原物的生长、繁殖。④影响作物的生长势，从而增强其抗病、抗虫或耐害能力。如在作物栽培管理条件良好、生长势强的情况下，病、虫等有害生物的发生、发展常受到抑制。

发展趋势　由于农业防治措施的效果是逐年积累和相对稳定的，因而符合预防为主、综合防治的策略原则，而且经济、安全、有效。但其作用的综合性，要求有些措施必须大面积推行才能收效。当前国际上综合防治的重要发展方向是抗性品种，特别是多抗性品种的选育、利用。为此，从有害生物综合治理的要求出发，揭示作物抗性的遗传规律和生理生化机制，争取抗性的稳定和持久，是这一领域的重要课题。

参考文献

许志刚, 2009. 普通植物病理学 [M]. 4 版. 北京: 高等教育出版社.

（撰稿：孔宝华；审稿：李成云）

N

P

泡桐丛枝病　paulownia witches' broom

由泡桐丛枝植原体引起泡桐节间缩短、矮化、小叶、枝条过度增生的病害。植原体早期该类病害的病原又名支原体、类支原体、类菌原体。

发展简史　支原体作为人类、哺乳动物、爬行动物、鱼类、节肢动物以及植物的寄生物，在大自然中广泛存在。1898 年，牛传染性胸膜肺炎被报道是由支原体感染引起，这是对支原体的首次分离培养。1967 年日本学者土居养二等人发现患"丛枝病"植物的韧皮部中有支原体存在，为了与感染动物的支原体相区分，当时称侵染植物的支原体为类支原体、类菌原体（mycoplasma-like organism）。1994 年在第十届国际菌原体大会上正式将这一类微生物定名为"Phytoplasma"。1997 年，裴维蕃先生将"Phytoplasma"翻译为"植原体"。

据记载 1910 年三浦道哉报道中国辽宁的泡桐丛枝病，1950 年王鸣岐报道在河南也有发生。20 世纪 50 年代以前，由于泡桐人工栽培规模和面积较小，泡桐丛枝病的危害不严重。泡桐丛枝病当时被列为国内检疫对象，并一直是许多国家对中国口岸的检疫对象。伴随着 20 世纪 60～80 年代中国泡桐大发展过程，而出现的泡桐丛枝病的大规模发生和流行，与当时尚无有效的病菌检测技术和苗木检疫制度不健全都有直接的关系。在许多仍采用传统种根育苗的地区，新栽植的中幼龄泡桐林已出现发病树龄降低、幼龄病株率增加的趋势，故导致死苗和幼树死亡的损失不断加重。泡桐丛枝病作为检疫对象被取消后，病害通过苗木的传播机会增加，除少数泡桐生长区外，各泡桐生产区都普遍遭受此病危害。随着现代分子生物学技术的发展，已使泡桐丛枝病的苗木带菌检验问题得到了很好的解决。准确、灵敏、快速地检测营养繁殖材料带菌状况的血清学和 PCR 检测技术及相应的试剂盒已经研制成功，并在无病苗生产、药剂治疗剂筛选、抗病材料鉴定等研究中应用。

分布与危害　世界上报道的植原体病害已逾 1000 种，给农林业生产带来严重的经济损失。泡桐丛枝植原体主要分布在中国、日本和韩国。在中国发生和危害最为严重和普遍。国内分布于北至山海关，南到长江流域的广大范围内。丛枝病导致苗木死亡，幼树树体生长减弱，成年树木的胸径生长量、树高生长量和材积生长量降低，还会造成泡桐木材抗变形能力显著下降和木材力学强度的降低。据 1990 年对河南、山东、陕西、河北、安徽、甘肃、江苏和山西等地的调查显示，全国泡桐丛枝病发生面积达 88 万 hm²，每年造成直接经济损失超过亿元。

泡桐植原体侵染泡桐后会造成腋芽和不定芽大量萌发，节间变短，叶子变小，且病枝上可长出小枝，反复多次至簇生成团，外观似鸟巢。有些还会出现花变叶症状，花瓣呈小叶状，常常不能正常开花（见图）。

病原及特征　病原菌为泡桐丛枝植原体（Paulownia witche's broom phytoplasma），隶属于柔膜菌纲（Mollicutes）植原体候选属原核微生物，专性寄生于泡桐韧皮部筛管系统。泡桐丛枝植原体的形态结构多为圆形或椭圆形，直径 180～800nm，其外部有单位膜，内含有核糖微粒状颗粒和类似细胞核样的结构和核质样的纤维，繁殖方式有芽殖和裂殖两种方式。植原体侵染泡桐后，来源于植原体的 t RNA-ipt 基因编码 t RNA 修饰酶 t RNA-IPT 催化二甲烯二磷酸（DMAPP）的异戊烯基转移到前体 t RNA 分子反密码子的

泡桐丛枝病症状（王爽摄）

邻位腺嘌呤残基上，此 t RNA 的降解可能会产生植物细胞分裂素（玉米素），随着植原体细胞内细胞分裂素的大量合成，会渗透或分泌到寄主的维管束内，从而导致维管束形成层细胞内 CTK/IAA 的比值升高，而诱发感病植株顶端优势被打破，生侧芽较多，而形成丛枝症状。这可能是植原体引致泡桐丛枝症状的原因之一。

侵染过程与侵染循环　病害发生随树龄增大而加重，纯林受害最重，行道树次之，散植株最轻。病原可通过媒介昆虫、菟丝子及人工嫁接等方式近距离传播。泡桐林内常见的昆虫种类如茶翅蝽 [*Halyomorpha picus*（Fabricius）]、小绿叶蝉 [*Empoasca flavascens*（Fabricius）] 已被证实传播泡桐丛枝病。一般幼树感染后，会在整个树冠或多半树冠发病或在主干、基部萌生丛枝，病树多在当年冬天或翌年初春死亡，3 年以上大树发病，多表现为局部枝干丛枝，一般不会导致整个树体死亡，但丛枝症状严重的将会影响树体正常生长，丛枝在冬季枯死后使树冠的整体造型和开花期的美观效果受到严重破坏。

流行规律　导致此病害不断扩展和蔓延的关键因子是种苗带病和介体昆虫传毒。由于长期以来，泡桐繁育的主要途径是种根育苗，故在没有有效检疫技术和种苗检验措施的情况下，带病种根以及由此产生的无症带病苗即成为病害向无病区和轻病区作近距离和远距离传播的主要途径。而在重病区，带病种根的直接危害则导致苗期、幼龄树发病率不断上升，从而造成的经济损失越来越大。

泡桐栽培面积的扩大和集约化经营，为介体昆虫从病株移到无病树上取食创造了良好的条件，加之在病区的病源植株充足，且又为多年生植物，所以介体的传病频率很高，这是造成重病区发病率和树龄成正相关的主要原因之一。泡桐丛枝病发病率从高到低依次为，片林 > 行道树 > 间作林 > 散生泡桐，出现这种现象的原因也是由于病害的传播频率随着病与健株之间的距离增大而降低的结果。在中国许多特殊生态条件下，如南方山区泡桐与其他树种的混交林、沿海某些特殊气候带、大中城市公园内散植和被高大建筑物隔离的泡桐树，其发病率往往相对较低。

防治方法

苗木选育　如果能做到在无病区或轻病区建立苗木繁育基地，把好苗木无病关，定点供应重病区苗木，将是重病区苗木繁育体系的重大改革和进步。可推广种子繁殖、组织培养育苗等选育无病苗，选用抗病树种，一般认为白花泡桐、毛泡桐、兰考泡桐抗病力较强，山明泡桐和楸叶泡桐抗病力较差。转基因技术可用于选育抗丛枝病的转基因植物，农杆菌介导遗传转化系统获得转基因再生植株，将外源基因导入泡桐，进行泡桐品种改良和抗植原体病害基因工程及分子机理研究。泡桐丛枝病属系统侵染性病害，从寄主植物带菌到发病有一个较长的潜伏期。泡桐抗病选育还没有有效的人工诱发鉴定方法，对早期评价和选择工作带来不少困难。

生态隔离　在造林或苗木定植时要充分考虑生态隔离措施对提高病害预防效果的重要性，尽量在更新造林时除尽病树病源。如果将无病苗木栽种在其他树种相间的林带中，或在泡桐林带周围栽种其他树种的林带中，无病苗木的再感染概率和速度将大大降低。在山区，在非泡桐植被间栽种无病苗木，也可大大降低介体昆虫传病概率；在大中城市，公园内在非泡桐植被间、散植泡桐，在高大建筑物形成的相对封闭的小生态环境下栽植泡桐都会收到很好的病害预防效果。

栽培防治　在采用无病苗木的前提下，合理选择栽植方式和适宜的立地条件，对减少泡桐树感染丛枝病具有重要意义。及时剪除发病较轻的枝条，控制传染源。在无病苗木集中栽植地区，对周围病树上的丛枝条的修枝措施，对于降低毒源数量和密度，减少昆虫传病概率也有明显的作用。

化学防治　抗生素类药物是防治植原体的主要化学治疗剂，使用盐酸四环素或土霉素等抗生素类药，对树干打孔输液防治。四环素族抗生素是最早且常用的防治植原体的抗生素。四环素可以抑制病原的生长。用 40～50℃ 温水浸种根 30 分钟或用 1000 单位四环素溶液浸种根 12 小时。在 5～7 月，用 10000 单位四环素、5% 硼酸钠注入病树干基部 10～20cm 处髓心，每株 30～50ml，也可直接对病株叶面每天喷 200 单位的四环素药液，连续 5～6 次。2 周后可见效。虽然药剂治疗在大规模的林间病害防治上的可行性不大。但在城市和重要风景点的有价值的泡桐大树的治疗还是有意义的。通过每年一次的树干输药处理，可保证治疗当年至翌年不发病或发病很轻，从而明显提高树势，恢复干形和冠型和促进开花。在刺吸式昆虫发生期及时采取有效防控措施进行人为干预以减少传病介体。

参考文献

冯志敏，汪新娥，万开军，2007.泡桐丛枝病植原体研究综述 [J].信阳农业高等专科学校学报 (4): 26-128.

胡佳续，2013.泡桐丛枝植原体致病相关基因分子特征及其编码蛋白功能研究 [D].北京：中国林业科学研究院.

李文霞，陶海燕，马冬梅，2014.泡桐几种常见病害的发生与防治技术 [J].农业与技术，34 (1): 66.

李永，2004.我国几种木本植物植原体的分子检测与鉴定 [D].北京：中国林业科学研究院.

孙志强，2000.泡桐丛枝病媒介昆虫传播植原体特点的研究 [D].北京：北京林业大学.

田国忠，张锡津，1996.泡桐丛枝病研究新进展 [J].世界林业研究 (2): 33-38.

（撰稿：王爽；审稿：李明远）

泡桐黑痘病　paulownia black pox

由无性型真菌泡桐痂圆孢侵染所致的叶部病害。又名泡桐疮痂病。

分布与危害　泡桐黑痘病是泡桐苗木的重要病害之一，发病苗木顶梢枯萎，不能正常生长发育，植株矮小，甚至枯死。该病害分布较普遍，危害白花泡桐、兰考泡桐和毛泡桐等。国外见于日本和朝鲜。中国在陕西、河南、山东、湖北、湖南等地有分布。陕西关中地区发生严重，有些地方发病率达 84.1%，感病指数达 44.1。

P

泡桐黑痘病主要危害 1 年生苗木的干、嫩梢、叶柄和叶片。病菌侵染幼叶时，病部开始表现为点状失绿，渐变为褐色小点，随后有所扩大，病斑周围色淡，似水渍状，边缘稍肿胀，后期病斑中央破裂，有的形成穿孔。叶脉受害后导致叶片畸形。干部、嫩梢、叶柄上的病斑为淡褐色或灰褐色、凸起，形似黑豆，呈串状或成排纵向排列，受害部分表面粗糙似疮痂（图 1）。梢部受害严重时，病斑连成片、顶梢干枯。

病原及特征　病原为泡桐痂圆孢［*Sphaceloma paulowniae*（Tsujii）Hara.］，属痂圆孢属（*Sphaceloma*）。分生孢子盘垫状，大小差别较大，灰白色，包被早期破裂而消失，仅分生孢子梗裸露；分生孢子梗排列紧密，不分枝，长 9～10μm；分生孢子无色，单细胞，卵圆形或长圆形，大小为 5～9μm×2.5～4μm，在其中央或两端多有油点，无色（图 2）。

侵染过程与侵染循环　病菌以菌丝和分生孢子盘在病枝叶的病斑内越冬，4 月初产生分生孢子，通过气流、雨滴溅洒传播，经皮孔和气孔入侵引起初次侵染，潜育期为 3～5 天，于 4 月中旬在幼叶上产生新病斑。生长季节可多次侵染，每次雨后就会有很多的病枝叶出现。

流行规律　不同泡桐品种之间抗病性差异很大，白花泡桐、兰考泡桐发病最为严重，毛泡桐、川泡桐和秋叶泡桐等较为抗病。

防治方法

栽培抗病品种　毛泡桐及其变种光泡桐较抗病，可通过白花泡桐与毛泡桐杂交育种提高寄主抗病性。

培育无病树苗　在距泡桐林较远的地方育苗，采用埋根育苗可降低发病率。

减少初侵染源　冬季清除留床苗或留根苗的病枝及病落叶。

化学防治　在 5～6 月发病初期，喷洒 1：2：200 波尔多液或 50% 托布津粉剂 200 倍液进行防治。

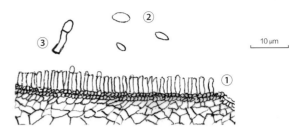

图 2　泡桐痂圆孢形态特征（杨俊秀绘）
①分生孢子盘；②分生孢子；③分生孢子梗

参考文献

李秀生，1984. 泡桐黑痘病 [M] // 中国林业科学研究院. 中国森林病害. 北京：中国林业出版社.

杨俊秀，李武汉，梅丽娟，1987. 泡桐黑痘病研究 [J]. 中国森林病虫通讯 (3): 8-11.

杨旺，1996. 森林病理学 [M]. 北京：中国林业出版社.

（撰稿：杨俊秀；审稿：叶建仁）

泡桐花叶病　paulownia mosaic disease

由病毒引起的泡桐花叶的常见病害。

分布与危害　在泡桐丛枝病发生严重的地区均有分布。感病的植株表现明显的花叶，特别是在 1 年生苗木上，尤为清楚。1 年生重病株矮小，叶片变为褐色，植株渐渐死亡。3 年生以上重病株叶片的颜色变暗褐，叶缘向上内卷。与丛枝病并发的症状是叶片失绿变小，花叶明显。

病原及特征　病原为泡桐烟草花叶病毒和黄瓜花叶病毒（cucumber mosaic virus，CMV）。

侵染过程与侵染循环　尚不清楚。

流行规律　尚不清楚。

防治方法　参照相关植物病毒病害的防治方法。

参考文献

洪瑞芬、邵平绪，1981. 泡桐丛枝病病树中的类菌原体与病毒 [J]. 山东林业科技 (2): 1-7.

孙丽娟，1986. 泡桐花叶病两种病原分离物的鉴定 [J]. 林业科学，22(20): 142-145.

（撰稿：刘红霞；审稿：叶建仁）

平菇黄斑病　*Pleurotus ostreatus* yellow blotch

由托拉斯假单胞菌或者假单胞菌属细菌引起的、通常危害平菇菌盖，而不深入感染菌肉的一种细菌性病害。又名平菇褐斑病、平菇黄腐病，是平菇栽培过程中较为常见的病害之一。

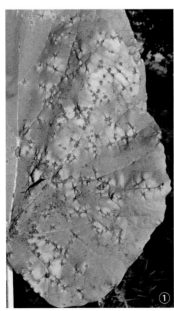

图 1　泡桐黑痘病症状（曹支敏摄）
①病叶症状；②病柄症状

发展简史　早在1915年，托拉斯（A. G. Tolaas）就蘑菇细菌性褐斑病进行了首次报道，后来佩因（Paine）将病原菌鉴定为 *Pseudomonas tolaasii*；1983年，在美国加利福尼亚首次发现了平菇黄斑病，病原菌被鉴定为伞菌假单胞菌（*Pseudomonas agarici*），它可引起平菇原基表面出现黄色液滴，并且菌盖萎缩变黄或变棕，成熟后畸形。1993年，苏亚摩（K. Suyama）等人首次在日本的平菇栽培区分离、鉴定出了平菇褐斑病的病原菌 *Pseudomonas tolaasii*，发病平菇菌盖上出现圆形或梭形褐色病斑，病斑大小较一致，边缘整齐，中间凹陷，病斑数量从几个到几百个不等。该病只在菌盖表面或菌肉浅层形成斑点，不深入感染子实体内部，也不会引起子实体腐烂。当栽培条件潮湿时，病斑表面往往形成一层菌脓。病原菌在发育正常的平菇表面也存在，但只有当菌体繁殖数目达到阈值时才能致病。1999年，村太（H. Murata）对平菇褐斑病的致病菌托拉斯假单胞菌进行了研究，描述了托拉斯假单胞菌不同环境条件下的微观形态。2009年，金丹等通过显微形态的观察和16SrDNA序列分析，再次鉴定平菇黄斑病的病原菌为托拉斯假单胞菌（*Pseudomonas tolaasii* Paine）。2007年，张瑞颖等根据Biolog自动鉴定系统、16S rDNA序列分析及嵌套PCR检测结果综合鉴定，也确认引起平菇黄斑病的病原菌为 *Pseudomonas tolaasii*。

除了 *Pseudomonas tolaasii* 外，在1982年W. C.Wong研究发现 *Pseudomonas reactans*、1996年韦尔（Well）认为 *Pseudomonas ginger* 及2008年李德舜（DS. L）认为荧光假单胞菌（*Pseudomonas fluorescens*）也能引起平菇发生黄斑病。随着研究的深入，2014年坎托尔（Cantore）和亚克贝利斯（Iacobellis）又证实假单胞菌属的其他种属 *Pseudomonas* spp. 也可导致平菇黄斑病的发生。时至今日对于平菇黄斑病的研究仍没有停止，探索黄斑病的致病机理仍在继续。

分布与危害　现阶段平菇的种植模式已进入人工栽培化、半机械化、机械化阶段。已逐渐摆脱受自然环境影响的局面，但又形成强烈依赖栽培条件的状况。在中国平菇各个产区均有发生，尤其是以发酵料栽培或生料栽培的平菇产区，如河南、河北等地发生严重。在南方平菇产区，每年春夏之交或秋冬之交的季节，平菇黄斑病容易发生。发病后，菌盖表面分布黄褐色斑点或黄色斑块，严重的在发病部位产生菌脓，严重影响平菇外观，导致整个菇体失去商品价值（图1）。平菇生长周期短，一个栽培袋平均可以出菇3～5潮，如若栽培条件控制不好，头潮菇感染病害，则可影响后续出菇情况，轻则品质产量下降，重则直接带来绝产，造成严重的经济损失。

病原及特征　平菇黄斑病的主要病原为托拉斯假单胞菌（*Pseudomonas tolaasii*），假单胞菌属的有些细菌也可以引起平菇黄斑病。托拉斯假单胞菌属于原核生物界裂殖菌门假单胞菌目假单胞菌属。在培养基上菌落圆形、乳白色、表面光滑、稍隆起，直径2～4mm，荧光反应明显。菌体杆状，0.4～0.5μm×1～1.7μm，具有1根或多根极生鞭毛，革兰氏反应阴性。

托拉斯假单胞菌在平板上有2种培养形态，根据这个特点可以将托拉斯假单胞菌分为野生型S型和突变型R型。S

图1　平菇黄斑病症状（边银丙提供）

型在金氏B培养基上形成的菌落光滑、有光泽、黏稠、不透明、边缘整齐、不产生荧光色素，具有致病性；而R型菌落粗糙、半透明、产生荧光色素、没有致病性。人工培养时，S型容易突变成R型。当S型改变为R型时，菌落形态及生理生化特性也随之改变。

Pseudomonas tolaasii 在平板上还有一个培养特性：在金氏B培养基中 *Pseudomonas tolaasii* 可与假单胞菌"reactans"特异反应生成白色沉淀线，这一反应叫做WLT（white line test）。这是由于 *Pseudomonas tolaasii* 分泌的tolaasin和 *Pseudomonas reactans* 产生的WLIP（white line inducing principle）能互相作用，此反应还可以用来鉴定托拉斯假单胞菌与假单胞菌"reactans"。

托拉斯假单胞菌并非专性寄生在平菇上，也会侵染双孢蘑菇、杏鲍菇等。因此，在平菇的栽培过程中需格外注意病菇的交互感染问题。

侵染过程与侵染循环　平菇黄斑病在子实体生长的任何时期都可能发生。当病害发生在子实体原基发育阶段时，幼嫩的子实体原基变为淡黄色至微红色，发育迟缓，后迅速萎蔫，在整簇或部分子实体原基上均可能发生。幼小子实体感病后，表面布满褐色点状病斑和成片的黄色病斑，子实体停止发育。成熟的子实体感病后，菌盖或菌柄上淡黄色至微红色病斑周围常有黄色至红色的圈纹。在高温高湿条件下，子实体发病后常迅速腐烂，并发出一种刺鼻的气味。在通常情况下，子实体表面全部或部分黄化。在同一栽培条件下，部分或全部的菌袋都会发生类似症状。一些菌袋可能仅部分子实体色变，而另一些菌袋发病严重，造成严重减产或绝产；病害可能在第一潮菇发生后就不再出现，也可能在整个生产周期中都会发生。

平菇黄斑病病原菌广泛存在于自然界各种有机质中，包括培养料、覆土以及平菇栽培场地周边垃圾，特别是废弃或污染的栽培袋，这些场所均可能是平菇细菌性黄斑病的病菌来源。病原菌在各种有机质中存活越冬，翌年感染平菇子实体。

病原菌另一个重要来源是未灭菌或灭菌不彻底的培养

料。采用发酵料或生料进行平菇栽培时，当发菌结束后，打开菌袋两端覆盖的报纸或牛皮纸时，培养料中的病原菌极易感染幼蕾和子实体。这也是平菇黄斑病在河南、河北等部分平菇发酵料栽培产区发生严重的主要原因之一。

病原菌主要通过喷水方式传播，特别是采用水管喷淋时，不仅将菇房地表的病原菌传播到平菇子实体上，也将病菇上的病原菌传播到健康的平菇子实体上，并在子实体表面形成水膜，有利于病原菌侵染。此外，昆虫携带病菌或人工操作也是传播病原菌的重要方式（图2）。

流行规律 平菇黄斑病暴发流行需要的3个条件：①病菌基数大。菇房内外卫生条件极差，且采用发酵料或生料进行平菇栽培。②环境条件适宜病害发生。采用大水喷灌方式进行灌淋，或害虫虫口基数大，病菌容易传播；菇房通风差或不通风，子实体表面有水膜，气温在18～22℃。③品种易感病。在平菇栽培品种中，子实体白色、灰白色或浅灰色的品系不易发生黄斑病，而子实体深灰色、褐色和深褐色品系更易发生黄斑病。

平菇黄斑病通常在每年3～4月或9～10月发生，当气温在18～22℃时最易发生。气温低于15℃或高于24℃，黄斑病几乎不发生。

造成中国局部地区平菇黄斑病发病严重的原因，除了平菇黄斑病菌适宜于在各种有机质上存活之外，菇房管理中温度、湿度、水分管理与通风之间的相互协调困难，也是导致黄斑病大发生的原因之一。理论上讲，喷水后应加强通风，但通风常导致菇房温度下降，且通风导致水分容易散失，湿度迅速下降，少数菇农习惯于在喷水后紧闭门窗，造成菇房内高温高湿和通风不良，有利于病害大发生。

菌种带菌和菌袋培养料带菌是平菇黄斑病发生的另一个重要原因。由于平菇菌丝生活能力强，即使培养料中存在少量其他微生物，也不影响平菇菌丝生长，导致菌种和长满菌丝的栽培袋存在隐性带菌现象，这就是未灭菌或灭菌不彻底的菌袋常发病严重的原因。此外，菌袋中菌丝遭遇高温烧菌，或随着平菇不断采摘而菌丝生长能力下降，导致子实体生活力下降，病原菌更易侵染，因此，后潮菇一般感病较重。

菇场多年使用，环境中病原菌基数高，发病率明显上升。菇棚管理不当，子实体发生过密，或每潮菇采收后，病死菇未被及时清除，易造成再次侵染。不清洁的水源中可能携带有大量病原菌，也易造成菇体的感染。双翅目害虫，如菇蚊、菇蝇叮咬发病子实体后，再咬食健康子实体，使病原菌极易从伤口感染，会加剧平菇黄斑病发生。

防治方法

农业防治 包括平菇菌种的选择，栽培料配方，灭菌是否彻底，管理条件是否得当，菇场环境是否干净等等。农业防治侧重于预防，由于食用菌生长周期短，施用化学药剂易对人体造成危害，故食用菌病害防治一定要做好前期预防工作。

首先要严格控制栽培场所环境卫生的清理，所选栽培场所应当做灭菌处理后待用。选择活力旺盛的菌种接种，对于已产生菌皮的菌丝则要挑去菌皮。接种季节是关键，不要选择在3～4月、9～10月等利于病虫害传播的时间接种，容易污染。栽培料最好选用发酵料或者通过灭菌处理。发菌时对污染的栽培袋及时挑拣，统一销毁处理。出菇管理喷水不宜直接对着子实体喷，容易产生积水，注意水源清洁，注意适时打开门窗通风，加强菇房环境中温度、湿度、通风和水分的管理（图3）。尽可能选择抗病能力较强的浅色品系或高温品种进行栽培。采摘后及时清理残基料面，防止腐败蘑菇影响下次出菇，也防止对害虫的吸引。种植一季过后对栽培场地进行彻底的清洁打扫。

化学防治 防治平菇黄斑病常用的化学药剂有溴硝醇（bronopol）、漂白粉液、二氧化氯、农用链霉素等。使用方法有熏蒸法、喷施法等。有时虫害的发生也是加剧病害传播的重要原因，因此，要充分发挥药剂的最大防病保产效果，提高经济效益。必须根据当地平菇黄斑病的发生流行特点、品种感病性、杀菌剂特性，确定用药量、用药适期、用药次数和施药方法。由于平菇子实体发育快、病程短，平菇黄斑病化学防治应尽可能着眼于菇房处理和培养料灭菌，以预防病害发生为主。

选育优良品种 平菇不同品种对黄斑病的抗性差异区

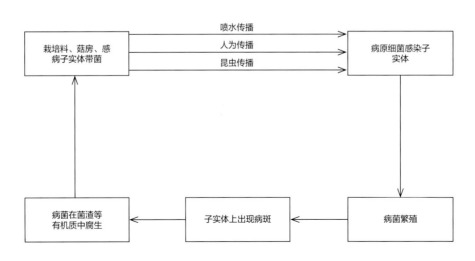

图2 平菇黄斑病侵染循环示意图（边银丙提供）

图 3　河南平菇标准化栽培大棚（边银丙提供）

别非常明显，选育抗病优质品种是从根本出发提高平菇对抗逆境的能力，是最为经济有效的抵抗病害发生的方法。抗病良种可通过引种、杂交育种、系统选育和人工诱变等途径获得。平菇品种对黄斑病的抗性表现有不同的类型，其侵染可划分为高感品种、中感品种、中抗品种、高抗品种。例如，在抗性方面深色品种的平菇比浅色品种的抗病性弱。目前在平菇中已有一些抗性相对较强的品种被选育出来，其中保存在国家食用菌标准菌株库中的菌株 CCMSSC00397、CCMSSC00358、CCMSSC00599、CCMSSC03764、CCMSSC00499 抗性较强。当然抗病品种还应与产量与质量相关联，新品种的选育推广工作还要继续进行。

生物防治　该方法在食用菌生产上的应用还处于初级阶段。1988 年，弗莫尔（Fermor）等从菇房、培养料上分离筛选了一批具有一定研究和应用价值的 *Pseudomonas tolaasii* 的拮抗细菌；2002 年，Tsukamoto 等从腐烂的平菇子实体上分离到了一株能显著减弱 *Pseudomonas tolaasii* 产生 tolaasin 能力的革兰氏阳性细菌；Tsukamoto 等从伞菌目（Agaricales）子实体上分离到了能有效解除 tolaasin 的毒性，并强烈抑制黄斑病发生的几种拮抗细菌。2011 年，中国徐岩岩利用中生菌素可湿性粉剂对平菇细菌性黄斑病进行药效试验，取得了较好的治疗效果。2011 年，金姆（H. K. Kim）研究称 *Pseudomonas tolaasii* 噬菌体可以用于黄斑病的生物防控，且混合噬菌体在病害防治中是可行的。中国比较热衷于利用植物的有机提取液防治病害，将这一思路应用在大型食用真菌病害防治上也是可以尝试的道路。总之，平菇黄斑病生物防治研究虽然取得了一些进展，但在应用上还存在一些问题有待进一步研究。

参考文献

金丹、李宝聚、石延霞，等，2009. 一种平菇褐斑病病原菌的鉴定 [J]. 食用菌学报，16(1): 89-91, 95.

张瑞颖，胡丹丹，顾金刚，等，2013. 刺芹侧耳细菌性软腐病病原菌分离鉴定 [J]. 食用菌学报，20(3): 43-49.

TOLAAS A G, 1915. A bacterial disease of cultivated mushroom[J]. Phytopathology, 5: 51-54.

WONG W C, PREECE T F, 1979. Identification of *Pseudomonas tolaasi*: the white line in agar and mushroom tissue block rapid pitting tests[J]. Journal of applied bacteriology, 47(3): 401-407.

YU H J, LIM D, LEE H S, 2003. Characterization of a novel single-stranded RNA mycovirus in *Pleurotus ostreatus*[J]. Virology, 314(1): 9-15.

（撰稿：边银丙、程阳；审稿：赵奎华）

苹果白粉病　apple powdery mildew

由白叉丝单囊壳引起的、危害苹果各部分的一种真菌病害。

发展简史　国外于 20 世纪 20 年代就有了该病害的报道，并且起步较快。中国于 20 世纪 50 年代开始该病害的研究，也取得了一定的成果。

分布与危害　苹果白粉病是世界性病害。中国各苹果产区均有发生，以西北黄土高原和西南高原产区危害严重。不仅会导致花芽量减少、果实品质降低，还会削弱树势，管理粗放的果园，感病品种上病梢率可达 30%～50%，严重者达 80%。

主要危害嫩枝、叶片、新梢，也可危害芽、花及幼果。新梢发病，病梢瘦弱，节间短缩，叶片细长，变硬变脆，叶缘上卷，初期表面布满白色粉状物，后期逐渐变为褐色，并在叶背的主脉、支脉、叶柄及新梢上产生成堆的小黑点，即病菌的闭囊壳，严重的整个新梢枯死。叶片受害，叶背面产生一层白色粉状物，叶正面颜色浓淡不均，叶片凹凸不平，严重时叶片干枯脱落。芽受害，呈灰褐或暗褐色，瘦长尖细，鳞片松散，上部张开不能合拢，病芽表面绒毛少，受害严重的芽干枯死亡。花芽受害，轻者能够开花，但花瓣变淡绿色，细长，萼片、花梗畸形，雌雄蕊丧失授粉或受精能力，最后干枯死亡。受害严重的花芽，难以形成花蕾，或者花蕾萎缩枯死不能开花。幼果受害，多在萼片或梗洼处产生白色粉斑，病部变硬，果实长大后白粉脱落，形成网状锈斑。变硬的组织后期形成裂口或裂纹（图 1）。

病原及特征　有性态为白叉丝单囊壳 [*Podosphaera leucotricha* (Ell. et Ev.) Salm.]，属叉丝单囊壳属。白粉菌为一种外寄生菌，病部的白色粉状物即为病菌的菌丝体、分生孢子及分生孢子梗。分生孢子梗棍棒形，大小为 20.0～62.5μm×2.0～5.0μm，顶端串生分生孢子。分生孢子无色、单胞，椭圆形，大小为 16.4～26.4μm×14.4～19.2μm。

有性时期的闭囊壳球形，暗褐色至黑褐色，大小为 75～100μm×70～100μm。在闭囊壳上有两种形状的附属丝，一种在闭囊壳顶端，有 3～10 枝，长而坚硬，上部有二叉状分枝或不分枝；另一种在闭囊壳的基部，短而粗且呈丛状。闭囊壳中只有 1 个子囊，子囊椭圆形或球形，大小为 50.4～55.0μm×45.5～51.5μm，内含 8 个子囊孢子。子囊孢子无色单胞，椭圆形，大小为 16.8～22.8μm×12.0～13.2μm（图 2）。

病菌菌丝生长适温为 20℃，分生孢子在 33℃ 以上即失

去活力。分生孢子萌发适温为 21℃ 左右，最适相对湿度为 100%。分生孢子在水滴中常吸水胀裂，不能萌发。

侵染过程与侵染循环 病菌以菌丝在芽的鳞片间或鳞片内越冬。顶芽带菌率高于侧芽，其下部侧芽带菌率依次降低，第四侧芽以下基本不带菌。翌春随着芽的萌动，病菌开始活动并产生分生孢子。分生孢子随风传播，侵染嫩芽、嫩叶和幼果。病菌为专性寄生菌，多以吸器侵入寄主内部获取营养，分生孢子可发生多次再侵染。

流行规律 白粉病从 4 月苹果萌芽开始发病，5 月进入侵染盛期，5 月底形成全年的第一个发病高峰期，7～8 月进入雨季后，随寄主组织的抗病性增加略停顿，9～10 月侵染秋梢，形成全年的第二个发病高峰。

白粉病的发生和流行与寄主抗性、湿度及栽培条件关系密切。苹果不同品种间抗病性差异也十分明显，富士、金冠、元帅、青香蕉、秦冠等较抗病；嘎啦、倭锦、红玉、红星、国光、印度等高度感病。发育未成熟的叶片、幼果、幼梢感病，成长后的叶片抗病。春季温暖潮湿，夏季干旱少雨，秋季晴朗，有利于该病的发生和流行。果园偏施氮肥或钾肥不足，种植过密，造成树冠郁闭，枝条细弱时容易发病。

防治方法

农业防治 清除菌源结合修剪，剪除病梢、病芽；早春萌芽后复剪，剪掉新发病的枝梢，集中烧毁或深埋，减少病菌的侵染来源。

化学防治 感病品种自苹果花序分离期开始喷药防治，每 10～15 天喷药 1 次，连喷 2～3 次，可有效控制苹果生长前期白粉病的危害。常用药剂有苯醚甲环唑、三唑酮、戊唑醇、甲基硫菌灵、可湿性硫黄粉等。

参考文献

董金皋，2015. 农业植物病理学 [M]. 3 版 . 北京：中国农业出版社 .

冯建国，2014. 苹果病虫草害防治手册 [M]. 北京：金盾出版社 .

中国农业科学院植物保护研究所，中国植物保护学会，2015. 中国农作物病虫害 [M]. 3 版 . 北京：中国农业出版社 .

（撰稿：李保华、练森；审稿：孟祥龙）

图 1 苹果白粉病叶（李保华提供）

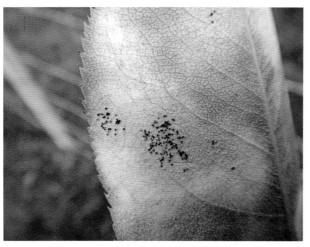

图 2 苹果白粉病的闭囊壳（李保华提供）

苹果白绢病 apple southern blight

由罗耳阿太菌侵染引起，主要危害 4～10 年生苹果幼树或成年树根颈部的病害。又名苹果茎基腐病、苹果烂葫芦。

分布与危害 此病在中国南部多雨地区发生较重。山东烟台地区的海滩与河滩沙地果园也分布普遍，而山地苹果却较少。从树龄上来看，主要危害幼树、小树（4.5～10 年生），而成株、老树被害轻微。个别苹果区（小树）的发病率达 10%～20%，造成不少缺株。除了危害苹果外，还可以危害多种果树和树木。发病后，往往造成树势衰弱，严重的引起植株死亡。主要发生在果树及苗木根颈部，发病初期，根颈皮层出现水渍状暗褐色病斑，逐渐凹陷并向周围扩展，上生白色绢丝状的菌丝层。在潮湿条件下，菌丝层可蔓延到病部周围的地面上。后期，皮层腐烂，有酒糟味，在病部长出许

苹果白绢病危害状及病菌子实体（曹克强摄）

多油菜籽状棕褐色的菌核。最终，病株茎基部皮层完全腐烂，全株萎蔫死亡。地上部发病后，叶片逐渐变小发黄，枝条节间缩短，结果多而小。苗木及成年树均可发病，幼树发病后很快死亡（见图）。

病原及特征 病原为罗耳阿太菌［Athelia rolfsii（Curzi）Tu & Kimbr.］，属阿太菌属。无性态为齐整小核菌（Sclerotium rolfsii Sacc.），属无性菌类。病菌易大量产生小型菌核，褐色至暗褐色，球形，表面光滑，直径为 0.8～3.2mm，内部白色。担孢子无色，单胞，倒卵形，大小为 4.6～7.0μm。担子梗对生每四根在一起，无色，单胞，大小为 3～5μm。担子无色，单胞，棒锤状，大小为 6.6μm×16.0μm，生于菌丝层上，外观如白粉状。病菌喜高温高湿的气候条件，发病的最适温度为 32～33℃，最高温限为 38℃，最低温度则为 13℃。

侵染过程与侵染循环 病菌主要以菌核在土壤中越冬，翌年生长期中再生出菌丝进行传播侵染。菌核在自然条件下，可在土中存活 5～6 年之久。病菌在果园内的近距离传播靠菌核移动（借助雨水或灌溉水）和菌丝蔓延，而远距离传播则由带病苗木传输。在山东半岛，果园内野苜蓿大量被害并产生菌核，病株在 7 月即行枯死，可能是传播病菌的主要野生寄主。

流行规律 高温高湿是发病的主要条件，7～9 月初为发病盛期，10 月以后菌核不再萌发。菌核在 30～38℃ 下经过 2～3 天即可萌发，一般从菌核萌发到新的菌核出现需 8～9天，菌核从形成到老熟则需要 9 天左右。病菌的侵染与果树根颈部受高温日灼而造成的伤口有密切关系。在原为杨树、柳树及酸枣的林迹地建立果园时发病较重，尤其是土中原有树根清理不净者。

防治方法 选用抗病砧木，培育抗病力强的树苗，对病树及时更新或视具体情况在早春进行桥接或靠接，进行挽救。在病区要定期检查病情，有条件的树下种植矮生绿肥，防止地面高温灼伤根颈部，以减少发病。

参考文献

中国农业科学院植物保护研究所，中国植物保护学会，2015.中国农作物病虫害 [M].3 版 .北京 :中国农业出版社 .

（撰稿：曹克强；审稿：孟祥龙）

苹果白纹羽病 apple *Rosellinia* trunk rot

由褐座坚壳菌引起的，危害苹果、梨、葡萄及核果类果树的一种病害。

分布与危害 苹果白纹羽病分布范围广泛，以山东、河北和辽宁等地的果园发病较多。先从细根开始发生，以后扩展到侧根和主根。病根表面绕有白色或灰白色的丝网状物，即根状菌索。后期变为灰褐色，有时其上形成小黑点（子囊壳）。病根无特殊气味。有的病株当年死亡，有的则发病 2～3年后死亡。地下部发病后，地上部表现为树势衰弱，生长缓慢，果实停长，萎缩，叶片黄化早落等症状。

病原及特征 病原为褐座坚壳菌［Rosellinia necatrix（Hart.）Berl.］，属座坚壳属。在自然条件下，病菌主要形成菌丝体、菌索、菌核，有时也形成子囊壳。子囊壳黑褐色、炭质、近球形，集生于死根上。子囊圆柱形，内含 8 个子囊孢子。子囊孢子单胞，纺锤形，褐色至黑色。子囊孢子作用较小，主要靠菌丝体及其变态来繁殖和传播。

侵染过程与侵染循环 病菌以菌丝体、根状菌索或菌核随病根在土壤中越冬。条件适宜时，菌核和根状菌索长出营养菌丝，从根表皮孔侵入，侵染新根的柔软组织。病健根相互接触可以传病，并可通过带病苗木调运进行远距离传播。

流行规律 病菌的菌丝残留在病根或土壤中，可存活多年，并且能寄生多种果树，引起根腐，最后导致全株死亡，是重要的土传病害。主要以菌丝越冬，靠接触传染。凡树体衰老或因其他病虫危害而树势很弱的果树，一般多易发病。

防治方法

选地建园，选用无病苗木和苗木消毒 不要在旧苗圃地建果园，不要在老果园育苗。苗木要经过严格检查，别除病苗和弱苗，或进行消毒处理。怀疑带有真菌根病的用多菌灵、甲基硫菌灵处理，怀疑带有细菌性根部病害的用链霉素、硫酸铜处理。

加强果园的栽培管理，培育壮树 地下水位高的果园，要做好排水工作，雨后及时排除积水。合理施肥，避免偏施氮肥，氮、磷、钾肥要配合使用，增施有机肥。合理修剪，合理负载，及时防治其他病虫害，保证果树的健壮生长。

病树治疗 经常检查果园，发现病树，立即处理，防止病害扩展蔓延。寻找发病部位，彻底清除所有病根，对伤口进行消毒，再涂以波尔多液等保护剂，用无病土或药土（由五氯硝基苯以 1：50～100 的比例与换入新土混合而配制）覆盖。常用消毒剂有硫酸铜、石硫合剂、多菌灵等。

隔离病菌和土壤消毒 在病株周围挖 1m 以上的深沟加以封锁，防止其传播蔓延。每年在早春和夏末分 2 次进行药剂灌根。灌根时，以树干为中心，开挖 3～5 条放射状沟（沟长以树冠外围为准，宽 30～50cm，深 40cm 左右）。有效药剂主要有五氯硝基苯、五氯酚钠、噁霉灵、松脂酸铜、甲基硫菌灵、代森铵等。用 K84 菌液在栽前、发病前灌根和穴施或处理苗木可有效预防白纹羽病的发生。

清除病株 对严重发病的果树，尽早清除。病残根要全部清除、烧毁，并用甲醛或五氯酚钠消毒病穴土壤。如病死树较多，病土面积大，可用石灰氮消毒。

P

参考文献

福岛，李士竹，1984.苹果纹羽病的发生生态和防治 [J].国外农学 (果树) (4): 32-35.

（撰稿：曹克强；审稿：孟祥龙）

苹果斑点落叶病　apple *Alternaria* blotch

由链格孢侵染引起的病害，在各苹果产区都有发生。又名苹果褐纹病。

发展简史　苹果斑点落叶病于 1956 年在日本岩手县首次发现。中国自 20 世纪 70 年代后期开始发生，是黄河故道和渤海湾产区的重要病害。斑点落叶病常造成感病品种早期大量落叶，部分果园落叶率高达 80%。

分布与危害　苹果斑点落叶病主要危害叶片，也可侵染果实和枝条。叶片发病后，首先出现褐色小点，逐渐扩大为直径 3～6mm 的病斑。病斑红褐色，边缘紫褐色，有深浅相间的轮纹。天气潮湿时病部正反面均产生墨绿色霉状物。发病中后期，病斑变成灰白色，有的破裂穿孔，被二次寄生后产生小黑点。展叶 30 天内的嫩叶最易受害，在高温多雨季节病斑扩展迅速，常使叶片焦枯脱落（图①）。

果实受害，多以果点为中心，产生近圆形褐色斑点，直径 2～5mm，周围有红色晕圈。病斑下果肉数层细胞变褐，干腐。病斑被二次侵染后腐烂（图②）。

病原及特征　病原为链格孢苹果专化型（*Alternaria alternata* f. sp. *mali*），属子囊菌链格孢属也有人认为斑点落叶病菌是 *Alternaria mali* 的一个强毒株系。

分生孢子梗从气孔伸出，束状，暗褐色，弯曲多胞，大小为 16.8～65.0μm×4.8～5.2μm。分生孢子顶生，5～13 个（常 5～8 个）串生，形状变化极大，为倒棍棒状、纺锤形、卵圆形、椭圆形或近圆形，有的分生孢子先端有喙，有的则没有。分生孢子为暗褐色，有 1～7 个横隔，0～5 个纵隔。孢子大小变化也很大，为 5.0～20.0μm×10.5～60.0μm，表面光滑或有小突起。

菌丝生长的温度为 5～35℃，适温为 28～30℃。孢子在清水中萌发良好，果实和叶片浸出液对孢子萌发有激发作用。病菌存在明显的致病性分化，不同菌株的致病能力有很大差异。强致病菌株无伤接种可能使高抗品种发病。病菌产生寄主专化性毒素，毒素所致症状与病菌接种形成症状相似。

侵染过程与侵染循环　病菌以菌丝在落叶、僵果、枝条病斑、叶芽、花芽以及果园周边的杂物上越冬，苹果萌芽前开始产生分生孢子。分生孢子随气流和雨水传播。病菌孢子着落于侵染部位后，当气温超过 15℃，遇雨或叶面结露时，多个细胞同时萌发，在侵染部位形成菌丝和小菌落，由菌丝自表皮或自然孔口侵入寄主组织内，产生毒素和酶杀死并降解寄主细胞。病菌从侵入到形成肉眼可见的坏死斑最快需要 24 小时。叶片和果实发病后，病斑逐渐扩展，条件适宜时产生分生孢子进行再侵染。斑点落叶病有多次再侵染。

该病每年有两个发病高峰期，分别出现在春、秋两次抽梢期。田间自然病斑始见于 4 月下旬,5 月中下旬春梢旺长期,

苹果斑点落叶病危害症状 (李保华提供)
①病叶；②病果

若遇持续时间稍长的阴雨便可形成全年第一个发病高峰，至 6 月中下旬形成严重危害。7 月下旬至 8 月上旬，秋梢生长期，遇雨后形成第二个发病高峰期，严重时常造成大量落叶。

流行规律　苹果不同品种间抗病性差异明显。元帅系品种感病；金冠、富士、嘎啦等中度感病。

叶片的抗病性与龄期密切相关，30 天内幼嫩叶片感病，10～20 天的叶片最感病，成长后的叶片不易受侵染。

病害发生的早晚与轻重，取决于春秋两次抽梢期间的降雨量以及空气相对湿度。降雨主要促进孢子的传播与侵染，高湿促进病斑产孢。苹果春梢和秋梢生长期间，如遇雨量超过 10mm，持续时间超过 24 小时阴雨，降雨 3～5 天后，苹果叶片上会出现一个发病高峰期，5～10 天后会出现孢子释放高峰期。降水量越大，持续时间越长，发病越重。

此外，树势较弱、通风透光不良、地势低洼、地下水位高、偏施氮肥、枝叶幼嫩等均有利于病害发生。

防治方法　在栽培抗病品种的基础上，加强栽培管理，清除侵染菌源。苹果抽梢期喷药保护是防治斑点落叶病的主要措施。

农业防治　秋末冬初剪除病枝，清除残枝落叶，集中烧毁，以减少初侵染源。多施有机肥，增施磷肥和钾肥，避免偏施氮肥，提高树体抗病能力。7 月及时剪除徒长枝及病梢，

改善通风透光条件。合理灌溉，及时排除树下积水，降低果园湿度，在一定程度上能减轻病害发生。

化学防治 春季苹果树修剪后，萌芽前全树喷布高浓度的波尔多液或5波美度石硫合剂，能铲除部分在枝干上越冬的病菌。分别于春梢和秋梢的旺长期，在降雨前1～2天喷施保护性杀菌剂，能有效控制斑点落叶病的危害。常用的药剂有异菌脲、多抗霉素、铬菌腈、苯醚甲环唑、代森锰锌、代森锌等。

参考文献

董金皋，2015. 农业植物病理学 [M]. 3 版 . 北京 : 中国农业出版社 .

中国农业科学院植物保护研究所 , 中国植物保护学会 , 2015. 中国农作物病虫害 [M]. 3 版 . 北京 : 中国农业出版社 .

FILAJDIC N, 1994. Management of Alternaria blotch of apple[M]. North Carolina: North Carolina State University.

（撰稿：李保华、练森；审稿：孟祥龙）

苹果病毒病　apple virus disease

被病毒侵染而导致苹果正常的生理机能遭到破坏，甚至引起树体死亡的病害。是苹果生产的重要障碍。

发展简史 国外自20世纪40年代开始对苹果病毒病研究，现在主要苹果生产国基本上实现了苹果的无毒化栽培。中国于1978年从国外引进病毒指示植物后才开始对苹果病毒病进行系统研究。已经初步明确了中国苹果主产区病毒病的种类和分布，并在病毒检测方面取得了一定的进展。

分布与危害 苹果树是多年生植物，在自然界的长期繁殖和连续营养繁殖过程中，感染并积累了多种病毒。苹果病毒病是世界各苹果产区的重要病害，几乎所有栽培苹果的国家或地区都有病毒病的危害。苹果病毒病根据危害特点可分为由非潜隐病毒（non-latent virus）引起的苹果病毒病和由潜隐病毒（latent virus）引起的苹果病毒病两大类。世界上报道的引起苹果病毒病的病毒有39种，其中非潜隐性病毒25种，潜隐性病毒14种。已明确能给苹果生产造成危害的有16种，这些病毒不但破坏树体的正常生理机能，使树体生长势减弱、树叶病变（产生花叶等症状），还造成果实产量和品质下降，甚至引起果树死亡。

苹果花叶病在全世界苹果产区均有分布。苹果花叶病不仅可造成苹果树叶片呈花叶症状，而且可使感病品种的树体生长减少50%，树干直径减少20%，苹果产量减少30%。苹果花叶病毒侵染金冠（golden delicious）、蛇果（red delicious）、麦金托什苹果（McIntosh）分别造成46%、42%和9%的产量损失。ApMV毒性株系侵染M9、M15、MM104、MM105等砧木系也可引起非常严重的症状。

苹果花叶病毒在中国苹果产区分布非常普遍，而且大量栽植感病品种秦冠、金冠等，通过带毒苗木的传播扩散，一些果园的病株率高达30%，更有甚者，由于苗木管理混乱，个别新建园的发病率高达70%。

潜隐病毒病主要由三种苹果潜隐病毒（苹果褪绿叶斑病毒ACLSV、苹果茎沟病毒ASGV、苹果茎痘病毒ASPV）侵染引起，通常单独或混合侵染苹果树，而且混合侵染率高。潜隐病毒一般不引起明显的症状，但影响嫁接亲和性以及苹果树的发育和产量，其严重度取决于侵染苹果树的潜隐病毒种类数目、病毒株系、砧木类型和树龄。其中，ACLSV是世界性分布，能侵染所有的仁果和核果类果树以及一些野生植物，是危害最大的一类潜隐病毒，在中国、前南斯拉夫、德国、意大利和法国，ACLSV的感染率分别为41.3%～100%、47%、44.7%、58.6%和79%。

苹果树受到潜隐病毒侵染后2～3年内生长不受影响，但通常到第四年严重影响树体生长。金冠受ACLSV、ASGV、ASPV侵染后产量减少30%，而且果面光滑度降低，与无病毒植株的果面相比非常显著。嫁接在M26砧木上的金冠受潜隐病毒侵染后树干围长减少16%，产量减少12%。

潜隐病毒在中国苹果主产区均有广泛发生，侵染率在栽培苹果中达50%～80%，混合侵染率达60%～100%。潜隐病毒对在圆叶海棠或三叶海棠砧木嫁接的果树危害十分严重，甚至造成毁灭性损失。中国大部分苹果栽培品种和矮化系砧木携带潜隐病毒，缺乏抗病性。

苹果花叶病是危害苹果的一种症状明显的病毒病，主要症状是苹果叶片上出现褪绿花叶病斑，最易识别。苹果花叶病的症状表现主要有5种类型：①花叶。苹果叶片上出现深绿、浅绿相间的病斑，形状不规则，边缘不清晰。②斑驳。叶片上出现黄色病斑，形状不同，大小不等，边缘比较清晰。③网纹。叶脉褪绿黄化，形成网纹状。④环斑。叶上出现黄色、近圆形斑纹或环斑。⑤边缘黄化。叶片边缘黄化，形成褪绿锯齿状镶边。这5种类型通常混合出现，在不同的品种和不同的病毒株系间有差异（图1）。

每年的6～7月是苹果花叶病最佳显症期，携带苹果花叶病毒的高龄苹果树和幼树，甚至1年生幼苗，均表现花叶症状，而到了8月由于高温，有些植株上症状会减轻甚至消退。

由ACLSV、ASGV和ASPV侵染引起的苹果潜隐病毒病一般为隐性侵染，在苹果树上不表现明显的症状，但造成慢性危害。病树树势衰弱，一般叶小且硬，生长不齐，果实成熟晚、个头小、品质劣、产量降低（图2）。

ACLSV在一些敏感品种上表现为叶变小、畸形、褪绿环纹等症状。在苋色藜接种叶上，产生针尖状坏死斑点，顶

图1 苹果花叶病在叶片上的症状（周涛提供）

图 2 苹果花叶病对幼苗和成龄树的危害（曹克强摄）

①苹果花叶病危害苹果幼苗；②苹果花叶病在盛果期苹果树上的危害状

部叶片表现轻斑驳。

ASGV 的侵染症状为顶端生长减缓，嫁接部位树皮下的木质部有凹沟，大部分吸收根死亡，树势严重衰退。在相应的指示植物皮下木质部产生条沟，昆诺藜上表现为接种叶产生针尖大小灰白色坏死斑，顶部新叶皱缩反卷、褪绿斑驳。

感染 ASPV 的病树症状多不明显，呈慢性危害。被侵染后植株叶脉变黄、叶片反卷、果实畸形，并在叶片上产生坏死斑，严重时，可导致树体死亡。在相应的指示植物树皮内层及白色木质部产生褐色斑块。

病原及特征　中国已报道的侵染苹果的病毒有 6 种，分别是苹果花叶病毒（apple mosaic virus，ApMV）、苹果褪绿叶斑病毒（apple chlorotic leaf spot virus，ACLSV）、苹果茎沟病毒（apple stem grooving virus，ASGV）、苹果茎痘病毒（apple stem pitting virus，ASPV）、苹果锈果类病毒、苹果凹果类病毒。其中苹果花叶病毒、苹果锈果类病毒和苹果凹果类病毒属于非潜隐性病毒，苹果褪绿叶斑病毒、苹果茎沟病毒和苹果茎痘病毒为潜隐性病毒。苹果茎沟病毒被列为中国进境检疫对象。本条目主要描述前 4 种病毒，苹果类病毒病条目中描述后 2 种类病毒。

苹果花叶病由苹果花叶病毒（apple mosaic virus，ApMV）侵染引起，ApMV 为雀麦花叶病毒科（Bromoviridae）等轴不稳环斑病毒属（Ilarvirus）成员，病毒粒体球形，有两种直径大小的粒子，分别为 25nm 和 29nm。热钝化温度为 54℃（10 分钟），体外存活期很短，几分钟到几个小时，稀释限点为 2×10^{-3}。基因组为 4 条正单链 RNA，分别为 RNA1、RNA2、RNA3 和 RNA4，其中 RNA4 为 RNA3 表达的亚基因组，长度分别约为 3476nt、2979nt、2056nt、891nt，RNA1 和 RNA2 各编码 1 个 ORF，均翻译为复制酶蛋白，大小分别约为 118kDa 和 100kDa，RNA3 编码 ORF3，翻译为移动蛋白，大小约为 32kDa，RNA4 编码 ORF4，翻译为大小约 24kDa 的外壳蛋白；基因组 5′ 端有帽子结构，3′ 端有 poly（A）尾。寄主范围非常广，可以侵染 19 科 65 种植物，鉴别寄主有黄瓜、长春花、豇豆。

3 种苹果潜隐病毒（ACLSV、ASGV、ASPV）均为 β 弯曲病毒科（Betaflexiviridae）成员，病毒粒子均为弯曲线状，直径为 12～13nm，长度不等，600～1000nm，基因组均为正单链 RNA，编码蛋白数目不同。

苹果褪绿叶斑病毒（ACLSV）为纤毛病毒属（Trichovirus）的代表成员。病毒粒子为弯曲线状，大小 640～890nm×10～12nm，热钝化温度为 55～60℃，体外存活期为 20℃ 以下 1 天，4℃ 以下 10 天，稀释限点为 10^{-4}。基因组为正单链 RNA，全长 7555nt，编码 3 个互相重叠的 ORF，分别编码分子量为 216.5kDa 复制相关蛋白（ORF1）、50.4kDa 运动蛋白（ORF2）及 21.4kDa 的外壳蛋白（ORF3），基因组 5′ 端有帽子结构，3′ 端有 poly（A）尾。1959 年英国学者 Lackwi 和 Campbe 首次报道 ACLSV 为苹果潜隐病毒，中国于 1989 年初次报道了苹果树上的 ACLSV。其寄主范围广泛，除侵染苹果外，还可侵染梨、桃、李、杏等多种落叶果树以及 8 个科 15 种草本植物。鉴别寄主有苏俄苹果、昆诺藜、苋色藜。

苹果茎沟病毒（ASGV）属于发形病毒属（Capillovirus），病毒粒子为弯曲线状，大小为 640～700nm×12nm。热钝化温度为 60～63℃，体外存活期为 2 天，稀释限点为 10^{-4}。基因组为正单链 RNA，全长 6496nt，编码 2 个重叠的 ORF，ORF1 编码一个分子量 241kDa 的多聚蛋白，ORF2 在 ORF1 内部，编码一个分子量为 36kDa 的移动蛋白。基因组 5′ 端有帽子结构，3′ 端有 poly（A）尾。美国学者 Waterworth 在 1965 年首次报道了苹果树上的 ASGV，中国于 1989 年初次报道了苹果树上的 ASGV。除侵染苹果外，还能侵染昆诺藜、苋色藜、豇豆、笋瓜等 5 个科 13 种草本植物。鉴别寄主有弗吉尼亚小苹果、昆诺藜、心叶烟、菜豆。

苹果茎痘病毒（ASPV）为凹陷病毒属（Foveavirus）的代表种，病毒粒子为弯曲线状，大小为 800～1000nm×12～15nm。热钝化温度为 55～62℃，体外存活期为 0.3～1.0 天（25℃），稀释限点为 $10^{-3} \sim 10^{-2}$。基因组为正单链 RNA，全长约 9306nt，编码 5 个 ORF，其中 ORF1 编码复制酶蛋白（247kDa）；ORF2～ORF4 编码与移动相关的三联体蛋白，大小分别为 25kDa、13kDa、7kDa；ORF5 编码病毒外壳蛋白，大小为 44kDa。基因组 5′ 端有帽子结构，3′ 端有 poly（A）尾。可以侵染苹果、梨、樱桃、白普贤樱和海棠，还可通过人工接种多种木本和草本植物。鉴别寄主有西方烟、斯派、弗吉尼亚小苹果、光辉等。

侵染过程与侵染循环　苹果病毒病主要通过无性繁殖材料的嫁接和被病毒污染的工具造成侵染和传播。苹果树一旦被病毒侵染，终生带毒，没有明显的侵染循环。苹果花叶病潜伏期较短，一般为 3～24 个月，2 年生幼苗即表现明显的花叶病，嫁接后有的当年即表现花叶病，症状表现与品种、病毒株系和气候条件有关系。苹果花叶病在春季萌芽后即表现症状，显症高峰一般在每年的 6～7 月，到了 8 月由于高温，有些植株上症状会减轻甚至消退。苹果潜隐病毒的潜伏期较长，一般 2～3 年内果树生长不受影响，到第四年开始影响树体生长，逐渐造成树势衰弱，盛果期缩短。

流行规律　苹果病毒病主要通过受病毒侵染的砧木、芽和接穗等繁殖材料在嫁接过程中传播扩散，嫁接、修剪等操作过程中用到的刀剪锯等工具也可以传播病毒，此外，还可以通过病株和健康植株的自然根接传播。曾有报道蚜虫和木虱可以传播苹果花叶病毒，但尚未得到证实。另有报道线虫可以传播苹果褪绿叶斑病毒，也未得到证实。尚未排除种子带毒的可能性，即使带毒，带毒率在 0.1% 以下。中国现栽的大多数品种和矮化砧木带毒，随意嫁接是造成苹果病毒病快速传播扩散的主要因素。

防治方法　苹果病毒病作为一种系统性侵染、传播性强、主要经苗木和嫁接传播扩散的病害，与真菌等局部发病的病害存在明显区别，一是多数为潜隐性发病，难以直接观察到症状；二是一旦被侵染，果树将全身终生带毒；三是无有效的药剂能够防治病毒病；加之果树的生长期长，如果苗木带毒，将给果品生产带来长期且持续的危害。因此，针对果树病毒病，国际上主要采用的防控措施是利用无毒苗木和实行无毒化栽培管理措施。

世界上的主要果树生产国家和地区，如美国、加拿大、英国、瑞士、日本、澳大利亚等，建立了完善的病毒病研究和防控体系，建立了利用无毒苗木和无毒化栽培管理的防控机制，确保了苹果高产和优质，获得了巨大的经济和社会效益。苹果无病毒栽培已经成为现代苹果生产中一项重要的先进技术。

中国在 20 世纪 50 年代中期至 60 年代初，对苹果花叶病、苹果锈果病等病毒病的症状、传播途径和防治方法开展了一些研究工作。20 世纪 80 年代初，果树病毒病研究被列为国家重点科技攻关项目，开始对果树病毒病进行系统研究，研究水平不断提高，并制定了苹果无病毒苗木行业标准、苹果无病毒母本树和苗木检疫规程，在一些省份推广无病毒苗木。但遗憾的是这一防控措施未能持续下来，致使病毒病成为制约中国苹果健康高效发展的隐性病害之一。

尚无有效的药剂治疗苹果病毒病，所以不要盲目用药，主要措施是防止病毒扩散。

把好苗木关　由于苹果病毒病主要通过嫁接传播，无毒苗木是防控的关键。从无毒化苗木生产基地购买无病毒苗木。在苗子长出新叶后，若发现有花叶症状和叶片畸形，及时挖除病树，补栽新树。

果园管理中严防交叉感染　对树势衰弱和锈果病病树，发现后尽量刨除，更换新树。

发现带有病毒的植株后应做上标记，修剪、疏花疏果时应尽量使用专门的工具，避免和健康植株共用修剪工具，或者对修剪工具进行肥皂水消毒处理。因多数苹果树均被病毒侵染，在修剪时可准备两套工具，将修剪完一棵树后的工具浸在肥皂水中处理，再使用第二套工具修剪另外一棵树。

进行嫁接和高接换头时，务必从健康树上取枝条或购买有质量保证的枝条，否则病毒病很快传播危害。要防止在带毒树上高接无病毒接穗或在感病砧木上嫁接带毒接穗。

追施有机肥，增强树势　对处于结果盛期的带毒病株追施有机肥，增强树势，尽量延迟病毒病导致的树势衰弱。针对潜隐病毒普遍发生、不易识别且对树势危害大的特点，在果园管理中应加大有机肥的施用量，尽量不单独施用化肥，同时控制好大小年，延长植株的盛果期。建议在每年采收后立即补施有机肥，按每棵树 30～50kg 施用，能有效延缓树势衰弱。

参考文献

洪建，李德葆，周雪平，2001. 植物病毒分类图谱 [M]. 北京：科学出版社：209-212.

洪亮，王国平，1999. 苹果褪绿叶斑病毒生物学及生化特性研究 [J]. 植物病理学报，29(1)：77-78.

怀晓，周颖，张瑞，等，2010. 苹果茎沟病毒外壳蛋白基因的克隆、原核表达及抗血清制备 [J]. 植物保护学报，37(5)：436-440.

黄妍妍，2010. 来源于新疆的苹果褪绿叶斑病毒和苹果茎沟病毒的检测及其分子鉴定 [D]. 武汉：华中农业大学.

李小燕，蔺国菊，葛红霞，等，2002. 苹果病毒病发生及防治趋势 [J]. 北方园艺 (3)：66-67.

刘英华，2009. 苹果茎痘病毒 cp 基因介导病毒抗性研究及其植物表达载体的构建 [D]. 武汉：华中农业大学.

王壮伟，2003. 苹果潜隐性病毒的检测与脱毒技术研究 [D]. 南京：南京农业大学.

CEMBALI T, FOLWELL R J, WANDSCHNEIDER P, et al, 2003. Economic implications of a virus prevention program in deciduous tree fruits in the US[J]. Crop protection, 22: 1149-1156.

KRIZBAI L, EMBER M, NÉMETH M, et al, 2001. Characterization of Hungarian isolates of apple chlorotic leaf spot virus [J]. Acta horticulturae, 1: 291-295.

MENZE L W, JELKMARM W, MAISS E, 2002. Detection of four apple viruses by multiplex RT-PCR assays with coamplification of plant mRNA as internal control[J]. Journal of virological methods, 99: 81-92.

PALLAS V, SAVINO V, 2004. Molecular variability of apple chlorotic leaf spot virus in different hosts and geographical regions[J]. Journal of plant pathology, 86(2): 117-122.

（撰稿：周涛；审稿：孟祥龙）

P

苹果腐烂病　apple canker

由苹果黑腐皮壳引起的真菌性病害，是中国北方苹果产区危害最严重的病害之一，也是对苹果生产威胁最大的毁灭性病害。

发展简史　腐烂病是由日本学者于 1903 年首次报道的，并命名为苹果树腐烂病。宫布和山前试验研究得出腐烂病是由真菌引起。1909 年，该病原菌（*Valsa mali* Miyabe et Yamada）被归属到黑腐皮壳属。黑腐皮壳菌的无性世代为壳囊孢属（*Cytospora* sp.），包括苹果壳囊孢（*Cytospora mandshurica*）、仁果壳囊孢（*Cytospora microspora*）、核果壳囊孢（*Cytospora leucostoma*）、梨壳囊孢（*Cytospora carphosperma*）和桃干枯壳囊孢（*Cytospora cincta*）等，都能在苹果树上侵染，是较为常见的病原菌。有些学者把中国的腐烂病菌定义为 *Cytospora sacculus*，但是樊民周等试验得出陕西腐烂病发生的病原菌是苹果壳囊孢和梨壳囊孢这两个种。有关苹果树腐烂病在中国的侵染来源，李美娜等人研究得出有 2 个侵染途径：一是中国的苹果树苗从日本引进时携带有腐烂病菌；二是在中国原产野生苹果属的一些种上本身已经携带有腐烂病菌。

分布与危害　该病在世界各地均有发生，主要发生在亚洲地区，如日本、韩国和中国。在中国，苹果腐烂病主要分布在东北、华北、西北、华东以及四川等苹果产区。主要危害 6 年生以上的结果树，造成树势衰弱、枝干枯死、死树，甚至毁园。华北、东北、西北以及西南地区发生普遍。随着苹果种植面积的扩展，几乎所有苹果种植的地区如华东、华中也都有发病。陕西和甘肃是苹果种植面积最大的两个省份，腐烂病的发生非常普遍，已经成为制约苹果产业发展的重要因素。该病在日本和韩国发生也比较严重（图 1）。

病原及特征　有性态为苹果黑腐皮壳（*Valsa mali* Miyabe et Yamada），属黑腐皮壳属真菌；无性态为壳囊孢（*Cytospora mandshurica* Miura）。子座瘤形或球状，位于寄主韧皮部内，子座着生位置较浅，菌丝则可以蔓延至木质部并沿木质部导管上下传到一定距离。分生孢子器位于子座内，呈花瓣状，分成几个腔室，有一个共同的出口。孢子梗排列紧密，呈栅栏状。分生孢子单胞、无色、腊肠状，大小为 3.6～6.0μm×0.8～1.7μm。子囊孢子排列成两行或无规则排列，无色、单胞、香蕉形，比分生孢子稍大，大小为 7.5～10.0μm×1.0～1.8μm（图 2）。

病菌菌丝生长温度范围为 5～38℃，最适为 28～29℃。分生孢子萌发最适温度为 23℃左右，在 5℃条件下，处理 6 天，孢子萌发率可达 90%，在 0℃条件下处理 18 天也有 67% 的孢子能够萌发，因此，在冬季变温条件下，分生孢子具备萌发和侵染的能力。分生孢子和子囊孢子在蒸馏水或雨水中不易萌发，当给予一定的补充营养（苹果汁、苹果树皮煎汁、麦芽糖或蔗糖等）后，萌发良好。

侵染过程与侵染循环　苹果腐烂病菌为弱寄生菌，可长期潜伏在植株体内。菌丝可以在树体内长期生存而不致病。病菌侵入后，首先在侵入点潜伏生存，如果树势健壮，抗病力强时，病原菌就不能进一步扩展致病而长期潜伏。当树体或局部组织衰弱，抗病力降低时，潜伏菌丝才得以进一步扩展致病。病菌在扩展时，首先产生有毒物质杀死侵入点周围的活细胞，而后才能向四周扩展，致使树皮坏死腐烂。

在陕西、甘肃黄土高原苹果产区以及在山东、河北渤海湾苹果产区，80% 以上的腐烂病均发生在剪锯口部位，因此，剪锯口是最重要的侵入途径。由于苹果的修剪主要在冬季进行，冬季的伤口最不容易愈合，而冬季空气湿度大时，病菌依然可以产生分生孢子，这就造成病害通过修剪工具进行人为传播。此外，病菌还容易在冻伤、机械伤口处已死亡的组织中生存扩展。落皮层也是病菌侵入的途径。所谓"落皮层"

图 1　苹果腐烂病危害症状（曹克强提供）
①溃疡型；②枯枝型

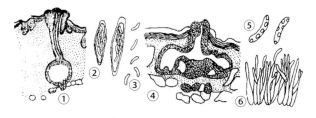

图 2　苹果腐烂病菌（曹克强提供）
①着生在子座组织内的子囊壳；②子囊；③子囊孢子；④分生孢子器；
⑤分生孢子；⑥分生孢子梗

是指树体表面翘起的、鳞片状的、容易脱落的褐色坏死皮层组织。落皮层一般在 6 月上中旬开始形成，7 月上旬逐渐变色死亡。由于落皮层组织处于死亡状态，并含有较多较丰富的水分和养分，为腐烂病菌生存扩展提供了良好的基质。落皮层是腐烂病菌潜伏生存的重要场所，也是枝干腐烂病发生的主要菌源地。

病菌一旦引起发病，病斑可以周年进行扩展，直到环绕树体一周导致枝干或树体死亡。在病斑发展过程中，可以持续不断地形成分生孢子器及子囊壳，分生孢子随孢子角释放出来以后，可以在伤口处再侵染。子囊孢子在病害侵染过程中所发挥的作用至今还不是很清楚（图 3）。

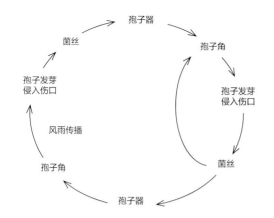

图 3　苹果腐烂病周年侵染循环示意图（曹克强提供）

流行规律　病菌以菌丝体、分生孢子器和子囊壳在田间病株、病残体上越冬，分生孢子通过雨水冲溅分散而后随风雨进行传播扩散。另外，孢子也可黏附在昆虫体表，随昆虫活动迁飞而带菌传病。病菌主要从伤口侵入，但也能从叶痕、果柄痕和皮孔侵入。侵入伤口包括冻伤、修剪伤、机械伤和日灼等，其中以剪锯口导致发病最多。

该病一般一年有大小两次高峰，即春季发病大高峰和秋季发病小高峰。春季发病高峰一般出现在 3～4 月。此时树体经过越冬消耗，树干营养水平降低；再加萌芽、展叶、开花，枝干营养大量向芽转移，营养状况更加恶化，导致树体抗病能力急剧降低。由于冬季造成很多剪锯口和病菌的侵染，随气温上升，病斑扩展加快，新病斑出现数量增多，外观症状明显，病组织软腐状，酒糟味浓烈，对树体危害加重。3～4 月出现的新病斑数量和同一病斑的扩展量均可占全年总量的 70% 左右，表现明显的发病高峰。秋季高峰一般出现在 7～9 月。此时由于花芽分化，果实加速生长，枝干营养水平及抗病能力又一次降低，夏季修剪和扭梢等也容易造成一些新伤口，所以到秋季新病斑又开始少量出现，旧病斑又有一次扩展，形成秋季高峰。但与春季高峰相比，新病斑出现数量及旧病斑扩展量仅占全年总量的 20% 左右。

此病发生轻重与多项因素有关，其中最重要的是修剪后不注意伤口的保护。树势强弱、果园的病菌数量以及当年的气候等也有密切关系。

伤口　腐烂病菌主要通过伤口侵入，尤其是新造成的伤口最容易被病菌侵入。经过一段时间愈合的老伤口不易被侵入。一年四季中春、夏、秋 3 个季节造成的伤口相对容易愈合，一般经过半个月以后即不容易再被侵染，而冬季造成的伤口则长期不能愈合，冬季造成的伤口经过 1 个月后再接种仍有 50% 以上的发病率。加上冬季的伤口容易发生冻害，这样就造成剪锯口往往会成为发病的中心。

病菌数量　果园中病菌基数高，传播蔓延快，加重病害发生。有病不及时治疗，上面产生大量孢子，分散传播，增加树体的潜伏菌量，只要出现适宜条件，就会导致严重发病。不及时刨除死株，去除病死枝，或将病树、病枝在果园中堆积存放也会导致严重发病。有些果园用苹果枝作支架用于支撑结果枝或作为开角的支架，都会明显增加果园中的病菌基数。

气候条件　冻害与该病的关系最为密切。冻害使树体抗病性降低，树体发生冻害之年及以后 2～3 年，往往是该病大发生之年。中国东北和新疆苹果产区，由冻害导致的腐烂病要高于其他苹果产区。

树势　腐烂病是一种典型的潜伏侵染病害。树势强壮时，抗侵入及抗扩展能力强，病菌处于潜伏状态，虽然树体带菌但很少发病；树势衰弱时，抗扩展能力急剧降低，潜伏病菌迅速扩展蔓延，导致该病严重发生。幼年树营养充分，树势壮，发病轻；老年树营养缺乏，树势衰弱，发病重。施肥合理，尤其是增施钾肥，能够提高抗病力，发病较轻；施肥不合理，尤其是缺肥或偏施氮肥，降低抗病能力，发病较重。

防治方法　防治策略必须采取以加强栽培管理，壮树防病为中心；以保护剪锯口为关键；以清除病菌，降低果园菌量为基础；以及时治疗病斑，防治死枝死树为辅助，同时结合保护树体、防止日灼和冻害等项措施，预防和防治相结合，进行综合治理。

壮树防病　①合理施肥。合理施肥的关键是施肥量要足，提倡增施有机肥，肥料种类要全，提倡秋施肥。做到氮、磷、钾配合施用。防止偏施氮肥。②合理灌水。秋季控制灌水，有利于枝条成熟，可以减轻冻害；早春适当提早浇水，可增加树皮的含水量，降低病斑的扩展速度。雨季注意防涝。③合理负载。及时疏花疏果，控制结果量，不但能增强树势，减轻腐烂病，也能提高果品品质，增加经济效益。④保叶促根。加强果园土壤管理，为根系发育创造良好条件，"根深叶茂"，培育壮树。及时防治叶部病虫害，避免早期落叶，削弱树势。

加强剪锯口保护　建议在不误农时的前提下，尽可能推迟冬季修剪的时间，或将冬剪改为早春修剪，这样有利于伤口的愈合。还要注意修剪避免在大雾或降雪天气进行，防止病菌产生的孢子角随着修剪工具进行人为的传播。对于剪锯口，尤其是锯口，一定要进行涂药保护，药剂可以选用甲硫萘乙酸、菌清、腐植酸铜等药剂。做好这项措施，可以预防大部分腐烂病的发生。

清除病菌　①果园卫生。及时清除病死枝，刨除病树、残桩等。修剪下来的枝干要运出果园，这些措施都能降低果园菌量，控制病害蔓延。②休眠期喷药。苹果树落叶后和发芽前喷施铲除性药剂可直接杀灭枝干表面及树皮浅层的病菌，对控制病情有明显效果。效果较好的药剂有代森铵、噻霉酮等。

病斑治疗　及时治疗病斑是防止死枝死树的关键。用刮刀将病组织彻底刮除并涂药保护的病斑治疗方法称为刮治法。刮治法成功与否的技术关键有三点，一是彻底将变色组织刮干净，往外再刮1～2cm；二是刮口不要拐急弯，要圆滑，不留毛茬，要光滑；上端和侧面留立茬，尽量缩小伤口，下端留斜茬，避免积水，有利愈合；三是涂药，保护伤口的药剂（如菌清）要有 3 个特点，即具有铲除作用、无药害和促进愈合。3～4 月为春季发病高峰期，也是刮治病斑最为关键的时期。其他季节，只要发现病斑就要及时刮治，由于腐烂病菌有在木质部深层扩展的特点，刮治越晚，越不容易治愈，病斑复发率也会越高。

参考文献

王树桐，王亚南，曹克强，2018. 近年我国重要苹果病害发生概况及研究进展 [J]. 植物保护，44(5): 13-25.

（撰稿：曹克强；审稿：孟祥龙）

苹果根癌病 apple roots cancer

由根癌土壤杆菌侵染引起的、一种重要的细菌性苹果根部病害，也是一种世界范围内广泛分布的细菌性病害。又名苹果根肿病。

发展简史 1907 年，Smith 和 Townsent 首先发现植物冠瘿瘤是由农杆菌诱发的。1942 年，Braun 等进一步研究了冠瘿瘤与农杆菌的关系，提出了"肿瘤诱导因子"假说，即推测农杆菌中存在一种染色体之外的遗传因子。60 年代，Movel 等研究发现，植物肿瘤组织中含有高浓度的特殊氨基酸，最常见的是章鱼碱和胭脂碱，总称为冠瘿碱，Petit 等人证明冠瘿碱的种类取决于菌种的种类，而与宿主植物无关。1974 年，Zaenen、Schell 和 Vanlarbeke 等从致瘤农杆菌中分离出一类巨大质粒，称为致瘤质粒，简称 Ti 质粒，丢失该质粒后，致瘤能力完全丧失。1977 年，Chilton 等利用分子杂交技术证明植物肿瘤细胞中存在一段外来 DNA，它与 Ti 质粒的 DNA 有同源性，是整合到植物染色体的农杆菌质粒 DNA 片段，称为转移 DNA，简称 T-DNA，其内有致瘤和冠瘿碱合成酶等基因。1981 年，Omos 等发现 Ti 质粒上有致瘤区域即 Vir 区。1984 年，Shaw 等人用试验表明，农杆菌对酚类化合物具有趋化性，而且这种趋化性依赖于 Vir A 和 Vir G 基因。1985 年，Stachel 等在试验中观察到，叶子的受伤部分与非受伤叶子相比，具有明显的诱导作用。1986 年，Bolton 等进一步研究证明，一些植物中常见酚类化合物的混合物可以激活 Vir 区基因。1990 年，Shimoda 等人研究指出，在限定的 AS 诱导条件下，许多中性糖都可以增强一些 Vir 区基因的诱导。2000 年，Suzuki 等完成植物肿瘤诱导 Ti 质粒的核苷酸序列。现在，已确定了 Ti 质粒上的基因位点及它们在植物细胞中的表达。

分布与危害 该病在欧洲、北美、非洲和亚洲的一些国家与地区普遍发生。在中国，主要分布在河北、辽宁、吉林、山东、浙江、福建和河南等地。该病害可危害 93 个科 331 个属 643 个不同种的植物。其中绝大多数为双子叶植物，少数为裸子植物，单子叶植物很少被侵染。根癌病能给果树尤其是核果类及葡萄生产带来重大经济损失。美国的桃树、欧洲以及南非的核果类和葡萄以及澳大利亚的桃树、杏树和李子等因此病带来约 220 亿美元的经济损失。

除危害苹果外，还可危害梨、桃、杏、李等多种果树，北方各苹果产区均有发生，尤其苗圃的幼苗和幼树发病较多。主要发生在根颈部，也发生于侧根和支根上。发病初期在病部形成幼嫩的灰白色瘤状物，内部组织松软，表面粗糙不平。随着瘤状物体积不断增大，颜色逐渐变深为褐色，表皮细胞枯死，组织木质化。在瘤状物周围或表面常发生一些细根（见图）。病株根系发育不良，地上部衰弱矮小。

病原及特征 病原为根癌土壤杆菌 [*Agrobacterium tumefaciens* (Smith & Towns.) Conn]，是一种杆状的细菌，菌体长 1.2～5μm，宽 0.6～1μm，有鞭毛 1～3 根，单极生有荚膜，不形成孢子，革兰氏染色阴性。病菌发育温度 10～34℃，适温 23℃，pH 5.7～9.2，最适 pH 7.3。根癌土壤杆菌分为 3 种生物型，生物型Ⅰ、生物Ⅱ寄生范围较广，包括苹果、梨、桃等多种果树；生物Ⅲ型仅危害葡萄。

侵染过程与侵染循环 病原细菌可在土壤和病组织皮层内越冬，主要借雨水、灌溉水和土壤进行近距离的传播，远距离的传播靠种苗的调运，通过伤口侵入。

流行规律 根癌病菌在自然条件下能长期存在于土壤中，因此，土壤带菌是病害的主要侵染来源。病菌由伤口侵入，从侵入到表现明显症状，一般需 2～3 个月。病菌从伤口侵入，不断刺激寄主细胞增生膨大，以致形成癌瘤。土壤结构和酸碱度对发病有一定影响，一般偏碱性的疏松土壤有利于发病，酸性土壤不利于发病。

防治方法 改良土壤，选择育苗地。土壤性质对此病影

苹果根癌病病根及病根上切下的病瘤（曹克强摄）

响很大，应选择弱酸性土壤育苗或采用技术措施，使苹果园土壤变为弱酸性。选用无菌地育苗，苗木出圃时，要严格检查，发现病苗应立即淘汰。建立无病果园。

苹果苗嫁接时，应尽可能采用芽接法，芽接法比劈接法嫁接的苗木发病少。砧木苗用抗根癌菌剂浸根后定植，可控制病菌侵染。

加强树体和根部保护，加强地下害虫防治，减少各种伤口，以减少被侵染的机会，减少发病。

刨除病根，在伤口外涂药保护。如发现大树有根病，应该刨走病根和病瘤，伤口处涂抗菌剂402、波尔多液保护或晾根换土。

参考文献

中国农业科学院植物保护研究所，中国植物保护学会，2015.中国农作物病虫害[M].3版.北京：中国农业出版社.

（撰稿：曹克强；审稿：孟祥龙）

苹果根朽病 apple *Armillariella* root rot

由发光假蜜环菌侵染引起的、苹果根部的一种重要病害。

分布与危害　中国山东、河北、辽宁等苹果产区均有发生和危害。除危害苹果以外，还可危害梨、桃、杏、山楂、枣、杨、榆、刺槐等多种果树和树木。主要危害根颈部和主根，扩展很快，可沿主根、主干上下扩展，造成环腐而致使病株枯死。病部表面为紫褐色水渍状，有时溢出褐色液体。皮层内、皮层与木质部之间充满白色至淡黄色的扇状菌丝层。新鲜的菌丝层或病组织在黑暗处可发出蓝绿色的荧光。病组织有浓厚的蘑菇气味。高温多雨季节，在潮湿的病树根颈部或露出土面的病根处常有丛生的蜜黄色蘑菇状子实体。发病初期仅皮层腐烂，后期木质部也腐朽。地上部表现为局部枝条或全株叶片小，黄化脱落。枝条抽梢很多，新梢变短，开花多，结果多，但果实小且味劣。该病主要危害成年树，尤其老树受害重（见图）。

病原及特征　病原为发光假蜜环菌［*Armillariella tabescens*（Scop. et Fr.）Singer］，属蜜环菌属。在病根皮层长有白色菌丝层，呈扇状，初生时在暗处发出浅蓝色荧光，老熟后呈黄褐色至褐色，不发光。子实体由病部菌丝层直接形成，丛生，一般6～7个，多者达20～50个。菌盖呈浅蜜黄色至黄褐色，其上长有毛状小鳞片。菌盖直径2.6～8cm，最大为11cm，初呈扁球形，逐渐平展呈伞状，后期中部下陷，菌肉白色，菌褶延生，不等长，浅蜜黄色，稍稀。菌柄浅杏黄色，基部棕灰色至深灰色，略扭曲，上部较粗，纤维质，内部疏松，柄长4～9cm，粗0.3～1.1cm，有毛状鳞片。菌柄中部无菌环。担孢子椭圆形或近球形，单胞，无色，光滑，大小为7.3～11.8μm×3.6～5.8μm。病菌在培养基上生长，若干菌丝扭结在一起，形成很多根状菌索，在培养基上延伸速度很快。菌索初为白色，以后变成黄棕色或棕褐色，形状不一，有线状、短棒状、鹿角状、牛角状或甜菜根状，顶端尖锐或扁平。

侵染过程与侵染循环　病菌以菌丝及菌索在有病组织的土壤中可长期营腐生生活，在病树桩内的病菌可存活30年之久。病害在果园扩展主要依靠病根与健根的接触和病残组织的转移，还可以通过菌索蔓延。当菌索与健根接触后，可分泌胶质黏附在根上，然后再产生小分枝，直接或从伤口侵入根内。病菌子实体产生的大量担孢子，随气流传播，飞落在树木或残桩上，适宜环境条件下萌发、侵入，在残桩上蔓延至根部并产生菌索，然后可直接侵入健康根部。侵入根部的病菌迅速生长，穿透皮层组织，分泌毒素，使大块皮

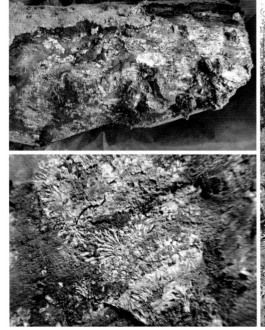

苹果根朽病菌子实体及地上部危害状（曹克强提供）

层死亡。病害的发生盛期为3～4月和8～9月。

流行规律　一般幼树很少发病，成年树尤其是老树易受侵染发病。干旱缺肥，土壤瘠薄，通气透水性差有利于发病。通常病菌菌索在土壤中蔓延扩展较慢，但如果土壤中含有较多的树根和腐朽木质及腐殖质，则可大大加快病菌的扩展速度。因此，在林木迹地建立的果园及老果园发病重；挖掉病树在原处重栽小树，几年后小树也会发病死亡。多年育苗的老苗圃培育的果树苗常带有病菌，移栽后可引起幼树发病。此外，育苗期间的切根措施以及果园管理期间挖沟施肥措施，都能造成根部伤病，有利于发病。

防治方法　防治策略是加强果园管理，发现病树及时治疗，并定期药剂灌根。

加强果园管理　地下水位高的果园，作好开沟排水工作，雨后及时排除积水。注意改良土壤，增施肥料，促使根系生长旺盛，增强抗病能力。

病树治疗　应经常检查果园，当症状初见时，立即采取措施，做到及时发现，及时处理，防止病害扩展蔓延。首先扒开病树根际土壤，寻找根颈部的病斑，然后向下追寻主根、侧根和支根的发病点。彻底清除所有病根，对伤口须用高浓度的杀菌剂涂抹或喷布进行消毒，再涂以波尔多液等保护剂。常用消毒剂有硫酸铜、石硫合剂、五氯酚钠或抗菌剂402。在消除病根过程中需注意保护健根，避免损伤。最后用无病土或药土覆盖。药土可用五氯硝基苯和土混合配制而成，配好后均匀地施于根部。对处理过的苹果树要加强培育，如重剪地上部分以减少水分蒸腾，通过嫁接或桥接更换新根，增施尿素等速效肥料，并适当浇水，以加快树势的恢复。

药剂灌根　每年于早春和夏末分别用药剂灌根一次，每株灌药液50～100kg。灌根时，可以以树干为中心，开挖3～5条放射状沟（沟长至树冠外围，宽30～50cm，深40～60cm）。灌根的有效药剂主要有五氯酚钠、70%甲基硫菌灵、50%退菌特、45%代森铵水剂、10%双效灵水剂、2%农抗120等。

掘除病株及病穴消毒　对发病严重的果树，应尽早掘除。掘除的病残根要全部收集、烧毁，并用40%甲醛或五氯酚钠浇灌病穴土壤以消毒。如病死树较多，病土面积大，则可用石灰氮消毒，用量为750～1025kg/hm^2。

其他防治措施　包括在病株周围挖1m以上的深沟加以封锁；秋季扒土晾根；选用无病苗木或对苗木消毒等。

参考文献

中国农业科学院植物保护研究所, 中国植物保护学会, 2015. 中国农作物病虫害 [M]. 3版. 北京: 中国农业出版社.

（撰稿：曹克强；审稿：孟祥龙）

苹果黑斑病　apple black spot

由大茎点属真菌引起的，危害苹果果实的一种病害。

分布与危害　广泛分布于中国大部分苹果产区。多发生于果皮裂缝、萼洼或梗洼处，被害病斑不规则形、褐色、紫褐色至黑褐色。病果果面散布大小不等的黑褐色病斑，病斑干燥，微凹陷，后期其上有明显的小黑点，即病原菌的分生孢子器（图1）。

病原及特征　病原为大茎点菌属一个种（*Macrophoma* sp.）。分生孢子器壁厚，暗褐色，有孔口；分生孢子卵形，无色，大小为15～17μm×6.0～7.5μm（图2）。

侵染过程与侵染循环　病菌以菌丝体、分生孢子器在果实病部越冬，翌春病部菌丝恢复活动产生分生孢子随风雨传播，经伤口、死芽和皮孔侵入。

流行规律　幼树、老树均受其害，幼树一般早春定植后不久即开始发病，6月病斑上可见许多黑色小点粒，病斑如扩展到2～3cm时，会使幼树枯死。大树5～10月均可发病，6～8月和10月为发病的两次高峰期，特别是第一次危害较重。该病菌具有潜伏侵染特点，只有在树体衰弱时，果实上的病菌才扩展发病。当树皮含水量低时，病菌扩展迅速，所以干旱年份发病重，国光、青香蕉、红星等品种发病重；红玉、元帅、祝光、鸡冠等发病轻。

防治方法

农业防治　干旱季节及时浇水，增强树势，提高抗病能力，定植树及时浇水，缩短缓苗期。加强树体保护，避免机械伤，及时剪除枯弱小枝和死枝死芽。及时扫除病果，秋后

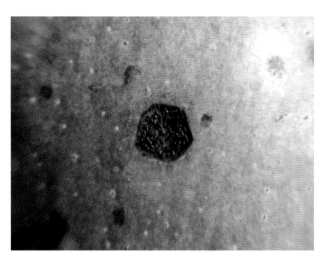

图1 苹果果实黑斑病症状（伍建榕摄）

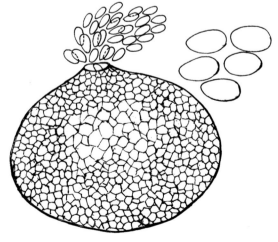

图2 大茎点属真菌（陈秀虹绘）

清扫果园。加强水肥管理，增强树势。

化学防治　发芽前，胶东地区一般在 2 月底喷丙森锌、多抗霉素、苯醚甲环唑、甲基硫菌灵、嘧霉胺等药物。落花 10 天后，树上喷 50% 多菌灵 600 倍液或 70% 甲基托布津 800 倍液，间隔 10 天后再喷 1～2 次。

参考文献

陈秀虹，伍建榕，2014. 园林植物病害诊断与养护：上册 [M]. 北京：中国建筑工业出版社.

胡晓涵，2017. 苯醚甲环唑对几种苹果病害的防治研究 [D]. 杨凌：西北农林科技大学.

（撰稿：伍建榕、韩长志、姬靖捷、吴峰婧琳；审稿：陈秀虹）

苹果褐斑病　apple leaf brown spot

由苹果双壳菌引起的苹果重要病害之一，其严重程度不亚于苹果腐烂病。又名苹果绿缘褐斑病。

发展简史　1954 年，章宗江报道了苹果褐斑病在中国辽宁、河北、河南、山东等地的发生情况，并介绍了防治经验。

分布与危害　该病害在国外的报道相对较少。在中国各苹果产区均有发生。主要引起苹果早期落叶，影响果实的产量和品质，削弱树势。落叶严重时导致苹果树二次开花，翌年绝产。病重果园 8 月底落叶率可达 80%。主要侵染叶片，树冠下部和内膛叶片先发病。受寄主抗性、病菌遗传多样性、病菌侵染量和环境等因子的影响，病斑形状和大小变化很大。褐斑病的病斑可分为 4 种类型，其共同特征为：叶片脱落时，叶片健康组织的叶绿素分解变黄，病斑褐色，病斑外缘叶组织叶绿素不分解，仍保持绿色，故有"绿缘褐斑病"之称。褐斑病另一典型特征是所有病斑上均有半球形、直径 0.1～0.2mm、表面发亮的分生孢子盘，绝大部分病斑都伴有菌索。菌索和分生孢子盘是诊断褐斑病的主要依据。

针芒型　病菌侵染后，在叶片正面表皮下形成无色至褐色菌索，菌索放射状生长扩展，形成大小不等、形状不定、边缘不齐的病斑。菌索上散生黑色小点（分生孢子盘）。后期叶片逐渐变黄，菌索周围仍保持绿褐色（图 1 ①）。

同心轮纹型　病菌侵染后，菌丝不集结形成菌索，而向四周均匀生长扩展，逐渐形成暗褐色、圆形病斑，病斑上有同心轮纹排列的黑色小点。后期病组织枯死，叶片变黄，病斑边缘仍为绿色（图 1 ②）。

混合型　病菌侵染后，初期不形成菌索，菌丝向不同方向均匀扩展，后期菌丝集结形成菌索，放射状扩展，最终形成暗褐色、近圆形或不规则形病斑，病斑上散生黑色小点。后期病斑枯死，多个病斑连成一片，形成不规则大斑。

褐点型　秋季幼嫩叶片受侵染，常在叶片正面形成褐色、圆形病斑，病斑中央有半球形分生孢子盘，受害严重时病组织坏死，形成枯死斑。

除危害叶片外，褐斑病还能侵染果实和叶柄。果实发病，初为淡褐色小点，渐扩大为褐色、近圆形病斑。病斑稍凹陷，边缘清晰，直径 1～6mm，上生黑色小点。表皮下数层果肉细胞变褐、坏死、呈海绵状。叶柄受侵染，形成黑褐色长圆形病斑，叶柄发病常导致叶片枯死。

病原及特征　有性态为苹果双壳（*Diplocarpon mali* Harada & Sawamura），属双壳属真菌；无性态为苹果盘二胞 [*Marssonina coronaria*（Ell. & Davis）Davis]，异名 *Marssonina mali*（P. Henn.）Ito。

子囊盘肉质，杯状，淡褐色，大小为 120～220μm×100～150μm。侧丝与子囊等高，有 1～2 个分隔，宽为 2～3μm，顶部稍宽。子囊阔棍棒状，大小为 55～58μm×14～18μm，有囊盖，内含 8 个子囊孢子。子囊孢子香蕉形，直或稍弯曲，顶端圆或尖，通常有 1 个分隔，有的在分隔处稍缢缩，大小为 24～30μm×5～6μm。分生孢子盘初期埋生在表皮下，成熟后突破表皮外露，直径 100～200μm。分生孢子梗栅状排列，单胞，无色，棍棒状，大小为 15～20μm×3～4μm。分生孢子双胞，无色，上胞大且圆，下胞窄且尖，分隔处缢缩，内含 2～4 个油球，大小为 20～24μm×7～9μm。偶尔产生单胞分生孢子。病菌菌丝常在叶片表皮集结形成菌索，菌索多分枝，粗为 20～40μm，细胞深褐色，穿行于表皮下，交叉点常产生分生孢子盘（图 2）。

褐斑病菌寄生性强，在人工培养基上生长缓慢，菌丝生

图 1　苹果褐斑病叶片受害症状（李保华提供）
①针芒型；②圆斑型

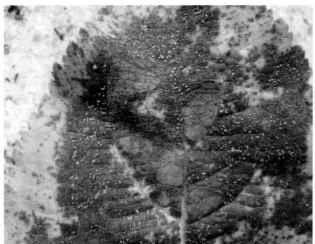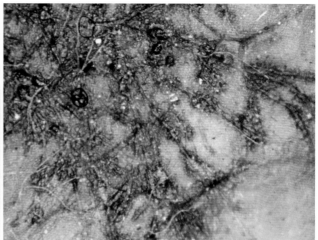

图 2 叶片皮下菌索及分生孢子盘（曹克强摄）

长适温为 20～25℃。分生孢子在 5～30℃ 下都能萌发，萌发适温为 25℃。分生孢子萌发需要自由水。叶片浸出液、琼脂、葡萄糖等能促进孢子萌发。

褐斑病菌除可侵染苹果外，还可侵染沙果、海棠、山荆子等。

侵染过程与侵染循环　病菌以菌丝、菌索、分生孢子盘或子囊盘在落地病叶上越冬，翌年春季产生分生孢子和子囊孢子进行初次侵染。苹果树萌芽后，发育成熟的分生孢子随雨水反溅传播，侵染树体下部叶片。分生孢子初侵染形成的病斑，在树体上的位置低，发病后很快脱落，再在侵染中作用不大。子囊孢子于苹果落花 1～2 周后陆续发育成熟，成熟的子囊孢子遇雨后释放，随气流传播侵染树体上部叶片。子囊孢子初侵染形成的病斑是导致褐斑病后期流行的主要侵染菌源。

分生孢子主要随雨水溅散、叶面流水或在雨滴中随风飘散传播。病菌孢子从叶片正面直接侵入，发病后也在叶片正面产孢。褐斑病的最短潜育期为 8 天。同一批次接种的叶片，接种后 8 天可见发病叶片，60 天后仍有叶片发病，平均 24 天，发病历期长达 50 天。褐斑病菌侵染生长旺盛的叶片，常先在叶片正面形成分生孢子盘和菌索，当叶内的病菌达到一定数量后或叶片的长势衰弱时，才导致叶部病变，表现典型的症状。病菌从侵入到引起落叶经 13～55 天。叶片不脱落，病斑就一直产孢，不断进行再侵染。

褐斑病的周年流行动态可划分为 4 个时期：①苹果萌芽至 6 月底。此时为病原菌的初侵染期，其中落花 1～2 周后至 6 月底是子囊孢子的初侵染期。②7 月。为病原菌积累期，5～6 月的初侵染病斑在 7 月陆续发病，并产生分生孢子，遇雨后再侵染，不断积累侵染菌源。③8～9 月。为褐斑病的盛发期，8 月，初侵染病斑、再侵染病斑大量发病，并产孢，遇阴雨，尤其连续阴雨，导致病菌大量侵染。8 月下旬，褐斑病达到全年的发病高峰，10～15 天后树体大量落叶。④10～11 月。随着气温下降，叶片对病菌的敏感性降低，病菌在病叶内不断生长扩展，并产生性孢子，进行交配，为越冬做准备。10 月底果园内的病叶数量直接决定了越冬病菌的数量。

流行规律　降雨是病菌孢子释放、传播和侵染的必要条件。降雨和高湿还能促进病斑显症、子囊孢子发育和分生孢子形成。能使叶面流水的降雨（超过 2mm）就能将病菌孢子传播到健康的叶片上。在 20～25℃ 下，叶片结露超过 6 小时，分生孢子就能完成全部的侵染过程，导致叶片发病。春季当日均温超过 15℃ 时，遇到能使病叶湿润 2 天的阴雨或浇水，越冬子囊盘开始发育，并陆续成熟。当果园内的病叶率达 3%，遇持续一周的阴雨可导致大量叶片发病。

春季降雨早、次数多、雨量大、持续时间长，夏秋季阴雨连绵，褐斑病发病重。

不同苹果品种对褐斑病的抗性有差异，但还没有发现高抗和免疫品种。中国的主栽品种，如富士、嘎啦、金冠、元帅等都易感褐斑病。同一株树上，树冠内膛、下部叶片比外围和上部叶片发病早而且重。结果枝上的叶片、衰老叶片、光合作用受影响的叶片，受侵染后发病早，脱落快。旺盛生长的叶片受侵染后，潜育期长，不易病变。

果园管理不善，地势低洼，排水不良，通风透光条件差，不但提高果园内的相对湿度，延长叶面结露时间，促进病菌产孢，增加了病菌侵染量，而且造成苹果树势衰弱，使病叶提早脱落。春季清园不彻底，树上和地面上留有大量病落叶，可为病菌的初侵染提供大量初侵染菌源。

防治方法　应遵循以药剂防治为主，辅以清除落叶等农业防治措施。

清除初侵染菌源　春季苹果萌芽前，彻底清扫果园内和果园周边的落叶，剪除病梢，集中烧毁或深埋，以清除越冬菌源。5 月，剪除离地面 50cm 以下的枝条，切断病菌向上传播的途径。

化学防治　自 6 月雨季开始前用药到 8 月雨季结束，每隔 15～20 天喷药 1 次。雨前使用保护性杀菌剂，雨后使用内吸治疗剂。降雨频繁，应适当增加喷药次数。5 月中下旬至 6 月底子囊孢子的初侵染期，以及 7 月病菌的累积期是防治褐斑病的两个关键时期，在两个关键防治期内至少保证 2 次用药，将 7 月底的病叶率控制在 1% 以内。波尔多液黏附性强、耐雨水冲刷、持效期长，是雨季防治褐斑病的首选保护剂，其次是铜制剂、代森锰锌等。戊唑醇、氟硅唑、丙环唑、苯醚甲环唑对褐斑病有较好的防治效果，在病菌侵染后的 2 周内使用都会获得理想的防治效果。

参考文献

董金皋，2015. 农业植物病理学 [M]. 3 版 . 北京 : 中国农业出版社 .

董向丽，高月娥，李保华，等，2015. 苹果褐斑病在山东半岛中部的周年流行动态 [J]. 中国农业科学，48(3): 479-487.

雍道敬，李保华，张延安，等，2014. 苹果褐斑病潜育动态 [J]. 中国农业科学 (15): 3103-3111.

中国农业科学院植物保护研究所 , 中国植物保护学会，2015. 中国农作物病虫害 [M]. 3 版 . 北京 : 中国农业出版社 .

（撰稿：李保华、练森；审稿：孟祥龙）

苹果褐腐病　apple brown rot

由几种有性阶段属于链核盘菌属而无性阶段属于丛梗孢属的真菌引起的主要危害苹果叶、花和果实的一类真菌病害。

发展简史　由于苹果褐腐病的病原可以侵染核果和仁果类果树和蔷薇科植物，对于苹果褐腐病的研究一直是与核果类果树上的褐腐病一起进行的，在欧洲已经有 240 年的历史。对于褐腐病早期的研究主要集中在对病原菌的分类及命名上。20 世纪 50 代开始，对病害发生规律和防治技术进行了大量研究，取得了显著进展。

分布与危害　苹果褐腐病在世界各地的主要苹果产区都有发生，是苹果生产中的一种常见病害。该病主要危害果实，也危害花和果枝。果实危害通常发生在果实成熟期和储藏期。发病初期，果实表面形成圆形的浅褐色水渍状病斑，通常始于各种伤口，病斑快速扩展导致整个果肉部分腐烂。发病后期，病部常可见呈同心轮纹状排列的灰白色至灰褐色小绒球状凸起的霉丛（图 1）。发病果实组织松软呈海绵状，略具弹性。病果通常因脱落而掉在地上，也有少数没有脱落的果实失水干缩，形成黑色僵果残留在树上。褐腐病菌在花

期侵染可引起花腐。花期侵染一般发生在春季果园湿度比较高的地方。褐腐菌还能侵染幼枝（梢）引起溃疡，扩展后可引起枝枯。褐腐病造成的损失可能发生在收获前，或者收获后的储存和销售时期。损失的严重程度也因季节、品种和生产体系的不同而有差异。总体上，损失没有核果上的褐腐病严重。该病害在中国苹果产区分布较广，在东北及山东、河北、陕西、甘肃、云南等地均有发生。尽管收获后期果园中常可见到褐腐病的病果，但是还没有因此病发生而造成严重损失的报道。

病原及特征　病原主要是链核盘菌属（*Monilinia*）的美澳型核果褐腐菌［*Monilinia fructicola*（G. Winter）Honey）］、核果链核盘菌［*Monilinia laxa*（Aderh. & Ruhland）Honey］、果生链核盘菌［*Monilinia fructigena*（Aderh. & Ruhland）Honey］和属于丛梗孢属的多子座丛梗孢（*Monilia polystroma* G. C. M. Leeuwen）和云南丛梗孢（*Monilia yunnanensis* M. J. Hu & C. X. Luo）。由于这些病原菌在世界各地的分布不同，各地引起苹果褐腐病的病原也不一样。在欧洲，苹果褐腐病的病原有 *Monilinia fructigena* 和 *Monilia laxa*。前者在欧洲大陆分布广泛，而且主要侵染果实，引起果腐，后者通常引起花腐和梢枯。在中国各地的栽培果园中 *Monilia yunnanensis* 和 *Monilia polystroma* 是苹果褐腐病的主要病原，主要引起果腐。前者主要分布在中西部地区，后者主要分布在东部。*Monilinia fructicola* 虽然在这些产区存在，但是主要危害核果，在苹果上极少见到。*Monilinia fructigena* 和 *Monilinia laxa* 仅在中国新疆天山北部的野苹果上发现，在栽培果园中还没有发现。在美洲和大洋洲，*Monilinia fructicola* 也是主要侵染核果，只是偶尔侵染受伤的成熟苹果。

上述 4 种褐腐菌的无性世代均为丛梗孢属（*Monilia*），分生孢子椭圆形或柠檬形、单细胞、无色、串生（图 2）。分生孢子的大小为 $11.5\mu m \times 8.0\mu m \sim 21\mu m \times 13\mu m$，虽然几个种间有差异，但是由于不同文献中分生孢子产生的条件不一致，难以区别比较。*Monilinia* spp. 属于子囊菌，有性阶段产生漏斗型或杯形、淡紫褐色的子囊盘。但是，这些菌在自然界也主要以无性世代存在。*Monilia polystroma* 与其他 3 种褐腐菌在形态上的主要区别是该菌能在马铃薯葡萄糖培养

图 1 苹果褐腐病在苹果果实上的症状（国立耘提供）

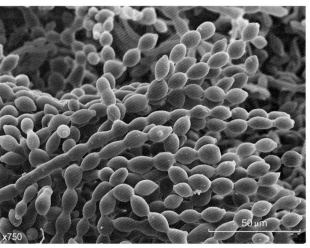

图 2 果生链核盘菌的分生孢子形态（朱小琼提供）

基中产生大量的黑色子座。*Monilia yunnanensis* 和 *Monilia polystroma* 的有性阶段还没有发现。

褐腐菌的形态鉴定主要依据菌落形态、颜色、菌丝生长速率、分生孢子大小和萌发时长出芽管的特征。由于形态鉴定方法不仅耗时费力，而且难以鉴定形态特征不典型的菌株，许多学者致力于基于 DNA 序列差异的分子鉴定方法的研究，并且，已研发出多种分子检测方法。

侵染过程与侵染循环　褐腐病菌主要以菌丝体在病果（僵果）、果柄和幼枝上的溃疡斑内越冬。僵果上的分生孢子也是病菌越冬的一种方式，但是分生孢子的越冬存活率很低。在适合的条件下，越冬的僵果和病斑在翌年春天可形成大量具有活性的分生孢子。分生孢子经雨水和风传播，条件适合时，可在花期侵染花。菌丝可从花上扩展到木质组织。被侵染的花和幼枝上产生的孢子可侵染成熟的受伤果实。

针对 *Monilinia fructigena* 引起苹果褐腐病的研究表明，伤口是褐腐菌发生侵染的必要条件。果实的成熟度与伤口的年龄也是影响发病率的主要因素。成熟果实上的伤口较幼果上的伤口易被侵染，而新伤口较老伤口易感病。

苹果褐腐病在田间的发生通常与病原菌在田间落果上和周围核果类果园中的大量累积有关。果园管理差、病虫害严重、裂果或伤口多，有利于褐腐病的发生。气象条件也对褐腐的发生有影响。高温和高湿都有利于病害的发生，秋雨较多的年份褐腐病易发生。由于 *Monilia yunnanensis* 和 *Monilia polystroma* 是新近发现的新种，所以，对这两个病原菌的发病与流行规律知道的还很少。

防治方法

栽培措施　合理整型修剪，有利于树体的通风透光、药液的穿透和水分的蒸发。及时清除树下的落果和病果；秋末进行果园深翻，以掩埋落地病果；春季剪掉溃疡病枝和树上的僵果并烧毁；搞好果园的排灌系统，防止水分供应失调而造成严重裂果。

加强果园害虫和鸟类的管理，减少果实上伤口的形成。加强采收期和储藏期的管理：采收、包装、运输过程中避免果实因挤压和碰撞而遭受机械损伤。储运前严格剔除病、虫、伤果。可用杀菌液或表面消毒液浸果处理，然后在 0.5～5℃ 低温保存。一旦发现病果，及时清除。

化学防治　许多杀菌剂，如甲基硫菌灵、克菌丹、戊唑醇、啶酰菌胺等对褐腐病都有防治效果。可结合轮纹病和炭疽病等果实病害进行防治。花前和花后喷施杀菌剂可有效防治花腐。果实采收前 2～3 周喷施杀菌剂可降低果实的发病率。

参考文献

牛程旺，王静茹，朱小琼，等，2016. 新疆野果林褐腐病菌的种类 [J]. 菌物学报，35: 1514-1525.

BERRIE A M, HOLB I, 2014. Brown rot diseases[M]// Sutton T B, Aldwinckle H B, Agnello, A M, et al, Compendium of apple and pear diseases and pests. 2nd ed. St. Paul: The American Phytopathological Society Press: 43-45.

LANE C R, 2002. A synoptic key for differentiation of *Monilinia fructicola*, *M. fructigena* and *M. laxa*, based on examination of cultural characters[J]. OEPP/EPPO bulletin, 32: 489-493.

VAN LEEUWEN G C M, YEN R P B, HOLB I J, et al, 2002. Distinction of the Asiatic brown rot fungus *Monilia polystroma* sp. nov. from *M. fructigena*[J]. Mycological research, 106: 444-451.

XU X M, ROBINSON J D, 2000. Epidemiology of brown rot (*Monilinia fructigena*) on apple: infection of fruits by conidia[J]. Plant pathology, 49: 201-206.

ZHU X Q, NIU C W, CHEN X Y, et al, 2016. Monilinia species associated with brown rot of cultivated apple and pear fruit in China[J]. Plant disease, 100: 2240-2250.

（撰稿：国立耘；审稿人：孟祥龙）

苹果黑星病　apple scab

由苹果黑星菌引起的、危害苹果叶片和果实的一种真菌病害。又名苹果疮痂病。是世界各苹果产区的重要病害之一，具有流行速度快、危害性大、难以防治等特点。

发展简史　苹果黑星病在中国早有发病记载。最早朱凤美见之于河北，1950 年王鸣歧的《河南植物病害名录》、1954 年王清和的《山东果树病害调查简报》和 1960 年张翰文等的《新疆经济植物病害名录》中陆续都有发病记载。1957 年，被确定为国内植物检疫对象，当时其分布区域包括吉林、黑龙江、新疆、四川、云南等地。1965 年，袁甫金等发表了对东北小苹果黑星病初侵染来源的研究结果，这是中国有关苹果黑星病研究首例公开发表的研究报告。

分布与危害　苹果黑星病主要危害叶片和果实，引起早期落叶，果实疮痂畸形等症状，严重影响苹果的产量和品质。黑星病是欧美国家苹果上主要病害，每年针对黑星病喷施杀菌剂达 10 次以上。中国的陕西、甘肃、辽宁、新疆、黑龙江、云南、西藏等苹果产区都有黑星病的发生。2000 年以后，苹果黑星病在中国有扩展蔓延趋势。

叶片发病，正面形成淡黄绿色、圆形或椭圆形病斑，直径 3～6mm。病斑上有放射状扩展霉层，初期青褐色，后变褐色至黑褐色。叶片背面发病，正面出现褪绿斑。严重时病斑布满全叶，叶片变小，扭曲，甚至枯焦，叶片早落（图①）。

幼果受害，病斑初为淡黄绿色，圆形或椭圆形，上生浅褐色至黑色放射状霉层。后期病斑凹陷、硬化、龟裂，呈疮痂状。果实染病较早时，发育受阻而成畸形；成熟前果实受害，病斑小而密集，咖啡色，表皮粗糙，但不龟裂，果实不变形（图②）。

黑星病的诊断特征是病斑上有黑色煤烟状的霉层，为病原菌的分生孢子梗和分生孢子。

病原及特征　有性态为苹果黑星菌［*Venturia inaequalis*（Cooke）Wint.］，属黑星菌属。无性态为苹果环黑星孢（*Spilocaea pomi* Fr.），异名为 *Fusicladium detriticum*（Wallr.）Fuck.。

黑星病菌子座埋生或近表生，球形、近球形，直径 90～100μm，孔口处稍有乳状突起，具刚毛，刚毛长 25～75μm。假囊壳内产生多个子囊，子囊无色，圆筒形，大小为 55～75μm×6～12μm，有短柄，壁薄。子囊内含 8 个

苹果黑星病危害症状（李保华摄）
①叶片症状；②果实症状

子囊孢子，子囊孢子鞋底状，褐色，大小为 11～15μm×6～8μm，有 1 隔膜，分隔处缢缩，下部细胞小而尖。分生孢子梗圆柱状，聚生，短而直立，不分枝，褐色，具 1～2 个隔膜，大小为 24～64μm×6～8μm，有的基部膨大。产孢细胞全壁芽生产孢，环痕式延伸。分生孢子倒梨形或倒棒状，表面光滑，淡褐色至榄褐色，有的有 1 个隔膜，分隔处略缢缩，孢基平截，大小为 16～24μm×7～10μm。菌丝在叶片的角质层和表皮细胞之间生长，产孢时形成由一层至数层菌丝细胞构成的子座，子座致密，黑色。

侵染过程与侵染循环　主要以未成熟的假囊壳在病落叶上越冬，或以菌丝体潜伏在芽内越冬。子囊孢子于翌年春季发育成熟，苹果萌芽期遇雨后释放，花期前后达释放高峰期，落花后仍持续 3～5 周。子囊孢子主要随气流传播，萌发后穿透寄主表皮直接侵染，潜育期为 8～15 天。在芽内越冬的菌丝，在苹果萌芽后形成病斑，产生分生孢子，随雨水传播侵染幼嫩组织。

子囊孢子发育的最适温度为 20℃，10℃ 以下发育迟缓，侵染温度为 6～26℃。子囊孢子萌发侵染需要自由水。10℃ 下，14 小时的结露可保证子囊孢子完成全部侵染过程，导致叶果发病；18～24℃ 时需要 9 小时，26℃ 时需要 12 小时。

流行规律　苹果黑星病发生与流行的最适温度为 20℃，低于 10℃，高于 30℃ 都不利于病害发生。分生孢子主要随雨水传播，直接侵染，菌丝在角质层与表皮细胞间生长扩展。苹果黑星病再侵染频繁，春季多雨年份，6～7 月出现第一个发病高峰期。

红富士、嘎啦、乔纳金、红星等易感染黑星病，而秦冠等较为抗病。花期前后果实和叶片最易感病，花期前后温度低、降雨量大、持续时间长，会导致严重发病。

防治方法　应遵循以药剂防治为主，辅以清除落叶等农业防治措施，并加强检疫，保护未发病地区。

清除初侵染菌源　春季苹果萌芽前，彻底清扫果园内和果园周边的落叶，集中烧毁或深埋，以清除越冬菌源。5 月苹果萌芽后，剪除发病的幼梢。

化学防治　花期前后和苹果幼果期是防治黑星病的关键时期。对于重病园，应在苹果开花前、开花后和幼果期各用药 1 次，保护幼叶、幼果不受病原菌的侵染。进入雨季后，结合其他病害的防治，采取雨前喷药保护和雨后喷药治疗的防治措施。三唑类药剂，如氟硅唑、戊唑醇、丙环唑、苯醚甲环唑对黑星病都有较好的防治效果，在病菌侵染后的 1 周内使用都能有效阻止已侵染的病菌致病。

病害检疫　在发病区内不繁殖苗木、砧木，不采接穗。初发现的病点、病区应采取铲除措施。国外病区引入的苗木、接穗和其他类型的繁殖材料应实行 2 年以上的隔离检疫。

参考文献

董金皋, 2015. 农业植物病理学 [M]. 3 版. 北京: 中国农业出版社.

中国农业科学院植物保护研究所, 中国植物保护学会, 2015. 中国农作物病虫害 [M]. 3 版. 北京: 中国农业出版社.

MACHARDY W E, 1996. Apple scab: biology, epidemiology, and management[M]. St. Paul: The American Phytopathological Society Press.

（撰稿：李保华、练森；审稿：孟祥龙）

P

苹果虎皮病　apple superficial scald

苹果储藏过程中、后期发生的一种生理性病害。发病时果皮如烫伤状。又名苹果褐烫病。

发展简史　1919 年，Brooks 等发现使用油纸包以及通风条件下可以减少苹果虎皮病的发生，在果皮上施加脂肪酸酯可以诱发类似虎皮病的褐变，因此，他们推测苹果代谢中产生的某种挥发类物质是苹果虎皮病的诱发因素。后来人们发现，α- 法尼烯的氧化产物在果皮中的积累是引起苹果虎皮病的主要原因。

分布与危害　苹果虎皮病是发生在储藏后期的一种生理病害，在有储藏苹果的地方，都有该病害发生，特别是土窑洞和地窖储藏的苹果，常因此病造成较大损失。

发病初期，果皮淡黄褐色，形成不规则斑块，边缘不明显，似水烫状；发病后期，病皮变褐色至深褐色，稍下陷，严重时病皮可撕下，皮下数层细胞变褐坏死；患病果肉变绵松软，略带酒味，易腐烂（见图）。

病原及特征　虎皮病发生原因较复杂，较为常见的解释有两种：一种观点认为，储藏果实无氧呼吸中产生的乙醛抑制了脱氢酶的活性，使果皮细胞中的酚类物质氧化变色所致；另一种较为普遍的观点认为，虎皮病的发生与果皮中产生的一种挥发性物质 α-法尼烯有关，它能自动氧化产生三烯类化合物杀伤果皮细胞，引起虎皮病的发生。研究证实，对虎皮病敏感的品种或过早采收的果实中 α-法尼烯含量高。

流行规律　不同品种对虎皮病的敏感性存在差异。国光、红星、澳洲青苹、富士等品种对虎皮病敏感，嘎啦、乔纳金等品种不敏感。

树冠郁闭、着色差的果实发病重，在一个果实上未着色部位发病重。过早采收的果实发病明显高于晚采果。果实生长期氮肥施用过量虎皮病发生重。氮肥施用过多会抑制钙元素的吸收，钙含量低的苹果比钙含量高的更易发生虎皮病。储藏后期温度不稳或过高发病重。

储藏箱透气性差发病重。用纸箱储藏苹果，码箱时未留通风道，易发病；纸箱透气差（箱外贴膜）或箱内包有保鲜纸（特别是透气性差的）易发病。

防治方法

适时采收　保证果实成熟度和色泽，是减轻虎皮病发生的最关键措施。

改善储藏条件　采用冷藏或气调储藏方法，降低储藏温度和氧气浓度，可以避免储藏期发病。土窑洞储藏要注意夜间通风、降温，避免长期储藏，降低发病风险。

药剂浸果　用 2g/kg 的二苯胺或乙氧基喹啉浸果，防治效果可达 97%。但由于使用二苯胺后，废液很难处理，造成严重污染和对人体的潜在危害，许多国家如英国、德国已不允许使用。用 2% 的壳聚糖浸渍或喷雾处理可以降低苹果虎皮病的发病程度。用 3% 氯化钙浸果，可以减轻虎皮病发生。

热处理果实　澳洲青苹在 42℃ 下处理 24 小时，虎皮病比对照发生轻许多。

澳洲青苹虎皮病发病症状（任小林摄）

加强田间管理　虽然虎皮病发生于储藏期，但果实内在品质是决定发病程度的内因。所以，要加强田间管理，增施有机肥，避免偏施氮肥，注意增补钙肥。套袋果实脱袋后要暴露 20 天以上采收。

参考文献

吕新刚，刘兴华，蔡露阳，2011. 壳聚糖涂膜对苹果虎皮病防治效果与机理研究 [J]. 农业机械学报，42(3): 131-135.

牛锐敏，饶景萍，弋顺超，等，2005. 苹果虎皮病的研究防治 [J]. 陕西农业科学，(3): 77-80.

苑克俊，孙玉刚，张大鹏，等，2002. 苹果贮藏期间发生虎皮病的生理生化基础及其防治 [J]. 植物生理学通讯，38(5): 505-509.

由春香，张元湖，邹琦，等，1998. 虎皮病的防治研究概况 [J]. 果树科学 (2): 175-179.

中国农业科学院植物保护研究所，1995. 中国农作物病虫害 [M]. 2 版. 北京：中国农业出版社.

（撰稿：孙广宇；审稿：孟祥龙）

苹果花腐病　apple blossom rot

由苹果链核盘菌引起的、危害苹果花和幼果的一种真菌病害。

发展简史　苹果花腐病在中国的东北地区分布较为广泛。1954 年在东北就有开始流行的报道，当时造成了较为严重的损失。1962 年，刘惕若等对东北地区发生的苹果花腐病进行了系统的研究，对引起该病的苹果链核盘菌（*Sclerotinia mali*）的子囊、子囊孢子、大型分生孢子进行了记录，并对其侵染规律、腐生能力、生活史、发病规律、品种特异性和防治药剂的筛选进行了记录。现在，已经对该病的发生规律和防治手段有了较好的掌握。

分布与危害　花腐病主要分布于黑龙江、吉林、辽宁、甘肃、云南、四川等地，寄主有苹果、海棠、黄太平和沙果等苹果属果树。

该病主要危害花和幼果，叶片和嫩枝也可受害，流行年份苹果可减产 20% ~ 80%。苹果自展叶就可受侵染，叶片发病初期，中脉两侧、叶尖或叶缘出现水渍状褐色圆斑或不规则形的斑点，扩展后形成红褐色不规则形病斑，并沿叶脉自上而下扩展至叶基部，导致叶片萎蔫下垂或腐烂，形成叶腐。遇雨或高湿条件，病斑上产生灰色霉层。花丛上叶片发病后，病菌自叶柄基部蔓延至花丛，导致花梗变褐或腐烂，病花或花蕾萎垂形成花腐（见图）。

苹果开花期，柱头受侵染后，病菌先蔓延到胚囊内，再经子房壁侵入果实表面，引起果腐。当果实发病，初期为水渍状，墨绿色，逐渐变为褐色，并溢出褐色黏液，常产生发酵气味，严重的幼果果肉变褐腐烂，失水后形成僵果。叶腐、花腐或果腐蔓延到新梢后，导致新梢产生褐色溃疡斑，当病斑绕枝一周时，病部以上枝条枯死，造成枝腐或梢枯。

病原及特征　病原为苹果链核盘菌 [*Monilinia mali*（Takahashi）Wetze]，属链核盘菌属。

子囊盘为褐色或浅褐色的蘑菇状，直径 1 ~ 8mm，子囊

苹果花腐病危害症状（李保华提供）

盘的发育时期不同形态也不同，其形态从火柴头型、烟嘴型、漏斗型直到蘑菇型。子囊盘成熟后其上形成子囊，子囊长棒状，整齐地排列在子囊盘上，大小为 87.9～109.6μm×4.7～7.8μm，内有 8 个子囊孢子，单行排列。子囊孢子长椭圆形，无色、单胞，大小为 4.96～9.36μm×3.13～4.69μm。子囊孢子成熟后从子囊顶端弹射释放。

分生孢子单胞，无色，近圆形或柠檬形，链状串生，两端连接处有小突起，大小为 6.26～9.39μm×4.96～6.26μm。分生孢子成熟后随气流传播。

侵染过程与侵染循环 花腐病菌主要以菌核在落地病果、病枝和病叶中越冬，翌年春季苹果萌芽期至开花期，越冬病菌产生子囊盘，形成子囊孢子，随气流传播，遇雨后侵染叶片、花瓣和柱头，导致叶腐和花腐。受侵染的叶片和花 6～7 天后发病，并产生大量分生孢子进行再侵染。病叶和病花上的病菌进一步扩展导致果腐和枝腐，病果失水干枯，落地形成的僵果成为翌年的初侵染菌源。

流行规律 自苹果萌芽前 10～15 天，当土壤温度达 2℃以上，含水量超过 30%，僵果覆土不超过 1cm，越冬菌核就可萌发形成子囊盘。当温度达 11.5℃以上时，子囊盘大量形成。花期遇低温多雨天气，导致花期延长，病菌侵染机会增加，病菌从柱头侵染后，造成花腐和果腐。

树冠密闭、通风透光不良和管理粗放的果园发病重。品种间抗病性差异较大。元帅和红星等品种比较抗病，金冠、鸡冠、黄海棠、黄太平、大秋等为高感品种，国光、青香蕉、祝光和倭锦次之。

防治方法 对于苹果花腐病的防控应以清除初侵染菌源为主，必要时喷药保护花序和叶片。

清除侵染菌源 春季结合清园，彻底清除落果、病枝和落叶，集中烧毁或深埋。生长季节及时摘除病叶、病花、病果和病梢，并深埋，以压低翌年的初侵染菌源和当年的再侵染菌源。

化学防治 对于发病严重的果园，可结合其他病害的防治，于苹果花序分离期和（或）盛花期各喷 1 次药，保护叶片和花器不受病菌侵染。杀菌剂可选用甲基硫菌灵、代森锰锌、苯醚甲环唑等。

参考文献
董金皋，2015. 农业植物病理学 [M]. 3 版 . 北京：中国农业出版社 .
刘惕若，袁甫金，1962. 苹果花腐病的研究报告 [J]. 植物保护学报，1(1): 85-86.
杨悦盛，范泽新，王兴智，等，1979. 苹果花腐病的研究 [J]. 中国果树，3(2): 40-43.
中国农业科学院植物保护研究所，中国植物保护学会，2015. 中国农作物病虫害 [M]. 3 版 . 北京：中国农业出版社 .

（撰稿：李保华、练森；审稿：孟祥龙）

苹果花叶病毒病 apple mosaic virus disease

由苹果花叶病毒、土拉苹果花叶病毒或李坏死环斑病毒中的苹果花叶株系侵染所引起的、发生在苹果上的病害。

分布与危害 在世界各地均有发生。中国陕西关中地区有些果园的病株率高达 30% 以上，危害较严重。主要危害叶片，病斑鲜黄色，因病情轻重不同，症状变化较大，主要有斑驳、花叶、条斑、环斑、镶边 5 种类型，各类型的症状常会在同一株树上混合发生。常见的有斑驳型和花叶型，叶片产生形状不规则、大小不等、边缘清晰呈鲜黄色的称斑驳型；病斑不规则，有较大的深绿和浅绿相间的色变、边缘不清晰的称花叶型（见图）。

病原及特征 病原为苹果花叶病毒、土拉苹果花叶病毒、李坏死环斑病毒中的苹果花叶株系。病毒粒体为圆球形。大小有 2 种，直径分别为 25nm 和 29nm。病毒钝化条件为 54℃ 10 分钟。该种病原除了可侵染苹果外，还可侵染花红、海棠、沙果、槟子、山楂、梨、木瓜和楂梓等果树。

侵染过程与侵染循环 苹果树感染花叶病后，便成为全株性病害，只要寄主仍然存活，病毒也一直存活并不断繁殖。病毒主要靠嫁接传播，接穗或砧木带毒是病害的主要传染源，修剪用具连续使用不消毒而造成人为传毒。菟丝子也可以传毒。种子一般不传播。

流行规律 不同苹果品种的感病性有明显差异。富士、金冠、秦冠、青香蕉等高度感病，红星、元帅等品种轻度感病。早春萌芽不久即出现病叶，4～5 月发病最重。夏季 6～8 月高温季节病害基本停止发展。秋季又短期恢复发病。当气温在 10～20℃，多雨，光照较强，症状较重。树势衰弱时，症状较重，幼树比成株易发病。土壤干旱水肥不足时发病重。

防治方法 严格选用无病毒接穗和实生砧木，带毒植株可在 37℃ 恒温下处理 2～3 周，即可脱除苹果花叶病毒；在育苗期加强苗圃检查，发现病苗及时拔除销毁，以防病毒传播；加强水肥管理，适当重修剪，增强树势，提高抗病能力，春季发芽后喷施浓度为 50～100mg/kg 增产灵 1～2 次，可减轻危害程度。对丧失结果能力的重病树和未结果的病幼树及时刨除，改植健树，免除后患。

参考文献
冯建国，2014. 苹果病虫草害防治手册 [M]. 北京：金盾出版社：

P

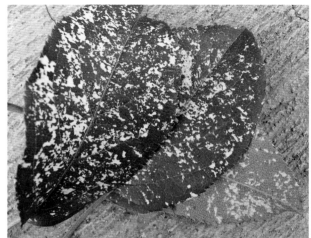

苹果花叶病毒病症状（伍建榕摄）

34-35.

郭书普，2010. 新版果树病虫害防治彩色图鉴 [M]. 北京：中国农业大学出版社：31-32.

（撰稿：伍建榕、韩长志、姬靖捷、吴峰婧琳；审稿：陈秀虹）

类，抗碱能力和对铁元素缺乏的敏感性差异很大，因此，黄叶病的发生轻重也因砧木的不同而有明显差异。如：用海棠作砧木的苹果树黄叶病发生较轻，而用山荆子作砧木的苹果树黄叶病发生较重。

防治方法

建园时注意园地和苗木的选择　建园地址应选择疏松的砂壤土，避免在地下水位高的地块或盐碱地栽植。选购或培育苗木时，不仅要选择品种，而且要选择砧木，即选择不容易发生黄化的砧木如海棠、茶子、楸子等。

搞好土壤改良和土壤管理　春季干旱时，注意灌水压碱，以减少土壤含盐量。低洼地要及时排除盐水，用含盐量低的水浇灌，灌后及时松土。增施有机肥料，树下间作绿肥，以增加土壤中的腐殖质含量，改良土壤结构及理化性质，解放土壤中的铁元素。

土施铁肥　生产上常用的铁肥是硫酸亚铁，一般用量：5 年生以下的树，株施铁溶液或硫酸铜、硫酸亚铁和石灰混合液（硫酸铜 1 份、硫酸亚铁 1 份、生石灰 2.5 份、水 320 份）。果树生长季节，可叶面喷施 0.1%～0.2% 硫酸亚铁溶液，或 0.2%～0.3% 植物营养素，间隔 20 天 1 次，每年喷施 3～4 次；或在果树中、短枝顶部 1～3 片叶开始失绿时，喷施 0.5% 尿素 +0.3% 硫酸亚铁混合液，效果显著，也可在树上果实 5mm 大小时，喷施 0.25% 硫酸亚铁 +0.05% 柠檬酸 +0.1% 尿素混合液，隔 10 天再喷 1 次，病叶可基本复绿。

强力树干注射法　此法适用于 5 年生以上的大树。其方法是：首先在树上打孔，孔的直径 7mm，深度 5～6cm，一般为树干一周 120° 一个孔，每株树打 3 个孔，用铁丝钩将木屑掏干净，将喷雾器的出水接口用锤子钉进打好的孔中，然后将踏板式喷雾器中充满稀释好的药液（果树复绿剂用蒸馏水或软水稀释成 20 倍液，或 0.05%～0.08% 硫酸亚铁水溶液）与出水接口连通，即可进行注射。每株成龄树注射 1L，初果期树酌减。

埋瓶法　由于强力注射法对 5 生年以下的小树不宜采用，可采用埋瓶法：将 0.1% 硫酸亚铁水溶液灌入聚酯瓶中，

苹果黄叶病　apple chlorosis

因缺少铁元素而引起的苹果生理病害，是一种世界性病害。又名苹果白叶病、苹果黄化病或缺铁失绿病。

分布与危害　国内外苹果产区均有发生，在盐碱土或钙质土果区更为常见。发生量大、危害严重。轻则生长迟缓，产量低下，重则枝条焦梢，甚至死亡。

苹果黄叶病症状多从新梢嫩叶开始，初期叶肉变黄，而叶脉仍保持绿色，使叶片呈绿色网纹状失绿。随着病势的发展，叶片全部变成黄白色，严重时叶片边缘枯焦，甚至新梢顶端枯死，造成落叶。影响果树正常生长（见图）。

病因　黄叶病由缺铁引起。属于生理性病害。

流行规律　黄叶病由缺铁引起。土壤偏碱，土壤黏重，土壤水分过多或速效氮肥施用过多均可减少铁的吸收，从而使病害加重。同时，病害轻重也因砧木而异：不同的砧木种

苹果黄叶病危害症状（曹克强摄）

每瓶容量约 500ml，于距树干 1m 以外的周围刨出黄化树的根系，将其插入瓶中，用塑料薄膜封口后埋土，每株树周围埋瓶 3～4 个，隔 5 天左右取出空瓶。于 5 月中下旬采用此法防治，7～10 天后，黄叶可基本复绿。

参考文献

中国农业科学院植物保护研究所,中国植物保护学会,2015.中国农作物病虫害[M].3 版.北京:中国农业出版社.

（撰稿：曹克强；审稿：孟祥龙）

苹果苦痘病　apple bitter pit

苹果成熟期、储藏期常发的一种缺钙生理病害，主要表现在果实上。又名苹果苦陷病、苹果斑点病。

发展简史　可查的最早报道，是 1974 年贵州农业科技出版社摘译自 *Horticultural abstracts* 的报道。

分布与危害　中国各苹果产区都有分布，以山东、辽宁、河北环渤海湾地区发生较严重。2007 年烟台地区大发病，受害严重的病果率达 50%，给生产者造成巨大损失。一些在采收时看似完好的果实，经过一段时间的贮运后还会发病，给营销者造成一定的损失。

苦痘病表现在果实上，从果实开始着色时显症。发病初期，在红色品种果面上呈现暗红斑，在绿色和黄绿色品种果面上呈现深绿色斑，病斑以皮孔为中心，周围有暗红色或黄绿色晕圈；随后病部凹陷，呈现褐色病斑，直径 2～10mm；病皮下果肉组织坏死，呈海绵状，半圆形，深入果肉 2～3mm，有苦味；储藏环境湿度大时，病组织被腐生菌寄生，表面呈污白色、粉红色或黑色，易腐烂（见图）。

病因及特征　苦痘病通常被认为是缺钙症，确切地说，应称为钙营养失调症。美国果树营养学家福斯特提出，苹果果肉的正常含钙水平是干物重的 0.01%～0.03%，果皮和果心含钙比果肉高 2～4 倍。果肉含钙量达 0.025%，即可防止发生钙营养失调症。但钙营养失调症的发生并非完全起因于含钙水平低。据英国调查分析，从随机大量果样的分析结果

看，果实钙失调症与果实含钙浓度相关，但从单果分析结果看，并不一定表现这种关系。另从喷钙试验结果看，喷钙可使苦痘病减轻，但不能完全防止其发生。由此看来，果实含钙水平低，是发生苦痘病的一个因素，但不是唯一因素，还有其他因素。在诸多因素中，苹果果实中的含氮量，对发生钙营养失调症有比其他因素的作用都要大的影响。苹果果肉中的氮钙比为 10 时，果实一般不发生钙失调症；当氮钙比达 30 时，多数情况下将发生钙失调症。SaureMC 认为诱发苦痘病的首要因素是果实生长后期过高的根活力引起的高赤霉素水平。赤霉素（GA）水平提高会增加靠近维管束果实的细胞膜透性，增加果实细胞对采后水分胁迫的敏感性从而诱发苦痘病。钙作为次级因素会增加苦痘病发生的潜在危险。钙的作用是稳定细胞膜，减少膜透性。然而高 GA 水平阻碍了钙向果实运输。

流行规律　果实生长前期干旱，后期多雨年份发病重；修剪过重树、营养生长过旺树发病重；栽培品种中，国光、白龙、金冠、红玉、澳洲青苹、红星、新红星易感苦痘病，富士苹果套袋栽培后，发病也比较严重；在砧木中，M7 比 M9 对钙吸收能力弱，发病重；增施氮肥可迅速改变果实中的氮含量，而果实中钙含量不会发生改变，从而导致氮钙比升高，发病加重。

防治方法　合理控制氮肥施用量，往往比一味补钙更见实效。增施有机肥，提高土壤均衡供肥能力，农家肥施入量要达到"斤果斤肥"。增施钙肥，过磷酸钙、硅钙镁等含钙肥料在秋施基肥时混合施入土中。氨基酸钙、硝酸钙等液肥以在套袋前喷施比较好。采后用 3% 氯化钙浸果可减轻储藏期发病。

参考文献

陈策,2006.苹果苦痘病和其他几种果实钙营养失调症[J].落叶果树 (3): 10-13.

韩丽红,2012.苹果苦痘病的发生与防治[J].北方果树 (3): 46.

马起林,姜润丽,2012.苹果苦痘病、痘斑病发生原因及预防[J].西北园艺 (2): 24-25.

汪良驹,姜卫兵,何歧峰,等,2001.苹果苦痘病的发生与钙、镁离子及抗氧化酶活性的关系[J].园艺学报,28(3):200-205.

张新生,赵玉华,王召元,等,2009.苹果苦痘病研究进展[J].河北农业科学,13 (3) : 30-32.

（撰稿：孙广宇；审稿：孟祥龙）

苹果苦痘病病果（李夏鸣提供）

苹果类病毒病　apple viroid disease

被类病毒侵染后使苹果正常的生理机能遭到破坏，甚至树体死亡的病害。

发展简史　类病毒的概念是 1971 年植物病理学家 Diener 在马铃薯纺锤块茎病的研究中首次提出。中国发现的苹果类病毒主要有苹果锈果类病毒（ASSVd）、苹果凹果类病毒（ADFVd）和苹果皱果类病毒（AFCVd）。1987 年，日本病理学家 Hashimoto 等确认其为类病毒，并首次报道了其全序列。ASSVd 在中国主产区发生严重，但是尚未有

针对该病毒的有效防治措施。2008 年，赵英等在新疆栽培的国光苹果品种上检测到了 ADFVd。1976 年，在日本首次发现了苹果皱果病症，后经试验确认为由 AFCVd 引起的。2009 年，赵英等首次在新疆发现了由 AFCVd 侵染引起的苹果病毒病。

分布与危害　苹果类病毒是危害苹果果实的重要病毒病害，苹果树一旦被类病毒侵染，将终生带毒。常见的苹果类病毒病有苹果锈果病和苹果凹果病，造成果实表面形成锈果、花脸、斑痕、凹陷等畸形病状，果实硬度增加，风味变劣，不耐储藏，致使果实经济价值极低或完全失去经济价值。苹果类病毒病在果园中传播速度快，且具有隐蔽性特点，仅在果实上表现症状，严重危害苹果产业的发展和果农的增收，其中又以苹果锈果病危害最为广泛和严重。苹果锈果病在世界苹果产区均有分布，在中国各苹果产区均有发生且传播较快，个别果园病株率已达 20%。苹果锈果病在国光上形成严重的锈果病，在富士上蔓延危害严重，造成花脸果。

已知的苹果类病毒病仅在果实上表现症状，叶片和枝干上没有明显的症状，幼树不表现症状。苹果果实在最初膨大期即在果实表面表现小块水渍状，随着果实膨大，病斑面积扩大，病斑处生出果锈或不着色。套袋苹果在摘袋后开始表现明显的症状，果实表面凹凸不平，着色不均匀。苹果锈果病造成果实表面花脸、果锈、凹凸不平；苹果凹果病造成果实表面凹凸不平，着色不均匀（图 1）。

病原及特征　病原主要有苹果锈果类病毒（apple scar skin viroid，ASSVd）、苹果凹果类病毒（apple dimple fruit viroid，ADFVd）。这两种类病毒在分类上均属于马铃薯纺锤块茎类病毒科（Pospiviroidae）苹果锈果类病毒属（Apscaviroid），分子形状为杆状。类病毒（viroid）是一类基因组为单链环状 RNA 的分子寄生物，能够完成复制增殖，但不编码蛋白质，仅在植物中发现。

苹果锈果类病毒（ASSVd）基因组通常含 330 个核苷酸，存在细胞核内，基因组为一条环状的单链 RNA，具有 5 个功能区，形成稳定的杆状和拟杆状二级结构，一个中央保守区和一个末端保守区（图 2）。1983 年，日本首次报道在苹果锈果病果中检出类病毒 RNA。随后中国也从苹果锈果病树枝条上检出类病毒。

苹果凹果类病毒（ADFVd）基因组 RNA 由 297～300nt 组成，包含苹果锈果类病毒组的整个保守区域。该病毒首先在意大利发现，因在苹果品种 Starking Delicious 上表现出明显的凹果病症而得名。

侵染过程与侵染循环　苹果类病毒病主要通过无性繁殖材料的嫁接、被类病毒污染的工具传播。在苹果实生苗中检测到苹果凹果类病毒，但不能完全确认通过种子传播。有报道称介体昆虫和花粉能够传播类病毒。苹果树一旦被类病

图 1　苹果锈果类病毒和苹果凹果类病毒危害症状（周涛提供）
①苹果锈果类病毒引起的锈果和果面凹凸不平；②③苹果锈果类病毒引起的花脸症状；④苹果凹果类病毒引起的果实表面凹凸不平

毒侵染，终生带毒，未结果的幼树观察不到任何症状，结果后即表现症状。该病害没有明显的侵染循环。

流行规律　苹果类病毒病在果园中传播速度快，且通常具有成片、成行发生的特点，一种可能是使用了带有类病毒的接穗进行嫁接，另一种可能是通过修剪、花粉飘移、根接等方式造成的传播。尚未证实有特定的昆虫传播介体可以传播苹果类病毒病。实生苗带有类病毒，推测种子带毒的可能性很大。尚未发现对苹果类病毒病有抗性的品种，栽培品种多数感病，幼果即表现症状。

多雨的年份苹果锈果病发生轻，花脸果比例小，表明这种病害的危害程度与气候条件有一定的关系。

防治方法　防治苹果类病毒病的技术与苹果病毒病的防治技术类似，首先要从根本上使用无毒苗木，其次是杜绝随意嫁接、乱用刀具等造成病害传播的管理方式，控制病害传播。苹果类病毒病具有危害大、传播速度快、经济损失严重的特点，生产中必须重视及早发现病果和病株，发现后应立即刨除，降低病害传播风险。因没有有效的药剂能够防治类病毒病，发现病果后不要用药，否则损失更大。

参考文献

郭瑞，李世访，董雅凤，等，2005.苹果锈果类病毒辽宁分离物的克隆与序列分析 [J]. 植物病理学报，35(5): 472-474.

赵英，牛建新，2008.新疆桃树上苹果锈果类病毒 (ASSVd) 的检测与全序列分析 [J]. 果树学报，25(2): 274-276.

张振英，姜中武，2008.苹果锈果病的发生途径与预防措施 [J]. 河北果树 (1): 39-40.

图 2　苹果锈果类病毒（ASSVd）分子杆状结构模型图。TCR 为末端保守区域，CCR 为中央保守区域

周丽，孙洁霖，杨希才，2002. 特异切割苹果锈果类病毒的核酶基因的克隆和转录物的体外活性测定 [J]. 生物工程学报，18(1): 25-29.

HADIDI A, HANSEN A J, PARISH C L, et al, 1991. Scar skin and dapple apple viroids are seed-borne and persistent in infected apple trees[J]. Research in virology, 142: 289-296.

（撰稿：周涛；审稿：孟祥龙）

苹果轮纹病　apple ring rot

由葡萄座腔菌引起的、主要危害苹果果实和枝干的一种真菌病害。又名苹果粗皮病、苹果轮纹烂果病和苹果干腐病，在欧美称为苹果白腐病（apple white rot）。

发展简史　该病最初于 1907 年发现于日本，引起枝干上的瘤状凸起或粗皮症状。1925 年，原摄佑将苹果病原菌命名为 *Macrophama kawatsukai* Sassa and Yoshikoshi, 1983。1933 年，野赖直毅发现了病菌的有性世代，定名为 *Physalospora piricola* Nose，之后又改为 *Botryosphaeria berengeriana* f. sp. *piricola* Koganezawa & Sakuma，而果实轮纹病的病原则认为是 *Botryosphaeria berengeriana* 和 *Botryosphaeria berengeriana* f. sp. *piricola* 两个菌。2008—2009 年，Tang 等通过研究最终确认苹果轮纹病的病原是葡萄座腔菌 [*Botryosphaeria dothidea* （Moug.）Ces. et de Not.]。Tang 等的研究发现该菌侵染苹果枝条不仅可以引起瘤状凸起进而发展成粗皮症状，而且可以引起枝条溃疡，或在失水条件下引起枯死的干腐型症状，进而证明了苹果轮纹病与苹果干腐病以及欧美国家之前报道的苹果白腐病为同一种病害。

分布与危害　该病害是一个世界性分布的病害，在中国、日本、韩国、美国、巴西、阿根廷、澳大利亚和南非等夏季高温多雨的苹果产区发生严重。在中国，由于气候和栽培等原因，该病害在中国苹果产区呈现"东部较西部严重，老果园较新果园严重"的特点，在黄河故道和环渤海湾地区的苹果产区发生普遍且严重，是影响苹果产量与质量的主要病害之一。苹果轮纹病可以危害果实引起果腐，也可以危害枝干引起枝枯、粗皮和皮层坏死最终导致树势衰弱，造成严重经济损失。2008 年，山东、河北、河南、辽宁、北京、山西、陕西等苹果主产区，苹果枝干轮纹病平均发病率为 77.6%；轮纹病引起的果腐随枝干轮纹病的加重而加重，个别果园可达 40%～50%。苹果轮纹病是中国苹果生产中的三大主要病害之一。

病原及特征　病原为葡萄座腔菌 [*Botryosphaeria dothidea* （Moug. ex Fr.）Ces. et de Not.]，属葡萄座腔菌属，异名为 *Physalospora piricola* Nose、*Botryosphaeria berengeriana* de Not.。有性态为茶藨子葡萄座腔菌 [*Botryosphaeria ribis* （Todi）Grossenb et Dugg]，无性态为群生小穴壳菌（*Dothiorella gergaria* Sacc.），属小穴壳属。菌落初期为白色，菌丝无色透明，后期菌落颜色逐渐加深呈橄榄绿色。病原菌的分生孢子器球形（直径 153～197μm），聚生，可在果实病斑中央、开裂的小瘤、干裂的溃疡斑和枯枝上形成。分生孢子单胞，无色，纺锤形，

18.0～35.0μm×5.0～8.5μm（图 1）。病原菌的有性阶段产生假囊壳。假囊壳褐色，球形或扁球形，直径 175～250μm，具孔口，通常产生于枯死的 1 年生或多年生枝条的表皮下面。子囊长棍棒状，无色，壁厚透明，双重膜，顶端膨大，基部较窄，内含 8 个子囊孢子。子囊孢子单胞，无色，椭圆形，24.5～26μm×9.5～10.5μm。

侵染过程与侵染循环　病原菌常通过皮孔或伤口侵入果实。5 月初的幼果至采收前的成熟果均可被侵染，但田间侵染多发生在 6～8 月的雨季。病菌在幼果中的潜伏期长，可达 80～150 天，成熟果中的潜伏期短，约 20 天。果实发病多在采收前后。初期以皮孔为中心形成棕褐色水渍状病斑，后逐渐扩大，典型的病斑表面可见清晰的同心轮纹（图 2①）。储藏期发病的果实都是田间侵染造成的。

病原菌也可以通过树皮上的皮孔或伤口侵入皮层组织，引起瘤状凸起、粗皮、溃疡斑、干腐型病斑或枝条枯死等症状。瘤状凸起常见于新发病的主干和侧生枝条。通常是以皮孔为中心形成一个中心隆起的小瘤（图 2②），质地坚硬。随着病害的发展，小瘤开裂，病斑四周隆起，病健交界处形成裂缝，病斑边缘翘起如马鞍状（图 2③）。病害发生初期，小瘤稀少，散生，枝干发病严重时，病瘤密集、连片，后期，由于病瘤连片发生、病瘤开裂和边缘翘起，使枝干的表皮粗糙呈粗皮状。溃疡斑与干腐型病斑的初期常以皮孔为中心形成暗褐色水渍状病斑，圆形或扁圆形，5～6 月病部可见褐色的汁液流出，形成溃疡斑。后期病斑略凹陷并可扩大直至连片，造成枝条失水枯死。病健交界处往往裂开，有时病皮翘起乃至剥离形成干腐型病斑。一般情况下，病变局限于树皮表层，发病严重时数个病斑相连，深度可达木质部。枯枝的症状常发生于干旱的春季。病菌快速扩展，枝条失水枯死的病斑表面常密生隆起的细小点粒，即病菌的分生孢子器或子囊壳，成熟后突破表皮。

病原菌通常以菌丝、分生孢子和子囊孢子的形式在树体的病组织、病残体及病果中越冬。病原菌在枯死的枝条和干腐型病斑上形成分生孢子器或假囊壳。假囊壳成熟后形成子囊和子囊孢子。越冬的菌丝、分生孢子和子囊孢子都可以成为翌年的初侵染来源。病原菌的分生孢子器成熟后，遇雨水

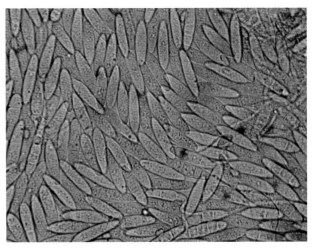

图 1　苹果轮纹病分生孢子（国立耘提供）

图 2 苹果轮纹病危害症状（国立耘提供）
①果实上轮纹病症状；②枝条上轮纹病症状；③主干上轮纹病症状

或在空气潮湿时可涌出大量分生孢子形成灰白色孢子角，分生孢子随水和雨水飞溅传播。新形成的病瘤在当年很少形成分生孢子器，直到第二、三年分生孢子器才大量形成并产生分生孢子。而新形成的干腐型病斑和枯枝上，当年就可以形成分生孢子器并在条件适合时释放大量分生孢子。成熟的假囊壳在遇雨或潮湿条件下弹射出子囊孢子。枝条中潜伏的病菌可随苗木传播到新的地区。总体上，该病菌的近距离传播主要依靠雨水飞溅和气流，长距离传播主要通过带菌的苗木。葡萄座腔菌的寄主范围很广，除侵染苹果外，还能侵害梨、桃、李、橄榄、开心果、核桃、槐树等多种果树和林木，因此，与果园相邻的这些树木上的病原菌也是病菌的来源。

流行规律 苹果轮纹病的症状表型、发病程度和流行与气候因素、寄主生长状况和品种等都有密切关系。温暖、多雨地区和降雨早、降雨量大的年份发病严重。葡萄座腔菌的侵染具有潜伏特性，当树皮含水量降低到一定水平以下，潜伏病菌即扩展致病。春季定植的树苗，易在缓苗期发病，展叶之后，病势减缓，扩展停顿。

苹果枝条的侵染和发病情况与寄主的生长状况和环境条件相关，通常，衰老的树发病严重。尽管伤口不是侵染发生的必要条件，但是会影响症状的表型。无伤接种通常形成小瘤，而有伤接种通常引起溃疡症状。小瘤的形成与树体的生长状况也密切相关。5～7月侵染，比常当年发病形成小瘤，7月之后的侵染，通常翌年才能形成小瘤。症状的表型除与伤口有关外，还与寄主的生长条件相关。枯枝型症状通常出现于干旱少雨的春季。

降雨是病菌分生孢子释放的必要前提，降雨持续时间的长短是孢子能否大量释放的决定因素。当降雨持续进行4小时后，分生孢子就开始释放，4～12小时达到高峰，以后逐渐下降。在山东、河北，果园空中从3～4月开始有分生孢子飞散，5～6月渐增，7～8月达到最高峰，9月渐少。每逢雨后，分生孢子释放量激增。枝条中的病菌可以存活多年，分生孢子器可多次释放分生孢子。

来自同一地区的苹果轮纹病菌的不同菌株的致病力有差异，即菌株间存在致病力的差异。在同一地区，既有强致病力的菌株也有弱致病力的菌株。然而，来自不同地区的菌群间致病力没有明显的差异。

不同品种的抗性有差异。但是，现有主栽品种中的富士、金冠、国光、元帅等品种都表现为感病。田间观察发现，国光品种上的轮纹病发病较轻。但是，进一步研究则发现苹果种质资源与苹果轮纹病菌间的抗感关系复杂。不同的种质资源在果实的发病率、潜伏期和病斑大小上均存在极显著差异；同一种质资源接种不同的轮纹病菌菌株后在发病率、潜伏期和病斑大小上也存在显著差异。高抗果实轮纹的苹果资源有珍宝、金沙依拉姆和红玉。野生苹果资源及中国苹果栽培种普遍较西洋栽培苹果抗性高。同一品种的果实抗病性与枝干抗病性不相关，这给抗病品种的利用带来了挑战。

防治方法 加强栽培管理，清除田间侵染源，喷药保护和采后低温储藏是防治苹果轮纹病的主要措施。

农业防治 苗圃应该设在远离病区的地方，培育无病壮苗；在早期剪砧时，不留干桩，使剪口在出圃前达到完全愈合；起苗和运输过程中应注意包装和保湿，避免造成机械伤，防止苗木失水。

建园时，选用无病苗木；加强肥水管理，增强树势；如果幼树上发现病斑，发病严重的应该及时剔除，对于发病轻的，可将病斑刮除，然后涂药保护。

通过生草和增施有机肥等措施，提高果园土壤保水能力；旱季进行灌溉，提高树体抗病能力；合理疏果，控制负载量。

清除田间侵染源。春季结合清园，剪除病枝，刮除枝干上老翘皮。将修剪下的病枝条集中烧毁或深埋。树干上喷施或涂布杀菌剂进行防治。如果用枝干作支撑，应该将表面的皮层去除。

化学防治　生长期喷洒药剂保护果实和枝干。从幼果期开始，在5～7月间，根据降雨及田间发病情况，每间隔15～20天喷洒1次，或每次雨后喷药，预防侵染的效果更好。常用杀菌剂中对轮纹病有效的药剂包括克菌丹、多菌灵、代森联、戊唑醇、己唑醇、醚菌酯、代森锰锌、甲基硫菌灵、苯醚甲环唑。以这些药剂为主的复配剂对苹果轮纹病也有较好的效果，而且可以兼治其他叶部和果实病害，如戊唑·多菌灵、丙唑·多菌灵、唑醚·代森联、克菌·戊唑醇、多·锰锌。每次施药都应该使药液遍布果实、叶和枝干。

套袋防治　套袋是20世纪80年代开始在中国各地推广和应用的防治果实轮纹病的有效措施。套袋不仅能预防苹果轮纹病等果实病害，而且套袋后果面的光洁度好，商品价值高。在北京和河北地区，套袋通常应在5月底进行，6月初完成。套袋前应施用一遍杀菌剂，待药液干燥后即可套袋。果实套袋后不能放松对叶片、枝干病害的防治。摘袋后如遇降雨，应该喷施一次杀菌剂保护果实。

储藏期防治　对于准备储藏和运输的果实，应严格进行挑选，剔除病果和有损伤的果实，可以通过药剂浸洗或熏蒸对果实表面的病菌进行消毒，然后放置在0～5℃贮存，对预防储藏期发病，效果显著。

参考文献

王红旗，范永山，朱世宏，等，2000.山苹果轮纹病分生孢子器开口散播规律及其应用[J].中国果树(4):9-12.

王培松，刘保友，栾炳辉，等，苹果轮纹病菌孢子田间释放规律[J].湖北农业科学(19):3975-3976.

王烨，胡同乐，曹克强，2010.生长季苹果枝干轮纹病病菌分生孢子释放的决定因素[J].安徽农业科学(27):15002-15004.

张玉经，王昆，王忆，等，2010.苹果种质资源果实轮纹病抗性的评价[J].园艺学报，37(4):539-546.

AI-HAQ M I, YASUHISA S, OSHITA S, et al, 2002. Disinfection effects of electrolyzed oxidizing water on suppressing fruit rot of pear caused by *Botryosphaeria berengeriana*[J]. Food research international, 35: 657-664.

SUTTON T B, 1981. Production and dispersal of ascosporeas and conidia by *Physalospora obtuse* and *Botrysphaeria dothidea* in apple orchards[J]. Phytopathology, 71: 584-589.

TANG W, DING Z, ZHOU Z Q, et al, 2011. Phylogenetic and pathogenic analyses show that the causal agent of apple ring rot is *Botryosphaeria dothidea*[J]. Plant disease, 96: 486-496.

（撰稿：国立耘；审稿：孟祥龙）

苹果毛毡病　apple felt disease

由瘿螨引起的苹果树木病害。

分布与危害　广泛分布于中国大部分苹果产区。初期病斑上产生黄色小点，逐渐在叶背形成橙色（花红叶）、淡紫色（苹果叶）绒毛小斑，多个病斑相互连成一片呈近圆形至不规则形斑。仔细观察病斑，可看出有许多植物毛（病状），病原动物很小，肉眼看不见（见图）。

病原及特征　病原为瘿螨（*Eriophyes* sp.）。体形近圆锥形，黄褐色，体长100～280μm，体宽50～70μm；头胸部有两对步足，腹部宽，尾部狭小，末端有1对细刚毛；背、腹部有许多环纹。

侵染过程与侵染循环　在北方，以成螨在树皮缝及芽鳞片内等隐蔽处越冬。11月初气温降至5℃以下，成螨进入越冬状态。蚜虫与木虱可携带一定量的成螨，是该病传播媒介之一。此螨一年发生多代。

流行规律　螨类的发育繁殖适温为15～30℃，属于高温活动型。在热带及温室条件下，全年都可发生。温度的高低决定了螨类各虫态的发育周期、繁殖速度和产卵量的多少。干旱炎热的气候条件往往会导致其大发生。螨类发生量大，繁殖周期短，隐蔽，抗性上升快，难以防治。

防治方法　用杀螨剂喷雾控制四足螨。瘿螨以成虫在芽的鳞片内，或在病斑内以及枝条的皮孔内越冬，翌年春季，嫩芽抽叶时，瘿螨顺便爬到叶上危害、繁殖。预防喷洒杀螨剂要抓住嫩芽抽叶期连喷2～3次，杀螨剂可用20%螨卵脂可湿性粉剂1000～2000倍液，或20%三氯杀螨砜可湿性粉

苹果毛毡病症状（伍建榕摄）

剂 800 倍液。或在 6 月幼虫发生盛期喷洒 0.3～0.5 波美度的石硫合剂，或上述几种杀螨剂每次用 1 种，交叉使用，喷匀喷足。

参考文献

陈秀虹，伍建榕，西南林业大学，2009. 观赏植物病害诊断与治理 [M]. 北京：中国建筑工业出版社．

陈秀虹，伍建榕，2014. 园林植物病害诊断与养护：上册 [M]. 北京：中国建筑工业出版社．

（撰稿：伍建榕、韩长志、姬靖捷、吴峰婧琳；审稿：陈秀虹）

苹果霉心病　apple moldy core

由多种病原真菌侵染引起的苹果病害，是一种世界范围内广泛分布的果实病害。可以导致果实室生霉或心室以外果肉腐烂，呈现霉心和心腐两种类型的症状。又名苹果霉腐病。是主要危害元帅系苹果的重要病害。

发展简史　该病害最早报道于 1905 年。中国的苹果霉心病从 20 世纪 70 年代后期才开始被人们重视，现已经成为生产中亟待解决的重要问题。

分布与危害　山东、山西、陕西、辽宁、河北、河南、北京、天津、四川、甘肃、新疆等苹果主产区都有苹果霉心病发生的报道。随着套袋技术的普及，富士苹果霉心病发生也在上升，一些栽培面积较小的品种，如北斗、斗南、红冠等发病也很严重。一般年份红星发病率 20%～30%，严重年份可达50%；富士苹果不套袋时一般发病很轻，但套袋后发病率常常高达 30%。病果在没有冷藏条件下贮运，会加速发病进程，造成巨大损失。

苹果霉心病果实外观无明显症状，病害先从果实心室发生，再由心室逐渐向果肉扩展，其症状可分为霉心和心腐两个类型。霉心型表现为在心室内生有黑色、白色、灰色等霉状物，几乎不向果肉扩展，病组织无苦味（图 1①）；心腐型表现为心室褐变腐烂，并向果肉扩展，在腐烂果的空腔中常有粉红色霉状物，病组织味极苦（图 1②）。

病原及特征　由多种真菌侵染果实心室而引发的病害。有链格孢［*Alternaria alternata*（Fr.）Keissl.］、粉红单端孢［*Trichothecium roseun*（Bull）Link］、棒盘孢（*Coryneum* sp.）、镰刀菌（*Fusarium* sp.）、狭截盘多毛孢（*Truncatella angustata* Hughers）、茎点霉（*Phoma* sp.）、拟茎点霉（*Phomopsis* sp.）、大茎点菌（*Macrophoma* sp.）、头孢霉（*Cephalosporium* sp.）、盾壳霉（*Coniothyrium* sp.）、枝孢属的一个种（*Cladosporium* sp.）、葡萄孢（*Botrytis* sp.）、青霉（*Penicillium* sp.）等 10 多种真菌，其中最主要的是链格孢菌和粉红单端孢。

互隔链格孢菌属暗色孢科。菌丝无色透明，有分隔，直径 3～6μm；分生孢子梗聚集成堆，大小为 5～125μm×3～6μm；分生孢子倒棍棒形，暗褐色，有纵、横分隔，纵隔1～3 个，横隔 3～7 个，喙孢长短不等，大小为 0～24μm×3～5μm，颜色较浅；分生孢子在孢子梗上串生，靠近孢子梗的孢子最大，孢子链末端的孢子最小，分生孢子的大小因菌龄和产孢时间不同有很大差异，一般 7～70μm×6～22μm（图 2）。病菌在果心呈黑霉状，不向果肉扩展，表现为霉心型症状。

粉红单端孢属链孢霉科。分生孢子梗直立，有少数横隔或无隔，不分枝，梗端稍膨大；分生孢子自梗端单个地、以向基式连续产生一串孢子，靠着生痕彼此连接而聚集在梗端，分生孢子倒卵形，双胞，上胞大，下胞小，无色或浅粉色，大小为 14～24μm×7～14μm。病菌侵染果心，致使果心腐烂，并向果肉扩展，表现为心腐型症状。

侵染过程与侵染循环　霉心病菌多为腐生菌，在果园分布很广，在树体上、土壤及其周围植被上普遍存在，病菌借气流传播，通过萼筒至心室间的开口进入果心。苹果开花后，雌蕊、雄蕊、花瓣等花器组织首先感染病菌，至落花时雌蕊已被病菌全部定植。病菌逐渐通过枯死的萼筒间组织侵入果心，经过一段时间的潜育期后，造成心室生霉、果实腐烂。

流行规律

品种差异　元帅、红星、新红星等品种易感病；国光、

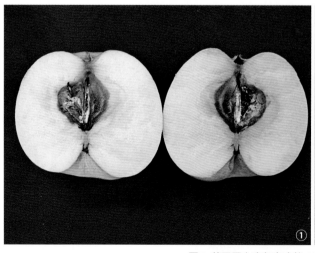

图 1　苹果霉心病危害症状（①李夏鸣提供；②曹克强提供）

①霉心型；②心腐型

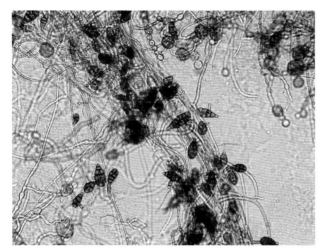

图 2　互隔链格孢菌（李夏鸣提供）

金冠不易感病。品种间感病性差异主要因果实形态结构特点不同而异。感病品种皆因萼片与心室间组织结构呈开放型，病菌可以沿枯死的柱头侵入心室；抗病品种萼心间组织呈封闭状，阻断了病菌侵入果心的通道。

贮运条件　苹果采收后，霉心病发生的轻重，与储藏条件关系极为密切。在没有冷藏条件的土窑洞或地窖中，由于温度较高，发病常常很严重，这是因为高温满足了病菌的快速繁殖，高温也同时促进了果实衰老的进程。在长途运输和货架期，如果不能有效地控制环境温度在 0℃ 左右，随着温度的增高，病情逐渐加重。

栽培条件　果园管理粗放、果园清洁工作不细致、结果过量、有机肥不足、矿质营养不均衡、果园郁闭、地势低洼、通风透光不良、树势衰弱等因素都有利于发病。随着套袋技术的普及，套袋果实霉心病发病比不套袋严重，这是因为袋内湿度较高，光照较弱，更有利于病菌的侵染。

气候条件　花期遇雨和开花之后 1 个月内多雨，当年发病严重。例如山西太谷 1995 年开花到之后 1 个月（4 月 20 日至 5 月 27 日）降雨 2 次，红星苹果当年心腐果发病率为 2.52%；1996 年开花到之后 1 个月（4 月 28 日至 6 月 4 日）降雨 5 次，当年心腐果发病率 22.6%；1997 年开花到之后 1 个月（4 月 20 日至 5 月 20 日）降雨 6 次，当年心腐果发病率 30.1%。花期遇雨有利病菌对花器的侵染，花后 1 个月内遇雨，暴露在外的残腐花器获水回软，病菌可以继续向内侵染。随着幼果发育，暴露在外的花器部分越来越少，花后 1 个月以后的降雨不易浸湿花器，病菌向果心的扩展暂时停止。采收后储藏温湿度高时，残腐花器回软，病菌可继续侵染果心。

此外，果型指数、果实硬度、果个大小等因素与发病也有一定关系。果型指数和果实硬度与病情呈负相关，果个大小与病情呈正相关，中心果较边果发病重。

防治方法　苹果霉心病的防治，应贯彻生长期药剂防治为主，储藏期控制温度为辅的防治策略，才能取得良好防效。

清洁果园　果园树下的残枝枯叶、树上的僵花僵果、枯死果台是各种腐生病原菌的越冬场所，应当在果树萌芽前认真清理，深埋，以降低田间菌源数量。

萌芽前树体消毒　萌芽前树上喷 5 波美度石硫合剂，也可喷 70% 甲基硫菌灵粉剂 500 倍或 45% 代森铵水剂 200 倍、5% 菌毒清水剂 100 倍，清除树体上的越冬菌源。

花期喷药　苹果花开 30% 和 90% 时各喷一次杀菌剂，可起到很好的防控效果。北方干旱地区花期如果未遇雨，可于落花初期喷药一次。50% 多菌灵 800 倍、70% 甲基硫菌灵 1000 倍对引起心腐型的病菌效果较好；50% 异菌脲（扑海因）1000 倍、10% 多氧霉素（宝丽安）1000 倍、3% 多抗霉素 300 倍对引起霉心型的病菌效果较好；80% 代森锰锌 800 倍、70% 百菌清 600 倍、43% 戊唑醇 4000 倍、10% 苯醚甲环唑 3000 倍等药剂对各种致病菌也都有较好的防效。

利用枯草芽孢杆菌、酵母菌等生物制剂，花期喷雾，抢占侵染位点，抑制病菌萌发，达到防病效果，该项技术已经有了试验报道，有望能在生产上推广应用。

提倡无袋栽培　富士苹果不套袋，霉心病的自然发病率较低，一般不超过 10%，稍加防治即可。但是，套袋后由于袋内湿度较高，特别是透气性差的塑膜袋和内袋为塑膜袋的双层袋，发病概率大增。所以，对于感病品种红星不要采用套袋法，对富士苹果也应提倡无袋栽培，或者选用透气性良好的纸袋。

合理修剪　通过隔株间伐、抬高主干高度、落头开心、疏除过密枝等修剪方法，改善果园通风透光条件，营造不利于病菌滋生的果园环境，可以在一定程度上减缓霉心病发生的压力。

改善贮运条件　储藏环境的温度是影响果实发病及病原菌扩展的关键条件。果实采收后储藏在冷库或气调库中，对控制采后发病有显著效果。短期储藏在土窑洞中的苹果要在夜间放风降温，尽快销售。切忌塑膜袋扎口贮运，否则，霉心病发生会很严重。

人工摘除花丝花柱　落花期人工摘除花丝花柱，可以有效地防止苹果霉心病的发生，其原理就在于去除了病菌赖以生存的基础物质。此方法可以结合定果工作一起进行，只不过将定果工作提前到落花期。该项工作时效性很强，必须掌握在花柱完全枯萎之前完成。在有机果品生产技术中，此方法可能是防治苹果霉心病和套袋果实黑点病的唯一方法。

参考文献

陈策，1990. 苹果霉心病的防治和研究问题 [J]. 山西果树 (3): 11-12.

李仁芳，郝庆照，张艳春，等，2004. 苹果霉心病大发生的原因及防治措施 [J]. 落叶果树 (4): 49-50.

刘会香，2001. 苹果霉心病的研究现状及展望 [J]. 水土保持研究 (3): 91-92.

辛玉成，秦淑莲，刘希光，等，1999. 几种拮抗菌株对苹果霉心病抑制作用的研究 [J]. 中国果树 (3): 78-79.

魏传珍，1993. 贮藏期苹果霉心病发病与环境关系的研究 [J]. 植物保护学报 (2): 117-122.

中国农业科学院植物保护研究所，1995. 中国农作物病虫害 [M]. 2 版 . 北京 : 中国农业出版社 :692-695.

（撰稿：孙广宇；审稿：孟祥龙）

P

苹果青霉病 apple blue mold

由扩展青霉引起的一种苹果储藏期最常见的一种侵染性病害。

发展简史 早期对该病的报道认为，该病是由多种病菌共同引起的。国内外文献记录的苹果青霉病的病原菌均为扩展青霉。1979 年，魏景超报道了冰岛青霉和常现青霉也可以引起该病害的发生。目前对该病害的研究主要针对采后防治方法的建立。

分布与危害 中国各苹果产地都有青霉病的发生，常造成不同程度的损失。特别是在一些偏远山区，没有冷藏条件，苹果储藏在土窑洞或地窖里，由于储藏温湿度较高，青霉病发生常造成大量烂果，损失很大。青霉病病菌除危害苹果外，还可危害梨、柑橘等多种水果。

果实发病初期，在果面出现圆形淡褐色病斑；随着病斑的扩大，病斑呈软腐状，圆锥状深入果肉；潮湿环境下，病斑表面出现一些白色霉点，随着霉点扩大连片，颜色变为青绿色，上面被覆粉状物，易随气流分散，此即病原菌的分生孢子梗和分生孢子。腐烂果有特殊的霉味（图 1）。

病原及特征 病原为扩展青霉 [*Penicillium expansum*（Link）Thom]，属子囊菌青霉属。菌丝有隔膜，多分枝；分生孢子梗直立，有分隔，顶端分枝 1～2 次，成帚状，小梗细长瓶状；分生孢子单胞，无色，圆形，大小为 3.0～3.5μm×3.5～4.2μm，呈念珠状串生，孢子成团时呈青绿色（图 2）。

侵染过程与侵染循环 苹果青霉病危害成熟果实，主要发生于储藏期。病菌经伤口侵入，分解中胶层，离解细胞，果肉软腐，果皮失去品种本色。病菌耐低温，在接近 0°C 时孢子不易萌发，但已侵入的菌丝仍能缓慢生长，果腐继续扩展。靠近烂果的果实，在有伤口时，会直接受果中菌丝侵入而腐烂，但健康果不受影响。

流行规律 土窑储藏前期和后期，窑温较高时传染发病快，冬季低温下病果增长很少。

防治方法

防止伤口产生 在苹果采收、搬运过程中，尽量防止碰伤、挤伤、压伤、刺伤，有伤口的果实要挑出来及时处理，勿长期储藏，以减少损失。

提倡低温储藏 低温可有效抑制病菌的侵染和延缓病斑的扩展，所以，提倡冷库低温储藏，特别是准备长期储藏的苹果，尽量不要采用土窑洞储藏方法。

果库消毒 果实入库前，应对果库及库中架面进行药物消毒，以减少库中菌原数量。常用消毒药物及方法有硫黄熏蒸和 50% 福尔马林 30 倍液喷雾。

果实消毒 采收后对果实表面进行消毒是防治青霉病的有效方法，果实消毒可选用高锰酸钾 500 倍、50% 速克灵 500 倍、7.5g/L 钼酸铵浸果；应用生防菌处理果实防治青霉病的研究进展很大，从苹果上分离到的酵母菌 3SJ、2SP 和 3SD 通过营养和空间竞争的方式可有效抑制青霉菌孢子萌发，从番茄上分离到的丝孢酵母、罗伦隐球酵母和黏红酵母可有效抑制青霉病发生。

图 1 苹果青霉病危害症状（曹克强摄）

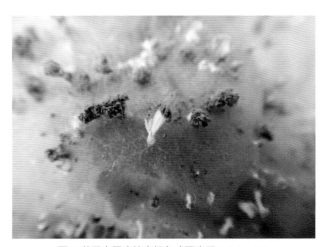

图 2 苹果青霉病的青绿色成团孢子（曹克强摄）

参考文献

巩文峰，马青，2007. 3 株拮抗酵母菌对苹果采后青霉病的防治效果 [J]. 西北农林科技大学学报 (12): 191-194.

李永才，毕阳，2008. 钼酸铵和焦亚硫酸钠对采后苹果青霉病和黑斑病的控制 [J]. 食品科技 (12): 238-240.

秦国政，田世平，刘海波，等，2003. 三种拮抗酵母菌对苹果采后青霉病的抑制效果 [J]. 植物学报，45(4): 417-421.

张作刚，王建明，陈红果，等，2000. 苹果青霉病药剂防治的研究 [J]. 中国植物病害化学防治研究 (2): 189-191.

（撰稿：孙广宇；审稿：孟祥龙）

苹果水心病 apple water heart disease

由于糖积累，钙、氮不平衡而打乱了果实正常习性所致，推迟了果实采收。初结果树上的果实，树冠外围直接暴晒在阳光下出现日灼症状的果实，以及在近成熟期昼夜温差较大的地区，果实易发病，大果比小果发病多，过度使用高氮低钙肥，会加重果实发病。

发展简史 所有的栽培生长区域均有水心病发生，特别是在干旱半干旱气候区域，具有较高的发病率。关于该病害的发病机理仍然处于研究阶段，初步认为，苹果的品种、果实的成熟度、温度、栽培条件、果实的大小、矿物质营养、储藏条件等都可能会导致该病的发生。

分布与危害　苹果水心病在中国发生范围很广，发病呈逐年上升趋势，严重影响苹果的品质，常给果农造成较大的损失。特别是在西部的陕西、甘肃发病较为严重，一般年份病果率 30% 左右，严重年份高达 80%。在山东、辽宁、河北、山西、河南等地也有不同程度的发病，受害较重的有红星、新红星、元帅、长富、寒富、秦冠、红玉、王林、美八、红露等品种，金冠、国光、嘎啦等品种发病很轻。

水心病仅表现在果实上，其特征是果肉细胞间隙充满细胞液，局部果肉组织呈水渍状，半透明。根据不同品种和受害程度的轻重，病变组织的分布有：①发生于果心；②发生于果实维管束四周；③以上两种情况同时出现；④出现于果肉中任何部位，有的发生于果皮下的组织中，从外表就可看出果肉呈半透明状，甚至果面溢出黏液（见图）。病果比重较大，含酸量较低，稍甜，有醇味。随着储藏期的延长，病组织败坏变褐色，甚至发展为内部腐烂。

病因及特征　水心病是一种生理病害，其发病原因尚不是很清楚。对果实有机和矿质组成的研究结果揭示，病组织细胞间隙的液体中有山梨糖醇积累，病果含钙量反常地低，高氮低钙会使病害加重。一般认为水心病是由于山梨糖醇、钙、氮不平衡而发生的病害。

1973 年，Fidler 认为，幼果发育的前 6 周内，要吸收果实所需钙素的 90%，如果此期氮多，新梢生长过旺，会争夺果实中的钙，使果实氮高钙低发生水心病。但 1980 年，中国全月澳等指出，甘肃天水红星苹果虽然水心病严重，但未见新梢生长过旺，也未见氮 / 钙比与其有什么关系，怀疑幼果期叶果钙的争夺为水心病发生的主因。1988 年，周厚基等研究证实，从果实发育过程中钙的吸收曲线看出，全过程增长是均匀的，在幼果生长的前 6 周所吸收的果实钙不足最高量的 20%。这明显地减低了幼果期叶果钙的争夺在水心病发生机制中的重要性。

1978 年，全月澳等认为，苹果水心病果中，不但钙的浓度显著降低，而且钾钙比、钾加镁与钙比、钾与钙加镁比等，都随病情加重而升高。在有缺钙生理病害的苹果产区，施用钾肥，水心病较重，变绵速度也较快。1995 年，于忠范等发现，胶东苹果水心病与果肉中钙浓度关系不大，而与钾钙比关系明显，患苹果水心病的果实，钾钙比明显高于正常果实。

流行规律　延迟采收的果实、初结果树上的果实、树冠外围直接暴晒在日光下出现日灼症状的果实以及在近成熟期昼夜温差较大的地区，果实易发病。在肥料试验中，偏施氮肥的病果率最高；在氮肥基础上，增施磷肥可减轻发病；在氮肥的基础上，再施钾肥，没有进一步减轻病害的作用；施用复合肥的病情比单施某种化肥者轻；喷施 B9（N- 二甲胺基琥珀酰胺酸）可降低发病率；有机肥充足的果树很少发生水心病；果实发育过程中多次喷施钙素液肥可以减轻水心病发生；果实和土壤中硼含量越高，苹果水心病发病率就越高，硼对钙的吸收有明显的抑制作用；大果发病重于小果。

防治方法　栽培防治增施有机肥，改善土壤的平衡供肥能力，这是提高果品质量、减少水心病发生的根本措施。根据品种特性，适时分期分批采收，避免因采收过迟而加重发病。避免偏施氮素化肥、控制硼素化肥用量，减轻它们对钙元素的吸收抑制。

落花后至套袋前喷施氨基酸钙、硝酸钙等含钙液肥 2～3 次；脱袋后至采收前喷 1～2 次含钙液肥，可以减轻或降低发病。落花后 2 个月时，喷 1000mg/kg 的 B9 一次。

参考文献

马明，尹晓宁，刘小勇，等，2009. 硼与苹果水心病关系的研究 [J]. 中国果树 (3): 24-27.

全月澳，周厚基，杨儒琳，等，1980. 石灰性土壤上"元帅"苹果水心病与果实无机组成和氮素水平的关系 [J]. 中国农业科学 (1): 67-71.

尹晓宁，刘小勇，张永茂，等，2004. 不同配方施肥防治苹果水心病试验研究 [J]. 北方园艺 (3): 68-69.

杨华，刘志，张广仁，等，2012. 几种钙肥防治苹果水心病的对比试验 [J]. 北方果树 (3): 6-7.

中国农业科学院植物保护研究所，1995. 中国农作物病虫害：下册 [M]. 2 版. 北京：中国农业出版社：691-692.

周厚基，唐梁楠，全月澳，等，1981. 秦岭山地果园元帅苹果水心病的防治 [J]. 园艺学报 (4): 1-7.

（撰稿：孙广宇；审稿：孟祥龙）

苹果水心病病果、果肉呈半透明状以及病部变褐（曹克强摄）

苹果炭疽病　apple anthracnose

由炭疽菌引起的、一种侵染苹果果实的重要病害。又名苹果苦腐病、苹果晚腐病。

发展简史　苹果炭疽病主要危害苹果果实，在世界范围内广泛分布。1966 年，章正等系统地报道了苹果炭疽病的侵染研究和防治经验，开启了中国关于该病的研究历史。

分布与危害　世界各苹果产区均有发生。中国黄河故道和环渤海湾产区受害严重，病果率一般为 10% 左右，严重时达 70%。在易感品种上，可导致毁灭性损失。随果实套袋技术推广，果实炭疽病得到有效控制。

果实发病初期，果面出现针头大小的淡褐色小斑点，圆形，边缘清晰，继续扩展后，成为深褐色或黑色、表面凹陷的大型病斑。病组织果肉变褐，呈圆锥状或漏斗状腐烂，苦味，与健康组织界线明显。病斑扩大后，自中心开始产生黑色、同心轮纹状排列的分生孢子盘。分生孢子盘突破表皮后，产生绯红色黏液状的分生孢子团。果实上病斑数量多，仅少数扩展成大型病斑。近成熟或储藏果实发病，病斑扩展迅速，7～8 天果实腐烂一半（见图）。

病原及特征　无性态为胶孢炭疽菌［*Colletotrichum gloeosporioides*（Penz.）Sacc.］，有性态为围小丛壳［*Glomerella cingulata*（Stonem.）Spauld. et Schrenk］，属小丛壳属，自然条件下很少发生。炭疽病菌除危害苹果外，还可侵染海棠、梨、葡萄、桃、核桃等多种果树以及刺槐等树木。

侵染过程与侵染循环　病菌以菌丝体、分生孢子盘在僵果、果台枝、干枯枝、破伤枝上越冬。梨、葡萄、枣、核桃、刺槐等寄主上的炭疽病菌也能侵染苹果。病菌孢子主要随风雨传播，也可黏附在昆虫体表传播；病菌从表皮直接侵染，或从伤口侵染。病菌侵染 2～5 天后发病，并很快产孢，进行多次再侵染。果实炭疽病有潜伏侵染现象。

流行规律　影响果实炭疽病发生与流行的主要因子是降雨。病菌在果实上产孢受环境湿度的影响相对较小。果实炭疽病从 6 月开始发病，多雨年份 7 月可达发病高峰期，干旱年份略有推迟。不同品种对果实炭疽病的抗病性差异显著，嘎啦、国光、大国光、红玉、印度、秦冠等品种感病，富士、金冠、元帅、红星等品种发病较轻。

防治方法　套袋是防治果实炭疽病的最有效措施。对于未套袋果园，雨季定期喷药保护，结合清除侵染菌源是防治果实炭疽病的主要措施。

清除侵染菌源时，以中心病株为重点，冬季结合修剪清除僵果、病果和病果台，剪除干枯枝和病虫枝，集中深埋或烧毁。苹果修剪后萌芽前全树喷布高浓度的波尔多液、5 波美度石硫合剂等。发病初期及时摘除病果、剪除病枝并深埋。从 6 月雨季开始，定期喷药保护果实，直到果实采收。波尔

苹果炭疽病危害症状（李保华提供）

多液和吡唑醚菌酯是防治炭疽病的首选药剂。

参考文献

董金皋，2015. 农业植物病理学 [M]. 3 版. 北京：中国农业出版社.

冯建国，2014. 苹果病虫草害防治手册 [M]. 北京：金盾出版社.

中国农业科学院植物保护研究所，中国植物保护学会，2015. 中国农作物病虫害 [M]. 3 版. 北京：中国农业出版社.

（撰稿：李保华、练森；审稿：孟祥龙）

苹果炭疽叶枯病　*Glomerella* leaf spot of apple

由炭疽菌引起的一种流行性很强的病害，主要危害嘎啦、金冠、乔纳金和秦冠等品种。

发展简史　早在 1856 年由英国 M. J. Berkeley 报道。该病害在世界各地普遍发生，是影响苹果生产的一种主要病害。Berkeley 认为苹果炭疽病由果生盘长孢（*Gloeosporium fructigenum*）引起。1874 年 Berkeley 和 Curtis 曾报道过另一种病原，变色盘长孢（*Gloeosporium versicolor*）。1903 年 Schrenk 和 Spaulding 认为变色盘长孢与果生盘长孢是同一种真菌。1957 年刺盘孢属 *Colletotrichum* Corda 分类学专家 Arx 将果生盘长孢作为盘长孢状刺盘孢（*Colletotrichum gloeosporioides*）的异名（有性态为围小丛壳 *Glomerella cingulata*）。1990 年 Sutton 记载尖孢刺盘孢（*Colletotrichum acutatum*）也是苹果炭疽病的病原。2006 年 González 等根据形态学、遗传学、分子系统发育和致病性等差异，认为引起炭疽叶枯病的病原是 *Colletotrichum acutatum* 和 *Gloeosporium cingulata*。

2011 年，孙共明等报道黄河故道苹果产区大面积出现了炭疽叶枯病。2012 年，宋清等通过苹果炭疽叶枯病的鉴定，认为病原为"炭疽病菌"，Wang 等初步将该病原鉴定为 *Gloeosporium cingulata*。

分布与危害　苹果炭疽叶枯病主要危害叶片和果实，造成树体早期大量落叶和果实病斑，病重年份，7 月底落叶率达 90%，严重削弱树势，导致腐烂病大发生。连续落叶 2～3 年后，造成毁园。炭疽叶枯病是 2010 年前后黄河故道苹果产区新出现的一种病害，2015 年已扩散至河南、山东、河北、山西、陕西、辽宁、甘肃等地。嘎啦、金帅、秦冠、乔纳金、美八等品种受害严重。

主要危害叶片、果实和枝梢。叶片发病，初期症状为形状不规则形、边缘不清晰、直径 3～5mm 的近圆形黑色病斑。迎着光线观察，病斑组织呈黑色，病组织很快枯死。7～8月发病高峰期，一个叶片上有多达数百个病斑。天气干旱时，病斑扩展缓慢，病组织枯死，形成大小不等、形态不规则的褐色枯死斑，周围有深绿色晕圈。病叶在 1～2 周内变黄脱落。遇高温高湿天气，病斑扩展迅速，形成大型黑色坏死斑，多个病斑融合，使半个，甚至整个叶片变黑坏死，病叶很快失水焦枯，故称"叶枯病"。高湿条件下，病斑上产生大量橘黄色的孢子堆。叶片发病 20～30 天后，病斑上形成黑色小点，为病原菌的子囊壳（图①）。

果实发病，形成直径 1～2mm 的褐色至深褐色的圆形病斑，边缘明显，周围有红色晕圈，病斑不再扩展。病菌侵染枝梢，但没有明显的症状。

初始病斑边缘不清晰、形状不规则，果实上有直径 1～2mm 褐色圆形斑点，依此可诊断炭疽叶枯病（图②）。

病原及特征　有性态为围小丛壳［*Glomerella cingulata*（Stonem.）Spauld. et Schrenk］，属小丛壳属。无性态有胶孢炭疽菌［*Colletotrichum gloeosporioides*（Penz.）Sacc.］，果生炭疽菌（*Colletotrichum fructicola*）和隐秘刺盘孢（*Colletotrichum aenigma*）。

炭疽叶枯病菌能在病叶上进行有性生殖，形成子囊壳和子囊孢子。子囊壳着生于黑色的瘤状子座内，每个子座含 1 至数个子囊壳。子囊壳暗褐色，烧瓶状，外部附有毛状菌丝，子囊壳的直径为 85～300μm。子囊长棍棒形，平行排列于子囊壳内，大小为 55～70μm×9μm，内含 8 个子囊孢子。子囊孢子单胞无色，椭圆形或长椭圆形，弯曲，似弯月，大小为 12～22μm×3.5～5.0μm。分生孢子盘埋生于寄主表皮下，枕状，无刚毛，成熟后突破表皮。分生孢子梗平行排列成一层，圆柱形或倒钻形，单胞，无色，大小为 15～20μm×1.5～2.0μm。分生孢子单胞，无色，椭圆形或圆筒形，两端钝圆，有 1～2 个油球，大小为 8～24μm×3～6μm；

苹果炭疽叶枯病危害症状（李保华提供）

①病叶；②病果

附着胞褐色，近圆形或椭圆形，大小为 6～10μm×5～7μm。分生孢子陆续产生，混有胶质，集结成团时呈橘黄色分生孢子堆。孢子堆遇水后胶质溶解，致使分生孢子分散传播。

分生孢子萌发温度为 5～40℃，适温为 28℃。分生孢子的萌发需要自由水或相对湿度为 99% 以上的高湿条件。病菌的生长适温为 25℃。PDA 上的菌落在 25℃ 下，紫外线照射 25 天后可产生子囊孢子。

侵染过程与侵染循环　病菌主要以菌丝在弱小枝条、枯死枝或果台枝上越冬。翌年 5～6 月，遇持续时间稍长的阴雨，越冬病菌产生分生孢子，随雨水水流、溅散或在雨滴中随风飘散传播。着落到寄主表面的分生孢子萌发后，形成带分枝的芽管，芽管末端产生附着胞和侵染钉，由侵染钉直接侵入寄主组织。分生孢子还可通过伤口侵入果实。受侵染的叶片和果实经过 2～4 天的潜育期开始发病。新形成的病斑遇阴雨或高湿 1～2 天后，产生大量分生孢子。炭疽叶枯病有多次再侵染。

炭疽叶枯病从 6 月上中旬开始发病，8 月中下旬达发病高峰期，造成大量落叶。6～7 月雨水多的年份，发病高峰期可提前到 7 月中下旬；干旱年份，能推迟到 9 月上中旬。苹果树大量落叶后，落地病叶上能产生大量子囊孢子。子囊孢子能随气流远距离传播，侵染周边的果园。从未发病的果园，常于 8～9 月突发炭疽叶枯病。炭疽叶枯病菌的产孢量大、侵染能力强，经过 2～3 次再侵染，可造成严重发病和大量落叶。

流行规律　降雨是炭疽叶枯病发生与流行的必要条件。越冬枝条上的病菌和新病斑上的病菌，遇 2～5 天的阴雨或超过 95% 的高湿才能产生分生孢子。遇能使叶面流水的降雨（超过 2mm），分生孢子才能传播。着落到叶果表面的分生孢子，遇能使叶面超过 3 小时的结露，才能完成全部的侵染过程，导致叶果发病。

炭疽叶枯病发病的温度为 15～30℃，适温为 25℃。进入 6 月，遇持续时间超过 2 天阴雨就会导致大量炭疽叶枯病菌的侵染，阴雨时间越长，病菌的侵染量越大。经过 3～4 次的阴雨后，或遇 2～3 周的持续阴雨，会造成炭疽叶枯病严重发病，导致树体大量落叶。

不同的苹果品种之间对炭疽叶枯病的抗病性差异显著。嘎啦、金冠、秦冠、乔纳金、美八等品种高度感病，富士、元帅等品种高度抗病。嫁接在嘎啦苹果上的富士枝条，在嘎啦树体全部落叶后，仍保持完好。不同龄期的叶片抗病性有所差异，幼龄叶片易感病，但田间发病时表现不明显。

防治方法　炭疽叶枯病的潜育期很短，病菌侵染后难以采用化学治疗方法控制。生产中主要采用以化学保护为主，辅以清除初侵染菌源等农业防治措施。化学保护自 6 月雨季前开始，保证每次持续阴雨期间叶片和果实上都有足够浓度的药剂保护，方能有效控制病害。

清除菌源　苹果萌芽前，枝干上喷施高浓度的波尔多液、5 波美度石硫合剂等。树体发病后及时剪除病梢，摘除病果，带出果园销毁。

化学防治　多雨年份，自 6 月雨季开始前至 9 月，每月喷施 1 次波尔多液；多雨季节在两次波尔多液之间穿插以吡唑醚菌酯为主要有效成分的杀菌剂。波尔多液是防治炭疽叶枯病的首选药剂，其持效期可维持 15 天以上。其他有机杀菌剂作为保护剂使用时，对炭疽叶枯病也有较好的防治效果，但持效期短，一般不超过 7 天。吡唑醚菌酯和咪鲜胺在病菌侵染后 24 小时内使用对炭疽叶枯病有一定内吸治疗作用，效果分别为 70% 和 60%。但作为保护剂使用时，咪鲜胺持效期很短。

参考文献

董金皋，2015. 农业植物病理学 [M]. 3 版. 北京：中国农业出版社.

王冰，张路，李保华，等，2015. 温度、湿度和光照对苹果炭疽叶枯病菌 (*Glomerella cingulata*) 产孢的影响 [J]. 植物病理学报 (5): 530-540.

中国农业科学院植物保护研究所，中国植物保护学会，2015. 中国农作物病虫害 [M]. 3 版. 北京：中国农业出版社.

WANG B, LI B H, DONG X L, et al, 2015. Effects of temperature, wetness duration, and moisture on the conidial germination, infection, and disease incubation period of *Glomerella cingulata*[J]. Plant disease, 99(2): 249-256.

WANG C X, ZHANG Z F, LI B H, et al, 2012. First report of glomerella leaf spot of apple caused by *Glomerella cingulata* in China [J]. Plant disease, 96(6): 912.

（撰稿：李保华、练森；审稿：孟祥龙）

苹果小叶病　apple little leaf

因果树缺锌引起的、苹果园中经常出现的一种生理性病害。又名苹果缺锌症。

分布与危害　主要危害苹果，是北方果产区普遍发生的一种营养缺乏症，由缺锌引起，在某些果园新梢发病率高达 50%～60%，影响树体发育和树冠形成，从而造成产量损失。主要表现在苹果的枝条、新梢和叶片上。病枝春季不能抽发新梢，俗称"光腿"现象，或抽生出的新梢节间极短，梢端细叶丛生成簇状，叶片狭小细长。叶缘向上卷，质厚而脆，叶色浓淡不均且呈黄绿色，或浓淡不均，甚至表现为黄化、焦枯。有时病枝下部新枝仍表现出相同的症状。病枝上不易形成花芽，花小而色淡。不易坐果，所结果实小而畸形（见图）。

病因　小叶病由缺锌引起。属于生理性病害。

流行规律　该病由树体缺锌所致；砂地、土壤瘠薄、含锌量少、可溶性锌盐易流失、发病重；氮肥施用过多、土壤黏重均可加重小叶病。

防治方法　缺锌引起的小叶病，要通过改良土壤和补充锌肥进行防治。主要措施有：①增施有机肥，改良土壤，保证花期和幼果期适当水肥，增强树势。②结合秋季施肥，补充锌肥。适当控制氮肥使用量。③树体喷肥。早春树体未发芽前，在主干、主枝上喷施 0.3% 的硫酸锌 +0.3% 的尿素溶液。④叶片喷肥。萌芽后对出现小叶病症状的叶片及时喷施 0.3%～1% 硫酸锌。

对不合理修剪导致的小叶病，主要采取如下措施进行

苹果小叶病症状（曹克强摄）

防治：①正确选留剪锯口，避免出现对口伤、连口伤和一次性疏除粗度过大的枝。②对已经出现因修剪不当而造成小叶病的树体，要以轻剪为主。采用四季结合的修剪方法，缓放有小叶病的枝条，不能短截，加强综合管理，待 2～3 年枝条恢复正常后，再按常规修剪进行；也可用后部萌发的强旺枝进行更新。③对环剥过重、剥口愈合不好的树，要在剥口上下进行桥接，并对愈合不好的剥口用塑料膜包严。④严格控制树体的负载量，保持树势健壮。

参考文献

刁凤贵，于得江，王恒志，等，1987. 苹果小叶病防治技术研究 [J]. 中国果树 (3):1-5.

中国农业科学院植物保护研究所，中国植物保护学会，2015. 中国农作物病虫害 [M]. 3 版. 北京：中国农业出版社.

（撰稿：曹克强；审稿：孟祥龙）

苹果锈病　apple rust

由山田胶锈菌引起的、侵染苹果叶片、叶柄及幼果的一种病害。又名苹果赤星病。除危害苹果外，还侵害沙果、山定子、海棠等果树，但不侵染梨。中间寄主有圆柏、龙柏等。

发展简史　Bliss 和 Crowell 分别在 1933 和 1934 年发现了山田胶锈菌可以引起苹果树发生锈病的症状。中国自 20 世纪 50 年代开始对该病进行研究。

分布与危害　苹果锈病在河北、河南、山东、山西、吉林、辽宁、黑龙江、安徽、甘肃、陕西等地均有发生，凡是有松柏的地区发病较重，叶片受害初期正面发生黄绿色斑点，逐渐扩大形成直径为 5～10mm 的橘黄色圆形病斑，边缘红色，稍肥厚。发病 1～2 周后，病斑表面长出许多鲜黄色小粒点，从中涌出带有光泽的黏液，黏液干燥后，小粒点逐渐变为黑色。后期病部叶肉肥厚变硬，正面稍凹陷，背面

微隆起。8月中旬后，其上逐渐丛生出土黄色羊毛状物，内含大量黄褐色粉状物。

叶柄、果梗、嫩枝及幼果受害 症状与病叶相同，但羊毛状物长在橘红色病斑的周围。叶柄、果梗及嫩梢受害后，病部脆弱易折断（图1）。

果实受害 多在萼洼附近长出1cm左右的病斑。前期橙黄色，后期变为黑色，中间产生性孢子器，周围长出羊毛状的锈孢子器。病斑稍凹陷，其周围果肉变硬，病果常畸形易提前脱落（图2）。

转主寄主圆柏受害 小枝发病，在病部形成球形或半球形瘤状菌瘿，其上着生深褐色、鸡冠状或圆锥形的冬孢子角。

病原及特征 病原为山田胶锈菌（*Gymnosporangium yamadae* Miyabe），属胶锈菌属。病菌具有专性寄生和转主寄生特点。在整个生活史中可产生4种类型的孢子，冬孢子及担孢子阶段发生在柏树上，性孢子及锈孢子阶段发生在苹果或海棠树上。病菌没有夏孢子阶段。

性孢子器扁烧瓶形，埋生于苹果正面病组织的表皮下，孔口外露，大小为120～170μm×90～120μm，内生许多无色、单胞、纺锤形或椭圆形的性孢子，大小为8.0～12μm×3～3.5μm。锈孢子器丛生于苹果叶片背面，或嫩梢、幼果和果梗的肿大病斑上，圆筒形，细长，末端尖细，长5～10mm，直径0.2～0.5mm，组成锈孢子器壁的护膜细胞长圆形或梭形，有长刺状突起，内生锈孢子。锈孢子球形或近球形，大小为18～20μm×19～24μm，膜厚2～3μm，橙黄色，表面有瘤状细点。冬孢子角红褐色或咖啡色，圆锥形，着生于球形菌瘿上。冬孢子纺锤形或长椭圆形，双胞，黄褐色，大小为33～62μm×14～28μm，在每个细胞的分隔处各有两个发芽孔，柄细长，其外表被有胶质，遇水胶化。冬孢子萌发时长出担子，4胞，每胞生1小梗，每小梗顶端生1担孢子。担孢子卵圆形，淡黄褐色，单胞，大小为10～15μm×8～9μm。

冬孢子萌发的温度范围为5～28℃，适温为16～20℃。担孢子萌发需要自由水，萌发的温度范围为5～30℃，最适为15℃。在最适温度下，经4小时担孢子的萌发率可达50%。在自然条件下，担孢子最多存活2天。

侵染过程与侵染循环 苹果锈病是一种转主寄生菌，寄主主要是各种柏树。病菌以菌丝体在柏树枝条上越冬，翌年春天形成球形菌瘿，产生褐色孢子角。雨后或空气潮湿时，冬孢子角吸水膨胀，萌发产生大量担孢子，随风雨和气流传播到苹果树上，侵染苹果叶片、叶柄及幼果。苹果锈病的潜育期一般为10～18天。8～9月病部产生锈孢子器和锈孢子，锈孢子成熟后，随气流传播侵染圆柏枝条。苹果锈病菌因缺少夏孢子，每年只能完成一个世代，没有再侵染。

流行规律 苹果树萌芽后60天内降雨是决定病菌侵染的关键环境因子。病菌的冬孢子角于苹果树萌芽后开始陆续成熟。成熟的冬孢子角若遇超过2mm的降雨，便能吸足水分，再经3小时可萌发产生担孢子。当叶或果面结露时，着落到叶或果上的担孢子最短经3小时可完成全部侵染过程，导致叶果发病。

在实际生产中，可以雨量超过2mm、使叶面结露超过6小时的降雨作为预测锈病菌侵染的阈值。降雨超过上述阈值，雨量越大、持续时间越长，病菌的侵染量越大。超过10mm、使叶面结露长于24小时的降雨可导致锈病菌大量侵染。当预测到有大量病菌侵染后，在病菌侵染后的10天内喷施三唑类杀菌剂可有效控制病害的发生。

菌源量 柏树的冬孢子角越冬，离苹果园越近，发病越重；冬孢子经过2～3次降雨便全部萌发，后期不会再有病原菌侵染。

品种抗病性 不同的苹果品种之间对锈病的抗性差异不明显，但叶片和果实存在明显的个体发育抗病性。幼叶幼果感病，叶片发育成熟后，抗病性明显增强。

防治方法 彻底铲除越冬菌源是控制苹果锈病的根本措施。当无法彻底清除侵染菌时，雨前喷药保护叶果，雨后喷药治疗就成为防治苹果锈病的主要措施。

清除转主寄主 新建果园应远离圆柏、龙柏等柏科植物多的风景绿化区，果园与转主寄主间的距离不能少于5km。在不必要栽植圆柏、龙柏及欧洲刺柏的地区，彻底砍除果园周围5km以内的圆柏等转主寄主。锈菌在缺少转主寄主时无法完成生活史，病害也不会发生。

铲除越冬菌源 在不能完全铲除转主寄主时，需要在春

图1 苹果锈病叶（李保华提供）

图2 性孢子器（李保华提供）

季降雨前，剪除圆柏树上的冬孢子角，或在转主寄主上喷药1～2次，以抑制冬孢子萌发产生担孢子。较好的药剂有0.5波美度石硫合剂、1:1～2:100～160的波尔多液等。

化学防治　自苹果展叶期开始，结合其他病害的防治，于花前、花后和5月中下旬各用药1次。同时，认真观察记录每次降雨的雨量和叶面结露的持续时间，当预测到有大量病菌侵染时，若雨前5天内没有喷药，雨后的10天内需喷施1次三唑类的内吸性杀菌剂。常用的内吸性杀菌剂有氟硅唑、苯醚甲环唑、烯唑醇、戊唑醇、三唑酮（粉锈宁）等，常用的保护剂有代森锰锌、丙森锌等。甲基硫菌灵、多菌灵作保护剂使用时，对锈病也有较好的防治效果。

参考文献

董金皋，2015.农业植物病理学[M].3版.北京:中国农业出版社.

冯建国，2014.苹果病虫草害防治手册[M].北京:金盾出版社.

中国农业科学院植物保护研究所，中国植物保护学会，2015.中国农作物病虫害[M].3版.北京:中国农业出版社.

BLISS D E, 1933. The pathogenicity and seasonal development of *Gymnosporangium* in Iowa[J]. Iowa State College Agriculture and rescarch bulletin, 166: 337-392.

CROWELL I H, 1934. The hosts, life history and control of the cedar-apple rust fungus *Gymnosporangium juniperi-virginianae* Schw.[J]. Journal of the Arnold arboretum, 15(3): 163-232.

（撰稿：李保华、练森；审稿：孟祥龙）

苹果银叶病　silver leaf of apple

由紫色胶革菌引起的苹果死树、死枝的一种毁灭性真菌性病害。

发展简史　在中国关于该病害的报道最早发生在20世纪50年代。

分布与危害　苹果银叶病在世界各地发生较为严重。已知在河南、山东、安徽、山西、河北、江苏、上海、浙江、福建、湖北、甘肃、云南、贵州、黑龙江等地均有发生，在福建、云南和黄河故道危害较重，可造成树势衰弱、果实变小、产量降低、品质降低，一般的病株率为5%～10%，严重的可以达到87%，引起绝收。银叶病外部症状主要表现在叶片上，叶片呈银灰色，有光泽。内部症状主要表现在木质部，木质部往往变为褐色，较干燥，有腥味，发病愈重，木质部变色越重。在有病菌生长的木质部，未见到明显的组织腐烂现象。银叶病病菌侵染苹果树枝干后，菌丝在枝干内生长蔓延。向下扩展到根部，向上可蔓延到1～2年生枝条，在枝条木质部生长的病原菌产生一种毒素，它随着导管系统输送到叶片，使叶片表皮与叶肉分离，气孔也失去了控制机能，空隙中充满了空气。由于光线反射关系。致使叶片呈现灰色，略带银白光泽，因此称为银叶病。病树往往先在一枝条上出现病状，以后逐渐增多，直至全株叶片均呈银灰色。病树长叶后，病叶颜色较正常略淡，逐渐变为银灰色。秋季，银叶症状较显著。银灰色病叶上，有褐色、不规则的锈斑发生。重病树生长前期也出现锈斑。病叶用手指搓时，表皮易碎裂、卷曲。根蘖苗仍可出现银叶症状。病树经2～3年死亡（见图）。除危害苹果外，还可危害梨、桃、杏、李、樱桃、枣等。

病原及特征　病原为紫色胶革菌［*Chondrostereum purpureum* (Pers.Fr.) Pougar, 异名 *Stereum purpureum* Persoon］，属非褶菌目真菌。菌丝无色，有分枝和分隔，菌丝体雪白色，厚绒毯菌团，子实体单生或成群发生在枝干的阴面，子实体有浓烈的腥味，初期为圆形，逐渐扩大成鳞片状，着生在病枝的外表呈软革质状平伏，上缘反卷。子实体平滑黄色或紫褐色，边缘有白色绒毛，背面有黑色线状横纹。担孢子单胞、无色、近椭圆形薄壁、一端尖、一端扁平。大小为5～7μm×3～4μm。

侵染过程与侵染循环　苹果银叶病主要以菌丝体在有病枝干的木质部内越冬，或以子实体在病部外表越冬；以担孢子通过风雨传播，从伤口侵入，以后菌丝体在寄主木质部内生长。当年被侵染的树，要到翌年才表现出症状。后期在病部产生子实体，再以担孢子传播侵染。

流行规律

树体伤口　80%以上的病枝均有伤口，距伤口近的辅

苹果银叶病病叶症状（曹克强摄）

养枝或小枝，以及在大伤口附近的主侧枝上的叶片，一般先表现银叶病症状，特别是领导干转主换头和枝干折裂的树，极易发生银叶病。

地势　不同地势的苹果树银叶病发病率存在着差异，其中以洼地最重，平地次之，坡地最轻。土壤排水和通气性良好，根系分布层内不淤积地下水，一般不利于银叶病发生；反之，土壤积水造成根系的窒息状态，银叶病发生较重。

品种抗病性　以小国光发病最重，其次为元帅，再次为祝光、青香蕉、金帅、红奎等，而红玉、鸡冠发病甚轻。

气候条件　阴雨多湿有利于子实体的产生。7～8月间雨水多，湿度大，有利于病菌的繁殖和传播。

防治方法　防治苹果银叶病的策略在于增强树势，清洁果园，减少病菌污染。

农业防治　加强果园管理：地势平坦、低洼的果园，加强排水设施，防止园内积水；增施有机肥料，改良土壤；防治其他枝干病虫害，以增强树势；减少伤口，减轻银叶病的发生与危害。

清洁果园　果园内应铲除重病树和病死树，刨净病树根，除掉根蘖苗，锯去初发病的枝干；清除病菌的子实体，病树刮除子实体后伤口要涂抹石硫合剂或硫酸-八羟基喹啉溶液消毒；清除果园周围的杨柳等病残株。所有病组织都要集中烧毁或搬离果园做其他处理，以减少病菌来源。

保护树体防止受伤　轻修剪，锯除大枝最好应安排在树体抗侵染力最强的夏季（7～8月）进行。伤口要及时消毒保护，先削平伤口，然后用较浓的杀菌剂进行表面消毒，并外涂波尔多液等保护剂。

化学防治　对早期发现的轻病树，在加强栽培管理的基础上，采取药剂治疗。用硫酸-八羟基喹啉（丸剂）对病树进行埋藏治疗有一定效果。如果在小枝上表现银叶症状，应把药剂埋藏在小枝的基部，或与其相连的大枝中；大枝的叶片发病时，则应把药剂埋藏在该大枝的树干内。在树体水分上升的时期内，任何时候埋藏均可，但以早期进行为好。药剂埋藏的具体方法：用直径1.5cm钻孔器钻成深3cm左右的孔，埋入药丸，再用软木塞或接蜡封好孔口。埋藏药量按枝条粗细而定，直径10cm左右埋1丸较为适宜。如果枝条较粗，钻孔数目多时，每隔10cm左右螺旋状错开孔埋藏。每穴埋藏1g硫酸-八羟基喹啉。

参考文献

中国农业科学院植物保护研究所，中国植物保护学会，2015. 中国农作物病虫害 [M]. 3 版 . 北京 : 中国农业出版社 .

（撰稿：曹克强；审稿：孟祥龙）

苹果圆斑根腐病　apple rounded root rot

主要由尖孢镰刀菌和茄腐皮镰刀菌引起的，是中国北方苹果产区一种常见的根部病害。

分布与危害　在中国主要分布在陕西关中，山西运城、太原，河南西部以及辽宁西部的朝阳和锦州等地区。圆斑根腐病的寄主范围很广泛，主要危害苹果、梨、桃、杏，而葡萄、核桃、柿、枣等果树次之，甚至桑树、刺槐、苦楝、五角枫、柳树、臭椿、花椒、杨树、榆树、梧桐、丝兰等多种树木和草本植物也可发病。苹果圆斑根腐病主要在根部表现病状，但也可以从地上部判断发病情况，因为根系受害势必影响地下部养分和水分的正常输送，从而导致地上部的叶片、枝条、果实生长出现异常现象（见图）。

一般地上部发病的症状主要表现在生长的新梢和叶片上，严重时枝条和果实也表现症状，根据发病的轻重有4种症状：①叶缘焦枯型。发病时间多在花后，主要表现是新梢的叶片，如在一个新梢上连续出现5～7个叶片的边缘焦枯，中间部分保持正常，病叶不会很快脱落，即可判定为圆斑根腐病已经轻度发生。②新梢封顶型。发病时间多在花刚落以后，主要表现在新梢上，如一棵树绝大多数新梢在很短时间内封顶，而树干没有环剥处理，上年也没有发生早期落叶病，或者没有其他病虫害危害，即可判断圆斑根腐病已经中度发生。③叶片萎蔫型。春季发病可导致新梢生长缓慢，叶片小而黄，叶丛萎蔫，严重时枝条失水，花蕾不能正常开放。夏季发病多在7～8月，主要表现在新梢的叶片上，上午和下午气温较低时，叶片表现正常，中午气温较高时叶片表现萎蔫，持续一段时间后，枝条失水皱缩，有时表皮干死、翘起，呈油皮纸状。树势开始衰弱，果实生长发育缓慢。④叶片青干型。是叶片萎蔫型的继续，发病严重的果树根部病害进一步蔓延，根系逐渐失去吸收水分和养分的能力，病株叶片骤然失水青干，多数从叶缘向内发展，但也有沿主脉向外扩展的。在青干与健全叶肉组织分界处有明显的红褐色晕带，严重青干的叶片不久即脱落。树势极度衰弱，新梢停长，果实也开始萎蔫。由于叶片失去水分和养分的供应，由短时间的萎蔫转向青干，枝条或树体接近死亡或死亡。

病原及特征　病原主要有尖孢镰刀菌（*Fusarium oxysporum* Schlecht.）和茄腐皮镰刀菌［*Fusarium solani*（Mart.）Sacc.］。

尖孢镰刀菌是一种世界性分布的土传病原真菌，寄主范围广泛，可引起瓜类、茄科、香蕉、棉、豆科及花卉等100多种植物枯萎病的发生。尖孢镰刀菌属镰刀菌属（*Fusarium*）。在PDA平皿上培养，菌落突起絮状，菌丝白色质密。菌落

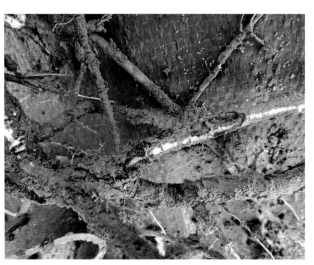

苹果圆斑根腐病危害症状（曹克强提供）

粉白色，浅粉色至肉色，略带紫色，由于大量孢子生成而呈粉质。菌落高 3～5mm，小型分生孢子着生于单生瓶梗上，常在瓶梗顶端聚成球团，单胞，卵形；大型分生孢子镰刀形，少许弯曲，多数为 3 隔。厚垣孢子尖生或顶生，球形。尖镰孢枯萎病病菌在自然条件下或人工培养条件下可产生小型分生孢子、大型分生孢子和厚垣孢子 3 种类型，小型分生孢子无色，单胞，卵圆形、肾脏形等，长假头状着生，大小 5～12μm×2～3.5μm。大型分生孢子无色，多胞，镰刀形，略弯曲，两端细胞稍尖，大小 19.6～39.4μm×3.5～5.0μm。厚垣孢子淡黄色，近球形，表面光滑，壁厚，间生或顶生，单生或串生，对不良环境抵抗力强。

茄腐皮镰刀菌在马铃薯葡萄糖琼脂平板上生长良好，气生菌丝呈低平的棉絮状或稍高的蛛丝状，在贴近试管壁部位常有编织成菌丝绳的趋势；白色或带苍白的浅紫色、浅赭色、浅黄色，菌落反面呈浅赭色、暗蓝色或浅黄奶油色。气生菌丝的黏孢团有或无，若有则呈白、褐、黄、蓝、绿等颜色。小型分生孢子以假头状方式着生，孢子呈椭圆形、长椭圆形、短腊肠形或逗号形，无隔或有一隔，透明、光滑。大型分生孢子呈镰刀形、纺锤形、披针形或柱形等，稍弯，顶端细胞短，稍窄细或变钝，壁厚，有 2～5 或 7 隔，一般为 3 隔；脚胞有或无。在查氏培养基、马铃薯块或酸性马铃薯琼脂上会产生厚垣孢子，顶生或间生，单细胞或双细胞，少数菌株的厚垣孢子呈短链或结节状，表面光滑或有小疣状突起，浅黄赭色或无色，单细胞者常呈圆形或椭圆形，直径 7～14μm 或 16μm。

在米饭或马铃薯块上会形成子座，微白带赭色、奶油黄色、微灰带玫瑰色的浅紫色、暗蓝色、紫色、浅紫肉桂色或赭肉桂色。菌核有或无。在马铃薯葡萄糖琼脂上经长期移植传代，会引起大型分生孢子消失、小型分生孢子明显减少的现象。

侵染过程与侵染循环　病菌为土壤习居菌，能在土壤中长期营腐生生活，当果树根系衰弱时侵染致病，随流水和土壤传播，主要通过伤口侵入。

流行规律　苹果圆斑根腐病的发生与树龄和树势、气候条件、土壤条件关系密切。树势衰弱的果园、老果园根部病害发生重，增强树势后，根部病害减轻。一般多雨、潮湿的气候条件下利于根部病害的发生。地势低洼、土壤瘠薄、缺肥少水、土壤板结。通透性差利于病害的发生。地下害虫、线虫多，容易使根受伤，利于病菌的侵入，增加发病的几率。

防治方法

新建果园注意使用无病苗木和苗木消毒　避免在旧林地和苗圃地建果园，不要在发生过病害的老果园育苗。苗木移栽前进行消毒处理，同时严格筛查，剔除病苗和弱苗。用多菌灵和甲基硫菌灵等药剂处理疑似带菌根病。

加强果树栽培管理，提高树势　该病害通常在地势低洼且湿度较大的区域发生，因此，要做好排水工作，避免雨后和灌溉后长时间积水。施肥时应避免过度施用氮肥，合理施用氮、磷、钾肥，增施有机肥。合理修剪，注意疏花疏果，合理负载，保证树势正常。

病树的清理和治疗　定期检查果树病害发生情况，防止病害扩展蔓延。一旦发现病树，立即清除所有病根，对伤口

进行消毒（常用消毒剂：硫酸铜、石硫合剂、多菌灵等），再涂以波尔多液等保护剂，用无病土或含药土（由五氯硝基苯以 1：50～100 的比例与换入新土混合而配制）进行覆盖。

病菌隔离及土壤消毒　及时将病残体带离果园，同时在治疗后的病株周围挖 1m 以上的深沟，防止病原菌传播。每年早春和夏末分 2 次进行药剂灌根。灌根的方法：以树干为中心，挖 3～5 条放射状沟（沟长以树冠外围为准，宽30～50cm，深 40cm 左右），加入灌根用的药剂。有效药剂主要有甲基硫菌灵、噁霉灵、松脂酸铜、五氯酚钠、五氯硝基苯、代森铵等。

清除病株　对发病严重的果树，及时清除。务必将土中的病残根全部清除并烧毁，同时用五氯酚钠或甲醛对病穴进行土壤消毒。当发病面积较大时，可用石灰氮进行处理。

参考文献

中国农业科学院植物保护研究所，中国植物保护学会，2015. 中国农作物病虫害 [M]. 3 版 . 北京：中国农业出版社 .

（撰稿：曹克强；审稿：孟祥龙）

苹果紫纹羽病　apple purple root rot

由桑卷担菌和紫卷担菌引起，是苹果树根系主要病害之一。又名苹果紫色根腐病。

分布与危害　苹果紫纹羽病在各地均有零星发生，仅个别果园发病较多，一般以老果园树龄大的发病严重。多从细支根开始发生，逐渐扩展到侧根、主根、根颈甚至地面以上。发病初期，根部表面出现黄褐色不规则形斑块，皮层组织褐变。病根的表面生有暗紫色绒毛状菌丝膜、根状菌索和半球状暗褐色的菌核。后期病根皮层腐烂，但表皮仍完好地套在外面，最后木质部也腐烂。病根及周围土壤有浓烈的蘑菇味。地上部表现为植株生长衰弱，节间缩短，叶片变小且发黄，病情发展比较缓慢，病树往往经过数年后才衰弱死亡（见图）。

病原及特征　病原为桑卷担菌（*Helicobasidium mompa* Tanaka Jacz.）和紫卷担菌［*Helicobasidium purpureum*（Tul.）Pat.］，属卷担菌属真菌。病根上着生的紫黑绒状物是菌丝层，由 5 层组成，外层为子实层，其上生有担子。担子圆筒状无色，由 4 个细胞组成，大小为 25～40μm×6～7μm，向一方弯曲。再从各胞伸出小梗，小梗无色，圆锥形，大小为5～15μm×3～4.5μm。小梗上着担孢子，担孢子无色、单胞，卵圆形，顶端圆，基部尖，大小为 16～19μm×6～6.4μm，多在雨季形成。

侵染过程与侵染循环　病菌以菌丝体、根状菌索或菌核在病根上或遗留土壤中越冬，病菌在土壤中能存活多年。当接触到寄主健康根系时，便直接侵入危害。病健根接触也可传病。担孢子寿命较短，在侵染中作用不大。

流行规律　条件适宜，根状菌索和菌核产生菌丝体。菌丝体集结形成菌丝束，在土表或土里延伸，接触寄主根系后直接侵入危害。一般菌素先侵染新根的柔软组织，后蔓延到大根。病根与健根系互相接触是该病扩展、蔓延的重要途径。

苹果紫纹羽病根颈部受害症状（曹克强摄）

病菌虽能产生孢子但寿命短，萌发后侵染机会少，所以病菌孢子在病害传播中作用不大。病害发生盛期多在 7～9 月。低洼潮湿、积水的果园发病重。带病刺槐是该病的主要传播媒介，靠近带病刺槐的苹果树易发病。

防治方法　见苹果白纹羽病。

参考文献

王鹏，2011. 果树根系紫纹羽病的发生与防治 [J]. 果农之友 (8)：26.

中国农业科学院植物保护研究所，中国植物保护学会，2015. 中国农作物病虫害 [M].3 版 . 北京：中国农业出版社 .

（撰稿：曹克强；审稿：孟祥龙）

葡萄白粉病　grape powdery mildew

由葡萄白粉菌引起的、主要危害叶片，严重的时候也危害果穗和枝条的葡萄最重要的病害之一，也是一种世界性病害。

发展简史　葡萄白粉病起源于北美洲，Schweintiz 于 1834 年首次对葡萄白粉菌进行了描述。19 世纪，由于美洲种葡萄及北美洲栽培的葡萄品种对葡萄白粉病不是很敏感，虽有发生，但危害并不严重。1800—1850 年，随着欧洲对植物标本收集和美洲葡萄种质资源的引进，白粉菌由北美洲传入欧洲大陆。1845 年，一位园艺工作者 Tucker 在位于英国玻璃房内的葡萄上发现了白粉病，这是首次在欧洲发现该病；1874 年，植物学家 Berkeley 在《园艺年史》（Gardeners Chronicle）上报道了这个发现，并把这种病原菌命名为 Oidium tuckericsic。大多数欧亚葡萄（Vitis vinifera）品种不抗白粉病，而欧洲在出现葡萄根瘤蚜之后（1878 年）又大量引进美洲葡萄用作抗根瘤蚜砧木进行嫁接栽培或用于育种，致使白粉病迅速传遍欧洲和地中海地区，给葡萄生产造成严重的经济损失。再之后，随着苗木引种等各种人为因素及自然因素的影响，葡萄白粉病逐渐传遍全世界的各葡萄产区，成为一种葡萄上的世界性真菌病害。

葡萄白粉病何时传入中国没有详细记载。1935 年戴芳澜报道在吉林、江苏出现葡萄白粉病，是该病在中国的最早记录。迄今为止，葡萄白粉病在中国的大部分产区都有不同程度的发生，其中南方葡萄生产区域，尤其是新发展起来的产

区，频繁的引种和苗木调运，是葡萄白粉病传入的重要因素。

分布与危害　葡萄白粉病分布于世界所有种植葡萄的国家和地区，其中美国、法国、意大利、俄罗斯、澳大利亚、英国、保加利亚、罗马尼亚、阿根廷、南非等国家，造成不同程度的危害。

1995 年和 1996 年在美国华盛顿西部产区，因葡萄白粉病的危害，导致当地的霞多丽产量损失达 20%～25%，在 1999 年和 2000 年，虽然病害发生程度不是很严重，但当地葡萄产量损失也达 5%～10%。

自 20 世纪 50 年代以来，中国部分地区已有该病发生。目前，葡萄白粉病在河南、河北、山东、山西、吉林、辽宁、山西、陕西、新疆、甘肃、四川、云南、贵州、江苏、安徽、台湾等地都有发生，其中以西部干旱区域（尤其是干旱河谷区域、干旱冷凉区域等）受害最为严重，流行年份可造成减产 60% 左右。发病严重的果园减产高达 80% 以上。白粉病对葡萄产量和质量的危害，一种是直接侵染果粒造成果实不能成熟，第二种是枝条、叶片、穗轴等被侵染后对果实的影响，还有一种更严重的影响是（果实被侵染后期形成的）裂果导致的各种寄生或腐生菌繁殖引起的果实腐烂。

促早栽培、延迟栽培等设施栽培的葡萄，因设施内光照强度的减弱、湿度的增加、避免了雨水对病菌的冲刷及水分对白粉病繁殖体生长的抑制（分生孢子吸水膨胀破裂而死亡），白粉病危害严重。近十几年以来，避雨栽培、早期促成后期避雨等设施栽培形式，在中国许多葡萄种植区域也成了一种重要的葡萄栽培方式。葡萄的避雨栽培方式与其他设施栽培有利于白粉病的侵染和流行，白粉病已成为设施栽培模式下的主要病害，并且一些区域已造成严重危害。

葡萄白粉病菌是一种专性寄生菌，可寄生葡萄科植物，如葡萄属、白粉藤属、蛇葡萄属等，能够侵染葡萄的叶片、叶柄、幼蔓、穗轴、果实、卷须等所有绿色组织，该病菌透过表皮细胞，产生吸器吸收营养，造成表皮细胞及其邻近细胞坏死，其症状的主要特点是在受害组织上产生白色粉状物，具体如下：

叶片：病菌的菌丝体寄生在叶片表面，呈灰白色粉状物，叶的正反面和大小叶片均可感病。最初叶面上出现不规则油渍状的小斑点，与葡萄霜霉病初期症状相似，随后斑点上出现圆形白色的似蛛丝状的薄粉层，边缘放射状，继后粉层迅速扩展并与邻近粉斑汇合，形成大块的粉斑，致使叶片卷缩、枯萎，而后脱落；有时能在叶片上形成小黑点（为病原菌的闭囊壳）。幼叶被侵染，因受侵染部位生长受阻，其他健康区域基本生长正常，会导致叶片扭曲变形。病害晚期感染严重的葡萄叶片过早黄化并脱落。

花序：通常花不受侵害，但在受精前受害可导致坐果失败。花穗在花前和花后感染白粉病，颜色开始变黄，而后花序梗发脆断，引起坐果不良，严重的还会影响果实的品质和产量。

穗轴、果梗和枝条：发病部位出现不规则的褐色或黑褐色病斑，羽纹状向外延伸，表面覆盖白色粉状物。有时，病斑变为暗褐色（因形成很多黑色闭囊壳）。受害后，穗轴、果梗变脆，枝条不能成熟。

一般葡萄果实上发病，首先是从果穗轴侵染，然后病菌

由穗轴、果柄向幼果基部伸延，最终蔓延到大部分幼果甚至使全穗的果实都受染遭害。幼果受害以后，除果体上遍生白色粉状物和果面上产生锈斑外，果斑处组织停止生长，质地坚硬，随着果肉扩大，果粒受到内部压力而裂开，最后变干或感染杂菌而腐烂（图 1）。

病原及特征　病原为葡萄白粉菌（*Erysiphe necator* Schw.），该病菌属于专性寄生菌，其生活史包括有性型和无性型。

葡萄白粉病菌的无性型为托氏葡萄粉孢（*Oidium tuckeri* Berk.），属粉孢属。菌丝在绿色组织表面生长，无色透明，可产生典型的多裂片状附着胞，再由附着胞形成侵入栓，突破角皮层和细胞壁后，在表皮细胞内形成球形吸器。菌丝直径 4～5μm，其上着生多隔膜分生孢子梗（长 10～400μm），生长较密，与菌丝垂直。菌丝体生长的温度范围为 5～40℃，最适温度为 25～30℃。分生孢子呈念珠状串生于分生孢子梗顶端，分生孢子无色，单胞，圆形至卵圆形，内含颗粒体 16.3～20.9μm×30.3～34.9μm，这可使它们抵御干旱，即使在缺乏水分的情况下也可萌芽。分生孢子形成的最适温度为 28～30℃。田间的孢子串很短，只有 3～5 个孢子。

葡萄白粉病菌的有性型为葡萄钩丝壳菌［*Uncinula necator*（Schw.）Burr.］，异名有 *Erysiphe necator* Schw.，*Erysiphe tuckeri* Berk，*Uncinula americana* Howe，*Uncinula subfusa* Berk. & Curt.，*Uncinula spiralis* Berk and Curt.，属钩丝壳属。

葡萄白粉病菌的闭囊壳由两根不同交配型的菌丝融合而成，着生于寄主组织表面。一般在秋季开始形成，并慢慢成熟，成熟的闭囊壳为黑色。在闭囊壳的形成过程中，环境条件是导致葡萄白粉菌产生闭囊壳的诱因，高温可能是闭囊壳形成的唯一限制因素，在不同时期的叶片或浆果上产生闭囊壳也主要与温度有关，而不取决于植株的感病性。最为重要的是必须同时存在两个不同性别的交配型。在葡萄生长末期，气温下降，昼夜温差加大，环境的改变导致不同交配型的菌丝体相互融合，闭囊壳在果实上大量出现，这与叶片上闭囊壳的出现相一致，形成表面凹凸不平的子囊果是闭囊壳发展的最终阶段。

关于葡萄白粉菌闭囊壳的形态特征，不同的学者描述有所差异，1979 年，赵振宇在《新疆白粉菌小志》中详细记载了葡萄白粉菌闭囊壳的形态特征：闭囊壳聚生，少数散生，球形、扁球形，暗褐色，直径 76.9～115.4μm。壳壁细胞多角形，宽 10～18μm，附属丝 10～18 根，细而长、直、基部暗褐色，上部无色，有许多横隔，顶部钩状、螺旋状，长为闭囊壳直径的 2～6 倍。子囊 3～5 个，常见 4 个，子囊宽椭圆形、卵圆形，有短柄，大小为 51～75μm×30～42μm，内有子囊孢子 4～7 个，大小为 13.5～21μm× 10.5～13.5μm，有大油点。2006 年，贾菊生在《新疆果树真菌性病害及其防治》中也进行了相关描述：闭囊壳球形，深褐色，直径 72.2～106.4μm，附属丝沿生闭囊壳赤道上，顶端稍膨大并呈旋卷的钩丝状，基部褐色，向上端发展渐淡化，直到无色，具隔膜，大小为 289～579μm×6.8～8.1μm；闭囊壳中产生子囊多数，子囊椭球形、卵形，具足胞，无色，大小为 50～63μm×30～39μm；子囊孢子 4～6 枚，椭球形至卵形，淡色，单细胞，大小为 15～22.5μm×10.2～13.5μm。这可能与闭囊壳形成的环境条件有关，需要进一步验证。

图 1　葡萄白粉病危害症状（孔繁芳摄）

侵染过程与侵染循环　经过越冬的白粉病菌在翌年春天开始萌芽后，菌丝体在适宜的条件下萌发产生芽管，芽管的顶端可以膨大而形成附着胞，然后从附着胞上产生较细的侵染丝，初级侵染丝可通过表皮侵入细胞，在表皮细胞内形成球形吸器在葡萄叶片、枝条或果实内部或直接穿透表皮细胞壁以便吸取养分，产生的二级侵染丝在被侵染组织的内部细胞间扩展，相互缠绕在表皮细胞内部，部分菌丝寄生细胞后伸出叶片等器官表面，并大量分枝繁殖，细胞排列松散且细胞轮廓变得模糊不清从而造成葡萄叶片、枝条及果实发病，至此，白粉病菌侵入寄主的过程即告完成。

病菌以菌丝在葡萄休眠芽内，或以闭囊壳在植株残体上越冬。在温室和热带气候条件下，菌丝体和分生孢子可附着在葡萄绿色组织上过渡到下一季节。病菌侵染越冬葡萄芽后，在芽鳞内保持冬眠状态，直至下一生长季节；葡萄萌芽后，病菌重新活动，以白色菌丝体覆盖新梢，并产生大量分生孢子，借气流或雨水等传播到其他幼嫩器官，侵入表皮，产生吸器，吸收营养，导致寄主发病。有些地方，闭囊壳是首次侵染源，靠近树皮的新梢最早遭受初次侵染；春季闭囊壳遇雨湿润裂开，子囊孢子射出。子囊孢子萌发和侵染绿色组织，形成菌落，产生分生孢子进行再次侵染（图2）。

流行规律　菌源基数是葡萄白粉病发生和流行的基础条件，而采收后越冬前清园是否彻底直接影响翌春的菌源基数，同时也决定了中后期病害流行的严重程度，因此，要在果实采收后根据田间的发病情况，合理采取清园措施，降低越冬菌源基数。

葡萄白粉病属多循环病害，其季节流行动态符合逻辑斯蒂增长方式，是气传病害，气流是传播病原孢子的重要载体。在法国波尔多地区结合气象资料和栽培措施，对白粉菌在葡萄生长季节的空中孢子浓度进行连续监测，发现病原孢子主要在昼间传播，其动态变化与风速呈正相关，与相对湿度呈负相关。并认为2mm左右的微量降雨会使空中孢子密度增加。在遭遇暴雨、使用高压喷雾器喷施农药及其他农事操作引起的叶片震动，比如修剪，均有利于孢子传播。降雨对病害流行和发生具有抑制作用，因为降雨会冲刷叶片上的分生孢子，并且孢子也会因吸水膨胀而破裂，从而抑制或减弱病害流行。

葡萄白粉菌喜高温耐干旱，温度是白粉菌扩散的主要限制性环境因素。病菌15～40℃的条件下均可存活，在6～32℃温度范围内生长。菌丝生长的最适温度为25～30℃，分生孢子形成的最适温度为28～30℃。孢子萌发的最适宜温度为25～28℃，侵染和蔓延的适温为20～27℃。温度为23～30℃的条件下，病原菌从侵入到产生分生孢子需要5～6天，而在7℃条件下需要32天。因此，一般干旱的夏季或闷热多云的天气，气温在25～35℃时，病害发展最快。36℃条件下，10小时分生孢子死亡，39℃条件下，6小时分生孢子死亡，由此可见，高于35℃的温度即可抑制葡萄白粉病的发生和流行。

葡萄白粉病虽然是一种较为耐干旱的病原真菌，但分生孢子的萌发需要一定的空气湿度，葡萄白粉病分生孢子的生殖、萌发和入侵并不需要结晶水与高度潮湿的外界环境，相对湿度比较低时（20%）病原菌也可以萌发。白粉病菌分生孢子的萌发和侵入适宜相对湿度为40%～100%，并且相对湿度对葡萄白粉病菌分生孢子数量有一定的影响，24小时内，相对湿度30%～40%、60%～70%、90%～100%时产生分生孢子的数量分别是2个、3个、4～5个。由此可见，相对湿度大有利于白粉病的发生和流行，但不是该病发生和流行的主要条件。

光照对葡萄白粉病的发生也有一定的影响，低光照、寡光照、散光，对白粉病发生有利；强光照对白粉病发生不利。在散光条件下（其他条件相同），47%的分生孢子萌发，而强光条件下萌发率只有16%。

基于不同气象因子对该病的影响，干旱、多云、闷热天气特别有利于白粉病的发生。除此之外，栽植过密、氮肥过多、透光不好、架面郁闭也易造成病害流行。不同葡萄品种抗病性差异较大，一般美洲葡萄品种较抗病，欧亚葡萄品种比较感病。在特定的地区大面积种植单一感病品种，特别有利于病害的传播和病原菌的增殖，常导致病害大流行。

葡萄白粉病的发生期因不同地区和环境而异，一般在6～7月发生，8～9月为发病盛期。如在新疆，葡萄白粉病初发期多在6月底至7月初出现，8月是该病蔓延危害的顶峰期。

防治方法　葡萄白粉病的发生和流行与品种感病性、菌源基数及气候条件等密切相关。因此，采取抗病品种利用、农业栽培措施和化学防治相结合的综合治理措施，是最合理的白粉病防控技术方案。

利用抗病品种　采用抗病品种是防治气传性流行病害最经济、最有效的措施。目前，世界上种植的主栽葡萄品种大多数不抗病，所以选育抗病品种是最主要的方向。

从生产实际来看，美洲葡萄虽较抗病，但由于其品质低劣，栽培面积在不断减少。世界上许多葡萄育种家试图利用葡萄其他近缘野生种，将其抗病基因引入栽培品种，如Kozma和Korbuly等以山葡萄为抗性亲本选育出抗白粉病葡萄品种；日本学者山本等利用基因工程技术将水稻的几丁酶基因（RCC2）导入葡萄，育成抗白粉病的葡萄；Bouquet利用圆叶葡萄进行抗病育种的研究；王跃进等经过多年研究从野生葡萄中获得一些抗白粉病能力极强的种和株系等。

农业防治　①在果实采收后越冬前，结合冬剪将病枝、

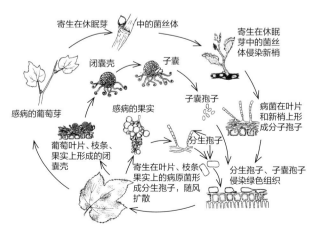

图2　葡萄白粉病侵染循环（引自 Michael A. Ellis, 1972）

病梢、病果穗及其他病残体剪掉，彻底清扫枯枝落叶，集中烧毁。在葡萄发芽前，全园喷施一次 3～5 波美度的石硫合剂；在早春，及时剪除葡萄发病的病芽或枝条并集中处理。这些措施，均是减少越冬菌源的有效措施。②越冬休眠期的田间高湿度管理（设施栽培）、埋土防寒区充足的冬灌水，对防治葡萄白粉病有效。③田间管理措施。合理控制和调节负载量，平衡施肥、避免偏施氮肥；合理灌水；及时绑蔓、整枝，剪除多余的副梢和叶片，保持园内通风透光。

化学防治　化学药剂一直是防治葡萄白粉病最为重要的措施，也是最有效的措施。欧洲最早利用硫制剂防治葡萄白粉病，并且取得了显著防效，是现代农药的标志性事件。目前，防治白粉病类的化学药剂非常丰富，比如无机硫类、福美类、三唑类、甲氧基丙烯酸酯类等。但白粉病也是容易对化学药剂产生抗性的微生物类群。

防治葡萄白粉病常用的优秀药剂包括硫制剂（石硫合剂、硫黄粉各类制剂等）；福美类的 50% 保倍福美双悬浮剂 1500 倍；季铵盐类的 10% 辛秀安水剂 1500 倍液；三唑类的苯醚甲环唑、氟硅唑、烯唑醇、戊唑醇、四氟醚唑等，比如 20% 苯醚甲环唑水分散粒剂 1500～3000 倍、80% 戊唑醇水分散粒剂 6000～10000 倍、40% 氟硅唑乳油 8000 倍等。其他有效药剂包括枯草芽孢杆菌制剂、大黄素甲醚、农抗 120 等生物制剂。

化学药剂防治有两个重要的使用原则：第一是根据发生规律使用，比如在萌芽后、落叶前、花前花后等，是白粉病发生危害葡萄园最为重要的药剂使用适期；第二是在偶发或间歇性发生危害葡萄园，根据预测预警技术，及时使用药剂进行防治。

参考文献

赖侃宁，2008. 中国葡萄白粉菌有性世代的生物学特性研究 [D]. 杨凌：西北农林科技大学.

罗世杏，2008. 葡萄白粉病侵染过程和葡萄蛋白质双向电泳体系的建立 [D]. 杨凌：西北农林科技大学.

张军科，罗世杏，张玉洁，等，2012. 葡萄抗、感白粉病植株叶片蛋白质组差异比较 [J]. 西北农林科技大学学报：自然科学版 (10): 149-153.

朱晓华，马俊义，帕提古丽，等，2011. 葡萄白粉病发病规律研究及防治技术 [J]. 新疆农业科学，48(2): 282-286.

GADOURY D M, CADLEDAVIDSON L, WILCOX W F, et al, 2011. Grapevine powdery mildew (*Erysiphe necator*): a fascinating system for the study of the biology, ecology and epidemiology of an obligate biotroph[J]. Molecular plant pathology, 13(1): 1-16.

RÜGNER A, J RUMBOLZ, HUBER B, et al, 2002. Formation of overwintering structures of *Uncinula necator*, and colonization of grapevine under field conditions[J]. Plant pathology, 51(3): 322-330.

WILLOCQUET L. CLERJEAU M, 1998. An analysis of the effects of environmental factors on conidial dispersal of *Uncinula necator* (grape powdery mildew) in vineyards[J]. Plant pathology, 47: 227-233.

（撰稿：孔繁芳、张昊；审稿：王忠跃）

葡萄白腐病　grape white rot

由葡萄垫壳孢引起的、主要危害葡萄果穗和当年枝蔓的一种真菌病害，是葡萄主要病害之一。

发展简史　于 1878 年首先在意大利发现，C. Spegazzini 将葡萄白腐病菌定名为 *Phoma diplodiella*；之后，P. A. Saccardo 于 1880 年将 *Phoma diplodiella* Speg. 修订为 *Coniothyrium diplodiella*（Speg.）Sacc.，而 F. Petrak 和 H. Sydow 于 1927 年将 *Phoma diplodiella* Speg. 修订为 *Coniella diplodiella*（Speg.）Petrak & Sydow，并认为 *Coniothyium diplodiell*（Speg.）Sacc. 为 *Coniella diplodiella*（Speg.）Petrak & Sydow 的异名。至此，一直存在着葡萄白腐病菌是 *Coniothyrium diplodiella*（白腐盾壳孢）和 *Coniella diplodiella*（白腐垫壳孢）的不同看法。1990 年，美国 R. C. Pearsonh 和 A. C. Goheen 认为白腐垫壳孢是葡萄白腐病病原。在中国，刘长远等在 1999 年通过对病菌子实体的显微和超微结构研究，证明分生孢子器具垫状结构，产孢方式为内壁芽生瓶梗式，分生孢子光滑、无瘤突，进一步确认了葡萄白腐病菌为白腐垫壳孢。

分布与危害　葡萄白腐病在世界上的分布与葡萄分布基本一致，有葡萄的地区都有白腐病。在欧洲，由于白腐病的大发生与冰雹的发生有直接联系，称为冰雹病害。葡萄白腐病流行年份发病率在 20% 左右，严重时产量损失 60% 以上。在中国，葡萄白腐病普遍发生，在 20 世纪被称为葡萄的四大病害之一。白腐病的流行或大发生，会造成 20%～80% 的损失。冰雹或雨后（长时间）的高湿结合适宜的温度（24～27℃），能造成白腐病的流行。

该病主要危害果穗，也可侵染枝蔓、叶片（见图）。果穗发病，首先在穗轴、果梗上开始，产生褐色、水浸状斑点，后期病部组织坏死腐烂，潮湿时果穗、小穗脱落，干燥时病穗干枯萎缩，不脱落。果粒发病，多在基部开始或在伤口处开始，逐渐蔓延至整个果粒，使之软化、腐烂、脱落，烂果有明显的酒臭味；后期果面上生有灰白色小颗粒，即病菌的分生孢子器。危害枝条，一般是没有木质化的枝条，所以，当年的新蔓易受害。枝蔓的节、剪口、伤口、接近地面的部分是受害点。枝蔓受害形成溃疡型病斑。开始，病斑为长型、凹陷、褐色、坏死斑，之后病斑干枯、撕裂，皮层与木质部分离，纵裂成麻丝状。在病斑周围有愈伤组织形成，会看到病斑周围有"肿胀"，这种枝条易折断。如果病斑围绕枝蔓一圈，病斑上部的一段枝条"肿胀"变粗，上部枝条上叶片

葡萄白腐病危害状（赵奎华、梁春浩提供）
①果穗；②病果粒（表面散生分生孢子器）

变色，最后上部枝条枯死。叶片症状比较少见，多从叶尖、叶缘或受伤部位开始发病，后期形成褐色、轮纹状病斑，后期枝蔓和叶片病斑上均形成球形分生孢子器。

病原及特征 病原菌的无性态为白腐垫壳孢［*Coniella diplodiella*（Speg.）Petrak & Sydow］，属垫壳孢属的真菌；其有性态为 *Charrinia diplodiella*（Speg.）Viala & Ravaz，属子囊菌的白腐亚球腔菌。白腐垫壳孢菌丝二叉分枝、多隔，产生附着胞和吸器，可形成厚垣孢子。分生孢子器球形或近球形，具孔口、暗褐色、散生，大小为 95～160μm，器内壁基部生有凸起的菌丝垫状结构，内壁芽生瓶梗式产孢；分生孢子单胞、褐色、光滑、半透明，卵形或椭圆形，一端尖或钝，另一端平截，大小为 7.8～13.3μm×4.3～6.0μm，内含 1 至多个油球，分生孢子浸在分生孢子器中的黏液内，从孔口溢出。现已采用分子标记等技术证明不同地区葡萄白腐病菌存在一定的遗传多样性。

侵染过程与侵染循环 越冬病原产生分生孢子器、分生孢子，分生孢子遇到适宜条件萌发、生长，当接触到葡萄植株各器官的伤口（或自然孔口）便可侵入，菌丝在迅速生长的同时分泌特异性蛋白类毒素等物质，使细胞壁破碎、原生质体流失或凝集，叶绿体、线粒体崩解，受害组织坏死，后期又形成分生孢子器等子实体。

葡萄白腐垫壳孢的生活循环有两个明显的阶段，一是较长的在土壤或病残体中的休眠阶段；另一个是较短的侵染阶段。病菌在越冬病果内形成紧密的菌丝组织（子座），其上形成分生孢子器和分生孢子。分生孢子随风、雨等传播并附着在植株上，萌发后经伤口或自然孔口（皮孔、水孔等）侵入，建立初侵染，菌丝快速生长、发育，分泌毒素破坏组织细胞结构，潜伏期 3～5 天后开始发病。后期又在病组织部位产生新的分生孢子器和分生孢子。

流行规律 病菌主要以分生孢子器、菌丝体随病残组织在土壤和枝蔓上越冬，在土壤中的病残体内可存活 4～5 年，干燥的室内环境可存活 7 年，直接在土中可存活 1～2 年。翌春温度升高后，病菌产生分生孢子，随气流、雨水、细土粒、工具、农事操作等传播；通过伤口侵染果穗、果梗、幼茎等绿色组织。分生孢子萌发和侵染最适温度在 24～27℃，15℃ 以下和 34℃ 以上难以侵染发病。冰雹、多雨、高湿、高温和伤口是病害流行的主要条件，其中冰雹、高湿和伤口是病害大发生的关键因子。雹灾后极易引起白腐病大发生，故又称其为"冰雹病"；多雨年份发病重，每降大雨或连续降雨后一周即出现发病高峰；果园湿度大、土壤黏重、地势低洼、排水不良、架面郁闭等易发病；清园不彻底，越冬菌量大，结果部位低易发病。

防治方法 葡萄白腐病的发生与流行和品种抗病性、初侵染源、栽培方式、气候条件等密切相关，可采取综合防控措施，重点是果穗的早期预防和冰雹、暴风雨过后的及时控制。

选择抗病品种 葡萄品种对白腐病抗性存在差异。一般而言，欧美杂交种较为抗病，欧亚种易感病。

清除菌源 及时清除病穗、病果、病枝叶等病残体烧毁或深埋，地面可撒施硫黄粉＋碳酸钙（1∶2）10～30kg/hm² 或喷洒 3 波美度石硫合剂＋五氯酚钠 300 倍液。

果园管理 采取膜下滴灌，可降湿防病；及时抹芽、摘心、绑蔓和剪除过密新梢和叶片，保持架面通风透光；疏花疏果、果实套袋、控制负载量，适当提高结果部位至距地面 40cm 以上。

化学防治 常用杀菌剂有 50% 福美双可湿性粉剂 800 倍液、50% 苯菌灵可湿性粉剂 1500 倍液、70% 甲基硫菌灵可湿性粉剂 1000 倍液、5% 百菌清可湿性粉剂 600～800 倍液、80% 代森锰锌可湿性粉剂 800 倍液、三唑类杀菌剂（氟硅唑、苯醚甲环唑、丙环唑、戊唑醇等）等。雹灾和暴雨过后需及时施药防治。

参考文献

刘长远，赵奎华，王克，等，1999. 我国葡萄白腐病菌分类地位的重新确定研究[J]. 植物病理学报，29(2): 174-176.

赵奎华，陶凯光，刘长远，等，2006. 葡萄病虫害原色图鉴 [M]. 北京：中国农业出版社.

PEARSON R C, GOHEEN A C, 1990. Compendium of grape diseases[M]. St. Paul: The American Phytopathological Society Press.

（撰稿：赵奎华、梁春浩；审稿：王忠跃）

葡萄病毒病 grape virus disease

由病毒和类病毒侵染引起的葡萄病害的总称。目前已报道 30 多种病毒病或者病毒病类似病害。主要随繁殖材料传播扩散、嫁接传染，无法用化学药剂进行有效控制，一旦染病即终生带毒。

发展简史 欧美国家从 20 世纪 40 年代开始研究葡萄病毒病。1956 年，成立了国际葡萄病毒和病毒类似病害研究学会（The International Council for Study of Viruses and Virus-Like Disease of the Grapevine，ICVG），ICVG 至今已召开 19 届国际会议，在世界范围内促进了葡萄病毒病的研究与交流。经多年研究，已鉴定明确了侵染葡萄的病毒和类病毒种类及传毒介体，研发了病毒检测和脱除技术，培育出多个葡萄无病毒原种，建立了规范的脱毒苗木繁育体系。20 世纪 60 年代末以来，欧美葡萄生产先进国家即开始推行苗木认证和生产许可制度，有效控制了病毒病的危害，为葡萄和葡萄酒的优质生产奠定了良好基础。

中国葡萄病毒病的研究开始于 20 世纪 80 年代中期，曾先后被列入国家攻关课题和一些省市科研计划。系统开展了葡萄病毒病种类调查及病毒分离与鉴定、检测技术、脱除技术等方面的研究工作。明确了中国葡萄病毒和类病毒种类，建立了葡萄脱毒种苗培育技术体系，培育出多个葡萄品种无病毒原种。

分布与危害 葡萄病毒病广泛存在于世界各葡萄种植园区的寄主体内，但不同区域感染病毒病的种类不同。葡萄病毒病可造成树体生长衰退、产量下降、品质变劣、萌芽延迟、果实成熟推迟、寿命缩短、抗逆性差、生根率和嫁接成活率降低等症状，也可不表现症状或与其他因素存在时一起表现症状。

病原及特征 葡萄病毒种类繁多，Martelli 于 2012 年统计，全世界报道的侵染葡萄病毒多达 66 种，包括分属于 26 个属和一些还未分属的病毒。其中发生范围较广、危害程度较重的主要有长线病毒科的卷叶伴随病毒、葡萄病毒属的病毒、线虫传多面体病毒属的葡萄扇叶病毒等。中国至今共报道了 14 种葡萄病毒。侵染葡萄的类病毒现有 5 种，由于类病毒对葡萄的危害轻，因此，各国均未将其列入葡萄苗木认证体系。

流行规律　葡萄病毒主要通过繁殖材料远距离传播。在葡萄园内，线虫传多面体病毒可通过土壤中的线虫近距离传播。葡萄扇叶病毒、南芥菜花叶病毒、番茄环斑病毒等 8 种线虫传多面体病毒共发现了 9 种传毒线虫，包括 5 种剑线虫属（*Xiphinema*）线虫、3 种长针线虫属（*Longidorus*）线虫和 1 种拟长针线虫属（*Paralongidorus*）线虫。葡萄卷叶伴随病毒 1（GLRaV-1）、葡萄卷叶伴随病毒 3（GLRaV-3）、葡萄病毒 A（GVA）和葡萄病毒 B（GVB）可通过多种粉蚧近距离传播。

防治方法　培育和栽植无病毒苗木是防控葡萄病毒病的根本措施。病毒脱除是培育葡萄无病毒苗木的基础，采用热处理、茎尖培养、茎尖培养结合热处理等技术，能成功地脱除多种葡萄病毒，其中，茎尖培养结合热处理方法脱毒效果最好。高温可使病毒钝化，抑制病毒的繁殖和扩展。美国早在 20 世纪 60 年代初就开始应用热处理方法脱除葡萄病毒，热处理所需时间与病毒种类有很大关系，短者 20 天即可，长者需要 120 天，甚至更长时间。对于幼嫩的茎尖分生组织，在细胞尚未充分分化以前，病毒无法到达，因此，切取极小的茎尖分生组织作为外植体进行培养，也可获得无毒植株。热处理和茎尖培养的脱毒效果，往往因葡萄品种和病毒种类的不同而存在很大差异，单独使用其中一种方法有很大的局限性，特别是需要同时脱除多种病毒时，单一方法顾此失彼。鉴于此，人们已开始将热处理和茎尖培养结合起来，脱毒效果明显提高，而且由于切取的茎尖较大，易于培养成活和长成丛生苗，加快了无病毒母本树的繁育进程。需要说明的是，采用任何方法获得的脱毒材料，都必须进行病毒检测，检测无毒后，才可作为无病毒原种母本树，用来繁殖葡萄无病毒苗木。病毒检测是防治葡萄病毒病的基础，常用的检测方法包括木本指示植物鉴定、酶联免疫吸附（ELISA）和反转录聚合酶链式扩增反应（RT-PCR）等。其中，PCR 技术以其操作较简单、灵敏度高、结果可靠而被广泛应用。

参考文献

王忠跃，2017. 葡萄健康栽培与病虫害防控 [M]. 北京：中国农业科学技术出版社 .

PEARSON R C, GOHEEN, 1990. Compendium of grape diseases [M]. St. Paul: The American Phytopathological Society Press.

（撰稿：董雅凤、张尊平；审稿：王忠跃）

葡萄根癌病　grape crown gall

由根癌土壤杆菌引起的、危害葡萄根、茎和老蔓的一种细菌病害，是世界上许多葡萄种植区普遍发生的严重病害之

一。又名葡萄冠瘿病或葡萄细菌性癌肿病。

发展简史　1853 年，法国最先报道葡萄根癌病。1897 年，Carvara 首次证明，造成意大利葡萄根癌病的病原是由一种传染性细菌（*Bacillus ampelopsorae*）引起的。1907 年，Smith 和 Townsent 在美国首次从巴黎雏菊上分离到了葡萄根癌病原菌，将病原菌接种到多种植物上，均能表现出致瘤性。1910 年，Hedgecock 对美国和欧洲各国葡萄根癌病的发生情况进行了详细的描述和报道。1948 年，Braun 和 Mandle 通过试验证明了 *Agrobacterium tumefaciens* 的致病因子的存在。1973 年，Panagopoulos 和 Psallidas 比较了分离自葡萄和来源于其他植物的根癌农杆菌菌株，证明了侵染葡萄的菌株与其他根癌农杆菌菌株在遗传上有明显差别。1980 年，葡萄根癌病被列为美国最重要的原核生物所致病害。1990 年，Ophel 和 Kerr 将侵染葡萄的根癌农杆菌菌株定为一个新种 *Agrobacterium vitis*。虽也有报道 *Agrobacterium rhizogenes* 可引起葡萄根癌病，且来自分子和脂肪酸的研究表明，*Agrobacterium vitis* 和 *Agrobacterium rhizogenes* 的亲缘关系很近，但大量试验确认，葡萄根癌病的主要病原菌是 *Agrobacterium vitis*。中国于 20 世纪 60 年代在山东首次发现葡萄根癌病。

分布与危害　葡萄根癌病在世界各地都有发生，其中在亚洲、欧洲、北美洲、南美洲、大洋洲和非洲的一些国家普遍发生。造成危害的国家有中国、日本、法国、德国、希腊、意大利、西班牙、匈牙利、以色列、土耳其、美国、加拿大、智利、澳大利亚、新西兰和南非等。中国的东北、华北、西北、黄河及长江流域的许多果园和苗圃葡萄根癌病均有不同程度发生，其中辽宁、吉林、内蒙古、北京、河北、山西、山东、浙江和上海等地害发生较为严重。2009 年中国北方葡萄根癌病大发生，在新疆、山东、河北、北京等地的一些葡萄园病害严重。在种植感病品种的个别地块，发病率为 30%～90%，产量损失 30%～70%。随着中国葡萄产业的快速发展和葡萄苗木的频繁调运，葡萄根癌病随苗木蔓延至新栽葡萄产区的风险非常大，成为今后发生区域扩大、危害加重的隐患。

葡萄根癌病菌是土壤习居菌，可长时间存活在土壤中。因此，葡萄根癌病主要发生在葡萄根颈及近根部的 2 年生以上老蔓上。症状常在苗木基部嫁接口附近出现。葡萄根部很少有瘤子产生，但致病菌常引起葡萄根部组织坏死。*Agrobacterium vitis* 菌株接种葡萄后 24～48 小时引起葡萄根部坏死，但不会引起其他植物的根部坏死。*Agrobacterium vitis* 引起坏死的症状同样可以在葡萄茎段和叶子上产生。5 月上旬开始发病，病部形成黄豆粒大小肉质似愈伤组织状的癌瘤，初期幼嫩呈绿色（见图），表面光滑质软，以后随树体生长，肿瘤逐渐长大，顶破树皮并逐渐木质化，颜色逐渐加深为褐色乃至深褐色，表面粗糙，最后龟裂，癌瘤多为球形或扁球形，数厘米大小不一，癌瘤在阴雨潮湿的天气易腐朽脱落，并有腥臭味。受害植株病部因皮层输导组织受损呈披麻状，地上部分发育不良，树势衰弱，叶片变小，6 月中旬叶片变黄，7～8 月进入发病高峰，发病植株坐果率低，果穗小而少，果粒稀疏且大小不整齐、成熟不一致，个别病株果粒呈黄色透明状，产量降低。蔓部发病严重时，病部以

葡萄根癌病在葡萄茎上的表现症状（①②郭岩彬提供；③王远宏提供）
①前期表现症状；②中期表现症状；③后期表现症状

上部分死亡，而根部发病严重时，全株枯死。该病除了危害葡萄外，还能危害梨、苹果等果树。

病原及特征　病原是葡萄土壤杆菌（*Agrobacterium vitis*），属于根瘤菌科土壤杆菌属。1973年，Panagopoulos与Psallidas从葡萄植株上分离得到一个新的土壤杆菌类群，经过描述并确定其分类地位为生物Ⅲ型根癌土壤杆菌（*Agrobacterium tumefaciens*，biotype Ⅲ）。1990年，Ophel和Kerr发现从葡萄上分离到的生物Ⅲ型根癌土壤杆菌与生物Ⅰ型和生物Ⅱ型的菌株在生理生化性状上存在许多显著差异，因此，将生物Ⅲ型的根癌土壤杆菌定名为葡萄土壤杆菌。

土壤杆菌属的分类原来根据致病性进行种类区分：无致病性的是放射土壤杆菌（*Agrobacterium radiobacter*），引起根癌病的是根癌土壤杆菌（*Agrobacterium tumefaciens*），引起发根的是发根土壤杆菌（*Agrobacterium rhizogenes*）。种以下单元，再根据生理生化性状分生物型，不同种下的同一生物型的生理生化性状是相同的。由于土壤杆菌的致病性是由质粒控制的，质粒是可转移的，所以由质粒决定的性状是不稳定性状，不能作为鉴定性状；而生理生化性状是由染色体控制的，是稳定的，作为分类学依据更科学。根据染色体决定的生理生化性状，土壤杆菌属分为3个生物型。1993年，Sawada和Bouzar建立的分类方法将生物型上升为种，生物Ⅰ型的根癌土壤杆菌定名为根癌土壤杆菌，生物Ⅱ型的根癌土壤杆菌定名为发根土壤杆菌，生物Ⅲ型的根癌土壤杆菌定名为葡萄土壤杆菌，悬钩子土壤杆菌（*Agrobacterium rubi*）保持不变；分类与其致病分离，致病性由所带的质粒来决定，如果带Ti质粒就导致根癌，如果带Ri质粒就引起发根，如果不带致病质粒就没有致病性。

Agrobacterium vitis 与 *Agrobacterium tumefaciens*、*Agrobacterium rhizogenes* 和 *Agrobacterium rubi* 在脂多糖成分、脂肪酸分析、单克隆抗体、DNA序列等性状有明显的不同。1996年，Jarvis等分析了65株 *Agrobacterium* spp. 与150株 *Rhizobium* 和 *Sinorhizobium* 的脂肪酸成分，结果表明 *Agrobacterium vitis* 与 *Rhizobium galegae* 的相似性比与 *Agrobacterium tumefaciens* 和 *Agrobacterium rhizogenes* 的相似性都要高。通过16S rDNA序列分析得到了与脂肪酸成分分析相同的结果，*Agrobacterium vitis* 与 *Rhizobium galegae* 的16S rDNA序列的相似性要高于 *Agrobacterium vitis* 与 *Agrobacterium tumefaciens*、*Agrobacterium rhizogenes* 和 *Agrobacterium rubi* 的相似性。*Agrobacterium vitis* 与 *Agrobacterium tumefaciens*、*Agrobacterium rhizogenes* 另一个显著差异是 *Agrobacterium vitis* 能特异性地引起葡萄组织坏死。

Agrobacterium vitis 主要分离于患有根癌病的葡萄植株，*Agrobacterium vitis* 种内分为广寄主（wide host range，WHR）和窄寄主（limited host range，LHR）两个类群。WHR除了侵染葡萄外，人工接种还能使向日葵、番茄、烟草和曼陀罗等植物幼苗致瘤；LHR只侵染葡萄和有限的少数几种其他植物，如番茄和落地生根；而且，WHR和LHR之间T-DNA区同源性较低，各类群内菌株之间T-DNA高度同源。

土壤杆菌菌体呈短杆状，单生或成对生长，大小为 $0.8\mu m \times 1.5 \sim 3.0\mu m$，具有 $1 \sim 6$ 根周生鞭毛进行活动（若为单菌毛，则多为侧生），革兰氏染色反应阴性，不形成芽孢。在琼脂培养基上菌落白色、圆形、光亮、半透明，在液体培养基上呈云状浑浊。在含碳水化合物培养基上生长的菌株能产生丰富的胞外多糖黏液。菌落无色素，随着菌龄的增加，光滑的菌落逐渐变成有条纹，但也有许多菌株生成的菌落呈粗糙型。发育最适温度为 $25 \sim 28℃$，$51℃$ 致死（10分钟）。发育最适 pH 7.3，耐酸碱范围为 $5.7 \sim 9.2$，60% 湿度最适宜病瘤的形成。

侵染过程与侵染循环　葡萄土壤杆菌是一种细菌病害，可引起系统性侵染，主要通过坏死的葡萄组织进入土壤中，在坏死的葡萄组织或土壤中越冬，葡萄病组织进入土壤后在土壤中至少能够存活2年。葡萄根癌病的初次发病通常在初夏。根癌病菌的侵染分为3个步骤：首先是病原体进入植物的非原质体部位，葡萄土壤杆菌集中在葡萄的根际，且一般通过根和地下伤口部位进行侵染；第二步为细菌在木质部的定殖，葡萄土壤杆菌系统地定殖在葡萄植株上，并通过木质部的液流散布到植株的各个部位；第三步包括了对植物反应的逃避以及对植物防卫机制的抑制。

根据侵染部位和发病条件的不同，病害迅速发展时，癌肿在一个生长季即可环绕葡萄藤一圈，而发展缓慢时，这个过程则需要几年。当秋天来临时，癌肿会变得干燥、暗黑色并坏死。葡萄根癌病的病原菌平时存在于葡萄周围的土壤中，可在葡萄的根部越冬。病原菌通过感染地下根冠及受伤部分，入侵到植物体内并通过维管束感染植物其他部位的细胞。随后，冠瘿、根癌会在植物生长的过程中逐步形成。随着枯死的茎与藤的掉落与转移，病原菌也随之转移，随着葡萄植株上新的伤口的产生，从而侵染其他的葡萄植株。

在中国北方葡萄根癌病发生严重的一个重要原因，是在葡萄栽培中冬季葡萄需要下架埋土越冬，在下架过程中对葡萄茎段造成伤口，伤口在葡萄埋土中接触葡萄土壤杆菌而被感染。葡萄土壤杆菌有很好的耐受低温性能，在 −35℃ 也不易死亡，在葡萄种植土壤中广泛存在，葡萄根癌病通过种苗和土壤传播。

流行规律 根癌土壤杆菌随病残体在土壤中越冬，肿瘤组织腐烂后病原菌混入土中，在土中能存活 1 年以上。条件适宜时通过雨水、灌溉流水、地下害虫、线虫传播，并通过带菌苗木远距离传播。细菌通过葡萄伤口、机械伤口、插条剪口、嫁接口、病虫伤口、雹伤冻伤口等侵入植株而发生危害。病菌侵入组织后，在皮层中生活，分泌毒素刺激周围细胞加速分裂而形成肿瘤，其潜育期 2～3 个月至 1 年以上，过晚侵入可潜伏到翌春发病。中国东北地区每年 6～10 月都有发生，华北地区的发病时间则更早，山东、河北、河南等地，自 5 月上中旬开始发病，6 月中旬至 8 月中旬发展最快，9 月下旬后逐渐缓慢。土壤 pH 7～8（偏碱性土壤）、土壤湿度大、土温 22℃ 最有利于肿瘤形成。一般气温适宜、降水量大、土壤湿度大时肿瘤发生量也大。土壤干旱、土温超过 30℃ 则不利于细菌生活。葡萄园管理粗放、地下病虫害重、冬季冻伤、苗木伤口愈合不好等均有利于发病。砂壤土、地下排水不良以及碱性土壤均有利于发病。此外，嫁接苗一般比扦插苗发病较重。品种间抗感病性和砧木品种间抗根癌病能力也有所差异，总体上，美洲种葡萄较欧洲种葡萄或其杂交种发病轻，但美洲种的尼加拉、依沙贝拉、达且斯等品种也会严重感病；玫瑰香、巨峰、红地球等中国重要的主栽品种高度感病，而龙眼、康太等品种抗病性较强。

防治方法 由于葡萄根癌病是由细菌引起的土传性系统侵染病害，病菌残存于土壤和部分病蔓之中。应从冬、春季着手抓好预防，严格检疫和苗木消毒，并配合使用化学药剂和生物防治进行综合防治。

检疫 葡萄根癌病病菌通常在病组织和土壤中越冬，依靠苗木运输实现远距离传播，因此，对繁殖材料进行严格检疫，对葡萄根癌病的防治非常重要。调查葡萄根癌病的发生情况、划定疫区和非疫区、对葡萄苗木和种条接穗进行严格检疫，是防止葡萄根癌病由疫区向非疫区传播、在疫区内由发病地向未发病地蔓延的最有效方法。在苗圃或初定植园中，一旦发现死株及时拔除并挖净残根集中烧毁，在补栽前用 1% 硫酸铜液或抗菌素 50 倍液消毒土壤。内蒙古、河北、山西、新疆、青海、辽宁、黑龙江等产区已将葡萄根癌病列入检疫对象，将会对阻止该病害扩展蔓延起到很好的作用。在葡萄根癌病检疫中应用的检测方法有：单克隆抗体法、IFAS、ELISA、滑动凝集试验（SAT），利用 T-DNA 和章鱼碱/黄瓜碱上的基因序列设计探针进行 DNA 分子杂交，利用 PCR 以及 PCR 与免疫、选择性培养基等技术相结合，进行葡萄根癌病菌的检测。

农业防治 栽培管理和田园清洁卫生相结合。多施有机肥料或者生物有机复合肥，适当施用酸性肥料，改良碱性土壤，使之不利于病菌生长，一般每亩可施用农家积造的有机肥 4000kg 左右，或者施酵素菌生物有机复合肥及高能生物有机复合肥 50～75kg。选用无病地作苗圃，用无病繁殖材料。及时清除田园中葡萄残留组织及在葡萄修剪时注意工具的消毒处理，尤其要减少农事操作的机械损伤，嫁接苗应注意保护好接口，促其伤口早日愈合。田间灌溉时合理安排病区和无病区的排灌水的流向，以防病菌传播导致交互感染。根癌病菌通过伤口侵染，葡萄植株的伤口主要来源冬季冻伤、农事操作和虫害三个方面。所以减少农事操作中的机械损伤、冬季防冻处理、控制地下线虫对减少根癌病发生有一定效果，但单独使用收效较慢，效果差。此外，使用 K$_2$O 替代肥料中的氮肥也可以提高葡萄对根癌病的抗性。

抗病品种 利用抗根癌病的葡萄品种和葡萄砧木是防治葡萄根癌病经济有效的方法。不同品种间对根癌病的敏感性存在差异，通过选用强致病力的根癌菌接种葡萄的不同品种，可将葡萄砧木分为高度感病、中度感病、轻度感病和抗病四种类型。欧亚种群及其杂交品种对葡萄根癌病的抗性较差，北美种群葡萄及其种群内杂交品种对根癌病抗性较好。其中抗性较强的品种有：美洲葡萄、沙地葡萄、河岸葡萄中的格鲁阿（Riparia Gloire）、101-14（Mgt）、3309（Couderc）等。在葡萄对根癌菌的抗性研究中发现，山葡萄对根癌菌有强的抗性。可以利用抗性种（或品种）作为砧木进行高位嫁接，对防治葡萄根癌病的有效方法进行探索。

物理防治 通过茎尖培养技术获得无病繁殖材料和对伤口进行温浴处理等物理防治方法，应用于葡萄根癌病的防治有一定效果。热处理的操作方法是在 1 月或 2 月，用 50～52℃ 水处理苗木等繁殖材料 30～60 分钟，可有效防止根癌病传播，尤其是表面带菌和对伤口起保护作用。虽然温浴处理能有效降低伤口部位病菌的数量，但对于已经被葡萄根癌杆菌侵染的病苗木即使提高温浴温度和延长处理时间，也不能完全把病菌清除。

化学防治 许多研究者对葡萄根癌病进行过化学防治的探索，筛选到了对根癌病有一些效果的药剂，比如抗菌剂 401、402，石硫合剂，福美双，福美胂等。防治方法包括：①喷布葡萄枝蔓和带菌土壤，进行消毒处理。②药液浸泡苗木、接穗、插条等；如在苗木或砧木起苗后或定植前将嫁接口以下部分用 1% 硫酸铜溶液浸泡消毒 5 分钟，再放于 2% 石灰水中浸泡 1 分钟，或用 3% 次氯酸钠溶液浸泡 3 分钟，以杀死附着在根部的病菌。③切除癌瘤后涂刷患部；如在田间发生病株时，可在切除癌瘤的葡萄植株上涂抹石硫合剂渣液、福美双等药液，也可用 50 倍刀毒清或 100 倍硫酸铜消毒后再涂波尔多液。但是，根癌病的发生与病菌的 Ti 质粒有关，当土壤农杆菌侵入植物受伤组织后，其 Ti 质粒上的 T-DNA 可以转移、整合到寄主细胞染色体上，随着植物染色体基因表达而表达，从而导致根癌的形成。由于根癌病的这种特殊致病机制，对其并没有良好的化学防治手段。

生物防治 自 20 世纪 70 年代澳大利亚的 Kerr 等首次报道应用产生细菌素的土壤杆菌 *Agrobacterium rhizogenes* K84 菌株对桃树根癌病进行生物防治有良好效果以来，根癌病的防治出现重大突破，生物防治成为研究热点。中国于 1985 年引进 K84 菌株，先后应用于桃、樱桃的根癌病防治，并研制出抗根癌菌剂。但 K84 菌株只对含胭脂碱型 Ti 质粒的生物 I 型和生物 II 型根癌土壤杆菌有抑制作用，不能抑制含章鱼碱型 Ti 质粒的病菌，特别是对引起葡萄根癌病的生物 III 型根癌菌无作用。为了填补 K84 防治根癌病上的缺陷，国内外研究人员对葡萄根癌病的生物防治进行大量研究工作，目前，针对葡萄根癌病的土壤杆菌属的生防菌株，国内外报道有：*Agrobacterium vitis* 菌株 E26、F2/5 和 VAR03-1；*Agrobacterium tumefaciens* 菌株 J73 和 D286；*Agrobacterium radiobacter* 菌株 HLB-2 和 MI15。非土壤杆菌属的生防菌株有：*Enterobacter agglomeran*、*Rahnella aquatilis*、*Pseudomonas* sp. 和 *Bacillussubtilis* AB8 等也已报道应用于植物根癌病的防治。现有资料显示由 E26、MI15 和 HLB-2 三个菌株研制相关生防产品是中国防治葡萄根癌病的最理想也应用较为广泛的生防产品，它们能有效地保护葡萄伤口不受致病菌的侵染。目前，大量应用的生防药剂主要是由中国农业大学研制的抗根癌菌剂 E26 和上海市农业科学院园艺研究所研制的复方根癌宁，它们主要用于播种前的种子处理、移栽前的苗木蘸根或砧木浸泡处理，防病效果均较好。

参考文献

陈凡，2007. 水生拉恩氏菌 HX2 菌株防治葡萄根癌病的初步研究 [D]. 北京：中国农业大学.

李金云，2004. 土壤杆菌 E26 菌株防治葡萄根癌病的机理研究 [D]. 北京：中国农业大学.

马德钦、王慧敏、相望年，1995. 应用土壤杆菌 K84 和 K1026 菌株生物防治植物根癌病 [J]. 微生物学通报，22: 238-242.

游积峰、谢雪梅、陈培民，等，1986. 我国北方葡萄根癌病的发生规律及药物防治 [J]. 植物保护学报，13: 145-150.

BURR T J, OTTEN L, 1999. Crown gall of grape: biology and disease management[M]. Annual review of phytopathology, 37: 53-80.

GARFINKEL D J, SIMPSON R B, 1981. Genetic analysis of crown gall: fine structure map of the T-DNA by site-directed mutagenesis[J]. Cell, 27: 143-153.

OTTEN L, BURR T, SZEGEDI E, 2008. Agrobacterium: a disease causing bacterium[M]// Tzfira T Citovsky. *Agrobacterium*: from biology to biotechnology ed. New York: Springer: 1-46.

（撰稿：卢彩鸽；审稿：王忠跃）

葡萄褐斑病 grape leaf spot

由葡萄褐柱丝霉和葡萄座束梗尾孢引起，主要危害葡萄植株地上部分的真菌病害，是葡萄生产中主要的病害之一。又名葡萄角斑病（angular leaf spot）。

发展简史 葡萄褐斑病分大褐斑病和小褐斑病 2 种。大褐斑病最早于 1848 年由 N. M. Léveillé 首先报道，当时病菌定名为 *Septonema vitis*，之后 K. Sawada 修订为 *Phaeoisariopsis vitis*（Lév.）Sawada，而 C. Spegazzini（1910）认为是 *Pseudocercospora vitis*；小褐斑病最早是 1876 年 B. C. Cattaneo 报道，病菌为 *Cladosporium riissleri*，之后 P A. Saccardo 修订为 *Cercospora roesleri*（Catt.）Sacc.。有关葡萄褐斑病菌的分类地位，国际上，包括中国学者一直存在不同的看法，2009 年梁春浩等对全国 8 省（自治区、直辖市）20 余份病害标样经病原分离鉴定，病原菌均为拟尾孢属的葡萄褐柱丝霉［*Phaeoisariopsis vitis*（Lev.）Sawada.］，未发现葡萄座束梗尾孢［*Cercospora roesleri*（Catt.）Sacc.］。

分布与危害 葡萄褐斑病在世界葡萄主要产区均有分布，主要危害葡萄叶片（图 1），造成叶片焦枯、脱落，影响树势和浆果产量，严重发病时可造成毁产。葡萄褐斑病依据病斑的大小和病原不同分为 2 种：①大褐斑病，病斑大小 3～10mm，以危害植株下部叶片居多，圆形或不规则形，病斑中央黑褐色，边缘褐色或红褐色，有黄绿色晕圈，有时出现黑褐色同心环纹，叶片正、反面病斑上产生深褐色霉层（即病菌的分生孢子梗和分生孢子），严重时多个病斑融合成不规则大斑，后期病组织开裂、破碎。②小褐斑病，病斑大小 2～3mm，病斑角形或不规则形，深褐色，严重时多个小病斑融合成不规则大斑，叶片焦枯，似火烧状，后期叶背面的病斑处产生灰黑色霉层（孢子梗和孢子）。

病原及特征 病原有大褐斑病菌和小褐斑病菌 2 种。①大褐斑病菌为拟尾孢属的葡萄褐柱丝霉［*Phaeoisariopsis vitis*（Lev.）Sawada］（图 2），分生孢子梗细长，10～30 根束状集聚，暗褐色，1～5 个隔膜，大小为 92～225μm×2.8～4.0μm，顶端有着生分生孢子的疤痕 1～2 个；分生孢子棍棒状，弯曲，基部膨大，上部狭小，有 7～11 个隔膜，暗褐色，大小为 23～84μm×7～10μm。②小褐斑病菌为尾孢属的葡萄座束梗尾孢［*Cercospora roesleri*（Catt.）Sacc.］，分生孢子梗褐色、较短、丛生，大小为 158～221μm×4.0μm，不束状集聚；分生孢子棕褐色，长柱形，直或弯，有 3～5 个隔膜，大小为 26～78μm×6～9μm。

侵染过程与侵染循环 越冬的病菌当遇到适宜的温湿条件时即可萌发、生长，接触到叶片背面的气孔后侵入，不

图 1 葡萄褐斑病危害症状（梁春浩提供）

①角斑或不规则病斑；②圆形病斑；③多个圆形病斑聚集；
④大型病斑严重危害状

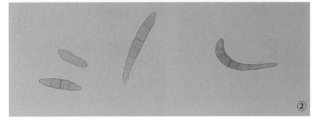

图 2　葡萄大褐斑病菌子实体形态（梁春浩提供）
①分生孢子梗；②分生孢子

断破坏细胞，吸取营养，致使叶片组织坏死，形成坏死斑，之后病菌在病斑上发育长出新的分生孢子梗和分生孢子。

葡萄褐斑病菌以菌丝体或分生孢子在病叶组织内越冬，或以分生孢子附着在结果母枝的粗皮缝中越冬。当温度上升、葡萄开花后，病菌产生分生孢子梗和分生孢子，随气流、雨水和农事操作等传播到叶片上，从气孔侵入，建立初侵染，潜育期 15～20 天，出现发病症状；病菌在病组织内继续生长发育又产生新的分生孢子梗和分生孢子，进行再侵染，在葡萄的一个生长季内可实现多次侵染。

流行规律　病菌菌丝生长发育的温度范围 15～37°C，最适温度 25～30°C，最适 pH 6～7；分生孢子萌发的温度范围 10～37°C，最适温度 25～33°C，相对湿度范围 35%～100%，湿度越大萌发率越高，在湿度 100% 和水滴中萌发最好。高温、高湿、多雨是病害流行的主要因素，夏季温度升高、降雨增多，进入发病盛期；夏季多雨年份发病重。老果园比新果园发病重。葡萄园管理不善、植株过密、通风透光不良、冠层郁闭闷热、果实负载量过大、树势衰弱、排水不良时易发病，温室葡萄出现高温、高湿环境时发病重。葡萄品种间的感病程度存在一定差异。

防治方法　葡萄褐斑病的发生与流行和葡萄品种抗性、菌源数量、气象条件和果园管理水平密切相关，应采取综合防控措施。

选栽抗病品种　病害常发区适当选种抗病品种，如龙眼、秋红、秋黑、晚红、意大利、美人指、无核白鸡心、奥古斯特、维多利亚、京秀、京玉及香悦、醉金香、金手指、玫瑰香等。

农业防治　清除菌源。葡萄收获后，将园内枯枝落叶清扫干净，集中烧毁，尽量刮除老蔓上的粗皮；病重果园可喷洒 2 波美度石硫合剂＋五氯酚钠 300 倍液。

加强果园管理。及时绑蔓、摘心、去除过密副梢、叶片和卷须等，改善通风透光条件。实施膜下滴灌，降低园内湿度。适当增施腐熟的农家肥和钾肥，控制氮肥用量，控制果实负载量。

化学防治　前期预防结合防治葡萄白腐病和炭疽病等

适当考虑兼顾杀菌剂种类。发病期常用的杀菌剂有 10% 多抗霉素可湿性粉剂 800 倍液、80% 代森锰锌可湿性粉剂 600 倍液、68.75 噁酮锰锌水分散剂 1 000 倍液等。注意药剂的轮换使用。

参考文献

柴兆祥，2001. 兰州地区葡萄褐斑病发生为害及菌种鉴定 [J]. 甘肃农业大学学报，1(36)61-64.

梁春浩，刘丽，臧超群，等，2014. 葡萄褐斑病品种抗病性鉴定及其病原菌生物学特性[J]. 吉林农业大学学报，36(4): 401-406.

（撰稿：梁春浩；审稿：王忠跃）

葡萄黑痘病　grape anthracnose

由葡萄痂圆孢引起的、主要危害葡萄绿色幼嫩组织的一种真菌病害，是葡萄生产上的一种主要病害。又名葡萄疮痂病，俗称葡萄鸟眼病。

发展简史　美国伊利诺伊州科学家 Burrill 在 1886 年首次报道了葡萄黑痘病。该病是起源于欧洲的病害。在葡萄霜霉病、白粉病从美洲随防治葡萄根瘤蚜的砧木传播到欧洲之前，黑痘病是欧洲最主要的病害。

葡萄黑痘病何时传入中国没有查到文献资料，但在中国各产区都有发生。该病和霜霉病、炭疽病等一起在中国南方多雨地区对葡萄造成的危害，曾经是限制这些地区葡萄成功种植的因素。但是在避雨栽培条件下，葡萄黑痘病的危害基本被控制，是近十几年来葡萄避雨栽培在南方地区迅速发展的重要因素之一。

分布与危害　世界上有葡萄种植的地区，均有葡萄黑痘病的报道，说明该病是世界性病害。葡萄黑痘病可能是随着葡萄品种、繁殖材料，通过引种传播到世界各地的。

该病在中国西部葡萄产区，包括新疆、宁夏、甘肃、内蒙古西部等地区很少发生或很难见到；陕西、山西及东北、华北、山东等黄河以北春季易干旱的产区，虽然能见到，基本不造成严重危害；在多雨区域，尤其是春雨多的地区，如长江中下游及华南地区，发生危害严重，是这些地区成功种植葡萄的重要限制因素。但随着红地球等感病品种种植面积的扩大，该病在北方葡萄产区有加重危害的趋势，并且黄河流域产区、东北嫩江平原等都有了成灾危害的记录。葡萄黑痘病流行，一般可导致葡萄减产 20%～30%，严重时可造成减产 70%～80% 的损失，甚至颗粒无收；更为重要的是，黑痘病的严重危害是导致叶片光合作用降低、枝条不能老熟等的重要因素，对翌年的树体存活及产量产生重要影响。

葡萄黑痘病病原菌可侵染葡萄地上部所有绿色幼嫩组织，包括叶片、叶柄、新梢、卷须、果实和果梗。葡萄从萌发至生长后期都可受害，以春季和初夏最为集中，是葡萄生长期出现最早的病害。嫩叶感病后，叶片上首先出现针尖大小的红褐色至黑褐色小斑，病斑周围常伴有黄色晕圈，随后病斑逐渐沿主脉扩大形成多角形、不规则形或圆形斑，病斑中央很快变成灰白色，稍凹陷，边缘紫红色或暗褐色，干燥后破裂并形成多角形或星芒状穿孔，但周围仍留有紫褐色晕圈，病斑直径 1～4mm，最后病部组织干枯硬化，脱落成穿孔。叶脉上的病斑常呈椭圆形或梭形，凹陷，灰色至灰褐色，边缘暗褐色，严重时多个病斑连成条状，叶脉受害后叶片即停止生长、皱缩、畸形，最后干枯死亡。

叶柄、嫩梢、新蔓、卷须等发病初期也出现椭圆形或不规则形褐色小斑，随后病斑逐渐加深呈灰黑色，边缘深褐或紫褐色，中部稍凹陷开裂，形成溃疡斑，严重时多个病斑连成片，病斑直径 2～6mm。葡萄嫩枝或新蔓是在木质化以前感病，受害部位深达木质部或髓部，致使嫩枝或新蔓停止生长、萎缩和干枯死亡。

幼果受害时最初呈现圆形深褐色小斑点，随着果实生长，病斑直径可达 2～8mm。病斑中部稍凹陷，呈灰白或灰褐色，边缘紫红色或紫褐色，很像"鸟眼"或"蛤蟆眼"。果实受害严重时，多个病斑连成大斑。生长果实或老熟果实感病，果实仍能生长，病斑凹陷不明显，但易开裂，果畸形，果皮干缩，果味较酸，品质变劣。穗轴受害时，起始症状与卷须上类似，后期可使整个果穗或部分果实干枯脱落（图1）。

病原及特征　葡萄黑痘病由痂圆孢属真菌所引起，有性态为葡萄痂囊腔菌〔*Elsinae ampelina*（de Bary）Shear〕，属痂囊腔菌属，极少见。无性态为葡萄痂圆孢（*Sphaceloma ampelimum* de Bary），属痂圆孢属，目前对无性态研究较多。病原菌在病斑的外表形成分生孢子盘，半埋生于寄生组织内。分生孢子盘含短小、椭圆形、密集的分生孢子梗。顶部生有细小、卵形、透明的分生孢子，大小为 4.8～11.6μm×2.2～2.7μm，具有胶黏胞壁和 1～2 个亮油球。在水上分生孢子产生芽管，迅速固定在基物上，秋天不再形成分生孢子盘，但在新梢病部边缘形成菌核，菌核是病原菌主要的越冬结构。春季菌核产生分生孢子。子囊在子座梨形子囊腔内形成，大小为 80～800μm×11～23μm，内含 8 个黑褐色、四胞的子囊孢子，大小为 15～16μm×4～4.5μm。子囊孢子在温度 2～32℃ 萌发，侵染组织后产生病斑，并形成分生孢子，这就是病菌的无性阶段（图2）。

侵染过程与侵染循环　病菌主要以菌丝体潜伏于病蔓、病梢等组织越冬，也能在病果、病叶痕等部位越冬。病菌生活力很强，在病组织内可存活 3～5 年之久。翌年春天环境条件适宜时产生新的分生孢子，分生孢子的形成要求 25℃ 左右的温度和比较高的湿度，分生孢子借风雨传播。孢子发芽后，芽管直接侵入幼叶或嫩梢，引起初次侵染。侵入后，菌丝主要在表皮下蔓延。以后在病部形成分生孢子盘，突破表皮，在湿度大的情况下，不断产生分生孢子，通过风雨和昆虫等传播，对葡萄幼嫩的绿色组织进行重复侵染，温湿条件适合时，6～8 天便发病产生新的分生孢子。病菌远距离的传播则主要依靠带病的枝蔓或种苗。

流行规律　该病的近距离传播可通过病叶、病蔓、病梢等上产生的分生孢子进行，远距离传播主要通过带菌的枝条和苗木。组织幼嫩时易被侵染，发病严重；多雨高湿的气象条件，发病重；地势低洼、排水不良、管理粗放、肥料不足、树势衰弱等均易导致发病。

菌丝体产生的分生孢子的侵入适温为 25℃，菌丝生长温度为 8～32℃，最适温度为 24℃。当温度低于 4℃ 或高于 36℃ 时，菌丝都不能生长；在 20～28℃ 时，潜育期为 4～6

图 1　葡萄黑痘病危害症状（王忠跃等提供）

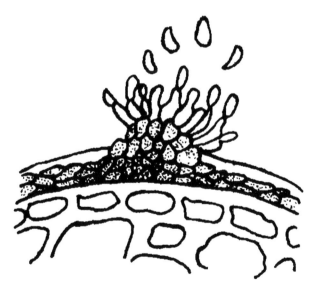

图 2　葡萄黑痘病病原（引自《葡萄黑痘病研究初报》，1987）

天；多雨高湿的环境不仅有利于分生孢子的形成、传播、扩散、萌发和侵入，更能促进寄主细胞迅速生长，延缓组织衰老，最终延长感病时期。因此，适温、高湿是黑痘病发生流行的重要因素。长江中下游、淮河流域地区、华南地区等，因春夏之交时雨水较多，且此时正值葡萄生长前期，有充足的幼嫩组织，黑痘病常严重发生，成为这些地区葡萄生产的重要限制因素，而华北、东北地区在寄主组织幼嫩时雨水较少，该病害一般发生不重。

葡萄品种对黑痘病的抗性有差异，欧亚品种及地方品种易感病，而美洲品种较抗病。主栽品种中，红地球、阳光玫瑰等较感病，赤霞珠、梅鹿辄、无核白鸡心等中等，巨峰、藤稔、夏黑等较抗病。

防治方法

农业防治　①选择无病苗木或种条建园。②避雨栽培。在多雨地区种植比较感病的欧亚种葡萄或者需要少使用农药时，可以选择避雨栽培。③利用品种抗病性。利用不同品种对黑痘病的抗性差异，进行选择种植。比如在南方多雨地区，如果是露地栽培，只能选择巨峰、藤稔、夏黑等抗性较强的品种进行种植，以保证种植成功的概率较大。④清园措施及田间卫生。结合冬剪，仔细剪除病梢、僵果，剥除主蔓上的枯皮，彻底清除果园内的枯枝、落叶、烂果等残体，集中深埋或烧毁，以消灭来自病残体上越冬的病菌；在生长期内，及时摘除病叶、病果及病梢。⑤栽培管理措施。强化枝梢管理，包括去除副梢和卷须、及时绑蔓等，避免架面过于郁闭，改善通风透光条件；同时，合理水肥管理，以增强树势及避免枝梢旺长；地势低洼的葡萄园，雨后应及时排水，防止果园积水；适当疏花疏果，控制果实负载量等。

化学防治　①种条种苗化学消毒。选择无病苗木或种条，并对种苗或种条进行化学处理：用10%～15%的硫酸铵或3%～5%的硫酸铜液浸泡种苗或种条3～5分钟，以降低种苗种条携带病菌的概率。②葡萄黑痘病的防治时期。有黑痘病发生的葡萄园，一般在萌芽后、开花前、谢花后，可以使用杀菌剂进行防治。使用农药的次数（具体是这3个时期各使用1次，还是有选择地使用1～2次），可以根据天气情况、品种抗病性、往年该病的发生情况等具体确定。其他时期，应根据天气情况使用药剂：一般在雨水较多的季节或年份，7～15天喷洒1次药剂。使用次数和剂量，也是要根据天气情况、品种抗病性、往年该病的发生情况等具体确定。③防治葡萄黑痘病的药剂。无机硫制剂（比如石硫合剂、硫黄粉等）；铜制剂（比如波尔多液、氢氧化铜、氧氯化铜等）；代森类（如代森锰锌、代森铁等）；福美类（福美双、福美锌等）；苯并咪唑类（比如多菌灵、甲基硫菌灵等）；三唑类（戊唑醇、三唑酮、氟硅唑、苯醚甲环唑等）；其他类（比如武夷菌素等）。

一般情况下，在萌芽期，可以使用3～5波美度的石硫合剂；在2～3叶期，可以使用波尔多液；在花前及花后，可以与防治灰霉病、白粉病、穗轴褐枯病等共同考虑，比如使用50%福美双1500倍、70%甲基硫菌灵800倍等（使用1种药剂，兼治多种病害）；在花后至套袋前，或者花后至封穗前，可以兼顾灰霉病、白粉病、穗轴褐枯病等的防治药剂的使用问题。

需要说明的是：铜制剂是防治黑痘病的特效药，虽然铜制剂只是保护性杀菌剂。

参考文献

霍云凤，2006. 葡萄黑痘病发生因素分析及综合治理 [J]. 河南科技学院学报，34(2): 45-46.

潘凤英，蓝霞，黄羽，等，2017. 广西地区葡萄黑痘病病原菌的分离与鉴定 [J]. 植物病理学，47(1): 9-14.

王忠跃，2009. 中国葡萄病虫害与综合防控技术 [M]. 北京：中国农业出版社.

杨华，周步海，邓晔，等，2009. 葡萄黑痘病研究进展及防治对策 [J]. 江西农业学报，21(11): 61-63.

杨军，2005. 10 种杀菌剂对葡萄黑痘病菌的抑菌活性及联合毒力究 [J]. 安徽农业大学学报，32(4): 518-522.

PEARSON R C, GOHEEN A C, 1988. Compendium of grape disease[M]. St. Paul: The American Phytopathological Society Press.

（撰稿：孔祥久、张昊；审稿：王忠跃）

葡萄黑腐病　grape black rot

由葡萄球座菌引起的一种真菌病害，是世界上大多数具有潮湿生长季的葡萄种植区的一种主要病害。

发展简史　1804 年，美国肯塔基州首次报道了葡萄黑腐病的症状；1855 年，在美国亚拉巴马州采集到第一份标本。1856 年，Viala 和 Ravaz 对葡萄黑腐病进行了详细的描述。

分布与危害　葡萄黑腐病在北美、南美、亚洲和欧洲的许多地区均有分布，是澳大利亚的一种建议性病害。在中国东北、华北等地发生较多，一般危害不重，在长江以南地区，如遇连续高温高湿天气，则发病较重（图 1）。

病原及特征　病原葡萄球座菌 [*Guignardia bidwellii* (Ell.) Viala et Ravaz] 在越冬僵果的子座上产生假囊壳。假囊壳单生，黑色，球形，直径为 61～199μm，在顶端有平或乳突状的孔口。子囊（36～56μm×12～17μm）簇生，圆柱形或棍棒形，有短柄，包含 8 个子囊孢子，子囊壁厚，双层。子囊孢子无色，单胞，卵圆形或椭圆形，顶部圆形。子囊孢子包含 1～4 个细胞核，在细胞两端各有 1 个屈光滴。

分生孢子器黑色，在整个生长季可以在任何受侵染的组织中形成。分生孢子器球形，直径为 59～196μm，单生，顶端有乳突状孔口。在潮湿或相对湿度较高的条件下，无色的分生孢子从分生孢子器的孔口中以白色的、卷须状黏液形式释放出来。分生孢子无色，单胞，卵圆形或椭圆形，顶部圆形，直径为 7.1～14.6μm×5.3～9.3μm，单核或者双核，但有时也会存在三核。

图 1 葡萄黑腐病症状（引自 Ellis, 2008）
①叶部症状；②果穗症状

侵染过程与侵染循环　子囊孢子或分生孢子释放后，在叶片、枝条或者果实保持持续湿润的条件下萌发，然后完成侵染。完成侵染过程需要的湿润时间大约范围见表。

葡萄黑腐病菌主要侵染葡萄的幼嫩组织，在一个葡萄生长季中新形成的分生孢子器可以作为侵染源进行多次再侵染。分生孢子能够在所有叶龄的叶片上萌发和侵入，但叶片完全展开后被侵入不会得病，也不会引起可见病斑。

病菌在僵果和枝干的病斑上越冬。在大多数果园中，僵果中释放出的子囊孢子是最重要的初侵染源。当降雨量达到0.3mm以上时，子囊孢子则会在假囊壳中以弹射方式释放出来，降水后子囊孢子的释放时间最长可达8小时。田间僵果上子囊孢子的释放时间可以从萌芽期持续到盛夏；但花前或花期遇干旱天气，会推迟子囊孢子的释放，一直到有降水后子囊孢子才能释放出来。假囊壳中释放出来的子囊孢子便会随风扩散，孢子量随着距离的增加而减少，但距离100m甚至更远仍会被侵染。

越冬枝干病斑上的分生孢子也是初侵染源，分生孢子靠雨水飞溅进行短距离扩散。但最重要的病原是保留在树体上的僵果，这些僵果释放的分生孢子对于病害的发生流行起着重要作用，因为树体上的僵果在葡萄萌芽期至转色期能够持续释放大量分生孢子，释放过程正好可以覆盖果实和其他组织的敏感阶段（图2）。

流行规律　病原数量和降水分布决定侵染、发病和流行。①越冬菌源的释放与降雨有关。降雨有助于子囊孢子的释放，并且会延长子囊孢子释放的时间；而花前或花期遇干旱天气，则会推迟子囊孢子的释放。②病原的传播与雨水和风有关。越冬枝干病斑上的分生孢子靠雨水飞溅进行短距离扩散。③侵染与雨水和湿度有关。子囊孢子或分生孢子释放后，在叶片、枝条或者果实保持持续湿润的条件下才能萌发，然后完成侵染过程。

防治方法　农业防治结合药剂防治，是防控葡萄黑腐病发生和危害的有效方法。

清除病残体，减少越冬菌源　秋后结合修剪，将田间的病果、病叶和病枝等病残体全部清除，并集中深埋或烧毁。对于冬季不埋土的地区，藤架上的病枝、病果以及地面上的病果均是春季病菌的主要来源，必须要彻底清除，对于减少

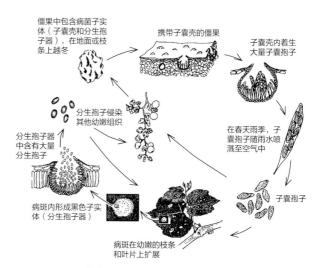

图2　葡萄黑腐病的侵染循环（引自Ellis, 2008）

病害的发生非常有效。春季翻耕，可以提高土壤温度，还可以把地面上的病果及其他病残体埋入地下，减少其侵染的机会。

加强栽培管理　提高树体抗病性，在控制好果园产量的同时，应增施有机肥，多施磷、钾肥，少施速效性氮肥，防止徒长，以增强树势。选择新型架势，平衡树势，如在北方埋土地区选择"厂"架势和"V"字形叶幕。不埋土地区可选用棚架，如"H""T"等各种架势，改善葡萄园的通风透光条件，优化葡萄生长环境，降低果园湿度。在葡萄生长季节及时修剪，防止郁闭。雨季及时排水，降低地面湿度，可减少病害的发生。

药剂防治　根据葡萄品种的不同和气候差异，一般在葡萄对黑腐病的敏感期，主要是在花期至花后小幼果期，进行药剂防治。通常结合葡萄其他病害，如白粉病、霜霉病、灰霉病和炭疽病的药剂防治，可兼治该病害。

常见的能够高效防治葡萄黑腐病化学药剂有二硫代氢基甲酸盐类杀菌剂，如代森锰锌、福美双等；一些三唑类药剂，如苯醚甲环唑、氟硅唑、粉唑醇、腈菌唑、戊唑醇、三唑酮等；甲氧基丙烯酸酯类杀菌剂，如嘧菌酯、醚菌酯、吡唑醚菌酯、肟菌酯等，也是有效药剂。

在有机葡萄园中，则只能通过多次施用铜制剂防控葡萄黑腐病。硫制剂对葡萄黑腐病作用甚微。

参考文献

ELLIS M A, 2008. Agriculture and nature resources: grape black rot[J]. The Ohio State University, HYG-3004-08.

FERRIN D M, RAMSDELL D C, 1977. Ascospore dispersal and infection of grapes by *Guignardia bidwellii*, the causal agent of grape black rot disease[J]. Phytopathology, 77(12): 1501-1505.

HOFFMAN L E, WILCOX W F, GADOURY D M, et al. 2004. Integrated control of grape black rot: influence of host phenology, inoculum availability, sanitation, and spray timing[J]. Phytopathology, 94(6): 641-650.

JERMINI M, GESSLER C, 1996. Epidemiology and control of grape black rot in southern Switzerland[J]. Plant disease, 80(3): 322-325.

葡萄黑腐病成功侵染必需的湿度条件表（引自Spotts, 1997）

温度（℃）	叶片湿润时间（小时）
7.0	不侵染
10.0	24
13.0	12
15.5	9
18.5	8
21.0	7
24.0	7
26.5	6
29.0	9
32.0	12

SPOTTS R A, 1977. Effect of leaf wetness duration and temperature on the infectivity of *Guignardia bidwellii* on grape leaves[J]. Phytopathology, 77(11): 1378-1381.

WILCOX W F, GUBLER W D, UYEMOTO J K, 2015. Compendium of grape diseases, disorders and pests[M]. 2nd ed. St. Paul: The American Phytopathological Society Press.

（撰稿：燕继晔；审稿：王忠跃）

葡萄灰霉病　grape grey mold

由灰葡萄孢引起的、危害葡萄花序及转色期之后或成熟果实的一种真菌病害。俗称葡萄烂花穗。该病不仅是葡萄生产田中常见病害，更是产后储藏过程中的毁灭性病害。

发展简史　灰霉病是人类历史上最早被研究和描述的真菌病害之一。希腊人早在 18 世纪根据希腊词"束状的葡萄浆果"来命名灰霉病菌。1801 年，Persoon 最早使用双名制描述了 Botrytis，因此，葡萄孢有效的属名为 *Botrytis* Pers.。葡萄孢属真菌（*Botrytis* spp.）有 20 多个种，其中能够侵染植物并引起灰霉病的大多数是灰葡萄孢（*Botrytis cinerea* Pers.），其余的包括椭圆葡萄孢（*Botrytis elliptica* Cooke）、葱鳞葡萄孢（*Botrytis squamosa* Walker）以及郁金香葡萄孢（*Botrytis tulibar* Lind.）等也能引起植物的灰霉病。在 19 世纪 60 年代，德国著名的微生物学家便发现 *Botrytis cinerea* 的有性后代为 *Botryotinia mianat*。早期灰霉病并没有引起人们的重视。随着葡萄酒工业的兴起及葡萄种植面积的急剧增加，以及为达到高糖水平而采取推迟采收时间和集约型的耕作方式，使得灰霉病在欧洲及全球暴发。在世界范围内，*Botrytis cinerea* 侵染葡萄、番茄、草莓等浆果、蔬菜以及核果类作物，造成严重的经济损失。灰霉病不仅能引起田间损失，甚至在果实的储存和运输中也造成严重危害，使得果实的储存期变短、品质变差。在大面积种植葡萄的国家，如智利、法国、德国、意大利以及南非等，灰霉病已构成了严重的威胁，为一种世界性重要植物病害。

分布与危害　灰霉病分布广，是世界性病害，基本上在世界上有农作物的地区都有其分布和危害；寄主范围也广，已报道的寄主就有 235 种。灰霉病也是中国农作物重要病害之一，在葡萄上发生普遍，属于葡萄第二大病害。随着设施栽培面积的扩大危害加重，尤其是在降水量大、气温低的地区或年份发病严重，引起果穗腐烂。该病不仅在葡萄生长季节发生，影响葡萄的产量和品质，而且在葡萄收获后可继续侵害，造成果实的腐烂，影响葡萄的储藏、运输、销售和加工。虽然有高效杀菌剂和先进的储藏技术，但每年因灰霉病造成的葡萄产后损失依然高达 20%～30%，严重时高达 50%。据国外统计，每年因灰霉病造成的葡萄损失就高达 20 亿美元。对于酿酒葡萄，由于灰霉病菌的侵染，造成葡萄中营养成分的变化，使用混杂或含有灰霉病病果的葡萄酿造的葡萄酒，有怪味或味道欠佳，并容易被氧化和被细菌感染，不易存放，严重影响酿酒葡萄的产量和葡萄酒的品质。

葡萄灰霉病主要侵害花序和果实，有时也侵害叶片、新梢、穗轴和果梗。花穗受害，多在开花前和花期发病，受害初期，花序似被热水烫伤，呈暗褐色，组织软腐，湿度较大的条件下，受害花序及幼果表面密生鼠灰色霉层，即病原菌的菌丝体，干燥条件下，被害花序萎蔫干枯，幼果极易脱落。果梗和穗轴受害，初期病斑小，褐色，逐渐扩展，后变为黑褐色，环绕一周时，引起果穗和果粒干枯脱落，有时病斑上产生黑色的块状菌核。果实受害，多从转色期开始发病，初形成淡褐色圆形稍凹陷病斑，很快扩展全果，造成果粒腐烂，并迅速蔓延，引起全穗腐烂，上布满鼠灰色霉层。叶片受害，多从叶片边缘和受伤的部位开始发病，湿度大时，病斑迅速扩展，形成轮纹状不规则大斑，其上生有鼠灰色霉层，天气干燥时，病组织干枯，易破裂。发病部位产生鼠灰色霉层是灰霉病的主要诊断特征（见图）。

病原及特征　葡萄灰霉菌无性态为灰葡萄孢（*Botrytis cinerea* Pers.），属葡萄孢属。无性态产生分生孢子梗和分生孢子，分生孢子梗数根丛生，直立或稍弯曲，细长，大小为 960～1200μm×16～20μm，不规则分枝，顶端有 1～2 次分枝，分枝后顶端细胞膨大，呈棒头状，上密生小梗，小梗上着生许多分生孢子，整体看似葡萄穗状。分生孢子椭圆形或圆形，表面光滑，单胞，无色，大小为 9～16μm×6～10μm。菌丝褐色、有隔膜。在不利的环境条件下，菌丝可以形成黑色、坚硬的菌核，大小为 2～4mm×1～3mm，牢固着生于基质上，菌核由黑色、致密的表皮和髓部细胞组成。菌核在 3～27℃ 条件下均可萌发，产生分生孢子梗和分生孢子。

病原菌的有性态为富氏葡萄孢盘菌［*Botryotinia fuckeliana*（de Bary）Whetzel.］，属子囊菌门葡萄孢盘菌属。病原菌的有性世代在菌核上产生 2～3 个子囊盘，子囊盘直径 1～5mm，柄长 2～10mm，淡褐色。子囊圆筒形或棍棒形，大小为 100～130μm×9～13μm，子囊孢子卵形或椭圆形，无色，大小为 8.5～11μm×3.5～6μm。有性世代不常见。

葡萄灰霉病菌在 2～30℃ 条件下均可生长，适宜温度为 15～25℃，最适病菌生长的温度是 20℃；在 5～10℃ 时菌丝生长缓慢；在 30℃ 条件下完全抑制菌丝生长。生长 pH 2～9，最适 pH 3～6。光照条件对病菌生长基本无影响。分生孢子适合发芽温度为 18～24℃，最适温度为 21℃。菌核在 5～30℃ 时均能萌发，在 5℃ 条件下需要 120 小时才能萌发，而在 21℃ 的条件下完成萌发只需要 24 小时。菌核的致死温度为 50℃ 条件下 1 小时。灰葡萄孢菌孢子的萌发还需要一定的营养物质，在没有营养物质的条件下，灰葡萄孢菌在水中的萌发率只有 53% 左右，而在 0.05% 的赖氨酸水

葡萄灰霉病危害症状（孔繁芳提供）

溶液中萌发率可达 100%，并且分生孢子能否萌发对碳源有严格要求，葡萄糖对病原菌的萌发、侵染和产孢有促进作用。

侵染过程与侵染循环 葡萄灰霉病菌以菌核、分生孢子和菌丝体随病残组织在土壤中越冬。该病原菌是一种寄主范围很广的兼性寄生菌，多种水果、蔬菜和花卉都发生灰霉病，因此，病害初侵染源除葡萄园的病果、病枝等越冬残体外，其他场所的越冬病菌也能成为葡萄灰霉病的初侵染源。菌核和分生孢子抗逆性很强，春季越冬的菌丝体和菌核产生分生孢子，借助气流和雨水传播，对花序和幼叶进行初侵染。当温度达 15℃、相对湿度达 85% 以上时即可发病；当温度达到 20℃、相对湿度达 90% 以上时病害发展迅速。经过初次侵染的病组织在短时间内快速产生新的分生孢子，继而进行再侵染。

流行规律 葡萄灰霉病的发生和流行受气象因子、伤口及栽培管理等因素影响较大。

气候因子 温度、湿度和水分对灰霉病有直接影响，低温高湿是葡萄灰霉病发生和流行的气象条件。该病在 5～30℃ 温度范围均能发病，当温度为 20～23℃、空气相对湿度在 85% 以上时最合适发病。在春季多雨，气温 20℃ 左右、空气相对湿度超过 95% 达 3 天以上的年份均易流行。通风不良、湿度偏大、昼夜温差大时，葡萄易被侵染和发病。该病害一年中在葡萄上有两个发病期：第一次是葡萄开花期，花前或花期被侵染的花序，在适宜发病的温湿度条件下，可以发病；第二次在果实着色至成熟期（一直延续到储藏期），如果果实产生伤口（如裂果），会导致该病的侵入和发病，如果遇连雨天或果实周围的高湿度，会导致病果粒的发病腐烂。其他时期，侵入葡萄的灰霉病菌潜伏侵染，一般不发病；在以上两个发病时期，如果环境条件不适宜，也可以不发病，继续维持潜伏侵染状态。

伤口 有利于病菌的侵入。产生伤口的情况比较多，比如紧穗型葡萄，生长后期果实迅速膨大，相互挤压过程中果实破裂形成伤口；遭受暴风雨、冰雹等气象灾害造成的伤口；害虫、白粉病、鸟害等生物灾害造成的伤口；葡萄园水分管理失当（久旱遇雨或大水漫灌等），易引起果实裂果等。伤口可以诱发病害侵入和流行。

栽培管理措施 间接影响灰霉病的发生和危害程度。如施肥不合理，有利于葡萄灰霉病的侵染；施用未腐熟的农家肥，可能增加土壤中或残体中的病原菌数量；修剪技术不合理，可导致枝蔓徒长；通风透光不良，易引起病害发生重；园内排水不良，引起高湿，病害易发生较重等。

防治方法 灰葡萄孢腐生性强，寄主范围广，不同寄主植物间的灰霉菌可相互感染危害。目前，葡萄种质资源中尚未发现具有较好抗性的抗病材料，很难培育出抗病品种，因此，对葡萄灰霉病的防治主要是以化学方法为主，辅助使用其他农业防治和生物防治措施。

农业防治 ①田园卫生。在果实采收后及时清理病残体、枯枝落叶、果袋；在生长季节，修剪病果时，带出园区集中深埋或处理。同时在日常管理工作中也要对修剪工具进行杀菌处理，预防人为传播病菌。②田间管理措施。合理修剪、均衡负载、控制架面、叶面系数，保持枝叶适量生长；

科学施肥、平衡施肥、使用腐熟农家肥，防止植株徒长；改进葡萄园灌水方式，改善果园环境，比如改漫灌为滴灌，不宜采用喷淋的方式灌溉；对于一些紧穗型品种，花前进行花序整形，坐果后第一次膨大期前进行疏果，避免果实间相互挤压造成裂果等。

化学防治 在田间防治灰霉病的杀菌剂主要有 9 大类型：①有机硫类杀菌剂，如福美双、克菌丹等，属于保护性杀菌剂。②苯并吡唑类，20 世纪 60 年代研发的一类内吸性杀菌剂，如多菌灵、苯菌灵及甲基硫菌灵。③二甲酰亚胺类，对灰霉菌的孢子萌发和菌丝的生长均有抑制作用，如腐霉利、异菌脲。④苯胺基嘧啶类，可抑制萌发孢子的芽管伸长和菌丝生长，抑制离体菌丝内甲硫氨酸的生物合成，如嘧霉胺、嘧菌环胺。⑤烟酰胺类，该类杀菌剂主要是抑制真菌线粒体内膜呼吸链上的琥珀酸脱氢酶的活性，阻碍三羧酸循环，干扰病菌细胞的分裂和生长而起到杀菌作用，如啶酰菌胺。⑥咪唑类、甾醇生物合成抑制剂，如抑霉唑。⑦苯吡咯类，该类杀菌剂可以抑制灰霉病菌孢子的萌发，破坏灰霉病菌的生物氧化，抑制与葡萄糖磷酰化有关的转移进而抑制菌丝体生长，通过影响渗透压调节信号相关的组氨酸激酶的活性而起到杀菌作用，如咯菌腈。⑧甲氧基丙烯酸酯类，如嘧菌酯和醚菌酯。⑨酰胺类，如环酰菌胺等。

灰霉病菌具有繁殖快、遗传多样性丰富和适应度高等特点，容易产生变异，一般新型杀菌剂杀菌效力高、靶标特异性强，但病菌也容易对其产生抗性。因灰霉病的严重危害，需要多次使用农药，而多频次使用也增加了灰霉病菌对药剂产生抗性的风险。灰霉病菌对多种药剂产生了不同程度的抗药性，如苯并吡唑类中的多菌灵、二甲酰亚胺类中的腐霉利、苯胺基嘧啶类中的嘧霉胺等；而且同类药剂间往往会产生交互抗性，比如苯并咪唑类的多菌灵、甲基硫菌灵之间，二甲酰亚胺类的腐霉利、异菌脲、菌核净之间。抗药性的产生，给化学防治带来了困难。因此，对葡萄灰霉病菌的抗药性进行检测和监测，在监测基础上进行药剂种类的合理选择，并在合理选择的基础上进行不同杀菌剂类型的交替、轮换使用，或者不同作用方式的杀菌剂混合使用，以充分发挥农药的杀菌效力，提高防治效果、减少农药的使用。

防治葡萄灰霉病抓住以下 4 个关键期：花序分离期至开花前；谢花后；封穗前；开始转色后至成熟期前期。对于套袋栽培的葡萄园，在花前、花后、套袋前 3 个时期，是防治灰霉病的关键期。是否使用药剂、如果使用需要使用几次（以及在几个关键期中哪个是最重要的）、使用药剂的种类选择等，应根据品种、天气及用药历史等因素而定。葡萄园常用对灰霉病有效的药剂包括 50% 保倍福美双可湿性粉剂 1500 倍液、50% 腐利霉可湿性粉剂 600 倍液、70% 甲基硫菌灵可湿性粉剂、40% 嘧霉胺悬浮剂 800～1000 倍液、50% 异菌脲可湿性粉剂 500～600 倍液或 25% 异菌脲悬浮剂 300 倍液、10% 多抗霉素可湿性粉剂 600 倍液或 3% 多抗霉素可湿性粉剂 200 倍液等。

储藏期防治葡萄灰霉病主要是低温（-1～1℃）和 SO_2 气体熏蒸（SO_2 发生器或缓释剂）相结合。

生物防治 利用微生物诱导寄主植物产生防御反应，并形成局部或系统获得性抗性或利用微生物进入寄主菌丝后形成大量的分枝和有性结构，对灰霉病进行抑制，如真菌中木霉菌及哈茨木霉 T39 菌株的可湿性粉剂对葡萄灰霉病具有防效；细菌中的枯草芽孢杆菌及放线菌中的链霉菌均对葡萄灰霉病菌有很好的抑制作用。

参考文献

陈宇飞，文景芝，李立军，2006. 葡萄灰霉病研究进展 [J]. 东北农业大学学报，37(5): 693-699.

王丹，2008. 不同作物灰霉病菌生物学特性的比较研究和番茄灰霉病的生防研究 [D]. 雅安：四川农业大学.

郑媛萍，2018. 我国葡萄灰霉菌对主要杀菌剂的抗药性检测 [D]. 北京：中国农业科学院.

DANIELS A, LUCAS J A, 2010. Mode of action of the anilino-pyrimidine fungicide pyrimethanil. 1. In-vivo activity against *Botrytis fabae* on broad bean (Viciafaba) leaves[J]. Pest management science, 45(1): 33-41.

EGASHIRA H, KUWASHIMA A, ISHIGURO H, et al, 2000. Screening of wild accessions resistant to gray mold (*Botrytis cinerea*, Pers.) in Lycopersicon[J]. Acta physiologiae plantarum, 22(3): 324-326.

ROSSLENBROICH H J, STUEBLER D, 2000. *Botrytis cinerea* history of chemical control and novel fungicides for itsmanagement[J]. Crop protection, 19: 557-561.

WEBER R W S, HAHN M, 2011. A rapid and simple method for determining fungicide resistance in *Botrytis*[J]. Journal of plant diseases and protection, 118(1): 17-25.

（撰稿：黄晓庆、孔繁芳；审稿：王忠跃）

葡萄卷叶病　grapevine leafroll disease

由葡萄卷叶伴随病毒侵染引起的、危害葡萄的一种病毒病害。是世界上葡萄种植区的重要病害之一。

发展简史　法国的 Fabre 最早于 1853 年对葡萄卷叶病进行了描述。19 世纪意大利西西里人的蜡叶标本里也有类似症状的材料。早期的文献中分别用 Rugeau（法语）和 Rossore（意大利语）来描述葡萄叶片变红症状，并被误认为由生理失调导致。1936 年，德国的 Schen 证明它是一种可以嫁接传染的病害；1946 年，Harmon 和 Snyder 指出经常发生在皇帝（Emperor）品种上的白化病实质上是一种病毒病；1958 年，美国的 Goheen 等证明卷叶病和白化病实质上是同一种病害，并把该病害命名为葡萄卷叶病（grapevine leafroll disease, GLD）。1971 年，日本学者田中彰一从病株中分离得到一种丝状病毒粒子，认为是葡萄卷叶病的病原；1979 年，日本学者 Namba 发现葡萄卷叶病病株韧皮部细胞和叶片粗汁液中有一种长线形病毒属（*Closterovirus*）病毒粒子，而健康组织中则无此粒子，因此，提出葡萄卷叶病病原为长线形病毒属病毒。自 1979 年以来，美国、德国、瑞士、日本等国的科学家相继观察到病毒粒子，并致力于分离提纯工作。1984 年，Gugerll 等人首次从葡萄组织中提纯到 1800nm 的线形病毒粒子，自此以后，长线形病毒被确定为引起葡萄卷叶病的病原。研究表明，引起葡萄卷叶病的病原十分复杂，先后报道了 10 余种葡萄卷叶伴随病毒（*Grapevine leafroll associated virus*，GLRaVs）。2002 年，国际病毒分类学委员会（ICTV）在长线形病毒科中增加了葡萄卷叶病毒属（*Ampelovirus*），根据 GLRaVs 的 *HEL*、*CP* 和 *HSP70* 基因序列特点，将 GLRaVs 分别归于葡萄卷叶病毒属、长线形病毒属，由于当时 GLRaV-7 的基因组结构尚不清楚，因此，直至 2012 年才归于新确立的 *Velarivirus* 病毒属。

中国余旦华 1980—1983 年向美国提供了 10 个葡萄品种，经美国农业部葡萄检疫中心（加利福尼亚州，戴维斯）检测，80% 的样品带卷叶病。1986 年，李知行陪同意大利 G. P. Martelli 教授到山东、河南、上海、辽宁、北京等地的葡萄园考察，各园均有卷叶病发生，最高发病率可达 40%。观察结果表明，葡萄卷叶病在中国已经存在很长时间，推测随欧洲葡萄传入。"七五"期间，葡萄病毒病研究被列入国家攻关项目。经过多年研究，明确了中国葡萄卷叶病病原种类及侵染状况，建立了葡萄卷叶病毒检测方法和脱除技术，测定了主要卷叶伴随病毒基因序列并分析了基因变异特点。

分布与危害　葡萄卷叶病是分布最为广泛、危害最为严重的葡萄病毒病之一，在全世界各葡萄产区均有发生。中国葡萄主栽区的卷叶病发生普遍。曾调查 808 个葡萄品种，其中 26% 表现卷叶病症状，且欧亚种（尤其是酿酒品种）发病率高、危害重。葡萄卷叶病毒携带率为 45%～77%。随着中国葡萄生产发展迅速，苗木繁育量急剧增加，由于苗木繁育和调运秩序混乱，导致包括葡萄卷叶病在内的葡萄病毒病广泛传播和蔓延。葡萄卷叶病的发生严重影响葡萄的产量和品质，继而影响葡萄酒的质量，造成严重的经济损失。

葡萄卷叶病症状于夏末秋初开始表现，植株下部叶片先增厚变脆，叶缘向下反卷，红色品种叶脉间变红（图①），黄色品种叶脉间变黄（图②），仅叶脉仍然保持绿色，这些症状从病株基部叶片向顶部叶片扩展，严重时整株叶片表现症状，树势非常衰弱；另外，病株果粒一般小而少，且果穗着色不良（图③）。感染了卷叶病毒的葡萄抗逆性减弱，生长不良，树势衰退，甚至死亡；坐果率降低，果穗变小，果实着色不良，酸度增加，含糖量降低 3～5 度，浆果成熟期推迟 2～3 周；插条生根力差，枝蔓和根系生长发育不良，嫁接成活率降低；造成的产量损失 20% 左右，严重果园高达 85%。

病原及特征　引起葡萄卷叶病的病原十分复杂，全世界相继报道了 10 余种葡萄卷叶伴随病毒（grapevine leafroll associated viruses，GLRaVs），这些病毒在血清学上不相关，单独或复合侵染都可能引起卷叶病。按照 2012 年发布的分类标准，GLRaVs 包括葡萄卷叶伴随病毒 -1, -2, -3, -4, -7（grapevine leafroll associated virus-1, -2, -3,-4, -7, GLRaV-1, -2, -3, -4, -7）共 5 种，曾经报道的 GLRaV-5, -6, -9, -Pr, -Car 等 5 种病毒分别作为 GLRaV-4 的不同株系。曾报道的 GLRaV-8 由于不能确认，予以注销。GLRaVs 均属于长线病毒科（Closteroviridae），其中，GLRaV-1、-3、-4 属于葡萄卷叶病毒属（*Ampelovirus*），GLRaV-2 属于长线型病毒属（*Closterovirus*），GLRaV-7 属于新确立的一个病毒属（*Velarivirus*）。葡萄卷叶病毒属进一步划分为组 1 和组 2，其中组 1 包括 GLRaV-1 和 GLRaV-3，组 2 包括 GLRaV-4 及其不同株系。中国鉴定明确的葡萄卷叶伴随病毒为 GLRaV-1, -2, -3, -4, -7 和 GLRaV-4 株系 5。2010 年，裴光前等检测了 58 株表现卷叶病症状的样品，结果显示，GLRaV-3 带毒率最高，达到 62.1%；GLRaV-1, -2 和 -7 带毒率分别是 20.7%、17.2% 和 15.5%；GLRaV-4 及其株系 5 的带毒率最低，分别为 3.4% 和 5.2%；所检样品携带 2 种或 3 种葡萄卷叶伴随病毒的现象比较普遍，占所检样品的 39.6%。

葡萄卷叶病毒粒子呈弯曲的长线状，螺旋对称，直径约 12nm，粒子表面有明显的横带，螺距约 3.5nm。粒子长度 1400～2200nm。通过聚丙烯酰胺凝胶电泳估算，GLRaV-2 的外壳蛋白（coat protein，CP）分子量为 24 kDa，而其他卷叶伴随病毒的 CP 分子量在 35～44kDa。葡萄卷叶病毒为单分体基因组病毒，正单链 RNA 分子。GLRaV-2 的基因组大小为 15528nt，包含 9 个开放阅读框（ORF）。GLRaV-3 是葡萄卷叶病毒属的典型种，基因组大小为 17919nt，包含 13 个 ORF。GLRaV-1 的基因组大小为 17647nt，包含 10 个主要的 ORF。长线形病毒科成员的基因组中有一个自主编码 HSP70 蛋白同系物的（heat-shock protein homolog，HSP70h）基因，这是发现的唯一编码 HSP70 的病毒，HSP70 是一种类似分子伴侣的蛋白质，具有非常保守的 N- 末端和 ATP 酶结构域。HSP70h 不是基因组扩增所必需的，但却在病毒胞间运输、病毒粒子组装和病毒传播等过程中起重要作用。

侵染过程　葡萄卷叶病毒可通过嫁接与粉蚧传播。GLRaVs 侵染葡萄后，会在枝条、果蒂穗梗和叶柄的韧皮部聚集，在植株体内不均匀分布。采用超薄切片在透射电镜下观察，可见感病植株维管束退化，筛管发生消解，韧皮部细胞常产生不同程度的坏死，叶片薄壁细胞和伴胞的筛管发生堵塞和坏死，线粒体、叶绿体退化，形成泡状内含体。病毒复制发生在细胞质中，病毒粒子存在于感病植株韧皮部的筛管和薄壁细胞内，形成密集的病毒聚集体，成束或者聚集成纤维状团块，一些韧皮部细胞几乎被病毒聚集体充满。在光学显微镜下可观察到无定形的细胞质内含体或带状内含体。电子显微镜下观察到的内含体主要由病毒聚集体混合单个或成群的小囊泡以及正常细胞组分组成，这些小囊泡内含网状纤维物质。病毒粒子有时也存在于细胞核中及叶绿体中。

流行规律　葡萄卷叶病毒主要通过嫁接传染，并随繁殖材料（接穗、砧木、苗木）远距离传播扩散。在葡萄种植园和苗圃中，葡萄卷叶伴随病毒可由多种粉蚧近距离传播，目前共报道了 11 种传毒粉蚧，其中 GLRaV-1 可由葡萄星粉蚧（Heliococcus bohemicus）、槭树绵粉蚧（Phenacoccus aceris）和葡萄大棉介壳虫（Pulvinaria vitis）传播；GLRaV-3 可由榕臀纹粉蚧（Planococcus ficus）、橘臀纹粉蚧（Planococcus citri）、长尾粉蚧（Pseudococcus longispinus）、柑橘栖粉蚧（Pseudococcus calceolariae）、葡萄粉蚧（Pseudococcus maritimus）、拟葡萄粉蚧（Pseudococcus affinis）、暗色粉蚧（Pseudococcus viburni）、康氏粉蚧（Pseudococcus comstocki）和葡萄大棉介壳虫传播；GLRaV-2, -5, -9 可通过长尾粉蚧传播。菟丝子（Cuscuta campestris）也可以传播葡萄卷叶病毒，但这种传播方式对流行作用不大。自然界中，葡萄卷叶伴随病毒的寄主范围很窄，主要是葡萄，仅 GLRaV-2 可通过机械摩擦接种于烟草（本氏烟、西方烟和克利夫兰烟）上。

葡萄卷叶病在欧亚种葡萄品种上症状明显，在欧洲葡萄品种上症状轻微，在美洲葡萄品种上无症状。葡萄卷叶病具有半潜隐的特性，生长季前期无症状，在果实成熟到落叶前症状表现明显。葡萄卷叶病株表现的症状因病毒种类、寄主品种、病毒复合侵染和环境条件的不同而有所差异。

防治方法　葡萄卷叶病毒主要依靠无性繁殖材料传播，一旦侵染葡萄，终生危害，并且通过无性繁殖传给后代，至今还没有防治葡萄卷叶病毒的有效药剂。选择无毒繁殖材料，培育和栽培无病毒苗木是防治葡萄卷叶病最有效的方法。

培育和栽植葡萄无病毒苗木　建立健全的葡萄无病毒苗木繁育体系，制定一套行之有效的苗木生产法规，以遏制葡萄卷叶病毒的传播和大面积暴发。病毒脱除是培育葡萄无病毒苗木的基础，采用热处理、茎尖培养、茎尖培养结合热处理等技术，能成功地脱除多种葡萄病毒，其中，茎尖培养结合热处理方法效果较好，应用最多。由于上述方法的脱毒

葡萄卷叶病症状（①②董雅凤摄；③张尊平摄）

①红色品种；②黄色品种；③葡萄卷叶病株果实着色不良

率都不是 100%，因此，无论采用任何方法获得的脱毒材料，都必须经过病毒检测，确认无毒后，才可作为无病毒原种母本树，用来繁殖无病毒苗木。病毒检测可采用指示植物鉴定、ELISA 和 PCR 方法进行，其中，PCR 方法应用最为广泛。

田间防治　在栽培葡萄无病毒苗木时，须加强病毒病的田间防控工作。无病毒葡萄园应建在 3 年以上未栽植葡萄的地块，以防止残留在土壤中的残体或线虫成为侵染源；园址需距离普通葡萄园 30m 以上，以防止粉蚧等介体传带卷叶病毒。对于已有的葡萄园，发现病株及时拔除。如发现粉蚧传毒媒介，可于冬季或早春刮除老翘皮，或用硬毛刷子刷除越冬卵，集中烧毁或深埋；果树萌动前，结合其他病虫害的防治，全树喷布 5 波美度石硫合剂或 5% 柴油乳剂；在各代若虫孵化盛期，喷 50% 敌敌畏乳油 1000 倍液或 25% 溴氰菊酯乳油 3000 倍液；利用瓢虫类、草蛉类等天敌防治康氏粉蚧，对其发生有良好的抑制作用。

参考文献

王忠跃, 2017. 葡萄健康栽培与病虫害防控 [M]. 北京：中国农业科学技术出版社.

中国农业科学院植物保护研究所, 中国植物保护学会, 2015. 中国农作物病虫害 [M]. 3 版. 北京：中国农业出版社.

PEARSON R C, GOHEEN, 1990. Compendium of grape diseases [M]. St. Paul: The American Phytopathological Society Press.

（撰稿：董雅凤、张尊平；审稿：王忠跃）

葡萄溃疡病　grape botryosphariaceous canker

由葡萄座腔菌科真菌引起的一种病害，主要危害葡萄的枝干、穗轴。全球许多国家都普遍发生，在中国发生也较为普遍。

发展简史　葡萄座腔菌科真菌以前多被认为是内生菌，直到 1972 年 El-Goorani MA 等人在《地中海植物病理学报》发表了 Botryosphaeria rhodina 引起埃及葡萄的枯死才作为病害正式报道。此后，该病害在埃及、美国、匈牙利、法国、意大利、葡萄牙、西班牙、南非、智利、黎巴嫩和澳大利亚等葡萄主产国家都有报道。2010 年，燕继晔等人在 Plant Pathology、Plant Disease 等杂志报道中国溃疡病情况。目前，葡萄溃疡病在中国葡萄许多产区发生较为普遍。

分布与危害　葡萄溃疡病在北京、江苏、浙江、广西等中国 20 多个地区普遍发生。危害果穗（穗轴、果实）主要在葡萄转色期，导致葡萄穗轴干枯、烂果及大量落粒；还可危害葡萄的枝干，对枝干和主蔓的危害可造成死树；有时也有叶片症状。溃疡病发生时，一般可造成 1%～8% 的损失，严重的葡萄园损失可达 10%～20%，个别果园危害损失超过 50%。果穗在果实转色期受害后穗轴出现黑褐色病斑，向下发展引起穗轴干枯或（和）果梗干枯致使果实腐烂脱落，有时果实不脱落，逐渐干缩。枝蔓受害，当年生枝条出现灰白色梭形病斑，病斑上着生许多黑色小点，横切病枝条维管束变褐；枝条上的病部，也表现为红褐色区域，尤其是分枝处。老枝蔓或主蔓受害，造成条状枯死斑，枯死斑扩大后易

造成死树。有时叶片上也表现症状，叶肉变黄呈虎皮斑纹状（图 1）。

病原及特征　主要是由葡萄座腔菌科（Botryosphaeriaceae）的真菌引起的，已报道葡萄座腔菌科的 32 个种可以引起葡萄溃疡病（图 2）。在中国，优势种为 Botryosphaeria dothidea（Moug. ex Fr.）Ces. et de Not.、Lasiodiplodia theobromae（Pat.）Criff. et Moubl.、Diplodia seriata 和 Neofusicoccum parvum。其中，Botryosphaeria dothidea 和

图 1　葡萄溃疡病枝干上症状（李兴红摄）

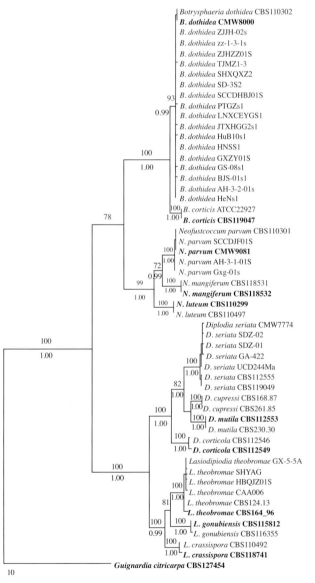

图 2　中国葡萄溃疡病菌的主要种系统发育树（Yan et al., 2013）

Lasiodiplodia thebromae 分布较广，*Botryosphaeria dothidea* 分布最广，*Lasiodiplodia thebromae* 致病力最强。该类真菌的无性型主要特征为在 PDA 培养基上菌落为圆形，菌丝体埋生或表生，致密，颜色为深褐色或灰棕色。培养数天产生分生孢子器，聚生或单生。分生孢子长圆形或纺锤形，初始时为无色无隔，有的种会随着菌龄增长而颜色加深变为深棕色，并且具有不规则经向纹饰的单隔（图 3）。

侵染过程与侵染循环　葡萄座腔菌科的真菌是典型的植物机会病原真菌，其致病力较弱，不能直接侵染寄主。它们在葡萄上主要通过葡萄的伤口和自然孔口入侵葡萄，目前尚未有关于病原菌直接侵入的相关报道。这些病原菌可以在病枝条、病果等病组织上越冬越夏，主要通过雨水传播。

流行规律　树势弱容易感病。在实验室条件下，40℃的高温可以抑制病原菌的生长。

防治方法　葡萄溃疡病的发生容易受到环境因子的影响，高温、低温、水涝灾害等均可加重溃疡病的发生。如果冬季埋土防寒时操作不好，或者冬季遇到极端低温，都能加重翌年的病害发生。同时，因葡萄每年都要进行修剪，会造成大量伤口，这些伤口就是溃疡病菌侵染的主要途径。

加强种苗检测与无病苗繁育　留用健康枝条作种条，苗木种植前可做药剂处理。

及时清除田间病组织，并集中销毁　田间发生的病组织要及时处理，带到园外集中销毁；对剪口进行涂药，可用 250g/L 嘧菌酯悬浮剂 1000 倍或 10% 苯醚甲环唑水分散粒剂 800 倍等杀菌剂加入黏着剂涂在伤口处，防止病菌侵入。发病的死树也要拔除。

生长期加强栽培管理　根据不同生态区和品种选择合适的架势（"厂""H""T"等），合理肥水和叶幕管理；棚室栽培的要及时覆盖棚膜，避免葡萄植株淋雨。严格控制葡萄产量，增强树势，提高植株抗病力。

生长期果穗溃疡病的防治　如发生溃疡病，需在果实转色前施药，喷施果穗或果穗浸药，进行疏果处理的最好在疏果后马上用药剂处理果穗。施药 1～2 次，药剂可选用

250g/L 吡唑醚菌酯乳油 1000～2000 倍、50% 醚菌酯水分散粒剂 3000～5000 倍、10% 苯醚甲环唑水分散粒剂 1000 倍、1×10⁶ 孢子 /g 寡雄腐霉可湿性粉剂 2000～3000 倍、50% 保倍福美双 1500 倍等。

参考文献

BILLONES R G, RIDGWAY H J, JONES E E, et al, 2010. First report of neofusicoccum macroclavatum as a canker pathogen of grapevine in New Zealand[J]. Plant disease, 94: 1504.

CHOUEIRI E, JREIJIRI F, CHLELA P, et al, 2006. Occurrence of grapevine decline and first report of Black dead arm associated with *Botryosphaeria obtusa* in Lebanon[J]. Plant disease, 90: 115.

EL-GOORANI M A, EL-MELEIGI M A, 1972. Dieback of grapevine by *Botryodiplodia theobromae* Pat. in Egypt[J]. Phytopathologia mediterranea, 11: 210-211.

LI X H, YAN J Y, KONG F F, et al, 2010. *Botryosphaeria dothidea* causing canker of grapevine newly reported in China[J]. Plant pathology, 59: 1170.

PITT W M, HUANG R, STEEL C C, 2010. Identification, distribution and current taxonomy of Botryosphaeriaceae species associated with grapevine decline in New South Wales and South Australia[J]. Australian journal of grape and wine research, 16: 258-271.

SAVOCCHIA S, STEEL C C, STODART B J, et al, 2007. Pathogenicity of *Botryosphaeria* species isolated from declining grapevines in sub tropical regions of Eastern Australia[J]. Vitis, 46: 27-32.

TAYLOR A, HARDY G E, WOOD P, et al, 2005. Identification and pathogenicity of *Botryosphaeria* spp. associated with grapevine decline in Western Australia[J]. Australas plant pathology, 34: 187-195.

ÚRBEZ-TORRES J R, 2011. The status of Botryosphaeriaceae species infecting grapevines[J]. Phytopathologia mediterranea, 50: 5-45.

VAN Niekerk J M, FOURIEL P H, HALLEEN F, et al, 2006. *Botryosphaeria* spp. as grapevine trunk disease pathogens[J]. Phytopathologia mediterranea, 45: 43-54.

（撰稿：燕继晔；审稿：王忠跃）

P

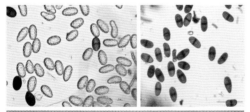
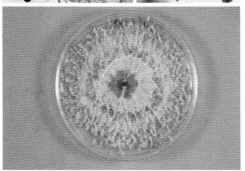

图 3　中国葡萄溃疡病菌的主要种的形态（燕继晔提供）

葡萄蔓枯病　dead arm of grape

由拟茎点霉属真菌侵染引起的，主要危害葡萄枝蔓，也可危害新梢和果实的葡萄重要枝干病害之一。又名葡萄蔓割病。

发展简史　1909 年 Redidick 首次报道葡萄蔓枯病在美国纽约州发生，并把引起该病害的病原菌命名为 *Fusicoccum viticolum*。1911 年，Shear 发现了一种与蔓枯病有关的核菌，该核菌产生的子囊孢子培养的分生孢子器与 *Fusicoccum viticolum* 产生的分生孢子器相似，认为该子囊菌是蔓枯病菌的有性世代，将其命名为 *Cryptosporella viticola* Shear，但 Shear 未能从蔓枯病的无性世代培养出这种子囊孢子，也没有进行接种试验；而且后续也没有人在自然界或者人工培养中发现这一阶段。20 世纪 20 年代初期到 60 年代中期，葡萄蔓枯病相继在美国的东部、加利福尼亚州，加拿大，日

本和南非的大部分葡萄园普遍发生。1937 年 Goidanich 根据蔓枯病菌能够产生纺锤形和线形两种类型的器孢子，将其改到 *Phomopsis* 属中，订正为 *Phomopsis viticola*，之后逐渐被广泛接受，最终引起蔓枯病的病原菌被确定为 *Phomopsis viticola* Saccardo。该病原菌不仅能够引起典型的蔓枯病症状，也可能与溃疡病的发生有关。

分布与危害　此病在中国各葡萄产区均有发生，尤其在北方葡萄产区发生较为广泛。一般老果园发生严重，新果园发生较少，湿度大的年份和地区发病较重。该病发病较轻时造成树势衰弱、生长不良，危害较重时病斑干裂、树体枯死，造成葡萄园缺株断垄，严重影响葡萄的产量和品质。

该病原菌主要危害枝蔓，也危害新梢及果实等。多在接近地表的老蔓上发生，发病初期在病部产生褐色病斑，略凹陷，随后变成暗褐色，表面密生黑色小点即病原菌的分生孢子器（图 1）；在潮湿情况下溢出白液即分生孢子团。秋季病部皮层纵裂，周围癌肿，易折断，横切病部木质部，可见腐朽状暗紫色病变组织。若主蔓被为害，植株生长衰弱，萌芽晚，节间短，叶片小，果穗和果粒也变小。严重时翌年春天老病蔓干裂，抽不出新梢，或勉强抽出较短新梢，但 1～2 周内即枯萎死亡。若危害新梢，病部出现褪绿斑点，严重时多个病斑融合，形成黑色污斑，症状一般出现在新梢基部 3～6 节间，连雨天常发生在新梢尖端。新梢迅速生长时，这些黑色坏死污斑常龟裂，皮层组织出现裂缝。新梢组织成熟后，病组织变粗糙。穗轴和果梗被危害后，萎蔫并变脆，遇风时果穗破裂，损失果粒。果实感病后，表面稍变灰色，后期密生黑色小粒点，逐渐干缩成僵果。

病原及特征　主要由其无性态的葡萄生拟茎点霉 [*Phomopsis viticola*（Sacc.）Sacc.] 侵染引起，属拟茎点霉属（*Phomopsis*）真菌。其分生孢子器黑色，直径 200～400μm，生长初期为圆盘形，成熟时变球形，具短颈，其顶端有开口。分生孢子器内可产生两种类型的分生孢子，其中一种椭圆形，单胞，两端各生 1 油球，能萌发，大小为 7～10μm × 2～4μm，另一种分生孢子钩丝状，不能萌发。其有性态为葡萄生小隐孢壳 [*Cryptosporella viticola*（Red.）Shear.]，属子囊菌，较少见，在病害流行中的作用尚不清楚。

侵染过程与侵染循环　该病原菌主要以分生孢子器或菌丝体附着在树皮、病组织或芽鳞内越冬。翌春，空气湿度大时，分生孢子器吸湿后从孔口溢出黄白色丝状或黏胶状的孢子角（图 2），孢子角遇水消解随风雨传播或介体昆虫传播到寄主植物上，经伤口或自然孔口侵入，开始病原菌的初次侵染。孢子萌发的适宜温度为 23℃。病原菌在相对湿度为 100% 时，48 小时即可完成侵染，沿枝蔓维管束蔓延；潜育期较长，约 1 个月出现症状。若条件适宜，可进行重复侵染。在葡萄园外，主要通过带菌的繁殖材料进行远距离传播。

流行规律　春秋冷凉、连续降雨、高湿和伤口是病害流行的主要条件。若天气干热，则病原菌停止活动；若平均气温在 5～7℃ 和湿度较高条件下，病原菌的活动旺盛。另外，栽培管理与病害的发生也有一定相关性。一般地势低洼、排水不良、土壤贫瘠、肥水不足的果园以及管理粗放、冻伤、虫害或其他根部病害较严重的植株发病较重。不同葡萄品种对该病原菌的抗性存在明显差异，常见栽培品种中，卡它巴、白香蕉、巨峰等美洲种及欧美杂交种较为抗病，而佳丽酿、法国兰、龙眼等欧亚种较为感病。

防治方法

农业防治　繁殖材料消毒。葡萄园建园或缺株补植时应注意采用无病繁殖材料。对远距离引进的砧木、接穗、插条和苗木等繁殖材料要严格检验，可用 3 波美度石硫合剂或硫酸铜等进行消毒处理，消除病源。

及时清除病组织。经常检查枝蔓基部，发病严重的枝蔓应及早剪除，并剥除病部以下的疏松树皮，发病轻的可用刀刮除病组织，并及时收集所有植株残体深埋土中或烧毁。剪、锯及刮后的伤口涂抹药剂 5 波美度石硫合剂或 70 % 甲基硫菌灵可湿性粉剂 800 倍，或三唑类杀菌剂，比如37% 苯醚甲环唑 2000～3000 倍液或戊唑醇或氟硅唑等，以保护伤口不再受侵染。

加强田间管理。合理施肥，及时灌溉或排水，挂果负载量适宜，田间管理精细、及时，可增强树势，提高树体的抗病能力。寒冷地区要做好埋土防寒工作，冬季适时入土，防止枝蔓受冻；操作时尽量减少对根、茎的损伤；同时注意其

图 1 葡萄蔓枯病危害症状（陈谦提供）

①主蔓症状；②第 1 年枝条上的症状

图 2　受害部溢出的孢子角（陈谦提供）

他根颈部病虫害的防治，以减少病菌的侵染途径。

化学防治　葡萄萌芽前喷洒 5 波美度石硫合剂，以消灭植株表面的分生孢子器和分生孢子，铲除越冬菌源。春末夏初在病菌分生孢子角分散传播前，使用 1～2 次杀菌剂，例如 1∶0.7∶200 波尔多液、80% 代森锰锌可湿性粉剂 800 倍液、70% 丙森锌可湿性粉剂 600 倍液、12.5% 烯唑醇可湿性粉剂 2000 倍液（或戊唑醇或氟硅唑等）交替轮换喷雾防治，重喷老蔓基部。生长期可喷施 70% 甲基硫菌灵或 50% 多菌灵可湿性粉剂 800 倍液。落叶休眠后至埋土防寒前使用 30% 吡唑醚菌酯·福美双 1000～1500 倍液喷布枝蔓。

参考文献

范武刚，杨和平，崔晓莉，等，2010. 葡萄蔓枯病的发生与防治 [J]. 西北园艺（果树专刊)(1): 53.

李双林，万贵成，郭光爱，等，2008. 新疆博州地区红地球葡萄蔓割病的发生与防治 [J]. 中外葡萄与葡萄酒 (2): 40-41.

蔺创业，2011. 甘肃敦煌地区葡萄主要病害发生及防治对策 [J]. 中国果树 (2): 56-57.

王忠跃，王世平，刘永强，等，2017. 葡萄健康栽培与病虫害防控 [M]. 北京：中国农业科学技术出版社.

魏琳，2013. 葡萄蔓割病的认识与防治 [J]. 河南科技 (13): 210.

ÚRBEZ-TORRES J R, PEDUTO F, SMITH R J, et al, 2013. Phomopsis dieback: a grapevine trunk disease caused by *Phomopsis viticola* in California[J]. Plant disease, 97: 1571-1579.

（撰稿：黄晓庆、孔繁芳、杜飞；审稿：王忠跃）

葡萄扇叶病　grapevine fanleaf disease

由葡萄扇叶病毒侵染引起的、危害葡萄的一种病毒病害，是世界各葡萄栽培地区普遍发生的一种病毒病。又名葡萄侵染性衰退病。

发展简史　早在 19 世纪初，法国、德国和意大利就有关于葡萄扇叶病的症状描述。1883 年，Rathay 发现该病通过土壤传播，便将其确定为一种土传病害。1902 年，Baccarini 证明该病为病毒病，可通过嫁接传染。1939 年，Hewitt 首次鉴定并明确其病原为扇叶病毒（grapevine fan leaf virus，GFLV）。1918 年 Petri 经试验表明扇叶衰退病可由患病葡萄园的土壤感染，1957 年 Vuittenez 也证实在种植前用农药熏蒸土壤可以有效地控制扇叶病。随后，1958 年 Hewitt 等鉴定出扇叶病的传毒介体为标准剑线虫（*Xiphinema index*），这是关于植物病毒可通过线虫传播的首次报道。1960 年 Cadman 等用葡萄病株的汁液机械摩擦，成功地将葡萄扇叶病毒 GFLV 接种到草本寄主苋色藜（*Chenopodium amaranticolor*）上，用电子显微镜观察纯化的寄主样品，发现球形病毒粒子，但用患病苋色藜的汁液摩擦接种葡萄未表现症状。1962 年 Hewitt 等通过标准剑线虫将 GFLV 传到苋色藜上，再通过标准剑线虫接种至葡萄上，表现典型的扇叶病症状，从而完成了科赫法则。

中国于 1980 年代开始报道葡萄扇叶病。1986 年，李知行等在北京、沈阳、河南、上海、辽宁等地调查，观察到葡萄扇叶病症状普遍存在。王作锱等分别于 1991 和 1992 年春秋两季对吐鲁番葡萄产区的病毒病进行普查，结合电镜观察及酶联免疫吸附法（ELISA）检测，证实了吐鲁番地区有葡萄扇叶病发生。1991 年以来，中国多名研究人员采用 ELISA、PCR、指示植物等方法对葡萄样品进行病毒检测鉴定，所报道的 GFLV 带毒率为 10.4%～78.4%。

分布与危害　葡萄扇叶病是重要的葡萄病害之一，在全世界葡萄栽培区均有发生，且危害严重。中国于 20 世纪 80 年代开始开展葡萄扇叶病发生情况调查与病毒检测，结果显示，GFLV 带毒率在 10% 以上，严重者可达 70% 以上。扇叶病株生长受阻、畸形，叶片褪绿、黄化，果穗变小、果粒大小不齐，生产寿命缩短、产量降低。

葡萄扇叶病的症状表现因葡萄品种、病毒株系、气候条件、肥水管理等不同而存在差异。主要有畸形、黄化和镶脉 3 种症状类型。畸形症状表现为：植株矮化或生长衰弱，叶片变形皱缩，左右不对称，叶缘锯齿尖锐；叶脉伸展不正常，明显向中间聚集，呈扇状，有时伴随有褪绿斑驳；新梢分枝不正常，双芽，节间缩短，枝条变扁或弯曲，节部有时膨大；果穗少，穗型小，坐果不良，成熟期不整齐（图①）。黄化症状表现为：病株春季叶片上先出现黄色散生的斑点、环斑或条斑，之后形成黄绿相间的花叶；严重时病株的叶、蔓、穗均黄化；叶片和枝梢变形不明显，果穗和果粒多较正常的小；后期老叶整叶黄化、枯萎、脱落（图②）。镶脉症状表现为：春末夏初，成熟叶片沿主脉产生褪绿黄斑，渐向脉间扩展，形成铬黄色带纹（图③）。上述症状通常仅出现 1 种，有的病株症状潜伏，但感病后树势弱，生命力逐渐衰退。

病原及特征　病原为葡萄扇叶病毒（grapevine fan leaf virus，GFLV），线虫传多面体病毒属（*Nepovirus*）。病毒颗粒为等轴对称二十面体，直径 30nm，其致死温度为 60～65℃ 10 分钟，体外存活期一般 15～30 天（20℃）。超速离心分析，可分成 3 种沉降组分，沉降系数分别为 50S、86S 和 120S，核酸含量分别为 0、30% 和 42%。1991 年，法国的 Ritzenthaler 和 Serghini 等测定了葡萄扇叶病毒基因全序列，葡萄扇叶病毒基因组包括两条单链 RNA（RNA1 和 RNA2），其中 RNA 1 为 7342nt，编码 253kD 的蛋白，主要是一些与复制有关的蛋白，如 RNA 聚合酶、蛋白酶、蛋白酶辅助因子和病毒末端结合蛋白等。RNA2 为 3774 nt，

葡萄扇叶病症状（①张尊平摄；②③董雅凤摄）
①畸形症状；②褪绿环斑症状；③镶脉症状

主要编码与病毒移动和装配相关的蛋白，如外壳蛋白、移动蛋白等。病毒 5′ 端为病毒末端结合蛋白（VPg），3′ 端为 Poly A 结构。微卫星 RNA 为 1114nt，其 5′ 端带有病毒外壳蛋白基因，编码一个 56kD 大小的蛋白。2002 年，李红叶等研究表明，GFLV 能在感病的细胞中形成包含病毒粒子的管状体结构。葡萄扇叶病毒存在不同株系，在不同葡萄品种上的症状存在明显差异，但不同扇叶病毒分离株间无血清学差异。自然界中，尚未发现葡萄以外的其他寄主，但该病毒可通过人工汁液摩擦接种到昆诺藜、千日红、黄瓜等草本寄主上。

侵染过程与侵染循环　葡萄扇叶病毒感染初期，植物细胞质中形成分散的内含体。内含体通常靠近核，由复杂的膜状结构组成，有一些形成小泡，在小泡间有明显的高尔基体，病毒粒子经常存在于内含体的周围。在分生组织细胞质中并不存在管状结构，胞间连丝和液泡，且细胞器无变化。在叶肉细胞中产生显著堵塞病变，包括叶绿体结构肿胀、细胞壁加厚和凸起。包含葡萄扇叶病毒粒子的小管状体常常分散在细胞质中，在小管状体内包含着类似病毒粒子的颗粒。这些小管状体有时也存在于胞间连丝中，病毒粒子通过这些小管在胞间连丝中穿行。从已有的研究结果看管状结构似乎与复制无关，推测其与病毒在细胞间的运输有关。其次，在细胞质或液泡中有些病毒粒子可有序排列或形成结晶状聚集体。在感染葡萄扇叶病毒的组织中常常发现病毒粒子在液泡中的积累。观察包含大量病毒粒子的液泡膜完整，细胞质没有明显的异常，说明这些细胞仍然具有代谢功能。有些电镜照片显示，病毒粒子可能从细胞质排出，进入液泡，但并不伤害液泡膜。在感染 GFLV 的昆诺藜组织中观察到管状结构的形成和跨越细胞壁的现象。相对于病毒的胞间移动，对病毒如何进出韧皮部知之甚少。

流行规律　葡萄扇叶病可通过无性繁殖材料（苗木、插条、砧木和接穗）传播。用于嫁接的接穗或砧木只要任何一方带毒，整株均可感染病毒。苗木和接穗的调运是葡萄扇叶病远距离扩散的主要途径。GFLV 在草本寄主中可通过种子传播，但对 GFLV 是否可通过葡萄种子传播尚未定论。除繁殖材料传播外，葡萄扇叶病毒还能经线虫传播，这些线虫在田间扩散蔓延中起重要作用。同时，线虫还可遗留在苗木的根系或土壤颗粒中远距离扩散。早在 1882 年就有文字记载，在发生过侵染性衰退病的老葡萄园重新种植葡萄时，新种植的葡萄很快发病。标准剑线虫（*Xiphinema inde*）和意大利剑线虫（*Xiphinema italiae*）是葡萄扇叶病毒的传毒介体。剑线虫传播 GFLV 的效率很高，其成虫、幼虫均能传毒，单头线虫即可成功传毒，传毒时间只有几分钟。该线虫的持毒能力也很强，即便在对病毒免疫的寄主根围，标准剑线虫也能保持传毒能力 8 个月，但幼虫蜕皮后将失去传毒能力，且病毒不能经卵传播。标准剑线虫虽然在土壤中活动缓慢，每年不足 1m，但它在土壤中存留时间很长，即使病株铲除，线虫仍可依附在葡萄根系上生活 6～10 年之久。因此，被扇叶病毒和标准剑线虫侵染的园子，10 年内重栽葡萄仍有被再感染的危险。中国尚未发现传毒线虫。扇叶病症状春季最明显，夏季高温时，病毒受到抑制，症状逐渐潜隐。

防治方法　葡萄为多年生植物，病毒主要随砧木和接穗传播，一旦受到侵染即终生带毒，持久危害，无法通过化学药剂进行有效控制。培育和栽植无病毒苗木是防控葡萄病毒病的根本措施。

培育和栽植葡萄无病毒苗木　病毒脱除是培育葡萄无病毒苗木的基础，采用热处理、茎尖培养、茎尖培养结合热处理等技术，能成功地脱除多种葡萄病毒，其中，茎尖培养结合热处理方法脱毒效果最好。脱除病毒并经检测无毒后，即可从无病毒母株上采集插条或接穗，用于繁殖。

田间防控　在栽培葡萄无病毒苗木的同时，还必须加强田间防控工作。建立无病毒葡萄园时应选择 3 年以上未栽植过葡萄的地块，以防止残留在土中的线虫成为侵染源；对有线虫发生的地区，种植前可使用 1,3- 二氯丙烷、溴甲烷、棉隆等杀线虫剂杀灭土壤线虫，以减少媒介线虫的虫口量，降低发病率。

选择抗性砧木　1985 年，美国加利福尼亚大学的 Walker Lider 等从圆叶葡萄中及欧亚种与圆叶葡萄杂交后代中筛选出一批兼抗线虫和扇叶病毒的砧木。1983 年，Harris 测试了 33 个葡萄杂交种的根砧木对剑线虫的抗性，发现 23 个杂交种根砧木中有 19 个是抗病的，从美国引进的山河系选优 1 号和 2 号砧木对葡萄扇叶病有较好的抗性。

参考文献

王忠跃，2017. 葡萄健康栽培与病虫害防控 [M]. 北京：中国农业科学技术出版社．

中国农业科学院植物保护研究所，中国植物保护学会，2015. 中国农作物病虫害 [M]. 3 版．北京：中国农业出版社．

PEARSON R C, GOHEEN, 1990. Compendium of grape diseases [M]. St. Paul: The American Phytopathological Society Press.

（撰稿：董雅凤、张尊平；审稿：王忠跃）

葡萄霜霉病　grape downy mildew

由葡萄生单轴霉引起的一种卵菌病害。主要危害葡萄叶片，也危害花序、幼果、新梢等幼嫩组织，是世界上普遍发生的第一大葡萄病害。

发展简史　最早于1834年在北美洲东部的野生葡萄上发现，1848年，该病病原首次被描述；在美洲，野生葡萄和栽培葡萄对其都有一定的抗性，危害并不严重，没有得到关注和重视。1868年，法国发现葡萄根瘤蚜后，在短短几年时间，传遍了欧洲主要葡萄种植区。为了防治葡萄根瘤蚜，欧洲各国尤其是法国，从美洲引进葡萄属植物（Vitis spp.）作为育种材料直接种植或作为砧木进行嫁接栽培，用于防治葡萄根瘤蚜的发生与危害，从美洲引进葡萄属植物的同时，把葡萄霜霉病引进了欧洲。1878年，在法国的西南部发现葡萄霜霉病，1882年传遍法国，1885年几乎传播到整个欧洲大陆。1882—1886年，葡萄霜霉病在法国许多葡萄园造成灾难性的危害，特别是在吉伦特省。之后，伴随欧洲葡萄向全球引种栽培，葡萄霜霉病传播到世界所有重要的葡萄种植区域，1887年被传到高加索，随后是不列颠群岛，1907年传播到南非的东开普省和南美，1917年在澳大利亚被发现，1926年在新西兰首次发现。

霜霉病何时以何种方式传入中国，尚不清楚，但1899年在新疆发生，是该病在中国的最早记载。葡萄霜霉病在20世纪80年代开始有灾害性发生的记录。

分布与危害　几乎世界上所有的葡萄产区都有葡萄霜霉病的发生。在温暖潮湿的葡萄种植区域，比如整个欧洲大陆，非洲的南非，美洲的东北部，大洋洲的澳大利亚东部、新西兰，亚洲的日本及中国的大部分种植区，葡萄霜霉病经常发生；而在阿富汗、美国的加利福尼亚州等葡萄种植区域，由于生长季节雨水较少，限制了葡萄霜霉病的发生、危害和传播。

20世纪80年代，葡萄霜霉病在中国开始严重危害，目前各个葡萄产区均有发生，只是危害程度有所不同。干旱区域，如吐哈盆地葡萄产区的吐鲁番地区，葡萄霜霉病几乎不发生，只在极端年份（连续多雨）能偶尔见到，即使发生也不会产生危害。但中国许多重要的葡萄产区，旱季、雨季明显，雨热同季，霜霉病发生普遍且严重；在雨水多、雨季持续时间长的产区，霜霉病发生危害非常严重，有些地区甚至只能依靠避雨栽培才能避免霜霉病的危害。

葡萄霜霉病可以危害葡萄的嫩叶、嫩梢、花序及幼果等所有绿色组织，发病速度快，有"跑马干"之说。葡萄霜霉病的发生，不仅导致与叶片光合作用有关的所有生理过程受阻，使叶片早衰、脱落，影响树势和营养储藏，而且还成为产量下降、果实品质降低、冬季发生冻害（包括冬芽、枝条、根系）、春季缺素症、花序发育不良等的重要原因，一旦流行可造成毁灭性的危害。在长江流域及南方其他区域露地栽培葡萄几乎年年发病，一般年份损失20%～30%，严重的可达70%～80%。

叶片发病时，首先侵染嫩叶，发病初期叶片上出现褪绿色或浅黄色水渍状不规则病斑，随后病斑快速发展，在病原菌侵入3～5天后叶片上出现明显的近似圆形或多角形黄色病斑；在侵染7～12天后，数个病斑连在一起，发病部位逐渐变褐、枯死，天气潮湿时，叶背面覆有白色霉层（图1），即葡萄霜霉病菌的孢子囊及孢囊梗。侵染严重时，叶片向背面卷曲并且有时脱落。在夏末或秋初葡萄霜霉菌侵染老叶，发病症状不同，但多数在叶正面产生黄色至红褐色细小的角形病斑，在受损的叶片背面沿着叶脉会产生病菌的孢囊梗及孢子囊。

葡萄花序、嫩梢、叶柄、卷须及果梗被侵染后，最初会出现颜色深浅不一的淡黄色水渍状斑点，后期变褐并且扭曲

图1　葡萄霜霉病在叶片上的症状（孔繁芳摄）

或卷曲；在潮湿的条件下病斑表面覆盖大量白色霉层，即病原菌的孢子囊及孢囊梗；被侵染严重的部位逐渐变褐、枯萎，最后死亡。

葡萄霜霉病菌可以侵染幼果，一般从幼果的果皮或果梗的皮孔侵入。感病初期，病斑颜色浅，之后逐渐加深，由浅褐色变为紫色，被侵染的幼果皱缩干枯，容易脱落，天气潮湿时，病果上会出现白色霉层。随着果粒变大，病原菌侵染概率降低，即果实不易被侵染；如果大一些的果粒被侵染，可导致果粒发育缓慢、表面凹陷，逐渐变紫、僵硬、皱缩，极易脱落，但一般不易产生霉层（图2）。

病原及特征　病原为葡萄生单轴霉［*Plasmopara viticola*（Berk et Curtis）Berl. et de Toni］，隶属于卵菌门卵菌纲霜霉目单轴霉属，为二倍体活体营养型的专性寄生卵菌。病原菌的菌丝管状、多核，产生瘤状吸器，无性阶段产生孢囊梗，顶生孢子囊，内生游动孢子。孢囊梗簇生，无色，从葡萄叶片、果粒等表皮的气孔伸出，长 140～250μm，呈单轴直角分枝3～5次，一般为2～3次，在分枝的末端有2～3个小梗，圆锥形，末端钝，顶端生1个孢子囊。孢子囊卵形或椭圆形，单胞、无色，顶端呈乳头突起，大小为 12.6～25.2μm × 11.2～16.8μm，孢子囊萌发产生6～8个侧生双鞭毛的游动孢子。游动孢子肾脏形，多为单核，在扁平的一侧生2根鞭毛，能在水中游动，大小为 7.5～9.0μm × 6.0～7.0 μm，在水中游动30分钟后变为球形静止孢子，之后鞭毛消失，萌发长出芽管，经由气孔侵入寄主组织，之后在寄主细胞间蔓延，并产生瘤状吸器，伸入寄主细胞内吸取营养。病原菌有性生殖产生卵孢子，于秋末在病部细胞间隙处产生，褐色、球形、壁厚，表面平滑，略具波纹状起伏，大小为 30～35μm，卵孢子在水滴中萌发形成芽管，芽管顶端形成梨形孢子囊，内生并释放30～50个游动孢子。

侵染过程与侵染循环　越冬的卵孢子在温度达到11℃时，在有水珠的条件下开始萌发，形成孢囊梗和孢子囊，这一过程一般是在晚上形成，因为孢囊梗和孢子囊的形成，需在相对湿度95%～100%、至少4小时的黑暗条件下进行，且在阳光下几小时就会失去活性。所以，霜霉病的侵染一般发生在早晨。孢子囊在高湿的条件下与孢囊梗分离，借助气流传播到叶片上，在温度为22～25℃的水中（水滴、水膜）产生游动孢子。游动孢子在水中游动约30分钟，脱去鞭毛成为静止孢子，静止孢子产生芽管并通过气孔和皮孔侵入寄主，菌丝在细胞间隙蔓延，并长出圆锥形吸器，伸入寄主细胞内吸取营养，即完成整个侵染过程。在合适的条件下，游动孢子从萌发到侵入一般不会超过90分钟。

病原菌主要以卵孢子在病组织中或随病残体于土壤中越冬。在气候温暖的地区，也可以菌丝形态在芽鳞或未脱落的叶片内越冬，卵孢子在潮湿的土壤表层存活率高、存活时间长。翌年春季，当达到适宜条件时，卵孢子在水中或潮湿土壤中萌发，形成孢子囊。孢子囊借助雨水和风传播到健康的葡萄幼嫩组织上，孢子囊在水滴中萌发，释放出游动孢子，并通过气孔和皮孔进入寄主组织，引起初侵染。在气候条件适宜的情况下，病原菌的菌丝体在寄主细胞间扩散蔓延，进入寄主细胞内吸收营养，一般经过4～12天的潜育期后开始发病，在病部产生孢囊梗及孢子囊，孢子囊在合适的气象

条件下萌发产生游动孢子，进行再侵染。在一个生长季可进行多次重复侵染。在葡萄生长后期，大量的卵孢子存在于葡萄病残体中。卵孢子可随病叶等病组织落入土壤中越冬，作为翌年的初侵染源（图3）。

流行规律　霜霉病的发生与流行受菌源基数、气候因素、栽培管理措施及品种的影响，其中气候因素是该病流行和发生的最重要因素。

菌源基数是葡萄霜霉病流行的基础条件。霜霉病在田间普遍发生后，易产生丰富的越冬菌源；在冬季潮湿温暖的年份，卵孢子越冬存活率高，翌春菌源基数增大，就为霜霉病流行创造了条件。如果在这种情况下，清园措施不彻底，会增加流行危害的机会或可能性。第一年病害发生程度（菌源数量）、冬季的气象条件、清园措施的有效性等，决定着越冬菌源的数量。

葡萄霜霉病是气象因素主导的流行性病害，气象因子与其流行有密切关系。低温高湿是霜霉病流行的气候条件，在低温、多雨、少风、多雾或多露的情况下最适发病。孢子囊形成的温度范围为5～27℃，最适温度为15℃，孢子囊萌发的温度范围为12～30℃，最适温度为18～24℃。该病菌的孢囊梗和孢子囊的产生、孢子囊和游动孢子的萌发、侵入要求相对湿度在95%～100%下进行，所以，水分的存在（降雨、浓雾和结露）是该病害发生和流行的关键。病害的发生与流行与绝对降雨量有关，并且与降雨量的分布有关，降雨次数多而均匀时，病害发生严重。在有一定菌源存在的情况

图2　葡萄霜霉病在果穗上的症状（孔繁芳提供）

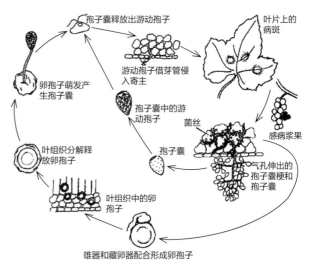

图3　葡萄霜霉病的侵染循环（引自 Adapted from Emmett, 1992）

下，每一个适宜的气象条件，都会引起一次流行：比如夏季气温在 22～27℃、连续 10 天阴雨，或每隔 8～15 天降 1 次大雨、空气湿度达 95% 以上时，便出现 1 次发病高峰。

果园地势低洼、土质黏重、种植密度大、架式低矮、郁闭遮阴、管理粗放等均有利于病害的发生与流行。造成秋后叶片茂密、枝条延后成熟也会在同样的条件下加重霜霉病的发生与危害。除此之外，葡萄品种间抗病性有明显差异，一般情况下，美洲种葡萄及欧美杂交种葡萄较抗病，而欧亚种葡萄则较易感病。

防治方法　根据"预防为主，综合防治"的防治措施，把防治葡萄霜霉病分为两个方面：在没有发生区域，阻止其传入；在已发生区域，进行综合防治。

在以前没有葡萄种植并且与现有葡萄园有一定距离的区域新种植的葡萄：对种苗种条进行严格的消毒和处理，不要把病原带入新发展的葡萄种植区。一个新种植的葡萄园，如果没有病原存在，且在病原的气传距离之外，就不会发生葡萄霜霉病。

在已经有病原存在的葡萄产区，可以采用以下原理和方法防治葡萄霜霉病：

切断葡萄霜霉病的侵染途径　使用避雨栽培技术，包括简单避雨措施、连栋棚避雨措施、促成＋避雨、其他设施栽培。因为设施的存在，避免了雨水等气象因素导致的在叶片等霜霉病侵染部位形成水分（水滴、水膜等），从而阻断了霜霉病游动孢子的释放和游动孢子的游动过程，使霜霉病不能完成侵染过程，从而避免葡萄霜霉病的发生和危害。

露地栽培葡萄的霜霉病综合防治　根据区域气候特征选择栽培品种。在雨热同季、雨水多的地区，品种选择的范围受到限制，只能选用抗病品种（如种植感病品种，须采用避雨栽培模式）。在雨热同季、雨水较少的地区，品种选择的范围可以宽一些，可以选择抗病品种也可以选择抗病性中等的品种。在气候干燥、生长季节少雨的地区，如新疆吐鲁番、环塔里木盆地周边区域、干旱河谷区域等，品种选择的范围相对较宽，可以种植感病品种。

清除菌源及田间卫生　对病残体、越冬前的落叶、冬季修剪的枝条等，进行集中处理（沤肥、深埋等），减少越冬菌源。

喷洒农药　对于气传性流行性病害，农药防治是最为重要、最为有效的方法之一。使用农药的时期，一个是根据预测预警技术；另一个是葡萄上有水分存在的时间（雨季规范施药、雨前使用药剂、葡萄结露期使用药剂等）。从农药的使用位置考虑，在葡萄开花前后以花序和小幼果为喷洒重点。在葡萄生长的中后期以葡萄叶片为喷洒农药的重点；从农药的种类与选择考虑，一个是在抗药性监测的基础上进行选择，另一个是在农药种类上注意轮换用药，且注意保护性与内吸性杀菌剂相结合或配合。对于葡萄霜霉病，农药使用的目的包括杀灭菌源和消毒、降低越冬菌源数量、生长期的保护、发病初期阻止病害的进一步侵染和流行、流行初期的救灾措施等几个方面。

中国及国际上防治葡萄霜霉病的常用农药及用法如下：

保护性杀菌剂　①铜制剂。包括田间配制的波尔多液、商品波尔多液、氢氧化铜、氧氯化铜等。鲜食葡萄套袋后、

酿酒葡萄的大幼果期、葡萄采收后至落叶前等，可以施用。雨季 8 天左右 1 次，没有雨水时 15～20 天 1 次。现配波尔多液可按照 1∶0.5∶200（硫酸铜∶石灰∶水）的比例配制。②代森类杀菌剂，包括代森锰锌、代森铁、代森锌、丙森锌、代森联等，但主要是代森锰锌，比如30% 悬浮剂 400～600 倍、80% 可湿性粉剂 800 倍等。可以与内吸性杀菌剂混合或配合使用。③福美类杀菌剂。包括福美双、福美锌、福美铁等，比如 80% 水分散粒剂、50% 可湿性粉剂等。可以在花前、花后使用，也可以与内吸性杀菌剂混合或配合使用。④硫制剂。包括石硫合剂、硫黄粉等，比如 80% 硫黄粉可分散粒剂，在萌芽前后及落叶前使用，用于减少越冬菌源数量。⑤苯氧基甲酸酯类。包括嘧菌酯、吡唑醚菌酯等，比如 25% 嘧菌酯悬浮剂，可以使用 1200～1500 倍，在发病前使用。

内吸性杀菌剂　①50% 烯酰吗啉水分散粒剂，施用 3000～4000 倍液，或者 4500 倍液与保护剂混合施用。②80% 霜脲氰水分散粒剂。一般施用 2500 倍液喷雾，也可以使用 3000～4500 倍与保护性杀菌剂混合或配合施用。③25% 精甲霜灵可湿性粉剂。可以使用 2500 倍液，也可以使用 3000 倍与保护性杀菌剂混合。④三乙膦酸铝（90%、80%、85%）可湿性粉剂，施用 600 倍液。⑤ 10% 氟吡菌胺 1000 倍液、10% 苯噻菌胺 2000 倍液（1.8～2.4g/ 亩）、10% 氰霜唑 600～1000 倍（4～7g/ 亩）、250g/L 双炔酰菌胺悬浮剂 1000～2000 倍。⑥含有内吸性杀菌剂的混配制剂。用于防治葡萄霜霉病的混合制剂包括 58% 甲霜灵锰锌可湿性粉剂 600 倍、60% 氟吗啉·锰锌可湿性粉剂 600 倍液、69% 烯酰吗啉·锰锌可湿性粉剂 600 倍液、68.75% 恶唑菌酮·代森锰锌水分散粒剂 800～1000 倍、66.8% 缬霉威·丙森锌可湿性粉剂 700～800 倍、52.5% 恶唑菌酮·霜脲氰水分散粒剂 2000 倍、687.5g/L 氟吡菌胺·霜霉威悬浮剂 800 倍（70g/ 亩）等。⑦其他。还有许多防治霜霉病的药剂，包括丁吡吗啉、霜霉威等药剂的单剂及这些药剂与保护性杀菌剂或内吸性杀菌剂的复配制剂。

微生物制剂　对葡萄霜霉病有防效作用的微生物制剂主要有木霉菌和枯草芽孢杆菌。

参考文献

郭明浩，李华，2005.葡萄霜霉病原卵孢子的越冬存活及其影响因素 [J].中国农学通报，21(9): 358-361.

李荣，2014.湖南省葡萄霜霉病的发生规律调查及病原菌遗传多样性研究 [D].长沙：湖南农业大学.

王忠跃，2017.葡萄健康栽培与病虫害防控 [M].北京：中国农业科学技术出版社.

周婷婷，2015.新疆地区葡萄霜霉病菌致病性分化研究 [D].石河子：石河子大学.

GINDRO K, PEZET R, VIRET O, 2003.Histological study of the responses of two *Vitis vinifera*, cultivars (resistant and susceptible) to *Plasmopara viticola*, infections[J]. Plant physiology & biochemistry, 41(9): 846-853.

KENNELLY M M, GADOURY D M, WILCOX W F, et al, 2007. Primary infection, lesion productivity, and survival of sporangia in the grapevine downy mildew pathogen *plasmopara viticola*[J]. Phytopathology, 97(4): 512.

SALINARI F, GIOSUÈ S, TUBIELLO F N, et al, 2006. Downy mildew (*Plasmopara viticola*) epidemics on grapevine under climate change[J]. Global change biology, 12(7): 1299-1307.

（撰稿：孔繁芳、黄晓庆、张昊；审稿：王忠跃）

葡萄酸腐病　grape sour rot

　　由果蝇通过果实伤口与醋酸菌和酵母菌等混合侵染果实，造成果实及果穗腐烂的一种病害。属于因伤口（大伤口或微小果皮伤害）诱发的二次侵染病害。

　　发展简史　美国加利福尼亚大学农学院1984年编写出版的《葡萄病虫害综合防治》一书中，就介绍了酸腐病，被划入次生或二次侵染病害，属于穗部病害一种。法国相关资料称酸腐病为acid rot。法国最先报道葡萄酸腐病的严重危害，在1990年前后开始成为法国严重葡萄病害之一，如果防治不利，可造成30%～80%的损失。在意大利，酸腐病也是葡萄主要病害之一。

　　1999年，中国首次在山东烟台发现葡萄酸腐病；2000年，在北京、河北、山东、河南、天津等多地已普遍发生，所以酸腐病是何时开始在中国危害葡萄没有明确的记录。自2000年之后，酸腐病成为中国葡萄主要病害之一，并且葡萄酸腐病危害有进一步加重的趋势。

　　分布与危害　葡萄酸腐病在世界上许多葡萄生产国存在，在欧洲和美国都造成一定危害，是法国和意大利葡萄上必须防控的病害之一。在中国，葡萄酸腐病危害程度仅次于霜霉病、灰霉病。2000年，中国农业科学院植物保护研究所葡萄病虫害研究中心对葡萄酸腐病发生情况进行了普查，葡萄酸腐病可以造成5%～30%损失，严重时损失高达80%左右，甚至颗粒无收。2007年，酸腐病对烟台地区葡萄造成较大损失；2009年，陕西礼泉昭陵乡和建陵镇等地红提葡萄酸腐病发病率超过75%，一般减产20%，严重时超过30%；2014年以来，酸腐病在山西太原套袋葡萄上的危害日趋严重，有些年份病穗率高达32%。

　　葡萄酸腐病在紧穗型品种（或紧穗型管理模式）上，比如巨峰、温克、意大利、无核白鸡心、夏黑等葡萄，危害严重；也是大穗型品种的重要病害，比如无核白、里扎马特、无核红宝石等；在容易裂果的品种上、遭受鸟害的区域，酸腐病也危害严重。

　　葡萄酸腐病造成果实腐烂、降低产量；果实腐烂造成汁液流失，致使无病果粒的含糖量降低；鲜食葡萄受害到一定程度，即便剪除病果穗上的所有病果粒，其余的无病果粒也不能食用；酿酒葡萄受酸腐病危害后，汁液外流会造成霉菌滋生，干物质含量增高（受害果粒腐烂后，只留下果皮和种子并干枯），使葡萄失去酿酒价值（见图）。

　　病原及特征　病原为醋酸菌、酵母及果蝇等。

　　引起酸腐病的真菌是酵母菌，酵母菌普遍存在空气中，所以作为酸腐病的病原之一的酵母菌来源广泛。国外关于葡萄酸腐病相关病原微生物的报道相对较多。1984年，Marchetti等认为引起酸腐病最常出现的酵母菌有 *Candida*

sp.、*Pichia* sp. 和 *Hanseniaspora* sp.。1987年，Guerzoni等通过对不同品种葡萄酸腐病果病菌出现频率和密度分析发现，病果上最常见的种有 *Candida krusei*、*Kloeckera apiculata* 和 *Metschnikowia pulcherrima*。2001年，Gravot等报道了法国西南部果园葡萄酸腐病常出现的酵母菌有 *Candida stellata* 和 *Kloeckera apiculatakio*。2008年，Barata等调查了收获期酸腐病的果实，发现出现频率最高的酵母菌是 *Issatchenkia occidentalis* 和 *Zygoascus hellenicus*。在中国，2015年，李红等分离鉴定了葡萄酸腐病样中的一种酵母菌孢汉逊酵母菌 *Hanseniaspora uavrum*。

　　引起酸腐病的细菌是醋酸菌。2001年，Gravot等报道了法国西南部果园葡萄酸腐病常出现的醋酸菌有 *Gluconobacter* sp.、*Acetobacter aceti* 和 *Acetobacter pasteurianus*。

　　酵母菌只是始作俑者，对葡萄造成最直接影响的是醋蝇和醋酸菌，当酵母菌在葡萄果实表面有伤口的地方侵染葡萄时，酵母菌把糖转化为乙醇，并且释放出气味吸引醋蝇，醋蝇把醋酸菌带来，并在伤口处产卵，醋酸菌把乙醇氧化为乙酸；乙酸的气味增加了对醋蝇的引诱，醋蝇成虫和蛆在取食过程中接触醋酸菌，在它们的体内和体外都有细菌存在，从而成为醋酸菌的传播介体，继续传播病原细菌。醋蝇属于果蝇属昆虫，世界上有1000种，是酸腐病的传病介体。1头雌蝇1天产20粒卵（每头可以产卵400～900粒），1粒卵在24小时内就能孵化，蛆3天可以变成新一代成虫。由于繁殖速度快，醋蝇对杀虫剂产生抗性的能力非常强，1种农药连续使用1～2个月就会产生抗药性。在中国，作为酸腐病介体醋蝇的种类及它们的生活史还不明确。

　　侵染过程与侵染循环　葡萄果实转色期之后，果实上一旦出现伤口，酵母菌则会在伤口处将糖分转化成乙醇；葡萄果粒伤口及酵母菌产生的气味，吸引醋蝇前去活动；醋蝇在伤口处产卵，并把身体上携带的醋酸菌传播到伤口上；乙醇遇到醋酸菌即被氧化成醋酸，产生酸味；产生的酸味及其他气味，再吸引更多的醋蝇前来取食。腐烂的果实流下酸性汁液，这些汁液流经健康果实表面，腐蚀果皮，造成新的果皮伤害；果皮伤害后，成为酵母、醋酸菌及果蝇的新繁殖地点，并产生更多的酸性汁液。果蝇成虫在病果穗上活动，足上的酸性汁液也在不断沾染腐烂果粒上方的健康果粒，从而形成对这些果粒果皮的伤害。这样，经过一段时间后，整个果穗

葡萄酸腐病危害症状（王忠跃提供）

腐烂。腐烂后的果穗只剩下果梗、穗轴、果皮和种子，果肉经醋蝇幼虫取食及酵母菌、醋酸菌的作用，变成了酸性汁液，已流失了。

在腐烂果实上繁殖的醋蝇，身体上（体内和体外）沾染了醋酸菌，飞到其他有果实伤口的果粒上产卵后，形成新的病果。当果蝇种群到达一定的数量后，就能引起病害的流行。因为果蝇足上携带的酸性液体，能够造成健康果粒的果皮伤害，形成伤口。

流行规律 伤口的存在是真菌和细菌存活和繁殖的初始因素。伤口主要包括裂果、鸟害、机械损伤与病害造成的伤口等。引起裂果的原因很多，首先与品种有关，如绯红、乍娜、奥迪亚等，很容易产生裂果，也容易遭受酸腐病危害；其次与栽培管理和气候条件有关，如干旱天气后的骤然降雨或者灌溉，导致果实生长迅速，果实易开裂；最后与土壤肥力有关，如土壤缺钙很容易产生裂果。如果葡萄没有以上伤口，酵母菌、醋酸菌则失去了生长繁殖的条件，不易造成该病发生，也不会造成流行。

酸腐病是转色期后的成熟期病害。一般来说，在葡萄的转色期之后，该病才有可能发生。经过套袋的红地球等品种，在果实开始着色时，醋蝇可通过果袋的下方小口进入果袋，照样造成酸腐病的危害。所以，套袋不能阻止酸腐病的发生。

高湿度有利于该病的发生。所以，同样是裂果，在果穗内部（湿度高）比果穗外面的发病重。

葡萄品种 大穗型品种、紧穗型品种，因葡萄果粒的互相碰撞和挤压，在果梗与果实连接之处容易形成伤口，引起酸腐病的发生。所以大穗型品种、紧穗型品种比同等条件下的较小的穗型、较松散的穗型发病重、受害重。同一品种，大穗型、紧穗型，比较小的穗型、较松散的穗型发病重、受害重。容易裂果的品种，比不易裂果的品种发病重、受害重。同样是紧穗型、大穗型，晚熟品种比早熟品种发病重、受害重。

栽培管理 任何容易造成伤口的栽培管理措施，都容易造成酸腐病的发生、危害加重。所以，适宜的花果管理（穗型管理）措施、水肥管理措施，对预防酸腐病发生具有举足轻重的作用。早熟、中熟、晚熟品种混合种植的，容易造成晚熟品种酸腐病发生、受害重。因为葡萄转色后才能发生酸腐病，早熟品种成熟期发生的酸腐病（即使发生非常轻），为中熟品种积累了果蝇数量；中熟品种成熟期的酸腐病为晚熟品种积累了果蝇数量；这样，形成了引起酸腐病醋蝇的累加效应，从而造成酸腐病在后期的流行。

自然因素 容易发生白粉病区域，也容易遭受酸腐病危害。因为白粉病在果粒上的发生，可以造成果实裂果。

在容易遭受鸟害区域，应该有预防鸟害的措施。鸟害的发生，一般也是在葡萄成熟期。鸟啄食果实后的伤口，直接导致酸腐病的发生。

防治方法 葡萄酸腐病的防治，应按照预防为主、病虫兼治的原则进行。

农业防治 品种选择。葡萄建园时，选择适宜的品种，应尽量避免不同成熟期的葡萄品种混栽。花序整形和果穗整形，花果管理不但是生产优质果品的要求，也是预防酸腐病发生的措施。科学的水肥管理不但是资源合理利用和农业可持续发展的要求，也对预防酸腐病的发生有重要作用。

物理防治和生态防治 利用醋蝇对气味的趋性，对其进行诱捕或诱杀。一般是在转色期，使用诱芯和诱捕器（或使用废旧矿泉水瓶等制作的容器，使用诱芯诱集，用药剂诱杀），按照说明书进行安装、诱杀。

化学防治 ①辅助性措施。幼果期防治各种病虫害时，不能选择对幼果果皮产生伤害的药剂；植物生长调节剂的合理使用，才能避免裂果等对果实表面的伤害；对白粉病进行防控，减少白粉病的发生。②对酸腐病的药剂防治。在以往有酸腐病发生的葡萄园，葡萄转色期使用一次杀菌剂＋杀虫剂。杀菌剂一般使用波尔多液，杀虫剂可以选择菊酯类、有机磷类等，比如高效氯氰菊酯、联苯菊酯、敌百虫、辛硫磷等。使用剂量：10% 高效氯氰菊酯 2000～3000 倍；80% 敌百虫 800 倍；40% 辛硫磷 1000 倍。10% 联苯菊酯微乳剂 1000 倍。但注意不同杀虫机制药剂的交替轮换使用。

发生酸腐病后，一般首先剪除病穗和病果粒。对于受害较重的果穗，剪除病果穗；对于受害轻的果穗，疏除病果粒，套袋葡萄，摘除果袋后疏除病果粒。而后，对病穗进行处理，剪除的病果穗，深埋处理；疏除病果粒的果穗，使用杀菌剂＋杀虫剂混合液涮果穗。药剂可以选择 80% 波尔多液 400～600 倍 +10% 高效氯氰菊酯 2000 倍或者 80% 波尔多液 400～600 倍液 +80% 敌百虫 1000 倍液。

参考文献

段罗顺，蒯传化，郑先波，2015. 葡萄酸腐病的发生与防治 [J]. 山西果树 (1): 50-52.

李红，张夏兰，李兴红，等，2015. 北京地区一株葡萄酸腐病相关酵母菌的分离鉴定 [J]. 北京农学院学报，30(1): 36-40.

南娟婷，张党部，寇贺文，2010. 红提葡萄酸腐病发生原因与防治建议 [J]. 西北园艺：26-27.

秦晔，张传宏，张泽平，2014. 葡萄酸腐病危害特点及其防控措施探讨 [J]. 中国植保导刊 (6): 35-37.

宋来庆，赵玲玲，赵华渊，2008. 葡萄酸腐病发病原因及防治对策分析 [J]. 烟台果树 (3): 38-39.

王忠跃，孔繁芳，刘薇薇，等，2013. 一种杀虫剂防控葡萄酸腐病的方法 [P]. 中国，CN201310178161.5.

袁军伟，李敏敏，赵胜建，2016. 葡萄酸腐病发病特点及防治措施 [J]. 河北果树 (3): 31-32.

BARATA A, SEBORRO F, BELLOCH C, et al, 2008. Ascomycetous yeast species recovered from grapes damaged by honeydew and sour rot[J]. Journal of applied microbiology, 104(4): 1182-1191.

MARCHETTI R, GUERZONI M E, GENTILE M, 1984. Research on the etiology of a new disease of grape sour rot[J]. Vitis, 23(1): 55-65.

（撰稿：刘永强、张昊、黄晓庆；审稿：王忠跃）

葡萄穗轴褐枯病 grape *Alternaria* bunch rot

由葡萄生链格孢引起的、在葡萄开花期危害花序的一种真菌病害。在谢花后的小幼果期也危害幼果的表皮，形成黑色、仅在表皮的病斑。穗轴褐枯病一般危害欧美杂交种，对欧亚种、地方种群的山葡萄和刺葡萄等基本不形成危害。

分布与危害　葡萄穗轴褐枯病最早于1986年在辽宁沈阳和抚顺葡萄上发现并被报道，之后在广西、山东、新疆、湖南等地陆续都有发生，在中国大部分产区均有分布，而且在多雨或空气湿度大的地区或年份发生较多。随着葡萄种植模式的多样化，在设施栽培中发生较重。该病害在新西兰和澳大利亚也有发生。

葡萄穗轴褐枯病主要危害葡萄幼嫩的花蕾、花序轴和花序梗，也可危害幼果，使穗轴和花序萎缩、干枯，造成落花落果。该病一般在花序展露后至花序分离前可发病。发病初期，在花序的分枝穗轴上产生浅褐色水渍状斑点，湿度大时，病斑快速扩展，造成果梗和穗轴的一段变褐坏死，不久便失水而干枯变为黑褐色，后期在病部表面产生黑色霉状物，即病菌的分生孢子梗及分生孢子。当病斑环绕穗轴或小果梗一周时，其上的花蕾或幼果也将萎缩、干枯和脱落。幼果粒发病，形成圆形、褐色至黑褐色的病斑，直径2～3cm，病斑仅存于果实的表皮，不深入果肉内部，随着果粒的生长和膨大，病斑表面结痂脱落，但会造成果皮粗糙，没有果粉，易裂果（见图）。

病原及特征　病原为葡萄生链格孢（*Alternaria viticola* Brun）。分生孢子梗数根、丛生、不分枝，褐色至暗褐色，端部色较淡。分生孢子单生或4～6个串生，个别8个，串生在分生孢子梗顶端，链状。分生孢子倒棍棒状，外壁光滑，暗褐至榄褐色，具1～7个横隔膜、0～4个纵隔，大小为18～46μm×6～16μm。

侵染过程与侵染循环　病原菌以分生孢子在枝蔓表皮、病残体及芽鳞内越冬，翌春幼芽萌动至开花期，分生孢子通过伤口或表皮自然孔口侵染幼嫩组织，被侵染的组织随着病情的发展形成病斑，后期病部又产出分生孢子，借风雨传播，进行再侵染。

流行规律　该病原菌是一种兼性寄生菌，侵染能力取决于寄主组织的幼嫩程度和抗病力，在花期如果低温多雨，幼嫩组织持续时间长，植株瘦弱，病菌扩展蔓延快；随着穗轴老化，病情逐渐稳定。肥料不足，或氮、磷、钾肥配比失调，则病情加重。老龄树一般较幼龄树易发病。地势低洼、通风透光差、环境郁闭时发病重。品种间抗病性存有差异，巨峰和巨峰系品种最易感病，而龙眼、康拜尔早、玫瑰香等较抗病。

防治方法　低温高湿是葡萄穗轴褐枯病流行的主要原因，因此，需根据环境因素而定，一般采取以农业措施为主、药剂防治为辅的病害综合治理措施。

农业防治　秋季修剪后、春季出土前，清除园内病枝、病果，集中销毁，减少越冬菌源；控制氮肥用量，增施磷钾肥，以增强树势。同时合理修剪，避免架面郁闭，降低湿度。

化学防治　葡萄穗轴褐枯病是葡萄生长前期发生的病害，仅危害幼嫩的穗轴和果梗，因此，药剂防治要抓住两个关键时期，一是葡萄芽萌动后，主要以保护性杀菌剂为主，如石硫合剂、50%保倍福美双悬浮剂，重点喷布结果母枝；二是花序分离至开花前，喷施苯并咪唑类杀菌剂（如50%多菌灵可湿性粉剂、50%异菌脲可湿性粉剂），三唑类杀菌剂（80%戊唑醇水分散粒剂、20%苯醚甲环唑微乳剂）等，可在花前或花后使用。

穗轴发病症状（孔繁芳提供）

参考文献

马向云，张亚林，2009.紫秋刺葡萄穗轴褐枯病发生规律及防治措施 [J].中国南方果树，38(5): 68-69.

王克，姜启良，白金铠，1986.辽宁省葡萄上发生一种新病害——葡萄穗轴褐枯病 [J].沈阳农业大学学报，17(1): 81-83.

张军利，姚鹏，邢维杰，2011.辽南'巨峰'葡萄穗轴褐枯病的发生与防治 [J].北方果树 (6): 38.

张秋娥，段胜男，严进，2014.葡萄穗轴褐枯病研究进展 [J].安徽农业科学42(4): 1006.

（撰稿：孔祥久、孔繁芳；审稿：王忠跃）

葡萄炭疽病　grape ripe rot

由胶孢炭疽菌或尖孢炭疽菌引起的、主要危害葡萄果穗和果实的一种真菌性病害。在葡萄果实转色后至成熟期及采收后造成果实腐烂，是葡萄生产中的主要病害之一。又名葡萄晚腐病、葡萄熟腐病。

发展简史　最早于1891年 E. A. Southworth 首次在美国发现并报道，称为葡萄晚腐病或熟腐病（ripe rot of grapes）。之后，世界上主要种植葡萄的国家均有炭疽病发生危害的报道。病原有胶孢炭疽菌和尖孢炭疽菌两个种。以往认为只有胶孢炭疽菌才能引起葡萄炭疽病，然而在美国证实胶孢炭疽菌和尖孢炭疽菌都能侵染圆叶葡萄发生炭疽病；1999年在日本，J.Yamamoto 发现尖孢炭疽菌可引起鲜食葡萄炭疽病；2002年，K. J. Melksham 在澳大利亚发现尖孢炭疽菌可引起酒用葡萄炭疽病。在中国，燕继晔等、彭丽娟等、李洋等、邓维萍等、雷百战等分别对中国葡萄及葡萄属植物上的炭疽菌株进行了鉴定，胶孢炭疽菌为主要病原菌。

分布与危害　葡萄炭疽病在全世界葡萄生产区域均有分布，在不同的年份和地区，发生和危害程度不同，但主要是在中国、日本、韩国等发生普遍、危害较重。近些年圆叶葡萄有加重危害的趋势。潮湿、多雨地区发生普遍，且容易大流行，一般年份产量损失在10%～30%，严重时病穗率达50%～70%。在中国南方产区（黄河以南，尤其是长江流域及以南地区）发生比较普遍，有些年份非常严重；北方地区

（东北、河北、山西、陕西、河南和山东北部），尤其是环渤海湾地区的炭疽病危害比较重，主要是酿酒葡萄。其他地区发生轻微，造成危害的年份很少。西部地区，如新疆、甘肃、宁夏等，很少或几乎没有炭疽病的发生。

炭疽病主要造成着色期或近成熟期的果实腐烂，故称晚腐或熟腐病（图1），也能危害葡萄叶片、叶柄、新梢、卷须、花穗、穗轴和果梗等器官。果粒上的病斑圆形、水渍状、凹陷、腐烂、褐色或玫瑰色，后期病斑上生出黑色、轮纹状排列的小颗粒，即病菌的分生孢子盘，天气潮湿时病斑上长出粉红色黏质物，即病菌的分生孢子团，果实腐烂、易脱落，干旱天气病果干缩成僵果。叶片病斑圆形、褐色、具轮纹，直径2～3cm；花序（花序轴、花梗）上病斑淡褐色、湿润状不定形、易脱落；在穗轴、果梗上，病斑圆形、褐色、凹陷，可引起落粒、果粒干缩或果梗干枯。湿度大时，得病的叶片、花穗、穗轴、果梗上均长出白色菌丝、黑色分生孢子盘和粉红色分生孢子团。胶孢炭疽菌寄主范围广泛，可侵染葡萄、苹果、杧果、柑橘、桃、梨、枣、柿、板栗、无花果、番木瓜、草莓等多种果树、林木及草本植物。

病原及特征　病原为胶孢炭疽菌［*Colletotrichum gloeosporioides*（Penz.）Sacc.］和尖孢炭疽菌（*Colletotrichum acutatum* Simm.），属炭疽菌属的真菌，这2个种都可侵染葡萄引起炭疽病。胶孢炭疽菌的分生孢子盘黑色，分生孢子梗单胞、无色，圆筒形或棍棒形，大小为12～26μm×3.5～4.0μm；分生孢子单胞、无色，圆筒形或椭圆形，大小为10.3～15.0μm×3.3～4.7μm（图2）。现已采用分子标记等技术证明不同地区葡萄炭疽病菌群体存在丰富的遗传多样性。

侵染过程与侵染循环　越冬的病菌分生孢子盘、菌丝体在春季温度升高后开始生长繁殖，产生大量的分生孢子，分生孢子接触到葡萄的幼嫩器官后，通过伤口、自然孔口或表皮直接穿透侵入。在侵染过程中，分生孢子在萌发后形成黑色素化的附着胞和分泌细胞壁降解酶，破坏细胞组织，吸取营养，菌丝不断生长发育，后期在病组织内形成新的分生孢子盘和分生孢子。

在春季温湿度适宜时，在上一年的绿色组织（结果母枝、卷须、叶柄、果梗、枝条等）上产生大量分生孢子，借雨水、昆虫等传播到翌年的枝条、叶柄、卷须、果粒、穗轴等部位，分生孢子萌发后直接侵入或通过皮孔、伤口侵入寄主组织，建立初侵染。自然情况下，病菌侵染为潜伏侵染，在幼果内潜育期较长，20～70天，直到果实着色期才表现症状；在果实着色期或成熟期侵染的病菌，潜育期较短，4～6天。

当遇到高温、高湿、多雨环境时，侵染成熟果实或在死亡的枝条上的病菌，能产生新的分生孢子，进行再侵染。若环境适宜且持续时间长，该菌可行多次重复侵染。有些病菌可随成熟的病果带入果实储藏期，当遇适宜温度环境时造成果实腐烂（图3）。

流行规律　病菌以分生孢子盘、菌丝在枝条、卷须、果梗、病果上或随病残体进入土壤内越冬。春天当温度达15℃以上，降水量大于15mm时，病菌开始生长发育，病菌的产孢、侵染及扩展的最适温度在18～24℃，相对湿度80%以上，在潮湿或降雨条件下，分生孢子团软化、分散，在叶面有水膜的情况下萌发。病菌分生孢子随雨水飞溅、昆虫等传播，遇到高温、多湿、郁闭环境便可侵染发病，这种条件若持续时间长，即易造成病害流行。果实着色到成熟期易于发病，也是发病高峰期，以植株下部果穗受害居多。果园管理不善、杂草丛生、架面过低、地势低洼、排水不良、

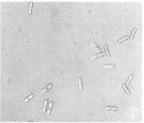

图2　葡萄炭疽病菌的分生孢子盘和分生孢子（赵奎华、孔繁芳提供）

①分生孢子盘；②分生孢子

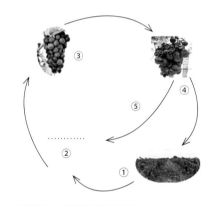

图3　葡萄炭疽病菌侵染循环示意图（赵奎华、孔繁芳提供）

①病菌越冬；②产生分生孢子盘和分生孢子；③侵染果穗；④果穗受害；⑤当年再侵染

图1　葡萄炭疽病果实受害状（赵奎华、孔繁芳提供）

①病果粒；②重病果穗；③病斑放大可见病菌子实体

土壤黏重、通风透光不良、结果部位低等利于发病。不同品种存在抗病性差异，一般欧美杂交种比欧亚杂交种抗病，果实皮厚的品种比皮薄的品种发病轻，早熟品种比晚熟品种发病轻。

防治方法 葡萄炭疽病的发生与流行和品种抗病性、初侵染源、栽培方式、气候条件等密切相关，可采取综合防控措施，重点是果穗病害的早期预防和及时控制。

选用抗病品种 在葡萄炭疽病发生普遍和严重的地区，适当选用抗病品种，一般欧美杂交种相对抗病，欧亚种、果实薄皮品种相对感病。

加强葡萄园管理 采取膜下滴灌节水灌溉、控湿，及时绑蔓、摘心、剪除副梢等增强架面通风透光。实行果穗套袋。适当提高结果部位至距地面 40cm 以上。及时清除病枝、病叶、病果等带病菌源。春季喷洒 3 波美度石硫合剂＋五氯酚钠 300 倍液。

化学防治 常用药剂有 200 倍石灰半量式波尔多液、50% 福美双可湿性粉剂 800 倍液、70% 甲基硫菌灵可湿性粉剂 800～1000 倍液、50% 多菌灵可湿性粉剂 600～800 倍液等。大雨过后须及时施药防治，根据病情确定施药次数，注意轮换使用杀菌剂。

参考文献

雷百战，李国英，2004. 新疆葡萄炭疽病病原的鉴定及其生物学特性的研究 [J]. 石河子大学学报，22(4): 298-300.

赵奎华，陶承光，刘长远，等，2006. 葡萄病虫害原色图鉴 [M]. 北京：中国农业出版社.

（撰稿：赵奎华、孔繁芳；审稿：王忠跃）

葡萄枝枯病 grape pestalotia vine rot

由盘多毛孢引起的，主要危害葡萄枝干、嫩梢，严重时可引起穗轴干枯及果实腐烂的一种真菌病害，是世界葡萄种植区枝干病害之一。又名葡萄盘多毛孢枝枯病。

发展简史 最早于 1978 年在日本发现且流行较重，在日本栃木县造成了巨峰葡萄枯死，引起学者们的重视，经取样深入研究后正式确认了该病的存在。1981 年中国台湾首次在酿酒及鲜食葡萄栽培区发现此病，但未做详细报道，这是中国第一次对该病的记录；1990 年在云南发现此病并报道；2009 年春季在云南文山丘北某葡萄园发现葡萄植株衰退的现象，并且发芽晚，整园发生严重，经采样鉴定，是由葡萄枝枯菌引起；之后在广西桂林全州也发现该病；根据中国农业科学院植物保护研究所葡萄病虫害研究中心对全国的病害样本监测显示，该病在河北、四川、山东、湖北、安徽、山西、浙江等地的葡萄园中均有发生，尚未构成较大的威胁，但呈现逐年严重的趋势。

分布与危害 在澳大利亚、巴西、欧洲、日本、印度及美国（阿肯色州、密苏里州和得克萨斯州）均有发生，在澳大利亚和美国导致葡萄树体枯死，在意大利、日本、韩国及印度导致果粒腐烂。在中国河北、四川、山东、湖北、安徽、山西、浙江等地均有发生。该病害的病原菌寄主较为广泛，

除了侵害葡萄，还侵害棕榈、银杏、茶树、加那利海枣、松针、水杉、椰子、散尾葵等多种经济作物。

葡萄枝枯病可危害枝干、穗轴、果粒、叶片及根系。主要危害枝干，发病初期枝干表面为褐色水渍状的不规则病斑，后期扩展成长椭圆形或纺锤形条斑，病斑黑褐色，在褐色病斑上有小黑点，即病原菌的分生孢子；枝干病组织表面纵裂，剥开韧皮部，可见木质部出现暗褐色坏死，维管束变褐；幼枝染病尖端先枯死，而后整枝枯死；穗轴发病，最初为褐色斑点，随后扩展成长椭圆形大斑，严重时可造成全穗干枯。叶片被害后，叶片上有褐色的圆形或不规则病斑，后期沿着叶片边缘开始焦枯，逐渐往里扩展，严重时整个叶片干枯；小叶最容易受害。果实上病斑圆形或不规则形。根系感病后，造成根系腐烂。早春葡萄树不能正常生长发芽，即使发芽，嫩芽及嫩枝也极易干枯（见图）。

病原及特征 病原为多毛孢属盘多毛孢（*Pestalotia menezesiana* Bresadola et Torrey）。分生孢子盘在表皮下形成，而后表皮破裂而露出。分生孢子梗无色、短小，长 2.2～7.1μm。分生孢子由 5 个细胞组成，呈纺锤形，中部以上的 2 个细胞呈煤烟色，下面 1 个呈橄榄绿色，两端细胞无色，大小为 18.6～25.4μm×6.2～9.9μm，上端细胞具有 3 根长 10.9～34.1μm 的纤毛，下端细胞上有 1 长为 2.2～7.1μm 的分生孢子梗。

2015 年在中国发现 *Pestalotiopsis trachicarpicola* 和 *Neopestalotiopsis* sp. 也能引起该病的发生，虽然这两种病原菌的分生孢子也是由 5 个细胞组成，呈纺锤形，但每个细胞的颜色、细胞隔膜特征及鞭毛长度与上述的病原菌特征存在很大的差异。

1949 年 Steyaert 及 Guba 等人根据产孢结构、分生孢子细胞数目与隔膜特性将 Pestalotia 划分为 3 个属，均属于半知菌类，为盘多毛孢属（*Pestalotia*）、拟盘多毛孢属（*Pestalotiopsis*）及截盘多毛孢属（*Truncatella*），其中盘

葡萄枝枯病危害症状（孔繁芳提供）

①根系受害状；②受害枝干横切面；③整株受害状；④嫩叶受害状

多毛孢属的分生孢子由 6 个细胞组成，拟盘多毛孢属的分生孢子由 5 个细胞组成，截盘多毛孢属的分生孢子由 4 个细胞组成。因此，引起该病的病原菌说法较为混乱，需要进一步研究。

侵染过程与侵染循环　葡萄枝枯病的病原菌主要以菌丝体在病枝、叶、果穗轴等病残体中越冬，也能以分生孢子在枝蔓、芽和卷须上越冬。翌春，当温度和湿度适宜时，病残体上的病原菌形成分生孢子盘，继而产生分生孢子。分生孢子借助气流、风雨等途径通过寄主的伤口侵入，潜育 2～5 天后开始发病，引起初次侵染，以后在新的病斑上又形成分生孢子，进行再次侵染。

流行规律　葡萄枝枯病的发生与降水量、伤口有很大的关系，在多雨、潮湿的天气下，病原菌容易从各种伤口侵入。雹灾后或接触葡萄架铁丝部分的枝蔓易发病。另外，氮肥施用过多、枝蔓幼嫩、架面郁闭易发病。

防治方法

农业防治　清除菌源。秋季结合修剪，将病枝蔓、病叶、病果穗等病残体彻底剪除，清扫干净，集中烧毁或深埋。休眠期可在枝蔓和地面上喷 5 波美度石硫合剂。果园管理。及时去除多余的副梢、卷须和叶片，修剪时尽量少造成伤口，保持架面通风透光，防止郁闭。严格控制氮肥施用量，适当增施农家肥和钾肥。疏花疏果，控制产量。

化学防治　在葡萄萌发前使用 70% 甲基硫菌灵可湿性粉剂 800 倍液、37% 苯醚甲环唑水分散粒剂 3000～5000 倍液、40% 氟硅唑乳油 8000 倍液，间隔 10 天后再喷 1 次（共使用 2 次，使用不同药剂）。

处于封穗期的枝条容易感病，转色后穗轴易感病；结合防控葡萄溃疡病、灰霉病、白腐病、炭疽病等使用 3% 咯菌腈可溶性粉剂 5000 倍液 +22% 抑霉唑水乳剂 1500 倍液，能很好控制该病害在封穗后的发生。

在开花前后、采收后等时期，结合防治葡萄白腐病、炭疽病、白粉病、霜霉病等病害，使用 37% 福美双·吡唑醚菌酯可湿性粉剂 1500 倍液、铜制剂、硫制剂等，都能同时兼治葡萄枝枯病，不需要单独使用药剂防控。

参考文献

梁瑞郑，宋雅琴，阳廷密，等，2010. 桂北葡萄枝枯病的调查及其防治初试 [J]. 南方园艺，21(6): 30-32.

孙蕴晖，张中义，1990. 云南葡萄病害研究初报 [J]. 云南农业大学学报，5(3): 150-156.

王忠跃，2009. 中国葡萄病虫害与综合防控技术 [M]. 北京：中国农业出版社.

赵奎华，2006. 葡萄病虫害原色图鉴 [M]. 北京：中国农业出版社.

JAYAWARDENA R S, ZHANG W, LIU M, et al, 2015. Identification and characterization of Pestalotiopsis-like fungi related to grapevine diseases in China[J]. Fungal biology, 119(5): 348-361.

MISHRA B, PRAKASH O, MISHRA A P, 1974. *Pestalotia menezesiana* on grape berries from India[J]. Indian phytopathology: 27.

（撰稿：孔繁芳、杜飞；审稿：王忠跃）

蒲葵黑点病　fanpalm livistona black speck disease

由 *Stylina disticha* 引起的蒲葵叶片上的常见病害。

分布与危害　广州、湛江、汕头均有发生，广州华南植物园种植的蒲葵发病尤其严重。在广州几乎全年发生此病，在温暖多雨的气候和栽植过密、通风不良的环境条件下，病害发生较重。

蒲葵黑点病危害蒲葵叶片，引起黄化干枯，影响植株生长和观赏价值。病叶上初期出现小黄斑，扩大后为圆形或长椭圆形，直径 2～5mm，呈黑褐色。边缘明显，外围有一较宽的黄圈。病斑两面散生或群生近圆形黑色粒点，宽 0.6～1mm，高 0.2～0.3mm，大多数中部开裂，有时在其上产生一些黄白色粉状物（见图）。发病严重时叶片病斑累累，变黄干枯。

病原及特征　病原为 *Stylina disticha*（Erenb.）Syd.，属蒲葵黑粉病属，强寄生。子座突破寄主表皮而外露，黑色，内有 4～12 个孢子堆，在分裂的子座上排列成 2 行。孢子堆无包膜，直径 100～140μm，含黄色粉状孢子团；孢子无色，直径 5.5～7.0μm。

侵染过程与侵染循环　孢子发芽时产生芽管，侵入蒲葵叶片。

流行规律　在广州可全年发病，温多雨有利于病害的发生。

蒲葵黑点病症状（岑炳沾提供）

防治方法　加强管理，勿栽种过密，适当剪除病叶；在发病初期喷洒多菌灵可湿性粉剂 1000 倍液。

参考文献

苏星 , 岑炳沾 , 1985. 花木病虫害防治 [M]. 广州 : 广东科技出版社 .

（撰稿：王军；审稿：叶建仁）

普遍率　incidence, I

表示植物病害发生的普遍程度，一般用调查发病的植物个体数或器官数占所调查植物个体总数或器官总数的百分率表示。俗称发病率。普遍率是植物病害定量评估中一个重要的调查内容和指标。依据所调查对象不同，可以有不同具体的名称，如病株率、病茎率、病叶率、病穗率、病果率等。

进行病害普遍率评估时，一般通过人工调查进行。一个植物个体或器官只有发病或不发病两种情况，操作简单。其可用下式计算：

$$I = \frac{n}{N} \times 100\%$$

式中，I 为普遍率；n 为调查发病的植物个体数或器官数；N 为所调查植物个体总数或器官总数。普遍率只是表示调查群体发病多少，不能表示发病个体的严重程度。发病植物个体或器官间发病严重程度可能差异很大。普遍率高，病害发生的严重程度不一定高，造成的危害不一定大。对于发病植物个体或器官，有的植物个体或器官上可能只产生 1 个病斑，而另外有的植物个体或器官上可能产生大量病斑或面积很大的多个病斑。因此，普遍率相同，病害严重程度和对植物造成的损失可能差异很大。为了更真实、全面地对植物病害进行计量和评估，需要定量评估单个发病植物个体或器官的严重程度，这就需要用到严重度这一指标。另外，在田间进行普遍率调查时，应根据病害的田间分布图式或空间格局而选择适当的病害调查取样方法，以便更加真实地反映病害田间发生情况。

参考文献

马占鸿 , 2010. 植病流行学 [M]. 北京 : 科学出版社 .

肖悦岩 , 季伯衡 , 杨之为 , 等 , 1998. 植物病害流行与预测 [M]. 北京 : 中国农业大学出版社 .

许志刚 , 2009. 普通植物病理学 [M]. 4 版 . 北京 : 高等教育出版社 .

（撰稿：王海光；审稿：马占鸿）

P

铅笔柏枯梢病　cedar shoot blight

由圆柏拟茎点霉引起的、铅笔柏嫩梢枯萎的危险性苗期病害。又名铅笔柏疫病。

分布与危害　铅笔柏梢枯病是一种危险性苗期病害，主要危害 1～3 年生苗木，引起嫩梢枯萎直至幼苗死亡，10 年生以上林木危害甚轻或很少危害。主要危害铅笔柏和蜀桧。

初期在嫩梢上出现溃疡状病斑，逐渐围绕嫩梢扩展，病斑周围针叶失绿并迅速枯黄。其他部位针叶，尤其梢端针叶仍保持绿色。当病斑深入皮层后，整个被害梢枯死，数天内全株死亡，2 年生以上苗木则上半端整段枯死。病斑呈灰白色，后期在病斑上和周围枯死的针叶上可见黑色小颗粒状子实体。遇阴雨天气，在子实体部位可见奶油色孢子堆或卷须状孢子角。

病原及特征　病原为圆柏拟茎点霉（*Phomopsis juniperovora* Hahn.）。病菌的分生孢子器为凸镜形或圆锥形，初埋生于寄主体内，成熟时上部突破表皮外露。分生孢子器单生，开口部位组织加厚，褐色或黑色，有不规则孔口。孢子单胞无色，a 型为长圆形至椭圆形或为两端不尖的纺锤形；b 型为丝状，略弯曲呈“S”形或上端弯成钩状。病菌在 PDA 培养基上能产生橙黄色色素和橘红色结晶体，色素常扩散超出菌落边缘。分生孢子发芽最适温度 20～23℃，最适湿度 100%。菌丝体生长最适温度 23～25℃，pH4.0～5.5。

侵染过程与侵染循环　病菌以菌丝体在病株和病株残体上越冬，翌年 2 月底到 4 月上旬在病株上产生分生孢子器，经雨水飞溅传到刚刚萌发的幼嫩新梢上，作为初侵染源。病菌一般是先由小侧枝开始侵染，然后扩展到主茎上。5 月中旬在被侵染的新梢部位始见子实体，5 月下旬为盛期。病菌孢子进行多次的再侵染，直到 10 月底病菌逐渐停止侵染，进入越冬状态。病菌以伤口侵染为主，但幼嫩梢无伤也能侵染。菌丝体同样具有侵染能力。铅笔柏种子不带梢枯病菌。

流行规律　病害有明显的发病中心，呈点状或块状分布，发病后期普遍感染。病害的流行在很大程度上取决于降水量和雨日天数。病害的发生和蔓延高峰，主要在梅雨季节。6 月至 7 月上旬病害指数呈直线上升，发展猛烈、迅速。铅笔柏秋梢生长阶段若降水量少，天气干旱，病害发展缓慢，高温干旱的天气病害难以流行。湿度大，病害易发生，低洼潮湿或积水的圃地发病率高。病害的发生与树种类型关系密切，刺状针叶类型比鳞状针叶类型感病率高，病害的发生也往往与苗木的密度和苗木生长速度呈正相关。

防治方法　必须坚持综合防治措施，尽量避免在感病寄主的重茬地和低洼潮湿排水不良的圃地育苗。提倡用芽苗移栽替代撒播育苗。控制苗木密度，及时揭帘，降低苗床湿度，控制氮肥用量，避免苗木徒长。

在发病初期，铲除发病中心病株，并用杀菌剂喷洒保护，效果明显。在天气晴朗时，采取人工剪除病枝，减少侵染源。用 40% 多菌灵或 40% 甲基托布津胶悬剂 2ml/m³，或 50% 苯菌灵 0.56kg/hm²，每隔 7～10 天喷药 1 次，能有效地控制病害的发生和蔓延。要避免用带病苗木造林，一旦造林地发病，最好立即拔除染病苗木，并对其四周苗木喷药保护。选择抗病铅笔柏类型可以减轻危害，淘汰刺状针叶型易感病苗木；加强苗木检疫，避免病害扩散。

参考文献

戴雨生，1986. 铅笔柏梢枯病研究初报 [J]. 南京林学院学报 (2): 37-45.

戴雨生，丁建宁，殷荷兰，等，1989. 铅笔柏梢枯病药剂防治试验 [J]. 江苏林业科技 (2): 31-34.

姜成英，陈炜青，2002. 铅笔柏引种考察报告 [J]. 甘肃林业 (6): 32.

（撰稿：张培、戴雨生；审稿：张星耀）

铅笔柏炭疽病　cedar anthracnose

由胶孢炭疽菌引起的、危害铅笔柏苗木及幼树的一种重要病害。

分布与危害　铅笔柏炭疽病在江苏各地普遍发生。它常与铅笔柏枯梢病在同一植株上出现，导致苗木成片枯死，主要危害铅笔柏苗木以及 7～8 年生的幼树。

病原菌侵染植株的刺状叶和绿色茎枝。病叶上先出现褐色斑点，扩展后使全叶变褐色枯死。绿色茎枝受害时，先产生小型褐色溃疡斑，扩展后多个病斑汇合成条状，常包围茎枝一周，使梢头枯死。天气潮湿时，在枯死茎叶上可见粉红色分生孢子堆。

病原及特征　病原为胶孢炭疽菌［*Colletotrichum gloeosporioides*（Penz.）Sacc.］，分生孢子盘生在病部表皮下，后突破表皮外露，呈黑色小点状，直径 50～170μm。分生孢子梗无色，有分隔，大小为 15～60μm×4.5μm。分生孢子无色，单胞，长椭圆形，大小为 15～19.5μm×4.8～6.6μm。

侵染过程与侵染循环　病菌以菌丝在病组织内越冬。分生孢子由风雨传播。

流行规律　夏季高温，铅笔柏停止生长时，危害最为严重。

防治方法　以改进林业技术措施为主，化学防治为辅。发病期可喷洒 40% 多菌灵 400 倍液，连续 3 次，有较好的防治效果。

参考文献

袁嗣令，1997. 中国乔、灌木病害 [M]. 北京：科学出版社 .

（撰稿：石峰云；审稿：张星耀）

潜伏期　latent period

病原物从侵入寄主与寄主建立寄生关系，直到病斑开始释放侵染性传播体的间隔时间。潜伏期结束表明病斑内的病原物具有了传播和侵染能力。

范德普朗克（J. E. Van der Plank，1963）在作侵染速率分析时，以真菌病害为例，提出了潜育期（incubation period）与潜伏期（latent period）两个概念，认为病害显症（出现病斑）不一定能产生孢子，病斑只有产生孢子后才具传染性，对病害传播、侵染和流行才有实质性意义。因此，潜伏期与潜育期是两个不同的概念。潜育期是指病原物从侵入寄主与寄主建立寄生关系，到病斑开始显症的间隔时间。潜育期强调的是显症，主要用于一般病理学研究；潜伏期强调的是病斑开始释放具有侵染性的传播体，强调的是病原物的传播与再侵染，常用于病害流行学研究。对于多数病害，显症时间与开始释放传播体的时间并不一致。为了促进植物病理学研究，应严格区分这两个概念。

对于潜育期和潜伏期的具体时间，有个体和群体的区别。对于某一个特定环境中的特定的病斑，潜育期和潜伏期都是固定而明确的，具有特定而具体数值。然而，对于病害群体，不同病斑的潜育期和潜伏期各不相同，而且病斑的显症和产孢都会持续较长时间。因此，对于某种病害的潜育期和潜伏期应从统计学层面上进行表述。教科书中描述的潜育期多是最短潜育期至最长潜育期的时间范围。最短潜育期是指从病菌与寄主建立寄生关系到第一个病斑显症的时间。国外的教材上，有的把 50% 的病斑显症时间作为某种病害在特定条件下的潜育期。

潜育期和潜伏期是病原物在寄主体内扩展时期，潜育期和潜伏期时间的长短，一方面取决于病原物从寄主体内获取营养的能力；另一方面取决于寄主对病原物的抗病性和生理状况。因此，潜育期和潜伏期是评估病原物致病和寄主抗病的重要指标。潜伏期的长短与病害的流行速率关系密切，是病害流行学研究的重要参数。潜伏期短，流行速率高，病害流行快；反之，流行慢。在各种环境因素中，温度对潜育期和潜伏期的影响最大，湿度的影响较小。植物的营养状况、光照等因素则通过影响寄主的抗病性影响潜育期和潜伏期的长短。

参考文献

库克 B M，加雷思・琼斯 D，凯 B，2013. 植物病害流行学 [M]. 2 版 . 王海光，马占鸿，主译 . 北京：科学出版社 .

马占鸿，2010. 植病流行学 [M]. 北京：科学出版社 .

肖悦岩，季伯衡，杨之为，等，1998. 植物病害流行与预测 [M]. 北京：中国农业大学出版社 .

曾士迈，杨演，1986. 植物病害流行学 [M]. 北京：农业出版社 .

（撰稿：李保华、练森；审稿：肖悦岩）

潜育　incubation

从病原物侵入寄主到寄主出现外部症状前的过程。另一种定义为：从病原物接种到寄主出现外部症状前的过程。

病原物侵入后，首先在寄主上定殖并建立寄生关系，自寄主获得养分和水分，再从侵染点向四周扩散，进一步生长、繁殖。因此，潜育又称扩展。潜育阶段内，病原物在寄主体内的定殖生长受寄主植物的抵抗和环境因素的影响，病原物必须克服寄主的抗性才能使寄主发病，否则侵染过程将中止。因此，潜育过程是病原物和寄主植物在一定环境条件下进行激烈斗争的过程，是侵染性病害发生过程中的一个重要环节。不同种类病原物在寄主上的寄生、繁殖、扩展部位和方式不同，这主要取决于病原物和寄主的生物学特性。

潜育部位　大致区分为体外扩展和体内扩展。在体外扩展的病原物是外寄生物，如白粉菌。而绝大多数为体内寄生和扩展的病原物。依其在寄主体内扩展的部位不同，又可分为：①病原物在植物细胞间生长，从细胞间隙或借助吸器从细胞内吸取养分和水分，如锈菌、霜霉菌以及线虫。②在植物细胞内寄生，如病毒、细菌、类菌原体及一些真菌等。③可以同时在细胞间和细胞内生长，如许多真菌的菌丝体。植物病原细菌大多先在细胞间生长、繁殖，在细胞壁被破坏后也能进入细胞内。

潜育方式　真菌可以依赖菌丝的生长从侵入点向四周的细胞、组织主动扩展。细菌、病毒主要通过繁殖或病毒粒子的增殖增加数量，由于这类病原物本身缺乏主动扩展的能力，只能依靠寄主细胞的分裂、细胞质流、胞间连丝以及营养和水分的输送进行扩散。病毒和类菌原体可通过胞间连丝从一个细胞转移到另一个细胞；十字花科根肿菌可随细胞分裂而扩展；而小麦黑粉菌的菌丝体可随寄主生长点分裂而扩展。不同病原物扩展的范围也不一样。有的病原物侵入后仅在侵入点附近细胞间扩展，造成局部侵染，这种病害称为局部侵染病害，如由真菌和细菌引起的叶斑病。病原物侵入后进入导管系统，依靠植物输导系统向顶端组织扩展，使大部分组织、器官都带有这种病原物，引起系统性侵染，这种病害称为系统侵染病害，如茄青枯病、黄瓜花叶病等。

潜育期长短　主要取决于病原物与寄主的组合，同时也受各种环境因素的影响。系统性病害的潜育期一般较长，许多叶斑类型病害的潜育期较短。此外，还有潜伏侵染，即病原物侵入并建立寄生关系后，由于寄主本身保持某种抗病状态，使病原物在植物体内始终处于潜伏状态，寄主植物不表现症状。也有的病害当寄主抗性下降，如器官衰老、成熟、受伤或环境条件适宜发病时，病原物迅速生长蔓延，导致植物发病，表现出明显症状。病原物和寄主的生物学特性，以及病原物、寄主组合，是影响潜育期长短的主要因素。此外，同一种病原物侵染同一寄主的不同部位，潜育期长短亦不同。环境因素中尽管湿度、光照对潜育期有影响，但以温度影响最为明显。病原物侵入寄主后，养分和水分容易满足，在适温条件下，生长、扩展最快，潜育期短，在适温范围以外，潜育期延长。其次植物组织的含水量或湿度亦有一定的影响。

参考文献

AGRIOS G N, 2005. Plant pathology[M]. 5th ed. New York: Academic Press.

（撰稿：康振生；审稿：陈剑平）

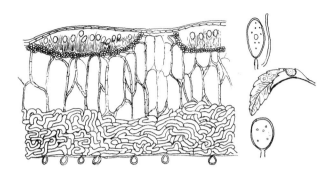

图 2　蔷薇卷丝锈菌示意图（陈秀虹绘）

蔷薇锈病　rose rust

一种危害月季、玫瑰、蔷薇等蔷薇属植物的真菌性病害。

分布与危害　属于世界性病害，在中国发病也很普遍，在北京、济南、兰州、桂林、呼和浩特等地发病较重。主要危害玫瑰、蔷薇、月季。受害植株早落叶，生长衰弱，不但影响花卉观赏，而且还严重影响玫瑰花的产量。危害嫩叶至成熟叶，病症叶两面生，叶正面病斑微红褐色，无明显边缘，中部有红褐色小点（内有夏孢子堆），叶背病斑淡黄色微肿，病斑近圆形，边缘明显。病害发生于嫩茎、嫩叶时变畸形；发生于较老叶时只有斑点状病斑。但老叶极易脱落，经常使植株叶片提前落光，小枝早衰，植株开花少且小（图 1）。

病原及特征　病原为蔷薇卷丝锈菌（*Gerwasia rosae* Tai），属柄锈菌科（图 2）。冬孢子堆叶背生，近聚生或散生，圆形，垫状，直径 0.17～0.25mm，在寄主表皮下，苍白色，穿过气孔而外露，周围有内卷、无色、厚壁的侧丝；冬孢子和侧丝在单生的或通常是成束的产孢菌丝的顶端形成；冬孢子卵形或椭圆形，薄壁（厚度少于 1μm），无色，通常向两端略渐尖或两端圆，大小为 26～41μm×11～16μm，萌发时孢子顶端延长而形成一个圆柱状的 4 胞先菌丝，柄短（可长达 8.6μm），易断碎，无色；侧丝圆柱形，无色，强烈内卷，厚壁，大小为 33～51μm×7.8～9.2μm。

侵染过程与侵染循环　病菌以孢子或菌丝体在茎或休眠芽内潜伏，翌年产生担孢子，从气孔侵入寄主植物幼嫩部位开始感染。风是其长距离传播的主要因素，孢子粉还随雨、昆虫活动及操作人员的肢体、衣物、工具等传播。

流行规律　一般 9～27℃ 萌发侵染率最高。温暖多雨、潮湿多雾、偏施氮肥时易发病。

防治方法

农业防治　精细管理。合理施肥，培育抗病植株。保护地栽培时应加强通风透光，降低湿度。结合修剪及时清除病体烧毁。

化学防治　早春萌芽前喷洒 3～4 波美度石硫合剂；展叶后可选喷 25% 粉锈宁 1500～2000 倍液、敌锈钠 250～300 倍液、50% 代森锰锌 500 倍液、0.2～0.4 波美度石硫合剂，或 75% 氧化萎锈灵 3000 倍液等。

参考文献

陈秀虹，伍建榕，西南林业大学，2009. 观赏植物病害诊断与治理[M]. 北京：中国建筑工业出版社.

陈秀虹，伍建榕，2014. 园林植物病害诊断与养护：上册[M]. 北京：中国建筑工业出版社.

戴芳澜，1979. 中国真菌总汇[M]. 北京：科学出版社.

魏景超，1979. 真菌鉴定手册[M]. 上海：上海科学技术出版社.

徐秋莲，王卫红，杜兴昌，2014. 月季锈病的发生规律及防治对策[J]. 农业与技术，34(7): 149.

（撰稿：伍建榕、武自强、吴峰婧琳；审稿：陈秀虹）

图 1　蔷薇锈病症状（伍建榕摄）

荞麦白粉病　buckwheat powdery mildew

由白粉菌引起的一种荞麦真菌病害，主要侵染危害荞麦的叶片，是荞麦种植区及大棚、温室里的重要病害之一。

发展简史　2012 年以来，卢文洁等对云南荞麦白粉病病原菌的形态特征进行了鉴定，同时结合分子鉴定方法对病原菌的 rDNA-ITS 区的序列进行了 PCR 扩增及测序，确定了荞麦白粉病的病原为蓼白粉菌（*Erysiphe polygoni* DC.）。

分布与危害　荞麦白粉病在不同的荞麦种植区均有发生，在云南荞麦种植区的大田及大棚、温室等发生普遍，在大棚温室发生较严重。在云南荞麦种植区，该病害在甜荞和苦荞上均有发生，甜荞危害更为严重。

荞麦白粉病是由病原真菌侵染引起的病害，荞麦叶片受害后，呼吸作用提高，蒸腾作用增加，光作效能降低，严重阻碍了荞麦生长发育，造成荞麦叶片干枯，籽粒千粒重下降，影响荞麦产量。病害主要发生在下部将近成熟的叶片表面，一般叶正面比叶背面病斑多，下部叶片较上部叶片危害重，严重时全株叶片发病。该病害发病初期，受害叶片上出现零星的白色小粉斑，随着病情的发展，整个叶片布满白色粉层。白粉是病原菌的菌丝及分生孢子。病菌以吸器伸入表皮细胞中吸收养分，少数以菌丝从气孔伸入叶肉组织内吸收养分。发病严重时，病叶皱缩不平，叶片向外卷曲，叶片变黄、枯死早落，造成植株早衰，产量受到损失（图1）。

病原及特征　荞麦白粉病病原有两种，即二孢白粉菌（*Erysiphe cichoracearum* DC.）和蓼白粉菌（*Erysiphe polygoni* DC.）。

二孢白粉菌生长适温22～28℃。分生孢子萌发最适温度23～25℃，最适相对湿度60%～80%。在相对湿度20%以下仍有少数孢子可以萌发，但在相对湿度100%或水滴中却极少能萌发。病菌属专性外寄生菌，全部菌丝体长在寄主表面，以吸器伸入寄主表皮细胞内吸取养分（图2）。

有性态属白粉菌属。但有性态很少发现。该病原菌无性态为荞麦粉孢菌（*Oidium buckwheat* Thüm），分生孢子梗与菌丝垂直，丝状，较短，无分枝。顶生分生孢子，基部膨大成球形，分生孢子串生，由上而下顺次成熟，无色，单胞，圆筒形，大小为30～32μm×13～15μm。

蓼白粉菌属白粉菌属真菌。病原菌的分生孢子最适温度为23～27℃，发芽的最高温度为32℃，最低温度为7℃，最适相对湿度为70%～80%。在相对湿度100%极少能萌发。病原菌属专性外寄生菌，全部菌丝体长在寄主表面，以吸器伸入寄主表皮细胞内吸取养分。

病原菌的分生孢子透明，圆柱形或卵圆形，大小为30～45μm×13～19μm。子囊果聚生至近聚生，少数散生，暗褐色，扁球形，直径88～95μm×122～137μm；子囊4～8个，短卵形至长卵形或不规则卵形，个别近球形，柄明显或无，大小为53.3～71.1μm×33～45.7μm；子囊孢子2～4个，卵椭圆形，个别矩卵圆形，带黄色，大小为17.5～31μm×11～20.5μm。

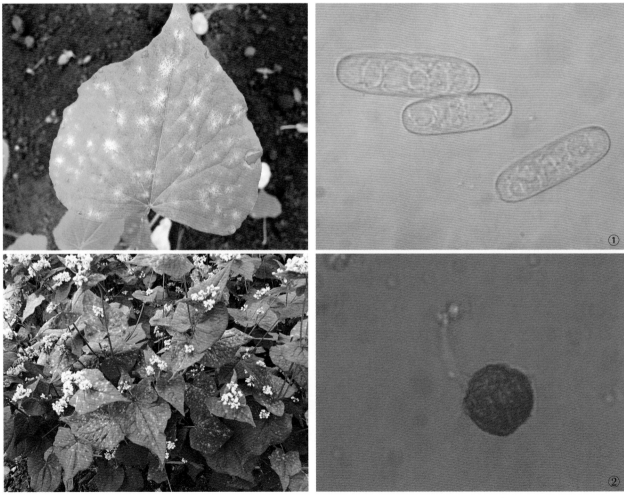

图1　荞麦白粉病症状（卢文洁提供）

图2　荞麦白粉病分生孢子和子囊果（卢文洁提供）

①分生孢子；②子囊果

侵染过程与侵染循环　病原菌主要以菌丝体在寄主上越冬，翌年条件适宜时，越冬的菌丝体、分生孢子通过气流传播，落到健康植株的叶片或茎部后，通过伤口或孔口侵染。分生孢子萌发侵入叶片，经 8～10 天潜育产生白色病斑，随着病情的发展，病斑产生大量分生孢子进行再侵染，至晚秋形成闭囊壳越冬。病原菌分生孢子，借风和雨水传播至荞麦叶片，造成病原菌在大田反复侵染危害，导致荞麦白粉病严重发生。

病原菌主要以菌丝体、分生孢子在病株残体越冬，成为翌年的病害初侵来源。翌年，越冬的分生孢子、菌丝体等借风和雨水传播至荞麦植株的叶片进行侵染危害。分生孢子和菌丝体在荞麦上反复辗转传播。在较寒冷的种植区，病菌主要以闭囊壳随病残体在土表越冬，翌年放射出子囊孢子进行初侵染，发病后产生分生孢子进行再侵染。条件适宜时，潜育期很短，使病害迅速扩展蔓延。因此，在荞麦植株的整个生长季节，发病植株产生的分生孢子通过传播可造成田间生长植株受到反复侵染危害。

流行规律　荞麦白粉病在高温干旱与高温高湿交替出现的时候较易发生。夏季干旱或闷热多云的天气有利于病害发生。荞麦栽植过密，叶片过多，阳光不足或通风不良时利于发病。高温干燥，施氮肥偏多，有利病害发生。该病害从植株下部叶片开始发病，随着病情发展，逐步向上部叶片蔓延。发病初期至 6 月，病情发展缓慢，7～9 月病情迅速发展，9 月病情最为严重。白粉病为传染性寄生病，发病期长，生长季节可发生多次重复侵染。

防治方法　荞麦白粉病在大田、大棚、温室等不同环境条件下发生危害的严重程度不同，因此，在病害的防治中，主要根据病害的发生情况，综合利用多种防治措施，从而对病害进行有效合理的防控。

选用抗病品种　利用或轮换抗病品种是防治荞麦白粉病的最经济有效的措施之一，不同的荞麦品种对白粉病的抗性差异显著。在病害发生严重的种植区，应选种抗病性强的品种，以减轻病害的发生。

农业防治　清除病源，及时清扫落叶残体并烧毁。在发生病害严重的田块进行轮作。合理施肥，施足底肥，增施磷、钾肥，避免偏施氮肥，促使植株生长健壮，提高植株的抵抗力。不宜种植过密，大棚、温室加强通风换气，防止湿度过低和空气干燥。

化学防治　在发病初期可进行喷施以控制病害的蔓延。可选用 20% 三唑酮乳油 2000 倍液、50% 硫黄悬浮剂 300倍液、30% 固体石硫合剂 150 倍液等药剂进行防治。每隔7～10 天喷施 1 次，连续喷施 2～3 次。或选用 25% 敌力脱乳油 4000 倍液或 40% 福星乳油 8000～10000 倍液，隔 20天左右 1 次。药剂轮换交替使用，喷施药剂后如下雨，则进行补施。

参考文献

任长忠，赵钢，2015. 中国荞麦学 [M]. 北京：中国农业出版社.

中国科学院中国孢子植物志编辑委员会，1987. 中国真菌志：第一卷　白粉菌目 [M]. 北京：科学出版社.

LU W J, WANG L H, WANG Y Q, et al, 2015. First report of powdery mildew caused by *Erysiphe polygoni* on buckwheat in Yunnan,

China [J]. Plant disease, 99(9): 1281.

（撰稿：卢文洁；审稿：王莉花）

荞麦病害　buckwheat diseases

荞麦是蓼科（Polygonaceae）荞麦属（*Fagopyrum*）双子叶植物，有甜荞（*Fagopyrum esculentum* Moench）和苦荞［*Fagopyrum tataricum*（L.）Gaertn.］两个栽培种。荞麦分布广泛，遍及所有种植粮用作物的国家，在中国、俄罗斯、日本、韩国、尼泊尔、乌克兰、法国、加拿大、美国、波兰、巴西、澳大利亚、斯洛文尼亚等国有较大种植面积。荞麦在中国已有近千年的栽培历史，年播种面积约 100 万 hm²，其中甜荞 70 万 hm²，苦荞 30 万 hm²。甜荞主要分布在陕西、甘肃、宁夏、内蒙古等，苦荞主要分布在云南、四川、贵州、西藏、甘肃、陕西、山西等高寒山区和高原地区。荞麦营养丰富，富含生物类黄酮，是天然绿色食品原料和药食同源作物，也是新世纪重要的健康保健资源。

荞麦生育期短，且多种植在冷凉、干旱、土壤贫瘠的地区，病害相对较少，且发生较轻。危害荞麦的病害有真菌病、细菌病、病毒病和线虫病等。荞麦真菌病害有荞麦霜霉病（*Peronospora fagopyri* Elenev）、白粉病（*Erysiphe polygoni* DC.）、白霉病（*Ramularia anomala* Peck）、褐斑病（*Ascochyta fagopyri* Bresad）、叶斑病（*Phyllosticta fagopyri* Miura）、白绢病（*Sclerotium roltsii* Sacco）、菌核病（*Sclerotinia* spp.）、立枯病（*Rhizoctonia solani* Kühn）、枯萎病（*Fusarium* spp.）、黑斑病［*Alternaria alternate*（Fries）Kreis］、灰霉病（*Botrytis cinerea* Pers.）、根腐病（*Bipolaris sorokiniana* Saccoet Sorok. Shoem.）、轮纹病（*Cercospora fagopyri* Abramov., *Cercospora polygonacea* Ell. et Ev.）、斑枯病（*Septoria polygonorum* Desm）。细菌性病害主要有叶枯病（*Xanthomonas heteroceae*）和细菌性叶斑病（*Pseudomonas angulata*）等。荞麦病毒病主要由烟草花叶病毒（TMV）、巨细胞病毒（CMV）等引起。荞麦也有根结线虫病（*Meloidogyne* spp.）。Hohrjakova 曾报道荞麦有 30 种真菌病害，共 22 个属；Klinkowski 报道荞麦有 18 种病毒病。荞麦霜霉病是世界上分布最广、危害最为严重的病害，在中国、前南斯拉夫、日本、印度、加拿大等国都有其发生和危害的报道；Zimmer 报道在印度有荞麦霜霉病、菌核病、轮纹病等危害较重；Mondel 和 Sung 等曾先后报道在中国有荞麦立枯病、黑斑病、轮纹病、白霉病、斑枯病、白粉病、枯萎病、灰霉病等 9 种。

参考文献

林汝法，柴岩，廖琴，等，2002. 中国小杂粮 [M]. 北京：中国农业科学技术出版社.

任长忠，赵钢，2015. 中国荞麦学 [M]. 北京：中国农业出版社.

赵钢，彭镰心，向达兵，2015. 荞麦栽培学 [M]. 北京：科学出版社.

（撰稿：高金锋；审稿：冯佰利）

Q

荞麦根结线虫病 buckwheat root-knot nematodes

由南方根结线虫、爪哇根结线虫和花生根结线虫3种线虫引起的，是茄科作物（烟草、马铃薯、辣椒）后作荞麦秋植区的重要病害之一。

发展简史 根结线虫病是一类重要的植物寄生线虫病害，常造成严重的经济损失。1855年，Berkeley首次在英国温室感病黄瓜根际发现根结线虫。1879年，Cornu第一次给根结线虫命名，其寄主范围非常广泛，超过5500种作物，从世界范围看，由根结线虫造成的作物年损失率约10%，由常见根结线虫南方根结线虫、爪哇根结线虫、花生根结线虫和北方根结线虫造成的损失占到了90%。有关荞麦根结线虫的研究报道，中国始于2016年，中国西南地区荞麦根结线虫种类有南方根结线虫、爪哇根结线虫）和花生根结线虫，其中南方根结线虫为优势种群，田间根结线虫种群大多数为单一种群，少量为南方根结线虫与爪哇根结线虫或南方根结线虫与花生根结线虫组成的混合种群，是烟草、马铃薯、辣椒等茄科作物收获后荞麦秋植区的重要病害之一。

分布与危害 荞麦根结线虫在中国荞麦春播种植区没有发生，而在云南（昆明、曲靖、玉溪、普洱、楚雄、文山、红河和大理）、四川（凉山）、贵州（六盘水）和重庆等地苦荞秋播种植区均有不同程度发生和危害。

荞麦根结线虫是近年发现危害荞麦的重要病原之一，荞麦受根结线虫危害后，根系产生根结，植株矮小、发黄，结实率降低，产量减少5%～10%。

病原及特征 危害荞麦的根结线虫主要有南方根结线虫[*Meloidogyne incognita* (Kofoid et White) Chitwood]、爪哇根结线虫[*Meloidogyne javanica* (Treub.) Chitwood]和花生根结线虫[*Meloidogyne arenaria* (Neal) Chitwood]3种。

南方根结线虫雌虫呈球形或梨形，有突出的颈部，头区通常有不完整环纹，唇区稍突起。口针的针锥部向背面弯曲，杆部后端较宽；基球扁圆形，同杆部有明显界线。会阴花纹变异较大，花纹背弓高，似方形；线纹呈波浪状，细到粗，清楚，常有纹涡，有些线纹在侧面分叉，无明显侧线。

雄虫头帽平到凹陷，唇盘高出中唇，中唇与头区等宽，头区不缢缩，通常有2～3个完整环纹。口针锥体部剑状，顶端钝；口针杆部圆柱形，近基部处变窄；基球球同杆部有明显的界线，前端有缺刻，扁圆形到圆形。

爪哇根结线虫雌虫近球形，有突出的颈部，头区有一个不完整的环纹。中唇通常有缺刻，侧唇大而长，同中唇及头区分开。口针针锥略向背面弯曲，杆部柱状，基球短而宽，前端通常有缺刻。会阴花纹背弓圆而扁平，有明显的侧线，把花纹分成背区和腹区，无线纹通过侧线。

雄虫头帽高圆，缢缩于头部。头部缢缩，有2～3条不完整的环纹；口针锥体部直，顶端尖；口针杆部柱形，基部球扁圆形，显著横向延伸而后变宽，和杆部有明显界线。

花生根结线虫 雌虫梨形、袋状或球形。头区无明显环纹，背腹中唇和唇盘融合成对称的哑铃形结构，中唇背、腹缘成弧线形，侧缘成一钝角，侧唇近三角形或半圆形。口针杆部与基部球界限明显或不明显，口针锥部向背成弧线形弯曲，从前端向后渐增粗。会阴花纹全貌呈不平滑近圆形，背弓纹低，侧线不明显或可见，背、腹纹在侧线处相接成角，在近侧线处往往有不规则排列短线纹。

雄虫呈蠕虫形，头区具1～3个不完全环纹，与体躯界限明显，头帽高，侧面观成圆弧形，背腹面观前缘平，唇盘圆形，高于中唇，中间略隆起，中唇呈新月形，略向头区外缘延伸，侧唇痕迹可辨，口针基球与杆部界限明显，杆部粗细均匀或近基部略增粗。

侵染过程与侵染循环 荞麦根结线虫侵染源主要来自于前茬烟草、马铃薯、辣椒或玉米等作物病残体和土壤中的线虫。荞麦在烟草、马铃薯、玉米等作物收获后进行秋播，当荞麦在土中发芽生长形成根系后，线虫以二龄幼虫侵染荞麦嫩根（主根或须根），并寄生于根部皮层与中柱之间，吸取营养，分泌物刺激荞麦根细胞过度生长和分裂，致使根部形成大小不等的根结，导致荞麦植株矮小、发黄、结实率降低。

根结线虫二龄幼虫在根内发育成三、四龄幼虫和雌、雄成虫，成熟雌虫将卵产到露在根外的胶质卵囊中，卵囊遇水破裂，卵粒散落到土壤中，生长发育成为二龄幼虫，进行再侵染。其发生世代数即生活周期与土壤温度密切相关，温度在25℃左右时，根结线虫20天即可以完成1代。荞麦根结线虫在田间主要随土壤、流水、人畜及工具传播。荞麦根结线虫主要以卵、二龄幼虫及雌虫在土壤、病根和田间其他寄主植物根系上越冬，成为翌年烟草、马铃薯、辣椒、玉米等大春作物发病的主要侵染来源。

流行规律 其发生和流行与土壤温度、土壤湿度、土质类型、耕作状况及土壤中根结线虫的虫口密度等因素有关，其中土壤温度和土壤湿度是影响线虫发生和流行的主导因子。幼虫侵染的温度范围为12～34℃，最适为20～26℃。土壤温度低于12℃，线虫一般不发生侵染，只有在土壤温度12℃以上时线虫才开始侵染，土壤温度达22℃左右时线虫侵染力最强。土壤含水量在20%以下和90%以上都不利于幼虫侵入，最适侵入的土壤含水量为70%左右，但从危害程度来看，雨水少、灌溉不及时危害重，雨水多或灌溉及时危害轻。土质疏松的砂壤土和砂土地发病重，甚至不发病。前茬作物根结线虫病发病严重的田块，荞麦根结线虫发生危害愈严重。

防治方法

农业防治 清除前茬作物病残体及杂草，翻耕晒土，减少虫源；前茬作物烟草和马铃薯根结线虫发生严重的地块，尽量避免种植荞麦；尽量选择黏土或偏碱性土壤地块种植荞麦。

化学防治 在一些重病区可适当选用化学药剂防治，杀线虫剂可选用10%噻唑膦类福气多和施立清(2000～2500kg/亩)、1%阿维菌素类护地王和爱诺田秀(2500～3000kg/亩)与细砂土均匀混合配成毒土，荞麦播种前撒施、穴施或沟施于土壤中，可有效防治根结线虫的发生和危害。

参考文献

何成兴，王群，卢文洁，等，2016. 西南部分地区荞麦根结线虫种类与地理分布 [J]. 植物保护，42 (3): 208-211.

BERKELEY M J, 1855. Vibrio froming cysts on the roots of cucumbers [J]. Cardeners' chronicle, 7: 220.

JAOUANNET M, PERFUS-BARBEOCH L, DELEURY E, et al, 2012. A root-knot nematode-secreted protein is injected into giant cells and targeted to the nuclei [J]. New phytologist, 194 (4): 924-931.

（撰稿：孙道旺；审稿：王莉花）

荞麦褐斑病 buckwheat brown blotch

由荞麦尾孢和荞麦壳二孢引起的、主要危害荞麦叶片的一种真菌性病害，是荞麦在高温高湿环境下的常见病害之一。又名荞麦褐纹病或荞麦轮纹病。甜荞和苦荞均可被危害。

发展简史 在中国，1959年《甘肃省农作物病虫杂草调查汇编》上，荞麦褐斑病被记载为零星发生。该病于20世纪90年代开始逐渐危害严重，特别是多雨潮湿年份发病率达8%～15%。发生在荞麦上的褐斑病容易与其上发生的黑斑病（Alternaria sp.）、叶斑病（Phyllosticta fagopyri）混淆。黑斑病病斑较褐斑病同心轮纹明显，质地呈褐色，上生黑褐色霉层，较褐斑病色深；叶斑病病斑较褐斑病色浅，呈灰白色，上生黑色小颗粒，后期易脱落穿孔。

分布与危害 荞麦褐斑病喜高温高湿环境，发病率有逐渐加重的趋势，在潮湿多雨年份发病率达5%～7%，严重地块高达8%～15%。该病在中国主要分布于内蒙古、辽宁、吉林、甘肃、河南、湖南、四川、云南、陕西、宁夏及台湾等地。在国外主要分布于加拿大、俄罗斯、法国、斯洛文尼亚、波兰、罗马尼亚、印度、尼泊尔、韩国、日本等地。

病菌主要侵染叶片，最初在叶片上形成圆形或椭圆形病斑，病斑直径1～5mm，边缘红褐色，中央灰绿色至褐色，边缘明显。严重时病斑连成一片不规则形，病叶渐渐变褐色脱落。叶背病斑在潮湿条件下常密生灰褐色或灰白色霉层，即病原菌分生孢子梗和分生孢子。褐斑病在开花时发生，花前即可见到症状，花期和花后发病，病叶有褐色不规则形的病斑散布，周围呈暗褐色，内部因分生孢子而变灰色，病叶渐变褐色而枯死脱落。荞麦受害后，随植株生长而发病逐渐加重（图1）。

病原及特征 病原为荞麦尾孢（Cercospora fagopyri Nakata et Takim.）和荞麦壳二孢（Ascochyta fagopyri Bres.），属尾孢属真菌。病斑上的分生孢子梗颜色从浅色到淡褐色，单生或2～12根丛生，粗细一致；0～5个隔膜，多为1～4个，呈屈膝状，1～5个膝状节，不分枝，大小为53.8～160.3μm×3.8～5.5μm。分生孢子顶生，披针形或倒棍棒形，朝顶端方向逐渐变尖，基部平截或圆形，下端较直或略弯，无色，饱痕明显，1～9个隔膜，大小为70～142μm×2.1～3.4μm；在PDA培养基上菌落初为灰色或黑褐色，连续培养3天后产生分生孢子，后形成白色絮状菌落。分生孢子大小为66.5～137.6μm×2.0～3.1μm，比病叶上分生孢子略小。孢子遇水1小时以上即可萌发，孢子萌发时多从顶端长出1个或几个芽管。

病原菌最适培养基为V8培养基，其次为PDA、查氏培养基，燕麦片培养基菌落生长较差。病菌在pH4～13时均能生长，以pH5～8最适。病菌生长和菌落形成的适宜温度为10～35℃，以20～30℃生长最快，低于10℃和高于35℃均不能生长。分生孢子在15～35℃均能萌发，最适萌发温度为20～30℃，以20℃萌发最好。病菌致死温度为50℃经10分钟或55℃经5分钟。病原孢子萌发需要高湿度环境，在相对湿度75%以下不能萌发，水滴条件下萌发率最高。病菌在不同光照下均能生长，但经紫外线照射与黑暗、光照与黑暗12小时交替处理对菌丝生长最为有利，连续光照下生长最差。病菌对不同碳源的利用有明显的差异，利用最好的是麦芽糖、葡萄糖和乳糖，其次是蔗糖、果糖和甘油，淀粉利用最差；在具麦芽糖、葡萄糖、乳糖和果糖的培养基上产孢量最多。在氮素营养中，病原菌利用酵母膏、牛肉膏、硝酸钾最好，其次是蛋白胨、甘氨酸，而硝酸铵、氯化铵和硫酸铵利用较差。

侵染过程与侵染循环 病菌以菌丝和分生孢子在荞麦病残体上越冬，成为翌年初侵染源。病菌主要侵害叶片，并且通常下部叶片开始发病，后逐渐向上部蔓延。后病斑上产生分生孢子进行重复浸染，不断蔓延（图2）。发病严重时，病斑连接成片，整个叶片迅速变黄，并提前脱落。

流行规律 潮湿多雨季节发病重，7～8月多雨的年份易发病。

防治方法 不同地区的自然环境条件和耕作栽培制度不同，荞麦褐斑病病菌的种类和数量会有所差异，加之气候条件和环境条件的差异，用单一的防治方法控制该病的发生难以奏效。因此，荞麦褐斑病的防治应采取综合措施进行防病。

农业防治 清除田间残枝落叶和带病的植株，进行耕翻晒田，加速病菌分解，减少越冬菌源；加强苗期管理，清除杂草，增施磷、钾肥，促进幼苗发育健壮，增强植株抗病能力；实行轮作倒茬，减少植株发病率；及时排水，降低田间湿度，减轻受害。

药剂拌种 采用50%的多菌灵悬浮剂，50%退菌特（福美双＋福美锌＋福美甲胂）可湿性粉剂或40%五氯硝基苯粉剂，播种时按种子数量的0.3%～0.5%进行拌种。

化学防治 在田间发现病株时，可用40%多菌灵悬浮剂或50%甲基硫菌灵悬浮剂等苯并咪唑类内吸杀菌剂兑水喷雾，每公顷用药450～650g。70%代森锰锌可湿性粉剂、36%甲基硫菌灵悬浮剂、50%多菌灵可湿性粉剂、50%速克灵可湿性粉剂等防效也很好。喷雾要均匀，遇雨冲刷要

图1 荞麦褐斑病危害症状（朱明旗提供）

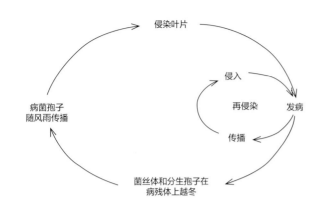

图 2　荞麦褐斑病侵染循环（王阳和朱明旗提供）

重喷。

参考文献

孟有儒，李万苍，李文明，2004.荞麦褐斑病菌及其生物学特性 [J].植物保护，30(6): 87-88.

任长忠，赵钢，2015.中国荞麦学 [M].北京：中国农业出版社.

王本辉，韩秋萍，2010.粮食作物病虫害诊断与防治技术口诀 [M].北京：金盾出版社.

中国农业科学院植物保护研究所，中国植物保护学会，2015.中国农作物病虫害 [M].3 版.北京：中国农业出版社.

（撰稿：高金锋；审稿：冯佰利）

荞麦立枯病　buckwheat damping-off

由立枯丝核菌引起的、危害荞麦幼苗茎基部或种子的一种真菌性病害，是荞麦种植区重要的病害之一。又名荞麦腰折病。

分布与危害　该病在荞麦种植区域基本都有发生，在中国主要分布在吉林、甘肃、四川、贵州、云南等地；在国外，日本、乌克兰、立陶宛、吉尔吉斯斯坦、波兰、法国、罗马尼亚、哈萨克斯坦、俄罗斯等国均有发生。

常发生于湿地。在荞麦苗期危害地下种子或幼苗茎基部，一般在间苗后半月左右发生，有时也在种子萌发出土时就发病，常造成烂种、烂芽、缺苗断垄现象，造成减产。

病原及特征　病原菌为丝核菌属立枯丝核菌（*Rhizoctonia solani* Kühn）。该病菌有性态为瓜亡革菌［*Thanatephorus cucumeris*（Frank）Donk］。

立枯丝核菌初生菌丝粗细较均匀，菌丝发达，蛛丝状，生长迅速，初期无色，较细，宽 5～6μm，多核，有明显的桶孔隔膜，没有锁状联合。远基细胞隔膜附近分枝，老熟分枝与再分枝一般呈直角，分枝发生点附近缢缩并形成一隔膜，呈各种深浅不同的褐色。老熟菌丝常为一连串桶形细胞，黄褐色，较粗壮，宽 8～12μm，变粗变短，结成菌核。菌核初为白色，无一定形状，浅褐至深褐色。菌核有内外层分化，但不分化成菌环和菌髓。当湿度高时，病菌产生有性阶段，

在接近地面的茎叶病组织表面形成一层薄的菌膜，初为灰白色，逐渐变为棕褐色或深褐色，上面着生筒形、倒梨形或棍棒形的担子和担子孢子。担子无色，单胞，圆筒形或长椭圆形，顶生 2～4 个小梗，其上各生 1 个小担孢子；担孢子椭圆形或卵圆形。

病菌可在较宽的温度内（0～40℃）生长，其中 28～32℃ 为最适生长温度，但要求 96% 以上的相对湿度，耐酸碱性强，pH 在 3.4～9.2 时都能生长，以 pH 6.8 最适。

幼苗出土后感病，初期症状为幼苗茎基部出现椭圆形不规则暗褐色病斑，随着病情发展，病部组织凹陷，严重时扩展到茎四周，幼苗萎蔫倒折枯死。如病情发展迅速，从基部至整个根系均呈黑褐色湿腐，苗枯萎。子叶受害后产生不规则黄褐色病斑，多发生在子叶中部，并常常破裂脱落呈穿孔状，边缘残缺，并导致荞麦苗成片死亡，同时在病苗、死苗的茎基部及其周围土面常出现白色稀疏菌丝体。

侵染过程与侵染循环　立枯病病原菌主要为寄生生活，在土壤中有很强的腐生生活能力，菌丝可在土壤中自由扩展，并随水扩散。当外界条件不利于菌丝生长时，菌丝体可形成菌核，菌核细胞可萌发多次，繁殖速度快。菌核的存活时期长，在土壤中可存活数月到几年。

荞麦立枯病菌属土壤习居菌，土壤、肥料以及农作物病残体等是立枯病的主要侵染源，病菌常以菌丝体或菌核在土壤或病株残体中腐生越冬。翌年，病菌遇适宜条件从伤口侵入，侵入十几个小时就出现症状，引起组织坏死变褐，2～3 天后就可造成死苗。病死植株的皮层组织充满菌丝和菌核，并成为重要的再侵染源。在种子成熟期，病菌还可侵入种子内部，成为翌年的初次侵染来源。留在田间的病残体，产生病菌以度过不良环境，成为以后的病菌来源（见图）。

流行规律

初侵染源　该病菌主要以菌丝和菌核在土壤或荞麦残体上越冬，腐生性较强，在土壤中可存活 2～3 年；少数病菌在种子表面或种子组织中越冬。混有病残体未腐熟的堆肥、

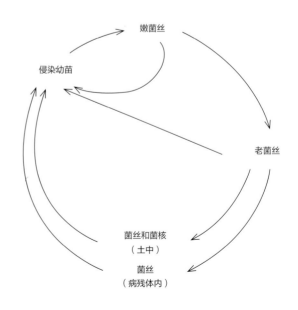

荞麦立枯病侵染循环（朱明旗提供）

带菌种子、土壤及荞麦病残体上越冬的菌丝体和菌核均可成为该病害的初侵染源。

传播途径　该病菌可通过雨水、灌溉水、气流、农事操作工具等进行传播，从幼苗茎基部或根部伤口侵入，也可直接穿透荞麦表皮侵入。

发病气候条件　温度过高或过低均有利于病害发生，荞麦播种密度过大、间苗不及时、温度高时易诱发病害发生；播种早、地温低、地势低洼、排水不良、土壤黏重板结，容易遭受病原菌侵染而造成烂种、烂芽。幼苗出土后也由于生长势弱，加之低温伴随阴雨，更易造成病苗、死苗的大量发生。

种子质量　种子纯度高、籽粒饱满、生活力强，播种后出苗迅速、整齐而苗壮不易遭受病原菌侵染，发病较轻。

耕作栽培措施　连作地块病原菌积累多，发病较重。地势低洼、排水不良的田块，病苗、死苗较多。播种期过早，地温低，对出苗不利，发病重。

防治方法　荞麦立枯病的发生和流行与品种抗性、栽培技术措施、病菌生理小种以及气候条件和环境条件有关，原因复杂，因此，荞麦立枯病的防治应该以种植抗病良种为主，农业防治和化学防治为辅的综合防治措施进行防病。

选用抗病品种　荞麦立枯病的发生除与环境条件有关外，与荞麦品种的抗病性密切相关。随着病菌生理小种的变异或新小种的出现，对抗性品种的要求也在不断变化，品种多样化种植有利于抵抗病原菌生理小种的严重危害。在荞麦生产中，避免普遍种植单一荞麦品种，应根据当地生理小种的发生情况，因地制宜合理布局抗病品种。

农业防治　施足腐熟的农家肥，增施磷、钾肥，培育健苗，提高植株抗病力；实行 3 年以上轮作，减少土中菌量；适时播种，降低发病率；合理密植，每亩保苗密度在 7.5 万～8.5 万株，促苗壮长，增强抗病能力；秋收后，及时清除病残体并进行深耕，可将土表面的病菌埋入深土层内，减少病菌侵染。在荞麦种植生长期间，及时拔除病株，减少田间侵染源，控制病害传播蔓延。

化学防治　①药剂拌种。在播种前用 50% 的多菌灵可湿性粉剂 250g，拌种 50kg 效果较好；或用 40% 的五氯硝基苯粉剂拌种，也可以用种子量 0.4% 的 50% 三福美可湿性粉剂进行拌种。一定程度上减少种子上的菌丝体，从而控制病害的发生。②喷药防治。在苗期或发病初期，交替选用 80% 乙蒜素乳油 3000 倍液、95% 噁霉灵（立枯灵）水剂 3500 倍液、20% 甲基立枯磷（立枯磷）乳油 600～1000 倍液、5% 井冈霉素（有效霉素）水剂 1500 倍液、3% 多抗霉素（科生霉素）水剂 600～800 倍液、25% 嘧菌酯（阿米西达）悬浮剂 1500 倍液、50% 福美双·甲霜灵·稻瘟净（立枯净）可湿性粉剂 800 倍液喷淋，每隔 7 天喷 1 次，连续喷淋 2～3 次。

参考文献

刘欣，2011. 荞麦的病害防治 [J]. 农村实用科技信息 (7): 45.

卢文洁，王莉花，周洪友，等，2013. 荞麦立枯病的发病规律与综合防治措施 [J]. 江苏农业科学 (8): 138-139.

任长忠，赵钢，2015. 中国荞麦学 [M]. 北京：中国农业出版社．

郑庆伟，2014. 荞麦常见病虫害及防治技术 [J]. 农药市场信息 (20): 44-45.

中国农业科学院植物保护研究所，中国植物保护学会，2015. 中国农作物病虫害 [M]. 3 版．北京：中国农业出版社．

（撰稿：高金锋；审稿：冯佰利）

荞麦轮纹病　buckwheat ring rot

由轮纹病病原菌引起的、主要侵染危害荞麦的叶片、茎秆的一种荞麦真菌病害。是荞麦种植区重要的病害之一。

发展简史　在中国，朱明旗等研究报道的荞麦轮纹病病原菌为荞麦壳二孢（Ascochyta fagopyri Bres.）。2013年以来，卢文洁等对云南荞麦种植区的轮纹病病原菌的形态进行了鉴定，同时结合分子鉴定方法对病原菌的 rDNA-ITS 区的序列进行了 PCR 扩增及测序，确定了云南荞麦轮纹病的病原菌为草茎点霉（Phoma herbarum West.）。

分布与危害　荞麦轮纹病在不同的荞麦种植区均有不同程度的发生，一般病害发病率较低，在雨水多的季节危害较为严重，植株发病率高达 85%。随着荞麦种植面积的不断扩大，病害也呈逐年加重的趋势。荞麦轮纹病在苦荞和甜荞上均可侵染危害。

该病害发病初期，受害叶片出现黄褐色圆形或近圆形病斑，随着病情发展，病斑逐渐扩大，并形成同心轮纹，在病斑中央或轮纹线上散生许多暗褐色小点，为病原菌的分生孢子器。发病后期，多个同心轮纹病斑易连成片；严重时，轮纹病斑易穿孔脱落，造成叶片枯死，给荞麦生产造成严重的经济损失（图 1）。

病原及特征　荞麦轮纹病病原菌有两种，即荞麦壳二孢（Ascochyta fagopyri Bres.）和草茎点霉（Phoma herbarum West.）。

荞麦壳二孢，属子囊壳无性型壳二孢属真菌病。原菌在查氏培养基上较 PDA 培养基生长快。在 pH 为 4～11 时均能生长，pH 以 5～7 最适；适宜生长温度为 10～30℃，以 25℃ 生长最快。病原菌在不同光照下均能生长，连续光照有利于生长，全黑暗下生长最慢。分生孢子器球形或近球形，褐色，直径 96～128μm，有孔口。分生孢子椭圆形或圆筒形，直或稍弯曲，无色，双胞，大小为 16～24μm×5～8μm。

草茎点霉（Phoma herbarum West.），属茎点霉属真菌（图 2）。

病原菌在 PDA 培养基上的菌落为近圆形，菌丝呈灰绿色，毛毡状。病原菌在培养温度 15～35℃ 时均能生长，以 25℃ 生长最快且菌落致密。在 pH 为 4～12 时菌丝均能生长，以 pH6 微偏酸性的条件下生长最好。菌丝的致死温度和致死时间分别为 53℃ 10 分钟。碳源中以葡萄糖最适宜菌丝生长，在蛋白胨、胱氨酸、牛肉浸膏和苯丙氨酸 4 种氮源最适宜菌丝生长，菌丝在尿素中基本停止生长；不同光照条件下病原菌均能生长，以 12 小时光照与黑暗交替条件最适宜菌丝生长。

病原菌在 PDA 平板培养基上不易产生分生孢子，产生少量的分生孢子器，分生孢子器多为球形、扁球形，直径为 120～140μm，高 80～110μm，具有孔口，遇水后从孔口喷射出分生孢子。分生孢子单胞、无色，椭圆形、短棒状，大

Q

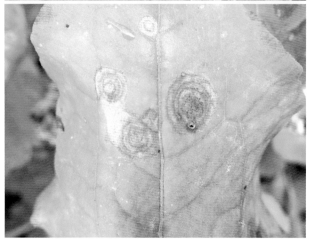

图 1　荞麦轮纹病症状（卢文洁提供）

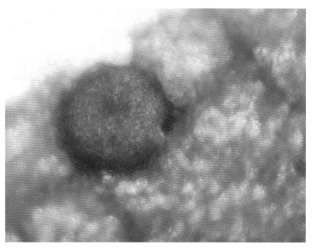

图 2　草茎点霉分生孢子器（卢文洁提供）

小为 5～9μm×2～3.5μm。

侵染过程与侵染循环　病原菌主要以菌丝体或分生孢子在土壤、病株残体或种子上越冬。带菌种子出苗后，病原菌在寄主体内侵染危害。菌丝体、分生孢子或分生孢子器通过气流传播，落到健康植株的叶或茎部后，菌丝体直接通过伤口或孔口侵染或分生孢子萌发侵入叶片或茎部，造成叶片、茎部感染，导致病害发生。

病原菌主要以菌丝体、分生孢子或分生孢子器在土壤或土表的病株残体和荞麦种子上越冬，成为翌年的病害初侵来源。翌年，越冬的病原菌从荞麦的叶部、茎部侵入寄主。在荞麦生长中，在适宜的条件下，病株上产生的分生孢子、菌丝体等借风和雨水传播，对健康的荞麦叶片、茎部进行侵染，造成植株再次受侵染危害。因此，在荞麦植株的整个生长季节，发病植株产生的分生孢子通过传播可造成植株受到反复侵染危害。

流行规律　在温度、湿度适宜的气候条件下，荞麦从幼苗到成熟期的整个生育阶段均可感染发病。田间播种密度大，荞麦植株生长茂密，造成田间不易通风、湿度大时病害较易发生。在植株生长后期，雨水相对较为集中的季节，病害发生较为严重。多年连作荞麦的大田，田间植株病残体较多，土壤中菌量积累较大的田块发病较重。

防治方法　荞麦轮纹病在不同环境条件下发生危害的严重程度不同，因此，在病害的防治中，主要以预防病害为主，根据病害的发生情况，综合利用多种防治措施，从而对病害进行有效合理的防控。

选用抗病品种　利用或轮换抗病品种是防治荞麦轮纹病最经济有效的措施之一，不同的荞麦品种对轮纹病的抗性差异显著。在病害发生严重的种植区，应选种抗病性强的品种，以减轻病害的发生。

农业防治　适当调节播种期，尽可能错开病害发生的高峰期，以减轻发病的程度。合理密植，控制播种量，形成不利于病害发生的田间小气候。合理施肥、灌溉，促使植株生长健壮，提高植株的抵抗力。

化学防治　在发病初期，可选用 50% 甲基硫菌灵 700 倍液、24% 腈苯唑 1500 倍液、70% 代森锌 500 倍、50% 多菌灵 1000 倍等药剂进行防治。每隔 5～7 天喷施 1 次，连续喷施 2～3 次。药剂轮换交替使用，喷施药剂后如下雨，则进行补施。

参考文献

卢文洁，孙道旺，何成兴，等，2017. 云南荞麦轮纹病的发生及病原菌鉴定 [J]. 中国农学通报，33 (9): 154-158.

中国农业科学院植物保护研究所，中国植物保护学会，2015. 中国农作物病虫害 [M]. 3 版. 北京：中国农业出版社.

（撰稿：卢文洁；审稿：王莉花）

荞麦霜霉病　buckwheat downy mildew

由荞麦霜霉引起的、危害荞麦叶片的一种真菌性病害。

发展简史　早在 1910 年法国 Ducomet 首先报道了荞麦霜霉病及病原菌特征特性，指出该病原菌的形态与同属蓼科植物上的蓼霜霉（*Peronospora polygoni* A. Fischer）和酸模霜霉（*Peronospora rumicis* Corda）相似。1922 年，苏联科学家 Elenev 研究荞麦霜霉菌时指出，该菌能侵染荞麦花和发育中的荞麦种子；接种苦荞麦［*Fagopyrum tataricum*（L.）Gaerth.］后将其侵染致病，但不能危害蓼属和酸模属植物，于是 Elenev 将此菌命名为荞麦霜霉菌（*Peronospora fagopyri*

Elenev）。1929 年，荞麦霜霉病在波兰发生，Siemaszko 和 Jankowska 将霜霉菌定名为 *Peronospora ducometii* Siemaszko & Jankowska，之后该菌名广为接受。但依据命名优先权，应恢复用 *Peronospora fagopyri* 名称。

由真菌 *Peronospora ducometi* 引起的荞麦霜霉病的症状在 1978—1984 年间曾在加拿大曼尼托巴有报道，但几乎只在叶片上才看到过此症状，其他国家至 1984 年关于荞麦霜霉病的报道也仅论述了病害在叶部的表现，局限性病斑结合在一起就形成了大型不规则的褪色区，后常常扩大到叶片绝大部分。叶部受害区的颜色一般为浅绿色，有些圆形病纹局部出现坏死，褪色的局部病斑平均直径为 20mm。1979—1980 年调查了包括曼尼托巴荞麦生产地区，调查结果表明在曼尼托巴荞麦霜霉病由种子传播。1982 年于莫尔登内，首次见到荞麦苗期植株矮化现象。荞麦植株矮化的病原学尚未确定，可能是由种子传播过程中的系统侵染过程造成。

分布与危害　荞麦霜霉病在世界上荞麦种植区都有发生，甜荞和苦荞均可感染，尤以苗期发病所造成的损失严重。在中国主要分布于吉林、黑龙江、宁夏等地。在国外，日本、乌克兰、立陶宛、吉尔吉斯斯坦、波兰、法国、罗马尼亚、哈萨克斯坦、俄罗斯等均有发生。

荞麦在整个生育期间均可受霜霉病菌的侵染。苗期症状表现为病苗矮缩，叶片出现花叶、斑纹及皱纹等症状，此时几乎不出现局限性病斑侵染的特征。在成株期主要侵染叶片，叶正面先褪色为局部病斑，平均直径 20mm，后期局限性病斑结合在一起形成大型不规则病斑，病斑的背面产生松散灰白色霉层，即病原菌的孢囊梗与孢子囊。叶片从下向上发病，多在植株的中上部叶片发生，顶部叶片有时会出现斑纹或似花叶的症状。受害严重时，叶片卷曲枯黄，最后枯死，导致叶片脱落。花器被侵染，导致花变褐，枯萎并脱落。

病原及特征　病原为荞麦霜霉（*Peronospora fagopyri* Elenev），异名 *Peronospora ducometi* Siemaszko & Jankowska，属霜霉属。菌丝寄生于组织内部，无色，无分隔，多核，不产生吸器。孢囊梗自气孔伸出，单枝或多枝，无色，大小为 264～487μm×7.0～10.5μm，平均 406μm×8.5μm，基部不膨大，主轴占全长的 2/3～3/4，二叉状分枝 4～7 次，分枝末端直，长 4.6～16μm。孢子囊椭圆形、近球形，具乳突，无色或淡褐色，大小为 16～21μm×14～18μm，平均 18.6μm×16.3μm。卵孢子球形，黄褐色或黑褐色，外壁平滑，成熟后呈不规则皱缩，直径 25～30μm。

侵染过程与侵染循环　病菌以卵孢子在寄主病残组织中越冬，或以菌丝体潜伏在茎、芽或种子内越冬，成为翌年病害的初侵染源，生长季有孢子囊进行再侵染。卵孢子和孢子囊借流水传播，萌发产生游动孢子。游动孢子接触寄主后，失去鞭毛，生出芽管和压力胞，芽管侵入寄主组织后，发展为菌丝。叶片褪绿斑的背面产生孢囊梗与孢子囊，孢子囊随风、雨扩散形成再侵染。在荞麦生长后期，病菌在寄主叶片组织内产生卵孢子，收获时卵孢子又随病残组织落入土壤中越冬（见图）。

霜霉菌主要靠气流或流水传播，有的也可以靠介体昆虫或人为传播。另据国外报道，病菌也可以由种子传播。

流行规律　影响荞麦霜霉病发病的主要因素是菌源量、降水量、气温、品种抗性等因素。病菌萌发侵染的温度为 10～26°C，适温为 19～20°C，出现症状的湿度为 15%～25%，高湿特别是淹水情况下对发病有利。在中国南方，温湿条件适宜的地区可周年进行侵染，故温暖高湿环境有利于发病。连作地块利于病原菌的积累，发病严重。低洼容易积水地块发病重。

防治方法　荞麦霜霉病是一种以病残组织为载体的侵染性病害，它的发生和流行与品种抗病性、栽培耕作措施、病菌生理小种以及气候条件和环境条件有关，因素复杂，因此，荞麦霜霉病的防治应该以抗病良种为主，种子处理、农业防治和化学防治为辅的综合防治措施进行防病。

选择抗病品种　选择发病轻或抗病性较好的品种是防治该病的有效方法。但是对荞麦霜霉病的抗性丧失尚未进行充分鉴定，哪些品种抗病性好还有待筛查。

农业防治　荞麦收获后，清除田间的病残植株；深耕翻地，将枯枝落叶等带病残体翻入深土层内，减少翌年侵染源；合理轮作倒茬，减少病原菌，降低发病率；加强田间苗期管理，多施充分腐熟的有机肥，增施磷钾肥，少施氮肥，促进植株生长健壮，提高自身的抗病能力。

种子处理　用 40% 五氯硝基苯粉剂或 70% 敌磺钠粉剂拌种，用量为种子重量的 0.05%，晾干后播种。

化学防治　进入病害发生期，但还未发病时，可使用保护剂进行保护。常见保护剂主要有 50% 硫悬浮剂 500～800 倍液、45% 石硫合剂结晶 300 倍液、50% 退菌特可湿性粉 800 倍液、75% 百菌清可湿性粉剂 500 倍液、80% 代森锰锌可湿性粉剂 400 倍液等。当发病率达到 5% 以上时，喷 40% 乙膦铝可湿性粉剂 200～300 倍液或 25% 甲霜灵（瑞毒霉）可湿性粉剂 800～1000 倍液。病害严重时，喷布克露 600～750 倍和抑快净 2000～2400 倍可收到较好的防效。此外，退菌特 1000 倍液、20% 的三唑酮乳油 1500 倍喷雾、69% 烯酰吗啉·锰锌（安克·锰锌）可湿性粉剂 1000～1200 倍液、72.2% 霜霉威盐酸盐（普力克）水剂 800 倍液、1.5% 噻霉酮（立杀菌）水乳剂 800～1000 倍液等，都有较好的效果。另外，在植株发病时，也可用 80% 代森锰锌可湿性粉剂、75% 百菌清可湿性粉剂、25% 甲霜灵可湿性粉剂、40% 霜霉威水剂等进行喷洒防治，药剂 7～8 天

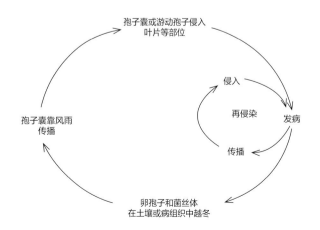

荞麦霜霉病侵染循环（朱明旗和王阳提供）

喷 1 次，连防 2～3 次。为防止病菌产生抗药性，应注意不同类型的药剂轮换、交替及混合使用。

参考文献

ZIUMUMER R C, 1984. 荞麦幼苗上霜霉病的新综合病症 [J]. 加拿大植物病害调查, 64(1): 7-9.

陈庆富, 2008. 荞麦生产 1000 问 [M]. 贵阳: 贵州民族出版社.

黄金鹏, 2011. 荞麦种植新技术 [M]. 武汉: 湖北科学技术出版社.

中国农业科学院植物保护研究所, 中国植物保护学会, 2015. 中国农作物病虫害 [M]. 3 版. 北京: 中国农业出版社.

（撰稿：高金锋；审稿：冯佰利）

茄科蔬菜白粉病　solanaceous vegetables powdery mildew

由白粉菌引起的、危害茄科蔬菜的一种真菌病害，是一类世界性植物病害。

发展简史　以番茄、辣椒、茄子为例，其他茄科蔬菜的白粉病可以此为参考。20 世纪 70 年代末，番茄白粉病在日本和澳大利亚被发现；随后，在欧洲和美洲也被发现，并逐渐扩展蔓延，在个别地区大发生。番茄白粉病病原被不同的学者鉴定为不同的真菌，Simonse 将荷兰番茄白粉病病原鉴定为 *Podosphaera fuliginea*（syn. *Sphaerotheca fuliginea*），Fletcher 等将英格兰南部番茄白粉病病原鉴定为 *Erysiphe* sp.，Bélanger & Jarvis、Kiss、Olalla 和 Tores 将加拿大、匈牙利和西班牙番茄白粉病病原鉴定为 *Erysiphe* sp.。Neshev 将保加利亚番茄白粉病病原鉴定为 *Oidium* sp.；Whipps 等根据番茄白粉病菌的形态特征和寄主范围，将其鉴定为 *Oidium lycopersicum*。Kiss 等采用形态学（含扫描电镜观察）和分子生物学相结合的方法将世界不同种植区的番茄白粉病菌鉴定为两种，一种是新番茄假粉孢 [*Pseudoidium neolycopersici*（syn. *Oidium neolycopersici*）]，另一种是番茄真粉孢 [*Euoidium lycopersici*（syn. *Oidium lycopersici*）]，这也是公认的番茄白粉病的病原。

辣椒白粉病 1919 年在中国台湾就有报道。Moore 将在佛罗里达发现的辣椒白粉病报道为菊戈洛文白粉菌 [*Golovinomyces cichoracearum*（syn. *Erysiphe cichoracearum*）]，Amano 在 *Host range and geographical distribution of the powdery mildew fungi* 一书中记载澳大利亚、巴巴多斯、智利和菲律宾等多地的辣椒白粉病由 *Oidium* sp. 引起，Blazquez 报道由 *Oidiopsis* sp. 引起红辣椒白粉病，Georghiou 和 Papadopoulos、Paul 和 Thakur 及 Wiehe 分别报道了塞浦路斯、印度和毛里求斯的辣椒白粉病由 *Oidiopsis taurica* 引起。公认的引起辣椒白粉病的病原是鞑靼内丝白粉菌（*Leveillula taurica*），首次在美国的佛罗里达被发现，到 20 世纪 90 年代后期，该菌传播到亚利桑那州、爱达荷州、纽约州、俄克拉荷马州、犹他州等美国各州，以及墨西哥和加拿大的安大略省。

茄子白粉病病原曾先后被鉴定为 *Golovinomyces cichoracearum*（syn. *Erysiphe cichoracearum*）、*Golovinomyces orontii*（syn. *Euoidium orontii*，*Euoidium polyphaga*），*Erysiphe* sp.，*Euoidium longipes*、*Leveillula solanacearum*、*Leveillula taurica*、*Oidiopsis solani*、*Oidiopsis taurica*、*Oidium* sp.、*Oidium solani*、*Podosphaera* sp.、*Podosphaera fuliginea*（syn. *Sphaerotheca fuliginea*）和 *Podosphaera xanthii*，比较公认的是 *Euoidium longipes*、*Podosphaera xanthii*、*Leveillula taurica* 等三种。

分布与危害　20 世纪 70、80 年代，在日本、澳大利亚、英国等国家发现了番茄白粉病，随后在欧洲和北美洲很多国家陆续有发生报道，并成为这些地区番茄生产上的重要病害之一，给番茄生产造成了较大的经济损失。在中国，番茄白粉病分布于辽宁、吉林、黑龙江、内蒙古、甘肃、宁夏、新疆、河南、贵州、云南、北京和四川等地。

1971 年，辣椒白粉病在美国被发现后，一直只是零星发生。至 20 世纪 90 年代初，该病危害逐渐严重，并遍及巴西、加拿大、美国、法国、英国等国家和亚洲、非洲等地区；随后，几乎在所有辣椒种植地区都有发生。在中国，1919 年有在台湾地区发生辣椒白粉病报道；1941 年在大陆有该病的记载。自 20 世纪末，该病相继在广东、宁夏、甘肃、新疆、湖南、湖北、云南、贵州、北京、天津和青海等地发生危害，且逐年加重。

与前两种白粉病相比，茄子白粉病处于偶发阶段。20 世纪初，乌兹别克斯坦曾发生过较为严重的茄子白粉病。20 世纪 90 年代以来，中国西藏、黑龙江、吉林、浙江、上海、湖南、湖北、四川和山东等地相继发现白粉病菌危害茄子，在个别地区上升为茄子主要病害。

白粉病在茄科蔬菜的整个生育期均可发生，主要危害叶片、叶柄、茎和果实。初期在叶面现褪绿小点，后扩大呈不规则斑；斑上生白色粉状物，即病菌的菌丝、分生孢子梗及分生孢子；病斑再扩大可连接成片乃至布满整个叶片。辣椒白粉病主要发生在叶背。随着温室蔬菜种植面积的增加，白粉病在茄科蔬菜生产中有逐年加重趋势，一般年份发病率 5%～15%，严重地块达 80%～100%，已经成为无公害蔬菜生产的重要病害。

番茄叶片、叶柄、茎和果实均可染病，其中叶片发病重，茎次之，果实受害少。叶片发病时，一般下部叶片先发病，逐渐向上部发展。发病初期，叶面出现褪绿小点，扩大后呈近圆形或不规则形粉斑，粉斑上的粉是病原菌分生孢子梗和分生孢子。起初粉斑小而薄，后逐渐加大、加厚，严重时布满整个叶片（图 1 ①）；抹去白粉可见组织褪绿。有些病斑发生于叶背，病部正面边缘现黄绿色不明显斑块。病害后期，叶片变黄发褐逐渐枯死。其他部位染病时，病部也产生白粉状病斑。

辣椒白粉病主要危害叶片，严重时嫩茎和果实也能受害。多从植株下部老叶开始发病。最初在叶片背面的叶脉间产生小块薄的白色霜状霉丛，不久在叶正面开始褪绿，出现淡黄色不规则斑块（图 1 ②）。随着病害的发展，病斑扩大，病斑界限变得不明显，白粉增加，严重时布满整个叶片，叶片逐渐变黄，叶柄出现离层脱落。到后期叶片从底部老叶开始逐渐变黄，并大量脱落，仅留顶端数片嫩叶，果实不能正常生长，对产量和质量有很大影响。

图1 茄科蔬菜白粉病田间症状（刘淑艳提供）
①番茄病株；②辣椒病叶；③茄子病株

茄子白粉病主要危害叶片，叶柄和果实等也可受害。叶片正面症状明显，背面发生较少（图1③）。叶面初现不定形褪绿小黄斑，病斑近乎放射状扩展。菌丝体在叶面上形成白色或灰白色、粉状或绒絮状、近圆形病斑。随着病情的发展，病斑数量增多，病斑上粉状物日益明显而呈白粉斑，白粉斑相互连合成白粉状斑块，使叶片大部分或整片布满粉状物。叶柄初生圆形、白色霉斑，中后期大部分叶柄覆盖霉层。果实上，首先受侵害的是果柄及果萼，霉斑近圆形或不定形，霉斑较大，霉层更趋于绒絮状。果面上一般无霉斑产生，只有当果实发育不良或出现生理裂果时果面上才有白色霉斑，且霉斑较大，霉层较厚。叶片和果实上霉斑均未见有性阶段。

病原及特征

番茄白粉病的病原　番茄白粉病病原菌有2个种，即新番茄假粉孢［*Pseudoidium neolycopersici*（L. Kiss）L. Kiss］和番茄真粉孢［*Euoidium lycopersici*（Cooke & Massee）U. Braun & R. T. A. Cook］。前者是引起澳大利亚以外地区番茄白粉病的病原，后者引起澳大利亚地区番茄白粉病。在中国主要是新番茄假粉孢菌。

新番茄假粉孢菌的分生孢子梗直立，简单不分枝，多为3个细胞，大小为59.8～124.8μm×6～96μm；其脚胞柱形，上接1～2个短细胞，大小为58.4μm×5.1μm（图2①）。分生孢子椭圆形至圆形，单生于分生孢子梗的顶端，其着生基部平且略有缢缩，分生孢子大小为23～39μm×10～20μm（图2②）；分生孢子一端萌发产生裂片状芽管，附着胞乳突状或浅裂片（图2③）。菌丝无色、有隔，附着器裂瓣形，单生或对生（图2④）；吸器球形，未发现有性世代。

辣椒白粉病的病原　辣椒白粉病病原菌的有性态为鞑靼内丝白粉菌［*Leveillula taurica*（Lév.）G. Arnaud］，属内丝白粉菌属，无性态为鞑靼拟粉孢［*Oidiopsis taurica*（Lév）E. S. Salmon.］。菌丝叶双面生，以背面为主；分生孢子梗从气孔伸出，单生或数枝丛生，分枝发达，大小为121～289μm×5～7μm，脚胞长为69～102μm，脚胞上部着生1～2（或3）个细胞（图3①）；分生孢子单生，表面粗糙，初生分生孢子披针形，倒棍棒形，顶端稍尖，大小为57～68μm×11～19μm，次生分生孢子椭圆形到柱形（图3②），大小为55～68μm×8～16μm，分生孢子两端萌发产生芽管，芽管菌丝状（图3③）。

茄子白粉病的病原　病原菌为*Euoidium longipes*、苍耳叉丝单囊壳［*Podosphaera xanthii*（Castagne）U. Braun et Shishkoff］、鞑靼内丝白粉菌3种，其中鞑靼内丝白粉菌的形态特征见图3。*Podosphaera xanthii*的形态如图4，菌丝无色、多分枝、不规则；分生孢子梗菌丝状近无色，全壁体生式产孢，分生孢子2～5个串生，向基式成熟，单胞，带微黄色，短椭圆形或圆柱形，有纤维体，大小为22～38μm×15～20μm。未见闭囊壳产生。

侵染过程与侵染循环　分生孢子接触茄科蔬菜叶片后萌发形成芽管，芽管顶部膨大形成附着胞，并在芽管基部产生一个隔膜，在附着胞下形成侵染钉侵入寄主表皮细胞，侵染钉的顶部膨大形成吸器中心体，再发育成吸器；吸器吸收营养后供表面菌丝生长，又由菌丝再侵入寄主表皮细胞形成次生吸器，如此反复多次菌丝扩展并形成菌丝体；菌丝体生长一定阶段后产生分生孢子梗；分生孢子梗再产出单生或串生的分生孢子。

在温暖地区或温室内，病菌无明显的越冬现象，菌丝及分生孢子可在病株上存活，分生孢子不断产生，可进行多次再侵染。在寒冷的地区，病菌主要以温室活寄主或多年生其他寄主植物内的分生孢子或菌丝体越冬，成为翌年的初侵染源。分生孢子主要靠风进行传播，特别是可被大风吹到很远的地方，萌发后以侵染丝直接侵入寄主表面细胞。蔬菜生长中后期发病较多，露地多在7～8月中下旬至9月上旬天气干旱时易流行。以番茄白粉病为例展示茄科蔬菜白粉病的病害循环（图5）。

流行规律　茄科蔬菜白粉病菌通常不产生有性世代，初侵染来源主要为分生孢子和菌丝。在中国北方，病原菌主要在温室的活寄主上越冬，而在南方病原菌无明显的越冬现象，可以一直产生孢子进行反复侵染。气流是茄科蔬菜白粉病传播的主要途径，分生孢子随气流在田间或温室中传播，分生孢子可在适宜条件下萌发侵染，从叶面直接侵入。雨水或灌溉也是病原菌的传播途径，病原孢子随水滴冲刷或飞溅从发病植株传播到健康植株。茄科蔬菜白粉病的发病程度与品种抗病性、环境条件、栽培管理等因素密切相关。

品种抗病性　尚未发现免疫品种，但不同蔬菜、不同品种间抗病、耐病性存在较大差异。番茄几乎没有抗白粉病的品种，中国对番茄白粉病抗性研究还处于起步阶段。其他蔬菜抗白粉病的品种也很少，所以种植多抗性或耐热、耐寒、耐涝的蔬菜品种，加强肥水管理，提高植物的生长势，是防治白粉病较有效的方法。

环境条件　白粉菌分生孢子萌发适宜温度为20～28℃，最佳萌发温度为25℃左右，相对湿度50%～80%有利于病害的发生和流行，而长时间降雨则会抑制病害蔓延。凡枝叶荫蔽，通风不好，光照不足，排水不良，株间湿度大，植株长势弱，偏施氮肥及邻近温室、大棚的田块易于发病，尤以高温时晴雨交替，天气闷热更易于流行。温室和大棚蔬菜通常比露地蔬菜发病早且重，主要原因是室内和棚内湿度大、温度高，有利于分生孢子的大量繁殖和病害的迅速蔓延。

栽培管理　偏施氮肥，尤其是速效氮肥，植株徒长，抗病性降低，则发病重；而以有机肥为主，增施磷钾肥，植株生长健壮，抗病性增强，发病轻且果实品质好。温室内光照不足、通风不良、空气相对湿度大、种植密度大、施肥不合理、灌水量过大等，都有利于发病。

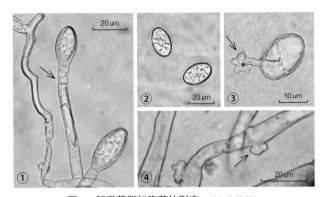

图2　新番茄假粉孢菌的形态（刘淑艳提供）

①分生孢子梗；②分生孢子；③萌发的分生孢子；④附着器

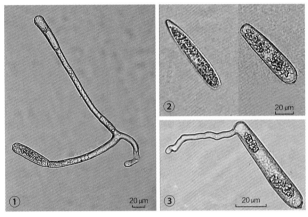

图3　鞑靼内丝白粉菌的形态（刘淑艳提供）

①分生孢子梗；②分生孢子（初生分生孢子和次生分生孢子）；③芽管

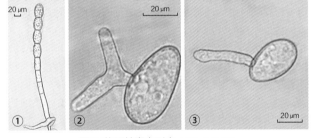

图4　苍耳单囊壳形态（刘淑艳提供）

①分生孢子梗；②③芽管

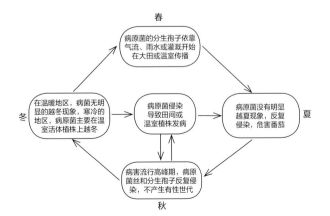

图5　番茄白粉病病害循环示意图（刘淑艳提供）

植株生长期　不同生长阶段，植物对白粉病的抗性不同。番茄白粉病从苗期到成株期均可发病，生长后期发病更为严重。辣椒白粉病经常最先在第6～10叶位的叶片上发病，随着植株的生长，抗病性逐渐减弱，结果期比初花期和幼苗期的植株更易感病。

防治方法　茄科蔬菜白粉病的防治策略应采取以种植抗病品种和加强栽培管理为主、化学防治等为辅的综合防治措施。具体应抓好以下环节：

种植抗病的品种　番茄、茄子、辣椒选用多抗品种，重在提高作物的生长势。

农业防治　加强光温、肥水调节等苗期田间管理工作，选择地势较高、排灌良好的地块定植。合理密植，避免栽植过密；及时摘除植株下部的重病叶，带出地块进行烧毁或深埋；科学浇水，降低植株间空气湿度。合理施肥，如茄子是喜钾、钙蔬菜，茄子中后期对钾、钙的需求量很大，因此，在及时补施一定的氮肥和磷肥的基础上，要施足钾、钙肥，促使植株稳健生长，增强抗病力。

化学防治　发病前，使用保护剂进行防护，可选用50%硫黄悬浮剂500倍液、70%代森锰锌可湿性粉剂500～600倍液。

病害发生后可用2%武夷菌素（Bo-10）水剂150倍液、或2%农抗120水剂150倍液、或70%甲基托布津可湿性粉剂1000倍液、或50%多霉灵可湿性粉剂800倍液、或65%甲霉灵可湿性粉剂800倍液、或75%百菌清可湿性粉剂700倍液、或50%福美双可湿性粉剂700倍液喷雾防治，隔7～10天喷1次，连续2～3次；或用15%三唑酮可湿性粉剂1500倍液或20%三唑酮乳油2000倍液（安全间隔期20天）防治，施药间隔10～15天。

白粉病菌对一些药剂容易产生抗性，应注意药剂的选择和轮换使用。如产生抗性可用40%氟硅唑乳油8000倍液、或12.5%腈菌唑乳油2500～3000倍液、或10%苯醚甲环唑水分散粒剂2000倍液、或25%嘧菌酯悬浮剂1000～1500倍液、或50%醚菌酯干悬浮剂3000倍液等防治。国外研究报道使用生物杀菌剂AQ10（为白粉寄生孢 Ampelomyces quisqualis Ces. ex Schlechtend. 的分生孢子的颗粒状制剂），可减少菌落内接种体数量的产生。

棚室消毒。大棚栽培时，可选用烟雾法或熏蒸法，常用的有硫黄或百菌清烟剂，即定植前几天，将棚室密闭，每100m³用硫黄粉250g，锯末500g掺匀后，分别装入小塑料袋放置在棚室内，于晚上点燃熏1夜，用此法注意安全防火。

参考文献

刘永春，张红玲，2017. 7种杀菌剂防治番茄白粉病药效评价及应用[J]. 现代农药 (3): 54-56.

王进明，屈星，陈秀蓉，等，2009. 番茄白粉病田间扩展流行规律与药剂防治试验[J]. 植物保护 (3): 106-110.

张燕，2012. 西昌地区茄子白粉病病原菌的初步鉴定及分生孢子的萌发特性[J]. 中国蔬菜 (2): 87-92.

AMANO K, 1986. Host range and geographical distribution of the powdery mildew fungi[M]. Tokyo: Japan Scientific Societies Press.

ELAD Y, MESSIKA Y, BRAND M, et al, 2007. Effect of microclimate on leveillula taurica powdery mildew of sweet pepper[J].

Phytopathology, 97(7): 813-824.

　　KISS L, COOK R T A, SAENZ G S, et al, 2001. Identification of two powdery mildew fungi, *Oidium neolycopersici* sp. nov. and *O. lycopersici*, infecting tomato in different parts of the world[J]. Mycological research, 105(6): 684-697.

　　LIU S Y, MEN X Y, LI Y, 2015. First report of powdery mildew caused by *Podosphaera xanthii* on *Solanum melongena* (eggplant) in China[J]. Plant disease, 99(12): 1856.

（撰稿：刘淑艳；审稿：王汉荣）

茄科蔬菜白绢病　solanaceous vegetables southern blight

　　由齐整小核菌侵染番茄、茄子、辣（甜）椒等茄科蔬菜引起的茄科蔬菜上一种普遍发生的真菌病害。

　　分布与危害　白绢病在茄科蔬菜种植区普遍发生，浙江、湖南、江西、湖北、四川、重庆、江苏、安徽等地发生较重；福建、贵州、云南、广东、广西、山东、山西等地也有不同程度的发生。一般的发病株率为5%～10%，严重时达30%以上。除茄科蔬菜外，还危害62科200多种植物。

　　该病主要危害茄科蔬菜植株茎基部或根颈部。在气候凉爽干燥时节，受害部呈"乱麻状"干腐，仅存导管纤维；在潮湿环境下，被害部呈黄褐色至褐色湿腐，在病害中后期，受害部布满白色绢丝状菌丝并向四周蔓延，常产生油菜籽状小菌核。罹病茄科蔬菜植株生长不良，地上部叶片变小，枝梢节间缩短，中下部叶片渐渐黄化，嫩梢凋萎，后萎蔫枯死，一般不倒伏。果实也可发病，发病后果实湿腐，上生白色绢丝状菌丝体和菌核（见图）。

　　病原及特征　病原为齐整小核菌（*Sclerotium rolfsii* Sacc.），属小菌核属真菌。该菌有性态少见，为罗耳阿太菌［*Athelia rolfsii*（Curzi）Tu & Kimbr.］，属膏药菌科。菌丝无色，具隔膜，在PDA上，呈白色棉絮状或绢丝状。菌核由菌丝构成，外层为皮层，内部由拟薄壁组织及中心部疏松组织构成；球形或近球形，紧贴于寄主上，初白色，老熟后呈茶褐色，直径0.5～3mm。该菌菌丝不耐干燥，发育适温32～33℃，最高40℃，最低8℃；适宜pH 1.9～8.4，最适pH 5.9。

　　侵染过程与侵染循环　白绢病菌是一种土壤习居菌。主要以菌核、菌丝体在土壤、病残体、腐殖质或种子等上越冬。菌核抗逆性强，耐低温，在−10℃或通过家畜消化道后尚可存活；在自然条件下经5～6年仍具萌发力。病菌随水流、病土、肥料、农事操作或种子传播。翌年环境条件适宜时，菌核萌发产生菌丝，从根部或近地表茎基部侵入，形成中心病株，再向四周蔓延。

　　流行规律　病菌喜高温、高湿的环境，高温多雨易造成病害流行，最适发病温度为30～35℃。在浙江常年于4月下旬开始发病，6～10月高温多雨季节为发病盛期。在酸性至中性的土壤和砂质土壤中易发病，病菌菌丝在pH 3～9时均能生长，pH为4.0～6.0时生长最快，pH为5时菌核产生量最大；菌核在pH为4.0～9.0均能萌发，pH为5～7时菌核萌发最适。连作由于土壤中病菌积累多会加重白绢病的发生。

　　防治方法　应采用农业防治为主、化学防治为辅的综合防治技术。

　　选用无病种子，进行种子处理　生产上应选择无病的、抗病性较好的茄科蔬菜种子。茄科蔬菜栽种前应进行处理，可用5%戊唑醇ME1500倍液、25%嘧菌酯EC1000倍液、25%咯菌腈FSC1000倍液、25%咪鲜胺EC1000倍液或50%异菌脲WP1000倍液，浸种子30～60分钟。

　　实行轮作与土壤处理　实行合理轮作，选择地势高燥、排水良好的地块种植，不宜与白术、花生、地黄、玄参、附子等作物连作，有条件的可实行水旱轮作，效果更好。

　　土壤处理　一是调节土壤酸度。在栽前每亩施50～75kg生石灰，提高土壤的pH；生长期间及时挖除病株及周围病土，并撒施适量生石灰。二是在冬季农闲时节，深耕和灌水浸渍，翌年春耕种植茄科蔬菜。

　　科学肥水管理　雨季及时开沟排水，避免土壤湿度过

白绢病症状（王汉荣提供）
①番茄白绢病症状；②茄子白绢病症状

大。提倡使用充分腐熟的有机肥和适当追施硫酸铵、硝酸钙、增施磷、钾肥和含有中微量元素的微肥，确保茄科蔬菜健壮生长。

生物防治　在病株基部撒覆拌有哈茨木霉（*Trichoderma harzianum* Rifai）的细土，混匀后，能有效地控制该病发展。

化学防治　发病初期，可用 5% 戊唑醇微乳剂 540g/hm²、25% 嘧菌酯乳油 891g/hm²、25% 咯菌腈悬浮种衣剂 337g/hm²、25% 咪鲜胺乳油 607g/hm² 灌根。可用 50% 多菌灵可湿性粉剂、或 50% 多·霉威可湿性粉剂、或 25% 咪鲜胺乳油、或 50% 腐霉利可湿性粉剂、或 98% 噁霉灵可湿性粉剂等药剂 800～1000 倍液等喷雾防治，每 7～10 天喷 1 次，连续 3～4 次。

参考文献

李宝聚，周艳芳，李金平，等，2010.博士诊病手记（三十）番茄匍柄霉叶斑病（灰叶斑病）的诊断与防治 [J]. 中国蔬菜 (23): 24-26.

吕佩珂，李明远，吴钜文，等，1992.中国蔬菜病虫原色图谱[M].北京：农业出版社.

王就光，郭小密，1984.辣椒白绢病的防治研究 [J]. 华中农业大学学报，3(2):41-46.

魏景超，1979.真菌鉴定手册 [M].上海：上海科学技术出版社.

严凯，高丽丽，刘芳，等，2008.辣椒白绢病菌的生物学特性及其防治效果 [J].山地农业生物学报，27(1): 24-28.

RAMALLO A C, HONGN S I, BAINO O, et al, 2005. *Stemphylium solani* in greenhouse tomato in Tucuman, Argentina[J]. Fitopatologia, 40: 17-22.

（撰稿：王连平；审稿：王汉荣）

茄科蔬菜猝倒病　solanaceous vegetables damping-off

由腐霉菌引起的，危害番茄、茄子、辣椒、甜椒茎基部为主的一种卵菌病害。又名茄科蔬菜绵腐病，俗称茄科蔬菜歪脖子，南方地区称为茄科蔬菜小脚瘟。是茄科蔬菜苗期的重要病害之一。

分布与危害　在世界各地均有不同程度的发生，几乎所有番茄、茄子、辣椒与甜椒均可受到危害。

危害苗期的不同生长阶段。发生在出苗前，引起种腐和死苗，称为苗前猝倒（pre-damping off）；发生在出苗后，主要引起猝倒。当种子萌发后至出土前，病原菌侵入下胚轴，使下胚轴成水渍状，引起种苗腐烂，通常不能出土。苗床上最常见的猝倒发生在初出土至出土后 20 天内的幼苗。病原菌侵染近土壤的茎基部，受害部位呈水渍状，有时茎基部纵向缢缩，受害后秧苗在 24～48 小时内即倒伏，刚倒伏时，叶片尚绿色未凋萎（图 1），故称"猝倒"。土壤潮湿时，倒伏苗的表面会长出白色菌丝。

病原及特征　病原菌主要是腐霉属的多种腐霉，种类因地而异，在浙江，引起蔬菜苗期猝倒病主要腐霉种为刺腐霉（*Pythium spinosum* Sawada）（图 2）和终极腐霉变种（*Pythium*

ultimum var. *ultimum* Trow）（图 3）。有些地区主要以瓜果腐霉［*Pythium aphanidermatum*（Eds.）Fitz.］（图 4）为主。

刺腐霉　菌丝无色，无隔膜，主菌丝宽 7.5μm，孢子囊球形、亚球形或柠檬形（图 2①②），直径 10.2～25.8μm，平均 19.3μm，顶生或间生，室温下未见游动孢子形成。藏卵器球形、亚球形，顶生、间生或切生，表面具长短不等，但上下粗细均匀、顶钝的指状突起（图 2③④⑤），刺长 2.2～12.6μm，平均 7.8μm，刺宽 1.3～4.2μm，平均 2.8μm，每个藏卵器具 1～3(4) 个雄器，多数为 1 个，典型同丝生，

图 1　辣椒、茄子、番茄猝倒病症状（吴楚提供）
①辣椒猝倒病；②茄子猝倒病；③番茄猝倒病

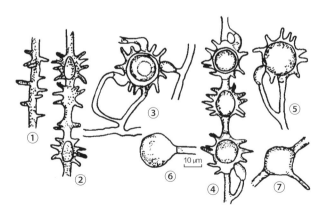

图 2　辣椒猝倒病菌（刺腐霉）（仿《中国蔬菜病虫原色图谱续集》）
①刺状菌丝；②～⑤藏卵器、雄器、卵孢子；⑥～⑦孢子囊

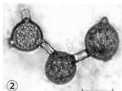

图 3 终极腐霉变种（标尺 =20μm）（楼兵干提供）
①②孢子囊；③④藏卵器与雄器

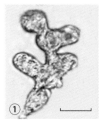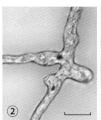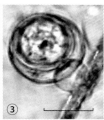

图 4 瓜果腐霉（标尺 =20μm）（楼兵干提供）
①②孢子囊；③④藏卵器与雄器

偶见异丝生，雄器细胞稍膨大或呈弯曲的棍棒状，以顶端与藏卵器相接触。卵孢子球形，光滑，满器，间或不满器，直径 10.0～25.5μm，平均 18.6μm。

菌丝生长的最低和最高温度分别为 5℃ 和 35℃，最适宜生长的温度为 20～25℃。

终极腐霉变种　菌丝无色，无隔膜，菌丝宽 5.0～8.0μm，平均 6.5μm。孢子囊球形、亚球形，直径 10.0～25.0μm，平均 19.5μm，顶生或间生（图 3①②），室温下未见游动孢子形成。藏卵器球形、平滑，多顶生，较少间生，罕见切生，直径 13～30.0μm，平均 23.0μm，每个藏卵器上具 1～2 个雄器，多数 1 个，典型同丝生，无柄紧挨藏卵器，少数异丝生有柄，罕见雄器下位和同丝生有柄（图 3③④）。雄器细胞棒状或袋状。卵孢子球形，不满器，直径 11.5～21.0μm，平均 19.4μm。

菌丝生长的最低和最高温度分别为 5℃ 和 40℃，最适宜生长的温度为 20～25℃。

瓜果腐霉　菌丝无色，无隔膜，宽为 3.1～9.5μm。孢子囊由菌丝状膨大、不规则分支和裂片状的复合体组成（图 4①②）。20～30℃ 下均能形成游动孢子，静止孢直径 9.3～13.6μm，平均 10.8μm。藏卵器光滑，球形，直径为 23.8～31.3μm，平均 28.3μm，顶生，偶间生（图 4③④）。雄器多间生，有时顶生，桶状、曲颈状、袋状或近球状，大小为 10.4～16.3μm×8.5～16.6μm，同丝生或异丝生，以顶端与藏卵器相接触，每个藏卵器具 1～2 个雄器（图 4③④），多数为 1 个，卵孢子光滑，球形，直径 19.2～24.5μm，平均 20.6μm，不满器。

菌丝生长的最低和最高温度分别为 10℃ 和 45℃，最适宜生长的温度为 30～35℃。

侵染过程与侵染循环　病原菌能以多种方式在土壤和植物残体中越冬，主要以菌丝体和卵孢子的方式越冬，一般可在土壤中存活 2～3 年以上，卵孢子可以在土壤中存活 10 年以上。在大棚、温室等保护地一年四季均有寄主植物的存在，病原菌无需越冬，可以反复辗转危害。种子播后吸水浸透 24～48 小时后，卵孢子萌发侵入正在发芽的种子，引起种腐、根腐和出苗前的腐烂，出苗后侵染茎基部，引起猝倒和立枯。病原菌通过雨水、农事操作以及使用带菌粪肥传播蔓延。病菌在植株被侵入部位发育繁殖，不断产生新的子实体，进行再侵染，所以田间可见以中心病株为基点、向四周辐射蔓延形成"斑块状"发病区（图 5）。

流行规律　苗床土低温、高湿有利于病害的发生。大多数蔬菜育苗期间的土温一般在 15～20℃，适宜终极腐霉、刺腐霉等多数腐霉菌生长，苗期猝倒病发生轻重主要取决于土壤湿度。其原因是，土壤湿度高，一是满足腐霉菌生长、孢子萌发及侵入的水分需求；二是妨碍根系生长和发育，降低抗病力。

苗床地势低洼、缺乏阳光、通风性能差、排水不畅、播种过密、间苗不及时、浇水过量、偏施氮肥、苗床加温不匀使床温忽高忽低等均不利菜苗生长，反而有利病害的发生。

播种到出苗这一时段是易感病的时期，幼苗子叶中养分耗尽而新根尚未扎实及幼茎尚未木栓化这一时段是最易感病时期，出苗 20 天后，一般不再发生猝倒病。

防治方法

加强苗床管理　一切有利于种子萌发和种苗快速增长的措施均可以减少猝倒病的发生。因此，应选择地势较高、向阳、排水良好、无毒素和除草剂残留的地块作为苗床，床土最好选用无病新土壤；使用旧苗床，播前应进行床土消毒。苗床在播种前应整平，浇透水，除去植物残体。打好基肥，氮、磷、钾混合施。播种要均匀，不宜过密；覆土要适度，不宜过厚，以促进出苗。出苗后补水不要在傍晚进行，应在早晨或晴天中午小水润灌，避免床土湿度过大。苗稍大后，晴天中午应适当放风炼苗，增强抗性；同时做好保温工作，防止冻苗而降低抗性，苗床温度不应低于 12℃，可采用双层草帘或双膜法，冷天迟揭早盖。苗出齐后，应早间苗，剔除病、弱苗，防止病害蔓延。重病区采用快速育苗或灭菌基

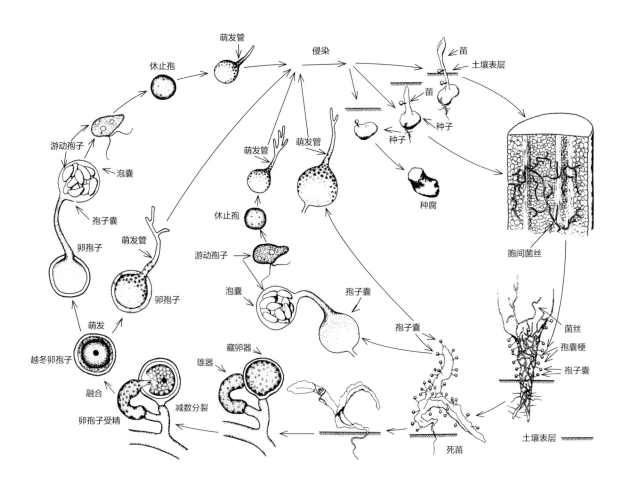

图 5　侵染过程与侵染循环示意图（仿 Agrios, 1997）

质育苗。

床土消毒　通常是对旧床播种前处理。可单用多菌灵或托布津或拌种灵或噁霉灵或敌克松或等量混合的五氯硝基苯与代森锰锌进行土壤消毒，用量 8～10g/m²。方法是将药剂与 15～30kg 细潮土混匀制得药土，取 1/3 药土铺底，播种后，再将余下的 2/3 药土覆盖种子；处理后，要保持苗床土表湿润，以防发生药害。另外，也可用 40% 甲醛 50 倍液 30～50ml/m² 喷洒苗床，再用薄膜覆盖 4～5 天，去膜放风 2 周使药剂充分挥发，然后播种。

种子处理　用 50% 福美双可湿性粉剂或 65% 代森锰锌可湿性粉剂或 40% 拌种双拌种，用药量为种子质量的 0.3%～0.4%。

营养钵或穴盘育苗　采用营养钵或穴盘育苗可大大减少猝倒病的发生和危害。营养土配制需选优质田园土和充分腐熟的有机肥按 6：4 配制，每立方米营养土中加入磷酸二铵 1kg、草木灰 5kg、95% 噁霉灵原药 50g 或 54.5% 噁霉·福可湿性粉剂 100g、70% 敌磺钠 WSP100g，与营养土充分拌匀后装入营养钵或育苗盘。也可购买灭菌基质进行育苗。

化学防治　药剂喷雾或浇灌控制病害蔓延，可用 25% 甲霜灵可湿性粉剂 600～800 倍液加 70% 代森锰锌可湿性粉剂 800～1000 倍液、或 70% 噁霉灵可湿性粉剂 2000～3000 倍液加 68.75% 噁唑菌酮·锰锌水分散粒剂 800～1000 倍液；

用药后，撒草木灰或干细土，降湿保温。

参考文献

楼兵干, 2005. 杭州地区腐霉种及腐霉属分子系统学研究 [D]. 杭州：浙江大学 .

AGRIOS G N, 1997. Plant pathology[M]. 4th ed. Boston: Elsevier Academic Press.

（撰稿：楼兵干；审稿：王汉荣）

茄科蔬菜根结线虫病　solanaceous vegetables root-knot nematodes

茄科蔬菜根结线虫侵染危害蔬菜的根部，并在根部取食与繁殖，使根部形成根结，引起地上部植株矮小、褪绿黄化、整株枯死、结果少而小、品质差等症状。土壤中根结线虫的虫口密度很高时，可引起茄科蔬菜苗期阶段萎蔫死亡。

分布与危害　在世界各蔬菜种植区均有分布与危害。中国各蔬菜产区都有茄科蔬菜根结线虫病的发生，尤其以沿海地区的砂质土壤发生最为严重，一般番茄减产 10%～15%，严重时高达 70%。根结线虫仅侵染危害茄科蔬菜根部，受害蔬菜根部形成大小与形状不等的瘤状物（根结），这是根结线虫病的特异症状（图1）。根系畸形如鸡爪状，肿大粗糙。根结黄褐色至黑褐色，剖开根结可见许多白色柠檬形雌虫，有时可见蠕虫形雄虫。根结线虫侵染马铃薯块茎后使其表面粗糙不平。

病原及特征　根结线虫隶属于根结线虫属（*Meloidogyne*）。茄科蔬菜根结线虫主要包括南方根结线虫［*Meloidogyne incognita*（Kofoid et White）Chitwood］、爪哇根结线虫［*Meloidogyne javanica*（Treub.）Chitwood］、北方根结线虫（*Meloidogyne hapla* Chitwood）、花生根结线虫［*Meloidogyne arenaria*（Neal）Chitwood］和象耳豆根结线虫（*Meloidogyne enterolobii*）。哥伦比亚根结线虫

（*Meloidogyne chitwoodi* Golden et al.）和佛罗里达根结线虫（*Meloidogyne floridensis*）等也可危害番茄。南方根结线虫、爪哇根结线虫、花生根结线虫和北方根结线虫在雌虫会阴花纹形态上有重要区别，是鉴别它们的重要依据之一（表1）。

根据鉴别寄主反应，南方根结线虫所有4个小种和花生根结线虫所有2个小种都可以寄生番茄Rutgers品种（表2）。南方根结线虫为中国最主要的根结线虫，其优势小种为1号小种。

侵染过程与侵染循环　茄科蔬菜根结线虫主要以卵囊中的卵和卵内的幼虫在土壤和病残体中越冬。在适宜的土壤温湿度条件下，卵孵化变成具有侵染性的二龄幼虫。当蔬菜播种或移植时，侵染性二龄幼虫向作物根部移动，寻找新根

图1　番茄蔬菜根结线虫病症状（吴楚提供）

表1　4种常见根结线虫会阴花纹形态特征比较（引自张绍升，1999）

种名	背弓	侧区	角质膜纹	尾端
南方根结线虫	高、近方形	侧线明显，平滑至波浪纹，有断裂纹和叉状纹	粗，平滑至波浪，有时呈"之"字形纹	常有明显的轮纹
爪哇根结线虫	低、近圆形	有明显的侧线	粗，平滑至略有波浪	常有显著轮纹
花生根结线虫	低、圆形，近侧线处有锯齿纹	无侧线，有短而不规则的叉形纹	粗，平滑至略有波浪	通常无明显轮纹
北方根结线虫	低、近圆形	侧线不明显	细，平滑至略有波浪	无轮纹，有刻点

表2　根结线虫常见种和小种鉴别寄主反应特征（引自张绍升，1999）

线虫种类与小种		鉴别寄主					
		烟草	棉花	辣椒	西瓜	花生	番茄
南方根结线虫	1号小种	-	-	+	+	-	+
	2号小种	+	-	+	+	-	+
	3号小种	-	+	+	+	-	+
	4号小种	+	+	+	+	-	+
花生根结线虫	1号小种	+	-	+	+	+	+
	2号小种	+	-	+	+	-	+
爪哇根结线虫		+	-	-	+	-	+
北方根结线虫		+	-	+	-	+	+

注 +：可以寄生；－：不能寄生。

作为侵染点，二龄幼虫在根部取食经过4次蜕皮，雄虫离开根进入土壤中，雌虫仍留在根内，继续发育变为梨形或柠檬形（图2），成熟后产卵于虫体后部的胶质卵囊中。卵囊一般外露于根表皮。根结线虫在一个作物生长季节一般能完成1～3个世代，完成一个世代需30～40天。

流行规律　茄科蔬菜根结线虫病是一类重要的土传病害，线虫会随农事操作中的土壤到处传播，也很容易随农具和流水传播。一般砂性土壤中茄科根结线虫病的发生程度比黏性土壤严重。土壤含水量过高或长时间干旱缺水，都不利于线虫卵孵化以及幼虫的存活和迁移，根结线虫病的发生也会受到抑制。

茄科蔬菜根结线虫卵孵化的温度范围较广，一般蔬菜生长季节的温度都适合卵的孵化，但每种根结线虫都有其适宜的温度范围。北方根结线虫是一种温带地区的植物寄生线虫，卵孵化的最适温度为25℃，在寒冷地区一年只完成1代，而在较温暖地区则有4～5代。南方根结线虫、花生根结线虫、爪哇根结线虫、象耳豆根结线虫则是热带、亚热带地区的植物寄生线虫，在25～30℃更适合其发生发展。一般认为，南方露地蔬菜以南方根结线虫为主，北方露地蔬菜则以北方根结线虫为主，大棚蔬菜多为南方根结线虫危害。大棚蔬菜由于土壤升温早、温度高，根结线虫病比露地蔬菜严重。

防治方法　茄科蔬菜根结线虫的发生和流行与品种感病性、土壤类型、气候条件和耕作方式等相关，因此，需采用以农业栽培措施为主、药剂防治为辅的综合治理方针。

选用抗性品种　茄科蔬菜中番茄和辣椒的抗性资料比较丰富，国外已经商品化销售和种植使用的抗根结线虫番茄品种有CC779、W733、Nematex、瑞光和瑞星等，辣椒品种有Charleston Bell和Carolina Wonder等。中国育成的抗根结线虫番茄品种仙客系列主要有仙客1号、5号和6号。另外，有些地方利用抗性砧木托鲁巴姆嫁接番茄，在防治番茄根结线虫病取得较好效果。

农业防治　包括培育无病苗木、科学栽培管理和合理实施轮作等。选取饱满健康的种子作为育苗对象，用温汤浸种和化学药剂处理种子，并使用垄鑫、溴甲烷等杀线虫熏蒸剂对苗床进行消毒处理。减少氮肥施用量，增施有机肥或农家肥；在土壤中施入甲壳类物质；保持田间清洁卫生等。

寄主植物与非寄主植物交替种植，或者水旱作物交替种

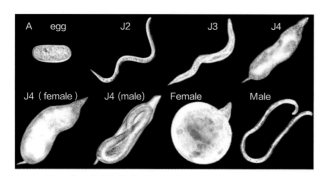

图2 茄科蔬菜根结线虫生活史（引自Roland 等，2009）

A.卵；J₂、J₃、J₄：分别为第2、3、4次蜕皮的二龄幼虫；
J₄（female）、J₄（male）：分别为第4次蜕皮的二龄雌虫；
Female、Male 分别为雌成虫、雄成虫

植，避免在同一田块连续种植感病作物。例如茄科蔬菜作物与水稻或油菜、葱、蒜等作物轮作，防治根结线虫病效果较好。在炎热的夏季，高温闷棚对北方大棚蔬菜的根结线虫具有较好的防效；而在海南地区，可以多次翻晒土壤，利用高温杀死土壤中的根结线虫。

化学防治　可投入生产的杀线虫剂种类不多，中国番茄上登记使用的杀线虫剂主要是0.5%阿维菌素颗粒剂（用量为45kg/hm²）和10%噻唑膦颗粒剂（用量为22.5kg/hm²）。大棚蔬菜可以在种植前15天左右用98%垄鑫微粒剂进行土壤熏蒸处理（300～450kg/hm²）。50%石灰氮颗粒剂（有效成分为氰氨化钙）（用量75kg/hm²）对番茄根结线虫病也有较好防效。2%Agri-Terra颗粒剂（有效成分：海藻酸丙二酯，疣孢漆斑菌 Myrothecium verrucaria 的代谢产物）（用量30～37.5kg/hm²）对防治番茄根结线虫病有良好效果。

生物防治　如国外产品BIOCON菌剂〔100亿/g淡紫拟青霉（Paecilomyces lilacinus）活体孢子〕（30kg/hm²）。不规则节丛孢（Arthrobotrys irregularis）制剂"Royal350"，洋葱假单胞菌（Pseudomonas cepacia）制剂"Deny"和国内产品厚垣孢普尼亚菌（Pochonia chlamydospora）制剂"线虫必克"等。

参考文献

冯志新，2001.植物线虫学 [M].北京：中国农业出版社.

张绍升，1999.植物线虫病害诊断与治理 [M].福州：福建科学技术出版社.

JONES J T, HAEGEMAN A, DANCHIN E G J, et al, 2013. Top 10 plant-parasitic nematodes in molecular plant pathology[J]. Molecular plant pathology, 14(9): 946-961.

MICHEL L, RICHARD A S, JOHN B, 2005. Plant parasitic nematodes in subtropical and tropical agriculture[M]. Wallingford: CABI Publishing.

ROLAND N P, MAURICE M, JAMES L S, 2009. Root-knot nematodes[M]. Wallingford: CABI Publishing.

（撰稿：廖金玲；审稿：王汉荣）

茄科蔬菜灰霉病 solanaceous vegetables gray mold

茄科蔬菜灰霉病主要包括番茄灰霉病、茄子灰霉病、辣（甜）椒灰霉病、人参果灰霉病等，是由灰葡萄孢侵染引起的、危害茄科蔬菜的一种真菌病害。

分布与危害　茄科蔬菜灰霉病是番茄、茄子、辣椒、甜椒、人参果等茄科蔬菜生产上常见的病害之一，其发生历史久远，分布范围广。在世界上该病害主要分布于美国、英国、俄罗斯、荷兰、以色列、德国、法国、土耳其、希腊、西班牙、葡萄牙、意大利、日本、韩国、比利时、墨西哥、秘鲁、巴西、阿根廷、印度、澳大利亚等国。中国茄科蔬菜灰霉病在茄科蔬菜各种植区均有分布，主要发生在北京、上海、浙江、福建、江苏、江西、安徽、四川、重庆、新疆、内蒙古

山东、天津、河北、广西、宁夏、吉林、辽宁、河南、湖南、湖北、广东、云南、贵州、陕西、甘肃、台湾等地。在生产中由于气候及栽培技术等原因，无论是设施栽培还是露地栽培的茄科蔬菜上都会发生不同程度的灰霉病，该病具有发生早、传播快、危害重的特点。茄科蔬菜灰霉病发病田块一般造成的产量损失为20%～30%，严重的达50%以上，严重影响茄科蔬菜的产量和品质。

茄科蔬菜的花、果、叶和茎均可危害，但主要危害花器和果实。危害花器，病菌多从花瓣或柱头侵入，致花瓣、柱头腐烂，并发展致花器腐烂，病部表面密生灰褐色霉层，即病菌的分生孢子及分生孢子梗。危害果实，从柱头或花瓣侵染，也可通过带菌花瓣直接侵染造成果实染病。番茄果实发病：病症出现在蒂部或脐部，病部变软，果皮呈灰白色，并生有厚厚的灰色霉层，呈水腐状，后向果柄扩展。茄子果实染病，幼果果蒂周围局部先产生水浸状褐色病斑，扩大后呈暗褐色，凹陷腐烂，形成不规则轮状病斑，病斑表面产生灰色霉状物。危害叶片，多从叶尖部开始，沿主脉或支脉间呈"V"形向叶柄扩展，初呈水浸状，展开后为黄褐色，形成边缘不规则、深浅相间的轮纹斑，病、健组织分界明显，湿度较大时，病斑表面密生灰褐色霉层。茎部染病时初呈水浸状小点，后扩展为长圆形或不规则形，浅褐色，湿度大时病斑表面生有灰褐色霉层，严重时致病部以上茎叶枯死，后期枯死茎秆内部有黑色菌核（见图）。

病原及特征 病原为灰葡萄孢（*Botrytis cinerea* Pers. ex Fr.），属真菌门葡萄孢属真菌。有性态为 *Sclerotinia fuckeliana*（de Bary）Fuckel，称富克尔核盘菌，属蜡钉菌目核盘科核盘属真菌。病菌分生孢子梗由菌丝体或菌核生出，大小为1200～2800μm×10～24μm，丛生，有分隔，浅褐色，

具1～2次分枝，分枝顶端略彭大，端部密生大量小梗，其上着生分生孢子，聚集在一起呈葡萄穗状。分生孢子圆形至椭圆形，无隔，近无色，大小为9.0～16.0μm×6.0～11.2μm。菌核为黑色、不规则、扁平状。

病菌在PDA培养基上菌落圆形，淡褐色，生长速度快，气生菌丝茂盛，后期易产生菌核。病菌菌丝生长温度2～31℃，适温18～23℃；喜偏酸环境，最适pH为5；适宜相对湿度90%以上。较低温度利于病菌产孢，在15℃时产孢较多。分生孢子在5～30℃均可萌发，萌发最适温度为15～25℃；分生孢子在相对湿度为90%以上易萌发，在水滴中萌发最好。

侵染过程与侵染循环 茄科蔬菜灰霉病菌主要以菌核或病残体上的分生孢子、菌丝体等在土中越夏或越冬，也可在有机物上营腐生生活。条件适宜时，菌核萌发，菌丝生长，产生分生孢子梗和分生孢子。分生孢子借气流、雨水和农事活动等进行传播蔓延。分生孢子在适宜的条件下萌发长出芽管，直接侵入寄主或从植株的伤口、水孔、气孔等部位侵入寄主。多在开花后侵染开败的花瓣、柱头，再侵入果实，引起烂花、烂果。从发病组织上产生的分生孢子可再靠气流或农事操作而传播，进行再次侵染，循环往复，造成灰霉病发生与流行。

流行规律 茄科蔬菜灰霉病菌喜低温、高湿的环境，最适感病生育期为始花至坐果期，发病潜育期5～7天。灰霉病是低温高湿型病害，持续较高的空气相对湿度是造成灰霉暴发和蔓延的主要因素。光照不足，气温较低（16～23℃），湿度大，结露持续时间长，非常适合灰霉病的发生。所以，春季如遇连续阴雨天气，气温偏低，温室大棚通风不及时，湿度大，灰霉病便容易流行。在寡照条件下，空气湿度90%

茄科蔬菜灰霉病症状（王汉荣提供）
①番茄果实上症状；②番茄叶片上症状；③番茄茎秆上症状；④在辣椒花瓣、柱头上症状；⑤⑥茄子上症状

以上时，4～31℃可发病；高湿维持时间长，发病严重，植株长势衰弱时病情加重；种植密度过大，氮肥偏多等都有利于灰霉病的发生。相对湿度60%～80%时不利于病害的发生。

早春设施栽培番茄，灰霉病在番茄叶片上表现为始发期、盛发期和发生末期3个明显的阶段，定植后3月初至4月上旬是叶部灰霉病的始发期，病情较平稳；4月上旬至4月下旬是叶部灰霉病的上升期，病害扩展迅速；4月下旬至5月下旬进入发病高峰期，但年度间有差异。持续的低温高湿、苗期带菌、氮肥偏多等是引起番茄灰霉病发生的重要原因。番茄灰霉病的病果发生期多出现在定植后20～25天，3月底第一穗果开始发病，4月中旬至5月初进入盛发期，以后随温度升高，放风加大，病情扩展缓慢；第二穗果多在4月上旬末开始发病，4月底至5月初进入发病高峰；第三穗果在第二穗果发病后15天开始发病，病果增至5月初期开始下降。

防治方法

农业防治　采用地膜覆盖、膜下滴灌的栽培方式，合理密植，及时整枝；及时通风透光，控温降湿；多施有机肥，均衡施肥，避免偏施氮肥；人工摘除、或吹落、或振落幼果上残留花瓣及柱头，均可减轻或控制灰霉病的发生。

化学防治　①点花时，在点花剂中加入0.1%～0.2%的50%腐霉利可湿性粉剂、50%异菌脲可湿性粉剂等药剂。②粉尘剂和烟雾剂防治。5%百菌清粉尘剂1kg/亩喷粉，7天喷1次，连续3～4次。或45%百菌清烟雾剂110～118g/亩，或10%腐霉利烟剂300～400g/亩，分放5～6处，傍晚点燃闭过夜，7天熏1次，连熏3～4次。③在发病初期，用50%异菌脲可湿性粉剂800～1000倍液，或50%腐霉利可湿性粉剂1000～1500倍液，或60%多·霉威可湿性粉剂800～1000倍液，或40%嘧霉胺悬浮剂1000～1500倍液，50%乙烯菌核利干悬浮剂1000～1500倍液，或50%嘧霉胺·乙霉威水分散粒剂600倍液，每7天喷1次，连续3～4次。

参考文献

何美仙，2004. 番茄灰霉病的生物防治研究进展[J]. 中国蔬菜，1(5): 40-41.

李宝聚，赵彦杰，2009. 李宝聚博士诊病手记（十）辣椒灰霉病的新症状[J]. 中国蔬菜，1(5): 25-25.

张智，李君明，宋燕，等，2005. 番茄灰霉病及其防治研究进展[J]. 内蒙古农业大学学报（自然科学版），26(2): 125-128.

AUDENAERT K, DE MEYER G B, HÖFTE M M, 2002. Abscisic acid determines basal susceptibility of tomato to *Botrytis cinerea* and suppresses salicylic acid-dependent signaling mechanisms[J]. Plant physiology, 128(2): 491-501.

OIRDI M E, BOUARAB K, 2011. *Botrytis cinerea* Manipulates the antagonistic effects between immune pathways to promote disease development in tomato[J]. Plant cell, 23(6): 2405-21.

WILLIAMSON B, TUDZYNSKI B, TUDZYNSKI P, et al, 2007. *Botrytis cinerea*: the cause of grey mould disease[J]. Molecular plant pathology, 8(5): 561-80.

（撰稿：王汉荣；审稿：王连平）

茄科蔬菜菌核病　solanaceous vegetables *Sclerotinia* rot

由核盘菌侵染引起的、危害茄科蔬菜的一种真菌病害。

发展简史　茄科蔬菜菌核病是全世界冷凉地区和季节蔬菜栽培上的重要病害。在中国，20世纪80年代在北京、西藏、内蒙古大棚内发生有番茄、茄子、辣椒菌核病，90年代后，随着保护地蔬菜栽培面积的扩大，茄科蔬菜菌核病发生有逐年上升和地域扩展趋势，河北、湖北、江苏、吉林、宁夏、安徽、上海、青海、辽宁等地均报道有该病害的发生。现在此类病害已成为保护地和露地栽培茄科蔬菜的重要病害。

分布与危害　菌核病是茄科蔬菜普遍发生的一种重要病害，世界分布区有捷克、斯洛伐克、芬兰、法国、德国、意大利、波兰、西班牙、瑞典、瑞士、加拿大、美国、百慕大、阿根廷、巴西、澳大利亚等国家和地区。中国分布在黑龙江、福建、江西、河南、湖北、湖南、广东、广西、四川、贵州、云南、陕西、甘肃、新疆和台湾等地。

在相对低温和高湿条件下常有发生，危害茄子、番茄、辣椒等多种茄科蔬菜。露地和保护地均有发生，以早熟品种及保护地栽培（不加温温室和塑料大棚）受害较重。连年重茬栽培，导致菌核在土中逐年积累，菌核呈逐年上升趋势，已成为温室和塑料大棚蔬菜栽培中的重要病害。

主要危害植株的茎、叶、花和果实，发病严重时，整株枯死，严重影响蔬菜的品质和产量，给菜农带来很大的经济损失。在中国长江流域，该病的发病率一般达10%～30%，严重的达80%以上。1983年以来该病在西藏地区保护地流行，已严重威胁多种蔬菜，严重的病株率达50%～80%，发病面积也在逐年扩大。内蒙古呼伦贝尔和呼和浩特保护地青椒上发病株率常年可达10%～15%。

菌核病菌寄主范围极广，能侵染64科383种植物。核盘菌能侵染400多种植物，中国已知有171种。除危害茄科的茄子、番茄和辣椒外，菌核病还可危害黄瓜、大豆、菜豆、豇豆、白菜、油菜、甘蓝、莴苣、茼蒿、胡萝卜、芫荽和向日葵等多种植物。

病害的主要症状为湿度大时发病部位产生絮状白色霉层，并且后期形成黑色菌核，常常引起湿腐但无臭味（图1）。

叶片受害时，多从叶缘开始发病。初呈水渍状斑点，淡绿色，扩大后呈褐色近圆形病斑，高湿时产生白色棉絮状霉层。病部扩展快，可致病叶腐烂，干燥时表皮易破裂。茎秆发病部位主要在茎基部和侧枝基部，向两端蔓延并环绕茎秆。发病初始产生水渍状斑，扩大后呈淡褐色，稍凹陷，有时可见不明显的灰褐色环状纹；严重时病株皮层烂掉，整株枯死；后期表皮纵裂，茎秆内腐烂而中空。高湿时病部产密生白色絮状霉层，继而菌丝集结形成初为白色、成熟后转为黑色圆柱形、鼠屎状或不规则形的菌核。纵剖病茎，可见髓腔中也生有黑色菌核。病株枯死后茎外菌核变为黑色，且易脱落。花器染病，呈水渍状湿腐，褐色，易脱落。果实染病，病菌多从残留花瓣或残存柱头侵入，并向果面蔓延，病部产生水渍状腐烂，扩大后呈淡褐色，稍凹陷，湿度大时萼片附近及果柄周围出现白色絮状霉并形成黑色菌核（见图）。苗期发病始于茎基部，初呈浅褐色水渍状斑，高湿时病部长白色菌丝，菌丝集结成菌核，病部缢缩，易折断，致幼苗枯死。

病原及特征 病原为核盘菌 [*Sclerotinia sclerotiorum* (Lib.) de Bary]，属核盘菌属。病菌菌丝发达，具有分枝，纯白色，可相互交织形成菌核。菌核呈鼠粪状或豆瓣状，初白色，后变成黑色；大小为 3～7mm×1～4mm，或更大；单个散生、或多个聚生。菌核萌发产生 1～16 个子囊盘，初生子囊盘棕黄色，成熟时，色泽略变浅。子囊盘柄长 3.5～50mm，多为 7～20mm；子囊盘杯形，成熟子囊盘直径可达 49mm；子囊盘表面着生大量棒形子囊，子囊间杂生大量侧丝，组成子实层。子囊无色，棍棒状或长圆筒形，顶部钝圆，基部渐缓变细，大小为 113.9～155.4μm×7.7～13μm，每个子囊内含 8 个子囊孢子。子囊孢子椭圆形或棍棒形，单胞，无色，单行排列，大小为 0.3～0.5μm×0.6～0.9μm。子囊盘存活时间 1～30 天，后逐渐萎缩枯死。

病菌菌丝生长最适温度为 15～25℃，25℃ 条件下适于产生菌核；光暗交替条件下产生菌核数量较多；菌核病菌生长最适 pH 为 7；病菌菌丝致死温度为 47℃ 10 分钟；菌核致死温度为 50℃ 10 分钟。

菌核在 PDA、PSA、沙氏培养基及天然培养基上较易萌发；在黑暗、偏酸性条件下，菌核较易萌发。菌核萌发与温度相关，在 20～25℃ 下，菌核萌发高；在 15～18℃ 下，菌核萌发产生子囊盘，23～26℃ 下，菌核萌发产生无性态菌丝，而不产生子囊盘；未经低温处理的菌核萌发产盘率仅为 20.67%，经低温处理的可达 60.38%。子囊孢子萌发温度为 5～25℃，以 5～10℃ 为最适。菌核的形成和萌发，子囊孢子的萌发和侵入均需要高湿环境。

侵染过程与侵染循环 病菌主要以菌核随病残体或直接落入土壤中或混杂在种子中越冬、越夏，成为下茬主要初侵染源。落入土中的菌核可存活 3 年以上。翌年温、湿度适宜时，菌核萌发产生子囊盘和子囊孢子，子囊孢子成熟后被放射到空中，并借助气流、流水和农事操作等传播到植株上，进行初次侵染。通过带菌种子调运和病苗移栽也可传病。子囊孢子先从寄主衰弱的器官（衰老叶片及残存花瓣等）侵入，

感染力增强后再侵害植株健壮部位。子囊孢子经伤口或叶片气孔侵入，也可由芽管穿过叶片表皮细胞间隙直接侵入。田间病菌可通过病健株或病健花之间、染病杂草与健株间接触、农事操作和借风雨传播等方式形成再侵染，导致病情加重。

流行规律 蔬菜菌核病的菌核无休眠期，其吸收一定水分后，最适宜萌发形成子囊盘的温度条件是 15℃ 左右、散射光；子囊孢子萌发和菌丝生长均需 85% 以上的相对湿度以及较低的温度；因此，早春和晚秋保护地栽培中菌核病容易发生或流行。北方地区菌核萌发期多在 3～5 月和 10～12 月。

通常，空气湿度在 85% 以上时发病重，低于 65% 发病轻或不发病。茄科蔬菜在日光温室和塑料大棚中栽培的发病重于露地栽培的；在开花结果后，随着浇水次数的增加，病情易逐步加重，盛果期危害达到高峰。

寄主植物连作、套种或间作时，菌源增多，发病重。栽培密度大，偏施氮肥，田间郁闭、植株受冻等也导致发病加重。病原菌可在健株下部老叶、黄叶、病叶上存活繁殖，积累菌量，若不及时清理，也有利于发病。

防治方法 病害防治应采取加强栽培管理、清除初侵染源，结合化学防控的综合措施。

农业防治 ①合理耕作方式。合理轮作，避开同类寄主作物，最好与水生蔬菜、禾本科作物或葱蒜类蔬菜轮作。采用高垄栽培、双行定植、地膜覆盖、膜下浇水等防病栽培技术。②清除病源。选用无病植株留种，防止种子传病。精细选种，并剔除种子中混入的菌核，然后播种育苗。定植时选用无病壮苗。发病地块收获后深翻晒垡，既培肥地力，又可将落在土壤表层的菌核翻入土层下，使之不能产生子囊盘，以减缓病菌侵染。采用高畦或半高畦栽培，并铺盖地膜，以阻止子囊盘出土，减少病原与植株接触机会。蔬菜生长期间出现病株后及时拔除，并及时摘除下部病叶、老叶、病枝和病果，移出田外深埋销毁，减少菌源。收获休闲期彻底清除棚室内病株残体，消灭或减少越冬、越夏与再侵染的病菌来源。③加强栽培管理。根据不同蔬菜生长要求，合理控制植株密度，通风降湿；合理通风，摘除病叶、老叶，降低湿度。浇水时小水勤灌，控制浇水量，切忌大水漫灌。采取配方施肥，栽培地施足充分腐熟的有机肥，避免偏施氮肥，增施磷

茄科蔬菜菌核病症状（吴楚提供）

肥、钾肥，防止植株徒长，增强植株抗病性。

种子消毒　播种前将种子在凉水中浸泡 10 分钟，捞出后放入 55℃ 温水中，不断搅拌，并随时补充热水，保持 55℃ 水温 30 分钟，再把种子捞出后放入凉水中，浸泡 4～5 小时，然后取出晾干后播种；或用 10% 的盐水选种，除去漂浮的菌核和其他杂质，选取的种子用清水漂洗几次后备用；或用 50% 多菌灵可湿性粉剂拌种，其用量为种子重量的 0.3%～0.5%。

土壤消毒　在育苗时，选用 50% 腐霉利可湿性粉剂、或 50% 甲基硫菌灵可湿性粉剂、或 40% 多菌灵可湿性粉剂等杀菌剂，将其与细土按 1∶30 的比例拌匀后，均匀撒在育苗床面上进行土壤消毒；或用福尔马林 360ml/m² 加水 9～13.5kg，喷洒床土表面，再用薄膜覆盖 2～3 天，揭膜后将土表扒松，使福尔马林全部挥发，15～20 天后播种；可有效控制苗期菌核病的发生。在定植前土壤消毒，将 40% 五氯硝基苯配与细土按 1∶20 的比例混匀和制得药土，每亩用 30kg 药土处理定植土壤；或采用太阳能消毒的方法，即在病田拉秧后夏闲期间，每亩施石灰 100kg、碎稻草 500kg，深翻土壤，起高垄，垄沟里灌水，直至饱和，然后铺盖地膜，密闭棚室 7～10 天，消灭菌源。

化学防治　发病前或发病初期喷药，可用 50% 乙烯菌核利可湿性粉剂、或 50% 腐霉利可湿性粉剂、或 50% 异菌脲可湿性粉剂，40% 菌核净可湿性粉剂、或 50% 多菌灵可湿性粉剂、或 70% 甲基硫菌灵可湿性粉剂、或 25% 醚菌酯悬浮剂、或 10% 苯醚甲环唑水分散粒剂，间隔 7～10 天喷药 1 次，连续用药 2～3 次。生长早期，施药重点在植株基部和地表；开花期，重点在植株上部。对于茎秆患病，除喷药外，还可将上述药剂采用高浓度（20～30 倍液）涂抹处理，效果更佳。棚室可在傍晚用 10% 腐霉利烟剂，或 45% 百菌清烟剂熏烟防病，用药量 250g/亩，熏烟后第二天上午放风排烟；每 7 天熏烟 1 次，连续 2～3 次。

参考文献

敖礼林，2016. 茄科蔬菜菌核病的发生及其综合高效防控 [J]. 科学种养 (11): 31-32.

李雅珍，毛明华，2007. 茄科蔬菜菌核病防治技术规范 [J]. 上海蔬菜 (3): 66-67.

莫贼友，王益奎，胡凤云，等，2011. 茄子菌核病的诊断与防治技术 [J]. 中国蔬菜 (17): 27-28.

潘秀萍，臧晟鸿，陈宝宽，2008. 春大棚茄子菌核病的发生及综合防治 [J]. 蔬菜 (8): 170-171.

朱德进，杨俊开，2008. 茄科蔬菜菌核病发生原因及防治措施 [J]. 农业科技通讯 (10): 17.

（撰稿：魏松红、刘志恒；审稿：王汉荣）

茄科蔬菜枯萎病　solanaceous vegetables *Fusarium wilt*

茄科蔬菜枯萎病主要包括番茄枯萎病、辣（甜）椒枯萎病和茄子枯萎病等，是由镰刀菌侵染引起的、危害茄科蔬菜的一种真菌病害。

发展简史　1905 年，番茄枯萎病被发现，随后在 1934 年辣椒枯萎病被发现。在 21 世纪以前，茄科蔬菜枯萎病在中国主要是南方的部分露地栽培地区发生严重，随着设施栽培的发展，北方的辽宁、黑龙江、吉林和河北等地的保护地也都有发生。

对茄科蔬菜枯萎病的研究，国外在 1940 年 Wellman 发现了番茄枯萎病菌的生理小种。中国，1955 年俞大绂首次报道辣椒枯萎病。20 世纪 80 年代以后才开始有大量的研究。

对于茄科蔬菜枯萎病的防治，抗性品种的应用一直是重要的手段，现已分离到包括了番茄抗枯萎病的 *I-2* 基因和 *I-2C* 基因等，并成功育成了抗番茄专化型 2 号生理小种的抗性品种；生防手段也是一个重要研究方向，但是离实际应用还有相当的距离。

分布与危害　茄科蔬菜枯萎病是世界性的重要病害，在国内外大多数茄科蔬菜的种植区均有发生。番茄枯萎病在中国南方的广西、贵州、四川、重庆、广东和福建等地均有发生，在北方的河北、山东、青海、陕西和黑龙江等保护地也有发生。辣（甜）椒枯萎病在陕西、山西、甘肃、吉林、四川、湖南、浙江、广西、新疆和北京等地均有发生。茄子枯萎病主要在湖北、广西等地的部分露地栽培区发生，在北方的辽宁、黑龙江、吉林和河北等保护地也有发生。番茄枯萎病一般发病率 20%～30%，严重地块达 80%～90%，甚至绝收；辣（甜）椒枯萎病发病率一般 15%～30%，严重时达 70%～80%；茄子枯萎病株率一般 10%～40%。

病害在茄科蔬菜的苗期和成株期均可发生，以开花初期到结果中期发生最重。苗期发病，子叶变黄，后萎垂干枯，茎基部变褐腐烂，常成猝倒状；成株期发病，初期下部叶片中午萎蔫，早晚恢复，反复数天后，整株叶片萎蔫不能再恢复，植株枯萎死亡；病茎维管束可见变色。在不同茄科蔬菜上的症状稍有差异，番茄枯萎病在初期可见茎的一侧自下而上出现凹陷区，一侧叶片发黄、变褐枯死，或半个叶序或半边叶发黄，根部变褐；湿度大时，病部有粉红色霉层；病茎维管束变色。辣（甜）椒枯萎病植株下部叶片脱落，茎基部呈水渍状腐烂，茎叶凋萎；病变可在茎的一侧形成一纵向条状坏死斑，后期全株枯死；根系水渍状腐烂，皮层易脱落，木质部变色；湿度大时，病部可产生白色或蓝绿色霉状物。茄子枯萎病株一、二层分枝上叶片自下而上逐渐变黄枯萎，有时同一叶片一半变黄另一半正常；茄子枯萎症状与茄子黄萎症状相似，需经病原观察来区分。

病原及特征　病原为尖孢镰刀菌（*Fusarium oxysporum* Schlecht.），属瘤座孢目镰刀菌属。在 PDA 培养基上病菌菌落白色或粉色，培养基背面淡黄色、淡紫色或蓝色；气生菌丝白色、絮状。病菌大型分生孢子数量少，无色，镰刀形或纺锤形，1～5 个隔，多数 3 个隔；小型分生孢子数量多，无色，长圆形，单胞或双胞；厚垣孢子数量少，顶生或间生、圆形、淡黄色。

病菌主要有 3 个专化型：①尖孢镰刀菌番茄专化型 [*Fusarium oxysporum* f. sp. *lycopersici*（Sacc.）Snyder et Hansen]，只侵染番茄；大型分生孢子大小为 27.0～46.0μm×3.0～5.0μm；小型分生孢子大小为 5.0～12.0μm×2.2～3.5μm；厚垣孢子大小为 11.2～16.0μm×9.6～11.3μm；番茄专化型

有 1 号、2 号和 3 号等 3 个生理小种，中国主要是 1 号生理小种。②尖孢镰刀菌茄专化型（*Fusarium oxysporum* f. sp. *melongenae* Matuo et Ishigami），只侵染茄子；大型分生孢子大小为 16.6～51.1μm×1.3～2.6μm；小型分生孢子大小为 3.8～14.1μm×1.2～3.8μm；厚垣孢子直径 8～10μm。③尖孢镰刀菌蚀脉专化型［*Fusarium oxysporum* f. sp. *vasinfectum*（Atk.）Snyder et Hansen］，侵染茄科及其他科的植物；大型分生孢子大小为 25.5～50.0μm×4.0～6.0μm；小型分生孢子大小为 4.0μm×1.5～4.0μm；厚垣孢子直径 7.0～10.0μm。

侵染过程与侵染循环　病菌主要以菌丝体和厚垣孢子在土壤、病残体、未腐熟的有机肥中或种子上越冬，成为来年的主要初侵染源。病菌从幼根、根部伤口或根部自然裂口侵入，进入维管束并在导管内生长发育，可产生大量菌体堵塞导管，或产生毒素破坏维管束细胞，导致植株枯萎死亡。病菌还可从病茎导管向果梗蔓延到达果实致种子带菌，带菌种子萌发时，病菌侵入幼苗。

病菌侵入致植株枯萎死亡后，病菌随病残体重新进入土壤；在植株生长期，病菌随水流和病土等方式扩散，导致新的植株发病，使病害在田间蔓延和扩展（见图）。

流行规律

病菌的传播扩散　病菌可随土壤、厩肥、灌溉水、地下害虫和土壤线虫以及农事操作等途径进行传播，种子带菌可随种子调运作远距离扩散。

病菌的生长条件　不同专化型病菌的适宜生长条件稍有不同，番茄专化型生长和产孢温度 15～35℃，孢子萌发温度 20～35℃；28℃ 为菌丝生长、产孢及孢子萌发的最适温度；病菌生长最适 pH 为 6；孢子萌发最适 pH 为 7。蚀脉专化型生长适温 27～28℃；茄子专化型生长适温 25～28℃。

发病条件　在茄科蔬菜全生育期内均可发病；最适发病

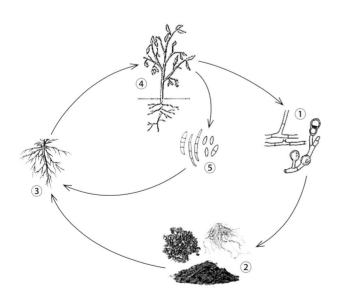

茄果蔬菜枯萎病病害循环示意图（缪作清提供）

①病株上的厚垣孢子和菌丝体；②厚垣孢子和菌丝体在土壤、病残体和种子上越冬；③病菌侵染植株根部；④植株发病；⑤病株上产生大、小分生孢子，并在田间进行再侵染

温度 24～28℃；连续降雨或大量浇水、排水不良易发病；重茬地、低洼地、黏质土壤发病重；酸性土壤有利病害发生；偏施氮肥和施用带病菌有机肥、地下害虫等造成根部伤口，均易导致发病。

防治方法

选用抗（耐）病良种　番茄品种 L-402、津冠 8 号和中杂 6 号等比较抗病，红杂 18、东农 708、东农 710、东农 711，以及苏抗 5 号、西安大红和强丰等比较耐病。辣椒耐病品种有金棚 1 号、保粉 1 号、西农 20 号线椒、云南小米椒、遵义牛角椒和海南米椒等。茄子抗性品种有五叶茄、七叶茄、紫长茄等。

农业防治　选择地势高燥、排灌水方便的地块栽种；选用无病土育苗，或采用育苗盘和营养钵育苗，减少移栽时造成伤口；避免连作，重病地可进行水旱轮作或与非茄科蔬菜进行 3 年以上轮作；选用适宜的抗病砧木进行嫁接防病，如番茄可选用托鲁巴姆、砧木一号、LS-89、兴津 101 号等，茄子可选用托鲁巴姆、赤茄、刺茄等；合理密植以利于通风透光；避免偏施氮肥和未腐熟有机肥，适当增施磷、钾肥；避免大水漫灌和串灌；及时控制地下害虫和线虫危害；发病初期，及时拔除病株，并进行病穴消毒；病田收获后，应彻底清除病残体。

物理防治　深耕翻晒土壤，棚室栽培还可同时结合闷棚处理，提高杀菌效果。对种子进行热消毒处理，可在播种前用 52℃ 温水浸种 30 分钟，也可将种子放在 70～75℃ 的恒温中处理 5～7 天。

化学防治　①药剂浸种或拌种。播种前，用 50% 多菌灵可湿性粉剂 300 倍液浸种 1 小时、或用 0.4% 硫酸铜溶液浸种 5 分钟、或用 0.1% 高锰酸钾 500 倍液或 50% 异菌脲可湿性粉剂 1000 倍液浸种 20～30 分钟，清洗后催芽播种。或用种子量 0.3%～0.5% 的 50% 克菌丹可湿性粉剂、或 50% 福美双可湿性粉剂、或 50% 苯菌灵可湿性粉剂进行拌种。②苗床药剂处理。50% 多菌灵可湿性粉剂 8～10g/m² 处理苗床，方法是，将药剂与 15～30kg 细潮土混匀制得药土，取 1/3 药土铺底，播种后，再将余下的 2/3 药土覆盖种子；处理后，要保持苗床土表湿润，以防发生药害。也可用 40% 甲醛 120ml/m² 处理苗床，方法是，用 20～70 倍液浇施苗床，并盖膜 4～5 天，再揭膜晾 2 周左右后播种。③药剂灌根。在定植后至结果初期，用高锰酸钾 600～1000 倍液定期淋施土壤表面，淋施 2～3 次。发病初期，可用 50% 多菌灵可湿性粉剂 500～1000 倍液、或 50% 琥胶肥酸铜可湿性粉剂 400 倍液、或 50% 苯菌灵 500～1000 倍液、或 14% 络氨铜水剂 300 倍液、或 30% 多·福可湿性粉剂 1000～2000 倍液灌根，每株灌药 300ml，每 10 天 1 次，连灌 2～3 次；用 10% 多抗霉素可湿性粉剂 100 倍液灌根，每株灌药 500～1000ml。同时要对病株周围未发病的植株进行喷药保护。

参考文献

中国农业科学院植物保护研究所，中国植物保护学会，2015.中国农作物病虫害[M].3 版.北京：中国农业出版社.

（撰稿：李世东；审稿：王汉荣）

茄科蔬菜青枯病　solanaceous vegetables bacterial wilt

由茄科雷尔氏菌侵染番茄、辣（甜）椒、茄子等茄科蔬菜引起的、茄科蔬菜上最严重的一种细菌性病害。

发展简史　1864年，在印度尼西亚首次发现细菌性青枯病。1914年，Erwin F. Smith 最早鉴定细菌性青枯病，并将其病原定名为茄青枯假单胞菌（*Pseudomonas solanacearum*，E. F. Smith）。1962年，Buddenhagen 等根据青枯菌对不同寄主致病性的差异，将青枯菌划分为3个生理小种，即1号、2号、3号生理小种；1964年，Hayward 根据青枯菌对乳糖、麦芽糖、纤维二糖、甘露醇、甜醇以及山梨醇的氧化能力，将青枯菌分为4个生化变种（biovar），即生化型Ⅰ、Ⅱ、Ⅲ、Ⅳ；1969年，Zehr 等人从菲律宾的姜上分离得到对姜的致病力很强，但是对其他植物致病力很弱的青枯菌菌株，命名为4号生理小种；1983年，何礼远等人从中国的桑上分离到的青枯菌菌株只对桑的致病力很强，对其他茄科作物致病力很弱或不致病，命名为5号生理小种，同时将桑青枯菌划分为生化变种Ⅴ。1992年，Yabuuchi 等采用 DNA-DNA、DNA-RNA 分子杂交技术，以同源性分析为基础将青枯菌纳入伯赫氏属（*Burkholderia solanacearum*）。1994年，Cook 等人利用 RFLP 分子标记将青枯菌分成2个主要的分支，分支Ⅰ包含来自亚洲的生化变种3,4,5的青枯菌；分支Ⅱ包含来自美洲的生化变种1,2和N的青枯菌。1995年，Yabuuchi 等通过对16SrRNA基因组序列测定和聚类分析，建议成立一个新属——雷尔氏属（*Ralstonia*），将 *Burkholderia solanacearum*、*Burkholderia pickettii* 和 *Alcaligenes euterophus* 列入此属，这个建议已逐渐得到细菌学家的认可，*Ralstonia solanacearum* 现已被广泛使用并替代 *Pseudomonas solanacearum*、*Burkholderia solanacearum* 两个名称。1996年，Taghavi 等人通过青枯菌16S rRNA 基因序列证实了青枯菌的亚洲分支和美洲分支的存在，并鉴定出了印度尼西亚分支，包含生化变种1,2和2T的青枯菌，*Ralstonia syzigii* 近源种菌株和香蕉血液病菌株。2000年，Poussier 等人通过对 *Hrp* 基因簇上的 PCR-RFLP 和 AFLP 方法鉴定出了非洲分支包括生化变种1和2青枯菌。2005年，Fegan 和 Prior 提出了青枯菌是一个复合种概念［*Ralstonia solanacearum* species complex（RSSC）］，并根据 *egl*、*mutS*、*hrpB* 以及 *ITS* 序列，将青枯菌分为划分4个演化型，phylotype Ⅰ（亚洲分支）、phylotype Ⅱ（美洲分支）、phylotype Ⅲ（非洲分支）、phylotype Ⅳ（印尼分支）。2011年 Remenant 等通过基因组分析建议将青枯菌分为3个种。2014年，Safni 等通过 DNA-DNA 杂交分析，修正了 Remenant 等的建议，将青枯菌分为4个种，并建议原先演化型Ⅰ和演化型Ⅲ的菌株为一个种，命名为 *Ralstonia pseudosolanacearum* sp. nov.，演化型Ⅱ菌株为一个种，沿用原来 *Ralstonia solanacearum* 的种名，演化型Ⅳ菌株归入 *Ralstonia syzigii* 中。根据基因型、表型及基因组分析结果，Safni 等还建议将 *Ralstonia syzigii* 分为3个亚种，原先 *Ralstonia syzigii* 的菌株为一个亚种，并命名为 *Ralstonia*

syzygii subsp. *syzygii* subsp. nov.，原演化型Ⅳ的青枯菌为一个亚种，并命名为 *Ralstonia syzygii* subsp. *indoneesiensis* subsp. nov.，BDB 菌为一个亚种，并命名为 *Ralstonia syzygii* subsp. *celebesensis* subsp. nov.。2016年，Prior 团队结合青枯菌表型分析，基因组比对和转录组分析，支持了 Remenant 等的建议，将青枯菌分为3个种，原演化型Ⅰ和演化型Ⅲ的青枯菌株为一个种，原演化型Ⅱ的青枯菌株为一个种，原演化型Ⅳ青枯菌株、*Ralstonia syzygii* 和 BDB 菌为一个种。

1958年，欧阳谅发表了《江西莲塘番茄青枯病病原的鉴定》，是中国首次关于青枯病病原的报道。随后，全国开展研究，对作物青枯病病原鉴定、遗传多样性、抗病育种、生防制剂开发等进行了系统研究，取得了重要进展。

分布与危害　青枯病在世界各地分布广泛，热带、亚热带、温带地区的茄科蔬菜种植地均有发生，每年能造成10%～80%的产量损失。在中国，每年都有茄科蔬菜青枯病发生与危害，造成较大的经济损失，尤以广东、广西、海南等最为严重，一般番茄、辣椒田间病株率为20%～40%，严重时达到60%～80%，甚至绝收；茄子田间病株率一般在10%～30%。

番茄与辣椒青枯病症状类似。初期，顶部嫩叶白天明显萎蔫，傍晚以后恢复正常；中期，植株萎蔫症状晚上不可恢复；后期，整株凋萎、枯死，叶片不凋落、无斑点，仍保持绿色。一般从发病至植株枯死需1周时间。茄子感染青枯菌后，初期，仅个别枝上一叶或几叶变淡，呈现局部萎垂；中期，随后逐渐蔓延扩展，有的植株整个叶片萎蔫，有的植株则是半边萎蔫、半边正常，病叶褪绿不变黄；后期，全株叶片变褐焦枯，病叶脱落或不脱落（图1）。

病原及特征　病原为茄科雷尔氏菌［*Ralstonia solanacearum*（Smith）Yabuuchi］，属雷尔氏菌属。菌体短杆状，两端钝圆，大小 0.5～07μm×1.5～2.5μm，极生鞭毛1～4根，无芽孢和荚膜，革兰氏染色阴性。适合生长温度27～35℃。4℃以下和40℃以上不生长，致死温度为52℃。

青枯菌的寄主范围很广，根据寄主范围差异，将青枯菌划分为5个生理小种；根据菌株对3种己糖（乳糖、麦芽糖和纤维二糖）和3种己醇（甘露醇、山梨醇和卫茅醇）的利用能力差异，将青枯菌分为5个生化变种。生理小种和生化变种之间并没有严格的对应关系，但生理小种3只包含生化变种2菌株。根据 *egl*、*mutS*、*hrpB* 以及 ITS 序列，将青枯菌划分4个演化型。侵染茄科蔬菜的青枯菌主要属演化型Ⅰ、生理小种1号、生化变种Ⅲ和Ⅳ。

侵染过程与侵染循环　自然条件下，青枯菌通常从植物根茎的伤口和次生根的根冠部位侵入，随后穿过根冠和主根表皮形成的鞘，同时引起相邻的薄壁组织细胞壁膨胀。青枯菌侵入皮层后在细胞间隙里繁殖，然后再侵入邻近的皮层细胞。侵入植物体的青枯菌先破坏细胞间的中胶层，使寄主植物的细胞壁解体，质壁分离，细胞器变形，形成空腔。此外，青枯菌还可以从植物的受伤部位侵入，直接进入导管繁殖，在导管中繁殖时产生大量的胞外多糖，胞外多糖影响和阻碍植物体内的水分运输，特别是容易对叶柄结和小叶处较小孔径的导管穿孔板造成堵塞，因而引起植株缺水萎蔫。

图 1　茄科蔬菜青枯病症状（佘小曼提供）

①番茄青枯病田间症状；②辣椒青枯病田间症状；③茄子青枯病田间症状

　　自然界中，该病原菌主要随病株残体在土壤中或在田间中间寄主植物上越冬和度过无茄科作物期。当无寄主植物时，病原菌在土壤中一般能存活长达 14 个月至 6 年之久。上述越冬的菌源成为翌年发病的初侵染源。病原菌在田间主要通过雨水、灌溉水、昆虫介体、带菌土壤及生产工具等传播扩散。病原菌通过伤口和自然孔口侵入植物，并最终使整株植物萎蔫。病株残体上的病原菌可以通过土壤、组织残体和灌溉水等途径传播后进行再侵染（图 2）。

　　流行规律　华南地区茄科蔬菜每年可以种植两季，青枯病发生高峰期在 5 月下旬至 7 月上旬以及 10 月上旬至 12 月上旬。华东地区茄科蔬菜青枯病发生高峰期在每年的 5 月下旬至 6 月下旬。云贵地区和华中地区茄科蔬菜青枯病发生期集中在 6 月下旬至 7 月上旬。长江流域以北地区茄科蔬菜每年陆地、大棚各种植 1 季，青枯病零星发生，危害较轻。

　　防治方法　茄科蔬菜青枯病属于维管束病害，对茄科蔬菜青枯病的防治以预防为主，综合治理。

　　种植抗病品种　是茄科蔬菜青枯病最有效、经济的防治措施。抗青枯病番茄品种较少，对青枯病抗性表现较好的有湘引 79、LS-89 和阿克斯一号等品种；抗青枯病茄子品种较多，有紫荣系列的茄子品种、丰宝紫红茄、长优紫长茄、新丰 1 号紫红长茄等；抗青枯病辣椒品种有粤红一号、粤椒三号等。栽种抗病品种时注意合理布局，防止大面积种植 1 个品种。

　　轮作　与禾本科、豆科等作物多年轮作。

　　加强栽培管理　选择无病地育苗，培育壮苗；采用高畦种植，做好雨后排水工作，避免大水漫灌；使用充分腐熟的有机肥；适时整枝，避免病、健株同时整枝；加强田间观察，一旦发现病株应立即拔除集中销毁。

　　化学防治　发病初期，可用 20 亿孢子 /g 蜡质芽孢杆菌、0.1 亿 CFU/g 多黏类芽孢杆菌、中生菌素等药剂进行灌根。应用生防性微生物肥对病害也有一定的控制作用。

参考文献

中国农业科学院植物保护研究所，中国植物保护学会，2015. 中国农作物病虫害 [M]. 3 版 . 北京 : 中国农业出版社 .

FEGAN M, PRIOR P, 2005. How complex is the *Ralstonia solanacearum* species complex[M]// Allen C, Prior P, Hayward A C. Bacterial wilt disease and the *Ralstonia solanacearum* species complex. St. Paul: The American Phytopathological Soiety Press: 449-462.

PRIOR P, AILLOUD F, DALSING B L, et al, 2016. Genomic and proteomic evidence supporting the division of the plant pathogen *Ralstonia solanacearum* into three species[J]. BMC genomics, 17: 90.

REMENANT B, CAMBIAIRE J C, CELLIER G, et al, 2011. *Ralstonia syzygii*, the blood disease bacterium and some asian *R. solanacearum* strains form a single genomic species despite divergent lifestyles[J]. PLoS ONE, 6: e24356.

SAFNI I, CLEENWERCK I, DE VOS P, et al, 2014. Polyphasic taxonomic revision of the *Ralstonia solanacearum* species complex: proposal to emend the descriptions of *Ralstonia solanacearum* and *Ralstonia syzygii* and reclassify current *R. syzygii* strains as *Ralstonia syzygii* subsp. *syzygii* subsp. nov., *R. solanacearum* phylotype Ⅳ strains as *Ralstonia syzygii* subsp. *indonesiensis* subsp. nov., banana blood disease bacterium strains as *Ralstonia syzygii* subsp. *celebesensis* subsp. nov. and *R. solanacearum* phylotype Ⅰ and Ⅲ strains as *Ralstonia pseudosolanacearum* sp. nov.[J]. International journal of systematic and evolutionary microbiology, 64(Pt 9): 3087-3103.

YABUUCHI E, KOSAKO Y, YANO I, et al, 1995. Transfer of

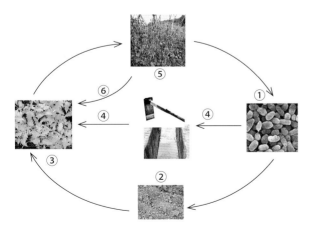

图 2　青枯菌侵染循环图（佘小曼提供）

①病株上的青枯菌；②青枯菌在土壤存活；③青枯菌侵染植株；
④青枯菌通过灌溉水、农事操作侵染植株；⑤植株发病；⑥病株在田间
进行再侵染

Q

two *Burkholderia* and an *Alcaligenes* species to *Ralstonia* Gen. Nov.: Proposal of *Ralstonia pickettii* (Ralston, Palleroni and Doudoroff 1973) Comb. Nov., *Ralstonia solanacearum* (Smith 1896) Comb. Nov. and *Ralstonia eutropha* (Davis 1969) Comb. Nov[J]. Microbiology and immunology, 39: 897-904.

（撰稿：佘小曼；审稿：王汉荣）

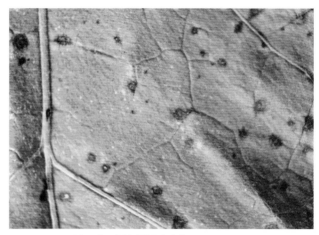

图 1　茄子褐色圆星病症状（刘长远提供）

茄子褐色圆星病　eggplant *Cercospora* leaf spot

由茄生尾孢引起的、危害茄子地上部组织的一种真菌病害。

发展简史　1935 年，Sydow 首次报道茄子褐色圆星病；1948 年，Chupp 重新确定该病菌的分类地位。

分布与危害　在欧洲、非洲、亚洲等茄子种植地区均有发生，其中在日本发生尤为普遍；在中国，分布于湖南、河南、广东、江苏、台湾、云南、黑龙江、吉林、辽宁、甘肃、四川等地。一般年份该病发病率在 5%～10%，多雨年份病害发生较为严重，发病率可达 20% 以上，常造成叶片枯死，脱落，影响茄子的正常生长发育。

茄子褐色圆星病主要危害茄子的叶片，病部病斑呈圆形或近圆形，直径 2～7mm。病斑初为褐色或红褐色，后中央褪为灰褐色，有时破裂，边缘为褐色或红褐色，常有黄白色晕圈。湿度大时，病斑上可见灰白色霉状物，即病原菌的繁殖体（图 1）。病害发生严重时，叶片布满病斑，汇合连片，叶片易破碎、脱落。

病原及特征　病原为茄生尾孢（*Cercospora solani-melongenae* Chupp），异名茄尾孢（*Cercospora melongenae* Welles），属尾孢属。该病菌分生孢子梗束生、密集、暗褐色，单枝呈淡榄褐色，直或微弯，顶端呈膝状，0～1 个隔膜，大小为 16～36μm×3～4.5μm。菌丝无色有分隔。分生孢子鞭形，倒棒形，圆柱形，淡橄榄色，直或微弯曲，基部近截形，1～10 个横隔膜，大小为 18～98μm×3.5～5.5μm（图 2）。在 PDA 培养基上，该病菌在光照条件产孢数多、孢子体积大、孢子分隔数多；而在黑暗条件下则相反。

侵染过程与侵染循环　茄子褐色圆星病病原菌的分生孢子在适宜条件下萌发产生芽管或菌丝，直接穿透叶片表皮或从气孔侵入寄主，菌丝在寄主细胞间隙蔓延，侵入寄主细胞内吸取养分，使组织破坏或死亡。

病原菌以菌丝或分生孢子在病株残体或土壤中越冬。翌年条件适宜时萌发产生分生孢子，借气流、雨水传播。分生孢子侵染植株叶片，侵染后病斑呈黄色，侵染点长出菌丝，产生分生孢子，借气流和农事操作传播，进行再侵染。寒冷条件下菌丝形成密集的菌丝块或形成分生孢子越冬（图 3）。

流行规律　在中国北方，露地栽培茄子该病害多发生于 7～8 月，日光温室或冷棚栽培茄子无明显发病季，条件适宜该病害即可发生；在中国南方，茄子栽培生产中该病时有发生。茄子褐色圆星病在温度 25～28℃、相对湿度 85% 以上，有利于病害发生；棚室内不及时放风排湿，湿度过大发病重；早春多雨，气候温暖空气潮湿，秋季多雨、多雾、重

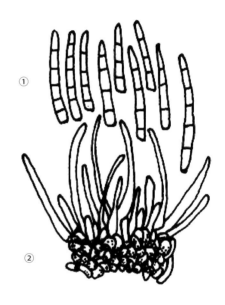

图 2　茄子褐色圆星病病菌形态（关天舒提供）
①分生孢子；②子座及分生孢子梗

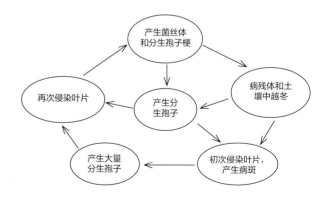

图 3　茄子褐色圆星病病害循环示意图（刘长远提供）

露均易引发该病发生。连作地菌源多、地势低洼积水、排水不良或土壤黏重偏酸、施用氮肥过多、栽培种植过密和株行间郁闭致通风透光性差等都会加重病害发生。

防治方法

选用抗病品种　根据在当地的栽培特点和市场销售情况选择抗病优良品种进行栽培。选择健苗，剔除病弱苗、受伤苗和小苗。定植时要防止伤根、伤苗。

农业防治　以有机肥为主，施足基肥，增施磷钾肥，不偏施氮肥，以增强植株抗病能力。雨季应及时排水，防止田间积水，以降低田间湿度。合理密植，及时清除病蔓、病叶、病株，并带出田外烧毁，以利通风透光，防止病害蔓延。大棚栽培可在夏季休闲期，利用太阳能高温闷棚灭菌，棚内灌水，地面盖上地膜，闭棚 15～20 天，可减轻病害。

化学防治　可选用 50% 多菌灵可湿性粉剂或 40% 福美双可湿性粉剂按种子重量的 0.4% 拌种进行种子消毒，消除种间菌源。发病初期可喷布 50% 多菌灵可湿性粉剂 700 倍液、80% 代森锌可湿性粉剂 800 倍液、80% 代森锰锌可湿性粉剂 600 倍液、50% 托布津可湿性粉剂 800 倍液、75% 百菌清可湿性粉剂 600 倍液、50% 混杀硫悬浮剂 500 倍液、40% 多·硫悬浮剂 500 倍液或 70% 甲基托布津可湿性粉剂 600 倍液。药剂要及时轮换，以防抗药性产生。每隔 7～10 天喷药 1 次，连续防治 2～3 次。

参考文献

关天舒，李凤云，赵奎华，等，1999. 茄子褐色圆星病在辽宁抬头 [J]. 辽宁农业科学 (2): 31.

郭普，2006. 植保大典 [M]. 北京：中国三峡出版社：319-320.

韩秋萍，王本辉，2009. 蔬菜病虫害诊断与防治技术口诀 [M]. 北京：金盾出版社：122-123.

農山漁村文化協会，2005. レタス・ホウレンソウ・セルリー他 [M]. 農山漁村文化協会：347-351.

CHUPP C, DOIDGE E M. 1948. *Cercospora* species recorded from Southern Africa [J]. African biodiverstly and conservation, 4: 881-893.

SYDOW H, SYDOW P, 1935. Beschreibungen neuer südafrikanischer Pilze VI [J]. Annades mycologici, 33(3/4): 230-237.

（撰稿：刘长远；审稿：王汉荣）

茄子褐纹病　eggplant *Phomopsis* rot

由茄褐纹拟茎点霉引起的、危害茄子地上部组织的一种真菌病害。是世界上许多茄子种植区重要病害之一。

发展简史　1892 年，Halsted 首次在美国发现茄子褐纹病，并将其病原命名为 *Phoma solani* Halst.；因该名称已经被其他真菌采用，1899 年，Saccardo 和 Sydow 将其更名为 *Phoma vexans*；之后，Harter 将其再改名为 *Phomopsis vexans*（Sacc. et Syd.）Harter，这也是现在采用的名称。在中国，该病最早于 1932 年在南京发现。

分布与危害　茄子褐纹病分布极广，几乎在所有栽培茄子的地区均有该病发生。该病害一般可造成减产 15%～20%，严重时减产 30%～50%。

该病主要危害茄子果实，也可危害叶和茎；苗期、成株期均可危害。幼苗罹病，其茎基部先产生水浸状梭形或椭圆形病斑，稍后病斑逐渐变褐至黑褐色，并生有黑色小颗粒（病菌的分生孢子器）；随着植株生长，病苗茎部上粗下细，呈棒槌状。成株期叶片罹病，初期形成灰白色水浸状近圆形斑点，后逐渐扩大成不规则病斑，边缘呈暗褐色，中间灰白色并呈轮纹状排列或散生许多小黑点，后期病斑扩大连片，常造成叶片干裂穿孔，脱落。成株期茎罹病，多在基部，病斑呈纺锤形，边缘褐色，中央灰白凹陷，再扩大为干腐溃疡斑，密生黑色小点，病斑环茎一周时，严重时许多病斑融合坏死，使皮层脱落，露出木质部，易折断枯死。果实罹病，初呈现浅褐色圆形凹陷斑，后扩展为黑褐色呈圆形或不规则形，上有明显斑纹，逐渐扩大到半果甚至全果，果实病部着生许多小黑点，后期病果落地腐烂或仍挂在枝上干腐。带菌种子多呈灰白色，无光泽，种脐变黑（图 1）。

病原及特征　病原为茄褐纹拟茎点霉 [*Phomopsis vexans*（Sacc. et Syd.）Harter]（图 2），属拟茎点霉属。有性态为茄褐纹间座壳菌 [*Diaporthe vexans*（Gratz）]，属间座壳属，有性态很少见。茄褐纹拟茎点霉分生孢子器寄生于寄主表皮下，成熟后突破表皮外露。分生孢子器近球形，单独地生子座上，呈凸透镜形，具有孔口；果实上孢子器直径为 120～350μm，叶上孢子器 60～200μm。分生孢子单胞，无色，有 α 型和 β 型两种形态；α 型孢子椭圆形或纺锤形，大小为 4.0～6.0μm×2.3～3.0μm，生于叶片上；β 型孢子线形或拐杖形，大小为 12.2～28μm×1.8～2.0μm，生于茎上。

侵染过程与侵染循环　茄子褐纹病病原菌萌发后从气孔或从果实和茎秆表面直接侵入寄主，菌丝在寄主细胞间隙蔓延，进入寄主细胞内吸取养分，使组织破坏或死亡，并在组织中蔓延。菌丝成熟后形成新的分生孢子器，进而又形成新的分生孢子，条件适宜可重复侵染。

茄子褐纹病病原菌主要以菌丝体或分生孢子器在土表的病残体上越冬，同时也可以菌丝体潜伏在种皮内部或以分生孢子黏附在种子表面越冬。种子带菌是幼苗发病的主要原因。适宜条件下病菌萌发侵染叶片和果实。发病部位病菌形成分生孢子器，成熟分生孢子器在潮湿条件下可产生大量分生孢子，分生孢子萌发后可直接穿透寄主表皮侵入，也能通过伤口侵染。病部病菌的分生孢子为当年再侵染的主要菌源，可多次再侵染，造成叶片、茎秆的上部以及果实大量发病。分生孢子在田间主要通过风雨、昆虫以及人工操作等传播，

图 1　茄子褐纹病症状（刘长远提供）

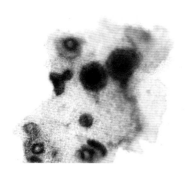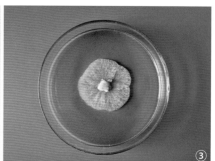

图 2　茄子褐纹病病原菌形态（于舒怡提供）
①分生孢子器；②分生孢子；③菌落

引起该病害发生（图 3）。

流行规律　茄子褐纹病病菌主要在土表病残体中越冬，也可在种子内外越冬。病菌侵染幼苗可引起幼苗猝倒和立枯，基部溃疡。在病部产生分生孢子，靠风雨、昆虫和农事操作传播，引起再侵染，使植株叶、茎和果实发病。带菌种子的调运可造成病害远距离传播。病菌产生分生孢子的最适温度为 28～30℃，形成分生孢子器的最适温度为 30℃；分生孢子萌发的适温为 28℃。自然光最适宜褐纹病菌的生长，连续黑暗条件下病菌生长最差。高温高湿气候条件适合病害发生，湿度是发病的主要因素。田间气温 28～30℃，相对湿度高于 80%，连续阴雨天，该病害易发病。南方夏季高温多雨，极易引起病害流行；北方地区在夏秋季节，露地茄子栽培如遇多雨潮湿，可引起病害流行。降雨期、降水量和高湿条件是茄褐纹病能否流行的决定因素。一般多年连作或苗床播种过密、幼苗瘦弱、定植田块低洼、土壤黏重、排水不良、氮肥过多的情况下，发病加重。长茄较圆茄抗病，白皮茄、绿皮茄较紫皮、黑皮圆形茄抗病。

防治方法

选用抗病品种　是防治褐纹病最经济、有效的措施，要根据在当地的栽培特点和市场销售情况选择抗病优良品种，新乡糙青茄、安阳茄、杭州红茄、北京线茄等为抗病性较强的品种。

农业防治　与非茄科蔬菜实行 2 年以上的轮作，选择排水良好的砂壤土，并深沟高畦种植。及时疏叶整枝，提高通风透气性，以利通风透光，避免湿度过大。发现病叶、病果及时摘除，集中深埋处理。

化学防治　发病初期进行药剂防治，可采用 25% 甲硫·腈菌唑可湿性粉剂 375～525g/hm²、70% 甲基托布津可湿性粉剂 600 倍液、75% 百菌清可湿性粉剂 600 倍液、1∶1∶200 的波尔多液、50% 万霉灵可湿性粉剂 500～800 倍液，或 75% 百菌清可湿性粉剂 600 倍、40% 甲霜铜可湿性粉剂 600～700 倍液，或 50% 多菌灵可湿性粉剂 800 倍液；隔 10 天施药 1 次，连续 3～4 次。温室大棚可以采用熏烟法，即在温室大棚内用 10% 百菌清烟剂、20% 速可灵烟剂、10% 百菌清加 20% 速克灵混合烟剂；用药量为 4500～6000g/hm²，每隔 5～7 天熏烟 1 次，连续 2～3 次。

参考文献

刘伟成，吕国忠，周永力，等，2002. 球壳孢目真菌同工酶电泳研究 II [J]. 吉林农业大学学报，24(1): 47-52.

刘学敏，张汉卿，白容霖，1998. 茄子褐纹病菌侵染规律及化学防治研究 [J]. 吉林农业大学学报，20(1): 1-5.

HOSSAIN M T, HOSSAIN S M M, BAKR M A, 2010. Survey on major diseases of vegetable and fruit crops in Chittagong Region[J]. Bangladesh journal of agricultural research, 35(3): 423-429.

KHAN N U, 1999. Studies on epidemiology, seed-borne nature and management of *Phomopsis* fruit rot of brinjal. An MS thesis, department of plant pathology [D]. Mymensingh: Bangladesh Agricultural University.

（撰稿：刘长远；审稿：王汉荣）

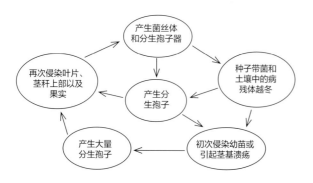

图 3　茄子褐纹病侵染循环示意图（刘长远提供）

茄子黑枯病　eggplant black blight

由多主棒孢侵染茄子引起的，危害茄子叶片和茎秆的一种真菌病害。又名茄子棒孢叶斑病。

发展简史　茄子黑枯病早在 1936 年和 1963 年就有日本高知和大阪等地严重发生危害的记载。中国早在 1937 年即有报道。黄朝豪等 1991 年调查时发现该病在海南儋州地区有零星发生；2001 年，李明远等报道了辽宁海城地区保护地茄子上发生棒孢霉叶斑病，对茄子产量造成较大的影响。茄子黑枯病病原菌最早由日本定名为 *Corynespora melongenae* Takimoto。2003 年 Sharma 将印度茄子黑枯病病原菌定名

为 *Corynespora melongenae* Sharma & Srivastava。李明远等 2001 年在辽宁记载发生茄子黑枯病，认为其病原菌属于山扁豆生棒孢（*Corynespora cassiicola* Berk. & Curtis）。很多学者认为该病是由寄主范围广泛的多主棒孢［*Corynespora cassiicola*（Berk. & Curt.）Wei］引起。2012 年，高苇等对山东和辽宁两大栽培地茄子黑枯病的病原菌进行形态特征鉴定、菌株在黄瓜和茄子上的致病力测定与形态比较及 ITS 序列比对，证明两地病害的致病菌为多主棒孢（*Corynespora cassiicola*）。2014 年，王爽对海南发生的茄子黑枯病进行了病原菌分离鉴定，根据其形态特征、致病性及 rDNA-ITS 序列测定，鉴定为多主棒孢［*Corynespora cassiicola*（Berk. & Curt.）Wei］。

分布与危害　在中国山东、河北、北京、辽宁、吉林、河南、云南、海南等地均有发生。2012 年以后，在辽宁鞍山、盘锦、大连和辽阳，山东寿光，北京顺义、昌平和房山等地保护地发病日益严重。在中国茄子主产区，茄子黑枯病连年暴发，田间发病率达 30%～60%，严重降低了茄子的产量和品质，造成巨大的经济损失。

茄子黑枯病菌主要侵染茄子的叶片，也可危害茎秆和果实。发病初期叶片上出现深褐色小点，周围褪绿变黄，病斑逐渐扩展形成小型斑或大型斑 2 种症状，病斑颜色为典型的黑褐色。小型斑的主要特点是病斑圆形或不规则形，中心浅褐色，边缘黑褐色，直径在 0.5～1.0cm，叶背症状相近，颜色略浅。大型斑直径在 1.0cm 以上，近圆形、黑褐色，常常带有明显的轮纹，个别病斑中部破裂。发病后期，叶片上具有大量病斑，易造成早期落叶。条件适宜时，叶背病斑上覆有褐色霉层。棒孢病菌侵染茄子茎秆时，初期茎秆褪绿变褐，后期病斑下凹，茎秆上出现干枯状龟裂，上面着生致密的黑褐色霉层。果实发病较少，发病时在果实表面形成无数水泡状的小隆起，后病斑凹陷腐烂，导致果实商品价值下降（图 1）。

病原及特征　病原为多主棒孢［*Corynespora cassiicola*（Berk. & Curt.）Wei］，属棒孢属。

在茄子寄主上自然生长的病菌，分生孢子梗较粗，着生在表生菌丝上，直立或略微弯曲，单生、平滑、壁厚，无色至褐色，具有 0～8 个层出梗，大小为 106.0～532.0μm×5.0～7.4μm。分生孢子壁厚，平滑，直或弯曲，圆柱形或倒棍棒形，顶端钝圆，基部平截，浅褐色至深褐色，具有 3～16 个假隔膜，大小为 36.5～187.0μm×9.0～15.5μm。基脐加厚，深褐色，宽 3.5～6.5μm（图 2）。

病菌在 PDA 培养基上培养 7 天后，菌落浅褐至深褐色，背面为黑色。有的菌落可产生黄褐色色素。分生孢子浅褐色，以圆柱形为主，少见有倒棍棒状。大小 30.0～123.5μm×9.0～12.0μm。

病菌菌丝生长最适温度为 28℃，产孢最适温度为 30℃。分生孢子萌发的温度范围为 15～35℃，最适温度为 25～30℃；相对湿度 90% 以上孢子才能萌发，以在水滴中萌发率最高。

该菌寄主范围较广，可危害包括茄子、黄瓜和豇豆等 145 个属的数百种作物及野生植物。造成较为严重的叶斑、茎腐、果腐、种腐等症状，影响寄主生长。

侵染过程与侵染循环　病菌的菌丝体或分生孢子可以随病残体在土壤中或其他寄主植物上越冬，分生孢子也可附于种子或塑料棚、温室等资材上越冬，成为翌年的初侵染源。病原菌存活力较强，至少可存活 2 年。翌年产生分生孢子可借风、雨或农事操作在田间传播，侵染健康植株。植株发病后产生分生孢子，并进行多次再侵染。该病原菌的休眠菌丝可以在种子表皮或种皮内潜伏，远距离传播以种子为主（图 3）。

流行规律　病害的发生和流行与温湿度关系密切，在温室高温高湿条件下，利于黑枯病的蔓延和流行。特别是夜间植株叶片上形成水滴的情况下，病害传播蔓延速度快。一般来说，5～6 月温室内温度较高、湿度较大、管理不善时病害发生严重。

图 1　茄子黑枯病症状（刘志恒提供）

①叶片；②茎秆

图 2　茄子黑枯病病原形态图（刘志恒提供）

①菌落；②分生孢子梗；③分生孢子

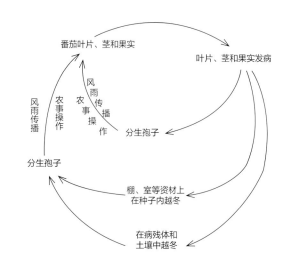

图 3　茄子黑枯病侵染循环示意图（赵秀香提供）

防治方法　应采取以种植抗病品种和加强栽培管理为主，结合化学防治的综合措施。

使用无病种子或种子消毒处理　从无病留种株上采收种子，选用无病种子。引进商品种子应在播前做好种子处理，可用55℃温水浸种15分钟或52℃温水浸种30分钟，再放入15～25℃温水中浸泡4～6小时后，于适温条件下催芽；也可用2.5%适乐时SD，每10ml药兑水150～200ml，拌种5～10kg，包衣后播种。

选用抗病品种　重发病区种植条茄等较抗病品种。

农业防治　温室中及时放风排湿，切忌灌水过量，防止出现高温高湿。发病后及时摘除病叶，收获后清洁田园。施足腐熟粪肥，增施磷、钾肥，勿偏施氮肥。重病田与其他蔬菜实行3年以上轮作，减轻病害发生。

化学防治　发病初期喷药，可用75%百菌清可湿性粉剂2.4kg/hm²、70%代森锰锌可湿性粉剂2.55kg/hm²、50%多菌灵可湿性粉剂2.25kg/hm²、50%甲基硫菌灵可湿性粉剂、25%咪鲜胺乳油等；用药间隔期7～10天，连续防治2～3次。喷药防治时应注意不同作用机理的杀菌剂交替使用，避免病菌抗药性的产生。

参考文献

高苇，李宝聚，石延霞，等，2012.茄子棒孢叶斑病病原菌鉴定及致病性研究[J].植物病理学报，42(2): 113-119.

李宝聚，高苇，石延霞，等，2012.多主棒孢和棒孢叶斑病的研究进展[J].植物保护学报，39(2): 171-176.

李明远，李兴红，张涛涛，等，2001.辽宁发生茄子棒孢叶斑病[J].植物保护，27(6): 48-49.

王爽，黄贵修，李博勋，等，2014.海南茄子棒孢霉叶斑病病原菌鉴定及生物学特性研究[J].现代农业科技，20: 106-108,112.

SHARMA N, SRIVASTAVA S, 2003. An appraisal of morphotaxonomic species diversity in *Corynespora Gussow* in Indian sub-continent[C]. Frontiers of Fungal Diversity in India. Lucknow Prof Kamal Festschrift: 607-638.

TAKIMOTO K, 1939. The diseases of flowers and greenhouse vegetables (in Japanese)[M]. Tokyo: Yokendowu Company: 155.

（撰稿：赵秀香、刘志恒；审稿：王汉荣）

茄子黄萎病　eggplant *Verticillium* wilt

由轮枝菌引起的、侵染茄子地下部分、造成全株系统性发病的真菌病害。俗称茄子半边疯、茄子黑心病。在世界范围内的茄子产区均有发生。

发展简史　1914年，Carpenfer在美国弗吉尼亚州发现棉花黄萎病的同时，也发现了茄子黄萎病。至今该病已传遍世界各茄子产区。早期对黄萎病的研究，主要是针对棉花黄萎病开展的，并确定其为轮枝菌（*Verticillium* spp.）引起的。1970年之前，人们经常把棉花黄萎病菌称作黑白轮枝菌，其原因是由于分类学上的争议。1913年，采自大丽花属植物上的一种以微菌核为休眠结构的轮枝菌被命名为大丽轮枝菌（*Verticillium dahliae* Kleb.），该菌也能引起棉花黄萎病，

但当时的一些科学家不承认大丽轮枝菌作为一个新"种"存在。1922年，Haenseler最早对茄子黄萎病病原菌进行鉴定，确定为轮枝菌属；1975年，Schnathorst等人确认黄萎病菌分属黑白轮枝菌（*Verticillium albo-atrum* Reinke et Berth.）和大丽轮枝菌。黄萎病菌不仅分布地区广，且寄主范围也较广泛，有660余种寄主植物。美国Broad Institute在大丽轮枝菌基因组草图数据库及其检索平台上公开发布了其基因组信息，同时发布的还有黑白轮枝菌的基因组数据。

中国1935年从美国引进斯字棉4B，未经检疫和消毒处理就在河南、河北、山东、山西、陕西等地种植，出现了棉花黄萎病，随后扩展到了包括茄子在内的其他植物。1954年前，茄子黄萎病仅在东北局部地区发生，随着茄果蔬菜面积扩大，病害迅速蔓延。

分布与危害　是一种毁灭性的土传维管束病害，每年可造成巨大的经济损失。茄子黄萎病在30多个国家已有发生，几乎遍及世界所有茄子产区；其中，欧洲、北美洲和亚洲等地的茄子产区病害发生重。茄子黄萎病曾在日本、欧洲大面积发生，也曾使美国的感病品种Florioda Market减产62%～85%，使耐病品种R4减产34.1%～42.5%。在中国，茄子黄萎病在所有茄子产区都有发生，在黑龙江、吉林和辽宁等地区发生重，在内蒙古、四川、江西、河北和山东等地也趋严重，重发病范围有逐渐向南扩大的趋势。一般发病后产量损失30%～60%，严重时几乎绝收。

黄萎病菌在茄子苗期即可侵染，茄子感病后，病原菌破坏维管束，堵塞导管，分泌毒素，致使植株系统萎蔫，甚至枯死。可出现黄斑型、萎蔫型和枯死型等多种症状（图1）。

病原与特征　病原主要有大丽轮枝菌（*Verticillium dahliae* Kleb.），另外，还有黑白轮枝菌（*Verticillium albo-atrum* Reinke et Berth.）和变黑轮枝菌（*Verticillium nigrescens* Pethybr.），均属丝孢目轮枝菌属。大丽轮枝菌，菌丝无色，有隔膜，产生轮枝分生孢子梗，直立的孢子梗上有1～5个轮枝层，每层有3～4个轮枝，分生孢子长卵圆形，单细胞无色。由菌丝胞壁增厚产生串生的黑褐色厚垣孢子，由许多厚壁细胞结合可形成近球形的微菌核。

病原菌菌丝生长发育温度为5～33℃，最适为22～24℃。分生孢子萌发适温为25℃，并且可短时间耐受40℃高温。微菌核10℃时就可以萌发，25～30℃最适，抗逆性强，一般可存活6年。

黄萎病菌有明显的生理分化现象，极易发生致病力变异。苏联地区鉴定出了3个生理小种：0、1、2。美国发现了T-9落叶型菌系，是毒力最强、最危险的菌系。在中国将

图1　茄子黄萎病田间植株症状和植株茎维管束症状（周洪友提供）

茄子黄萎病菌的致病力划分为强、中、弱 3 种类型。随着分子生物学技术的发展，通过对大丽轮枝菌全基因组序列的测定发现，在该菌基因组中有 4 个种系特异区域（Vd lineage-specific regions，LS 区），使其遗传上具有灵活多变性，是离子和脂质代谢、信号与转录调控、环境压力响应和次生代谢过程中起重要作用的功能基因，也对病原菌的生理分化和致病性发挥重要作用。

侵染过程与侵染循环　茄子黄萎病菌以微菌核、厚垣孢子和休眠菌丝体在病残体、土壤以及粪肥中越冬，病菌也能以分生孢子和菌丝体在种子内外越冬，成为翌年初侵染来源。春季病菌萌发后，从根部的伤口或直接从幼根表皮及根毛侵入，菌丝在寄主皮层薄壁细胞间扩展，然后侵入维管束并在维管束内繁殖，随植株体内液流向地上部扩展，直至茎、枝、叶、果实和种子。病原菌侵入木质部导管后，刺激薄壁细胞产生富含 β-1，3 葡聚糖的胶状物质，形成封闭位点，堵塞导管，致使植株萎蔫。病菌还可以产生糖蛋白毒素，破坏寄主组织结构，增加细胞透性，从而引起凋萎（图 2）。

流行规律　茄子带菌的种子、有机肥、田间操作、农具、灌水、气流、雨水均可传播病菌。一般病叶引起茄子植株发病的能力最强。当地温达到 10℃ 以上时，病原菌便开始萌发和侵染，茄子 5～6 叶时开始初发病，随着温度的逐渐升高，气温保持 20～25℃，病害进入流行期，植株症状明显。当气温升至 28～31℃，土壤温度处于 22～28℃ 时，症状减轻，当土壤温度维持在 28℃ 以上时病害不再发生。由于病害不再侵染，因此，种子和土壤中病原菌的数量，特别是微菌核的数量是病害发生流行的关键。茄子定植后至开花期，日平均气温长时间低于 15℃，病害重；在茄子始花期至盛果期若雨水多，或地势低洼，或灌水后遇暴晴天气，水分蒸发快，造成土壤干裂伤根，病害发生严重。重迎茬地块、定植过早、栽苗太深、地温低等也易于发病。施用未腐熟有机肥或缺肥，生长不良及土壤线虫和地下害虫危害重，均有利于病害的发生和流行。

防治方法　茄子黄萎病是一种系统性的维管束病害，一旦病原菌侵入，就无法控制。黄萎病一般在门茄坐果膨大期开始发生，此时，病原菌基本侵染了整个植株，再进行防治为时已晚，因此，茄子黄萎病重在预防。除了加强检疫工作外，可采取以农业防治为中心、药剂防治为辅的综合防治措施。

检疫控制　新病区的初侵染主要来源是种子带菌，因此，加强检疫工作，是控制病害的有效手段。

选用耐、抗病品种　选用适合的抗病品种，对茄子黄萎病的发生均有较好的控制作用。如长茄 1 号、湘茄 4 号、丰研 1 号等品种均具有一定的抗病性和耐病性。

农业防治　茄子黄萎病菌寄主范围广泛，要选择正确的作物进行轮作，才能减少土壤里的病原菌数量。水旱轮作 1～2 年，与非寄主的大田作物或蔬菜轮作 3～5 年，可有效控制病害的发生。利用高抗或免疫的砧木与优质栽培品种进行嫁接，既可以有效防治茄子黄萎病，又能增强茄子的抗逆性。培育壮苗、适时定植、及时清除田间病残体和合理水肥管理都是有效的防治方法。

物理防治　采用温汤浸种、苗床烧土、烘土来杀死病原菌。露地利用晴天高温覆盖黑色地膜 8～10 天，温室和大棚采用高温闷棚 20 天，能有效控制发病。

种子处理与药剂防治　可在播种前用 50% 多菌灵可湿性粉剂浸种或用 2.5% 咯菌腈种衣剂包衣。苗床处理，可用 50% 多菌灵可湿性粉剂浸种或用 2.5% 咯菌腈悬浮剂制成药土作为苗床土；也可用 1 亿 /g 枯草芽孢杆菌微囊剂（太抗）喷洒苗床。种植地土壤处理，大田整地时，施石灰或用上述化学药剂制成的药土进行土壤改良和消毒。定植时处理，在定植穴中施上述药土、或由 1 亿 /g 枯草芽孢杆菌微囊剂（太抗），或 10 亿 /g 枯草芽孢杆菌可湿性粉剂（萎菌净）与细土按 1∶50 比例混合的菌土后定植；或定植后用上述药剂或菌剂灌根。在定植后，用上述化学药剂灌根，每隔 7～10 天灌 1 次，连续 3 次；或用上述菌剂灌根 1～2 次。

参考文献

黄奔立，朱华，朱凤，等，2004. 茄子黄萎病的发生及病菌生长影响因子 [J]. 植物保护学报，31(2): 157-160.

张武军，李宁，罗娜，等，2006. 茄子黄萎病菌不同致病力菌株生物学特性的比较 [J]. 四川农业大学学报，24(3): 281-287.

BASAY S, SENIZ V, TEZCAN H, 2011. Reactions of selected eggplant cultivars and lines to verticillium wilt caused by *Verticillium dahliae* Kleb[J]. African journal of biotechnology, 10: 3571-3573.

BLETSOS F, THANASSOULOPOULOS C, ROUPAKIAS D, 2003. Effect of grafting on growth, yield, and Verticillium wilt of eggplant[J]. Hortscience, 38: 183-186.

MELANIA C R, MERCADO-B J, OLIVARES-G C, et al, 2006. Molecular variability within and among *Verticillium dahliae* vegetative compatibility groups determined by fluorescent amplified fragment length polymorphism and polymerase chain reaction markers[J]. The American phytopathological society, 96(5): 485-495.

NIKITAS K, FOTIOS B, NIKOLAOS S, et al, 2002. Effect of Verticillium wilt (*Verticillium dahliae* Kleb.) on root colonization, growth and nutrient uptake in tomato and eggplant seedlings[J]. Science horticulturae, 94: 145-156.

（撰稿：王伟；审稿：王汉荣）

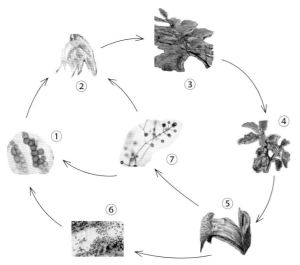

图 2　茄子黄萎病病害循环示意图（王伟提供）

①微菌核萌发；②侵入根系；③在植株中扩展；④引起植株发病；⑤植株茎维管束变褐；⑥病组织中形成的微菌核；⑦病残体中的菌丝体

茄子绵疫病　eggplant *Phytophthora* rot

由烟草疫霉引起的危害茄子的重要真菌病害。又名烂茄子、茄子水烂，又因病果大多脱落，有些地方称为"茄子掉蛋"。

分布与危害　凡种植茄子的地区都有分布。于高温多雨季节发生，蔓延迅速，防治不当常引起大量烂果，造成减产，损失可达20%～30%，如遇7～8月多雨年份，发病更为严重，烂果率达50%，甚至绝收。在茄果运销过程中亦能继续危害。该病除危害茄子，还侵染番茄、辣椒、黄瓜、南瓜及马铃薯等。

绵疫病在茄子生长期均可发病。主要危害果实，也能侵染幼苗叶、花器、嫩枝、茎等部位。幼苗发病，幼茎基部呈水渍状，发展很快，常引发猝倒，致使幼苗枯死。成株期叶片感病，产生水渍状不规则形病斑，具有明显的轮纹，但边缘不明显，褐色或紫褐色，潮湿时病斑上长出少量白霉。茎部受害呈水渍状缢缩，有时折断，并长有白霉。花器受侵染后，呈褐色腐烂。果实发病，多从近地面的果实先发病，初期果实腰部或脐部出现水渍状圆形病斑，后扩大成黄褐色至暗褐色，稍微凹陷半软腐状。田间湿度大时，病部表面生一层白色棉絮状霉状物。当病部扩展到果实表面一般左右时，病果易脱落。幼果发病，病部呈半软腐状，果面遍布白色霉层，后干缩成僵果挂在枝上不脱落。叶片发病，多从叶尖或叶缘开始，初期病斑成水渍状、褐色、不规则形，常有明显的轮纹。潮湿条件下病斑扩展迅速，叶片干枯破裂。嫩枝感病多从分枝处或从花梗及果梗处发生，病斑初呈水渍状，后变褐色以致折断，上部枝叶萎蔫枯死（图1）。

病原及特征　茄子绵疫病为真菌性病害，病原为烟草疫霉（*Phytophthora nicotiana* van Breda de Haan）、异名茄疫霉（*Phytophthora melongenae* Sawada）、寄生疫霉（*Phytophthora parasitica* Dast.），属疫霉属。发病部位形成的白色絮状霉层为病菌的菌丝、孢囊梗和孢子囊。菌丝白色，无隔膜，具分枝。孢囊梗从气孔伸出，细长、无隔膜、不分枝，顶生孢子囊，有时候间生，或侧生孢子囊。孢子囊球形或卵圆形，大小为20～30μm×25～120μm。孢子囊顶端乳头状突起明显。孢子囊萌发产生双鞭毛游动孢子，游动孢子卵形。在水分不足或者气温较高时，孢子囊可直接萌发产生芽管。有性态产生卵孢子，圆形，无色至黄褐色，壁厚，表面光滑，直径19～27μm。病菌发育温度为8～38℃，最适温度为30℃，相对湿度在95%以上时，菌丝生长良好。相对湿度在85%左右时，孢子囊才能形成（图2）。

侵染过程与侵染循环　茄子绵疫病主要危害果实，也可危害茎、叶、花。发病初期果面上为水渍状圆形病斑，稍凹陷，呈黄褐色或暗褐色，在适宜条件下迅速发展，逐渐使整个果实腐烂。在高湿条件下，病部产生茂密的白色棉絮状物，果肉黑褐色，腐烂，病果易脱落，或收缩而成僵果。落在地面上的病果表面遍生白色棉絮状菌丝，落在枝上的病果水分逐渐消失变成黑褐色僵果。叶片发病多从叶尖或叶的边缘开始，病斑初呈暗绿色，后变为褐色，为不规则形，潮湿时病部也呈稀疏白霉，嫩茎发病变褐缢缩腐烂，以致折断，其上部枝叶萎蔫枯死。幼苗被害，茎基部呈水渍状坏死，引起猝倒。

病菌主要以卵孢子在土壤中病残组织上越冬，翌年卵孢子可直接侵染茄子幼苗，在根颈部位以芽管侵入幼嫩的茎基，导致幼苗的猝倒。亦可借灌溉、降雨流水等传播，萌芽的孢子囊或卵孢子侵染植株，首先致植株下部被侵染的果实或叶片发病；初生菌丝侵入寄主细胞吸收养分，造成寄主腐烂并迅速扩大，病部长出大量长而密的菌丝；菌丝成熟后顶端生成卵圆形孢子囊，孢子囊是主要侵染体，它散落在寄主组织上，条件适宜时，萌发成许多游动孢子，游动孢子在水滴中

图1　茄子绵疫病田间症状（吴楚提供）

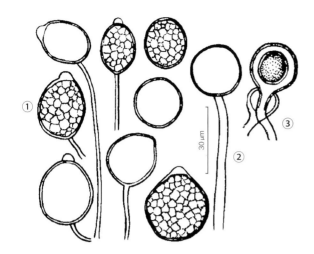

图 2　茄子绵疫病病原特征（吴楚提供）
①孢子囊；②孢子囊梗；③雄器、藏卵器和卵孢子

产生两根鞭毛，经过 30～40 分钟游动，选定新寄主后，失去鞭毛，萌发出芽管侵入寄主组织进行侵染；如果水分不足，孢子囊就不产生游动孢子而直接萌发出芽管侵染寄主细胞；周而复始，扩大侵染，最后又形成卵孢子越冬。

病菌主要以卵孢子随病残体组织在土壤中越冬，为翌年主要初侵染源。病菌在土中可存活 3～4 年。条件适宜时，越冬病菌可以直接侵染幼苗的茎部，使幼苗发病。田间主要借雨水反溅到靠近地面的果实上，卵孢子萌发，从寄主表皮直接侵入，引起初侵染。发病后的组织上产生大量孢子囊。孢子囊萌发释放出游动孢子，经风、雨和流水传播，进行再次侵染。茄子生长期间，如气候条件适宜时田间可发生多次再侵染，使病害扩展蔓延。生长后期病菌在寄主体内形成卵孢子，随病残体在土壤中越冬。

流行规律　茄子绵疫病的发生、流行与温度、湿度、土壤及栽培管理措施密切相关。高温、高湿条件利于病害发生。气温 25～32℃ 和相对湿度达 80% 以上时，病害极易发生和流行。7～8 月正值茄子盛果期，如果降雨早，次数多，雨量大，且连续阴雨，则发病早而重；若雨量少或持续干旱，则发病晚而轻。凡是地势低洼、土壤黏重、排水不良地块发病重。栽植密度大，植株间通风透光差，或偏施氮肥等发病均较重。连作地发病早而重。茄子品种间抗病性有差异。一般长茄比圆茄感病，含水分高的比含水分低的品种发病重。

防治方法　防治茄子绵疫病的主要原则是除了选用抗（耐）病品种外，应加强栽培管理，通过改进栽培管理和科学施用药剂，尽可能地减少田间再侵染次数和压低田间病原菌数量，以减轻病害的危害程度。

选用抗病品种　如兴城紫圆茄、贵州冬茄、通选 1 号、济南早小长茄、竹丝茄、辽茄 3 号、丰研 11 号、青选 4 号、老来黑等。

种子消毒　播种前对种子进行消毒处理，如用 50～55℃ 的温水浸种 7～8 分钟后播种，可大大减轻绵疫病的发生。

采用穴盘育苗　可采用 288 孔 6 盘，1 穴 1 粒种子，养分充足，根系发达，定植时不伤根或少伤根，增强抗病性，

减少染病机会。

实行轮作　要合理安排地块，忌与西红柿、辣椒等茄科、葫芦科作物连作。一般实行 3 年以上的轮作倒茬。

加强栽培管理　选地势高燥地块，采用深沟高畦栽培，覆盖地膜以阻挡土壤中病菌向地上部传播，促进根系发育。施用腐熟的农家肥，增施磷、钾肥，增强植株抗病性。合理密植，摘除下部老叶，改善通风透光条件。7～8 月气温高，蒸发大，株行间盖草或者覆地膜，既可降低低温，又可防止或减少病菌孢子经雨水反溅传播。茄子植株封行后，及时摘除老叶、黄叶、病虫叶、果，增强通风透光。

对于正处于坐果期的露地茄子，可采取以下防治措施：

地膜覆盖　采用黑色地膜覆盖地面或铺于行间，能够阻断土壤中病菌孢子对茄果的飞溅传播。还可借日光进行高温灭菌及防止杂草生长。

科学肥水　施足腐熟有机肥，预防高温高湿。增施磷、钾肥，促进植株健壮生长，提高植株抗性。

精细管理　适时整枝，打去下部老叶，改善田间通风透光条件，及时摘除病叶、病果，并将病残体带出田外，以防止再侵染。

参考文献

曹涤环，2016. 大棚茄子绵疫病的发生与防治 [J]. 山东农药信息 (1): 42.

王海丽，张丽，方君，等，2011. 茄子绵疫病危害特点及防治对策 [J]. 西北园艺 (9): 31.

张燕燕，刘叶琼，2012. 茄子绵疫病的发病规律及综合防治技术 [J]. 植物保护 (11): 43-44.

（撰稿：张修国；审稿：王汉荣）

侵染钉　penetration peg

植物病原真菌的附着胞在侵入寄主细胞时，附着胞底座的中心小孔分化产生的一种特异性侵染菌丝。它垂直于植物表皮生长，在附着胞膨压形成的机械穿透力的推动下，它可刺穿植物表皮组织，侵入到寄主细胞内部，并把附着胞的内含物运输到叶片表皮细胞内。侵染钉穿入植物表皮细胞后，可分化形成球状的侵染菌丝，在被侵染的组织细胞间蔓延生长。

（撰稿：郑祥梓；审稿：刘俊）

侵染概率　infection probability

一定数量的病原物传播体着落于寄主体表后，在一定的条件下得以侵染成功，引致发病的传播体所占的比例。又名侵染几率。所谓侵染成功即完成全部侵染过程，显现症状。这样引致发病的传播体数可以用发病点数表示，侵染概率可以用以下公式计算：

$$侵染概率 = 发病点数 / 接种的传播体数$$

与侵染概率相近的英文术语是接种体效能（effectiveness of inoculum）和侵染效率（infection efficiency）。前者由荷兰扎多克斯（J. C. Zadoks，1979）提出，后者由美国纳尔逊（R. R. Nelson）提出。

从植物病害侵染过程的角度看，侵染可以包括孢子（传播体）萌发、侵入和显症 3 个阶段，侵染概率也就是孢子萌发率、侵入率和显症率三者的乘积。其中，侵入率(penetration probability）指病原物传播体在一定的条件下能侵入定殖的概率。侵入率和侵染概率虽然密切相关，却不相等。测定侵入率需要通过组织学观察计数侵入并定殖成功的位点数。

侵入率 = 侵入点数 / 接种的传播体数

另外，在历史上也曾出现过接种体势能（inoculum potential）的术语（J. G. Horsfall，1932）。其初始的含义是接种体密度。按一般的理解，接种体密度越高，侵染发病的数量也会越多，但后来发现仅凭接种体密度不能完全确定发病数量。因此，不断有人扩展接种体势能的含义。1956 年，英国的加勒特（S. D. Garrett）赋予它既包含数量，即密度又包含质量，即萌发侵染能力两方面内涵；1971 年，美国的贝克（R. Baker）认为它是接种体数量、生活力、致病性和环境条件的综合量。1986 年，中国的曾士迈提出侵染概率一词并且定义它是病害数量和接种菌量之间的定量关系，又是依病原致病性、寄主抗病性和环境条件而变的数值。可以用以下公式表述：

$$\begin{cases} 病害数量 = 接种的传播体数 \times 侵染概率 \\ 侵染概率 = f（致病性、抗病性、环境条件） \end{cases}$$

由于接种体或传播体都很小，即便使用显微镜观察也难以准确计数。在实际的田间工作中，能否用已经显症（具有传染能力）的病点数，如病斑数、病叶数或病株数，代替接种体的数量。由此，提出一个类似侵染概率的名词，即病害日传染率。

病害日传染率 = 子代病点数 / 亲代病点数 / 日

采用同样的观测单位观测一天之内田间具有传病能力的发病位点数和可以传染并在其后陆续发病位点数，经过统计可以计算出病害日传染率。同时监测相关的环境因素值，又可以建立病害日传染率依环境而变的函数公式。这是一种比较简便和实用的做法。

参考文献

曾士迈，杨演，1986. 植物病害流行学 [M]. 北京：农业出版社：74-75.

（撰稿：肖悦岩；审稿：赵美琦）

侵染过程　infection process

病原物接种体从接触寄主开始，经侵入并在寄主体内定殖、扩展进而危害直至寄主表现症状的过程。又名病程。侵染过程是寄主植物个体上的发病过程，包括病原物接种体与寄主植物接触、病原物的侵入、病原物在寄主体内的相互作用及建立寄生关系，病原物的生长繁殖与扩展、症状的显现和变化以及环境条件对病程发生发展的影响等。侵染过程一般可分为侵入前期、侵入期、潜育期和发病期 4 个时期。

侵入前期　病原物在侵入前与寄主植物存在相互关系并直接影响病原物侵入的一段时间，又称接触期。侵入前期可分为接触前和接触后两个阶段。在侵入前期，受环境条件影响较大，温度和湿度往往影响病原物的活动和侵入结构的形成。

侵入期　病原物的接种体降落或接触到寄主植物表面，经过相互识别和斗争，进入寄主体内，与寄主组织或细胞建立寄生关系。无论是从越冬（越夏）处来的接种体，还是从初侵染造成的病株上产生的繁殖体，一旦接触到寄主植物表面，环境条件适宜，接种体即可从寄主表面的敏感位点侵入，或由传播介体直接将病原物（病毒）接种体送入体内。

潜育期　从病原物接种体侵入寄主建立寄生关系起，在寄主体内不断生长繁殖并扩展，直到寄主外表显现症状的时期，即病原物在寄主体内潜伏发育的阶段，又称潜伏期。

发病期　指寄主外表显症的时期。绝大多数病害的发病期很长，从显症一直到收获或落叶。真菌病害往往在受害部位产生孢子，因而又称为产孢期。在细菌病害、病毒病害和类菌质体病害等，虽没有产孢期，但自建立寄生关系起，接种体数量就开始增加，而大多数真菌病害一般在发病后，病部才产生病菌孢子（繁殖体）。发病期内病害症状的类型、严重度、产孢量和损失率等，受寄主抗性强弱、病原菌毒力强弱和环境条件适宜程度的影响。

参考文献

AGRIOS G N, 2005. Plant pathology[M]. 5th ed. New York: Academic Press.

（撰稿：康振生；审稿：陈剑平）

侵染数限　numerical threshold of infection

单一传播体不能引致侵染，必须某一定数量以上的传播体，才能引致一个位点发病。又名侵染阈值。换言之，是病原物传播体到达寄主一个健康位点的某一数量，只有达到或超过这个数量时才能引致位点发病。由于侵染位点可能很小，即使使用显微镜观察也难以计数和确定是否发病，所以在实际操作时往往观察接种体密度和侵染后的发病位点数。将侵染数限解释为：引致病害的最低接种体密度。

1946 年，瑞士植物病理学家高又曼（E. Gäumann）首先提出侵染数限假说。他依据了格林（M. D. Glynn）1926 年在马铃薯癌肿病（Synchytrium endobioticum）上所做的试验数据。格林将马铃薯苗种在混有不同数量的癌肿病菌休眠孢子囊的土壤中，发现只有当每克土壤中孢子囊数大于 200 个才能发生侵染。其后，也曾有过多次报道，在多种病害上观测到侵染数限，如十字花科根肿病、番茄晚疫病、番茄早疫病、番茄斑枯病、小麦腥黑穗病等。

1975 年，范德普朗克（J. E. Van der Plank）认为这一说法缺乏证据。他提出"侵染实体的独立作用原理"，认为起侵染作用的病原体是一个自足的单位，称为侵染实体。侵染实体是独立地起作用的，各实体之间没有专性的协生作用或对抗作用。为了验证一个孢子（侵染实体）能造成一个侵染，可以进行单孢接种试验。许多病原物单孢子可以接种成功，甚至细菌病害番茄溃疡病病的单个细菌也能侵染成功。只是不同病菌接种成功的概率即侵染概率有很大差异。在此基础上范氏又总结出实验的"原点定律"，即当以发病数量为纵坐标，接种体密度为横坐标作图时将得出一条通过原点的直线。范德普朗克认为如果单个孢子不能侵染，那么多个孢子也不能侵染，他还把高又曼所依据的数据中的发病点数通过重叠侵染转换公式转换成发生侵染的点数，然后再以侵染点数为纵坐标，以接种量的对数值为横坐标重新作图，原曲线则变成直线并且十分接近原点。即证明不存在侵染数限。

参考文献

曾士迈,杨演,1986.植物病害流行学 [M].北京：农业出版社.

（撰稿：肖悦岩；审稿：胡小平）

侵染速率   infection rate

病害在单位时间内变化（增、减）的比率。又名病害流行速率。它是病害定量流行学的重要参数。

由于病害侵染都有一个侵染过程，寄主植物也就可能出现无病（健康）、潜育（已被侵染但还不具备传染能力）、传染（显症并具有传染能力）、报废（显症但失去传染能力）4 种状态。在解析病害流行过程时，如果用不同状态的数值表示病情并采用不同的计算公式就会产生不同的侵染速率，包括表观侵染速率、基本侵染速率和矫正侵染速率。

表观侵染速率（apparent infection rate）以肉眼可见的症状为标准，将寄主分为病（已经显现症状）、健（尚未显现症状）两部分。当单年流行病害处于季节流行初期，病情（X）$\leqslant 0.5$ 时，可以假设有无限大的空间可供病害发展，病害增长只与病部数量和速率有关，即 $dX_t/dt = r_l \cdot X_t$。某一时刻病情与时间的关系可以用指数模型描述：

$$X_t = X_o \, exp(r_t \cdot t)$$

式中，X_t 为 t 时刻的病情，X_o 为初始病情，r_l 为指数侵染速率（exponential infection rate）。当病情（X_t）在 $0.05 \sim 0.95$ 之间时，由于可供侵染的寄主位点逐渐减少，病害增长不仅受到病害数量（X_t）的影响，而且受健康寄主（$1-X_t$）数量的限制，所以 $dX_t / dt = rX_t \cdot (1-X_t)$。病害增长通常呈逻辑斯蒂模型形式：

$$\frac{X_t}{(1-X_t)} = \frac{X_0}{(1-X_0)} \cdot e^{rt}$$

式中，r 为逻辑斯蒂侵染速率（logistic infection rate），通常也简称表观流行速率。在实际工作中，如果已经知道前后两期的病情，即 X_1、X_2，可以通过以下公式推算 r 值：

$$r = \frac{1}{t_2 - t_1} \cdot \left(\ln \frac{X_2}{1-X_2} - \ln \frac{X_1}{1-X_1} \right)$$

测定中，两次调查时间间隔应该大于病害的一个潜育期，连续多期的侵染速率也可以通过加权平均法推算总的侵染速率。

由于病害具有潜育期，植物生病部分包括肉眼见到症状的和虽然受到侵染但尚处于潜育阶段的两部分，而起传染作用的只能是已经显症的部分（X_{t-p}）。可供侵染的部分仍然为未受侵染的寄主（$1-X_t$），按此考虑，侵染速率公式可以改写为：

$$\frac{dX_t}{dt} = R \cdot X_{t-p} \cdot (1-X_t)$$

式中，R 为基本侵染速率（basic infection rate）。如果再进一步细分析，显症部分（X_{t-p}）还可分成具有传染能力的和已经丧失传染能力即报废部分（X_{t-p-i}），i 为传染期。真正起传病作用的部分应该是（$X_{t-p}-X_{t-p-i}$），侵染速率公式又可以得到进一步矫正：

$$\frac{dX}{dt} = R_c \cdot (X_{t-p}-X_{t-p-i}) \cdot (1-X_t)$$

式中，R_c 为矫正侵染速率（corrected infection rate）。在上述 3 种侵染速率中，表观侵染速率比较粗放但适合直观测定和实际应用。后两种，特别是矫正侵染速率更为合理，它符合系统分析和病害系统模拟的思路。

参考文献

曾士迈,杨演,1986.植物病害流行学 [M].北京：农业出版社.

（撰稿：肖悦岩；审稿：赵美琦）

侵入   penetration

病原物从接触寄主经相互识别到建立寄生关系的过程。

病原物不论是外寄生的还是内寄生，都必须以适当的方式接触到寄主的接受位点，并以特定的方式侵入寄主体内与寄主建立寄生关系。病原物侵入寄主所需时间通常很短。有些病原物主动侵入寄主，如许多真菌、细菌、线虫和寄生性植物依靠自身的生长和活动侵入寄主，有的产生专门侵入机构如附着胞、吸盘等。病毒和类菌原体只能借助介体或通过摩擦、嫁接等方式被动地侵入寄主。

侵入方式和途径 病原物侵入途径有直接穿透或通过自然孔口、伤口和介体等多种。多数植物病原真菌、线虫多从伤口、自然孔口或表皮直接穿透侵入寄主；植物病原细菌只能从自然孔口和伤口侵入；寄生性植物既可直接侵入，也可从伤口侵入；而植物病毒、类菌质体则主要从微小伤口侵入。

影响侵入因素 病原物能否成功地侵入寄主，一方面与病原菌自身的特性（如接种体的活力、数量、寄主植物的敏感状态、感病期、感病器官）有关，同时受到环境因素，主要是湿度、温度、光照等因素的影响。在流行学上，一般用"侵染概率"表示侵染的成功率，用"侵入概率"表示成功的入侵率。

湿度 湿度高低和维持时间长短是影响病原物侵入的主要因素，多数病原物要求高湿条件才能侵入成功，而高湿度维持时间长短直接影响侵入率。例如，小麦秆锈病菌夏孢子在高湿度下侵入寄主最快只需 2 ～ 3 小时，保湿时间延长，侵入率增加。台风暴雨常导致细菌病害的暴发流行。

温度 主要影响病原物侵入速度。温度不仅影响真菌孢子的萌发速率，而且影响芽管的生长和侵入速率。大多数病原物休眠机构或接种体萌发的最适温度与侵入寄主的最适温度是一致的。在最适温度范围内，病原物侵入时间最短，超过这一范围侵入时间延长，超过病原菌侵入所需最高或最低温度，病原物就不能侵入。

寄主植物　病原物能否侵入成功，与寄主植物自身的特性密切相关，如寄主的表皮结构、气孔数目及开闭的功能、伤口愈合的能力和速度以及寄主与病原物相互作用所诱发的生理生化过程等都影响病原物的侵入。寄主植物或诱发植物根部或叶常有分泌物释放，这些分泌物大多具有刺激病原物萌发、生长、繁殖的功效，少数则具有抑制有害微生物生长繁殖的功能。

病原物的特性　不同种类病原物侵入寄主植物所需时间和数量不同，病原物对寄主的亲和程度、病原物接种体的活力和成熟度以及接种体的数量等都直接影响侵入。病原物成功侵入寄主所需的接种体数量即"侵染剂量"有较大差异。有些真菌，如小麦锈菌，单个夏孢子接种就能发病。而许多病原物则需要较大数量的接种体群体才能完成侵入，如小麦赤霉菌。而植物病原细菌一般需用每毫升含 $10^4 \sim 10^5$ 个细菌的悬浮液接种才能发病；烟草花叶病毒则需要有 $10^4 \sim 10^5$ 个病毒粒子接种才能在心叶烟上产生一个局部枯斑。

参考文献

AGRIOS G N, 2005. Plant pathology[M]. 5th ed. New York: Academic Press.

（撰稿：康振生；审稿：陈剑平）

侵入率　incursion rate

广义的侵入率与侵染概率具有相同的含义，是指病原物侵入寄主体内，并定殖成功的概率。如果不作特别的说明，侵入率指的是广义的侵入率。

对于病原物的侵入率有两个层面上的理解。狭义的侵入率（或侵入概率）是指病原物传播体到达寄主植物体表后，在一定条件下成功侵入寄主植物体内的概率。侵入是指病原物突破寄主表层屏障而进入寄主体内的过程，侵入率则是指突破寄主表层屏障成功进入植物体内的病原物数量占到达寄主体表病原物总量的比率。侵入率只考虑病原物的侵入过程，而没有考虑病原物侵入后能否定殖。

侵入率 = 成功侵入寄主体内的传播体数量 / 成功到达寄主体表的传播体数量

狭义的侵入是病原物侵染过程的一个阶段，是侵染概率的一个组分。侵染概率是指病原物的传播体到达寄主体表后，在一定条件下得以侵染成功的概率，它包括侵入和定殖两个阶段。病原物侵入率与侵染概率都受病原物的致病性、寄主的抗病性和环境条件等因素的影响，是这些因素的函数。侵入寄主体内的病原物不一定能从寄主体内获取必要的养分和水分，与寄主建立寄生关系，即不一定能够定殖于寄主体内。定殖成功率是指能与寄主建立寄生关系的病原物数量占已侵入寄主体内病原物数量的比率。当然能成功定殖的病原物也不一定能够显症。狭义的侵入率与侵染概率计算方法及相互关系如下：

侵染概率 = 侵染成功的传播体数量 / 成功到达寄主体表的传播体数量

侵染概率 = 侵入率 × 定殖成功率

侵入率 = 成功侵入寄主体内的传播体数量 / 成功到达寄主体表的传播体数量

定殖成功率 = 成功定殖于寄主体内的传播体数量 / 成功侵入寄主体内的传播体数量

侵入率和侵染概率虽然在理论上有明确的定义，而且简便直观，可用于病害的系统分析和系统模拟。然而，在实际病害研究与病害测报中却难以应用，其中一个重要的原因是，技术手段还难以检测出已侵入或已定殖于寄主体内的病原物；另一个原因是，病原物的个体很小，一般的技术手段难以查明其精确的数量。将来借助分子生物学的手段，或许能够实现对侵入率和侵染概率的精确定量。

参考文献

库克 B M, 加雷思·琼斯 D, 凯 B, 2013. 植物病害流行学 [M]. 2 版. 王海光, 马占鸿, 主译. 北京: 科学出版社.

马占鸿, 2010. 植病流行学 [M]. 北京: 科学出版社.

肖悦岩, 季伯衡, 杨之为, 等, 1998. 植物病害流行与预测 [M]. 北京: 中国农业大学出版社.

曾士迈, 杨演, 1986. 植物病害流行学 [M]. 北京: 农业出版社.

（撰稿：李保华、练森；审稿：肖悦岩）

芹菜斑枯病　celery *Septoria* blight

由芹菜生壳针孢引起的、危害芹菜植株地上部分的一种真菌病害。又名芹菜晚疫病。是全世界芹菜产区普遍发生的病害之一。

发展简史　芹菜斑枯病于 1906—1910 年首先在英国发生，最早的研究报道是 1911 年（F. J. Chittenden），当时将其称为芹菜叶斑病。关于病原菌的分类地位曾经有学者根据病斑的大小、形状和分生孢子器、分生孢子大小及形态确定为不同的种，如 *Septoria petroselini* Desm、*Septoria apii*（Br. et Cav.）Chester 和 *Septoria apii-graveolentis* Dorogin，后来由于研究的不断深入，普遍认同上述病原菌都是 *Septoria apiicola* Speg. 的异名。

分布与危害　在世界各芹菜种植区域均有分布。俄罗斯、英国、罗马尼亚、比利时、波兰、意大利、加拿大、哥斯达黎加、奥地利、以色列、埃及、美国、阿根廷、澳大利亚、日本等国家均有发生的报道。在中国，芹菜斑枯病遍及芹菜主要产区，从幼苗到成株期均可受害，保护地芹菜受害更重，若条件适宜病害发展速度较快，短时间内便造成叶片干枯、落叶和叶柄腐烂，轻病田病株率 10%，严重的田块可达 100%，损失高达 50% ～ 90%，在储藏期还可继续发病，采收后若不及时处理，损失往往重于田间。

芹菜斑枯病主要危害叶片，也能危害叶柄、果梗、种皮。叶片受害时产生淡褐色或黄色小斑点，后期病斑呈圆形、多角形、不规则形，灰褐色或灰白色；多数病斑直径为 2 ～ 3mm，称为小型病斑，病重时多个病斑融合成不规则形大斑，全叶变褐干枯，似火烧状，病斑直径在 10mm 以上者称为大型病斑；叶柄受害时，产生长圆形或梭形凹陷斑。在叶片、叶柄以及果梗、种皮病斑上后期生有黑色小粒点，散生或聚生，即病原菌的分生孢子器（图 1）。

病原及特征　病原为芹菜生壳针孢（*Septoria apiicola* Speg.），属壳针孢属的真菌。病菌的分生孢子器球形或扁球形，褐色，半埋生，直径 70～180μm，孔口圆形，暗褐色；产孢细胞单胞、无色，梨形或倒棍棒形，分枝明显，大小为 5.0～10.0μm×2.5～5.0μm；分生孢子针形，无色，直或弯曲，基部钝圆、顶端尖，1～6 个隔膜，多数 3～4 个隔膜，大小为 25～55μm×1.5～2.5μm（图 2）。

侵染过程与侵染循环　病菌孢子在叶片表面遇到合适条件萌发，长出芽管，不断分枝形成菌丝；菌丝随机地在叶表面生长，通过气孔或表皮侵入表皮内，经栅栏细胞间进入叶肉组织，最终在细胞间生长蔓延，破坏寄主组织后形成坏死斑，在叶片的坏死组织内发育形成分生孢子器；分生孢子器从气孔挤出表皮、膨大，呈半埋生状态；潮湿时，成熟的分生孢子器由孔内挤出分生孢子角，分生孢子角遇水后分散出分生孢子，至此病菌完成侵染繁殖过程。

芹菜种子携带的和随病残体在土壤中越冬的菌丝、分生孢子器为芹菜斑枯病的主要初侵染来源。病菌萌发后，通过气孔或表皮侵入芹菜胚轴、幼苗、叶片，建立初侵染；适宜条件下 9～12 天产生坏死斑，16～18 天形成分生孢子器，从气孔挤出、膨大，成熟后释放出分生孢子，新形成的分生孢子可通过雨水飞溅、漫灌水流和农事作业等进行传播，实现再侵染，在芹菜一个生长季内可行多次侵染（图 3）。

流行规律　在种子上携带的病菌可存活 1～2 年；气温 15℃ 以上时，病菌即可侵染，潜育期 7～8 天；病害先在叶片上发生，叶柄滞后，心叶以外第三至五位叶和 24～32 天叶龄的叶片最易发病，幼叶和心叶不发病，48 天以上叶龄的老叶发病少。田间气温 18～24℃，相对湿度 90% 以上高湿时病害发展速度快，相对湿度 75% 以下不发病；涝洼地、棚室内多露滴处易发病。

防治方法　芹菜斑枯病的发生与流行和品种抗病性、初侵染源、栽培方式、气候条件等密切相关，可采取综合防控措施。

选用抗病品种　芹菜对斑枯病缺少免疫的品种，但抗感程度有明显差异，本芹比西芹相对抗病。

农业防治　种子用 48～49℃ 温水浸种 30 分钟消毒。灌水少灌勤灌，避免大水漫灌，控制湿度在 80% 以下。初发病斑及时摘除，芹菜收获后病残体彻底清除销毁或深埋。重病田实行与非寄主作物 2 年以上轮作。

化学防治　常用杀菌剂有 25% 腈菌唑可湿性粉剂 3000 倍液、50% 福美双可湿性粉剂 600 倍液、25% 腈菌唑 +50% 福美双可湿性粉剂 800 倍液、50% 代森锰锌可湿性粉剂 500 倍液、75% 百菌清可湿性粉剂 600 倍液、43% 戊唑醇悬浮剂 8000 倍液；保护地内 1hm² 用 5% 百菌清粉尘或 6.5% 甲霉灵粉尘 15kg、45% 百菌清烟剂 3kg。根据发病情况决定施药次数，注意药剂轮换使用。

参考文献

赵奎华，白金铠，王克，1998. 芹菜斑枯病病原学及防治研究

图 1 芹菜斑枯病危害状（赵奎华提供）

①叶片上病斑；②叶柄上病斑：病斑放大后肉眼可见暗色小球状物（分生孢子器）

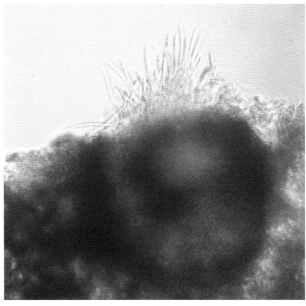

图 2 芹菜壳针孢分生孢子器和正在释放的分生孢子（赵奎华提供）

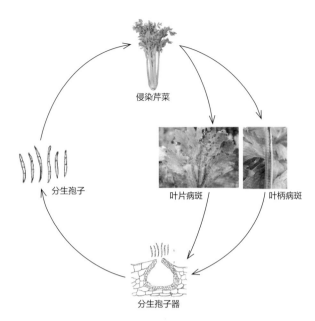

图 3 芹菜壳针孢侵染循环示意图（梁春浩提供）

侵染芹菜

分生孢子

叶片病斑　　叶柄病斑

分生孢子器

[D].沈阳：沈阳农业大学.

中国农业科学院植物保护研究所,中国植物保护学会,2015.中国农作物病虫害[M].3版.北京：中国农业出版社.

（撰稿：赵奎华、梁春浩；审稿：赵廷昌）

芹菜病毒病　celery virus disease

多种病毒引起的，是中国芹菜（本芹）和西洋芹菜（西芹）上的重要病害之一。又名芹菜花叶病。多种病毒可以侵染芹菜导致芹菜病毒病。

发展简史　在中国最早的报道可以追溯到 20 世纪 80 年代，早期报道的病毒种类主要以黄瓜花叶病毒为主，后期随着鉴定技术的更新及芹菜种植模式的调整和种植规模的扩大，芹菜上也陆续出现新的病毒种类报道，可以侵染危害芹菜的病毒种类已逾 10 种。

分布与危害　世界各地均有发生，如美国、墨西哥、巴西、意大利、德国、法国、英国、西班牙、中国、日本、韩国、印度等，特别是在热带、亚热带地区发生严重，温带地区夏季高温季节栽培时发病也较重。

该病在中国各地均有发生，以往多出现在大田中，自 20 世纪 80 年代后期以来，随着保护地芹菜的迅速发展，芹菜病毒病也不断地出现，且大有逐年加重之势。该病属于系统侵染性病害，发病愈早受害愈重，常常造成严重减产，病株失去商品价值。

芹菜苗期至成株期均可感病。幼苗初感染时，叶片上出现明脉和轻微花斑，以后逐渐显现系统症状；病叶为明显的黄绿相间或叶色深浅相间的花叶、斑驳、或者黄化；后期病叶变小，皱缩、扭曲、畸形，有的叶肉退化，叶片变窄而狭长，呈鸡爪状或者蕨叶状；发病重的植株叶柄纤细及心叶节

间缩短，严重矮缩，不到健株高度的一半，并往往伴有黄化症状。发病晚的芹菜，仅见新生叶片呈浓、淡绿相间的花叶，但植株正常。

成株期发病，感病早的病株，新生嫩叶先表现斑驳，继之发展为典型花叶，病叶后期会伴有变小、皱缩、扭曲、畸形等症状，植株也会表现矮化（图 1）。而感病迟的病株，仅新生叶片出现深浅绿色相间的绿色斑块或者黄色斑块，表现黄斑花叶，植株生长基本正常，矮缩症状不明显。

病原及特征　自然情况下侵染芹菜的病毒有多种，如苜蓿花叶病毒（alfalfa mosaic virus，AMV）、芹菜潜隐病毒（celery latent virus，CLV）、黄瓜花叶病毒（cucumber mosaic virus，CMV）、花生矮化病毒（peanut stunt virus，PSV）、南芥菜花叶病毒（arabis mosaic virus，ArMV）、芹菜黄脉病毒（celery yellow vein virus，CYVV）、草莓潜隐环斑病毒（strawberry latent ringspot virus，SLRSV）、芹菜花叶病毒（celery mosaic virus，CeMV）、芹菜斑萎病毒（celery spotted wilt virus，CeSWV）、马铃薯 Y 病毒（potato virus Y，PVY）和芜菁花叶病毒（turnip mosaic virus，TuMV）等等。生产上主要以黄瓜花叶病毒和芹菜花叶病毒为主，二者既可单独侵染，也可复合侵染造成危害。

黄瓜花叶病毒　黄瓜花叶病毒属于雀麦花叶病毒科黄瓜花叶病毒属。病毒粒子球状，直径 28～30nm，病毒汁液稀释限点为 1000～10000 倍，钝化温度 65～70℃10 分钟，体外存活期 3～4 天。主要由棉蚜（Aphis gossypii）和桃蚜（Myzus persicae）等蚜虫以非持久方式传播，蚜虫各个龄期均可获毒，获毒时间 5～10 分钟，持毒时间不超过 2 小时；机械摩擦也可以传毒。该病毒的寄主范围非常广，可以侵染 85 科 1000 多种植物。

芹菜花叶病毒　该病毒属于马铃薯 Y 病毒科马铃薯 Y 病毒属。病毒粒子线状，长 784nm，病毒汁液稀释限点为 100～1000 倍，钝化温度 55～65℃10 分钟，体外存活期为 6 天。主要由桃蚜等多种蚜虫以非持久方式传播，在桃蚜取食前饥饿 2～6 小时的情况下，其传毒效率最高；机械摩擦也可以传毒。寄主范围相对较窄，主要侵染菊科、藜科、茄科植物。

侵染过程与侵染循环　芹菜属耐寒性蔬菜，要求较冷凉湿润的环境条件，因此，中国适宜芹菜露地栽培的季节为春、秋两季（北方部分地区夏季不太炎热也可种植），冬季可利用日光温室进行保护地生产。

病毒在温室大棚蔬菜、越冬芹菜及杂草上越冬，翌年春天气温适宜时，由传毒介体蚜虫传播扩散，这种传播既可以发生在芹菜病健株之间，也可以发生在芹菜与其他寄主之间，从而对芹菜造成危害。在邻近种植的寄主蔬菜之间，病毒也可通过汁液接触传播或田间农事操作接触摩擦传播（图 2）。

流行规律　病毒喜高温干旱的环境，适宜发病的温度范围为 15～38℃，最适发病温度为 20～35℃，相对湿度 80% 以下，最适显示症状的生育期为成株期。发病潜育期为 10～15 天，一般持续高温干旱天气，有利于病害发生和流行。

湖南、湖北、江西、安徽、江苏、浙江及上海等地区芹菜病毒病的主要发病盛期在 5～7 月和 10～11 月。上海地区 5 月中下旬至 6 月上中旬为有翅蚜迁飞高峰期，往往也是

图 1　芹菜病毒病症状（①引自郭书普，2011；②③引自郑建秋，2004）
①病叶皱缩；②病叶斑驳、黄化；③病叶蕨叶、矮化

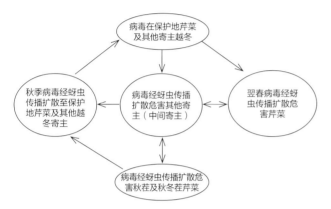

图 2　黄瓜花叶病毒病周年侵染循环示意图（周益军提供）

芹菜病毒传播扩散高峰期。在早春温度偏高、少雨、蚜虫发生量大的年份发病重；秋季温度偏高、少雨、蚜虫多发的年份发病也重。此外，芹菜与高度感病的作物连作、间作时发病严重，耕作管理粗放、田间杂草多、田间农事操作不注意防止传毒、缺少有机基肥、缺水、氮肥使用过多的田块发病均较重。

防治方法　芹菜病毒病的田间扩散主要通过蚜虫传播，而苗期是芹菜病毒病的高度敏感时期。在育苗过程中若遇上蚜虫发生或迁飞高峰，芹菜病毒病的发生将会特别严重。因此，芹菜病毒病防控的关键环节就是苗期严格驱避蚜虫、阻断传毒，并结合其他措施进行综合防治。

选用抗病品种　选择较丰产又耐病的品种，如新泰芹菜、津南实芹、意大利夏芹、黄旗堡实心芹、空心大叶黄芹菜、玻璃脆芹、美国西芹和意大利冬芹等抗病品种。

农业防治　合理轮作。最好选用豆科等非芹菜病毒寄主的作物与芹菜轮作或者间作。加强田间管理。适当调整播种期，使芹菜苗期避开蚜虫的发生高峰期，并用银灰色遮阳网育苗。保护地覆盖或悬挂银灰膜，避蚜防病。田间悬挂黄板诱杀蚜虫。挑选无病毒壮苗移栽。合理密植，施足有机基肥，加强肥水管理。尽量避免田间操作时，由人工接触或农具传毒。及早清除田间杂草和病株，以减少毒源。

治虫防病　在蚜虫发生初期特别是在芹菜苗期，做好蚜虫的预测预报，及时指导施药治蚜，杀灭传毒蚜虫，直至芹

菜收获前半个月都需注意防治。药剂可选择 50% 抗蚜威可湿性粉剂 2000 倍液、25% 吡蚜酮可湿性粉剂 1500 倍液、48% 噻虫啉悬浮剂 1500 倍液、10% 蚜虱净 2500～3000 倍液、20% 速灭杀丁 3000～4000 倍液等。

化学防治　除加强栽培管理外，在田间发病初期，可喷洒一些植物生长调节剂。药剂可选 1.5% 植病灵乳剂 1000 倍液，或 20% 盐酸吗啉胍可湿性粉剂（病毒 A）500 倍液，或 20% 毒克星可湿性粉剂 500 倍液，或 8% 宁南霉素水剂（菌克毒克）300～400 倍液等，每隔 7～10 天用药 1 次，连续施药 2～3 次，有一定的抑制病害扩散的效果。

参考文献

郭书普，2011. 芹菜、香芹、菠菜、苋菜、茼蒿病虫害鉴别与防治技术图解 [M]. 北京：化学工业出版社 .

李惠明，赵康，赵胜荣，等，2012. 蔬菜病虫害诊断与防治实用手册 [M]. 上海：上海科学技术出版社 .

李省印，常杨生，常宗堂，2004. 芹菜病毒病症状分析与毒原种类鉴定 [J]. 西北农林科技大学学报（自然科学版），32(7): 85-88.

罗华元，濮祖芹，1991. 蚜虫与蔬菜病毒流行的关系及阻断蚜虫传毒的途径 [J]. 云南农业大学学报 (4): 235-240.

张昌茂，彭俊赣，刘开泉，等，2010. 早秋芹菜育苗须重防病毒病 [J]. 长江蔬菜 (17): 44.

郑建秋，2004. 现代蔬菜病虫鉴别与防治手册 [M]. 北京：中国农业出版社 .

FAUQUET C M, MAYO M A, MANILOFF J, et al, 2005. Virus taxonomy-VⅢth report of the international committee on taxonomy of viruses[M]. San Diego: Elsevier Academic Press.

（撰稿：周益军；审稿：赵奎华）

芹菜软腐病　celery bacterial soft rot

由胡萝卜软腐果胶杆菌引起、危害芹菜根颈造成腐烂的一种根腐类土传细菌病害。是世界上芹菜生产地区普遍发生的重要病害之一。

发展简史　芹菜软腐病最早于 1901 年，C. J. J van Hall 等在荷兰首先发现并报道，病菌为胡萝卜软腐果胶杆菌

（*Pectobacterium carotovorum*），该菌以前被归在 *Erwinia* 属内，所以也同于 *Erwinia carotovora*；后来将产生果胶酶的 *Erwinia carotovora* 提升为属，即 *Pectobacterium*，该属寄主范围广泛，可侵染至少 27 个科的植物发生软腐病。随着生物化学和分子生物学技术的进步，*Pectobacterium carotovora* 种下的亚种不断被发现，1984 年法国最早鉴定命名 *Pectobacterium carotovora* subsp. *carotovora*，迄今已明确胡萝卜软腐果胶杆菌种下可侵染芹菜及多种寄主植物的有 3 个亚种。中国多集中在对 *Pectobacterium carotovorum* subsp. *odoriferum* 的研究。

分布与危害　芹菜软腐病是典型的土传细菌性病害，分布广泛，寄主范围宽，在全世界芹菜栽培的主要区域均有不同程度的危害，严重地区已成为毁灭性病害。在棚室、露地，从苗期到成株期甚至贮运期间均可发生，周年不断，引起芹菜根颈变褐腐烂、倒伏。病菌随病残体在土中可存活多年，故连作的芹菜田更为严重，重病地块发病率可达 60%～90%，甚至毁产；苗期发病率和植株死亡率几乎一致，常成片死亡。芹菜发病的部位是根颈部和叶柄基部，叶片少见，发病初期呈水渍状、淡褐色斑点，扩大成纺锤形或不规则形凹陷斑，湿度大时，病部湿腐状，薄壁细胞组织解体，仅剩维管束变黑，叶柄萎蔫下垂、腐烂发臭，伴有黄白色黏稠物；湿度小或干旱时，病部干缩，病叶变黄、萎蔫。腐烂腥臭味是该病的典型症状之一（图 1）。

病原及特征　病原为胡萝卜软腐果胶杆菌［*Pectobacterium carotovorum*（Jones）Waldee］，属果胶杆菌属的细菌。菌落白色或灰白色，菌体短杆状，革兰氏阴性，2～8 根周生鞭毛，无荚膜，不产生芽孢，菌体大小为 1.2～3.0μm×0.5～1.0μm。该病菌已发现有 3 个亚种：胡萝卜果胶杆菌胡萝卜亚种（*Pectobacterium carotovorum* subsp. *carotovorum*）、胡萝卜果胶杆菌气味亚种（*Pectobacterium carotovorum* subsp. *odoriferum*）和胡萝卜果胶杆菌巴西亚种（*Pectobacterium*

carotovorum subsp. *brasiliensis*），各自有不同的寄主和生态适应性，同一亚种内菌株致病力存在差异，在中国均有侵染芹菜发生软腐病的报道。

侵染过程与侵染循环　在土壤中的致病细菌接触到芹菜的根颈部，通过表皮的伤口或自然孔口侵入表皮内，不断生长、发育、繁殖，同时分泌果胶酶等酶类破坏薄壁细胞组织，致使植株坏死腐烂。

芹菜软腐病越冬菌源随土壤或水流传播到芹菜根颈、叶柄基部，经伤口或自然孔口侵入后，迅速繁殖，不断分泌果胶酶等酶类物质分解薄壁细胞组织，使其崩解，吸取营养，致使芹菜植株坏死腐烂。新繁殖的细菌又遇水等传播媒介进行再侵染，周而复始，直至芹菜收获，病菌甚至可以随植株到储藏、运输和销售过程中继续引起芹菜腐烂（图 2）。

流行规律　芹菜软腐病菌随病残体在土壤中、堆肥、留种株或保护地的植株上越冬，一般可存活 4～5 年，但在脱离寄主的土中只能存活 15 天。病菌借雨水、灌溉水、昆虫、农事操作等传播，通过机械、昆虫、移栽等造成的伤口或自然孔口侵入。感病寄主、水和伤口是病菌建立侵染的必备条件，发病温度范围为 2～40℃，最适发病温度 25～30℃，相对湿度 90% 以上，高温、高湿易造成病害流行。多年连作、暴雨或持续多雨、低洼积水、基肥不足、氮肥过多、秋茬种植过早、植株密度大、田间郁闭、植株长势弱易发病；移栽伤根和地下害虫所致伤口多发病重。

防治方法　芹菜软腐病的发生流行与菌源数量、种苗带菌、种植方式、栽培管理等密切相关，应采取综合防控措施。

培育无菌壮苗　育苗棚与生产田进行隔离，采用新鲜肥沃苗床土，旧床土需进行土壤消毒；育苗时用 72% 农用硫酸链霉素可湿性粉剂 1000 倍液或 3% 中生菌素可湿性粉剂 500 倍液浸种 30 分钟，清洗催芽，或用农抗 751 水剂和丰灵水溶性粉剂按种子重量的 1% 拌种，或用 2% 农抗 751 水剂 100 倍液 15ml 拌 200g 种子，晾干后播种；也可采用

图 1 芹菜软腐病危害状（赵奎华提供）
①幼苗成片枯死；②成株根颈受害状

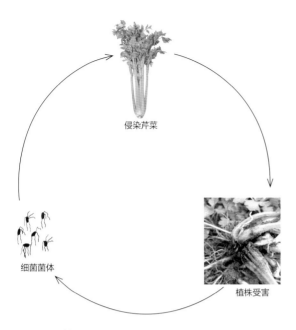

图 2　芹菜软腐病菌侵染循环示意图（梁春浩提供）

50℃ 温汤浸种 25 分钟。播种密度不宜过大，精心管理，移栽时尽量减少伤根。

农业防治　常发病田需与非寄主作物实行轮作 2～3 年以上；及时清除病残体；有效控制蝼蛄、金针虫等地下害虫；采取深沟高畦栽培，合理密植，适当增施磷钾肥，避免大水漫灌。

化学防治　发病初期采用 20% 喹菌酮水剂 1000～1500 倍液、86.2% 氧化亚铜可湿性粉剂 2000～2500 倍液、47% 氧氯化铜可湿性粉剂 600～800 倍液、30% 琥胶肥酸铜可湿性粉剂 400～600 倍液、77% 氢氧化铜悬浮剂 800～1000 倍液、2% 春雷霉素可湿性粉剂 400～500 倍液等喷雾防治。田间发病普遍时可采用 72% 农用硫酸链霉素水溶性粉剂 2000～4000 倍液、77% 可杀得可湿性粉剂 1000 倍液、50% 加瑞农可湿性粉剂 600～800 倍液等，重点喷洒病株基部及地表，使药液流入菜心效果好，视病情确定喷药次数。铜制剂使用时注意方法，避免造成药害。

参考文献

晋知文，宋加伟，谢文学，等，2016. 芹菜细菌性软腐病病原的分离与鉴定 [J]. 植物病理学报，46(3): 304-312.

中国农业科学院植物保护研究所，中国植物保护学会，2015. 中国农作物病虫害 [M]. 3 版. 北京：中国农业出版社.

（撰稿：赵奎华、梁春浩；审稿：赵廷昌）

芹菜心腐病　celery heart rot

芹菜植株在生长发育过程中因钙缺乏或钙代谢失调所致的生理性病害。又名芹菜黑心病。是芹菜生产上受害严重的病害之一。

发展简史　芹菜心腐病最早于 1897 年 L. F. Kinney 在美国东部的罗德岛州发现并进行了报道，该病从加拿大到北大西洋的百慕大群岛大范围发生。此后，在加利福尼亚州、得克萨斯州、威斯康星州、新泽西州、犹他州和佛罗里达州等地普遍流行，成为一种毁灭性的病害。有关芹菜心腐病的病因，各国学者的基本结论是属于生理病害。C. M. Geradson 于 1952 年试验证明是钙缺乏或钙钾比率失调，依据补钙措施能有效防治此病以及参考其他蔬菜作物类似的钙缺乏症，普遍认为芹菜心腐病是钙缺乏或钙混乱所致。

分布与危害　芹菜心腐病分布广泛，全世界绝大多数芹菜种植区域都有发生。在中国主要芹菜产地也都受到不同程度的危害，严重发病地块芹菜幼苗死亡率高达 70%，定植后死亡率 40%，产量损失达 60%。露地和保护地芹菜整个生育期均可受害，在储运期间病害仍可持续，使植株丧失其商品价值和食用价值。病害主要特征是芹菜短缩茎中央的心叶叶缘褪绿，叶柄基部的维管束组织变褐，病部变黑腐烂，最后形成黑心，故名心腐病或黑心病（图①②），最后植株凋萎、枯焦死亡；有些病株最初心叶叶脉间变褐，以后叶片外缘变为黑褐色，生长点干枯，似干烧心状，仅从植株外表尚不易察觉到，到生长后期肉眼才看到明显的症状；有时病株外观依然是叶片深绿时，而心部幼叶组织却已溃烂；潮湿时，病部易招致腐生细菌或致病菌，如 *Erwinia carotovora*、*Sclerotinia sclerotiorum* 等侵袭，心叶变黑褐色、湿腐（图③④）。

病因及特征　芹菜心腐病主要是钙缺乏或钙失调所致。缺钙会破坏细胞壁和细胞膜的稳定结构，阻碍细胞分裂的正常进行和新细胞的形成，从而抑制了顶芽或根等最旺盛组织的生长；缺钙还影响到植物对钾、镁等营养元素的吸收与运输，造成体内钙、钾、镁、硼元素的不平衡；钙元素在植株体内难以移动和重复利用，故缺钙植株的分生组织往往发育变慢，生长点和幼嫩叶片发育不良，严重时叶片褪绿、变形，叶缘出现坏死斑点，最终心叶变褐、干腐。

植株缺钙包括直接缺钙和间接缺钙，直接缺钙是土壤或栽培基质中钙肥不足；间接缺钙是由于气温和土壤湿度长期过高或过低、干旱后突遇大雨或淹水、氮肥过多以及品种对钙元素敏感等因素影响植株对钙的吸收和钙在体内的运转。芹菜缺钙大多是间接缺钙所致。

流行规律　土壤中钙元素含量和芹菜植株能否正常吸收钙离子的环境是芹菜心腐病发生的重要因素。芹菜从第一片真叶长出 1 周后至收获前半个月内，对钙元素的需求量大，特别是芹菜生长的最后 6 周正值营养生长旺盛期，芹菜生长最快、需钙量大，此时土壤缺钙容易产生心腐病。多数情况下，心腐病的发生不是因为土壤真正缺钙，而是间接因素综合作用的结果，如水分不平衡、雨季过长、长期干旱、灌水过多或过少、久旱之后突然大水灌溉、秋季暴雨等会阻碍芹菜根系对钙素的吸收；过度施用碳酸氢铵、尿素及磷酸二铵等铵态氮肥料，使土壤中氮、磷等浓度过高，阻碍了植株对钙的吸收；土壤 pH 过高促使土壤钙离子与磷酸根离子结合，使土壤中游离钙离子成为难溶于水、植株难以吸收的钙盐，导致植株体内生理性缺钙；土壤中可溶性钙、镁和钾的总重量中，当钾量超过 18% 和钙量低于 78% 时，容易出现心腐病；土壤板结、地势不平、通透性差、土质贫瘠、土壤黏重、

芹菜心腐病症状（①②冯兰香提供；③④吴楚提供）
①横切面症状；②纵剖面症状；③④芹菜心叶腐烂症状

盐碱或酸化的地块易发生心腐病。

防治方法 芹菜心腐病发生因素复杂，在防治上主要从栽培管理入手，包括种植耐病品种、平衡施肥、均匀浇水、及时补钙等措施，创造适宜芹菜生长的环境。

选用耐病品种 加州王、优他52-70、文图拉、皇后、意大利冬芹、FS西芹3号、胜利西芹、SG抗病西芹、四季西芹、正大脆芹等品种耐病。佛罗里达州芹菜Golden self Blanching、Old Golden、Paris Golden中的一些品系以及Utah、Golden Crisp则非常易感病。

平衡施肥 增施腐熟优质农家肥，有机肥与无机肥配施；无机肥中大量元素与中、微量元素合理配比；分次施肥，总量的30%～40%作基肥，70%～60%作追肥，分3次进行；在芹菜旺盛生长期，控制好氮、钾肥，增加钙和硼肥。

科学灌水 实行小水勤浇，防止土壤干旱，避免大水漫灌；初夏温度升高时，保持田间湿润；雨季注意排水防涝，降低土壤湿度。

及时补钙 在基肥和追肥中钙量不足、易发生心腐病的地块或诊断有缺钙迹象时，需及时补钙，于西芹4～7叶时起，喷洒1%过磷酸钙溶液、0.5%硝酸钙溶液、绿芬威3号1000倍液、5%益妙钙液态肥1000～1200倍液、甘露醇有机螯合钙液态肥1000倍液、氨基酸钙600～800倍液或美林高效钙500～600倍液，每5～7天喷洒1次，将钙液喷入芹菜心部，根据缺钙情况确定喷洒次数。

参考文献

中国农业科学院植物保护研究所，中国植物保护学会，2015. 中国农作物病虫害[M]. 3版. 北京：中国农业出版社.

BOUZO C A, PILATTI R A, FAVARO J C, 2007. Control of blackheart in the celery (*Apium graveolens* L.) crop[J]. Journal of agriculture & social sciences, 2: 73-74.

（撰稿：冯兰香；审稿：赵奎华）

芹菜叶斑病 celery leaf spot

由芹菜尾孢引起、主要危害芹菜植株地上部分的一种真菌病害。又名芹菜早疫病或芹菜斑点病，是世界芹菜产区普遍发生的重要病害之一。

发展简史 芹菜叶斑病在美国最早报道是1881年，加利福尼亚和佛罗里达州芹菜严重受害；据佛罗里达大学农业实验站（Florida Agriculturual Experiment Station）1899—1900年度报告显示，已对病原菌生物学特性、发生流行过程、传播侵染途径和防治方法等进行了初步描述。至今，欧洲以及所有芹菜种植区相继报道了芹菜叶斑病的发生危害。在中国，有关芹菜叶斑病的研究主要集中在防治方面，包括抗病品种、栽培措施和杀菌剂筛选等。

分布与危害 芹菜叶斑病在全世界芹菜种植区均有发生，如在北美温带地区年年发生，重病年产量锐减，生产者需要花费大量人工和时间清理枯枝病叶，以维持其商品性。在中国，芹菜叶斑病在保护地和露地周年发生，重病田发病率达90%以上，一般损失10%～20%，严重时损失40%以上。该病主要危害芹菜叶片，也危害叶柄、茎和种子。叶片受害时，在叶缘和叶柄上出现病斑（图1），直径2～15mm，后期病斑相融合成巨型大斑，造成整叶焦枯死亡。叶柄上病斑椭圆形或长条形，直径3～23mm，褐色，凹陷，严重时开裂、缢缩，造成叶柄折断和倒伏。持续高温、高湿时，病叶正、反面和叶柄的病斑上可产生稀疏、灰白色绒状霉层，即病菌的分生孢子梗和分生孢子。芹菜叶斑病常与斑枯病混发，二者主要区别是斑枯病斑生有黑色小粒点（分生孢子器），叶斑病则无。

病原及特征　病原为芹菜尾孢（*Cercospora apii* Fres.），属尾孢属的真菌。病菌在叶片病斑的正、反面形成子实体；子座发达，较小，褐色；分生孢子梗束生，每束2～11根从气孔伸出，榄褐色，直或稍弯曲，无分枝，有或无膝状节，顶端较钝，近截形，0～6个隔膜，大小为13.0～147.0μm×3.0～5.5μm；产孢细胞有明显疤痕，0～2个隔膜；分生孢子单生，倒棍棒状或鞭形，无色，3～19个隔膜，直或弯曲，基部平截，顶端钝或尖，大小为38～280μm×3.0～5.5μm（图2）。

侵染过程与侵染循环　芹菜尾孢的分生孢子落在芹菜叶片或叶柄表面，遇到适宜条件萌发产生芽管，芽管不断分枝形成菌丝；菌丝通过气孔或表皮侵入叶表皮，通过分泌毒素或酶类破坏细胞组织汲取营养，不断生长发育，致使叶片组织坏死，最后在病组织内形成子座、分生孢子梗和分生孢子，到此即完成其侵染和繁育过程。

芹菜种子内的菌丝、种子表面附着的分生孢子、病残体和散落在土壤中的病菌子实体均为芹菜叶斑病的初侵染来源；温、湿度适宜时，病菌开始生长发育并形成分生孢子；分生孢子通过雨水、灌溉水、气流、农具、昆虫和田间作业等途径传播到芹菜的叶片或叶柄上，侵入表皮组织内，建立初侵染；菌丝在组织内生长发育，破坏细胞造成坏死；在病斑上形成新的分生孢子梗和分生孢子，进行再侵染，在芹菜一个生长季内可行多次侵染（图3）。

流行规律　在芹菜的苗期和成株期均可发病，以成株期为重。高温、高湿、连续阴雨是病害流行的主要因子。田间发病适宜温度22～30℃，相对湿度85%以上。芹菜尾孢

图1　芹菜叶斑病危害状（赵奎华提供）

①叶片上病斑；②叶柄上病斑

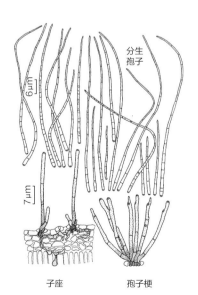

图2　芹菜尾孢子实体

（引自 D. F. Parreira et al.; Mycological progress, 2014）

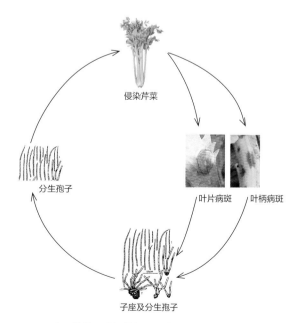

图3　芹菜尾孢侵染循环示意图（梁春浩提供）

生长发育的适宜温度 25～30℃，孢子形成的适宜温度 15～20℃，萌发适宜温度 28℃。当温度达 15℃ 以上、相对湿度近 100%、持续 10 小时，即产生分生孢子。高温多雨、低洼潮湿、田间郁闭、通风不良、多年连作易发病；结露重且持续时间长易发病；夏、秋季育苗不防雨发病早而重；缺水、缺肥或灌水过多易发病；芹菜分蘖期容易形成第一次发病高峰。

防治方法　芹菜叶斑病的发生与流行和品种抗病性、初侵染源、栽培方式、气候条件密切相关，可采取综合措施进行防治。

选用抗（耐）病品种　芹菜品种抗病性有明显差异。栽培时需尽量选用抗（耐）病品种，如脆芹、津南实芹、高优它（Tall utah）、加州王、文图拉（Ventura）、百利西芹等。

无病采种和种子消毒　种子带菌是此病重要的传播途径。在芹菜制种过程中应特别注意防病。播种前应对种子进行 50℃ 温水浸种 25 分钟或用 50% 福美双可湿性粉剂 600 倍液浸种 50 分钟。

培育无病壮苗　在棚室内进行育苗，与生产田隔离；使用新鲜苗床土，旧床土要进行消毒，苗床避免坑洼积水；严防带菌幼苗用于本田生产。

农业防治　重病害田可进行土壤深翻，与非寄主作物实行 2 年以上轮作；小水勤灌，避免大水漫灌，温室内避免棚膜滴水和叶面结露。及时清除病苗、叶片等病残体，深埋或烧毁；芹菜生长期间，如发现少量病叶即行摘除，并采用杀菌剂控制发病中心。

化学防治　常用 50% 多菌灵可湿性粉剂 600 倍液、50% 甲基硫菌灵可湿性粉剂 600 倍液、70% 代森锰锌可湿性粉剂 500 倍液、77% 可杀得可湿性粉剂 500 倍液、40% 多硫悬浮剂 800 倍液、75% 百菌清可湿性粉剂 600 倍液加 60% 噁霜锰锌（杀毒矾）可湿性粉剂 600 倍液、12% 绿乳铜乳油 400 倍液等；保护地内可用 5% 百菌清粉尘 1hm^2 7.5～15kg、45% 百菌清烟剂 5.25kg/hm^2 进行防治。注意杀菌剂的轮换使用。

参考文献

中国农业科学院植物保护研究所，中国植物保护学会，2015. 中国农作物病虫害 [M]. 3 版 . 北京 : 中国农业出版社 .

University of Florida Agricultural Experiment Station, 1904. Report for financial year ending June 30th (1899—1900)[R]. Florida Agriculturual Experimengt Station Co.

（撰稿：赵奎华、梁春浩；审稿：赵廷昌）

Q

R

人参黑斑病 ginseng black spot

由链格孢引起的人参真菌性病害。又名人参斑点病。主要危害人参地上部，是人参栽培过程中发生普遍、损失较大的病害之一。

发展简史 人参黑斑病是中国参业生产的严重病害。1922 年 Nakata 和 Takimoto 将人参黑斑病的病原菌鉴定为 *Alternaria panax*，与西洋参黑斑病的病原菌为同种。国内外学者对人参黑斑病的研究报道主要是对其发生规律、病原菌形态及生物学特性、生物防治菌株筛选、综合防治等方面的研究。王崇仁等在中国较早对人参黑斑病进行了较为系统的研究。

分布与危害 人参黑斑病各产区均有发生。主要危害人参叶片，也危害茎、花梗、果实等。叶部病斑近圆形或不规则形，黄褐色至黑褐色，稍有轮纹，病斑多时常导致叶片早期枯落。茎部病斑长椭圆形或梭形，黄褐色，向上、下纵向扩展，后期中间凹陷变黑，上生黑色霉层，即病原菌的分生孢子梗和分生孢子。茎斑扩展到一定程度致使茎秆倒伏，俗称"疤拉杆子"（见图）。花梗发病后，花序枯死。果实受害时，表面产生褐色斑点，果实逐渐干瘪，提早脱落，俗称"吊干籽"，被害种子表面初期米黄色，逐渐变为锈褐色。黑斑病菌引起的根腐发生不普遍，但个别地区发病严重时可造成减产。一般发病率20%～30%，造成早期落叶，致使参籽、参根的产量降低，品质下降。

人参黑斑病（丁万隆提供）

①吊干籽；②茎斑

病原及特征 病原为人参链格孢（*Alternaria panax* Whetz.），属链格孢属。分生孢子梗 2～16 根束生，褐色，顶端色淡，基部细胞稍大，不分枝，直或稍具 1 个膝状节，1～5 个隔膜，大小为 16～64μm×3～5μm。分生孢子单生或串生，长椭圆形或倒棍棒形，黄褐色，有横、纵或斜隔膜，隔膜处稍有缢缩，顶部具稍短至细长的喙，色淡。该病原菌主要侵染人参、西洋参。分生孢子萌发的最适温度为 20～25℃，孢子的致死温度为 50℃，人工接种后的潜育期 24～48 小时。病原菌不能侵染木质化的茎秆。

侵染过程与侵染循环 病原菌以菌丝体和分生孢子在病残体、参籽、参棚及土壤中越冬。带菌的人参种子、种苗是新参园的初侵染源。参苗和参床的茎、叶上的病残体及土壤带菌是老参园黑斑病的主要侵染源。该病 5 月中旬开始发病，7～8 月发展迅速，病斑上形成的大量分生孢子可借风雨、气流传播，在人参生育期内引起多次再侵染，直至 9 月上旬。

流行规律 降水量和空气湿度是人参黑斑病发生发展和流行的关键因素。预测人参黑斑病流行的气象指数如下：

①当田间平均气温达 15℃，如果连续两天降雨，降雨量在 10mm 以上，相对湿度在 65% 以上时，5～10 天后参棚将出现第一批病斑。②田间平均气温在 15℃ 以上，6 月中旬降水量在 40mm 以上；7～8 月平均气温在 15～22℃，降水量 130mm 以上，当年病害发生严重。③7 月中旬，田间病情指数达到 25～40，旬降水量超过 80mm，相对湿度在 85% 以上，平均气温在 15～25℃，黑斑病将大流行。

防治方法

选用无病种子及种苗消毒 种子用多抗霉素 200mg/kg 或 50% 代森锰锌可湿性粉剂 1000 倍液浸种 24 小时，或按种子重量的 0.2%～0.5% 拌种。移栽时用 1.5% 多抗霉素可湿性粉剂 200mg/kg 或 50% 异菌脲可湿性粉剂 400 倍液浸根 1 小时，晾干后定植，防效显著。

栽培管理 发现病株及时清除并集中销毁。保持棚内良好通风以降低湿度。适当提高磷、钾肥的比例，控制氮肥特别是铵态氮肥的施用。做好秋季参园清理工作，将带菌的床面覆盖物清除烧毁，减少初侵染源。春秋季畦面以 0.3% 硫酸铜或高锰酸钾进行消毒。

化学防治 展叶期喷施杀菌剂，可选择的有效杀菌剂种类较多，如 3% 中生菌素可湿性粉剂、40% 氟硅唑乳油、10% 苯醚甲环唑水分散粒剂、50% 嘧菌环胺可湿性粉剂、76% 丙森霜脲氰可湿性粉剂、10% 多抗霉素可湿性粉剂、60% 氟吗啉·代森锰锌可湿性粉剂或 50% 代森锰锌可湿性粉剂等对人参黑斑病均有较好的防效。每隔 7～10 天喷 1 次。

R

参考文献

王崇仁，吴友三，张纯化，等，1988. 人参黑斑病 (*Alternaria panax*) 综合防治研究 [J]. 辽宁农业科学，23(6): 4-9.

王雪，王春伟，高洁，等，2011. 不同杀菌剂对人参黑斑病菌的毒力测定及田间药效 [J]. 农药，50(11): 841-844.

（撰稿：丁万隆；审稿：高微微）

人参立枯病　ginseng damping-off

由丝核菌引起的在人参苗期普遍发生的一种真菌病害。

发展简史　中国对人参立枯病研究主要集中在病害发生规律、化学药剂和生物防治菌剂的筛选及防治试验等方面。

分布与危害　中国各人参产区均有发生。主要发病部位在幼苗的茎基部，一般位于距土表 3～6cm 的干湿土交界处。发病初期，茎基部出现暗褐色的凹陷长条斑，后病斑逐渐扩大，深入茎内，缢缩，环绕大部分或整个茎基部时，致使幼苗倒伏，枯萎死亡。参苗出土前受侵染时不能出土，幼芽烂在土中。田间出现中心病株后，迅速向四周蔓延，幼苗成片死亡。湿度大时，病部及土壤表层可见浅褐色蛛丝网状的菌丝体。该病造成参苗成片死亡，一般植株被害率在 10%～20%，严重地块达 50%。

病原及特征　病原为立枯丝核菌（*Rhizoctonia solani* Kühn），属核菌属，有性型为担子菌。菌丝有隔，直径 8～12μm，呈直角分枝，在分枝处缢缩，近分枝处有一隔膜。老龄菌丝变为淡褐色，分枝与隔膜增多，形成不规则的菌核。菌核直径 1～3mm，褐色或深褐色，常数个菌核以菌丝相连，菌核表面菌丝细胞较短，切面呈薄壁组织状。该病原菌不产生分生孢子。

侵染过程与侵染循环　病原菌以菌丝体、菌核在病株残体内或土壤中越冬，成为翌年的初侵染源。丝核菌可在土壤中存活 2～3 年。5～6cm 土层内温湿度适宜时，菌丝体在土壤中迅速蔓延，通过伤口或直接侵染幼茎危害。菌核可借助雨水、灌溉水及农事操作传播。

流行规律　在东北，6 月下旬是立枯病的盛发期，有时可延至 7 月上旬。北京地区发病期为 5 月上旬至 6 月。在土壤温度低、湿度大时易发病，12～16℃，湿度为 28%～32% 的条件下，立枯病最易发生。天气高温干燥，土温在 16℃ 以上，湿度在 20% 以下，丝核菌便停止活动。早春融雪和低温冷害常导致立枯病大发生。覆盖物过厚，影响早春土壤温度的升高，造成出苗缓慢，有利于病原菌的侵染。土壤黏重、播种过密、通气不良、地块低洼以及排水不畅等都可诱发立枯病的发生和流行。

防治方法

栽培管理　选择土质肥沃、疏松通气的砂壤土做苗床。防止积水，并注意雨季排水。出苗后勤松土使土壤疏松、通气。覆盖物不宜过厚。发现病株立即拔除。必要时用 50% 多菌灵可湿性粉剂 250～500 倍液、50% 甲基立枯灵 200 倍液浇灌病穴，防止蔓延。

土壤处理　用 75% 百菌清可湿性粉剂、50% 腐霉利可湿性粉剂、65% 代森锌可湿性粉剂等药剂 10～15g/m²，拌入约 5cm 土层内，也可在早春参苗出土后用 300～500 倍上述药液浇灌床面，或者用哈茨木霉菌 4～6g/m² 与 72% 农用链霉素 100 倍混用，喷洒床面。

化学防治　50% 福美双可湿性粉剂、50% 腐霉利可湿性粉剂等拌种，用量为种子重量的 0.1%～0.2%。发病初期叶面及茎基部喷施 75% 敌磺钠可湿性粉剂 1000～1500 倍液，每 7～10 天施 1 次。对于发病严重的地块，用 10% 混合氨基酸络合铜水剂 200～300 倍液或噁霉灵 2000 倍液浇灌床面，以渗入土层 3～5cm 为宜。

参考文献

李公启，孙国刚，孙秀安，等，2014. 人参立枯病与猝倒病的区别和防治方法 [J]. 人参研究 (3): 60.

张连学，朱桂香，常维春，等，1992. 三种生物制剂防治人参立枯病的初步研究 [J]. 植物保护学报 (19): 106.

（撰稿：丁万隆；审稿：高微微）

人参炭疽病　ginseng anthracnose

由炭疽菌属真菌引起的一种病害，发生不普遍，个别年份发生稍重。对低年生参苗的危害比高年生参苗重，发病严重时可使地上部枯萎死亡，影响参根的生长及越冬芽的形成，导致减产。

发展简史　1919 年，日本学者 Takimoto 首先鉴定了人参炭疽病的病原菌为 *Colletotrichum panacicola*。在韩国，曾将其作为 *Colletotrichum gloeosporioides* 的异名，认为二者是同一个种。2011 年，Choi 等基于形态学、分子系统发育以及致病性，明确了 *Colletotrichum panacicola* 不同于 *Colletotrichum gloeosporioides*，前者只能侵染人参。

分布与危害　各人参产区均有发生。主要危害人参叶片，也危害茎、花和果实。叶部病斑圆形或近圆形，初为暗绿色小斑点，后逐渐扩大，病斑一般直径 2～5mm，大的可达 15mm。病斑边缘明显，呈黄褐色或红褐色。后期病斑中央呈黄白色，生出一些黑色小点，即病原菌的分生孢子盘。干燥后病斑脆裂或穿孔。病情严重时，病斑多而密集、连片，常使叶片枯萎并提早落叶。茎和花梗上病斑长圆形，稍凹陷，边缘暗褐色（见图）。果实和种子上病斑圆形，褐色，边缘

人参炭疽病症状（丁万隆提供）

明显。空气湿度大、连阴多雨，病部腐烂。3 年生以上的人参植株感病后，不能形成地上部器官，处于休眠状态；即使能长出地上部器官，也较弱小，不能正常生长；染病果实不能成熟，种子不能使用。

病原及特征　病原为人参生炭疽菌（*Colletotrichum panacicola* Uyeda & Takimoto）。或称人参生刺盘孢，炭疽菌属。分生孢子盘黑褐色，散生或聚生，初埋生，后期突破表皮。刚毛分散在分生孢子盘中，数量很少，暗褐色，顶端色淡，直或微弯，基部稍大，顶端较尖，有 1～3 个隔膜，32～118μm×4～8μm。分生孢子梗圆柱状，直，不分隔，无色，16～23μm×4～5μm。分生孢子长圆柱形，无色，单胞，直，两端较圆或一端钝圆，内含物颗粒状，大小为 8～18μm×3～5μm。适宜生长温度为 24～25℃，低于 10℃ 或高于 30℃，生长受到抑制。

侵染过程与侵染循环　病原菌以菌丝体和分生孢子在病残体和种子上越冬。翌春条件适宜时，产生分生孢子，借风雨传播，引起侵染。在人参生育期内，病斑不断产生大量的分生孢子，引起再侵染。有水滴时，分生孢子易萌发，长出芽管和附着胞。病原菌可以从伤口和自然孔口侵入，但在自然条件下，以直接侵入为主。

流行规律　降雨多、空气湿度大，有利于炭疽病的发生和流行。在 22～25℃ 条件下，潜育期为 5～6 天。在东北，6 月下旬开始发病，7～8 月危害较重，秋季气温降至 10℃ 以下不再危害。天气干旱或阳光直接照射，容易引起危害。

防治方法

选用无病种子或种子处理　播种前用 75% 百菌清可湿性粉剂 500 倍液或 50% 多菌灵可湿性粉剂 500 倍液浸种 10～15 分钟，清水洗净后播种。

田间管理　防寒土撒去后，用 1% 硫酸铜溶液或 50% 多菌灵 200 倍液床面消毒。通过调节参棚光照等措施，创造良好的光照、通风环境，减少发病及再侵染的机会；春秋季做好清园，集中烧毁病株及病叶。

化学防治　人参出土后的半展叶期，可用 75% 百菌清可湿性粉剂 500 倍液、50% 多菌灵可湿性粉剂 600 倍液、多抗霉素 200mg/kg、65% 代森锰锌 500 倍液、波尔多液（1∶1∶160）或 50% 甲基托布津 500 倍液进行叶面喷施。在生育期内，几种杀菌剂可交替使用，间隔期为 7～10 天。

参考文献

苏建亚，张立钦，2011. 药用植物保护学 [M]. 北京：中国林业出版社：167-168.

CHOI K J, KIM W G, KIM H G, et al, 2011. Morphology, molecular phylogeny and pathogenicity of *Colletotrichum panacicola* causing anthracnose of Korean ginseng[J]. The plant pathology journal, 27(1): 1-7.

（撰稿：张国珍；审稿：丁万隆）

人参疫病　ginseng blight

由恶疫霉引起的在人参成株期发生的最严重病害之一。

又名人参湿腐病。疫病不仅危害人参茎叶，还引起参根腐烂，造成严重损失。

发展简史　1966 年戚培坤等根据病原菌的形态特征，将人参疫病的病原菌定为恶疫霉［*Phytophthora cactorum*（Leb. et Cohn）Schröt］，与美国、日本学者的报道相同。20 世纪 80 年代以后，中国对人参疫病及其病原菌进行了比较系统的研究，相继开展了病原菌的超微结构观察、生物学特性、病害循环、发病规律以及防治研究。

分布与危害　人参疫病在美国、加拿大、俄罗斯、朝鲜、日本及中国东北地区、山东和北京等地的人参产区普遍发生。一般植株发病率在 10%～20%，严重时可达 50% 以上，流行时损失严重。疫病主要危害叶片、叶柄、茎和根。在人参的整个生育期均有发生。叶片发病初期，病斑呈水渍状，暗绿色，形状不规则，边缘不明显。病害发展快时，整个复叶凋萎下垂，俗称"耷拉手巾"（见图）。叶柄受害后呈水渍状，软腐，凋萎下垂。茎部感病后，出现水渍状暗色长条斑，腐烂，严重时折倒死亡。空气湿度大时，病部常出现白色霉层，为病原菌的菌丝体和游动孢子囊。疫病发展迅速，开始多零星发生，严重时大部分植株倒伏。根部感病，初为黄褐色湿腐，根皮易剥离，根内呈黄褐色，溃烂。腐烂后的参根常伴有细菌、镰孢菌的复合侵染，还有大量的腐生线虫。发病后期，根的外皮常有白色菌丝体，并黏着土粒。

病原及特征　病原为恶疫霉［*Phytophthora cactorum*（Leb. et Cohn）Schröt］，属霜霉科疫霉属。菌落白色，绵状，菌丝分枝，无色，无隔膜。孢囊梗无色，宽 4～5μm，其上顶生 1 个游动孢子囊，卵形或梨形，无色，顶端具明显的乳头状突起，大小为 32～54μm×19～30μm，长宽比小于 1.6。孢子囊易脱落，有短柄。孢子囊萌发后释放出多个游动孢子，偶尔孢子囊可直接萌发产生芽管。游动孢子圆形，在水中易萌发。病原菌为同宗配合。藏卵器球形，20～30μm，无色或淡黄色，表面光滑，直径 30～36μm。有性孢子为卵孢子，球形，黄褐色，表面光滑，直径 23～33μm。雄器多侧生。菌丝最适生长温度为 25℃，最低 10℃，最高 32℃。

侵染过程与侵染循环　病原菌主要以卵孢子在病残体、土壤及病参根中越冬，菌丝体也可在病残体上越冬。卵孢子可在土壤中存活 4 年，是主要的初侵染源。翌年环境条件合

人参疫病症状（丁万隆提供）

适时，卵孢子形成游动孢子囊直接长出芽管和附着胞，由气孔侵入叶片，也可萌发形成孢子囊释放游动孢子，游动孢子直接侵染参根、叶片、叶腋。在生长季中，条件适宜时，游动孢子囊可反复产生，引发多次再侵染。

流行规律　风、雨和人的农事操作是病害传播的主要方式。在东北，6月开始发病，7月中旬至8月中旬为发病盛期。当气温20℃、相对湿度70%、土壤湿度50%以上时，有利于疫病的发生。如果连续降雨，湿度大，参床通风透光不良，土壤板结，氮肥过多，植株密度过大，疫病容易发生和蔓延。孢子囊的萌发需要水滴的存在，所以降低空气湿度，注意参床土壤的排水透气性能，可减少人参疫病的发生。接触传播是参床土壤中人参根疫病扩展蔓延的主要方式。参根的各种伤痕可使参根疫病病情加重，发病率提高。

防治方法　人参疫病的防治应以预防为主。恶疫霉寄主范围广，可侵染多种植物以及阔叶树、针叶树的树苗。病原菌可随风传到人参上，因此，在选择场地时要考虑植被、林相和树种，尽可能远离刺五加、草莓、百合、杜鹃花、胡萝卜、辣椒、松树、刺槐、核桃、榆树及栎树等其他寄主植物。

搭建防雨参棚或覆盖农膜，避免淋、漏、溅雨，及时排除积水，保持棚内通风，降低湿度。用落叶覆盖人参床面，防止雨水滴溅，控制病原菌传播。使用隔年土也是防治措施之一。伏天多次耕翻日晒，提高参床表土温度，杀死菌丝体，抑制卵孢子萌发，能有效防止疫病发生。

及时发现发病中心并拔除病株，病穴用生石灰或1%硫酸铜溶液封闭消毒。搞好田间卫生，秋季彻底清除参床的病残体，以减少菌源。可在发病前使用木霉菌剂、枯草芽孢菌剂以及农抗120等生物制剂预防。

发病初期可选择喷施25%嘧菌酯悬浮剂1000倍液、50%咪鲜胺锰盐可湿性粉剂1000倍液、25%瑞毒霉可湿性粉剂500～700倍液、64%噁霜·锰锌可湿性粉剂400～500倍液或58%甲霜灵·锰锌可湿性粉剂600倍液等药剂，间隔期7～10天。

参考文献

苏建亚，张立钦，2011. 药用植物保护学 [M]. 北京：中国林业出版社：179.

张国珍，丁万隆，1990. 人参根疫病研究初报 [J]. 中国中药杂志，17(1): 18-19, 62.

（撰稿：张国珍；审稿：丁万隆）

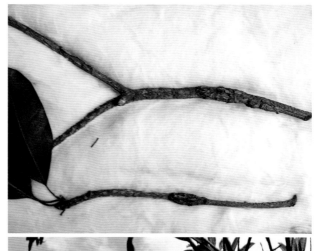

人心果肿枝病危害状（岑炳沾提供）

人心果肿枝病　sapodilla swollen branch disease

由栎拟盘多毛孢引起的人心果栽植区常见的真菌性病害。

分布与危害　该病发生于广东，在春季和夏初病发严重，病菌可在病枝上越冬。寄主为人心果。主要危害小枝和侧枝，受害严重的枝梢枯死落叶，影响结实和观赏。病菌侵染枝条。初期出现水渍状疱点，逐渐膨胀肿大，严重发病的枝条几乎为原枝条直径的1～2倍；后期病部开裂，切开肿瘤可见木质变色和皮层的薄壁组织增厚。严重受害的病枝在肿瘤以上部位枯死，轻者叶片失绿（见图）。

病原及特征　病原为栎拟盘多毛孢 [*Pestalotiopsis glandicola*（Castagne）Steyaert]，兼性寄生。

菌丝体白色，有横隔和分枝。分生孢子有4个隔膜，两端细胞透明，中间3个细胞橄榄色，卵圆形至长椭圆形或纺锤形，大小 16～24μm×6～10μm。

侵染过程与侵染循环　尚无相关研究资料。

流行规律　尚无相关研究资料。

参考文献

岑炳沾，苏星，2003. 景观植物病虫害防治 [M]. 广州：广东科技出版社.

（撰稿：王军；审稿：田星明）

忍冬白粉病 honeysuckle powdery mildew

由忍冬白粉菌引起的忍冬真菌病害。主要危害叶片、嫩茎和花蕾，是忍冬上的主要病害之一。

发展简史 1979 年魏景超记载了桤叉丝壳菌 [*Microsphaera alni*（Wallr）Salm.] 寄生于栎树和榛树，认为本种变异大，可分为若干种；Alfieri 等 1984 年报道该菌在美国佛罗里达州侵染忍冬引起白粉病。1994 年王守正报道粉孢属（*Oidium*）引起忍冬白粉病。1987 年郑儒永和余永年在《中国真菌志：第一卷白粉菌目》中记载了 *Microsphaera lonicerae* DC. 引起忍冬白粉病。

分布与危害 中国、日本、韩国、瑞士、美国等地忍冬上均有发生危害，是中国河南、山东、河北等地金银花上的常见病害，能显著影响金银花药材中绿原酸的含量，从而影响金银花药材的质量。金银花发病时，在叶片上产生病斑，病斑初为白色小点，后扩展为白色粉状斑，后期在整个叶片上布满白粉，严重时可导致叶片发黄畸形甚至落叶；嫩茎发病时，上生有白粉；在花上发生时，花扭曲，严重时脱落（见图）。

病原及特征 病原为忍冬白粉菌（*Erysiphe lonicerae* DC.），属白粉菌属。子囊果散生，球形，大小为 65～100μm，平均 77.8μm，深褐色，具 5～15 根附属丝，长 55～140μm，是子囊果直径的 0.7～2.1 倍，无隔膜或具 1 个隔膜，无色，3～5 次双分叉。子囊 3～7 个，卵形至椭圆形，大小为 34～58μm×29～49μm；子囊孢子 2～5 个，椭圆形或卵形，16.3～25.0μm×8.8～16.3μm。该病原菌仅寄生忍冬科忍冬属植物，桤叉丝壳菌 [*Microsphaera alni*（Wallr）Salm.]（异名 *Phyllactinia alnicola*）则能寄生多科植物。

侵染过程与侵染循环 病菌以子囊壳在病残体上越冬，翌年子囊壳释放子囊孢子，借气流和雨水传播，在叶片、嫩茎等组织上萌发，通过气孔或伤口等部位侵入，然后在叶片上产生病斑，完成初侵染。条件适宜时，病部又产生大量分生孢子，并借气流和雨水飞散传播，进行再侵染。

流行规律 多雨潮湿季节或者田间湿度大、通风不良、光照不足较易发生。施氮肥过多、密度过大、管理粗放等，也会加重该病的发生。忍冬白粉病受气候条件、地理环境等因素的影响，不同地区的发病规律存在差异。2004 年在河南封丘忍冬产区调查，5 月 25 日开始发病，6 月 15 日为第一个高发期，夏季高温症状减轻，8 月 5 日至 9 月上旬为第二个高发期。2005 年调查，6 月初开始发病，整个发病周期持续到 10 月。

防治方法

农业防治 加强肥水管理，减少单一氮肥施用，增施磷钾肥和有机肥；在保证土壤湿度的情况下，尽量减少浇水的次数和用量，避免田间积水。在白粉病零星发生时选用壳聚糖和草酸进行喷雾，以诱导忍冬的抗性提高其抗病力。

化学防治 在发病初期，使用 15% 三唑酮可湿性粉剂 1200 倍液或 20% 百菌·烯唑醇复配剂 600～800 倍液喷雾防治金银花白粉病。

参考文献

陈美兰，刘红彦，李琴，等，2006. 白粉病发生程度对金银花药材中绿原酸含量的影响 [J]. 中国中药杂志，31(10): 846-847.

倪云霞，陈美兰，刘红彦，等，2006. 四种杀菌剂对金银花白粉病的防治效果及对金银花品质的影响 [J]. 植物保护学报，33(3): 319-322.

（撰稿：刘红彦、刘新涛；审稿：丁万隆）

忍冬白粉病症状（刘红彦提供）

忍冬根腐病 honeysuckle root rot

由镰刀菌引起的、危害忍冬根系及维管束组织的真菌病害。

发展简史 2003 年刘鸣韬等学者初步鉴定河南封丘忍冬根腐病的病原菌为尖孢镰刀菌（*Fusarium oxysporum* Schlecht.）。2012 年毕淑娟等采用形态学和 PCR 技术鉴定，认为 *Fusarium incarnatum-equiseti* species complex 和 *Fusarium solani* species complex 能引起忍冬根腐病。

分布与危害 忍冬根腐病是一种危害极为严重的金银花病害，在河南、湖南、广东等老产区普遍发生，并向新产区蔓延。轻病株全株叶色变浅、发黄，茎基部表皮浅褐色，维管束基本不变色；随病情加重，整株叶片黄化明显，有的叶片叶缘枯死，茎基部表皮黑褐色，内部维管束轻微变色；重病株主干及老枝条上叶片大部分变黄脱落，新生枝条变细、节间缩短，叶片小而皱缩，甚至整株枯死，茎基部表皮粗糙，呈黑褐色腐烂，维管束褐色。发病后期在中午前后光照强、蒸发量大时，植株上部叶片出现萎蔫，但夜间又能恢复。病情进一步加重时，萎蔫状况不再恢复。发病严重的植株萎蔫、根部坏死，甚至全株死亡（见图）。5 年以下树龄的地块，发病率一般在 10%～15%；5～10 年树龄的地块发病率在 15%～25%；10 年以上树龄的地块发病率多在 30% 以上，甚至达 50%，南方地区更加严重。

病原及特征 病原为尖孢镰刀菌（*Fusarium oxysporum* Schlecht.），其菌丝细长，具分枝和分隔；分生孢子梗无色，有分隔；大型分生孢子镰刀形，无色，多 3～5 分隔，基部有一明显突起，大小为 27～60μm×3～5μm；小型分生孢子卵圆形，无色，单胞或双胞，单生或串生，大小为 5～

R

忍冬根腐病（高素霞提供）

12μm×25～35μm。该病菌在 20～35℃下均能生长，最适温度为 25℃左右；分生孢子产生的最适温度为 30℃，萌发的适温范围为 25～30℃；病菌以 pH 6～9 生长较好，孢子萌发的 pH 5～10，以 pH 9 为最适。光照对菌丝生长的影响不大，但对产孢影响较大，在 12 小时光暗交替条件下产孢量最大，其次为连续黑暗，连续光照产孢最低。而紫外线对孢子有明显杀伤作用。毕淑娟等认为 *Fusarium solani* species complex 和 *Fusarium incarnatum-equiseti* species complex 也能引起忍冬根腐病。

侵染过程与侵染循环 病菌在土壤中和病残体上过冬，可在土壤中长期腐生，通过土壤和灌溉水传播，通过根部伤口侵入。在发病初期，支根和须根先发病，并逐渐向主根扩展。该病菌可破坏植株维管束，使维管束变黄变褐，破坏维管束传导功能，引起植株萎蔫，甚至整株枯死。

流行规律 根部受到地下害虫、线虫的危害后，伤口多，有利病菌的侵入。高温多雨易发病，低洼积水的地块易发病；通风不良、湿气滞留地块易发病，土壤黏性大、易板结的易发病。

防治方法

农业防治 重视田间管理，适时修剪，改善田间通风透光条件。多雨季节，尽量避免修剪，并注意排水。刨除病株，用生石灰对病穴进行消毒处理。改良土壤，减少氮肥施用量，增施有机肥，注意不要施用未腐熟的有机肥。引进苗木时加强检疫，避免引进带病苗木。

物理防治 用黑光灯诱杀、毒饵诱杀等方法防治地下害虫，保护忍冬根系，降低病原侵染概率。

化学防治 发病初期，用 50% 多菌灵 500 倍或者 70% 甲基硫菌灵 800 倍喷淋根部或者进行灌根处理。

参考文献

毕淑娟，刘玉霞，王飞，等，2012. 2 种忍冬致病镰刀菌的生物学特性研究 [J]. 河南农业科学，41(6): 115-118.

刘鸣韬，蒋学杰，程学元，等，2003. 忍冬根腐病鉴定及病原生物学特性研究 [J]. 河南职业技术师范学院学报 (9): 31-34.

（撰稿：刘新涛、刘红彦；审稿：丁万隆）

忍冬褐斑病 honeysuckle leaf spot

由忍冬生假尾孢和忍冬假尾孢引起的、危害忍冬叶片的真菌病害。

发展简史 1979 年魏景超报道金银花绒层尾孢霉（*Cercospora lonicericola* Yamamoto）和金银花密束尾孢霉（*Cercospora lonicerae* Chupp）寄生于忍冬，前者 1976 年更名为忍冬生假尾孢 [*Pseudocercospora lonicericola*（W. Yamam.）Deighton]，后者 2007 年更名为忍冬假尾孢（*Pseudocercospora lonicerigena* U. Braun & Crous）。早在 1943 年中国台湾就有 *Cercospora lonicericola* 危害的记载，1994 年河南郑州记载 *Pseudocercospora* sp. 引起忍冬叶斑病；这两种病原菌在四川引起忍冬褐斑病。2016 年张永信等报道拟茎点霉（*Phomopsis* sp.）在河北巨鹿引起金银花褐斑病。曾有报道鼠李尾孢（*Cercospora rhamni* Fuckel）引起忍冬褐斑病，但缺乏确切的证据，普遍认为 *Cercospora rhamni* 引起鼠李科鼠李属植物叶斑病。

分布与危害 忍冬生假尾孢引起的忍冬褐斑病分布于亚洲和新西兰，忍冬假尾孢引起的褐斑病在中国、美国、巴西、百慕大群岛有发生危害。

忍冬褐斑病是金银花上的重要病害，在中国各地种植区均有发生。该病主要危害叶片，发病初期在叶片上出现失绿的黄色小斑，随后扩展成近圆形或受叶脉限制呈多角形病斑，黄褐色，有明显晕圈。潮湿时，叶背生有灰色的霜状物（见图）。

病原及特征 忍冬褐斑病的病原菌有两种：忍冬生假尾孢（*Pseudocercospora lonicericola*）和忍冬假尾孢（*Pseudocercospora lonicerigena*）。忍冬生假尾孢子实体叶两面生，但多生于叶背，扩展型。分生孢子梗从匍匐菌丝生出，短而色浅，直或弯曲，孢子痕不明显；分生孢子倒棍棒形至圆筒形，色极淡，直至弯曲，隔膜多但不明显，基端近乎平切或长圆锥平切状，30～120μm×2～4μm。忍冬假尾孢，子实体扩展型，子座发达，分生孢子梗成密束；分生孢子色极淡，倒棍棒形，20～100μm×2～4μm。两种病原菌的

忍冬褐斑病症状（刘红彦提供）

寄主为忍冬科忍冬属植物。

侵染过程与侵染循环　病菌在病叶上越冬，翌春条件适宜时产生分生孢子引起初侵染和再侵染。分生孢子借风雨传播，自叶片背面表皮侵入，一般先由下部叶片开始发病，逐渐向上发展。

流行规律　病菌在高温的环境下繁殖迅速，多雨潮湿、植株生长衰弱有利于发病。夏秋季为忍冬褐斑病发生盛期，高温多湿条件下发病严重。

防治方法

农业防治　控制氮肥使用量，增施磷钾肥、有机肥，提高金银花抗病能力。注意田间排水，降低田间湿度。注意修剪，改善通风透光。

化学防治　用 50% 多菌灵 500 倍液或者 70% 甲基硫菌灵 700 倍液喷雾防治，每隔 10 天喷雾 1 次，在金银花采摘前 15 天停止用药。

参考文献

周如军，傅俊范，2015. 药用植物病害原色图鉴 [M]. 北京：中国农业出版社 .

FARR D F, ROSSMAN A Y, 2017. Fungal databases, systematic mycology and microbiology laboratory, ARS, USDA. Retrieved January 9. from http://nt.ars-grin. gov/fungaldatabases/.

（撰稿：刘新涛、刘红彦；审稿：丁万隆）

日传染率　daily multiplication factor

植物病害发生之后，一定数量的亲代病情在一日内能传染而引致一定数量的子代病情，子代病情与亲代病情的比值即为日传染率，又名相对侵染概率（relative infection probability）。亲代病情和子代病情采用统一的评估标准，如病株数、病叶数、病果数、病穗数或病斑数等。当两者用病斑数评估时，每个亲代病斑在一日内能传染引致的子代病斑数量就是日传染率。进行日传染率测定时，应在排除外来病原干扰的情况下进行，在寄主植物生长的一定区域内，选定一个或一定的发病位点，让其在一日内进行传播，然后及时清除发病位点，经过一个潜育期后，逐日调查该区域内寄主植物上新产生的子代发病位点，待全部显症后终止调查，利用子代发病位点总数除以亲代发病位点，即可获得日传染率。

植物病害的侵染过程可以划分为传染、潜育、显症和病斑扩展等主要环节。对于真菌病害而言，传染包括孢子生成、释放（脱落）、传播、着落、在可供侵染部位上的萌发和侵入以及定殖等一系列复杂过程。日传染率受到病原、寄主植物和环境条件等多种因素的影响，可以通过建立日传染率与影响因素之间的函数关系式对其进行预测。

日传染率是反映病原物种群数量增长和病原物有效传播的一个重要指标，其测定方法简单，易于操作，因此，其在一些植物病害模拟模型中作为一个重要参数，如在曾士迈等（1981）研制的小麦条锈病春季流行电算模拟简要模型 TXLX 和肖悦岩等（1983）研制的小麦条锈病流行简要模拟

模型 SIMYR 中，均将日传染率作为一个重要子模型。

参考文献

肖悦岩，季伯衡，杨之为，等，1998. 植物病害流行与预测 [M]. 北京：中国农业大学出版社 .

肖悦岩，曾士迈，张万义，等，1983. SIMYR——小麦条锈病流行的简要模拟模型 [J]. 植物病理学报，13(1): 1-13.

曾士迈，张树榛，1998. 植物抗病育种的流行学研究 [M]. 北京：科学出版社 .

曾士迈，张万义，肖悦岩，1981. 小麦条锈病的电算模拟研究初报——春季流行的一个简要模型 [J]. 北京农业大学学报，7(3): 1-12.

（撰稿：王海光；审稿：马占鸿）

肉桂枝枯病　cassiabarktree branch blight

由可可毛色二孢引起的肉桂枝条上的一种严重真菌性病害。又名桂瘟。

分布与危害　普遍发生在广东的肇庆、云浮、高要、罗定、广州和广西的梧州、玉林地区。引起极严重的溃疡、枝枯。寄主通常为肉桂、大叶青化桂。由于该病的危害，形成环割枝条的皮层坏死、枝叶焦枯，危害极大，造成桂皮、桂枝、桂叶及桂油的严重减产，局部失收，影响出口创汇，并造成大面积肉桂林枯死，造成巨大的经济损失。

肉桂植株受害部位主要集中在顶梢以下 80cm 范围内的上部枝干。病斑常在枝干分权处出现，初期圆形、灰褐色、水渍状，后沿枝条上下扩展呈黑褐色梭形斑或段斑，如环绕枝条，嫩梢不久即表现枝枯，较大的枝干褐斑皮层及木质部通常肿胀、开裂。在初夏多雨季节，病部有时可见散生或集生黑色小颗粒，为病原菌子实体（见图）。

病原及特征　病原为葡萄座腔菌目可可毛色二孢 [*Lasiodiplodia theobromae*（Pat.）Griffon et Maubl.]。该病原菌在寄主上产生球形、黑褐色分生孢子，分生孢子器集中生于子座内，孔口直径 125～346μm；分生孢子单个顶生于无色、不分枝、不分隔的产孢细胞上，椭圆形，初单胞无色，后变褐色，中间分隔，大小为 10.8～29.4μm×13.1～15.5μm。在培养基上，病菌菌落呈黑褐色絮状，并分泌深色色素。

侵染过程及侵染循环　在肉桂林分中，此病最初是零星发生，继而形成发病中心，向周围扩展蔓延，最后连片枯死，林分整片焦枯，林地状似火烧，损失极大。病原菌一般需要从伤口侵入引起病害；伤口接种较无伤接种易引起病害。伤口深度与接种成功率关系密切。伤及皮层的发病率为 48%～61%，伤及木质部的可达 64%～78%。这种情况可能与较深的伤口彻底破坏寄主的形成层从而使树木恢复再生能力减弱而抗病性降低有关。病原菌从入侵到表现出最初症状最短仅需 2 天，一般 3～5 天，9～22 天可引致枝梢枯死。条件适宜时，在病部产生分生孢子器及分生孢子进行再侵染。病菌主要在病枝和枯枝上越冬，翌春由风雨溅散及昆虫传播进行初次侵染。带菌昆虫、林间灌木石楠、野生寄主绒毛润楠的枯梢等也可成为初次侵染的来源。

肉桂枝枯病危害状（王军提供）

流行规律　病害 3 月下旬就可开始发生，6～9 月最为严重。在适宜的气温条件下，相对湿度、雨量分布及雨日长短与周期出现的孢子飞散数量呈正相关。如 4 月上旬至 6 月中旬，气温在 22～28℃，降水较集中，在降雨和雨后 1～2 天内，孢子出现高峰期。7 月后当气温超过 32℃时，遇降大雨，产孢也不再出现高峰，但这段时期，由于已积累了较多的前期受侵枝条，因而病情表现格外严重。

枝枯病的发生与昆虫的危害有关。媒介昆虫主要是泡盾盲蝽（*Psuedodoniella chinensis* Zheng），其次为肉桂木蛾（*Thymicetris* sp.）。媒介昆虫本身带菌，在进行取食及其他活动时造成枝干伤口或坏死斑痕并将病菌带入，同时也为气传孢子提供侵入通道。泡盾盲蝽在 4 月中下旬开始活动，6～9 月为发生高峰期，发生时间与桂瘟同步。其成虫与若虫刺吸树体内汁液，在枝梢上造成灰褐色坏死圆斑，病害即从此褐斑开始发生和扩展。从病区捕捉的泡盾盲蝽接种于盆栽无病的 2 年生肉桂树上，老嫩枝条皮层都发病，分离昆虫体，也可得到病原菌。木蛾幼虫啃食树皮，然后钻蛀孔道进入木质部造成枝干创伤，其虫体、粪便木屑也能分离得到病原菌。

土层深厚、长势健旺的植株发病相对较轻。感病较重地的肉桂，其枝条含硼量及土壤有效硼量都明显低于感染较轻的地区。纯林发病较重，松林下栽种的肉桂感染较轻。树龄一般与病害发生关系不大。肉桂品种中，本地桂高度感病，大叶青化桂比较抗病。

防治方法　对肉桂枝枯病的控制主要采用病虫协同防治的措施，防治媒介昆虫是整个病害防治重要的一环。6～10 月肉桂生长旺盛，夏、秋梢抽发最多，也是泡盾盲蝽发生期，此时使用杀虫剂喷洒能有效地降低泡盾盲蝽虫口密度，桂虫灵乳油 1500～2000 倍用药后 5 天虫口减退 80% 以上，15 天持效最高可达 61%，从而使枯梢大幅度减少。用敌杀死 + 敌敌畏（3∶1）的 4000～6000 倍液以及 1% 敌杀死粉剂喷洒，能有效控制媒介昆虫的危害，使病虫综合感染率降低 50%。杀虫剂与杀菌剂同时使用或混用，如硫酸铜 + 溴氰菊酯、巴丹 + 百菌清 + 硫酸铜、敌杀死 + 百菌清等都取得一定的效果。在广西用 50% 林病威 500 倍液 1 年喷 3 次，防治幼林枝枯病取得明显的效果。

参考文献

岑炳沾，甘文有，邓瑞良，等，1994. 肉桂枯梢病的发生与防治研究 [J]. 华南农业大学学报，15(4): 63-66.

林业部野生动物和森林植物保护司，林业部森林病虫害防治总站，1996. 中国森林植物检疫对象 [M]. 北京：中国林业出版社：168-172.

刘建峰，杨五烘，李敦松，等，1995. 肉桂新害虫泡盾盲蝽的生物学特性及防治研究 [J]. 广东农业科学 (1): 36-39.

王军，李奕震，卢川川，等，2003. 肉桂枝枯病的防治试验 [J]. 中国森林病虫，22(1): 31-32.

王军，苏海，1998. 肉桂枝枯病的发生与防治 [J]. 四川林业科技，19(3): 37-39.

薛振南，张超冲，黄试玲，等，1995. 防治肉桂枝枯病药剂的毒力测定 [J]. 广西农业大学学报 (2): 112-118.

（撰稿：王军；审稿：田呈明）

S

三七白粉病 *Panax notoginseng* powdery mildew

由白粉孢侵染引起，主要危害三七地上部分的病害。又名三七灰斑、三七灰腻、三七灰症等，在三七的整个发育期内均有发生，是三七园内常发生的一种主要病害。

分布与危害 主要分布在云南三七产区。三七苗出土即开始发病。发病初期，叶面出现灰白色的小点，病情加重后，病斑扩大，叶面、叶背均可出现灰白色霉状病斑，以叶背为主；继而，霉斑扩大连成一片，整片叶呈灰白粉，最后变为黄褐色干枯而脱落（见图）。严重时，整个叶片脱落。有时，7～8月花盘也可被害，花而不实，严重影响结籽。果实被害，影响种子饱满度。

病原及特征 病原属于有丝分裂孢子真菌粉孢属白粉孢（*Oidium erysiphoides* Fr.）。分生孢子梗直立，顶部产生体生式的分生节孢子（粉孢子）。分生孢子串生，单胞，无色。

侵染过程与侵染循环 粉孢子可在较干燥条件下萌发。发病初期，白粉病经气流传播到三七上引起发病，当园内温度在20～28℃、相对湿度49%以下，并伴有高温、干燥、风大时蔓延快，来势猛，危害重。

流行规律 三七密植程度大，土质较肥或施氮肥多，遮阴的三七园发病早而重。

防治方法 加强田间管理，冬季彻底清园，将枯株病叶烧毁。合理降低密度，改善通风透光条件。在发病前或初期施药防治效果较好，喷洒1:1:200波尔多液或70%甲基托布津500倍液或粉锈灵500倍液，10天喷洒1次，连续喷洒2～3次。发病后，可用0.1～0.2波美度石硫合剂或代森铵（代森锌）500～600倍液，或用50%甲基托布津700～800倍液喷洒，5～7天喷洒1次，直至病害被控制为止。

参考文献

农训学, 2009. 三七病虫害的防治方法 [J]. 植物医生, 22(1): 23-24.

（撰稿：李凡；审稿：高微微）

三七白粉病症状（李凡提供）

①叶片正面受害状；②叶片背面受害状；③霉斑扩大连片，造成叶片发黄干枯

三七病毒病 *Panax notoginseng* virus disease

三七病毒病的症状类型复杂，不同的症状类型可能由不同的病毒引起，有的症状类型可能由多种病毒复合侵染引起。已成为制约三七产业发展的重要因素之一。

发展简史 历史上三七病毒病的发生鲜有报道。自20世纪90年代开始，病毒病的发病率逐年增加，危害也越来越重。1997年云南有的三七园区发病率已高达20%；1999年病毒病在文山三七产区暴发，很多园区发病率高达60%，个别严重的三七园已基本绝收，因病毒病危害造成的损失不少于总产的5%，重病三七园的损失可达50%以上。

分布与危害 随着三七连年大面积种植，加之其特殊的生长、管理条件，病毒病已逐渐成为仅次于根腐病的又一限制三七种植业发展的严重障碍。三七病毒病的症状类型较为复杂，类型多样，主要有以下几种。叶片皱缩：即叶片表面凹陷或突起，叶脉扭曲，叶缘有缺刻，叶片变厚且颜色加深（图1①）。花叶：叶片呈现浅绿和深绿相间斑块（图1②）。褪绿、黄化：早期病斑仅限于主脉的一侧，叶片先是于叶脉间呈褪绿状，随后病斑逐渐扩大由浅黄色变为淡黄色，最后整个小叶均变为淡黄色（图1③）。白化：初期病斑也仅限于主脉的一侧，叶片先于叶脉间呈浅白色的点状斑，随后病斑逐渐扩大呈亮白色，最后整个小叶或复叶均变为亮白色（图1④）。坏死：叶片先呈褪绿状，随后叶脉及附近组织变黄或发白，病斑逐渐发展呈白色、褐色、黄褐色坏死，坏死斑逐渐扩大并相互愈合，有时坏死斑脱落后呈穿孔状（图1⑤）。卷叶：叶片变细变长，叶缘向上翻卷，叶面有时出现皱缩或泡斑状（图1⑥）。有时三七病毒病为多种症状类型复合危害，但三七普遍发生的病毒病以皱缩型为主。

病原及特征　从三七病毒病样品中检测到的病毒有番茄花叶病毒（tomato mosaic virus，ToMV）、黄瓜花叶病毒（cucumber mosaic virus，CMV）、三七Y病毒（panax virus Y，PnVY）、中国番茄黄化曲叶病毒（tomato yellow leaf curl China virus，TYLCCNV）及其卫星（tomato yellow leaf curl China betasatellite，TYLCCNB）、三七病毒A（panax notoginseng virus A，PnVA）和烟草扭脉病毒（tobacco vein distorting virus，TVDV），其中PnVY为当前云南三七产区的主要优势病毒，PnVA为2016年在三七上发现的新病毒，TVDV于2019年被发现侵染三七。ToMV为烟草花叶病毒属（*Tobamovirus*）成员，病毒粒体为300nm×18nm的杆状。ToMV除侵染番茄外，还可侵染辣椒、马铃薯、樱桃、梨树、苹果、葡萄、梾木、云杉、丁香等；ToMV主要通过汁液摩擦传播。CMV是雀麦花叶病毒科（Bromoviridae）黄瓜花叶病毒属（*Cucumovirus*）的代表种，病毒粒体为球状20面体，直径28～30nm，无包膜。CMV寄主范围广泛，能侵染85科365属1000多种植物；CMV是世界上最流行的植物病毒，主要由蚜虫以非持久性方式进行传播，最常见的是棉蚜和桃蚜，CMV还可以通过汁液摩擦方式传播。另

外，有些植物的种子也可以传播CMV，植物品种、环境条件和CMV株系类型不同种传率也不同，多数植物如花生、甜瓜、番茄等CMV种传率在10%以下，尚不清楚CMV是否可以通过三七的种子传播。PnVY是最近报道的一种马铃薯Y病毒科（Potyviridae）马铃薯Y病毒属（*Potyvirus*）新成员，仅在三七中发现。PnVY的病毒粒体长度为700～900nm（图2）。PnVY可以通过摩擦接种传播，但尚不清楚PnVY是否可以由昆虫介体如蚜虫等传播，辣椒、豇豆、菜豆及黄烟是PnVY的寄主。TYLCCNV为双生病毒科（Geminiviridae）菜豆金色花叶病毒属（*Begomovirus*）成员。TYLCCNV是一类具有孪生颗粒形态环状单链DNA病毒，病毒粒体为20nm×30nm。TYLCCNV可经粉虱（*Bemisia tabaci*）和嫁接传播，随着B型烟粉虱的大发生，由烟粉虱传播的双生病毒已在多个国家和地区作物上造成毁灭性危害，且有逐年加重的趋势。TYLCCNV侵染的寄主十分广泛，包括烟草（香料烟、白肋烟、烤烟）、番茄、辣椒以及多年生杂草如赛葵、豨莶、曼陀罗和胜红蓟等。

侵染过程与侵染循环　引起三七病毒病的CMV、TVDV等可以通过蚜虫传播，TYLCCNV等通过烟粉虱进行传播。尚不清楚PnVY和PnVA的传播介体，PnVY可能具有种子传播的特性。

流行规律　三七病毒病在文山中海拔地区有3个发病高峰期，主要集中在4月下旬、6月下旬至7月下旬和10月中旬。叶片褪绿黄化型、白化型、皱缩型在各三七产区均有分布，花叶型、坏死型和卷叶型则为零星发生，褪绿和泡斑复合型主要在2年生和3年生部分三七园中发现，而皱缩和叶肉坏死花叶复合型及皱缩和叶脉黄化坏死复合型仅为零星发生。在三七生长周期中，各类型病毒病主要以2年生三七为主要显症时期，其次是3年生三七。

图1　三七病毒病症状（李凡提供）
①皱缩；②花叶；③褪绿、黄化；④白化；⑤坏死；⑥卷叶

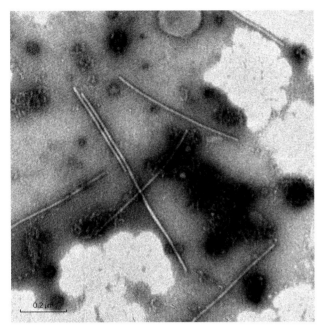

图 2 三七病样中线状病毒电镜照片（50000 倍），标尺为 500nm
（李凡提供）

防治方法　使用健康种子、种苗，从源头控制病毒病的发生。建立无病毒三七良种繁育基地，加强种苗基地的病毒检测。加强田间管理。当三七园中三七植株出现病毒感染症状时，必须及时拔除病株，深埋或烧毁病株。及时清除杂草，杂草除了是病毒的中间寄主外，传毒介体蚜虫、烟粉虱等经常栖息于杂草上，杂草不除可能造成病毒病的发生。以"治虫防病"为主，控制传播介体，从而控制病毒病的传播流行。CMV、PnVY 和 TYLCCNV 都可经昆虫进行传播，三七园中可悬挂蓝板、黄板或杀虫灯诱杀传毒昆虫。三七园中的蚜虫可用 10% 吡虫啉可湿性粉剂 1500～2000 倍液，或 50% 抗蚜威可湿性粉剂 1500～2000 倍液，或 50% 马拉硫磷乳油 1000 倍，或 40% 乐果乳油 1000～1500 倍等防治。矿物油与拟除虫菊酯混合喷施，对控制蚜虫具有较好防治效果。而喷施 50% 氟啶虫胺腈水分散粒剂、或 12.5% 阿维菌素·啶虫脒微乳剂、或 1.8% 阿维菌素乳油、或 30% 啶虫脒 3000 倍液、或 25% 阿克泰可分散粒剂 7500 倍液、或 5% 锐劲特悬浮剂 1500 倍 + 好湿 2500 倍液对烟粉虱的综合防效较好。

参考文献

金羽，张永江，陈燕芳，等，2005. 三七花叶症的检测与鉴定 [J]. 中国植保导刊，25(6): 10-11.

宋丽敏，梁文星，姜辛，等，2003. 三七上番茄花叶病毒的初步鉴定 [J]. 云南农业大学学报，18(4): 111-112.

杨馨，孟钰，李梅蓉，等，2019. 云南三七病毒病的发生及病毒种类检测. 植物病理学报，1(15): 1036.

GUO L F, YANG X, WU W, et al, 2016. Identification and molecular characterization *Panax notoginseng* virus A, which may represent an undescribed novel species of the genus *Totivirus*, family Totiviridae[J]. Archives of virology, 161(3): 731-734.

LI X J, LIU F, LI Y Y, et al, 2014. First report of tomato yellow leaf curl China virus infecting *Panax notoginseng* in China[J]. Plant disease, 98(9): 1284.

YAN Z L, SONG L M, ZHOU T, et al, 2010. Identification and molecular characterization of a new potyvirus from *Panax notoginseng*[J]. Archives of virology, 155: 949-957.

（撰稿：李凡；审稿：高微微）

三七根腐病　*Panax notoginseng* root rot

三七根腐病的病原较为复杂，危害各龄期的三七，一年四季都可危害，是三七产区的一种毁灭性病害。由根腐病为主导致的三七连作障碍是影响三七健康、稳定发展的主要限制因素。

发展简史　1952 年浙江省卫生局记载该病病原为 *Fusarium scirpi*；曹福祥和戚佩坤报道病原菌是 *Fusarium solani* f. sp. *radicicola*；王淑琴等报道三七黑斑链格孢（*Alternaria panax*）亦能侵染三七根部，引起根腐病；罗文富等人报道从三七根腐病不同发病期根部分离到假单胞菌（*Pseudomonas* sp.）、茄腐皮镰孢 [*Fusarium solani*（Mart.）Sacc.]、细链格孢（*Alternaria tenuis* Nees）和小杆线虫（*Rhabditis elegans*），并经活体接种证明假单胞细菌的致病性最强，腐皮镰孢和细链格孢的致病性较弱，小杆线虫无致病性，前三者混合接种的发病率高于单独接种；陈正李等报道该病病原为一种茎线虫（*Ditylenchus* sp.）。

分布与危害　云南文山地区三七根腐病普遍发生。三七根腐病主要危害三七地下部，地上部初期叶色不正常，叶脉附近稍淡，展叶不正，叶尖略微向下。随着病势发展，叶片萎蔫、发黄乃至脱落（图 1 ①）。根系受害，开始出现黄褐色或水渍状小斑，逐渐扩展蔓延，形成黑褐色病斑，终致受害部腐烂（图 1 ②）。当病部扩大到整个根系或病菌蔓延到所有根部的输导组织，则根皮腐烂，心部软腐，最后只残存根皮及其纤维状物。此时，地上部症状明显枯萎死亡。随着三七种植年限的延长，根腐病有逐年加重的趋势，常年发病率高达 5%～20%，严重的高达 70%，造成三七苗和成株的大面积死亡，部分三七园甚至毁园绝收（图 2）。

病原及特征　三七根腐病的病原较为复杂，早期学者认为系假单胞菌（*Pseudomonas* sp.）、茄腐皮镰孢 [*Fusarium solani*（Mart.）Sacc.]、细链格孢（*Alternaria tenuis* Nees）、柱孢属真菌（*Cylindrocarpon* sp.）等复合侵染的病害，另外，小杆线虫（*Rhabditis elegans*）的参与，能加重根腐病的病情。有学者研究认为引起三七根腐的病原真菌类群主要包括两种柱孢属真菌（*Cylindrocarpon destructans* 及 *Cylindrocarpon didynum*）、茄腐皮镰孢、尖镰孢（*Fusarium oxysporum* Schlecht.）、恶疫霉 [*Phytophthora cactorum*（Leb. et Cohn.）]、草茎点霉（*Phoma herbarum* West.）和立枯丝核菌（*Rhizoctonia solani* Kühn 等。*Cylindrocarpon destructans*、*Cylindrocarpon didynum*、恶疫霉、草茎点霉和立枯丝核菌均能导致块根不同程度的腐烂。恶疫霉和草茎点霉的致病性较强，*Cylindrocarpon destructans* 和 *Cylindrocarpon didynum* 的致病力虽然较弱，但在田间分布范围广，分离频率高，是田

S

图 1　三七根腐病症状（李凡提供）

①地上部分叶片发黄（箭头所示）；②根部腐烂

图 2　根腐病造成三七大面积死亡（李凡提供）

间三七根腐病的重要病原真菌。

侵染过程与侵染循环　三七根腐病以土壤带菌传播为主。根腐病的发生、发展与环境条件密切相关。4 月下旬开始发病，多发生在 6～8 月的雨季，连作地较轮作地和新栽地发病重，且连作年限越长病情越重。

流行规律　当温湿度适宜时病原菌就可侵入发病，多数病原菌的侵入最适温度为 20～23℃，在此温度条件下空气相对湿度达 95%，且透光率 >30% 时，可能引起三七根腐病的大发生。降水多、空气湿度大的年份发病较重，应注意防治。

防治方法　由于导致三七根腐病的病原种类多，致病原因复杂，防治比较困难，应采取多种措施相结合进行综合治理。首先栽培前严格选地，忌连作。三七根腐病的病原菌在土壤中能存活多年，同人参一样不能连作。其次应加强田间管理，及时清除田间杂物，保持田间清洁卫生，移栽时选用健壮抗病的植株。雨季注意排水，降低田间土壤湿度。正确调整光照。发现病株应及时拔除，病穴用石灰消毒，以防蔓延。使用充分腐熟的农家肥料。

三七根腐病属典型的土传病害，因此，采用土壤消毒、减少土壤病原数量是防治三七根腐病的有效途径。用大扫灭和钾 - 威百液剂等有机硫熏蒸剂或用瑞毒霉锰锌 500 倍液，或瑞毒霉锰锌 1 份加多菌灵 1 份配成 500 倍液喷洒苗畦，进行土壤消毒，对三七根腐病主要有害生物类群均有良好的灭杀效果。用 10% 叶枯净可湿性粉剂 1 份加 70% 敌克松 1 份加 50% 多菌灵 1 份，混合配成 500 倍液，浸种子或种苗 15分钟，取出晾干后再播种或栽植，并配套使用 98% 大扫灭可湿性粉剂熏蒸处理土壤，对三七根腐病具有明显的控制作用。用 10% 叶枯净可湿性粉剂和 70% 敌克松可湿性粉剂各 15kg 拌细土 2000kg，配成药土，于 6～7 月和 11～12 月分 2 次施于植株旁土内或施于根部周围，防治效果可达 70%～80%。也可用种子重量 5%～10% 的特立克或灭菌灵拌种。还可用 50% 瑞毒霜可湿性粉剂 800～1000 倍液，或 50% 多菌灵可湿性粉剂 500～600 倍液浇灌根部防治。

参考文献

缪作清，李世东，刘杏忠，等，2006. 三七根腐病病原研究 [J].中国农业科学，39(7):1371-1378.

罗文富，喻盛甫，贺承福，等，1997. 三七根腐病病原及复合侵

染的研究 [J]. 植物病理学报 , 27(1): 85-99.

勤农 , 2010. 三七的种植栽培与病虫害防治 [J]. 农村实用技术 (12): 41-42.

（撰稿：李凡；审稿：高微微）

三七根结线虫病　*Panax notoginseng* root-knot nematodes

由北方根结线虫引起，主要危害三七地下部分，是普遍发生、危害较重的一种三七病害。

发展简史　自 1998 年胡先奇等首次报道在云南晋宁昆阳农场发现三七感染根结线虫病以来，2000 年陈昱君等在三七种植主产区的云南文山地区也发现有三七根结线虫病的发生，但仅限于倮者底的局部地区。至 2005 年，相继在文山古木、马关马安山、砚山盘龙及红河个旧、蒙自冷泉和老寨等地发现有三七根结线虫病的发生。

分布与危害　三七被根结线虫侵染后，在支根上形成小米粒至绿豆粒大小的近圆球形根结。根结上生出许多不定根，侵染后又形成根结。根结形成后，原来的根不再生长，而产生次生根，次生根上又产生根结（见图）。经反复多次侵染，根系形成乱麻状的根须团，块根不发达，整个根系畸形。发病较轻的三七植株地上部表现不明显，发病严重的植株矮化，茎叶发黄，叶片变小，逐渐枯死。

病原及特征　病原线虫为北方根结线虫（*Meloidogyne hapla* Chitwood）。雄虫体长 1150～1500μm，口针长 17.5～24.0μm，背食道腺开口至口针基部球底部距离 6.0～9.5μm。二龄幼虫体长 385～490μm。

侵染过程与侵染循环　线虫以卵在根结中、土壤、粪肥中越冬，翌年生长季节孵出的幼虫侵入寄主，1 个生长季可发生多代。卵和二龄幼虫存在于病田土壤中，故病土是北方根结线虫的主要传播源。

流行规律　带病的三七种苗可异地扩散，成为根结线虫病远距离传播的途径之一。

防治方法　引种时要实行严格检疫，不到有根结线虫病的地区引种。加强田间管理，清除田间残株、杂草；深翻土壤，将线虫埋入土壤深处，可减少虫口数量。用灭线灵每公顷 5～6kg，拌细土进行土壤处理，可收到良好效果。另外，菌线克对北方根结线虫二龄幼虫的侵入有很强的抑制作用。

参考文献

陈康 , 谭毅二 , 2006. 中药材病虫害防治技术 [M]. 北京 : 中国医药科技出版社 .

胡先奇 , 喻盛甫 , 杨艳丽 , 1998. 三七根结线虫病病原研究 [J]. 云南农业大学学报 , 13(4): 375-379.

刘云芝 , 杨建忠 , 李淑芬 , 等 , 2009. 三七根结线虫病防治药剂田间筛选试验研究 [J]. 西南农业学报 (5): 1349-1353.

（撰稿：李凡；审稿：高微微）

三七黑斑病　*Panax notoginseng* black spot

由人参链格孢引起，主要危害三七植株的地上部和地下部，是中国三七主产区的主要病害之一。

发展简史　1904 年美国的 VanHood 在人参属的西洋参上首次发现黑斑病。1964 年在云南文山砚山铳卡农场首次发现三七黑斑病，当时田间发病率仅为 2%～3%；1979 年在广西的靖西、广东的南雄等地相继发生。

1906 年 Whetzel 报道了西洋参黑斑病的病原。1964 年陈学盛、周宗璜等将人参黑斑病病原鉴定为人参链格孢（*Alternaria panax* Whetz.）。1979 年戚佩坤、王淑琴等对云南文山、广西和广东的三七黑斑病病样的病原菌进行分离与鉴定，认为引起三七黑斑病的病原与人参属的人参和西洋参黑斑病的病原为一种病原。

分布与危害　该病菌主要危害人参属的多种植物。在云南文山三七产区造成大流行。该病幼苗发病较少，主要危害 2 年生及以上植株。三七植株各部位均可受害，尤以茎、叶、花轴等的幼嫩部分受害严重。茎、叶柄、花轴等发病时，初呈近圆形、椭圆形淡绿色小斑，然后病斑向上、下扩展凹陷，迅速变为褐色病斑，病部长有黑色、褐色霉状物，茎部顶端逐渐呈褐色缢缩，最后茎顶全部缢缩，扭曲，干枯。受害茎、叶片、叶柄扭折后，病部易出现黑褐色霉状物。叶片受害时，多数在叶尖、叶缘和叶片中间产生近圆形或不规则、水渍状、褐色病斑，湿度大时病斑扩展较快，病斑易腐烂穿孔，叶片脱落（见图）。茎秆发病则全株枯萎死亡，大小叶柄受害则叶片脱落。茎与叶柄的连接处发病，易引起全株扭曲、折断。花轴感染发病则花苔下垂，变褐色至黑色，枯萎死亡。果实受害后，红子表面出现褐色水渍状不规则病斑，病斑可扩展到整个红子表面，果皮逐渐干缩，上生黑色霉状物。被害的种子表面由白色变成米黄色，渐成锈褐色，上生墨绿色霉状物，胚乳霉烂。

病原及特征　病原为有丝分裂孢子真菌链格孢属的人参链格孢（*Alternaria panax* Whetz.）。菌丝褐色，有分隔。分生孢子梗 2～13 根丛生，直或屈膝状，淡褐色，顶端色淡，

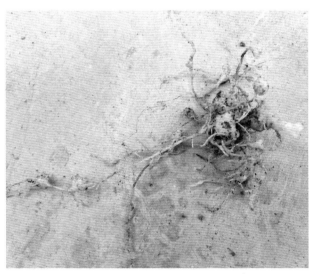

三七根结线虫病症状（李凡提供）

三七黑斑病症状（王柱华和杨敏提供）

①叶片正面症状；②叶片背面症状

基部细胞膨大，不分枝，呈一膝节状，1～4个隔膜，大小为17～67μm×3～6μm。分生孢子多为棒状，少数为梨形，橄榄绿色、黄褐色，单生或2～3个串生，0～3个横隔膜，色淡，不分枝，孢身至嘴喙逐渐变细，孢身具3～15个横隔膜，隔膜处缢缩，分生孢子大小为43～113μm×10μm。发芽时，分生孢子任何隔膜处都可长出发芽管。

侵染过程与侵染循环　带菌土壤和三七种子是黑斑病主要初侵染源。分生孢子及菌丝在病株中越冬，翌年如环境条件适合，气温15℃、相对湿度70%时开始发病，最先出现一些叶斑症状，在田间形成中心病株，中心病株产生新的分生孢子，借风雨、灌溉水传播，引起再侵染，扩大危害。

流行规律　三七园内温度高，湿度大，植株过密荫蔽，施肥不当，荫棚透光稀密不均，就会导致病害蔓延，危害加重。8～10月为发病高峰期，茎秆易折断。

防治方法　加强田间管理，选用无病种苗，做好种苗消毒工作。发病后及时清除病株，烧毁病叶，减少病源。加强水肥管理，做到合理施肥合理灌水。调节遮阴棚透光度在25%～30%，过稀有利于病害蔓延，过密则三七疯长，长势弱，抗性差，易感病。注意氮、磷、钾的适当比例，多施钾肥，适当控制氮肥。地上部枯萎后彻底清理田园，并用1：1：150波尔多液将园内喷洒1次，翌春出苗前可再喷洒1次。发病初期用50%扑海因可湿性粉剂1000～1500倍液，或用1.5%多氧霉素150倍液或70%百菌清可湿性粉剂600～800倍液喷雾，或多抗霉素100～200mg/L，或75%百菌清可湿性粉剂1000倍液喷雾防治，7～10天喷1次，连喷2～3次。

参考文献

蒋妮，覃柳燕，叶云峰，2011. 三七病害研究进展 [J]. 南方农业学报，42(9): 1070-1074.

农训学，2009. 三七病虫害的防治方法 [J]. 植物医生，22(1): 23-24.

韦继光，陈育新，1992. 广西三七黑斑病调查初报 [J]. 中药材，15(1): 7-8.

（撰稿：李凡；审稿：高微微）

三七立枯病　*Panax notoginseng* damping-off

由立枯丝核菌引起，主要危害三七幼苗和幼芽，是三七苗期的主要病害之一。

分布与危害　危害三七幼苗基部，严重时种苗成片死亡，种子、种芽发病变黑褐色腐烂，幼苗被害后，在假茎（叶柄）基部出现水渍状黄褐色条斑，凹陷，随着病情发展变暗褐色，后病部缢缩，幼苗倒伏死亡。

病原及特征　病原为丝核菌属的立枯丝核菌（*Rhizoctonia solani* Kühn）。菌丝体棉絮状、蛛丝状，初无色或白色，后逐渐变成不同程度的褐色，较粗。菌丝多为直角、近直角或稍呈锐角的分枝，离分枝不远处通常具隔膜，分隔处缢缩明显。菌丝生长一定阶段后，老熟的菌丝交织纠结而形成菌核，菌核初呈白色，后变为褐色或黑褐色、深褐色，近球形或不规则形，表面粗糙，有较多微孔。

侵染过程与侵染循环　立枯丝核菌为土壤习居菌，可在土壤中存活2年以上，以菌丝体或菌核在土壤中或病残组织中越冬，成为翌年的初侵染源，2～4月开始发病，低温阴雨天气发病严重。病菌可随田间作业和水流及病土扩散传播，进行再侵染。

流行规律　高温、低湿易诱发立枯病。多发于4～5月高湿低温季节。

防治方法　结合整地用杂草进行烧土。施用充分腐熟的农家肥，增施磷钾肥，以促使幼苗生长健壮，增强抗病力。严格进行种子消毒处理，播种时种子用0.1波美度石硫合剂消毒。未出苗前用1：1：100波尔多液喷洒畦面。发现病株及时拔除，并用石灰消毒处理病穴，用50%托布津1000倍液喷洒，或用70%敌克松可湿性粉剂500～800倍液灌根、喷雾，每隔5～7天1次，连喷2～3次。

参考文献

董金皋，康振生，周雪平，2016. 植物病理学 [M]. 北京：科学出版社.

农训学，2009. 三七病虫害的防治方法 [J]. 植物医生，22(1): 23-24.

勤农，2010. 三七的种植栽培与病虫害防治 [J]. 农村实用技术 (12): 41-42.

（撰稿：李凡；审稿：高微微）

三七炭疽病　*Panax notoginseng* anthracnose

由胶孢炭疽菌和黑线炭疽菌引起，主要危害三七地上部分，是三七生长中最普遍发生的一种病害。

分布与危害　三七炭疽病在云南文山三七产区每年均有发生。主要危害三七地上部分，包括子秧和多年生的三七主茎和叶片。罹病植株叶片初期出现圆形或近圆形黄褐色、灰绿色小病斑，逐渐扩大为大病斑，呈褐色，中央呈透明状，有时坏死，质脆易破裂，后期病斑上生小黑点，易穿孔。茎和叶柄受害后呈梭形黄色、褐色或暗褐色病斑，中央凹陷，

S

有时病部缢缩扭折而枯死。花与种子也易感染，可使种子颗粒无收。果实上病斑呈圆形或不规则形微凹的褐色斑，果皮腐烂。

病原及特征　引起三七炭疽病的病原有两种：一种是胶孢炭疽菌 [*Colletotrichum gloeosporioides*（Penz.）Sacc.]；另一种是黑线炭疽菌 [*Colletotrichum dematium*（Pers.）Grove]。两者同属炭疽菌属。黑线炭疽菌的有性态不详。胶孢炭疽菌的有性态围小丛壳 [*Glomerella cingulata*（Stonem.）Spauld. et Schrenk] 属小丛壳属，有性态也很少见到。无性世代的胶孢炭疽菌鉴别特征为分生孢子圆柱形或稍长椭圆形，一个油球，两端钝圆，大小为 13.6～20.4μm×2.9～44μm。附着胞圆形，弹状或不规则形，黑色，大小为 6.6～9.9μm×4.6～6.9μm。寄主范围广。黑线炭疽菌的无性态鉴别特征为分生孢子新月形，镰刀状，两端尖，一个油球，大小为 14.63～23.86μm×2.4μm。附着胞卵圆形、近圆形或不规则形，暗褐色至黑色，大小为 6.3～9.9μm×5.4～6.6μm。

侵染过程与侵染循环　病原菌附着在种子或残株茎叶上越冬。翌年条件适宜时随风雨和昆虫传播侵染。病菌的繁殖与侵染主要发生在降雨期间，6～7月高温多雨季节发病较重。雨后天气闷热，通风不良，天棚过稀，透光度过大，种植过密，生长较弱，株间相对湿度增大都能促使炭疽病加重发生。

流行规律　在上年度发病较重，而冬季管理又差的三七园，下年度发病早且较严重。管理不善，光照太强易得病。此外，施氮肥过多或使用未腐熟的有机肥料则往往发病严重。

防治方法　地上部枯萎后彻底清理三七园，将残枝落叶清除出三七田外，集中处理，减少病原菌的越冬场所，并在园内全面喷洒 1 次 0.2 波美度石硫合剂进行消毒。加强田间管理，施用腐熟厩肥，增施磷、钾肥提高抗性。调节荫棚透光度，幼苗三七园遮阴棚透光度以 17%～25% 为宜，2～3 年生三七园荫棚透光度以 20%～35% 为宜。种子播前用 80% 代森锌 300～400 倍液或福尔马林 150 倍液浸种 5～10 分钟，沥干后播种。发病前喷 1∶1∶120 波尔多液或代森锰锌 800～1000 倍液。发病初期，可用 50% 多菌灵可湿性粉剂 800～1000 倍液或 75% 甲基托布津可湿性粉剂 1000 倍液或 80% 代森锌可湿性粉剂 400 倍液喷雾防治，每 7～10 天喷 1 次，连喷 3～4 次。

参考文献
勤农, 2010. 三七的种植栽培与病虫害防治 [J]. 农村实用技术 (12): 41-42.

（撰稿：李凡；审稿：高微微）

三七锈病　*Panax notoginseng* rust

由 *Uredo panacii* 引起的，主要危害三七叶片的一种病害。

分布与危害　主要分布于中国广西的靖西、德保、那坡和云南的砚山、文山、西畴等三七主产区。三七锈病在整个三七生长发育过程中都可感染发生。叶片背面密集似针脚一样大小的夏孢子堆，初期呈水青色小疱，叶片皱缩，叶缘稍卷，随后孢子堆变黄，破裂。病情严重的病株，叶片卷缩不展，最后变黄，枯萎脱落成光秆。11 月以后，在叶背大量冬孢子堆均匀密布叶片，初期淡黄色，后变为橘黄色。锈粉不易脱落，也不散开。遇雨水后，成熟冬孢子极易发芽，侵染寄主。

病原及特征　病原为真菌界担子菌门柄锈菌纲夏孢锈菌属 *Uredo panacii* Syd。夏孢子堆散生或群生于叶面及叶背，近圆形或不定形，大小在 1mm 左右。有包膜，破裂后呈松散黄色粉末。夏孢子近球形至广卵形或梨形，大小为 22.5～25.0μm×20.5～22.40μm，壁厚 1.8～2.2μm。孢子膜外满布刺状物，未见芽孔，通常萌发具 1～2 个芽管。冬孢子堆散生或群生叶背，初呈淡黄色，后变橘黄色，多为近圆形，直径 2.80～3.60μm。冬孢子茄瓜形或短圆柱形，一般具 3 个隔膜，孢子顶端钝形，柄稍窄小，由 4 个细胞构成，隔膜很薄，冬孢子大小为 49～61μm×15.5～21.5μm，胞壁光滑，浅黄色，孢柄无色，长 25～35μm，柄基部稍膨大。

侵染过程与侵染循环　病菌冬孢子萌发，侵染休眠芽为翌年初发病的中心病株。风雨能帮助病菌做短距离传播。

流行规律　在高温多湿条件下，潜伏期短（30～40 天），发病迅速。上年度发生过锈病危害的三七园发病早，病势也较猛。

防治方法　加强冬、春预防工作，及早、干净、彻底摘除早春中心病株，喷 1～2 波美度石硫合剂。栽种时应选无病种子。发病时，用 500 倍代森锌或 50% 退菌特或 200～300 倍二硝散或用 0.1～0.2 波美度石硫合剂喷射，或敌锈钠 300 倍液，7 天 1 次，连续 2～3 次。后期用 200～250 倍的波尔多液喷射也有较好的效果。

参考文献
农训学, 2009. 三七病虫害的防治方法 [J]. 植物医生, 22(1): 23-24.

（撰稿：李凡；审稿：高微微）

三七疫病　*Panax notoginseng* blight

由恶疫霉引起、危害三七地上部的一种病害，是三七苗期毁灭性病害。

发展简史　1952 年浙江报道三七疫病，并将病原菌鉴定为鞭毛菌亚门卵菌纲的恶疫霉 [*Phytophthora cactorum*（Leb. et Cohn）Schröt]；1959 年董佛兆等初次发现云南文山地区的三七疫病，并做了病害的部分症状描述；1987 年陈树旋报道了"三七扭盘新病害"，病原菌为疫霉属真菌（*Phytophthora* sp.）；1994 年戚佩坤报道了广东南雄三七植株茎秆顶部和叶片的疫病，病原菌与浙江报道的病原相同。

分布与危害　在文山地区可以危害三七植株的各个部位。发病初期，叶缘、叶尖或叶柄出现暗绿色水渍状不规则病斑，病健界限模糊不清，继而发展致叶片软化，后期病斑颜色变深，叶片像被开水烫过一样，呈半透明状，随后变褐软腐、凋萎下垂甚至黏附在茎秆上，严重时，地上部迅速

三七疫病症状（李凡提供）

弯曲倒伏，茎、叶枯萎死亡（见图）。根颈部受害产生黄褐色腐烂。流行年份管理不当的三七园，可在短期内全园毁灭。

病原及特征　病原为疫霉属的恶疫霉［*Phytophthora cactorum*（Leb. et Cohn）Schröt］。菌丝无色透明，不分隔，具分枝。孢子囊无色，球形或卵圆形，顶端乳突明显，有短柄，常群生或单生，大小为 20～46μm×18～35μm。孢子囊萌发产生具鞭毛的游动孢子。卵孢子球形，壁厚，黄褐色，表面光滑。

侵染过程与侵染循环　病原菌主要残留在土壤中，以菌丝体或菌核在土壤中或病残组织中越冬，成为翌年的初侵染源。

流行规律　三七疫病常在多雨季节发生，一般 5 月开始发病，6～8 月气温高，雨后天气闷热，暴风雨频繁，天棚过密，园内湿度大时，发病较快而且严重。氮肥过量，促进病害发生。

防治方法　应及时清除病株、病叶，集中烧毁。冬季清园后用 1～2 波美度的石硫合剂喷洒畦面，消灭越冬病菌。增施草木灰或喷施 0.2% 的磷酸二氢钾，视苗情追施相应肥料，促进三七健壮生长，增强抗病力。雨季加强防渍排涝，经常打开园门，通风透气，调整园内湿度。

发病前用 1：1：200 波尔多液、65% 代森锌 500 倍液，或 50% 代森铵 800 倍液，每隔 10～15 天喷 1 次，连喷 2～3 次。发病后用 50% 甲基托布津 700～800 倍液，或 58% 甲霜灵·锰锌 700～1000 倍液，或 75% 百菌清 500～800 倍液或 400～600 倍硫酸钾或甲霜灵 1000 倍液，每隔 5～7 天喷 1 次，连喷 2～4 次。

参考文献

甘承海，2002. 文山三七疫霉病的发生情况与防治措施 [J]. 植保技术与推广，22(5): 22-23.

勤农，2010. 三七的种植栽培与病虫害防治 [J]. 农村实用技术 (12): 41-42.

（撰稿：李凡；审稿：高微微）

三七圆斑病　*Panax notoginseng* round spot

由槭菌刺孢引起、危害三七植株各个部位的一种毁灭性病害。

发展简史　槭菌刺孢 1972 年在德国首次报道，危害槭树叶片。寄主范围广泛，寄生于槭树科、百合科、十字花科、茄科等 16 科植物上。危害胡萝卜、芹菜、莴苣、三色堇、仙客来、报春花、欧防风等蔬菜和观赏植物。三七圆斑病于 20 世纪 90 年代初在云南文山乐诗冲首次被发现，并在高海拔产区蔓延，且向中海拔产区扩展，现已上升为云南三七产区的主要病害。

分布与危害　在云南主要三七产区都有发生，主要集中于海拔 1700m 以上，且发病早、持续时间长、危害重。因圆斑病造成的损失占整个三七生长过程的 30%～40%，严重的三七园可达 70% 以上。圆斑病可危害植株茎、叶、花轴、块根等各个部位，在各龄期三七植株上均有发生。发病初期在三七叶片呈现水渍状黄色小点，随后变褐色，在天气潮湿或连续阴雨天，病斑迅速扩大成圆形，发病后天气干燥时，病斑较大，圆形褐色，有明显轮纹，病斑周围有黄色晕圈，在湿度较大的条件下病斑表面产生稀疏白色霉层（见图）。叶柄和枝柄受害呈暗褐色水渍状缢缩，随后叶片脱落；茎秆受害后变黑褐色，但与黑斑病不同，不造成扭折；受侵染后遇天气晴朗时在受病部位产生裂痕，风吹或机械碰撞时容易从受病处折断。芽或幼苗茎基部受害，病部表皮为褐色，茎基部发病部位凹陷，中央黑色，病健交界处一般呈黄色。根茎或块根受害，受害部位表皮一般呈黑褐色，发病组织较干且剖开病部组织可见黑色或褐色小点或斑块，为病菌的厚垣孢子。

病原及特征　病原为刺孢属的槭菌刺孢［*Mycocentrospora acerina*（Hartig）Deighton］。分生孢子梗短菌丝状，淡褐色，分枝，有隔膜，合轴式延伸，7～24μm×4～7μm。产孢细胞合生，圆桶形，孢痕平截。分生孢子单生、顶侧生，倒棍棒形，具长喙，基部平截，淡褐色，54～250μm×7.7～14μm，4～16 个隔膜，隔膜处微突起。少数孢子具有一个从基部细胞

三七圆斑病症状（李凡提供）

侧生出的刺状附属丝，25～124μm×2～3μm。菌丝生长温度范围为1～28℃，最适温度20℃；菌丝在pH3～11均可生长，以pH6最适宜；分生孢子产孢温度为14～20℃，最佳温度为18℃；孢子萌发温度为4～31℃，最佳温度为18℃；孢子致死温度为55℃。

侵染过程与侵染循环　病原菌具有较强的环境适应性和寄主适应性，可以存在水中、土壤中，也可以存在于腐烂的三七叶片上。病原菌一般由叶片背面的气孔侵入，降雨为三七圆斑病的发生创造了有利条件，而雨水的飞贱为病原菌的再侵染创造了条件，雨水的冲刷为三七圆斑病远距离传播带来了便利。

流行规律　三七圆斑病在云南三七产区文山地区危害以海拔1700m以上地区为主，1700m以下中低海拔地区可因当年气候变化而时有发生，但发病较少。发病期主要在春夏两季，主要靠雨水飞溅传播。每年的4～5月，是病原危害三七茎基部，导致芽腐的发病高峰期。每年的7～8月，是三七地上部植株发病的高峰期，此时期病害的扩展迅速、发生面积广泛，病害的发生与温度、降雨量及降雨日数密切相关，当气温在21℃以下，同时遇连续降雨数天以上，或日降雨量平均达15mm以上，可导致三七圆斑病的暴发和流行，严重时造成全园三七叶片脱落。圆斑病的发生还会随着荫棚透光率的增加而加重。

防治方法　加强栽培管理，发现病株及时清除，集中烧毁或深埋。在圆斑病流行季节，打开三七园通风门，增强空气流动，降低园内湿度。注意荫棚透光率在适宜三七生长的范围内。在病害发生初期，对发病中心施药防治，可采用50%腐霉利600倍液和佳爽500倍液或45%圆斑净可湿性粉剂500倍液或科露净800倍液和代森锰锌兑水喷雾，每间隔7天用药，连续2～3次。

参考文献

蒋妮，覃柳燕，叶云峰，2011. 三七病害研究进展 [J]. 南方农业学报，42(9): 1070-1074.

刘云龙，陈昱君，何永宏，2002. 三七圆斑病的初步研究 [J]. 云南农业大学学报，17(3): 297-298.

陆宁，2005. 三七圆斑病病原菌分生孢子的生物学特性 [J]. 中药材 (9): 9-11.

毛忠顺，魏富刚，陈中坚，等，2017. 云南省三七圆斑病发生情况调查 [J]. 文山学院院报，30(3): 1-5.

王志敏，皮自聪，罗万东，等，2016. 三七圆斑病和黑斑病及其防治 [J]. 农业与技术，36(1): 49-53.

（撰稿：李凡；审稿：高微微）

散尾葵叶枯病　yellowish *Chrysalidocarpus* frond blight

由棕榈拟盘多毛孢侵染引起的，是庭园绿化树种散尾葵常见而普遍的病害。

分布与危害　分布于广州、佛山、湛江、汕头等地。此病引起叶片变色，凋萎，影响园林景观。病菌除寄生散尾葵

散尾葵叶枯病症状（王军提供）

外，还危害假槟榔、鱼尾葵、软叶刺葵、大王椰子等棕榈科植物，并引起类似症状。叶片发病初期出现黄褐色小点，逐渐扩展为条斑，并可连合成不规则的坏死斑块。叶尖、叶缘最易受害。严重发病时，多数叶片有一半以上干枯卷缩，如被火烧；病斑中心呈暗色或灰白色，边缘有深色线条围绕，后期病部散生椭圆形小黑点（见图）。

病原及特征　病原为棕榈拟盘多毛孢［*Pestalotiopsis palmarum*（Cke.）Stey.］，属拟盘多毛孢属，兼性寄生。在广东5～11月均见此病，高温多雨有利于病害的蔓延。

分生孢子椭圆状至棒状，有4个横隔，中部3个细胞褐色，两端细胞无色，顶端有2～3根鞭毛，长8～15μm；基部细胞有小柄，大小为15.2～22.3μm×5.0～7.0μm。

侵染过程与侵染循环　病原菌在病斑或病残体中越冬，由风雨传播，伤口有利于病原菌侵入。

流行规律　夏秋季高温多雨有利于病害的发生。

防治方法　加强管理，育苗期间避免暴晒。发病初期喷洒50%克菌丹可湿性粉剂300～500倍液，或70%代森锰锌可湿性粉剂400～650倍液，每周1次，连续几次。

参考文献

苏星，岑炳沽，1985. 花木病虫害防治 [M]. 广州：广东科技出版社．

（撰稿：王军；审稿：叶建仁）

桑赤锈病　mulberry rust

由桑锈孢锈菌引起的一种危害桑芽、桑叶、嫩梢和花葚的真菌病害。又名桑金叶、金桑、桑黄疸、桑赤粉病、桑金吊叶等。

分布与危害　分布很广，中国、日本、印度等国家均有发生。在中国的大部分蚕区如四川、江苏、浙江、安徽、山东、山西、河北、甘肃、陕西、云南、福建、广西、广东、江西、辽宁、新疆、台湾等地均有发生危害。曾经在广东、陕北地区、山东、太湖流域等局部蚕区危害相当严重。日本等国也有包括桑赤锈病在内的3种桑树锈病的发生。从分布的地理气候看，种植在潮湿的沿海、沿江及山间谷地区域的桑园，桑赤锈病常暴发成灾。随着中国东桑西移战略的实施，该病在广西等西部局部地区有蔓延和发展的趋势。

桑赤锈病主要危害嫩芽、叶片、叶柄和新梢，间也危害桑葚，一般年份只零星发生，遇气候环境适宜，可引起大面积流行，具有潜育期短、病菌侵染力强、传播快的特点

桑赤锈病叶背面病症（吴福安提供）

（见图）。桑赤锈病流行后引起大量断枝，导致桑树秋期生长受阻，不仅桑叶损失惨重，而且还会严重影响桑叶质量。病叶饲养家蚕虽然没有中毒症状，但由于感染该病的桑叶畸形卷曲、布满金黄色病斑，引起叶质低劣，产量降低，最终导致蚕茧歉收。

病原及特征　病原为桑锈孢锈菌［*Aecidium mori* （Barela）Diet］，属不完全锈菌科春孢锈菌属。该病原菌仅产生锈子器和锈孢子。先在病组织表皮下形成菌丝体团块，以后发育成球状或鸭梨形的锈子器，隆起呈"泡泡纱"状，此阶段孢子尚未成熟，是防治的较佳时期。锈子器逐渐成熟，色泽由淡黄转深，最后突破寄主表皮露出表皮外。锈子器多开口于叶正面，裂口呈钟状，称为锈子腔，成熟的锈孢子由锈子腔钟状裂口散发。锈子器直径一般150μm，周围有一层保护膜，由多角形或椭圆形细胞构成，其表面有微刺；锈子器的基部并列着生圆筒形的无色孢子梗，大小约30μm× 5μm，在其顶端着生锈孢子成链状。锈子器最初无色、呈多角形，后渐呈圆形。成熟的锈孢子从锈子腔钟状裂口中散出，锈孢子呈球形或椭圆形，橙黄色，基部多为切头状，表面有细刺及突起，大小为13～20μm×10～17μm，有2个不明显的发芽孔，成熟孢子从锈子腔钟状裂口散出。

侵染过程与侵染循环　越冬菌丝在春季气温逐渐升高后，随着桑树生长发育，在桑树组织内开始发病。菌丝先在绿色组织内形成锈子器，最后锈子器成熟并突破表皮组织，喷散出成熟的锈孢子。这是初次侵染发病。成熟的锈孢子随风、雨传播，落到桑树幼嫩组织表面以后，遇到适宜的环境很快就发芽，侵入桑树组织内，开始下一个世代发育。在环境条件适宜的情况下，不断进行再次侵染，夏季遇到高温时停止发育。秋季气候适宜时，新梢上的病菌还可以形成锈孢子，发生再次侵染。各次的侵染菌丝均可以菌丝束态在桑芽和枝条组织内生存、越冬。

防治方法

选用抗病良种　是防治桑树锈病最经济有效的措施，如可选用伦教40、黄鲁桑、湖桑、向海桑1号等较抗病品种种植。各地均有一些对锈病抗病力较强的品种，但有的产量不高，

因此，要加强选育，使之尽快应用于生产。

采用合理的采摘和管理模式　减少新老桑树混栽、春伐夏伐兼行的栽培模式；杜绝收获叶不伐条、留枝留芽留叶等收获管理方式，减少病原菌越冬越夏概率。地势低洼、湿度较大的桑园加强开沟排水工作，改变桑园小气候，减少病原扩增，同时健壮桑树，提高桑树抗病能力。合理剪伐。枝条密度大、阳光不足、湿度大、通风不良，有利于锈病发生，要适当剪枝，重病时要将全部叶片采光，山东对高干鲁桑进行夏伐，即对鲁桑不用留叶留芽的剪伐方法，可大大减少再侵染病叶的滋生，同时又复壮了老桑。大面积剪伐更新可以控制桑赤锈病的危害，严重发病的春伐桑进行二次剪伐，病情轻的则摘去病芽叶及病枝。管理好养蚕的废弃物，蚕沙中含有大量病原，如作为肥料返回桑园或随意丢弃在桑园中，均会造成二次感染。清除桑园杂草，不仅可以防除桑赤锈病病原间接寄主，也可以改变桑园小气候，减少桑树感染桑赤锈病的机会。

人工防治　其方法一般采用春季剥除初次侵染病芽。在发病初期早春，可发现初次侵染的病芽，此时病芽呈淡黄色，说明桑赤锈病的锈孢子尚未喷散，对防治该病有一定的效果。在发现病芽后2～3天内组织人力，在"泡泡纱"（青泡期）变黄之前摘除病芽、病叶、病梢，集中销毁，减少病原，清除初侵染源。彻底剥除病芽，集中烧毁。以后每隔7天检查、剥除1次，直至不再出现病芽为止，一般进行3～4次。据刪元章等人研究，及时剥除病芽，叶片的防治效果可达80%以上，枝条的防治效果达90%以上，彻底将初次侵染病芽剥除，既可控制当年的病原再次侵染危害，同时能大大降低枝条上的越冬菌源的基数，从而有效地控制翌年病害的发生。此方法一般人工进行，由于其费工费力，在目前劳动力价格日益高涨的形势下受到一定制约，但效果良好。

化学防治　防治桑树赤锈病主要药剂有三唑酮（25%粉锈宁可湿性粉剂）、双苯三唑醇、烯唑醇、代森锌、代森锰锌、萎锈灵、多硫悬浮剂等杀灭真菌药剂。具有治疗性的药剂有拌种灵、萎锈灵等，而漂白粉、优氯净和福美双等杀菌剂也有一定防效。以25%粉锈宁和拌种灵50%可湿性粉剂两种杀菌剂效果较好。

参考文献

中国农业科学院植物保护研究所,中国植物保护学会,2015.中国农作物病虫害[M].3版.北京:中国农业出版社.

（撰稿：盛晟；审稿：吴福安）

桑干枯病　mulberry dieback

由桑间座壳引起的、危害桑树枝干的一种真菌病害。又名桑胴枯病（mulberry carcass blight）。是桑树枝干的重要病害之一。

分布与危害　分布于江苏、浙江、四川、广东、广西、云南、山东、山西、福建、安徽、江西、河北、陕西、甘肃、辽宁、新疆、台湾等地的蚕区。国外分布于印度、日本和朝鲜半岛等地。在冬季寒冷和积雪地区危害严重，多发生在早

春融雪后。枝干上最初出现淡黄色椭圆形或不规则病斑，以后渐变赤褐色、橙黄色，上生鲨鱼皮状小疹。桑树感病后，轻的影响发芽率，重的造成局部或整枝枯死，直接影响桑叶产量和质量（见图）。

病原及特征 病原为桑间座壳（*Diaporthe nomurai* Hara），属间座壳属。无性态为拟茎点霉属（*Phomopsis* sp.）。病原菌侵入桑树枝干后，首先在木栓层和韧皮部之间蔓延，随着气温回升，菌丝体在病部逐渐发育成圆锥形子座。子座内分别形成分生孢子器和子囊壳。分生孢子器扁球形，底部平坦，褐色，大小为 400～800μm×100～200μm，有长形颈，颈长 110～207μm，颈孔径 52～78μm，颈口突破表皮。分生孢子器底部丛生分生孢子梗，无色、单胞、丝状，大小为 12～19μm×1.2～2.0μm，梗顶着生分生孢子。分生孢子有两种：一种是纺锤形孢子，无色，单胞，大小不一，大的为 7.7～13.2μm×3.3～4.4μm，小的为 7.0～12μm×2.0～3.5μm；另一种是线形孢子，无色，单胞，稍弯曲，大小为 25～28μm×1～2μm。两种分生孢子在分生孢子器内单生或混生。分生孢子周围生有扁球形或球形的黑色子囊壳。子囊壳直径为 220～300μm，有长形颈，颈长 100～400μm，孔径 36～50μm，通过子座开口于表皮。壳内生子囊，子囊棍棒状或倒棍棒状，基部有短柄，大小为 45～60μm×6～11μm，内含 8 个子囊孢子。子囊孢子纺锤形或椭圆形，中间有 1 个大隔膜，隔膜处略有缢缩，无色，大小为 10～15μm×3.5～4.4μm。

侵染过程与侵染循环 该菌以分生孢子器、子囊壳及菌丝体在病枝上越冬。3月开始在枝干木栓层和韧皮部之间形成菌丝块并发育成子座，4月子座突破外皮。分生孢子于4月中旬至7月喷散传播；子囊孢子一般在9～10月间成熟喷散，早的可在7月成熟喷散。病原孢子落在枝条伤口或者皮孔上，在适宜条件下发芽，发芽后菌丝自伤口或皮孔侵入枝干内引起发病。在积雪地区病原菌多从皮孔侵入，夏秋季在健桑皮孔内营腐生生活。冬、春季侵入枝条内部寄生。在小雪及温暖地区则在养分消耗多、抵抗力弱的枝条上营半寄生、半腐生生活。

防治方法 桑干枯病的发生与桑品种、气候及栽培管理条件等密切相关。可采用农业防治、生物防治和化学防治相结合的综合防治措施。

农业防治 发病严重地区宜栽植山桑系抗病品种，避免栽植鲁桑系品种。在寒冷地区宜采用中、高干树形养成，无干桑可采取壅土防病，新栽苗木用稻草包扎树干等措施。夏秋蚕期，桑叶不宜采摘过度，要摘叶留柄，减少伤口发生。施肥要注意氮、磷、钾比例，防止过迟或过多施用氮肥。春季发芽时，及时剪除病枝烧毁，发病严重的桑园应全园春伐。

生物防治 桑干枯病菌的天敌寄生菌有粉红黏帚霉〔*Gliocladium roseum*（Link）Bainier〕，该菌寄生在桑干枯病菌分生孢子器的子座上，使桑干枯病菌致死，可作为桑干

桑干枯病症状（吴楚提供）

枯病菌的天敌在防治上加以利用。

化学防治　秋末冬初在树干上喷布 4 波美度石硫合剂或 50% 甲基托布津可湿性粉剂 500～1000 倍液或 50% 多菌灵可湿性粉剂 500～1000 倍液进行防治。

参考文献

中国农业科学院植物保护研究所, 中国植物保护学会, 2015. 中国农作物病虫害 [M]. 3 版. 北京: 中国农业出版社.

（撰稿: 盛晟; 审稿: 吴福安）

桑膏药病　mulberry plaster

由隔担耳真菌引起的桑树树干外部寄生的一种病害。又名桑烂脚病。

分布与危害　分布于四川、云南、安徽、江苏、浙江、山东、广西、广东、福建、台湾等地。国外分布于大洋洲、美洲、亚洲等地。

膏药病除寄生桑外, 还寄生茶、花椒、樱桃、樱花、梅、桃、杏。

少量菌丝侵入树表皮和木栓层组织, 一般对桑树影响不大, 但在发病严重时, 菌膜紧紧包裹枝干, 产生机械压力, 出现凹陷, 使桑树枝干生长受到阻碍, 发芽率降低, 叶变小, 枝条生长缓慢, 影响桑叶产量和质量。桑膏药病多生长在桑树 2 年生以上的枝干上表面进行外寄生, 在 1 年生枝干上极少发生。常形成大小不等的圆形或不规则的菌膜, 菌膜紧贴附在枝干上, 很像贴着的“膏药”, 故称桑膏药病。中国常见的有灰色膏药病及褐色膏药病两种。灰色膏药病一般山区发生较多, 寄生于粗大的枝干背阴处, 菌膜初生时很小, 逐渐扩大包裹枝干。菌膜天鹅绒状, 周围灰白色, 中央灰褐色, 形成明显的轮纹状, 表面平滑。一般在 6 月前后, 菌膜产生粉末状的担子和担孢子, 菌膜老化时, 表面龟裂, 周围又产生新的菌膜。褐色膏药病一般平原地区发生较多, 多寄生于枝干上, 菌膜栗褐色至紫褐色, 后变暗褐色, 表面为天鹅绒状, 较厚, 菌膜扩大至 10mm 左右时, 边缘有一条细灰白色线, 老化时不发生龟裂（见图）。

病原及特征　桑膏药病病原菌有 3 个种。即灰色膏药病〔柄隔担耳 *Septobasidium pedicellatum*（Schw.）Pat.〕、褐色膏药病〔田中氏卷担菌 *Helicobasidium tanakae*（Miyabe）Boed et Stainm.〕和黑色膏药病（黑隔担耳 *Septobasidium nigrum* Yamamoto）。前 2 种在中国蚕区常见。

灰色膏药病菌　属隔担耳属。本菌丝开始时无色, 后变灰褐色, 在枝干上交叉重叠形成菌膜, 厚 0.5～1.0mm。菌膜的菌丝径约 3.5µm, 子实体上层菌丝形成致密子实层, 即病菌子实体。

褐色膏药病菌　属木耳目木耳科卷担菌属。菌膜厚约 1mm, 菌丝褐色, 径 3～5µm, 具分叉和隔膜。菌丝内膜较厚, 内含颗粒。菌膜上着生的子实层不形成前担子, 而直接生出担孢子。担孢子初为棍棒状, 后稍呈纺锤形, 有 2～4 个节膜, 分成 3～5 个担子。

侵染过程与侵染循环　以菌丝膜在桑树枝干上越冬, 翌

桑膏药病在桑树枝干上的症状（盛晟提供）

年春暖逐渐发育, 至 5～6 月形成担孢子再进行传播。

流行规律　担孢子常附着于介壳虫虫体或分泌物上, 有利于担孢子发芽和繁殖, 揭去菌丝膜, 尚可见介壳虫尸体留存, 因此, 该病常伴随桑介壳虫发生。高干乔木及 2 年以上枝条发病较多。土壤潮湿、透风透光不良的桑林发病也较多。

防治方法　加强对桑白蚧的防治。冬季用竹片或小刀具刮除菌膜, 病部再涂上 3 波美度石硫合剂, 也可用铜铵合剂 100 倍液。如在石硫合剂中加入 0.5% 五氯酚钠则效果更佳, 也可在菌膜上涂刷煤焦油或废柴油, 均有良好效果。

加强桑管, 做好低洼地开沟排水工作, 改善通风透光条件。

参考文献

中国农业科学院植物保护研究所, 中国植物保护学会, 2015. 中国农作物病虫害 [M]. 3 版. 北京: 中国农业出版社.

（撰稿: 许晏、盛晟; 审稿: 吴福安）

桑根结线虫病　mulberry root-knot nematodes

桑树根部的主要病害之一。又名桑根瘤线虫病。

分布与危害　以温暖的南部地区发生为重。在中国的广东、广西、江苏、浙江、山东、湖南、湖北、四川、贵州、河南、陕西、安徽、甘肃、河北、辽宁、吉林等大部分蚕区都有发生。

侵害部位仅限于根部。线虫侵入桑根系组织后, 不断吸

取根系营养物质，并分泌出一种分泌物（唾液）刺激根部细胞使其变形增大，形成瘤状物。此时某种酶活性化，碳酸代谢异常，磷酸代谢大幅增加。根部呼吸代谢异常，呼吸量大幅增加。桑树被害后，在主根和侧根处长出大小不同的瘤状物，多数是球形，外表不规则，多为豆粒大小，但大可如鸡蛋，小如芝麻。当桑树不断受到危害时，根瘤可成串珠状或人参状。初形成的瘤状物为黄白色，表面光滑、坚实，后渐呈褐色、黑色而腐烂。割开根瘤，可见乳白色半透明粒状物，为雌成虫。

病株上部表现为缺水缺肥症状，树势衰弱，植株矮小，生长缓慢，枝少而细，叶黄而薄，叶片萎缩，干枯至植株死亡。桑树被侵害后，根系的正常生理机能遭到破坏，影响营养物质的吸收运转，引起生长势减弱，产叶量降低，叶内蛋白质含量降低。一般桑树感病后 2～3 年产叶量显著减少，4～5 年植株大都枯死。

除危害桑树外，还危害花生、烟草、黄豆、绿豆、马铃薯、番茄、瓜类、红麻、蔬菜、棉花、黄麻、豌豆、芸豆、菜豆、萝卜、辣椒等经济作物。

病原及特征　花生根结线虫［*Meloidogyne arenaria*（Neal）Chitwood］、北方根结线虫（*Meloidogyne hapla* Chitwood）、南方根结线虫［*Meloidogyne incognita*（Kofoid et White）Chitwood］、苹果根结线虫（*Meloidogyne mali* Ito）、爪哇根结线虫［*Meloidogyne javanica*（Treub.）Chitwood］。桑根结线虫的成虫雌雄异态，雌成虫梨形，头部小，腹部膨大，乳白色，大小为 0.44～0.75mm×0.36～0.68mm；雄成虫线状，无色透明，长 1.0～1.6mm。卵乳白色，长椭圆形，大小为 0.082～0.102mm×0.035～0.043mm。幼虫线状，无色透明，长度随龄期加大而增加。广东蚕区发生的大多为南方根结线虫，而江苏、浙江或以北蚕区则多为花生根结线虫。

侵染过程与侵染循环　根结线虫的活动适温为 11.3～34℃，侵染适温为 20～25℃。土面温度 12～19℃时，幼虫 10 天才侵入。土壤湿度在 20% 以下、90% 以上时不利侵染，70% 左右为线虫最适土壤湿度。土壤中的线虫可随水移动，雨水充沛的温暖季节有利于线虫传播蔓延。

经越冬的幼虫或卵，当地温达 11.3℃ 时，越冬卵开始孵化，14℃ 时变为二龄幼虫，或迁入土壤，或留在瘤中，迁土壤的二龄幼虫和越冬二龄幼虫开始寻找新寄生，从伤口、裂口或自然孔口进入，主要危害根部皮层，吸食养分，分泌唾液，破坏细胞分裂过程，促使细胞变大，形成根瘤。雌虫可行孤雌生殖，也可经雄虫交配产卵（见图）。

流行规律　发病多少、轻重还与树龄、土质、前作和管理水平有关。苗木带病，感病多，病情重。幼龄树易遭侵染，故 2～5 年生桑树发病重，砂土发病重，黏土、瘠土、肥土发病轻。前作为桑、麻、蔬菜类作物的发病重，为水稻、甘蔗等禾本科植物的发病轻。若管理水平高，水肥条件好，则发病轻，否则发病重。

防治方法

培育无病苗木和植物检疫　选择水稻田或无线虫的地块作苗地，对桑苗进行检疫，发现病苗及时淘汰，或做相应处理，选择无病苗木栽植。

苗木处理　若发现苗木感染根结线虫病，可用 48～

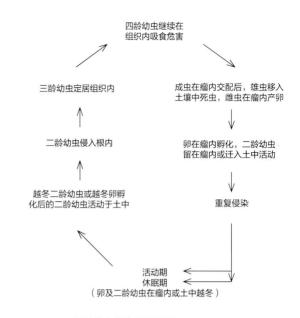

四龄幼虫继续在
组织内吸食危害

三龄幼虫定居组织内

成虫在瘤内交配后，雄虫移入
土壤中死亡，雌虫在瘤内产卵

二龄幼虫侵入根内

卵在瘤内孵化，二龄幼虫
留在瘤内或迁入土中活动

越冬二龄幼虫或越冬卵孵
化后的二龄幼虫活动于土中

重复侵染

活动期
休眠期
（卵及二龄幼虫在瘤内或土中越冬）

根结线虫侵染循环过程（吴福安提供）

53℃ 的温水浸根 20～30 分钟，可有效杀死瘤内线虫，但水温不可超过 55℃，处理后要立即散热，以免影响桑苗成活率。

土壤选择　尽量避免沙土作栽培地，加强桑园水肥管理，提高桑树抗性，深种比浅种发病率低。

桑园轮作　发病严重的桑园，可采取轮作方式，轮作物以水稻、甘蔗、玉米、高粱等禾本科作物为好，经 3～4 年后再种桑，可有效避免桑树发病。

化学防治　新种桑园每亩用石灰 150kg 均匀撒入栽植地后翻耕，亩用氨水 150kg，开沟深 15～18cm，沟距 25～30cm，施后盖土压实，15 天后再种桑，防治效果良好。栽植桑园根结线虫防治，可选用克线磷等药物进行防治。

参考文献

中国农业科学院植物保护研究所，中国植物保护学会，2015.中国农作物病虫害 [M]. 3 版 . 北京 : 中国农业出版社 .

（撰稿：许晏、吴福安；审稿：唐翠明）

S

桑褐斑病　mulberry brown spot

由桑黏隔孢引起的桑树叶部病害，是桑树叶部的主要病害之一。又名桑烂叶病、桑焦斑病。

分布与危害　广泛分布于中国各植桑区，浙江、江苏、安徽、河南、河北、山东、辽宁、四川、云南、新疆等地均有发生，危害严重。此病发生期很长，辽宁自 6 月中旬开始，直至 10 月初落叶前为止，近 4 个月的时间均可陆续发病。江浙一带发生期更长，一般 4 月下旬即开始发病，5 月上中旬到达发病盛期。云南的曲靖、大理、楚雄等蚕区已发生严重，一般从 5 月下旬开始直至 10 月底落叶前均有发生。发病初期，病斑少而小，病叶尚可饲蚕，受害重的桑叶，病斑多而大，往往连接成片，使病叶枯萎，提早脱落或整叶腐烂，严重影响了桑叶的产量和质量（见图）。

病原及特征　病原为黏格孢属桑黏隔孢（*Septoglieum mori* Briosi et Cavara）。病斑上的粉质块是病菌的分生孢子盘，开始时形成于病叶表皮下，其后突破表皮而外露。如遇天阴潮湿，其上出现淡红色、稍带黏性的粉质状物，这是分生孢子的团块。分生孢子盘直径 60～150μm，分生孢子梗丛生于分生孢子盘的表面，圆筒形、无色、单胞，大小为 5～15μm×2.5～3μm，其上着生分生孢子。分生孢子棍棒形或圆筒形，两端圆，顶部稍细，有 3～5 个隔膜，隔膜处不缢缩，大小为 30～50μm×3～4μm。

侵染过程与侵染循环　病菌主要以分生孢子盘在遗落地表的被害叶上越冬。翌年环境条件适宜时，产生新的分生孢子，通过风、雨或昆虫传播到桑叶表面，引起初侵染。夏伐后如新梢先端受侵害，病菌亦有可能以菌丝体在梢部病疤上越冬，成为翌年初次侵染的菌源。落在叶面上的分生孢子，如温湿度适宜就能迅速萌发侵入，一般从病菌孢子附着新的叶片开始，隔 10 天左右即产生新的病斑，再过 4～5 天，新病斑上又能产生粉质块，形成大量分生孢子，引起再次侵染。在日平均温度 22℃、相对湿度 87% 以上时，其潜育期为 8 天左右。因此，在整个桑树生长季如条件适宜，可进行多次再侵染，不断扩大危害。

防治方法　应从消灭越冬病原，改进栽培技术，不断提高桑树本身抗病力等多方面着手。坚决贯彻"预防为主，综合防治"的原则。

消灭病原　病菌在病叶上越冬，是翌年初侵染的主要来源。因此，被害叶应在冬季落叶前和健全叶一并摘除，作为家畜饲料。此外，拾毁地面落叶或深翻桑园，地面病残部分一律翻入深土，以消灭越冬病原，冬季修剪桑树把病枝、弱枝、枯枝、虫伤枝也应剪除烧毁。

加强肥培管理，改善桑园环境条件　退出不合理间作，低洼多湿桑园要及时开沟排水，避免栽植过密，使桑园通风透光良好。

化学防治　发病季节要注意调查，发现每株桑树有几片

桑褐斑病危害状（吴福安提供）

叶发病，每叶有 4～5 个褐色病斑时应立即喷用 50% 多菌灵可湿性粉剂 1000～1500 倍液（加 0.05% 的洗衣粉作展着剂），或 70% 托布津可湿性粉剂 1500 倍液，以后隔 10～15 天再喷 1 次，病情即可得到控制。

发病严重的桑园，在秋蚕结束后，可喷 1～2 次 0.7% 波尔多液，或在春季桑树发芽前普遍喷一次 4～5 波美度的石硫合剂，以消灭依附在枝干上的越冬病原。

栽植抗病品种　该病多发地区，可栽培抗褐斑病强的品种，如农桑 8 号、盛东 1 号、丰田 2 号、丰田 5 号等品种。

参考文献

中国农业科学院植物保护研究所，中国植物保护学会，2015. 中国农作物病虫害 [M]. 3 版. 北京：中国农业出版社.

（撰稿：吴福安；审稿：傅荣）

桑花叶病　mulberry mosaic disease

由一种或多种植物病毒复合侵染引起的桑树病毒病。俗称皱桑病、卷桑病、条叶桑病等。根据症状不同，可分皱缩、坏死、环斑、丝叶和大斑块等 5 种类型，其中以皱缩症和坏死症较为普遍，但也见到许多复合感染的病株。

发展简史　1936 年前后国外就有报道，20 世纪 60 年代以后，随着这类病害在生产上流行，积累了许多相关研究，与其他植物病毒病研究相比，相关研究多数集中在病征分类、流行影响因素和病毒分离鉴定方面，而致病机制和病毒载体等领域桑花叶病研究较少。

先后有 5 种桑花叶病相关病原得到分离与鉴定。1971 年，鉴定了桑环斑病毒（mulberry ring-spot virus，MRSV）、1976 年，鉴定了桑潜隐病毒（mulberry latent virus，MLV，又名桑丝叶病毒（mulberry filament leaf virus，MFLV），1982 年，鉴定了桑坏死病毒（mulberry necrosis virus，MNV，归属烟草坏死病毒 TNV 的 A 株系），1988 年，鉴定了桑大斑块花叶病毒（mulberry big-spot mosaic virus，MBSMV）。

分布与危害　该病主要分布中国广西、广东、四川和重庆等地。在江苏、浙江、山东、江西和陕西等地也时有发生。在山区和栽桑新区主要是栽植杂交桑品种为主要发生对象，这些品种在田间的株发病率有时高达 80%。进入 21 世纪后，桑花叶病在西南新发展的蚕区发生日益严重，个别蚕区有些年份发生面积在 80% 左右，危害严重的桑园，株发生率达 50%。

随着广西蚕桑的发展，桑花叶病发生急剧加重。在局部蚕区，病害发生高峰期田间的株发病率达 70%～80%，危害严重的桑园，株发病率可达 100%，发生期主要是春季低温阴雨和晚秋季节。

桑树感染桑花叶病后，在叶部常常表现为卷曲、缩小缩皱、褪绿、变小变硬等，影响桑叶产量和质量。但 5 种类型的桑花叶病病症有所不同：桑树感染桑环斑病毒后，桑叶叶表面出现大小不等的圆形或不规则的淡绿色或黄绿色环斑；感染桑潜隐病毒后，桑叶叶缘锯齿切入很深，严重时叶肉基本消失，叶脉呈畸形，或残余主脉相互合并成带化的丝叶症

状；感染桑坏死病毒后，桑叶呈现褪绿环斑状花叶症，桑树生长缓慢、枝条变短，导致桑叶减产。桑大斑块花叶病，桑的主要症状是植株明显低矮，枝叶变小，叶片畸形，出现大斑块花叶，叶质不良（见图）。

用桑花叶病的叶养蚕，造成在饲养过程中蚕儿发育不整齐，有的甚至不能上蔟、结茧，造成蔟中死亡率增高。

病原及特征　桑花叶病是由 1 种或多种植物病毒单一或者复合侵染引起，其病毒的形态和大小差异较大。在电子显微镜下，有球状、杆状、线状等形状。

桑环斑病毒病原是直径 22nm 的球形桑环斑病毒，提纯的 MRSV 病毒粒子为等轴对称二十面体（T=1），直径 22～25nm，无胞膜。外壳蛋白有 60 个亚基。在病叶中的内含体呈豆荚状包膜，内有 1 病毒粒体，MRSV 基因组呈单链、线状，为二分体基因组，大、小 2 个片段，较大的 7.3kb，较小的 3.9kb。桑潜隐病毒为长约 700nm 的线状病毒。桑坏死病毒为烟草坏死病毒 TNV 的 A 株系。桑大斑块花叶病毒是一种球形病毒，其病毒粒子的大小为 25～30nm，病原粗汁液的致死温度为 95～100°C，体外存活期为 30～35 天，是一种耐高温的植物病毒。

侵染过程与侵染循环　病原主要在田间病桑植株中越冬，主要通过嫁接、昆虫媒介、桑树伐条器械交叉使用、土壤、带毒枝条和苗木调运等方式传播。

嫁接传染　桑花叶病嫁接传毒最为直接，传病率达到 80% 左右。病桑籽育苗不传染。在桑树生长发育期间进行嫁接繁育，不论接穗、插穗砧木等材料，只要有一方带病，都会传染发病。桑树越冬时病原存在于根部，且主根病数量多于侧根数量。采用患病桑树主根作砧木嫁接繁殖的桑苗，传染桑花叶病的概率明显高于其侧根作砧木嫁接繁殖的桑苗。

昆虫媒介传染　传播桑花叶病毒的媒介昆虫主要是菱纹叶蝉。传毒发病程序为菱纹叶蝉吸汁桑树病株组织时，把含有病原病毒的叶汁同时吸入食道（成为带毒虫），通过胃达到肠部，再渗过肠壁进入血淋巴，病原物不断繁殖最后进入唾液腺，当菱纹叶蝉口针刺入桑树健株细胞或细胞间隙时，唾液中的病原即进入健康树体中（传毒），病原在健康树体中不断繁育增殖，达到一定程度后树体表现出发病症状。

桑树伐条器械交叉使用传染　使用刚剪伐过带桑花叶病枝条的器械，直接用于健康桑枝的伐条，残留在伐条器械上少量浆汁，容易传播病原病毒给健康的桑树，从而导

桑花叶病病症状（吴福安提供）

①环斑型；②丝叶型（潜隐型）；③环死型；④大斑块型

致桑花叶病快速流行。

土壤传染　桑环斑病毒的土壤传染主要是通过土壤内的马丁矛线虫（*Longidorus martini*）介体传染以及经豆科植物种子传染。桑坏死病毒以芸薹壶菌（*Olpidium brassicae*）的游动孢子通过土壤传染。

桑树带病枝条和苗木调运是病害远距离传播的主要途径。此外，桑坏死病毒属于 TNV，而 TNV 至少可传染 37 科 88 种双子叶及单子叶植物，在桑园间作这些寄主植物，有可能互相感染而加速桑园内病害的扩大蔓延。

防治方法

严格检疫　病区苗木、接穗禁止向新区或无病区调运；加强苗圃巡查，特别是桑苗出圃前抓紧重点排查，彻底清除病株；病区接穗母本园，在头年发病时节认真调查，清除病株或给病株做出记号，严防嫁接穗条带病。

选用抗病良种　在桑环斑病毒发病地区选用抗病桑品种伦教 40 号和抗青 10 号，可基本上控制发病危害；桑坏死病毒在发病蚕区的桑园栽植伦教 40 号和沙 2×伦教 109 等抗病力较强的桑树品种。

栽培防治　改变桑园收获方式，如广东蚕区桑园大多采用春伐，若改用冬伐春打顶，全年留枝 40～60cm 的收获形式，可减轻发病危害和桑叶产量损失。

化学防治　主要分两个部分，一是控制媒介昆虫，二是抑制病原。前者通过杀灭媒介昆虫，切断传播途径。全年重点抓 3 次喷药防治害虫：第一次在 4 月中下旬，喷雾 80% 敌敌畏乳油和 50% 马拉硫磷乳油 1500 倍混合液；第二次在桑树夏伐后，桑园全面喷雾 90% 敌百虫 3000 倍液；第三次在 9 月中下旬，喷雾 40% 辛硫磷乳剂 1500 倍液。后者桑园在上半年发病严重时，可喷 100mg/kg 硫脲嘧啶液，即 1g 硫脲嘧啶白色粉剂溶于 40ml 氨水中，再用清水稀释到 10kg。每隔 10 天喷 1 次效果好。

参考文献

中国农业科学院植物保护研究所，中国植物保护学会，2015. 中国农作物病虫害 [M]. 3 版. 北京：中国农业出版社.

（撰稿：吴福安；审稿：蒯元璋）

桑花叶型卷叶病　mulberry mosaic leaf roll disease

由病毒或者类病毒寄生桑树后发生的一种桑树严重病害。又名癃桑。

发展简史　早在 300 年前就有癃桑的记载。桑花叶型萎缩病是 20 世纪 50 年代中国农业科学院蚕业研究所科研人员在江苏、浙江蚕区桑萎缩病调查时发现的一种桑树新病害。1956—1958 年科研人员发现江苏一些地区的桑萎缩病与浙江一些地区的桑萎缩病的发病症状、发病季节、发病条件、传染速度等明显不同，便把江苏等地发生的桑树萎缩病称为黄化型，浙江等地发生的桑树萎缩病称为花叶型。前者后来细分为萎缩型和黄化型两种，所以至今许多文献与学者延用桑萎缩病分"萎缩型、黄化型和花叶型"三种病型，但后者病原不属于、而前两者病原属于植原体；田立道通过

1979—1987 年 9 年的调查研究，根据桑萎缩病"三种病型"病原、传播方式、发病规律、抑制药物的异同（主要是病原），建议把桑花叶型萎缩病改名为桑花叶卷叶病（mulberry mosaic leaf roll disease，MMLRd），这种建议逐渐被中国同行所采纳。

由于该病对桑树危害较大，中国许多学者相继在病害的分布危害、病征、病原、发生规律以及传染循环、防治方法等方面展开了广泛的研究。但是关于该病病原的研究还没有最后定论。1974 年，中国科学院上海生物化学研究所病毒组和中国农业科学院蚕业研究所等从病样中发现一种线状质粒，推测为病毒传染病；1990 年，蒯元璋等也从病样中检测到一种小分子环状 RNA（mulberry small circular RNA，mscRNA），2004—2010 年夏志松等、费建明等和王文兵等也相继在病样中检测到 mscRNA，病原可能为 mscRNA，但 2010 年，卢全有等对 36 个病株中的 mscRNA 检出率约 19%，而在一些病症明显的植株样品中未检测出 mscRNA，在一些病症较轻的植株样品中却检测出 mscRNA，据此推测 mscRNA 与桑树花叶型萎缩症症的表现关联不显著。2014 年卢全有等从 58 份感病样品中分离到一种新的线虫传多面体病毒属病毒（mulberry mosaic leaf roll associated virus，MMLRaV），侵染率 95%；2015 年马宇欣等从感病的 92 份样品中，检出双生病毒（mulberry mosaic dwarf associated virus，MMDaV）的比例为 92%，线虫传多面体病毒的检出率为 52%，mscRNA 的检出率为 40%，但从未发病的样品中也检测到 mscRNA。

桑花叶型萎缩病（桑花叶卷叶病）病原是 mscRNA、MMLRaV、MMDaV，还是它们之间彼此协同作用？相关的研究结果都没有给出信服的证据。第一，各种检测方法检测的灵敏度和检测限不同，同时各个研究者以及相同研究者的样品处理浓度不同，容易造成误差；第二，采样地点不同，除马宇欣等采样是陕西外，其他研究采样都来自浙江（历史上桑花叶型萎缩病的原发地）；第三，采样桑树原引进地和采样地具体环境没有细分，如双生病毒科的病毒一般发生在热带和亚热带地区，该科中的玉米线条病毒属主要限于侵染禾本科单子叶植物，如何排除这些因素干扰，还需要进一步研究；第四，所报道的研究都没有经过严格意义上的科赫氏法则进行验证；第五，实验健康桑树对照设置上，所报道的所谓健康桑树（样品），只是没有表现病状，没有提供健康检测，只能说明是未发病植株。因此，就现在研究结论来看，较为确定的是 MMDaV 为桑花叶卷叶病发病"元凶"。

分布与危害　此病主要分布于中国，在江苏、浙江、安徽、山东、云南、四川、重庆、上海等地蚕区发生危害。1990 年在浙江湖州、嘉兴重点蚕桑生产地区调查发现，桑园发病株率达 2%～3%。其中，海宁、崇德、桐乡三地普查，桑园发病株率为 4.6% 左右，发病严重地区，发病株率达 80%，春季桑叶损失 5250t。1992 年在重庆北碚蚕种场的桐乡青桑品种调查发现，桑园发病株率为 15%。涪陵地区推广高产而易感病的桑品种病害迅速蔓延，并造成危害，1988 年仅三四个乡有零星桑树发病，到 1990 年扩大到 8 个乡，桑园发病株率高达 34.3%～43.5%。

发病初期主要表现在叶片上，叶片侧脉间出现淡绿色或黄绿色斑块，叶脉附近仍绿色，形成黄绿相间的花叶。病情严重时，病叶叶片皱缩，叶缘常向叶面卷缩，叶背主脉及侧脉上常生小瘤状或棘状突起（可作为症状识别标志），细脉变褐。病枝稍细，节间略短。有时腋芽早发并生长成为侧枝，有的病枝条出现春季表现病征、夏季不表现病征、秋季又表现病征的间歇现象（见图）。

病原及特征　虽然该病原没有最终确定，但桑花叶萎缩相关病毒（mulberry mosaic dwarf associated virus，MMDaV）是导致该病致病的元凶可信度较高。该病毒为单组份单链环状 DNA 双生病毒，基因组全长序列 2952nt，含有 7 个 ORF，其中病毒链 5 个，互补链 2 个，互补链转录本 C1∶C2 融合蛋白 Rep 以内含子剪切的方式表达，内含子序列长度为 101nt。MMDaV 与柑橘上柑橘褪绿矮缩相关病毒（citrus chlorotic dwarf associated virus，CCDaV）共同存在于一个单独的分支，且未归到已知的属中。

侵染过程与侵染循环　桑花叶萎缩病能通过嫁接传染。病穗、病苗是扩展的传染途径。春季病枝条在繁殖（袋接法）时，传染率最高可达 90%，其潜育期 20～30 天；夏秋季嫁接（套接法）时，传染率在 40% 左右。

桑花叶萎缩病可通过汁液传染。桑树伐条、剪梢等操作，病汁液污染刀剪，发生传染，导致桑园内病害暴发。汁液传染的潜育期长，在当年甚至 2～3 年内不表现症状。

在自然情况下，侵染桑科的有鲁桑种（Morus multicaulis）的桐乡青、白条桑等品种；白桑种（Morus alba）的乐山花桑、乐山黑油桑、大红皮 1 号、转角楼、小官桑、新一之濑等品种；山桑种（Morus bomyciis）的剑持、火桑等品种。感染的病桑均呈现系统性花叶萎缩症状。

在人工接种情况下，接种豇豆（Vigna sinensis）、饭豇豆（Vigna cylindnica）、长豇豆（Vigna sesquipedalis）的均产生系统性枯斑症；绿豆（Phaseolus aureus）叶脉呈红褐色症；茴藜（Chenopodium quinoa）呈系统性斑驳症；南瓜（Cucurbita muschata）呈系统性黄斑症；苋色藜（Chenopodium amaranticolar）、甜菜（Beta vulgaris）、白芝麻（Sesamum indicum）呈局部枯斑症。

流行规律　桑花叶萎缩病对气温敏感。发病适温为 22～28°C，气温在 30°C 以上时出现高温隐症现象，20°C 以下不敏感。所以病害在春季和夏秋季发生危害。桑树夏伐后，随着气温升高，病状逐渐消失，恢复正常生长，同时随着气温变化，病状出现交替隐现的现象，直至盛夏完全趋于隐症

桑花叶型卷叶病症状（吴福安提供）

①叶正面（花叶）；②叶背面（叶脉上突）；③春伐桑园发病；④夏伐桑园发病

状态。到了晚秋，气温下降，病征又会重新出现，整根枝条出现典型的间歇发病现象。

防治方法

严格检疫　该病被列为部分省区的对内植物检疫对象。禁止从病区调运桑苗和接穗。防止人为传播病害。

农业防治　在田间发现有病株时，及时挖除。

选用抗病良种　新选出的抗病品种有凤尾芽变、大中华。并可用冠接法更新病树，使病树康复。经嫁接换种后的桑树，康复期可维持 10 年左右。

化学防治　用 100 单位硫脲嘧啶于夏伐前后对病树桑叶喷雾防治，隔 10 天喷施 1 次，连喷 2 次。喷药后大多数病树可以康复。

参考文献

中国农业科学院植物保护研究所, 中国植物保护学会, 2015. 中国农作物病虫害 [M]. 3 版. 北京：中国农业出版社.

（撰稿：吴福安；审稿：蒯元璋）

桑卷叶枯病　mulberry leaf blight

由桑单孢枝霉引起的桑树叶部病害。又名桑叶枯病。是中国桑树主要病害之一。

分布与危害　在中国大部分蚕区均有发生。主要分布在江苏、浙江、安徽、山东、四川、辽宁、黑龙江、内蒙古、湖北、湖南等地蚕区。印度等国也有发现。由于气候变暖等因素，危害面积有扩大倾向。该病对苗叶的危害比成林桑大，发病严重田块，叶发病率达 11%～18%，叶片致病后卷枯或干枯脱落，影响养蚕用叶（见图）。

病原及特征　病原为桑单孢枝霉（*Hormodendrum mori* Yendo），属孢枝霉属。在病斑上所见暗蓝褐色的霉状物即是本菌的分生孢子梗及分生孢子。菌丝在叶内组织内摄取养分，有一部分匍匐于叶面，并抽出分生孢子梗。分生孢子梗鼠褐色，起初单梗，逐步形成丛梗。大小为 235～290μm×5～7μm，具 6～10 个隔膜，丛梗的顶端或隔膜处产生多回分枝，长出数个细长细胞，大小为 23～30μm×6～8μm，单胞或有 1～3 个隔膜的 2～4 个细胞。

在分生孢子梗与分枝细胞交接处显著收缩，似蟹足的关节，极易脱落。在分枝细胞顶端和隔膜处产生二次分枝，二次的分枝细胞较小，长椭圆形，通常是单胞，偶有一个隔膜的双胞。分枝还可继续生长，最后的分枝细胞顶上着生连锁状椭圆形分生孢子。分生孢子淡灰白色，单胞，大小为 6～10μm×4～6μm。每个分生孢子连接点处收缩，容易脱落，留有微小突起的残痕。

侵染过程与侵染循环　病菌以菌丝体在病叶组织中随落叶遗留地面越冬，翌年春暖后在病叶部产生分生孢子梗和分生孢子，随风雨传播到桑叶上，引起初次侵染。其后在新的病斑上不断产生分生孢子，随风雨飞散，传播到叶片上，引起再次侵染。

防治方法

选用抗病桑树品种　选用抗病品种是防治桑卷叶枯病最经济有效的措施。在病区可选栽育 71-1、农桑 14 号、育 2 号、湘 456 号等抗病品种，提高桑树本身的抗病、耐病能力。一般抗性品种发病率较低，且发病叶片病斑小，扩展慢，受害轻。叶片较薄的品种病原容易侵入，而叶片较厚、叶片表面蜡质层较厚的品种，病原菌难以侵入。印度学者有利用转基因育种的方法提高桑树抗叶枯病的报道，利用外植体转入构建的含目的基因（烟草逆渗透蛋白基因，osmotin）质粒，最终培育的转基因植株，对包括叶枯病在内的几种真菌病害均具有较好的抗性，为中国桑树育种工作者培育抗桑卷叶枯病品种提供了借鉴。

采用合理的桑园管理模式　新栽桑园应该注意适度的低干密植，或者改为中干稀植，改善桑园内通风透光条件，同时建好桑园排灌设施，发病期及时清沟排渍，降低田间湿度，创造不利于病害流行的湿度条件，可以极大地减轻该病危害程度。同时注意适度采叶，保持通风透光，雨后及时排水，防止湿气滞留。

春季初见病叶时，应及时剪除烧毁，以防病原再次传播蔓延。晚秋蚕结束后，彻底清除发病严重桑园的病叶，收集烧毁，减少初次侵染来源。

化学防治　药剂一般为 50% 多菌灵可湿性粉剂、70% 甲基托布津、36% 甲基硫菌灵悬浮剂、65% 甲霉灵可湿性粉剂、4～5 波美度石硫合剂等。桑叶枯病发病初期开始连续喷施多菌灵、甲基托布津等进行化学防治，可有效控制该病的发生与蔓延。一般在发病初期喷洒 70% 甲基托布津可湿性粉剂或 36% 甲基硫菌灵悬浮剂或 50% 多菌灵可湿性粉剂或 65% 甲霉灵可湿性粉剂 800～1000 倍液。1 周后复喷 1 次。在实际操作中，可加配叶面肥，以促进桑叶细胞修复生长，提高防治效果。喷药时注意：一喷药前要注意天气变化，如喷药后不足 1 天就开始下雨，雨后最好补喷 1 次，以确保喷药效果。二喷药要全面细致周到，做到叶片正反两面都能喷湿。夏伐后防治可喷洒 4～5 波美度石硫合剂或 50% 多菌灵可湿性粉剂 500 倍液进行树体消毒。

参考文献

中国农业科学院植物保护研究所, 中国植物保护学会, 2015. 中国农作物病虫害 [M]. 3 版. 北京：中国农业出版社.

（撰稿：盛晟；审稿：吴福安）

桑卷叶枯病发病症状（方荣俊提供）

①田间危害症状；②病叶

桑里白粉病　mulberry mildew

由桑生球针壳引起的桑树叶部常见病害。又名桑白粉病、桑白背病、桑白涩病等。

分布与危害　分布范围广，中国、日本、印度、越南、朝鲜、韩国等国均有发生。中国主要发生在广东、广西、四川、云南、江西、辽宁、河南、河北、山东、山西、江苏、浙江、吉林、黑龙江、安徽、台湾等地。

受害桑叶的养分被大量消耗，影响桑叶品质，促使提前硬化。用病叶饲蚕，由于病叶劣、营养价值差，且食下量减少，以致蚕体虚弱，易诱发蚕病，全茧量、茧层量均降低（见图）。桑里白粉病除危害桑树外，还危害梨、柿、栗、臭椿、构树等。

病原及特征　病原为桑生球针壳［*Phyllactinia moricola*（P. Henn）Homma］，属球针壳属。

菌丝匍匐于叶背，以附着器吸附于叶背表皮，部分菌丝从气孔进入叶肉组织的细胞间隙摄取养分。菌丝体不分枝，纵横交错成网状。在叶面的菌丝体上产生直立的分生孢子梗，无色、丝状，有 3～4 个隔膜，大小为 167～236μm×5～8μm，顶端膨大，分隔成分生孢子，分生孢子无色，单胞，短棍棒状，大小为 60～86μm×19～26μm，单生。闭囊壳扁球形，幼嫩时黄色，老熟后黑褐色，直径 140～290μm，附着丝无色，针状，基部膨大如球，大小为 219～315μm×7.5～10μm，1 个闭囊壳内含有子囊 5～45 个，子囊短筒形，基部有短柄，大小为 60～105μm×25～40μm，无色，内藏 2 个（偶有 3 个）子囊孢子。子囊孢子单胞，椭圆形。大小为 27～49μm×19～26μm，无色，有时略带淡黄色。

桑里白粉病菌在 30%～100% 的湿度范围内均可发芽，最适于发病的温度为 22～24℃，相对湿度为 70%～80%，在上述条件下，成熟的分生孢子经 2 小时即可萌发，形成菌丝，25℃ 时经 72 小时即可形成分生孢子，一批分生孢子脱落后，每隔 3～5 小时又可形成一批。

侵染过程与侵染循环　病原菌以闭囊壳黏附在冬芽附近的枝条上或随病叶遗落在地表上进行越冬。翌年春季，当环境条件适宜时，闭囊壳喷散出子囊及子囊孢子，随风雨飞散到桑叶上，子囊孢子在适宜温湿度时，发芽侵入桑叶，成为初次侵染源。植株感病后，在侵入部位不断产生分生孢子，经过 10 天左右，叶背面出现白色病斑，病原菌进入无性繁殖世代，在病斑部产生分生孢子，分生孢子成熟后脱落飞散，引起再次侵染。从春至秋连续由分生孢子产生多次侵染循环，不断扩大危害。

防治方法

选栽硬化迟的桑品种　在长江流域可栽团头荷叶白、湖桑 38 号；在华南地区可选栽湛江油桑、钦州桑等品种。

加强肥培管理　施足基肥，及时追肥，注意配施钾肥。

桑里白粉病危害症状（吴福安提供）
①中度危害叶背面；②重度危害叶正面；③整株严重发病

久旱不雨时要注意抗旱，以增强树势，延迟硬化，提高抗病力。

及时采叶，防止叶片老化　采叶要从下向上分批采摘，清除株间老叶、落叶，控制病害蔓延。

化学防治　发病初期全面喷洒 2% 硫酸钾或 5% 多硫化钡或 0.3%～0.5% 多菌灵；采叶期喷 50% 托布津 1000 倍或 70% 甲基托布津 1500 倍液，隔 10～15 天再喷 1 次；50% 多菌灵 200～500 倍液喷于叶面，隔 7～10 天连续喷数次；冬期喷 2～4 波美度石硫合剂，或者 90% 五氯酚钠 100 倍液，杀灭枝条上或地面上越冬病菌。

参考文献

中国农业科学院植物保护研究所，中国植物保护学会，2015. 中国农作物病虫害 [M]. 3 版 . 北京：中国农业出版社 .

（撰稿：方荣俊；审稿：吴福安）

桑拟干枯病　mulberry pseudoblight

寄生在桑树枝干部，是一类引起桑树枝干枯死、症状比较相似的病害。又名桑拟胴枯病。

分布与危害　病原黑团壳属（*Massaria* sp.）分布于浙江、江苏、安徽、山东、甘肃等地。黑腐皮壳属（*Valsa* sp.）分布于浙江、山东、河南、江苏。茎点霉属（*Phomopsis* sp.）分布于福建、湖北、浙江、江苏。丘疹隐腐皮壳（*Cryptovalsa extorris* Sacc.）分布于四川。*Camarosporium mori* Sacc.、壳梭孢、*Phoma* sp. 分布于浙江、江苏等蚕区。桑拟干枯病大多发生在枝条中下部，或在伐条后的残桩上。在病部表面生水渍状的褐色病斑，以后逐渐扩大，并可相互连合成大病斑而连成一片。湿润时呈水肿状，干燥后皱缩凹陷，病健界限分明，在病斑环绕枝条一周时，截断了养分流通，上部枝条即枯死。病部皮下密生并不凸起的黑色小疹，外皮平滑易脱落，树皮及木质部均极脆。被害枝条在春季发芽前后最为醒目（见图）。

病原及特征　在中国常见的病原有 5 属 10 种。

桑平疹干枯病　该病菌寄生于枝条，病斑可长达 30cm，呈黄褐色，皮下密生黑色小疹，表面平滑无凸起。属黑团壳属。有 3 个菌种：梭孢黑团壳（*Massaria phorcioides* Miyake）、桑生黑团壳（*Massaria moricola* Miyake）、桑黑团壳（*Massaria mori* Miyake）。

桑腐皮病　该病在鲨鱼皮状小疹中，用放大镜可看到灰色子座中有 1 至数个黑点（子囊壳嘴）。引起桑腐皮病的病原菌属黑腐皮壳属。有 5 个菌种，即桑生腐皮壳（*Valsa moricola* Yenda.）、黑腐皮壳（*Valsa ceratophora* Tul.）、梨黑腐皮壳［*Valsa ambiens*（Pers. Ex Fr.）Fr.］、污黑腐皮壳（*Valsa sordida* Nit.）、长孢桑苗枯病菌（*Valsa pusio* Berk. Et C.）。其中以前 3 种较为常见。

桑丘疹干枯病　该病大部分在冬芽周围出现病斑，病斑上布满黑色小疹，小疹较干枯病的稍大，直径可达 0.7～1mm。枝条上病斑与健康部界限明显，病斑暗色，稍凹陷，外皮龟裂。病原菌属隐腐皮壳属。有 3 个菌种，即丘疹隐腐皮壳（*Cryptovalsa extorris* Sacc.）、女贞隐腐皮壳［*Cryptovalsa protracta*（Pers. ex Fr.）Ces. et de Not.］、北婆罗洲隐腐皮壳（*Cryptovalsa rabenhorstii* Sacc.）。其中，丘疹隐腐皮壳在中国桑树上已有发现。

桑小疹干枯病　该病分生孢子易与干枯病的相混淆。病原菌属茎点霉属。有 4 个菌种，即：桑生茎点霉（*Phoma moricola* Sacc.）、桑茎点霉（*Phoma morearum* Brun.）、桑茎茎点霉（*Phoma mororum* Sacc.）、梨形茎点霉（*Phoma pyiformis* Br. et Farnet.）。前两种较为普遍。

桑枝枯病　该病多发生于桑苗及幼树，发病部在近地面枝条基部 2～3cm 处，病斑黑褐色，皮层坏死脱落，显著凹陷。其周围发生许多小疹，小疹暗黑色。该病病菌为桑壳梭孢（*Fusicoccum mori* Yendo.），属壳梭孢属。

侵染过程与侵染循环　桑拟干枯病病菌大多属弱寄生菌，桑树树体衰弱、创伤或受冻害时，是病原菌侵入的重要

桑拟干枯病症状（吴楚提供）

条件，病原菌以分生孢子或子囊孢子飞散传播。

流行规律　在晚秋与早春经伤口侵入，尤其在春季桑树发芽前后，病情迅速发展，症状明显。桑品种的抵抗力有明显区别，一般耐寒品种抗病力较强。

防治方法

剪除病枝　冬季做好修剪工作，剪除病枝、虫枝和枯枝。春季经常检查枝条基部，发现局部病斑，用小刀刮去病部。如发病剧烈，枝条上病斑过多而扩展很大时，应将全枝剪去。

化学防治　发病严重的桑园，可在冬季结合防治其他病虫害喷洒 4～5 波美度的石硫合剂，预防病害的发生。此外，因桑拟干枯病常于桑芽枯病并发，其发病条件与桑芽枯病相近，故其他防治方法可参照桑芽枯病。

参考文献

中国农业科学院植物保护研究所，中国植物保护学会，2015. 中国农作物病虫害 [M]. 3 版 . 北京：中国农业出版社 .

（撰稿：盛晟；审稿：吴福安）

桑青枯病症状（吴福安提供）
①根部病症；②整株病死

桑青枯病　mulberry bacterial wilt

由茄科雷尔氏菌引起的桑树上具有毁灭性的土传细菌性病害。

发展简史　在国外未见报道。在中国桑青枯病最早于 1968 年在广东顺德发现。

分布与危害　在广东、广西、浙江、江西等地大面积发生。随着杂交桑栽植的逐渐北移，该病呈现逐步扩散趋势，在陕西、宁夏、山东、江西、云南等桑树种植区零星发生，成为影响中国蚕桑业健康发展的重要制约因素。

桑青枯病属典型的维管束病害，侵染桑根系木质部导管，影响水分运输。幼桑病株多为全株叶片同时出现失水、凋萎，但叶片仍保持绿色呈青枯状。壮年桑树常从嫩梢或枝条中上部的叶缘先失水，似开水烫过，逐渐扩展，变褐干枯直至全株缓慢死亡。桑根发病初期，皮层正常，木质部出现褐色条纹，随病势发展褐色条纹向上延伸，直至整个根的木质部变褐变黑、腐烂脱落。在桑园中病株呈点、块状发生，有明显的发病中心，发病来势猛、蔓延快，是一种对桑树具有毁灭性的土传细菌性病害，可导致新种桑或成林桑当年死亡（见图）。

侵染过程与侵染循环　桑青枯菌在土壤、病根、病枝及混有病株残体的肥料里越冬。引进桑苗、接穗、插条等调运造成远距离传播，近距离传播主要通过耕作工具（采桑工具的刀口传播）、流水、采桑与桑树间的交叉感染等。

流行规律　病害在 4～11 月均可发生，7～9 月危害严重，阴雨后遇晴热高温导致大面积发病。该病幼龄桑较成林桑发病快且重。此外，发病程度与桑树品种、施肥情况、多湿环境（特别是大风大雨）、栽培管理等因素有关。

病原及特征　病原为茄科雷尔氏菌［*Ralstonia solanacearum*（Smith）Yabuuchi］，寄主范围广泛，可侵染 54 个科的 450 余种植物，包括马铃薯、番茄等茄科植物，桑树、桉树和木麻黄等双子叶木本植物以及香蕉和生姜等单子叶植物。青枯菌种以下划分为 5 个生理小种（race）、5 个生化变种（biovar）和 4 个演化型（phylotype）。侵染桑树的青枯菌属于 5 号小种，由中国著名植物病理学家何礼远先生命名，该命名也已得到国际上的公认。桑青枯菌为生理小种 5，生化变种 V 和 Ⅳ，演化型 Ⅰ 菌株。桑青枯菌寄主范围较窄，除了侵染桑树以外，人工接种条件下还可侵染番茄、辣椒、茄子、菜豆等，但不能侵染蓖麻、花生、烟草、甘薯等植物。

由肠杆菌属细菌（*Enterobacter mori*）引起的桑树细菌性枯萎病是一种新发现的病害，发病症状与桑青枯病很相似，但不同之处是该病一般始于桑树下部叶片，幼桑上尤为明显，病叶"枯萎"后由下而上脱落，造成光秆，在浙江、广东、广西均分离到该菌。桑树细菌性枯萎病菌的致病性相对较弱，与雷尔氏菌相比，其发病症状较轻且发病时间较长。

防治方法　针对桑青枯病的防治，应采取"预防为主，综合治理"措施。

加强检疫　禁止在疫区调苗，防止外来桑苗带病传播，提倡在无病区自留、自繁、自育、自用桑苗。

培育无病种苗和种植抗病品种　不同的桑树品种间的抗病性存在一定的差异，利用抗病品种防治病害是最经济有效的措施。选用无病苗做砧木和接穗，切断病害传播途径。

实行合理轮作　重病桑园实行轮作，可改种甘蔗、水稻等禾本科作物 3 年，再恢复种桑。

栽培管理　合理采伐桑树可增强桑树的抗病能力，带叶摘顶、留叶采横枝。上年已发病桑园及其相邻健康桑园，尽量春伐，少夏伐或不夏伐。局部出现零星病株时，及时将病株挖掉，进行无害化处理；开沟隔离病区，防止桑青枯病向周围扩散。

化学防治　对少量发病的桑园，挖除病株后的病穴可用 1∶100 的福尔马林液（或含 1% 有效氯的漂白粉液）进行灌浇消毒，也可用新鲜的石灰 25 倍液淋透消毒。

参考文献

中国农业科学院植物保护研究所，中国植物保护学会，2015. 中国农作物病虫害 [M]. 3 版 . 北京：中国农业出版社 .

（撰稿：冯洁、徐进；审稿：吴福安）

S

桑葚菌核病 mulberry popcorn

主要由核盘菌引起的、果桑的一种主要真菌病害。俗称桑白果病。

分布与危害 此病主要发生在江苏、浙江、江西、四川、重庆、陕西和台湾等地。发生历史久远，在中国蚕区分布广泛，病势猛，流行频率高，极易扩大传染，并有连年暴发的特点，对桑树特别是果用桑树的危害非常大，如不及时防治，严重的可导致桑园"颗粒无收"，给桑农带来巨大的经济损失。桑葚菌核病是肥大性菌核病、缩小性菌核病、小粒性菌核病的统称，其中，以肥大性菌核病最为常见。桑葚肥大性菌核病花被厚肿，呈灰白色或乳白色，病模膨大，中心有一黑色干硬菌核，病模腐后散出臭气，菌核掉落土壤。桑葚缩小性菌核病桑葚显著缩小，灰白色，质地坚硬，表面有暗褐色细斑，病葚内形成黑色坚硬菌核，菌核掉落土壤。桑葚小粒性菌核病是桑葚各小果染病后，病小果显著膨大突出，病葚灰黑色，容易脱落而残留果轴，病小果花被不肥大，但子房特别肥大，其内部生有无数小型分生孢子，以后在子房中内生小型菌核，菌核掉落土壤。

寄主范围广泛，可侵染75科278属408种及42个变种或亚种的植物，其中以十字花科、菊科、豆科、茄科、伞形科和蔷薇科植物为主。中国报道的核盘菌自然寄主有36科214种植物，除桑树外，还包括一些重要的经济作物，如油菜、向日葵、大豆、花生、豌豆、胡萝卜、黄瓜、番茄等。

病原及特征 病原主要为核盘菌 [*Sclerotinia sclerotiorum* (Lib.) de Bary]，属柔膜菌目（Helotiales）核盘菌科（Selerotiniaceae）。是一种重要的植物病原真菌。病菌有生理分化现象，异源菌系在培养、生理特性和致病力等方面均有差异。

桑葚肥大性菌核病病菌（*Ciboria shiraiana* P. Henn）称白杯盘菌（桑实杯盘菌），属柔膜菌目核盘菌科杯盘菌属真菌。病葚的花被及子房受菌丝侵染形成大小空洞，其中丛生分生孢子梗。分生孢子梗基部粗顶端细小，大小为 $8\sim16.5\mu m\times2.2\sim4.4\mu m$，顶端着生分生孢子。分生孢子单胞，卵形，无色，大小为 $2.7\sim5\mu m\times2.2\sim2.8\mu m$。菌核萌发产生 $1\sim5$ 个子囊盘。子囊盘肉质，漏斗状，褐色有长柄，漏斗状的子囊盘盘口直径为 $0.5\sim1.5cm$，柄部褐色圆筒状，外表生有锈色细毛，长 $3\sim5cm$，盘上着生子囊及侧丝组成的子实层。子囊圆柱状，基部较细，内含8个子囊孢子，大小为 $146\sim177\mu m\times8\sim10\mu m$，子囊孢子在子囊内着生于上半部，椭圆形，无色单胞，透明，大小为 $6\sim10\mu m\times3\sim5\mu m$，具隔膜 $1\sim2$ 个。

桑葚缩小性菌核病病菌 [*Mitrula shiraiana* (P. Henn.) Ito etlmai.] 称白井地杖菌，属柔膜菌目地舌菌科头罩地舌菌属真菌。分生孢子梗细丝状，具分枝，大小为 $202.8\mu m\times3.3\mu m$，端生卵形至椭圆形分生孢子，单胞，无色，大小为 $4.6\mu m\times7\mu m$。菌核萌发时产生子实体，子实体单生或数个丛生，有长柄，柄表扁平，有的稍扭曲，灰褐色，生有茸毛，大小为 $30\sim90mm\times1.5\sim2mm$。子实体头部长椭圆形，具数条纵向排列纹，浅褐色，大小为 $5\sim15mm\times3\sim6mm$。子囊生在头部外侧子实层里，子囊棍棒形，先端圆，基部细，大

旋涡 $50\sim70\mu m\times4\sim6\mu m$，内生子囊孢子8个。子囊孢子单胞无色，椭圆形，大小为 $4\sim8\mu m\times2.5\sim4\mu m$。

桑葚小粒性菌核病病菌（*Ciboria carunculoides* Siegleret Jankins.）称肉阜状杯盘菌，属柔膜菌目核盘菌科肉阜杯盘菌属真菌。在子房内所生的小型分生孢子无色，近球形，大小为 $2\sim4\mu m\times2.5\sim3.2\mu m$。菌核黑色，较硬，呈不规则块状，表面平。子囊盘杯状，直径 $4\sim12mm$；具长柄，柄部长 $15\sim42mm$，粗约 $1.5mm$。子囊圆筒形，大小为 $104\sim123\mu m\times6.4\sim8\mu m$，内生8个子囊孢子，子囊孢子肾脏形，无色透明，有半球形小体附着。侧丝有分枝，有隔或无隔。

侵染过程与侵染循环 核盘菌是兼性寄生菌，既可以在人工培养基上生长，也可以生长后期形成菌核。$10\sim30℃$ 温度范围内可形成菌核，适合温度为 $16\sim28℃$。核盘菌在田间的存在方式包括菌丝体、子囊孢子和菌核，其中90%以上时间是以菌核形式存在。

菌核是一种休眠结构，病菌以菌核的形式在土壤中越冬、越夏，翌年（$3\sim4$月，桑花开花时）条件适宜时菌核萌发。菌核萌发时先产生针状肉质的子囊盘柄，其后柄的顶端膨大，形成子囊盘，盘内子实体上生子囊释放出子囊孢子，借气流传播到雌花花器上，引起初次侵染。病菌侵入子房后，菌丝大量生长，无性繁殖先形成分生孢子梗和分生孢子，最后菌丝形成菌核，菌核随桑葚落入土中越冬，成为翌年的感染源，至此完成它的整个生活史。同时，菌核也可不休眠，在条件适宜的环境下（如 $16\sim28℃$、土壤潮湿），可以直接萌发或产生菌丝。菌核在不同的土壤湿度条件下，可存活 $1\sim3$ 年。

防治方法

选用抗病的良种桑树 选栽抗病虫的桑树品种，如抗病性较强的46C019品种和抗性品种苏葚72号。培育无病虫桑苗。建立无桑葚菌核病和桑枝菌核病等检疫性病虫害苗圃，一旦发现立即烧毁或做消毒处理。

清除病葚 桑园中，桑葚成熟期人为采摘病葚，病葚落地后应集中深埋。翌年春季，菌核萌发产生子囊盘时，及时中耕，并深埋，减少初侵染源。

冬翻夏耕 桑树落叶后进行冬翻，深度 $15\sim25cm$；夏伐后进行夏耕，深度 $10\sim15cm$。冻、晒表土层致病菌。

施肥 施足腐熟基肥，勿偏施氮肥，增施磷、钾肥，增强植株抗病能力。全年共施3次肥，即：冬季结合桑园土壤深翻时、桑芽膨大时、夏剪后萌芽抽梢时。

通风排湿 改变种植模式，合理栽培，行距、株距应适当，做好开沟排水工作，增大通风量，降低桑园湿度，改善桑园小环境，不为菌核的萌发创造有利条件。

铺地膜 在桑园地面铺上 $1\sim2$ 层塑料薄膜，其目的是隔离地面病原菌，加快菌核萌发，产生不能长期在田间存活的子囊盘，以消灭病原菌，此操作一般应在春季3月初完成。

土壤消毒 桑葚菌核病的病原主要以菌核状态在土壤内越冬，因此，当田间菌核病严重时，就必须考虑对土壤进行消毒。根据菌核病的发生规律，当气温达15℃左右，子囊盘开始出土时，是地面撒药的最佳时期，每亩可用50%多菌灵可湿性粉剂 $4\sim5kg$，加湿润的细土 $10\sim15kg$，掺拌均匀后撒在田间，耙入土中，可抑制菌核的萌发和杀死刚刚萌发的幼嫩芽管，防治效果很好。也可于3月初往桑园地表撒

生石灰，以达到杀菌、制造不良条件、抑制菌核萌发的目的。

烟熏杀菌　如果是保护地（塑料棚内）栽培，也可选用烟雾法或粉尘法。用15%腐霉利烟熏剂，傍晚进行密闭烟熏。每亩每次250g，隔5天熏1次，连熏2～3次。或者用粉尘剂，每亩大棚用1～1.5kg喷粉。

化学防治　防治分4次进行，每隔7～10天防治1次。第一次始花期，桑花初开时。第二次始盛期，大部分桑花开放。第三次盛花期，桑花全面开放，并渐趋减少。第四次盛末初果期，桑花开始减少，初果显现。

对口农药：70%甲基托布津1000倍液或50%多菌灵可湿性粉剂1000倍液。使用方法：甲基托布津和多菌灵交替使用，或50%腐霉利（速克灵）可湿性粉剂1500～2000倍液或50%乙烯菌核利(农利灵)可湿性粉剂1000～1500倍液、50%异菌脲（扑海因）可湿性粉剂1000～500倍液、70%甲基硫菌灵（甲基托布津）可湿性粉剂1000倍液、50%多菌灵可湿性粉剂800～1000倍液。喷施时雾点须细、周到，不可漏喷。使用量：一般每亩用量3～4背包，花序、叶、枝充分湿润，以滴水为度。

参考文献

中国农业科学院植物保护研究所，中国植物保护学会，2015.中国农作物病虫害[M].3版.北京：中国农业出版社．

（撰稿：徐立；审稿：吴福安）

桑炭疽病　mulberry anthracnose

由桑叶刺盘孢真菌引起的桑树叶部病害。

分布与危害　在江苏、浙江、四川、广东、广西、安徽、山东等地重点蚕区普遍发生。该病再次侵染周期短、蔓延快，对桑苗和成林桑均有不同程度的危害。据1980年秋季在中国农业科学院蚕业研究所桑园调查，发病严重的田块成林桑发病率为100%，叶发病率为30%左右。1981年，江苏吴江八折桑苗圃当年嫁接桑苗380万株，9月4日调查发现，枝条中下部叶枯焦脱落（图1），严重田块叶损失率在70%以上；实生幼苗开展两片真叶前后，因病枯死率达5%～10%。

病原及特征　病原为桑叶刺盘孢（*Colletotrichum morifolium* Hara），属毛盘孢属。分生孢子盘直径55～330μm，始生在表皮下，成熟时突出表皮而外露；盘上排列着有分隔的分生孢子梗，无色单胞，大小为5～7μm×2.5～3μm；分子孢子梗上着生新月形无色透明单胞分生孢子，两端尖稍向一方弯曲，大小为21～36μm×3～6μm；发芽管由孢子两端或一端发生，芽管顶端有附着器，在分生孢子盘的四周和分生孢子梗间杂生黑色针状刚毛，有0～4个隔膜，大小为20～102μm×4～5μm。

侵染过程与侵染循环　病原菌以菌丝体在病叶和土壤内越冬。存在桑叶上的越冬病原，翌年3～4月，随着病叶腐烂也将归入土中，所以，土壤存在的病原是该病第一次侵染的主要侵染源。春季，土壤存在的病原经雨水冲溅、气流传播到叶面上，引起初次感染。以后在病斑上形成的分生孢子，随风雨传播引起再次感染。分生孢子从侵入至出现新病斑，经4～7天，病斑上形成分生孢子盘至出现新病斑，经3～5天，所以病原菌侵入至再次感染需7～12天（图2）。

流行规律　生长期间，若发病的温湿度适宜，该病经过多次侵染循环，短期内可导致病害流行。

防治方法

化学防治　发病季节用25%多菌灵可湿性粉剂500～1500倍液喷施有很好的防治作用，发病初期进行喷施效果更佳。喷施时要特别注意喷湿枝条中下部病叶的正反面。间隔20～25天喷药1次，一年喷药3～4次，可基本控制该病危害。实生苗长出两片真叶前后喷药1～2次可以防止幼苗因病枯死。

合理采叶收获　夏秋季，成林桑园坚持由下向上多次（3～4次）合理采叶收获（每次采叶后枝条梢部留6～9片叶），对控制该病的发生和危害以及提高桑叶的利用率，都有明显的作用。与非合理采叶区相比，多次合理采叶区的防治效果为92%～96%，非合理采叶区，叶发病率高，危害重，桑叶硬化早，损叶率高。

如果在合理采叶的基础上，酌情喷洒多菌灵药剂进行防治，完全可以控制该病的发生和危害。

轮作水稻　发病严重的苗地轮作水稻，对炭疽病有明显的防治效果。发病严重的苗地改种水稻还可以改良土壤、提高苗木的质量和桑叶产量。

加强桑园肥水管理　多雨时注意苗地和低洼多湿桑园

图1　桑炭疽病症状（吴楚提供）

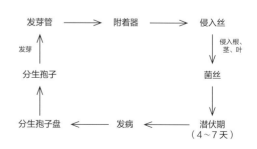

图2　病原菌的侵染循环（吴福安提供）

开沟排水；秋旱及时灌溉，增施肥料，防止桑叶硬化，减少病害发生。

清除病原　冬季落叶前将病叶集中烧毁，以消灭越冬病原。

参考文献

中国农业科学院植物保护研究所，中国植物保护学会，2015.中国农作物病虫害 [M].3 版.北京：中国农业出版社.

（撰稿：盛晟；审稿：吴福安）

桑萎缩病　mulberry dwarf

由植原体引起的、危害桑树叶部的一种全株性病害。可分为萎缩型和黄化型两种类型，是世界上许多国家植桑地区最重要的病害之一。

发展简史　桑萎缩病是一种古老的病害。大约在公元1313年的《王祯农书》就有关于"癃桑"的记载。明末（1640年前后）的《沈氏农书》的"运田地法"部分的第六段叙述"设有癃桑，即番去之，不可爱惜，使其缠染，皆缘剪时刀上传过。凡桑一癃，再无医法，断不可留者"。20世纪30年代前后，中国在介绍日本、法国、意大利所流行的一种桑萎缩病研究情况时，引进了"桑萎缩病"这一名词，并逐渐形成了癃桑即桑萎缩病的概念。

1957年前后，中国学者把桑萎缩病分为黄化型和花叶型两大类，随后又从黄化型再细分出萎缩型；此后很长一段时期内，常常把桑萎缩病分为萎缩型、黄化型和花叶型三种类型，并于1958年将桑萎缩病列为国内植物检疫对象。

1967年，日本的Doi等利用电子显微镜首次在有丛生枝症状的桑树、矮牵牛、马铃薯和泡桐4种有黄化症状的植物韧皮部筛管细胞中，发现了类菌原体（Mycoplasma-like organisms，MLO）。1992年，第九届国际菌原体组织（IOM）会议上，首次提出在软球菌纲设立植原体属，并正式以植原体（phytoplasma）取代类菌原体。1993年，日本的Namba等利用限制性片段长度多态性（RFLP）技术对包括桑萎缩植原体在内的8个植原体病原物的16S rRNA 基因进行比较，并初步建立植物病原植原体的系统发育树，将桑萎缩植原体列为Ⅰ组——翠菊黄化植原体组。1994年美国的Lee研究小组建立了植物病原植原体的系统发育树，共分成11个组和多个亚组，通过对桑萎缩病植原体的16S rRNA 基因序列分析，将其归入16SrⅠ组B亚组。

由植原体引发的萎缩型、黄化型两种类型桑萎缩病虽然在病症表现不同，但其病原植原体在电子显微镜下无法分辨，通过日本桑萎缩型的植原体16S rRNA 核苷酸全序列与中国桑黄化型萎缩植原体16S rRNA 核苷酸片段（1372 bp）序列比对，二者的相似度高达99%，因此，可以认为桑黄化型萎缩病植原体与桑萎缩型萎缩病植原体是同一亚种的不同株系（strain）。

2006年，中国学者研究认为花叶型是由类病毒引起，但没有经柯赫氏法则进行确定；2015年，中国学者与意大利病毒专家合作发现该病是由双生病毒引起，研究结果发表在国际公认病毒学领域权威学术期刊 Journal of General Virology（JGV）上，因此，从桑树萎缩病病原是植原体这个角度来划分，相应的黄化型属于病毒病范畴。

分布与危害　桑萎缩病在世界各地分布十分广泛。桑萎缩型萎缩病（mulberry common dwarf）分布于日本、中国、法国、意大利等国家。该病害在中国浙江、江苏、安徽、湖南、四川、广东等地蚕区发生危害。病害大多在桑树夏伐后发生，病原侵染桑枝后先在新梢发病，病枝变短，腋芽齐发，病桑叶小且硬化早，枝条生长缓慢，树体逐渐衰亡。此病在日本危害极其严重，在19世纪初曾经动员全国著名科学家专题研究与防治此病。

桑黄化型萎缩病（Mulberry yellow dwarf）俗称猫耳朵、塔桑，分布于中国、日本、韩国、乌兹别克斯坦、阿塞拜疆等国家。该病在中国浙江、江苏、山东、安徽、云南、广东、四川、重庆、广西、江西、陕西、湖北、湖南、河北、福建、黑龙江等蚕区均有不同程度的发生。该病大都在夏伐后发生，早的在5月上旬出现症状，6～8月发病最烈。在发病初期枝条顶端的桑叶缩小、变薄，叶脉变细，叶缘稍向背面卷曲，叶黄化，腋芽萌发；发病中等的桑树桑叶更小，叶片更向背面卷曲，色黄质粗，枝条变短、变细，叶序混乱、节间缩短、侧枝多而细小，病枝不生桑葚，但轻病树的健康枝条仍会生长一些花葚。后期发病严重，病树枝短叶小，叶瘦小如猫耳朵，腋芽不断萌发，细枝丛生成簇，如扫帚状，2～3年后死亡。该病先由单株发病，后蔓延至全株。翌年经过夏伐，枝条顶端仍然萎缩，下部叶片部分正常。病枝越冬后有枯梢现象，病根色泽不鲜。

桑萎缩型萎缩病大多在桑树夏伐后发病。发病初期，枝条顶端的桑叶变小、变薄，叶缘稍向背面卷曲，叶面皱缩，叶色黄化，腋芽萌发，裂叶桑品种的叶形变圆，枝条变短、变细，叶序混乱，节间缩短；中期发病时，中等的枝条顶部或中部腋芽早发，生出较多侧枝，全叶黄化，质粗糙，秋叶早落，春芽早发，无花葚；发病末期较重的桑叶硬化早、枝条生长缓慢，枝条生长显著不良，徒长瘦枝，病叶更小不能养蚕，病树最后枯死。同一株发病为先局部、后整株，逐步蔓延加重，一般2～3年后桑树死亡。病害有传播快的特点，桑园从发病至暴发仅需3～4年时间，因而蚕农有"一年栽桑，二年养蚕，三年用桑，四年癃光"的谚语。20世纪中叶中国蚕区每年因该病害损失桑园达4%左右，成为蚕业生产上危害最严重的桑树病害。

病原及特征　病原为桑萎缩植原体（Candidatus phytoplasma mulberry dwarf），原核生物界柔壁菌门植物支原体属，植原体Ⅰ组B亚组的萎缩型和黄化型两个株系。

桑萎缩病植原体在病枝和叶脉的韧皮部的筛管和薄壁细胞中。在病叶薄壁细胞中的基本形态为圆球形或椭圆形（图1①）；在韧皮部筛管中的或在穿过细胞壁胞间连丝的或在二分裂或芽殖时的，可成为变形体态，如丝状、杆状或哑铃状等，称为多形性（图1②）。圆形植原体的质体大小为80～800nm，外层质膜厚8～10nm，质体内可见到直径约13nm的核糖体颗粒。

侵染过程与侵染循环　桑萎缩病原在根部越冬，通过伐条和修剪等农事过程中的刀剪交叉使用、嫁接和两种菱纹叶蝉媒介等方式进行传染。

桑萎缩型萎缩病原可以通过嫁接传染，也可以通过两种菱纹叶蝉媒介传染。病株经过休眠后，嫁接在健康砧木上的接穗发病率为0～37%，而健康接穗嫁接在发病砧木上基本全部发病。病原有低温钝化现象，而钝化程度与当地越冬温度相关。

在桑树生长期间，病原通过昆虫介体传染。拟菱纹叶蝉（*Hishimonoides sellatiformis* Ishihara，俗称"红头"）和凹缘菱纹叶蝉［*Hishimonus sellatus*（Uhler），俗称"绿头"］可以传染桑萎缩型萎缩病植原体。叶蝉介体有吸毒、获毒、循环、保毒和传毒5个阶段。

吸毒期，菱纹叶蝉需在病树上生存3～24小时，这是必要的吸食中吸毒的时间；吸毒适温为18～25℃。病株组织的病原物，在菱纹叶蝉吸汁时，吸入食道（吸毒，成为带毒昆虫）。

获毒期，即生存在病树上的菱纹叶蝉吸食时，口针需要插入到桑叶病组织大的维管束中，才能获得含桑萎缩病植原体的营养流，即获毒。叶蝉在一、二龄若虫时，其口针短，插不到大的维管束中，不能获毒。生育到四、五龄若虫或成虫时，其口针才能在吸食中获毒。叶蝉在桑枝已木栓化的桑叶上吸食的，不能获毒。两种菱纹叶蝉吸毒、获毒时间一般为1天左右（有的吸毒数小时即可获毒），一旦获毒，其传染能力将持续到死亡为止。但并不经卵传到下一代。

循环期，菱纹叶蝉获毒后病原物通过胃部到达肠道，穿过肠壁膜，进入血淋巴，并在营养丰富的血淋巴内大量繁殖一段时间。该阶段病原物不断增殖，达到一定数量，最后到达唾液腺等部位。在其唾液腺体、卵巢、睾丸、精液囊、精细胞、脑、胸神经节、脂肪体、肠等组织中都可看到病原植原体的存在（图2）。体内大量植原体穿过唾液腺体膜，进入唾液腺、唾液管，完成病原在虫体内的循环期，这一循环期大概需要13～55天，多数为20天。

保毒期，两种菱纹叶蝉获毒后终身保毒，但有间歇传病现象。不经卵传递给下代。

传毒期，经过循环期的菱纹叶蝉具备了传毒的可能性。保毒叶蝉在吸食时，口针插入到桑叶中大的维管束附近，口针中舌头伸出来并从不同方向探索维管束的营养流，当舌头探到营养液时，口针内吐出唾液，沿舌头而下，唾液呈胶状形成唾液管道。当舌头缩回口针后，营养流从唾液管道吸入虫体。叶蝉离开后，带有病原物的唾液管道留在桑组织内，管道中病原植原体便接种到寄主维管束中，即传毒。叶蝉成虫的生命期雄性较短，获毒后，未完全通过循环期，已经死亡，所以只有生命期长的雌性叶蝉可以完成循环期，进入传毒期。

在叶蝉介体传染的5个阶段中，关键是病原物能否在虫体内繁殖；病原物能否透过肠膜在虫体内繁殖；病原物能否透过唾液腺膜到达腺体和唾液管内。这是两种菱纹叶蝉成为桑萎缩植原体专性介体昆虫的机理。

两种菱纹叶蝉1年发生4代，传毒能力不同，拟菱纹叶蝉较强，全年4代均有较高的传毒率（36.6%～72.7%），而凹缘菱纹叶蝉的第一代和第四代具有传毒能力，传毒率为2.4%～19.3%，第二及第三代传毒能力极低或基本不传毒。

桑树或桑苗通过菱纹叶蝉介体感染后，也经过病原物不

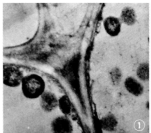 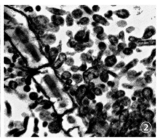

图1　桑萎缩病植原体（蒯元璋提供）
①在叶脉的韧皮部细胞中的桑萎缩病植原体多数呈圆形或椭圆形；
②在筛管中呈多形性

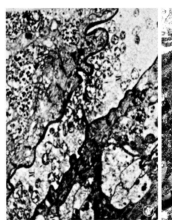 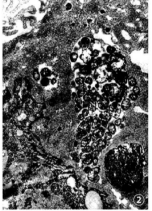

图2　桑菱纹叶蝉唾液腺体和唾液管内的桑黄化型萎缩病植原体
（蒯元璋提供）
①唾液腺体和唾液管内；②成虫卵巢内的桑萎缩病植原体

断增殖，并达到一定程度，然后再表现出一定的症状，该过程称为"潜育期"。其潜育期一般为20～300天不等。通常在夏季早秋感染的在当年发病，出现初期症状到翌年桑树夏伐后发生严重病状。在中、晚秋感染的当年不发病，潜育期延长到翌年。潜育期长短受温度高低和桑园施肥情况的影响。

菱纹叶蝉带毒还可将桑萎缩植原体传染到葎草、三叶草、枣树（症状为小叶、黄叶，不同于枣疯病的丛枝症）。另外，南方菟丝子（*Cuscuta australis* R. Brown）也可将桑萎缩植原体传染到长春花（*Vinca rosea*）。

桑黄化型萎缩病病原可以通过嫁接传染，也可以通过昆虫媒介传染。桑树越冬时，病原存在于主根部分较多，而在侧根部分较少，枝条内病原存量极少，并且有越冬失毒现象，失毒程度与各地温度相关。在桑树生长发育期，无论接穗、砧木，只要一方带病，均能传染后发病。桑树经过休眠，春季用无病接穗嫁接，以带病主根为砧木，发病率为100%，而带病侧根作为砧木，发病率为0～8%；若以病枝嫁接健砧，在江苏地区几乎不发病，而在广东地区仍然发病。

拟菱纹叶蝉和凹缘菱纹叶蝉也是桑黄化型萎缩病的媒介昆虫。其侵染循环也分为吸毒、获毒、循环、保毒、传毒5个阶段，和桑萎缩型萎缩病以两种菱纹叶蝉为昆虫媒介的传毒机理基本相同。

流行规律　桑萎缩病的发生和流行与桑树品种感病性、剪伐和嫁接、生理小种和气候条件等密切相关。

S

防治方法

严格检疫 病区桑苗禁止向无病区人为调运。对于黄河、长江流域病区生产的、经越冬后的接穗，因穗内不带病原，一般可以放行。调查病区的桑苗带病率一般为0.1%，高的可达1%～5%。因此，在有必要采取检测时，需要抽提0.3%左右的桑苗样本，诊断检测。

选用抗病良种 对于发病区，可选择育2号、盛东1号和湖桑7号（团头荷叶白）等品种。

栽培防治 桑树夏伐提倡随采随伐，即采完一片桑园就立即进行伐条；新开剪桑园尽可能安排在早期夏伐；控制夏秋用叶比例，注意养树与用叶结合，减少诱发该病的因素；避免偏施氮肥，注意氮、磷、钾的科学合理施用，增强土地肥力和桑树抗病能力；避免秋蚕期间施肥过迟，至10月上旬梢头枝仍嫩绿，从而诱使媒介昆虫菱纹叶蝉的趋集与取食、产卵；冬季剪梢剪去枝条长的25%～30%可除去70%左右的菱纹叶蝉的卵量。

桑萎缩病对温度的反应不一：桑萎缩型易受温度条件影响，一般30℃症状急剧表现，春季低温25℃以下隐症，因此，6～9月发病较多，其中7～8月较为严重，春季发病轻而少；桑黄化型萎缩病无明显的隐症现象，当年新表现的病株在夏伐后高温季节暴发。因此，在5～8月病树发生期间，一定要彻底及时挖除病树，以杜绝病源。

桑树夏伐后，凹缘菱纹叶蝉迁移葎草、芝麻、黄豆等植物上，尤其是葎草，是除桑之外的主要摄食对象。一般每平方米葎草3～6头，多则十几头。因此，发病严重地区，注重合理套种和夏伐后桑园内外的杂草防除。

化学防治 主要是防治媒介昆虫，在桑菱纹叶蝉若虫孵化盛末期、成虫羽化初期，选用80%敌敌畏乳油2000倍液、40%乐果乳油1500倍、40%辛硫磷乳油2000倍液、50%马拉硫磷乳油1500倍液、90%晶体敌百虫1000倍液等，进行喷雾防治。关键防治期是在提早夏伐的基础上，对桑树白拳上喷用农药，杀灭老龄若虫与成虫；也可以春季在桑园中分散地春伐几株，夏伐后凹缘菱纹叶蝉就会集于这些春伐桑上，再进行药杀省工省力。

参考文献

蒯元璋，朱本明，陈作义，等，1984.桑树黄化型萎缩病类菌原体抽提方法的改进及形态观察[J].蚕业科学，10(1): 13-15.

刘永光，田国忠，王洁，等，2009.山东蚕区桑黄化型萎缩病病原物的分子鉴定[J].蚕业科学，35(3): 463-471.

中国农业科学院植物保护研究所，中国植物保护学会，2015.中国农作物病虫害：下册[M].3版.北京：中国农业出版社.

朱本明，徐伟军，蒯元璋，等，1983,桑树黄化型萎缩病类菌原体抽提及抗血清制备[J].蚕业科学，8(1): 6-8.

DOI Y, TERANAKAM, YORA K, et al, 1967. Mycoplasma- or PLT group-like microorganisms found in the phloem elements of plants with mulberry dwarf, potato witches' broom, aster yellows or paulownia witches' broom[J]. Annals of the phytopathological society of Japan, 33(4): 259-266.

KUAI Y Z, ZHU F P, XIA Z S, et al, 1997. Studies on the mechannism of mulberry resistance to mulberry yellow dwarf disease[J]. Sericologia, 37(20): 233-240.

LEE I M, GUNDERSEN-RINDAL D E, DAVIS R E, et al, 1998. Revised classification scheme of phytoplasmas based on RFLP analyses of 16S rRNA and ribosomal protein gene sequences[J]. International journal of systematic bacteriology, 48: 1153–1169.

NAMBA S, OYAIZU H, KATO S, et al, 1993. Phylogenetic diversity of phytopathogenic mycoplasmalike organisms[J]. International journal of systematic bacteriology, 43: 461-467.

WANG W B, FEI J M, WU Y, et al, 2010. A new report of a mosaic dwarf viroid-like disease on mulberry trees in China[J]. Polish journal of microbiology, 59: 3-36.

（撰稿：吴福安；审稿：蒯元璋）

桑芽枯病 mulberry twig blight

主要由桑生浆果赤霉菌引起的、危害桑芽、常与拟干枯病并发的桑树枝干重要病害之一。对桑树生长和桑叶产量的影响很大。

分布与危害 分布于吉林、辽宁、河北、宁夏、山西、陕西、山东、安徽、江苏、浙江、江西、湖北、湖南、四川、贵州、云南、广西、广东、台湾等地，尤其在山东、江苏等地发生较多。病原除寄生桑树外，还寄生合欢、刺槐、构树等其他树种。

冬末至早春，在枝条中上部的冬芽附近，最初出现油浸状暗褐色略下陷的病斑，以后病斑逐渐扩大，呈梭子状，其上密生略隆起的小粒，突破表皮后露出砖红色小疹状颗粒（见图），为病原菌的分生孢子座。随着病情的发展，相邻的病斑可相互连接成大病斑，当病斑绕枝一周后，截断了树液的流通，上部枝条即干枯死亡。病部皮层逐渐腐烂，很容易与木质部剥离，并释放出酒精气味。发病3～4个月后，在枯死枝的病斑部又可产生蓝黑色的小粒，即病菌的子囊壳子座。受害较轻时，病斑仅局限于枝条局部，病斑周围愈伤组织的形成可限制菌丝的扩展，其上部枝条不致枯死，但被害部显著变形，呈癌肿状，外皮常常破裂，在其上露出黑褐色的韧皮纤维。

病原及特征 桑芽枯病病原已知有3种：①桑生浆果赤霉菌［*Gibberella baccata* var. *moricola*（de Not.）Wollenw.］；②桑菌寄生菌［*Hypomyces solani* f. sp. *mori* Sakurai et Matuo］；③豌豆菌寄生菌［*Hypomyces solani* f. sp. *pisi*（Jones）Snyd. et Hans.］。较常见的是桑生浆果赤霉菌，属赤霉菌属。其子囊壳蓝黑色，球形或椭圆形，大小为230μm×180μm，其顶部有孔口，内藏子囊。子囊棍棒形或圆筒形，有短柄，大小为50～90μm×8～12μm，内含8个无色椭圆形子囊孢子，具3个隔膜，大小为12～20μm×4～6μm。无性阶段为镰刀菌属砖红镰刀菌（*Fusaritium lateritium* Nees），分生孢子座初为圆形丘状，逐渐隆起后破裂，露出橙红色半圆形的肉质小块，降雨后显著膨胀。在分生孢子座的顶部密生一层短小的分生孢子梗，各具2～3个分枝，有隔膜，大小为10～15μm×3～4μm，其前端着生分生孢子，无色或淡红色、镰刀形，有3～5个隔膜，大小为30～40μm×4～5μm。

桑芽枯病症状（吴楚提供）

侵染过程与侵染循环 桑芽枯病病菌以子囊孢子或分生孢子附着在树体上越冬，或以菌丝体在枝条病斑内越冬。翌年早春，由越冬孢子或在病斑部越冬的菌丝体引起初次侵染，此后，在新形成的病斑上再产生分生孢子，引起再次侵染。桑芽枯病病菌的无性世代在3、4月发生较多，而有性世代则9、10月最盛。本菌主要由伤口侵入，但在积雪地带则可从皮孔侵入，自伤口侵入的病菌是否能蔓延扩展致病，与侵入的时期有关。在桑树生长季节，桑树愈伤组织形成旺盛，可抑制侵入的病菌扩展，而不引起发病。至晚秋期，桑树生长渐趋停止，愈伤组织形成也逐渐减弱，此时侵入的病菌得以蔓延扩展，病斑即可渐渐扩大，以至翌年春季病情迅速发展而使枝条枯死。

防治方法 桑芽枯病的防治应以增强树势、提高抗逆力为主，注意减少伤口，适时开展药物防治为辅的综合防治措施。

合理用叶 夏、秋期每次养蚕应注意合理留叶，可以有较多的养分积累储藏，充实枝干，提高抗病力。

加强管理 夏秋期桑园施肥要注意氮、磷、钾的配合比例，适当增施有机肥料，避免偏施和迟施速效性氮肥，以免造成秋后徒长，降低抗寒、抗病能力。

减少伤口 提倡夏秋蚕期采叶留柄；及时防治桑园其他病虫害；减轻台风、暴雨的损伤，避免或减少桑树枝干部的伤口，特别是9～10月间更要注意。

及时清除病原 冬季及时整枝和剪梢，减少越冬病原，春季发现病枝要及时剪除，对于修剪下的枝、梢都要及时带出桑园集中处理。

枝干消毒 冬季整枝剪梢后，喷洒4～5波美度石硫合剂或50%甲基托布津可湿性粉剂500倍液，进行枝干消毒，杀灭附着在枝干表面的越冬孢子。

选栽抗病品种 在该病多发地区，应注意选栽抗病力强的桑品种，如梨叶大桑、黑格鲁、鸡冠鲁桑、桐乡青等，避免栽植易感品种。

参考文献

中国农业科学院植物保护研究所，中国植物保护学会，2015. 中国农作物病虫害[M]. 3版. 北京：中国农业出版社.

（撰稿：盛晟；审稿：吴福安）

桑疫病 mulberry blight

由丁香假单胞菌桑致病变种引起的、危害桑树叶部和新梢茎部的一种世界性桑树细菌性病害。

发展简史 桑疫病的病原发现较早。考贝立（Cuboni）和卡贝立（Garbini）1890年在意大利维罗纳（Verona）附近病桑树上分离到一种细菌，通过对健康桑树接种而致病。马切尔太（Macchiatti）1891—1892年将该菌定名为*Bacillus cubonianus* Macchiatti。1893年，法国Boyer和Lambert从桑树病枝上分离到与前人记载不同的白色菌落细菌，命名为*Bacterium mori* Boyeret Lambert。1905年美国Erwin从桑树上分离到一种细菌，认为与意大利的黄色细菌菌落相同，但接种无传染力，于是1908年再从患病初期的枝条上分离到具有侵染力的白色菌落的细菌。并经研究证明意大利分离接种成功的细菌是黄、白两种细菌的混合培养物，法国分离的白色菌落的细菌与Smith分离到的是同种，但形态和生理稍异，因此，将学名改为*Bacterium mori*（B. et L.）emend E. F. Smith。美国学者Sterens1913年根据该菌具端生鞭毛，提出改名为*Pseudomonas mori*（B. et L.）Sterens，至1957年《伯杰氏细菌检定手册》第七版仍沿用此名。但在该书第八版（Buchanan and Gibbons，1978），将此菌并入*Pseudomonas syringae* van Itall内。现该菌学名为丁香假单胞菌桑致病变种［*Pseudomonas syringae* pv. *mori*（Boyer & Lambet 1983）Yong，Dye & Wilkie］，属裂殖菌纲假单胞菌目假单胞菌科假单胞菌属（*Pseudomonas syringae* pv. *mori*）。

分布与危害 主要分布日本、捷克、斯洛伐克、伊朗、朝鲜等约11个国家。中国的江苏、浙江、山东、湖南、湖北、四川、广东、广西、安徽、河北、山西、陕西、云南、辽宁和重庆等地的植桑区均有发生危害，以浙江、江苏和山东发生较重。

主要危害桑树叶部和新梢茎部，流行发生时，株发生率达到90%，受害桑园常减产20%左右，个别年份局部地区可造成60%以上的损失；部分受害蚕区危害面积达70%，

S

受害桑叶品质严重下降。

该病主要有缩叶型、黑枯型和断柄型3种病型（见图），以前两种较为常见，特别是桑黑枯型发生面积较广。

缩叶型多发生在春季；常常在桑树发芽开始（江浙一带为4月上旬）就出现症状，5月为发病盛期，症状主要集中在嫩叶和嫩梢上，6月中下旬以后的高温季节急剧减少。若病原细菌从叶片气孔侵入叶内，则叶面散生油浸状圆形病斑，病斑逐渐扩大变为黄褐色，病斑周围稍褪绿呈黄色界线。随着嫩叶长大，病斑部位坏死穿孔，整个叶片皱缩，进而脱落。若病菌从叶柄、叶脉处侵入，则通过维管束扩展至叶脉，常在叶背的叶脉上形成病斑，初呈褐色，后变黑色，使叶片不能展开，叶面反向卷曲。病菌从嫩梢侵入时，枝条表面形成大小不一的纵裂病斑。主要表现在叶片向背卷缩，叶肉不能生长，叶片上有圆形褐色病斑，后期穿孔。

黑枯型桑疫病在春天发芽后开始发病，春期和夏秋期高温季节发病严重，全年形成2个发病高峰期，以夏季（江浙两地蚕区一般为7～8月）为发病盛期，9月以后发生较少或者不见发病。黑枯型桑疫病侵染桑叶时，叶片呈现褪绿转黄的不规则多角斑。侵染新梢发生烂头症，并沿枝条向中下部蔓延，在枝条表面形成粗细不等稍隆起的点线状黑褐色病斑，枝条内部呈现比外部更鲜明的黄褐色点线状病斑。有的病斑可穿过木质部深达髓部，木质部和髓部受害后发生畸形病变。有时病斑相连成块，在中央形成空洞，空洞周围的表皮组织向外突出呈隆起状。有的病斑能蔓延到桑芽的中轴组织、枝干和潜伏芽内。

断柄型在5月上旬开始发病，5月下旬发病严重。在枝条上部，嫩叶叶柄中间部位的下方缢缩发黑，随后桑叶枯萎下垂，进而在叶柄缢缩处断裂脱落。影响春叶产量。

病原及特征　病原为丁香假单胞菌桑致病变种〔*Pseudomonas syringae* pv. *mori*（Boyer & Lambet）Yong, Dye & Wilkie〕，属假单胞菌科假单胞菌属。

病原的菌体外形呈短杆状，两端钝圆形。菌体大小：黑枯菌系为0.48～0.68μm×2.17～2.85μm，缩叶菌系为0.41～0.68μm×2.04～2.86μm。单极生束鞭毛1～10根不等，不形成芽孢，无荚膜或荚膜疏松。

菌落圆形，呈半透明乳白色，中心凸起湿润。在修改King B培养基上产生绿色荧光，在肉汁胨水、牛乳、灭菌马铃薯及Fermi液中生长良好。在Cohn液中黑枯菌系生长良好，缩叶菌系几乎不生长。

革兰氏染色阴性；需氧生长；硝酸还原，反硝化作用，明胶液化、淀粉水解、产硫化氢；VP试验、甲基红测定、吲哚试验、精氨酸双水解、氧化酶反应等均为阴性；过氧化氢酶试验、产氨试验及产果聚糖等为阳性；使石蕊牛乳产碱变蓝；能迟缓分解一批糖醇类，但不产气体；缩叶菌系能分解木糖，黑枯菌系则不能分解木糖。

两菌系的生长温度为2～35℃；生长最适温度，黑枯菌系为28～30℃，缩叶菌系为25～28℃；干热致死温度黑枯菌系（1.8×10^9/ml）为90℃10分钟，缩叶菌系为120℃10分钟；生长pH 5.0～9.0，最适pH 6.3～8.0；含菌量为1.5×10^8/ml的菌悬液用紫外线照射（距离0.5m）致死时间，黑枯菌系为25分钟，缩叶菌系为60分钟；8月太阳光照射致死时间，黑枯菌系为90分钟，缩叶菌系为150分钟，干燥条件下生存30天；水中生存天数，30℃下为120天，0～5℃下为150天；在土壤中生存天数低温下为150天，30℃下为60天；病组织埋在土中，病原菌生存时间长达215天。

通过鞭毛交叉凝集及凝集素吸收测定，可以证明桑疫病两型菌系具有相同的种特异抗原即鞭毛抗原（H抗原），根据鞭毛抗原交叉凝集的R值，可将桑疫病菌分为两群，A群为黑枯菌系，B群为缩叶菌系。将抗原加热，破坏鞭毛抗原后进行交叉定量凝集、凝集素吸收和琼脂双扩散试验，结果为菌体抗原差异显著，可将桑疫病菌分为4个血清型，其中I型为黑枯菌系，II～IV型为缩叶菌系。

侵染过程与侵染循环　病原菌主要在病枝枝条活组织内越冬，到翌年侵染新萌发的芽和叶，成为早春初次侵染的主要病源。春季气温变暖，枝条内营养液流动，病树内病原细菌由维管束蔓延到桑树新芽和嫩梢部位，引起再次入侵，并在叶柄、叶脉上形成新病斑。在适宜的温湿度条件下，病斑内细菌迅速繁殖，溢出黄白色的菌脓。菌脓随雨水滴溅到

桑树桑疫病症状（吴福安提供）
①发病严重桑园；②梢部症状；③整株症状

邻近芽叶上，或经昆虫、枝条相互接触所造成的伤口侵入，也可以通过气孔侵入，引起再侵染而发病。在适宜的环境条件下，病菌再侵入桑树的幼嫩叶和顶芽，经3～4天潜育期，7天左右发病形成新病斑，并向下扩展延伸至枝条中下部，甚至延伸到枝条基部，或者入侵桑树"拳部"的潜伏芽，成为夏伐后的初次侵染源。如果遇上高温多湿天气（如梅雨季节），病原菌迅速增殖，不断引起再侵染，如果桑树品种对此病原免疫力弱，则病害在较短时间内能蔓延扩大导致流行。残留在土壤中的病叶、病枝及病土也是侵染源之一，但树体病组织是主要侵染源。带病苗木和接穗在不同地区间的调运，是该病远距离传播方式之一。

防治方法

选用抗（耐）桑疫病丰产良种　桑树品种对桑疫病的抗病力差异很大，湖桑199、农桑8号抗该病力强，白皮火桑、毛叶大种桑极易发病。不同抗性品种病情发展速度也不一样，如桐乡青的病条率由20%上升到97%，增长4.7倍，而同时的荷叶白病条率由6.8%上升到15.4%，增长只有2.26倍。病斑入拳率，中抗品种荷叶白为14.71%～30.56%，感病品种毛叶大种桑高达88.24%。

浙江省农业科学院蚕桑研究所等单位曾多次进行抗性鉴定后，认为强抗品种有湖桑199、6031、剑持、农桑8号、育2号、育151、5801、湖桑13、湖桑20、加定204、伦教109、铁干桑、凤城一号、梨叶桑、黑鲁桑、农桑12号、农桑14号和丰田5号等；中抗品种有荷叶白，双头桑，黑格鲁，摘桑等；中感品种有早青桑、大墨斗、团头荷叶白、湖桑197、璜桑14、黄皮海桑、新一之濑等；感病品种有桐乡青、育-711、湖选2号、麻桑、益都黄鲁头、农14芽变、强桑1号和金十等。

因此，在发病严重地区，因地制宜选栽育2号、育151、5801、农桑8号、南一号、湖桑13、凤城一号、梨叶桑、黑鲁桑等抗病性强的品种。重病区的风口地段，发病桑园缺株补植及病树嫁接换该品种，宜选用强抗的湖桑199、6031等品种。

农业防治　对带有点线状病斑的接穗和苗木，尤其是新蚕区调进接穗、苗木时，要重视检验，严防病原扩散与传播。

桑园间作与套作，不要造成桑园微环境高湿，对于低洼多湿的桑园，要及时开沟排水，并增施有机肥料；酸性土壤桑园，要增施石灰改良土壤；加强桑树害虫的防治。

在桑疫病的高发季节，逐块桑园进行检查，发现发病枝条要及时剪除；冬季桑树剪梢时，根据桑疫病病斑的延伸情况，在枝条的点线状病斑的下方30cm左右处剪伐，并注意髓部颜色，剪去油渍状的黄色部分，直至髓部呈现白色为止，严重的田块要进行齐拳剪，对于整株发病的桑树坚决挖除并集中销毁。

化学防治　发病初期，在剪除病梢后，采用喷雾法进行喷药防治。选用的药剂为300～500单位土霉素或15%链霉素与1.5%土霉素混合的500倍液，盐酸环丙沙星或盐酸恩诺沙星100mg/kg浓度药液喷雾防治。隔7～10天再喷第二次（建议不同类型的药剂交替使用），可以控制病害。广东在发病前期采用0.1%铜氨液（50g硫酸铜+12%氨水400～450ml+水50kg）隔2天连喷2次，有较好的预防效果。

参考文献

中国农业科学院植物保护研究所,中国植物保护学会,2015.中国农作物病虫害[M].3版.北京:中国农业出版社.

（撰稿：王俊；审稿：吴福安）

桑紫纹羽病　mulberry violet root rot

由真菌危害桑树根部从而引起芽叶枯萎的全株性病害。俗称桑霉根、桑烂蒲头病等。是中国也是印度、朝鲜和日本等亚洲各主要植桑国家桑树根部的重要病害之一。

分布与危害　分布于中国的广西、江苏、浙江、安徽、河南、山东、河北、湖南、四川、重庆、广东、台湾等地。国外曾在日本桑园大暴发。在育苗区，一般造成桑苗损失率达20%～30%，严重的苗圃桑苗损失率达80%。2011年以来在广西蚕区发生严重，从发病到枯死，桑苗和幼龄桑树只需数月，成林桑一般2～3年后死亡，乔木桑经多年后枯死。

桑树感染发病初期，根皮失去光泽，随后可见到丝缕状紫褐色或紫色纵横交错呈网状的菌丝，菌丝逐渐纠结成根状菌索，菌索纵横交错呈网状形连结。地上部分呈缺肥状，桑树生长缓慢，随着病情加重，在根颈部及露出地面的树干基部及土面形成一层紫红色的绒状菌膜；随病情发展，病根变褐或变黑，并布满菌索，皮层和木质部彼此分离，皮层变黑腐烂，由于根的外部木栓层和中间的木质部腐烂较难，结果皮层烂尽，剩下栓皮和木质部彼此完全脱离，栓皮像一个套子套在木质圆柱上。枝条细小，叶色变黄，叶变小并下垂，枯焦脱落，树势逐渐衰弱，进而从枝梢顶端或细小枝条开始枯死，最后引起全株死亡（见图）。

病原及特征　病原为卷担菌（*Helicobasidium mompa* Tanaka Jacz.），属卷担子属。侵入皮层和寄生于根部表面的菌丝形态和功能不同。侵入皮层具有吸收营养功能，宽5～10μm，粗细不一。在病根表面的菌丝体行生殖功能，紫红色，宽5.0～6.5μm，节距70～110μm。能纠集成根状菌索。根状菌索内部紧密，外部疏松，粗0.5～1.0mm，呈长绒状或不规则分枝，错综成网状。菌核半球形，呈紫色，长宽为1.1～1.4mm×0.7～1.0mm。菌核的剖面，外层为紫色，稍内为黄褐色，内部为白色。菌核和根状菌索都能抵抗不良的环境条件。在病树干基部形成的紫色菌膜，即此病菌的子实体，呈皮膜状，待表面略呈粉质时，表明已产生担子和担孢子。担子无色，圆筒形，有隔膜3个，分隔成4个细胞，长宽为25～40μm×6～7μm，多向一方弯曲，在凸面的每一个细胞上，各长出1个小梗，在小梗上着生担孢子。小梗无色，圆锥状。担孢子无色，单胞，卵圆形，顶端圆，基部尖，长宽为16～19.5μm×6～6.4μm。

侵染过程与侵染循环　病原具有侵入寄主植物根系和利用土壤中有机物营腐生生活的能力。病原菌在枯死的寄主植物的根部或者在土壤中能生存3～5年，在土壤中呈垂直分布，大多数集中在土深10～25cm区域，最深可达150cm左右。

该病菌以菌丝体、根状菌索或菌核随病根或在土壤中越冬，且生命力和传病力都很强。当环境条件适宜时，先从

S

桑紫纹羽病症状（吴楚提供）

根状菌索及菌核上长出营养菌丝，从皮孔或毛细根侵入桑树新根的柔软组织，如被害细根软化腐朽以致消失后，逐渐延及侧根和主根。以后再在病根表面形成根状菌索和菌核，在树干基部形成膜状子实体，并产生担子和担孢子，担孢子在适宜的条件下萌发成菌丝，但萌发后大多数丧失侵染能力。

在患病的桑苗圃里，冬季挖苗时，病残根系大量遗留在土壤内，致使土壤中菌量逐年积累增加，传病范围日益扩大，在苗圃地里形成以发病株为中心逐渐向外扩大的趋势，零星发生的桑园经3～4年后便成片发生。

病菌可以通过流水、农具使土壤内菌核和残存病根内菌丝与新寄主植物根系接触传染。还可通过桑苗、林苗、果苗、薯块、花生调运传带到新区。

防治方法

检疫和病苗消毒　病区商品苗木禁止向无病地区调运。检出的病苗予以烧毁；对感病轻的或有可能感病的桑苗进行消毒处理。处理方法是用25%多菌灵500倍液或45℃温水浸苗根30分钟，可杀灭桑组织内外寄生病菌，对桑苗成活力影响不显著。

农业防治　选择无病菌地块发展桑园，用新鲜桑树枝条（直径1.0～1.5cm），剪成30cm左右，将2～3枝扎成一束，并将2束扎成"十"字形诱捕束，诱捕束在5～9月横埋约20cm深穴内，做好记号，经1个月掘起，用肉眼检查菌束，枝条上菌丝，有疑问时可在显微镜下检查，是否有"H"形连结菌丝。

开沟隔离，挖除病株烧毁，在病区范围的四周挖深1.5m、宽0.3m的隔离沟，以防土壤内病菌扩展蔓延。

合理施用有机肥，有机肥料须充分腐熟后，才能施入桑园。

合理轮作发病桑园和苗圃，改种水稻、麦类、玉米等禾本科作物，经4～5年后再种桑培苗。如果仅轮作1～2年，不但没有防治效果，反而会因耕作助长病菌扩散、蔓延。

物理防治　利用太阳能消毒，夏季高温期间在大面积紫纹羽病地土壤表面覆盖一层透明聚乙烯薄膜半个月以上，使表土30cm深的温度增加，杀死其病菌。土壤改良，酸性较重的土壤可亩施石灰125～150kg。

参考文献

中国农业科学院植物保护研究所，中国植物保护学会，2015.中国农作物病虫害[M].3版.北京：中国农业出版社.

（撰稿：许晏、吴福安；审稿：唐翠明）

杀菌剂　fungicide

用于防治植物病害的化学物质。包括杀真菌剂、杀细菌剂，还包括防治线虫病害的杀线虫剂和防治病毒的病毒钝化剂。

分类　杀菌剂种类繁多，通常将具有相同作用方式和类似化学结构的杀菌剂按化学结构类型的名称进行分类。现代选择性杀菌剂主要有以下几类。

二甲酰胺类杀菌剂。包括乙烯菌核利（vinclonzolin，农利灵）、腐霉利（procymidone，速克灵）、异菌脲（iprodione，扑海因）、菌核净（dimetachlone，纹枯利）等，这类杀菌剂对灰葡萄孢属、核盘菌属、长蠕孢属等真菌引起的植物病害有特效。

有机磷杀菌剂。包括异稻瘟净（iprobenfos，Kitazin-P，IBP）、敌瘟磷（edifenphos，EDDP，克瘟散）、稻瘟灵（isoprothiolane，富士1号）、甲基立枯磷（tolclofos-methyl，利克磷）、三乙膦酸铝（fosetyl-aluminium，疫霉灵）等。

苯并咪唑类杀菌剂。包括多菌灵（carbendanzim，MBC）、噻菌灵（thiabendazole，TBZ，特克多）、甲基硫菌灵（thiophannate-methyl，甲基托布津）、乙霉威（diethofencarb，万霉灵）等。

羧酰替苯胺类杀菌剂。包括萎锈灵（carboxin）、氧化萎锈灵（oxycarboxin）、拌种灵（amicarthiazole）、戊菌隆（pencycuron，防霉灵、戊环隆）等。

甾醇生物合成抑制剂类杀菌剂。包括氯苯嘧啶醇（fenarimol，乐必耕）、抑霉唑（imazlil，抑霉力）、咪鲜安（prochloraz，施宝克）、三唑酮（triadimefon，粉锈宁、百里通）、烯唑醇（diniconazole，消斑灵、速保利）、环丙唑（propiconazole，敌力脱）、戊唑醇（tebuconazole，立克锈）、己唑醇（hexaconazole）、腈菌唑（myclobutanil，黑斑清）、苯醚甲环唑（difenoconazole，恶醚唑、世高）、十三吗啉（tridemorph，克啉菌）、苯锈啶（fenpropidin）等。

苯基酰胺类杀菌剂。包括甲霜灵（metalaxyl，瑞毒霉、阿普隆）、高效甲霜灵（metalaxyl-M，精甲霜灵）、恶霜灵（oxadixyl，杀毒矾）等。

噻唑和噻二唑类杀菌剂。包括三环唑（tricylazole，比艳、克瘟唑）、烯丙苯噻唑（probenzole，赛瘟唑、烯丙异噻唑）、叶枯唑（bismerthiazol，噻枯唑、叶枯宁）等。

β-甲氧基丙烯酸酯类杀菌剂。包括嘧菌酯（azoxystrobin，阿米西达）、醚菌酯（kresoxim-methyl，翠贝、苯氧菌酯）、肟菌酯（trifloxystrobin）、烯肟菌酯（enestroburin）等。

苯吡咯类和苯胺嘧啶类杀菌剂。包括咯菌腈（fludioxonil，适乐时）、嘧霉胺（pyrimethanil，施佳乐）等。

氨基甲酸酯类、异恶唑类、取代脲类和甲氧基吗啉类杀菌剂。包括霜霉威（propamocarb hydrochiloride，普力克）、噁霉灵（hymexazol，土菌灵）、霜脲氰（cymoxanil，氰基乙酰胺肟，克露）、氟吗啉（flumorph）、烯酰吗啉（dimethorph，安克）等。

抗菌素类杀菌剂。包括井冈霉素（jinggangmycin A）、多抗霉素（polyoxins，多效霉素、多氧霉素）等。

生物杀菌剂，常见的有枯草芽孢杆菌、木霉、解淀粉芽孢杆菌、地衣芽孢杆菌、抗生素溶杆菌等制剂。

作用机理　杀菌剂的作用机理不仅包括杀菌剂与菌体细胞内的靶标互作，还包含杀菌剂与靶标互作以后使病菌中毒或者失去致病力的原因，以及间接作用于杀菌剂在生物化学或者分子生物学水平上的防病机理。主要包括三个方面：①抑制或者干扰病菌能量的生成。杀菌剂通过抑制病菌的呼吸作用破坏其能量的生成，最终导致菌体死亡。②抑制或者干扰病菌的生物合成。杀菌剂通过抑制细胞壁和细胞膜组分的生物合成、抑制核酸的生物合成和细胞分裂、抑制病菌氨基酸和蛋白质的生物合成等途径，抑制或者干扰病菌生物合成，导致细胞死亡，最终引起病菌死亡。③对病菌的间接作用。一些杀菌剂在离体下没有杀菌作用，但是施用到植物上以后能够表现出很好的防病活性，其机理为通过干扰寄主与病菌的互作而达到或者提供防治病害的效果。

发展趋势　继续开发和利用作用机制新颖、杀菌谱广泛、对环境友好的杀菌剂。主要有 3 个方面：①常规的杀菌剂对人类和水生物都有不同程度的毒性，在环境中易积累，对环境造成长期的破坏，因此，环境友好型杀菌剂是今后研发的重点。②对不同作用机制的杀菌剂进行有效复配，减缓微生物对杀菌剂的抗性，全面提高杀菌剂的各项性能。③生物杀菌剂具有成本低、杀菌效果好、无腐蚀、无毒无害等特点，具有良好的发展前景，是未来杀菌剂发展方向之一。

参考文献

中国农业科学院植物保护研究所，中国植物保护学会，2015. 中国农作物病虫害 [M]. 3 版 . 北京：中国农业出版社 .

（撰稿：董文霞；审稿：李成云）

杀菌剂药效测定　effectiveness test of fungicides

评估农药防治病害的效果及其应用价值的试验方法。药效测定首先采用室内快速简便方法筛选出有希望的药剂，再进行温室盆栽植株测定，最后在不同生态环境条件下进行大田药效测定。

室内生物测定　是将杀菌物质作用于细菌、真菌或其他病原微生物，根据其作用的大小来判断药剂的毒力。或将杀菌物质施于植物，对病害发生的有无或轻重观察来比较判断药剂的效果。

杀菌剂的室内测定方法归纳为两大基本类型，其一是测定系统仅包括病原菌和药剂，不包括寄主植物，仅通过培养基繁殖病原菌，采用药剂与病原菌直接接触的方法，测定孢子萌发率或通过对菌丝生长量、形态的观察来测定杀菌毒力。孢子萌发法和含毒介质培养法等属于这种类型。

另一类型的方法包括病原菌、药剂和寄主植物。叶碟法、室内盆栽毒力测定属于这种类型。对新发展的少数只在寄主活体上才表现抗菌活性的药剂和对专性寄生菌的药效测定，可用药剂处理果实或部分植株组织如叶段、叶碟，经培养后以早期菌落扩展速率或寄主发病程度，或病菌在寄主上的繁殖率评估药剂效力。室内盆栽毒力测定一般在幼苗上试验，不受季节限制，通过适当仪器将药剂定量均匀喷施到盆栽植物上并定量人工接种，模拟发病的最适条件确保对照植株发病，使在较短时间内能得到重复性稳定的试验结果。

大田药效试验　是在室内毒力测定的基础上，在田间自然条件下检验某种农药防治有害生物实际效果，评价其是否具有推广应用价值的主要环节。

田间药剂试验的基本要求　试验地点应选择在防治对象经常发生的地方，试验地小区面积根据植株大小和土地条件差异而定，设置对照区、隔离区和保护行。

田间药剂试验设计的原则和方法　试验必须设重复，运用局部控制和采用随机排列，减少重复之间和重复之内的差异。

小区施药作业，通常每个试验处理都应使用同一施药工具并按同一操作规程施药。

杀菌剂田间试验的调查内容与方法　取样必须有代表性，对于在田间分布比较均匀的病害，一般按棋盘式或对角线形式取样。调查一般采用作物被害率法，常将施药区和空白对照区的被调查作物按病害程度进行分级，然后根据病情指数计算防治效果。

参考文献

深见顺一，上杉康彦，石家皓造，1991. 农药实验法—杀菌剂篇 [M]. 李树正，王笃枝，焦书梅，译 . 北京：农业出版社 .

孙延忠，曾洪梅，李国庆，2003. 抗生素对微生物作用的研究 [J]. 微生物学杂志，23(3): 44-47.

（撰稿：秦小萍；审稿：李成云）

杀菌剂作用原理　principles of fungicidal action

杀死或抑制菌体生长、发育、繁殖的生理生化机制。杀菌剂接触菌类后表现为影响孢子萌芽、芽管隔膜形成、附着胞的成熟、侵入丝的形成，芽管菌丝异常、扭曲、膨大畸形，菌丝顶端异常分枝，抑制新孢子形成以及菌核形成和萌芽等各种中毒症状。杀菌剂对菌体的作用方式有杀菌作用和抑菌作用。杀菌是杀菌剂在一定浓度、时间下接触菌体使其失去生长繁殖能力。抑菌是受药剂处理后，菌体的生长繁殖受到抑制，一旦脱离接触或加入抗代谢作用的竞争性抑制剂，菌体又可恢复生长繁殖。随着杀菌剂对菌生理代谢及生物化学反应的深入研究，杀菌和抑菌的概念赋予了新的内涵：影响菌体内生物氧化，在菌类中毒症状上表现为孢子不能萌芽称为杀菌；影响菌体生物合成，在菌类中毒症状上表现为萌芽后的芽管或菌丝不能继续生长称为抑菌。

发展历史　1956 年，由被称为杀菌剂之父的著名杀菌剂科学家 Horsfall 在所著的《杀菌剂作用原理》一书中进行了比较全面的论述。但是限于当时的实验技术和生物学科的发展水平，对杀菌剂作用机制认识有局限性。杀菌剂的作用机制不仅包含杀菌剂与菌体细胞内的靶标互作，还包含杀菌剂与靶标互作以后使病菌中毒或失去致病能力的原因，以及间接作用杀菌剂在生物化学或分子生物学水平上的防病机制。由于杀菌剂作用机制研究需要多学科知识和技术，存在着极大的难度和复杂性，只有部分杀菌剂的作用机制得到证实。杀菌剂作用机制可以归纳为抑制或干扰病菌能量的生成、抑制或干扰病菌的生物合成和对病菌的间接作用 3 种类型。

主要内容

抑制或干扰病菌能量的生成　生物体的能量主要来源于细胞呼吸作用。杀菌剂抑制病菌呼吸作用的结果是破坏能量的生成，导致菌体死亡。大多数传统多作用位点杀菌剂和一些现代选择性杀菌剂，它们的作用靶标正是病菌呼吸作用过程中催化物质降解的专化性酶或电子传递过程中的专化性载体，属于呼吸抑制剂。但是传统多作用位点杀菌剂的作用靶标多为催化物质氧化降解的非特异性酶，菌体在物质降解过程中释放的能量较少，所以这些杀菌剂不仅表现活性低，而且缺乏选择性。病原菌的不同生长发育时期对能量和糖代谢产物的需要是不同的，其中真菌孢子萌发要维持菌丝生长所需要的能量和糖代谢产物较多，因而呼吸作用受阻时，孢子就不能萌发，呼吸抑制剂对孢子萌发的毒力也往往显著高于对菌丝生长的毒力。由于有氧呼吸是在线粒体内进行的，所以许多对线粒体结构有破坏作用的杀菌剂，也干扰有氧呼吸而破坏能量生成。主要包括对糖酵解和酯质氧化的影响；对乙酰辅酶 A 形成的影响；对柠檬酸循环的影响；对呼吸链的影响；对旁路氧化途径的影响。

抑制或干扰病菌的生物合成　病菌生命活动必需物质的生物合成受到抑制或干扰，其生长发育则会停滞，表现孢子芽管粗糙、末端膨大、扭曲畸形，菌丝生长缓慢或停止或过度分枝，细胞不能分裂、细胞壁加厚或沉积不均匀，细胞膜损伤，细胞器变形或消失，细菌原生质裸露等中毒症状，继而细胞死亡。主要包括抑制细胞壁组分的生物合成、抑制细胞膜组分的生物合成、抑制核酸生物合成和细胞分裂、抑制病菌氨基酸和蛋白质生物合成。

对病菌的间接作用　传统筛选或评价杀菌剂毒力的指标是抑制孢子萌发或菌丝生长的活性。但是后来发现有些杀菌剂在离体下对病菌的孢子萌发和菌丝生长没有抑制作用，或作用很小，但施用到植物上以后能够表现很好的防病活性。这些杀菌剂的作用机制很可能是通过干扰寄主与病菌的互作而达到或提高防治病害效果的。

随着分子生物学研究的发展，在有机酸、核苷酸、小分子蛋白质等诱导寄主植物抗病性研究方面取得许多新成果，尤其是水杨酸诱导抗性得到生产应用的证实。活化酯是第一个商品化的植物防卫激活剂，诱导激活植物的系统性获得抗病性。

参考文献

刁春玲，刘芳，宋宝安，2006.农用杀菌剂作用机理的研究进展[J].农药，45(6):374-377.

康占海，蒲丽，吴学民，2005.新型杀菌剂的应用现状及发展展望[J].西北农林科技大学学报（自然科学版）(B8):233-236.

（撰稿：秦小萍；审稿：李成云）

杀线虫剂　nematocide

用于防治植物病原线虫的药剂。是化学农药的一种类型。大部分用于土壤处理，小部分用于种子和苗木处理。

形成和发展过程　与杀虫剂、杀菌剂等农药相比，杀线虫剂的发展历史较短。最初的杀线虫剂主要是一些用作土壤熏蒸消毒的挥发性较强的卤代烃类化合物。1943 年，夏威夷菠萝研究所的昆虫学家卡特发现滴滴混剂有杀线虫作用；1955 年，麦克拜斯等报道了二溴丙烷的杀线虫作用；20 世纪五六十年代，更多的熏蒸型杀线虫剂如二溴乙烷、溴甲烷、二溴氯丙烷等也相继投入了应用。1965 年，美国 Uirginia-carolina 化学公司推出的除线磷被认为是第一种非熏蒸型的杀线虫剂，由于其药毒小，可多种方式使用，这使得杀线虫剂的研究向前迈进了一大步，后来出现的克百威、涕灭威、克线磷等均为重要的非熏蒸性杀线虫剂。当今杀线虫剂的总体发展趋势是由熏蒸型向非熏蒸型、由高毒向低毒、由用量大操作复杂向量小简便、由预防向保护、由仅以防效为标准向兼顾产品效益的大方向发展。

分类　按防治对象可以将杀线虫剂分为两类，一是专性杀线虫剂，即专门防治线虫的农药；二是兼性杀线虫剂，这类杀线虫剂兼有多种用途，如对地下害虫、病原菌、线虫均有毒杀作用。

广泛使用的杀线虫剂按照化学结构主要可分为 5 类：①卤代烃类。生产上使用较早的杀线虫剂，包括滴滴混剂、溴甲烷等。②硫代异硫氰酸甲酯类。主要品种有威百亩、棉隆。③有机磷类。主要品种有苯线磷、克线丹、灭克磷等。④氨基甲酸酯类。主要有杀线威、涕灭威、克百威等。⑤抗生素类。如阿维菌素等。

按照杀线虫剂的性质，卤代烃类和异硫氰酸甲酯类属于熏蒸性杀线虫剂，有机磷类、氨基甲酸酯类和抗生素类属于非熏蒸性杀线虫剂。

参考文献

段玉玺，2011.植物线虫学 [M].北京.科学出版社.

徐汉虹，2018.植物化学保护 [M].5 版.北京:中国农业出版社.

（撰稿：王扬；审稿：李成云）

沙打旺黄矮根腐病　yellow stunt root rot of standing milkvetch

由甘肃链格孢侵染导致沙打旺叶片黄化、植株矮化、根部腐烂的一种系统性真菌病害。

发展简史　沙打旺黄矮根腐病是 2007 年由李彦忠和南志标在中国发现的世界新病害，该病害的病原最早定名为沙打旺埃里砖格孢（*Embellisia astragali*）真菌新种，2016

年根据该类真菌分类地位的变化，采用分子生物学手段鉴定后建议将其更名为一组合种——甘肃链格孢（*Alternaria gansuensis*），并设计出其特异性引物。李彦忠系统研究了其病原的形态学和生理学、该病害的侵染循环和发病条件以及对植株生长和草地持久性的影响，以及病草对小白鼠的毒害作用等。俞斌华和曾翠云比较沙打旺4个育成品种和5个地方品种对该病的抗病性，确定无一高抗和抗性品种，其抗性高低与吲哚乙酸、超氧化物歧化酶等植物内源激素有关。

分布与危害 最初发现于甘肃环县甜水堡镇，后发现在北方各沙打旺产地普遍分布，同龄植株在不同调查地点的发病率不同，2009年，在甘肃环县、宁夏盐池、陕西横山、内蒙古敖汉的6龄沙打旺草地上的发病率分别为82.6%、38.1%、48.7%和17.5%，病情指数（根据单株上发病枝条占总枝条的比例分级）分别为53.7、22.2、24.9和6.1；在同一地点的发病率随草地年龄的增加而升高；在环县，8龄时发病率高达100%。

沙打旺黄矮根腐病严重影响草地建植、植株生长、草地持久性、草产量和种子产量。室内萌发2天的幼苗接种4周后，植株死亡率高达49.37%，在未栽培沙打旺的地区播种沙打旺种子，第一年仅有1株自出苗发病（种子带菌），而第三年时植株发病率90%。在环县，与健康植株比较，发病植株的枝条数增加66.6%～138.3%，单株干重下降17.0%～51.5%，株高下降34.3%～47.2%，植株密度显著降低，2～8龄草地的植株死亡率为26.0%～99.6%，草产量随草地年龄的增加而显著降低，3龄草地开花初期的草产量为6500kg/hm^2，而4龄、6龄和8龄草地的产草量分别为3890kg/hm^2、1764kg/hm^{2}和50kg/hm^2，分别相当于3龄草地的59.8%、27.1%和0.08%，故该病严重影响草地持久性和生产力，是中国北方沙打旺草地衰退的主要原因；同时，由于发病重的枝条在拔节后矮缩，不能生长出果穗，发病轻的枝条虽然能生长出穗，但大部分花器死亡，结实率降低，极少花器虽未死亡，但所结种子秕瘦，且该病原菌的带菌率高达46%，故该病也是沙打旺种子生产的主要限制因素。此外，用染病的沙打旺草粉饲喂小白鼠后发现，小白鼠的体重显著低于对照，脏器出现病变，谷丙苷转氨酶的活性显著升高，故家畜采食染病植株可能造成中毒。然而，染病植株中含有5种黄酮等化合物，其中1种为黄酮类新化合物黄芪素，2种化合物对大肠埃希氏杆菌（*Escherichia coli*）、蜡质芽孢杆菌（*Bacillus cereus*）、金黄色葡萄球菌（*Staphylococcus aureus*）、胡萝卜软腐欧文氏菌（*Erwinia carotovora*）、枯

草杆菌（*Bacillus subtilis*）和2种人的癌细胞（白血病和肝癌）具有明显抑制作用，因此，此病原菌又具有药物开发价值。

沙打旺黄矮根腐病为系统性病害，在植株的不同生长阶段的不同组织部位上的症状不同，最典型的症状为叶片黄化、枝条矮缩、主根和根颈腐烂。

叶片黄化。春季植株返青长出叶片后，基部小叶黄化（图1①），后随着植株长高，黄化叶片出现在植株中上部，一些植株褪绿区域从小叶基部向叶缘和叶尖扩展，变色区域很快变白色，白斑上有不规则的褐色斑点，病叶易脱落，叶柄上有褐色病斑，但不脱落（图1②），另一些植株褪绿区域出现在叶片边缘或中心，其中部分区域呈红褐色（图1③）；健康枝条叶片墨绿色，而发病枝条叶片淡黄至深黄色（图1④）。通常发病小叶在复叶上成对出现，但有时个别小叶不发病。一般在6月中旬，早期生长发病的小叶全部脱落，而茎秆无症状，因此，仅根据发病叶片很难诊断此病。

枝条矮缩。在拔节期，大部分发病枝条的茎节短，枝条矮缩、僵直、增粗，伸长速度减缓，枝条长度明显短于健康枝条，侧枝增多，呈丛枝状，其叶片小、黄、卷曲，但部分发病枝条并不矮缩。发病植株的株形呈扫帚状，枝条直立，合拢于植株中心，而健康植株的株形舒展，枝条中上部向外伸展。

开花前后茎秆变色，病枝可分为3类：第一类为矮化枝条，在矮化枝条上，早期生长出的病叶已干枯、苍白，或变黑（气候潮湿条件下产生了由病原物分生孢子梗和分生孢子组成的霉层），枝条顶端新生叶片继续黄化、皱缩，茎秆均匀变褐或红褐色，这类枝条不能长出果穗。第二类病枝为未矮化枝条，虽无矮化、黄化症状，但茎秆均匀或不均匀变褐色，或从茎的下半段变色，与健康植株明显不同；这类病株可开花，开花的花多早期干枯、不结实，结实的多为秕瘦籽粒，且带菌率极高。最早开花的枝条中有88.5%～98.7%为病枝，开花时间显著早于健康枝条。第三类为死亡病枝，在降水量较多的年份，死亡枝条变黑，表面产生大量霉层，为病菌的分生孢子梗和分生孢子（图2）。

主根和根颈腐烂。带病菌的种子播种后，出苗2周时子叶自基部向叶尖开始褪绿变黄，后扩展至真叶（复叶）的叶柄以及其上的小叶上，褪绿叶片上有红褐色丝状变色，幼苗顶端的心叶皱缩、黄化，无法正常展开，病苗多于播种当年死亡，表面产生黑色的霉层，即病菌的分生孢子梗和分生孢子。

该病菌可侵染植株的任何部位，任何一个部位上的病

图1 沙打旺黄矮根腐病的叶片症状（李彦忠提供）
①植株基部叶片黄化；②叶片基部变黄；③叶片中心与边缘变黄；④健康枝条（左）和发病枝条（右）

图 2　沙打旺黄矮根腐病田间症状（李彦忠提供）

①6 龄田间发病症状；②左：全部枝条矮化病株，右：健康植株；③部分枝条发病而其他枝条健康；④健康茎秆；⑤病枝茎秆变褐色或紫红色；
⑥病株矮化，增生大量侧枝

斑可扩展至其他组织部位。在喷雾接种中，侵染叶片时，多在叶片连接叶柄处开始褪绿变黄，变黄区域不断扩大至整个叶片，叶片变苍白色（图 3①），在叶片边缘侵染后褪绿区域向基部扩展，最后整叶干枯，褪绿区域继续扩展至叶柄及邻近小叶上（图 3②）。侵染叶柄和茎秆时，开始出现褐色小点，后呈红褐色病斑，病斑向叶柄扩展至其上小叶，茎秆上病斑向上向下扩展至侧枝，在叶腋处促进枝条过度生长而出现大量枝条，即丛枝症状，其上叶片黄化、细小、卷曲（图 3⑥），后期叶片枯死变白（图 3④）、枝条枯死（图 3⑤），喷雾地上接种后，根颈处丛生大量矮缩、茎节红色的枝条（图 3③），植株的主根表面变褐色（图 3⑧）至黑色，变黄、腐烂（图 3⑨），发病严重者，根中柱自上而下变红褐色（图 3⑩），发病轻者，根皮层有红色变色区域（图 3⑫），根中柱黄色至红褐色（图 3⑪），在所有发病组织均可检出菌丝。

病原及特征　病原为甘肃链格孢（*Alternaria gansuensis* Liu & Li），属链格孢属。在 PCA 培养基上分生孢子的颜色和形状（图 4①）与死亡病株上（图 4②）的有一定差异。在 PCA 培养基上的初级分生孢子梗有 1～2 个细胞的短柱，

或长达 71μm×8μm 的由多个细胞组成的长柱，由气生菌丝顶端或内菌丝伸出基质表面形成，不分枝或分枝，屈膝状，2～5 个产孢位点，淡橄榄色至中等黄褐色，初级产孢和次级产孢均较贫乏。次级分生孢子梗从初级分生孢子的顶端和基部长出，有时从侧面长出，1～2 个细胞，淡色，顶端膨大，或较长，产孢位点上有 2～3 个屈膝状弯曲，极少分枝。分生孢子长倒棍棒状，直或"Y"形，稍微不对称或明显弯曲，甚至呈"S"形，基部细胞近圆球形，新生分生孢子淡橄榄色，半透明，成熟的分生孢子黄褐色，3～8 个横隔膜，无或极少有 1 个纵隔膜或斜隔膜，隔膜黑色，加厚，表面光滑，分生孢子在分隔处明显缢缩，孢子中每个细胞两侧边的距离不同，每个细胞的上下宽度也常不相等。分生孢子的大小为 24～66μm×8～13μm（平均 45μm×11μm）（图 4①）。在死亡枝条上，孢子梗均匀地从寄主组织（茎秆、叶柄和叶片）的皮层上生长出来，基部粗大（埋在寄主皮层下的部分），顶端渐细，淡黄色，稍呈屈膝状，孢痕孔状，中心白色，周围黄褐色，微凹陷，简单不分枝或分枝，3～5 个细胞，淡黄褐色，2～3 个屈膝状弯曲，2～4 个产孢孔，大小为 29～129μm×5～8μm（平均 66μm×6μm）（图 4②）。分生孢子中 Y 形

图 3 沙打旺黄矮根腐病室内接种症状（李彦忠提供）
①复叶上症状；②小叶上症状；③新枝上症状；④植株基部增生枝条及其叶片上症状；⑤增生侧枝死亡；⑥发病小叶干枯症状；
⑦主枝上增生侧枝；⑧茎基部增生芽；⑨主根；⑩主根皮层和中柱；⑪主根中柱症状；⑫主根皮层症状

孢子多见（图 4③），3～10 个横隔膜，无纵隔膜和斜隔膜，或极少 1 个纵隔膜和斜隔膜（图 4④），32～71μm×8～13μm（平均 57μm×11μm）。在 PDA 培养基上产孢较少，屈膝状分生孢子梗及链生的初生产孢和次生产孢与 PCA 培养基上和在死亡病株上一致（图 4③④）。

病菌在 25℃ 下在马铃薯葡萄籽琼脂培养基（PDA）、马铃薯胡萝卜琼脂培养基（PCA）、V-8 和麦秆煎液培养基（WHDA）等 4 种常用培养基上均生长极其缓慢，每天生长速率分别为 0.27～0.68mm。在相同温度下的葡萄糖、蔗糖、甘露糖、果糖等 10 种碳源，硝酸钾、蛋白胨、硝酸钠、甘氨酸和色氨酸等 5 种氮源，以及在黑暗、光照和 12 小时光照 12 小时黑暗、20～120 分钟紫外光、pH 4.32～11.29 下均可生长，生长速率均较缓慢，但不能在尿素、硫酸铵、氯化铵和硝酸铵 4 种氮源上生长，温度超过 30℃（包括 30℃）不能生长。菌落生长和产孢的最佳培养条件为 25℃、WHDA 培养基、光暗交替。

侵染过程与侵染循环

越冬 该病菌以不同菌态在 3 种场所越冬。①田间病株中的菌丝。菌丝可在病株的茎基部、根颈和主根中越冬，翌年植株返青后随着新枝从刈割残留的茎基部上生长，病菌扩展到新枝中，并随着枝条的伸长而扩展到其他组织。②田间病残体上的分生孢子。其可存活 10 个月以上，成为田间病菌在植株之间扩展的主要途径，但随着时间的推移，分生孢子的死亡率显著增加。③种子内的菌丝。虽然绝大部分病枝不能抽穗，不能开花结实，但发病轻的部分枝条也可开花结实使种子携带病菌。但大部分籽粒秕瘦，在种子收获处理中被淘汰，故饱满种子上的带菌率较低，在商品沙打旺种子上的带菌率通常为 0.2%～1.0%。由于带菌种子是远距传播的主要途径，在新建植的草地上，若使用带菌的种子，则会生长出带菌的幼苗，这些幼苗在生长后期死亡，病菌在死亡的幼苗上产生大量分生孢子，传播到邻近植株上，形成明显的发病中心，故虽然商品沙打旺种子的带菌率较低，但在一个

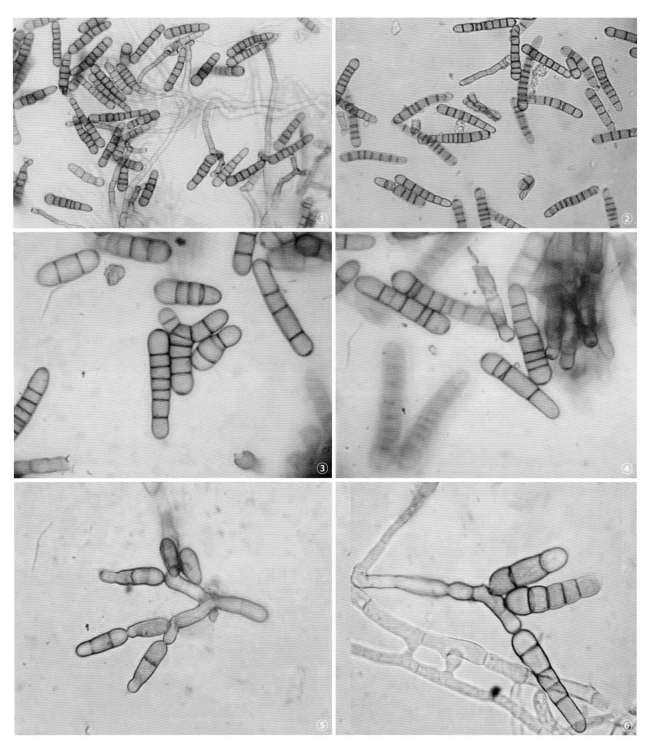

图 4　甘肃链格孢的分生孢子梗和分生孢子（李彦忠提供）

①马铃薯胡萝卜琼脂培养基（PCA）上 1 周时的初生产孢；②死亡植株上产生的分生孢子和分生孢子梗；③死亡植株产生的 Y 形孢子；④死亡植株产生的斜隔孢子和两边不对称孢子；⑤马铃薯葡萄糖琼脂培养基（PDA）上培养的菌落的初生产孢和次生产孢（链生）（示次生孢子与初生孢子之间的结构，即次生分生孢子梗）；⑥分生孢子的合轴式延伸

地区首次种植沙打旺，少量的带菌种子也会造成当地沙打旺黄矮根腐病的迁入和持续危害。该菌的分生孢子在土壤中存活时间少于 10 个月。甘肃链格孢的分生孢子梗也可萌发出菌丝，因此，分生孢子梗在侵染循环中可能也有一定作用。

传播　该病为种传病害、气传病害，随种子传播是新建草地发病的主要原因，而在已发病的草地上，田间病残组织上的分生孢子随气流、雨水传播则是导致发病率增加的主要原因。在植株返青后，茎基部、根部和根颈部的菌丝扩展到新长出的枝叶、花和种子上是一种特殊的传播方式。

初侵染和再侵染　田间死亡病株上产生的分生孢子是

主要初侵染来源，在沙打旺生长季节均可造成侵染，尤以沙打旺生长中后期部分病株（枝）死亡后遇到连日阴雨，空气湿度较大的条件下，有利于菌丝产孢、分生孢子萌发与侵染，故侵染时间主要在秋季刈割前后（刈割后的再生枝叶受侵染后病菌扩展到茎基部越冬）和春季返青后，可侵染茎、叶、叶柄等，潜育期约为22天（室内喷雾接种）。由于该病菌只有在死亡病株（枝）组织上产生分生孢子，而在发病存活植株组织上不会产生分生孢子，故同一植株受侵染，如果侵染叶片，导致叶片干枯、脱落并产生病菌的分生孢子，可造成当年再侵染，如果侵染叶柄和茎，则受侵染的叶柄和茎秆在当年不会死亡，也不产生分生孢子，故无再侵染。在降水量少、空气干燥的地区，如甘肃环县，死亡病株在有的年份产生分生孢子而在有的年份不能产生分生孢子，故田间侵染在降水量极少的年份发生的概率较低，大部分年份田间植株的发病主要依赖于田间病株茎基部和根颈内存留的菌丝，而非死亡病株上的分生孢子。由于3龄以上植株返青时只能从茎基部萌发出芽和新枝，而极少从根颈部萌发新枝，故茎基部对于植株存活至关重要。对此病菌来说，地上部分受到侵染后病菌可从上扩展到茎基部，刈割后病菌留存于茎基部，而茎基部内的病菌又可通过翌年植株返青扩展到新的枝叶中，故茎基部在该病的发生中起到桥梁和纽带的作用(图5)。

该病的侵染循环可总结为两种：①从种子到种子的循环。带菌种子播种后，幼苗死亡，病菌在死亡幼苗上产生分生孢子，传播到邻近的植株上引起发病，病枝开花结实并在种子内带菌，带菌种子随种子进行远距离传播。②从病株到病株的循环。病菌的菌丝在病株的茎基部、根颈部和根部越冬，返青后植株发病，或病菌的分生孢子在死亡病株上越冬，春秋两季侵染叶片、叶柄和茎秆（图5）。

厚垣孢子室内多次接种均未引致植株发病，故其在侵染循环中意义不大。

流行规律

产孢条件　该病菌在5～25℃下在保湿的新鲜病叶表面均可产生分生孢子，而最适宜温度为15℃（保湿第一天就可产孢）。病菌在枯死病枝上也可产孢，但需要高湿条件，在23℃下需要大于85%的空气相对湿度。

孢子萌发条件　孢子萌发需要高湿或水滴、水膜等有水的条件，在水中最适宜温度是20～30℃，完成萌发需要8～24小时；在无水条件下，在85%以上的空气湿度下1周时，仅有5%～8%的孢子萌发。

病害流行条件　因为空气湿度是决定该病菌产孢和孢子萌发的主要条件，因此，凡是可形成高湿环境的因素均有利于病害的发生与流行，加快草地的衰退速度。如，栽培于降水频繁且年降水量大的地区，经常灌溉、密植的田块等，从这一点来说，沙打旺草地的寿命南方的短于北方、阴湿地区短于干旱地区、水浇地短于旱地、平地短于山坡地。另外，刈割收获时田间留存的死亡病株在适宜条件下可产生大量分生孢子，增加田间菌源数量，增加侵染概率。

防治方法

选用健康无病的种子　通常商品沙打旺种子中此病菌的带菌率仅为0.2%～1%，但由于播种带菌种子后，带菌种子生长出的幼苗发病并在苗期死亡，幼苗死亡后可产生大量

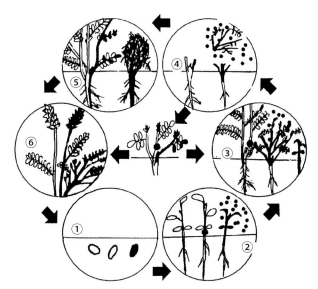

图5　沙打旺黄矮根腐病的侵染循环（李彦忠提供）

①播种的种子中混有携带甘肃链格孢的种子（白色为健康种子，黑色的为带菌种子）；②带菌种子萌发并发病（右），当年死亡后在发病幼苗上产生分生孢子并侵染邻近植株（左）（黑色小点示病菌的分生孢子）；③被侵染植株在次年返青后发病，再产生分生孢子侵染邻近植株（左）；④病菌以菌丝在茎基部、根颈部和主根中，以及以分生孢子在病残体上越冬；⑤植株的根颈和主根带菌则返青后全部枝条发病，而茎基部带菌则返青后仅部分枝条发病，其余枝条正常；⑥发病严重的枝条早期枯死，不能开花结实，而发病较轻的枝条则正常开花，但所结籽粒携带甘肃链格孢的菌丝

分生孢子，进而传播到周围植株，故建植草地3年后发病率可达100%。因此，在建植沙打旺草地时应选用无病的健康种子。种子带菌可采用常规分类病原的方法检测，或采用特异性引物检测。

选在山地种植　从沙打旺栽培地区此病的发生情况来看，山地发病率较低，草地利用寿命较长，特别是砂壤地，而平地发病率较高，草地利用年限较短，故沙打旺宜播种于北方地区的山坡地，而不适宜播种于南方地区及北方阴湿地区及水浇地。

选育抗病品种　中国已育成的中沙一号、内蒙早熟、彭阳早熟等3个沙打旺品种均感病，陕西、河南、宁夏等地方品种也感病，尚无免疫和高抗品种，但陕西榆林和内蒙早熟两个品种抗病性较强可选用。选育抗病性较强的品种是生产上亟待解决的问题。

田间管理　由于病菌的分生孢子只能从死亡的枝叶上产生，孢子萌发与侵染均需要高湿条件，故建议除在建植时合理密植之外，在病枝大量枯死前刈割，减少田间病株产生分生孢子的可能，另外，在秋季去除枯枝落叶，减少田间残留病原的菌丝和孢子。

参考文献

刘建利, 2016. 沙打旺黄矮根腐病菌分子生物学研究[D]. 兰州: 兰州大学.

俞斌华, 2011. 沙打旺 (*Astragalus adsurgens*) 品种对黄矮根腐病 (*Embellisia astragali*) 的抗性评价[D]. 兰州: 兰州大学.

曾翠云, 2016. 沙打旺9个品种对沙打旺黄矮根腐病的抗性机理

研究及种质特性综合评价[D]. 兰州: 兰州大学.

CHEN J, LI J, YANG L Q, et al, 2012. Biological activities of flavonoids from pathogenic-infected *Astragalus adsurgens* [J]. Food chemistry, 131: 546-551.

LIU J L, LI Y Z, CREAMER R, 2016. A re-examination of the taxonomic status of *Embellisia astragali* [J]. Current microbiology, 72(4): 404-409.

（撰稿: 李彦忠、徐娜、南志标; 审稿: 李春杰）

沙枣枝枯病　russian olive branch rot

主要由胡颓子壳囊孢侵染所致的沙枣真菌性枝干病害。又名沙枣腐烂病。

分布与危害　主要发生在新疆、甘肃及陕北寒冷地区，尤以新疆荒漠地区发生较为普遍。主要危害沙枣。新疆奇台东湾人工沙枣林的枝枯病发病株率可达80%，造成成片林子枯死，损失严重。病菌主要侵染沙枣枝、梢皮层，造成韧皮部坏死，从而造成枝条枯死（图①）。在大枝上可产生长形腐烂病斑。发病后期枯枝病皮呈现黄褐色或灰褐色，并有大量灰黑色疹状突起破皮而出，即病菌的分生孢子器。潮湿时，可见红色卷须状分生孢子角从分生孢子器孔口挤出。

病原及特征　病原为腐皮壳菌科（Valsaceae）的无性型壳囊孢属（Cyosptora）中的胡颓子壳囊孢（*Cytospora elaeagni* Allesch.）。其分生孢子器为不规则形，埋生在寄主表皮下的子座中，子座直径0.8～1.8mm。分生孢子梗线形，长7～14μm；分生孢子腊肠形，5～6μm×1μm，单胞，无色（图②）。

另外，在陕北靖边的沙枣枝枯病则由葡萄座腔菌目（Botryosphaeriales）的壳砖隔孢之一种 *Camarosporium* sp. 所致。

侵染过程与侵染循环　冻害、干旱是病害发生的诱因。病菌的分生孢子器在病枝、病皮上越冬，翌年释放出大量分生孢子。经风雨传播侵染。

流行规律　见杨树溃疡病（类）。

防治方法

加强栽培管理　营造合适的混交林。冬前、春季灌水防旱，增强树势。早春晚秋通过对树干涂白（配方: 生石灰

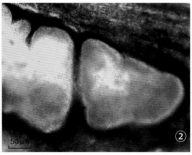

沙枣枝枯病症状和病原菌形态特征（曹支敏摄）
①沙枣枝枯病症状；②胡颓子壳囊孢分生孢子器和分生孢子

15kg，硫黄粉0.5～1kg，水40kg），加强对幼树的保护。

减少初侵染源　及时清理、焚烧带病枯枝。

化学防治　见杨树溃疡病（类）。

参考文献

刘振坤，1988. 林木病害防治 [M]. 乌鲁木齐: 新疆人民出版社.

（撰稿: 曹支敏; 审稿: 叶建仁）

山药斑枯病　yam spot blotch

由薯蓣叶点霉引起的、危害山药叶片的真菌病害，全世界范围内都有该病害的发生危害。

发展简史　山药叶斑病的病原菌曾用名为薯蓣壳针孢（*Septoria dioscoreae*），更名后为薯蓣叶点霉（*Phyllosticta dioscoreae*），Cooke 等在1878年对该菌的模式种进行了详细描述，其寄主范围为 *Dioscorea villosa*、*Dioscorea esculenta*、*Dioscorea fasciculata* 以及薯蓣属的其他作物。中国多地对该病害均有报道，主要集中在发生与防治方面，而并没有该病害的系统鉴定文献，多采用斑枯病形容该病，病原菌都用 *Septoria dioscoreae* 进行描述。在中国，该病原仅在薯蓣属中的盾叶薯蓣（*Dioscorea zingiberensis*）上有过系统鉴定，其病害症状与山药叶斑病相似。

分布与危害　该病害在全世界范围内都有发生危害。主要侵染薯蓣属的多种作物，山药上也有该病害的发生危害。该病害主要发生在山药下部叶片，病斑初期为褐色小点，逐渐发展为圆形病斑，直径10mm左右，中部灰白色凹陷，边缘深褐色稍隆起，叶片正反两面病斑相似，背面病斑不如正面清晰，后期病斑易穿孔（见图）。

病原及特征　病原为薯蓣叶点霉（*Phyllosticta dioscoreae*）。属叶点霉属。病斑上散生分生孢子器，分生孢子器单室，球形或扁球形，直径60～130μm，有或无乳突；分生孢子圆形或不规则形，直径8～15μm。产孢细胞圆柱形，大小为4～11μm×1.5～3μm，分生孢子单胞，球形、倒卵形，刚发育的孢子梨形或棒状，基部平截，直径6～7μm，孢子外裹一层厚厚的黏液，内含油珠。该病菌仅侵染薯蓣属作物。

侵染过程与侵染循环　以分生孢子器在病残体上越冬，翌年分生孢子完成对山药叶片的初侵染，在组织上形成分生孢子器后，随气流和雨水流动进行传播完成再次侵染。

流行规律　湿度大有利于病害的发生，该病害经常同其他叶部病害混合发生。6月田间有零星病斑出现，夏季雨水多有利于该病害的发生危害，如遇合适条件，8～9月田间该病害严重发生，一般年份该病害发生不严重。

防治方法　该病害的寄主仅有薯蓣属植物，不侵染其他作物，因此，在防治中要注意切断初侵染源，并且创造不利于病害发生的田间环境。收获山药时及时清理病残体，减少翌年初侵染源；山药采用开沟支架栽培，雨季及时排水，保持良好的田间通风透光条件。在发病初期使用70%代森锰锌进行喷雾防治。

参考文献

王守正，1994. 河南省经济植物病害志 [M]. 郑州: 河南科学技术出版社.

山药斑枯病症状（王飞提供）

VANDER AA H A, 1973. Studies in *Phyllosticta* I[J]. Studies in mycology, 5：1-110.

（撰稿：王飞、刘红彦；审稿：丁万隆）

山药病毒病   yam virus disease

由多种病毒引起，主要危害山药叶片，导致山药减产、种质退化的病害。

发展简史   1977 年科特迪瓦首次报道山药花叶病毒（yam mosaic virus，YMV）危害山药。2008 年加纳、多哥和贝宁报道当地除了常见的山药杆状病毒（dioscorea bacilliform virus，DBV）、山药花叶病毒（YMV）和山药轻型花叶病毒（yam mild mosaic virus，YMMV），首次发现黄瓜花叶病毒（cucumber mosaic virus，CMV）侵染山药。山药在中国河南、湖北、山东、江西、广西等地有大面积栽培，病毒病发生普遍。2003 年张振臣利用 Dot-Elisa 和 PCR 的方法检测到 5 种病毒。2012 年邹承武等利用高能量测序技术从河南、山东、广西三地收集的 3 个山药品种中检测到 6 种病毒。山药病毒病是在山药种植过程中的常发病害，引起山药病毒病的多数病毒都属于马铃薯 Y 病毒属（*Potyvirus*）。

分布与危害   山药主要分布于热带和亚热带地区，山药病毒病的病毒种类多，在世界范围内山药产区均有发生，不同地区病毒种类可能不同。在非洲和加勒比地区，山药杆状病毒、山药花叶病毒、山药轻性花叶病毒和黄瓜花叶病毒混合发生，造成的产量损失达 40% 以上。山药全株系统感染，植株瘦弱，生长缓慢，地下茎块畸形。叶片小，叶缘微有波状，有时畸形。叶面显现轻微花叶，叶脉多显示绿带。严重时叶片呈现黄绿或淡绿与浓绿相间斑驳，叶面凸凹不平，生长中后期有时产生一些坏死斑点（见图）。

病原及特征   山药病毒病已报道病原主要有山药花叶病毒（yam mosaic virus，YMV）、马铃薯 Y 病毒（potato virus Y，PVY）、马铃薯 A 病毒（potato virus A，PVA）、马铃薯 M 病毒（potato virus M，PVM）、马铃薯 S 病毒（potato virus S，PVS）、马铃薯 X 病毒（potato virus X，PVX）、马铃薯卷叶病毒（potato leaf roll virus，PLRV）、蚕豆萎蔫病毒（broad bean wilt virus，BBWV）、芜菁花叶病毒（turnip mosaic virus，TuMV）、香石竹意大利环斑病毒（carnation Italy ringspot virus，CIRV）、山药坏死花叶病毒（Chinese yam necrotic mosaic virus，ChYNMV）。

YMV 病毒粒体线状，大小为 785nm×13nm，病毒失毒温度 55～60°C，稀释限点 1000～10000 倍，体外存活期（25°C）12～24 小时。PVY 病毒粒子线状，大小为 11nm×680～900nm，钝化温度 52～62°C，稀释限点 100～1000 倍，体外存活期 2～3 天。PVA 病毒粒子为丝状，长约 730nm，直径 15nm，其寄主范围较窄，仅侵染茄科和薯蓣科少数植物；病汁液稀释限点 10 倍，钝化温度 44～52°C，体外存活期 12～18 小时。PVS 病毒粒体线形，长 650nm，其寄主范围较窄，系统侵染的植物仅限于茄科和薯蓣科的少数植物；病汁液稀释限点 1～10 倍，钝化温度 55～60°C，体外存活期 3～4 天。PVX 病毒粒体线形，长 480～580nm，其寄主范围广，系统侵染的主要是茄科和薯蓣科植物；病毒稀释限点 100000～1000000 倍，钝化温度 68～75°C，体外存活期 1 年以上。PLRV 病毒粒体球状，直径 25nm，病毒稀释限点 10000 倍，钝化温度 70°C，体外存活期 12～24 小时，2°C 低温下存活 4 天。BBWV 病毒粒子存在于细胞质中，形成许多长形或四方形的结晶体，结晶体中的粒子排列紧密而整齐；在细胞质中出现由病毒粒子组成的管状或卷筒状结构，管状物直径约 80nm，在横切面上由 9 个病毒粒子组成，以螺旋

山药病毒病症状（刘红彦提供）

状排列，还发现这些管状物可以围绕在一个次生液泡周围，并由15～20个管状物排列成一个直径200nm以上的大环，管状物有时可分散排列在液泡中。TuMV病毒粒体线状，大小为700～800nm×12～18nm，钝化温度55～60℃10分钟，稀释限点1000倍，体外保毒期48～72小时，通过蚜虫或汁液接触传毒，在田间自然条件下主要靠蚜虫传毒。

侵染过程与侵染循环　山药病毒病的病原可随种薯越冬，带毒种薯是田间病毒的主要来源，可随种薯远距离传播。在田间，病毒主要由蚜虫、汁液摩擦等方式传播，传毒蚜虫为桃蚜、棉蚜等。蚜虫传毒为非持久性传毒，但传毒效率高。

流行规律　病害发生轻重与种薯带毒率直接有关，带毒率高栽植后田间发病率就高。另外，蚜虫发生重，病害就重。高温干旱一般有利于蚜虫繁殖与活动，加重病害发生。管理粗放，植株长势弱的地块发病重。

防治方法

农业防治　建立无毒种薯繁育基地，采用茎尖组织培养脱毒种薯；从健株上采收零余子，繁殖龙头。选用抗耐病优良品种。加强栽培防病，施足有机底肥，增施磷肥和钾肥；精细整地，高垄或高埂栽培；生长期及时中耕除草和培土，适时浇水，严防大水漫灌。及时清除田间杂草，注意山药田与烟田、马铃薯、茄科蔬菜田的布局，阻止蚜虫迁飞，减少传毒机会。

化学防治　出苗前彻底防治蚜虫，必要时在发病初期进行药剂防治，可喷洒20%病毒A可湿性粉剂500倍液，或1.5%植病灵乳剂1000倍液，或NS-83增抗剂100倍液，或抗病毒剂1号水。

参考文献

李明军，张峰，陈明霞，等，2003.怀山药病毒病的研究[J].中草药，34(11)：附3-5.

KONDO T, 2001. The 3'- terminal sequence of Chinese yam necrotic mosaic virus genomic RNA: a close relationship with *Macluravirus*[J]. Archives of virology, 146: 1527-1535.

（撰稿：文艺；审稿：丁万隆）

山药根腐线虫病　yam root-lesion nematodes

由咖啡短体线虫引起的、危害山药块茎的线虫病害。又名山药短体线虫病、山药红斑病。

发展简史　1966年牙买加和英属西印度群岛圣露西亚的山药根腐病鉴定为咖啡短体线虫（*Pratylenchus coffeae*）。此后，国外报道根腐线虫病的病原还有薯蓣盾状线虫（*Scutellonema bradys*）、苏丹短体线虫（*Pratylenchus sudanensis*）。1991年，张广民等报道山东嘉祥细长毛山药根腐线虫病的病原为穿刺短体线虫（*Pratylenchus penetrans*）。1992年杨宝君和赵来顺通过形态学鉴定，认为河北安国的山药红斑病病原为薯蓣短体线虫（*Pratylenchus dioscoreae*），是一个新种。但后经形态学和分子技术鉴定，江西、广西、河北等地山药根腐线虫病的病原均为咖啡短体线虫。

分布与危害　山药根腐线虫病是一种广泛分布的世界性病害，在中国、日本、巴拿马、危地马拉、牙买加、英属西印度群岛圣露西亚、西非等山药种植区均有发生危害。山药块茎发病初期表皮上产生少量圆形红褐色小斑点。随着线虫数量的增加，病斑数量增多，病斑直径扩大到0.2～0.4cm，病斑颜色变为浅褐色至黑褐色，病斑边缘稍凹陷。剖开表皮，病组织呈红褐色，深度0.2～0.4cm。严重时，病斑可连成大片，甚至环绕根状茎，表面有微细龟裂纹。最后，病部暗褐色、凹陷、干裂，内部病组织呈褐色干腐状，深度可达0.5～1cm。根状茎变脆，极易折断。地上部表现为叶色淡绿、植株矮小，病重时全株发黄，枯萎死亡（见图）。

病原及特征　病原主要为咖啡短体线虫（*Pratylenchus coffeae*），属植物寄生线虫，短体线虫属（*Pratylenchus*），雌雄体同型。虫体蠕虫形，短粗，唇区低平，口针粗而短，基部球宽，圆形；食道腺覆盖肠腹面，中食道球十分显著，卵圆形；雌虫阴门横裂，位于虫体后端。寄主作物除了薯蓣属植物，还有小麦、玉米、水稻、大豆、咖啡、牛蒡、茶树、苹果、柑橘、烟草、香蕉、甘蔗、番茄、四季豆及甘蓝等。

侵染过程与侵染循环　幼虫和卵在土壤和山药块茎内越冬，带病芦头及茎段、病残体、病田泥土是线虫病的初侵染源。线虫各个龄期都能在山药根内和根与土壤之间自由运动，破坏根皮细胞引起局部损伤。山药从下种到收获，均受到短体线虫病的危害，初秋高温季节表现症状。土壤潮湿时加剧块茎腐烂。储藏期间条件适宜，病斑继续扩展造成严重腐烂。

流行规律　山药短体线虫生活史极不整齐，经常可查到各个虫态，1年约发生2代，当6月上旬新块茎形成，线虫即开始侵染，随后侵染延续增长，直至收获。块茎从芦头至40cm以上处均可受害，以1～20cm处病斑较多。山药短体线虫发育适温为25℃左右，幼虫在10℃以下停止活动，致死温度为55℃5分钟，主要分布在20cm左右的深土层内，地表30cm以下块茎少见。线虫病常与其他土传病害共生，形成复合病害而加重损失。此病不仅影响山药的产量和品质，而且影响种苗储藏。

防治方法

农业防治　山药忌重茬，忌与甘薯、大豆、胡萝卜、地

山药根腐线虫病症状（刘红彦提供）

黄等轮作，应选择地势高燥、水系配套、肥沃疏松的新茬地。注重选种，选择纯正、健壮、无线虫病危害的芦头或茎段。

物理防治　用 52～55℃ 热水浸种薯 15～20 分钟，杀死种薯内的线虫。

化学防治　有线虫危害的地块，山药下种时用 10% 噻唑膦、淡紫拟青霉做土壤处理。

参考文献

贺哲，黄婷，李俊科，等，2016. 瑞昌山药根腐线虫病病原鉴定[J]. 江西农业大学学报，38(5): 879-883.

黄金玲，陆秀红，高淋淋，等，2015. 广西淮山根腐线虫病病原鉴定 [J]. 南方农业学报，46(11): 1990-1993.

（撰稿：刘红彦、张春艳；审稿：丁万隆）

山药根结线虫病　yam root-knot nematodes

由根结线虫引起的、危害山药根系和块茎的线虫病害。

发展简史　1965 年尼日利亚就有南方根结线虫（*Meloidogyne incognita*）危害几内亚白山药（*Dioscorea rotundata*）的报道，Imafidor 和 Mukoro 2016 年报道在尼日利亚 3 个白山药产区 3 个寄生线虫属 *Pratylenchus* spp.、*Scutellonema* spp. 和 *Meloidogyne* spp. 的发生率分别为 90%、76% 和 70%，并首次报道象耳豆根结线虫（*Meloidogyne enterolobii*）有该危害。据山东郓城山药产区调查，引起山药根结线虫病主要有花生根结线虫占 56.1% 和南方根结线虫占 31.5%，爪哇根结线虫占 9.4%，其他线虫占 3%。河北保定山药产区有北方根结线虫危害。

分布与危害　在河南、山东、江苏和河北等山药产区发生普遍，也是尼日利亚、乌干达和波多黎各等国山药产区的主要线虫病。

山药根结线虫在土壤中的分布比较广，在山药根系活动的地方都有分布。在田间呈分散或条块状分布。山药根结线虫主要危害山药的根系和块茎。受害植株，地上部叶片变小，藤蔓生长衰弱，叶色淡，严重时叶片枯黄脱落。块茎受害后，山药表面暗褐色，无光泽，多数畸形，在线虫侵入点周围肿胀突起，形成直径 2～7mm 的虫瘿（根结），严重时多个虫瘿连合在一起，病块茎上生出许多须根，在须根上产生有米粒大小的根结。剖视病块茎，可见自线虫侵入点向内组织变褐色；后期表皮组织腐烂，内部组织变深褐色，由于其他微生物的侵染而导致块茎腐烂，完全失去山药的商品价值，造成很大的经济损失。解剖镜检，病部可见乳白色的鸭梨状雌成虫及不同龄期的幼虫。

病原及特征　线虫属（*Meloidogyne* spp.）的多种线虫能引起山药根结线虫病，主要是花生根结线虫［*Meloidogyne arenaria*（Neal）Chitwood］、南方根结线虫［*Meloidogyne incognita*（Kofoid et White）Chitwood］、爪哇根结线虫［*Meloidogyne javanica*（Treub.）Chitwood］和北方根结线虫（*Meloidogyne hapla* Chitwood）。寄主作物有山药、花生、大豆、菜豆、马铃薯、芋、番茄、南瓜、棉花等多种作物。

根结线虫雌雄异形，其整个发育阶段包括卵、幼虫、成虫三个阶段。卵肾形，乳白色；二龄幼虫线性，无色透明，头钝，尾稍尖，三龄以后的幼虫呈豆荚形，随龄期增长而渐膨大；雌成虫一般为鸭梨形、葫芦形、柠檬形等，乳白色，口针基部球向后略斜，会阴花纹圆或卵圆形，近尾尖处无刻点，近侧线处有不规则横纹，有些横纹伸至阴门角，通常头区有一个完整的环纹；雄成虫细长，灰白色，头略尖，尾钝圆，导刺带新月形。

侵染过程与侵染循环　山药根结线虫主要是通过病土、病薯、田间灌水、雨水和农事操作等途径传播，远距离的传播主要是通过带病的种薯。病原线虫主要以卵和二龄幼虫在山药病残体和土壤中越冬。二龄幼虫为侵染幼虫。越冬卵翌年环境条件适宜时，开始孵化变成一龄幼虫，蜕皮后为二龄幼虫，以穿刺的方式侵入山药幼嫩的块茎和根尖，进行繁育，引起发病。侵染块茎的线虫在病部组织内取食发育，再经二次蜕皮后发育为成虫，雌雄成虫交尾，交尾后不久雄虫死去，雌虫产卵于胶质卵囊内。卵在土壤中分期分批孵化进行再侵染。一年可发生 3～5 代，世代重叠。根结线虫在土壤中的分布较广，主要分布在 20～40cm 的土层内。土温 15～20℃，田间最高持水量 70% 左右最有利于线虫侵入。一般砂性土壤发病重，连作年限越长发病越重。

流行规律　根结线虫在山药上的生活周期，因不同地区、不同种线虫而不同。中国南方地区温度高，山药根结线虫 1 年发生多代，有明显的世代重叠现象。在徐州山药栽培区，南方根结线虫 1 年发生 3～5 代，世代重叠。每代历期随气温和降水量的变化不同，在 27℃ 时完成一个世代需 25～30 天，在温度偏高、偏低或降水量大的月份，历期一般为 50～60 天。南方根结线虫各虫态均可越冬，越冬场所为病薯和病土。翌春条件适宜时，越冬卵开始孵化为二龄侵染性幼虫（一龄幼虫在卵内发育），二龄幼虫在土壤中栖息并伺机侵入寄主根系和块茎。幼虫侵入后在块茎的皮层和根的中柱内取食，在取食的同时，口针分泌出吲哚乙酸等生长激素，刺激寄主细胞适度分裂而形成巨型细胞和虫瘿，虫瘿进一步形成根结。当线虫在根内取食发育三龄时，开始出现性别分化，雌虫膨大成鸭梨形。每个雌虫平均可产卵 400～

山药根结线虫病（刘红彦提供）

500 粒，卵产在体后胶质的囊中，在一个生长季节内，卵囊中的卵可以继续孵化再侵染。

山药根结线虫病主要传播途径：一是带线虫的土壤及病残体；二是带病山药种薯；三是带病肥、水、农具等；四是种植年限，山药的种植年限越长，发病越重。

防治方法

植物检疫　严格进行检疫，禁止从病区引种，防止病土以各种方式传播。建立无病种薯繁殖基地，做到统一繁殖、统一储藏、统一供种。

合理轮作　山药忌连作，若进行 3 年以上的轮作，特别是水旱轮作，防病效果较好。山药与玉米等禾本科作物轮作，防病效果较佳。

清洁田园　将病残体植株带出田外，集中晒干、烧毁或深埋，并铲除田中的杂草如苋菜等，以减少下茬线虫数量。以底肥为主，施用充分腐熟的有机肥作底肥，合理灌水，保证山药生长过程中良好的水肥供应，使其生长健壮，提高抗病性。定植前用淡紫拟青霉做土壤处理。

精选种薯　种薯（芦头）要经常更新，当年播种的种薯最好采用上一年新沟栽培收获的山药芦头，经冬季贮存后，选用皮色好、质地硬、无病虫侵染的嘴子作种薯。播种前将种薯铺在草苫上晾晒，每天翻动 2～3 次，以促进伤口愈合，形成愈伤组织，增强种薯的抗病性和发芽势。

参考文献

刘红彦，鲁传涛，张玉聚，等，怀山药主要病害种类调查及发病规律研究 [J]. 华北农学报，16（植物保护专辑）：178-179.

刘志恒，2003. 薯芋类蔬菜病虫害诊治 [M]. 北京：中国农业出版社.

郑洪春，钟霞，温庆文，等，2004. 山药根结线虫病的发生及综合防治技术 [J]. 吉林蔬菜 (3): 27.

（撰稿：张春艳、刘红彦；审稿：丁万隆）

山药褐斑病　yam leaf spot

由薯蓣柱盘孢引起、危害山药叶片的真菌病害。又名山药白涩病、山药叶枯病、山药斑纹病。

发展简史　1979 年魏景超记载 *Cylindrosporium dioscoreae* Miyabe et Ito 侵染薯蓣属植物，1993 年该病原菌更名为 *Pseudophloeosporella dioscoreae*（Miyabe & S. Ito）U. Braun。

分布与危害　山药褐斑病在亚洲、北美洲和大洋洲山药产区均有发生，是山药的常见病害。在河南、山东、山西、吉林、辽宁、浙江、四川、广西等地均有分布。主要危害叶片，也能侵染茎蔓，初期叶片正面出现零星白色突起，单个 1～5mm，常多个愈合，呈不规则形或多角形，后颜色渐深，散生黑色小点，即病菌的分生孢子盘（见图）。后期突起物呈褐色，雨水冲刷后消失，叶片上残留褐色斑点，易穿孔或枯死，发病严重时减产幅度达 20% 左右。

病原及特征　病原为薯蓣柱盘孢霉（*Cylindrosporium dioscoreae* Miyabe et Ito），属柱盘孢属，异名 *Pseudophloeosporella dioscoreae*（Miyabe & S. Ito）U. Braun。其分生孢子盘叶两

山药褐斑病症状（刘红彦提供）

面生，白色或灰白色，平铺、聚生或散生。分生孢子梗长圆柱形，短小无分枝。分生孢子线状或针状，直或略有弯曲，两端较圆或一端较尖，单细胞或多细胞，单胞无色，多胞具 1～3 个隔膜。该病菌还侵染参薯、对生薯蓣、日本薯蓣等薯蓣属植物。

侵染过程与侵染循环　该病菌以分生孢子盘和菌丝体在病残体上越冬，翌年条件适宜时，病残体上的病菌就会形成分生孢子，随风雨传播，在植株的下部叶片首先发病，形成初次侵染。当病原菌侵入茎叶后，菌丝在茎叶组织中细胞间生长，在皮下形成分生孢子盘和分生孢子，分生孢子成熟后会突破茎叶的表皮，遇到适宜的湿度和温度，经过 1～2 天的潜伏，分生孢子就可以萌发再次侵染，导致病害快速蔓延。

流行规律　山药褐斑病发病的适宜温度为 25～32℃，所以高温多雨季节易发病，一般 6 月开始发病，可持续到 10 月。褐斑病的发病与氮肥施用量有关，氮肥过多时容易发病。山药品种资源对褐斑病抗性存在差异。

防治方法　病菌靠气流传播引起初侵染和再侵染，应在 6 月上旬开始，当田间发生零星病斑或临近田间发病时，可用药物进行预防，对发病中心重点喷洒，并全田喷药保护。为避免产生农药残留，应交替用药，全年每种药剂使用不超过两次。还应结合农业措施，降低山药田的湿度，创造不利于褐斑病发生的条件，以减少化学农药的使用量，保证山药高产、优质。

农业防治　实行轮作。选地势较高，土地肥沃地块种植，要深翻地，精细整地。收获后及时清除病残体，集中深埋或烧毁，减少初次侵染。提倡施用酵素菌沤制的堆肥，合理灌水，雨后排除田间积水。

化学防治　从 6 月上旬开始，喷洒77% 可杀得 600 倍液、80% 代森锰锌 600 倍液、40% 福星乳油 8000 倍液或 50% 福美双粉剂 500～600 倍液，隔 7～10 天喷 1 次，连续防治 2～3 次。

参考文献

董年鑫，张冠泽，2009. 无公害山药种植技术 [M]. 武汉：崇文书局.

FARR D F, ROSSMAN A Y, 2017.Fungal databases, systematic mycology and microbiology laboratory, ARS, USDA. Retrieved January 11, from http://nt.ars-grin.gov/fungaldatabases/.

（撰稿：刘红彦、张春艳；审稿：丁万隆）

山药黑斑病 yam black spot

由薯蓣链格孢引起的、主要危害山药叶片的真菌病害。

发展简史 王鸣歧等于 1950 年即报道了河南山药上有该病的发生危害，只鉴定到链格孢属（*Alternaria* sp.）。Rao 等于 1961 年在印度报道了 *Alternaria dioscoreae* 新种，其寄主为薯蓣属植物。周如军等报道了穿龙薯蓣（*Dioscorea nipponica*）上有黑斑病的发生，病原为 *Alternaria dioscoreae*，病害的症状与山药黑斑病的症状相似。

分布与危害 中国在河南、山东、江西等地有分布和危害。该病害在下部叶片先发病，逐渐向上扩展，病斑多出现于叶缘或叶尖，呈半圆形、长圆形或不规则状，病斑直径 7～21mm，病斑外缘有不明显的深褐色轮纹。环境条件潮湿时，病斑上会有黑色霉状物产生，为病原菌的分生孢子梗和分生孢子，适宜的发病条件常造成病斑融合，导致整叶枯死（见图）。

病原及特征 病原为链格孢属的薯蓣链格孢（*Alternaria dioscoreae* Vasant Rao）。分生孢子梗屈膝状，褐色，大小为 76～163μm×3.8～5.7μm。分生孢子单生或短链生，深褐色，长椭圆形、卵形和倒棒状，有 2～7 个横隔，2～4 个纵隔，分隔处有缢缩，大小为 40～69μm×13～17μm，分生孢子有褐色短喙，大小为 19～38μm×7.6～11.4μm。

侵染过程与侵染循环 病原菌以菌丝和分生孢子在病残体上越冬，翌春条件合适的情况下分生孢子萌发，与下部叶片接触，从叶片的气孔和表皮侵入，完成初次侵染。高温高湿的条件，有利于病原菌的繁殖，在植物组织上产生更多的分生孢子，随气流和雨水进行扩散，引起再次侵染。

流行规律 6 月初田间发现零星病叶，病斑较小，7～8月进入雨季后发病严重，病斑变大并且多造成叶片溃烂，高温高湿的田间条件会造成病害的大发生。

防治方法

农业防治 采用搭架栽培，雨季及时排水，降低田间湿度。

化学防治 在发病初期用 70% 代森锰锌 600 倍或 50% 多菌灵 500 倍液进行喷雾防治。

参考文献

周如军，傅俊范，严雪瑞，等，2007. 穿山龙黑斑病病原菌鉴定及其生物学研究 [J]. 植物病理学报，37(3): 310-313.

（撰稿：王飞、刘红彦；审稿：丁万隆）

山药灰斑病 yam *Cercospora* leaf spot

由薯蓣色链隔孢和广东尾孢引起的、危害山药叶片的真菌病害，在全世界范围内都有发生。

发展简史 王鸣歧于 1950 年报道了薯蓣尾孢（*Cercospora dioscoreae*）侵染山药引起叶斑病，刘锡进等于 1982 年报道了薯蓣色链隔孢（*Phaeoramularia dioscoreae*，异名 *Cercospora dioscoreae*）导致日本山药（*Dioscorea japonica*）发生该病害；戚佩坤等于 1994 报道了广东尾孢（*Cercospora cantonensis*）能造成山药尾孢叶斑病；郭英兰等于 2002 年报道了薯蓣生菌绒孢（*Mycovellosiella dioscoreicola*），后更名为薯蓣钉孢（*Passalora dioscoreigena*），能引起参薯（*Dioscorea alata*）叶斑病。

分布与危害 中国河南、河北、广东、四川、广西等山药产区均有山药灰斑病的发生危害，但危害不严重。薯蓣色链隔孢和广东尾孢所致灰斑病，叶片正反两面都有病斑，病斑圆形、椭圆形或不规则状，病斑直径 2～50mm，病斑边缘褐色，中央灰白色，子实体在叶片的两面都有着生。薯蓣生菌绒孢所致灰斑病，叶片正反两面都有病斑，病斑圆形或不规则形，直径 1～5mm，边缘不清晰，病斑常愈合成黄褐色或红褐色病斑，病健交界处有黄褐色晕圈，叶背病斑灰色、浅褐色或深褐色，病斑上有子实层产生（见图）。

山药黑斑病症状（刘红彦提供）

山药灰斑病症状（王飞提供）

病原及特征　薯蓣色链隔孢（*Phaeoramularia dioscoreae*）子实体生在叶的两面，子座生于表皮下，菌丝体内生。子座球形或近球形，褐色，直径 20.0～42.5μm。分生孢子梗 3～22 根簇生，浅青褐色，基部略宽，平滑，直立或稍弯曲，近顶部偶有膝状折点，孢痕明显，宽 1.3～2.5μm，分生孢子梗横隔膜 0～1 个，或不明显，大小为 8.8～37.5μm×4.0～5.0μm，产孢细胞与分生孢子梗合生。分生孢子平滑，淡青黄色，链生，圆柱形或棍棒形，直立或弯曲，顶部圆形或圆锥形，基部倒圆锥形平截，脐明显，脐宽 1.3～2.5μm，分生孢子 3～8 个横隔膜，大小为 30.0～120.0μm×4.0～5.6μm。

广东尾孢子座直径 33～67μm，分生孢子梗大小为 90～324μm×3.3～6.7μm，有 5～30 个分隔，分生孢子鞭形，有 5～30 个分隔，大小为 50～266μm×1.7～3.3μm。

侵染过程与侵染循环　病原菌以菌丝在病残体上越冬，翌年春季形成的分生孢子随气流传播，进行初侵染，在山药病叶上产生分生孢子后，进行再次侵染。在整个山药的生长季节，病菌能完成多次再侵染。雨水多，田间湿度大时，病害发生严重。

流行规律　山药灰斑病一般在 6 月即能在田间零星发病，7～8 月进入雨季后，田间温度高、湿度大，有利于病害的发生，8 月是该病害发生高峰期，合适条件造成严重危害。

防治方法

农业防治　山药收获后要及时清理病残体，并集中销毁。采用开沟种植山药，支架管理茎蔓，保持田间良好的通风透光条件。

化学防治　在病害初发生时，可使用 50% 多菌灵 500 倍液或 25% 嘧菌酯 800 倍液进行喷雾防治。

参考文献

郭英兰，2002. 中国尾孢菌属及其近似属的研究X[J]. 菌物系统，21(1): 17-20.

戚佩坤，姜子德，1994. 药用植物上几个尾孢类真菌的新种及新组合[J]. 华南农业大学学报，15(4): 14-21.

王守正，1994. 河南省经济植物病害志[M]. 郑州：河南科学技术出版社.

（撰稿：王飞、刘红彦；审稿：丁万隆）

山药枯萎病　yam *Fusarium* wilt

由尖孢镰刀菌侵染山药茎基部，造成山药枯萎死亡的一种真菌病害，是栽培山药上的一种重要病害。

发展简史　姚圣梅 1988 年鉴定了湖北山药（*Dioscorea opposita*）枯萎病的病原为尖孢镰刀菌（*Fusarium oxysporum*），重病田病株率达到 98%，并研究了山药枯萎病的发病规律和防治方法。2013 年黄祖旬等鉴定了海南紫山药（*Dioscorea alata*）枯萎病的病原也是尖孢镰刀菌（*Fusarium oxysporum*），确定了 95% 敌磺钠对枯萎病菌有很好的抑菌效果。

分布与危害　河北、河南、江苏、湖北、江西、广东、福建、四川、海南等地均有分布。该病发生后山药地上茎蔓枯死，造成严重减产。该病害发生时，病原菌主要侵染地面以下根茎蔓，发病初期茎基部出现黑褐色梭形凹陷病斑，病斑纵向横向同时扩展，当发展至环茎黑色后，维管束变黑褐色，地上茎蔓干枯，叶片黄化、脱落，整株死亡。侵染地下块茎后，会以皮孔为中心形成圆形或不规则形黑褐色病斑，皮孔上的须根和块茎变褐色、干腐（见图）。

病原及特征　病原为尖孢镰刀菌山药专化型（*Fusarium oxysporum* f. sp. *dioscoreae*）。在 PSA 上培养，气生菌丝体茂盛，絮状，菌落背面淡紫色至紫色，小型分生孢子数量多，不分隔或有 1 个分隔，椭圆形，大小为 4.8～9.0μm×1.4～2.6μm；大型分生孢子纺锤形或镰刀形，稍弯曲，两端尖，有足细胞，有 3～5 个分隔，大小为 24～44μm×2.6～3.2μm，分隔越多分生孢子越大。厚垣孢子球形，有 1～2 个细胞，顶生或间生，单生或双生。

侵染过程与侵染循环　病原菌以菌丝体或厚垣孢子在病残体和土壤中越冬，病原菌能在土壤中存活多年。种茎带菌是重要的初侵染源，土壤中越冬后病原菌在病残体上产生分生孢子，借助风雨气流传播完成初侵染。农事操作、地下害虫及线虫危害后造成的伤口，容易被侵染，携带病原菌的昆虫和线虫也可传播病害。完成初侵染发病后，随田间灌溉、雨水流动等，进行再次侵染。

流行规律　土壤黏重、地势低洼积水、田间排水不畅等条件，有利于病害的发生。6 月田间出现零星病株，7～8 月雨水多，是病害发生的高峰期，一直到收获后，残存的病原菌还可继续在块茎上危害，造成块茎变褐腐烂。大水漫灌的田块发病重，连作地发病重，出现阴雨天气时发病重。

防治方法　种茎携带病原菌是该病害发生的重要原因。田间积水、排水不畅有利于病害的大发生，因此，在控制病害时应选用健康种茎，结合田间管理和化学防治，进行综合防治。

栽培防治　山药收获后要及时清理田间病残体，挑选无病健康块茎留种。种植山药选择地势高燥、采光良好、透水性好的地块，与禾本科作物连作。采用开沟支架种植，田块四周开挖排水沟，保证田间的通风透光和田间不积水。多施磷钾肥，提高作物抗性。浅耕除草，避免伤根。

化学防治　用 50% 多菌灵对山药种块进行浸种保护，

山药枯萎病田间症状（王飞提供）

使用 50% 福美双对种植土壤进行消毒，70% 甲基硫菌灵在发病初期进行淋灌防治。

参考文献

黄祖旬，黄小龙，吴文蔷，等，2013. 海南紫山药枯萎病病原菌的分离鉴定及抑菌药剂筛选 [J]. 江苏农业科学，41(12): 121-123.

吕劲锋，周逹先，戚佩坤，1994. 三个重要的药用作物镰刀菌病 [J]. 华南农业大学学报，15(2): 20-22.

（撰稿：王飞、刘红彦；审稿：丁万隆）

山药炭疽病 yam anthracnose

图 1 山药炭疽病症状（刘红彦提供）

由炭疽菌侵染山药，危害山药地上茎叶的一种真菌病害，是中国栽培山药上最重要的叶部病害。

发展简史 王鸣岐等 1950 年报道了河南山药（*Dioscorea opposita*）上有炭疽病的发生，林永康于 1998 年鉴定了福建山药（*Dioscorea alata*）上有炭疽病发生危害，病原菌为辣椒炭疽菌（*Colletotrichum capsici*）。中国其他地区对山药炭疽病也有报道，病原菌均为胶孢炭疽菌。

分布与危害 山药在中国栽培历史悠久，除了西藏和东北北部外，东北南部、河北、山东、河南、山西、安徽、江苏、浙江、江西、福建、台湾、湖北、湖南、广东、广西、贵州、云南、四川、甘肃、陕西等地都有种植。中国北方山药，主要是薯蓣科薯蓣属的薯蓣（*Dioscorea opposita*），淮河以南栽培的山药除了薯蓣外，还有日本薯蓣（*Dioscorea japonica*）和参薯（*Dioscorea alata*）。炭疽病在中国山药种植区都有发生危害，并且薯蓣属的几个植物上都有该病害的发生危害，发生严重时可造成山药地上部茎叶干枯死亡，造成严重的山药减产。

该病发生在叶片、叶柄和茎蔓上。叶片上病斑黑褐色圆形或近圆形，大小为 1～13mm×1～8mm，病健交界处有黄色晕圈，后期病斑上出现黑褐色小点，为病原的分生孢子盘。在湿度大的环境条件下，病斑上出现粉色胶质状物，为病原菌的分生孢子堆。发病部位变硬易脆，雨水冲刷后易形成穿孔（图 1）。茎基部发病后，出现黑褐色梭形斑，凹陷，病斑发展呈黑色环茎后，导致整株茎蔓萎蔫枯死。叶柄上的症状同茎蔓上一样，发病后叶柄枯死，叶片脱落。山药炭疽病的发生危害有明显的发病中心，发病处山药受害严重，周围的山药发病程度逐级下降。田间湿度大，山药地上茎不进行支架管理时，山药炭疽病发生危害严重。条件适宜时，田间发病率达到 100%，造成大面积山药枯死，减产 50% 以上。

病原及特征 造成山药炭疽病的病原物多数为胶孢炭疽菌［*Colletotrichum gloeosporioides*（Penz.）Sacc.］。属子囊菌门粪壳菌纲。分生孢子盘圆形或椭圆形，褐色，直径 70～250µm，初埋生于表皮下，后突破表皮。分生孢子梗单胞无色，棍棒形，两端钝圆，大小为 4.8～14.7µm×2.5～4.9µm，刚毛在后期形成，暗褐色有分隔，大小是 16.3～51.6µm× 3～6µm。分生孢子单胞无色，椭圆形或棒状，两端钝圆，有内涵物，分生孢子内有油球，分生孢子大小为 12～19µm×4～6µm（图 2）。

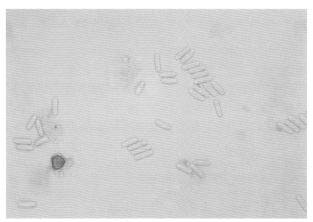

图 2 山药炭疽病胶孢炭疽菌分生孢子（王飞提供）

侵染过程与侵染循环 病原菌以菌丝体或分生孢子盘组织随病残体在土壤中越冬，是翌年病害发生的初侵染源。分生孢子靠雨水飞溅传播，一般靠近地面的叶片先发病。昆虫及农具携带的病菌，都可能在适宜的条件下从山药的伤口处侵染。病害发生后，在山药组织上会产生分生孢子，成为再次侵染的病原，以发病单株为中心，随风雨传播和农事操作完成再次侵染。

流行规律 山药炭疽病在北方一般于 6 月初田间出现零星病斑，前期病情发展缓慢，7 月中旬雨季来临后进入盛发期，整个 8 月是炭疽病发生最严重的时期，进入 9 月，随着温度下降，病情发展缓慢。7～8 月的降水量是病害流行的决定因子，连阴雨天气有利于病害的流行。没有进行支架管理的山药田，田间环境郁闭，降雨后易形成局部的高温高湿小气候，有利于病害的发生。夏季多雨年份，适合该病害的发生，再加上田间排水不畅，常造成山药炭疽病的暴发，使山药严重减产。地上茎蔓进行支架管理的田块，田间通风透光良好，发病晚、发病轻。

防治方法 不同的山药品种对山药炭疽病的抗性有明显的差异。但各地都有自己的道地药材品种，不会轻易更换栽培品种，所以在生产中很难对山药品种进行抗病利用。由于高温高湿的环境条件和郁闭的田间环境有利于病害的发生，在生产上应采用控制田间小气候的栽培方法，辅以化学防治对山药炭疽病进行综合防治。

S

栽培防治　采用支架栽培，加强通风透光，有利于雨季及时排水；山药收获后，集中清除田间病残体，消灭初侵染源。

化学防治　零星发病时用 5% 菌毒清、40% 氟硅唑、15% 苯甲·丙环唑等交替使用，对炭疽病进行预防，如遇多雨天气，雨后应及时补防。

参考文献

林永康，1998. 薯蓣炭疽病的病原鉴定 [J]. 植物保护，24(6): 20-22.

周如军，傅俊范，2016. 药用植物病害原色图鉴 [M]. 北京：中国农业出版社 .

（撰稿：王飞、刘红彦；审稿：丁万隆）

山楂白粉病　hawthorn powdery mildew

由山楂粉孢侵染山楂引起的一种真菌性病害。又名山楂弯脖子病或山楂花脸病。

分布与危害　河北、山东、湖北、山西以及辽宁各产区均有发生，发病重。主要危害叶片、新梢及果实。病芽抽生新梢时，造成新梢叶片发病，先是褪绿黄斑，然后叶两面产生白色粉状斑，严重时白粉覆盖整个叶片，病梢生长瘦弱，节间缩短，叶片小且扭曲纵卷，后期表面长出黑色小粒点，即病菌闭囊壳，严重时新梢枯死。幼果染病多在近果梗处产生一层白色粉状物，病部硬化、龟裂，导致畸形，常常出现歪脖子果（见图）；果实近成熟期受害，产生红褐色病斑，呈花脸，果面粗糙。

病原及特征　病原有性态称蔷薇科叉丝单囊壳（*Podosphaera oxyacanthae* f. sp. *crataegicola*），属子囊菌门真菌；无性态称山楂粉孢（*Oidium cratage* Grogh.）。闭囊壳暗褐色，球形，顶端具刚直的附属丝，基部暗褐色，上部色较淡，具分隔，闭囊壳直径为 74～102μm，附属丝 6～16 根，顶端具 2～5 次叉状分枝。闭囊壳内具 1 个子囊，短椭圆形或拟球形，无色，大小为 47～63μm×32～60μm，内含子囊孢子 8 个。子囊孢子椭圆形或肾脏形，大小为 8～20μm×12～14μm。无性阶段产生粗短不分枝的分生孢子梗及念珠状串生的分生孢子，分生孢子无色，单胞，大小为 0.8～30μm×12.8～16μm。

侵染过程与侵染循环　以闭囊壳在病叶或病果上越冬，翌春释放子囊孢子，先侵染根蘖苗，并产生大量分生孢子，借气流传播进行再侵染。

流行规律　春季温暖干旱、夏季有雨凉爽的年份病害易流行。5～6 月新梢速长期和幼果期发展迅速，7 月发病速度减缓。实生苗易感病。

防治方法

农业防治　加强栽培管理，控制好肥水，不偏施氮肥，不使园地土壤过分干旱，合理疏花、疏叶。清除初侵染源，结合冬季清园，认真清除树上树下残叶、残果及落叶、落果，并集中烧毁或深埋，铲除自生根蘖及野生苗。

化学防治　发芽前喷 5 波美度石硫合剂或 45% 晶体石硫合剂 30 倍液，防治果实病害，一般在 5 月下旬开始用药，用药 2～3 次，间隔 10 天，喷洒 0.3 波美度石硫合剂或 45% 晶体石硫合剂 300 倍液。生长期可以选用甲基硫菌灵、硫黄、三唑酮、己唑醇、丙硫菌唑、氟硅唑、苯醚甲环唑、咪鲜胺等药剂。

参考文献

刘红彦，李好海，刘玉霞，等，2013. 果树病虫害诊治原色图鉴 [M]. 北京：中国农业科学技术出版社 .

徐小娃，余昊，王进梅，等，2010. 山楂树病虫害综合防治技术 [J]. 农业科技通讯 (1): 167-168.

薛敏生，高九思，李建强，等，2008. 山楂白粉病的发生规律及综合治理技术研究 [J]. 现代农业科技 (17): 137-138.

（撰稿：杨军玉；审稿：王树桐）

山楂白粉病症状（杨军玉摄）

①病叶；②病果

山楂斑点病　hawthorn spot

由山楂生叶点霉引起的一种危害山楂叶部的真菌性病害。

分布与危害　在山楂产区均有发生，常发地块一般年份山楂叶斑病发病率 20%，严重年份高达 40% 以上，造成山楂大量落叶，影响品质和产量。河北兴隆，辽宁辽阳、海城、开原，山东临沂等地均有发生，主要危害山楂叶片。

山楂斑点病有斑点型和斑枯型两种病状。该病害主要危害叶片。斑点型：叶片初期病斑近圆形，褐色，边缘清晰整齐，直径 3mm，有时可达 5mm。后期病斑变为灰色，略呈不规则形，其上散生小黑点，即分生孢子器。叶上有病斑数个，多的可达几十个。病斑多时可互相连接，呈不规则形大斑。病叶变黄，早期脱落（见图）。斑枯型：叶片病斑褐色至暗褐色，不规则形，直径 5～10mm。发病严重时，病斑连接呈大型斑块，易使叶片枯焦早落。后期，在病斑表面散生较大的黑色小粒点，即分生孢子器。

病原及特征　病原为山楂生叶点霉（*Phyllosticta crataegicola*），属叶点霉属。分生孢子器散生，初埋生，后突破表皮，空口外露，扁球形、球形，直径 50～110μm×45～100μm；器壁膜质，褐色，由数层细胞组成，壁厚 5～10μm，内壁无色，形成产孢细胞，上生分生孢子；孔口圆形，胞壁加厚，暗褐色，居中；产孢细胞瓶形，单胞，无色，4～7μm×2～3μm；分生孢子卵圆形、椭圆形，两端圆，单胞，无色，内含 1 个油球，4～5μm×2.5～3μm。

侵染过程与侵染循环　病菌以分生孢子器在病叶中越冬。翌年花期条件适宜时产生分生孢子，随风雨传播进行初侵染和再侵染。

流行规律　一般于 6 月上旬开始发病，8 月中下旬为发病盛期。老弱树发病较重，降雨早、雨量大、次数多的年份发病较重，特别是 7～8 月的降雨对病害发生影响较大。地势低注、土质黏重、排水不良等有利于病害发生。

防治方法

农业防治　加强田园卫生，清除落叶，减少越冬菌源。提高树势，加强管理，增施有机肥。

化学防治　可选用异菌脲、波尔多液、碱式硫酸铜等保护剂在发病前或发病初期使用，发病后可选用腈菌唑、戊唑醇、苯醚甲环唑、多抗霉素等防治。

参考文献

马瑞丰，张雄基，杜小珍，等，2016. 大果山楂主要病虫害的发生与防治 [J]. 现代农业科技 (12): 146-147.

（撰稿：杨军玉；审稿：王树桐）

山楂花腐病　hawthorn blossom blight

由山楂褐腐菌引起的侵染山楂果实的一种主要病害。

发展简史　1983 年景学富在辽阳、鞍山、营口调查发现，山楂花腐病病叶率可达 1%～32%，病果率可达 5%～67%，是山楂上主要病害之一。可以看出冷凉地区病害发生严重。1986 年唐欣甫认为，山楂展叶后 4～5 天就开始发病，展叶期和开花期降雨是导致大发生的主要因素，树势健壮发病轻，树势弱发病重，地势低注，通风不良发病重。因此，防治要早，且雨后要防治，强壮树势是关键。

分布与危害　该病在山楂产区普遍发生，以寒冷地区较为严重。受害严重时减产高达 80%～90%，主要危害叶片、新梢及幼果，造成受害部位腐烂。

叶片发病，初期在叶片上出现褐色点状或短线条状病斑，后逐渐扩大，变成红褐色或棕褐色，病叶枯萎，遇到高湿条件，产生灰霉层，为病原菌的分生孢子梗和分生孢子，最后导致病叶焦枯脱落。新梢发病，多由病叶中病菌扩展所致，病斑由褐变成红褐色，最后新梢凋枯死亡，以萌蘖枝发病重。花期病菌从柱头侵入，使花腐烂，萎蔫下垂，幼果一般在落花 10 天后发病，果上初现褐色小斑点，幼果常变褐色腐烂、表面有黏液，酒糟味，最后腐烂（见图）。

病原及特征　病原有性态为 *Monilinia johusonii*（Ell. et Ev.），称山楂褐腐菌，属子囊菌门真菌，无性态为 *Monilia crataegi* Died.，称山楂褐腐串珠霉。菌核黑褐色，鼠粪状，子囊盘肉质，初为淡褐色，成熟时灰褐色。子囊棍棒状、无色，子囊间有侧丝、子囊孢子椭圆形或卵圆形，单胞、无色。分生孢子梗直立，多胞，顶端产生分生孢子，分生孢子单胞，柠檬状，串生，孢子串有分枝。

侵染过程与侵染循环　病菌在病僵果或腐花上越冬，翌年春季 4 月遇到降水后产生子囊盘，放射子囊孢子，借风力传播，成为初侵染源，伤口侵入，侵入后条件适宜产生分生孢子进行再侵染。5 月上旬达到发病高峰，到下旬即停止发生。

流行规律　此病发生与降雨量关系密切而和温度的关系较小。展叶至开花期降雨导致大量发生。如果花期降雨，则发生花腐；展叶期遇降雨或低温时，则发生叶腐；幼果期降雨，则发生果腐。低温多雨，则叶腐、花腐大流行。高温高湿则发病早而重，沟壑里的果树发病重，山坡上的果树发病轻。

防治方法

农业防治　清扫果园。秋冬季清除果园病僵果、干腐的花柄等病组织，扫除树下落地的病果、病叶及腐花并耕翻树

山楂斑点病（杨军玉摄）

山楂花腐病症状（①杨军玉提供；②③冯玉增提供）

①果实和果柄受害症状；②幼果受害症状；③花受害症状

盘，减少初侵染源。

消灭菌源　4月上中旬，落地僵果产生子囊孢子时，地面用药消灭越冬菌源，或将将地面病僵果深翻至15cm以下。药剂可选用戊唑醇、石硫合剂、嘧菌酯、多菌灵等。

化学防治　50%展叶和全部展叶时喷药2次，预防叶腐。药剂有粉锈宁、甲基硫菌灵、戊唑醇、吡唑醚菌酯等。盛花期再喷1次。

参考文献

景学富，张愈学，杨竹轩，等，1983. 山楂病害调查初报 [J]. 辽宁果树 (4): 18-21.

景学富，张愈学，杨竹轩，等，1986. 山楂花腐病的研究Ⅲ：山楂花腐病的流行条件 [J]. 植物病理学报，2(16): 121-124.

唐欣甫，1986. 山楂病害及防治 [J]. 北京农业科学 (4): 22-24.

（撰稿：杨军玉；审稿：王树桐）

山楂轮纹病　hawthorn ring rot

由梨生囊孢壳侵染山楂果实和枝干引发的一种真菌性山楂病害。

发展简史　山楂轮纹病的研究资料较少，但病原物 *Physalospora piricala* Nose 可以侵染苹果树和梨树造成轮纹病，而苹果和梨树在世界上栽培面积较大，因此，针对此病原菌造成的苹果轮纹病和梨轮纹病研究资料较多。2020年，李晶、刘文钰、马瑞兰等研究发现，对于该病菌毒力较高的杀菌剂有多菌灵、甲基硫菌灵和苯醚甲环唑等。2020年，曾鑫、渠非、黄丽丽等研究发现，多黏类芽孢杆菌、枯草芽孢杆菌和解淀粉芽孢杆菌发展简史对于山楂轮纹病的研究资料较少，但病对从苹果上分离的该病原菌有较好的抑制作用。

分布与危害　在山东、河北、湖北等秋季雨水多的产区，偶有发生，一般危害不严重。主要危害枝干和果实。病菌侵染枝干，多以皮孔为中心，初期出现水渍状的暗褐色小斑点，逐渐扩大形成圆形或近圆形褐色瘤状物。病健之间有深的裂纹，后期病组织干枯并翘起，中央突起处周围出现散生的黑色小粒点。果实进入成熟期陆续发病，发病初期在果面上以皮孔为中心出现圆形、黑至黑褐色小斑，逐渐扩大成轮纹斑。略微凹陷，有的短时间周围有红晕，下面浅层果肉稍微变褐、湿腐。后期外表渗出黄褐色液，烂得快，腐烂时果形不变。整个果烂完后，表面长出粒状小黑点，散状排列（见图）。

病原及特征　病原有性世代为梨生囊孢壳（*Physalospora piricola* Nose），异名 *Botryosphaeria berengeriana* de Not. 属子囊菌门。子囊壳球形，埋生于组织，后期突破表皮露出孔口，子囊棍棒形，顶端膨大，壁厚透明，子囊大小为110～130μm×17.5～22μm，内含子囊孢子8个，子囊孢子单胞，无色，椭圆形，大小为24.5～26μm×9.5～10.5μm。无性世代为轮纹大茎点（*Macrophoma kawatsukai*），分生孢子器纵切面扁圆或椭圆形，孔口乳突状，分生孢子梗棍棒状，分生孢子纺锤形，无色。大小为20.1～32.9μm×7.6～9.8μm。

侵染过程与侵染循环　病菌以菌丝体、分生孢子器在病组织内越冬，是初次侵染和连续侵染的主要菌源。病菌于春季开始活动，随风雨传播到枝条和果实上。在果实生长期，病菌均能侵入，其中从落花后的幼果期到8月上旬侵染最多。

山楂轮纹病病果（①杨军玉提供；②冯玉增提供）

侵染枝条的病菌，一般从8月开始以皮孔为中心形成新病斑，翌年病斑继续扩大。

流行规律　果园管理差，树势衰弱，重黏壤土和红黏土、偏酸性土壤上的植株易发病，被害虫严重危害的枝干或果实发病重。

防治方法

农业防治　休眠期把落果清扫干净，枝干刮除病组织。

化学防治　在病菌开始侵入发病前（5月上中旬至6月上旬），重点是喷施保护剂，可以施用70%甲基硫菌灵可湿性粉剂800～1000倍液+60%乙膦铝可溶性粉剂600倍液，或430g/L戊唑醇悬浮剂80～140mg/L（有效成分）。

参考文献

李晶，刘文钰，马瑞兰，等，2020. 10种杀菌剂对苹果轮纹病菌的室内毒力测定[J].上海蔬菜 (2): 61-62.

刘红彦，李好海，刘玉霞，等，2013. 果树病虫害诊治原色图鉴[M].北京：中国农业科学技术出版社.

曾鑫，渠非，黄丽丽，等，2020. 生物源杀菌剂对苹果轮纹病菌的室内活性评价[J].农业与技术，40(12): 6-8.

（撰稿：杨军玉；审稿：王树桐）

山楂梢枯病　hawthorn shoot blight

由樱桃枝枯壳梭孢引发，主要造成山楂果枝花期枯萎的真菌性病害。又名山楂枝枯病。

分布与危害　在河北、山东、山西、辽宁等地严重发生，枯梢率一般在15%～30%，重者高达48%。主要危害果桩，染病初期，果桩变黑、干枯、缢缩、梢顶萎蔫下垂，病果桩有明显的病健界限，一般枯枝发展到分枝处就不再继续扩展（图①）。发病后期，病部表皮下出现黑色粒状突起物，即病原菌分生孢子器和分生孢子座；表皮纵向开裂。春季病斑向下蔓延。叶片萎蔫，最后导致干枯死亡，不易脱落。在潮湿条件下，小粒点顶端溢出乳白色卷丝状物，为病菌的分生孢子角（图②）。

病原及特征　病原为樱桃枝枯壳梭孢（*Fusicoccum viticolum* Reddick），是一种弱寄生菌。有性态属子囊菌门葡萄生小隐孢壳菌［*Cryptosporella viticola*（Red.）Shear.］。分生孢子器烧瓶状，单生于子座内。无性孢子有两种类型。自然条件下产生无色、单胞、梭形分生孢子，大小为9.99μm×3.41μm，人工培养产生单胞、无色、线形分生孢子，大小为14.94～23.24μm×0.83～1.16μm。

侵染过程与侵染循环　该病菌主要以菌丝体和分生孢子器在2、3年生果桩上越冬，翌年6～7月，遇雨产生分生孢子，进行初侵染，2年生果桩易发病，形成病斑。

流行规律　山楂枯梢病属真菌病害，特别是2年生果桩，由于1年生果桩生理机能较强，病原菌不易侵入，第二年时，山楂开花时，果桩抗病能力下降，容易被病原菌侵染，被侵染后由上到下逐渐枯萎，到第三年开花时病原菌继续向下扩展，致使所在的枝条迅速枯萎死亡，死亡枝条在分枝处病健交界明显。生长旺盛的幼树、结果少的树抗病性较强，不易发病，树势弱、结果量大的树病害严重；同一株树外围枝条由于光照好，发病轻，而内膛枝条发病重；细弱枝（直径0.3cm以下）发病重，粗枝发病轻；地力瘠薄，管理粗放的果园，尤其一些山坡地发病重，地力好、精细管理的果园发病轻。

防治方法

农业防治　加强果园管理。合理施肥灌水，特别是花前施肥或秋季施肥，增强树势，提高树体抗病力。科学修剪，疏花、疏叶，剪除病残枝及茂密枝，通风透光，雨季注意果园排水，保持适度的温湿度，结合修剪，清理果园，将病残物集中深埋或烧毁，减少病源。

化学防治　萌芽前喷施3波美度石硫合剂、异菌脲等。

参考文献

刘红彦，李好海，刘玉霞，等，2013. 果树病虫害诊治原色图鉴[M].北京：中国农业科学技术出版社.

（撰稿：杨军玉；审稿：王树桐）

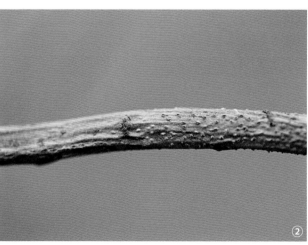

山楂枯梢病（①冯玉增提供；②杨军玉提供）

①病枝；②病枝上的分生孢子角

山楂树腐烂病　hawthorn canker

由黑腐皮壳引发，是中国北方山楂树主要枝干病害。

发展简史　1989年张国敏、冯会中对在河北昌黎、隆化、卢龙等地获得的疑似腐烂病标本，通过分离和柯赫氏法则鉴定为致病菌，通过形态鉴定为壳囊孢属真菌 Cytospora 并筛选出有效药剂腐殖酸钠，而且该药剂利于伤口愈合。

分布与危害　危害山楂的枝干。症状分溃疡型和枯枝型。溃疡型多发生于主干、主枝及桠杈等处。发病初期，多呈条状上下扩展，病斑红褐色，水渍状，略隆起，形状不规则，后病部皮层逐渐腐烂，颜色加深呈褐色，病皮易剥离，最后失水病部收缩凹陷，在病健交界处出现裂纹（见图）。枝枯型多发生在弱树的枝、果台、干桩和剪口等处，从上向下扩展。病斑形状不规则，扩展迅速，绕枝一周后，病部以上枝条逐渐枯死。后期在病斑上产生小黑点，即病菌的分生孢子器。雨后或天气潮湿时从分生孢子器中涌出橙红色卷须状孢子角。秋季子囊壳形成后，突破表皮呈黑色粒点，粒点多扁平状。

病原及特征　病原有性态为子囊菌门黑腐皮壳（Valsa sp.），子座内有多个子囊壳，每个子囊壳有单独的孔口，子囊透明，棍棒状，有8个子囊孢子，子囊孢子香肠形，稍弯曲。无性态为壳囊孢属真菌（Cytospora sp.）。

侵染过程与侵染循环　病菌以菌丝体、分生孢子器、孢子角及子囊壳在病树皮内越冬。翌春，孢子自剪口、冻伤等伤口侵入，当年形成病斑，经20～30天形成分生孢子器。病菌的寄生能力很弱，当树势健壮时，病菌可较长时间潜伏，当树体或局部组织衰弱时，潜伏病便扩展危害。

流行规律　此病多发生在管理粗放、结果过量、树势衰弱的园内。

防治方法

增强树势，提高植株抗病能力　增强树势是防治腐烂病的根本，要增强树势，需要增施有机肥，合理负载，减少冻害的发生。

刮除病斑　初冬或者早春进行，刮治的刀口要整齐，切割范围要宽于病斑，把病变部分彻底刮除，包括木质部病变部分，伤口要消毒处理，药剂可选用腐必清、菌清、甲硫萘乙酸、菌毒清以及甲基硫菌灵糊剂等，半个月后再对伤口消毒一次。修剪时不要留桩，因为留桩上没有枝叶，抗病力下降，会逐渐干枯，成为腐烂病的落脚点。如果干桩上产生了病斑要及时锯掉，并保护伤口。

剪锯口消毒　修剪后，特别是冬季修剪后，伤口愈合能力差，剪锯口要消毒。

树干涂白　可以减少日灼和冻害，延迟萌芽和开花，使果树免受晚霜的危害，涂白两次较好，一次在入冬前，一次在早春。涂白剂可使用以下配方：生石灰12kg、食盐2kg、油脂0.5kg、水36kg，生石灰用水化开后要过滤，然后加入其他辅料，搅拌呈稀糊状。

参考文献

刘红彦，李好海，刘玉霞，等，2013. 果树病虫害诊治原色图鉴[M]. 北京：中国农业科学技术出版社.

张国敏，冯会中，1989. 山楂枝干病害（种类、病原）的鉴定及防治的研究[J]. 河北农业大学学报 (3): 87-90.

（撰稿：杨军玉；审稿：王树桐）

山楂锈病　hawthorn rust

由梨胶锈菌山楂专化型和珊瑚形胶锈菌引起的、一种主要危害山楂叶片和果实的真菌性病害。

发展简史　2006年，高九思等通过对从三门峡采集的样品研究认为山楂锈病病原菌有两种，优势种为梨胶锈菌山楂专化型（Cyrnnosporangium haraeamum Syd. F. sp. crataegicola），另一种为珊瑚胶锈菌［Gymnosporangium clavariiforme（Jacq.）DC.］。专化型冬孢子萌发适温为10～25℃，担孢子萌发适温为15～25℃；两种病原菌均无夏孢子阶段，每年只侵染一次。冯启云等调查发现，春季降雨是造成病害流行的因素之一；且认为转主寄主需要离山楂5km的距离，才能避免山楂被侵染；3天以上连续降雨，每次降雨量需在5mm以上，冬孢子角才能彻底胶化并产生担孢子；在丹东地区病害潜育期为6～13天。

分布与危害　主要危害叶片、叶柄、新梢、果实及果柄。叶片染病，初生橘黄色小圆斑，直径1～2mm，后扩大至4～10mm，外围有绿色晕圈。病斑稍凹陷，叶正面产生黄褐色后黑色的小粒点，即病菌性孢子器（图1）；发病后一个月叶背病斑突起，产生灰色至灰褐色毛状物，即锈孢子器；破裂后散出褐色锈孢子（图2）。最后病斑变黑色，严重者

山楂树腐烂病症状（杨军玉摄）

①树干溃疡斑；②木质部变色

图1 山楂锈病性孢子器（杨军玉摄）

图 2 山楂锈病锈孢子腔（①杨军玉提供；②冯玉增提供）

图 3 山楂锈病转主寄主圆柏上的冬孢子角（冯玉增提供）

干枯脱落。叶柄染病，初病部膨大，呈橙黄色，生毛状物，后变黑干枯，叶片早落。转主寄主圆柏［*Sabina chinensis*（L.）Ant.］和龙柏（*Sabina chinensis* 'kaizuca'）被害后，初期出现黄褐色斑点，然后隆起，形成肿瘤，翌年 3 月出现孢子角，先是在表皮下，后突破表皮，橙黄色，远看似花，单个圆锥状或者垫状，或者聚生呈木耳状，遇水胶质化（图 3）。

病原及特征　病原菌有两种：梨胶锈菌山楂专化型（*Gymnosporangium haraeamum* Syd. f. sp. *crataegicola*）、珊瑚形胶锈菌［*Gymnosporangium clavriiforme*（Jacq.）DC.］，均属担子菌门真菌。梨胶锈菌山楂专化型的性孢子器烧瓶状，初橘黄色后变为黑色，大小为 103～185μm×72～164μm，性孢子无色，单胞，纺锤形或椭圆形，大小为 4.5～10.0μm×2.5～5.5μm。锈孢子器长圆筒形，灰黄色，大小为 2.2～3.7mm×0.12～0.27mm。锈孢子橙黄色，近球形，表面具刺状突起，大小为 17.5～35μm×16～30μm。冬孢子有厚壁和薄壁两种类型，双胞。厚壁孢子褐色至深褐色，纺锤形、倒卵形或椭圆形，大小为 30～45μm×15～25μm；薄壁孢子橙黄色至褐色，长椭圆形或长纺锤形，大小为 42.5～75.0μm×15～22.5μm。担孢子淡黄褐色，卵形至桃形，大小为 11.3～24.5μm×7.5～14μm。珊瑚形胶锈菌性孢子器橘黄色，球形或扁球形，大小为 116～155μm×69.8～107.5μm；性孢子无色，纺锤形，大小为 5～11μm×2.5～6.5μm。锈孢子褐色，近球形，具疣状突起，大小为 22.3～28.2μm×20.7～26.3μm。冬孢子褐色，双胞。厚壁者褐色，大小为 37.5～67.5μm×15～20μm；薄壁者冬孢子无色至淡黄色，大小为 62.5～97.5μm×12.5～20μm。担孢子淡褐色，椭圆形或卵形，大小为 14～18μm×7～13μm。冬孢子萌发适温 10～25℃。担孢子萌发适温 15～25℃。

侵染过程与侵染循环　以多年生菌丝在圆柏、龙柏针叶、小枝及主干上部组织中越冬。翌春遇充足的雨水，冬孢子角胶化产生担孢子，担孢子借风雨传播危害山楂，潜育期 6～13 天。

流行规律　该病的发生与 5 月降雨早晚及降雨量正相关。展叶 20 天以内的幼叶易感病；展叶 25 天以上的叶片一般不再受侵染。中国绝大多数栽培品种均感病，仅山东的平邑红子和河南的 7803、7903 较抗病。

防治方法

砍除转主寄主　担孢子寿命短，传播距离不超过 5km，山楂园附近 5km 范围内不宜栽植龙柏类针叶树。若有应及早砍除。

清除冬孢子　不宜砍除转主寄主的果园，山楂发芽前后，在圆柏上喷洒 5 波美度石硫合剂或 45% 晶体石硫合剂 30 倍液，以除灭转主寄主上的冬孢子。药剂防治可使用 430g/L 戊唑醇悬浮剂、250g/L 丙环唑乳油、30% 苯甲·丙环唑乳油、125g/L 氟环唑悬浮剂。

参考文献

冯启云，朱建芝，王玉祥，等，2009. 2008 年梨和山楂锈病暴发流行原因的调查与综合防治 [J]. 果农之友 (2): 31.

高九思，杨栓芬，王思源，等，2006. 山楂锈病病原鉴定及侵染、发病规律研究 [J]. 陕西农业科学 (6): 83-86.

李德章，邓贵义，王克，1992. 山楂锈病发生规律及其防治研究 [J]. 中国果树 (1): 14-17.

（撰稿：杨军玉；审稿：王树桐）

山茱萸炭疽病　cornus anthracnose

由炭疽菌属真菌引起的一种山茱萸病害。又名山茱萸黑斑病、山茱萸黑果病、山茱萸黑疤病。有果炭疽病和叶炭疽病两种类型。

发展简史　1987 年，任国兰等首先对山茱萸炭疽病的病原菌进行了鉴定和生物学特性研究，基于形态学特征将病原菌鉴定为胶孢炭疽菌（*Colletotrichum gloeosporioides*）。之后陆续有关于各地山茱萸炭疽病发生规律和防治方面的报道。1991 年，程新霞等比较了叶炭疽病菌与果炭疽病菌的异同，二者的分生孢子形态无明显差异，但果炭疽病菌菌株可侵染叶片和青果，在培养基上可诱导产生子囊壳，而叶炭疽病菌菌株只侵染叶片，在培养基上未能产生子囊壳。

分布与危害　在山东、河南、安徽、浙江等地发生普遍，危害较重。果炭疽病果率一般为 30%～50%，严重时达 90%。叶炭疽病危害叶片，幼苗病叶率达 95%，成树病叶率在 75% 左右。炭疽病可造成树势衰减，叶片早枯脱落，当年花芽形成减少，造成翌年减产，影响产量和产品质量。

主要危害果实，也危害叶片。幼果染病多从果顶开始发病，然后向下扩展，病斑黑色，边缘红褐色，严重时全果变黑干缩，一般不脱落。青果染病，初在绿色果面上生圆形红色小点，逐渐扩展成圆形至椭圆形灰黑色凹陷斑，病斑边缘紫红色，外围有不规则红色晕圈，使青果未熟先红。后期在病斑中央生有小黑点，为病原菌的分生孢子盘。湿度大时，病斑上产生黑色小粒点及橘红色孢子团。果实染病后，还可沿果柄扩展到果苔，果苔染病后，又从果苔扩展到果枝的韧皮部，造成枝条干枯死亡。叶片染病，初在叶面上产生红褐色小点，后扩展成褐色圆形病斑，边缘红褐色，周围具黄色晕圈。严重时叶片上有十多个至数十个病斑，后期病斑穿孔，病斑多引连成片致叶片干枯。

病原及特征　病原为胶孢炭疽菌［*Colletotrichum gloeosporioides*（Penz.）Sacc.］，属炭疽菌属。分生孢子盘长在寄主表皮下，大小为 193～207μm。分生孢子梗棒状，无色，大小为 10～20μm×2.5～3μm。分生孢子长椭圆形，单胞，无色，内含油球 1～2 个，大小为 8～13μm×4.5～5μm。果炭疽病的分生孢子盘刚毛少，叶炭疽病的分生孢子盘刚毛多。

分生孢子萌发的最适温度为 23～28℃，最适 pH6～7，在相对湿度 100% 的条件下萌发最好，致死温度为 50～55℃。

侵染过程与侵染循环　病原菌以菌丝和分生孢子盘在病果、病果苔、病枝、病叶等病残组织上越冬。4 月中下旬分生孢子进行初侵染。病原菌主要通过伤口，也可直接侵入，潜育期 3～4 天。病部产生的分生孢子借风雨、昆虫传播进行再侵染。分生孢子也能借雨水飞溅传播。

流行规律　叶片一般于 4 月下旬发病，5～6 月进入发病盛期。5 月上旬出现病果，6～8 月果实进入发病盛期。炭疽病从植株的下部果实先发病，逐渐向上蔓延。田间越冬菌源多，4～5 月多雨的条件下发病早且重。管理粗放的种植园及老龄、生长衰弱的树体发病重。

不同种质类型的山茱萸炭疽病的发病程度存在差异，石磺枣、珍珠红、马牙枣发病较轻，且果大、肉厚、色泽鲜红。

防治方法

农业防治　选用抗病丰产品种，如石磺枣、珍珠红、马牙枣等类型。及时摘除病果，清除地面上的病残体，深秋冬初剪掉病枝，带出园外进行深埋或集中烧毁，以减少初侵染菌源。

化学防治　发病初期及时喷药，可选用 36% 甲基硫菌灵悬浮剂 600 倍液、25% 咪鲜胺可湿性粉剂 500 倍液、12% 松脂酸铜乳油 600 倍液、1∶2∶200 倍式波尔多液。每隔 10 天喷施 1 次，共 3～4 次。

参考文献

程新霞，高启超，聂美新，等，1991. 山茱萸炭疽病的研究 [J]. 中药材，14(11): 8-11.

任国兰，蒋维宇，郑铁民，等，1987. 山茱萸炭疽病（*Colletotrichum gloeosporioides*）的研究 [J]. 河南农业大学学报，21(3): 300-307.

张延军，黄建，李平，等，2011. 山茱萸炭疽病田间流行动态规律研究 [J]. 现代农业科技 (5): 155-156.

（撰稿：张国珍；审稿：丁万隆）

杉木半穿刺线虫病　China fir tyenchulus nematodes

由病原线虫引起的、危害杉木根部的一种线虫病害。

分布与危害　杉木半穿刺线虫病，发生范围广，危害性大，杉木人工林大面积生长衰退，针叶黄化，杉木炭疽病加剧，局部成片株枯。福建的福州、厦门、漳州、龙岩、三明、南平、宁德等地的 32 个县均有不同程度的分布微危害，其中三明的沙县、尤溪、梅列，南平的建瓯、邵武及龙岩的连城的杉木人工林大面积受害。沙县的高砂乡林场及南平莱州林场等地的杉木苗圃病苗率高达 80%～90%。杉木病株较健株生长下降 20%～30%，患病杉苗死亡率高达 50%～60%。严重威胁着杉木速生丰产林的发展。

国内外报道的寄主共 31 种：杉木、油棕、蓝棕、龙眼、荔枝、金橘、四季橘、柚、橙、黄皮、九里香、香橼、海棠、李、苹果、橄榄、枇杷、梨、核桃、紫丁香、柑橘、柿、葡萄、枸杞、黄杨、桂花、草莓、柠檬、杏树、杧果、葡萄柚。

杉木受害株根系发育明显受阻，须根短小，且局部肿大，皮层腐烂，根周皮与中柱鞘易分离，患病杉木人工林针叶枯死，炭疽病加剧为害，造成成片杉木人工林枯死。病苗的植株矮小，针叶黄化，须根稀少且扭曲成鸡爪状。

病原及特征　病原线虫是 *Tylenchulus semipenetrans* Cobb，其雌成虫单个或成群寄生杉木根条上，虫体前端占体长 40%～50%，深入根部周皮层内，露出根外的虫体逐渐膨大成束状或袋状。虫体长 390.3（334～449）μm，排泄孔位于阴门前端（PE=80%～90%），孔口能分泌小液滴。阴门位于虫体 90% 处，无肛门，尾端短，且直伸腹面，单卵巢，折叠卷曲，雌虫行孤雌生殖。雄成虫线形，无交合伞，排泄孔位于虫体中部或稍后（PE=60%），吻针和食道极度退化，单精巢，交合刺长 15.0μm，具引带。虫体长 367.2（303～390）μm，雄成虫少见。

侵染循环与流行规律　杉木半穿刺线虫在福建 1 年发生 10 代左右，25～40 天完成一世代，世代重叠明显，在各期虫态中均可见较多二龄幼虫，以卵囊和幼虫在根部或根际土壤中越冬，线虫种群大量消长与气温呈正相关，与杉木根系生长规律相吻合，虫口密度随林龄增大而增加。同林龄不同坡向其虫口密度亦不同。正南坡最大，东南坡次之，西北坡最小。线虫在轻黏土壤中垂直分布达 1.2m，虫口密度最大的土层上坡 40～60cm，中坡 30～40cm，下坡 30～40cm，在同一土质土壤中，多层次虫口密度与土壤理化性质关系不明显。

雌成虫平均产卵量约百粒，卵束覆盖雌成虫体在根表面呈瘤状，活卵率 85%，雌雄比为 56∶1。在清水中培养，卵发育为雄成虫需 6～8 周。而在杉根浸液中，时期缩短，其中一龄幼虫期为 10～11 天。线虫的最高发育温度是 35℃，卵的致死温度是 40℃。

由于线虫寄生，寄主组织的生理、生化产生一系列病变，如呼吸作用加剧，根部氮、磷、钾含量也有明显差异，在病根内含量较高，而健株叶部的蛋白质含量却比病株高，病株根部的过氧化氢酶，多酚氧化酶及过氧化物酶活性均比健株强，在根部肿大部位尤甚。线虫寄生有利土壤中镰刀菌的入侵，导致根部周皮腐烂。

防治方法　营造杉木混交林是降低虫口密度的有效途径，造林地清除线虫寄主植物并避免与之混交。

苗木根部携带线虫是长距离传播主要途径，要对出圃杉苗进行抽样检查，防止病苗上山造林。

病苗用 40～50℃ 温水浸根可有效杀死线虫。

发病苗圃可用苦楝叶汁稀释 500 倍，包菜叶汁稀释 100 倍液，木麻黄叶汁稀释 50 倍液毒杀，效果可达 80%。

参考文献

蔡秋锦，龚其锦，1990. 杉木半穿刺线虫病的研究 [J]. 林业科学，26(6): 506-514.

蔡秋锦，林邦超，陈长雄，等，1998. 杉木半穿刺线虫寄主及混交林效应的研究 [J]. 福建林学院学报，18(1): 8-11.

蔡秋锦，罗婉珍，陈长雄，等，1998. 植物性杀线剂的提取与毒杀效果 [J]. 福建林学院学报，18(4): 291-293.

（撰稿：蔡秋锦；审稿：张星耀）

图 1　杉木根腐病（朱天辉提供）

杉木根腐病　China fir root rot

由终极腐霉菌引起的、危害杉木幼林根部的一种主要病害。

分布与危害　杉木根腐病在四川杉木产区均有发生，多危害 10 年生以下的杉木幼树。一些栽植地病害当年即发生，翌年春季便死亡。

病根受害处初呈褐斑，扩展后皮层腐烂，木质部变色。根颈和病根未受害处往往长出"灯草"状的水根或正常的次生根系。若次生根系继续受害死亡，针叶易黄化，反之，黄化症状暂时稳定，甚至出现"回青转绿"的隐症现象。早期病株的隐症现象一年中可反复出现多次。针叶失绿变黄，自叶基向叶尖发展，叶质变软。病株黄化由下往上，由内向外，约经 3 年，植株枯死（图 1）。

病原及特征　杉木根腐病除生理性病因外，杉林内的根腐主要由终极腐霉（*Pythium ultimum* Trow）引起（图 2）。菌丝无色，初期无隔，老的菌丝有隔，直径 1.3～5.5μm，近 45° 分枝。孢子囊顶生，偶间生，常为球形，直径 12～28.8μm，平均 19.2μm。卵器球形，17.5～22.5μm，平均 19.6μm，内生一个卵球。卵孢子黄色或黄褐色、球形直径 13～18.9μm，平均 15.1μm，不充满卵器，壁厚近无色。雄器单个，极少两个，近无柄，与卵器同丝，典型的为棍棒状弯曲，陆近卵器。

侵染过程与侵染循环　终极腐霉在高温的夏季常以卵孢子越夏，侵染活动减弱。在病根死亡的过程中，杉株不断萌发新根，生长旺盛的夏秋尤为明显。此时针叶黄化症状暂时稳定或隐蔽。

流行规律　杉木根腐病随温度升高而减缓，一年中以夏秋的针叶黄化症状较轻。

防治方法　调整土壤生态条件，保护和促进根系生长发育，早期防病是防治杉木根腐病的重要前提。选用健苗及用 0.5% 高锰酸钾浸根处理后大穴高墩造林，并在前 3 年内每

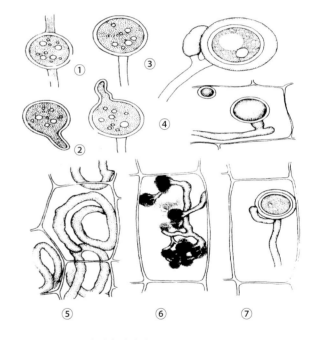

图 2　杉木根腐病病原（引自邱德勋等，1986）

①孢子囊；②孢子囊萌发成芽管；③卵孢子；④寄主细胞内的泡囊；⑤寄主细胞内的卷状菌丝；⑥寄主细胞内的灌木状菌丝；⑦寄主细胞内的卵孢子

年夏初扩墩抚育一次，既能预防杉木根腐病，又能促进杉株生长，是一种经济有效的方法。

参考文献

邱德勋，李明长，1986. 杉木根腐病初步研究 [J]. 林业科学，22(3): 311-316.

袁嗣令，1997. 中国乔、灌木病害 [M]. 北京：科学出版社.

（撰稿：朱天辉；审稿：张星耀）

S

杉木细菌性叶枯病　China fir bacterial leaf blight

由杉木假单胞菌引起的、危害杉木针叶和嫩梢的一种常见的细菌性病害。

分布与危害　主要分布于中国江苏、浙江、安徽、江西、湖南、福建、广西、贵州和四川等地。病菌侵染杉木的针叶和嫩梢，引起针叶或梢头枯死。苗木及 10 年生以下幼林受害较重。

在当年新叶上，最初出现针头大小淡褐色斑点，周围有淡黄色晕圈，叶背面晕圈不明显。以后病斑扩大呈不规则形，暗褐色，对光透视，病斑周围有半透明晕圈，外围有时出现淡红褐色或淡黄色水渍状变色区。病斑进一步扩展，使成段针叶变褐色，长 2～6mm，两端有淡黄色晕带，针叶在病斑以上部分枯死或全叶枯死。

老叶上的症状与新叶上相似，但病斑色泽较深，中部为暗褐色，外围红褐色。后期病斑长 3～10mm，中部变为灰褐色。嫩枝上病斑开始同新叶上相似，后扩展为梭形，晕圈不明显。严重时多数病斑连合，嫩梢变褐色枯死。

病原及特征　病原为杉木假单胞菌（*Pseudomonas syringae* pv. *cunninghamiae* Nanjing He et Goto），前称 *Pseudomonas cunninghamiae* Nanjing F. P. I. C. et al.。病原细菌短杆状，1.4～2.5μm×0.7～0.9μm，单生。鞭毛 5～7 根，生于两端。不产生荚膜和芽孢。革兰氏染色阴性反应。好气性。在牛肉膏蛋白胨琼脂培养基上菌落很小，白色，圆形，平展，表面光滑，有光泽，边缘平整，无荧光。在马铃薯葡萄糖琼脂培养基上生长更好，菌落较大较厚，有脂肪光泽。在含葡萄糖、甘露醇、蔗糖、麦芽糖、木糖或甘油的组合培养液中通过氧化作用产生酸，但不产生气体。在含乳酸、鼠李糖或山梨糖培养液的组合培养液中不产酸也不产气。不能液化明胶，不产生硫化氢，不产生吲哚。不能还原硝酸盐。V.P. 试验无乙酰甲基甲醇生成。石蕊牛乳中呈微碱性反应，不澄清也不凝固。在孔氏（Cohn）培养液中生长良好，并产生淡绿色色素和不完整薄膜。在费美（Fermi）培养液中有少量生长。生长 pH 4.4～9.2，最适 pH 6.8～7.6。生长温度为 10～32℃，最适 28℃左右；在 8℃和 34℃时停止生长；致死温度 59℃。

侵染过程与侵染循环　病菌在活的感病针叶中越冬。病死针叶越冬后，不能从其中分离到活的病菌。细菌随雨滴的溅散和飘扬而传播，自伤口侵入。人工接种时，如加压（1.5～1.6kg/cm²）喷射细菌悬浮液，也可自气孔侵入。在林间暴风雨的袭击可能造成这样的条件。在自然条件下，造成伤口的原因主要是杉木针叶互相刺伤。

流行规律　在树冠相接、枝叶交错的地方，病害往往较重。林缘和林道两旁，因行人较多，风力较强，也容易使杉枝摇动，造成伤口而增加细菌侵染的机会。特别是处在风口或迎风面的林分，病害常很严重。例如山口的附近，河谷或大山冲的两侧，沿海山区的迎风面等，都是病害流行的地理环境。凡因立地条件不良或抚育管理欠周而生长较差的杉木幼林，发病也较重。据在安徽和江西长江南岸一带丘陵地区的观察，病害每年 4 月下旬至 5 月中旬开始发生，6 月为盛发期。7～8 月高温期间，病害基本上停止发展。9 月中旬至 10 月下旬又是一个病害流行期，但不如春夏间之盛。5～6 月和 9～10 月降雨频繁的年份有利于病害的发生和流行。

防治方法　杉木苗圃应远离感病的杉木林，也不宜保留感病的留床苗或移植苗。避免在风口或当风的林地上营造杉木林。苗木带菌是新营造杉木林发生细菌性叶枯病流行的重要原因之一。要严格进行苗木检疫，造林时严格选用无病苗木。病害发生较普遍的地区宜营造混交林，或在病害流行季节山坡的迎风面用其他树种营造防风林带。加强幼林抚育管理，及时疏伐和修枝，使林分通风透光，促进杉木生长，增强抗病力。

参考文献

李传道，1985. 森林病理学通论 [M]. 北京：中国林业出版社.

李传道，1995. 森林病害流行与治理 [M]. 北京：中国林业出版社.

李传道，2000. 中国森林病理学 50 年 [J]. 南京林业大学学报，24(4): 1-6.

（撰稿：李传道、叶建仁；审稿：张星耀）

杉木叶枯病　China fir leaf blight

由散斑壳菌引起的、危害杉木针叶的一种常见病害。又名杉木落叶病、杉木落针病。

分布与危害　杉木上的一种常见病害，普遍发生于杉木幼林和成林中，受害杉株生长减缓，种子的产量和品质降低，感病严重的杉木，或同时遭遇其他病虫的侵袭（赤枯病、炭疽病、蛀干害虫），整株杉木迅速枯死。主要分布在中国的四川、贵州、湖北、湖南、江西、浙江、福建、江苏、广西、广东等地。

杉木叶枯病多从树冠下部和内侧往上和向外扩展蔓延，病菌主要侵害杉木的 2 年生针叶。发病针叶于春末夏初出现病斑，至夏末针叶变黄枯死。在枯死针叶上，产生初为橘红色、后变黑的疱状小点（病菌分生孢子器），后来沿叶脉两侧出现黑色米粒状的子囊盘。病叶枯死最后凋落（图 1）。

病原及特征　病原为杉叶散斑壳（*Lophodermium uncinatum* Dark.）（图 2）。病菌的子囊盘生于杉叶两面，以外基和叶中部最多，广椭圆形，黑色，边缘灰黑色，无周线，全为角质层下生，成熟时中央有一纵裂缝，裂口无唇细胞，大小为 0.8～1.5mm×0.4～0.6mm，在针叶上呈纵向排列；子囊棍棒状，有短柄，大小为 63.5～150μm×8.5～15.0μm，内有 8 个孢子；子囊孢子线形、无色、单胞，大小为 43～78μm×2.0～2.5μm，呈束排列，侧丝线形，顶端弯曲。

侵染过程与侵染循环　病原以菌丝和子囊盘在病叶内越冬，次年 4 月，子囊孢子陆续成熟，从子囊中散出，借风传播，侵染杉木针叶。

流行规律　在山脊和山嘴等土层浅薄、肥力差的地段上，叶枯病严重。在山脚和山湾土层疏松、肥力好的地段，叶枯病轻。在丘陵地区，西南坡日照时间较长，土壤干燥，空气湿度小，杉木生长差，病害重；东北坡日照时间短，土

图1 杉木叶枯病症状（朱天辉提供）

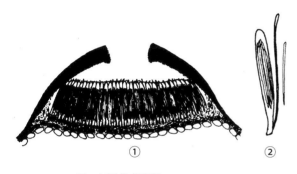

图2 杉叶散斑壳菌（朱天辉提供）
①子囊盘；②子囊及子囊孢子

壤湿润，空气湿度大，杉木生长好，病害轻。

防治方法 杉木叶枯病的防治，应着眼于增强杉木生长势，采用适地适树适种源、壮苗上山、科学造林、及时抚育等林业技术措施为主体的综合防治方法，同时按照不同林分特点，辅以适量药剂防治。如在发病的杉木种子园内或感病指数达30%以上的未郁闭的幼林中，可用70%甲基托布津可湿性粉剂喷撒；而在感病指数达50%以上的成林中，可施放多菌灵烟剂防治。

参考文献

李本国,段官安,1994.杉木种子园叶枯病及防治初探[J].四川农业大学学报,12(2): 235-239.

袁嗣令,1997.中国乔、灌木病害[M].北京:科学出版社.

（撰稿：朱天辉；审稿：张星耀）

芍药白粉病 peony powdery mildew

由一种白粉菌引起的芍药地上部分的病害。

分布与危害 中国最早于1943年在吉林报道，该病害在芍药种植区均有发生。由于芍药植株的栽植密度一般较大，白粉病已成为芍药植株上的一种危害比较严重的病害。主要危害植株地上部叶片和茎，以叶片受害最重，也危害茎和叶柄。发病初期，在叶片正面或背面形成1～2mm的白色小圆斑，呈辐射状，后逐渐扩大，导致嫩叶皱缩、卷曲，新梢扭曲、卷缩，影响芍药的正常生长，发病严重时，白色病斑逐渐扩大，覆盖叶片、茎，植株地上部覆盖厚厚的白粉层，8、9月开始，在白色的粉末层中间形成黄白色的小圆点，后逐渐变为黄褐色、黑褐色至黑色，即白粉菌的子实体（子囊果），严重时导致叶片枯萎，提前脱落，地上部萎蔫死亡（见图）。白粉病在整个生长发育期均可发生。

病原及特征 病原为芍药白粉菌（*Erysiphe paeoniae* Zheng & Chen），属白粉菌属。白粉菌的闭囊壳散生或稍聚生、淡黄色、黄褐色至深褐色，球形至扁球形，菌丝体表生，在寄主植物的表皮细胞内形成吸胞，附属丝菌丝状，简单或不规则地分生一至数次，分支不规则，枯枝状，长度为子囊果的0.5～3倍，不硬挺，无隔膜，附属丝无色或近下部深褐色，顶端圆或尖，子囊为无色，单胞，3～7个，卵形或椭圆形，黄色，大小62～84μm×53～67μm，子囊孢子当年可成熟，圆形至椭圆形，子囊孢子为黄色，2～5个，呈油滴状，大小16～29μm×13～19μm。

侵染过程与侵染循环 病菌以菌丝体在病芽中、病叶或枝梢上越冬，也可以闭囊壳越冬。翌年春天形成的分生孢子为主要初侵染来源。当年植株绿色器官发病后，不断产生分

芍药白粉病症状（王爽摄）

生孢子，进行多次再侵染。病菌生长温度范围为3～33℃，最适宜温度为21℃。温暖干燥的气候有利于发病。多施氮肥、栽植过密、通风透光条件差发病重。品种之间抗病性有差异。

流行规律 白粉病的发生与周围环境条件密切相关，一般通风条件差，白粉病滋生快速，通风条件改善白粉可减弱或逐渐退去。

防治方法 加强栽培管理，改善环境条件，结合修剪剪除病枝、叶，减轻发病。发病期及时喷施粉锈宁等三唑类药物。保护菌食性瓢虫。如十二斑褐菌瓢虫［*Vibidia duodecimguttata*（Poda）］等。

参考文献

北京市颐和园管理处，2018.颐和园园林有害生物测报与生态治理[M].北京：中国农业科学技术出版社.

李丽，2014.山东地区芍药病害调查及主要真菌性病害的病原鉴定[D].泰安：山东农业大学.

（撰稿：王爽；审稿：李明远）

芍药叶霉病 herbaceous peony leaf blotch

由 *Graphiopsis chlorocephala*（Fresen.）Trall 真菌引起的一种芍药病害。又名芍药红斑病、芍药轮斑病、芍药褐斑病、芍药黑斑病、芍药枝孢病等。

发展简史 该菌最早是1876年Passerrini根据在意大利采集的药用芍药（*Paeonia officeinalis*）上的病菌命名的。当时定名为牡丹枝孢（*Cladosporium paeoniae* Passerini），目前许多文献仍用此拉丁名。但自2008年以后，根据遗传学的研究，在新出版的文献上已将病原菌的拉丁名改为 *Graphiopsis chlorocephala*（Fresen.）Trall。牡丹枝孢对芍药的危害，中国最早的记载是在1921年发现于江苏。

分布与危害 该病在世界上发生较普遍，包括欧亚大陆的大部分国家。在中国东北、华北、西北、华东、华中、华南、西南等大区也都有分布。1987年全国普查，以北京、西安、青岛、合肥、武汉、杭州等地严重。危害的寄主除芍药（*Paeonia lactiflora* Pall.）和牡丹（*Paeonia suffruticosa* Andr.）外，还有山地芍药（*Paeonia motutan* Sims）、毛叶草芍药［*Paeonia obovata* Maxim. var. *willmottiae*（Stapf）Stern］、文殊兰［*Crinum asiaticum* var. *sinicum*（Roxb. ex Herb）］等。

该病主要危害叶片，也危害叶柄、茎、萼片、花瓣、果实及种子。在叶上开始时是针头大的小点，后逐渐增大，在叶片上形成近圆形、椭圆形病斑，但有时可见发生在叶片的边缘，形成不整齐形的病斑。病斑边缘清晰，深褐色至黑色，有时有些发红，表面生似绒毛状、橄榄黑色的霉层。一般直径为4～15mm（最大直径可达43mm）。因病斑较大，有时病斑中间破裂或穿孔，严重发生时连成片甚至使叶片枯死（图1①②）。在茎上的病斑初为突起的小点，后渐扩大，增至直径为3～5mm的甚至更长的病斑，小斑红色，大斑中间灰色，边缘黑色有一红色的晕圈，梭形，有时中间开裂并下陷。病斑多时往往连成片，在晚期潮湿时表面生灰绿色

的霉层（图1③）。萼片及果实上的病斑近圆形，黑褐色，边缘发红，严重时整个角果坏死变黑（图1④⑤）。

病原及特征 病原为 *Graphiopsis chlorocephala*（Fresen.）Trall，属拟黏束孢属真菌（图2）。菌丝内生或表面生，子实体中两面生。菌丝初为无色、薄壁、有隔，次生菌丝淡褐色，壁厚，分枝或不分枝，分隔处略缢缩，在寄主气孔内常形成假子座。分生孢子梗多数单生，少量2～6根簇生，直立或弯曲，少数上部有分枝，生于次生菌丝上或簇生于假子座上，有分枝，一般褐色，平滑或略有曲折，孢梗基部膨大，一般可接近孢梗宽的一倍。分生孢子梗长到一定长度，顶端膨大，在其侧面产生芽孢子，芽孢子可作为枝孢，再次分枝或形成串生孢子。孢子脱落后孢痕明显。孢子梗、枝孢与孢子之间唯一的连接是孢间连体，其中央具无色的横隔膜，孢子脱落时常留下一个圆盘状的孢脐即为其残片，营养也是通过隔膜中间的孢间连丝输送给新生的孢子。孢子梗有隔膜1～7个，具有1个隔膜的大小为41.21～69.76μm×2.48～4.45μm（平均53.90μm×3.59μm）；2个隔膜的大小为38.80～71.90μm×2.98～6.99μm（平均56.65μm×4.86μm）；3个隔膜的大小为22.60～106.45μm×2.23～5.60μm（平均57.91μm×3.87μm）；4个隔膜的大小为39.34～103.57μm×4.67～6.47μm（平均77.10μm×4.88μm）；5个隔膜的大小为70.76～83.25μm×4.81～4.95μm（平均77.01μm×4.88μm）；6个隔膜的大小为99.42～108.01μm×4.19～5.11μm（平均103μm×4.65μm）；7个隔膜的只见到1个，大小79.33μm×5.72μm。在梗上生枝孢及分生孢子，所谓的"枝孢"，其实是个分枝，而断开时又是孢子，它多为球形、圆柱状，一般下端钝圆，而上端齿状，在上端着生枝孢及分生孢子。枝孢一般褐色，有1～3个隔膜，1个隔膜的大小为11.55～32.26μm×4.11～5.91μm（平均14.62μm×5.42μm），2个隔膜的大小为8.08～33.28μm×3.88～6.21μm（平均16.80μm×5.04μm），3个隔膜的大小为13.88～31.44μm×3.92～6.30μm（平均21.72μm×5.34μm），4个隔膜的仅见到1个，大小为32.13μm×4.44μm。分生孢子多为圆形、椭圆形或倒雨滴形。淡褐色，单生或串生，0～1个隔膜，0个隔膜的孢子大小3.62～10.38μm×2.86～6.13μm（平均6.38μm×4.52μm）；1个隔膜的大小为9.86～20.63μm×3.92～5.36μm（平均13.56μm×5.12μm）。

对该病的中文名称谓较多，有很多人将其称为"芍药红斑病"。但是该病的症状并不完全是红色的，至多是有些发红或茎部、果实病斑边缘是红色的，而据报道芍药上还有一种红斑病［peony red spot（*Mycocentrospora acerina*）］因此，称为芍药（牡丹）叶霉病更为贴切。

也有文献认为该病病原为交链孢属的真菌引起，并通过分子病理学技术进行了确认。将其定名为链格孢（*Alternaria alternata*）或细极链格孢（*Alternaria tenuissima*）。该病的病叶上确实存在、甚至更容易分离到链格孢属的真菌。但是，细链格孢及细极链格孢的专化性很差，国外有文献将病原为 *Alternaria* spp. 引致的芍药病害称其为"alternaria leaf spot"。因此，是否将芍药叶霉病的病原改定为"链格孢和细极链格孢"应持慎重的态度。

侵染过程与侵染循环 病菌在未腐烂的病残株上越冬。

图 1　芍药叶霉病危害症状（李明远摄）

①叶部受害初期症状；②叶部受害晚期症状；③病茎及叶柄的症状；④病叶及被害蒴果的症状；⑤萼片及果实的受害症状

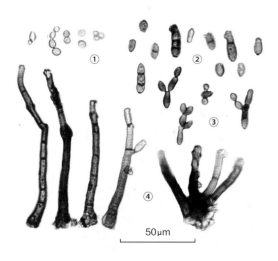

50μm

图 2　芍药叶霉病病原菌的显微照片（李明远、梁玉镯摄）

①分生孢子；②枝孢；③孢子在枝孢上的着生状；④孢子梗

翌年当气候条件适合时产生分生孢子直接或通过伤口侵染新萌发的叶片并形成病斑。在扩展一段后，病斑上又可以产生分生孢子，扩大蔓延，还可以危害叶柄及茎。在植株现蕾、开花和结果时，分生孢子还可以侵染这些组织使它们发病成为新的侵染源。鉴于芍药开花较早，花后还有很长的时间，

病菌可以长时间在田间肆虐，在叶片、茎、果实上继续危害、增殖。特别是在中国北方要经过整整一个雨季，直到冬前地上部被清理为止，此间积累了大量的病原。当田间的病叶、病茬存留在田间时，只要不腐烂即可成为翌年的初侵染源，在田间条件适合时继续新一轮的危害（图 3）。

流行规律　该菌主要以菌丝在病残体上越冬。翌年在适合的温湿度下侵染寄主。在水中适合的温度下 6 小时孢子即可萌发。在自来水中的萌发率为 57.7%，在蒸馏水中为 43%，而在 25% 及 50% 的芍药煎汁中萌发率为 90%。病菌在有伤和无伤的条件下都可以侵染。病害发病条件和温、湿度关系密切。该菌生长发育的温度为 12～32℃，最适 20～24℃。在 8℃ 的条件下潜育期为 14 天，而在 20～24℃ 时潜育期仅 5～6 天。病菌发育的初期较慢，一般经 2～2.5 个月形成子实体。在南方常于 3 月开始发病，在 5、6 月的梅雨季节流行，时间间隔可达 2 个月。在 6 月初病斑直径可达 7～15mm，6 月上旬潮湿时病斑可产生霉层，进行再侵染，6 月下旬叶片可见枯焦。在中国北方地区（如在北京）多发生在 7、8 月高温多雨的季节，雨后叶会出现和南方相似的情况。病菌适宜的酸碱度较广，pH 2～9 时孢子都可以萌发，以 pH 6～7 最适。

种植的品种是否抗病对病情的影响较大。如胭脂点玉、紫芙蓉比较感病，娃娃面、彩珠盘、红云迎月、冰清、朱砂粉中感，紫袍金带、东海朝阳较抗病。

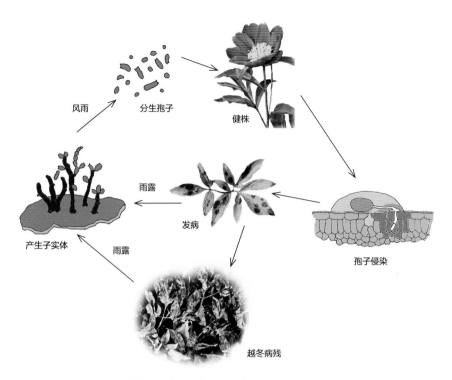

風雨　分生孢子　健株

雨露　孢子侵染

發病

产生子实体　雨露

越冬病残

图3 芍药叶霉病的侵染循环示意图（李明远绘）

此外，管理水平对病害的发生影响较大，例如植株是否郁闭，后期管理粗放，田间残留的越冬病残较多都会对病情造成影响。

防治方法　应采用以农业和化学防治相结合的措施进行。

种植抗病优质的品种　各地都会有些抗病的品种，如杭白芍、娃娃面、粉珠盘、红云迎日等，可在权衡利弊的条件下选用。

农业防治　合理密植。大面积种植时，应采用合理密度，一般株距30cm，行距60～100cm。最好宽窄行交替，2～3个窄行（30cm×60cm）1个宽行（30cm×100cm）。宽行可方便施肥、打药、除草等田间管理，小型微耕机、打草机等设备容易进出。清除病残。在花落后，及时剪掉生病及败落的花朵及病叶，每年入冬后清扫田园。防治芍药的叶霉病时，可在不伤及茎基鳞芽的原则下，将地上部割去，将残枝败叶清理干净，深埋销毁。对盆栽的芍药还可采取换土的方法，即将表层带有病残的土壤挖去10cm，换上新土。也有采用冬前覆土15cm的方法，使病茎在潮湿的土中腐烂，消灭茎表面上的病菌。

化学防治　一般在防病初期摘除病叶后用药防治。使用的药剂有50%多菌灵可湿性粉剂500倍液、70%甲基硫菌灵可湿性粉剂800倍液、40%氟硅唑乳油8000倍液、10%苯醚甲环唑悬浮剂1000倍液等。此外，可在早春植株萌动前，使用3～5波美度的石硫合剂喷洒茎部。

参考文献

方中达，1996.中国农业植物病害 [M].北京：中国农业出版社：607.

李丽，宋淑香，刘会香，等，2016.山东省芍药红斑病病原菌鉴定 [J].园艺学报，43（2）：365-372.

李明远，张晓东，梁玉镯，等，2018.李明远断病手迹（八十九）原来是芍药叶霉病（红斑病）[J].农业工程技术（温室园艺），38(25)：68-70.

张中义，2003.中国真菌志：第十四卷　枝孢属　黑星孢属　梨孢属 [M].北京：科学出版社：139-192.

MCGOVERN R J, ELMER W H, 2018. Handbook of floristis' crops diseases[M]. New York: Springer Intenational Publishing: 667-669.

（撰稿：李明远；审稿：王爽）

生理小种　physiologic races

植物病原物种内或专化型内或致病变种内对寄主植物的种或品种具有不同毒性的专化类型。

简史　1844 年，埃里克松（Eriksson）首先发现禾本科植物的秆锈菌（*Puccinia graminis*）对不同属的植物具有不同的致病力，可以把秆锈菌区分为不同的变种（variety，简写为 var.）或专化型（forma specialis，简写为 f. sp.）。1917 年，斯塔克曼（Stakman）进一步研究发现在小麦专化型内还存在致病力不同的类型，这些类型在孢子形态上没有差异，但致病力不同，并首先将生理小种引入植物病理学研究领域。随后，Stakman 于 1922 年首次发表了鉴定小麦秆锈菌生理小种检索表，初步建立了生理小种的概念及鉴定方法，并且一直沿用至今。中国于 20 世纪 40 年代末开展生理小种鉴定的相关研究工作，寻找鉴别寄主，分析病原菌小种动态，为抗病育种和生产部门提供重要信息。

鉴别方法 生理小种是根据病原菌对寄主的种或品种基因型的致病性差异来划分的，它们在形态、生化性状上无明显差异。有些小种对植物的某些品种具有毒性（virulence），有些小种对某些品种具有无毒性（avirulence）。在毒性不同的病原物小种间，还存在着侵染能力的差异，表现为一种病原菌的不同菌株虽然都能突破寄主植物的防卫屏障和在寄主植物体内定殖，但小种间在繁殖和扩展能力上有量的差别。生理小种在鉴定上完全取决于人为所使用的鉴别寄主，因为一个小种用大量的鉴别品种进行测定，很可能会发现新的毒性或无毒因子。因此，从小种名称的某种意义来看，它只是相对的。

虽然各国在病原菌生理小种所采用的研究方法上大同小异，但在鉴别寄主的选择和生理小种的命名上差别较大。鉴别寄主的选用从当初单纯地侧重鉴别力，发展到采用已知抗病基因品种作为鉴别寄主，使得生理小种的鉴别和抗病育种工作结合越来越紧密。无论差异多大，但鉴别寄主的选择必须符合以下标准：鉴别能力强，对致病小种敏感，抗感界限分明，稳定性好，品种为纯合系、无杂合分离，可代表重要抗源和主要栽培品种。

命名方法

时序编号法 这种方法是 Stakman 1922 年创立的，亦称 Stakman 法或标准命名法。这种方法简单快捷，但缺点是小种名称直接提供的信息量不足，通常需要借助检索表。

毒性公式法 由加拿大科学家 Green 在 1965 年首先提出，即用对某小种有效的抗病基因作分子，无效的抗病基因作分母，写成毒性公式。由毒性公式可推断出某小种所具有的毒性基因（与分母中各抗病基因匹配）和无毒基因（与分子中各抗病基因匹配）。该方法适用于以单基因系作鉴别寄主的情况，优点是简单、明了，缺点是名字冗杂、交流不便。

密码命名法 这是由美国植物病理学家 Roelfs 在 1973 年首先提出，现在在欧美一些国家普遍应用。该法用含单个已知抗病基因的近等基因系作为鉴别寄主。优点是可在基因水平上分析寄主与病原物间的关系；研究结果便于国际间交流；生理小种名称信息量大且简便；命名系统是半开放式，可根据需要对鉴别寄主进行适当的更换和增补。

其他的命名方法还有毒性频率法、二进制命名法、八进制命名法、三联密码本法和马铃薯晚疫病命名法等。

鉴别的意义 做好生理小种的鉴定，将有利于掌握病原菌生理小种结构变化的动态，可为研究和防治病害提供预见性和主动性，也可以给抗病品种的选育和布局提供理论依据。

参考文献

AGRIOS G N, 2009. 植物病理学 [M]. 沈崇尧, 译. 北京: 中国农业大学出版社.

王金生, 2001. 分子植物病理学 [M]. 北京: 中国农业大学出版社.

许志刚, 2009. 普通植物病理学 [M]. 4 版. 北京: 高等教育出版社.

（撰稿：杨俊；审稿：孙文献）

生物多样性控制病害 plant disease management with biodiversity

利用生物之间相生相克的相互作用促进作物生长，减少病原菌的种群密度，降低病害流行强度，从而保护作物和农田环境的病害控制方法。

形成和发展过程 中国学者朱有勇等针对农田作物品种单一化导致病虫害暴发流行，致使大幅度增加农药用量的重大难题，开展了应用生物多样性原理控制病虫害的机制和效应研究，取得了重要突破，成为国际上利用生物多样性控制病虫害的成功典范。

农业生物多样性具有多种重要功能，除了通过固定 CO_2，减少温室气体，减缓全球变暖；通过水源林和植被结构，调节流域水文过程，稳定水源供应；通过防护林、风障、沙障、植物篱，减少风害、沙害、盐碱、海潮等灾害；通过生物覆盖，减少水蚀、风蚀和水土流失；通过动物和微生物，促进初级生产的转化和分解，维系系统养分循环过程等生物多样性的共同功能外，还具有通过作物结构及其相互关系，调节和改善农田小气候和生产环境；通过有机质和腐殖质生产、固氮、解磷、溶钾、松土、促成土壤团粒等生物作用，提高土壤肥力；通过作物及周边生物之间的相互作用控制病虫有害生物流行；通过提供种质资源，广泛适应各种土壤、气候和生物逆境以及全球变化；通过对污染物的吸收、分解，净化环境等其特有的功能。更具有提供多样化的农产品，提高各种资源利用效率，提高生产者和经营者的收益的强大经济功能。还具有满足社会现实和未来的食物、医药、能源、建材、纺织、食品等各种需求提供选择的基础等社会功能。

中国发明了作物多样性种植控病增产的许多技术，进行了烟草与玉米、甘蔗与玉米、马铃薯与玉米、小麦与蚕豆的时空优化种植的大面积试验和推广。如玉米与马铃薯多样性种植后，平均降低马铃薯晚疫病、玉米大小斑病等主要病害病情指数 39.31%，平均减少农药使用 53.95%，单位面积平均增产幅度 52.35%，平均提高土地利用率 1.58。

中国在利用生物多样性控制作物病虫害的机制方面取得的主要成果包括：①作物异质机理。明确了作物异质性与病虫害亲和性互作关系，作物搭配异质性越高，病虫害亲和性越低，控制效果越好。②群体空间结构。揭示了作物群体结构对病菌的稀释作用和阻隔病害蔓延的生态功能；明确了作物群体立体结构增强通风透光、降低湿度和减少植株结露等不利于病虫害发生的微环境气象学功能。③播期时间配置。明确了发病高峰与降水高峰的叠加效应，以及调整播期错开高峰的控病机理；阐释了不同播期增强天敌昆虫功能团效应。

科学意义与应用价值 利用生物之间的相生相克原理促进作物生长，抑制有害生物发生，增加土壤肥力，改善农田生态系统的功能，是农业的可持续发展，人类的可持续发展的重要基础。探明不同物种间互作的强度和动态，进一步精细化管理措施，提高农田生物多样性的管理水平，可为农业的可持续发展提供更为有力的支撑。

存在问题和发展趋势 生物多样性控制病害具有充分

S

利用生物资源、环境友好和可持续等优势，随着对作物之间、作物与微生物之间互作机制研究的深入，在高强度生产条件下，通过应用方法的改进，也能发挥不可替代的作用，今后仍具有广泛的应用前景。需加强研究的几个问题主要包括：①作物之间的化学、物理和生物通讯需要进一步探明。②多样性栽培对有害生物的主要天敌种类、生物学特性及适生环境的影响需要在不同的环境条件下进行分析。③多样性种植模式对植物相关微生物的种类和丰度变化的影响及其对作物生长的反馈调节机制需要深入研究。④需要深入探索利用作物多样性调控病虫害、提高土壤肥力、优化农业生态环境的新机制和新途径，为粮食生产的可持续发展提供科学依据。

参考文献

朱有勇, 2007. 遗传多样性与作物病害持续控制 [M]. 北京：科学出版社.

朱有勇, 2012. 农业生物多样性控制作物病虫害的效应原理与方法 [M]. 北京：中国农业出版社.

（撰稿：李成云；审稿：朱有勇）

生物防治　biological control

利用自然界各种有益生物及其代谢产物来控制有害生物的方法。此方法以生物物种间相生相克的原则为基础，在维护环境及生态平衡的前提下，以有效控制有害生物种群的发生或减少为目的。随着科技的迅速发展，生物防治的方式也多样化，与化学农药防治相比，有着无可比拟的优越性。

形成和发展过程　利用生物防治害虫，在中国有着悠久的历史，追溯到公元 304 年左右晋代嵇含著的《南方草木状》和公元 877 年唐代刘恂著的《岭表录异》都有利用一种蚁防治柑橘害虫的记载。19 世纪以后，生物防治在世界许多国家都有了快速的发展。美国加利福尼亚州于 1888 年从澳大利亚引进澳洲瓢虫来防治吹绵蚧，获得显著的防治效果，成为国际昆虫学领域的焦点，由此开创了传统生物防治科学的新纪元，宣告一门新学科的诞生。Smith 于 1919 年正式提出"通过捕食性、寄生性天敌昆虫及引入病原菌来抑制另一种害虫"的传统生物防治概念。1948 年，DeBach 从应用生态学观点出发将其定义为"寄生性、捕食性天敌或病原菌使另一种生物的种群密度保持在比缺乏天敌时的平均密度更低的水平上的应用"。随着科学技术的不断发展，生物防治的定义和范围得到了进一步的扩充。依靠基因工程技术的扩大或增强天敌等新技术的发展，更为生防增添了新内容。国际生物防治的研究与发展仍侧重于传统生物防治（引进天敌控制外来害虫、天敌昆虫的增殖、散放）、本地天敌的保护与利用和微生物农药的研制、开发与商品化 3 个方面。

基本内容

利用微生物防治　利用昆虫的病原微生物杀死害虫。这类微生物主要包括真菌、细菌和能分泌抗生物质的抗生菌、原生物等。苏云金杆菌是研究最多、产量最大的微生物杀虫剂，在防治玉米螟、稻苞虫、棉铃虫、菜青虫方面均有显著效果。杆状病毒被认为是重要而安全的杀虫剂，主要感染鳞翅目。利用阿维菌素可防治棉铃虫、稻纵卷叶螟、棉红蜘蛛等害虫。

利用寄生性天敌防治　主要有寄生蜂和寄生蝇，最常见有赤眼蜂、寄生蝇防治松毛虫等多种害虫，椰甲截脉姬小蜂防治椰心叶甲，中红侧沟茧蜂防治棉铃虫，肿腿蜂防治天牛等。

利用捕食性天敌防治　捕食性天敌的种类很多，应用较多的有瓢虫类、草蛉类、蜘蛛类、螨类、螳螂、鸟类等。

生物防治的方法

保护和利用天敌　各种虫害都会有 1 种或者几种天敌，在抑制害虫的繁殖方面起着重要作用。在实际应用中，保护利用天敌的方式主要有两方面；其一是对害虫天敌进行人工繁殖并进行田间释放，人工繁殖的害虫天敌寄生蜂已被广泛应用到果园和菜园中；其二是保护田间现有的病虫害天敌，其最重要的措施是减少化学药物尤其是高毒农药的使用，或者是有针对性地使用化学药物，最大限度地保护害虫天敌，达到自然灭虫的效果。

大力推广利用微生物农药　微生物农药的利用包括 2 个方面：一是利用害虫的病原微生物进行防治，利用最多的是苏云金芽孢杆菌，此外，还有昆虫病毒制剂（如核型多角体病毒制剂）等都可以用于有害昆虫的生物防治；二是利用抗生素防治病虫害，其中阿维菌素的应用范围最广，可防治棉铃虫、稻纵卷叶螟、梨木虱以及棉红蜘蛛等。此外，井冈霉素可用于防治水稻枯纹病，效果比常规防治手段要好。灭幼脲、白僵菌用于棉花虫害的防治。

应用性信息素治虫　昆虫信息素是昆虫所分泌的、在昆虫个体间求偶、觅食、栖息、产卵、自卫等过程中起通讯联络作用的微量化学信息素，可将其运用到虫情监测、害虫诱捕、干扰交配和配合治虫等方面。

利用植物源农药　在一些相关科研机构及农药企业的协同合作下，中国植物源农药已研制有除虫菊素、苦参碱、印楝素、苦皮藤素、鱼藤酮、野燕枯和苦豆子等产品。

科学意义与应用价值　化学农药的长期大量使用，在导致害虫产生抗药性的同时也污染了环境，破坏了生态环境。生物防治技术具有对人和其他生物安全、不污染环境、对于农作物病虫害的杀伤特异性较强、防治作用持续时间久、农作物以及产品无农药残留、且易于同其他植物、环境保护措施协同配合等优点。应改变传统以化学药剂为主的病虫害防治方式，实行以生物防治、生态控制为主的有害生物综合治理，逐步减少生产过程中化学农药的使用，对促进农业生产模式的优化调整、实现农业可持续发展、保护生物多样性具有重要意义。

存在的问题和发展趋势　生物防治具有天然无毒害、无污染、高效且不易产生抗药性等优点，在植物病虫害防治中的应用受到人们的广泛关注，但在实际的生产应用中也显现出一些问题。①预测病虫害难以实施：基础设施的不完善以及生产企业的规模不能与相对较为严峻的有害生物防治形势相匹配；资金不足，缺乏一些基本的监测仪器设备，预防不正常的生物控制的策略难以实现，科技研究成果与生物防治手段的正常联系不能很好建立。②生防作用物的引进有可能造成新种入侵的问题，因此，在引入生防作用物时应有目的地引进。③宣传力度不到位，由于研究成果的宣传力度低，生物防治在广大农民中认知度不高。此外，生物农药受多方面的限制，产量低、销售小，且生物防治周期长见效慢，导致大部分农民不愿接受生物防治，使得生物防治手段难以推广。④投入少，见效慢，技术有待提高，在生物防治中的科技投入薄弱，没有领航的科技手段，无法落实防控，致使科研开发与实际生产应用不相符。此外，对已获单项成果的生防技术的集成与大规模应用的配套技术尚缺乏研究，并且对天敌昆虫的利用主要集中在大量繁殖技术、释放技术方面，而对天敌作为一个生防制剂所需要的包装、存储及安全运输技术等商品化技术研究相对较少。一些开发出的生防菌在野外的定殖能力差，菌株稳定性差，防治效果不稳定等，致使现阶段的植物病虫害生物防治工作仍然进不了正轨。⑤缺乏生态系统和生物间相互作用的基础理论知识。缺乏一支有潜力持久地研究解决与生物防治有关的复杂难题的多学科研究队伍。

随着科学技术的飞速发展以及人们对食品安全和生态安全的高度重视，中国以及很多国家已将防治技术作为缓解当今世界五大危机的战略决策之一，且生物防治代替化学农药是未来农业发展的必然趋势。

参考文献

李兴龙，李彦忠，2015.土传病害生物防治研究进展 [J].草业学报 (3)：204-212.

林乃铨，2010.害虫生物防治 [M].4 版.北京：科学出版社.

张越，杨冬燕，张乃楼，等，2020.植物抗病激活剂研究进展 [J].中国科学基金 (4)：519-528.

（撰稿：吴国星；审稿：李成云）

失效分析　failure analysis

产品丧失规定的功能称为失效。分析其失效的原因，研究预防措施与对策的技术活动和管理活动称为失效分析。在植保领域，失效分析一般指对病虫害草等暴发流行或防治失效，并研究其失效的原因、预防和防治对策等的活动。

失效分析是一门发展中的新兴学科。公元前 2025 年到世界工业革命前基于简单手工生产的古代失效分析可以看作是失效分析的第一阶段。公元前 2025 年的《汉谟拉比法典》是史料记载的最早的关于产品质量的法律文件，也是作为仲裁事件和提高产品质量的最早的失效分析文件。从工业革命到 20 世纪 50 年代末以蒸汽动力和大机器的工业为基础的近代失效分析是失效分析的第二阶段。1862 年，英国总结蒸汽锅爆炸的原因后，建立了世界上的第一个蒸汽锅炉监察局，把失效分析作为仲裁事故的法律手段。Wohler 对火车轮轴断裂失效的分析，发现了金属的疲劳现象，从而研制出了世界上第一台金属疲劳试验机。这一阶段的失效分析大大促进了社会生产和强度理论的创立。20 世纪 50 年代末是失效分析结合电子显微学等学科形成了其向多学科发展的新阶段。20 世纪 80 年代中后期，失效分析已经开始形成一个独立的分支学科。

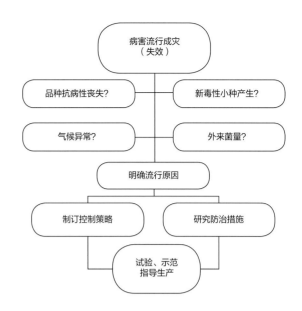

失效分析过程示意图（马占鸿提供）

在农业方面，失效主要体现在病害系统失衡，导致暴发流行成灾，也或防控失效，研究更多的由"结果"去寻找"原因"，即从品种抗病性是否丧失、是否有毒性新小种产生或外来菌源、或是气候异常等寻找导致病害流行成灾的原因，制定防治策略和措施，指导生产实践，从而避免重蹈覆辙、减少农业损失，增加粮食产量，也是"马后炮"策略（见图）。在宏观上，基于病害过去的发生情况和规律，研究其在大区域范围内发生的可能性，包括病害的定值评估、适生性评估和传播潜能评估等。20 世纪 70 年代早期，在美国阿肯色州等南部各州常年发生大豆猝死病，1993 年，该病在大豆生产大州艾奥瓦州开始蔓延，1999 年 Scherm 和 Yang 研究大豆猝死病的生物学特性和发生规律，并根据 CSIRO 开发的 CLIMEX 计算机软件预测该病在美国生产大豆 78% 的中北部地区将造成更大的损失，从而促进了该地区抗病育种的研究。在微观上，随着分子生物学技术的发展，DNA 指纹分析、基因定位与克隆、基因功能鉴定以及全基因组测序等技术为病原菌致病机理、植物—病原菌互作和抗病育种等提供了技术支持。最典型的案例就是稻瘟菌的进化和水稻品种选择。根据基因对基因假说，2012 年 Kanzaki 等研究发现稻瘟菌最初的 *AVR-Pik* 无毒基因进化出了 *pex75* 和 *AVR-Pik-D*，水稻的抗性基因 *Pikp* 和 *Piks* 能识别 *AVR-PIK-D*，含有 *AVR-Pik-D* 基因的稻瘟菌无法侵染含有抗性基因 *Pikp* 和 *Piks* 的水稻，因此，该菌进化出了 *AVR-Pik-E* 无毒基因，为了对抗该无毒基因，科学家培育出了含有抗病基因 *Pik** 的水稻，该基因能够识别 *AVR-Pik-D* 和 *AVR-Pik-E*，该品种水稻的大量种植，致使稻瘟菌进化出了 *AVR-Pik-A*，该基因不能被 *Pikp* 和 *Pik** 识别，然后科学家推广含有抗病基因 *Pikm* 或 *Pikh* 的水稻，该基因能识别 *AVR-Pik-D*、*-E* 和 *-A*。然而稻瘟菌又进化出了 *AVR-Pik-C*，该基因不能被任何一个抗病基因所识别。

参考文献

曾士迈，2005.宏观植物病理学 [M].北京：中国农业出版社.

S

张峥，陈再良，李鹤林，2007. 中国失效分析的现状与差距 [J].
金属热处理，32(增刊): 49-52.

KANZAKI H, YOSHIDA K, SAITOH H, et al, 2012. Arms race
co-evolution of *Magnaporthe oryzae* AVR-Pik and rice *pik* genes driven
by their physical interactions[J]. The plant journal, 72: 894–907.

SCHERM H, YANG X B, 1999. Risk assessment of sudden death
syndrome of soybean in the north-central United States[J]. Agricultural
systems, 59:301-310.

SUTHERST R W, MAYWALD G F, 1991. Climate modeling
and pest establishment climate-matching for quarantine using climex[J].
Plant protection quarterly, 6(1): 3-7.

（撰稿：马占鸿；审稿：王海光）

十字花科蔬菜白锈病　crucifers white rust

由白锈菌和大孢白锈菌引起、主要危害十字花科蔬菜叶片的一种真菌性病害，是世界各地十字花科蔬菜种植区的重要病害之一。

发展简史　该病是一种世界性的重要病害，早在 1791 年就发现其危害，白锈菌（*Albugo candida*）是由 Kuntze（1891）根据 Gmelin（1791）和 Persoon（1801）所误定的十字花科植物上的 *Aecidium candidum* 和 *Uredo candida* 更正组合的种。该菌的早期异名很多，仅 Persoon 就另有 *Uredo candida* var. *thlaspeos*、*Uredo candida* var. *alyssi*、*Uredo cheiranthi* 三个异名。Léveillé（1847）提出 *Cystopus* 属，又 转 成 *Cystopus candidus*，Bonoden（1860）用 *Cystopus sphaericus* 和 *Cystopus alismatis*。从 Hennings（1896）后多使用正名 *Albugo* 属，属名 *Albugo* 曾 5 次变迁。中国白锈菌研究最早见于 1916 年章祖纯报道河北野油菜发生白锈病。1936 年，Ito 报道中国东北五种南芥属 *Arabis* spp. 发生白锈病。1979 年戴芳澜报道 34 种十字花科植物上发生白锈病，分布遍及全国各地。十字花科植物上已报道白锈 4 种，即白锈菌［*Albugo candida*（Per.）Kuntze］、大孢白锈［*Albugo macrospora*（Togashi）Ito］、独行菜白锈（*Albugo lepidii* Rao）、居间白锈［*Albugo intermediatus*（Damle）Zhang］。

分布与危害　白锈病在世界各地十字花科蔬菜种植区都有发生，分布极广泛。欧洲的英国、德国、罗马尼亚、希腊，美洲的美国、巴西、加拿大，亚洲的中国、印度、日本、巴勒斯坦、土耳其，大洋洲的澳大利亚、新西兰、斐济等国家都普遍发生。中国是该病流行区，分布非常广泛，北京、上海、江苏、浙江、广西、广东、福建、云南、贵州、山西、河北、河南、陕西、甘肃、宁夏、内蒙古、辽宁、吉林、西藏等地的十字花科蔬菜产区都不同程度发生。

白锈病不仅损害植株的形态，还破坏植株的新陈代谢，使光合作用能力降低，影响植株生长及种子的品质和产量。白锈病最初造成的损失很小，一般减产 10% 以下，但随着十字花科蔬菜面积的增长和复种指数提高，现已成为许多国家十字花科蔬菜的主要病害。在中国，萝卜白锈病的发病率一般为 5%～10%，严重的可达 50% 左右。在印度，芥菜叶片受害可造成 27.4% 的损失，花序受害可造成 62.7% 的损失，若二者同时发生损失则高达 89.8%。在加拿大西部，油菜白锈病造成的产量损失一般在 1.2%～9%，严重的田块则可达 30%～60%。

白锈病主要危害叶片，茎、花、花梗、种荚也可受害。叶片受害，初期叶正面出现不规则褪绿小斑点，边缘不清晰，后发展成黄色病斑（图 1），在叶背面相应的部位出现白色或乳黄色稍隆起的疱疹（孢子囊堆），疱疹有时生在叶正面，近圆形到不规则形（图 2），散生或聚生，直径 0.5～7mm，成熟后表皮破裂，散发出白色粉状物，即病菌孢子囊，是该病的重要病征。严重时病斑遍及全叶，病叶枯黄脱落。茎和花器受害，变肥大、扭曲，呈畸形，不能结实，菜农俗称为"龙头拐"（图 3）。

病原及特征　病原有白锈菌［*Albugo candida*（Pers.）

图 1 花椰菜和芥菜白锈病病叶（吴楚提供）

图2 大白菜白锈病症状（覃丽萍提供）

①病叶正面不规则褪绿黄斑；②病叶背面白色孢子囊堆

图3 油菜白锈病症状（覃丽萍提供）

①油菜白锈病病叶；②罹病花梗肿大、弯曲，呈"龙头拐"状

侵染的寄主可分为3个生理小种，分别为侵染萝卜的萝卜系，侵染芜菁、白菜的芜菁系和侵染芥菜的芥菜系。

侵染过程与侵染循环 卵孢子萌发，产生1～2根芽管，形成菌丝直接侵入寄主，或产生孢子囊及游动孢子。游动孢子随流水游动一段时间后鞭毛脱落，附着在感病寄主表面上，遇适宜的条件，以休止孢子萌发产生芽管形成菌丝，从气孔侵入寄主组织，菌丝在细胞间隙生长，以小球状或圆锥状吸器伸入细胞内，从寄主组织吸收养分和水分，至此，病菌萌发侵染过程已完成。寄主表面有水膜或水滴是游动孢子萌发侵染的必需条件，因此，有露水或浓雾或大雨且低温天气很适合游动孢子萌发和进行侵染。在适宜温度下（5～24°C），一般植株叶面的水膜或水滴保持6小时左右即可完成侵染，侵染后6～10天形成疱疹。

病菌主要通过气流、雨水、灌溉水传播，带菌的种子、田间操作、农具也是病菌重要的传播途径。混有病残体的堆

Kuntze=*Albugo cruciferarum*（DC.）=*Aecidium cadidum* Pers.=*Uredo candida* thlaspeas Pers.=*Caeoma candium*（Pers.）Nees=*Cystopus candidus*（Pers.）Lév.］和大孢白锈菌［*Albugo macrospora*（Togashi）Ito=*Cystopus candidus* Lévellé var. *macrospora* Togashi］，均属白锈菌属。无性繁殖产生游动孢子，有性生殖产生卵孢子。

白锈菌的菌丝无分隔，无色，生长于寄主细胞间隙。孢子囊梗无限生长，短棍棒状，不分枝，大小为24～30μm×11.4～15μm，排列丛生于寄主表皮下，其顶端着生串珠状孢子囊。孢子囊卵圆形、近球形、球形，单胞，无色，大小为14.4～17.5μm×11.4～16.3μm，萌发时产生6～18个游动孢子。游动孢子圆形或肾形，具双鞭毛，鞭毛侧生，脱落后成为休止孢。藏卵器近球形，无色，多呈空腔，大小为60～93μm×43～63μm。卵孢子近球形，褐色，外壁有瘤状突起，大小为33～51μm×33～48μm（图4）。卵孢子萌发形成游动孢子，表层破裂，内层自裂口突出，呈囊状破裂后游动孢子自此游出。白锈菌寄主专化性很强，不能离体培养，有明显的生理分化现象。根据病菌对鉴别寄主致病力的不同，*Albugo candida* 至少鉴定出11个生理小种，每个小种在田间只侵染与其相应的鉴别寄主（见表）。白锈菌寄主范围非常广，可侵染危害十字花科63属246种植物，其中经济价值较大的有：油菜、小白菜、大白菜、紫菜薹、红菜薹、椰菜、椰菜花、芥蓝、青花菜、球茎甘蓝、叶芥菜、茎芥菜（头菜）、根芥菜（大头菜）、榨菜、萝卜等。

大孢白锈菌的菌丝无分隔，无色，蔓延于寄主细胞间隙。孢子囊梗棍棒状，无色，大小为22.5～47.5μm×12.5～17.5μm。孢子囊球形、卵圆形，单胞，无色，壁薄等厚，大小为15～25μm×13.8～17.5μm。卵孢子近球形，红褐色至茶褐色，边缘和表面有皱纹或瘤状突起，大小为45～61.3μm×50～67.5μm（图5）。大孢白锈菌广泛危害十字花科植物，在中国至少可侵染危害14种十字花科植物。根据

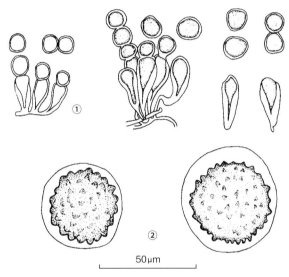

图4 白锈菌形态（引自余永年，1998）

①孢子囊梗和孢子囊；②卵孢子

白锈菌的生理小种及其相应鉴别寄主表

生理小种	鉴别寄主	
	俗名	拉丁学名
1号	萝卜	*Raphanus sativus* L.
2号	芥菜	*Brassica juncea*（L.）Czern.
3号	马萝卜	*Armoracia rusticana*（Lam.）P. Gaertner et Schreb.
4号	荠菜	*Capsella bursa-pastori*（L.）Medik.
5号	钻果大蒜芥	*Sisymbrium officinale*（L.）Scop.
6号	风花菜	*Rorippa islandica*（L.）Bess.
7号	野油菜	*Brassica campestris* L.
8号	黑芥	*Brassica nigra* L.
9号	甘蓝	*Brassica oleracea* L.
10号	田芥菜	*Brassica kaber*（DC.）L. C.Wheeler
11号	埃塞俄比亚芥	*Brassica carinata* A. Brown.

S

肥、沤肥以及带菌土壤、染病十字花科杂草，借助风、雨、流水或通过农事操作时农具、人畜以及昆虫的活动等传到健康植株或无病田。远距离调运带菌种子、病菜，将病菌从病区带到无病区，使病害进一步扩散。

在寒冷地区病菌以菌丝体或孢子囊堆在染病秋苗上或以卵孢子随病残体在土壤中或附着在种子上越冬。翌年春天条件适宜时，卵孢子萌发，从气孔或直接侵入寄主组织完成初侵染，后病部不断产生孢子囊和游动孢子，传到邻近健康植株进行再侵染，使病害进一步传播蔓延，随后又以卵孢子、菌丝体在带有病残体的土壤或种子中越夏。在南方温暖潮湿地区，十字花科等寄主全年存在，孢子囊在田间无明显的越冬期，在田间经风雨辗转传播，产生游动孢子或直接发芽侵入寄主组织，引起多次再侵染（图6）。

流行规律　卵孢子在干燥条件下至少可存活20年。孢子囊在15℃下，在离体寄主上可存活4.5天，但在离体条件下18小时即丧失活性。

卵孢子经一段时间的休眠后才能萌发。卵孢子萌发与其本身的成熟度、外界温度有关，适当的低温利于卵孢子萌发，13℃低温处理20小时后的萌发率明显提高。卵孢子通常有两种萌发方式：一是直接产生芽管形成菌丝；二是产生排孢管或芽管，在顶端形成无柄的小囊泡或游动孢子囊，释放

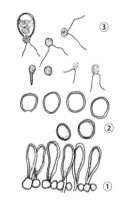

图5　大孢白锈菌形态（引自余永年，1998）
①孢子囊梗；②孢子囊；③游动孢子

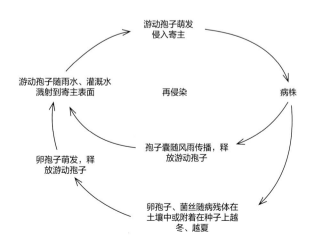

图6　十字花科蔬菜白锈病侵染循环示意图（覃丽萍提供）

出双鞭毛的游动孢子。卵孢子萌发的方式主要取决于其所处环境的温度，温度超过18℃有利于产生芽管，温度在10～18℃则较易形成泡囊。孢子囊适宜萌发温度0～25℃，最适萌发温度10～14℃，相对湿度大于95%或有水膜、水滴存在才能萌发。游动孢子萌发的适宜温度是16～25℃，最适温度20℃。

白锈病多在低温、多雨潮湿、昼夜温差大的地区发生严重，如在纬度或海拔高的青海、西藏、内蒙古、云南等，在低海拔地区如广东、福建等如遇寒雨多、光照少的冬春季节也会发生严重。影响病害的发生流行主要有如下几个因素。

菌源量　在菌源充足的条件下利于病害发生。在20℃下，当游动孢子的浓度为$1×10^3$CFU/ml时，发病率为41%，当游动孢子的浓度为$1×10^4$CFU/ml时，发病率可达到93.9%。

气象因素　5～25℃范围内均可发生，20℃左右最适病害发展，低于3℃或高于29℃病菌不能侵染寄主。阴雨天气多，田间空气湿度大，气温温和，白锈病易流行。病害的严重度与日照时数也有关，在西藏6～7月间每日日照时数每增加（减少）1小时，油菜白锈病发病率降低（提高）1.31%，病情指数减少（增加）0.91。

栽培模式　感病品种（作物）常年连作，病菌积累量大，发病重，轮作特别是水旱轮作发病轻；过早播种，苗期尤其是子叶期遇低温阴雨天气发病重；过于密植，通风透光性差，有利于病害发生流行；多种十字花科蔬菜套种、间种、混种发病重。

肥水管理　地势低洼，长期积水，田间湿度大；迟施或偏施氮肥，植株生长幼嫩，抗病能力低，均有利于病害发生流行。合理施肥，挖沟排水，通气性好，则发病轻。

防治方法

农业防治　①轮作。重病区和重病田与非十字花科作物轮作2～3年，若条件允许可与水稻水旱隔年轮作，可减少土壤中卵孢子的数量，降低越冬菌源。②加强田间管理。适时播种，及时间苗，增强田间通风透光性，培育壮苗；适时中耕，清除十字花科杂草等，疏松表土，促进植株健壮生长，提高抗病能力。③清除菌源。及早摘剪病枝、病叶，拔除病株，防止病害蔓延扩大；蔬菜收获后，及时清除田间病残体，深耕翻晒土地，促使病残体加速腐烂，减少田间初侵染菌源。④抓好以肥水为中心的栽培防病。施足基肥，多施用有机肥，避免偏施氮肥，增施磷肥和钾肥，增强植株抗性，适时追肥和喷施叶面营养剂；低洼地开沟排水降低湿度；定时淋水，避免在早晨和傍晚浇水，尽量保持叶面干燥。

选用抗病或耐病品种　油菜抗病品种有华油8号、国庆25、东辐1号、小塔、加拿大1号、蓉油11号、齐菲、江盐1号、加拿大3号、花叶油菜、云油31号、宁油1号、新油9号、亚油1号、茨油1号等；大白菜有旺贝克等；芥菜有T-4、Domo、Cutlass、Scimitar等；萝卜有维德、中国科普里多等。

选用健康种子或种子消毒处理　选用无病株留种，选用无病种子。播种前用种子重量0.4%的25%甲霜灵或40%三唑酮福美双或75%百菌清可湿性粉剂拌种。

化学防治　发病初期用药，药剂可用25%甲霜灵可湿

性粉剂 600～1000 倍液、58% 甲霜灵·锰锌可湿性粉剂 500 倍液、64% 杀毒矾可湿性粉剂 500 倍液、0.5% 倍式波尔多液、75% 百菌清可湿性粉剂 1000～1200 倍液、20% 粉锈灵乳油 1000～1200 倍液、70% 代森锰锌可湿性粉剂 500～600 倍液，每隔 7～10 天喷洒 1 次，连喷 1～2 次，遇雨要补喷。

参考文献

邢来君，李明春，1999. 普通真菌学 [M]. 北京：高等教育出版社.

余永年，1998. 中国真菌志：第六卷　霜霉目 [M]. 北京：科学出版社.

中国农业科学院植物保护研究所，中国植物保护学会，2015. 中国农作物病虫害：中册 [M]. 3 版. 北京：中国农业出版社.

BABADOOST M, 1990. White rusts of vegetables[OL]. University of Illinois Extension Service PDR No. 960: 1-6. http://ipm. illinois.edu/ diseases/ rpds/960.pdf.

PETRIE G A, 1988. Races of *Albugo candida* (white rust and staghead) on cultivated Cruciferae in Saskatchewan [J]. Canadian journal of plant pathology, 10(2): 142-150.

（撰稿：覃丽萍、秦碧霞；审稿：谢丙炎）

十字花科蔬菜根肿病　crucifers club root

由芸薹根肿菌侵染引起的、危害十字花科蔬菜根部的一种土壤传播病害。

发展简史　十字花科蔬菜根肿病最早发现于 1737 年英国地中海西岸和欧洲南部，1852 年在美国首次报道。19 世纪十字花科根肿病在苏联北部及中部地区大面积流行并造成毁灭性灾害。在加拿大等十字花科蔬菜栽培大国，根肿病也已经成为一种新流行的病害，在欧洲、北美以及亚洲的日本、中国、韩国、印度等危害突出，全世界均有分布，尤以温带地区发生更为严重。田间土壤一旦受到根肿病菌的污染，将长期带菌。世界范围内每年由根肿病造成的十字花科蔬菜经济损失可达 10%～15%。根肿病菌具有传播速度快、传播途径多、侵染性强和防治困难等特点。根肿病已成为十字花科作物生产中最重要的病害，成为限制十字花科作物产业发展的重要因素。

分布与危害　随着十字花科蔬菜栽培面积的扩大，根肿病在世界范围内日趋严重，尤其在北美、欧洲、日本和中国等地，根肿病已成为一种主要病害，给十字花科蔬菜生产造成严重威胁。在中国江西、安徽、山东、浙江、上海、江苏、湖南、福建、湖北、黑龙江、广西、云南、辽宁、吉林、广东、北京、西藏、四川、贵州等地都有发生。西南地区十字花科作物种植面积占全国的 1/6，根肿病的发生面积却是全国的 1/4。在中国，根肿病常年危害面积 320 万～400 万 hm²，占十字花科作物种植面积的 1/3，大流行年份发生与危害面积可达 900 万 hm²，平均产量损失达 20%～30%，严重田块直接产量损失达 60% 以上甚至毁产。根肿病发生区一般可造成 20%～90% 的严重减产，土壤一旦污染，将不再适宜十字花科植物的栽培，严重制约着蔬菜产业化的发展和农民的增收。

根肿病的寄主范围很广，可危害 100 多种栽培和野生的十字花科植物；弯曲碎米荠和碎米荠等十字花科植物的杂草上也有根肿菌侵染的报道。多年生黑麦草、鸡脚草和匍匐剪股颖、绒毛草属、红三叶、木榑草属、毒麦属、罂粟属和剪股颖属等植物上也有过根肿菌侵染的报道。这些非十字花科植物在根肿病发生和传播中的作用尚不明确，但可以研究利用这些植物来预防根肿病。

病原及特征　该病是由原生动物界（Protozoa）根肿菌门（Plasmodiophoramycola）根肿菌目（Plasmodiophorales）根肿菌科（Plasmodiophoraceae）根肿菌属（*Plasmodiophora*）芸薹根肿菌（*Plasmodiophora brassicae* Woron.）侵染引起的土壤传播病害。根肿菌是介于黏菌和真菌之间的一类低等生物，根肿菌的生活史与黏菌相似，也有发达的多核原生质团，但它是严格的细胞内寄生菌，也不形成有结构的子实体，属于低等真菌。根肿菌存在于根部肿大的细胞内，散生或密集呈鱼卵状。其休眠孢子囊在寄主根部薄壁组织细胞内形成，球形或扁圆形。单胞、无色或略带灰色，直径大小在 1.6～4.6μm 范围内。不同寄主上根肿菌休眠孢子的形态和大小略有不同（表 1、图 1）。

根肿病菌不能人工培养，只能活体或低温保存。病菌在 9～30℃ 均可发育，适温 18～28℃，最适温度 24℃，致死温度 45℃；适宜相对湿度 50%～98%，土壤含水量低于 45% 病菌侵染力极低甚至死亡；该菌适于酸性土质环境，适宜 pH 5.4～6.5，pH 7.2 以上发病较少，若用工业用水（含酸量高）灌溉会造成病害发生与流行。辽宁、山东、云南、四川和吉林等 11 个地区的根肿病菌生理小种有 2 号、11 号、7 号和 10 号，主要种群为 4 号生理小种。

十字花科蔬菜根肿病主要危害蔬菜植株根部，引起根部组织肿大，根系逐渐丧失输送养分和水分功能，导致地上部分生长不良从而减产绝收。蔬菜整个生长期均可感病，以苗期发病突出。

表1　不同寄主来源根肿病菌休眠孢子的大小

寄主	休眠孢子 直径范围（µm）	平均直径（µm）
榨菜	1.6～3.6	2.3
油菜	1.7～4.3	3.2
结球甘蓝	1.6～4.0	3.0
苤蓝	2.0～4.1	3.0
白菜	2.2～4.2	3.1
萝卜	1.7～3.9	2.4
小白菜	1.8～4.2	2.8

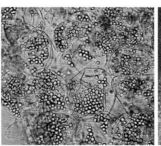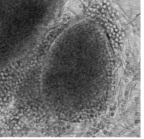

图 1　白菜根肿病菌休眠孢子囊（杨明英提供）

地上部分症状：感病初期，地上部分无明显症状，植株生长缓慢、矮小，并表现出缺水症状；早期感染植株的基部叶片常在中午时出现萎蔫，早晚恢复正常，染病后期植株从基部叶片开始变黄、萎蔫呈失水状，严重时全株枯死。

地下部分症状：病株根部形成大小不等的肿瘤，一般主根肿瘤大而少，侧根肿瘤小而多，肿瘤一般呈椭圆形、近球形和手指形等形状。肿瘤初期表面光滑，后期粗糙、常发生龟裂，易被其他杂菌侵入而引起整个根部组织腐烂（表2、图2）。

侵染过程与侵染循环　根肿菌其整个生命周期有3个阶段，分别为土壤中生存、根毛侵染和皮层侵染阶段。根肿菌的休眠孢子在土壤中存活力很强，当有感病寄主植物存在，休眠孢子形成游动孢子开始侵染根毛。根毛侵染阶段又称为初侵染阶段，此阶段根肿菌存在于感染植物的根毛中；皮层侵染又称为再侵染阶段，根肿菌在下胚轴的中柱和皮层中繁殖。土壤中休眠孢子变成初级游动孢子到达根毛表面后，穿过细胞壁侵入根毛内部，这个阶段被称为初侵染阶段，另一方面次生游动孢子穿透主根的皮层组织，这个过程被称为皮层侵染即再侵染阶段。侵入根细胞内，病原体发展成为次生的原生质团，该原生质团与细胞肥大相关，随后引起组织膨

表2　十字花科蔬菜根肿病田间症状

蔬菜种类	地上症状	根部症状
白菜类	植株前期凋萎，后期矮缩、叶片发黄	主根根肿大而少，近球形；侧根根肿小，串生
甘蓝类	叶片凋萎、发黄，植株生长不良	主根根肿纺锤形、球形；侧根手指状根肿
芥菜类	植株逐渐凋萎	根部生有不规则的球形、长形的瘤状物
根菜类	植株凋萎、矮小，发黄枯死	根部肿瘤附生在侧根上，主根发病很少，根肿表面鱼子状、龟裂

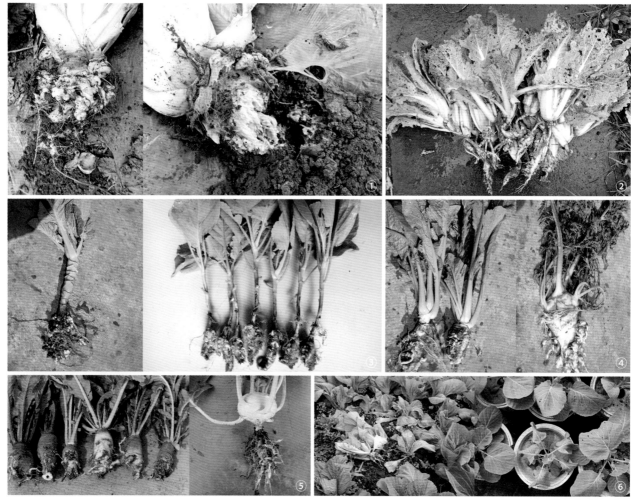

图2　十字花科蔬菜根肿病症状（杨明英提供）
①大白菜根肿病症状；②小白菜根肿病症状；③花椰菜（左）和甘蓝（右）根肿病症状；④青菜（左）和荠蓝（右）根肿病症状；⑤萝卜（左）和茎蓝（右）根肿病症状；⑥白菜（左）和甘蓝（右）植株发病症状

大发育。

休眠孢子在潜在感病寄主周围的土壤中可以存活 10 年以上，导致该病害很难控制。根肿菌主要以休眠孢子形式随病残体在土壤中完成越冬或越夏，成为病害初侵染源。病根中的休眠孢子囊在肿根腐烂后会残留在土壤内，以待再次侵染以及度过不良环境。

根肿菌通过双重培养技术观察根毛侵染情况发现，根肿菌在根毛中的发育情况与在完整植株的根部的生长情况相似。通过皮层感染阶段观察发现，细胞被侵染后会发生异常分裂，临近细胞也会发生异常分裂最终引起细胞肿大。细胞异常分裂时，处于原生质体状态的根肿菌随着细胞质流动而运动，进而侵染其他细胞，增加了被感染的细胞数。根肿侵染阶段受多种因素影响，其中温度是影响其初侵染阶段的最关键因子。最利于根肿菌初侵染的温度为 25℃，10 天后即可以观察到明显的发病症状；温度为 20～30℃ 时，14 天后才可以观察到明显的发病症状，温度为 10℃ 时，一个月植株仍不表现明显的发病症状，低温条件不利于根肿病的发生，但温度过高也不利于病原菌的侵染及病害的发展。温度高于 26℃ 时，同样阻碍病原菌的侵染及生活史的完成，进而阻碍病害的发展。

根肿病菌主要以病根、雨水、灌溉水、地表径流、地下害虫活动、农具、运输工具及农事操作等作近距离传播。以种苗带菌、病根、带菌土壤、带菌农家肥、病菌黏附种子表面、种屑带菌及常流水带菌等作远距离传播（图 3）。

流行规律　十字花科蔬菜根肿病菌在大部分发病区（西南及长江中下游病区）全年均可侵染发病，以 5～9 月为发病高峰。在十字花科作物整个生育期均可侵染发病，以苗期侵染发病重于成株期。发病季节为高温水分多的夏秋季发病重于低温干燥的冬春季。不同十字花科蔬菜品种间发病程度有一定差异，一般白菜、花菜、青菜等常年种植的蔬菜发病突出。连作田、地势低洼、排水不良、平畦栽培等条件下发病严重。黏土及酸性红壤土较适宜根肿病发病，其次是壤土、水稻土及砂壤土；另外，土壤大量使用酸性肥料，地下害虫频繁危害及移栽菜苗等利于病害发生。根肿病菌在白菜、甘蓝 2 叶期即可侵入根部组织，但外表症状还未显露，因此，2 叶期以前是根肿病菌最早侵入时期，也是田间防控的关键时期。

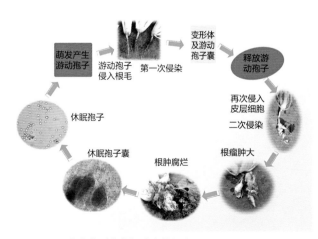

图 3　十字花科蔬菜根肿病菌侵染循环（杨明英提供）

时期。

菌源　十字花科作物根部发病后肿大，中后期的病根就破裂、腐烂在土壤中，增加了田间根肿菌源数量，是引致十字花科作物发病严重和蔓延的首要因素。一般休眠孢子囊以耕作层 5～10cm 数量最多，表土和耕作层 20cm 处相对较少。十字花科蔬菜属浅根系作物，根系主要分布在 5～15cm 耕作层范围内，因此，易感染发病。

酸碱度　土壤酸碱度与田间根肿病发生有密切关系，土壤 pH 在 4.8～7.6 均可发病，其中适宜发病 pH 为 5.4～6.5，pH 为 7.2 以上发病较少。大量施用酸性肥料和降酸雨等原因，致使土壤酸性加重，适宜病原菌侵染致病。

土壤条件　土壤温度和含水量对根肿病菌的休眠孢子萌发及侵染有明显影响。土壤温度在 10～30℃，适温 19～25℃，相对含水量 60%～98% 条件下利于根肿病的发生。

作物生育期　十字花科蔬菜在整个生育期均可感染根肿病，但苗期发病突出，产量、产值损失最严重。蔬菜中后期感染发病，一般侵染侧根或须根，对产量、产值影响较小。因此，可调节蔬菜播期来错开根肿病菌侵染率较高的时期。

土壤质地　土壤质地不同病害发生程度有一定差异。一般黏性土壤或红壤发病重，其次是壤土、砂壤土、水稻土等。另外，有机质少、过多施用化肥、地下水位高、病原菌残留多的田块发病严重。

品种抗感性　在各地蔬菜产区种植的十字花科品种较多，品种间存在抗根肿病差异。各地根据市场调节及抗病性鉴定进行种植布局调整，相同品种夏秋季种植发病重于冬春季。

防治方法　十字花科蔬菜根肿病的防治，必须坚持"预防为主，综合防治"的植保方针。以选用抗病品种为前提，培育无病壮苗为中心，增施有机肥和草木灰为基础，苗期药剂防治为重点，减轻病害，达到控病增产目的。

检疫　保护未发病区域，严禁从病区调运种苗；严格把关农事操作，严禁将病根或带菌土壤等传入无病区。

选用抗（耐）病品种　引进或选育抗病品种。同属白菜类的新优早 4 号、白菜王、CR 千秋白菜、夏秋王、星星、俄罗斯大白菜等品种相对较为抗病，但连种几茬或几年后，品种会逐渐感病。同属十字花科的白菜、甘蓝、萝卜、芥菜等蔬菜品种间，大根萝卜、樱桃萝卜等根菜类品种相对较抗病。

实行轮作，合理安排茬口　严重发生病田实行 5 年以上的水旱轮作，也可与非十字花科作物如番茄、辣椒、茄子、南瓜、西葫芦、苦瓜、黄瓜、玉米、葱、蒜等作物轮作、间套作。在根肿病盛发期（5～9 月）应避免种植易感病的十字花科作物，并结合深耕土壤，可以有效地减轻病害的发生。

清除病根，减少田间菌源　在作物生长期发现严重病株要及时拔除，收获后及时将病根清理干净。不能将病根到处乱扔，避免增加田间菌源量及迅速传播病原，将病根集中深塘用石灰水处理，并在病穴内浇施少量石灰水消毒。

调节土壤酸碱度，增施有机肥　偏酸的土壤环境有利于根肿病菌滋生和侵染。适当少量塘施石灰，增施草木灰、碱性肥料、有机肥和土壤调理剂，可有效地调节土壤酸碱度，恶化根肿病菌适生条件，进而抑制根肿病发生。对重病田块和土壤酸性较重的田块，施用草木灰和腐熟有机肥，播种至旺长期适当施用生石灰水浇根。一般土壤不宜长期或大量施用石灰，施用过量会破坏土壤团粒结构，致使土壤板结。

增施有机肥和平衡施肥，合理施用氮、磷、钾肥，避免偏施、迟施氮肥而引起植株抗逆力弱；控制氮肥施用量，提高植株抗逆性，可减轻病害发生。

无病土育苗 采用无根肿病菌的土壤或基质进行穴盘、漂浮、袋苗等方式育苗，也可采用无根肿病菌的田块进行常规苗床育苗，培育出不带根肿病菌的壮苗移栽，可有效避开残存土壤中的根肿病菌对幼苗根系的侵染，保护苗期根系的正常生长。

深耕晒垡及排水 病田土壤经过深耕日晒可减轻根肿病的发生危害。日晒后土壤水分降低，对根肿病菌的侵染有一定抑制作用，日晒时间越长控病效果越突出，时间短抑制效果不明显。对地势低洼和地下水位高的田块采用埋深沟、高畦栽培。设施条件下栽培采用小水勤浇法控制土壤湿度，切忌大水漫灌，可减轻根肿病发生。

生物防治 在病田中种植易感根肿病菌的寄主作物，刺激根系休眠孢子萌发侵染，减少土壤休眠孢子数量，待作物旺长期连根拔除，随后再种植十字花科商品蔬菜，对减轻根肿病发生有一定效果。

白菜根际土壤中分离的枯草芽孢杆菌（*Bacillus subtilis*）和产生几丁质酶的放线菌（*Streptomyces* sp.），与有机肥混合施用，对根肿病菌有一定的抑制效果。

化学防治 根肿病菌主要侵染根毛，故苗期发病突出。因此，防控重点要在出苗至旺长期，以保护蔬菜前期生长，减轻根肿病危害。中后期根肿病菌主要侵染侧根、须根，根肿偏小，对产量影响不大。防控需要做到时间早、药剂对症、施用方法正确等才能达到较好的控病效果。

药剂浸种。在播种前将种子用55℃温水浸种15分钟，再选用50%多菌灵可湿性粉剂（800倍液）、10%氰霜唑悬浮剂（2500倍液）等药剂浸种10分钟，清水洗净后播种。

苗床消毒及土壤处理。选用75%百菌清可湿性粉剂800倍液和10%氰霜唑悬浮剂1500倍液进行苗床浇施消毒（一般浇施淋土15cm左右）。播种或移栽前选用50%氟啶胺悬浮剂进行土壤处理。

药剂防控。防控根肿病效果较好的药剂有50%氟啶胺（福帅得）悬浮剂、40%氟啶胺·异菌脲（明迪）悬浮剂、百菌清（75%可湿性粉剂或40%悬浮剂）、甲基硫菌灵、氰霜唑、多菌灵、噻菌铜等，其次是甲霜灵锰锌、代森锌、雷多米尔、烯酰吗啉等。

苗床育苗播种后或出苗期，选用75%百菌清可湿性粉剂或70%甲基硫菌灵可湿性粉剂800倍液浇淋，一般浇施2～3次，间隔7～10天1次。

播种或移栽前可选用氟啶胺悬浮剂作土壤处理；播种或移栽后可选用10%氰霜唑悬浮剂1500倍液、75%百菌清可湿性粉剂600倍液、70%甲基硫菌灵可湿性粉剂600倍液等药剂药液浇根，药剂需要轮换施用。一般零星发生田块灌根1次；轻病田2～3次；中病田3～4次，间隔7～10天1次；严重发病田块需要与非十字花科作物轮作3～5年。

参考文献

陈瑶，王火旭，2014.十字花科根肿病的研究进展 [J]. 天津农业科学，20(4): 77-79, 85.

李金萍，2013.十字花科蔬菜根肿病菌检测技术及畜禽粪便传播病原菌研究 [D].北京：中国农业科学院.

王靖，黄云，李小兰，等，2011.十字花科根肿病研究进展 [J].植物保护，37(6): 159-164.

中国农业科学院植物保护研究所，中国植物保护学会，2015.中国农作物病虫害 [M].3 版.北京：中国农业出版社.

（撰稿：杨明英；审稿：谢丙炎）

十字花科蔬菜黑腐病 crucifers black rot

由野油菜黄单胞菌引起、危害十字花科蔬菜的一种细菌性病害。

发展简史 1894 年，美国人 Garman 首先在肯塔基州卷心菜上描述了黑腐病的发生；1895 年，美国植物病理学家 Pammel 在艾奥瓦州的芜菁和萝卜植株上观察到同样的病害，并首次证明黑腐病是由一种黄色细菌引起。此后，黑腐病在全球十字花科蔬菜种植区陆续发现。中国 20 世纪 50 年代末在华北地区首次报道黑腐病的发生。早期黑腐病研究主要集中在病理学和流行规律等方面；20 世纪 80 年代黑腐病研究进入分子生物学水平，一系列致病相关基因得以阐明。2002 年以后，多株黑腐病菌全基因组序列相继发表，黑腐病研究进入后基因组时代，黑腐病菌也成为分子植物病理学研究的模式菌株。

分布与危害 黑腐病在全球广泛分布，尤其在气候温湿的热带和亚热带地区发病十分严重。中国各地均有黑腐病发生，特别是广东、广西、海南、云南和台湾等南方地区终年可见。黑腐病是一种维管束病害，十字花科蔬菜从苗期到成株期均可染病，危害叶片、叶球或球茎以及肉质根。黑腐病发病严重时，菜地如同被严霜打过一般，可导致甘蓝减产70%，花椰菜减产 50%～60%，萝卜减产 30% 以上。

病原及特征 病原为野油菜黄单胞菌野油菜致病变种 [*Xanthomonas campestris* pv. *campestris*（Pammel）Dowson]，属黄单胞菌属的细菌。菌体短杆状，大小为0.7～3.0μm×0.4～0.5μm，极生单鞭毛（图 1），无芽孢，革兰氏染色阴性，好氧性。在牛肉汁琼脂培养基上菌落近圆形，略凸起。病菌生长最适温度 25～30℃，51℃ 条件下保持 10分钟即可致死；酸碱度适应范围为 6.1～6.8。黑腐病菌的鉴定方法包括形态学和生理学特征、全细胞脂肪酸图谱分析（MIDI 系统）和 16S rRNA 基因序列分析。

黑腐病菌的一个重要特征是产生菌黄素，因此，菌体呈黄色（图 1）。菌黄素是一类溴化芳香基多烯酯的衍生物，附着在细胞外膜上，具有抗光氧化和抗活性氧等生物学功能。在营养丰富的培养基上，黑腐病菌还合成丰富的胞外多糖（又称黄原胶），导致菌落光滑黏稠。黑腐病菌基因组大小约为 5.1Mb，具有典型自由生活单细胞生物的基因组特征，碳氮代谢、营养吸收、物质转运、中心代谢、大分子代谢、

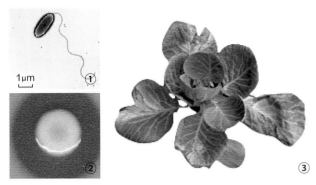

图1 十字花科蔬菜黑腐病（何亚文提供）

①电子显微镜下的黑腐病病菌及其极性鞭毛；②黑腐病菌在 NYG 琼脂糖平板上形成的菌落；③黑腐病菌在甘蓝上形成的"V"形病斑

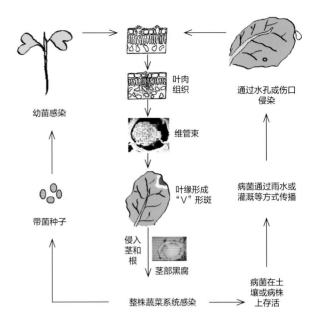

图2 十字花科蔬菜黑腐病生活史和侵染循环示意图

（何亚文提供，部分图片引自 G. Kwan at en.wikipedia）

细胞结构等代谢途径基因都比较完备。致病因子主要包括Ⅲ-型分泌系统效应因子、水解酶类、胞外多糖、黏附因子、抗氧爆及逆境适应基因等。

侵染过程与侵染循环 在自然条件下，黑腐病菌侵染过程分为4个阶段：接触期、侵入期、潜育期和发病期。接触期包括初接触期和叶表附生时期，病原菌附生在叶表，在适当的温度和湿度条件下，通过水孔或伤口侵入叶肉组织薄壁细胞质外体空间；增殖达到特定的群体密度时，通过 DSF 信号依赖的群体感应机制产生大量胞外降解酶，分解薄壁细胞，扩散至叶脉维管束内；继续增殖形成细胞团，通过群体感应机制产生大量胞外多糖和降解酶，分解维管束细胞，沿维管束蔓延，导致系统侵染；病菌及其产生的黏性胞外多糖在维管束内还能堵塞木质部导管，阻断水分运输。感染的叶片首先在植物叶缘形成"V"形黄色枯斑，随着病斑的扩大，叶脉逐渐变黑，故此得名黑腐病。

黑腐病菌随种子或病残体遗留在土壤内或在采种株上越冬。播种带菌种子后，病菌从幼苗子叶叶缘的水孔和气孔侵入。存活在土壤中的病菌通过雨水、灌溉水、农事操作等传播到叶片上，从叶缘的水孔或叶面的伤口侵入叶肉组织薄壁细胞，进入维管束，由此上下扩展，造成系统性侵染。在带病采种株上，病菌从果柄维管束进入种荚，从种脐侵入种皮（图2）。

流行规律 多雨高湿、叶面结露、叶缘吐水，利于发病。低洼地块，排水不良，浇水过多，病害重。播种过早、与十字花科蔬菜连作、种植过密、管理粗放、植株徒长、施用未腐熟的带菌粪肥、中耕伤根严重、害虫较多的地块发病均重；遇暴风雨后，病害极易流行。在中国南方地区，甘蓝黑腐病主要在春、秋两季发生；萝卜和大白菜黑腐病主要发生在秋季。甘蓝耐热品种比较抗病，早熟品种的大白菜对黑腐病比较敏感，晚熟品种的抗病性则较强。

防治方法 十字花科黑腐病的发生和流行与品种感病性、生理小种和气候条件等密切相关，因素复杂，因此，需采取以选种抗病品种为主，栽培、化学防治为辅的病害综合治理措施。

选育抗病品种 甘蓝品种富士早生、Hugent 和铁头对黑腐病有高水平的抗性；中国新育成的惠丰3号和惠丰1号对黑腐病表现高抗或抗。青花菜杂交组合申绿2号、Solohead 和玉雪综合性状优良，高抗黑腐病；白菜品种八叶齐、60早大、京翠70号、京秋65号和早熟品种京春99对黑腐病表现良好的抗性。

使用无菌种子 从无病田和无病株上采种，必要时进行种子处理，包括：①温汤浸种。将种子先用冷水预浸10分钟，再用50℃温水浸20～30分钟。②种子药剂消毒。用72%农用硫酸链霉素可溶性粉剂1000倍液浸种2小时，或用45%代森铵水剂300倍液浸种20分钟，然后洗净晾干播种。③药剂拌种。用50%福美双可湿性粉剂拌种，用药量为种子重量的0.4%。

加强栽培管理 重病地十字花科蔬菜与非十字花科蔬菜进行2～3年的轮作；适时播种，不宜早播，适宜密度，适当蹲苗；采用高畦栽培，开好排水沟，雨后及时排水；合理施用化学肥料和生物肥料，促进植株健壮生长，提高抗病力；发病时及时清除病叶、病株，并带出田外烧毁。

化学防治 发病初期及时施用72%农用硫酸链霉素1500倍液，或90%新植霉素可溶性粉剂4000倍液，或50%琥胶肥酸铜可湿性粉剂500倍液等。施药时，不可随意提高药液浓度，以防药害。正在应用或研究的绿色防控新方法还包括：①利用 Harpin 蛋白、Avr 蛋白和寡糖制剂作为植物免疫诱抗剂，提高植物抗病能力。②利用无毒病原菌和其他生防菌菌剂，如荧光假单胞菌和芽孢杆菌等，能有效防止黑腐病的发生。③应用群体感应信号抑制剂或群体感应信号降解酶防控黑腐病。

参考文献

喻子牛，邵宗泽，孙明，2012.中国微生物基因组研究[M].北京：科学出版社.

张黎黎，刘玉梅，田自华，等，2012.十字花科蔬菜抗黑腐病育种研究进展[J].园艺学报，39(9): 1727-1738.

S

中国农业科学院植物保护研究所，中国植物保护学会，2015. 中国农作物病虫害 [M]. 3 版. 北京 : 中国农业出版社.

CHAUBE H S, KUMAR J, MUKHOPADHYAY A N, et al, 1992. Diseases of vegetables and oil seed crops (Volume Ⅱ)[M]. New Jersey: Prentice Hall.

HE Y W, ZHANG L H, 2008. Quorum sensing and virulence regulation in *Xanthomonas campestris*[J]. FEMS microbiology reviews, 32: 842-857.

VICENTE G J, HOLUB B E, 2013. *Xanthomonas campestris* pv. *campestris* (cause of black rot of crucifers) in the genomic era is still a worldwide threat to Brassica crops[J]. Molecular plant pathology, 14 (1): 2-18.

（撰稿：何亚文；审稿：谢丙炎）

十字花科蔬菜软腐病　crucifers soft rot

由胡萝卜果胶杆菌胡萝卜亚种引起的十字花科蔬菜上的细菌性病害。又名十字花科蔬菜水烂、十字花科蔬菜烂疙瘩等。

发展简史　中国最早在 1899 年在东北的大白菜上发现大白菜软腐病。1990 年，美国、加拿大、德国和荷兰的科学家对大白菜软腐病害进行了研究，并将病原定名。该病原菌过去一直归为欧文氏菌属（*Erwinia*），该属共 15 个种，分为 3 个群，即 *Erwinia amylovora* 群、*Erwinia herbicola* 群和 *Erwinia carotovora* 群。*Erwinia carotovora* 群也称软腐群，通常称为软腐欧文氏菌。这个群最重要的植物病原菌是胡萝卜软腐欧文氏菌胡萝卜软腐亚种（*Erwinia carotovora* subsp. *carotovora*，简称 Ecc）、胡萝卜软腐欧文氏菌黑胫亚种（*Erwinia carotovora* subsp. *atrosepticea*，简称 Eca）和菊欧文氏菌（*Erwinia chrysanthemi*，简称 Ech）。Ecc 的寄主范围和分布比 Eca 和 Ech 都要广泛，普遍认为引起十字花科蔬菜软腐病的主要是 Ecc。根据 16S rDNA 的序列分析，已将软腐群的病原物划分到果胶杆菌属（*Pectobacterium*），因此，十字花科蔬菜软腐病病原物为 *Pectobacterium carotovorum* subsp. *carotovorum*，简称 Pcc。

分布与危害　该病是世界范围广泛分布的病害。在青菜、白菜、甘蓝、花椰菜和萝卜的生产期和储藏期引起腐烂，造成重大经济损失，以大白菜软腐病发生尤为严重。在中国各地都有发生，为白菜和甘蓝包心后期的主要病害之一。北方地区个别年份可造成大白菜减产 50% 以上，甚至绝收。而且在运输、销售、储藏过程中，均可发生腐烂，损失极大。据统计，由软腐病造成的早、中熟大白菜产量损失达 30%～50%，严重的田块可毁产绝收。储藏期大白菜损失达 20% 左右。

十字花科蔬菜软腐病发病症状因寄主植物、器官、环境条件的不同略有差异，但其共同特点是：发生部位从伤口处开始，初期呈浸润状半透明，以后病部扩展成明显的水渍状，表皮下陷，有污白色细菌溢脓。内部组织除维管束外全部腐烂，呈黏滑软腐状，并发出恶臭。软腐病发生后病部维管束不变黑，以此与黑腐病相区别（图 1）。

病原及特征　病原为胡萝卜果胶杆菌胡萝卜亚种（*Pectobacterium carotovorum* subsp. *carotovorum*，简称 Pcc），属果胶杆菌属。Pcc 在普通肉汁培养基上的菌落呈灰白色，圆形或不定形，表面光滑，微凸起，半透明，边缘整齐。菌体短杆状，大小为 0.5～1.0μm×2.2～3.0μm，周生鞭毛 2～8 根，无荚膜，不产生芽孢，革兰氏染色阴性。在结晶紫胶酸盐培养基（CVP）上产生杯状凹陷。Pcc 生长发育最适温度为 25～30℃，致死温度为 50℃（处理 10 分钟）。对氧气要求不严格，在缺氧情况下亦能生长发育。pH 在 5.3～9.2 时均可生长，其中 pH 7.2 最适。不耐光或干燥，在日光下暴晒 2 小时大部分死亡，在土壤中未腐烂寄主组织中可存活较长时间，在脱离寄主的土壤中只能存活 15 天左右，通过猪的消化道后则完全死亡。

侵染过程与侵染循环　胡萝卜软腐果胶杆菌自身的抗逆能力并不强，但因其寄主范围广泛，可依靠多种寄主植物循环寄生并保持旺盛的生命力。南方温暖地区四季均有寄主植物生长，病菌可周年寄生发育；北方冬季不适合病菌生存，病菌主要在病株和病残体中越冬，菜窖、仓库、地里遗留的烂根和尚未完全分解的病株堆肥等都是重要的初侵染来源。

越冬后，这些病菌大量繁殖，通过昆虫（如地蛆、蝼蛄、黄条跳甲、甘蓝蝇、花条蟀、菜粉蝶、菜青虫等）、雨水、灌溉水和肥料等传播，主要从植株基部的虫害伤口、机械伤口、自然裂口等处侵入春季蔬菜危害。秋季再传播到白菜上危害。在白菜上细菌侵入后迅速繁殖，并分泌果胶酶使寄主细胞的中胶层分解，使细胞分离，细菌从这些细胞中吸收养分，导致细胞死亡、组织腐烂。在寄主发病过程中，病菌先破坏寄主维管束细胞壁，然后进入薄壁细胞扩展危害。

图 1　青菜软腐病危害症状（宋从凤提供）

土壤中残留的病菌还可从幼芽和整个生育期的根毛区侵入，通过维管束向地上部运转；或潜伏在维管束中，成为生长后期和储藏期腐烂的主要菌源，这种潜伏侵染现象是该病害的一个重要特征。由于病菌寄主范围广，经潜伏侵染后，从春到秋在田间辗转危害，引起生育期和储藏期发病。由于潜伏侵染，田间白菜根部带菌率达95%。通常情况下，潜伏侵染可持续整个生长期，只有当环境条件不适宜蔬菜生长时，潜伏侵染才转化为侵染状态（图2）。

防治方法 对于十字花科蔬菜软腐病的防治，应采取以加强栽培管理、防治害虫、选种抗病品种为主，化学药剂和生物防治为辅的综合防治措施。

选种抗病品种 一般抗病毒病和霜霉病的品种也抗白菜软腐病，各地可因地制宜选用。选用抗病性较强又适合当地种植的高产优质良种或杂交种，如山东1号、城阳青、北京大青口、旅大小梗、北京100号、青杂5号、城青2号、包头青等品种均比较抗病。

加强栽培管理 栽培地应选择地势高且相对干燥、排水良好的壤土、砂壤土地块，忌低洼、黏重地。黏重地可适当施用炉灰等疏松物质进行改良，同时增施磷、钾肥料。合理安排茬口，最好与禾本科、豆类、葱蒜类等不易感病的作物轮作，避免与茄科、葫芦科作物连作，减少病菌积累。栽培前2~3周土壤深翻晒垄，改善土壤性质，促使病残体腐烂分解，抑制病菌繁育。为避免病害发生，应尽量采用高垄栽培，适期晚播，适当加大行距，以利通风透光，降低田间湿度。出苗后及时浇水，不旱不涝，防止因水分分布不均产生自然裂口。雨后松土培垄，避免菜根外露，减少感染机会。施足基肥，有机肥料充分腐熟，及时追肥，促进菜苗健壮，提高植株抗病性能。切忌大水漫灌，雨季应及时排水、防涝，及时降低田间湿度。发现病株立即清理，同时病穴撒石灰消毒，防止病害蔓延。

防治虫害 害虫为害造成的伤口会加重软腐病的发生，应及时喷药防治。在植物生长早期应注意消灭地下害虫，可用40%甲基异柳磷乳油等灌根。从幼苗期加强防治黄条跳甲、菜青虫、小菜蛾、甘蓝蝇等害虫，可用2.5%溴氰菊酯乳油等喷雾。人工日常管理中也应小心操作，避免造成机械伤口，减少病菌的侵染。

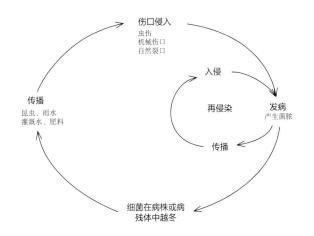

图2 十字花科蔬菜软腐病侵染循环示意图（宋从凤提供）

化学防治 田间发病初期就开始喷药，喷药以轻病株及周围健株为重点，注意近地表的叶柄及茎基部，以保证叶柄基部和茎部充分着药，真正起到保护作用。还可以用药液浇灌病株及其周围健株根际土壤，每株灌药液0.25kg。常见药剂有：72%农用链霉素可湿性粉剂200mg/kg；90%农用新植霉素可湿性粉剂200~400mg/kg；50%代森铵水剂800~1000倍液；敌克松原粉500~1000倍液及14%络氨铜水剂350倍液。每7~10天1次，共2~3次。

储藏地应用硫黄粉熏蒸，或用石灰乳喷涂消毒。贮存期应保持适当的低温，同时降低储藏湿度，可适量喷洒上述药剂，防止病害大量发生。

生物防治 播种前用菜丰宁（B1）、春日霉素和中生菌素等生物制剂拌种，可有效抑制种子及苗周围土壤中病菌。

参考文献

陈翼成, 刘银发, 2009. 白菜软腐病的发生及防治[J]. 现代农业科技(1): 143-145.

丁锦华, 徐雍皋, 李希平, 1994. 植物保护辞典[M]. 南京: 江苏科学技术出版社.

王金生, 董汉松, 方中达, 1985. 大白菜软腐细菌潜伏侵染的研究[J]. 植物病理学报, 15(3): 171-176.

（撰稿：宋从凤；审稿：谢丙炎）

十字花科蔬菜霜霉病 crucifers downy mildew

由寄生霜霉引起的、在大白菜、油菜、甘蓝、萝卜等蔬菜上普遍发生的一种病害。

发展简史 由病毒侵染引起的寄生于十字花科植物上的霜霉属（*Peronospora*）病原菌最初是由Persoon于1796年以荠菜上的病原菌作为模式鉴定命名为*Botrytis parasitica* Persoon。1849年，Fries将此菌改名为寄生霜霉［*Peronospora parasitica*（Pers.）Fr.］。2002年，Constant将此菌重新命名为*Hyaloperonospora parasitica*（Per. ex Fr.）Constant。*Hyaloperonospora parasitica*在全世界都有分布，能造成普遍的霜霉病，并且在大多数地区被提及为寄生性真菌，被发现于新西兰的北部、南非和智利的南方。此菌常侵害寄主的叶片、茎、花梗、花和种荚，有时根亦局部受害（如萝卜，叶斑大小不一，不规则形，淡黄色、绿色至黄褐色）。分布在土库曼斯坦、中国、日本、巴西、巴基斯坦、丹麦等国。并被公认而沿用至今。寄生于十字花科植物上的霜霉菌大约有75种，主要是特定在草本双子叶植物的科或属。

分布与危害 中国北方地区大白菜受害尤重。愈是秋季气候冷凉、昼夜温差较大的地区，此病危害愈重。例如在黑龙江，大白菜霜霉病在流行年份所致损失可达50%~60%。西北、华北秋季多雨、多雾地区，也是大白菜霜霉病的常发区。南方菜区白菜、油菜、芥菜等发病也较重。

此病主要危害叶片，其次危害茎、花梗和种荚等。白菜幼苗受害，叶面症状不明显，叶背产生白色霜霉，严重时幼苗变黄枯死。叶片被害，初在叶正面产生水浸状、淡绿色斑点，逐渐扩大转为黄色至黄褐色受叶脉限制而成的多角形或不规则形病斑，边缘不明显，背面产生白色霜霉。包心期后，环境条件适宜时，病情加剧，病斑连片，使叶片变黄、干枯、皱卷，从外叶向内层发展，层层干枯，最后仅存中心的包球。采种株发病，花梗肥肿弯曲畸形，丛聚而生，呈龙头拐状，俗称"老龙头"，病部也长出白色稀疏的霉层；花器肥大畸形，花瓣变绿色，久不凋落；种荚黄褐色，细小弯曲，结实不良，常未成熟先开裂或结实，病部长满白色的霉层。

甘蓝和花椰菜发病，幼苗也可被害产生霜霉，变黄枯死。成株叶片正面产生微凹陷，黑色至紫黑色，多角形或不规则病斑，病斑背面长出霜状霉层，但多呈现灰紫色。花椰菜的花球受害后，顶端变黑，重者延及全花球，使之失去食用价值（图1）。

病原及特征　病原为寄生霜霉［*Hyaloperonospora parasitica*（Pers. ex Fr.）Constant］，属霜霉属，异名为*Peronospora parasitica*（Pers.）Fr.。菌丝体无隔、无色，寄主于细胞间隙，产生球形或囊状的吸器伸入寄主细胞内吸取养分。无性态在菌丝上产生孢子囊梗，从气孔伸出，长260～300μm，无色，无隔，状如树枝，具6～8次二叉状分枝，顶端的小梗尖细，向内弯曲，略呈钳状，各着生一个孢子囊。孢子囊无色，单胞，长圆形至卵圆形，大小为24～27μm×25～30μm。孢子囊萌发时直接产生芽管。有性态产生卵孢子，在罹病的叶、茎、花薹和荚果中都可形成，尤以花薹等肥厚组织中为多。卵孢子黄色至黄褐色，近球形，壁厚，表面光滑或有皱纹，直径30～40μm。卵孢子萌发直接产生芽管（图2）。

病菌发育要求较低的温度和较高的湿度。菌丝发育适温20～24℃；孢子囊形成适温8～12℃，萌发温度范围3～35℃，适温7～13℃，在水滴中和适温下，孢子囊经3～4小时即可萌发；病菌侵染适温16℃；10～15℃的温度和70%～75%的相对湿度利于卵孢子的形成，萌发的温度要求大致与孢子囊一致。

病菌为专性寄生菌，有明显的生理分化现象。国外认为有不同的生理小种。王铨茂、裘维蕃等对中国西南和京津地区病菌进行致病性研究，鉴定为3个变种。

寄生霜霉芸薹属变种（*Peronospora parasitica* var. *brassicae*）：对芸薹属蔬菜侵染力强，对萝卜侵染力较弱，不侵染芥菜。据其致病力的差异，又分为3个生理小种。①甘蓝类型。侵染甘蓝、茎蓝、花椰菜等，对大白菜、油菜、芜菁、芥菜等侵染能力极弱。②白菜类型。侵染白菜、油菜、芜菁、芥菜等能力强，侵染甘蓝能力弱。③芥菜类型。侵染芥菜，对甘蓝侵染能力很弱，有的菌株可侵染白菜、油菜和芜菁。

寄生霜霉萝卜属变种（*Peronospora parasitica* var. *raphani*）：对萝卜侵染力强，对芸薹属蔬菜侵染力极弱，不侵染芥菜。

寄生霜霉荠菜属变种（*Peronospora parasitica* var. *capsellae*）：仅侵染荠菜，不侵染其他十字花科蔬菜。

侵染过程与侵染循环　北方地区卵孢子是春秋两季十字花科蔬菜发病的主要初侵染源。而在冬季田间种植十字花科蔬菜的地区，病菌可直接在寄主体内越冬。卵孢子萌发出的芽管，从寄主气孔或表皮直接侵入，菌丝在细胞间隙扩展，引起寄主组织病变。以后产生孢子囊梗及孢子囊，从气孔伸出，形成霜状霉层。在苗期，卵孢子萌发从幼茎侵入后，菌丝可向上扩展达到子叶及第一对真叶内引起发病，但不能到达第二对真叶，形成有限系统侵染。

在田间，孢子囊由气流和雨水传播，在一个生长季节可进行多次再侵染，使病害扩展蔓延。通常霜霉病的发生有三个阶段：①始发期。从出苗至5片真叶前，田间出现少数病苗，以此形成发病中心，向四周蔓延。②普发期。始发期后10余天，约在幼苗9～10片真叶期，病株率迅速上升，普遍发生，但病情不重。③流行期。普发期后，病情迅速加重，随即进入流行期。

霜霉病主要发生在春秋两季。在北方，病菌主要以卵孢子随病残体在土壤中越冬，翌春萌发侵染春菜如小白菜和油菜等，以后病斑上产生孢子囊进行再侵染。病菌也可以菌丝体在采种株内越冬，翌年病组织上产生孢子囊反复进行侵染。此外，病菌还能以卵孢子附于种子表面或以病残体混在种子中越冬，翌年播种后侵染幼苗。卵孢子在土壤中可存活1～2年。春菜发病中后期，叶片病组织内、采种株被害花梗及种荚内，均可形成大量卵孢子。只要条件适宜，卵孢子经1～2个月的短期休眠即可萌发，侵染当年秋季的大白菜、萝卜和甘蓝等（图3）。

流行规律

气候条件　以温、湿度的影响最为重要。其中温度决定病害出现的早晚和发展的速度，雨量决定病害发展的严重程度。孢子囊的产生与萌发喜较低的温度，气温低于18℃、昼暖夜凉、温差较大和多雨高湿或雾大露重的条件，最有利于此病的发生和流行。此外，田间小气候的影响也很大，田间郁密高湿，夜间经常结露，即使无雨，病情也会发展。华北和东北地区，如8月上中旬降雨多，大白菜从十字期即开始发病，莲座期（9月上旬）至包心期（10月上旬）的气候条件对病害流行影响更大；冷凉山区若长期处于低温阴湿、雾大露重的气候条件下，特别适于霜霉病和白锈病并发，使危害加重。

栽培条件　十字花科蔬菜连作，利于卵孢子在土壤中的

图1 十字花科蔬菜霜霉病症状（吴楚提供）
①芥菜霜霉病初期症状；②白菜霜霉病叶片中期症状；③白菜霜霉病叶片白色霜霉；④甘蓝霜霉病发病叶片正面

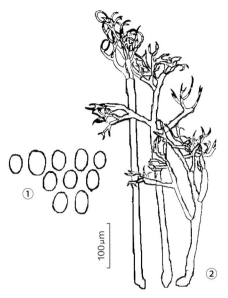

图 2　白菜霜霉病（引自《中国农作物病虫害》，2015）
①孢子囊；②孢子囊梗

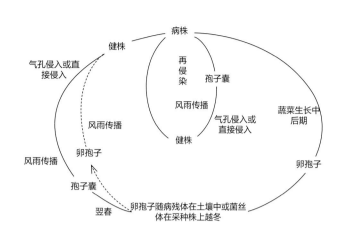

图 3　十字花科蔬菜霜霉病侵染循环示意图（张修国提供）

积累，初侵染源增加，从而发病多而重；轮作尤其水旱轮作，可促使病残体腐烂分解，发病轻。北方秋白菜播种过早，包心期提早，利于发病。此外，播种过密，间苗过迟，蹲苗过长，整地不平，地势低洼积水，通风不良，追肥不及时或偏施氮肥的都利于病害发生。

品种抗病性　品种间抗性差异显著，且对病毒病和霜霉病的抗性较为一致。疏心直筒型品种，因外叶较直立，垄间不易荫蔽，发病轻；圆球型、中心型品种则发病较重。柔嫩多汁的白帮品种发病较重；青帮品种发病轻。感染了病毒病的植株更易感染霜霉病。

防治方法　应以加强栽培管理和消灭初侵染源为主，合理利用抗病品种，加强预测预报，配合药剂防治等综合措施。

选用抗病品种　由于抗花叶病品种也抗霜霉病，各地可因地制宜选用。

农业防治　①实行轮作。发病中等以上或是重发病田块，实行与非十字花科蔬菜作物 2 年以上轮作，以减少田间病菌来源。②留种与种子消毒。要从无病留种株上采收种子，选用无病种子。如引进新品种或商品种子在播前要用 2.5% 咯菌腈悬浮种衣剂（适乐时）拌种后播种，使用剂量为干种子重量的 0.3%～0.4%；或 50℃ 温汤（半热开水即 50℃）浸种 20 分钟后，立即移入冷水中冷却，晾干后催芽播种。③清洁田园。收获后及时清除病残体，带出田外深埋或烧毁，深翻土壤，加速病残体的腐烂分解。④加强田间管理。施足有机肥（基肥）。适时播种。雨后及时排水。适当增施磷、钾肥，并减少氮肥用量。降低地下水位，促进植株健壮生长，提高植株抗病能力。

化学防治　莲座期是植株感病的时期，在病害始见 3～5 天内是防治的关键时期。多晴少雨天气时每隔 7～10 天防治 1 次，连续防治 3～4 次；多阴雨、多重雾天气时，每隔 5～7 天防治 1 次。防治时应注意多种类型农药（常规防治用药与绿色防治用药）要合理交替使用。常规防治用药：每亩田块可选用 73% 霜霉威水剂（霜危、普力克）150g（800 倍液）喷雾防治；或用 53% 甲霜灵·锰锌可湿性粉剂（金雷多米尔）150g（800 倍液）喷雾防治。绿色防治用药：每亩田块可选用 73%（687.5g/L）氟吡菌胺·霜霉威悬浮剂（银法利）140g、700 倍液；或用 75% 丙森锌·霜脲氰水分散粒剂（驱双）100g（1000 倍液）防治。常规防治用药与绿色防治相结合，连续交替使用，基本上能控制或减轻霜霉病危害。要注意农药使用后在十字花科蔬菜作物上的残留量和安全间隔期，在每批（次）蔬菜采收与销售之前 8～10 天必须停止用药，以保证蔬菜产品的安全性。

发现中心病株及时喷药保护，控制病害蔓延。药剂有 72.2% 扑霉特、69% 安克-锰锌、58% 雷多米尔-锰锌、40% 乙膦铝、25% 甲霜灵、75% 百菌清、72.2% 普力克、70% 霉奇洁、72% 北方露丹、64% 杀毒矾、72% 赛露、70% 安泰生、72% 克霜氰等。间隔 7～10 天，连续防治 2～3 次。

参考文献

郭书普，2010. 新版蔬菜病虫害防治彩色图鉴 [M]. 北京：中国农业大学出版社 .

李明桃，2013. 十字花科蔬菜霜霉病的发生规律与防治技术 [J]. 中国瓜菜，26(4): 61-62.

OVIDIU C，JAMSHID F，2002. *Peronospora*-like fungi (Chromista, Peronosporales) parasitic on Brassicaceae and related hosts[J]. Nova hedwigia, 74(3/4): 291-338.

（撰稿：张修国；审稿：谢丙炎）

石斛根腐病　*Dendrobium* root rot

由尖刀镰孢菌和串珠尖刀镰孢引起的，危害石斛根部的一种真菌病害。

图 1 石斛根腐病症状（伍建榕摄）
①根部症状；②植株症状；③苗床基质上部症状

分布与危害　广泛分布于中国各地，主要危害根。但茎、叶都可受害。病后发软变烂，拔出死苗嗅之有恶臭味。湿度大时，上边会产生许多棉花样的白绒毛，有的长在根、茎内，有的长在根、茎外或土中（图 1）。

病原及特征　病原为镰刀菌属尖刀镰孢菌（*Fusarium oxysporum* Schlecht.）（图 2）和串珠镰孢（*Fusarium moniliforme* Sheld.）。菌落白色、乳黄色、淡紫色、棉絮状。孢子为二型：大型分生孢子新月形或镰形，3～5 个隔，少数 6～7 个隔，基部具足细胞，3 个隔的大小为 20～60μm×2～4.5μm，5 个隔的大小 37～70μm×2～4.5μm；小型分生孢子卵形，生于气生菌丝中，成串，1～2 个细胞，大小为 4～16μm×2～5μm。

侵染过程与侵染循环　病原菌会以菌丝与分生孢子的方式在患病位置越冬。病原菌会从牡丹的根部直接侵入或从伤口中侵入，无伤与创伤的牡丹根部都会发病。根部有明显病斑。

流行规律　根腐病与蛴螬危害呈正相关，凡石斛根部地下害虫危害严重的，根部被咬食为千疮百孔，根腐病亦感染严重。病害的发生与石斛重茬、土壤酸碱度等因子密切相关。

防治方法

农业防治　培养土使用前经过严格消毒。控制土壤湿度，避免过分潮湿，保持场地通风良好。拔除病株后，用草木灰、石灰粉消毒病穴。

化学防治　喷洒甲基托布津或波尔多液预防。

参考文献

董诗韬，2005. 石斛主要病害及其综合防治技术 [J]. 林业调查规划 (1): 76-79.

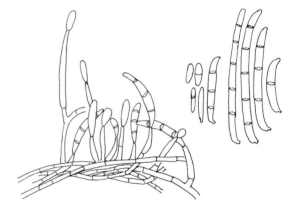

图 2 尖刀镰孢菌（陈秀虹绘）

席刚俊，徐超，史俊，等，2011. 石斛植物病害研究现状 [J]. 山东林业科技，41(5): 96-98.

（撰稿：伍建榕、武自强、肖月；审稿：陈秀虹）

石斛梢枯病　*Dendrobium* shoot blight

由恶疫霉和终极腐霉引起的，危害石斛梢尖、嫩叶的真菌病害。

分布与危害　广泛分布于中国各地，江苏、浙江、云南、福建、广东、广西等地区铁皮石斛栽培常见。该病主要危害梢尖嫩叶，严重时也可危害茎部。幼苗、成株均可得病。病原侵染茎基部，引起当年移植苗根腐、植株枯萎和死亡，但能侵染2～3年植株幼嫩茎部仅引起顶枯，夏季闷热气候，成株易得病（图1）。

病原及特征 病原为恶疫霉 [*Phytophthora cactorum*（Leb. et Cohn）Schröt.]，属疫霉属（图2①）。恶疫霉的孢囊梗锐角分枝，具有特征性膨大，呈节状；游动孢子囊倒洋梨形，顶端有一明显的乳突状孢子释放区。另一种病原是终极腐霉（*Pythium ultimum* Trow），属腐霉属（图2②）。菌丝分枝，发达，粗4.4～6.5μm，无色，无隔，菌落在CMA上呈放射状；孢子囊近球形，平滑，多顶生，少间生，罕切生，直径21μm，藏卵器球形，平滑，多顶生，直径22～23μm，雄器囊状，微弯曲，无柄，多同丝生，紧靠藏卵器生成，大小为7.7～14μm×5.6～7.6μm；卵孢子球形，平滑，不满器，直径17.6μm。

侵染过程与侵染循环 病原菌在病株残体和脱落的病叶中越冬，是翌年初次侵染的来源。

该病菌的主要传播为种苗调运、品种引进与交换植株上的带菌，以及昆虫和小型动物在铁皮石斛栽培地里活动时，携带病原菌的游动孢子进行远距离传播，棚内的气流和浇水水滴溅射，可使分生孢子近距离进行传播。

防治方法

农业防治 清除田间病叶及时烧毁，培养基质使用前经过严格消毒。控制湿度，保持场地通风良好。拔除病株后，用1∶4的草木灰、石灰粉消毒病穴。或甲基托布津或波尔多液预防。

化学防治 发病初期喷50%多菌灵500～600倍液。

参考文献

陈秀虹，伍建榕，2014.园林植物病害诊断与养护：上册[M].北京：中国建筑工业出版社.

董诗稻，2005.石斛主要病害及其综合防治技术[J].林业调查规划(1): 76-79.

席刚俊，徐超，史俊，等，2011.石斛植物病害研究现状[J].山东林业科，41(5): 96-98.

曾宋君，2005.石斛兰病害防治技术[J].花木盆景（花卉园艺）(9): 28-29.

（撰稿：伍建榕、武自强、肖月；审稿：陈秀虹）

图1 石斛梢枯病症状（伍建榕摄）

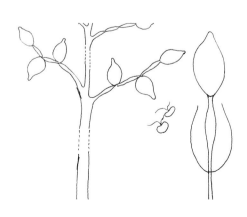
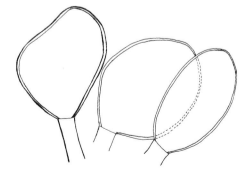

①　　　　　　　　　　　　　　　　②

图2 石斛梢枯病病原（陈秀虹绘）

①恶疫霉；②终极腐霉

石斛锈病 *Dendrobium* rust

由双楔孢锈菌引起的，危害石斛兰的一种常见病害。

分布与危害 广泛分布于中国各地。在雨季温暖湿润时发生较多。初期叶片上出现褪绿斑点，以后发展成铁锈色的夏孢子堆，破裂后散出黄褐色粉状夏孢子，发生严重时叶片枯萎死亡（图1）。

病原及特征 病原为双楔孢锈菌属的一个种（*Sphenospora* sp.），属柄锈菌目（图2）。性孢子器和锈孢子器不详，夏孢子堆初生表皮下，后外露，但很缓慢；夏孢子单生于柄上，具刺；芽孔赤道生或模糊，冬孢子堆初生表皮下，后外露，垫状，湿度大时具蜡（油脂）状，干时硬，冬孢子单生柄上，由纵裂膜分成双细胞，通常窄椭圆形或圆锥形，孢壁浅色或无色，光滑；芽孔若分化则每细胞1个，顶生，发芽不需休眠，冬孢子堆明显呈橙色胶质；外生担孢子，无色，多角形。有3个种生于兰科植物上，是美国兰花检疫对象。

侵染过程与侵染循环 病原菌主要在病叶内以菌丝和冬孢子形式越冬。在9月，冬孢子形成后直接产生担子和担孢子，侵染周围健康的铁皮石斛，有再次侵染。担孢子随气流传播，萌发后可从叶背气孔侵入和直接侵入，潜伏期2～3周。

流行规律 铁皮石斛锈病的发生期为5～11月底。在症状出现以后，随着温度升高，降雨量增加，病害逐渐扩展蔓延，其中7～9月发病严重时，会导致植株提前落叶。在25～28℃，相对湿度大于80%是锈病发生较快的时期。

防治方法

农业防治 合理的栽培措施可以预防病害的发生。培育壮苗，选择壮苗栽培。及时采收达到采收条件的假鳞茎，改善透光。合理施肥，尽量施有机肥。及时清除病叶集中烧毁，减少再侵染来源。

化学防治 发病初期可喷施50%扑海英1000倍液，隔7天喷1次，根据病情连续防治2～3次。与云大普林交替使用效果较好。或40%灭病威300倍液或25%三唑酮乳油1500倍液喷洒。

参考文献

席刚俊，徐超，史俊，等，2011. 石斛植物病害研究现状 [J]. 山东林业科技，41(5): 96-98.

曾宋君，2005. 石斛兰病害防治技术 [J]. 花木盆景（花卉园艺）(9): 28-29.

曾宋君，刘东明，2003. 石斛兰的主要病害及其防治 [J]. 中药材(7): 471-474.

（撰稿：伍建榕、武自强、肖月；审稿：陈秀虹）

图1 石斛锈病症状（伍建榕摄）

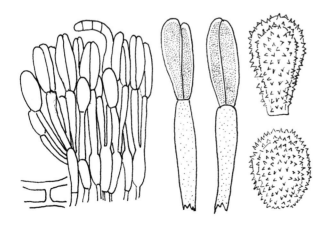

图2 双楔孢锈菌属的一个种（陈秀虹绘）

石斛圆斑病 *Dendrobium* round spot

由喜温叶点霉引起的，危害石斛叶片的一种真菌性病害。

分布与危害 广泛分布于中国各地。苗圃中幼苗受到侵染后，首先在叶背面出现针尖大小的稍微突起的深褐色病斑，周围组织坏死，呈不规则形斑，叶正面在相应部位则表现褪绿，后期病斑灰褐色，圆形，病健界线明显，后期病斑上有细小的颗粒（病原菌的分生孢子器）。发病严重时多个病斑连合形成不规则形坏死斑，严重时导致整片叶坏死（图1）。

病原及特征 病原为喜温叶点霉（*Phyllosticta hydrophila* Speg.），属叶点霉属。分生孢子器近球形，壁薄，褐色，具孔口，先埋生，后微隆起，又突破表皮外露；分生孢子无色，椭圆形至纺锤形，单胞，大小为6～9μm×2～3μm（图2）。

侵染过程与侵染循环 病原菌以菌丝体或分生孢子器在感病叶上越冬，翌年产生大量的分生孢子，分生孢子借风力传播进行侵染危害。

流行规律 大棚种植中，病害周年都可发生。温度高、湿度大或受低温影响、通风不良，植株生长势差，利于病情发展。

防治方法 50%的苯来特可湿性粉剂对这种病菌的防治效果极好，可很好地控制该病害的传播，每两周用药1次，浓度为1000倍药液，连续施用3次，此后，可减至每月用

图 1　石斛圆斑病症状（伍建榕摄）

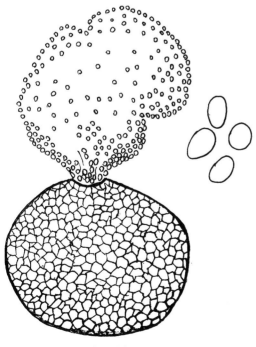

图 2　喜温叶点霉（陈秀虹绘）

药 1 次，以作为对病害的防范措施。还可用福美铁、克菌丹和百菌清，使用浓度均为 800 倍药液，必须每月用药 2 次，加少许展着剂有利于药剂较彻底地覆盖叶表面。

参考文献

董诗韬，2005. 石斛主要病害及其综合防治技术 [J]. 林业调查规划 (1): 76-79.

席刚俊，徐超，史俊，等，2011. 石斛植物病害研究现状 [J]. 山东林业科技，41(5): 96-98.

曾宋君，2005. 石斛兰病害防治技术 [J]. 花木盆景（花卉园艺）(9): 28-29.

曾宋君，刘东明，2003 石斛兰的主要病害及其防治 [J]. 中药材 (7): 471-474.

（撰稿：伍建榕、武自强、肖月；审稿：陈秀虹）

食用菌病毒病　edible mushrooms virus disease

由病毒粒体或裸露的病毒核酸侵染所致。是食用菌生产中较重要的一类病害。

发展简史　1950 年，在美国宾夕法尼亚州 La France 兄弟双孢蘑菇菇房中首次发现并报道了食用菌病毒病害"La France disease"，此后不久，该病害在英国、荷兰、法国、加拿大、波兰等国家的多处菇房相继发生，给双孢蘑菇生产造成严重的经济损失。1962 年 Hollins 从发病双孢蘑菇中检测到 3 种病毒粒体的存在，这也是国际上首次在真菌中发现病毒的报道。20 世纪 70～90 年代，中国和日本学者先后报道了香菇、茯苓、银耳、草菇和侧耳属食用菌病毒病的发生。早期对这些病毒的研究主要集中于用传统的检测手段，包括电子显微镜观察和 dsRNA 技术，检测发现并报道食用菌病毒病害的发生。近二十年来，随着分子生物学技术的发展，特别是测序技术的快速发展，越来越多的新的食用菌病毒及其分子生物学特征相继被报道。利用这些技术，在双孢蘑菇、香菇和侧耳属真菌（糙皮侧耳和刺芹侧耳）中新发现了多个病毒以及获得了大多数新报道病毒的序列结构特征，此外，在金针菇和夏块菌中也发现和报道了病毒病害和病原的序列结构特征。基于生物学技术的发展和越来越多食用菌病毒分子结构特征的揭示，相关科研工作者对食用菌病毒的研究也开始从早期的病毒生物学及理化特性方面向病毒的基因组结构和功能以及揭示病毒和寄主之间的互作关系方面发展。

分布与危害　食用菌病毒病在英国、荷兰、法国、加拿大、波兰、韩国、日本和中国等国家均有发生与分布。很多情况下，食用菌感染病毒后，并不对寄主造成明显危害，被感染的寄主无症状表现，似乎这些食用菌病毒与其寄主存在某种共进化（co-evolve）的关系。此外，食用菌病毒的致病性与潜隐性也可能取决于寄主的基因型和环境条件。在 25℃ 下感染球状病毒的香菇菌丝较不带病毒的健康菌丝生长异常，而在较低温度下培养时，却能在形成秃斑的部位重新长出正常菌丝，进而形成子实体。此外，有相当一部分食用菌病毒能引起寄主表现出明显的症状。在菌丝体营养生长阶段引起的主要症状表现是菌丝体退化，如感染有香菇双分体病毒（*Lentinula edodes partitivirus* 1，LePV1），菌丝体营养生长阶段引起的主要症状表现是菌丝生长速度慢，长势减弱，在长好菌丝的培养料中出现形状不规则的花斑或缺刻、转色异常等症状。双孢蘑菇病毒病症状表现为菌丝在堆肥层和覆土层中定殖能力差，生长速度慢，生长势弱，出现许多无菌丝的区域。在子实体形成阶段，双孢蘑菇的"La France disease"症状表现为在菌丝退化的区域不产生原基，只在菌丝正常的部位发育形成子实体，但易出现畸形菇，表现为子实体提前开伞，或子实体发生不同程度的褐变，且易形成菌柄细长、菌盖小的鼓槌状的畸形子实体（见图）。香菇病毒病的症状有的表现为不能正常形成子实体，或是形成子实体后子实体不开伞，或菌褶和菌盖发育不完整，也有些表现为子实体萎蔫，萎蔫子实体极易受绿霉菌、曲霉菌等杂菌污染。平菇病毒病症状表现为子实体呈现多分枝的鸡爪状；杏鲍菇病毒病症状表现为子实体畸形，菌柄短而粗、菌盖平展且不规则；金针菇病毒病症状表现为子实体褐变。

病原及特征 病毒在不同食用菌寄主中存在形式表现不同。经过分离提纯后，部分食用菌病毒能在扫描电子显微镜下观察到具有病毒外观的病毒颗粒，一般为直径不同的等轴状或球状，也有少数细菌状两端圆的病毒颗粒以及杆状病毒类病毒颗粒。如通常认为至少 3 种形态和血清学均不相同的病毒，分别为直径 25nm、34～36nm 等轴状病毒颗粒 La France isometric virus，LIV 和 19nm×50nm 的细菌状病毒

颗粒 mushroom bacilliform virus，MBV 与双孢蘑菇的"La France disease"相关。在侧耳属真菌中检测到病毒颗粒通常存在于寄主的细胞质、液泡或者泡囊中。此外，有一些食用菌病毒仅以裸露的核酸形式存在。如双孢蘑菇上的另一种重要病害"MVX disease"，在不同的感病双孢蘑菇子实体中共检测到 26 条 dsRNAs（0.64kb 到 20.2kb），其中 3 条（16.2kb，9.4kb，2.4kb）在健康样品中也经常能被检测得到，其他 23 条 dsRNAs 与症状相关，4 条小的 dsRNAs（2.0kb，1.8kb，0.8kb，0.6kb）与菌盖褐变有关。不同样品中 dsRNAs 的大小、个数及出现的频率不同，且因样品不同 dsRNAs 浓度变化很大。

侵染过程与侵染循环 食用菌病毒不能像细菌、动物或植物病毒那样直接侵染真菌，也没有类似苋色黎、烟草、Hela 细胞一类的鉴别寄主，且暂未发现任何昆虫传播介体。食用菌病毒最初是由带毒菌株，在环境条件适宜时形成 1 个或多个发病中心；病毒通过菌丝联合方式从发病中心向四周扩散传播，在菌种袋、菇床或栽培袋中感病菌株与健康菌株间辗转侵染与危害。待菌株形成子实体后，产生大量的带毒的有性孢子，这些有性孢子通过气流向整个菇房或周围空间扩散，或是藏匿于栽培空间的任何固体载物上，包括堆肥、覆土层、培养料、栽培架及房间的角落等，待条件适宜，孢子萌发成菌丝体后，就成为下一轮侵染源，如此往复。

流行规律 食用菌孢子和带病毒菌株通过菌丝体断裂方式进行营养体增殖是食用菌病毒病流行的两个重要途径。孢子中存在病毒并不降低孢子的活性，感染病毒的双孢蘑菇菌株产生的担孢子萌发率反而高于未感染病毒的菌株，来自感病蘑菇的 10 个担孢子就足以使双孢蘑菇的试验床发病。最为典型的例子是 1962 年由于美国蘑菇栽培园中工人罢工造成病毒病害流行，最终导致双孢蘑菇毫无收成和孢子污染持续达数月之久。在食用菌常规栽培中，从母种、原种、栽培种到栽培袋，经过逐级的扩大培养，所携带的病毒也被逐级扩大而得以传播。此外，通过菌丝联合及异核体形成也是导致病害流行原因之一。生长慢的带毒菌丝和健康蘑菇菌丝在同一培养皿中进行对峙培养，待菌丝在中间交接后，再从原来健康的培养物一边连续转管后得到了生长慢的菌落，从中也能分离到病毒。通过菌丝融合，病毒可以从带毒菌丝传染到健康的不带毒菌丝上。当带毒蘑菇收获后，残留在培养基质中的菌丝也可以和新种植的蘑菇菌丝融合，使后者感染病毒。当然，食用菌感染病毒后是否发病，病害是否流行还取决于病毒和寄主之间、寄主和环境之间的相互作用及影响。一般来讲，菇房内外卫生条件极差，菇棚管理不当，使得环境温度过高或通风不良，病害发生概率增加；菇体发生过密或每潮菇采收后，病死菇未被及时清除，造成再次侵染，也会导致病害的流行。此外，菇场使用多年，带毒菌株基数及带毒孢子污染高，发病率也明显上升。

防治方法

选用无病毒菌种和抗（耐）病丰产栽培品种 选用无病毒菌种是防治食用菌病毒病最经济有效的措施。食用菌病毒暂还未发现任何天然媒介，选用无病毒菌种可以从源头上切断致病来源，避免病害发生。此外，食用菌感染病毒具有潜隐特性，一般不容易被人发现，建立快速灵敏的病毒检测技

双孢蘑菇"MVX"病毒病症状（引自 Grogan et al., 2003）

①显示在正常发育的双孢蘑菇旁边出现很多发育一直停留在原基的子实体，子实体形成不同步；②显示在正常发育的双孢蘑菇旁边出现大片无菇区；③显示紧挨着无菇区右边依次出现一系列从原基到发育成熟子实体的不同步发育子实体；④显示提前开伞；⑤显示部分白色蘑菇子实体褐化；⑥显示正常白色蘑菇和褐变且菌柄增粗的病变白色蘑菇；⑦⑧显示不同畸形子实体

术，对菌种进行病毒检测，是保证使用无病毒菌种的关键。在对双孢蘑菇的研究中发现，不同双孢蘑菇品种的抗（耐）病性差异较大。一般野生菌株比栽培菌株更具有抵抗病毒侵染的能力。

菇房卫生与清洁处理　清洁栽培环境，菇房、棚架及使用工具进行严格的消毒处理。种植前，一定要暴晒菇棚、床架数日，对菇棚、床架及各种用具用硫黄熏蒸（5～20g/m²，24～48 小时），或福尔马林熏蒸（36% 甲醛 12～15ml/m²，12～24 小时），或过氧乙酸熏蒸（26% 过氧乙酸5～10ml/m²，12～24 小时），或 0.2% 过氧乙酸或 5% 有效氯漂白粉溶液喷洒消毒。一旦发现菇床发病，必须清除菌袋，并集中烧毁，切勿乱扔。采菇结束，应及时清理菇房内废弃培养料及覆土，切勿将带病废弃料堆放在菇房周围或者随意丢弃。发病严重时，工作人员应尽量不要互相串棚，以免将带毒孢子传入其他菇房。

适时种植，改进菇房管理　依据不同食用菌的生物学特性适时安排种植季节，避开病害发生高峰。食用菌病毒病发生与环境条件密切相关，温度太高、通风不良、湿度太大的菇房，都容易导致病害的发生。种植后，根据需要勤通风，种植期间应使用清洁水，不能用田沟灌溉水，并保持适宜的温度，避免高温高湿诱发病害发生。在食用菌整个栽培过程中，使用快速灵敏的病毒检测技术对食用菌病毒进行监测，在感病菌株的潜隐阶段或是在感病孢子弹射之前及早发现病毒，及时清理发病子实体。

参考文献

梁振普，张晓霞，高鹏，等，2005. 从香菇子实体中分离了两种病毒 [J]. 中国食用菌，24(6): 32-33.

姚立，陈春乐，张忠信，等，2010. 一种新香菇病毒基因组部分cDNA 序列及病毒 RT-PCR 检测 [J]. 微生物学通报，37(1): 61-70.

GROGAN H M, ADIE B A T, GAZE R H, et al, 2003. Double-stranded RNA elements associated with the MVX disease of *Agaricus bisporus*[J]. Mycology research, 107(2): 147-154.

GUO M P, BIAN Y B, WANG J J, et al, 2017. Biological and molecular characteristics of a novel partitivirus infecting the edible fungus *Lentinula edodes*[J]. Plant disease, 101(5): 726-733.

HOLLINGS M, 1962. Viruses associated with dieback disease of cultivated mushrooms[J]. Nature, 196: 962-965.

HYO-KYOUNG W H K, PARK S J, et al, 2013. Isolation and characterization of a mycovirus in *Lentinula edodes*[J]. Journal of microbiology, 51(1): 118-122.

MAGAE Y, 2012. Molecular characterization of a novel mycovirus in the cultivated mushroom, *Lentinula edodes*[J]. Virology journal, 9:60-66.

（撰稿：徐章逸；审稿：赵奎华）

食用菌竞争性病害　edible mushrooms competitive disease

在食用菌生长过程中，某些有害微生物侵入栽培基质，与人工培养的食用菌争夺营养成分、水分或生活空间，污染栽培基质，使食用菌菌丝体无法继续在培养基质中正常生长，最终导致减产甚至绝收，称为食用菌竞争性病害，又名竞争性杂菌危害。

发展简史　食用菌竞争性病害主要是各种微生物感染栽培基质或覆土，它不同于食用菌菌丝体病害，也不同于食用菌子实体侵染性病害。食用菌菌丝体病害通常是菌丝体长满菌袋之后，菌丝体再被病原物感染，且因为病原物胞外酶降解或毒素作用而致死。

引起竞争性病害的这类微生物，从人工种植食用菌就一直存在，它们一般在已灭菌的培养料、发酵后的堆肥和段木上生长，且伴随着食用菌栽培方式的改变、栽培数量的增加而不断蔓延扩大，以代料栽培和覆土栽培最为严重。引起竞争性病害的病原微生物有木霉菌、曲霉菌、毛霉菌、根霉菌、链孢霉菌、褐色石膏霉、胡桃肉状菌等。

分布与危害　少数食用菌栽培是采用阔叶树树干作为栽培基质，进行食用菌段木栽培。

多数食用菌栽培主要是以农作物的秸秆或林木枝丫粉碎后的木屑为主要栽培原料，按照一定配方比例混合装袋后进行灭菌处理，然后将菌丝体接种在培养料中进行纯培养，菌丝体经过生长发育，最后形成各种子实体，称之为代料栽培或袋栽模式。

由于引起竞争性病害的病原微生物种类多、适应力强、繁殖迅速，常在短期内将培养基质完全占领，甚至将正常生长的食用菌菌丝覆盖、抑制或降解，给食用菌菌种制作或栽培造成极为严重的经济损失。金针菇工厂化生产中，液体菌种或栽培瓶感染竞争性病害后，一次损失可以达到数十万元。常规袋料栽培中，由于灭菌不彻底，可以导致成批次的菌袋感染各种微生物，直接造成菌袋生产失败。几乎所有的食用菌在各种栽培模式下，都会被不同的竞争性杂菌危害，其中危害最严重的是培养料灭菌后的菌袋，其次是发酵培养料和覆土，而段木受其竞争性病害危害较小。

病原及特征　木霉菌既能引起菌丝体侵染性病害，又能够引起竞争性病害。引起食用菌菌丝体竞争性病害的木霉菌主要有绿色木霉（*Trichoderma viride* Pers. ex Fries）、康氏木霉（*Trichoderma koningii*）、哈茨木霉（*Trichoderma harzianum* Rifai）、长枝木霉（*Trichoderma longibrachiatum*）、多孢木霉（*Trichoderma polysporum*）等。PARK 等鉴定平菇栽培料中存在 *Trichoderma pleuroticola* 和 *Trichoderma pleurotum* 2 个近似种，还存在哈茨木霉、长枝木霉和深绿木霉等，其中 *Trichoderma pleuroticola* 只存在于土壤和木材中，而 *Trichoderma pleurotum* 在森林样品中未检测到。KOMON-ZELAZOWSKA 研究认为，*Trichoderma pleuroticola* 可能是与哈茨木霉进化分支平行的木霉类型，对蘑菇生产威胁性最大，而 *Trichoderma pleurotum* 可能是一个与侧耳属生态基质相适应的专化性物种。

在菌种培养和代料栽培中，引起培养基质污染的丝状真菌还有黄曲霉（*Aspergillus flavus* Link）、黑曲霉（*Aspergillus niger* Tiegh.）、灰绿曲霉（*Aspergillus glaucus*）、好食脉孢霉（*Neurospora sitoohila*）、粗糙脉孢霉（*Neurospora crassa*）、总状毛霉（*Mucor racemosus*）、黑根霉［*Rhizopus stolonifer*（Ehrenb.

ex Fr.) Vuill.]、青霉（*Penicillium frequantans*）、淡紫青霉（*Penicillium lilacinum*）、鲜绿青霉（*Penicillium viridicatum*）、产黄青霉（*Penicillium chrysogenum* Thom）、链格孢属的一个种（*Alternaria* sp.）等。

在双孢蘑菇、草菇、巴氏蘑菇（*Agaricus blazei*）等已发酵的培养料上，普遍发生的竞争性病害主要是褐色石膏霉病（*Papulariopsis byssina*）和胡桃肉状菌（*Diehliomyces microspores*），此外，还有叉状炭角菌（*Xylaria furcata*）、毛头鬼伞（*Coprinus comatus*）、墨汁鬼伞（*Coprinus atramentarius*）、粪鬼伞（*Coprinus sterquilinus*）和晶粒鬼伞（*Coprinus micaceus*）等。褐色石膏霉病菌在覆土层表面似石膏粉末状，可抑制覆土层中食用菌菌丝体生长，阻止食用菌菌丝扭结，或推迟出菇时间。胡桃肉状菌主要在双孢蘑菇、鸡腿菇等覆土层为害，也可以在金针菇和平菇菌袋中为害，后期形成粒状的红褐色的子囊果，表面有脑状皱纹，似胡桃肉状，使食用菌菌丝逐渐萎缩。

在段木上生长的各种木腐真菌，如各种多孔菌类、革菌类，它们与食用菌菌丝体在段木中竞争营养。

木霉菌（*Trichoderma*）　木霉菌是木霉属真菌的总称，又名绿霉菌。木霉菌适应性强，传播蔓延快，菌落起初为白色、致密、圆形，向四周扩展后，菌落变为绿色粉状，边缘仍是密集的白色菌丝。不同的木霉菌种类在菌丝及孢子形态等方面存在差异，症状亦不同。绿色木霉和康氏木霉在侵染香菇菌袋的培养料时，呈深黄绿色至深蓝绿色，老熟后有椰子气味，而康氏木霉呈浅黄绿色，菌丝透明。木霉菌菌丝无色、分枝发达，有隔膜，侧枝上生出分生孢子梗，直立，对生或枝状丛生，黏块状分生孢子簇生于分生孢子梗顶端。分生孢子多为卵圆形或球形，无色或绿色，大小为 2.8～4.5μm×2.2～3.9μm。分生孢子梗在主轴上分枝较均匀，主轴上的次级分枝较复杂，通常有两回以上分枝；孢子梗基部膨大，安瓿瓶形至细圆锥形（图 1）。

木霉菌是食用菌生产中发生最普遍且危害最严重的竞争性杂菌之一，凡是适宜食用菌生长的培养基质都适合木霉菌菌丝的生长，包括菌种培养基、袋栽培料、发酵培养料和段木。香菇、平菇、金针菇、灵芝、黑木耳、银耳等食用菌培养料在被木霉菌侵染 2～4 天后，即可长出大量的白色菌丝，

图 1 香菇菌袋感染绿色木霉菌（边银丙提供）

通常一周后即产生大量分生孢子而使菌落呈现绿色，整个菌袋完全报废。食用菌菌丝在与木霉菌竞争营养和空间时，一般停止生长，甚至被木霉菌所完全覆盖。若环境条件适宜，木霉菌会迅速在双孢蘑菇、草菇的菇床上发展为片状，污染整个菇床，使菇床无法正常出菇。白灵菇、灰树花、鸡腿菇等需要进行覆土才能出菇的食用菌，在覆土层上也易感染木霉菌；栽培木耳和香菇的段木上同样会受到木霉侵染，但通常仅接种孔可以看见木霉感染，其他部位症状表现不明显。

曲霉菌（*Aspergillus*）　感染食用菌培养基质的曲霉种类主要是黄曲霉（*Aspergillus flavus*）、黑曲霉（*Aspergillus niger*）和灰绿曲霉（*Aspergillus glaucus*）。它们属曲霉属，其中危害最严重的是黄曲霉。

曲霉菌菌丝无色、淡色或白色，有隔膜，有分枝。当菌丝活力旺盛时，在分化为厚壁的足细胞上，常长出大量的分生孢子梗，梗直立生长，不分枝，无隔膜。分生孢子梗顶端膨大成球形或椭圆形的顶囊，顶囊上长满辐射状的小梗。分生孢子球形或卵圆形，单细胞，串生于小梗顶端。由于曲霉菌种类和发育期不同，其分生孢子呈炭黑色、黄绿色、淡绿色或浅褐色等各种颜色，菌落也呈现各种鲜艳的色彩。在 PDA 培养基上，黄曲霉菌落初期浅黄色，后渐变为黄绿色，最为褐绿色；分生孢子梗直立，顶囊近球形；分生孢子呈球形、放射状、黄绿色，大小为 3.5～5μm；黑曲霉菌落初期白色，后变黑色，分生孢子球形，炭黑色，分生孢子梗长短不一；灰绿曲霉菌落初期白色，后变灰绿色，分生孢子球形或椭圆形，淡绿色。

曲霉菌是食用菌生产中发生最普遍、危害最严重的主要杂菌之一，尤其在春夏季潮湿多雨季节，除直接与食用菌菌丝争夺培养基质的营养、水分和生存空间外，它所分泌的各种毒素对食用菌生长能造成极大危害，其中黄曲霉毒素还是一种强致癌物质，对人和动物的健康构成很大威胁。黄曲霉在适宜的培养基上生长快，当处于干燥、低温或者其他应激情况下，就会产生毒素。曲霉菌分生孢子较耐高温，灭菌时若温度不稳定或者保温时间不够，常会导致灭菌不彻底，不能全部消灭培养基质中的曲霉菌分生孢子。一般经过 10 天左右，培养基质内会产生绒毛状的曲霉菌丝，继而形成黄色至深褐色的粉末状分生孢子，培养基质被彻底污染。不经高温灭菌的培养料在受到曲霉侵染后，在短时间内就可产生大量的分生孢子，形成黄、绿、褐、黑等各种颜色的霉层，肉眼观察为疏松的颗粒状物，被侵染的培养料上食用菌菌丝体不再生长，并逐渐消失（图 2）。

链孢霉菌（*Neurospora*）　又名红霉、粉霉、红色面包霉、脉孢霉、面包霉等。危害食用菌的主要是好食脉孢霉（*Neurospora sitoohila*），隶属于子囊菌门脉孢霉属（*Neurospora*）；无性态隶属于丛梗孢属（*Monilia*），危害食用菌主要是其无性态。粗糙脉孢霉（*Neurospora crassa*）有时亦危害食用菌，它是真菌遗传学和分子生物学研究中重要的模式真菌之一。链孢霉菌在适宜条件下生长迅速，菌丝分枝发达，有隔膜，初期为白色或灰色，绒状，匍匐生长，后逐渐变为粉红色，并在菌丝表层产生粉红色粉末。分生孢子梗直接从菌丝上长出，与菌丝无明显差异，梗顶端产生分生孢子；分生孢子单细胞，卵形或近球形，无色或淡色，以

芽生方式形成长链，呈念珠状，长链可分枝。菌丝生长后期，可直接断裂形成分生孢子。有性生殖产生子囊孢子。子囊壳近球形或卵形，暗褐色、黑色或粉红色，簇生或散生。子囊圆柱形，有孔口，孔口乳状或短嘴状。子囊内生8个子囊孢子，子囊孢子初无色透明，后变为暗褐色、黑色或墨绿色，表面有明显的纵向脉纹。菌落初期为白色粉粒状，后期呈粉红色，绒毛状。

链孢霉菌对食用菌菌种制作和栽培危害较大，是普遍发生的主要竞争性杂菌之一。在高温高湿季节，或者菌袋培养时棉塞过湿，培养料水分过大，均会导致链孢霉大发生。病菌一旦从菌袋（瓶）口或其他隙缝中侵染，生长速度极快，2～3天菌丝即达生理成熟，很快在菌落及其周边形成橘红色或白色的分生孢子。此后1～2天内菌丝能透过棉塞或袋（瓶）口隙缝，在袋口或瓶口处形成一团橘红色或灰白色分生孢子团，内含大量分生孢子。尤其是在以玉米芯、棉籽壳作培养料或掺入较多玉米粉的培养料中，链孢霉菌发生最为明显，在香菇、平菇、茶树菇、金针菇生产中均可以发生，其症状极易识别（图3）。

褐色石膏霉（*Papulaspora byssina*）　又名黄丝葚霉（*Papulariopsis byssina* Hotson）、褐石膏霉、隶属于丝葚霉属（*Papulaspora*）。不产生无性或有性孢子，只有不孕性菌丝和菌核两种形态。菌丝初为白色，后渐变为褐色；菌核球形或不规则形，组织紧密。菌核起休眠作用和传播病害的作用，在环境条件适宜时，菌核可萌发形成菌丝。

褐色石膏霉主要侵染覆土栽培类食用菌的菇床，发病初期覆土表面出现浓密白色菌丝体，其直径可达30cm以上，后渐形成许多小颗粒状菌核。菌核初期乳黄色，后期褐色，似石膏粉末状，手指触之有滑石粉状的感觉。褐色石膏霉菌可抑制覆土层中菌丝体生长，阻止其扭结出菇，或推迟出菇时间（图4）。

胡桃肉状菌（*Diehliomyces microspores*）　又名狄氏裸囊菌、小牛脑菌、脑菌、小孢德氏菌等，隶属于子囊菌门散囊菌目假块菌属（狄氏菌属）。菌丝白色、粗壮，有分枝和隔膜。子囊果由菌丝发育组成，致密、有脉络和空隙，初期为乳白色小圆点，后为不规则块状或脑髓状，成熟时暗褐色，多皱褶，皱纹处色深，外形酷似胡桃肉状。子囊果内着生子囊，子囊多个，近球形或卵形，每个子囊内含8个子囊孢子。子囊孢子无色，近球形，子囊孢子成熟后，子囊果破裂，大量子囊孢子即被释放出来。子囊果形状不规则，群生，直径一般可达1～5cm。

胡桃肉状菌主要在双孢蘑菇覆土层或料面为害，也可以在金针菇和平菇菌袋中为害。高温期一般多发生于双孢蘑菇覆土前后的料面或覆土层中，侵染初期出现短而浓密的白色菌丝，后形成粒状的红褐色的子囊果，表面有脑状皱纹，似胡桃肉状；子囊果群生于覆土表面中，与蘑菇菌丝争夺养分，阻碍双孢蘑菇子实体形成，严重时菇床完全不出菇。如双孢蘑菇种瓶内发生该菌，闻之则有漂白粉气味。若在覆土期间感染该病菌，则该菌会迅速在菇床上蔓延，致使双孢蘑菇菌丝逐渐萎缩。经胡桃肉状菌侵染的菇房，一般较难彻底消毒。平菇和金针菇菌袋感染胡桃肉状菌之后，在菌袋料面或菌袋内侧料面形成胡桃肉状的子囊果，菌袋外观畸形，无法

图2　PDA培养基中污染的曲霉菌（张健提供）

图3　平菇菌袋感染链孢霉后的症状（边银丙提供）
①平菇菌袋内感染；②平菇袋口感染

正常出菇（图5）。

侵染过程与侵染循环　引起食用菌竞争性病害的病原物可以在各种有机质上越冬，尤其是各种培养料、栽培废弃料、垃圾、菇房周围及菇房内部层架上。对于袋栽食用菌的多数竞争性病害而言，培养料灭菌不彻底，培养料中残存的病原菌是初次侵染的重要来源，再次侵染来源既可能是已经感染的菌袋，又可能是菇房内外环境中的病原菌，但一般从菌袋破损处、瓶（袋）口棉塞松动处或出菇（耳）的刺孔割口处感染。对于以发酵料进行栽培，或采用覆土出菇方式栽培的食用菌而言，通常培养料发酵不充分，或覆土消毒不彻底，培养料和覆土会成为主要的侵染来源，病原菌在覆土层上产生大量孢子或者菌核，并通过它们迅速向四周传播。竞争性病害病原菌传播的方式多种多样，既可以靠气流传播，又可以靠人工操作、工具、灌溉水或昆虫传播（图6）。

流行规律

培养料灭菌不彻底和栽培环境卫生状况差　各种木霉菌、链孢霉菌、曲霉菌菌丝体、分生孢子或菌核广泛存在自然界中，其孢子和菌核可长期存活于土壤、有机肥料、植物残体、墙体缝隙、菇房床架中，通过气流、灌溉水、人工操作和工具等进行传播。

袋栽食用菌的培养料装入塑料袋或PE瓶中，经过高温蒸汽灭菌，正常情况下不可能存在竞争性病原物。但在实际生产中，许多菇农采用常压蒸汽灭菌，由于灭菌温度和时间不够，或培养料水分不足，或菌袋排放过密等原因，导致部分甚至全部菌袋或菌瓶的培养料灭菌不彻底，易导致病害暴发流行。对于覆土栽培的食用菌而言，如果培养料发酵不充分，会导致各种竞争性病原菌在培养料中存活或繁殖，成为主要的侵染来源之一。此外，覆土层消毒不彻底，导致覆土

图4　草菇菌床上石膏状霉菌（引自宋金娣等，2013）

图5　平菇胡桃肉状菌（边银丙提供）

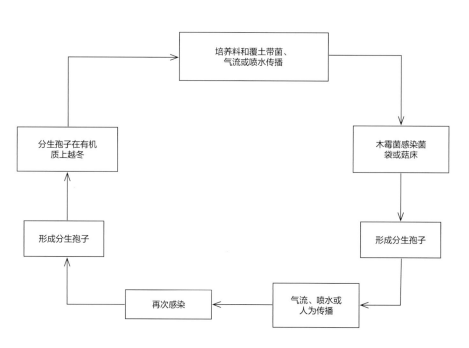

图6　绿色木霉病侵染循环示意图（边银丙提供）

层带杂菌，也成为竞争性病害发生的重要原因。

栽培环境适宜于病原菌大量繁殖，不利于食用菌菌丝健康生长　通常情况下，食用菌菌丝体与竞争性病害病原菌适宜生长的温度范围非常接近，但木霉菌、曲霉菌和链孢霉菌等在 25℃ 以上温度条件下，孢子可以大量繁殖，而香菇、木耳、金针菇等菌丝体在持续 28℃ 以上高温条件下，极易发生"烧菌"现象，导致菌丝活力下降，抵御竞争性病原物的能力下降，菌袋感染病原物的概率急剧上升。特别是在高温高湿条件下，病原菌的孢子和菌核都极易萌发，迅速占领培养料或覆土层表面。由于菇棚通风不良时，二氧化碳浓度偏高，更不利于食用菌菌丝生长，但二氧化碳对于各种竞争性病原菌的影响较小。双孢蘑菇是一种中低温食用菌，菌丝体在 20℃ 以下生长健壮，但当菇房温度超过 24℃ 时，双孢蘑菇菌丝活力下降，而胡桃肉状菌、褐色石膏霉菌病原菌菌丝则在此温度条件下生长速度加快，孢子或菌核快速繁殖，导致病害暴发流行。

防治方法

做好菇房场地卫生，减少病菌侵染来源　保持生产场所洁净干燥，周边一定范围内没有禽畜养殖场和垃圾场，及时处理栽培废料和污染物，避免废弃料袋堆积；在菌种或菌袋制作过程中，严格隔离有菌区和洁净区。菇房使用前后应严格消毒处理，地面用 50% 咪鲜胺锰盐可湿性粉剂 3000 倍喷洒，也可用高锰酸钾和甲醛混合后产生的气雾或气雾消毒剂熏蒸菇房。

严格进行培养料灭菌，减少病原菌感染途径　灭菌设备需按规定检修，严格按灭菌技术操作规程生产，防止留下灭菌死角，避免出现灭菌不彻底的现象。灭菌后，菌袋运输到冷却和接种场所时，应尽量避免与不洁净的物体或者污染源接触。接种场所或设备应提前做好消毒工作，所用接种工具应灭菌或消毒处理；接种时环境温度应在 28℃ 以下，严格无菌操作，动作应迅速，动作幅度不要过大，尽量减少种源在空气中暴露的时间，减少人为走动。适当增加接种量，用优势种菌覆盖料面，减少病原菌侵染概率。在制袋、运输、培养等过程期间，应尽量减少破袋和袋口松动，防治杂菌感染；熟料栽培的菌袋厚度应达 0.5mm 以上，无微孔。

科学配制培养基质，控制含氮量　培养料应尽量不加入糖分，防止酸化；培养料水分控制在 60%～65%，麸皮、玉米粉用量不可过大；大规模制种或熟料栽培时，可加入 1200 倍的 70% 噁霉灵可湿性粉剂，以有效减少各种霉菌感染。

发菌和出菇场所应洁净干燥，环境条件适宜　在养菌期间，不仅要维持其菌丝生长的适宜温度，还需经常通风，增加发菌室氧气含量，适当降低空气温度和湿度，并经常检查发菌情况，及时拣出污染菌袋。菇房水分管理上应干湿交替，保持一定的干燥程度。及时采收，摘除残菇、菇根、病菇、清除污染的培养基质。若出菇期菇床或菌袋上出现木霉、青霉、链孢霉感染时，在出菇间歇期选择低毒安全药剂进行化学防治，可将 40% 的二氯异氰尿酸钠加水稀释 1000 倍后喷洒于料面上，间隔 3～5 天再次施用，也可以在发病部位撒生石灰，抑制病原菌的繁殖。喷药期间不宜喷水，3 天左右后再喷水管理，同时出菇期间严禁用药，任何情况下严禁向子实体上喷药。

培养料应充分发酵，覆土材料应严格消毒　为了保证双孢蘑菇、草菇等食用菌培养料发酵质量，应尽可能采用二次发酵，有条件时应推广通气发酵或发酵池发酵技术。覆土中可选择 50% 咪鲜胺锰盐可湿性粉剂，按 1∶1500 拌入覆土中，再闷堆 5 天左右后使用。

参考文献

罗信昌，陈士瑜，2010. 中国菇业大典 [M]. 北京：清华大学出版社.

宋金俤，曲绍轩，马林，2013. 食用菌病虫识别与防治原色图谱 [M]. 北京：中国农业出版社.

BADHAM E R, 1991. Growth and competition between *Lentinus edodes* and *Trichoderma harzianum* on sawdust substrates[J]. Myeologia, 83(4): 455-463.

GRONDONAI H O, 1997. Physiological and biochemical characterization of *Trichoderma harzianum*, a biological control agent against soibome fungal plant pathogens[J]. Applied and environmental microbiology, 63(8): 3189-3198.

PARKMS B Y, 2004. Molecular and morphological analysis of *Trichoderma* isolates associated with green mold epidemic of oyster mushroom in Korea[J]. Journal of Huazhong Agricultural University, 23(1): 157-164.

（撰稿：边银丙、张健；审稿：赵奎华）

食用菌线虫病　edible mushrooms nematodes

一类可取食食用菌、危害食用菌种植的寄生性和腐生性线虫。如寄生性线虫蘑菇堆肥滑刃线虫和腐生性线虫小杆线虫。

分布与危害　从 20 世纪 50～60 年代开始，食用菌线虫危害逐渐受到人们的重视。食用菌线虫病害在世界各地均有发生，已报道的食用菌线虫种类有 16 种之多。在中国，双孢蘑菇、平菇、草菇、香菇和黑木耳等食用菌均可受害。危害中国食用菌生产安全的线虫种类主要有蘑菇堆肥滑刃线虫（*Aphelenchoides composticola* Franklin）、食菌茎线虫（*Ditylenchus myceliophagus* Goodey）和腐生线虫小杆线虫（*Rhabditis* spp.）。其中，蘑菇堆肥滑刃线虫分布于辽宁、吉林、山东、河南、陕西、浙江、江西、新疆、四川、湖南、重庆、福建、上海和北京等地。食菌茎线虫分布于辽宁、吉林、山西、甘肃、湖南、重庆、江西、福建、浙江、上海和北京等地。小杆线虫则分布于湖南、浙江、福建、上海和北京等地。

线虫可在食用菌栽培的整个周期产生危害。在食用菌线虫病害发生初期，菇床上表层菌丝变得稀疏，而下层菌丝依然健壮，即俗称的"退菌"现象。在发病后期，取食部位菌体及邻近菌体死亡，培养料凹陷，潮湿有臭味，蘑菇生长停止。通常在强光下的料层表面可见白色纤细且摆动的线状物，即为病原线虫。大多数情况下，有两种以上线虫复合危害食用菌，且线虫病害常伴随细菌、真菌和病毒等其他食用菌病

S

害一同发生。在卫生条件良好且生产周期短（不超过 8 周）的菇场中，食用菌的线虫危害一般不严重。然而，线虫在适宜的条件下可迅速繁殖，其种群密度能在短时间内达到极高水平，从而导致食用菌的生成问题。随着中国食用菌产业的不断发展，食用菌病原线虫病害存在大范围发生与流行的风险（图 1）。

病原及特征

蘑菇堆肥滑刃线虫（*Aphelenchoides composticola* Franklin）隶属于滑刃目（Aphelenchida）滑刃总科（Aphelenchoidoidea）拟滑刃科（Aphelenchoididae）拟刃线虫属（*Aphelenchoides*）（图 2）。蘑菇堆肥滑刃线虫在 15～25℃ 条件下繁殖率随着温度的升高而提高，在这个温度区间之外，其繁殖率显著下降。

①形态测量数据　雌虫（n=20）：L=532（408～626）μm；a=29.2（25.6～36.4）；b=7.9（6.7～9.3）；c=16.3（12.2～18.6）；C'=3.2（3.0～3.8）；V=70.0（68.3～72.4）；spear=11.4（10.8～11.7）μm；Tail=32.7（29.1～37.5）μm；MBL=12.8（11.5～13.8）μm；MBW=10.9（9.5～12.5）μm。雄虫（n=15）：L=500.1（434.5～572.4）μm；a=33.9（29.7～37.1）；b=7.9（7.2～8.5）；c=19.2（16.4～21.3）；spear=11.2（10.8～11.7）μm；spi=21.6（21.3～21.9）μm。

雌虫　经温热杀死后，体略向腹面弯曲。体匀称细长，长 408～626μm。体表环纹细密，侧区约占虫体宽度的 1/5，有 3 条侧线。唇区稍高，前部平圆，无唇环，缢缩明显。口针细弱，长 10.8～11.7μm，口针基部球小。食道前体部细管状。中食道球卵圆形，大小为 11.5～13.8μm×9.5～12.5μm，瓣膜位于中食道球中央，食道腺长叶状，从背面覆盖肠的前端。神经环位于中食道球后约一个中食道球长度处。排泄孔位于神经环的水平上，距体前端约 69μm 处。阴门横裂，阴门唇稍突起，阴道倾斜向前，长度约占阴门处体宽度的 1/2，位于体中后部的 68%～72% 处。单卵巢，前伸，前端可延伸到食道腺后端 1～2 个体宽处。卵母细胞单行排列。受精囊圆筒形，常有长圆形的精子，紧密排列呈单行。后阴子宫囊宽囊状，达阴门到肛门距离的 1/2～2/3，常有精子。尾呈圆锥形，长 29.1～37.5μm，为肛门处体直径的 3～3.8 倍。尾末端钝圆，腹面具一结实的尾尖突。

雄虫　体前部与雌虫相似。经温热杀死后，体尾部弯曲。单精巢，前伸，精原细胞单行排列，前伸到食道腺附近。交合刺成对，玫瑰刺形，其顶尖有喙突，长 21.3～21.9μm，基部宽大。具 3 对尾乳突，分别位于肛门附近、尾中部和尾端。

食菌茎线虫（*Ditylenchus myceliophagus* Goodey）　隶属于垫刃目（Tylenchida）垫刃总科（Tyelnchoidea）粒科（Anguinidae）茎线虫属（*Ditylenchus*）（图 3）。

①形态测量数据：雌虫（n=4）：L=600～670μm；W=16.0～21.5μm；St. L=6.0～9.3μm；VA=65～85μm；a=29.2～38.1；b=5.2～7.0；c=11.1～15.6；c'=3.0～5.4；V=80.1～93.3；V'=86.5～89.5。

雄虫（n=2）：L=535～555μm；W=15μm；St. L=6.8～7.8μm；Spi. L=16.3～17.5μm；a=35.7～37.0；b=5.2～5.6；c=10.7～14.8；c'=3.6；Bur/Tail=55.0～66.7。

雌虫　温热杀死后，体直形或略向腹面弯曲，体表角质

图 1　线虫危害香菇菌棒（边银丙提供）

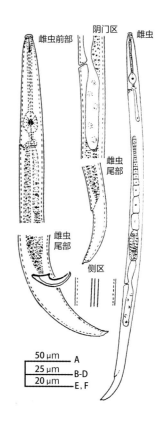

图 2　蘑菇堆肥滑刃线虫（引自刘维志，2004）

层，具环纹，体环宽 1.3μm。侧区约占体宽的 1/4，具 6 条等距侧线。唇区平，帽状，不突出，唇骨架轻度发育。口针纤细，锥体长占口针总长的 2/5，口针基球小，圆形。食道开口紧靠口针基球基部；中食道球肌肉质，壁加厚；后食道腺体洋梨形，从背面或腹面稍覆盖肠的前端。头顶到中食道球的距离短于中食道球到后食道腺体末端的距离。排泄孔位于后食道腺体的前半部，半月体恰在排泄孔前。单卵巢，前伸，卵母细胞单行排列，具后阴子宫囊，可达阴门至肛门距离的 35%（24%～47%），阴门稍突起。尾锥形，尾端细圆。

雄虫　体前端与雌虫相似。体形直，尾钝尖，交合刺成对，长16.3～17.5μm，向腹面弯曲，并前伸。交合伞从交合刺基部前开始包至尾长的3/4处。引带简单，长7.0μm。

小杆线虫（*Rhabditis* spp.）　隶属于小杆目（Rhadditda）小杆亚目（Rhabditina）小杆总科（Rhabditidea）小杆科（Rhabditidae）小杆线虫属（*Rhabditis*）。小杆线虫虫体较肥大，口腔无口针，具钩镰而广阔的吸吮口器，食道为两部分，柱形的前部和球形具骨化瓣的后部。雌虫尾部细长，雄虫有交合刺，交合刺长。

小杆线虫为腐生线虫，繁殖力强，数量巨大，每克培养料可达200条以上。其噬食蘑菇孢子、菌丝和蘑菇菌丝生长基质，引起"褐菌"。其排泄物可抑制蘑菇菌丝生长。常与食菌茎线虫和蘑菇堆肥滑刃线虫复合为害。

生活史　食用菌病原线虫从二龄幼虫开始取食危害食用菌，经过3次蜕皮依次发育为三龄幼虫、四龄幼虫和成虫。成虫以孤雌生殖或两性生殖方式产生卵。卵在适宜条件下经一龄幼虫发育至二龄幼虫。二龄幼虫从卵壳中释放出来，即完成一个生活史。食用菌病原线虫完成一个生活史所需时间与线虫种类和温度等环境因素有关，从几天到几十天不等。通常在一定温度范围内，线虫完成一个世代所需时间与温度负相关。

侵染过程与侵染循环　残存线虫的旧菇房、旧菇床架、菇房地（非水泥地）面表土，废弃的培养料等都是当期病害的重要初侵染源；不洁净的用水是另一个重要初侵染来源，另外，使用不洁净的工具甚至工作人员的鞋子均可能将病原线虫带到栽培场所。菇床培养料一旦受感染，线虫会迅速繁殖，如果床面湿度较大，在培养料表面存有水膜，线虫就靠自身的蠕动，迅速蔓延，扩大危害。

流行规律　为实现食用菌的四季连续生产，可人为地控制菇房的环境温度与湿度。因此，食用菌线虫病害的发生与流行受大气气候条件的影响较小，而主要受到栽培场所小气候条件的影响。然而，适合食用生长的条件也适合线虫的生长发育，这为线虫病害的发生与流行提供了条件。菇房中，线虫病害的发生与流行主要受到以下几个因素的影响。

培养料的含水量　培养料中的含水量主要影响病原线虫的生长发育速度。当培养料含水量达60%时，含水量越高，线虫生长繁殖速度越快，达到70%时，繁殖速度最快。培养料高含水量持续时间长，病害发生就重；如果将含水量降到55%，线虫繁育速度大大减慢，在相同时段内，含水量70%时线虫繁育增殖量是55%含水量的120倍。当培养料表面有水膜时，极有利于线虫蠕动，会迅速扩散，病害严重发生。

培养料的酸碱度　酸碱度也影响线虫发育和繁殖速度。在pH4～7条件下线虫都能生长、发育，以pH6最适合，在这个酸碱度条件下，经过31天，线虫的增殖量是pH4时的20倍。碱性条件下不利于线虫生存，当pH达到8时，线虫会100%死亡。

栽培环境　食用菌栽培中的环境极大影响病害发生程度。菇房或菇棚紧连厕所、鸡舍、仓库，这些地方线虫多，极容易传到菇床，增加病原侵染量；用作栽培食用菌的材料，如牛粪、稻草、甘蔗渣、棉籽壳等都可能含有线虫及其虫卵。栽培前如果堆制发酵温度不够高，就会把残存的线虫带进菇床，增加初侵染线虫数量，会引起发病甚至严重发病；未经消毒覆土会带入病原线虫，增加侵害基数，加重病害发生程度；栽培管理中用不洁净的山水、塘水，未经消毒或消毒不彻底的旧菇房、床都会增加菇床内的病原线虫量，促使病害大发生。

防治方法　食用菌线虫病害的防控应遵循预防为主、综合防治的原则，采用农业、物理、化学和生物防治等手段进行综合防治。主要措施如下：

清洁菇场　在栽植前以及在日常生产过程中对菇房及其周围环境进行清扫。在生产结束后清扫菇房，将受线虫危害严重的培养基质和蘑菇进行销毁，并用甲醛溶液对菇房木质工具和设备进行消毒。

控制传染源　用水湿润培养基质并进行巴氏消毒处理（55～60℃ 8小时），杀死培养基质中的潜在病原线虫。在生产过程中，用除虫菊素（pyrethins）或其他挥发性杀虫剂对培养基质进行喷雾或熏蒸处理，驱离果蝇等线虫传播媒介。同时，注意菇房工具和鞋的及时清洁，避免病原线虫从外界传播至菇房或在菇房间相互传播。

化学防治　由于食用菌的生产和销售周期短，因此，应避免使用高毒农药进行食用菌线虫病害的防治，防止销售的食用菌中高毒农药的残留。可以50～100倍的氨水或1.8%阿维菌素乳油喷洒菇床。以6～15g/m³磷化铝熏蒸菇房72小时，然后通风换气。

生物防治　可应用 *Arthrobotrys robusta* 和 *Arthrobotrys oligospora* 等食线虫丝孢菌菌剂处理食用菌培养基质，防治线虫病害。

参考文献

金群力，蔡为明，冯伟林，等，2006.浙江省双孢蘑菇上主要线

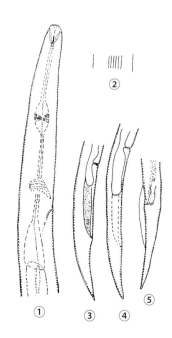

图3　食菌茎线虫形态（引自刘维志，2004）

①体前部；②侧线；③④雌虫尾部；⑤雄虫尾部

虫种类 [J]. 浙江农业学报, 18(3): 195-197.

梁林琳, 刘奇志, 谢飞, 等, 2011. 双孢蘑菇基质中的线虫在菌丝上的扩增及对菌丝生长的影响 [J]. 浙江农业学报, 23(6): 1157-1161.

刘维志, 2004. 植物线虫志 [M]. 北京: 中国农业出版社.

刘又高, 施立聪, 柴一秋, 等, 2002. 蘑菇线虫的调查与防治 [J]. 食用菌 (1): 35-36.

孙立娟, 李怡萍, 胡煜, 等, 2008. 杨凌及其周边地区食用菌虫害初步调查研究 [J]. 西北农业学报, 17(1): 110-112.

叶明珍, 张绍升, 2004. 食用菌线虫种类鉴定 [J]. 莱阳农学院学报, 21(2): 104-105.

OKADA H, FERRIS H, 2001. Effect of temperature on growth and nitrogen mineralization of fungi and fungal-feeding nematodes [J]. Plant and soil, 234(2): 253-262.

（撰稿：肖炎农；审稿：赵奎华）

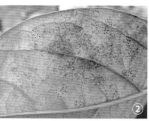

图 1　柿白粉病危害叶片症状（①冯玉增提供；②丁向阳提供）
①叶片正面受害状；②叶片背面受害状

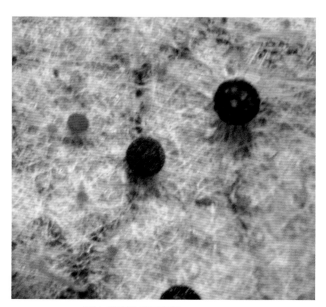

图 2　柿白粉病子囊菌（丁向阳提供）

柿白粉病　persimmon powdery mildew

由三指叉丝单囊壳菌和桃单壳丝菌引起的、危害柿树叶片的最主要的病害之一。

发展简史　尚没有系统和深入的研究。

分布与危害　在中国华北和华南部分柿产区发生较普遍，严重时引起秋季早期落叶，削弱树势。

该病危害叶片，出现圆形黑斑，直径 1～2cm，秋季老叶背面出现白粉病斑，有时整个叶背部均见白粉（分生孢子及菌丝）。后期白粉层散出黄色至暗红色小颗粒，以后变黑色（子囊壳）。以子囊壳在落叶上越冬，翌年展叶后子囊孢子从叶片气孔侵入（图1）。

新梢被害后在老化前出现白色菌丝。果实被害，5～6月出现白色圆形或不规则形的菌丝丛，粉状，接着表皮附近组织枯死，形成浅褐色病斑，后病斑稍凹陷，硬化。

病原及特征　病原有两种。①三指叉丝单囊壳菌（Podosphaera tridactyta）。菌丝外生。叶上菌丛很薄，发病后期近于消失。分生孢子稍球形或椭圆形，无色，单胞，在分生孢子梗上连生，含空泡和纤维蛋白体。大小为 16.8～32.4μm×10.8～18μm。分生孢子梗着生的基部细胞肥大。子囊壳球形或稍球形，小型，直径 84～98μm，黑色。子囊壳顶部有 2～3 条附属丝，直而稍弯曲。顶端有 4～6 次分枝，长为 154～175μm，中间以下为浓褐色。子囊壳内有 1 个子囊。子囊长椭圆形，有短柄，大小为 60～70.8μm×53.6～57.6μm。子囊孢子有 8 个，椭圆形至长椭圆形，无色，单胞，大小为 19.2～26.4μm×12～14.4μm。②桃单壳丝菌（Sphaerotheca pannosa）。分生孢子椭圆形至长椭圆形，无色，单胞，分生孢子梗上连生，含空泡和纤维蛋白体。大小为 20.8～24μm×13.2～16μm（图2）。

分生孢子萌发温度为 4～35℃，适温为 21～27℃，在直射阳光下经 3～4 小时，或在散射光下经 24 小时即丧失萌发力，但抗霜冻能力较强，遇晚霜仍可萌发。

侵染过程与侵染循环　该病为真菌性病害，病原菌以子囊壳或菌丝越冬，翌春放出子囊壳作为初侵染源。

南方病原分生孢子作为初侵染和再侵染的接种体，借气流传播，完成病害周年循环，越冬期不明显。长江流域和长江以北地区，病原在最里面的芽鳞片表面越冬，春天产生分生孢子进行初侵染和再侵染。

防治方法

农业防治　冬季修剪清扫落叶，减少菌源。

化学防治　春季发芽前后喷 0.3 波美度石硫合剂可杀死发芽的孢子；6～7月喷 1:5:400 倍波尔多液。发病期喷 70% 甲基硫菌灵可湿性粉剂 1500 倍液，或 50% 三唑酮硫悬浮剂 1000～1500 倍液，或 40% 多硫悬浮剂 600 倍液。每隔 10～15 天喷 1 次，连续 2～3 次。

参考文献

陈松, 2006. 柿树主要病虫害及其防治方法 [J]. 现代农业科技 (6): 57-58.

郭昌贤, 2008. 柿树病害的症状与防治 [J]. 安徽农学通报 (11): 243, 235.

唐志祥, 蒋芝云, 陈金明, 等, 2007. 金华市柿园病虫害调查及综合治理研究 [J]. 中国植保导刊 (4): 29-30.

（撰稿：丁向阳；审稿：王树桐）

柿顶腐病 persimmon crown rot

一种新型柿生理性病害。又名柿黑屁股病。

分布与危害 在广西恭城、平乐，山西曲沃，云南保山，河南平顶山等产区发生普遍。

发病时柿果顶部产生黑色病斑，病斑分散或连成片，不同品种上症状表现不同。在涩柿、恭城水柿，甜柿阳丰、次郎上都有发生，一般在果实膨大期发生，发病后果实软化速度加快，甚至腐烂，造成落果或果实商品性丧失。

柿顶腐病成片发生，发病果园发病集中树势弱的柿园发病重；无发病中心。

不同品种柿的病害表现不尽相同（见表），水柿、阳丰由外向内发病，次郎由内向外发病；水柿、次郎外部病斑不凹陷，阳丰外部病斑凹陷；水柿、阳丰、次郎顶腐病发展到中后期果实开始变软，一般从柿果心皮部位先开始出现水渍化进而蔓延到整个果实。

各品种顶腐病均表现出果实顶腐病状，但未有统一病征，如恭城水柿和阳丰柿果的病害始发部位是顶部果皮或少许皮下果肉，由外而内发病，而次郎是内部果肉先发病，病害由内而外扩散；阳丰病果表面常有凹陷，发病果实部位常有中空现象，而恭城水柿和次郎病果表面不凹陷，发病果肉常有黑色硬核形成；恭城水柿、次郎病果软化速度较快，阳丰软化较慢（图1、图2）。

病原及特征 对柿果顶腐病发病部位进行病原检测，未检测到病原菌。

侵染过程与侵染循环 顶腐病发生在柿果第二次膨大期，90%以上的病果发生转色。柿果顶腐病病害部位主要在距果顶占纵径约1/3范围内；树外围果相对内堂果易发，大果相对小果易发。

不同品种、相同品种不同柿果个体病情进展表现不同，水柿病情进展较快，从初现病斑到集中落果需20天左右；阳丰进展较慢，需30~40天，次郎需15天左右，考虑到次郎是从果实内部开始发病，所以次郎实际完成该过程较长。

流行规律 种植立地为山地、平地，病情无明显差别；树势强的柿园发病轻，施用有机肥、灌溉等管理较好的柿园发病较轻。该病和树龄无明显相关，不同年龄均有发病，发

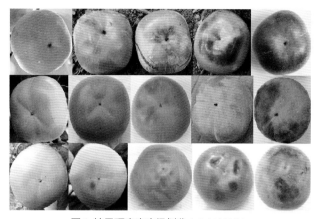

图1 柿果顶腐病病级划分（邓全恩提供）

从上至下分别为恭城水柿、次郎、阳丰；每行从左至右病级分别为0、Ⅰ、Ⅱ、Ⅲ、Ⅳ级

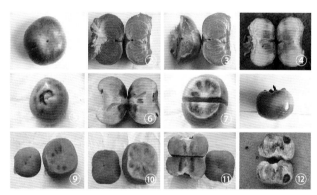

图2 柿果顶腐病病害症状（邓全恩提供）

①~④为恭城水柿；⑤~⑧为阳丰；⑨~⑫为次郎

柿顶腐病病害症状表

品种	病害起始部位	病斑凹陷程度	病斑形状	病斑颜色	病斑大小	病害发生进程
水柿	顶部果皮	不凹陷	连片分布	开始果顶果皮着色不均匀，后为黑色	大小不一，初现时为小黑点，大时可布满整个果顶	病斑一般由小变大，覆盖果顶，个体差别大，个别小块病斑就会落果，后期果肉栓化呈灰黑色，果肉上面有黑色纤维状物质，果实呈异常鲜红色
阳丰	顶部果皮及少许皮下果肉	凹陷深度为1~2mm	点状环状	开始果皮出现灰色病斑	环带内圆半径为5~15mm，环带宽为5~10mm，单个病斑为圆形或近圆形，直径为1~3mm	初发时果皮出现灰色斑点，逐渐斑点变大、连成片、凹陷，个别斑点不变大直至软化落果，果肉呈灰黑色，中间有空洞，相比恭城水柿和次郎，阳丰病害部位较干燥，果顶颜色明显比下部偏红
次郎	中上部果肉，纵切观察，发病点分布在靠近果顶的1/3范围内	不凹陷	点状片状	开始果肉出现灰色斑点，后期果实顶部果皮出现黑色病斑	不规则的成片病斑，直径1~6cm，斑点直径为0.4~0.9cm	开始果肉内出现灰色斑点，而果实外观没有任何异常变化，后斑点变大，蔓延至果顶果皮，逐渐使果皮变黑软腐，果肉变成灰黑色，有时出现黑色硬核

病轻重程度和树龄无关。果实膨大前期持续高温、干旱会加重病情。

果树载果量越多病果率越低，树龄相同的树体结果量多，果实大小就比较均匀偏小，病果率低。树冠上部及枝条外侧的果实顶腐病发病率较高。

该病的发生主要和钙、硼、氟有关，恭城水柿在柿园土壤中有效硼含量低于 0.5mg/kg 时发病较重，也可能和生活环境中氟水平较高有关，和钙也有一定关系。

防治方法　还没有较理想的方法进行彻底防治柿顶腐病。主要措施有保持柿园水肥充足，尤其是多施有机肥，效果较好；通过田间管理，培壮树势，可以减轻该病的发生；通过多年试验，喷施硼＋钙，防治柿顶腐病效果较好。花后每隔 15～20 天喷一次硼＋钙肥，喷到肥液在叶和花上能汇聚且不滴下的程度，共喷施 3～5 次，可以有效减轻该病的发生。

参考文献

邓全恩，2014. 柿果顶腐病发病规律及防治技术研究 [D]. 北京：中国林业科学研究院.

孙宁静，2013. 钙和硼元素对柿顶腐病发生的影响 [C]// 中国园艺学会. 中国园艺学会 2013 年学术年会论文摘要集. 中国园艺学会：1.

徐阳，邓全恩，龚榜初，等，2018. 柿果顶腐病与柿果矿质元素关系分析 [J]. 植物保护，44(2)：61-68，110.

（撰稿：丁向阳；审稿：王树桐）

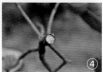

柿疯病症状（丁向阳提供）

①树体受害症状；②果实受害症状；③④枝条受害症状

柿疯病　persimmon witches' broom

由类立克次体引起的严重危害柿树生长的传染病，但目前相关的研究比较少。

分布与危害　河北、山西、河南的太行山区是柿疯病的重灾区，幼树稍轻。染病后的枝梢直立徒长，发育不充实，冬季越冬差，结果少，果实畸形并提前变软脱落，损失极为严重。

易感柿疯病的柿品种主要有绵柿、方柿、黑柿、满堂红、磨盘柿、牛心柿次之，水柿（水面柿）及君迁子较抗病。

患病枝条呈徒长性生长，隐芽大量萌发，形成许多鸡爪枝，严重时萎蔫死亡。该病造成新梢停止生长早，萌芽展叶迟，现蕾晚，开花少，坐果率低。同时木质部有纵短条纹状坏死斑，叶脉变黑，叶面凹凸不平，大而薄，叶质脆。病果畸形，果面不光滑，病斑处变硬，最后软化脱落，残留柿蒂于枝上（见图）。

它主要通过病原菌侵染植物的维管束输导组织，造成输导组织障碍，最终使柿树染病。柿疯树的病枝发芽迟，比正常树要晚 15 天以上，枝条粗壮不光滑且直立徒长丛生，木质部、叶脉、叶片均为黑褐色；柿果畸形有硬斑，比正常树早红 20 天左右，且多变软脱落。柿疯树轻者减产，重者死亡。

病原及特征　病原菌是一种寄生在输导组织内的类立克次体细菌（RLO 或 RLB）。中国科学院微生物研究所王祈楷等和河北省农林科学院昌黎果树研究所的俎显诗等研究证实，在病株制备的负染样品中，电镜检查到形态类似于立克次体的微生物，个体较一般细菌小，核区看到丝状的细菌染色体 DNA，表明这种微生物是一种寄生于植物输导组织内的难养细菌，即所谓类立克次体细菌；从健株制备的负染样品和切片中，未检查到任何微生物，可以认为这种难养细菌是柿疯病的病原物。类立克次体是介于细菌和病毒间的微生物，可通过嫁接或汁液接触及介体昆虫斑衣蜡蝉、血斑叶蝉等传染。

侵染过程与侵染循环　柿疯病主要通过嫁接传播。无论是用健树作砧木嫁接病芽或疯枝，还是用病树作砧木，嫁接健芽、健枝均能传染。日本龟蜡蚧、康氏粉蚧等介壳虫和斑衣蜡蝉、叶蝉类等刺吸式口器昆虫均能传染此病。

流行规律　不同品种抗病性不同，衰弱老树、老枝易感病。介壳虫、叶蝉危害重者发病重。

防治方法

农业防治　加强综合管理。改善土壤结构，增施有机肥，注意控制圆斑病及角斑病的发生和蔓延，增强树势。

严格检疫　严禁从疫区引进穗和苗木，控制病区，杜绝蔓延。

合理负载和修剪　大年树及时疏花疏果，合理负载，加强树体综合管理，特别是修剪，冬季修剪时对过多骨干枝进行疏除，主侧枝回缩复壮，去除干枯的弱枝、下垂枝，保留健壮结果母枝。搞好夏季修剪，促使弱树变壮，培养健壮的结果母枝。

化学防治　树干打孔灌注青霉素及四环素，每株注含 80 万国际单位的青霉素溶液，或 25 万国际单位的四环素液。另外，注入多种微量元素及稀土微肥。早春发芽前喷洒 4～5 波美度石硫合剂或 45% 晶体石硫合剂 30 倍液、1：1：100 倍波尔多液、30% 绿得保胶悬剂 400～500 倍液。

参考文献

王祈楷，刘宏迪，冯鲁昕，等，1989. 柿疯病研究 II. 病原 [J]. 植

物病理学报 , 14(1): 7-9.

俎显诗 , 1992. 柿疯病研究 V . 防治措施 [J]. 河北果树 (4): 32-34.

俎显诗 , 刘秋芬 , 金立平 , 1992. 柿疯病研究 Ⅲ . 传病介体 [J]. 河北果树 (2): 31-33.

俎显诗 , 王祈楷 , 1988. 柿疯病研究 Ⅰ . 症状及传染性 [J]. 植物病理学报 , 13(3): 191-192.

（撰稿：丁向阳；审稿：王树桐）

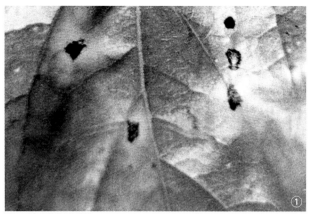

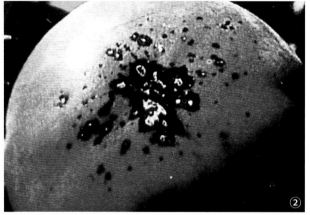

柿黑星病症状（①冯玉增提供；②丁向阳提供）

①病叶；②病果

柿黑星病　persimmon black spot

由柿黑星孢引起的，柿叶片上产生近圆形病斑，中央褐色，边缘黑色，外有黄色晕圈。是柿树重要病害之一。

发展简史　中国对该病害研究较少。1996 年邱强报道了该病的症状、病原、传播途径和防治方法。2000 年刘素萍等对该病菌进行了不同处理的室内药剂防治试验。

分布与危害　该病在中国各柿产区发生普遍，华东、华南、华中、西北、西南地区都有发生。主要危害柿和君迁子（*Diospyros lotus* L.）的叶、果和枝梢。引起叶片皱缩，落叶，果实脱落，影响产量。

在叶片上，主要在开叶后幼嫩时侵入，叶片染病（图①），初在叶脉上产生黑色小点，后沿脉蔓延，扩大为多角形或 2～5mm 的圆形或近圆形斑点。病斑漆黑色，周围色暗，中部灰色，湿度大时背面现出黑色霉层，大病斑的中部变成褐色，而黑边外有黄色晕纹，病斑中的叶脉都呈黑色，老病斑的内部常发生在主脉上，使叶片呈皱缩现象，病斑多时，造成大量落叶，在叶柄上的病斑常呈黑色，圆形，椭圆形或纺锤形的陷斑。枝梢染病，初生淡褐色斑，后扩大成纺锤形或椭圆形，略凹陷，严重的自此开裂呈溃疡状或折断。1 年生的嫩枝受害，起初在树皮上产生黑色小斑点，扩大后中心稍凹陷，后病斑呈椭圆形或纺锤形，黑色，其中新梢上的病斑较大，可达 5～10mm×5mm。最后中部发生龟裂，形成溃疡，溃疡周围组织常有木质化的隆起。果实染病，病斑圆形或不规则形，稍硬化呈疮痂状，稍凹陷，病斑直径一般为 2～3mm，大时可达 7mm。也可在病斑处裂开，病果易脱落（图②）。萼片被害时产生椭圆形或不规则形的黑褐色病斑，大小为 3mm 左右。

病原及特征　病原为柿黑星孢（*Fusicladium kaki* Hori & Yoshino）属黑星孢属（*Fusicladium*）。分生孢子直径 18～63μm×4～6μm，褐色，长椭圆形或纺锤形，10 多根丛生，稍弯曲，具 1～2 个隔膜。

侵染过程与侵染循环　病菌主要以菌丝或分生孢子在新梢的病斑上，或病叶、病果等病残体上越冬，翌年，孢子萌发直接侵入。在每年 5 月，病菌形成菌丝后产生新的分生孢子进行初次侵染，借风雨传播，潜育期 7～10 天，进行多次再侵染，扩大蔓延，6 月中旬以后可以引起落叶。夏季高温时停止发展，至秋季又危害秋梢和新叶。君迁子较易感病。

防治方法　对于柿树黑星病要做到以防治为主，综合防治，要针对病原特点，重视"防"，配合药剂防治，加强栽培管理，增强树势，从根本上防治柿树黑星病。

农业防治　清洁柿园，除对感染病菌的树体防治以外，还要对树体加强保护。秋末冬初结合清园彻底清除病菌枝梢，及柿园的大量落叶，集中深埋或烧毁，以减少初侵染源。全园果树涂刷护树材料以减少侵染源。增施基肥，对于干旱柿园要及时灌水，增强树势，防止病菌侵入。

化学防治　在萌芽前喷布 5 波美度石硫合剂、1∶5∶400 倍式波尔多液 1～2 次，以后每隔 15～20 天喷 200 倍波尔多液。

生长季节，一般在 6 月上中旬，柿树落花后，喷洒下列药剂：50% 多菌灵可湿性粉剂 600～800 倍液 +70% 代森锰锌可湿性粉剂 500～600 倍液；50% 苯菌灵可湿性粉剂 1000～1500 倍液 +50% 克菌丹可湿性粉剂 400～500 倍液；50% 嘧菌酯水分散粒剂 5000～7000 倍液；25% 吡唑醚菌酯乳油 1000～3000 倍液；10% 苯醚甲环唑水分散粒剂 1500～2000 倍液；40% 氟硅唑乳油 8000～10000 倍液；40% 腈菌唑水分散粒剂 6000～7000 倍液；6% 氯苯嘧啶醇可湿性粉剂 1000～1500 倍液；22.7% 二氰蒽醌悬浮剂 1000～1200 倍液；20% 邻烯丙基苯酚可湿性粉剂 600～1000 倍液。

在重病区第 1 次药后半个月再喷 1 次，则效果更好。

参考文献

刘素萍 , 张联顺 , 陈敏健 , 等 , 2000. 几种杀菌剂对柿树病害的皿内药效试验 [J]. 东南园艺 (2): 47-48.

宋志强 , 华永刚 , 姜礼元 , 等 , 2002. 千岛无核柿的病害调查 [J]. 浙江林业科技 , 22(4):90-91.

王秀峰 , 2013. 日本甜柿病虫害防治技术 [J]. 中国农业信息 (13): 124.

（撰稿：丁向阳；审稿：王树桐）

柿角斑病　persimmon angle spot

由柿尾孢引起的，主要危害柿树和君迁子的柿蒂和叶片，是柿树重要病害之一。

发展简史　中国早在 1956 年就见柿角斑病的报道。翁心桐等对角斑病的研究中发现，其不仅危害叶部，也能严重侵害蒂部。1994 年，王海艳等首次较为详细地提出了柿角斑病的防治方法。2013 年，邓立宝研究了柿种质叶片 SOD、POD、CAT、PAL 酶活性和 MDA、GSH、叶绿素含量的变化与抗病性的关系，并首次运用改良的 cDNA-SCoT 技术对柿种质角斑病抗病性进行基因差异表达研究。

分布与危害　在中国发生很普遍，华北、西北、华中、华东以及云南、四川、台湾等地都有发生。

叶片受害后，初期在叶正面出现黄绿色病斑，形状不规则，边缘较模糊，斑内叶脉变黑色。随病斑扩展，颜色逐渐加深，呈浅黑色，10 多天后中部颜色褪为浅褐色。由于病斑扩展受到叶脉的限制，形状变为多角形，其上密生黑色绒状小粒点，有明显的黑色边缘，病斑背面开始时呈浅黄色，后颜色逐渐加深，最后成为褐色或黑褐色，亦有黑色边缘，但不及正面明显，黑色小粒点也较正面稀少（图 1）。柿蒂染病，四角先发病，呈浅黄色至深褐色病斑，形状多角形，然后向内扩展，边缘黑色或不明显，蒂两面均可产生绒状黑色小粒点，落叶后柿子变软，相继脱落，而病蒂大多残留在枝上。病斑两面都产生黑色绒状小粒点，叶背面多于叶正面。

病原及特征　病原为柿尾孢（*Cercospora kaki* Ellis& Everh.），尾孢属（*Cercospora*）。分生孢子梗短杆状，不分枝，稍弯曲，尖端较细，不分隔，淡褐色。分生孢子棍棒状，直或稍弯曲，上端稍细，基部宽，无色或淡黄色（图 2）。

侵染过程与侵染循环　侵染途径主要是以分生孢子借风雨从气孔侵入进行传播。残留在树上的病蒂是主要的侵染源和传播部位。一般病蒂在树上能残存 2～3 年，病菌在病蒂内可存活 3 年以上。角斑病菌以菌丝体在病蒂及病叶中越冬，以残留在树上的病柿蒂为主要初侵染源和传播中心。翌年 6～7 月，在树上越冬的病蒂上即可产生大量分生孢子，分生孢子借助风雨从气孔侵入，潜育期 25～38 天，一般于 7 月中旬至 8 月初开始发病，8 月为发病盛期，病菌发育最适温度为 30℃ 左右。阴雨较多的年份，发病严重。9 月发病严重时可造成大量落叶、落果。当年病斑上形成的分生孢子，在条件适宜时可进行再侵染。

流行规律　此病害发生早晚及危害程度，与当年雨季早晚、雨量大小有密切关系，如 5～8 月降雨早、雨日多、雨量大，有利于分生孢子的产生和侵染，发病早且严重；而降雨晚、雨日和雨量少的年份，发病晚而轻，落叶期延迟。因此，南方地区的梅雨季节常导致该病的大流行。土壤贫瘠、树势衰弱、抗病性差，发病严重。树冠内膛叶，特别是老叶发病重。靠近君迁子的柿树发病重。雾气大、雾气弥漫时间长时发病也较重。

残留在树上的病蒂为翌年的初侵染源，病蒂的数量越多，翌年发病越早越重。

防治方法

农业防治　增施有机肥料，改良土壤，促使树势生长健

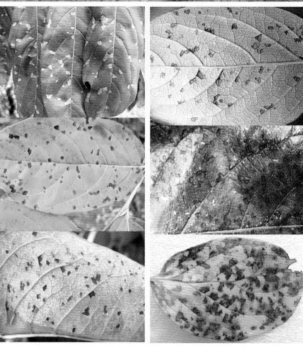

图 1　柿角斑病危害叶片症状（丁向阳提供）

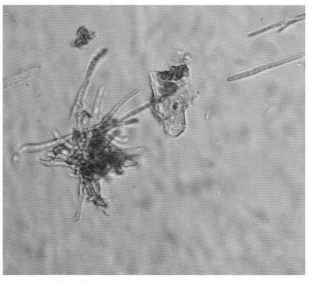

图 2　柿角斑病菌分生孢子座及分生孢子（丁向阳提供）

壮，以提高抗病力。注意开沟排水，以降低果园湿度，减少发病。

清除挂在柿树上的病蒂。这是减少病菌来源的主要措施。彻底清除柿蒂，剪去枯枝烧毁，消灭侵染源，可有效控制或降低该病的发生。

避免柿树与君迁子混栽。君迁子的蒂特别多，感染病菌多，为避免其带病侵染柿树，应尽量避免柿树与君迁子混栽。

园地尽量选择在通风良好、向阳处栽植柿树，低洼潮湿地不宜发展柿树。栽植形式以南北行长方形栽植为好。

化学防治　可在柿芽刚萌发、苞叶未展开前喷等量式波尔多液、30% 碱式硫酸铜胶悬剂 400 倍液；苞叶展开时喷施 80% 代森锰锌可湿性粉剂 350 倍液。

抓住关键时间，一般为 6 月下旬至 7 月下旬，即落花后 20～30 天。可用 20% 叶枯唑可湿性粉剂 800 倍液、46% 可杀得水分散粒剂 1000 倍液、70% 甲基硫菌灵可湿性粉剂 1500 倍液、75% 百菌清可湿性粉剂 800 倍液、53.8% 氢氧化铜悬浮剂 900 倍液、25% 多菌灵可湿性粉剂 600 倍液、70% 代森锰锌可湿性粉剂 800 倍液、50% 异菌脲可湿性粉剂 1000 倍液、40% 多硫悬浮剂 400 倍液、50% 敌菌灵可湿性粉剂 500 倍液等药剂，间隔 8～10 天再喷 1 次（见表）。

几种药剂防治角斑病的效果表

药剂名称	用药前		第一次喷药		第二次喷药		第三次喷药	
	株病率（%）	病指	株病率（%）	病指	株病率（%）	病指	株病率（%）	病指
绿得保			72.4	43.2	74.5	48.0	69.4	47.2
65% 代森锰锌			65.8	40.6	53.4	36.4	46.0	29.4
50% 退菌特	67.3	41.0	66.4	44.2	58.2	42.0	52.3	38.6
70% 甲基托布津			63.2	38.6	54.5	32.6	42.6	31.4
CK（清水）			75.8	49.2	76.6	52.8	82.5	53.0

参考文献

王海艳，李树贵，宋长如，1994. 柿角斑病的发生及防治 [J]. 河北农业科技 (8): 26.

翁心桐，于成哲，赵学源，等，1956. 对于柿和君迁子角斑病 (Cercospora kaki Ell. & Ev.) 的研究 [J]. 植物病理学报 (2): 67-80.

（撰稿：丁向阳；审稿：王树桐）

柿炭疽病　persimmon anthracnose

由哈锐炭疽菌引起的、一种柿树上的毁灭性真菌病害。主要危害果实和新梢，引起果实脱落，大量减产。

发展简史　中国从 20 世纪 80 年代开始研究此病害，其

致病菌先后被鉴定为柿盘长孢（Gloeosporium kaki Hori）、围小丛壳菌 [Glomerella cingulata（Stoneman）Spauld. & H. Schrenk] 和胶孢炭疽菌 [Colletotrichum gloeosporioides（Penz.）Penz. & Sacc.]。公认的结果是哈锐炭疽菌（Colletotrichum horii B. S. Weir & P. R. Johnst.）。

分布与危害　该病在中国各柿产区发生普遍，华北、西北、华中、华东都有发生。主要危害果实，也可危害枝干、新梢和叶片（表 1）。引起落叶，树势衰弱，果实变软脱落，影响产量。

果实发病初期，在果面上先出现针头大、深褐色或黑色小斑点，后病斑扩大呈近圆形、凹陷病斑（图 1①）。凹陷病斑直径 5～10mm，病斑中部密生灰色至黑色小粒点（分生孢子盘）。空气潮湿时病部涌出粉红色黏稠物（分生孢子团）。1 个病果上一般有多个病斑，受害果易软化脱落。新梢发病初期，发生黑色小圆斑，后扩大呈椭圆形、褐色，中部凹陷纵裂，并产生黑色小粒点，病斑长 10～20mm，宽 7～12mm（图 1②）。新梢易从病部折断，严重时病斑以上部位枯死。病斑中部密生轮纹状排列的灰色至黑色小粒点（分生孢子盘）。空气潮湿时病部涌出粉红色黏稠物（分生孢子团）（图 1③）。叶片受害时，先在叶尖或叶缘开始出现黄褐斑，逐渐向叶柄扩展。病叶常从叶尖焦枯，叶片易脱落（图 1④⑤）。

叶面染病后出现不规则黄绿斑块，边缘模糊，病斑内叶脉变黑，以后渐深，约半月后病斑中部褪成浅褐色，可见黑色小粒点。病斑扩展因受叶脉所限呈多角形，严重时病斑相互连合，布满叶片，甚至使其枯焦脱落。柿蒂首先在四角出现病斑，由尖端向内扩展，表里两面均可见黑色小粒点（图 1⑥）。该病原以菌丝在病叶和病蒂内越冬，翌年产生大量分生孢子，借雨水传播，自叶背侵入。5～8 月降雨多的年份发生较重。

柿树炭疽病详细分级指标见表 2。

病原及特征　病原为哈锐炭疽菌（Colletotrichum horii），属子囊菌门炭疽菌属（Colletotrichum）。分生孢子盘盘状或垫状、蜡质，位于表皮下，成熟后突破表皮；分生孢子梗单枝、长短不齐，聚生于菌核状分生孢子盘组织上，直立、无色，具一至数个隔膜，大小为 15～30μm×3～4μm，顶端着生分子孢子；分生孢子圆筒形或长椭圆形，有时稍弯曲，单胞、无色，萌发时可形成一隔膜，大小为 15～28μm×315～610μm（图 2）。

侵染过程与侵染循环　病菌主要以菌丝体在新梢病斑内越冬，也可以分生孢子在病果、叶痕和冬芽中越冬，翌年初春即可产生分生孢子进行初次侵染，但不是翌年主要的侵染来源。每年 5 月上旬产生新的分生孢子进行初次侵染，风、雨、昆虫都是分生孢子的传播途径。病枝梢是主要的初侵染来源，病菌从伤口侵入时潜育期为 3～6 天，由表皮直接侵入时潜育期 6～10 天。一般年份，枝梢在 5 月中下旬开始发病，7～8 月为盛期，枝条及果实到 9 月下旬还可继续染病；叶子一般在雨季为感病盛期。柿炭疽病感病程度及初次侵染的时间与降雨量及阴雨天气有密切关系，春末夏初，阴雨天较多时，则柿树感病重，干旱年份发病则轻。病菌发育最适温度为 25℃ 左右，低于 9℃ 或高于 35℃，不利于此病发生

表1　柿炭疽病危害果实、枝梢、叶片的症状

危害部位	特征
果实	果实一般于6月发病，初期果面上出现针头大小深褐色或黑色小斑点，以果顶处居多，逐渐扩大成圆形或椭圆形病斑，大小5～10mm，中部稍凹陷，密布灰色至黑色小粒点（分生孢子盘），湿度大时常溢出粉红色黏质的孢子团。后期病斑深入果肉内部，形成木栓化黑块。7～9月，被害果实容易软化脱落或发酵变质
枝梢	新梢一般在6月上旬开始发病，最初出现黑色小圆斑，后扩大为褐色椭圆形或不规则形，中部凹陷、纵裂，可看见黑色小粒点（分生孢子盘），潮湿时黑点上涌出粉红色黏质物（分生孢子团）。病斑长10～20mm。病斑多时常连成不规则的长条块状，其内部木质部变黑枯死极易折断
叶片	叶片上的病斑多发生在叶柄和叶脉上，初为黄褐色，后变为黑褐色或黑色，病斑呈长条状或不规则形状。叶柄易在病斑处折断，造成落叶

图1　柿炭疽病危害症状（丁向阳提供）
①果实受害状；②发病新梢症状；③果实受害症状；④病叶正面症状；⑤病叶背面症状；⑥柿蒂受害症状

蔓延。管理粗放、树势衰弱易发病。土质黏重、排水不良、偏施氮肥、树势生长不良、病虫危害严重的柿园发病严重。

流行规律　该病的发生与气候条件及栽培管理关系密切。据调查，高温多雨年份该病发生重。病害消长与降雨关系密切，雨后气温升高，出现发病高峰。树势衰弱、排水不良、树冠郁闭、管理粗放及偏施氮肥的园片发生重。

防治方法　对于柿树炭疽病要做到以防为主，综合防治，要针对其病原特点，重视"防"，加强栽培管理，配合药剂防治，增强树势，从根本上防治柿树炭疽病。

杜绝病害的传播蔓延是防控炭疽病的先决条件；做好柿园的清园、加强田间管理及合理施肥、增强树势、提高树体抗病能力是防治病害的基础；适时适法进行药物防治是防治病害的关键。

农业防治　①加强柿园土肥水管理，提高树势，增强树体抗病能力。改善柿园环境，阻止病原的滋生蔓延。②及时中耕除草，减少土壤蒸发，降低柿园空气湿度；严禁柿园套种，创造良好的通风透光条件，杜绝病菌的滋生蔓延。③柿树对有机肥比较敏感，有机肥充足的柿园，树势健壮且发病率低，

比不施有机肥的柿园炭疽病的发病率低40%左右，因此，必须重视柿园增施有机肥；同时对幼龄柿园要注意适量控制氮肥用量，注重磷、钾肥及硫、钙等微量元素的使用。在开花前、幼果期、果实膨大期喷施"瓜果壮蒂灵"+0.3%～0.5%尿素

表2　柿树炭疽病分级标准

分级	代表值	发病情况
Ⅰ	0	无发病枝（健康株）
Ⅱ	1	1～2个当年生枝发病，2年生以上枝无病斑
Ⅲ	2	3～5个当年生枝发病，2年生以上枝有1处病斑
Ⅳ	3	6～10个当年生枝发病，2年生以上枝有2处病斑
Ⅴ	4	10个以上当年生枝发病，2年生以上枝有3处以上病斑并有1～5个病死枝
Ⅵ	5	全株感病或近全株感病，树势明显衰弱，造成落叶，6个以上枝条病死

说明：1.以主要侵染源的感病枝条作为主要分级依据；
　　　　2.该标准适用于6～20年生树龄的柿树。

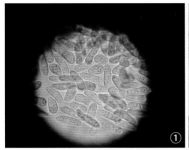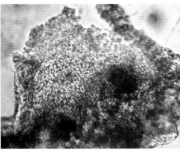

图 2　柿炭疽病菌特征（丁向阳提供）
①柿炭疽病分生孢子；②柿蒂上的分生孢子盘；③炭疽病菌分生孢子角

+0.3% 磷酸二氢钾液，株施尿素 0.1～0.2kg，增强树体抗病力，保花保果。④冬季结合修剪，彻底清园，剪除病枝梢，摘除病僵果。⑤生长季及时剪除病梢、摘除病果，减少再侵染菌源。

表3　几种杀菌剂防治柿炭疽病试验结果

药剂	调查日期					
	8月25日		9月21日		10月8日	
	病果率(%)	防治效果(%)	病果率(%)	防治效果(%)	病果率(%)	防治效果(%)
咪鲜胺	5.23a	64.07e	13.41a	62.11e	33.24a	47.76d
苯醚甲环唑	14.22c	2.33a	25.13d	28.99b	42.72b	32.86c
咯菌腈	9.34b	35.85d	18.66b	47.27d	32.39a	49.10d
噻呋酰胺	13.85c	4.88b	29.38e	16.98a	51.72d	18.72a
吡唑醚菌酯	10.52b	27.75c	22.62c	36.08c	46.81c	26.43b
清水对照	14.56c	—	35.39f	—	63.63e	—

注：不同小写字母表示 $P \leqslant 0.05$ 水平下显著性差异。

药剂	使用浓度	喷药次数	检查病斑数				治愈率(%)	有效率(%)
			合计	治愈	停止长	继续长		
70% 代森锰锌粉剂	600 倍	1	153	67	41	45	43.79	70.59
		2	171	126	34	11	73.68	93.57
	800 倍	1	148	53	45	50	35.81	66.22
		2	167	103	47	17	61.68	89.82
80% 炭疽福美粉剂	500 倍	1	123	59	32	32	47.97	73.98
		2	185	133	43	9	71.09	95.13
	800 倍	1	134	52	39	43	38.81	67.91
		2	177	116	43	18	65.54	89.83
50% 多菌灵粉剂	500 倍	1	164	51	54	59	33.11	64.02
		2	147	73	58	33	49.66	89.12
	800 倍	1	158	36	48	59	22.78	53.16
		2	172	68	52	17	39.53	69.77
95% 机油乳剂 +70% 代森锰锌 + 水	8：1：800	1	196	157	30	9	80.10	95.41
对照	清水处理	1	107	0	3	104	0	2.8

化学防治　在柿树发芽前，喷 1 次 0.5～1 波美度石硫合剂，以减少初次侵染源。结果后根据降水情况每月喷药 2～3 次 1：3：500 量式的波尔多液。

生长季 6 月中旬至 7 月中旬喷药防治，可用药剂有：240g/L 噻呋酰胺悬浮剂 2000 倍液；240g/L 吡唑醚菌酯 EC 乳油 1000 倍液；25g/L 咯菌腈悬浮剂 1000 倍液；70% 甲基硫菌灵可湿性粉剂 800～1000 倍液 +80% 代森锰锌可湿性粉剂 600～800 倍液；50% 多菌灵可湿性粉剂 500～800 倍液 +80% 炭疽福美（福美锌·福美双）可湿性粉剂 500～800 倍液；60% 噻菌灵可湿性粉剂 1500～2000 倍液 +65% 代森锌可湿性粉剂 600～800 倍液；10% 苯醚甲环唑水分散粒剂 1500～2000 倍液；40% 氟硅唑乳油 8000～10000 倍液；5% 己唑醇悬浮剂 800～1500 倍液；40% 腈菌唑水分散粒剂 6000～7000 倍液；25% 咪鲜胺乳油 1000～1500 倍液；50% 咪鲜胺锰络化合物可湿性粉剂 1000～1500 倍液；6% 氯苯嘧啶醇可湿性粉剂 1000～1500 倍液；2% 嘧啶核苷类抗生素水剂 200～300 倍液。几种杀菌剂防治柿炭疽病试验结果见表 3。

参考文献

丁向阳，邓全恩，徐建强，等，2015. 柿炭疽病菌的分离及化学防治药剂的初步筛选 [J]. 林业科技开发，29(6): 136-139.

戴建成，1992. 柿苗炭疽病药剂防治试验 [J]. 经济林研究 (1): 79，82.

房丽君，1992. 柿果脱落原因及其对策探讨 [J]. 陕西农业科学 (6): 38-39.

刘开启，牟惠芳，刘凤英，1998. 柿炭疽病的研究 [J]. 山东农业大学学报（自然科学版）(4): 69-71.

WEIR B S, JOHNSTON P R, 2010. Characterisation and neotypification of *Gloeosporium kaki* Hori as *Colletotrichum horii* Nom. nov [J]. Mycotaxon, 111(1): 209-219.

（撰稿：丁向阳；审稿：王树桐）

柿圆斑病　persimmon circular spot

由柿叶球腔菌引起的柿树病害。病斑多呈圆形，不受叶脉限制且常多斑愈合。是柿树重要病害之一。

发展简史　中国早在 1957 年就见柿圆斑病的报道。1957 年，赵学源报道了对柿圆斑病的药剂防治试验。2017 年，何刚富和宁啟水对柿圆斑病进行了不同处理的防治效果试验比较。

分布与危害　该病分布于河北、河南、山东、山西、陕西、四川、江苏、浙江、北京等地。

主要危害叶片，也能危害柿蒂。叶片染病时，初期为淡褐色小斑点，边缘不明显，随着病情发展，斑点逐渐扩大呈圆形，颜色转为深褐色。病斑直径一般为2～3mm。病叶渐变红之后，随之在病斑周围发生黄绿色晕环，外围往往会出现黄色晕，1片叶片上一般可达100～200个。染病叶片从出现病斑到变红脱落最快只需1周左右，病叶即变红脱落，留下柿果，后柿果亦逐渐转红、变软，大量脱落。柿蒂染病，病斑圆形褐色，病斑小（见图）。

生长势衰弱的树病叶变红脱落较快，生长势较强的树病叶脱落时常不变红。落叶后果实随即变软，风味变淡，并大量脱落。柿蒂染病时，病斑为圆形、褐色，病斑较小，发病时间较叶片晚。

病原及特征　病原为柿叶球腔菌（*Mycosphaerella nawae* Hiura & Ikata），属子囊菌门球腔菌科（Mycosphaerellaceae）球腔菌属（*Mycosphaerella*）。子囊果洋梨形或球形，黑褐色，顶端具孔口，大小为53～100μm。子囊生于子囊果底部，圆筒状或香蕉形，无色，大小为24～45μm×4～8μm。子囊里含有8个子囊孢子，排成两列，子囊孢子无色，双胞，纺锤形，具1个隔膜，分隔处稍缢缩，大小为6～12μm×2.4～3.6μm。分生孢子在自然条件下一般不产生，但在培养基上易形成。分生孢子无色，圆筒形至长纺锤形，具隔膜1～3个。菌丝发育适温为20～25℃，最高温35℃，最低温10℃。

侵染过程与侵染循环　病菌以未成熟的子囊果在病叶、落叶上越冬，翌年夏天借风雨传播到叶片上，从叶子背面的气孔钻进叶子里，经2～3月的潜伏期，7月下旬表现症状，8月底至9月初病斑数量渐增。圆斑病菌不产生无性孢子，每年只有1次侵染。一般情况下，6～8月降雨影响子囊果的成熟和孢子的传播及发病程度。病斑背面长出的小黑点即病菌的子囊果，初埋生在叶表皮下，后顶端突破表皮。病菌以未成熟的子囊壳在病叶上越冬，翌年6月中旬至7月上旬子囊壳成熟，并喷发出子囊孢子，通过风雨传播，萌发后从气孔侵入。一般于8月下旬至9月上旬开始出现症状，9月下旬病斑数量大增，10月上中旬病叶大量脱落。

流行规律　弱树和弱枝上的叶片易感病，而且病叶变红快，脱落早；树势强，病叶不易变红脱落。地力差或施肥不足，有效土层薄，均可导致树势衰弱，根系生长不良，树势衰弱，树体易发病，发病往往比较严重。上年病叶多，发病重。雨水多，利于病菌传播，发病相应较重。

防治方法

农业防治　加强管理，增强树势。柿园要深翻整地并增施有机肥改良土壤。要整修排灌沟渠，做到旱能浇，涝能排；浇水条件差或无浇水条件的柿园要进行树盘地膜覆盖。要合理修剪，调整树体和柿园群体结构，改善通风透光条件；要及时疏花疏果，合理负载等，以增强树势提高抗病能力。

彻底清除越冬菌源，清除病原菌。休眠期彻底清除园内枯枝落叶及杂草，摘除树上的病蒂，集中深埋或烧毁，减少初侵染源。此措施看似简单，但防治效果却非常理想

柿圆斑病危害症状（丁向阳提供）

①②③叶片受害状；④果实受害状；⑤柿蒂受害状

彻底清扫落叶对预防柿圆斑病的效果表

处理	叶片发病（%）	每叶平均病斑数
清扫落叶	97.25	16.8
CK（无处理）	100	162.8

（见表）。

化学防治　合理用药，及时防治。控制初侵染是防治柿角斑病和圆斑病的关键，因此，春季柿树发芽前要全树喷布1次5波美度石硫合剂，以铲除越冬病菌。柿角斑病越冬病菌，一般6～7月在越冬病蒂上产生新孢子，借风雨传播侵染，8～9月为发病盛期。为控制两种病害的初侵染，均需在病菌新生孢子大量飞散传播前喷药。波尔多液对柿圆斑病有显著的防治效果，可于6月上旬（柿落花后20～30天）喷布1∶5∶500倍波尔多液，或30%绿得保胶悬剂400～500倍液，或35%保果灵胶悬剂600～800倍液，或800倍80%大生M-45液；6月下旬，树上喷1∶4∶400波尔多液，或70%代森锰锌可湿性粉剂600倍液，或70%甲基托布津1000倍液。如降雨频繁，半月后再喷1次65%代森锌可湿性粉剂500倍液。

严格掌握稀释浓度，提高喷药质量。粉剂的加水量及配制方法要严格按规定要求进行。喷药时要按从上到下、从里到外的顺序周密喷布，达到枝条、叶片正反面和果实全面均匀着药，不要漏喷。树冠下层和枝条中下部老叶及柿蒂，是柿圆斑病发病的起始部位，更要严密喷布。雨季喷药时应加入黏着剂，以增加耐雨水冲刷力。

参考文献

何刚富，宁啟水，2017. 柿圆斑病不同处理防治效果试验 [J]. 现代农村科技 (10): 68.

赵学源，1957. 柿圆斑病及其防治 [J]. 农业科学通讯 (5): 252-254.

（撰稿：丁向阳；审稿：王树桐）

收获后病害　postharvest disease

水果、蔬菜和其他植物产品在收获、分级、包装、运输、储藏和消费过程中发生的病害。收获后病害可能源自于田间发生的潜伏侵染，或者受到不利的环境条件或处理，或者受到采后环境中的病原菌侵染，从而部分腐烂变质。所有植物产品收获后都容易受到病害的影响。越鲜嫩多汁、含水量越大的，就越容易受到伤害及病原菌的侵染。因此，水果、蔬菜、切花和球茎等收获后病害发生最为严重，谷类、豆类、干草、青贮饲料和其他饲料的采后腐烂也十分普遍。

危害　收获后病害的危害程度取决于植物产品的种类和储藏条件，通常造成10%～30%的损失，对于特定的作物种类，损失可能超过30%。收获后病害不仅降低水果、蔬菜、谷物和豆类等的质量、数量，而且会导致一些真菌毒素的积累，损害动物和人类健康。大多数真菌毒素是由常见和广泛存在的真菌如曲霉、青霉和镰孢菌等产生的。曲霉和青霉主要在储藏的种子和干草中产生黄曲霉素、赭曲霉毒素和棒曲霉素，镰孢菌主要在小麦、玉米和其他谷物中产生致呕毒素脱氧雪腐镰刀菌烯醇（DON）和伏马毒素等。麦角菌侵染禾本科作物，产生的麦角毒素对人类和牲畜健康构成严重的危害。

病原　收获后病害主要由子囊菌、有丝分裂孢子真菌以及少数卵菌、接合菌、担子菌和细菌引起。子囊菌和有丝分裂孢子真菌是最常见和最重要的收获后病害的病原菌。常见的类群包括曲霉、青霉、链格孢、葡萄孢菌、镰孢菌、核盘菌和酸腐病菌等。青霉属真菌通过伤口侵染多数水果和蔬菜，引起的青霉病和绿霉病是最具破坏性的收获后病害；曲霉属真菌通常侵染储藏的谷物和豆类；链格孢属真菌在收获前后常引起水果和蔬菜发生褐色或黑色腐烂。葡萄孢菌可以在田间或收获后侵染几乎所有水果和蔬菜，引起灰霉病；镰孢菌通常侵染块根、块茎和球茎，引起腐烂并在发病部位长出粉红色或黄色霉，长期储存的植物产品如马铃薯受害尤其严重；酸腐病菌通过伤口侵染成熟的柑橘、西红柿和胡萝卜等，引起酸腐病，受害组织吸引果蝇并通过果蝇进一步传播；核盘菌寄主范围极广，可以侵染多种水果和几乎所有的蔬菜，引起软腐。接合菌门中的根霉和毛霉侵染收获后的水果和蔬菜及储藏的谷物和豆类。担子菌门中的丝核菌和小核菌引起水果和蔬菜的腐烂，而其他一些种类会导致木材和木制品变质。引起收获后病害的细菌主要为欧氏杆菌属和假单胞菌属的某些种。卵菌纲中的腐霉和疫霉通常会导致靠近土壤的水果和蔬菜的软腐。

侵染循环　收获后病害的侵染多发生在田间，病菌通过伤口或直接侵入，由于植物的抗病性或环境影响而形成潜伏侵染。对于水果和蔬菜，田间侵染的病菌在收获后继续扩展，而谷物和豆类由于含水量较低，田间侵染的病菌往往不会继续危害，但可能使已受害的种子变色或发芽率降低，也可能积累真菌毒素。另一类收获后病害的侵染发生在收获、分级、包装、运输、储藏和消费过程中，病原菌通过各种伤口侵入，如青霉病、绿霉病和酸腐病等。水果、蔬菜和植物产品通过相互接触进行再侵染。

发病因素　高温高湿有利于收获后病害的发生。为了避免失水，水果和蔬菜通常保存在高湿条件下，因此，它们更容易受到病原菌侵染，尤其是有伤口存在的情况下受侵染更重。病害的发展随温度上升而加快，在较低（3～6℃）的温度下，病害发展缓慢。

防控方法　对于水果和蔬菜收获后病害的控制可以从以下几个方面进行：①减少病原菌的田间侵染。②晴天采收，动作轻柔，减少机械损伤。③收获后尽快散热，移除染病的水果或蔬菜，防止新的感染和已有感染的进一步发展。④果筐、仓库和运输车消毒。⑤热空气或热水处理可以减少一些水果表面病原菌数量，一些作物产品如红薯和洋葱等，可以进行高温愈伤。⑥创造低氧（5%）或高二氧化碳含量（5%～20%）的环境抑制寄主和病原菌呼吸。⑦利用拮抗微生物，如酵母和假单胞菌等。⑧化学保鲜剂的使用，如噻菌灵、抑霉唑、咪鲜胺、百可得处理果实或二氧化硫熏蒸等。

对于谷物、豆类和饲料等采后变质的控制：①降低含水量。②低温会减缓谷物的呼吸，防止谷物水分的增加。③熏

S

蒸，减少虫害和螨害。

参考文献

AGRIOS G N, 2004. Plant pathology [M]. 5th ed. New York: Academic Press.

（撰稿：付艳萍；审稿：陈万权）

蔬菜立枯病　vegetables seedling blight

由立枯丝核菌引起的、危害茎基部的一种真菌病害。南方俗称蔬菜死苗，北方俗称蔬菜立枯或蔬菜霉根。病菌可危害辣椒、茄子、番茄、黄瓜、菜豆、芹菜、莴苣、白菜、青菜和甘蓝等很多植物的幼苗。幼苗感染发病就会造成枯死，死而不倒，田间往往表现大面积缺苗和局部死亡。

发展简史　立枯丝核菌广泛存在于自然界中，主要危害植物的幼苗，当人类把野生植物驯化成作物时，立枯丝核菌也伴随着作物的幼苗而发生危害。立枯病丝核菌（*Rhizoctonia solani* Kühn）已知可侵染 160 多种植物。1900 年，美国、加拿大、德国、荷兰对茄子立枯病进行了研究，将病原确定为茄丝核菌（*Rhizoctonia solani* Kühn）。1979 年，黄秋雄报道丝核菌是侵染椪柑苗立枯病复合病原。1980 年，金耀报道稻苗立枯病防治，李代永报道立枯病是牡丹苗期的重要病害，寄主有牡丹、白术、三七，金沙报道棉花立枯病原为丝核菌，余旦华报道葡萄幼苗立枯病的防治。1988 年，吴永妍报道猝倒病和立枯病是蔬菜苗期的重要病害。1989 年，吴慧芬报道甲基立枯磷防治蔬菜立枯病，1989 年，陈荟报道在国内首次明确茄丝核菌（*Rhizoctonia solani* Kühn）是柑橘立枯病病原菌。1996 年，孙耀林报道蔬菜苗立枯病，主要危害番茄、茄子、辣椒、黄瓜等蔬菜幼苗。1997 年，薛旭初报道立枯是引起茄科蔬菜（番茄、茄子、甜椒、辣椒）苗期的病菌。1999 年，于丽萍报道蔬菜育苗期易得猝倒病和立枯病。2013 年，邹文丽报道蔬菜苗期立枯病。2000 年，周光胜报道棉苗立枯病，高同春报道水稻旱育秧苗立枯病病原鉴定、致病机理及治理。2001 年，黄庆报道辣椒苗床立枯病防治。2005 年，司越报道蔬菜苗期猝倒病和立枯病的识别与防治。2006 年，田淑慧报道黄瓜立枯病生防机理研究。2009 年，杜云英报道甜菜立枯病研究现状。2013 年，陈渊名报道 *Rhizoctonia solani* Kühn 是重要土壤传播性植物病原真菌，引起甘蓝幼苗立枯病。2009 年，李柏贤报道甘蓝立枯病菌（*Rhizoctonia solani* AG-4）。2011 年，谢昀烨报道豆芽立枯病诊断与防治。2014 年，易图永报道立枯病主要危害瓜果类作物。2016 年，刘国新报道棚室蔬菜苗期立枯病的发生与防治。

分布与危害　在中国各蔬菜产区均有不同程度的发生和危害。病原菌属立枯丝核菌，在自然界中广泛存在，分布于世界的耕地和非耕地中，容易从病株组织及土壤中分离得到，其寄主范围很广泛，能引起多种植物幼苗的病害。

发病阶段若遇连续低温阴雨，光照不足，常会引起立枯病的迅速蔓延。幼苗成团、成片死亡，有明显的发病中心，发病株率一般在 10%～30%，严重时可达 80% 以上。蔬菜苗期和移栽成活后发生，发生时期、程度受土壤菌源、播种期和温湿度等条件影响。各地栽培的蔬菜种类及防治水平不同，其发生危害程度也有一定的差异。蔬菜旺长期以后由于植株组织器官逐渐发育完全，抗病性增强，发病逐渐减轻。

幼苗受到病菌侵染，首先在接近土壤表面的根颈部产生椭圆形暗褐色坏死斑点，迅速向上向下蔓延。随着病斑组织逐渐坏死凹陷，病斑扩大围绕茎部，造成韧皮部坏死，木质部暴露在外。空气干燥时病茎表皮缢缩、导致茎基部呈黄褐色坏死，植株直立状枯死。受害幼苗前期白天表现轻度萎蔫，夜晚可以恢复，空气和土壤潮湿时病部常产生稀疏的淡褐色蛛丝状菌丝体，下部叶片会逐渐褪绿，最后全株枯死。

辣椒立枯病　苗床上的辣椒幼苗受到病菌侵染后，茎基部出现褐色小病斑。随着病情进展，茎基部变为淡褐色，有时茎部出现褐色裂痕，逐渐干枯或腐烂，后期植株整体枯死。定植后的发病症状也相似，主要导致茎、茎基和根腐烂（图1①）。

黄瓜立枯病　主要危害幼苗茎基或根部，发病初期茎基部出现近圆形或不规则形的暗褐色病斑，病斑中心逐步凹陷，病斑逐步扩展，围绕茎基部，使茎基部萎缩干枯，幼苗枯死。在苗床内，初期个别幼苗白天萎蔫，夜间恢复，1～2 天后病株萎蔫甚至枯死。早期与猝倒病不易区别，随着病情发展，病部有轮纹或淡褐色状霉菌丝。

番茄立枯病　在整个育苗期都可发生。病菌从番茄苗茎基部侵染危害，病菌侵染处开始形成褐色小点，逐步形成椭圆形暗褐色病斑，后期病斑部表皮收缩，幼苗茎叶萎蔫，逐渐枯死。在湿度大时，病部产生淡褐色稀疏丝状菌丝。大苗或成株受害，使茎基部呈溃疡状，地上部变黄、衰弱、萎蔫以至死亡。

十字花科蔬菜立枯病　十字花科蔬菜立枯病主要危害白菜、甘蓝和萝卜等。幼苗被病菌侵染后，叶色转浓，茎基部缢缩、变细，地上部分易折倒，严重时造成立枯或引起病株基部腐烂，造成死苗或缺苗。苗期染病引起立枯病，成株染病引起基腐，病菌随水传播，还会侵染叶片（图1②～④）。

病原及特征　病原为立枯丝核菌（*Rhizoctonia solani* Kühn），属丝核菌属真菌。该菌不易产生孢子，主要以菌丝体繁殖和传播。初生菌丝无色，后为黄褐色，具有隔膜，粗 8～12μm，分枝基部缢缩，老菌丝常呈一连串桶形细胞。后期变黄褐色至深褐色，分枝基部稍缢缩，与主菌丝成近似直角，并交织成松散不定形的菌核，菌核近球形或无定形，直径 0.1～0.5mm，成浅褐色、棕褐色至暗褐色。孢子近圆形，大小为 6～9μm，有性态为瓜亡革菌［*Thanatephorus cucumeris*（Frank）Donk］。病菌以菌丝体或菌核在土壤中或病残体中越冬，病菌腐生性较强，在土壤中可存活 2～3 年（图2）。

侵染过程与侵染循环　病菌以菌丝侵入植株成为初侵染源，菌丝通过病土、水流、农具、雨水以及带菌的堆肥传播，菌丝引起再侵染。在适宜的环境条件下，菌丝从伤口或直接由表皮侵入寄主幼茎、根部而引起发病（图3）。

菌丝体或菌核在土中越冬，条件适宜时以菌丝侵入植株成为初侵染源，菌丝通过病土、水流、农具、雨水以及带菌的堆肥传播，引起再侵染。

流行规律　蔬菜立枯病是土壤传播的真菌病害，主要以

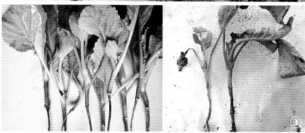

图 1 蔬菜立枯病症状（李向东提供）

①辣椒立枯病；②瓢儿白立枯病；③甘蓝立枯病；④萝卜立枯病

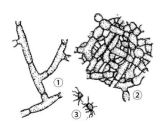
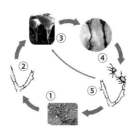

图 2 丝核菌属（仿潘洪玉）

①直角状分枝菌丝；②菌丝纠结的菌组织；③菌核

图 3 立枯病侵染循环示意图（仿童蕴慧）

①菌丝或菌核土壤中越冬；②菌丝萌发繁殖；③侵染小苗根颈；④形成病株；⑤病部产生菌丝或菌核

菌丝体传播繁殖，不易产生孢子，病菌以菌丝体或菌核在土中越冬。其适宜生长温度为 24℃，12℃ 以下，30℃ 以上，生长受到抑制。地温高于 10℃ 时进入腐生阶段，菌核及菌丝体腐生性强，病残体分解后病菌也可在土壤中腐生存活 2～3 年，遇有合适寄主，条件适宜直接侵入为害。苗期立枯病的发生与流行，主要与土壤带菌和环境因素有关。菌源决定病害是否发生，环境决定发生的严重程度。病原菌发育适温 24℃，适宜 pH 3～9.5。温度在 13～30℃、土壤湿度 20%～60% 的条件下病原菌均可侵染植株。发病最适宜的温度 20～24℃，反季节栽培蔬菜易感病。长江以南地区主要发病盛期为 2～4 月。幼苗生长弱、徒长或受伤，易受病菌侵染。播种过密，间苗不及时，湿度过高，土壤水分重，施用未腐熟的农家肥、土壤酸性重等均易诱发立枯病。育苗棚内温度低，空气湿度大，阳光不足，通风不良，二氧化碳不足，土壤含水量高等都会造成蔬菜苗生长不良，光合作用降低，徒长嫩弱，抗病力降低，有利病菌的快速繁殖和侵染，极易造成立枯病的发生流行。

防治方法　立枯病的防治要遵循"预防为主，综合防治"的方针。以农业防治为主，化学防治为辅。重点在土壤或基质消毒处理、苗期水肥管理和药剂浇施等。采用营养土或基质漂浮育苗，施用腐熟农家肥，增施磷、钾肥，加强苗床水肥管理，防止土壤忽干忽湿，注意合理放风排湿。

选用抗病品种　选用抗病品种，提高作物的抗病性。

适期播种　根据当地气候，因地制宜确定适宜播种期，避开不良天气。播种后遇连续高温天气，应及时浇水降低地温，减少高温对幼苗茎干的伤害。

苗床实行轮作　苗床应避免连作，实行 3 年以上轮作。

苗床消毒　选择地势高、地下水位低、排水良好的地块做苗床。育苗园土应选择无病园土，并进行消毒处理。可选用 70% 代森锰锌可湿性粉剂、50% 多菌灵可湿性粉剂、58% 甲霜灵锰锌可湿性粉剂等药剂 100g 加 5kg 的细干土拌成药土。施药前先把苗床浇透底水，水下渗后先将 1/3 的药土均匀撒施在苗床上，播种后再把其余 2/3 药土覆盖在种子上面。

苗床管理　幼苗出土后加强通风透光，要求苗床温度在 25℃ 左右，不低于 20℃，不高于 30℃。当塑料薄膜或幼苗叶片上有凝结露珠时，及时通风排湿，傍晚及时盖严薄膜保温。浇水应在晴天傍晚进行，尽量控制浇水次数。阴雨天苗床湿度过高时，可撒施一些干草木灰，以降低苗床湿度，加快幼苗的生长，有利培育壮苗。

平衡施肥　追肥要控制氮肥的施用量，增施磷、钾肥。3 片真叶后，可喷施 0.25% 的磷酸二氢钾溶液 2 次，间隔 5～7 天一次，可有效提高幼苗抗病性，但浓度不能太高，以免产生肥害。避免应用激素类的叶面肥，因幼苗对激素类的药剂、肥料较为敏感，易产生药害。

改进育苗方式　培育壮苗是预防立枯病最有效的预防方法。通常的育苗方法有母床育苗、营养土育苗、营养钵育苗（营养钵、营养袋、营养穴盘）、直播式基质漂浮育苗。

母床育苗　①精选苗床。要选择肥力高、土壤透气性和排水良好的地块作育苗地。②苗床消毒。母床育苗中需增施腐熟有机肥，翻耕混合后覆盖地膜，捂闷 15～20 天。选用

40% 辛硫磷乳油与 50% 多菌灵可湿性粉剂 800 倍液混合，喷淋苗床进行杀虫灭菌，消毒后 5～7 天，整理苗床适时播种。

营养土育苗　①苗床营养土配方。可选用壤土 60%+ 发酵腐熟后的有机肥 35%+ 钙镁磷肥 5%，适当增施过磷酸钙或钾肥。苗床营养土可添加少量的石灰将土壤 pH 调节到 7～7.5，可抑制病原菌生长减少病害发生。②苗床温、湿度管理。注意提高地温，适当通风排湿，防止苗床或育苗盘在高温、高湿条件下造成病害流行。

营养钵育苗　营养钵、营养袋、营养穴盘育苗。营养土的配制与苗床培养土配方相似。苗期需加强施肥，在薄肥勤施的情况下，还需喷施 0.2%～0.25% 磷酸二氢钾 2～3 次，提高幼苗抗病力。

基质漂浮育苗　①种子处理。立枯病是作物育苗期引起死苗的主要病害。防治可选用 70% 代森锰锌可湿性粉剂、50% 多菌灵可湿性粉剂、70% 甲基硫菌灵可湿性粉剂、40% 百菌清可湿性粉剂等药剂 15 倍液拌种，晾干播种。也可选用 2.5% 代森锰锌悬浮种衣剂 12.5ml、3.5% 甲霜灵悬浮种衣剂 30ml，兑水 50ml 混合，与 5kg 种子搅拌混匀，直到药液均匀分布在每粒种子上，晾干播种。或选用 70% 代森锰锌可湿性粉剂、50% 多菌灵可湿性粉剂、70% 甲基硫菌灵可湿性粉剂、40% 百菌清可湿性粉剂等药剂（2g/kg 种子）干拌种。拌过药的种子不宜暴晒和受潮，拌种时要充分拌匀，使每粒种均沾上药粉，避免白籽下种。拌种工作结束后，要洗手洗脸，确保安全。也可直接使用商品的包衣种子。②床土处理。床土处理选用 50% 多菌灵可湿性粉剂、70% 噁霉灵可湿性粉剂、70% 甲基硫菌灵可湿性粉剂、40% 百菌清可湿性粉剂等兑水稀释至 800 倍液再加入杀虫剂喷淋苗床，在浅锄后播种。若苗床水分重，不宜喷淋，可选用上述药剂 200g，再加 40% 辛硫磷乳油 100ml，拌 20kg 细土，拌成毒土均匀撒在苗床上，可达到防病治虫的目的。③药剂喷淋。药液喷淋法操作简单，防治效果明显，是化学防治中的实用技术。发现苗床初现萎蔫症状，气候有利于发病时，应及时施药防治，保护剂和治疗药剂可混用，以防止病害扩展，发病初期可用以下杀菌剂或配方进行防治：苗床喷淋，不管任何方式育苗，一旦有立枯病发生，在发病初期选用 70% 甲基托布津可湿性粉剂 800 倍液、50% 多菌灵可湿性粉剂 500 倍液、25% 甲霜灵可湿性粉剂 500 倍液、40% 百菌清可湿性粉剂 800 倍液、50% 异菌脲可湿性粉剂 800 倍液、3% 多氧霉素水剂 500 倍液等药剂轮换喷淋。喷淋均匀，一般连续 2 次，视病情喷 2～3 次，间隔 7～10 天喷淋一次。猝倒病和立枯病混合发生防治，选用 72% 代森胺水剂 800 倍液 +25% 甲霜灵可湿性粉剂 500 倍液、农用链霉素 +50% 多菌灵可湿性粉剂 800 倍液喷洒、70% 代森锰锌可湿性粉剂 500 倍液、75% 百菌清可湿性粉剂 500 倍液；20% 氟酰胺可湿性粉剂 500 倍液 + 农用链霉素等药剂喷淋，连续施用 2～3 次，间隔 7～10 天 1 次。

注意事项　①及时对发病中心进行重点施用杀菌剂处理，并对整个苗床用药剂处理。②露地苗床在施药后 3 天内遇雨，应于雨后 1 天再次施用。③雨季育苗区应深挖排水沟，及时排水。并合理布局排水沟渠，避免病区水流向健区，造成交叉感染。④喷淋时要将整个苗床及植株根系充分淋透。

参考文献

杜云英，2009. 甜菜立枯病防治研究进展 [J]. 中国糖料 (2): 55-57.

冯典兴，郑爱萍，王世全，等，2005. 四川省不同寄主立枯丝核菌的遗传分化致病力研究 [J]. 植物病理学报，35(6): 520-525.

田淑慧，2011. 黄瓜立枯病的发生与防治进展 [J]. 中国果菜 (2): 29-30.

中国农业科学院植物保护研究所，中国植物保护学会，2015. 中国农作物病虫害 [M]. 3 版 . 北京 : 中国农业出版社 .

（撰稿：李向东；审稿：谢丙炎）

蔬菜苗期猝倒病　vegetables seedling damping-off

由多种腐霉菌引起的蔬菜苗期猝倒的病害，是茄果类蔬菜苗期的常见病。

发展简史　腐霉属最早是由德国植物学家 Nathanael Pringsheim 于 1858 年建立，当时归属于水霉科（Saprolegniacea）。后经多位真菌分类学家对其属名进行调整，最后确立为 *Pythium* Pringsheim 作为腐霉的属名，归属于霜霉目腐霉科，并一直沿用至今，腐霉属包括 140 多个种和变种。中国对腐霉最早的研究是 1934 年俞大绂所报道的一种引起黄瓜猝倒病的瓜果腐霉［*Pythium aphanidermatum*（Eds.）Fitz.］。在此后的 40 年间他陆续报道了中国腐霉共 15 种。在其后国内众多专家学者对腐霉属进行了系统的研究。中国已报道的腐霉共 58 种。

分布与危害　中国各地均有发生，南方发生普遍。育苗床发病较多，主要危害辣椒、番茄、茄子等幼苗，定植后的苗期也有发生。此外，还危害大白菜、青菜、黄瓜、西瓜、豆类等。

该病由腐霉属真菌引起，病菌腐生性很强，可在土壤和病残体中长期存活。幼苗茎基部近地处最先发病，初期出现水渍状病斑，似开水烫过样，接着变成黄褐色腐烂、干枯并绕茎 1 圈，致使幼茎缩缢后倒伏。环境条件适宜时，幼苗从发病到倒伏只需 1 天左右，故称之为猝倒病。大部分病苗的叶片在 2～3 天内仍可保持绿色，远看似健苗，不过不久会失水枯死。有的幼苗出土前就会染病，造成烂种、烂芽和缺苗。该病害扩展极快，最初苗床中仅个别幼苗发病，2～4 天后以病苗为中心蔓延，成片幼苗猝倒。低温高湿时，病苗表面和周围床土上会长出一层白絮状的菌丝体，病苗根部为深褐色，很快腐烂（图 1）。

病原及特征　由多种腐霉菌引起，如终极腐霉、德巴利腐霉、瓜果腐霉等。以瓜果腐霉［*Pythium aphanidermatum*（Eds.）Fitz.］为主，属腐霉属。菌丝体发达，多分枝，无色，无隔膜。孢囊梗分化不明显。孢子囊着生于菌丝顶端或中间，与菌丝间有隔膜，有的为膨大的管状，有的具裂瓣状的分枝，大小为 24～624μm×4.9～14.9μm。孢子囊成熟后产生一排孢管，逐渐伸长，顶端膨大成球形的泡囊。孢子囊中的原生质通过排孢管进入泡囊内，在其中分化形成 6～50 个游动孢子。游动孢子双鞭毛，肾形，在水中短时游动后，鞭毛消失，变成圆形的休眠孢子（静孢子），萌发产生芽管侵入寄主。有性态产生卵孢子。卵孢子球形，光滑，生于藏卵器内，直径 13.2～25.1μm（图 2）。

瓜果腐霉寄主范围广。茄子、番茄、辣椒、黄瓜、莴苣、芹菜、洋葱、甘蓝等蔬菜的幼苗都能被害。此外，还能引起茄子、番茄、辣椒、黄瓜等果实腐烂。

侵染过程与侵染循环　病菌以卵孢子在土壤中越冬，也有以菌丝随病残体遗落土中营腐生生活，并长期存活。初侵染由腐生在土中的病菌萌发、产生游动孢子或直接长出芽管，主要借雨水、流水传播侵入寄主，在寄主薄壁组织细胞间或细胞内扩展，并在受害部位产生孢子囊进行再次侵染。一般播种过密，间苗不及时，浇水过多、苗床地面过湿，不及时通风，温差大，长期在 15℃ 以下，特别是低温高湿等，均不利于苗株生长，而有利于发病。苗床及温棚管理不善，保温、通风不良发病重。

病菌腐生性强，可在土壤中长期存活。主要以卵孢子在土壤中越冬。条件适宜时，卵孢子萌发产生游动孢子或直接萌发产生芽管侵入寄主。也可以菌丝体在土中的病残体上越冬或腐殖质中营腐生生活，并产生孢子囊继而产生游动孢子侵入寄主。病菌要借雨水、灌溉水、带菌的堆肥和农具传播。病菌可不断产生孢子囊，进行重复侵染。后期在病组织内产

图 1　蔬菜苗期猝倒病症状（吴楚提供）
①大白菜猝倒病症状；②小白菜猝倒病症状；③苗期猝倒病田间症状；
④菠菜猝倒病症状

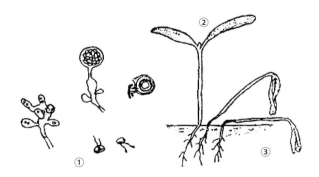

图 2　蔬菜苗期猝倒病（引自肖崇刚，陈力，2002）
①致病菌；②健苗；③病苗

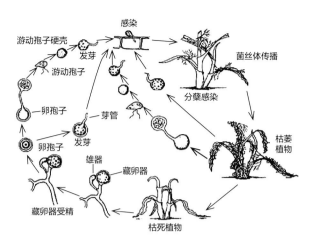

图 3　猝倒病侵染循环示意图（张修国提供）

生卵孢子越冬（图 3）。

流行规律　低温高湿是猝倒病发生的必要条件。这是因为低温高湿不利于幼苗生长，但病菌仍能活动。一般猝倒病发病适宜地温为 10℃ 左右。所以猝倒病多发生在早春育苗床上，尤其当幼苗期遇连阴天，光照不足，出现低温高湿环境，极易发生猝倒病。有的苗床开始发病时，是从棚顶滴水处的个别幼苗上先表现病症，几天后以此为中心，向周围蔓延扩展。

防治方法　防治策略应以加强苗床管理为主，药剂保护为辅的措施。

加强苗床管理　苗床应设在地势较高、排水良好且向阳处，要选用无病新土作床土。如使用旧床，床上应进行消毒处理。播种不宜过密，播种后盖土不要过厚，以利出苗。苗床要做好保温、通风换气和透光工作，防止低温或冷风侵袭，促进幼苗健壮生长，提高抗病力。避免低温、高湿条件出现。苗床浇水应视土壤湿度和天气情况，阴雨天不要浇水，以晴天上午浇水为宜，每次水量不宜过多。

种子消毒　①温汤浸种。用水量为种子体积 5～6 倍的 55℃ 温水浸种，浸种时不断搅拌，并保持水温 10～15 分钟，然后让水温降到 25～28℃。然后捞出可直接播种，或经催芽后播种。②药液浸种。先将种子用水浸泡 2～3 小时，然后用 1% 高锰酸钾，或 10% 磷酸三钠、1% 硫酸铜、福尔马林 100 倍液等浸种 5～10 分钟，取出种子并用清水洗净。药液用量为种子的 2 倍。③药粉拌种。用种子重量 0.4% 的五氯硝基苯，或敌克松、多菌灵、克菌丹、拌种双等药粉拌干种子播种。

苗期管理　①施用充分腐熟的农家肥。②不串灌或漫灌，用深层地下水滴灌或穴灌。③高温的晴天和寒冷的冬天，对床土进行翻耕暴晒（冻），可减少发病。在育苗畦中埋入通气管，畦面用厚塑料膜全部密封覆盖，接着通入蒸汽，防治猝倒病等土传性病害的效果可达 95% 以上。④适当稀播育苗，改善苗床的通风透光条件，重视温室和苗床的降湿，有计划地炼苗，并控制氮肥用量，对病害的防控都有一定作用。⑤床土表面覆盖一层干鲜草木灰或在床土过湿时撒施干

鲜草木灰，可抑制或减轻发病。⑥苗期喷几次 0.1%～0.2% 磷酸二氢钾溶液，可增强幼苗抗病力。⑦及时清除病苗及其附近床土，并尽快撒施生石灰粉或干鲜草木灰。

化学防治 土壤处理。按每平方米苗床用 25% 甲霜灵可湿性粉剂 5g 和 50% 多菌灵可湿性粉剂 5g 的量，加半干半湿细土 10～15kg，混合拌匀制成药土，然后在苗床浇好底水，即将播种前，取 1/3 药土均匀撒于床面上做垫土（厚度约 0.3cm），播种后用其余 2/3 药土覆盖，亦可结合整地将部分药土均匀撒于耕作层中，剩下的用作盖种。

苗期药剂防治。用 95% 敌克松可湿性粉剂 1000 倍液，或 50% 多菌灵可湿性粉剂 800 倍液，每隔 7～10 天喷洒 1 次，连喷 2～3 次，即可取得理想的防治效果。

参考文献

范立军，陈晓东，2011.蔬菜苗期猝倒病的发生规律与防治技术 [J].农技服务，28(6): 815.

马青，张皓，张管曲，2004.蔬菜病虫害防治 [M].西安：陕西科学技术出版社.

肖崇刚，陈力，2002.新编蔬菜病虫草害防治手册 [M].成都：四川科学技术出版社.

（撰稿：张修国；审稿：谢丙炎）

黍瘟病 broom corn millet blast

由粟梨孢引起的、危害糜子地上部分的一种真菌病害，是糜子生产上重要的病害之一。

发展简史 黍瘟病的最早报道是 Simmonds 于 1947 年在澳大利亚植物病理年度报告中提到黍瘟病的发生。1981 年，Y. Prasad 报道了印度黍瘟病的病原菌，是由粟梨孢（*Pyricularia setariae* Nishik.）引起的。

分布与危害 黍瘟病在中国糜子栽培区每年都有不同程度的发生和危害，有的地块发病率可达 5%～10%。黍瘟病主要危害茎秆和叶鞘，被害处初生青褐色近圆形病斑，后期病斑扩展为长圆形或梭形，边缘深褐色，有黄褐色晕圈，中央青灰色，潮湿时多产生灰色霉状物（图 1）。

粟梨孢还可以侵染稻属（*Oryza* sp.）、马唐属（*Digitaria* sp.）、芒稗（*Echinochloa colonum*）、野黍（*Eriochloa villosa*）、细柄黍（*Panicum psilopidium*）、蟋蟀草（*Eleusine indica*）和粟（*Setaria italica*）等植物。

病原及特征 病原为粟梨孢（*Pyricularia setariae* Nishik.），属梨孢属真菌，病原菌的分生孢子梗单生或 2～5 根丛生，不分枝，具隔膜 1～2 个，无色或基部淡褐色，顶端稍尖，有时呈屈膝状，孢痕明显，大小为 74～122μm×4～5μm。分生孢子梨形或梭形，无色，有 1～2 个隔膜，隔膜处有或无缢缩，基部圆形或钝圆，有小突起（称脚胞），顶端稍尖，大小为 16～28μm×7～11μm（图 2）。

侵染过程与侵染循环 黍瘟病菌分生孢子落到糜子叶片上，遇有露滴或雨水，温度适宜即萌发产生芽管，继而芽管特异性分化产生附着胞，附着胞形成侵染栓，穿透叶片角质层和表皮细胞壁，侵入表皮并在糜子细胞中生长，菌丝迅速扩展蔓延，再侵染临近的表皮细胞并深入叶肉细胞中。病原菌侵染糜子后，在糜子叶片上形成病斑，在潮湿情况下，病斑上又陆续产生分生孢子，成熟的分生孢子依靠气流再传播扩散到其他糜子植株叶片上引起重复侵染，逐渐扩大蔓延。糜子出穗后，叶片上已经积累了大量病原菌，又侵染糜穗，引起小穗发病、枯死。

黍瘟病菌以分生孢子在病草、病残体和病种子上越冬，成为翌年初侵染源。病草体内的菌丝体，在室外干燥环境堆积时，经过一冬并不死亡，经过两年仍有 72% 的存活率。若遇雨淋潮湿，再经低温冷冻，则存活率急剧下降。田间遗留的病残组织，经过一冬，其病组织内的菌丝体仍有 45% 可以存活；病种子带菌也可侵染，但侵染率极低。田间发病后，在叶片病斑上形成分生孢子借气流传播进行再侵染，引起叶瘟流行。叶瘟的发生，为后期发病提供了更多的菌源。至抽穗前后，相继侵染其他部位，引起节瘟、秆瘟和穗颈瘟（图 3）。

发生规律 黍瘟病的发生受气候、品种和栽培条件的影响，温度 25℃ 左右，相对湿度大于 80% 时，有利于该病发生和蔓延。糜子品种间的抗性差异较大，一般组织坚硬、穗粒较紧、有刺毛的品种较能抗病，而植株高大、穗大粒松、叶宽薄柔软的品种较易感病。抗病品种的抗病性也因生育阶段、地区、年份而异。植株发育状态和发病轻重也有关系，植株播种过密、通风透光不良、田间湿度大、灌溉多或者降水多、土壤湿润时间长，也有利于黍瘟病的发生和流行。偏施氮肥或追肥过晚，导致植株疯长，组织柔软，易被病原菌

图 1 糜子黍瘟病田间叶部症状（朱明旗、王阳提供）

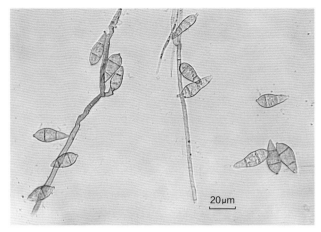

图 2　粟梨孢病原菌形态图（王阳提供）

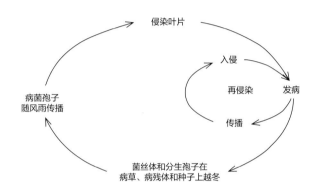

图 3　黍瘟病侵染循环示意图（王阳、朱明旗提供）

侵染，黏土、低洼地更易加重发病。

防治方法　黍瘟病的发生与品种感病性、气候条件等密切相关，因此，需采取以选种抗病品种为主、农业防治和药剂防治为辅的病害综合治理措施。

选用抗病品种　不同的品种抗病性差异较大。选择抗病品种是提高糜子产量和品质的重要途径。种子田应保持无病，繁育和使用不带菌种子。

农业防治　加强栽培管理，合理施肥。要多施有机肥、复合肥，或结合深耕，分层施用氮肥；追肥要氮、磷、钾肥配合施用，要及时适量，防止过多过晚。实行合理密植，密度不宜过大，采用宽行密植，通风透光。水浇地要适时实行"浅浇快轮"，禁忌大水漫灌。严重发病地块，收割时应单打单收。病草应在翌年春播前处理完。厩肥要经高温充分发酵腐熟后施用。在秋耕或春播前，结合防治粟灰螟等害虫，翻地时将根茬收集烧掉或深埋土中。

化学防治　糜子药剂拌种是一种高效病害防治技术，糜子播种前用 15% 三唑酮可湿性粉剂按种子量的 0.02%（有效成分，必须干拌），或用 20% 萎锈灵乳油按种子量的 0.7%（有效成分）拌种，并充分搅拌均匀。也可用清水洗种 5 次，去除种子上附着的病原菌孢子。喷药防治是控制黍瘟病大面积发生的主要手段，在病势未扩展前，及时喷药防治，可有效控制危害。要重视以穗颈瘟为主的叶瘟病防控，立足预防为主，无论是抗病品种还是感病品种，无论前期是否打过防

治叶瘟病的药，均要在糜子破口期和抽穗末期防治穗颈瘟。可每公顷用 20% 三环唑 1500g 或 40% 谷瘟灵（富士一号）乳油 1500ml 或克温散 1500ml，兑水 750～900kg 喷雾；或选用枯草芽孢杆菌（1000 亿活芽孢），每公顷用 150g 兑水 300kg 进行细雾喷施。

参考文献

白金铠 , 1997. 杂粮作物病害 [M]. 北京 : 中国农业出版社 .

柴岩 , 1999. 糜子 [M]. 北京 : 中国农业出版社 .

SINGH R S, PRASAD Y, 1981. Blast of proso millet *Panicum miliaceum* in India[J]. Plant disease, 65(5): 442-443.

SPRAGUE R, 1950. Diseases of cereals and grasses in North America (fungi, except smuts and rusts)[J]. Mycologia, 43(3): 1065-1071.

（撰稿：王阳；审稿：朱明旗）

树木丛枝病　trees witches' broom

由多种病原引起的在多种针阔叶树上发生的一种病害。危害性因病原种类不同而异。又名树木扫帚病。

发展简史　丛枝病较早的记载见于日本（1877）。中国没有此类病害最早发生的权威考证和记载。引起树木丛枝病的原因比较复杂，报道的病原主要是植原体，还有少数的真菌、细菌、昆虫和螨类以及生理性原因等。

在 1967 年之前，由植原体引起的病害一直被看作是病毒或生理性病害。1967 年日本学者 Doi 用超薄切片电镜技术在泡桐丛枝病、桑萎缩病及马铃薯丛枝病组织的韧皮部筛管内观察到健康植株中不存在的无细胞壁新病原——类菌质体以后，这类病害的研究才得以迅速开展。许多原来认为是由病毒引起的病害后来被证明是由植原体侵染所致。由于植原体寄生于植株韧皮部内，难以人工培养。因而使得病原与寄主相互作用的关系研究进展缓慢。

中国的植原体病害种类多，有 100 多种，在世界所发现的植原体病害中占有较高的比例，有些是中国特有的对一些重要的病害（如泡桐丛枝病、枣疯病、桑萎缩病等）进行了大量的研究。

植原体系统分类研究进展　长期以来，植原体一直未有系统的分类地位。早期类菌质体（MLO）的区分或分类只有根据其导致病害的症状、寄主范围及其与介体昆虫的关系进行，但不同的 MLO 可能引起相同的症状，而且确定 MLO 的寄主范围和媒介昆虫的传播特征又费时费力，因此，根据上述一些特点进行的 MLO 分类常常引起这些原核生物命名和区分的混乱。可培养的柔膜菌纲原核生物的基因型和表现型为基于生物学特性的分类提供了条件，然而植原体所具有的专性寄生性、结构的脆弱性、与寄主植物的密切相关性以及在被侵染的植株中含量低等特性都阻碍了对其自身的分类。

分子生物学技术的发展使得植原体的分类研究有了新的突破。1987 年，Kirkpartrick 等首次克隆了植原体 DNA 片段。1989 年，Sears 和 Kim 对植原体的 16SrDNA 基因序列进行了测定，推动了这一领域核酸分子生物学的发展。植

S

原体核酸限制性内切酶酶解片段多态性分析（RFLP）、核酸探针的制备和聚合酶链式反应（PCR）等技术在植原体研究上的应用，大大提高了植原体的检测水平，而且对不同植原体之间的亲缘关系、植原体系统发育的地位以及植原体致病机理等问题也都有了新的认识。

1992 年，在国际 Mollicutes 分类会议上，根据 G+C 含量（23.0%～29.5%）、基因组的大小（800～1050bp）、16sRNA 序列的相似性等，许多学者认为 MLO 对其他柔膜菌纲原核生物有明显的进化距离，其植物病原性及其在植物韧皮部筛管的寄生特性表明，这种原核生物不是菌原体（mycoplasma）或类菌原体（mycoplasma-like organism，MLO），他们提议以 Phytoplasma 作为俗名代替 MLO 比较符合实际，而且 Zreik 等建议将 MLO 命名为植原体属 *Cadidatus phytoplasma*，模式种是柠檬丛枝病菌（*Cadidatus phytoplasma aurantifolia*）。

植原体的检测及诊断技术的研究进展　植原体检测是研究植原体病害的焦点。从 20 世纪 60 年代植原体发现到 80 年代初期，检测方法没有多大的突破，虽然早期报道根据症状、病组织电镜检查、抗菌素处理及嫁接和介体传病试验方法等在鉴定一种新病害的植原体病原性方面起到了重要作用。组织化学、血清学技术和核酸同源性研究在植原体的检测中已得到了很好的应用。

①组织化学技术。利用光学显微镜检查植物和介体昆虫体内植原体存在的有效手段，而且可以进行病原的组织定位和定量。国内外利用 DAPI 显微荧光作用检测植原体的研究较多。但这些组织化学检测方法都是对植原体的间接检测，都不是对植原体本身的特异性染色，易造成假阳性。

②血清学检测。血清学在植原体检测和鉴定中也占有重要地位。已经用于检测和鉴定植原体的血清学测定方法包括琼脂双扩散、酶联免疫吸附测定（ELISA）、点免疫测定（Dot blotting）、荧光免疫和免疫电镜技术等。血清学虽然提供几种可靠、快速、灵敏的病原检测和病害诊断方法，但由于用于植原体病害诊断的高质量血清学反应需要高纯度的免疫原，世界上体外培养植原体的尝试都还未获成功，还不能得到植原体的纯培养物。

③植原体核酸杂交检测。B. C. Kirkpatrick 在 1987 年首次报道对植原体 DNA 的分离和克隆，并创立灵敏的杂交（点杂交）分析方法用于植原体病植物的检测。自此以后，用植原体 DNA 随机克隆片段作探针，建立灵敏、可靠的核酸杂交技术成功用于对许多种植原体的检测，在植原体的分类、分布、生态学控制等方面。中国林木兰等已成功得到两对泡桐丛枝病植原体特异性的探针。

④植原体分子生物学。在植原体的系统分类及检测研究过程中，国内外学者逐步积累了植原体分子生物学的内容。如植原体的基因组、DNA 随机克隆片段、质粒及核糖体蛋白操纵子等，使人们对这一重要病原的认识深入到了分子水平。在系统分类中，基因组的大小也是柔膜菌纲原核生物分类的一个重要依据。植原体基因组包括染色体及染色体外（质粒）两部分，遗传物质为 dsDNA，分子量 $5×10^8$ Da，估计编码 650 个基因。植原体 DNA 中，G+C 含量较低，为 23%～29.5%，A+T 含量比较丰富。关于植原体染色体外质粒 DNA 已有许多的研究，除了希望制作探针用于植原体检测外，还可用于构建转化植原体的质粒载体，携带外源基因进入植原体中，实现植原体病害的基因工程育种。

植原体的致病机理

植原体引起植株组织化学的变化　由植原体侵染引起的最为典型的变化是寄主韧皮部变褐坏死现象。这种现象与引起榆树韧皮部坏死、梨衰退等整株衰退类型的病害相关联。韧皮部坏死导致植株同化物质流运输受阻，叶片光合作用产物不能及时被运出，而造成叶片淀粉的过度积累，这可能是韧皮部坏死的直接原因之一。韧皮部筛管内的胼胝质的过度积累是植原体侵染引起的另一典型的组织化学变化。对于这种变化的生理意义尚待澄清，但已经注意到这种胼胝质的过度积累与限制病原植原体在植株体内繁殖和运转有一定的联系。

植原体对植株代谢的干扰　植原体侵染可影响植株正常的光合作用、呼吸作用、矿物质吸收和运转、水分平衡、气孔开闭等多种生理过程，也包括糖、酶、氨基酸、蛋白质、激素及其他生物活性物质或次生代谢物质的改变。由于病原多引起植株叶片黄化、全株矮化、枝条丛生及花器变态等类似激素失调的症状，因而曾尝试用植物外源生长调节剂处理病株治疗病害。植物体是一个相当完善的反馈调控系统，对于植原体的侵入，植物体通过信息物质反馈，调控与免疫相关酶的活性，增强植物体的免疫能力。

植原体定植及诱致的病症　关于植原体定植部位的问题，几乎所有的报道都一致肯定了植原体的韧皮部专性寄生特征。而且大多数研究报道都可以证明植原体只生活在韧皮部的筛管系统中。不能在薄壁细胞、伴胞等未分化的细胞内定居。从理论上说，由于植株的输导系统是一个整体，韧皮部可延伸到除生长点以外的各个部位，所以病原可以存在于寄主的任何具韧皮部分化的器官和组织。根、茎、叶、花器都可以成为植原体的定植点。由于植原体在寄主体内分布不均匀，浓度高低亦有差异。植株症状的表现也不同。有时会表现为全株症状，有时仅部分叶产生症状，其余部分"正常"生长。在许多情况下，症状的有无及严重程度与组织中的植原体浓度呈明显的正相关，即筛管中病原浓度越大，症状越严重。这种情形在各种植物的丛枝症状表达过程中最为典型。

分布与危害　至今世界各地已发现有 700 多种植物的病害与植原体有关，中国报道有 100 多种。丛枝病在中国分布广泛，1990 年对河南、山东、河北、安徽、甘肃、江苏和山西各地的调查显示，丛枝病发生面积达 88 万 hm^2，每年造成的经济损失过亿元。以泡桐丛枝病为例，泡桐的主要产区如河南、山东、河北北部、安徽、陕西南部、台湾等地泡桐丛枝病危害较为严重。江苏、浙江、湖北、湖南等泡桐的栽植区均有不同程度的发生（见表）。在重病区的河南、山东、陕西等地，苗期发病率为 1%～8%，1～3 年生的幼树发病率为 5%～10%，3～5 年生的中幼树可达 30%～50%，10 年生的树可达 100%（图 1、图 2）。

病原及特征

真菌　引起丛枝病的病原真菌一般寄生性较强，以孢子传播，侵染幼嫩组织，诱发侧芽或不定芽萌发形成丛枝，并在病部具有病症特点。病菌在病组织中能存活多年。有些丛

图 1　泡桐丛枝病花器变态（田国忠提供）

图 2　枣疯病症状图（朱丽华提供）

中国主要林木丛枝病的分布表

病名	分布地区
泡桐丛枝病	北京、天津、河北、山西、辽宁、江苏、浙江、安徽、山东、河南、湖北、湖南、广西、四川、贵州、云南、陕西、甘肃、台湾
枣疯病	北京、山西、辽宁、江苏、浙江、安徽、江西、山东、河南、湖北、湖南、广西、四川、贵州、陕西、甘肃、台湾
桑萎缩病	山东、河北、江苏、河南、安徽、浙江、湖北、黑龙江、江西等
木麻黄丛枝病	广东
樟树丛枝病	长江以南，包括四川、湖南、江西、广东等
桉树丛枝病	台湾、广东、海南、广西
香椿带化病	陕西、河南
柳树丛枝病	新疆、北京、湖南
樱桃丛枝病	山东、四川
刺槐丛枝病	北京、山东、河北、河南、安徽
橡胶丛枝病	海南、广东
板栗丛枝病	安徽
重阳木丛枝病	江苏、浙江、湖北、湖南、安徽、江西、广西、上海
杉木丛枝病	广东、湖南、江西，福建、浙江、江苏等
竹丛枝病	河南、山东、广东、上海、江苏、福建、湖南、贵州、四川、浙江、安徽、江西、北京等

枝病，丛生小枝基部常形成瘤肿，瘤上每年又可形成很多小丛枝。如枫杨丛枝病、杜鹃丛枝病等。

昆虫、螨类　如竹小蜂引起的丛枝。

生理性原因　如缺硼、霜害和机械损伤等引起的丛枝。

细菌　木生杆菌属的细菌（*Xylella fastidiosa*）也可引起树木丛枝病，症状与植原体引起的丛枝病相似，如欧洲落叶松丛枝病、苦楝丛枝病及中国的柑橘黄龙病。青霉素及四环素对它有抑制作用。

植原体　植原体引起的丛枝病，是一类危害性较大的病害，如泡桐丛枝病、枣疯病和桑萎缩病。丛枝病的症状主要表现为个别枝条或整个树冠枝条受病后顶芽生长受抑制或枯死，休眠芽和不定芽的萌发或花器变形退化而形成小叶。丛生小枝一般垂直向上生长，主枝不明显，节间缩短，叶小，叶色发黄。丛生的小枝冬季易遭冻害而枯死，翌年春季会形成更多的小枝。但有的病枝，特别是较大的病枝，可延续生长数年或十多年，逐渐丛生新枝叶，消耗养分直至枯死，有的因此而全株枯死。由植原体引起丛枝病，可以通过嫁接、观察接穗和砧木可否互相传染，用四环素类抗生素处理是否有作用（对病毒无作用）。也可以进一步通过电镜、免疫血清学、酶联免疫等手段进行诊断。

植原体（phytoplasma）原称为类菌原体。专性寄生于植物的韧皮部筛管系统。一般有球形、椭圆形、长杆形、梭形、带状等，大小为50～1000nm。具有一界限明显的3层单位膜，厚度约为10nm，这一单位膜由两层蛋白中间夹一层类脂质构成，呈现出两暗一明的3层膜状结构，内含有核糖核蛋白体颗粒和脱氧核糖核酸的核质样纤维。植原体的基本形态随周围物理性质的改变而改变。因此，受外力的影响，脆弱的单位膜会呈现不同的形态。由于生长周期的不同，植原体还会呈现初生体、小球体、大球体和丝状等形态。

除上述病原外，高等寄生植物中矮槲寄生（油杉寄生）也会引起寄生产生丛枝现象。林木丛枝病类，有的是局部侵染性病害，有的是系统侵染性病害。由真菌和细菌引起的丛枝病多数是局部侵染性病害，如由外子囊菌、外担子及锈菌引起的丛枝病。由植原体引起的丛枝病为系统侵染。

侵染过程与侵染循环　树木丛枝病有的是系统侵染，有一些是局部侵染。如由真菌引起的丛枝病大多为局部侵染，而植原体对树木的侵染是系统侵染。植原体进入植物体后主要通过韧皮部筛管运输至植物的其他部位。秋冬枝叶停止生长时，植原体随同化产物由上向下运转到达根部；春天时随枝叶生长，植原体由下而上运转至树冠。这样年复一年，病害就会扩展至全株，丛枝就会增加。但植原体随季节的运转并不是均匀和完全的，一般而言在初侵染部位和发病部位会有较多的植原体存留。

丛枝病病原可以在病组织内越冬，通过病株或带病无性繁殖材料传播。真菌孢子和细菌可经风、雨等传播。植原体在自然界常可通过媒介昆虫传播。如泡桐丛枝病由烟草盲蝽、茶翅蝽和木虱传播；枣疯病由中华拟茎纹叶蝉等4种叶蝉传播；这类丛枝病有的还可以通过菟丝子传播，如泡桐丛枝病通过菟丝子可把植原体传播到常春花上，使常春花发病，表现黄化、丛枝等症状。

防治方法　由不同病原引起的丛枝病防治原理和方法

不同。这部分内容主要针对植原体引起的丛枝病而言。植原体病害是侵染性极强的病害，寄主范围较广。对此类病害的防治，应贯彻"预防为主"的原则，从影响病害发生的各个环节入手。首先要选用无病的繁殖材料，不要在有病林中选取母树，以确保培育无毒苗木。对无病或少病区还应加强检疫措施。其次，对已发病的植株，应及早砍除病株枝，这仍是发病后的主要防治措施，它既可治愈又可减少病原的侵染来源。选用（育）抗病良种，在一些丛枝病的防治中有很好的作用。对于已发现有昆虫传播的丛枝病，治虫对防病有积极的意义。

灾害控制策略 ①消除侵染源。加强产地检疫，选择无病母林采集接穗、插条和繁殖根蘖苗，防止植原体进入未发生植原体病害的地域。②治虫防病。丛枝病以昆虫作为传毒媒介的，要积极采取防虫治虫措施是预防丛枝病发生和流行的重要手段之一。③控制中间寄主。搞清楚越冬寄主，消灭田间杂草也是预防和控制丛枝病的一个重要措施。植株感病后，每年均能成为病原的扩散源，因此，搞清楚越冬寄主，对控制病害的进一步扩散有积极作用。④培育无毒苗木。在尚无理想抗病品种和适用性较强的治疗药剂的情况下，建立无病种苗繁殖体系，结合有效阻止介体再感染的措施，是该病防治根本的也是切实可行的途径。如用茎尖组织培养无毒苗。从理论上说，能完全阻止介体传病，此病害就有可能根除。但要从根本上解决无毒苗再感染问题，就必须对传病介体昆虫种类、生活习性、传毒特点有更深入和全面的了解，也需要对介体昆虫在病害流行中的作用进行定性和定量分析。⑤加强栽培管理。栽培管理不善，将影响植株的健康生长和发育，会加重病势，而加强栽培管理，增加营养条件、土肥等，可促进树势及根系的发育，从而抵抗和减轻病害。

具体控制技术 ①采用环状剥皮法。主要在春季树液回升时，在树干处对树皮进行环状剥皮，以阻止根部的植原体上升到枝干处，引起发病。②浸根方法。这是当前最有效的措施。对于育苗用植株的根、枝，要严格检查，挑选无病的壮苗使用。在春季用 40～50℃ 的温水浸泡插根 15～30 分钟，有一定的疗效。如有条件用种子培育实生苗。③药剂注射。对已发病的 1～2 年生幼树，用 10000 单位的硫酸四环素或土霉素注射，但这种方法对大树效果较差。④截枝法。在夏季将抽生的丛生枝条截除，与病枝连在一起的健康枝条，也要截到主干分枝处为止。截枝后创口上要涂土霉素、四环素等软膏。⑤断根吸收法。夏季天气炎热，叶片蒸腾拉力强，将兽用四环素配成每毫升含 10000、2000 单位的溶液，装在瓶内，在病树 40～50cm 处挖开泥土，选 1cm 粗的根截断，把树根插入瓶中迅速吸收药液。⑥喷叶面和打针吸收法。把500 倍液的托布津或百菌清喷叶面，每隔 1 周喷 1 次，连续3～4 次，结合树皮四周针液注射，疗效更加明显。⑦选育抗病品种。⑧在确保种苗无病的前提下，阻止介体昆虫再感染是此病害防治的又一关键措施。

参考文献

蒯元璋，张仲凯，陈海如，2000.我国植物支原体类病害的种类[J].云南农业大学学报，15(2): 153-160.

刘仲健，罗焕亮，张景宁，1999.植原体病理学 [M].北京：中国林业出版社.

田国忠，1999.北京地区木本植物植原体病害发生及防治对策[J].北京农业科学，17(6): 25-28.

（撰稿：刘红霞；审稿：叶建仁）

树木根癌病 trees crown gall

由根癌土壤杆菌引起、危害树木根系的一种细菌性病害。又名树木冠瘿病。是多种树木上的重要病害之一。

发展简史 从 1853 年起，包括树木在内的许多植物根部产生癌瘤的现象就被观察到。E. F. Smith 和 C. O. Townsed 于 1905 年在栽培的雏菊上观察到瘤状物，于 1907 年通过接种明确细菌与根癌的关系，将病原细菌定名为 *Bacterium tumefaciens*。之后曾被组合为 *Pseudomonas tumefaciens*（S. & T.）Duggar。H. J. Conn 等人建立了土壤杆菌属（*Agrobacterium*），于 1942 年将根癌病菌组合为 *Agrobacterium tumefaciens*（Smith & Towns.）Conn。

中国对根癌病的研究起步较晚。20 世纪 60 年代首次在山东发现葡萄根癌病。1984 年张静娟对根癌病的病原细菌的生物学特性进行了初步研究。1985 年马德钦等初步研究了中国葡萄根癌土壤杆菌的生化型与质粒类型的关系。1986 年杨国平等用 K84 对中国不同寄主来源的 68 个 *Agrobacterium tumefaciens* 菌株进行了生物防治实验，分析了 K84 的生物防治效果与土壤杆菌 Ti（tumor-inducing）质粒类型的关系。1992 年杨国平等对中国不同寄主植物上分离的 77 株土壤杆菌，5 个标准菌株和 4 个根瘤菌株进行了102 项表型特征测定，并用计算机进行了数值分析。结果表明，这些菌可归为 5 个群，其中一个群是该属的一个新生物变型。此研究获得的 *A. rubi* 菌株是近 50 年来全世界重新发现这类菌株的唯一报道。1994 年马德钦等提出广宿主 *VirA* 基因对土壤农杆菌宿主范围的作用。

对土壤杆菌引起的根癌病的致病机制及 Ti 质粒的研究和应用是内容很丰富的研究领域。多年来吸引了大批植物病理、植物生理、微生物学、生物化学与分子生物学以及生物工程等专业的科学家注意，发表了大量文章。Ti 质粒研究已有重大进展，土壤杆菌的侵染机制逐步明了，而应用改造的 Ti 质粒为载体，并由土壤杆菌介导转移外源基因进入植物细胞的植物基因工程，亦广泛开展起来。

20 世纪 70 年代澳大利亚的 A. Kerr 发现一株放射土壤杆菌 K84 对桃树根癌病有抑制作用，为根癌病的防治提供了一条有效的途径，并在澳大利亚制成商品制剂。自此以来，澳大利亚、新西兰、美国等广泛应用 K84（中国的商品名为根癌宁）防治核果类和蔷薇根癌病，获得良好的效果。D286 是 1983 年 Handson 从桉树冠瘿瘤中分离的，它产生的农杆菌素 D286 亦为核苷酸类物质。F2/5 是 1985 年南非 Staphorst 从葡萄根癌病组织中分离获得，不致病，产生农杆菌素。J73 是 1986 年南非 Webster 从李树根癌中分离到，本身是病原菌，但对葡萄不致病，且能通过产生农杆菌素抑制葡萄根癌病的发生。

中国农业大学在调查中国根癌病危害情况和发病较重

植物的根癌菌菌系分析的基础上引进了 K84 菌株，通过检测 K84 菌株对不同植物上根癌菌的抑制效果，研究适应于中国条件的 K84 工业化培养、制剂生产和使用方法。同时为弥补 K84 菌株抑菌谱的局限进行了新的生防菌株的筛选，试图对中国不同植物根癌病进行全面的防治。

中国报道分离出对葡萄根癌病有显著防效的放射土壤杆菌 HLB-2、E26 和 Mll5，经大田试验防效为 85%～100%，引起国内外注意。1986 年陈晓英等从山东啤酒花根癌中分离获得无致病性的 HLB-2，能产生农杆菌素。1986 年，游积峰等从内蒙古葡萄根癌病组织中分离获得 M115。1990 年，梁亚杰等从葡萄根癌病组织中分离到无致病性的 E26，能产生农杆菌素。

国内外研究人员还对根癌菌—生防菌—植物间的关系进行了研究。根癌菌、生防菌和寄主植物之间的关系虽然不很明确，但可肯定地说三者之间是有一定关系的。首先，根癌菌与生防菌属于同一个属，在新的分类体系中有的还是同一个种，因此，它们之间有很多相似或相同的特性。如 K84 能抑制根癌菌，而不被根癌菌抑制，而且对生物Ⅱ型的胭脂碱型质粒的根癌菌效果最好。当然，并不是所有的生防菌株都有此类现象，有的菌株能抑制不同生物型的根癌菌，但对同种生物型的根癌菌菌株并不都有抑制作用。其次，根癌菌和植物之间，不同生物型的根癌菌在不同植物上的优势（比例）不同，如葡萄根癌菌主要（80% 以上）是 *Agrobacterium vitis*（生物Ⅲ型），少数是 *Agrobacterium tumefaciens*（生物Ⅰ型），质粒类型以章鱼碱型为主；海棠根癌菌多数是 *Agrobacterium tumefaciens*（生物Ⅰ型），少数是 *Agrobacterium rhizogenes*（生物Ⅱ型），质粒类型主要是胭脂碱型；毛白杨根癌菌包括 *Agrobacterium tumefaciens*、*Agrobacterium rhizogenes* 和 *Agrobacterium tumefaciens* 与 *Agrobacterium rhizogenes* 的中间型，有胭脂碱、农杆碱质粒类型。第三，生防菌与植物之间首先要有亲和性才能在植物上定殖，才能起到防治保护植物的作用。微生物的资源丰富，群体复杂，特异性相差很大，生防菌的来源也就非常广泛，因此，生防菌与植物的关系也就不一样，加上与根癌菌之间的关系，又有环境的制约，所以三者之间的互作关系也是复杂的。

分布及危害　根癌病是一种世界性植物细菌病害。在中国各苗木培育地和果品产区均有分布，以河北、山东、山西等地较多。

根癌病主要发生在根颈处，有时也发生在主根、侧根和地上部的主干、枝条上。形成球形、扁球形或不规则的癌瘤，少则 1～2 个，多则 10 余个。小者如豆粒，大者如核桃、拳头甚至更大。其表面粗糙，凹凸不平，内部坚硬，表面组织易破裂腐烂，有腥臭味。初生的小瘤呈灰白色或肉色，质地柔软，表面光滑，后渐变成褐色至深褐色，质地坚硬，表面粗糙并龟裂，瘤的内部组织紊乱，薄壁组织及维管束组织混生，老熟癌瘤脱落后，其相邻处还可产生新的次生癌瘤（见图）。一般木本寄主的瘤大而硬，木质化。草本寄主的瘤小而软，肉质。苗木上的癌瘤一般只有核桃大，绝大多数发生在接穗与砧木的愈合部分。

发病植株由于根部发生癌变，水分、养分流通受阻，树

根癌病症状（王合提供）

势日衰、叶薄、细瘦、色黄。其中苗木受害表现出现的症状特点是，发育受阻，生长缓慢，植株矮小，严重时叶片黄化，早衰。成年果树受害，果实小，树龄缩短。

该病危害严重，幼苗染病后丧失栽植价值，或者发育成小老树；大树患病后，树势衰弱，果品质量降低，树木生长量明显下降，严重时导致寄主植物死亡。在华北地区，根癌病常常成为果树和毛白杨生产的限制因素。

根癌病病原细菌的寄主范围很广。但最常见的寄主及易感病的植物是果树，如核果类、浆果类、仁果类和坚果类。据统计，除侵染主要果树外，还能危害 138 科 1193 种植物，其中绝大多数是双子叶植物，在生产上造成非常大的损失。葡萄根癌病在中国北方 13 个省（自治区、直辖市）均有不同程度的发生，一些葡萄园受害十分严重，感病品种的发病率为 30%～100%，减产 30%，甚至毁园、绝收。北京市东北旺苗圃 1979 年春出圃的毛白杨大苗，病株率达 16%。桃树根癌病在江苏、浙江、福建、河南及上海郊区普遍发生，严重的果园植株发病率为 90% 以上。樱桃根癌病在山东、大连、河北等地发生严重。此外，杏、梨、苹果、海棠、山楂、核桃等果树也有不同程度的根癌病。有些针叶树和草本植物也感此病。

病原及特征　病原为根癌土壤杆菌［*Agrobacterium tumefaciens*（Smith & Towns.）Conn］，属根瘤菌科土壤杆菌属。菌体杆状，大小为 1～3μm×0.4～0.8μm，具有 1～5 根周生的短鞭毛，如具单鞭毛，则多侧生。在液体培养基表面能产生较厚的白色或淡黄色菌膜，在固体培养基上产生稍凸起的半透明菌落。革兰氏染色阴性。发育的最适温度为22℃，在 14～30℃ 发育良好，51℃ 时经 10 分钟死亡。需氧，耐酸碱范围为 5.7～9.2，最适 pH 为 7.3。病菌为土壤习居菌，一旦进入植物细胞，就刺激癌瘤的形成。在有的植物上，大约 1 周后瘤即可出现。致瘤原因是病菌含有一个大的致瘤质粒，称 Ti 质粒。其中有一小片段 DNA，即 T-DNA 或转移 DNA，其上携带着编码植物生长素和细胞分裂素合成的酶的基因，这些基因在转化细胞中表达后产生出相应的植物激素，刺激植物细胞无限增生，从而形成肿瘤。在此过程中产

S

生的冠瘿碱则为病原细菌提供营养。病菌侵入植物细胞并使之致瘤分为 4 个步骤：①根癌土壤杆菌与寄主植物伤口细胞结合。② T-DNA 转移进植物细胞。③ T-DNA 整合进植物细胞核 DNA。④ T-DNA 上致瘤基因表达。一旦 T-DNA 与细胞核染色体整合后，就能稳定维持，随着细胞的分裂而不断复制。这实际上是一种天然的植物基因工程过程。

侵染过程　病菌由伤口侵入，在寄主细胞壁上有一种糖蛋白是侵染附着点。当位于伤口中的病菌与寄主细胞接触时，可以对伤口渗出的糖和酚类化合物作出反应，其中的一些，尤其是乙酰丁香酮，在 Ti 质粒 DNA 启动控制遗传转化的基因过程中起到了信号的作用。嫁接、害虫和中耕造成的新鲜伤口均有利于病菌侵染。只有携带 Ti 质粒的菌株才具有致病性，Ti 质粒同时还控制对细菌素（agrocin—84）的抗感性和寄主范围。Ti 质粒可因热处理或其他因素而丢失从而使细菌失去致病性。在不同寄主上，病害的潜育期有所不同，从几个星期到 1 年以上，一般需 2~3 个月。根癌菌有不同的生物型和质粒类型，在不同植物上的比例及侵染特点也不同，核果类果树根癌病菌（生物Ⅰ、Ⅱ型为主）属于局部侵染，而葡萄的根癌病菌（生物Ⅲ型）则是系统侵染。

侵染过程与侵染循环　病原菌在病瘤内或土壤中的寄主残体内越冬。存活 1 年以上，2 年内得不到侵染机会即失去生活力。如果是单纯的细菌而不伴随寄主组织进入土壤，只能生活很短的时间。雨水和灌溉水是传病的主要媒介。地下害虫，如蛴螬、蝼蛄、线虫等在病害传播上也起一定的作用。采条、嫁接或耕作的农具都可能传播病害。苗木带菌是远距离传播的重要途径。

流行规律　林、果苗木与蔬菜重茬或果苗与林苗重茬一般发病重，特别是核果类果树苗与杨树苗、林地重茬，根癌病发生明显增多、加重。

微碱性、黏重、排水不良的土壤易发生病害。嫁接方式与发病也有关系。芽接比劈接发病率低。杨树不同种类间发病率有明显差异，毛白杨发病率高，加杨发病率低。沙兰杨未见受害。

防治方法　根癌菌具有特殊的致病机制，一旦有根癌症状表现就证明 T-DNA 已经转移到植物的染色体上，再用杀菌剂杀细菌细胞已无法抑制植物细胞的增生，更无法使肿瘤症状消失。因此，根癌病的防治必须以预防为主，预防要从侵染途径入手，必须坚持"防重与治"的原则，并要认真抓好综合防治措施。根癌病的综合防治措施主要包括营林措施、化学防治、生物防治等方面。

严格检疫　对可疑的苗木在栽植前进行消毒，用 1%CuSO₄ 浸 5 分钟后用水冲洗干净，然后栽植。防止带病苗木出圃，且将病苗烧毁。

科学育苗　选择未感染根癌病的地区建立苗圃，发生过根癌病的果园和已育过苗的地块不能再做育苗地。苗木繁育尽量采用伤口小、愈合快的芽接法，选用健康的苗木进行嫁接，嫁接刀要在高锰酸钾或 75% 酒精中消毒。苗木出圃时要尽量保持根系完整并进行严格检查，发现病苗立即淘汰。如果苗圃地已被污染需进行 3 年以上的轮作，以减少病菌的存活数量。

防止苗木产生各种伤口　采条或中耕时，应提高采条部位并防止锄伤埋条及大根。及时防治地下害虫。根癌菌均是以伤口作为唯一的侵染途径，因此，保护伤口是最好的防治方法。鉴于根癌菌主要存在于土壤中，所以防治的时间应以在种子或植株接触未消毒的土壤之前为好，从根本上阻止根癌菌的侵入。

及时治疗　经常观察植株地上部生长状况，发现病株后及时挖除病根，刮除癌瘤。癌瘤刮除后，用 1%~2% 硫酸铜液或石硫合剂渣涂抹消毒，并用 100 倍多效灵灌根。病重而无法治疗恢复的病株要拔除烧毁，并用 100~200 倍农抗 120 进行土壤消毒或更换新土。

生物防治　用放射性土壤杆菌 K84 和 D286 的菌体混合悬液预浸毛白杨幼苗根部，可以抑制不同质粒类型的致瘤农杆菌，明显降低根癌病的发生率。利用抗根癌菌剂对根癌土壤杆菌进行防治，效果明显而稳定，且持效期长。K84 是一种根际细菌，对核果类、苹果、梨、柿等果树含生化Ⅰ型和Ⅱ型的根癌细菌有抑制效应。K84 又是生物保护剂，只有在病菌侵入前使用才能获得良好的防治效果。使用时以水稀释 30 倍，用于浸根、浸种或浸插条，时间 5 分钟，均能有效地控制根癌病的发生，防治效果可以达到 90% 以上。对于 2、3 年生的幼树，可扒开根际土壤，每株浇灌 1~2kg 30 倍根癌宁进行预防。在病株的刮治中，可在刮除病瘤的根上贴附吸足 30 倍根癌宁的药棉。K84 菌株并不是对所有果树根癌病都有效，它只对侵染核果类、苹果、梨、柿等果树含胭脂碱 Ti 质粒的生物Ⅰ型、生物Ⅱ型根癌土壤杆菌具有防效。对章鱼碱 Ti 质粒的根癌菌或引起葡萄根癌病的生物Ⅲ型根癌菌是无效的。在生产应用时要采集根癌进行冠瘿碱分析，才能确定病原菌的 Ti 质粒类型。

鉴于根癌菌比较复杂，特别对于系统侵染的根癌病要以生物防治结合抗性品种进行防治，抗性品种不仅要抗根癌菌的侵染，同时要具有抗寒的特性，减少冻害为根癌菌侵染提供的机会。对于已经出现症状的植株只能用先刮除肿瘤后再保护伤口的方法来减轻危害。

参考文献

马德钦，林应锐，周娟，等，1985. 我国葡萄根癌土壤杆菌的生化型与质粒类型的初步研究 [J]. 微生物学报 (25): 45-53.

马德钦，王慧敏，1995. 果树根癌病及其生物防治 [J]. 中国果树 (2): 42-44.

马德钦，赵家英，游积峰，1994. 广宿主 Ti 质粒 VirA 毒力基因对窄宿主根癌病农杆菌 MI3-2 菌株宿主范围的扩展作用 [J]. 植物病理学报，24(1): 32-37.

王慧敏，2000. 植物根癌病的发生特点与防治对策 [J]. 世界农业 (7): 28-30.

杨国平，任欣正，王金生，等，1986. K84 的生物防治效果与土壤杆菌 Ti 质粒类型的关系 [J]. 生物防治通报，2(1): 25-30.

BOYCE J S, 1938. Forest pathology[M]. New York: McGRAW - Hill Book Company, Inc: 122-123.

COOKSEY D A, MOORE L W, 1980. biological control of crown gall with fungal and bacterial antagonists[J]. Phytopathology, 70(6): 506-509.

（撰稿：贺伟；审稿：叶建仁）

树木根朽病　trees armillaria root rot

由异担子菌引起的松树、云杉、冷杉、铁杉和落叶松属等针叶树干基腐朽病。

发展简史　从 1800 年人们发现针叶树根朽病害到现在已有 200 多年，其中对异担子菌首次进行科学研究的是德国森林病理学家 Hartig 教授于 1833 年开始的。异担子菌最初由 Fries 描述为 *Polyporus annosus*，后来 Hartig 在 1874 年曾发表另外一个名称 *Trametes radiciperda*，但这个名字没有被人们接受。1879 年芬兰真菌学家 Karsten 将 *Polyporus annosus* 组合为 *Fomes annosus*，这个名称在 20 世纪 70 年代以前被广泛应用。尽管 Karsten（1881）后来又将该菌组合为 *Fomitopsis annosa*，但这个名字是无效发表。直到 1941 年 Bondartsev 和 Singer 才将这个组合有效发表，*Fomitopsis annosa* 也曾在 20 世纪 70 和 80 年代被广泛使用。1888 年，Brefeld 首次对多年异担子菌进行了培养研究，并发现该菌与其他层菌纲真菌不同的是能产生无性孢子，故他将该菌作为独立的一个属异担子菌菌属 *Heterobasidion* 处理，并将多年异担子菌组合为 *Heterobasidion annosum*，这个名称一直使用到现在。

20 世纪 80 年代以前，森林病理学界一直认为引起针叶树干基腐病的病原菌是多年异担子菌（*Heterobasidion annosum*），1978 年芬兰森林病理学家 Korhonen 在研究该类病原菌时，发现生长在欧洲云杉上的异担子菌与生长在欧洲赤松上的异担子菌之间不交配，从而发现了异担子菌的 2 个生物种，即发生在松树上为异担子菌 P 生物种，生长在云杉上为异担子菌 S 生物种。1990 年又发现生长在欧洲南部冷杉上的异担子菌与 P 生物种和 S 生物种交配不育，从而确立了欧洲南部冷杉上的异担子菌为 F 生物种。1998 年，Niemelä 和 Korhonen 根据这些生物种的生物习性、形态性状、致病性、分布区域以及寄主专化性等方面的差异，将这些生物种提升为 3 个不同的种，即多年异担子菌［*Heterobasidion annosum*（Fr.）Bref. *sensu stricto*］，小孔异担子菌（*Heterobasidion parviporum* Niemelä & Korhonen）和冷杉异担子菌（*Heterobasidion abietinum* Niemelä & Korhonen）。三种病原菌的确立对防治针叶树根朽病有着极为重要的指导意义。有关异担子菌菌丝生长、生活史循环、生理和生化代谢等方面的研究，Korhonen 和 Stenlid 进行了很好的研究和总结。

虽然异担子菌广泛分布于北半球，但不同的种类分布的区域不同。小孔异担子菌分布最广，该病原菌发生在欧洲大部分地区，但以北欧和中欧更为普遍，并在欧亚交界的乌拉尔山地区和亚洲（中国、日本、俄罗斯远东）也广泛分布。多年异担子菌虽然主要发生在欧洲，几乎分布整个欧洲，但在亚洲俄罗斯的阿尔泰山也有报道。冷杉异担子菌仅分布于欧洲中部和南部。在北美洲也有异担子菌 P 和 S 生物种的报道，P 生物种主要发生在加拿大的东部、美国的东北部和东南部，S 生物种分布在阿拉斯加、加拿大的西部和美国的西海岸地区。北美洲异担子菌 P 和 S 生物种与欧洲的多年异担子菌和小孔异担子菌虽然很相似，但分子生物学研究表明，它们与欧洲的多年异担子菌和小孔异担子菌有着很大差异，2010 年 Otrosina 等在分子生物学、生态学和生物地理学研究的基础上，将北美洲的 S 生物种命名为西方异担子菌（*Heterobasidion occidentalis*），将美洲的 P 生物钟命名为不规则异担子菌（*Heterobasidion irregularis*）。

引起针叶树根朽的病原菌有 5 种：多年异担子菌、小孔异担子菌、冷杉异担子菌、西方异担子菌和不规则异担子菌。其中多年异担子菌和小孔异担子菌分布在欧洲和亚洲，冷杉异担子菌只分布在中欧和南欧，而西方异担子菌和不规则异担子菌只分布在北美洲。尽管 5 种异担子菌有很多不同，但它们还是密切相关，这也是过去人们将它们处理为同一种的原因，因此，对这 5 个种差异的研究主要侧重于微观及分子水平，例如菌单孢交配实验研究表明，多年异担子菌分别与小孔异担子菌和冷杉异担子菌交配，但其融合率很低，而小孔异担子菌与冷杉异担子菌之间的融合率为 25%～75%。即使 5 种之间杂交形成菌株，其致病力远弱于亲本菌株。5 种异担子菌之间的不育性，是确立它们为 5 个不同物种的最重要证据。

运用随机放大微卫星（random amplified microsatellite）标志法分析异担子菌的基因变化发现，小孔异担子菌、冷杉异担子菌、多年异担子菌、西方异担子菌和不规则异担子菌的几个标志的染色体带型彼此不同，是各自所特有的，多年异担子菌具有最多的多态标志和最少的混合标志。另外，通过聚合酶链反应（PCR）技术，可以找到一条特殊的染色体带型，从而确定异担子菌不同种之间的差异。

分布与危害　小孔异担子菌引起的针叶树根朽病在中国基本分布在天然林中，主要有 5 个分布中心：东北的长白地区，华北的山西芦芽山，西北的天山，华中地区的神农架林区、西南的四川西部、云南北部和西藏东部。其中以西南地区分布范围最广，造成的危害最严重。小孔异担子菌的主要寄主为云杉属、冷杉属、松属、铁杉属和落叶松属等属的树木，但偶尔也侵染阔叶树，如杨属和栎属的树木（图 1）。

病原及特征　中国没有真正的多年异担子菌（*Heterobasidion annosum* S. Str.），中国东北、华北、华中、西南和西北地区的异担子菌均为小孔异担子菌（*Heterobasidion parviporum*）。小孔异担孔菌引起针叶树根朽病的症状表现首先从根部开始，逐渐延伸到根颈部分，再向其他侧枝转移，同时沿主干向上蔓延。在病根皮层与木质部间产生薄纸状菌膜，木质部呈现海绵状腐朽。初期，腐朽部分表现淡紫色，接着出现黑色斑块。由于木素迅速被分解，斑块很快转呈白色，最后形成窝状空洞（图 2）。云杉根部受害时，在白色斑块中夹有黑色带状条纹。含树脂较多的树种，如松类，受害根部常有大量流脂现象，流出的松脂将根部附近的泥沙、石砾黏附在病根表面。

侵染过程与侵染循环　根朽病的发生，可以通过病原菌孢子的传播，从新伐树桩表面或根部伤口侵入。但更主要的是通过病根与健康根部的接触传染。病害常常首先出现在单株或相互邻近的成群林木上，并以此为中心，向四周不断扩展蔓延。

流行规律　自幼树到老树都可发生根朽病。在针叶树幼林内，根朽病菌能直接侵染幼树根部，20～30 生以下的

S

图 1 小孔异担子菌危害症状（戴玉成提供）

图 2 小孔异担子菌病原菌（戴玉成提供）

幼树受害后常较快死亡。成年大树受害后，随着林木根系腐朽部分逐步扩展，年生长量显著降低。根部腐朽继续扩展到树干基部，引起干基腐朽，并沿主干心材部分向上扩展到一定高度，严重影响经济用材出材率，造成较大损失。但病株一般能持续存活较长的时间，逐渐枯萎死亡。在死亡林木的根颈部分，有时能见到病原菌的子实体。子实体多形成在侧根分叉处，并常在地面枯枝落叶层覆盖下。病株针叶呈现黄绿色或淡黄色，叶形短小，早落，然后全株逐渐枯萎死亡。受害林木容易遭受害虫侵袭和风倒，形成林间空地。

防治方法　世界上对根朽病的防治研究已进行 60 余年，控制策略和防治技术主要有生物防治、化学防治和营林措施三大类。

生物防治　自然界中很多真菌是木材腐朽菌的天敌，可以抑制病原菌的侵染和扩散。将 Hypholoma fasciculare，Phanerochaete velutina，Phlebiopsis gigantea，Vuilleminia comedens，Trichoderma harzianum，Verticillium bulbillosum 分别接种到已感染异担子菌的云杉干基部，一两年后，这些真菌表现出明显的效果。其中，Trichoderma harzianum 在一定程度上可以降低异担子菌的数量，有效控制病原菌的扩散；而 Phlebiopsis gigantea 仅在两年后就显示出很大的定量定性防治效果。欧洲学者通过对比 Hypholoma fasciculare，

Ptychogaster rubescens，Phlebiopsis gigantea 三种菌在 30 个云杉树干基部的接种试验，更加确定了 Phlebiopsis gigantea 在防治由异担子菌引起的针叶树根朽病中效果最好。该菌能够在新伐的树桩表面迅速生长，并很快占有优势，因而能有效抑制异担子菌对林木的侵染。另外，接种该菌的孢子也可以将由异担子菌引起的干基腐朽高度控制在最低，并且能够控制病原菌的传播速率。Phlebiopsis gigantea 菌制剂已经商品化，其孢子悬浮液用于伐桩处理。研究者甚至可以将孢子加到电锯链上，以便伐树时就同时接种伐桩。Phlebiopsis gigantea 已被许多国家用来防治异担子菌引起的干基腐朽病，在斯堪的纳维亚半岛、芬兰等对云杉树、松树的防治已取得一定的效果。

化学防治　杂酚油，10%、20% 和 30% 的尿素，硼砂和氯氧化铜都可以用来处理已感染病原菌的树干基部，其中硼砂具有最强烈的效果，能显著减少云杉干基部的真菌多样性。

生物防治和化学防治的效果和持续性不同。如在已接种异担子菌的欧洲云杉上以 Phlebiopsis gigantea 和 20%、30% 的尿素进行对比处理，6 个月后病原菌感染率分别为 15%（Phlebiopsis gigantea）、5%（30% 尿素）和 3%（20% 尿素），未作任何处理的云杉干基的感染率为 90%；12 个月后，以 Phlebiopsis gigantea 处理的感染率已降低到 5%，并且经其处理的树木周围感染率仅为 7%～8%，而以化学方法处理并不能有效控制周围树木的感染。另外，大量使用化学物质进行防治，不利于生态环境的可持续健康发展，从长远来看，开发和使用更有效的生物制剂将是今后防治异担子菌的发展方向。

合理的营林　健壮林木抗异担子菌侵染能力强，因此，加强合理的营林措施，创造树木生长旺盛的生态环境，是防治该病害的经济有效方法。因为异担子菌可以从新伐树桩侵入并在伐倒木根上营腐生生活，在采伐更新和抚育间伐时，如能及时处理新伐树桩，可以有效地控制病害的发生。

对已发生异担子菌侵染树木并造成死亡的林分来说，要取得对病原菌有效控制，一定要确保彻底处理好病源地所有的有机物质，如深埋和烧毁。在原发病区即使伐掉所有病死树，移走树桩，将地表面所有的凋落物深埋入坑中，盖上 1m 厚的土层，留下了周围健康的松树，然后在处理后的地点种上树苗，但这些树苗和周围健康的树被逐年感染，最终又形成一个发病中心。因此，对发病中心的处理不但包括病树的所有枝干、落叶及树桩，也要移走周围看起来很健康的树。

参考文献

NIEMELÄ T, KORHONEN K, 1998. Taxonomy of the genus Heterobasidion[M] // Woodward S, Stenlid J, Karjalainen R, et al. Heterobasidion annosum. biology, ecology, impact and control. Oxon: CAB International.

OTA Y, TOKUDA S, BUCHANAN P K, et al, 2006. Phylogenetic relationships of Japanese species of Heterobasidion–H. annosum sensu lato and an undetermined Heterobasidion sp.[J]. Mycologia, 98: 717-725.

OTROSINA W J, GARBELOTTO M, 2010. Heterobasidion occidentale sp. Nov. and Heterobasidion irregulare Nom. Nov.: a disposition of North American Heterobasidion biological species[J].

Fungal biology, 114: 16-25.

　　WOODWARD S, STENLID J, KARJALAINEN R, et al, 1998. *Heterobasidion annosum*: Biology, ecology, impact and control[M]. Oxon: CAB International.

（撰稿：戴玉成；审稿：张星耀）

树木煤污病　trees sooty mold

　　由煤污菌引起的一种真菌性病害，是中国南北各地常见的一种林木病害。又名树木煤烟病，叶面受害呈墨黑色煤灰污染状而得名。

　　分布与危害　煤污病分布很广。寄主植物种类多，不仅危害多种阔叶树，如毛白杨、柳树、油茶、柑橘、竹类、黄杨、海桐等，而且危害针叶树，如华山松、油松等。一般都在寄主被害部表面覆盖一层煤烟状物，但不同病原症状稍有差异。煤炱菌的发生常伴随着吸汁性害虫的发生而发生，黑色煤烟状的霉层附着在害虫的排泄物上，成点片状，随后菌丝层变密增厚扩大合并成大的不定形的"煤烟层"，最终覆盖了叶的大部或全部。干燥时这种煤炱层会开裂剥落，外观如纸片状。这在油茶、冬青等表面光滑的叶片上更易发生。这类煤污病菌在有昆虫排泄物的地面杂草、甚至石块上都会长出煤污层；而小煤炱菌引起的煤污病，在病部最初只形成小而圆、散生的霉斑，扩展较慢，煤烟层不如前者浓密，颜色也淡些，不易开裂剥落。在自然界，由煤炱菌引起的煤污病更为常见，危害性更大。由于煤污病菌丝体表生的特点，在寄主被害部表面覆盖了一层煤烟状物，它们对寄主没有明显的直接的病理作用，但影响和阻碍了寄主的光合作用和呼吸作用。小煤炱菌虽然有吸器侵入寄主，但对寄主直接损害不大。表生的煤污层，严重时会使寄主叶片逐渐脱落，小枝萌芽受阻，生长衰弱，结果减少，更有损庭园绿化树种的美观及其经济价值。

　　病原及特征　引起煤污病的病原菌的种类很多，但主要属于子囊菌门中的煤炱菌目（Capnodiales）和小煤炱目（Meliolales）的真菌，它们都具有表生的暗褐色菌丝体。其主要区别是：煤炱菌的菌丝成念珠状，每个细胞几乎都成圆形，如不成念珠状，则结合成束，菌丝上一般无附着枝，有性生殖产生子囊座，无性繁殖产生各种类型的分生孢子，有的分生孢子器呈长颈烧瓶状；小煤炱菌菌丝不成念珠状，菌丝上有附着枝，有性生殖表生闭囊壳，但无分生孢子阶段。在寄生性上，前者是腐生物，寄主范围广，它们的菌丝完全表生，偶尔伸入角质层。表生菌丝从一些吸汁性害虫和蚜虫、介壳虫、粉虱等排泄的蜜汁中或植物外渗的汁液中直接吸收养分。而后者是严格寄生物。除有表生的菌丝体外，并由固定在植物表面的附着枝伸出吸器自表皮细胞内吸收养分。

　　另外，还有一些也可以在植物体表表生的真菌。广义说，凡能形成明显的黑色霉层的真菌，也可算是煤污病菌，如芽枝霉（*Cladosporium*）、刀孢霉（*Clasterosporium*）、交链孢（*Alternaria*）和长蠕孢（*Helminthosporium*）等属。有时在同一发病部位可能有多种真菌同时存在。

　　侵染过程与侵染循环　煤炱菌以菌丝、分生孢子或子囊孢子在寄主病部和昆虫体上越冬，借风、雨和昆虫传播。由于分生孢子的迅速产生和传播，在生长期间可广为蔓延扩展。

　　流行规律　煤炱菌的发生和介壳虫等害虫有着非常密切的关系，不仅如此，这类病菌还可通过喜食介壳虫、蚜虫等排泄物的蚂蚁、蝇类和蜂类等传播。一些林木煤污病常在介壳虫等害虫发生1～2周后随之发生。在通风透光不良、山坞密林等阴湿的地方容易发生煤污病。夏季气温高又干燥以及多雷暴雨的地方不利于煤污病的发生。小煤炱菌也可发生在那些雨季和长期干旱交替的地方。

　　防治方法　煤污病的防治首先应该防治介壳虫等害虫；其次是改善林地环境，使林地通风透光良好；必要时也可使用石硫合剂等杀菌剂。

　　参考文献

　　贺伟，叶建仁，2017. 森林病理学 [M]. 北京：中国林业出版社 .
　　周仲铭，1990. 林木病理学 [M]. 北京：中国林业出版社 .

（撰稿：刘会香；审稿：叶建仁）

树木青枯病　trees bacteria wilt

　　由茄科雷尔氏菌引起的一种毁灭性维管束病害。

　　发展简史　木麻黄青枯病在广东至少有 30 多年的历史。1964 年在广东电白博贺林带调查，当时较大的病区死树 100 多株，10 年后，该病在该地危害十分严重。1974 年木麻黄发病率一般为 50%，严重的达 80%～90%。1975 年，5 年生以上幼林 300hm²，保存率在 50% 以下，4 年生以下幼林 206.7hm²，保存率在 60% 以上。沿海木麻黄的死亡，除台风吹毁和星天牛危害外，主要是青枯病引起。汕头地区也有严重发病记载，仅惠来和潮阳两地，1969 年台风过后，因青枯病死亡的普通木麻黄面积达 4 万余亩。20 世纪 90 年代后木麻黄青枯病虽然没有大面积暴发，但仍不断地发生，威胁着东南沿海各地海岸防护林的健康与安全。桉树青枯病 1983 年及 1986 年分别于广西和广东发现。随着华南地区大面积推广种植速生丰产桉树无性系，青枯病正呈加速蔓延之势，已成为桉树造林和经营中必须面对的一个严重问题。

　　分布与危害　木麻黄、桉树青枯病主要分布于广东、广西、海南、福建等地。国外非洲马拉维及南美巴西也有桉树青枯病的报道。

　　除茄科、豆科作物外，该病菌所知能侵染的树木寄主有木麻黄、桉树、桑树、油橄榄、柚木、蝴蝶果、木棉、黑荆树、油茶、腰果、观光木、广西木莲、火力楠和山桂花等多种树木。其中以木麻黄和桉树青枯病的发生最为普遍和严重，造成的损失和影响也最大。

　　木麻黄重病株树干有黑褐色条斑，树皮常纵裂成溃疡状，木质部变褐色。有些病株显著矮化，茎基长出大量不定根。坏死根茎有水浸臭味，但成年树木则往往拖延 4～5 年后才枯死。桉树青枯病林间有急性和慢性两种症状类型。急性型感病植株叶片急性失水萎蔫，不脱落，远看"青"近看枯，从发病到枯死一般 10～30 天。慢性型病株下部叶片紫

S

红色或淡黄色，叶片无光泽，呈失水状，逐渐干枯脱落，一些枝条和侧枝变褐干枯，最后整株枯死，从发病到枯死一般30～150天（图1、图2）。

病原及特征　病原为茄科雷尔氏菌［*Ralstonia solanacearum*（Smith）Yabuuchi］。青枯病菌过去分类上一直属假单胞菌属（*Pseudomonas*）。1955年，Yabuuchi等根据该菌16S rRNA序列及系统发育等方面的研究将其移入一个新属*Ralstonia*。

青枯菌菌体短杆状，两端钝圆，大小为1.0～2.2μm×0.5～1.0μm（图3）。鞭毛1～3根，极生。革兰氏染色反应为阴性。用石炭酸复红染色，细菌两端着色，中间不着色。在牛肉膏蛋白胨琼脂培养基上，菌落初为乳白色，黏液状，后渐变褐色。在培养基中加入2，3，3－苯四唑氮（TTC）可以区别出菌落有无毒性。具毒性菌落，形状不规则，胶黏，中央淡粉红色；无毒性的菌落则小而圆，乳黄色和深红色，具薄而淡的边缘。本菌适宜的生长发育温度为32～35℃，致死温度为52℃下15分钟。pH范围为5.7～8.8。

侵染过程与侵染循环　当寄主树木种植于带菌土壤，在条件适宜时，青枯病菌便可接触寄主根部，经根系或根茎部的伤口或自然孔口侵入。在木麻黄上还可通过根际连生从病株蔓延到健株。病原细菌与寄主根系的接触是否涉及趋化性尚不清楚。一些研究揭示菌体上的纤毛可能对细菌最初的吸附起着作用。罗焕亮等（2002）发现细菌外膜的脂多糖（LPS）有助于青枯菌识别和吸附到木麻黄的根表细胞。

青枯菌侵染过程可分为3个阶段：①首先病原菌定殖于根的外围部分；②病原菌入驻皮层的细胞间隙并侵染维管薄壁细胞；③细菌通过直接穿透导管分子壁或由接触细胞形成

图1　桉树青枯病症状（王军提供）

图2　青枯菌菌脓（王军提供）

图3　青枯菌形态（王军提供）

的侵填体释放而侵入木质部导管分子。此外，病菌也可经伤口直接进入导管。青枯菌对植物根表和皮层的侵入与其穿透维管系统的能力可能涉及了不同的机制。病原细菌穿透内皮层进入维管束的能力较之于侵入根表和皮层对于整个侵染的成功似乎更为重要，青枯菌通过天然途径或经人工接种进入植物木质部导管并迅速增殖和扩散是引起枯萎症状的直接原因。病菌一旦进入导管，便随着蒸腾液流在导管及其邻近组织内繁殖并迅速扩散到植物全株，最终导致受侵植物的枯萎和死亡。

感病后的桑树切片显示，病菌除了存在于导管之外，还可以从破裂的导管中溢出而侵染周围的木薄壁细胞以及维管形成层细胞，并在木质部外围的某些区域形成成群的被认为是溶生腔前体的异常薄壁组织。木麻黄小枝横切面显示皮层薄壁细胞、髓射线薄壁细胞也有遭受侵染的迹象。大量细菌及其分泌物在木质部导管的存在以及由侵染引起的树木导管损伤破裂、侵填体的形成等因素是造成树木输水困难从而萎蔫枯死的主要原因。由于青枯菌培养滤液对木麻黄小苗也能迅速致萎，枯萎也可能涉及某些毒性物质的作用。

青枯菌在培养基上和植物体内可产生大量的黏性物质，这些黏性物质可能通过阻塞维管束而在致萎过程中起着重要作用。大量黏性物质在导管中的存在阻碍了液体流动，导致输水困难和停止。青枯菌黏性物质成分主要（>90%）为一高分子量并包含三种氨基糖的酸性胞外多糖（EPSI）。另外，已知青枯菌能产生10种左右的胞外蛋白，其中聚半乳糖醛酸酶（PG）和内葡聚糖酶（Egl）可能对青枯菌入侵植物根部和穿越木质部导管起着一定的作用。气候条件是影响青枯病发生和流行的重要因素。高温高湿有利于病原菌的生长繁殖。在桉树的原产地澳大利亚并没有发现青枯病；印度虽然有木麻黄青枯病的报道，但危害并不严重。中国东南沿海从福建到广东、海南一带青枯病特别严重，究其原因是与当地每年5～10月高温高湿以及台风频繁有关。台风暴雨后，病害往往随之流行，造成大量树木死亡。原因在于强台风一方面将带菌的雨滴传送至较远的距离，加速病菌的传播扩散，另一方面给树木造成许多伤口，增加病菌入侵的机会，并削弱树势，从而有利于病害发生。在海南岛台风暴雨后的高温干旱往往引起木麻黄大面积青枯死亡，而在岛中部台风影响较小的地区却未见此病。台风过后，一般病情最重的地方是干旱的沙丘地和保水力差的粗砂地。"台风旱"往往使林木生长势更为衰弱，促进病树死亡。老龄树木感病后，不易死亡，但在恶劣条件下，也会在短期内迅速死亡。在沿海地带，赤桉和细叶桉对青枯病有较强的抗性，可能与它们较强的抗风能力有关。

不同树种及栽培品种对青枯菌侵染具有不同的敏感性。在木麻黄属中，粗枝木麻黄和细枝木麻黄较普通木麻黄抗病。同种木麻黄的不同无性系也具有显著的抗性差异。在桉属中，不同种或品种对青枯病存在不同程度的抗病性。尾叶桉、巨尾桉高度感病，巨桉、柳桉、赤桉、柳窿桉、刚果12号桉较感病，柠檬桉、窿缘桉较抗病。但这仅是相对的划分，同种桉树不同地理种源间也存在着抗性差异，在高度感病的尾叶桉中，也有比较抗病的无性系被筛选出来。抗病性与桉树的树龄和生活力有关，桉树幼龄易感病，大树较抗病，弱株易感病，壮株较抗病。

不同树木抗病性的差别是因为其各自的遗传背景不同，而树木生长不良也削弱其抗病能力的表达。抗病木麻黄品系的组织抽提物对青枯菌的抑菌活性显著高于感病品系。抑菌的主要成分是黄酮类物质，此外，还有酚类和丹宁等多种化合物。这些物质的含量在接种前后无明显变化，表明抗病和感病品系在健康情况下就已经在组织内含物质含量及成分上具有差别。而且这种差别也体现在植株各部位的抑菌活性上：小枝最高，其余依次为茎、皮层、根，最低的是茎部木质部。这一现象，与接种试验中绿色未木质化嫩枝抗性最强，半木质化绿梗枝次之，木质化褐梗枝最不抗病的事实相符。这说明幼嫩小枝是木麻黄抑菌物质的主要合成处。生长不良的植株，小枝稀疏，抑菌物质的合成减少，抗病性下降。

感病前后细胞组织的生理生化变化也是木麻黄对青枯病抗性机制的一个重要方面。1994年徐正球发现7个木麻黄无性系小枝超氧化物歧化酶比活于接种后24小时上升的幅度与它们对青枯病的抗性程度呈正相关，而且抗病无性系比活上升的速度显著大于感病无性系。接种后过氧化物酶的变化也有类似的规律。超歧酶能催化超氧化物阴离子自由基的歧化作用生成分子氧和过氧化氢，过氧化物酶也具有分解过氧化氢的功能。这两种酶活性的增高有利于树木及时清除细胞内由于受病菌侵染而产生过量的活性氧，减轻氧伤害，保护和维持细胞组织的正常生理功能。1982年梁子超等发现木麻黄无性系接种后细胞膜相对透性的大小与抗病性呈直线关系，相对透性保持较小的无性系抗性较强。细胞相对透性的大小反映了它们受到的损伤程度，抗病性较强的无性系细胞抗损伤能力强，因此，细胞膜相对透性也较低。

流行规律　青枯菌在热带亚热带土壤分布较广泛，其生活史包括了寄生和腐生两个阶段。在入侵寄主植物前，该菌可以长期宿存于土壤、杂草及一些非寄主植物中。其在林地存活时间的长短取决于组织上的菌体数量、植株残体的大小和腐败速度以及土壤环境和生物条件。有的病树在砍伐后一年，留在土中的病根仍有青枯菌脓液溢出。由于林木伐桩体积大，根系分布深远且残留时间久，因此，病菌可以在林地土壤中长期存活。

在发生过青枯病的苗圃或病区10～100mm深度的土壤，均有病菌分布。因此，在发生过青枯病的地方育苗或重新种植，很易再度发病。种植木麻黄、桉树、桑树和番茄、茄子、辣椒、马铃薯、甘薯、烟草、蚕豆、丝瓜、菜豆等农作物的土壤以及同这些作物的花、果、茎、叶和根残体接触的土壤、垃圾肥料、水源都有可能存在和繁殖青枯病原体。即使土壤或混合物带菌量较少，但如用作苗床或杯土也会造成传病危险。

当寄主苗木种植于带菌土壤，在条件适宜时，青枯菌便可从植株根或根颈部接触侵入，然后在树木体内繁殖扩展引起症状。树木感染青枯病后的典型症状是部分枝叶或全株发黄枯萎，根系变黑腐烂，木质部局部或全部变褐色或黑褐色，主茎和侧枝横切面伤口有乳白色或淡黄色细菌脓液涌出。感病植株一般不易存活，林地上偶尔也有不枯死甚至恢复健康的现象。根据树种、树龄及感病程度的不同，植株从发病到枯死的时间可以从十数天到几年不等，一般苗木比成年大树快。人工水培法接种最快的只需48小时便可引起小苗枯萎。

防治方法　使用不带病菌的土壤和土壤混合物，培养无病苗木及选择无菌地造林是防治青枯病发生的基本措施。海南琼山桉树青枯病的发生便是由高州引进带菌苗木所引起，这类问题值得重视。育苗和造林前，对土壤是否带菌和含菌量多少进行检测是必要的。不过林木青枯病的防治有其特殊性和困难性，这是因为青枯菌的寄主范围广，在南方存在比较普遍，对大面积已带菌的苗圃地和林地进行土壤消毒从目前的经济与技术水平来看都不现实；而至今也没有商业化的杀青枯菌特效制剂出现。因此，防治上应选好苗圃地，实行苗木检疫。避免在种过花生、西红柿、茄子、烟草和辣椒的地方育苗。如果必须在这些地方育苗时，播种前将土壤翻晒数次，或用药剂如漂白粉或福尔马林进行土壤消毒。出苗时严格进行苗木检疫，可应用常规或分子检测技术对苗木及土壤携带青枯菌情况进行检测，病苗不得出圃，应该烧毁。

积极寻求生态与栽培管理方面的防治措施也很有必要。加强抚育管理，适量施人粪尿、土杂肥和化肥等，以改善病株生长条件，增强抗病能力。室内试验中S-H添加剂对木麻黄青枯菌有抑制作用，林地上对感病的木麻黄浇灌海水或石灰水也有一定防效。其他经常推荐的措施包括营造混交林，不在低洼积水处造林，及时清除病株并挖除树桩并对病穴进行消毒，幼林适度整枝，保护林地的枯枝落叶层等。

抗病育种被认为是防治林木青枯病的根本途径。近20年来，广东、福建对木麻黄无性系进行筛选，培育了一批生长优良的抗病无性系并已在生产中推广。各地也在不断筛选抗病的桉树品系。但是在推广应用抗病无性系的同时，也必须注意到病原菌株系毒力分化与变异问题。研究表明，木麻黄青枯病菌存在着强、弱及非致病性菌株之分。从不同地区木麻黄无性系上分离到的青枯菌株存在着显著的致病性差异，而且菌株与无性系之间存在着明显的交互作用。在抗病无性系的筛选压力下，青枯菌有可能发生变异而形成能克服特定抗病无性系的菌株。在桉树中，过去被认为是抗病的巨尾桉，现在是最感病种类之一。因此，大面积栽种单一和少数抗病无性系具有相当的潜在危险性。

参考文献

林继强，郑惠成，高雅，1992. 木麻黄青枯病菌毒性菌株的筛选[J]. 福建林业科技，9(1): 14-18.

丘醒球，黄玉莲，1990. 桑青枯病病原细菌寄生根部的研究 [J]. 华南农业大学学报，11(1): 85-88.

吴清平，梁子超，1988. 桉树抗青枯病树种的筛选 [J]. 华南农业大学学报，9(4): 41-44.

张景宁，张清杰，黄自然，等，1995. 柞蚕杀菌肽对桉树青枯病假单胞杆菌的杀菌作用 [J]. 华南农业大学学报，16(1): 97-102.

BOUCHER C A, GOUGH C L, ARLAT M, 1992. Molecular genetics of pathogenicity determinants of *Pseudomonas solanacearum* with special emphasis on *hrp* genes[M]. Annual review phytopathology, 30: 443-461.

ROMANSTSCHUK M, 1992. Attachment of plant pathogenic bacteria to plant surface[M]. Annual review phytopathology, 30: 225-243.

VASSE J, FREY P, TRIGALET A, 1995.Microscopic Studies of intercellular infection and protoxylem invasion of tomato roots by

S

Pseudomonas solanacrarum[J]. Molecular plant-microbe interactions, 8: 241-251.

（撰稿：王军；审稿：叶建仁）

树木炭疽病　trees anthracnose

由炭疽菌属真菌引起的树木病害。

分布与危害　炭疽病在木本植物上是最常见的一类植物病害，在中国各地都有发生，在自然情况下可以感染炭疽菌的木本寄主植物达到几十种之多，其中以亚热带和热带地区最为常见。病菌可以侵染寄主地上部分的叶、花、枝、果实等，引起叶斑、叶枯、梢枯、芽枯、花腐和枝干溃疡等病害。对实生苗可以造成毁灭性损失，对以采收果实为主的经济林木可以导致严重落叶、落花或落果，造成重大经济损失。

中国常见发生炭疽病的用材林树种有杉木、铅笔柏、泡桐、杨树、香樟、刺槐、相思树、红树植物、七叶树、桂花、云南红豆杉等。经济林树种有核桃、板栗、油茶、枣、柿、千年桐、油橄榄、八角、山茱萸、枸杞等。

炭疽病主要发生在春季和初夏。受害叶片上产生坏死病斑，开始较小，后扩展成圆形或不规则斑，病斑呈黄褐色或暗褐色，有时病斑扩展可以导致叶片大部分或全部枯死，后期在病斑上产生许多小黑点，为子实体，一般呈轮纹状排列，若遇到高湿气候，则从黑色子实体中挤出大量呈淡红色或橘红色的分生孢子堆。在针叶树上引起针叶先端坏死，后期于叶背出现小黑点，子实体沿背面气孔线排列。

受害嫩梢和小枝上常产生圆形或椭圆形小型溃疡，可以扩展成条斑或环切，使枝梢枯死。其上也有产生黑色子实体及淡红色至橘红色分生孢子堆。枝条受侵染后可以形成多年生溃疡。

果实受害时通常形成圆形或近圆形黑褐色病斑，并不断扩大，引起果实早落。在肉质果实上则引起果肉腐烂。在高湿度下病斑上也产生成环纹排列的黑色子实体和粉红色分生孢子堆。

感病叶芽或花芽，先是外层鳞片变黑，严重时芽完全变黑枯死。感病花芽开放后，萼片和花冠均受害，病菌有时还可以侵入子房。

对于具体树木往往并非每个器官都发病，通常各有主要受害部位。

病原及特征　中国木本植物上已报道的炭疽菌种类有3种，它们分别是炭疽菌属（*Colletotrichum*）的胶孢炭疽菌 [*Colletotrichum gloeosporioides*（Penz.）Sacc.]、尖孢炭疽菌（*Colletotrichum acutatum* Simm.）和壳皮炭疽菌（*Colletotrichum crassipies*）。其中胶孢炭疽菌寄主范围十分广泛，可以引起许多树种的炭疽病，如杉木、油茶、泡桐、杨树、核桃、红树植物、相思树、七叶树和柑橘等。林木中大多数重要的炭疽病都是由胶孢炭疽菌引起的。梭孢炭疽菌可以引起松类炭疽病。壳皮炭疽菌则只在茶树上发现。

胶孢炭疽菌是炭疽菌属内最大的一个种，也可以说是一个集合种。不同寄主上的胶孢炭疽菌虽形态基本相同，但其寄生性和致病性往往会有差异，而且有时表现有明显的寄主专化性。如胶孢炭疽菌可以危害隶属于5科6种红树植物，但从不同的红树植物上分离到的炭疽菌株，只能够侵染原来的寄主，而对其他红树植物不能接种成功。

胶孢炭疽菌的分生孢子盘生于寄主表皮下或表皮细胞内，暗褐色至黑色，形状自盘状至坐褥状，变异较大，直径 $40\sim1000\mu m$。分生孢子梗通常较短，有时长达 $60\mu m$，无色或基部褐色，无或有分隔。在分生孢子梗之间或在分生孢子盘边缘生数目不定的褐色至黑色刚毛，有时不生刚毛。刚毛较分生孢子梗显著更长，基部色较深，厚壁有分隔。分生孢子无色、单细胞，椭圆形、圆柱形或棒形，两端钝化，大小为 $12\sim19\mu m\times4\sim6\mu m$。分生孢子聚集成堆时呈红色至橘红色。在培养中，菌丝先端也可产生分生孢子。分生孢子萌发时中央产生1个分隔，萌发产生的芽管先端常常形成附着胞。附着胞暗色、厚壁，扁球形、棒形和裂瓣形。

胶孢炭疽菌的有性态为围小丛壳 [*Glomerella cingulata*（Stonem.）Spauld. et Schrenk]。在林木上有性阶段很少见到，但也有例外。杉木炭疽菌就易产生有性阶段，将杉木病针叶置于潮湿环境下，可产生子囊壳。

围小丛壳的子囊壳单生或几个丛生。单生的子囊壳直径 $85\sim300\mu m$，子囊棒形或柱形，$35\sim80\mu m\times8\sim14\mu m$。子囊孢子8枚成不规则的双行排列，椭圆形或纺锤形，$9\sim30\mu m\times3\sim8\mu m$。

胶孢炭疽菌和围小丛壳菌在不同寄主上产生的病菌子实体及孢子形态大小可能会有些差异，少数情况下其尺寸可能还要更大些。

胶孢炭疽菌对温度的适应范围很广。在 $8\sim39^{\circ}C$ 内都可生长或萌发。菌丝生长最适温度为 $25\sim28^{\circ}C$，分生孢子萌发的最适温度为 $20\sim25^{\circ}C$。补充营养可提高孢子萌发率。

侵染过程与侵染循环　炭疽菌的分生孢子包埋在胶质物中，通常需在雨水中溶解释放后才能随雨水扩散，风可增加扩散距离。但有的分生孢子堆在干燥的条件下，可以碎成粉末随风传播。昆虫也是传播媒介之一。子囊孢子则可由风传播。炭疽病菌通常自先端的附着胞上产生侵染丝直接穿透表皮侵入寄主体内，在有自然孔口或伤口的情况下，侵染更容易。

病菌主要以分生孢子盘、子囊壳、菌丝等形式在病叶、病枝、病果内越冬。炭疽病菌在木本植物上有潜伏侵染的现象。病菌可以附着固定在寄主体表的蜡质层中潜伏，也可以侵染丝在角质层下或表皮细胞中潜伏。当有利于病菌生长的条件出现时，病菌恢复生长发育，引起寄主发病。如果这种条件不出现，则病菌始终处在休眠状态或逐渐消亡。通常由于寄主组织的成熟、衰老、发育不足或受外界不良条件的影响而致生长势削弱，寄主生理上发生重大变化时，病菌就开始活动，引起发病。

流行规律　病害的流行除与病原菌越冬的菌量和致病力等因素有关外，还与环境条件及寄主的生长状况密切相关。一般来讲，炭疽病在高温、高湿的季节、生长势弱、林内卫生状况较差的林分较易流行。在相同情况下，纯林比混交林发病严重。

防治方法　木本植物炭疽病的防治重点在两个方面，一方面是提高寄主抗病性，适地适树，加强抚育管理，改善林木生长条件。另一方面针对苗木、果树以及经济价值高的树木进行化学防治。

中国几种重要的林木炭疽病　以下几种中国常见的林木炭疽病的病原均为胶孢炭疽菌（*Colletotrichum gloeosporioides*）。

杉木炭疽病　该病最早是 1973 年在江西发现，后来调查整个南方杉木分布区都有发生，以低山丘陵地区人工幼林发病较重。病害主要在每年 4～6 月危害秋梢，引起顶芽以下约 10cm 范围内针叶发病。叶上先产生暗褐色小斑点，随即扩展使针叶自先端向基部枯死，并可扩展至嫩梢上，使嫩梢枯死。病轻的梢头可不致死，顶端仍可萌发新梢，但生长大受影响。枝梢基部及树冠下部针叶有时也发病，一般仅引起针叶先端枯死。

树冠上各部位的针叶都可受到炭疽菌的潜伏侵染。新叶自 5 月开始受侵，8 月受侵率达最高，翌年 4 月潜伏侵染的病菌开始生长发育，致使针叶发病。春季针叶的发病并不一定都是由先年的潜伏侵染引起的，病菌越冬后产生的分生孢子也可能是先年针叶的初侵染源。发病期正是杉木顶芽萌发和新梢生长期，病菌停止休眠恢复活动可能与梢头针叶在这种情况下的生理变化有关。

立地条件差的杉木林比立地条件好的杉木林发病重，因生理原因发生针叶黄化的杉木发病较重。低山丘陵地区病害流行的主要原因是立地条件不适合杉木生长的要求。因此，杉木炭疽病的防治应首先考虑选择适宜的立地造林。在红壤丘陵地区造林时，应避瘠薄山地和排水不良洼地，并加强整地和幼林抚育，促进杉木生长以增强抗病力。

油茶炭疽病　油茶炭疽病在中国最早发现是 1957 年，在所有油茶产区都有发生。病害能危害油茶叶片、枝梢、叶芽和花蕾、花及果实，有时还可在大型枝干上形成多年溃疡。病果可造成较大经济损失，一般情况下可致落果 10%～30%，严重时可达 40%～50%。

每年 4 月上旬新梢及嫩叶最先发病，5 月果实开始发病，7～9 月病果率迅速增加，6 月下旬以后叶芽和花蕾发病，9～11 月落蕾逐渐增多。病菌可在油茶各感病部位越冬，初侵染源以树上落蕾痕和落果痕最为重要，地面落果的作用不明显。病菌在入冬前由花蕾—花—幼果的连续侵染是果实炭疽病的重要侵染来源，约占果实侵染率的 50%，其余的病果是 4～7 月受侵的，炭疽菌可直接侵染油茶的幼果。在入冬前或早春幼果期内喷洒内吸杀菌剂多菌灵可取得 70% 的防治效果。从普通油茶中选择抗病优株，建立抗病无性系，其感病率可控制在 5% 以下，果实产量比普通油茶提高 1 倍以上。

泡桐炭疽病　中国各泡桐栽培区都有发生，以陕西、河南、山东等主要泡桐产区为重。病害可侵染各龄树木的嫩枝和叶片。在大树上以患丛枝病（MLO）的病枝上为常见。实生幼苗上经常受害严重，可致毁灭性损失。病害随苗龄增长而减轻，根插苗一般发病不重。

实生苗于 5 月下旬或 6 月初 2～4 真叶期开始发病，7 月雨季为发病盛期。多雨年份及苗木过密使病害发展更为迅速。苗圃附近带菌的泡桐树或移植大苗和圃地上病株残体可

能是重要的初侵染源。发病初期喷洒波尔多液等杀菌剂能有效控制苗圃病害的流行。用塑料薄膜温床育苗，然后进行小苗移植，可使小苗提早健壮生长，增强抗病力，能有效减轻发病。

核桃炭疽病　淮北及黄河中下游地区都有发生，危害嫩枝、叶片和果实。果实受害腐烂早落，落果率可达 40%～60%。6～8 月发病，各地略有不同。病害与立地条件和栽培管理有较密切关系。多雨年份发病较重，各地引种的新疆核桃较感病。株间的感病性有明显差异。核桃炭疽病与苹果炭疽病能相互侵染，要注意核桃林与苹果园之间的距离。

其他林木炭疽病　杨树炭疽病，分布于陕西和河南等地，危害枝叶。

油橄榄炭疽病，油橄榄引种地区多有发生，危害叶片和果实。

八角炭疽病，广西八角栽培区发生，危害枝叶、果实和幼苗。种子带菌是幼苗炭疽菌的侵染源。

樟树炭疽病，广东、广西、湖南、台湾等地发生，危害叶片、枝条和果实。苗木发病较重。

红树林炭疽病，1996 年首次发现，广西沿海红树林中大多有发生，可危害 5 科 6 种红树植物，引起病斑，偶也危害枝梢、胚轴，引起枯萎，在不同树种上表现的症状不同，受害的程度也不同。

参考文献

黄家标，高岗峰，张登强，等，1996. 影响杉木炭疽病发生的主要因子分析 [J]. 南京林业大学学报，20(2): 39-43.

黄泽余，周志权，1997. 广西红树林炭疽病研究 [J]. 广西科学 (4): 319-324.

童如行，朱建华，巫秋善，等，1996. 杉木炭疽病对杉木幼树生长影响的调查 [J]. 森林病虫通讯 (1): 26-28.

王水，贾勇炯，苏志远，等，1997. 云南红豆杉炭疽病病原菌的分离鉴定与致病性研究 [J]. 四川大学学报，34(4): 522-525.

徐红梅，陈京元，肖德林，2004. 林木炭疽病研究进展 [J]. 湖北林业科技 (130): 40-42.

（撰稿：叶建仁；审稿：张星耀）

数量性状抗性　quantitative disease resistance, QDR

由多个微效基因介导的植物抗病性。与质量性状抗性不同，该类抗性通常表现为不完全抗性，抗性植物材料可减少或限制植物病害的发生发展，并不是完全阻止病原菌的侵染。数量性状抗性常常被描述为水平抗性、部分抗性或微效基因抗性，表型易受环境条件和植物遗传背景的影响，在特定遗传群体内个体的抗病差异一般呈连续性正态分布。

基因组中对数量性状抗性有贡献的区域被称为数量抗性位点（quantitative resistance loci，QRLs），该区域连锁的分子标记与数量抗性表型在统计上是显著相关的。不同 QRLs 对相应抗性的贡献差异很大，可以分为主效数量抗性位点（如贡献率达 20% 以上）和微效数量抗性位点，主效

数量抗性位点更有利于应用到抗病育种工作中，但在某些病害互作系统中可能仅存在大量微效数量抗性位点，并没有主效数量抗性位点。数量抗性位点介导抗病表型可归因于一个或多个功能基因，或是相关基因的分子变异，碱基的变异发生在基因编码区，或是非编码区域如上游的调控区间和启动子。

已发现命名了很多作物抗病相关的数量抗性位点，相关图位克隆和分子标记工作在水稻、小麦和玉米中开展较快，已有部分数量抗性位点被精确定位并鉴定了相关基因。在水稻日本晴品种中存在一个隐性抗病的主效数量抗性位点——*pi21* 介导对稻瘟病的抗性，该位点在第四号染色体上，编码了一个假定的金属转运蛋白；小麦在成株期对锈病的抗病性（慢锈性）由数量抗性位点介导，其中 *Lr34* 应用于小麦抗锈病育种中已经有半个多世纪的历史，可提供非常持久的抗病性，该位点可以显著减少叶锈病、条锈病和白粉病在成株期的发病率，*Lr34* 位点编码一个假定的 ABC 家族转运蛋白；*Yr36* 介导小麦在高温条件下对条锈病的抗性，所编码的蛋白含有激酶功能域和脂类结合功能域，这些基因参与抗病的机理需进一步研究。

数量性状抗性对作物抗病改良非常重要，合理利用可以获得高抗性状的作物品种。对于一些作物病害，如水稻白叶枯和稻瘟病，抗病育种需要把质量性状抗性和数量性状抗性结合起来；对于一些死体营养型病原真菌引起的病害，数量性状抗性是绝大多数或是唯一的植物抗性资源。多情况下数量性状抗性比质量性状抗性更加广谱和持久，单一位点可调控对多种病害抗性。典型的数量性状抗性是非小种专化性抗性，对田间病原菌小种没有特异的筛选作用，因此，数量性状抗性消失或抗性被克服的概率非常低。也有个别数量性状抗性存在一定的小种转化性，符合基因对基因假说。

虽然数量性状抗性在生产实践和抗病育种中已经有较多的应用，但其深层次的分子机理尚未清楚。有几种假说解释数量性状介导的植物抗性：由植物生物形态建成相关位点介导，如株高、开花时间、气孔的分布密度及开关、叶片面积和角度等；由基础抗性相关基因的突变或新等位基因介导，如模式识别受体的突变；由抗病相关化学物质合成通路的蛋白介导，如影响植保素和抗生物质合成；由功能突变或缺陷型的抗病基因介导；也可能是由目前结构完全未知的一类基因介导数量性状抗性。

随着现代分子生物技术的发展和各种高通量组学数据分析在植物病理学中应用，可预计将有更多植物相关数量抗性位点被克隆鉴定，这些结果会帮助科学家进一步认识数量性状抗性的作用机理，更加全面揭示植物抗病反应的分子调控网络，从而更好地将这些广谱和持久的抗性资源应用于作物遗传改良。

参考文献

NIKS R E, QI X, MARCEL T C, 2015. Quantitative resistance to biotrophic filamentous plant pathogens: concepts, misconceptions, and mechanisms[J]. Annual review phytopathology, 53: 445-470.

POLAND J A, BALINT-KURTI P J, WISSER R J, et al, 2008. Shades of gray: the world of quantitative disease resistance[J]. Trends plant science, 14: 21-29.

ST CLAIR DA, 2010. Quantitative disease resistance and quantitative resistance loci in breeding[J]. Annual review phytopathology, 48: 247-268.

（撰稿：李博；审稿：陈东钦）

双孢蘑菇疣孢霉病　wet bubble of white button mushroom

由有害疣孢霉引起的、主要感染双孢蘑菇子实体，是当前中国双孢蘑菇生产上发生最普遍、危害性最大的病害之一。又名双孢蘑菇湿泡病、双孢蘑菇白腐病、双孢蘑菇褐腐病、双孢蘑菇水泡病等。

分布与危害　双孢蘑菇是一种全世界广泛消费的食用菌，也是世界上栽培最广泛、年产量最高的食用菌。全世界70多个国家和地区栽培双孢蘑菇，主要产区集中在欧洲、亚洲、北美洲和大洋洲。中国于20世纪20～30年代开始引进栽培双孢蘑菇，近20年来生产发展十分迅猛，栽培地区几乎遍及全国各地，主要产区分布在长江中下游及南方各地，其中福建栽培面积最大、产量最高，其次是广东、浙江、江苏、上海、江西、湖南、湖北、广西、安徽、四川等地，山东、河北、甘肃等地亦有栽培。

双孢蘑菇疣孢霉病几乎可以在各个双孢蘑菇栽培产区发生，尤其以福建等老产区的发生严重。自20世纪90年代初以来，福建漳州、莆田等地严重发生，病菇率可达30%以上，每年造成的经济损失达3000多万元。德国早在1926年就因双孢蘑菇疣孢霉病危害造成减产10%～25%。2000年在印度喜马偕尔邦和哈里亚纳邦双孢蘑菇疣孢霉病普遍发生，导致菇房减产10%～20%，特别严重的菇房损失高达50%～60%，有的菇房甚至绝收。疣孢霉病已成为制约双孢蘑菇产业发展的主要因素之一。

病原及特征　病原菌为有害疣孢霉（*Mycogone perniciosa* Magn.），又称菌盖疣孢霉。根据《菌物字典》第10版的重新分类，有害疣孢霉菌属于子囊菌门盘菌亚门粪壳菌纲肉座菌亚纲肉座菌目肉座菌科疣孢霉属。有害疣孢霉菌在马铃薯葡萄糖琼脂培养基（PDA）平板上菌落初期为白色，之后逐渐转为黄色至黄褐色，可产生分生孢子和厚垣孢子。分生孢子无色，单细胞，大小为8～40μm×3～8μm。厚垣孢子为双细胞，其中较大的细胞褐色，球形，表面粗糙有短刺状瘤突，大小为18～23μm×19～26μm；较小的细胞无色，半球形或杯状，壁薄，表面光滑，大小为10～14μm×12～17μm。分生孢子单细胞，较小，椭圆形，着生在轮枝状分生孢子梗顶端，大小为13～20μm×3～6μm（图1）。

有害疣孢霉菌只侵染双孢蘑菇子实体，不侵染菌丝体，而当双孢蘑菇菌丝由营养生长进入生殖生长时，也是病原菌感染双孢蘑菇的最有利时机。双孢蘑菇在不同生长发育时期感染有害疣孢霉菌后，症状有所不同，具体可分为4种类型。

菌索感染　双孢蘑菇菌丝在覆土中形成菌索时，即被有害疣孢霉菌侵染，菇床表面初形成一堆堆白色绒状物，此为有害疣孢霉菌的菌丝和分生孢子。后渐变为黄褐色，表面渗出褐色水珠，直径可达 15cm 以上，散发出臭味，黄褐色部分即为厚垣孢子（图 2①）。

原基感染　当双孢蘑菇菌索扭结形成原基时，原基被有害疣孢霉菌感染，形成不规则的硬团块，上面覆盖白色棉絮状菌丝，后期变为黄褐色至暗褐色，常从感病组织中渗出暗褐色液滴。覆土下面扭结的小原基也可被有害疣孢霉菌感染，在覆土表面可看到点状的暗黄色菌丝体（图 2①）。

幼蕾期感染　双孢蘑菇在菇蕾形成期被有害疣孢霉菌侵染，菇床看不到正常的菇蕾出现时，病菇就已大量出现，一般比正常菇提前 3～4 天出菇，菌柄与菌盖尚未分化时即被完全感染，幼蕾形成马勃状组织，菇农称为"菇包"（图 2②）。

在幼蕾生长期被有害疣孢霉菌侵染，双孢蘑菇的菌柄继续生长，但菌盖发育不正常或停止发育，菌柄膨大变形呈现各种畸形，后期内部中空，菌盖和菌柄交界处及菌柄基部长出白色绒毛状菌丝，进而转变成暗褐色，并渗出褐色液滴而腐烂，散发出恶臭气味。在空气潮湿时，褐色臭汁可溢出病菇表面，使菌盖和菌柄上出现褐色病斑。

子实体感染　菌柄和菌盖分化后感染有害疣孢霉菌，菌柄伸长变成褐色，病菌常感染菌柄或菌褶一侧，受侵染菌褶上有白色菌丝体。子实体生长后期菌柄基部受有害疣孢霉菌侵染，菌柄加粗，形成大脚菇，有时菌盖上长出小瘤，表面粗糙，呈现淡褐色，最后菌盖变成棕褐色，腐烂，分泌褐色液滴，有恶臭味（图 2③）。

有害疣孢霉菌与双孢蘑菇菌丝体竞争培养料中的营养成分，并使双孢蘑菇子实体皱缩、软化、畸形，失去商品价值。由于双孢蘑菇受有害疣孢霉菌危害后，散发出一种臭味，易吸引菌蚊类来取食。疣孢霉病发生严重的菇房，虫害相应也发生严重。

侵染过程与侵染循环　有害疣孢霉菌为土壤习居菌，广泛分布在土壤表层 2～9cm 处，在消毒不彻底的覆土中常大量存在。有害疣孢霉菌主要以厚垣孢子越冬，厚垣孢子抗逆性强，可在土壤中可存活 3 年以上。覆土中的厚垣孢子是有害疣孢霉菌的主要初侵染源，其次是菇棚层架和地面环境中的厚垣孢子，当双孢蘑菇菌丝扭结形成菌索或原基，菇床表面潮湿时，厚垣孢子萌发感染双孢蘑菇。感病部位最初产生大量单细胞无色的分生孢子，之后产生双细胞淡黄色的厚垣孢子。在催蕾出菇管理中，通过喷水、气流、工具、害虫以及人为操作，厚垣孢子和分生孢子在菇棚中大肆传播而引起大面积再次侵染，直至采收结束。栽培后的废弃菌渣、病菇残体、覆土或者旧菇架等处的厚垣孢子都可以成为下一轮疣孢霉病发生的初侵染来源（图 3）。

流行规律

有害疣孢霉菌的传播与扩散　有害疣孢霉菌是土壤中一种习居菌，主要是由覆土带入菇房的，其次是菇房中存在的越冬厚垣孢子。一旦菌索、原基或幼小子实体发病，会产生大量分生孢子和厚垣孢子，它们主要借助喷水操作传播，喷水可将疣孢霉孢子传播 50～100cm 的距离。其次借助气流、工具、昆虫或者人员操作等在菇房内传播，造成再次侵染。喷水措施不当最易导致疣孢霉病大范围暴发。

菇房温度高于 18°C，湿度过高，菇床表面有水膜，菇房通风差，导致疣孢霉病发生严重。随着采收潮次增加，病情发生愈来愈严重，至采收结束前达到发病高峰。疣孢霉病

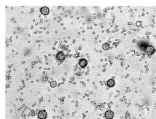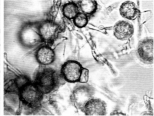

图 1　有害疣孢霉菌厚垣孢子和分生孢子形态（×400）（边银丙提供）

①分生孢子和厚垣孢子；②双细胞厚垣孢子

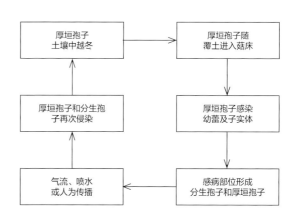

图 3　双孢蘑菇疣孢霉病侵染循环示意图（边银丙提供）

图 2　双孢蘑菇疣孢霉病症状图（边银丙提供）

①菌索和原基感染；②幼蕾期感染；③子实体感染

在 1 月中下旬第一潮菇生长过程中仅个别子实体零星发病，至第二潮菇生长发育时病菇率达到 5% 以上，而 3 月底第四潮菇发育过程中，病菇率上升至 15% 以上。气温在 10℃ 以下时，极少发生疣孢霉病。施用生长激素，如三十烷醇、葡萄糖、硫酸锌等会加重病害发生。随意丢弃的感病子实体和携带病菌孢子床架、工具、培养料等，都会成为病害发生的病菌来源。

有害疣孢霉菌菌丝体及孢子生长的条件　有害疣孢霉菌菌丝及孢子生长的最低温度为 10～12℃，最适温度为 24～25℃，最高温度为 32～35℃；病菌侵染双孢蘑菇的最适温度为 15～21℃。

病菌厚垣孢子在覆土中的致死温度为 60℃ 下 2 小时；在室内条件下，厚垣孢子经过 45℃ 处理 45 分钟、36℃ 处理 48 小时、52℃ 处理 12 小时或 65℃ 处理 1 小时后，均不能恢复生长。

菌丝生长 pH 为 3～12，最适 pH 为 5～6；分生孢子萌发 pH 为 3～8，最适 pH 为 6。相对湿度在 90% 以上，有利于分生孢子和厚垣孢子萌发；覆土含水量在 3% 以下，有害疣孢霉菌不能存活。培养基中的碳源、氮源及维生素对疣孢霉菌菌丝生长均有影响，特别在无氮处理下，虽有菌落形成，但菌丝极稀疏，产孢极少。菌丝在 20℃ 时分生孢子产生量最大，CO_2 浓度对菌丝和孢子生长均影响不大。

有害疣孢霉菌侵染过程及侵染条件　在常规人工培养条件下，有害疣孢霉菌厚垣孢子不萌发，只有通入由双孢蘑菇菌丝体代谢所产生的气体的特定条件下才能萌发，但萌发率较低。此外，有害疣孢霉菌厚垣孢子只在 17℃ 以上的环境条件下才能萌发。

双孢蘑菇营养菌丝对有害疣孢霉菌免疫，仅在菌索扭结开始形成原基时才对疣孢霉菌敏感。有害疣孢霉菌菌丝和厚垣孢子不能在双孢蘑菇培养料上生长萌发，但生长素和麦粒菌种能促进其孢子萌发生长。覆土中含病原物多少与发病率成正相关，在自然土壤中有一些放线菌能抑制有害疣孢霉菌的生长，在这些微生物的作用下，土壤中的疣孢霉病病原菌处于休眠状态。多年种植后，带有双孢蘑菇废弃培养料及感病的覆土材料回归到土壤中，这些废弃培养料及覆土材料有利于有害疣孢霉菌厚垣孢子萌发和菌丝生长，打破了土壤中微生物的生态平衡，使得有害疣孢霉菌在土壤中快速生长繁殖，成为疣孢霉病日益严重的重要因素之一，因此，老产区疣孢霉病发病严重，而新产区极少发生。

以福建漳州为例，大部分双孢蘑菇产区在白露节气后开始堆料，10 月左右培养料上床架，若覆土后出菇前遇到高温天气，加之喷水过多，则有利于疣孢霉病发生，翌年 3～4 月气温回升也有利于疣孢霉病发生，形成福建每年疣孢霉病发生的两个高峰期。

防治方法

覆土处理　覆土材料带菌是双孢蘑菇疣孢霉病发生的重要原因，覆土处理显得尤为重要。覆土的土壤应来源于无病菌污染的，距表层 25～30cm 以下，严禁使用含有有害疣孢霉菌的废弃培养料或覆土材料的土壤。覆土准备好后，应在太阳下暴晒 3～5 天，这是预防双孢蘑菇疣孢霉病发生的有效方法。

对覆土材料可以采用甲醛进行消毒，即在覆土前 7～10 天，将甲醛稀释 50 倍，然后喷在覆土上，再用薄膜密闭覆盖 24～48 小时。覆土消毒后，揭去薄膜，待甲醛气味全部散尽才可使用。一般栽培双孢蘑菇 110m² 所用的覆土，需用甲醛 2.5kg 进行熏蒸。随着覆土用量增加，熏蒸时间和甲醛散发时间需要相应延长。

菇房卫生与病菇清理　菇房应建在远离老种植区的地方，四周需通风，地势较高为宜。种植前，一定要暴晒菇棚、床架数日，对菇棚、床架及各种用具用 5% 的漂白粉水溶液、5% 甲醛溶液或浓石灰水喷洒消毒。建议采用二次发酵杀灭菇房残留的有害疣孢霉菌孢子，巴氏灭菌阶段 65℃ 保温 2 小时可以较完全地杀灭病菌孢子。菇房的门、窗及通气孔最好安装纱窗，以防昆虫进入而传播病菌孢子。一旦发现菇床感染有害疣孢霉菌，必须将病菇及时采下，并将病区附近 10cm 左右的覆土一起清除，撒上石灰，再使用消过毒的覆土补上。将采下的染病子实体集中烧毁，切勿乱扔。碰触病菇后，操作人员切勿碰触其他健康子实体，人员及相关工具要进行消毒，防止病菌传播。采菇结束，菇房内废弃培养料及覆土用甲醛熏蒸杀菌，切勿不经杀菌就随便将带病菌料堆放在菇房周围或者随意丢弃。发病严重时，菇农应尽量不要互相串棚，以免将病原孢子传入其他菇房。

改进菇房管理　双孢蘑菇疣孢霉病的发生与温度密切相关，通风不良的菇房，当温度长期处在 18℃ 以上，相对湿度超过 90% 时，极易引起此病发生。应当适时安排栽培季节，如上海及周边地区，双孢蘑菇堆料时间应在 9 月 15 日至 10 月 15 日，播种时间在 10 月 5 日至 11 月 5 日，覆土时间在 10 月 25 日至 11 月 25 日，开始出菇时间在 11 月 20 日至 12 月 20 日；而在福建莆田、仙游及周边地区可适当推迟栽培时间，避过病害高发期；其他地区可根据各地的气候条件，以出菇阶段菇房温度在 18℃ 以下作为安排生产季节的主要依据。

若在菇房内发现双孢蘑菇感染疣孢霉菌，应立即停止喷水，加强通风，使菇棚温度降到 17℃ 以下，并向菇床及周围环境中喷洒相关药剂以抑制病害。种植期间应使用清洁水，不能用田沟灌溉水，并保持适宜的温度，避免高温高湿诱发此病发生。

化学防治　在双孢蘑菇疣孢霉病药剂防治中，既可以采用覆土材料拌药防治，也可以采用菇床表面喷雾防治，还可以在菇房中熏蒸或喷雾进行消毒处理。

在众多的杀菌剂中，咪鲜胺类有良好的防治效果，且对双孢蘑菇菌丝和子实体没有不利影响。值得注意的三唑类杀菌剂对有害疣孢霉菌的菌丝生长和分生孢子萌发虽然具有高度抑制活性，但同样对双孢蘑菇菌丝生长具有很强的抑制作用，在实际生产中不宜使用。使用 50% 咪鲜胺锰盐可湿性粉剂，稀释 2000～5000 倍与覆土混匀或者喷洒在覆土层表面，能有效抑制覆土中有害疣孢霉菌孢子萌发，持效期 45～55 天，防治效果能延长至第三潮菇采收结束；使用 50% 咪鲜胺锰盐可湿性粉剂 100 倍稀释液，在覆土初期和覆土 10 天后进行 2 次喷雾杀菌，防治效果在 60%～90%。

参考文献

李河，周国英，刘君昂，2009. 双孢蘑菇疣孢霉病病原菌的分离

及分子鉴定 [J]. 食用菌学报，16(2): 74-76.

　　罗信昌，陈士瑜，2010. 中国菇业大典 [M]. 北京：清华大学出版社.

　　宋金娣，2011. 食用菌病虫图谱及其防治 [M]. 南京：江苏科学技术出版社.

　　温志强，王玉霞，边广，等，2008. 杀菌剂对菌盖疣孢霉及双孢蘑菇的毒力测定 [J]. 福建农林大学学报（自然科学版），37(4): 399-403.

　　徐开未，陈学远，郭辉权，等，2005. 双孢蘑菇疣孢霉病的化学防治研究 [J]. 中国食用菌，24(6): 53-55.

　　SHARMA V P, CHIRAG S, 2003. Biologiy and control of *Mycogone perniciosa* Magn. causing wet bubble disease of white button mushroom[J]. Journal of mycology and plant pathology, 33(2): 257-264.

　　UMAR M H, GEELS F P, VAN GRIENSVENL J L D, 2000. Pathology and pathogenesis of *Mycogone perniciosa* infection of *Agaricus biosporus*[J]. Mushroom science, 15: 561-567.

（撰稿：边银丙、詹佳丹；审稿：赵奎华）

水稻白叶枯病　rice bacterial blight

　　由水稻黄单胞菌白叶枯变种侵染，主要危害水稻叶片、叶鞘的一种细菌性病害，属维管束病害，是全球水稻种植区的三大病害之一。

　　发展简史　从 1884 年日本农民首次在九州岛福冈（Fukuoka）的稻田发现至今已有近 140 年的历史。在 1911 年以前，白叶枯病一直被认为是由酸性土壤引起的一种生理性病害。这种观点直至 1909 年 Takaishi 从病叶上的混浊露中分离出细菌并将其回接到健康叶上又形成了同样的病斑后，才开始认为这可能是一种由细菌引起的病害。1911 年，Bokura 连续 3 篇文章详细报道了病菌分离、培养、形态特征、生理特性和致病性等研究结果，确认了水稻白叶枯病是由细菌引起的。

　　1957 年，日本源于黄玉的抗白叶枯病品种朝风在育成当年丧失抗性，随后测试了采自朝风和另外两个稻区的白叶枯病菌株对黄玉、朝风和感病品种十石（Jukkoku）的毒性，由此揭开了白叶枯病菌致病性变异、生理小种研究的篇章。IRRI 已经建立了遗传背景一致的携带抗病单基因的近等基因系，该鉴别系统包括了 10 个 *Xoo* 小种和 7 个鉴别品种；中国则以 6 个中国鉴别寄主鉴定将白叶枯病菌划分为 9 个致病型。在 *Xoo* 菌中鉴定和克隆的无毒基因有 *avrXa10*、*avrXa7*、*avrxa5*、*avrXa3*、*avrXa27* 等，它们都属于 *aurBs3/pthA* 家族。抗病育种应用较多的抗白叶枯病基因是 *Xa4*、*xa5*、*Xa7*、*xa13*、*Xa21*、*Xa23*、*Xa33* 等。2014 年朱玉君等利用 MAS 将恢复基因 *Rf3* 和 *Rf4*、抗稻瘟病基因 *Pi25* 和抗白叶枯病基因 *Xa4*、*Xa21* 和 *xa5* 聚合到同一水稻株系，实现该恢复系株系兼抗稻瘟病和白叶枯病。2016 年 Kumar 等通过标记选择回交选育方法（MABB）育成含有 *Xa21*、*Xa33*、*Pi2* 和 *Pi54* 的优良恢复系 RPHR-1005。广东省农业科学院育成中国首个携带 *xa5* 基因抗白叶枯病强毒菌系菌的

优质籼稻品种——白香占。在病原菌检测技术方面也得到的较大进展，由原来耗时长、灵敏度低的表型鉴定，发明了多种灵敏度高、方便快捷的高效检测技术，如血清学检测、分子杂交检测、巢式 PCR（nested-PCR）、多重 PCR（multiplex PCR）、实时荧光定量 PCR（real-time quantitative PCR）、环介导等温扩增技术（LAMP）等。

　　分布与危害　白叶病一般在热带、亚热带高温多湿气候、地处沿海、台风暴雨发生频繁的地区流行危害，籼稻发病重于粳、糯稻，双季晚稻重于双季早稻，单季中稻重于单季晚稻。在亚洲、非洲、欧洲、南美洲、北美洲、澳大利亚均有报道，其中以印度、日本、中国发生比较严重。中国以华南、华中和华东稻区发生普遍，华南沿海危害严重。

　　白叶枯病主要危害水稻，同时可侵染异源假稻、马唐、李氏禾、看麦娘、茭白等植物。白叶枯病的典型症状是叶枯型（叶缘型），有时也表现急性型、黄化型、凋萎型等症状。典型叶枯型症状是发病多从叶尖或叶缘开始，初为暗绿色水渍状短侵染线，后沿叶缘两侧或中脉迅速向下加长加宽而扩展成黄褐色，最后呈枯白色病斑，可达叶片基部和整个叶片。病健组织交界明显，病斑边缘多呈波纹状或直线状。有时在病斑的前端还有黄绿相间的断续条斑，也有在分界处显示暗绿色变色部分。天气潮湿时，常在病斑表面排出蜜黄色带黏性的珠状菌脓。干燥后，成鱼籽状小胶粒，掉落后能随灌溉水的流窜而继续危害健苗，起到传病作用（图 1）。该病主要引起叶片干枯，严重影响植物光合作用及养分输送、造成减产。发病田块一般减产 10%～30%，严重的减产 50% 以上，甚至颗粒无收。

　　在田间，水稻白叶枯病与细菌性条斑病均是可以引起水稻叶片严重枯死的细菌性病害。均在末稻分蘖末期至抽穗前期发病严重。两者的区别见表 1、图 2。

　　病原及特征　病原为水稻黄单胞菌稻致病变种［*Xanthomonas oryzae* pv. *oryzae*（Ishiyama）Zoo］，属黄单胞菌属。

　　该病原菌体短杆状，大小为 1.0～2.7μm×0.6～1.0μm，单生，两端钝圆。单鞭毛极生或亚极生，长约 8.7μm，宽约 30nm，不形成芽孢和荚膜，但在菌体表面有黏质的胞外多糖包围（图 3）。格兰氏染色反应阴性。病菌一般培养 2～

图 1　水稻白叶枯病叶枯型病斑（冯爱卿提供）

表1 水稻白叶枯病与细菌性条斑病的区别

比较指标	白叶枯病	细菌性条斑病
发生部位	一般先从叶尖或叶缘开始，沿叶缘和主脉扩展	叶片的任何部位均可发生
病斑特征	病部不透明，不是水渍状；长条状病斑，病斑边缘多呈波纹状或直线状	病部半透明，水渍状；断续短条状病斑
病原菌侵入部位	主要通过叶片的水孔和微伤部分侵入维管束组织致病	主要通过气孔侵入叶肉薄壁组织增殖，也可从伤口、水孔侵入
菌脓	一般情况下不产生菌脓；湿度很高时才产生蜜黄色鱼子状菌脓，但量比细条病的少	大部分情况下病斑可产生大量小珠状菌脓；菌脓颜色比白叶枯病深，为蜡黄色

图2 水稻白叶枯病和细菌性条斑病的症状区别（冯爱卿提供）

①白叶枯病；②③细菌性条斑病

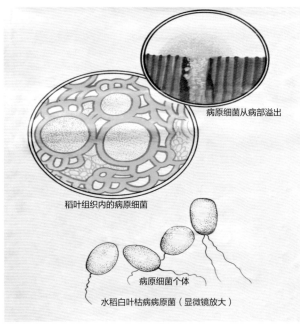

图3 水稻白叶枯病菌的形态（冯爱卿提供）

护下（潮湿状态）为10分钟；有胶质保护时（干燥状态），抗热力强，需57℃10分钟。病菌生长最适宜的氢离子浓度为中性偏酸（pH 6.5～7.0）。病菌好气性，能利用多种醇、糖等碳水化合物而产酸。最合适的碳源是蔗糖；最适合的氮源是谷氨酸。不能利用硝酸盐，石蕊牛乳变红色。不能利用淀粉、果糖和糊精等。能轻度液化明胶，产生硫化氢和氨；不产生吲哚。

水稻白叶枯病菌与水稻互作，存在明显的"基因对基因"关系。同一地区多年大面积种植携带单一抗病基因的水稻品种，促使病菌与品种互作充分，病菌选择压力增大，必然会引发病菌变异，突出表现为病菌小种类型多，毒性强，变异快，导致品种的抗性丧失。不同地理环境和气候的复杂性，亦会造成不同水稻产区的病原菌群体毒性不同。而水稻品种更新换代以及频繁交流也会使白叶枯病菌变异加速。

日本学者曾将白叶枯病菌分为5个小种；而菲律宾国际水稻所则将菲律宾菌系划分为10个小种。中国则以中国鉴别寄主（金刚30、Tetep、南粳15、Java14、IR26）将白叶枯病菌划分为9个致病型（表2）。华南有6个致病型，其中Ⅳ、Ⅴ型为优势致病型，近年致病性较强的Ⅴ型和Ⅸ型菌在华南上升发展较快。而长江流域以北以Ⅱ型和Ⅰ型为主；长江流域以南Ⅳ型为多。华南白叶枯病菌致病型Ⅲ、Ⅳ与菲律宾小种P₁，致病型Ⅴ与菲律宾小种P₄较相似；北方稻区病菌致病性与日本的小种较接近。近年一些学者利用国际水稻研究所（IRRI）选育的抗白叶枯病近等基因系，或者结合

3天甚至4～6天后才逐渐形成菌落。在肉汁胨琼脂培养基上的菌落为蜜黄色，产生非水溶性的黄色素。菌落质地均匀，圆形，周边整齐，表面隆起，光滑发亮，无荧光（图4）。病菌生长温度范围17～33℃，最适生长温度25～30℃；最低最高生长温度分别为5℃和40℃。致死温度在无胶质保

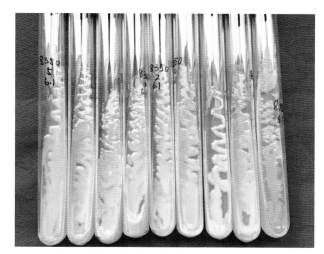

图 4 水稻白叶枯病菌菌落培养形态（冯爱卿提供）

原中国鉴别寄主中的部分品种组成的鉴别寄主，将中国稻白叶枯病菌划分成 6～18 个小种。

侵染过程与侵染循环　病菌侵染的过程可分为 3 种。第一种是带病种子萌芽时首先感染芽鞘，当嫩叶穿过芽鞘接触病菌时，叶尖即受侵害而成带菌病苗。第二种是根部先受病菌污染，再从茎基叶鞘基部的伤口侵入。第三种是稻苗叶鞘上有部分开张的变态气孔，病菌可以由此侵入，到达维管束的病菌，在内繁殖运转直至发病；到不了维管束的，就在组织内繁殖，并泌出体外进行再侵染。水孔和伤口等是入侵的主要途径，秧苗期是建立初次侵染的关键时期。灌溉水和暴风雨是病害传播的重要媒介。

白叶枯病菌主要在稻草、稻桩和稻种越冬，重病田稻桩附近土壤中的细菌和带病种子为主要的初次侵染源。播种病谷，病菌可通过幼苗的根和芽鞘侵入。病稻草和稻桩上的病菌，遇到雨水就渗入水流中，秧苗接触带菌水，病菌从水孔、伤口侵入稻体。病斑上的菌脓，可借风、雨、露水和叶片接触再次侵染。

流行规律　菌源、品种抗性、气候均是水稻白叶枯病发生流行的关键因素。足够的菌源是白叶枯病发生的先决条件。而流行程度则受品种抗病性、气候条件、栽培水平的高低等影响。

不同类型的水稻品种对白叶枯病的抗性差异明显。这些差异有些是由于品种的物理性状造成的，有些则是由品种所携带的主效抗性基因决定的。一般糯稻抗病性最强，粳稻次之，籼稻最弱。植株叶面较窄、挺直不披的品种抗病性较强；稻株叶片水孔数目多的较感病。白叶枯病品种的抗性可分为全生育期和成株期抗性。全生育期抗性，即苗期到成熟期的各期都具有抗病性；成株期抗性，即苗期无抗病性，要到第十叶左右时才表现出抗性。目前至少有 40 个抗白叶枯病主效基因 $Xa1～Xa42$ 被鉴定出来。其中，29 个为显性基因，即 $Xa1$、$Xa2$、$Xa3$、$Xa4$、$Xa7$、$Xa10$、$Xa11$、$Xa12$、$Xa14$、$Xa16$、$Xa17$、$Xa18$、$Xa21$、$Xa22$、$Xa23$、$Xa25$、$Xa26$、$Xa27$、$Xa29$、$Xa30$、$Xa31$、$Xa33$、$Xa35$、$Xa36$、$Xa38$、$Xa39$、$Xa40$、$Xa41$（t）、$Xa42$；10 个为隐性基因，即 $xa5$、$xa8$、$xa13$、$xa15$、$xa19$、$xa20$、$xa24$、$xa28$、$xa32$、$xa34$（表 3）。

适宜的气候因素是白叶枯病流行的必要条件。多雨、风速大、日照不足、气温 25～30℃，相对湿度 85% 以上的气候条件下最利于暴发。20℃ 以下，30℃ 以上，湿度低于 80%，均不利于病菌的繁殖和发病。温度只影响病害潜育期的长短，而决定流行的因素是雨量和大风，特别是台风暴雨、洪涝造成伤口，助长发病。广东从 4、5、6、7、8、9 月来看，病害流行的月雨量指标为 250～300mm，以 5 天为一候计算，凡每候日照每天少于 5 小时，风速大于 2.5m/s，相对湿度在 87% 以上，平均温度在 22～26℃，总降水量 30～40mm，若连续出现以上 2～3 候的气候条件时，病害将会暴发流行。

田间栽培水平的高低对白叶枯病的发生亦有较大的影响。其中尤以施肥水平、土壤酸性、水的管理最重要。在水稻幼穗分化期和孕穗期施肥不当、叶色较浓绿的田块往往发病较严重；特别是穗肥施用不当、植株疯长、密度过高、叶片浓绿柔软，均有利于白叶枯病的流行。种植土壤呈酸性，

表2　中国白叶枯病菌的致病型

致病型	鉴别品种				
	金刚 30	Tetep（1，2）	南粳 15（3）	Java 14（1，3，12）	IR26（4）
I	S	R	R	R	R
II	S	S	R	R	R
III	S	S	S	R	R
IV	S	S	S	R	R
V	S	S	R	R	S
VI	S	R	S	R	R
VII	S	R	R	R	R
VIII	R	R	R	R	R
IX	S	S	S	S	S

注：（1）类似金刚30的品种：沈农1033、台中本地一号、南京11、珍珠矮11等。（2）类似南粳15反应的品种：中国45、早生爱国三号。
（3）R为抗病；S为感病。

亦有利于白叶枯病的发生，因此，可施用石灰中和土壤酸性以减轻病害。淹水、窜灌、漫灌，不但有利于病菌传播，还会导致根系呼吸作用受阻，活力降低，影响营养的吸收，从而大大降低植株的抗病力。因此，适宜的土壤、合理灌溉、科学施肥，将会大大增强水稻的抗逆能力，降低白叶枯病发生流行指数。

防治方法　白叶枯病属危害水稻维管束的细菌性病害，病原菌在植株体内尚缺乏高效的内吸杀菌剂，且病菌一旦发生显症后扩展迅速，危害程度严重，常规方法较难防治。因此，应践行以抗性防治为主要措施，结合化学防治（药封锁发病中心）、健康栽培（培育无病壮秧、科学水肥管理、典晚型感光品种避病）等绿色防控措施。

病原菌监测　在各地毒性小种监测的基础上，建立与病菌毒性群体和优势小种相对应的分子检测和分子预警系统，指导当地主栽品种的应用和布局。

选用多样性抗病品种　①根据各地病菌致病型监测情况，选择合适的主栽品种并合理布局。较抗的品种（组合）如粤禾丝苗、桂晶丝苗、白香占、白粳占、新黄占、黄华占、五山丰占、桂农占、华航38、华航33、合美占、粤晶丝苗2号、黄银占、粤广丝苗、固丰占、特籼占25、黄莉占、博Ⅱ优15、湘早籼2号、湘晚籼12号、油优77、新湘优906、天优1120、中优85、皖稻135、Ⅱ优205、丰优205、丰两优4号、新两优6号、新香优906、油优63、油优6号、威优6号等。②组装多样性的抗源种质群及不同类型抗性品种群进行抗性防治。水稻品种对白叶枯病的抗性受不同的抗性基因所控制。至少有40个抗白叶枯病主效基因 Xa1～Xa42 被鉴定出来（表3、表4），其中多数为显性，少数为隐性或不完全显性。因此，通过成熟的分子育种和传统育种技术，将高效的抗病基因直接或进行聚合后用于改良高产、优质感病品种，从而实现白叶枯病的有效控制。

表3　亚洲国家白叶枯病菌群体能侵染的以及有效的主要抗性基因

国家	小种	测试菌株	能侵染的抗病基因	有效抗病基因
孟加拉国	12	74	Xa1，Xa2，Xa3，Xa4，Xa7，Xa10，Xa11，xa5，xa8	Xa3，Xa12 基因聚合系
印度	5	58	Xa1，Xa2，Xa3，Xa4，Xa10，Xa11，Xa12，xa5	Xa3，Xa10 基因聚合系
尼泊尔	16	45	Xa1，Xa2，Xa3，Xa4，Xa10，Xa11，Xa12，xa5	xa5，Xa7 基因聚合系
缅甸	7	27	Xa1，Xa4，Xa10，Xa11，xa5	
泰国	5	35	Xa1，Xa2，Xa10，Xa11，xa5	
印度尼西亚	8	78	Xa1，Xa2，Xa3，Xa10，Xa11，xa8	xa5，Xa7 基因聚合系
菲律宾	5	61	Xa1，Xa2，Xa4，Xa11	xa5，Xa7，Xa12 基因聚合系
马来西亚	2	11	Xa1，Xa2，Xa10，Xa11，xa8	Xa4，Xa7，Xa12，xa5
中国（南方）	6	24	Xa1，Xa2，Xa3，Xa4，Xa7，Xa10，Xa11，Xa12，xa8	xa5，Xa7，Xa22，Xa23

表4　水稻白叶枯病抗性基因位点

基因位点（*表示已克隆基因）	无毒菌株（小种）	供体品种	染色体	连锁标记
Xa1*	日本菌株 X-17	黄玉，Java14	4	C600（0cM），XNpb235（0cM），U08750（1.5cM）
Xa2	印尼菌株 T7147	IRBB2	4	HZR950-5～HZR970-4（190kb）
Xa3/Xa26*	印尼菌株 T7174，T7147 等	早生爱国3，明恢63IRBB3	11	XNbp181（2.3cM），XNbp186，G181，RM224（0.21cM），Y6855R（1.47cM）
Xa4	菲律宾菌株 PX025（1）	TKM-6，IR20，IR22，IRBB4	11	XNpb181（1.7cM），XNpb78（1.7cM），G181，M55，RS13
xa5*	菲律宾菌株 PX025（1），PX061	DZ192，IR1545-339，IRBB5	5	RG556(<1cM)，RG207(<1cM)，RS7～RM611(70kb)
Xa7	中国菌株 SCB4-1	DV85，IRBB7	6	GDSSR02～RM20593（0.21cM）
xa8	菲律宾菌株 PX061（1）	PI231128	7	RM214（19.9cM）
Xa10	菲律宾菌株 PX099A	IRBB10A	11	M491～M419（74kb）
Xa11	日本菌株 IBT7156	IRBB11	3	RM347（2.0cM），KUX11（1.0cM）
Xa12	印尼菌系 Xo-7306（Ⅴ）	黄玉，Java14	4	—
xa13	菲律宾菌株 PX099	IRBB13	8	E6a，SR6，ST9，SR11
Xa14	菲律宾小种5	IRBB14	4	HZR648-5（1.9cM）
xa15	日本小种Ⅰ，Ⅱ，Ⅲ，Ⅳ	M41 诱变体	—	—
Xa16	日本小种Ⅴ	Tetep	—	—
Xa17	日本小种Ⅱ	阿苏稔	—	—
Xa18	缅甸菌株	IR24，密阳23，丰锦	—	—

S

续表

基因位点 （*表示已克隆基因）	无毒菌株（小种）	供体品种	染色体	连锁标记
xa19	6个菲律宾小种	IR24诱变体XM5	—	—
xa20	6个菲律宾小种	IR24诱变体XM6	—	—
Xa21	菲律宾小种1，2，4，6	长药野生稻	11	RG103（0cM），248
Xa22（t）	菲律宾菌株PX061	扎昌龙	11	R1506（100kb）
Xa23*	菲律宾菌株PX099	CBB23	11	Lj211（0.2cM），Lj74（0cM）
xa24	菲律宾小种4，6，10等	DV86	2	RM14222～RM14226（71kb）
Xa25	菲律宾小种9	明恢63	12	G1314（7.3cM）
Xa25（t）	菲律宾小种1，3，4	明恢63体细胞，无性系突变体HX3	4	RM6748（9.3cM），RM1153（3.0cM）
xa26（t）	菲律宾小种1，2，3，5	Nep Bha Bong	—	—
Xa27*	菲律宾小种2，5	小粒野生稻	6	M964（0cM）
xa28（t）	菲律宾小种2	Lota sail	—	—
Xa29（t）	菲律宾小种1	药用野生稻	1	C904，R596
Xa30（t）	菲律宾菌株PX099	普通野生稻Y238	11	RM1341（11.4cM），03STS（2.0cM）
Xa31（t）	OS105	扎昌龙	4	G235～C600（0.2cM）
Xa32（t）	菲律宾菌株1，4～9	澳洲野生稻C4064	11	RM2064（1.0cM），ZCK24（0.5cM）
xa32（t）	菲律宾菌株PX099	Y76	12	RM8216（6.9cM），RM20A（1.7cM）
xa33（t）	泰国菌株TX016	Ba7	6	RM30～RM400
xa34（t）	中国菌株5226	BG1222	1	BGID25（0.4cM）
Xa35（t）	菲律宾菌株PXO61，PXO112，PXO339	小粒野生稻	11	RM7654（1.1cM）～RM6293（0.7cM）
Xa36（t）	P6和C5	C4059	11	RM224-RM2136

农业防治 加强检疫，防止带菌种子调运导致病区进一步增大。田间以减少菌源为宗旨，及时清理病谷、病稻桩、病稻草、再生稻等。健全排灌系统，严防病区菌水流入健康田块，污染秧田。合理密植，科学施肥，多施复合肥及中微量元素肥料，氮肥施用避免过多过迟。根据各地气候情况，适当调整播期避病，选择典晚型感光品种种植。

化学防治 施药时间设计。首先用壮根剂和杀菌剂进行浸种或拌种。秧田移栽期至少打一次保护药。分蘖至孕穗期，在老病区一般打1～2次保护药，台风前后必须全田防治；新病区，发现病株后，必须增量施药封锁发病中心。穗期视病情施药。

常用种子消毒药剂及方法。通常选用2%石灰水，或40%三氯异氰尿酸可湿性粉剂300倍液，或20%噻菌铜悬浮剂500～600倍液，或70%抗菌素402LD 2000倍液、或用50%代森铵水剂500倍液浸种24～48小时。浸种药液要超过种子3～5cm，浸后捞出冲洗干净，催芽播种。

秧田、大田药剂。已登记的药剂药效一般为50%～70%；防效较好的有20%噻唑锌悬浮剂400～500倍、20%噻菌铜悬浮剂300～500倍、20%噻枯唑可湿性粉剂250～300倍等。

参考文献

成家壮，2008. 防治水稻白叶枯病药剂的研究 [J]. 世界农药，30(5): 13-15, 47.

冯爱卿，陈深，汪聪颖，等. 2020. 7种杀菌剂对水稻白叶枯病防效评价 [J]. 植物保护，46(4): 282-286.

虞玲锦，张国良，丁秀文，等，2012. 水稻抗白叶枯病基因及其应用研究进展 [J]. 植物生理学报，48 (3): 223-231.

章琦，2009. 中国杂交水稻白叶枯病抗性的遗传改良 [J]. 中国水稻科学，23(2): 111-119.

中国农业科学院植物保护研究所，中国植物保护学会，2015. 中国农作物病虫害：上册 [M]. 3版. 北京：中国农业出版社.

（撰稿：朱小源、冯爱卿；审稿：王锡锋）

水稻草状矮化病 rice grassy stunt

由水稻草状矮化病毒引起的、严重危害水稻生产的病毒病害。

发展简史 稻草状矮化病于1963年在菲律宾被首次确认，随后该病害曾在印度（1973—1974）、印度尼西亚（1970—1977）和菲律宾（1973—1977）等国数度流行发生；1978年在日本南部流行。1979年中国首先在福建发现此病，后经调查在台湾、广东、广西和海南等地区亦有零星发生和分布。2006—2007年，该病害在越南南部大暴发，危害面积超过485 000hm²，造成大约828 000t的粮食损失，致使数百万农民蒙受巨大的经济损失。

分布与危害 感病水稻植株一般表现为明显矮化、分蘖增多、叶片褪绿条纹明显，叶片细小、叶窄而刚，为淡绿到淡黄或橙黄色，有时会形成大量形状不规则的暗褐色或锈色小斑，感病植株基本不抽穗。若苗期感染病毒则导致颗粒无收的毁灭性后果（见图）。

病原及特征　病原为水稻草状矮化病毒（rice grassy stunt virus，RGSV），属纤细病毒属（Tenuivirus），粒子形态呈线状或长分枝丝状，直径 4～8nm，长度大多为 950～1350nm，并能形成环状结构。RGSV 基因组由 6 条单链负义的 RNA 组成。

侵染过程与侵染循环　RGSV 的传播介体是褐飞虱，以持久增殖型方式传播，但不经卵传毒。拟褐飞虱和伪褐飞虱也可传毒，但不重要。以无毒褐飞虱 2～3 龄若虫饲毒，不同株系毒株的最短获毒时间不同，如沙县毒株、IR 毒株和玉林毒株相比较，沙县毒株最早获毒，时间为 10 分钟，其次为 IR 毒株，时间为 15 分钟，最后是玉林毒株，时间为 30 分钟。另外，获毒率随虫子在毒源病株上获毒取食时间（16～

水稻草状矮化病害症状（吴建国提供）

48 小时）的延长而提高。RGSV 可在带毒介体昆虫和带病寄主植物体内越冬，翌年由带毒昆虫直接传播或由第一代虫在病株上获毒经循回期反复传毒而完成病害循环。病害暴发往往跟当年介体昆虫的种群数量、活力及其传毒效能密切相关。介体昆虫随季节变换的长距离迁飞是病毒病害进行长距离传播的主要途径。

防治方法　对该病毒病仍以结合病情预测，坚持"抗、避、除、治"四字原则为防治策略。首先，选育、推广抗病品种。不同水稻品种对 RGSV 的抗性存在明显差异。国际水稻研究所应用回交品种 IR1737 及 IR1917 等育成 IR28、IR29、IR30 等系列抗病品种或品系。另外，对抗虫品种的选育也是防治水稻草矮病的一条途径。国际水稻研究所育成的 RGSV-1 抗性品种 IR28、IR32 和 IR34 中即含有抗褐飞虱的显性基因 BPh1。中国也已选育出一批抗褐飞虱兼抗其他病虫害的良种。

调整播种插秧时期，使易感病的苗期水稻避开介体昆虫迁飞高峰。防治该病的重点则是抓好晚秧田至本田分蘖期褐飞虱的药剂防治，尽可能采取统防统治，防止褐飞虱传毒持续危害。掌握田间虫情，选择对口药剂，这是有效防治的关键。在防治褐飞虱过程中，可以选用以下药剂：每亩用 70% 吡虫啉水分散粒剂（必喜 3 号）4g 混加 48% 毒死蜱乳油（绿憬）60～80ml；亩用 25% 噻嗪酮可湿性粉剂（扑虱灵）50g 加 40% 毒死蜱乳油（新农宝）75～100ml；亩用 25% 噻·仲乳油（速扑灵）60～100ml；亩用 10% 醚菊酯悬浮剂（绿谐）75～100ml，亩用水量要求 50～60kg，大暴发时加大水量。但要注意轮换使用药剂，尽量避免和延缓褐飞虱产生抗药性，这样才能达到较好的防治效果。

参考文献

李毅，周雪平，韩成贵，等，2010. 稻麦主要病毒病识别与控制 [M]. 北京：中国农业出版社.

谢联辉，2001. 水稻病毒：病理学与分子生物学 [M]. 福州：福建科学技术出版社.

谢联辉，2007. 植物病原病毒学 [M]. 北京：中国农业出版社.

（撰稿：吴建国；审稿：王锡锋）

水稻齿叶矮缩病　rice ragged stunt

由水稻齿叶矮缩病毒引起的、危害水稻生产的病毒病害。

发展简史　1976 年在印度尼西亚发现，随后在菲律宾和中国的福建和台湾相继发生。此后在泰国、马来西亚、印度、孟加拉国、斯里兰卡、日本和越南等国也曾发生。中国除福建和台湾外，在云南、广西、广东、海南、江西、湖南、湖北等地也曾发生。2007 年在福建西北地区再次发生严重。

分布与危害　主要分布在东南亚、东亚和南亚一些国家，中国海南、福建、广东、广西、湖南等地有零星分布。水稻齿叶矮缩病侵染水稻引起的症状为：植株矮小，叶尖卷曲，叶缘缺刻呈锯齿状，叶鞘和叶片背面有长条状脉肿，后期有高位分蘖，与南方水稻黑条矮缩病毒侵染水稻引起症状的显著区别是茎秆不生长瘤状突起。

病原及特征　水稻齿叶矮缩病毒（rice ragged stunt virus，RRSV）属于呼肠孤病毒科（Reoviridae）水稻病毒属（Oryzavirus）的代表成员，其病毒粒体呈球状，为双层壳，粒体直径 50～60nm，整个基因组由 10 条双链 RNA 组成。

侵染过程与侵染循环　水稻锯齿叶矮缩病主要由携带病毒的褐飞虱以持久增殖型方式传播，但不经卵传播。褐飞虱最短获毒时间为 0.5 小时，获毒率仅有 2%；饲毒 48 小时，获毒率最高，可达 42%。带毒褐飞虱最短传毒时间是 0.5 小时，最长传毒时间为 48 小时，传毒率达 40%。29℃ 条件下，病毒在虫体内的最短循回期为 3 天，最长 19 天，平均 7.6 天；24.1℃ 条件下，最短 5 天，最长 23 天，平均 10.7 天。通过循回期后褐飞虱能终身传毒，存在间隙传毒现象，间隙期为 1～6 天。褐飞虱是一种迁飞性昆虫，可远距离飞行，因此，携带病毒的褐飞虱可通过迁飞活动将病毒传播到不同的地区或国家。由于该病害属于热带病，在冬季较冷、水稻无法生长的亚热带地区，病毒无法越冬存活，而在周年都有水稻种植的热带地区，病毒可在寄主植物上长期存在并成为亚热带春季气候回暖季节病毒的初侵染源。因此，每年的 4～5 月，伴随着褐飞虱从越南北部及中国海南向北逐渐迁飞，RRSV 首先在中国广东、广西的早季稻发病，并作为中、晚季稻的病害侵染源。稻田中一旦存在发病的水稻，即可被褐飞虱不断向周围稻田传播病害。

防治方法　通常以结合病情预测，遵循"抗、避、除、治"四字原则为防治策略。因此，选育和种植抗病性品种是首选的防治措施，早期栽培品种赤块矮 3 号、赤块矮选、三农 3 号具有抗 RRSV 特性，IR29 和 IR36 发病率也较低，IR28、IR32 和 IR34 含有抗介体褐飞虱的显性基因，因此，也可有效减少病害的发生。

合理的耕作栽培也可防病，如清除田间野生带毒寄主，加强田间管理；减少单、双季稻混栽面积，切断介体昆虫辗转传毒；调节播、插时间，避开介体传毒高峰，可避开或减少介体褐飞虱对病毒的传播。此外，加强必要的治虫防病工作等可有效切断病害的传播。

参考文献

谢联辉，2001. 水稻病毒：病理学与分子生物学 [M]. 福州：福建科学技术出版社.

谢联辉，林奇英，魏太云，等，2016. 水稻病毒 [M]. 北京：科学出版社.

（撰稿：贾东升、魏太云；审稿：王锡锋）

水稻干尖线虫病　rice white tip nematodes

由水稻干尖线虫引起的、危害水稻地上部组织的线虫病害，是一种种传病害。

发展简史　1915 年，角田（Kakuta）在日本九州发现一种新的水稻病害，命名为黑粒病（black grain disease），调查后发现此病害与线虫有关。1941 年，田中和内田（Tanaka & Uchida）发现部分水稻生长缓慢、发育不良，深入研究后认为此症状也和线虫危害有关。1944 年吉井（Yoshii）在九州发现水稻的枯萎病（heart blight）也是由线虫引起的，1948 年，横尾（Yokoo）把此线虫命名为 Aphelenchoides oryza。1950 年，吉井和山本（Yoshii & Yamamoto）比较了上述的水稻病害，发现这些病害都由 Aphelenchoides oryza 危害引起。

在美国 20 世纪 30 年代，水稻干尖症状普遍被认为是因缺铁或镁等微量元素引起的，但在 1949 年，克劳利（Cralley）发现，美国水稻干尖症状与日本水稻遭 Aphelenchoides oryza 危害后的症状相似。1952 年，艾伦（Allen）鉴定了从美国和日本水稻上分离出来的线虫，发现它们都属于 1942 年克里斯蒂（Christie）命名的草莓线虫 Aphelenchoides besseyi 这个种，因此，Aphelenchoides oryza 弃之不用，而是把引起水稻干尖症状的线虫更正为 Aphelenchoides besseyi。

分布与危害　在大多数水稻种植区域均有发生，是全世界重要性列第十位的植物寄生线虫，也是很多国家的检疫性病害。水稻干尖线虫病可以在旱稻、灌溉稻和深水稻上发生，一般情况下导致减产 10%～20%，严重的可达 30%。水稻干尖线虫侵染水稻地上部分组织，起初苗期感染症状不明显，一些品种在 4～5 片真叶时开始出现症状，大部分感病品种在病株孕穗后干尖症状才开始明显，叶尖扭曲，变成黄褐色、半透明，后变为灰白色，病健部有明显的不规则深褐色界纹（图 1）。此外，一些品种染病后并不表现干尖症状，而仅在穗期表现出"小穗头"症状。感病的水稻大多数能正常抽穗，但植株矮小，谷粒减少，秕粒多，千粒重降低。水稻干尖线虫还能侵染草莓，造成草莓叶片扭曲萎缩，植株矮小，此病害被称为草莓夏矮病。水稻干尖线虫还可寄生野生稻、稻田杂草、洋葱、大蒜、红薯、大豆、辣椒、菊花、晚香玉、苎麻、印度榕等蔬菜和园艺植物。

病原及特征　病原为水稻干尖线虫（Aphelenchoides besseyi Christie）。属小杆目滑刃线虫属。雌雄虫体都为细长蠕虫形，成虫体长 440～880μm，雌虫比雄虫略长。头尾钝尖、半透明。唇区圆，缢缩明显，口针较弱，茎部球中等大小。侧区宽约为体宽的 1/4，侧线 4 条。中食道球长卵圆形，具有瓣门。食道腺覆盖肠，为体宽 5～8 倍。排泄孔略位于神经环前端。阴门位于虫体后部，阴门唇稍突起。卵巢 1 个，较短，具有 2～4 排卵母细胞。受精囊明显，长圆形，内部充满精子。后阴子宫囊窄，不清晰，内无精子，长为肛门处虫体宽度的 2.5～3.5 倍，但短于肛阴距的 1/3。尾锥形，末端具有星状尖突。雄虫尾交合刺强大，基部无背突，只有 1 个中等发育的腹面缘突（图 2）。

侵染过程与侵染循环　水稻干尖线虫卷曲聚集在糙米和颖壳内，其中大部分为雌成虫，当谷粒中水分慢慢损失时，线虫也随之缓慢脱水并进入休眠状态，在干燥条件下可存活 3 年。播种后，线虫开始复苏并离开谷粒进入土壤和水中，线虫复苏时间和谷粒存储时间和水温有关，一般谷粒存储时间越长，存活率越低，线虫复苏越慢，温度越高，线虫复苏越快，但有一定的最高临界温度，一般认为 42℃，超过这个温度，线虫就不会生长活动。游离在水中或土壤中的线虫遇水稻幼芽便从芽鞘、叶鞘缝钻入，以口针刺入生长点、腋芽及新生嫩叶尖端细胞吸食汁液，以此维持外寄生生活。随

图 1 水稻干尖线虫病发病典型症状（姬红丽提供）

水稻干尖线虫病　*Aphelenchoides besseyi* Christie, 1942

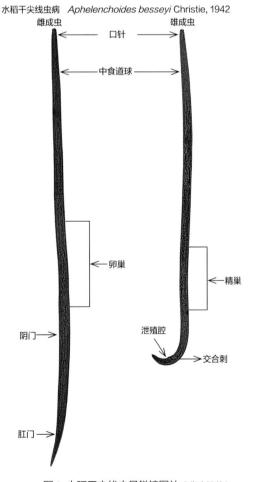

图 2 水稻干尖线虫显微镜图片（薛清提供）

稻株生长，线虫逐渐沿着水膜向上部移动，分蘖期后，数量逐渐增加，孕穗期线虫进入小穗，并通过自然的顶端开口进入小花，取食里面鲜嫩的组织并迅速繁殖，开花后期线虫繁殖下降，同时随着谷粒内水分降低，进入休眠状态，造成谷粒带虫。翌年谷粒萌发后，干尖线虫复苏进行再侵染。

流行规律　水稻干尖线虫病的发生主要与品种的抗病性和土壤温湿度有关。不同水稻品种受侵染的程度以及线虫在植株上的繁殖率都有所不同，受线虫侵染的抗病品种产量损失显著少于感病品种，且线虫繁殖率在抗病品种上也明显低于感病品种。早熟品种受害较轻，粳稻品种干尖症状明显，多数籼稻品种不显症且对干尖线虫表现耐病。水稻干尖线虫主要通过种子携带活性虫体进行侵染传播，而散落在田间或苗床的带虫稻壳也可作为侵染源，健康植株可被隔行病苗上的线虫通过灌溉水传播受到侵染。远距离传播主要依靠带虫种子和感染稻苗的调运以及作为商品包装运输填充物的稻壳。

防治方法

选用无病种子　水稻干尖线虫主要借助种子远距离传播，严格实行种子检疫和使用无病种子，在良种选育、繁育基地对育种材料、原原种、原种以及制种亲本进行温汤或药剂浸种处理，在源头上减少种子带虫，是最简单和有效的防治措施。

选育和采用抗（耐）病品种　避免使用感病品种，采用抗病或耐病品种。冷凉地区可选用早熟品种以降低损失。相关单位应对育种亲本和现有水稻品种的抗病性进行鉴定，筛选出在生产上可以应用的优良抗病或耐病品种，并为育种单位提供抗源。

种子处理　①温汤浸种。先将稻种预浸于冷水中18～24 小时，然后放在 52～54℃ 温水中浸种 15 分钟；如不经过预浸，种子需要在 56～58℃ 热水中浸泡 15 分钟，取出立即冷却，催芽播种。浸泡后的种子须干燥后才能长期储藏。②干热烤种。在 82℃ 处理 16 小时。③药剂浸种。10.5% 噻唑膦乳油 1000 倍稀释液（有效成分浓度 105mg/L）或杀虫单（有效成分浓度 225mg/L）或 3.2% 阿维菌素乳油 10 000 倍（有效成分浓度 3.2mg/L）浸种 48 小时。浸种结束后，用清水充分冲洗种子去除药剂残留。如种子活力低，用温汤或药剂浸种时，发芽或有降低的趋势，如直播易引致烂种或烂秧，故需催芽再播种。

农业防治　水稻干尖线虫在水中游动的范围不大，但若线虫从颖壳中游出时，正值田水灌排或满灌，流水可帮助其扩大流动范围，发病率也会有所上升，所以要防止大水漫灌、串灌，减少线虫随水流传播。秧田期可降低播种密度，以便通风透光，降低叶面湿度，减少线虫食物来源和移动介质。科学施肥，确保水稻中后期生长健壮，可有效降低线虫危害程度。及时清除病株，病区稻壳不能用作育秧田隔离层和育苗床面覆盖物以及其他填充物，育苗田远离脱谷场。

参考文献

段玉玺, 2011. 植物线虫学 [M]. 北京：科学出版社：163-165.

王玲，黄世文，禹盛苗，等, 2008. 水稻干尖线虫病在籼粳杂交晚稻上的危害及防治 [J]. 中国稻米 (5): 65-66.

王子明，周风明，吕玉亮，等, 2003. 江苏省水稻小穗头现象发生原因与防治对策研究 [J]. 江苏农业科学 (5): 1-5.

（撰稿：姬红丽；审稿：彭云良）

水稻谷枯病　rice glume blight

由颖枯茎点霉侵染、危害水稻颖壳和谷粒的真菌病害，世界性的水稻病害。又名水稻颖枯病。

发展简史　首先发现于日本、美国，后来在印度、斯里兰卡、巴西、中国、塞拉利昂、坦桑尼亚等国的水稻产区陆续报道。受病原菌致病力、环境因素等影响，该病害在各国流行程度一般，因此，有关此病的研究报道较少。1932 年，该病在中国浙江萧山一带发生严重，导致水稻损失 25%，一度引起人们的重视。

分布与危害　该病在世界各国稻区零星分布。在中国长江流域各稻区均有发生，曾报道发生相对严重的有浙江、广东、安徽、江苏、四川。

水稻谷枯病为穗期病害，只侵染水稻谷粒，一旦发生，严重影响水稻的结实率和千粒重，一般可引起水稻减产 5%～8%，严重的损失 20% 以上。该病主要危害颖花和谷粒。发病初期在颖壳尖端或两侧生出淡褐色、椭圆形的小斑点，后期病斑变大，病斑间愈合成不规则大斑，扩展至谷粒的大部或全部，病斑中色泽较浅，枯白色，边缘深褐色，湿度大时病斑上可散生小黑点，为病菌分生孢子器。水稻开花期病菌侵染越早对产量影响越大，可造成花器全毁或形成秕谷，后期侵染只影响谷壳颜色，对产量影响较小（图 1）。

引起水稻出现谷枯病症状的病原有真菌和细菌，两者的区别见表。

病原及特征　病原为颖枯茎点霉 [*Phoma glumarum* (Ellis et Tracy) I. Miyake]，属茎点霉属。主要寄主是水稻。

病菌初期分生孢子器埋生于颖壳表皮下，后期突破表皮外露，最后成为表生，顶端突起有孔口。分生孢子器散生或群生，黑褐色，上深下浅，以球形为主，大小为 48～133μm×40～95μm。分生孢子单胞，卵形或椭圆形，无色或淡色，大小为 3～6μm×2～3μm，成熟后遇水可成群由孔口逸出继续危害（图 2）。

侵染过程与侵染循环　病菌在水稻抽穗扬花期入侵花器及幼颖致病，抽穗后 15～20 天最重，随着气候的适宜，病斑扩展迅速、颜色明显加深，严重时整个稻穗黑谷、秕谷累累。当稻谷米粒形成时，病菌扩展受到限制，病情趋于稳定。

该病由种子带菌，以分生孢子器在稻谷上越冬，翌年水稻抽穗后，在适宜的温湿度条件下，释放分生孢子进行初次侵染，借助风和雨传播。暂时未发现任何中间寄主。

流行规律　水稻谷枯病一般早稻重于晚稻。在田间，病株分布较均匀，无明显的发病中心。水稻抽穗扬花期遇上暴风雨天气是该病发生和流行的主要条件。一方面是因为该病菌主要通过释放分生孢子借风雨实现远近距离的传播，另一方面风雨导致稻穗和谷粒间相互摩擦损伤而有利于病菌入侵。同时，着粒密、感病或易倒伏品种大面积种植、偏施或迟施氮肥、田块排水不良、地面温湿度高等均会促进病害的发生。

防治方法　该病主要通过种子带菌传播和抽穗扬花期危害，因此，选用无病种子和选准适宜的用药时期是防治的关键。

种子消毒和选用抗（耐）病品种　不从病区引种，选用无病种子。进行种子消毒，可选择 25% 咪鲜胺乳油 1000 倍、70% 甲基托布津 700 倍液浸种 24 小时，浸后捞出冲洗干净，

图 1　水稻谷枯病病穗症状（朱小源提供）

真菌性谷枯病与细菌性谷枯病的区别表

比较指标	真菌性谷枯病	细菌性谷枯病
病原	颖壳伯克氏菌 *Burkholderia glumae*（Kurita and Tabei 1967）Urakami et al., 1994	*Phoma glumarum*（Ellis et Tracy）I. Miyake
发生时期	只在穗期危害颖花和谷粒，引起谷枯	苗期和穗期均可危害，引起苗腐和谷枯
谷枯病斑特征	病斑中部色泽较浅，枯白色，边缘深褐色。可危害谷粒下小枝梗	谷粒褐色，病健部有一明显的棕色界限。侵染谷粒不侵染枝梗
病征	病斑上可散生小黑点，为病菌分生孢子器	没有病征

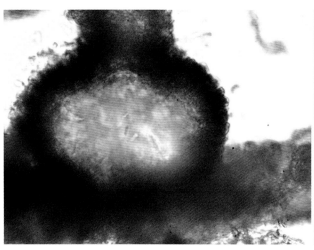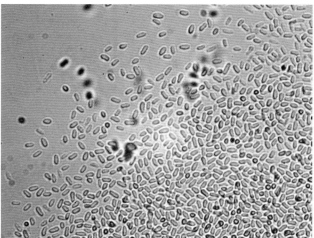

图 2　水稻谷枯病菌分生孢子器及分生孢子（冯爱卿提供）

催芽播种。比较抗病的品种有粤香占、七山占、籼小占、丰澳占、油优 63、华优广抗占、Ⅱ优 98、粤优 229、冈优 305、冈优 188、川香优 907、冈优系列、博优系列等。

农业防治　适当增施叶面肥。为提高水稻的抗逆、抗病能力，在水稻分蘖后期至抽穗期，适当增施含有微量元素及磷酸二氢钾的叶面肥。

化学防治　在老病区可以在剑叶出全至破口期喷第一次药，齐穗期喷第二次药，并视天气状况尤其在台风雨过后要尽快喷药保护。施药时应重点喷湿稻穗。药剂可选用 10% 苯醚甲环唑水分散粒剂 0.6 ～ 1.125kg/hm²、40% 灭病威胶悬剂 3.0kg/hm²、40% 氟硅唑乳油 90 ～ 112.5g/hm²、50% 咪鲜胺锰盐可湿性粉剂 360 ～ 600g/hm² 等。

参考文献

欧壮，陈绍平，1999. 水稻颖枯病发生危害及防治 [J]. 植物保护 (4): 15-17.

张晚兴，江聘珍，陈绍平，等，1999. 水稻颖枯病防治技术研究 [J]. 广东农业科学 (1): 34-35.

张翔宇，2010. 南部县 2009 年水稻颖枯病大发生原因及防治对策 [J]. 植物医生，23(2): 4-5.

中国农业科学院植物保护研究所，中国植物保护学会，2015. 中国农作物病虫害：上册 [M]. 3 版. 北京：中国农业出版社 .

SUGHA S K, SINGH B M, 1990. Spikelet nutrients of rice and their relation to glume blight[J]. Indian phytopathology, 43(2): 186-191.

（撰稿：朱小源、冯爱卿；审稿：王锡锋）

水稻黑条矮缩病　rice black-streaked dwarf disease

由南方水稻黑条矮缩病毒引起的、危害水稻生产的病毒病害。

发展简史　1952 年首次在日本东南部发现。中国于 1963 年首先在浙江余姚发现，同期发现的还有玉米粗缩病。后来的研究表明，多地的玉米粗缩病是由水稻黑条矮缩病毒引起。20 世纪 60 年代中期，水稻黑条矮缩病在华东不少地区的稻、麦和玉米等禾谷类粮食作物上严重危害，此后的 20 年发病面积迅速下降，在 70 年代甚至连病株标本都很难找到，自 20 世纪 90 年代后期起，该病在浙江回升流行并不断向周边蔓延，2006 年以来，该病在江苏、浙江、山东和河南沿黄等稻区大面积发生，均造成了巨大的经济损失。

分布与危害　主要分布在江苏、浙江、山东和河南等稻区。发病的水稻比健康水稻明显矮缩，叶子短小僵直，深绿，新抽出的叶片变得扭曲皱缩（见图）。发病初期叶片背面的叶脉和茎秆上有蜡泪状白色凸起，后来变成黑褐色的短条瘤状凸起，水稻不抽穗或穗小，最终可导致严重减产。

不同生长期的水稻染病后症状有所不同。

秧苗发病症状　病株心叶生长慢、叶片短宽、僵直、深绿，叶枕间距缩短，叶背面的叶脉有不规则白色瘤状凸起，后变成黑褐色。病株矮小，不抽穗，常提早枯死。而由除草剂药害引起的是枯黄；由植物生长调节剂药害引起的是扭曲畸形；由杂交稻种性不纯引起的杂株在秧苗期一般看不出来。

分蘖期症状　初期染病的稻株，明显矮缩（约为正常株

水稻黑条矮缩病症状（①王锡锋提供；②③吴楚提供）
①大田受害症状；②叶片受害症状；③稻株受害症状

高 1/2），上部数片叶的叶枕重叠，心叶破下叶叶鞘而出，或呈螺旋状伸出，叶片短而僵直，叶尖略有扭曲畸形，主茎和早期分蘖尚能抽穗，但结实率低或包穗、穗小，似侏儒病。而处于分蘖期的药害病株，其所在叶片均质地刚直，心叶扭曲畸形，边缘白化；而杂交稻种性不纯的杂株生长都比较正常，一般为株形矮小、叶片宽窄和色条变化等。

拔节期症状　病株矮缩不明显，剑叶短阔、僵直，中上部叶片基部可见纵向皱褶，茎秆下部节间和节上可见蜡泪状白色或黑褐色凸起的短条泪肿，抽穗时穗颈缩短，结实率很低。

病原及特征　病原为水稻黑条矮缩病毒（rice black-streaked dwarf virus，RBSDV）。属呼肠孤病毒科（Reoviridae）斐济病毒属（*Fijivirus*）。RBSDV 的病毒粒子为等径对称的球状多面体，直径为 75～80nm。病毒粒子有内外两层衣壳。细胞质中的病毒粒子有 3 种形式：①分散或不规则聚集。②有规则的晶状排列。③病毒粒子排列成串，外包一层膜呈豆荚状、鞘状或管状构造。病毒基因组由 10 条双链 RNA 构成，RBSDV 基因组为双链 RNA，共 10 个片段，由大到小分别命名为 S1～S10。病毒钝化温度为 50～60℃。该病毒仅能通过灰飞虱等害虫进行传播，不能通过摩擦汁液传播。

侵染过程与侵染循环　水稻黑条矮缩病毒的传播媒介主要为灰飞虱。第一代灰飞虱在越冬的病株上获毒后将病毒传到小麦、早稻、单季稻、晚稻和春玉米上（引起玉米粗缩病）。稻田中繁殖的第二、三代灰飞虱，在水稻病株上取食获毒后，飞入晚稻田和秋玉米田传毒，晚稻上繁殖的灰飞虱成虫和越冬代若虫又进行传毒，传给大麦、小麦。由于灰飞虱不能在玉米上繁殖，故玉米对该病毒再侵染的作用不大。田间病毒通过麦—早稻—晚稻的途径完成侵染循环。灰飞虱 1～2 天即可充分获毒，病毒在灰飞虱体内循回期为 8～35 天。传毒时间非常短，几分钟即传毒成功。病毒侵染稻株后的潜伏期为 14～24 天。

流行规律　黑条矮缩病的流行原因是多方面的。首先是栽培方式；其次是传毒介体灰飞虱的田间数量和带毒率的高低；水稻生育时期与灰飞虱的迁飞高峰期是否吻合；再者是感病或抗病品种的栽培、气候等。晚稻早播比迟播发病重，稻苗幼嫩发病重。

栽培耕作制度与黑条矮缩病的流行之间有着密切的关系。浙江中部地区在 20 世纪 50 年代以前推行"老三熟"（冬春作物—早中稻—秋杂粮）耕作制度，其作物均为介体昆虫不适合的作物或非寄主作物，病害难以流行。20 世纪 50 年代后期到 60 年代初期改制成"新三熟"（大、小麦—早稻—晚稻），其 3 季作物均为灰飞虱的合适寄主，且 3 季作物季季衔接，因此，造成该病在 20 世纪 60 年代中期发生流行危害。后由于扩大双季稻，麦田的翻耕和早稻的移栽等农事操作使病害的初侵染受阻，故在 20 世纪 60 年代末期后危害迅速下降。20 世纪 80 年代后，由于扩大小麦，又给该病初侵染创造了有利的寄主条件，致使该病在 20 世纪 90 年代中期回升流行。河南沿黄稻区属典型的稻—麦连作区，在水稻育秧期（5 月上旬至 6 月中旬）和小麦播种期（9 月下旬至 10 月中旬）均有一段重叠共生期。介体灰飞虱很容易找到生存寄主和充足的食物，有利于灰飞虱繁衍种群，增大越冬基数。在麦—稻、稻—麦更替时期，水稻条纹黑条矮缩病毒通过介体灰飞虱，使病毒在寄主间实现了无缝隙、无障碍传播。

水稻黑条矮缩病毒可侵染多种作物和禾本科杂草等，病毒通过媒介灰飞虱在水稻、小麦、玉米、禾本科杂草等寄主间循环传播、周而复始，从不间断。不同水稻品种的发病程度不仅表现了品种对黑条矮缩病不同的抗性水平，而且也表现了对传毒介体的诱发程度。在不同的栽培管理条件下，灰飞虱迁入量高、发生量大，黑条矮缩病发生就重；灰飞虱发生低，矮缩病就轻。不同生育期接种的植株发病率也有显著差异，幼苗尤其是 3～4 叶期最为敏感（发病率 >50%），而在分蘖后接种的植株没有症状或几乎不发病。种植的水稻品种对水稻黑条矮缩病几乎没有抗性，这也为病害的流行提供了丰富的寄主资源。

20 世纪 90 年代以来，冬季气温偏高，而夏季高温天气减少，呈冬暖夏凉的气候特征。冬季气温升高使灰飞虱能安全越冬，并促使其活动频率提高，加重了小麦及看麦娘等杂草上黑条矮缩病的发生，从而提高了种群带毒率，增加了水稻被侵染传毒概率。

防治方法　可以在水稻的感病期严格控制迁入危害的带毒灰飞虱的数量，从病害的源头抓起，切断病毒循环链，

S

这样才能有效遏制病害的流行和危害。针对灰飞虱发生规律和传毒特点，坚持"预防为主，综合防治"的植保方针，农业防治与化学防治相结合，将水稻黑条矮缩病的发病率压到最低。

选择抗病品种，改善栽培制度　在病区扩大种植病品种，逐步淘汰感病品种。在水稻播栽期上应提倡同期播种、适当推迟播栽期，避开一代灰飞虱成虫迁移传毒高峰期。早稻稍迟一周多开始移栽，麦茬后10天左右移栽晚稻能有效降低发病率。此外，要避免零星田块早播。秧田要远离麦田和上年发病重的冬闲田，提倡集中连片播种育秧，并能同时移栽；统一施肥用药，培育无病壮秧。另外，要合理施肥、平衡施肥，控氮增钾，增施微肥，提高稻株抗病力。控制氮肥的使用量，避免秧苗浓绿引诱灰飞虱取食；重视施用锌肥，并作底肥施用，平衡施用肥料，促使稻苗早生快发，缩短病害易感期，增强稻株抗病力。

治虫防病　灰飞虱为主要传毒媒介，病毒能借助小麦、禾本科杂草、水稻等寄主植物"接力"传播病害，形成侵染循环。水稻秧苗期是黑条矮缩病的敏感致病期，其次为大田返青分蘖期。病害能否流行主要取决于秧田和本田初期的灰飞虱种群数量和带毒率。因此，关键控制技术是压低灰飞虱种群数量和带毒率，通过"防虫防病"的方法，把带毒灰飞虱扑灭在迁移到水稻秧苗传毒侵染之前。推广防虫网覆盖育秧，把带毒灰飞虱隔离在水稻秧苗之外，这样可有效防止灰飞虱传播病毒。

具体防治方法如下：

①清除冬作田间杂草，用对口除草剂防除小麦田、绿肥田、油菜田的看麦娘等杂草，恶化灰飞虱越冬场所，压低虫源、毒源。

②防治秧田和本田前期灰飞虱。结合防治水稻条纹叶枯病，采取"治越冬虫源田保秧田、治秧田保大田、治前期保后期"办法，防止灰飞虱传毒。

③抓好麦田和冬闲田一代灰飞虱防治。对灰飞虱虫量较大冬闲田，结合化学除草，通过添加毒死蜱杀虫剂防治。

④狠治秧田期一代灰飞虱成虫。选择持效性较好的氟虫腈、吡蚜酮等，与速效性较好的毒死蜱等结合使用。移栽前2～3天用好送嫁药，做到带药移栽。

⑤适期防治本田前期灰飞虱。直播稻田灰飞虱防治于播种后7～10天（秧苗露青）用药。移栽稻本田期用药间隔期与防治次数，根据水稻品种抗病性、带毒虫量确定，如虫量大、品种高度感病，应缩短间隔期，增加用药次数。要注意交替用药，延缓灰飞虱抗药性产生。

⑥抓住一代成虫从麦田迁向稻田和二、三代成虫由早稻本田迁向晚稻秧田及玉米上，末代成虫和越冬若虫从晚稻迁到早播麦田的防治。具体防治方法：在越冬代2～3龄若虫盛发时喷洒10%吡虫啉可湿性粉剂1500倍液或30%乙酰甲胺磷乳油、50%杀螟松乳油1000倍液、20%扑虱灵乳油2000倍液、50%马拉硫磷乳油或50%混灭威、20%杀灭菊酯2.5%溴氰菊酯乳油2000倍液，在药液中加0.2%中性洗衣粉可提高防效。

⑦采用生物防治和物理防治方法，保护天敌，如蜘蛛与黑肩绿盲蝽。采用有效低浓度、对天敌杀伤力较小的施药方法。推广频振诱控技术，结合稻田养鸭，以"稻＋灯＋鸭"模式防治稻飞虱。

参考文献

陈声祥，张巧艳，2005.我国水稻黑条矮缩病和玉米粗缩病研究进展 [J].植物保护学报 (1): 97-103.

任应党，鲁传涛，王锡锋，2016.水稻黑条矮缩病暴发流行原因分析——以河南开封为例 [J].植物保护，42(3): 8-16.

（撰稿：王锡锋；审稿：周雪平）

水稻黄矮病　rice transitory yellowing disease

由水稻黄矮病毒引起的、危害水稻生产的病毒病害。

分布与危害　最早在中国台湾、云南、广西和广东等地流行，后发展到长江中下游各地。近30年，水稻黄矮病发病率逐渐降低，仅偶发于云南等地。

病叶通常先从叶尖开始发黄，逐渐向叶基部扩展，形成叶肉鲜黄而叶脉保持绿色的典型病症，并有叶角平摆现象，而病叶有时会恢复绿色，病症消失。发病严重时，病叶会干枯坏死，导致20%～30%的减产（图1）。

病原及特征　病原为水稻黄矮病毒（rice yellow stunt virus，RYSV）。RYSV为弹状病毒属成员，该属病毒具有典型的子弹状外形（图2）和基因组结构，一条不分节段的单负链RNA。RYSV大陆株系基因组含14042个核苷酸，除3′端引导区和5′端结尾区外还含有7个基因，其病毒粒子长100～125nm，直径50～75nm（图2）。

侵染过程与侵染循环　黑尾叶蝉（Nephotettix cincticeps Uhler）、大斑黑尾叶蝉（Nephotettix nigropictus Lirnayuori）和二点黑尾叶蝉（Nephotettix virescens Distart）是RYSV的传播媒介，以持久性方式传播病毒，病稻汁液、土壤和种子均不能传播。带毒叶蝉在田间禾本科杂草中过冬，并于翌年将病毒传回水稻上。作为一个虫传病毒病，水稻黄矮病的流行与病毒媒介黑尾叶蝉的种群数量和带毒率相关。

流行规律　由于水稻黄矮病发病率下降，因此，未见其流行规律的报道。

防治方法

选种抗病水稻品种。

媒介昆虫的防控　严格防控黑尾叶蝉，尤其是在苗期，

图1　水稻黄矮病症状（董家红提供）

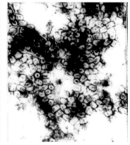

图2　水稻黄矮病毒的电子显微镜照片（方荣祥提供）

可在秧田覆盖防虫网。使用对黑尾叶蝉高效、低毒的农药，如溴氰菊酯 2.5% 乳油或 2.5% 可湿性粉剂 1500～2000 倍液均匀喷雾。

加强田间管理　田埂及附近杂草是叶蝉的越冬场所，要及时铲除。在田中发现病株及时拔除，以防止病害进一步传播。

参考文献

范怀忠，黎毓干，裴文益，等，1965. 广东水稻黄矮病的初步调查研究 [J]. 植物保护 (4): 143-145.

阮义理，1980. 水稻黄矮病和黄叶病的比较 [J]. 植物保护，6 (3): 6-7.

HUANG Y W, ZHAO H, LUO Z L, et al, 2003. Novel structure of the genome of rice yellow stunt virus: identification of the gene 6-encoded virion protein[J]. Journal of general virology, 84: 2259-2264.

（撰稿：陈晓英；审稿：王锡锋）

水稻瘤矮病　rice gall dwarf disease

由水稻瘤矮病毒引起的、危害水稻生产的一种病毒病害。

发展简史　1979 年首次发现于泰国中部的一种水稻病毒病，随后在马来西亚、朝鲜和中国发生和报道。

分布与危害　在中国主要分布于广东、广西和福建等地，主要危害双季晚稻。自 1981 年以来，该病已在广东和广西局部地区多次大流行，流行年份发病率一般在 50%～70%，重病地块颗粒无收，损失极为惨重。

瘤矮病主要在秧苗 6 叶龄前感染，分蘖前期症状表现最为明显。发病株明显矮缩，通常不及正常株高的 1/3～1/2，分蘖少，不抽穗或抽穗少，抽穗迟，不实粒多，粒重轻。病叶短而窄，叶色深绿，相邻叶片的叶枕距离变短甚至相互重叠。病叶背和叶鞘上长有淡白色小瘤状突起（小瘤后变成绿色或黄绿色），大小为 0.1～2mm，几个小瘤如连在一起则叶鞘或叶脉稍胀大。少数病叶叶尖扭曲，个别新出病叶的一边叶缘灰白色坏死，形成 2～3 个缺刻。病株根系发育不良，老根多，新根少，且根系变细、短。

病原及特征　水稻瘤矮病毒（rice gall dwarf virus，RGDV），属于呼肠孤病毒科（Reoviridae）植物呼肠孤病毒属（Phytoreovirus）。病毒粒体为球状，直径 65～70nm。

RGDV 的主要传毒介体为电光叶蝉（Recila dorsalis）、黑尾叶蝉（Nephotettix cincticeps）和二点黑尾叶蝉（Nephotettix virescence），以持久性增殖型方式传播。介体昆虫最短获毒时间为 5 分钟，循回期在 22～23℃ 下最短为 13～14 天，最长为 23～24 天；循回期后，多数个体呈 1 次或多次间歇性传毒，间歇期为 2～6 天。自然条件下，仅侵染水稻，但通过介体昆虫可人工传毒至小麦、燕麦、野生稻、大麦、黑麦、意大利黑麦草和日本草等植物上。病毒粒体在水稻病株中含量很低，主要分布在植物韧皮部细胞的细胞质、液泡以及从韧皮部细胞长出的瘤细胞中。而在昆虫介体中，病毒粒体可存在于昆虫多种细胞，包括唾腺、胃肠、脂肪、肌肉和神经细胞等的细胞质中。

RGDV 基因组为双链 RNA，共 12 个片段，由大到小分别命名为 S1～S12。泰国分离物、广西分离物以及广东分离物全基因组序列已经测序完成，全长约为 25700kp。在基因组织结构上，除了 RGDV S9 基因片段采用多顺反子编码策略外，其余基因片段都采用单顺反子，每个开放阅读框（open reading frame，ORF）只编码一个蛋白。P1、P2、P3、P5、P6 和 P8 为结构蛋白，而 Pns4、Pns7、Pns9、Pns10、Pns11 和 Pns12 为非结构蛋白。已初步明确 P1 为 RNA 聚合酶蛋白，P2 和 P8 为构成内层和外层的衣壳蛋白，P7 为运动蛋白，Pns11 和 Pns12 为病毒抑制子，其中 Pns11 还是一个症状决定因子。

侵染过程与侵染循环　RGDV 主要在再生稻、落粒自生稻、部分禾本科杂草和昆虫介体上越冬。在东南亚和中国南方等病区田间，整个冬季都有再生病稻和落粒自生稻苗，电光叶蝉等带毒昆虫可繁殖 1～2 代，这些将成为下年度最主要的初侵染源。在早季稻种植当季，越冬带毒叶蝉迁飞至秧苗传毒，成为晚季稻的主要再侵染源。

流行规律　由于该病在秧苗 6 叶龄前最易感染，其中 1～3 叶龄的秧苗最为敏感，因此，在 6 叶龄前感染，通常表现为发病率高，病害潜育期短，病株矮缩严重，结实率低；而在 9 叶龄后感染的植株基本不表现症状，对产量影响小。因而对于早季稻而言，由于越冬虫源数量相对较少，故而早季稻一般仅零星发病，受害较轻。在中国南方稻区，晚季稻播种后从针叶期开始即受侵染，特别是在 7 月中旬早季稻收割时介体叶蝉被迫大量迁移，晚季稻田的虫数激增，秧苗感染率也激增，这导致该病在晚季稻比在早季稻发生重且普遍。

防治方法　该病害的防控，重点应采取减少初侵染源以及晚季稻秧苗治虫防病策略。早稻收割后，应及时翻犁，以防早季稻病株的再生继续成为晚季稻病源。晚稻收割后，及时翻犁晒白，避免再生稻和落粒自生稻的生长，减少叶蝉虫口数量。在发病区的晚季稻栽培中采用"种子处理、施药送嫁"等治虫防病措施。特别在秧田期和大田"回青期" 2 个关键时期及时施药防治叶蝉，从而阻断带毒叶蝉在水稻生长早期传毒侵染。

参考文献

中国农业科学院植物保护研究所，中国植物保护学会，2015. 中国农作物病虫害 [M]. 3 版. 北京：中国农业出版社.

（撰稿：李华平；审稿：王锡锋）

水平抗病性　horizontal resistance

在植物病理学研究中，根据寄主和病原菌之间是否有特异的相互作用，将植物的抗病性分为垂直抗病性和水平抗病性两类。水平抗病性又名非小种特异性抗病性和非专化性抗病性，即寄主的某个品种对所有小种的反应是一致的，对病原菌的不同小种没有特异反应或专化反应。若把具有这类抗病性的品种对某一病原菌不同小种的抗性反应绘成柱形图时，各柱顶端几乎在同一水平线上，所以称为水平抗性。

简史 1963 年，J. E. Van der Plank 在《植物病害：流行和防治》一书中最早提出了垂直抗病性和水平抗病性的概念。水平抗病性的定义为：当一个品种抗性是普遍一致地针对病原物的所有小种，与此对应的抗病性类型有垂直抗病性。1968 年他进一步指出两类抗病性的混合存在并具有 Vertifolia 效应，而且 1982 年又再次说明两类抗性的混合存在。1968 年 J. E. Van der Plank 从寄主品种和病原物小种互作方面对两类抗病性进行了区别，提出垂直抗病性是指寄主品种与病原物小种之间的一种分化的相互作用，水平抗病性与小种之间没有分化的相互作用。1978 年，又从变异系统方面来区分两类抗病性，指出在水平抗病性中，病原物的变异与寄主的差别无关。J. E. Van der Plank 和 Flor 都认为水平抗病性是非小种专化的，不属于基因对基因系统。但 Johnson 和 Taylor、Parlevliet 等分别在小麦条锈病和小麦叶锈病试验中，发现在感病品种或者低抗品种上也存在一定的小种专化。

表现和遗传 水平抗病性通常由多个微效基因控制，具有这种抗病性的品种能抗多个或所有小种，一般表现为中度抗病，在病害流行过程中能减缓病害的发展速率，使寄主群体受害较轻。一般认为这类对病原菌生理小种不形成定向选择压力，不致引起生理小种的变化，因而也不会导致品种抗病性的丧失，抗性是稳定和持久的，有人也将这种抗病性称为持久抗性（durable resistance）。

水平抗病性鉴定和利用 水平抗病性鉴定方法有分小种鉴定法、多年多点鉴定法、遗传行为鉴定法、流行组分法、历史考察法等，但还没有哪一种方法既可靠又易行，可行的方法是根据实际可能采用多种方法，获得多方面信息，进行综合考察。由于水平抗病性一般具有稳定和持久的特点，因此，应加强水平抗病性品种的选育和利用，特别是对小种分化强烈、抗病性极易丧失的病害。但实际上由于水平抗病性多为数量抗性，鉴定和选育处理比较繁难，要育成抗病性程度较高水平的更难，所以在生产上两类抗病性品种应结合使用。

参考文献

曾士迈，1979. 关于植物的水平抗病性（一）[J]. 植物保护，5(2): 1-6.
曾士迈，1979. 关于植物的水平抗病性（三）[J]. 植物保护，5(3): 34-36.
曾士迈，杨演，1986. 植物病害流行学 [M]. 北京：农业出版社 .
曾士迈，张树榛，1998. 植物抗病育种的流行学研究 [M]. 北京：科学出版社 .

（撰稿：周益林；审稿：段霞瑜）

死体营养型病原菌 necrotrophic pathogen

植物病原菌根据其生活史及获取营养方式的不同，可分为死体营养型（necrotrophic）、半活体营养型（hemibiotrophic）和活体营养型（biotrophic）。死体营养型病原菌先杀死寄主植物的细胞和组织，然后从中吸收养分；活体营养型病原菌是从活的寄主中获得养分，并不立即杀伤寄主植物的细胞和组织；而半活体营养型病原菌在侵染早期从活的寄主细胞和组织上吸取养分，在侵染后期则杀伤寄主细胞和组织。

死体营养型病原菌有的寄主范围非常广泛，如核盘菌（Sclerotinia sclerotiorum）和灰葡萄孢（Botrytis cinerea）等，有的寄主范围窄，如偃麦草核腔菌（Pyrenophora tritici-repentis）和颖枯壳多孢（Stagonospora nodorum）等。死体营养型病原菌在侵染过程中可分泌大量的细胞壁降解酶及毒素等破坏寄主植物的组织和细胞。寄主特异的死体营养型病原菌分泌的毒素往往与其寄主靶标存在特异性互作，如偃麦草核腔菌分泌的 ToxA 毒素和小麦的 Tsn1，颖枯壳多孢分泌的 SnTox2 和小麦的 Snn2 等，这种互作导致寄主植物的感病。而寄主范围广泛的死体营养型病原菌分泌的毒素一般也是寄主非特异性的，如核盘菌分泌的草酸毒素等。同时也有研究表明死体营养型病原菌还可分泌小分子蛋白进入寄主植物细胞，这些分泌蛋白可通过与寄主细胞中的靶标蛋白互作，抑制寄主的抗病反应或导致寄主细胞死亡而帮助病原菌致病。

参考文献

FRIESEN T L, MEINHARDT S W, FARIS J D, 2007. The Stagonospora nodorum-wheat pathosystem involves multiple proteinaceous host-selective toxins and corresponding host sensitivity genes that interact in an inverse gene-for-gene manner[J]. The plant journal, 51: 681-692.

LYU X, SHEN C, FU Y, et al, 2016. A small secreted virulence-related protein is essential for the necrotrophic interactions of Sclerotinia sclerotiorum with its host plants[J]. PLoS pathogens, 12(2): e1005435.

ZHU W, WEI W, FU Y, et al, 2013. A secretory protein of necrotrophic fungus Sclerotinia sclerotiorum that suppresses host resistance[J]. PLoS ONE, 8: e53901.

（撰稿：程家森；审稿：杨丽）

松材线虫病 pine wood nematodes

由松材线虫、寄主植物、媒介昆虫、伴生真菌和细菌、经济物流活动及环境因子等多种因素交织作用形成的复杂病害系统。又名松树枯萎病、松树萎蔫病、松材线虫萎蔫病。是一种危害松树的毁灭性病害，为国际、国内的重要检疫对象。

发展简史 松材线虫病在 20 世纪初从北美侵入到日本，1905 年日本长崎首次报道松材线虫病，在以后的几十年中，虽然病害迅速在日本蔓延，但该症状一直被认为是昆虫危害所致。直到 1969 年 Tokushige 和 Kiyohara 第一次将所分离到的线虫与当时还不明病因的大面积松树枯萎死亡联系起来，并在 1970 年注射和伤口接种该线虫到健康松树上，导致松树出现与自然感病相同的症状，从而证明了这种线虫的致病性。Mamiya 和 Kiyohara 于 1972 年将此线虫报道为新种 Bursaphelenchus lignicolus。

在美国 1931 年就从蓝变原木上分离到了松材线虫，并将其命名为 Aphelenchoides xylophilus Steiner & Buhren 1934，

但它的病原性质直到 1979 年才由 Dropkin 和 Foudin 报道。此后的研究发现松材线虫在美国的松树中普遍存在，对北美本土松树种类不表现致病性。Nickle 在 1970 年研究认为美国报道的这种线虫具有 *Bursaphelenchus* 属的特征，将 *Aphelenchoides xylophilus* 移至该属，并命名为 *Bursaphelenchus xylophilus*。1981 年 Nickle 等通过比较 *Bursaphelenchus xylophilus* 和日本报道的 *Bursaphelenchus lignicolus* 的形态及种间杂交，认定 *Bursaphelenchus lignicolus* 是 *Bursaphelenchus xylophilus* 的异名，而将松材线虫学名订正为 *Bursaphelenchus xylophilus*，沿用至今。

分布与危害　1982 年在中国南京发现松材线虫病后，松材线虫病在中国迅速蔓延，根据国家林业局 2018 年第 1 号公告指示，截止到 2017 年，松材线虫病已扩散至辽宁、江苏、浙江、安徽、福建、江西、山东、河南、湖北、湖南、广东、广西、重庆、四川、贵州和陕西等 16 个省（自治区、直辖市）的 315 个县级行政区。

松材线虫病寄主广泛，主要有黑松、马尾松、湿地松、云南松、华山松、红松、樟子松、油松和黄山松等松属植物，同时也寄生雪松属、冷杉属、云杉属、落叶松属和黄杉属的植物。

松材线虫病作为松树的一种毁灭性病害，传播蔓延迅速，防治难度大。松材线虫侵染后能导致松树在 60～90 天内枯死，3～5 年即可摧毁成片的松林。松材线虫病已给中国造成的直接或间接损失达数千亿元，是中国最为严重的森林灾害之一。

松树出现红褐色针叶是典型症状。松树感染病害后，树脂分泌减少，蒸腾作用下降，接着部分针叶失去光泽成灰绿色，并逐渐变黄，树脂停止分泌，最后整个树冠针叶变成红褐色，植株死亡。幼树或大树表现症状后，通常在 1～3 个月内迅速枯死，少数个体可越年至翌春或初夏枯死（图 1）。病害初期的组织病理学症状，主要表现为松树管胞出现异常空化和栓塞，管胞形成受到抑制。树脂道周围上皮细胞遭到破坏，树脂道的泌脂细胞质固化、核畸形或消失，轴向和射线薄壁细胞内含物褐化死亡，树脂正常代谢受干扰，树脂分泌减少，之后树木边材内形成层出现坏死和栓堵。随着病程的进展和水分生理异常的加剧，外部症状开始出现针叶呈深褐色并枯死，不久整树针叶迅速枯萎，树木失水枯死。早期受害林分枯死树木常零星分布，呈现多个发病中心，3～5 年内病区陆续出现大量枯死树并常呈片状枯死，致使整个林分毁灭。

病原及特征　松材线虫［*Bursaphelenchus xylophilus*（Steiner & Buhrer）Nickle］，其异名有 *Aphelenchoides xilophilus* Steiner & Buhrer、*Bursaphelenchus lignicolus* Mamiya & Kiyohara，隶属于滑刃目（Aphelenchida）拟滑刃科（拟滑刃总科）［Aphelenchoididae（Aphelenchoidoidea）］伞滑刃亚科（Bursaphelenchinae）伞滑刃属（*Bursaphelenchus*）。成虫细长，唇区高并具缢缩，六唇；口针明显，通常基部稍微增厚；中食道球发育良好，卵圆形。雄虫体长 590～1300μm，口针长 11～17μm，交合刺长 19～30μm；雌虫体长 447～1290μm，口针长 11～18μm。雄虫尾部形似近锥体，并强烈向腹部弯曲，尾端具尾翼状交合伞；雌虫阴门位于体长的 7/10～8/10 处，后子宫囊长度通常是体宽的 3～6 倍；雄虫交合刺大，弓形，具锐尖的喙突和盘状突起末端。雌虫体宽圆，近圆柱形，尾端指形，阴门有一宽的阴门盖（图 2）。

侵染过程与侵染循环　在中国每年春季，羽化的松墨天牛可携带大量的扩散型四龄松材线虫。当松墨天牛补充营养取食健康松树嫩枝的树皮时，它所携带的松材线虫则从取食所造成的伤口进入新的寄主松树体内，并开始大量繁殖，造成松树枯死。松墨天牛经过补充营养后，往往在感染了松材线虫的枯死木上产卵。而后，天牛的卵生长、发育、羽化为成虫后，便又携带松材线虫进行传播扩散。松材线虫（病原线虫）、松墨天牛（传播媒介）和松树（寄主）三者之间就构成了松材线虫病的侵染循环。松材线虫病侵染发生的时间与松墨天牛成虫补充营养的时间基本相一致。林间初发病时间一般在 5 月底或 6 月初，伴随松墨天牛羽化和取食，松树发病个体和林分病情迅速加重；7、8 月发生的病死树数量达高峰，秋季气温回落，发病松树数量下降；冬季，松墨天牛进入休眠阶段，松材线虫以扩散型三龄幼虫形态抵抗低温等不良环境；翌年春季，伴随松墨天牛羽化，扩散型三龄松材线虫蜕皮变为扩散型四龄进入天牛气孔；羽化的松墨天

图 1　松材线虫病危害症状（张星耀提供）

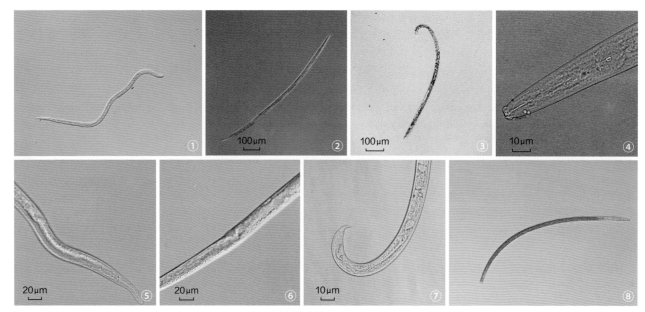

图 2　松材线虫特征（张星耀提供）

①雌虫；②雄虫；③头部；④雌虫尾部；⑤雌虫阴门；⑥雄虫尾部交合刺；⑦扩散型三龄；⑧扩散型四龄

牛取食健康松树，松材线虫进入下一个侵染循环。通常，当年夏季之前感染松材线虫的病树，经过一个生长季节当年就枯死，秋季后感染的松树要到翌年出现症状并枯死。

传播规律　松材线虫病的传播主要靠媒介昆虫天牛，但远距离跳跃式扩散蔓延的主要方式是人为携带罹病木材和制品。墨天牛属（*Monochamus* Guer）的昆虫是松材线虫的主要自然传播媒介。

在亚洲，松材线虫的媒介昆虫主要是松墨天牛（*Monochamus alternatus* Hope），松墨天牛广泛分布于中国，东至台湾，南到海南，西进西藏，北至河北，西北接秦岭，东北入辽宁。在中国，松墨天牛的生活史一般是 1 年 1 代。通常以四五龄老熟幼虫越冬，4 月中旬开始化蛹，5 月上旬初始羽化，6 月中下旬出现成虫出孔高峰期。雄成虫在出孔 10 天后就可以与雌成虫交配，雌成虫补充营养 20 天左右开始产卵。产卵期始于 6 月上旬，盛期在 6 月下旬至 7 月上旬。

松墨天牛从松材线虫侵染的寄主中羽化时，携带大量扩散型四龄幼虫，当天牛取食时，线虫进入松树，取食寄主树脂道上皮细胞开始大量繁殖；当线虫生存条件不适时，松材线虫由繁殖型二龄幼虫转变为扩散型三龄幼虫，在天牛化蛹时，产生的脂肪酸乙酯等物质吸引扩散型三龄幼虫向蛹室聚集，羽化时，产生蛔贰等物质促进松材线虫由扩散型三龄转型成为扩散型四龄并进入天牛气管等部位，羽化后天牛成虫进行取食，线虫再次入侵新的寄主形成新一轮的侵染。

松材线虫自然传播受天牛活动范围的限制，松墨天牛在林间自然飞翔和传播松材线虫的距离仅 200m 左右，有报道最远的极端飞行距离为 3.3km，因此，松材线虫自然扩散的相对距离有限。但是，松材线虫可借助罹病的松材、松树苗木和罹病松材制作的木质包装材料、木制品等的运输而被远距离扩散传入到一个新的地区。此外，松树病材中羽化出来的传媒天牛，也可爬到通过林区的运输工具如火车、汽车上，被带到很远的地方，从而将病害扩散传播。

致病机理　松材线虫病的致病机理广泛存在 3 种假说。

酶学说认为松材线虫能向体外分泌多种酶，参与病理过程，这些酶有纤维素酶、蛋白酶、果胶酶、过氧化物酶和淀粉酶等。松材线虫分泌的纤维素酶在松树体内能分解寄主细胞壁的纤维素，并且破坏木质部。其致病过程可能与导致树木管胞"空洞化"的异常挥发性萜类物质代谢相关，进而树木水分生理异常，松树迅速枯萎。通过纤维素酶的体外接种处理、纤维素酶活性分析以及纤维素酶基因功能分析等方法证明了纤维素酶在早期致病过程中可能起关键作用。

毒素学说认为寄主的枯萎现象与毒素参与病理过程直接有关。受害松树薄壁组织和泌脂细胞在松材线虫到达之前就已发生变性和死亡，可能是毒素的作用所致。从感病寄主中提取的低分子化合物如苯甲酸和 8- 羟基香芹鞣酮等经生物测定，都能引起 2～3 年生松苗枯萎。松材线虫病产生苯甲酸的葡萄糖酯类和积累苯甲酸的重要特性，可以作为化学诊断指标。毒素可能是由于松材线虫的侵染而使寄主产生的异常代谢产物，也可能与松材线虫携带的细菌有关，甚至与感病树体内增殖的某些真菌有关。

空洞化学说认为松树萎蔫主要是由于管胞中出现空洞影响了水分输导造成的。松树感染了松材线虫后，体内单萜烯和倍半萜烯的含量增加，这类物质易气化、表面张力低、渗入管胞，在管胞中形成空洞，致使水分输导受阻，造成松树的萎蔫。分析管胞内气体成分发现，木质部内单萜烯和倍半萜烯含量明显增加。其中以 α- 蒎烯、β- 蒎烯和其他单萜烯和长叶烯较为明显。由于单萜烯的增加发生在空洞化之前，松材线虫进入松树体内导致挥发物质产生，单萜烯和倍半萜烯气化后进入管胞，阻碍管胞水分输导，造成空洞化。健康松树木质部直接注射 α- 蒎烯也会形成人工空洞。

防治方法　松材线虫病控制的总体策略是预防为主、分类施策、综合治理，具体包括检疫封锁、监测预防、疫点除治以及生态抵御等技术措施。

检疫控制　进口货物木质包装材料和疫点病材是人为传播松材线虫的载体。遵照《中华人民共和国国家标准—松材线虫病检疫技术规程（GB/T23476-2009）》，严格针对松材线虫和媒介昆虫执行病害的检疫工作，杜绝疫区各式生长繁殖材料、松木制品的进入。

以病原为出发点的控制　松材线虫是松材线虫病发生的主导因子，对疫区和疫点的疫木进行清理除治是必需的。清除病原、减低侵染来源及其数量以及抑制松材线虫的活性，对灾害的控制和疫情管理具有积极的关键作用。春季病害侵染发生之前开展病死树的清理，伐桩高度应低于5cm，并做到除治迹地的卫生清洁，不残留直径大于1cm松枝，以防残留侵染源。病死树砍伐后可采用熏蒸、加热、病材变形以及辐照处理。高效内吸性杀线虫剂及其经济、简便的使用技术是对松材线虫病治理的有效途径之一。树干注射阿维菌素乳油能有效防治松材线虫病。

以寄主为出发点的控制　通过现代生物技术和遗传育种方法培育抗松材线虫和松墨天牛的品种是松材线虫病可持续控制的有效手段。营造和构建由多重免疫和抗性树种组成的混交林可以将现有感病树种的风险进行稀释。合理科学的营林措施能提高松林生态系统抵御松材线虫病的能力。一些措施包括增强林分抗性、改善林地卫生状况、提高生态系统生物多样性等，一方面可以减轻疫情的加重和蔓延，另一方面可以控制媒介昆虫松墨天牛的传播。条状择伐，形成松墨天牛的生物隔离带，防止松材线虫由于松墨天牛迁飞而导致扩散传播。

以媒介昆虫为出发点的控制　无论是疫区的扩大，还是人为远距离的扩散，松材线虫病都是由媒介昆虫进行初次侵染的，因此，媒介昆虫的防治对于控制松材线虫病的入侵和扩散具有重要意义。

以松墨天牛为对象的疫情监测技术　主要是基于化学生态学的原理，使用引诱剂在林间设置诱捕器进行。通过诱捕松墨天牛，检测其携带的松材线虫而监测疫情。松墨天牛的成虫喜在新鲜伐倒木上产卵，通过设置饵木诱杀松墨天牛效果明显。在松墨天牛成虫补充营养期进行化学防治效果十分显著，可以采用树冠喷洒、树干打孔注药等不同方式进行，常用的药剂包括噻虫啉、灭幼脲、菊酯类以及安息香酸盐等。利用肿腿蜂、花绒坚甲、白僵菌等天敌和病原微生物进行生物防治，可以降低林间天牛数量，达到控制和减少病死树的目的。

参考文献

杨宝君，潘宏阳，汤坚，等，2003. 松材线虫病 [M]. 北京：中国林业出版社.

张星耀，吕全，冯益明，等，2011. 中国松材线虫病危险性评估及对策 [M]. 北京：科学出版社.

FUTAI K, 2013. Pine wood nematode, *Bursaphelenchus xylophilus* [J]. Annual review of phytopathology, 51(51): 61-83.

MOTA M M, VIEIRA P, 2008. Pine wilt disease: a worldwide threat to forest ecosystems[M]. Netherlands: Springer.

TAISEI K, JAMES A C, JONATHAN J D, et al, 2011. Genomic insights into the origin of parasitism in the emerging plant pathogen *Bursaphelenchus xylophilus*[J]. PLoS pathogens, 7(9): e1002219.

ZHAO B G KAZUYOSHI F, SUTHERLAND J, et al, 2008. Pine wilt disease[M]. Japan: Springer.

ZHAO L, SUN J, 2017. Pinewood nematode *Bursaphelenchus xylophilus*, (steiner and buhrer) nickle[M]. China: Springer.

（撰稿：理永霞；审稿：张星耀）

松烂皮病　pine bark rot

由铁锈薄盘菌引起的、危害松类枝干的一种重要病害。又名松枯枝病、松腐皮病。

分布与危害　欧美等15个国家先后报道过该病。中国南、北方均有分布，黑龙江、吉林、辽宁、山东、河北、陕西、江苏和四川等地均有发生。主要危害红松、赤松、黑松、油松、樟子松和云南松等树种。

该病发生在树干和侧枝上，被害皮部变色，病部以上针叶渐变黄绿或灰绿色，随着病斑扩大并流脂，针叶渐变褐色。病部逐渐失水收缩起皱。发病后期病部凹陷，树干上轮生枝被侵染后，出现枯枝病状。轮生枝病部延伸到主干或主干被害围绕树干一周时，则出现干枯病状，病部以上侧枝枯死。病部出现黄褐色至黑褐色的盘状物，为病菌子囊盘。子囊盘散生或几个一起聚生，干后收缩皱缩，湿时张开变大，子囊盘表面变淡黄褐色。子囊孢子放散后，子囊盘变成黑色并萎缩。

病原及特征　病原为铁锈薄盘菌（*Cenangium ferruginosum* Fr. ex Fr.），隶属薄盘菌属（*Cenangium*）真菌。子囊盘只在当年的病枝干上形成。初生于表皮下，后突破表皮外露，子囊盘杯状或盘状，无柄，盘径2～3mm，成熟时可超过5mm。子实层淡黄色至淡黄褐色，雨后张开变大，干后收缩、皱曲。子囊棍棒状，大小80～120μm×10～14μm，无色，内含8个子囊孢子，多为单行排列。子囊孢子无色至淡色，单胞，椭圆形。大小8～12.5μm×6～μm，侧丝无色，顶端膨大，长100～120μm（见图）。在培养基上可产生性孢子。性孢子无色，短杆状，单胞，大小2.5～5.5μm×1.5～2.5μm。

于森林习居菌类，在正常状态下营腐生生活，生长在枯枝上。当林分密度较大时，病菌从树冠下部枝条向上扩展，使枝枯死，起到通风降低林内湿度的作用，此时对树木无害，因此有"修枝菌"的美称。而在林分过密或因其他原因，树木生长衰弱，则继续侵害干部活组织，引起枯枝和烂皮。

侵染过程与侵染循环　该菌以未成熟的子囊盘及菌丝在病皮上越冬。翌年5月下旬，在病枯枝干上越冬的子囊盘逐渐成熟释放子囊孢子。子囊孢子借风传播、侵染，发展为闭合环状烂皮的病枝干，翌年5月呈枯死状。6月下旬逐渐形成子实体，9、10月子实体发育为明显的子囊盘，又以未成熟的子囊盘越冬。

流行规律　该菌子囊孢子的传播期为5月下旬至7月下旬。传播高峰出现于6月中旬至下旬，传播时间较集中。孢子传播的多少，与降水量、林内空气相对湿度关系密切。降

S

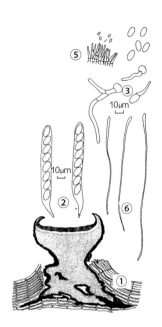

铁锈薄盘菌的形态（宋瑞清提供）

①子囊盘剖面；②子囊及子囊孢子；③子囊孢子及其萌发状；④侧丝；
⑤性孢子梗及性孢子

水量大，林内空气湿度高，孢子传播的数量就多。反之，干旱天气孢子则停止传播。病菌从伤口或死皮处侵入生活一段时期，获得弱寄生能力后方可侵害活组织，所以树木受到旱、涝、冻、虫伤害后，生长衰弱时，最容易被该病菌侵染。

林分过密、湿度大不通风时，树冠下部的枝条得不到阳光，易被病菌侵染，逐渐向枝干活组织扩展而引起病害。在稀疏林分发生病害时，多数发生在树木的阳面，这与日灼伤有关。

林地坡度在 0°～18° 的平坡、缓坡发病率低且轻，而在 19°～45° 或更陡的斜坡、陡坡、急坡则发病率高且重。阳坡普遍比阴坡发病率高且重。不同林龄病害轻重不同。一般 6～15 年的红松发病重，16 年生以上的林分发病轻。在同龄林中，径级小的病重，径级大的病轻。

防治方法 适地适树，防止产生冻害。

幼林郁闭后要及时进行修枝或间伐，调节林内小气候，通风、透光，降低林内湿度，避免病原菌侵染的条件。结合幼林抚育清除枯立木和感染较重的林木，减少病菌繁殖场所，增强树势，提高林木抗病能力。

害虫造成的伤口是病菌侵入的重要途径，在防治病害的同时要注意防虫。

有条件时，幼林可喷 1∶1∶100 波尔多液，或用 2 波美度的石硫合剂喷干预防，兼有防虫效果，或在病菌孢子放散期施放百菌清烟剂，有一定防治效果。

个别树木感病后，可采用刮皮治疗措施，刮皮后涂抹松焦油或焦化蜡。

参考文献

黄国强，李超，王庆华，2003. 松烂皮病发生规律与防治对策 [J]. 山东林业科技 (4): 33.

魏作全，石宝荣，黎明，等，1993. 红松烂皮病防治技术研究 [J].

沈阳农业大学学报，24(4): 317-320.

袁嗣令，1997. 中国乔、灌木病害 [M]. 北京：科学出版社.

张殿仁，杨玉林，尹光文，等，1992. 红松烂皮病的研究 [J]. 吉林林业科技 (4): 25-29.

（撰稿：宋瑞清、王占斌；审稿：张星耀）

松落针病 pine needle cast disease

由散斑壳属真菌引起的危害多种松树、导致针叶枯死或脱落的一类世界性病害。

发展简史 散斑壳属由 Chevallier 于 1826 年建立，中国于 1927 年发现由散斑壳属松针散斑壳 *Lophodermium pinastri* 引起的马尾松落针病，此后中国多种松树上发现的散斑壳菌都沿用这一种名。

分布与危害 松落针病是世界性的常见病害，在中国几乎遍及所有的松树分布区。该病可侵染苗木乃至大树，但一般不成灾，只是在苗木和幼树受到强致病性病原危害时，才引起针叶大量枯黄或脱落，削弱树木长势，甚至导致病株衰亡。该病涉及松属寄主植物数十种之多。中国主要有樟子松、红松、华山松、油松、白皮松、赤松、黑松、马尾松、云南松、北美短叶松和西黄松等，以东北樟子松、红松的苗木及幼林受害较重。

症状因树种和病原菌种类不同而存在一定差异。由扰乱散斑壳引起的樟子松落针病主要危害苗木，亦见于幼林。7 月下旬左右受侵当年生针叶先端变浅褐色，或在叶各面出现淡黄色至褐色的斑点，病部常有松脂溢出。8 月中下旬在少数枯黄松针上开始产生淡褐色、椭圆形至近圆形的小突起，即为病菌的分生孢子器。9、10 月初现未成熟的暗灰色、近梭形、稍隆起且较大的子囊盘。翌年春季温、湿度适宜时，在枯死病叶上产生大量分生孢子器。6～8 月，子囊盘大量形成，成熟时自中央产生一纵裂缝。有时病叶上可见个别褐色弥散状线纹。罹病松针提早脱落。

病原及特征 病害由子囊菌门散斑壳属的多种真菌引起。扰乱散斑壳（*Lophodermium seditiosum* Minter, Staley & Millar）的子囊盘外表椭圆形且端部常尖削，灰色至暗灰色，具暗色周边线，稍隆起，中部纵缝开口。唇灰色或红褐色。中点横切面显示子囊盘为表皮下生。子座覆盖层朝着边缘逐渐变薄且不连于欠发达的基部层。子实下层为薄壁丝组织。侧丝线形，长于子囊，宽约 1.5μm，有时顶部稍膨大或弯曲。子囊圆柱形，120～170μm×11～15μm，短柄，8 胞。子囊孢子无色，线形，无隔，90～130μm×2μm，外被胶质鞘。无性型隶属半壳孢属（*Leptostroma* Fr.）。分生孢子无色，杆状，5.5～8μm×1μm。

侵染过程与侵染循环 樟子松落针病的病菌以菌丝体、分生孢子器及少量未成熟子囊盘在松针上越冬，翌年春、夏季在病叶上产生大量的分生孢子器和子囊盘。在雨天或潮湿的条件下，成熟子囊盘吸水膨胀而开口，露出乳白色的子实层顶部，子囊孢子随即释放并借助气流传播。外被胶质鞘的孢子附着于松针上，萌发后产生芽管，自气孔侵入。

流行规律　该病发生与湿度的关系密切。夏、秋季如时雨时晴，湿度较高，有利于子囊孢子的成熟、散放和萌发侵染，病害常发生严重；但若持续降雨且雨量大，则对孢子的气流传播有抑制作用。

病害主要危害苗木及幼林，15 年生以上林分很少发病。地势低洼、土壤瘠薄、植株过密、通风透光不良及卫生状况差的苗圃和幼林发病较重。一切影响水分供应平衡和降低松针细胞膨压的因素，均能促使病害的发生。

调运感病的苗木，可导致病害远距离传播。

防治方法　加强苗期管理，提高苗木的抗病能力。播种密度不宜过大。重病地区建议第二年换床作业并剔除病、弱苗木。清除、销毁落地病叶，以减少侵染源。严格控制病苗外运和上山造林。

提倡营造混交林。如松树与某些阔叶树混交，既可因非寄主植物存在而阻止病菌传播，又能增加土壤肥力。对发病较重的幼林应及时进行抚育间伐和修枝。

在子囊孢子释放高峰前，对苗木及幼林喷洒 1∶1∶100 波尔多液、75% 百菌清可湿性粉剂 500～800 倍液或 45% 代森铵水剂 200～300 倍液等，喷药次数视病情而定。郁闭的幼林可用硫黄烟剂或百菌清烟剂熏烟防治。

近年辽宁自贵州林业科学研究院引进假单胞菌（*Pseudomonas* sp.）和蜡状芽孢杆菌（*Bacillus cereus*）发酵制剂"农丰菌 2 号"和"农丰菌 1 号"，对红松落针病进行生物防治，取得了较好效果。

参考文献

何秉章、邓兴林、杨殿清，等，1985. 樟子松落针病的病原菌和防治的研究 [J]. 东北林学院学报，13(2): 75-84.

杨旺，1996. 森林病理学 [M]. 北京：中国林业出版社：70-71.

（撰稿：林英任；审稿：张星耀）

松苗叶枯病　pine needle blight

由赤松尾孢引起的、危害针叶树苗的严重病害之一。

分布与危害　松苗叶枯病是中国南部重要病害之一，主要分布在江苏、安徽、浙江、江西、湖南、广东、广西、福建、台湾等地。病害主要危害松树苗木和幼林，定植 1～2 年的幼林地严重受害时发病率可高达 70%～90%，死亡率达 50%。病害主要危害松属植物，受害较重的松树有海岸松、加勒比松、马尾松、黑松、南亚松、黄山松等。火炬松、湿地松也可受害，但一般较轻。

病害先在植株下部的针叶中出现症状，逐渐向上蔓延。当大部分针叶被感染时，整株则干枯死亡。受害的针叶大多从尖端先出现一段一段的淡黄色病斑，长 1cm 左右，以后变成灰褐色，病叶干枯后下垂、扭曲，但不脱落。束状的分生孢子梗和分生孢子从针叶气孔中逸出，并呈黑色霉点状排列在病针叶上。

病原及特征　病原为赤松尾孢（*Cercospora pinidensiflorae* Hori et Nambu.）。分生孢子梗生在黑色的子座上，深褐色，不分枝，1～2 个分隔，大小为 15～28μm×3.5～

5μm。分生孢子生于孢子梗顶端，棍棒状，2～5 个分隔，无色或淡黄色，30～50μm×2.5～3.2μm。病菌的有性阶段为 *Mycosphaerella gibsonii* H. Evans.，有性阶段只在非洲等地有发现。

侵染过程与侵染循环　松苗叶枯病的病菌以菌丝体在病叶上或随病落叶在土壤中越冬。翌年夏初产生分生孢子，依靠风或气流传播。当下雨时，真菌孢子萌发侵入针叶，引起病害。经几天的潜伏期，针叶上表现病斑并产生新的孢子，再次被风传播。病害 6 月中旬开始发生，根据天气条件的不同，病害在夏天的侵染循环次数不同。天气热时，10 天就可完成一次循环。

流行规律　气温在 20～25℃、相对湿度在 90%～100% 时，病菌分生孢子最易产生；在气温低于 8℃ 时，孢子就不能形成。气温在 22～24℃ 和相对湿度达饱和时，8 小时内病菌分生孢子就可完成萌发并侵入针叶之内。一般情况下，在白天气温 25～30℃、夜晚气温高于 14℃ 的情况下最适合病害的扩展。

耕地过浅、土壤保水保肥力差、苗木根系不发达、菌根量少、生长纤弱，易发病。苗木密度过大、通风透气不良、病害易蔓延。不同松树品种感病程度不同。加勒比松、南亚松、马尾松、黑松感病最重；湿地松、火炬松较轻。树木的年龄与感病性也有很大关系，虽然病菌也可侵染大树，但通常只有苗圃和 1～2 年生幼林病害较重。

防治方法　避免种植高度感病的松树。苗圃应远离大树；尽量不用有叶枯病发生的老苗圃。及时清除感病植株，以免形成发病中心。及时间苗，防止苗木过密，促使空气流通。秋季或早春施肥，干旱时及时浇水，保持苗木生命力。喷洒杀菌剂能对苗圃内病害进行有效控制。波尔多液或一些内吸杀菌剂均能取得较好效果。为有效控制病害的发生，必须在症状刚表现时就开始喷洒，每隔 2 周喷 1 次。

参考文献

庞正轰，2009. 经济林病虫害防治技术 [M]. 南宁：广西科学技术出版社.

杨旺，1996. 森林病理学 [M]. 北京：中国林业出版社.

袁嗣令，1997. 中国乔、灌木病害 [M]. 北京：科学出版社.

（撰稿：韩正敏；审稿：张星耀）

松树枯梢病　pine shoot blight

由松杉球壳孢引起的、全球针叶树上最常见和分布最广的主要病害之一。

发展简史　该菌最早于 1823 年由欧洲的 Fries 进行描述并以 *Sphaeria sapinea* 命名。此后，松枯梢病菌的拉丁学名几经变更、易名，至少出现了 22 个其他的同义名，其中 *Diplodia pinea*（Desm.）Kichx 是最常见的名称。1980 年 Sutton 以分生孢子发生为根据，建议把该菌定名为 *Sphaeropsis sapinea*（Fr.∶Fr.）Dyko & Sutton。由于具有可信的分类证据，Sutton 所定的这一名称逐渐得到了世界各国多数学者的广泛认同和接受。

1937 年，南非 Laughton 首次提到来自不同地理区域和

S

松树上的松枯梢病菌南非菌株间存在致病性差异。

1980 年，美国研究了松树枯梢病菌的群体分化状况，发现从美国中北部自然感病的多脂松（*Pinus resinosa* Ait.）和北美短叶松（*Pinus banksiana* Lamb.）的枯梢上分离的 *Sphaeropsis sapinea* 菌株表现出了培养性状和毒力上的差异。1987 年，Palmer 等人通过培养性状、分生孢子形态、同工酶和致病力比较分析确定了这些菌株可分为 A 和 B 两种类型。A 型菌株菌丝绒毛状白色到灰绿色，分生孢子表面平滑，并仅在光照条件下产孢，能无伤侵入松树组织；B 型菌株菌丝白色到黑色，非绒毛状而紧贴在培养基表面，分生孢子表面有点刻凹痕，在灭菌松针上（25℃ 黑暗）产生分生孢子，菌丝生长（20～25℃）通常较 A 型为慢，侵袭力弱，需伤口才能侵染松树组织。对澳大利亚、智利、印度、日本、新西兰、南非和美国等 10 个国家 30 个菌株的成熟分生孢子进行透射电镜和扫描电镜观察也证明了 A 型菌株具有平滑的表面，而 B 型菌株表面遍布点刻凹痕。

1995 年 Smith 等从真菌分子遗传学角度，运用随机扩增多态 DNA（RAPD）对来自美国中北部的 16 个 A 型和 16 个 B 型菌株进行了研究分析。结果 RAPD 标记将所有 A 型菌株归入一组，而将 B 型和那些用形态学特征颇难区分的菌株也很明确地归入了另一组。1999 年，Stanosz 等又对来自非洲、大洋洲、欧洲和北美洲 19 种针叶树上的 79 个松枯梢病菌菌株进行研究，结果首次从北美以外地区及非多脂松和北美短叶松上发现 B 型菌株。

1999 年 Wet 等对南非、墨西哥和印度尼西亚的松枯梢菌株进行了聚类分析，结果这些菌株分为三类。其中两类来自南非，它们分别与美国的 A 型和 B 型菌株相似，而第三类则包括了来自墨西哥和印度尼西亚的菌株。2000 年，Smith 等运用营养体亲和性测试比较松枯梢病菌南非群体（来自国外松种）和苏门答腊北部群体（来自乡土树种）的遗传多样性，结果南非群体内的变异（VCG 多）显著高于苏门答腊北部群体。他认为，南非群体内较高的遗传多样性缘自前个世纪从世界各地引进松树种子的过程中引进了该病原。

中国对松树枯梢病菌菌株的分化状况也进行了研究。1996 年，边银丙等根据子实体形态、产孢条件、致病力和同工酶谱差异将中南地区（湖南、湖北和广东）的 7 个菌株分为 HZ 型和 HN 型，前者致病性较强，主要引起国外松梢枯，而后者致病性较弱，主要引起马尾松梢枯。

1997 年，南京林业大学从中国松树枯梢病发生危害的 13 省（自治区、直辖市）和 18 种（含变种）针叶树上采集病样，共获得 *Sphaeropsis sapinea* 55 个菌株。中国松树枯梢病菌在培养性状上存在明显的类群分化，多数菌株菌落呈绒絮状气生，少数菌株细丝状平铺。各菌株对不同培养条件的生长适应性存在较大差异，其平均最适营养生长温度为 26.8℃，而有的菌株最适温度为 23.1℃，有的为 29.6℃；各菌株平均最适生长 pH 为 5.6，而有的最适 pH 仅为 4.4，有的 pH 可达 6.7。来自云南高原或来自江苏红松和日本冷杉上的菌株不耐高温，而来自南方及其沿海地区的某些菌株在低温下生长不好。

通过对中国松树枯梢病菌的营养体亲和性进行研究后首次发现，该菌的营养体亲和与否在平皿配对培养的菌丝体水平上有明显异同的表征。大多数菌株在菌落间产生墨绿色色素隔离带，少数菌株以及同一菌株不同菌落间无此色素带。显微观察表明，产生色素带的菌株间未发现菌丝融合，而不产生色素带的菌株间可见到菌丝融合。55 个供试菌株共可分为 48 个 VCGs，*Sphaeropsis sapinea* 的 VCGs 与寄主种类和地理来源无明显关系。采用 RAPD 技术从分子水平上分析了中国 *Sphaeropsis sapinea* 种下各菌株的遗传分化状况。RAPD 分析表明，55 个菌株间的遗传相似度变化较大。UPGMA 聚类分析将 55 个菌株分为三大类群。各研究综合分析显示，*Sphaeropsis sapinea* 中国群体内的遗传变异较为丰富。

分布与危害 是全球针叶树上最常见和分布最广的重要病害之一。在全世界 30 多个国家均有危害，其中在新西兰、澳大利亚、南非、美国和中国等危害严重。在中国，该病已在中南、西南、华南、华东、西北等地区的松林中发生。

松树枯梢病可侵染约 50 种松属树种以及冷杉属、落叶松属和云杉属等针叶树种。在中国主要危害湿地松、火炬松、樟子松、马尾松和黑松等。该病危害针叶树后，引起枯梢、枯芽或枯叶等，在某些寄主上还能导致树干溃疡、流脂、坏死以及根颈腐烂和木材蓝变等。幼树和大树均可受害（见图）。

病原及特征 病原为松杉球壳孢（*Sphaeropsis sapinea*）属球壳孢属。黑色分生孢子器呈圆形或椭圆形，有乳头状突起，成熟时大小约为 350μm×250μm。半埋生在寄主组织内，手持放大镜能看到。分生孢子成熟时暗褐色，呈长椭圆形至棍棒状，大小为 30～45μm×10～16μm，多为双胞，偶为单胞。

侵染过程与侵染循环 松树枯梢病菌主要以菌丝或分生孢子器在病梢、病叶或病落叶上越冬。翌春松树抽新梢之时，病菌分生孢子随风雨大量散发传播。

松枯梢病菌既可由伤口侵入，也可由气孔侵入或直接侵入松树嫩梢和针叶等。松树的机械伤或虫食伤口无疑是病菌侵入更为便捷的通道。

各地松树枯梢病的发生期与当地松树新梢生长的物候期密切相关。在南京地区，病菌的越冬分生孢子释放高峰期在 5 月上旬左右，此时适逢湿地松抽出新梢之时则致其大量感病。*Sphaeropsis sapinea* 的侵染成功与否与接种体数量、环境条件以及寄主感病状态与时期等有密切关系。

松树枯梢病在不同地域的年侵染次数差别较大，可能与松种、地理区域和研究年份的气候条件不同有关。关于年侵染次数，项存悌等（1981）在研究东北樟子松枯梢病时发现，病菌只有一次侵染，发病高峰期在每年的 7～8 月。沈伯葵等（1993）在江苏的研究表明，病菌孢子一年可进行 4 次侵染，分别侵染国外松的春、夏、秋梢和秋末形成的越冬芽。

在中国火炬松、湿地松、短叶松和马尾松的健康梢上普遍存在潜伏侵染现象。病菌潜伏的部位主要是枝、新梢和芽。在越冬芽上潜伏的病菌可使春梢产生芽腐和松枯梢症状。松枯梢病菌在江苏地区的潜伏侵染时期主要在 4～5 月、7～8 月和 10～11 月。

流行规律 松枯梢病菌孢子的产生和释放一般与适宜的气温和较高的降水量及相对湿度密切相关。刘建锋等（2001）对江苏东海湿地松、黑松枯梢病的研究发现，松枯

松树枯梢病（吴小芹提供）

①火炬松枯死梢；②黑松枯死梢

梢病的发生程度与 4～5 月的降雨量及 7～8 月的降雨天数呈正相关，而与 9 月的降雨量及降雨天数呈负相关。4～5 月的水分是从松树枯梢病侵染源（孢子释放）方面来影响松枯梢病的发生；若此时降雨量大、降雨时间长，则可促进松枯梢病菌侵染寄主，引起病害发生与加重。而 9 月的水分是从影响寄主生长势以及松枯梢病菌潜伏侵染方面来影响松树发生枯梢病的，此时水分胁迫则会加重松枯梢病的发生。

贫瘠的立地条件或不适地适树是促成松枯梢病发生发展的重要因子。谭松山等对湖南、湖北的湿地松、火炬松林研究表明，该病发生与母岩和土壤质地关系较大。在红砂岩、花岗岩和石灰岩发育成的土壤上松树生长差发病重，在页岩和砾岩发育的土壤上发病轻，而在板岩和紫色岩发育土壤不发病。

寄主树种的相对感病性对病害发生程度影响甚大。在江苏、福建等地，就受害程度而言，湿地松和火炬松＞黑松＞马尾松，然而在不同地区也有例外。在广东，松枯梢病的危害程度则表现为马尾松＞湿地松＞火炬松＞加勒比松。

防治方法　松树枯梢病与其他任何一种森林病害一样，其发生发展都是病原物与寄主和生态环境相互作用的结果。松枯梢病的流行常常发生在一些寄主长势不好或特定的地理和诱导因素或因某种原因造成大量伤口的林分中。因此，根据林业经济条件和松树枯梢病发生流行的特点，切实把握好营林生产的每一个环节来增强寄主的生长势，减少诱导因素的影响；在少数病害严重流行的林分，辅以化学防治，以抑制病害的发展蔓延无疑是防治该病的主要途径。这主要涉及以下几个方面：

重视适生性问题，因地适树　适生性不仅包括对大地理区域的适生性（如经度、纬度的地理气候变化对树种的影响），而且还包括对小生境的适应性（如海拔高度、立地条件、植被状况和微域气候对树种的影响）。在中国国外松枯梢病严重流行的地区，大多是湿地松或火炬松分布的边缘地区，或是土层瘠薄、保水条件较差的土壤，这样一些地区从防治战略上来说，首先要考虑避免在分布边缘区营造国外松，应选择一些更适合当地气候条件的树种造林；在水分条件较差的立地上，则宜选择耐干旱瘠薄的树种造林。树种选择配置时，应尽可能考虑两种或两种以上的针阔叶树混交，以避免形成有利于侵染性病害在林间传播蔓延的环境条件。

加强抚育管理，培育健树　在便于人工作业的幼林或中幼林中，剪除病枝梢，伐除病株，搞好林内卫生，减少病害的侵染来源。对发病严重的林分进行有计划的更新。

在幼林中增施钾肥、磷肥或用 0.1% 硼砂液喷雾，可明显提高树木生长势，增强松树的抗病力，减少病害的发生。

在发病较严重林分中，除采取以上措施外，在侵染发生的几个主要时期（包括潜伏侵染时期），即每年的 4～5 月、7～8 月和 10～11 月，辅以施放 7% 百菌清烟剂或喷雾百菌清可湿性粉剂 500 倍液 +0.1% 硼砂液，可有效减少侵染率，降低林分病情指数。

选择抗枯梢病树种取代易感树种　在中国华南，国外松比马尾松抗枯梢病，而在长江中下游地区，马尾松比湿地松和火炬松等国外松发病轻。因此，要注意选择适合当地的抗病树种。

参考文献

吴小芹, 1995. 松枯梢病菌侵入途径的超微观察 [J]. 森林病虫通讯 (3): 1-3.

BELLAR M, BAYAA B, 1993. Indentification of diseases affecting pine seedlings and trees in Northern Syria and there potential causal-agents[J]. Arab journal of plant protection, 11(2): 58-65.

PALMER M A, STEWARD E L, WINGFIELD M J, 1987. Variation among isolates of *Sphaeropsis sapinea* in the North Central united States[J]. Phytopathology, 77: 944-948.

SMITH D R, STANOSZ G R, 1995. Confirmation of two distinct populations of *Sphaeropsis sapinea* in the North Central United States Using RAPDs[J]. Phytopathology, 85: 699-704.

WET J D, WINGFIELD M J, COUTINHO T A, et al, 2000. Characterization of *Sphaeropsis sapinea* isolates from South Africa, Mexico, and Indonesia[J]. Plant disease, 84(2): 151-159.

（撰稿：吴小芹；审稿：张星耀）

松树疱锈病　pine blister rust

由几种柱锈菌侵染松树的一类真菌性病害，包括单维松疱锈病、双维松疱锈病及松瘤锈病三种。是松树主要病害之一。

分布与危害

单维松疱锈病　寄主为红松、新疆五针松、华山松、偃松、乔松等。红松疱锈病分布在黑龙江、吉林、辽宁；新疆五针松疱锈病分布在新疆、大兴安岭；华山松疱锈病分布在山西、陕西、山东、河南、西藏、云南、四川、湖北；偃松疱锈病分布在黑龙江（大兴安岭）、吉林（长白山），乔松疱锈病分布在云南、西藏。

双维松疱锈病　寄主为樟子松、油松、兴凯湖松、赤松、马尾松、黄山松、云南松、思茅松等。分布于中国黑龙江、辽宁、河北、山东、陕西、湖北、四川、贵州等地。

松瘤锈病　寄主为樟子松、油松、赤松、兴凯湖松、黑松、马尾松、黄山松、云南松等多种二三针松树。转主寄主有蒙古栎、槲栎、麻栎、栓皮栎、板栗等栎及栗属植物 26 种之多。

病原及特征　单维松疱锈病是由茶藨生柱锈菌 [*Cronartium ribicola* Fischer ex Rabenhorst] 引起，隶属担子菌门（Basidiomycota）柄锈菌纲（Pucciniomycetes）柄锈菌目（Pucciniales）柱锈菌科（Cronartiaceae）柱锈菌属

S

（*Cronartium*）。

病害发生在枝干皮部。发病初期，皮部略肿变软，5月初开始生裂纹，从中生出黄白色疱囊，即锈孢子器。5月中旬起，囊破，飞散粉状锈孢子。6月末大部分疱囊破散，老病皮粗。锈孢子随风传播，侵染转主寄主。5月下旬在转主寄主叶背出现鲜黄色小点，即夏孢子堆，7月上旬，夏孢子堆中生出褐色至暗褐色的毛状物，即冬孢子柱。8月末9月初，病皮上、下两端出现混有性孢子的蜜滴。蜜滴初为乳白色，后变为橘黄色，带甜味。剥下树皮可见皮层中的性孢子器，干后呈血迹状、暗红色。

双维松疱锈病由松芍柱锈菌［*Cronartium flaccidum*（Alb. et Schw.）Wint.］引起。病害发生在针叶及枝干皮部。针叶被侵染后出现褪绿点斑，逐渐变为红褐色。枝干初病时皮部松软且略显粗肿，9月中旬前后，病皮溢出橘黄色至橘红色的蜜滴，混有大量性孢子。蜜滴消失后，剥皮可见红褐色血迹状斑。翌年4月上中旬，病皮上产生裂缝露出扁平柱状或不规则形的黄白色至橘黄色疱囊，即锈孢子器。2～5天后疱囊破裂，5月中旬为破裂高峰。发病严重的幼树生长下降，新梢短，被害主干和侧枝上方出现丛生小枝。病皮环绕枝干一周时，上部枯死或整株死亡。6月后转主寄主的叶片、嫩茎、萼片及果实上产生橘黄色疱状夏孢子堆，7月初至9月中旬，在夏孢子堆中或周围生出红褐色毛状冬孢子柱。

松瘤锈病由松栎柱锈菌［*Cronartium quercuum*（Berk）Miyabe］引起。木瘤生在松树主干或侧枝上，近圆形，直径大小不一。木瘤表面皮层不规则破裂，当年在破裂处生出新皮层，翌年再破裂。当皮层完全脱落则裸露出浸透松脂、颜色变深的木质部。8～9月木瘤裂缝处溢出橘黄色蜜滴混有性孢子。4月下旬木瘤表皮下产生黄色疱状锈孢子器，散出黄色粉状的锈孢子，随风传播，侵染壳斗科植物。5月下旬在转主寄主叶背出现鲜黄色小点，即夏孢子堆，7月上旬，夏孢子堆中生出褐色至暗褐色毛状冬孢子柱，冬孢子阶段可延续到9月下旬（见图）。松树发病后生长缓慢，影响干型和材质。

流行规律 锈病发生发展与环境条件密切相关。锈孢子发生早晚与当年4月平均气温有关，夏孢子堆出现早晚与当年5月下旬、6月上旬空气湿度有关。红松疱锈病在林分密度1700株/hm² 左右时发病轻，过密或过疏则较重；同一林分小径级树木发病多且被害严重。华山松疱锈病与寄主坡向、坡位关系密切，阳坡发病率高，发病率随坡位由下向上而减少。*Cronartium ribicola* 冬孢子堆在96～216小时，对萌发条件最敏感，冬孢子萌发形成担孢子以及对五针松侵染都以水分为重要条件，雨、雾、霜的天气最适宜。降雨前后12小时对侵染起决定性作用，阴天最适于侵染。

病害发生同土壤物理性状也密切相关。土壤渗透系数越低，林分患病及转主寄主出现的频率越高；立地土壤中主要营养物质含量高低与病害发生程度关系不显著。

病害发生与转主寄主距离有关。蒙古栎与火炬松相距25m时，每株火炬松上平均8.8个瘤，当两者相距25～200m时，平均2.3个瘤。*Cronartium ribicola* 锈孢子传播最远距离183m。红松林疱锈病发生与转主寄主马先蒿属植物的存在与否关系密切，寄主与转主寄主相距50m以上时，病害明显减轻。

松瘤锈病症状及转主寄主（宋瑞清提供）
①木瘤；②蜜滴；③栎叶上冬孢子柱；④栎叶上夏孢子堆

防治方法 松疱锈病为病原物主导病害。对该类病害防治的主要途径是防止病原菌的传入、增殖和侵染。进行植物检疫，不使用带菌繁殖材料，不使菌上山，及时清除病树病枝和转主寄主等以减少侵染源，改善或避开对病原物生长、繁殖、传播和侵染有利的环境等。

化学防治 用粉锈宁防治湿地松苗木的松疱锈病，每年喷3～4次药，达到100%的防治效果。在发病林地对病株进行单株涂药，用松焦油、不脱酚洗油、松焦油＋柴油（1:1）涂干效果较好。硫酸铜对黄山松疱锈病菌的锈孢子杀伤效果可达92%。

物理防治 激光对红松疱锈病锈孢子有明显杀菌效果，杀菌效果可达90%以上。*Cronartium ribicola* 锈孢子器出现后，直接在病部敷泥，其治愈率达100%。

检疫措施 松干锈病为国内外检疫对象。

营林措施 修枝，铲除中间寄主，幼林抚育。

生物防治 *Scytalidium uredinicola* 是松梭疱锈病锈孢子的重寄生菌，被寄生后锈孢子数量降低72%，锈孢子萌发率降低28%。

抗病育种 抗锈病松树选育是防治松干疱锈病最有希望的途径。

参考文献

戴芳澜，1979.中国真菌总汇 [M].北京：科学出版社.

邓叔群，1963.中国的真菌 [M].北京：中国林业出版社.

王香阁，1984.红松疱锈病的发生与防治 [J].吉林林业科技 (4):7-11.

袁嗣令，1997.中国乔、灌木病害 [M].北京：科学出版社.

JEWELL F, WALKER, N M 1967. Histology of *Cronartium quercuum* gall on shortleaf pine[J]. Phytopathology, 57: 545-550.

KANEKO S, 1992. Taxonomy of *Cronartium quercuum*[J]. Second China—Japan International Congress of Mycology: 125-126.

KREBILL R G, 1968. Histology of canker rust in pines[J]. Phytopathology, 58: 155-164.

（撰稿：宋瑞清；审稿：张星耀）

S

松针褐斑病　pine needles brown spot blight

由球腔菌引起的危害松树针叶的一种重要病害。

发展简史　在过去的文献中使用较广的名称是 *Scirrhia acicola*（Dearn.）Siggers（1939）。1941 年，Wolf 和 Barbour 曾改名为 *Systremma acicola*，1968 年 Morelet 建议用 *Dothidea acicola*，但这两个名称都没有被很多森林病理学家接受。1972 年 Barr 认为根据该菌子囊腔和子囊的发育情况，应属于 *Mycosphaerella* 的一种。因为 *Mycosphaerella acicola* 已经为别的真菌命名，所以 Barr 将松针上的这一种命名为 *Mycosphaerella dearnessii*。

松针褐斑病菌的无性阶段最先是 1978 年 Thumen 命名为 *Cryptosporium acicola*。1884 年，Saccardo 根据分生孢子形态更名为 *Septoria acicola*。1922 年 Sydow 和 Petrak 按病菌形态将它作为模式中建立一个新属 *Lecanosticta* 并命名为 *L. pini*。1924 年，Sydow 才知道 Thumen 曾给这一真菌命名，故将它改名为 *Lecanostict acicola*。但仍有很多森林病理学家继续使用 *Septoria acicola* 的名称。

1984 年 Evans 对松针褐斑病菌的命名历史作了较详细的评述，同时研究了从洪都拉斯等 5 个中美洲国家采集的和英联邦真菌研究所所保存的世界各地的松针褐斑病菌标本。他支持 Barr 的意见，认为应该以 *Mycosphaerella dearnessii* 作为松针褐斑病菌的正式学名，以 *Lecanosticta acicola*（Thum.）Sydow et Petrak 作为其无性阶段的正式学名，其他的都作为异名。这一建议现在得到了广泛的赞同。

分布与危害　该病分布于美国、中国、加拿大、危地马拉、墨西哥、尼加拉瓜、洪都拉斯、哥斯达黎加、哥伦比亚、古巴和前南斯拉夫地区，其中以在美国和中国较为严重。在中国主要分布于福建、广东、广西、浙江、安徽、江苏、河南和湖南等地。

病害可危害多种松树，全世界已经报道的寄主松树至少有 32 种，包括班克松、加勒比松、美国沙松、扭叶松、大果松、短叶松、湿地松、光松、地中海松、马尾松、加州沼松、欧洲黑松、南欧黑松、奥地利黑松、长叶松、海岸松、意大利伞松、西黄松、辐射松、多脂松、刚松、加州大子松、晚松、北美乔松、欧洲赤松、火炬松、台湾松、日本黑松、矮松在中国湿地松、火炬松和日本黑松高度感病，长叶松、短叶松、加勒比松和沙松中度感病，而乡土松种马尾松和黄山松则高度抗病，海南五针松则未见发病。

病原及特征　松针褐斑病菌属于子囊菌门腔菌纲座囊菌目座囊菌科球腔菌属。在中国至今仅发现病原真菌的无性阶段，为 *Lecanosticta acicola*（Thum.）Syd. et Petrak，属于半知菌亚门腔孢纲黑盘孢目。分生孢子座生于针叶表皮下的叶肉组织中，高 75～225μm，宽 100～275μm，长度变化较大，可达 1mm，块状或纽扣状，黑色。分生孢子座下面呈盘状，分生孢子针状，先端钝尖，基部稍平截，新月形或不规则弯曲，具 1～6 个分隔，烟褐色，大小为 24.5～51.0μm×3.4～6.3μm。

病菌在 PDA 培养基上可很好生长，但生长很慢。组织分离或单孢子分离培养 4 天后出现用手持放大镜可见的白色菌落，10 天后菌落底部呈淡褐色，表面由白色逐渐变为淡墨绿色，并开始形成黑色隆起的子座，15 天左右子座上出现黑色具油漆光泽的黑色分生孢子堆，菌落直径达 6～10mm。此时菌落为圆盘状，中央部分（菌落面积 2/3 以上）为黑色子座，表面凹凸不平（图 1、图 2）。

松针褐斑病菌在 2% 麦芽糖培养基上生长较差，但培养 7 天左右即产生分生孢子。在 PDA 培养基上第 12 天开始产生孢子，15～18 天为产孢盛期，这时分生孢子的萌发率很高；培养 20 天后，孢子的萌发率急剧下降，30 天以后孢子很少萌发。其原因尚不清楚。但能萌发的孢子分散在玻片上，寿命最长可达 40 天。松针上病菌子实体中孢子的寿命可达 5 个月。

侵染过程与侵染循环　松针褐斑病菌的寄生性较强，生长很慢，在腐生状态下难与其他菌类竞争。因此，病菌一般在感病针叶上或病死针叶上（挂在树枝上或落在地上）越冬。分生孢子寿命较短，在雨天从分生孢子座中释放，并借雨水溅散传播，但当日降水量很少（低于 1.7mm）时，孢子也难以释放。从 1.7m 高的湿地松上，雨水溅散的分生孢子大多降落在树干周围 3～4m 范围内，最远也不过 9m（当风速小于 1m/s）。分生孢子萌发产生的芽管通过气孔侵入针叶，人工接种条件下一般 3～4 天可完成侵染。

该病只危害针叶。在湿地松、火炬松、日本黑松上与在长叶松和欧洲赤松上的症状相似，产生最多的最典型症状是在针叶上产生褐色的斑点，这些斑点绝大多数是产生在一年当中的 5～10 月。初期，在感病针叶上出现直径约 2mm 左右的黄绿色或灰绿色圆形斑，随后病斑迅速变为褐色。在病斑出现以后的 10～14 天，于病斑中央出现真菌子实体，子实体呈一长形灰黑色小的疣状突起，黑色的分生孢子团从疣状突起的一边或两边的表皮裂口中挤出来，通常在一个病斑的中央只产生 1 个子实体。在一根针叶上可以产生许多病斑，病斑之间及其以上部分的针叶组织枯死，有时针叶上非感病的绿色部分被许多病斑包围形成所谓的"绿岛"。严重感病的针叶最后枯死，并变为灰褐色，弯曲，于翌年脱落。侵染最先发生在较低部位侧枝的针叶上，并逐渐向上部枝条蔓延。连续感染 3～4 年可致使湿地松幼树死亡。在对松针褐斑病表现抗病的马尾松针叶上仅能见到个别几个褐色斑点，且在病斑上很少产生子实体，感病的针叶整年都保持绿色。

流行规律　在福建的北部地区，分生孢子整年都可发生，其中 4 月下旬至 5 月下旬及 9～10 月是两个孢子形成的高峰期。病害整年都可发展，最严重的症状一般是发生在 5 月上旬至 6 月下旬。病害流行的最适温度是旬平均温度 20～25℃。

亚热带中部的山区气候有利于病害的流行，平原或丘陵地区病害不会造成很严重的损失。松针褐斑病在中国南方流行地区可以分为三类：A 类为主要流行区，病害常年流行，发展迅速，能造成大面积幼林枯死；B 类为偶然流行区，病害可能在条件适合的年份局部流行，发展较慢，可造成片状或块状林木枯死；C 类为无害区，病害发生很轻，可能偶有单株或成簇林木死亡，不造成明显损失。福建中北部及其比邻的浙江南部和江西东南边境一带就属于主要流行区。

图1 松针褐斑病菌的分生孢子（叶建仁提供）

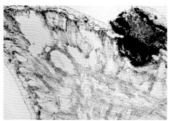

图2 在感病针叶叶肉细胞中的病菌菌丝和产生的分生孢子座（叶建仁提供）

防治方法

检疫 松针褐斑病在中国的分布虽然很广，但在病害流行的地区中仍有许多地方是无病区，在可能发生松针褐斑病的南方区域中，不少地方属于病害的偶然流行区和主要流行区，因此，进行严格检疫防止病原菌进入现在尚未发生病害的地区是十分必要的。松针褐斑病长距离传播的唯一途径是有病苗木的长途调运，因此，检疫的重点对象是调运过程中有病的苗木。

化学防治 是控制该病害的重要手段之一，尤其在苗圃、种子园和幼林地中。在苗圃中喷雾波尔多液（1∶1∶100）或百菌清500倍液等有良好的防病作用，从4月初至10月每隔半个月喷雾一次。在应用苗木造林前，采用内吸性杀菌剂苯莱特（5%）、多菌灵（3%～5%）或甲基托布津（5%～10%）泥浆进行根系打浆，可起到2年的防病效果。

抗病选育 抗病家系和无性系的选育利用是在病害流行区中控制松针褐斑病的根本途径。

参考文献

韩正敏，叶建仁，郑平，等，1992. 内吸杀菌剂根系打浆防治松针褐斑病 [J]. 南京林业大学学报，16(6): 7-12.

李传道，韩正敏，张振核，等，1986. 松针褐斑病菌（*Lecanosticta acicola*）生物学研究 [J]. 南京林业大学学报 (2): 19-26.

SIGGERS P V, 1932. The brown-spot needle blight of longleaf pine seedlings[J]. Journal of forestry, 30: 579-593.

WOLF A F, BARBOUR W J, 1941. Brown-spot needle disease of pine[J]. Phytopathology, 31: 61-74.

（撰稿：叶建仁；审稿：张星耀）

松针红斑病 pine needles red spot

由松穴褥盘孢菌侵染引起的、世界性的松树叶部重要病害之一。

发展简史 中国1980年在黑龙江东北林业大学凉水试验林场发现樟子松受该病危害，而后扩展到黑龙江大兴安岭林区、伊春、绥化、牡丹江、合江地区的部分林区以及吉林净月潭林场和辽宁草河口林场、章古台固沙造林试验站、内蒙古育林林场和云南的部分林区。

分布与危害 国外在美国、加拿大、新西兰等20多个国家有分布。中国在黑龙江、内蒙古、辽宁、吉林和云南等地有分布，其中东北地区发生较严重。该病可危害松属41个种、变种和杂交种，还危害欧洲落叶松、西特喀云杉和花旗松。在中国主要危害红松、樟子松、赤松和红皮云杉等树种。其中樟子松和红皮云杉受害最重。该病可危害苗木、幼树和大树，但苗期病害最重。

该病危害各龄针叶，多在叶的尖端或其他部位发病。初病时，产生褪绿变黄的点状斑，呈水渍状，病健组织界限明显，病斑中心渐变褐色，边缘黄色，病斑常溢松脂，病斑扩大渐变红褐色，病斑间仍为绿色。在老病叶上的病斑常扩大0.2～0.5cm宽的横带形成段斑，国外称"红带斑病"，侵染严重的病叶，布满病斑并逐渐枯黄死亡，提前落叶。就单株树而言，首先在下部枝干上的针叶病后枯死，逐渐由冠下部向上扩展，病林稀疏如同火烧一样，只有当年生叶保持绿色，被病菌侵染后，秋天又出现淡黄色褪绿斑。发病较重的苗圃，春天撤防寒土后，呈现一片枯黄，多数苗木死亡。病斑上的小黑点为病菌子实体，生于表皮下，成熟后突破表皮外露，部分表皮还附着在子实体上面，有时在病斑外横向排列似一条黑线，在老的枯死病叶上则会布满全叶。在落地或挂在树上的病叶的小实体周围产生淡红色（图1）。

病原及特征 病原为松穴褥盘孢菌（*Dothistroma pini* Hulbary），属穴褥盘孢属（*Dothistroma*）真菌。国外报

图1 松针红斑病症状（宋瑞清提供）

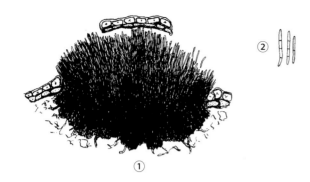

图 2 松穴褐盘孢菌（宋瑞清提供）
①分生孢子座；②分生孢子

道其有性态为松瘤座囊菌（*Scirrhia pini* Funk et Parker），中国尚未发现。分生孢子盘生于针叶表皮下，开始呈腔室状，逐渐突破表皮外露呈盘状，黑色，单生或几个并生在一个子座上。子座黄褐色，大小为 111～222μm×133～488μm。分生孢子无色，线形，直或略弯曲，成熟时具 1～5 个隔膜，多为 3 个隔膜，大小为 17.3～39.5μm×2.7～4.2μm（图 2）。

侵染过程与侵染循环 病原菌以菌丝和不成熟的分生孢子盘在病叶内越冬，翌年 5 月上旬至 6 月上旬产生分生孢子，成为病害初侵染来源。病菌分生孢子主要借雨水溅散作用向外扩散，在风雨交加的天气，带菌的雨可传播较远距离。病菌通过气孔或伤口侵入叶内，潜育期长达 60 天。

流行规律 分生孢子放散与温、湿度关系密切，在雨后湿度大，放散孢子量较多。在 5～9 月上旬均可捕捉到孢子，以 5～7 月放散量最多。

防治方法 松红斑病是中国新发现的病害。做好检疫工作是防止该病扩散的主要途径，严禁从疫区采集病接穗和病菌。加强圃地管理，及时清除病苗、病叶，集中深埋或烧毁。增施有机肥，提高苗木抗病力。在苗木长出新叶后要喷 1:1:120 波尔多液。在孢子放散期喷 75% 百菌清 600～1000 倍液，或福美胂、代森铵等药剂，均可收到防治效果。对人工幼林要及时发现，进行适当的修枝和喷药防治。也可施放硫黄烟剂，在孢子放散盛期，施放 2 次比 1 次效果好。新西兰和坦桑尼亚用飞机喷洒酮素剂，1 年 1～2 次，有良好效果。美国等国家用百菌清防治已被鉴定有效。另外，选育抗病树种是预防该病的有效方法。

参考文献

何秉章，邓兴林，刘成玉，1990. 松针红斑病的发病规律和防治 [J]. 东北林业大学学报，5(31): 15-22.

来建华，周德彬，张彦鹏，2000. 松针红斑病产地检疫及调运检疫技术 [J]. 林业科技，2(25): 30.

刘书文，何秉章，王帆，等，1990. 松穴褐盘孢菌生物学特性的研究 [J]. 东北林业大学学报，18(2): 52-58.

赵光材，李楠，寻良栋，1995. 云南的松针红斑病病原菌形态鉴定 [J]. 森林病虫通讯 (2): 20-22.

（撰稿：宋瑞清、王峰；审稿：张星耀）

松针锈病 pine needles rust

由几种鞘锈菌侵染松树针叶的一类真菌性病害。主要包括油松针叶锈病、马尾松针叶锈病、樟子松针叶锈病、红松针叶锈病和华山松针叶锈病等。是松树主要叶部病害之一。

分布与危害 松针锈病是国内外松树普遍发生的一类针叶病害，中国各地均有分布。该病一般不对大树构成严重危害，但幼苗、幼树发病严重时，常导致松叶发黄、枯死，影响松树生长乃至造成整株枯死。

松针锈病病原菌为转主寄生锈菌，可危害松属和菊科、芸香科等多种植物。在中国，该锈菌的性孢子、锈孢子阶段的寄主有油松、赤松、樟子松、马尾松、红松、华山松以及湿地松、火炬松等。夏孢子、冬孢子阶段寄主为多种双子叶植物，如菊科的风毛菊、紫菀；毛茛科的白头翁、升麻；芸香科的黄檗等。

松针锈病在各种松树上的症状基本相似。发病最初在针叶上产生褪绿段斑，随后在褪绿斑上产生蜜黄色小点，即锈菌性孢子器。性孢子器干缩，变为黄褐色至黑褐色后，即在病变处出现淡橘黄色、舌状锈孢子器，常有数个锈孢子器相连并释放出黄色粉状锈孢子（图①）。后期病叶上残留锈孢子器白色膜状包被，病叶枯黄或枯死。在紫菀、风毛菊等转主寄主叶背面，先产生圆形、粉状、黄色至橘黄色的夏孢子堆，后期形成近圆形至不规则、垫状、橘黄色至橘红色冬孢子堆（图②）。

病原及特征 松针锈病是由鞘锈菌科（Coleosporiaceae）鞘锈菌属若干种（*Coleosporium* spp.）侵染所致。全世界报道达 40 余种，中国主要有以下几种。

黄檗鞘锈（*Cleosporium phellodendri* Kom.）性孢子器、锈孢子器阶段生在油松上，夏孢子、冬孢子阶段生于黄檗属（*Phellodendron*）植物上。性孢子器为二型，叶两面生，椭圆形，500～800μm×400μm，灰褐色，以近轴面为主，表皮层下生。锈孢子器呈舌状，以近轴面生为主，散生或通常纵向连结达数毫米长，高 1～1.5mm，包被强力外卷，淡黄或近白色，包被细胞椭圆形至矩圆形，或常一端尖，30～65μm×17.5～32.5μm，淡褐色，外壁有长线状纹，厚 5～13μm，内壁被细疣，较薄，2～3μm；锈孢子椭圆、矩圆至长卵形，27.5～45μm×（15～）20～27.5μm，密被粗疣，疣呈塔形，3～4 层，疣顶平截，偶有网状光滑区，壁厚 3～5μm，淡黄色。夏孢子堆叶背散生，圆形，直径 0.2～0.4mm，破皮裸露，粉状，黄色；夏孢子淡橘黄色，椭圆形、广椭圆形，少数近球形，20～30μm×17.5～22.5μm，被粗疣；疣呈棒状，宽 1μm，疣顶钝圆或尖。冬孢子散生于叶背，或连成不规则形，或近圆形，直径 0.2～0.5mm，表皮下生，凸起，垫状，橘黄色至褐色；冬孢子（内担子）棒状、柱状至短圆形，较粗短，36～67.5μm×20～27.5μm，在孢子堆中呈单层排列，胶质鞘厚达 25μm；担孢子椭圆形，22.5～27.5μm×12.5～17μm。

松—紫菀鞘锈（*Coleosporium pini-asteris* Orish.）性孢子器、锈孢子器阶段亦生在油松上，夏孢子、冬孢子阶段生于紫菀属植物上。

白头翁鞘锈菌［*Coleosporium pulsatillae*（Strauss）Lév.］

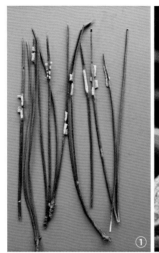

松针锈病症状（曹支敏提供）

①油松针叶锈孢子器；②紫菀叶背及枝干冬孢子堆

性孢子、锈孢子阶段危害樟子松及马尾松，夏孢子、冬孢子阶段生于各种白头翁属植物上。

风毛菊鞘锈（*Coleosporium saussureae* Thüm）性孢子、锈孢子生于华山松、红松等五针松上，夏孢子、冬孢子生于风毛菊属及升麻属植物上。性孢子器二型，生于针叶轴面，散生，横切面呈盘状，红褐色，外观呈现椭圆形，长 0.4～1mm，宽 0.3～0.5mm，灰褐色。锈孢子器舌状，散生于轴面，纵向宽 0.5～1mm，高 1～2mm（高度往往大于纵向宽度），淡橘黄色至近白色，包被细胞长椭圆形、卵形、短圆形至疣状椭圆形，30～75μm×20～45μm；内向壁被粗（线状）疣，厚 4～7μm，外向壁被细线状疣（或点状细疣），较内向壁薄，2～4（5）μm，淡色；锈孢子椭圆形、矩圆形、长卵形或少数近梭形，22.5～37.5μm×15～22.5μm，密被粗疣，疣高达 2μm，疣顶平截，胞壁厚 2～3μm（含疣高），淡黄色。夏孢子堆叶背散生，圆形，直径 0.2～0.6mm，初表皮下生，后破皮外露，粉状，橘黄色；夏孢子椭圆、矩圆或少数近球形，20～30（～3.5）μm×14～22.5μm，密被疣，有网状光滑区，淡黄色。冬孢子堆叶背集生排成环状，多角状或近圆形，直径 0.25～0.8mm，垫状，橘红色或黄褐色；冬孢子棒状至柱状，较宽，冬孢子与内生担子近等长或稍短于担子，冬孢子 35～80μm×15～27.5μm，内生担子 50～90μm×15～25μm，在孢子堆中呈单层或不规则排列，胶质鞘厚 5～26μm；担孢子卵形或肾形，20～25μm×15～20μm，薄壁，光滑，黄褐色。

侵染过程与侵染循环　各种松针锈病的发病规律都很相似。当年 8 月下旬至 9 月上中旬转主寄主（如黄檗、风毛菊、紫菀等）上的冬孢子（堆）萌发产生大量担孢子，经气流传播到达松针，萌发后由气孔或直接侵入，以菌丝体在松针内越冬。翌年 4 月形成性孢子器，5 月上中旬产生锈孢子器，5 月中旬至 6 月中旬释放锈孢子，锈孢子萌发后侵入紫菀、风毛菊等转主寄主叶片，并于 7 月上旬至 8 月下旬形成夏孢子堆并释放锈孢型的夏孢子，至 9 月上中旬再形成冬孢子堆，冬孢子于当年萌发产生担孢子侵染松针。

流行规律　山阴坡发病率高于阳坡，山中下部的发病率较山上部高。同样条件下，高在 50cm 以内的苗木受害最重，15 年生以下的幼树次之，大树发病较轻；树冠下部发病重，中部轻，上部次之。

防治方法

营林措施　营造混交林时，不要将油松、樟子松等与黄檗混交，并且要相距 2km 以上；要铲除与红松、华山松针锈病病原菌有关的风毛菊等转主寄主。

化学防治　可喷 0.5 波美度石硫合剂，或用 25% 粉锈宁可湿性粉剂 800 倍液、65% 代森铵 500 倍液，或 50% 退菌特可湿性粉剂 500 倍液等防治。

参考文献

何秉章，侯伟宏，刘乃诚，等，1994. 樟子松松针锈病的研究 [J]. 东北林业大学学报，22(6): 7-12.

景耀，陈辉，岳朝阳，1993. 马尾松针叶锈病的研究 [J]. 森林病虫通讯 (1): 1-4.

邵力平，曹成龙，金振浩，1988. 红松松针锈病病原菌的研究 [J]. 东北林业大学学报，16(5): 1-5.

杨旺，1996. 森林病理学 [M]. 北京：中国林业出版社：40-42.

章荷生，1980. 油松松针锈病病原的研究 [J]. 林业科技通讯 (2): 30-31.

（撰稿：曹支敏；审稿：张星耀）

损失估计　loss assessment

也称损失预测。评估栽培植物因有害生物（包括病原物）危害所造成的产品产量和质量或经济上的损失程度的活动和结果，也包括研究或描述病情与作物产量或质量下降的关系，并利用这种关系预测病害所致损失的活动。损失估计是病害防治决策、确定防治指标和病害系统管理的重要依据。

植物病理学之所以能成为一门应用科学并不断发展，是因为植物病害能够造成作物受害并且给农业生产带来严重的损失。病害发生在农作物上，直接和原生的损失是具体田块里农作物产量的减少和品质的降低。联合国粮农组织（FAO）定义狭义的损失是指可达到的产量与受到有害生物危害后的实际产量之间的差值。这也是目前研究的主要范畴。在农业生产和社会活动中，病害所致的损失还包括后续的和间接的多种不同类型。

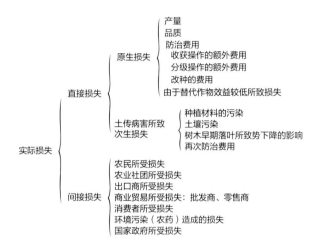

作物受到病原物的侵染继而发病。发病程度即病情，表示作物受到损害的程度。而作物受到损害并不一定造成作物损失，这和病害发生部位、时间，作物生理，生长发育规律有关，大体可以出现以下三种情况（见图）。

①敏感型。多见于危害期较晚或直接损害结实或收获器官的病害，如小麦赤霉病、小麦散黑穗病、稻曲病等。作物损失与病情之间呈正相关，在二者的直角坐标图上形成过原点或接近原点的直线或曲线（图曲线甲）。②耐病型。是较为常见的情况。多见于发生时间早，发病部位不是收获部位的病害，而受害作物同种器官内部、器官之间乃至个体之间都存在或多或少的补偿作用。如小麦锈病，少数叶片，特别是下部叶片生病，但灌浆期仍保持功能叶片的光合面积，就不会造成减产。再如棉花枯萎病、棉花黄萎病、小麦秆黑粉病等由于病株弱小甚至死亡都给相邻的健株提供更大的空间、更多的光照和营养，相邻健株会发育得比一般植株更为旺盛，表现为群体补偿作用。耐害型的显著特点是低病情并不导致损失，只有当病害密度大到一定值以后才出现损失。这个造成作物产量或质量损失的最低有害生物种群密度（病情）称为"作物损失阈值"或"阈值病情""病害阈值"。病情超过这个阈值以后则病情与损失大体呈现"S"型曲线关系（图曲线乙）。③超补偿型多见于具有自然落花、落果或落叶习性的作物上，少量病害如能加快作物自身调节过程，减少养分消耗，则不但不引起减产，反而使产量略有增加的现象（图曲线丙）。在果树和棉花等作物病害中可以找到很多事例。

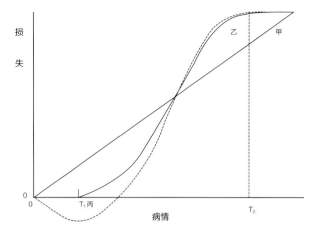

损失和病情的关系（引自曾士迈，杨演，1986）

人们已经依据试验和理论分析研究出依据逆境推测损失的损失估计模型。1961年塔模斯（P. M. Tammes）提出产量与逆境因素之间的理论关系。他强调这种理论关系的特点应该包括作物损失阈值、损失最高限和损失与逆境之间的正相关关系（病情处于作物损失阈值和损失最高限之间）。1981年马登（L.V. Madden）根据上述理论，提出一个适于各种逆境因素的可塑性损失估计模型：

$$L_i = 1 - \exp\left(-(\frac{X_i - d}{b})^s\right) + u_i$$

式中，L_i 为相对于逆境因素 X 的 i 水平的损失率；X_i 为逆境因素值，如病害普遍率、严重度或病情指数；d 为模型的定位参数，曲线斜率 s 为形状参数；u_i 为随机误差。除此之外，常用于损失估计的还有以下几种回归模型：以某一关键生育期的病情为自变量的单点模型（CP 模型），以两个或多个生育期病情为自变量的多点模型（MP）以及依据病害流行曲线下面积为自变量的曲线下面积模型（AUDPC 模型）。这三种模型都以病情为依据来预测损失，如果兼顾肥力、品种、发病时间的影响，需要组建多元回归方程或多因子模型。如果在作物生长的计算机模拟模型中加入病害侵染模块并其输出的损害作为作物生长模型的输入，就构建出综合各种因素和规律的系统模型。它更加合理和具有解析功能，也更加接近真实情况。

参考文献

曾士迈，杨演，1986.植物病害流行学 [M].北京：农业出版社.

ZADOKS J C, SCHEIN R D, 1979. Disease and crop loss assessment in epidemiology and plant disease management[M]. New Zealand: Springer.

（撰稿：肖悦岩；审稿：胡小平）

S

唐菖蒲白斑病毒病　gladiolus white spot syndrome virus disease

　　由菜豆黄花叶病毒引起的唐菖蒲叶片褪绿的一种病毒病。

　　分布与危害　分布广州、厦门、昆明、上海、西安、北京、包头、沈阳等地。病叶呈白色褪绿小条斑，有时呈多角形。严重时连成片状，叶片扭曲，植株矮小、黄化，花朵小（见图）。老叶底部则出现黄绿相间的斑纹。某些品种（粉红色）花瓣呈碎色状。早夏病叶明显，盛夏隐症，症状不明。

　　病原及特征　病原为菜豆黄色花叶病毒（bean yellow mosaic virus，BYMV）。在电镜下可观察到大量线状病毒粒子，长 700～750nm，宽约 15nm。

　　侵染过程与侵染循环　病毒依靠寄主繁殖材料、昆虫等传播媒介进行传播。

　　流行规律　肥水管理不当，尤其是氮肥偏重，抗病性差的品种发病重。

　　防治方法　清除病株，及时销毁可疑病株，减少种球传播。用 50% 马拉松、50% 磷胺 500 倍液，或 25% 杀虫净 400～600 倍液、50% 马拉硫磷 800 倍液等在蚜虫卵孵盛期用。每隔 10～15 天喷 1 次，连用 2～3 次控制蚜虫传毒。

　　参考文献

　　陈秀虹，伍建榕，西北林业大学，2009.观赏植物病害诊断与治理[M].北京：中国建筑工业出版社.

　　陈秀虹，伍建榕，2014.园林植物病害诊断与养护：上册[M].北京：中国建筑工业出版社.

　　　　　　　（撰稿：伍建榕、张俊忠、吕则佳；审稿：陈秀虹）

唐菖蒲白斑病毒病症状（伍建榕摄）
①叶部受害状；②花受害状

唐菖蒲干腐病　gladiolus dry rot

　　由剑兰核盘菌引起的，危害唐菖蒲叶部的一种真菌性病害。

　　分布与危害　主要分布在广东、四川、福建、吉林、辽宁、云南、上海、甘肃、江苏和河北等地。当种球种入土中，长出的病株叶片易干枯，茎部产生红褐色斑，渐扩大，后转为白色，组织湿腐，其上长出白色絮状物，并形成大量的黄豆大小的黑色菌核。湿度大时，受害部位变白，溃烂易断，受害皮层破裂呈乱麻状。在干燥气候条件下，病部干腐、硬化（见图）。受害位置在球茎上，呈干硬腐烂状，病状有红褐色斑，尤其在病斑边缘颜色较明显。

　　病原及特征　病原为剑兰核盘菌（*Sclerotinia gladioli* Drayt），属核盘菌属真菌。子囊具 8 个子囊孢子，近圆柱形，孔口在碘液中呈蓝色；子囊孢子椭圆形，无色，单胞，具油滴。

　　侵染过程与侵染循环　病原菌多于土壤、病残体中越冬，翌春随风、雨等媒介进行传播。

　　流行规律　潮湿多雨时易发病。

　　防治方法

　　农业防治　土壤晾晒消毒，在栽植前翻晒土壤，杀死土壤中的病原菌（应避开雨季）。清除病叶，清除病株，集中

唐菖蒲干腐病症状（伍建榕摄）

①

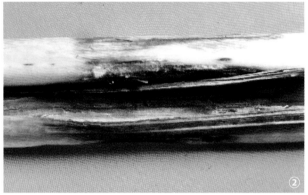

②

烧毁。注意田间卫生，清除菌核残留，最好翻土烧残物或轮作（轮作应在 2 年以上）。

化学防治　土壤药剂消毒。播种前用 10% 食盐水 +15% 的硫酸铵水混合液冲洗种球消毒，也可用高锰酸钾消毒；田间出现病株时，可用 50% 多菌灵可湿性粉剂 500 ～ 800 倍液喷雾杀菌，还可用 5% 氯硝铵粉剂喷粉杀菌。

参考文献

陈秀虹 , 伍建榕 , 西北林业大学 , 2009. 观赏植物病害诊断与治理 [M]. 北京 : 中国建筑工业出版社 .

（撰稿：伍建榕、张俊忠、吕则佳；审稿：陈秀虹）

唐菖蒲干枯病　gladiolus stem blight

由唐菖蒲直喙镰孢引起的，危害唐菖蒲秆部的重要真菌性病害之一。又名唐菖蒲黄斑病。

分布与危害　人工大面积栽培的地方均有发生。受害株比健康株提前变黄和干枯，秆部不形成花蕾。在根茎和子鳞茎上先有黄色干枯斑，后有褐色软腐斑（病状），表面有粉红色霉状物（病症）（见图）。

病原及特征　病原为唐菖蒲直喙镰孢（*Fusarium orthoceras* var. *gladioli* Link.），属丛赤壳科真菌。菌丝有隔，分枝。分生孢子梗分枝或不分枝。分生孢子有两种形态，小型分生孢子卵圆形至柱形，有 1 ～ 2 个隔膜；大型分生孢子镰刀形或长柱形，有较多的横隔。

侵染过程与侵染循环　病枯枝、土壤是主要侵染来源，伤口侵入，病菌随风、雨、气流等传播、蔓延。

流行规律　潮湿多雨时易发病。

防治方法　栽种地的干湿度间歇性变化有利于镰孢菌的发生发展。病区土壤灭菌或更新土壤，或将唐菖蒲种到无病区。将初病根茎冲洗干净后，放在苯来特溶液中浸泡 15 ～ 30 分钟，然后迅速干燥。严重发病后应考虑轮作 3 ～ 4 年。

③

唐菖蒲干枯病症状（伍建榕摄）
①②秆部受害症状；③病球茎受害症状

参考文献

陈秀虹 , 伍建榕 , 西北林业大学 , 2009. 观赏植物病害诊断与治理 [M]. 北京 : 中国建筑工业出版社 .

陈秀虹 , 伍建榕 , 2014. 园林植物病害诊断与养护 : 上册 [M]. 北京 : 中国建筑工业出版社 .

（撰稿：伍建榕、张俊忠、吕则佳；审稿：陈秀虹）

唐菖蒲褐色心腐病　gladiolus brown heart rot

由球腐葡萄孢引起的，主要危害唐菖蒲叶片、茎、花瓣的真菌病害。又名唐菖蒲灰霉病。

T

分布与危害 人工大面积栽种的地方均有发生。叶片感病后，初期出现黄褐色病点，后逐渐扩大为红褐色的病斑，在潮湿时叶上有一层灰色霉状物，在后期叶鞘内，产生椭圆形黑色菌核。花瓣受害呈褐色水渍状斑点，该病也能危害球茎。球根中心腐烂，其外部有灰白色较长的霉状物。叶斑上、花蕊斑点上及茎秆上也密布灰白色长绒毛状物（病症）（图1）。

病原及特征 病原为唐菖蒲球腐葡萄孢（*Botrytis gladiolirum*）（图2），属葡萄孢属真菌。子囊盘从菌核或由菌丝和寄主组织共同组成的假菌核上长出，肉质、杯状或盘状，有柄。子囊椭圆形，顶端稍厚，遇碘呈蓝色，一般含4~8个孢子。子囊孢子光滑，一般无色，少数褐色单胞。少数产无性的分生孢子，有时还形成小分生孢子。

侵染过程与侵染循环 病菌以菌核在土壤中或以菌丝体和分生孢子在病球茎上越冬，成为翌年初侵染源。翌年条件适宜时侵入球茎，随后侵染整个植株。

防治方法

农业防治 加强栽培管理，合理施肥灌水，避免施氮肥过多，增施磷钾肥，提高植株抗病力。合理密植，通风透光，雨季注意排水，保持适当温湿度，发现有病株及时拔除，减

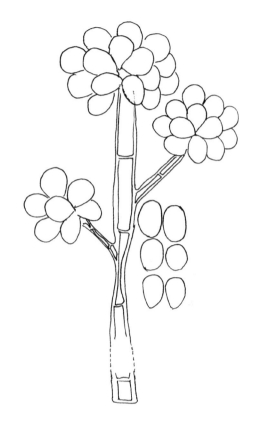

图2 唐菖蒲球腐葡萄孢（陈秀虹绘）

少病菌。种植时，选用无病种球，在种植及收获时避免植株受伤。

化学防治 收获后发现感病的植株，应先用绿素宝600~800倍液浸种消毒，然后晒干收藏。在发病初期用50%多菌灵可湿性粉剂800~1000倍液或70%甲基托布津可湿性粉剂1000倍液或50%福美双可湿性粉剂800倍液喷洒，隔7~10天喷1次，连续喷3次防效可达80%。

参考文献

陈秀虹，伍建榕，西北林业大学，2009. 观赏植物病害诊断与治理 [M]. 北京：中国建筑工业出版社.

陈秀虹，伍建榕，2014. 园林植物病害诊断与养护：上册 [M]. 北京：中国建筑工业出版社.

（撰稿：伍建榕、张俊忠、吕则佳；审稿：陈秀虹）

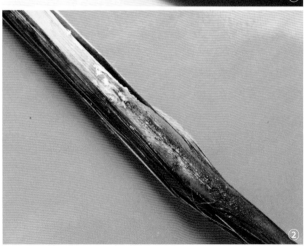

图1 唐菖蒲褐色心腐病（伍建榕摄）

①花蕊受害状；②秆部受害状

唐菖蒲褐圆斑病 gladiolus brown round spot

主要危害唐菖蒲叶部的重要真菌性病害之一。

分布与危害 人工大面积栽种的地方均有发生。主要危害叶片。叶斑褐色圆形，严重时小圆病斑连成大病斑，病斑表面有细小的黑色小点（即病菌的分生孢子器）。若在潮湿的环境下，叶片、苞叶、花穗提早腐烂坏死，在褐色的坏死斑上能长出棉絮状物（病症）（图1）。

病原及特征　病原为斑点叶点霉（*Phyllosticta commonsii* Ell. et Ev.）（图2），属叶点霉属真菌。分生孢子器有孔口，两层壁，外层壁较粗糙，内层壁由1～3层薄壁细胞组成。产孢细胞由最内层产生，无色圆柱形或烧瓶形，产孢方式为全壁芽生单生，从顶部向基部连续产生分生孢子。分生孢子单胞，无色，球形、近球形、卵圆形等，有的具有油球。

图1　唐菖蒲褐圆斑病（伍建榕摄）
①叶部受害状；②花穗受害状

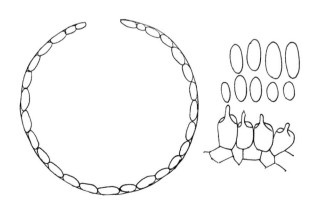

图2　斑点叶点霉（陈秀虹绘）

侵染过程与侵染循环　病菌以菌丝体和分生孢子梗在病部或病残体上越冬，南方地区越冬期不明显。病原的分生孢子借气流传播侵染。高湿多雨的季节有利于病害发生。

防治方法　经常发病的园圃在冬季清园后、翌年初春新叶抽生时，喷药进行保护，尤其注重清园后到翌年初春发病前的喷药保护。药剂可选用75%百菌清可湿性粉剂600～800倍液，或50%苯来特可湿性粉剂800倍液，或30%氧氯化铜+70%代森锰锌可湿性粉剂（1∶1）800倍液，喷1～2次，药剂可交替施用。发病期间也可全面喷药1～2次，10天左右1次，喷匀喷足，保护再度萌生的新枝叶。

参考文献

陈秀虹，伍建榕，西北林业大学，2009.观赏植物病害诊断与治理[M].北京：中国建筑工业出版社.

陈秀虹，伍建榕，2014.园林植物病害诊断与养护：上册[M].北京：中国建筑工业出版社.

（撰稿：伍建榕、张俊忠、吕则佳；审稿：陈秀虹）

唐菖蒲黑粉病　gladiolus smut

由黑粉菌引起的，危害唐菖蒲的主要真菌性病害之一。

分布与危害　主要分布在广东、四川、福建、吉林、辽宁、云南、上海、甘肃、江苏和河北。叶片或球根鳞片生有黑色圆形突起疱状物，其内有大量黑色粉粒的病症，病组织坏死。在田间球茎和叶片易受害。在储藏室新挖来的正常球茎在潮湿的环境会呈现干腐状。田间受害植株基部黄褐色易腐烂（图1）。

病原及特征　病原为唐菖蒲黑粉菌（*Urocystis gladiolicola* Ainsw.）（图2），属黑粉菌属真菌。厚垣孢子散生，呈粉末状，孢子堆深褐色至黑色，也有淡黄色或紫褐色的。孢子单生，萌发后先形成菌丝，它既可产生担孢子，也可成为侵染菌丝。

侵染过程与侵染循环　土壤、病残体是主要的越冬场所，通常成为翌年的侵染来源，风雨是病原菌主要的传播途径。

图1　唐菖蒲黑粉病症状（伍建榕摄）

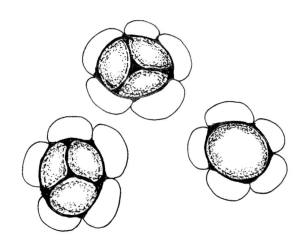

图 2 唐菖蒲黑粉菌（陈秀虹绘）

流行规律 温度高、湿度大，通风不好的环境里易发病。

防治方法 病菌由土壤和气流传播，应尽早清除病株，在黑粉散布前烧毁，减少病源。

淘汰有病的球根和病株，建立健康种球生产种植基地。将无病种球种在消毒后的土壤中。用蒸汽消毒土壤，或化学药剂熏蒸达到灭菌效果才能播种。还可以采取轮作，最好是旱地变水田，改种水生植物 2～3 年，种球应用杀菌剂加30℃温水，浸泡 20 分钟，后晾干，干燥后才贮存。

参考文献

陈秀虹，伍建榕，西北林业大学，2009. 观赏植物病害诊断与治理 [M].北京：中国建筑工业出版社 .

陈秀虹，伍建榕，2014. 园林植物病害诊断与养护：上册 [M].北京：中国建筑工业出版社 .

陆家云，2001.植物病原真菌学 [M].北京：中国农业出版社 .

（撰稿：伍建榕、张俊忠、吕则佳；审稿：陈秀虹）

唐菖蒲红斑病 gladiolus red spot

由匍柄霉属引起的唐菖蒲叶片上的一种主要真菌性病害。

分布与危害 人工大规模栽种唐菖蒲的地方均有发生。叶上初现小而圆的黄白色半透明斑，病斑中心红褐色，故称红斑病，后期在病斑上有小黑点（图 1）。

病原及特征 病原为匍柄霉属的一种（*Stemphylium* sp.）（图 2），属匍柄霉属真菌。分生孢子梗简单，暗褐色；分生孢子顶生，单生，褐色，纵横分隔，3 个横隔，分隔处有缢束，多个纵隔，宽椭圆形或卵圆形到伸长，大小为36.75～48.75μm×12.5～17.5μm。

侵染过程与侵染循环 病原菌多于土壤、病残体组织中越冬，翌年春天随风、雨等进行传播。

流行规律 潮湿多雨，通风不良时易发病。品种 Stoplight 和 Casabanca 极易感病，Picardy 品种中等感病。

防治方法

农业防治 高感病品种与其他品种隔离种植，分开管

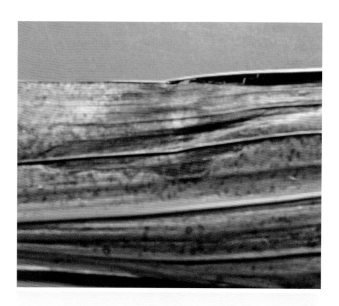

图 1 唐菖蒲红斑病症状（伍建榕摄）

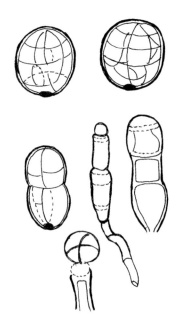

图 2 匍柄霉属的一种（陈秀虹绘）

理，防止病原对抗病和轻度感病者逐渐适应。清除病叶、病株，集中烧毁。

化学防治 对高感病品种要喷施杀菌剂，如代森锰锌、百菌清和多菌灵等。

参考文献

陈秀虹，伍建榕，西北林业大学，2009.观赏植物病害诊断与治理 [M].北京：中国建筑工业出版社.

（撰稿：伍建榕、张俊忠、吕则佳；审稿：陈秀虹）

唐菖蒲花腐病 gladiolus flower rot

青霉属引起的唐菖蒲在栽培和球茎储藏过程中的主要病害之一。又名唐菖蒲青霉菌性球茎软腐病。

分布与危害 在人工大面积栽培唐菖蒲的地方均有发生。在寒冷的储藏期，青霉引致鳞茎缓慢腐烂，经几周时间鳞茎才烂掉，呈干腐状。发病部位凹陷，呈红褐色，病部木栓化，低温下被绿色的霉状物病原菌所覆盖。在腐烂鳞茎上，孢子成团状时，呈现典型的青绿色。病菌从伤口侵入鳞茎；病菌也侵染花苞，其上长满青绿色霉层（图1）。

病原及特征 病原为青霉（*Penicillium* sp.）和丛花青霉（*Penicillium corymbiferum* Westl.）真菌的两个种（图2），

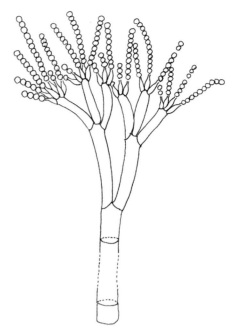

图 2 青霉（陈秀虹绘）

属青霉属真菌。分生孢子梗自菌丝单个地发生或不常成束。在顶部附近分枝，末端生小梗。分生孢子梗无色或成团时带色，单胞，大都球形或卵圆形。

侵染过程与侵染循环 病球茎、土壤是主要侵染来源，伤口侵入，病菌随灌溉水传播、蔓延。

流行规律 低温、潮湿且多雨时易发病。

防治方法 挖掘、包装鳞茎时，应尽量避免碰伤鳞茎，减少侵染机会。鳞茎运输、包装期间保持低温。在包装土中加入硫酸钙、次氯酸盐混合粉（每11.35kg土中加混合粉171g）可控制病害发生。鳞茎消毒可用苯来特溶液浸泡15～30分钟，晾干后储存。

参考文献

陈秀虹，伍建榕，西北林业大学，2009.观赏植物病害诊断与治理 [M].北京：中国建筑工业出版社.

陈秀虹，伍建榕，2014.园林植物病害诊断与养护：上册 [M].北京：中国建筑工业出版社.

陆家云，2001.植物病原真菌学 [M].北京：中国农业出版社.

（撰稿：伍建榕、张俊忠、吕则佳；审稿：陈秀虹）

图 1 唐菖蒲青霉花腐病症状（伍建榕摄）
①花受害状；②唐菖蒲鳞茎受害症状

唐菖蒲花叶病毒病 gladiolus mosaic virus disease

由黄瓜花叶病毒引起，唐菖蒲叶片变成黄绿斑块相间或镶嵌颜色的病毒病。

分布与危害 世界各地唐菖蒲产区常有发生。在美国、欧洲和以色列等地发生严重。中国上海、沈阳、广州、武汉以及北京等地都发现有唐菖蒲花叶病。在云南普遍发生。病叶顺叶脉平行生成长短、深浅绿色相间条纹，呈花叶状，有时畸形，最后叶片变褐，枯萎。病花瓣呈现白、绿和花瓣原色混杂斑驳成杂色花，植株衰弱，茎秆短且弯曲畸形（见图）。

病原及特征 病原为黄瓜花叶病毒（cucumber mosaic virus，CMV）。CMV 表面具有脂质包膜，为 229kb 的双链 DNA 染色体。

侵染过程与侵染循环 病毒依靠寄主繁殖材料、昆虫等传播媒介进行传播。植株间摩擦可传播。球茎直接传到下一生长季，土壤中的病残体接触健康植株也可传染。

流行规律 土壤肥力差、排水不良的地块、植株长势弱的容易发病。

防治方法 设立无病苗种基地，及时防治桃蚜虫和其他蚜虫（可用 50% 马拉松 1000 倍液杀虫），消灭田间保毒株和残体。勿过量用氮肥，土壤干旱时应及时浇灌水。

参考文献

陈秀虹，伍建榕，西北林业大学，2009. 观赏植物病害诊断与治理 [M]. 北京：中国建筑工业出版社.

陈秀虹，伍建榕，2014. 园林植物病害诊断与养护：上册 [M].

唐菖蒲花叶病症状（伍建榕摄）

北京：中国建筑工业出版社.

（撰稿：伍建榕、张俊忠、吕则佳；审稿：陈秀虹）

唐菖蒲茎基腐烂病 gladiolus stem basal rot

由粉红单端孢引起唐菖蒲茎基部腐烂的重要真菌性病害之一。

分布与危害 人工栽培的地方均有发生。茎基斑块状腐烂，易折断。干枯后产生白色至粉红色的粉霉状物。球茎症状与茎基相同；叶片发病时呈椭圆形灰白色至梭形污白色干枯斑（病状），湿润时可在病斑上看到白色至粉红色粉状堆（病症）（图1）。

病原及特征 病原为粉红单端孢 [*Trichothecium roseum* （Bull）Link]（图2），属单端孢属真菌。分生孢子梗直立，无色，不分枝，顶端有时膨大，具 0～2 个隔膜，顶端以倒合轴式产生分生孢子。分生孢子倒洋梨形、卵形、无色，孢基偏乳头状突起，双细胞，隔膜处略缢缩。上部细胞稍大，下部细胞较窄，孢痕在基端或其一侧，孢子大小为 7.5～12.5μm×10.0～25.0μm。

图1 唐菖蒲茎基腐烂病症状（伍建榕摄）

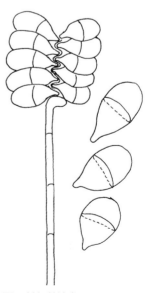

图2 粉红单端孢（陈秀虹绘）

侵染过程与侵染循环　该菌以菌丝体在病残体上越冬。以气流和雨水飞溅传播。

流行规律　病害在温暖多湿的地区和年份发生较重。

防治方法

农业防治　加强管护，清除病株集中烧毁，清除侵染来源。重点做好清园和排水工作，随即喷药进行保护。加强栽培管理措施，合理施肥，适时灌水，并结合喷施叶面营养剂。

化学防治　喷药预防，清园后喷药 1 次（1～2 波美度石硫合剂）外，翌年新叶抽生时或始见病时分别喷药 1～2 次进行预防。药剂可用 20% 三唑酮乳油 2000 倍液，或 45% 三唑酮硫黄悬浮剂 1000～1500 倍液，或 25% 敌力脱乳油 2000 倍液，或 12.5% 速保利可湿性粉剂 2000～3000 倍液，或 0.4～0.8 波美度石硫合剂，7～10 天喷 1 次，交替喷施，喷匀喷足，可得到较好的效果。

参考文献

陈秀虹，伍建榕，西北林业大学，2009. 观赏植物病害诊断与治理 [M]. 北京：中国建筑工业出版社 .

（撰稿：伍建榕、张俊忠、吕则佳；审稿：陈秀虹）

枝的末端细胞分裂成串的分生孢子，形成扫帚状。分生孢子一般呈蓝绿色。

侵染过程与侵染循环　病菌分生孢子通过气流传播，从球茎的各种伤口侵入，先侵入球茎外皮，继而向球茎蔓延危害。也可通过病健种球接触传染。

流行规律　种球含水量高、伤口多、贮存地温度高、湿度大、通风不良导致发病重。

防治方法

农业防治　采收种球时尽量减少伤口。挑选无病、无伤口的种球包装、贮存。在阴凉、干燥的条件下贮存。

化学防治　喷洒 36% 的甲基硫菌灵悬浮剂 200～400 倍液、50% 多菌灵可湿性粉剂 300 倍液消毒包装。

参考文献

陈秀虹，伍建榕，西北林业大学，2009. 观赏植物病害诊断与治理 [M]. 北京：中国建筑工业出版社 .

陈秀虹，伍建榕，2014. 园林植物病害诊断与养护：上册 [M]. 北京：中国建筑工业出版社 .

刘加铸，赵志昆，2005. 唐菖蒲球茎腐烂病及其综合防治研究 [J]. 安徽农业科学 (2): 258-260.

（撰稿：伍建榕、张俊忠、吕则佳；审稿：陈秀虹）

唐菖蒲球茎腐烂病　gladiolus corm rot

由唐菖蒲青霉引起的，唐菖蒲在栽培和球茎储藏过程中的主要病害之一。

分布与危害　人工大面积种植唐菖蒲的地方均有发生。主要危害唐菖蒲球茎。球茎感病后会出现黄褐色下陷的病斑，其边缘呈溃疡状。病斑淡红褐色（病状），球茎外被覆一层绿色霉层（病症）。该病也能侵害叶片基部和叶鞘。空气湿度大时，传染迅速（见图）。

病原及特征　病原为唐菖蒲青霉（*Penicillium gladiolilus* Mach），属青霉属真菌。菌丝体由多数具有横隔的菌丝所组成，通常以产生分生孢子进行繁殖，产生孢子时，菌丝体顶端产生多细胞的分生孢子梗，梗的顶端分枝 2～3 次，每

唐菖蒲球茎干腐病　gladiolus corm dry rot

由座盘菌引起的，危害唐菖蒲球茎的一种病害。又名剑兰球茎干腐病。

分布与危害　人工大面积栽种唐菖蒲的地方均有发生。在田间球茎和叶片易受害。田间受害植株基部黄褐色易腐烂（图 1）。在储藏室新挖来的正常球茎在潮湿的环境会呈现干腐状。球茎病斑下陷，有近圆形褐色或暗褐色病斑，病斑连合后可使整个球茎坏死至黑色并僵化状。最后长出菌核来。

病原及特征　病原为唐菖蒲座盘菌 [*Stromatinia gladioli* （Massey）Whetzel.] （图 2），属座盘菌属真菌。子囊以

唐菖蒲球茎腐烂病症状（伍建榕摄）

图 1 唐菖蒲球茎干腐病症状（伍建榕摄）

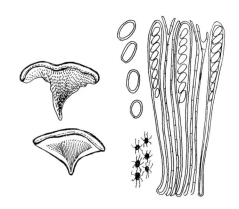

图 2 唐菖蒲座盘菌 (陈秀虹绘)

柱状为主，在碘液中顶端或全体呈蓝色反应，常含有 8 个孢子，成熟后强力放射。有两种菌核，一种薄而扩散，并产生褐色子囊盘，其直径约为 6mm；另一种小型黑色，其直径大小不到 0.5mm。

侵染过程与侵染循环 病组织、土壤是主要侵染来源，伤口侵入，病菌随灌溉水传播、蔓延。

流行规律 高温高湿的环境下易发病。

防治方法

种球储藏 在田间和储藏室都能发病，若储藏室湿度大，病害发生严重，故储藏室一定要干燥。温度低于 5.5°C，可阻止互相传染。种球应用杀菌剂加 30°C 温水，浸泡 20分钟后晾干，干燥后才贮存。

农业防治 将无病种球种在消毒后的土壤中。土壤用蒸汽消毒，或化学药剂熏蒸达到灭菌效果才能播种。还可以采取轮作，最好是旱地变水田，改种水生植物 2～3 年。

参考文献

陈秀虹，伍建榕，西北林业大学，2009.观赏植物病害诊断与治理 [M].北京：中国建筑工业出版社.

陈秀虹，伍建榕，2014.园林植物病害诊断与养护：上册 [M].北京：中国建筑工业出版社.

杨文成，2001.唐菖蒲干腐病综合防治研究 [J].江西农业科技(6): 36-37.

（撰稿：伍建榕、张俊忠、吕则佳；审稿：陈秀虹）

唐菖蒲球茎软腐病 gladiolus bulbous soft rot

由少根根霉引起的，唐菖蒲在栽培和球茎储藏过程中的主要病害之一。

分布与危害 主要分布在广东、四川、福建、吉林、辽宁、云南、上海、甘肃、江苏和河北。发病后田间栽培表现为地上部分茎、叶发黄，干枯死亡，根颈部腐烂，易折断，造成大面积缺苗断垄。储藏期球茎及保鲜期花蕾易受伤害，表生菌丝不多，种球先湿腐变软，水渍状，后病部渐变干腐，在变化过程中，病斑上生长出现许多暗绿色或黑褐色的大头针状物（即根霉的子实体）（图 1）。球茎发病后，病菌蔓延很快，造成球茎大量腐烂，烂球有臭味，能分泌出细菌液，

最后球茎干缩。

病原及特征 病原为少根根霉（*Rhizopus arrhizus* Fischer）（图 2），属根霉属。在假根的上方长出一至数根孢囊梗，顶端长球形孢子囊。囊的基部有囊托，中间有球形或近球形囊轴。囊内产大量孢囊孢子，成熟后孢囊壁消解或破裂，释放球形或卵形等孢囊孢子。有时在匍匐菌丝上产生横隔，随即形成厚垣孢子。

侵染过程与侵染循环 病球茎、土壤是主要侵染来源，伤口侵入，病菌随灌溉水传播、蔓延。在病残组织或土壤中越冬。潮湿多雨时易发病。

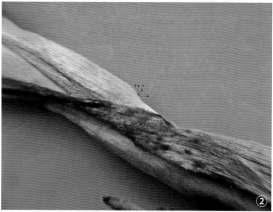

图 1 唐菖蒲球茎软腐病症状 (伍建榕摄)

①唐菖蒲花蕾软腐病早期症状；②唐菖蒲花蕾软腐病后期症状；③唐菖蒲球茎受害症状

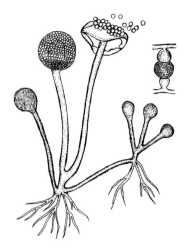

图 2 少根根霉（陈秀虹绘）

防治方法　土壤晾晒消毒，在栽植前翻晒土壤，杀死土壤中的病原菌(应避开雨季)；药剂消毒，多施有机肥作基肥。精选种球是防止病害发生的重要环节。栽种时应选择健壮、无病虫、无机械损伤、表面光洁、无霉斑的种球，球茎大小为 10～12cm。播种前种球要进行药液浸泡消毒。首先把球茎放在 40℃ 的温水中浸泡 15 分钟，再用 50% 的多菌灵可湿性粉剂 500 倍液浸泡 15 分钟，然后捞出充分晾干后栽种。挖种球时应尽量不使种球受伤，将无伤球茎储藏在低温、低湿处，最好是在干燥的不易见光的场所里。常检查种球，感病的应尽快拣出处理，以免相互传染。

参考文献

陈秀虹 ,伍建榕 ,西北林业大学 ,2009. 观赏植物病害诊断与治理 [M]. 北京 :中国建筑工业出版社 .

陈秀虹 ,伍建榕 ,2014. 园林植物病害诊断与养护 :上册 [M]. 北京 :中国建筑工业出版社 .

陆家云 ,2001.植物病原真菌学 [M].北京 :中国农业出版社 .

（撰稿：伍建榕、张俊忠、吕则佳；审稿：陈秀虹）

唐菖蒲细菌性叶斑病　gladiolus bacterial leaf spot

由流胶黄单胞菌引起的唐菖蒲叶部发病的重要细菌性病害之一。

分布与危害　广东、贵州、四川、云南等地均有发生。唐菖蒲叶部的细菌病害从症状上看有 3 种类型：GL-1，GL-2，GL-3。GL-1：叶片基部先发病，常限于肉质部分，先出现椭圆形小斑，后渐扩大，中间稍凹陷，黑褐色到黑色，叶片渐发黄萎蔫。叶鞘受侵染呈现暗褐色水浸状斑。空气干燥时，病斑干枯，湿润时病部组织软化，有菌脓溢出，薄壁细胞组织崩溃消失，最后仅剩下维管束组织的纤维。病菌也可危害球茎，出现凹陷的病斑，初水浸状，直径 4～6mm，渐变黄色至黑褐色，边缘稍隆起呈疮痂状，有时数病斑连合成不规则形凹陷大斑。GL-2：主要发生在叶片上。初产生窄条状水渍状斑，暗褐色，后病斑扩大成长方形或多角形，

半透明，褐色。多个病斑可联合成长条形较大斑块。空气潮湿时病斑表面可溢出细菌黏液，常有灰尘沾在上面成小颗粒。病斑多时叶片可迅速干枯。GL-3：主要发生在叶片上，以叶尖和叶缘较多。初水浸状，暗绿色，后渐发黄变褐，病斑不规则，周围有黄晕圈。叶背病斑色深，空气潮湿时细菌溢出，干后成一薄层，发亮。后期病斑中心变薄，有时穿孔。叶有不规则的水渍状斑，后干枯变褐色，最后整片叶布满病斑而死亡，湿度大时斑上有黄褐色黏性渗出物（病症）（见图）。

病原及特征　病原为流胶黄单胞菌（*Xanthomonas gumnisudans*），属黄单胞杆菌属细菌。细胞直杆状，大小为 0.4～1.0μm×1.2～3.0μm，单端极生鞭毛。

侵染过程与侵染循环　病原细菌于病残体、土壤、杂草等处越冬，成为下一生长季的初侵染源，主要从伤口侵入，随灌溉水、农事操作等流行。

流行规律　高温高湿环境，地势低洼、排水不良、通风透光差的地块发病严重。

防治方法　用 400mg/L 农用链霉素或用 10% 多菌铜乳粉 200～300 倍液涂抹或注射到疑似病球中。

参考文献

陈秀虹 ,伍建榕 ,西北林业大学 ,2009. 观赏植物病害诊断与治理 [M]. 北京 :中国建筑工业出版社 .

（撰稿：伍建榕、张俊忠、吕则佳；审稿：陈秀虹）

唐菖蒲细菌性叶斑病病状（伍建榕摄）

唐菖蒲叶斑病 gladiolus leaf spot

是唐菖蒲叶部的重要真菌性病害之一。

分布与危害 人工大面积栽培唐菖蒲的地方均有发生。叶和茎均易受害，病斑椭圆形棕黄色至深褐色，病斑内有暗褐色细绒毛状物（病症），严重时花朵不能开放（图1）。

病原及特征 病原为唐菖蒲弯孢霉（*Curvularia trifolii* f. sp. *gladioli* Parmeke & Luttrell）（图2），属弯孢霉属真菌。分生孢子梗单生或数根丛生，暗褐色，具隔膜，不分枝，顶端曲折合轴式延伸，顶端生分生孢子。分生孢子广梭形，中间宽，两端渐圆，正直或向一侧弯曲，浅褐色，多数4个细胞，中间2个细胞颜色较深，最宽，两端细胞色淡，渐尖。

侵染过程与侵染循环 病原菌的分生孢子常于栽培地土壤及病残体中越冬，翌年春天随风、雨等媒介进行传播。

流行规律 潮湿多雨时易发病。

防治方法 拔出病株集中烧毁。在病区流行年份，应喷洒杀菌剂，在花期前喷药2～3次，重点保护花穗。

参考文献

陈秀虹，伍建榕，西北林业大学，2009.观赏植物病害诊断与治理[M].北京：中国建筑工业出版社.

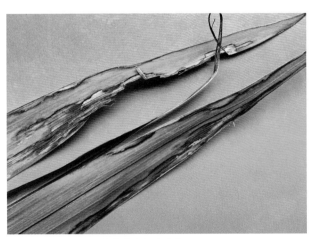

图1 唐菖蒲叶斑病症状（伍建榕摄）

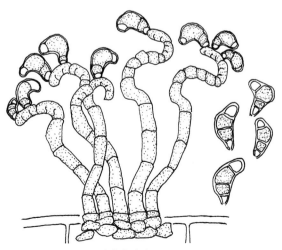

图2 唐菖蒲弯孢霉（陈秀虹绘）

陈秀虹，伍建榕，2014.园林植物病害诊断与养护：上册[M].北京：中国建筑工业出版社.

（撰稿：伍建榕、张俊忠、吕则佳；审稿：陈秀虹）

唐菖蒲叶尖枯病 gladiolus leaf tip blight

由土生链格孢引起的唐菖蒲叶部的重要真菌性病害之一。

分布与危害 人工种植唐菖蒲的地方均有发生。病原菌侵染成长叶，在叶中部形成椭圆形至不规则状病斑，其边缘色深，中部色浅，边缘稍隆起，中央灰褐色似同心轮纹，空气湿度大时，可见到深褐色至黑色小点的连线，用放大镜看病症，多有黑色绒毛状物（图1）。

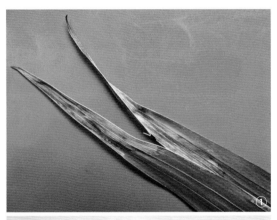

图1 唐菖蒲叶尖枯病症状（伍建榕摄）

①早期症状；②后期症状；③边缘症状

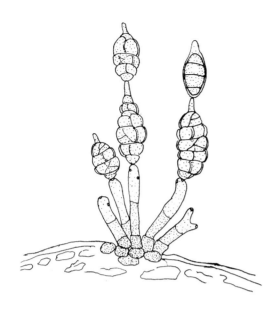

图 2　土生链格孢（陈秀虹绘）

图 1　唐菖蒲叶枯病症状（伍建榕摄）
①花受害状；②叶受害状

病原及特征　病原为土生链格孢（*Alternaria humicola* Oudem.）（图 2），属交链孢属（链格孢属）真菌。营养菌丝分隔，在分生孢子梗上向顶发育产生典型的链状分生孢子，分生孢子梗和体细胞菌丝很相似，暗色的梨型分生孢子通常既有横隔又有纵隔。

侵染过程与侵染循环　病原物在病落叶上越冬。

流行规律　夏秋季，易发生该病，尤其连绵雨水几天后，病叶易产生明显病症，以秋季发生较普遍。

防治方法　防治宜在秋末彻底清除落叶烧毁，减少翌春病菌的初侵染来源；夏、秋季初病时，叶尖有不规则枯斑，可喷 50% 多菌灵 800～1000 倍液，或 65% 的代森锌 500～800 倍液，或 70% 托布津 1000 倍液进行治理。花未开放前喷 2～3 次，药剂交替使用，7～10 天 1 次。

参考文献

陈秀虹，伍建榕，西北林业大学，2009. 观赏植物病害诊断与治理 [M]. 北京：中国建筑工业出版社.

张天宇，2003. 中国真菌志：第十六卷　链格孢属 [M]. 北京：科学出版社.

（撰稿：伍建榕、张俊忠、吕则佳；审稿：陈秀虹）

唐菖蒲叶枯病　gladiolus leaf blight

唐菖蒲在栽培过程中的常见真菌性病害之一。

分布与危害　人工大面积栽种的地方均有发生。病斑多在叶的边缘，呈紫红色条斑，斑的边缘云纹状，斑内有平整橄榄绿色的绒毛状物（病症）。花器水渍状软腐，其上长有许多暗灰色霉层（病症），花朵腐烂，病害传染迅速（图 1）。

病原及特征　病原为芽枝孢 [*Cladosporium cladosporioides*（Fres.）de Vries]（图 2），属枝孢属真菌。营养体为分

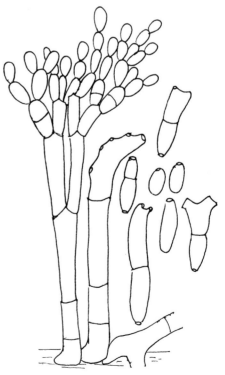

图 2　芽枝孢（陈秀虹绘）

隔菌丝体，长的、椭圆形的、不分隔或单隔的黑色分生孢子，在分生孢子梗上向顶式发育成链，分生孢子梗末端带有成丛的小梗。

侵染过程与侵染循环　土壤、病组织是主要侵染来源，伤口侵入，病菌随风、雨水等传播、蔓延。

流行规律　潮湿多雨时易发病。

防治方法　无病种球种在消毒后的土壤中。土壤用蒸汽消毒，或用化学药剂熏蒸达到灭菌效果才能播种。还可以采取轮作，最好是旱地变水田，改种水生植物 2～3 年。种球应用杀菌剂加 30℃ 温水，浸泡 20 分钟，后晾干，干燥后才贮存。少量病株发病时清除病叶，喷杀菌剂保护，若有20% 以上植株发病，应拔除那些有病株，使行距变稀，使之透光通风，降低湿度和温度。

参考文献

陈秀虹，伍建榕，西北林业大学，2009.观赏植物病害诊断与治理 [M].北京：中国建筑工业出版社.

（撰稿：伍建榕、张俊忠、吕则佳；审稿：陈秀虹）

唐菖蒲硬腐叶斑病　gladiolus hard rot leaf spot

由唐菖蒲壳针孢引起的唐菖蒲叶部的重要真菌性病害。

分布与危害　人工大面积栽种的地方均有发生。秋季种球上有凹陷的圆形小红褐色斑，其边缘暗褐色微隆起，种球变硬，其鳞片上有硫黄色斑。当叶片受害时有近菱形的紫黑色斑，中央有许多黑色点粒状物。叶病部干腐、硬化（图 1）。

病原及特征　病原为唐菖蒲壳针孢（*Septoria gladioli* Pass）（图 2），属壳针孢属真菌。分生孢子器球形，黑色，散生，有孔口。产生在叶斑内。埋生在寄主表皮下，膜质。分生孢子梗短，大多数不显著。分生孢子无色，狭长至线形，有多个分隔。

侵染过程与侵染循环　病原菌常于栽培地土壤及病残体中越冬，翌春随风、雨等媒介进行传播。

流行规律　潮湿多雨时易发病。瘠薄的土壤中，植株长

图 1 唐菖蒲硬腐叶斑病症状（伍建榕摄）

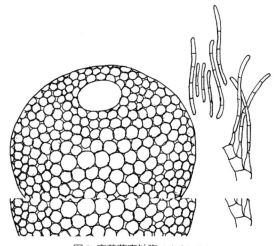

图 2 唐菖蒲壳针孢（陈秀虹绘）

势差更易感病。

防治方法　该真菌能在土壤中的植物残余物里存活 3 年左右，故应加强管理。培育健株是预防病害的先决条件，土壤消毒是保障。留下健康的种球保存在通风干燥处；栽培前最后一次仔细检查种球并进行表面消毒。

参考文献

陈秀虹，伍建榕，西北林业大学，2009.观赏植物病害诊断与治理 [M].北京：中国建筑工业出版社.

（撰稿：伍建榕、张俊忠、吕则佳；审稿：陈秀虹）

唐菖蒲枝干腐病　gladiolus stem rot

由尖孢镰刀菌唐菖蒲专化型引起的唐菖蒲重要的真菌性病害。

分布与危害　人工大面积栽培唐菖蒲的地方均有发生。花梗弯曲，色泽较深，最终整株黄化枯萎。成长植株也常被感染，形成叶枯状。病叶成黄褐色，由叶尖枯至叶的中上部。保湿后，可见白色细绒毛状物。田间感病幼嫩叶柄弯曲、皱缩，叶簇变黄、干枯，干部有不规则的菱形斑，红黄色，渐变为黄褐色腐烂（图 1）。

病原及特征　病原为尖孢镰刀菌唐菖蒲专化型 [*Fusarium oxysporum* f. sp. *gladioli*（Massey）Snyd & Hans]（图 2），属镰刀菌属。菌丝有隔，分枝。分生孢子梗分枝或不分枝。分生孢子有两种形态，小型分生孢子卵圆形至柱形，有 1～2 个隔膜；大型分生孢子镰刀形或长柱形，有较多的横隔。

侵染过程与侵染循环　病枯枝、土壤是主要侵染来源，伤口侵入，病菌随风、雨水等传播蔓延。潮湿多雨时易发病。

防治方法　无病种球种在消毒后的土壤中。土壤用蒸汽消毒，或用化学药剂熏蒸达到灭菌效果才能播种。还可以采取轮作，最好是旱地变水田，改种水生植物 2～3 年，唐菖蒲种植地采取 2～3 年轮作一次可控制病情。种球应用杀菌剂加 30℃ 温水浸泡 20 分钟后晾干，干燥后才贮存。已被侵染的苗可以在前一天晚上放在水中预浸。然后在

图 1　唐菖蒲枝干腐病症状（伍建榕摄）

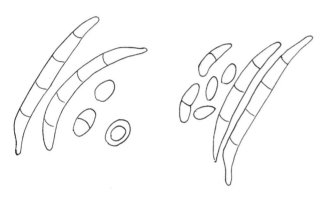

图 2　唐菖蒲尖孢镰刀菌（陈秀虹绘）

含 5% 酒精的 53.3℃ 热水中浸泡 30 分钟，高温消毒或用高锰酸钾消毒种球。

参考文献

陈秀虹，伍建榕，西北林业大学，2009. 观赏植物病害诊断与治理 [M]. 北京：中国建筑工业出版社 .

陈远吉，刘庆军，2016. 景观植物病虫害防治技术 [M]. 北京：化学工业出版社 .

（撰稿：伍建榕、张俊忠、吕则佳；审稿：陈秀虹）

桃疮痂病　peach scab

由嗜果枝孢引起的、主要危害桃果实、叶片和新梢的一种真菌病害。又名桃黑星病、桃黑痣病，是世界上许多桃树栽种区重要的病害。

发展简史　该病最初误认为是生理性病害，至 1877 年才明确为真菌病害。中国于 1921 年首次报道。

分布与危害　世界各桃果种植区均有分布，中国各产区均有此病，但北方特别是沿海桃区、长江流域桃区受害较重，

发病严重的果园，病果率可达 80% 以上，单果上病斑多达几十个至近百个，严重影响果实外观和商品价值。该病除危害桃外，还可危害梅、杏、李、樱桃等核果类果树。

该病主要危害果实。发病部位多在果肩部。病斑初期为暗褐色圆形小点，后期变为黑色痣状斑点，直径为 2～3mm。发病严重时病斑常聚合成片（见图）。病菌扩展仅限于果皮层组织，不深入果肉，不引起果肉腐烂，当病部组织枯死后，果实仍可继续生长，病果因此常发生龟裂露出果肉。果梗受害，果实常早期脱落。该病还可危害叶片和新梢。新梢被害后，病斑为椭圆形，浅褐色，边缘紫褐色，大小 3mm×6mm。继后病斑变为暗褐色，进一步扩大隆起。受害部位常发生流胶。病健组织界限明显，病菌也只在表皮层危害并不深入内部。翌年春季，病斑上可产生暗色小绒点状的分生孢子丛。叶片被害后，初期在叶背出现不规则或多角形暗绿色斑，之后正面相对应的病斑亦为暗绿色，最后呈紫红色，干枯脱落形成穿孔。病斑一般较小，很少超过 6mm，但在中脉上可形成较大的长条形暗褐色病斑，发病严重时可引起落叶。

病原及特征　病原物无性态为嗜果枝孢（*Cladosporium carpophilum* Thuem.），属枝孢属，同物异名嗜果黑星孢 [*Fusicladium carpophilum* (Thuem.) Oud.]；有性态为嗜果黑星菌（*Venturia carpophila* Fisher），属子囊菌门黑星菌属，至今中国尚未发现。分生孢子梗簇生，偶有一次分枝，直或稍弯，光滑或微有疣、暗褐色、有分隔，分生孢子单生或呈短链状，圆筒形至纺锤形或倒棍棒形，单胞或双胞，近无色至淡橄榄色，孢痕明显，胞壁光滑或有微疣。

侵染过程与侵染循环　病菌主要以菌丝体在枝梢病斑或芽的鳞片上越冬。翌年春季气温上升，病菌产生分生孢子，

桃疮痂病危害症状（纪兆林提供）

分生孢子借风雨传播，萌发后直接突破表皮或从叶背气孔侵入，不深入下层组织及细胞内，只在角质层与表皮细胞间扩展、定殖，形成束状或垫状菌丝体。潜育期长，在果实上40～70 天，新梢或叶片上为 25～45 天，然后才显症及长出分生孢子梗及形成分生孢子扩大再侵染。在中国南方桃产区，6 月初开始发病出现病果，北方桃产区 6 月上旬至 7 月上旬开始出现病果。由于侵入后潜育期长，对早熟品种即使发生再侵染也来不及出现症状便已采收，但中、晚熟品种则发病较重，这与再侵染有关系。新梢发病病斑上产生的分生孢子对当年再侵染作用不大，但对翌年春季初次侵染源很重要。江苏、浙江、上海等地果实套袋后发病仍重，而且病斑多集中在果肩部及果缝两侧，其原因是病菌孢子随枝条上的流水沿果柄进入，先集中在果柄着生点周围，多与雨水顺果缝凹沟往下流。

流行规律　该病的发生流行与气候、品种和果园环境有关。降雨天数和降水量，尤其是春季和夏初的雨湿程度是该病能否大发生的主要条件。品种间一般早熟品种比中、晚熟品种发病轻；天津水蜜桃、肥城桃少有发病；而上海水蜜桃、黄肉桃易感病；此外，油桃等无茸毛的品种因病菌易于密集附着表皮，发病也较重。果园低湿，排水不良，栽植过密，树冠郁闭、通透性差，修剪粗糙等均会加重病害。

防治方法　冬剪时彻底剪除病枝并烧毁，减少翌年初侵染菌源。合理施肥，提高树体抗病力，改善果园生态条件。及时进行夏季修剪，改善通风透光条件，雨后要及时排水，降低田间湿度。果实套袋，是预防果实病害的重要措施。早春桃树萌芽前期喷 3～5 波美度石硫合剂或五氯酚钠 200 倍液，消灭越冬菌源。谢花后，从幼桃脱萼开始，可用 70% 代森锰锌、75% 百菌清、50% 多菌灵、70% 甲基硫菌灵、40% 氟硅唑、10% 苯醚甲环唑、12.5% 烯唑醇喷雾。每隔 10～15 天喷 1 次，连喷 3～4 次。果实套袋前，要认真喷药防治 1～2 次。上述药剂要交替或复合使用，以免病菌产生抗药性。

参考文献

曹若彬，2002.果树病理学 [M].3 版.北京：中国农业出版社.

刘红彦，2013.果树病虫害诊治原色图鉴 [M].北京：中国农业科学技术出版社.

张中义，2003.中国真菌志：第十四卷　枝孢属　黑星孢属　梨孢属 [M].北京：科学出版社.

中国农业科学院植物保护研究所，中国植物保护学会，2015.中国农作物病虫害 [M].3 版.北京：中国农业出版社.

（撰稿：纪兆林；审稿：李世访）

桃根癌病　peach root gall

由根癌土壤杆菌引起的桃树上的土传细菌性病害。

分布与危害　桃根癌病是一种世界性重大病害，在欧洲、北美洲、非洲和亚洲的一些国家和地区发生普遍而严重，威胁着桃产业的发展。根癌病可导致成龄树生长不良、树势变弱、果实小、产量低、树龄缩短，而幼树感染此病害后叶片黄化、早衰，植株矮化，甚至死亡。

该病害的典型症状是形成大小不等的肿瘤，主要发生部位在根颈部，也发生于侧根和支根上，嫁接处也有发生。危害部位的癌瘤初期幼嫩，呈乳白色或略带红色，光滑，柔软，后期逐渐坚硬且木质化，呈褐色，表面粗糙或凹凸不平，有时呈瘤朽状，严重时整个主根可变成一个大癌瘤。在桃树生长过程中，有些癌瘤会被土壤中的其他生物吃掉，形成凹陷，在原来根瘤的外围形成新的增生组织。患病苗木早期地上部分症状并不明显，待到晚期，由于病株的根部对水分和养分的吸收受到抑制，树势衰弱，落花落果，严重时干枯死亡（见图）。

病原及特征　病原为根癌土壤杆菌［*Agrobacterium tumefaciens*（Smith & Towns.）Conn］根癌土壤杆菌的寄主范围极为广泛。可侵染 93 科 331 属 643 种的植物，其寄主不仅包括桃、樱桃、葡萄、杏、苹果、梨等常见果树，还包括杨树、柳树、月季、菊花、海棠等林木、花卉以及番茄和向日葵等其他植物。根癌土壤杆菌的致病性由其 Ti 质粒（tumor-inducing plasmid）决定，其上的 T-DNA（transferred DNA）可编码生长素和细胞分裂素的合成，T-DNA 一旦与寄主细胞染色体整合，即随寄主染色体一起表达，致使寄主细胞内激素失衡而过度增殖形成肿瘤。Ti 质粒上有 3 个区域与致病过程有关：Vir 区，它不进入植物基因组中去，其主要功能是参与肿瘤诱导的某些早期过程。T-DNA 区，它插入到植物基因组中去，携带的基因控制肿瘤的生长和冠瘿碱（opine）的产生，是最重要的 DNA 片段。第三个区则控制细菌吸收和利用肿瘤组织内产生的冠瘿碱。病菌侵入植物细胞并使之致瘤分为个四步骤：①根癌土壤杆菌与寄主植物

桃根癌病危害症状（李世访提供）

①宁夏桃根癌病症状；②莱西桃根癌病病组织内部症状；③莱西桃根癌病症状

伤口细胞结合。② T-DNA 转移进植物细胞。③ T-DNA 整合进植物细胞核。④ T-DNA 上致瘤基因表达。一旦与细胞核染色体整合后，就能稳定维持，随着细胞的分裂而不断复制，致瘤基因得到表达使植物细胞无控制增生为肿瘤。

侵染过程与侵染循环　根癌土壤杆菌主要存在于土壤中，可在根瘤和土壤中越冬。病菌于种子萌芽阶段开始侵染，细菌遇到根系的伤口，如虫伤、机械伤、嫁接口等，侵入皮层组织，开始繁殖，并刺激伤口附近细胞分裂，形成癌瘤。病菌也可侵染未受损伤的根系，通常在根的皮孔处形成小瘤，但很难察觉到。苗木远途运输是最重要的长距离传播方式，短距离传播则通过灌水或移土等途径。一般在两年内如果遇不到寄主，即丧失生命力。根癌土壤杆菌可内生于桃核种子和种苗，种子上的病原菌来源于生产树下面的果园地面土壤。种子带菌后可形成根瘤，也可导致病原菌在根和茎中的蔓延，造成系统侵染。系统侵染形成的根瘤主要发生在主根和次生根形成的侧根上，根颈组织也能检测到内生的病原菌。

发生规律　桃根癌病可常年发生，但主要于春天桃树移栽时或播种后侵染。根癌病的发生主要受到土壤中根癌病菌数量以及土壤条件的影响。中性土壤和弱碱性土壤利于根癌病的发生；砂壤土比黏土发病重；土壤湿度大，该病传播率也高。最适合病菌侵入和瘤形成的土壤温度和湿度分别为 22℃ 和 60% 左右，超过 30℃ 时不形成癌瘤。

防治方法　根癌土壤杆菌具有特殊的致病机制，侵染植物后，便很难控制，T-DNA 转移到植物的染色体后，再用杀菌剂已无法抑制植物细胞的增生，更无法使肿瘤症状消失。因此，根癌病的防治必须从源头抓起，预防为主，综合防治。

早期预警　建立无病苗木繁育基地，培育无病壮苗，严禁病区和集市的苗木调入无病区。在育苗和建园时，尽量选择前茬非果树和蔬菜种植地，或者通过轮作玉米、小麦降低发病风险。种子采收时尽量不接触土壤，播种之前用 NaClO 等表面消毒剂对种子进行消毒，尽量使用新鲜河沙进行层积。

植物检疫　加强苗木检测，特别是对接穗、插条、种子等繁殖材料的检测、管理和控制，是预防和控制桃根癌病菌的重要措施。苗木材料一经发现感染了病菌，应立即销毁，防止病原菌的传播和蔓延。

生物防治　是防治桃树根癌病最有效的方法，但是生防制剂的使用应以预防为主，病害一旦发生，生防制剂也很难治愈。在育苗时应用生防菌剂（如 K84 菌剂）浸泡桃核或桃仁后播种。建园时应用生防菌剂对桃苗进行浸根或灌根处理，切断病菌土壤—伤口—苗木的侵染和传播途径。

综合防治　①田园清洁、病株处理，减少发病机会。发现带病苗木要及时清除焚毁，对病点周围土壤彻底消毒处理，防止病害扩展蔓延。选择适当密度和树形，避免田间郁闭；合理施肥，增强树势，提高寄主抗病性；及时排除积水，降低田间湿度，不利病菌侵染。②土壤、种子和苗木消毒，降低病原菌携带量。已经发生根癌病的果园和苗圃，应加强对该病害的防治工作，如用杀菌剂或熏蒸剂处理发病苗圃或病地土壤，重新栽树时换到垄间栽种，并采取必要的防治措施，以减少土壤带菌量。③保护伤口，减少病原菌侵染机会。加强地下害虫的防治，减少根系的虫咬伤口，防止病菌入侵；用芽接代替根接，嫁接之前，对嫁接工具进行消毒，消毒溶液为 0.14% 高锰酸钾或酒精；利用播种、移栽和定植等机会对种子和苗木使用抗根癌菌剂进行拌种和蘸根，在种子和苗木接触土壤之前使菌剂附着在种子和苗木的表面，可以有效地保护伤口。④杀菌剂与生防菌剂的配合使用。对于已发现癌瘤的桃树，先用刀彻底切除癌瘤，再用 50 倍抗菌剂溶液消毒切口，外涂石硫合剂或波尔多浆保护，最终配合生防菌剂并用报纸保湿处理，可达较好的效果。

参考文献

国家桃产业技术体系，2016. 中国现代农业产业可持续发展战略研究：桃分册 [M]. 北京：中国农业出版社 .

（撰稿：李世访；审稿：纪兆林）

桃褐腐病　peach brown rot

由几种有性阶段属于链核盘菌属而无性阶段属于丛梗孢属的真菌引起的、主要危害桃果实的一类真菌病害。

发展简史　桃褐腐病的病原可以侵染樱桃、李子和杏等核果类果树。因此，对于桃褐腐病的研究一直是与核果类果树上的褐腐病一起进行的，在欧洲已经有 240 多年，在北美也已经有 140 多年的历史。对于褐腐病早期的研究主要集中在对病原菌的分类及命名上。20 世纪 50 年代开始，对病害发生规律和防治技术进行了大量研究，取得了显著进展。

分布与危害　褐腐病是桃上的一种重要病害，在世界各地的桃产区，包括欧洲、北美洲、亚洲和大洋洲，都是常发病害。褐腐病主要危害桃的果实引起果腐，造成产中和产后的果实腐烂（图 1 ①②），导致严重经济损失。褐腐病也可以危害花、果柄和幼枝，引起花腐和枝条溃疡（图 1 ③）。2001 年仅美国佐治亚州因褐腐病的发生给当地桃产业带来的直接经济损失就达 430 万美元，使用杀菌剂防治带来的间接经济损失为 50 万美元。在中国，桃褐腐病在北京、山东、河北、上海、浙江、云南、甘肃和辽宁的桃产区都有发生。

病原及特征　病原主要有美澳型核果褐腐菌［*Monilinia fructicola*（G. Winter）Honey］、核果链核盘菌［*Monilinia laxa*（Aderh. & Ruhland）Honey］、果生链核盘菌［*Monilinia fructigena*（Aderh. & Ruhland）Honey］、梅果丛梗孢（*Monilia mumecola* Y. Harada, Y. Sasaki & T. Sano）和云南丛梗孢（*Monilia yunnanensis* M. J. Hu & C. X. Luo）。这几种真菌在世界各地的分布虽然在一些地区有重叠，但是总体上看仍然存在明显的差异。

这些病原菌的有性态属于子囊菌门（Ascomycete）盘菌纲（Discomycete）柔膜菌目（Helotiales）核盘菌科（Sclerotiniaceae）链核盘菌属（*Monilinia*），无性态属于丛梗孢属（*Monilia*）。虽然，美澳型核果褐腐病菌、核果链核盘菌和果生链核盘菌的有性态在一些地方有发生，但是自然界中常见的仍然是无性态。还没有关于梅生丛梗孢和云南丛梗孢有性态的报道。

总体来说，这些菌的无性形态非常相似。分生孢子呈柠檬形或卵圆形，无色、单胞、链生。分生孢子直接相连，无间隔细胞。在马铃薯葡萄糖培养基上，*Monilinia fructicola* 产孢丰富，其他几种菌则产生的很少或不产生。*Monilia*

图 1 桃褐腐病危害症状（冯玉增提供）

①油桃果染病初期症状；②油桃果染病后期果实表面着生大量分生孢子；③花染病症状

mumecola 的分生孢子萌发时往往会产生 2 个以上的芽管，多数达到 4 个，其他几种一般产生 1 ~ 2 个芽管。*Monilinia fructicola* 的分生孢子大小为 8 ~ 28μm×6 ~ 19μm；*Monilinia laxa* 的分生孢子大小为 8 ~ 23μm×7 ~ 16μm；*Monilinia fructigena* 的分生孢子大小为 12 ~ 34μm×9 ~ 15μm；*Monilia yunnanensis* 的分生孢子大小为 10 ~ 21μm×7 ~ 12μm；*Monilia mumecola* 的分生孢子大小为 14 ~ 31μm×11 ~ 17μm。总体来说，单靠无性态的特征很难将这几种菌区分开来，种类鉴定通常需要借助对 ITS 等多个基因的序列分析的结果。

侵染过程与侵染循环 病菌以菌丝体和分生孢子在僵果（假菌核）、果柄、凋萎的花和嫩枝以及溃疡斑上越冬。翌春，在适当条件下，病组织上可形成分生孢子。春季形成的大量分生孢子和越冬存活后的少量分生孢子通过风和雨水传播到花、幼果和嫩枝上，在条件适合时快速萌发侵入植物组织引起生长季中的初次侵染。即使花朵受到侵染未形成花腐，褐腐病菌也会扩展到花托，进入幼果，甚至果柄，形成潜伏侵染。在适合条件下，发病组织上形成大量分生孢子，这些孢子借助风和雨水传播后可以再次侵染花、果和嫩枝。病菌通过直接侵入角质层、气孔、裂口或伤口侵入果实。如果条件适合，一个生长季内可发生多次再侵染。病原菌可以在病果或溃疡斑上顺利度过夏季。在干燥的条件下，侵染发病后的果实干缩失水形成僵果（图 2），可残存在树上经年不落。田间被病菌孢子感染但未发病的果实可能在储藏或销售期间发病。

褐腐病菌的有性态在春季残存在果园地面上的僵果上形成。全埋或半埋并长期暴露在潮湿条件下的僵果似乎更有利于子囊盘的形成。条件适合时，子囊盘可释放出子囊孢子。但是，有性态在多数地方并不常见。在中国还没有发现这几种病菌的有性态。僵果和溃疡斑上形成的大量分生孢子是果园中主要的初侵染源。对于褐腐病菌侵染过程和病害循环的认识也主要来自于对美澳型核果褐腐病菌和果生链核盘菌的研究。

流行规律 研究发现，桃果实对侵染的敏感性在近成熟期上升。孢子量、温度和湿度综合影响潜育期、发病率和病害严重度。病菌引起花腐的严重程度与温度和湿度持续的时间有关。在 20℃ 条件下，3 ~ 5 小时的降雨就可以引起严重的花腐。春季降雨或湿度增加有利于花腐的发生，夏季降雨

图 2 病果后期干缩失水形成的僵果（冯玉增提供）

有利于果实侵染的发生。

防治方法

化学防治 使用预防性杀菌剂是防治花腐和果腐最有效的措施。二甲酰亚胺类（异菌脲和乙烯菌核利）、苯并咪唑类（苯莱特、甲基硫菌灵）、百菌清、腈菌唑、戊唑醇、丙环唑、醚菌酯、苯醚甲环唑等药剂对褐腐病菌都有良好的抑制作用。铜制剂和硫制剂等对褐腐病菌也有抑制作用。因此，可以根据果园中其他病害的发生情况选择适合的药剂。同时，还应该注意选用不同作用机理的药剂进行轮换使用，以延缓抗药性的产生。药剂的施用时机对获得好的防治效果也是非常关键的。在花腐常发的地区，应该在花期的降雨前或降雨后尽快喷施一次杀菌剂进行防护。幼果期如果没有降水，通常不需要施药。在果实生长期多雨的地方，需要结合果园中其他病害的防治，定期喷施药剂进行防护。生产中还应该做好对桃小食心虫、桃蛀螟、桃蝽象和食蝇类害虫的防治工作。害虫在果实上取食不仅会造成伤口给褐腐病菌侵染提供了条件，也会将病菌从病果上传播到健康的果实上。

农业防治 如结合修剪剪除病枝、清除树上和地面的僵果和着生褐腐病僵果的果柄，将病残体集中烧毁或深埋可有效减少田间菌源量。改善桃园的通风透光，雨后及时排出积水，降低田间湿度。配方施肥，尤其是增施磷钾肥，提高植株的抗病性，对防治也有一定的作用。果实套袋也有利于保护果实不被侵染。在北京地区，6 月初前完成套袋，可达到较好的防效。摘袋后，如有降雨，则应该在降雨前或降雨后立即喷药进行防治。

加强采收期和储藏期的管理 采收、包装、运输过程中要避免果实因挤压和碰撞而遭受机械损伤。贮运前严格剔除病、虫、伤果。可用杀菌液或表面消毒液浸果处理，然后在

0.5～5℃低温保存。一旦发现病果，及时清除。

参考文献

房雅丽，刘鹏，国立耘，2010. 美澳型核果褐腐病菌 (*Monilinia fructicola*) 对嘧菌酯的敏感性 [J]. 果树学报，27(4): 561-565.

王菲，张婉爽，李红伟，2012. 桃褐腐病的发生与防治 [J]. 农业科技与信息 (5): 58-59.

HU M, COX K D, SCHNABEL G, et al, 2011, *Monilinia* species causing brown rot of peach in China[J]. PLoS ONE, 6(9): e24990.

IOOS R, FREY P, 2000. Genomic variation within *Monilinia laxa*, *M. fructigena* and *M. fructicola*, and application to species identification by PCR[J]. European journal of plant pathology, 106(4): 373-378.

OGAWA J M, ZEHR E I, BIGGS A R,1995. Brown rot[M]// Ogawa J M, Zehr E I, Bird G W, et al. Compendium of Stone Fruit Diseases. St. Paul: The American Phytopathological Society Press: 7-10.

ZHU X Q, CHEN X Y, GUO L Y, et al, 2005. First report of *Monilinia fructicola* on peach and nectarine in China[J]. Plant pathology, 54(4): 576.

（撰稿：国立耘；审稿：李世访）

桃潜隐花叶病　peach latent mosaic disease

由桃潜隐花叶类病毒引起的桃树病害。又名桃花叶病、桃黄花叶病、桃杂色病等。

发展简史　该病害于 1976 年在法国在嫁接过程中被发现，1998 年在中国首次报道。

分布与危害　世界大多数桃产区均有分布，其中桃潜隐花叶病在中国桃产区发生较普遍。桃潜隐花叶病侵染寄主后会引起果实产量和品质下降，树体早衰，抗性降低。除侵染桃外，还可侵染杏、郁李、梅、梨等。

桃潜隐花叶病是一种潜隐性病害，在一些桃树品种上潜隐期可达 5～7 年，但在许多品种上则是从苗期即可表现明显症状。症状表现广泛，叶片表现有花叶、白斑、大面积白化、黄化（见图）；花瓣出现紫色裂纹；果实畸形、褪色、形成链状凹陷；萌芽、开花、果实成熟延迟；芽坏死；枝干木质部产生茎痘斑；树体稀疏，生长缓慢，提前老化等。

病原及特征　病原为桃潜隐花叶类病毒（peach latent mosaic viroid，PLMVd），属于鳄梨日斑类病毒科（Avsunviroidae）桃潜隐花叶类病毒属（*Pelamoviroids*）的代表种。其 RNA 分子通常含 336～351 个核苷酸，形成稳定多分枝状二级结构，分为 P1～P13 13 个区和 A 与 B 两个环区，缺少中央保守区。其核苷酸序列包含锤头核酶结构，可介导自剪切反应。PLMVd 存在序列突变体，可以引起桃树叶片的白化症状。

侵染过程与侵染循环　该病害主要通过带毒无性材料的嫁接传播，并随无性繁殖材料的异地调运或出口进行远距离扩散。修剪工具的田间污染也是传毒的主要途径。桃蚜、瘿螨也可传播该病害，但不会通过种子和花粉进行传播。

流行规律　在感染株周围半径 20cm 范围内，潜隐花叶相当普遍。高温适宜于病症的出现。

桃潜隐花叶病（李世访提供）

防治方法　对该病害的防治尚无有效的方法，主要以预防为主。严格执行植物检疫，防止 PLMVd 传播蔓延。建立脱毒资源圃，种植健康繁殖材料。采用弱毒株系进行交叉保护。修剪时工具要消毒，避免传病。

参考文献

郭普，2006. 植保大典 [M]. 北京：中国三峡出版社.

李绍华，2013. 桃树学 [M]. 北京：中国农业出版社.

邱强，2012. 果树病虫害诊断与防治彩色图谱 [M]. 北京：中国农业科学技术出版社.

王国平，窦连登，2002. 果树病虫害诊断与防治原色图谱 [M]. 北京：金盾出版社.

FLORES R, DELGADO S, RODIO M E, et al, 2006. Peach latent mosaic viroid: not so latent[J]. Molecular plant pathology, 7(4): 209-221.

（撰稿：李世访；审稿：纪兆林）

桃侵染性流胶病　peach *Botryosphaeria* gummosis

桃流胶病分为侵染性流胶病和生理性流胶病两种。以侵染性流胶病危害严重。侵染性流胶病是由葡萄座腔菌引起的桃树枝干病部流出半透明黄色胶体的真菌病害。

发展简史 1974年，美国首次报道葡萄座腔菌属（Botryosphaeria）真菌可引起桃侵染性流胶病。

分布与危害 桃侵染性流胶病是一种世界性病害。在中国南北方桃产区均有发生，尤其以长江流域及其以南高温多雨地区发病最为严重。该病在梅、李、杏、樱桃上也有发生。

该病主要发生在主干上，其次是主、侧枝上，发病严重时1、2年生枝上也有流胶。该病也可侵染果实。枝条发病初期，皮孔附近出现水渍状疱斑，树皮凹陷、呈暗红褐色，随后微隆起，发病严重时疱斑破裂溢出半透明黄色胶体，在空气中氧化并凝结干燥后变成红褐色，皮层和木质部变褐坏死，皮层下充满黏稠胶液（见图）。随着流胶点和胶体数量的增加，树势逐渐衰弱，严重时造成枯枝死树，缩短桃树经济栽培寿命。

病原及特征 葡萄座腔菌属真菌能引起桃侵染性流胶病。后来进一步研究分离得到其中3个种，分别是葡萄座腔菌 [Botryosphaeria dothidea（Moug. ex Fr. Ces. & de Not.）（anamorph Fusicoccum aesculi Corda）]、柑橘葡萄座腔菌 [Botryosphaeria rhodina（Cke.）Arx.（anamorph Lasiodiplodia theobromae）] 和色二孢 [Botryosphaeria obtusa（anamorph Diplodia seriata）]，这3种真菌均能引发桃侵染性流胶病。

侵染过程与侵染循环 葡萄座腔菌属真菌是一类广泛分布的病原菌，以菌丝体潜伏在被害枝条中，并能产生分生孢子器，从而为病害发生提供侵染源。分生孢子器在生长季和休眠季都能产生，春季随着气温和湿度的上升在桃树萌芽生长后，分生孢子通过风雨传播，特别是雨天从病部溢出大量病菌，顺枝干流下或溅附在新梢或枝干上，从皮孔、伤口和侧芽侵染。桃侵染性流胶病病原菌具有潜伏侵染特性，可潜伏于被害枝条的皮层组织和木质部，产生分生孢子器和分生孢子。潜伏病菌的活动与温度有关，当气温在15℃左右时，病部即可流出胶体，随气温上升病情逐渐加重。在病菌适宜的生长条件下，当年的降水量及当时的雨日长短与同期出现的孢子量成正相关。新梢感病期与枝条皮层组织老化程度有关，也受到温度条件的影响，病菌入侵的最有利时机是枝条皮层细胞逐渐木质化过程中和皮孔形成后。

流行规律 一年中，桃侵染性流胶病有2次发病高峰，分别在5月下旬至6月下旬和8月上旬至9月中旬，入冬后流胶停止。一般情况下雨季发病重，多年生桃树发病重、幼龄树发病轻。适宜的水分和温度是病害流行的主要环境因素，一般温暖的地区比凉爽的山区更有利于发病，多雨湿度大有利于分生孢子的释放和传播，因此，这类气候的地区发病更为严重。

防治方法 桃侵染性流胶病作为一种主要危害枝干等木质化组织的木本植物病害，其防治十分复杂和困难，需采用综合防治。

农业防治 加强栽培管理，增强树势，主要包括起垄栽植，排水防渍，多施有机肥、增施磷钾肥，及时防治桃园各种病虫害等。冬季清园，剪除发病严重的枝梢，刮除流胶硬块及其下部的腐烂皮层，集中烧毁，消灭菌源，病斑刮除后涂抹保护剂。冬季主干和大枝涂白，既能杀菌消毒，又能预防冻害和日灼，涂白剂可用大豆汁：食盐：生石灰：水 = 1：5：25：70。防治桃树枝干害虫。减少机械伤口，修剪后较大的剪锯口涂抹保护剂。

化学防治 萌芽前喷施5波美度石硫合剂，杀灭越冬后的病菌。在发病高峰期，每隔10～15天喷施1次杀菌剂。

参考文献

BRITTON K O, HENDRIX F F, 1982. Three species of Botryosphaeria Cause peach tree gummosis in Georgia[J]. Plant disease, 66 (12): 1120-1121.

WEAVER D J, 1974. A gummosis disease of peach trees caused by Botryosphaeria dothidea[J]. Phytopathology, 64 (11): 1429-1432.

（撰稿：李国怀；审稿：李世访）

桃侵染性流胶病危害症状（冯玉增提供）

桃缩叶病　peach leaf curl

由外囊菌侵染桃树引起叶片肿胀皱缩，后变黑干枯的真菌病害。

发展简史　19世纪初欧洲首先报道，中国19世纪末最早记载。

分布与危害　桃缩叶病是桃树叶片上的重要病害之一，为世界性病害。中国各桃产区均有发生，但以沿江、河、湖、海等春季潮湿地区发生较重。桃树早春发病后，叶片肿胀皱缩，严重时病叶早期干枯脱落，影响当年产量和翌年花芽分化，不仅引起减产10%～20%，而且可降低果实品质，削弱树势。该病除危害桃树外，还可侵染杏、梅等核果类果树。

病菌主要危害叶片。春季嫩叶刚从芽鳞抽出时即显现症状。发病初期叶片卷曲、颜色发红；随着病叶的生长，叶片卷曲皱缩加剧（反面呈凹腔），并增厚变脆，呈红褐色（见图）；春末初夏，病叶表面生出一层银白色粉状物（子囊层）；最后，病叶变褐、焦枯、脱落。叶片脱落后，腋芽常萌发抽出新叶，新叶不再受害。也可危害嫩梢、花及幼果。嫩梢受害后，呈灰绿色或黄色，较正常的枝条节间短而略为粗肿，叶片丛生，严重受害者常枯死。花瓣受害后变肥、变长。幼果受害后畸形，果面龟裂。受害花、果易脱落。

桃缩叶病危害症状（纪兆林提供）

病原及特征　病原为畸形外囊菌［*Taphrina deformans*（Berk.）Tul.］，属真菌界子囊菌门外囊菌属。子囊裸生于病部表面，无包被，紧密排列成子囊层，子囊圆筒形，基部有脚胞与寄主表皮细胞相连，顶部平截，无色，内含4～8个子囊孢子；子囊孢子近圆形，无色单胞，成熟后可在子囊内外芽殖，产生薄壁和厚壁的两类芽孢子。

侵染过程与侵染循环　病菌以子囊孢子或厚壁芽孢子在桃芽鳞片、枝干树皮上越冬。翌年春天桃芽萌动时，病菌由芽管直接穿透或由气孔和皮孔侵入正在伸展的嫩叶，而成熟组织则不能侵害。菌丝在表皮细胞下及栅栏组织间蔓延，刺激中间细胞大量分裂，胞壁加厚，叶片由于生长不均而发生皱缩并变为红色。初夏形成子囊层，产生子囊孢子和芽孢子。芽孢子在芽鳞及树皮上越夏，在条件适宜时可继续芽殖，但夏季高温不利于孢子萌发和侵染，或偶有侵入，危害也不显著，因此，病菌生长期不发生再次侵染。桃缩叶病一般在4月上旬开始发生，4月下旬至5月上旬为发病盛期，6月气温升高，发病渐趋停止。品种间以早熟品种发病较重，中、晚熟品种发病较轻，毛桃比一般良种桃发病重。

流行规律　桃缩叶病的发生与早春的气候条件有密切关系。早春桃树萌芽如气温低，持续时间长，同时湿度又大，桃树最易受害，特别是倒春寒持续时间较长，有利于病害发生与流行；管理粗放，不修剪，不清园消毒的桃园发病重。当温度在21℃以上时，病害则停止发展且病菌孢子萌发后只能侵染幼嫩叶片或其他幼嫩组织。一般不引起再侵染，如外界条件特别适宜而发生再侵染，症状很轻。因此，凡是早春低温多雨的地区，如沿海、江河沿岸、湖畔及低洼潮湿地桃缩叶病往往发生较重；而早春温暖干燥的年份，则发病轻。

防治方法　采取清除越冬菌源和适时药剂防治的综合措施。

加强果园管理　在病叶未形成白粉状物之前，及时摘除病叶，集中烧毁或深埋，可减少越冬菌源；对于发病重、叶片焦枯和脱落的桃树，及时处理病叶后，应补施肥料和浇水，促使树势尽快恢复。

化学防治　早春桃树萌动期，在花芽露红而未展开前及时喷药，可用2～3波美度石硫合剂或波尔多液或50%多菌灵500倍液，防治病菌初侵染。谢花后及植株上初见病叶时（及时摘除），可喷75%百菌清、50%多菌灵或70%甲基硫菌灵500倍液。

参考文献

曹若彬, 2002. 果树病理学 [M]. 3版. 北京：中国农业出版社.

刘红彦, 2013. 果树病虫害诊治原色图鉴 [M]. 北京：中国农业科学技术出版社.

（撰稿：纪兆林；审稿：李世访）

桃炭疽病　peach anthracnose

由炭疽菌引起果腐、梢枯和叶斑的一种真菌病害，以果实受害较重。

发展简史　中国在19世纪末已有记载。

分布与危害　桃炭疽病世界广泛分布。中国各栽培区均有分布，发生普遍，以南方桃区发病较重，江苏、浙江、安徽及上海等地常因炭疽病引起前期大量落果和后期果腐。该病在部分地区梅、李、杏上发生严重，引起新梢枯死，不能开花结果或引起果腐。

病菌可侵染果实、叶片、枝梢。幼果受害，初现淡褐色水渍状病斑，后变成圆形或近圆形暗褐色凹陷斑，常伴有流胶。潮湿条件下病斑上产生橘红色、黏稠状小粒点，即病菌分生孢子盘。通常幼果（直径1～2cm）发病后很快干枯成僵果挂在枝上，而较大果实（直径4cm）受害则多数脱落，形成大量落果。果实生长中后期特别是近成熟期发病时，一般病斑显著凹陷，并伴有同心环状皱缩，且病斑相互愈合成不规则大斑，最后多数腐烂脱落（图1①②）。枝梢受害，病斑褐色稍凹陷，梭形或是长圆形，初期有少量流胶。天气潮湿时病斑上密布橘红色小粒点。当病斑环绕枝条一周时，病斑以上的枝条枯死。发病严重时，在芽萌动至开花前后大批果枝陆续死亡，但花后枝条上病斑发展缓慢，病枝一般不枯死但生长停滞，病梢上叶片萎缩下垂，并向正面卷成管状。叶片上病斑圆形或半圆形，淡褐色，边缘清楚，病叶早落或枯死（图1③④）。

病原及特征　病原菌无性态为胶孢炭疽菌［*Colletotrichum gloeosporioides*（Penz.）Sacc.］，尖孢炭疽菌（*Colletotrichum acutatum* Simm.）也可引起桃炭疽病，均属真菌界无性菌类炭疽菌属。有性态为围小丛壳［*Glomerella cingulata*（Stonem.）Spauld. et Schrenk］，属真菌界子囊菌门小丛壳属，自然条件下很少见，至今中国尚未发现。自然条件下，分生孢子盘多无刚毛，分生孢子聚成黏孢子团，淡红色或肉红色，单个孢子无色，单胞，长圆柱形，两端各有一个油球，大小为10～35μm×3.4～4.5μm。中国寄主有100多种，生长最适温度24～26℃，但在5℃或33℃仍可生长。

侵染过程与侵染循环　病菌主要以菌丝体在病枝和树上病僵果上越冬，翌年春季病组织产生分生孢子，随风雨、昆虫传播，侵染新梢和幼果，进行初侵染。新梢、幼果发病后，产生大量分生孢子，进行再侵染（图2）。通常南方桃园4月就可以发病，并出现2～3个发病高峰；而北方桃区发病较晚，往往6～7月才开始发病，7～8月因雨水较多，发病加重。该病在江南地区一年有3次发病过程：3月中旬至4月上旬，主要发生在结果枝上，造成果枝大量死亡；5月上中旬主要发生在幼果上，造成幼果大量腐烂和脱落；6～7月果实成熟期，一般发生较轻。全年以幼果阶段受害最重。北方发病较迟，一般在6～8月。

流行规律　该病发生与气候条件和栽培管理密切相关。阴雨连绵，天气闷热，病害较重。因此，通常暴雨之后，病害也会暴发。园地低湿、土壤黏重、排水不良、种植较密、修剪粗糙、田间郁闭、树势衰弱等都会加重病害发生。一般靠近江、河、湖、海的果园发病较重。不同品种的抗病性存在差异。一般早、中熟品种发病较重，如早生水蜜、太仓水蜜、金露、早白凤等，而白花、玉露、迎庆、锦绣黄桃等晚熟品种发病较轻。

防治方法

农业防治　采取清除菌源、健康栽培和药剂防治的综防

图1　桃炭疽病危害症状（纪兆林提供）
①②果实受害症状；③④叶片受害症状

图2　病果上产生大量分生孢子（纪兆林提供）

措施。清除病枝病果。结合冬剪，剪除树上的病枝、病僵果，清除田间枯死枝叶和落果；结合春剪，在芽萌动至开花前后剪除初发病的枝梢，对卷叶症状的病枝也应及时剪掉。所有病枝、叶、果带出果园，集中深埋或烧掉，以减少初侵染来源。加强栽培管理。南方低洼地区要建立排水系统，雨后及时排除积水；要适当稀植，增加通风透光，以降低田间湿度。要多施有机肥，增施磷钾肥，提高植株抗病能力。套袋可以有效减少果实腐烂。

化学防治　在花前、花后及幼果期喷施80%炭疽福美、50%多菌灵或70%甲基硫菌灵500倍液等2～3次，每次间隔10～15天。发病较重地区，果实膨大期也要用药。如实行果实套袋，套袋前要进行喷药防治。

参考文献

曹若彬，2002.果树病理学 [M].3 版.北京：中国农业出版社.

刘红彦，2013.果树病虫害诊治原色图鉴 [M].北京：中国农业科学技术出版社.

（撰稿：纪兆林；审稿：李世访）

桃细菌性穿孔病　peach bacterial shot hole

由树生黄单胞菌桃李致病变种引起的桃树病害。

发展简史　桃细菌性穿孔病的病原也可侵染李、杏、梅、樱桃等核果类果树和核桃、扁桃等坚果类果树。该病原于 1903 年在北美的李上首次被发现，随后由于国际贸易，该病原通过植物材料扩散到全球。在中国，*Xap* 基因最早于 20 世纪 70 年代末在辽宁地区李树上被发现并鉴定，随后全国各主要桃产区均有报道。

分布与危害　分布于中国各桃产区。该病主要危害叶片，也可侵染果实和枝条。叶片受害，初为水渍状圆形斑点，后发展为褐色或紫褐色近圆形或不规则病斑，周围有黄绿色晕圈。后期叶斑脱落，形成穿孔。受害枝条上会形成春季溃疡和夏季溃疡两种病斑。春季溃疡发生在 1 年生枝条上，初为小的水渍状褐色疱疹，后期疱疹扩大，宽度一般不超过枝条直径的一半，而长度可扩展到 10cm；夏季溃疡发生在当年生新梢上，为围绕皮孔的水渍状、暗紫色的病斑。染病果实，表面会出现棕色斑点，水渍状黄绿色晕圈，后期凹陷开裂，潮湿时溢出黏液（见图）。

病原及特征　病原为树生黄单胞菌桃李致病变种〔*Xanthomonas arboricola* pv. *pruni*（Smith）Dye〕。早期桃细菌性穿孔病病原物被命名为 *Xanthomonas arboricola* pv. *pruni*（Smith）Dowson，在《伯杰细菌鉴定手册》第八版中被命名为 *Xanthomonas campestris*（Smith）Dye，Vauterin 等通过进行 DNA-DNA 杂交研究将其更名为 *Xanthomonas arboricola* pv. *pruni*（Smith）Vauterin，Hoste，Kersters & Swing。

Xanthomonas arboricola pv. *pruni* 为革兰氏染色阴性，菌体短杆状，大小为 0.3～0.8μm×0.8～1.1μm，极生鞭毛，两端圆，无芽孢，有荚膜。病菌发育适宜温度 25～28℃，最高 38℃，最低 7℃，致死温度 51℃。

桃细菌性穿孔病危害症状（①冯玉增提供；②李世访提供）

①叶片受害状；②果实受害状

侵染过程与侵染循环　病原菌在病枝条组织中越冬，春季溃疡斑为主要初侵染来源。病菌借风雨或昆虫传播，从气孔、芽痕和皮孔入侵。

流行规律　通常在 5 月开始发病，7～8 月发病严重，19～28℃ 的暖天，雨水频繁或多雾天气利于该病害的发生和流行。

防治方法　该病害的防控以预防为主，防治结合。严格清园，减少菌源；果实套袋，减少侵染机会；合理施肥、修剪和排水，增加树体抗性和降低果园湿度。萌芽前喷 1∶1∶100 倍石硫合剂或波尔多液，展叶后可喷代森锌、硫酸锌石灰液、农用链霉素等。依药效期长短，喷施 2～3 次。

参考文献

费显伟，王润珍，富新华，等，1991 李细菌性穿孔病的发生及病原菌鉴 [J].北方果树 (3): 31-34.

纪兆林，张权，严纯，等，2020.桃细菌性穿孔病及防治研究进展 [J].植物保护，46(5): 18-23.

DYW D W, LELLOTT R A, 1971. Genus Ⅱ *Xanthomonas*[M]// Buchanan R E, Gibbons N E. Bergey's manual of determinative bacteriology. 8th ed. Baltimre: Willians & Wilkins: 243-249.

ROBE B L, WANG C A, ZHANG Z X, et al, 2018. Bacterial leaf spot of peach caused by *Xanthomonas arboricola* pv. *pruni* in China[J]. Canadian journal of plant pathology, 40(2): 299-305.

SMITH E F, 1903. Observation on a hitherto unreported bacterial disease, the cause of which enters the plant through ordinary stomata[J]. Science, 17: 456-457.

（撰稿：李世访；审稿：纪兆林）

桃枝枯病　peach twig blight / peach shoot blight

由拟茎点霉侵染桃树，危害新梢及果实的一种真菌病害。又名桃缢缩性溃疡病（peach constriction canker）或桃溃疡病（peach canker）、桃实腐病。

发展简史　该病 1905 年法国首次报道。1934 年美国新泽西州发现该病；20 世纪 40～50 年代，美国大西洋沿岸地区普遍发生；20 世纪 90 年代至 21 世纪初该病在美国东南沿海地区再次流行，一般引致减产 20%～30%。此外，日本、意大利及北大西洋等地也有该病发生。1989 年中国云南昆明地区发现该病，称为桃溃疡病；2008 年以来，在浙江嘉兴、上海南汇、江苏无锡、常州及广西鹿寨等地发生较重，因常引起新枝枯死，称为桃枝枯病。

分布与危害　桃枝枯病是危害桃树枝条特别是新梢的一种重要病害。该病主要发生在长江以南桃产区，严重时可导致产量损失 20%～50%。

该病主要危害新梢，通常在新梢基部出现褐色环绕病斑，初期肿胀，后干枯凹陷缢缩，有时伴有流胶，从而导致叶片枯萎、变黄和脱落，随着病情发展使整个枝条当年或翌年折梢、枯萎或枯死（图①②）；一般在 2 年生枝条芽和叶痕上形成长椭圆形褐色病斑，有明显或不明显轮纹，抽出的叶芽枯死（图③）。该病也可危害果实引起腐烂，果实近成熟期及晚熟品种桃果易发病。病斑多发生在桃果的顶尖或缝合线处。初发病时，果面先出现褐色水渍状斑点，继后病斑扩大，果肉腐烂，直达果心。最后病斑失水干缩，但中央不皱缩，较周围隆起，似龟甲状。干缩的病斑中央污白色，边缘灰黑色，其上密生小粒点，为病菌的分生孢子器（图④）。

病原及特征　病原为桃拟茎点霉［*Phomopsis amygdali*（Del.）Tuset & Portilla］，属真菌界拟茎点霉属，同物异名桃壳梭孢（*Fusicoccum amygdali* Del.）。有性态为桃间座壳［*Diaporthe amygdali*（Del.）Udayanga，Crous & Hyde］，属真菌界子囊菌门间座壳属。分生孢子器黑色，器壁革质，多分隔为不规则多腔，少数呈圆球形，有明显的颈部突出。分生孢子梗短，不分枝。分生孢子器内产生两种分生孢子，即甲型分生孢子：梭形，两端略尖，单胞，无色，多含2个油球，大小为5.5～8.9μm×0.9～3.2μm，数量多，常组成黄色黏液从器口泌出；乙型分生孢子：线形，单胞，无色，大小为21.7～32.6μm×0.2～0.3μm。病菌在较宽的温度范围内（1～38℃）都能产生孢子，产孢最适温度为21.0～23.3℃，高湿（相对湿度大于95%）时间越长越有利于病菌产生足量的分生孢子。

侵染过程与侵染循环　病菌主要以菌丝体在田间病枝和病残体上越冬，翌年3月初温湿度适宜时产生分生孢子器，释放分生孢子进行当年的初侵染。产生的分生孢子随风雨传播，从萌动芽破口（伤痕）处侵入，新梢抽出后在基部形成深褐色、环形缢缩病斑，后新枝枯死。秋季，病菌从落叶形成的叶痕和休眠芽侵入，此时由于寄主和环境不适合病菌发展，使病菌处于潜伏阶段，翌年春温度适宜时侵染部位产生长椭圆形褐色溃疡斑，使刚抽出的叶芽枯死。病菌只能通过伤口侵染桃枝条和果实，不能侵染叶片。该病通常4月下旬开始发生，6～7月为发病高峰。

流行规律　枝枯病一般有2次侵染，首次侵染是3月中旬至4月中旬，此时处于芽萌动破口期，第二次侵染出现在9月至10月中旬（落叶期），此时出现了休眠芽和叶痕，病菌进行潜伏。在首次侵染形成病害高峰期后，新形成的病斑上开始产生分生孢子器及分生孢子，仍有再侵染可能，但此时田间温度较高，即便存在伤口，也很快木栓化并痊愈，不利于病菌再侵染。该病发生与气候条件和栽培管理密切相关。多风雨，病害较重，因而暴雨之后，病害常会暴发。农事操作造成伤口，有利病菌侵染。排水不良、种植较密、修剪粗糙、树势衰弱等都会加重病害发生。

桃枝枯病危害症状（纪兆林提供）

①折梢；②枝枯；③刚抽出叶芽枯死；④果实症状

防治方法

农业防治　清除病枝。结合夏季修剪，清除病枝；冬季清洁果园，将剪除或落在园中的病枝要烧毁或深埋，杜绝或减少菌源。

加强栽培管理。夏季修剪，不仅可以剪除病枝，减少菌源，而且可以增加通风透光，降低田间湿度，不利病菌侵染。及时排除积水，增施肥料，从而增强树势，提高树体抗病能力。

化学防治　早春萌芽前，可用 3～5 波美度石硫合剂，消除或减少越冬菌源；萌芽时开始用药剂进行防治，每隔 10～15 天喷药 2～3 次，控制病害初侵染。可选用 40% 咪鲜胺 800 倍液、50% 多菌灵或 70% 甲基硫菌灵 500 倍液或 10% 苯醚甲环唑 600 倍液。病害严重时，要增加用药次数。秋季落叶时，用上述药剂进行防治，可以保护伤口，减少病菌侵染越冬，从而对翌年病害控制有一定作用。

参考文献

刘红彦，2013. 果树病虫害诊治原色图鉴 [M]. 北京：中国农业科学技术出版社.

戚佩坤，姜子德，向梅梅，2007. 中国真菌志：第三十四卷　拟茎点霉属 [M]. 北京：科学出版社.

OGAWA J M, ZEHR E I, BIRD G W, et al, 1995. Compendium of stone fruit diseases[M]. St. Paul: The American Phytopathological Society Press.

（撰稿：纪兆林；审稿：李世访）

特尔菲法　delphi method

是专家会议预测法的一种发展，通过有控制的反馈方法使得收集的专家意见更为合理、可靠。美国著名软科学研究机构兰德（RAND）公司在 20 世纪 50 年代初与道格拉斯公司协作进行预测研究，当时以 Delphi 为代号，取其灵验和集中智慧之意，因而得名。

特尔菲法预测建立于专家会议的基础之上，又比专家会议增加了许多优点。匿名性是特尔菲法的第一个重要特点，它通过匿名函征求专家意见，应邀参加预测的专家互不了解，这样完全消除了心理因素的影响；特尔菲法又与民意测验不同，在预测过程中，领导小组对每一轮的预测结果作出统计，连同不同的论证意见反馈发给每个专家，达到相互启发的目的，以供下一轮预测时参考（见图）。另外，特尔菲法采用统计学的方法处理预测结果并定量评价预测结果。

特尔菲法不仅可以从事技术预测，也可用于经济预测，不仅可作短期预测，也可作长期预测，不仅可作量变过程的预测，也可作质变过程的预测，因此，它是一种广为适用的预测方法。1993—1994 年全国农业技术推广中心曾经尝试应用特尔斐法预测全国小麦条锈病发生趋势。

特尔菲法的工作流程如图所示。

预测需要组成一个领导小组。他们必须忠实于各位专家并熟悉特尔菲法的思想和实施计划，负责遴选专家，编制预测项目表，撰写使用说明，收集专家意见（信息）和统计预测结果。一种常用的做法是统计预测中位数和上下四分位数并制成山形图。为了启发专家发表意见，组织者提出"某年小麦扬花灌浆期条锈病在全国的发生程度"的预测主题，也就"全国发生程度"的等级和划分标准向专家征询。遴选的专家包括 9 位长期从事小麦条锈病预测的专家；3 位大学教授和 3 位科研单位的研究员。预测过程包括 3~4 次反馈，由于专家在每一轮匿名发表意见时都会参考上一轮统计出的预测意见，从而不断修正自己的意见。从而使意见逐步统一起来。一般以中位数（或众数）表示专家们预测的集中意见，然后用标准差和变异系数表示专家们对预测意见的协调程度。

在进行预测时，也向专家们提供必要的历史资料、实时资料和未来的气象预报等有关资料，如 1993 年小麦条锈菌越夏区气象资料；病菌越夏调查结果；小麦品种替换情况；条锈菌生理小种监测结果；中央气象台长期天气预报等。

参考文献

孙明玺，1986. 预测和评价 [M]. 杭州：浙江教育出版社.

肖悦岩，刘万才，姜瑞中，等，1997. 专家评估和特尔斐（Delphi）预测法 [M]// 胡伯海，姜瑞中. 农作物病虫长期运动规律与预测. 北京：中国农业出版社.

（撰稿：肖悦岩；审稿：胡小平）

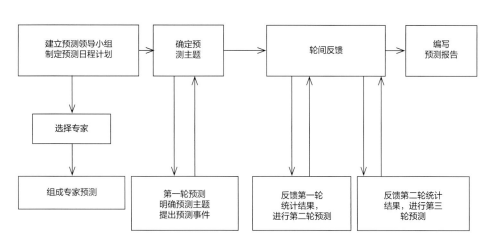

特尔菲法预测程序（肖悦岩提供）

甜菜白粉病 beet powdery mildew

由白粉菌引起、危害甜菜地上部的一种真菌病害，是世界上许多甜菜种植区一种重要的病害。

发展简史 1903年首次在欧洲报道，1960年在欧洲和中东国家大暴发。1937年首次在美国发生，1974年在美国西部造成严重损失，并于1975年大面积发生。1975年初次在加拿大的阿尔伯塔发生。甜菜白粉病是中国西北特别是新疆甜菜产区的主要病害，华北产区也有发生。原料甜菜和采种甜菜均可感病。1957年在新疆焉耆垦区发生，发病率达5%，1959年石河子垦区大面积种植甜菜以来，年年普遍发生，1960年严重发病面积达2000hm²，发病率100%。几年发病较轻2004年新疆博尔塔拉平均发病率4.3%，在温泉发病严重的地块发病率达27.3%。甜菜白粉病在新疆一般发病率为50%～90%。

分布与危害 国外分布在美国、加拿大及欧洲和中东国家。中国分布在华北地区中西部，甘肃、宁夏、陕西、山西、黑龙江、新疆伊犁、塔城、昌吉、阿勒泰、博尔塔拉、焉耆、石河子。

2010年调查，新疆霍城发病率70.57%，病情指数36.32；巩留发病率41.03%，病情指数26.21；新源发病率37.68%，病情指数9.98；特克斯发病率34.25%，病情指数5.33；伊宁发病率60.16%，病情指数34.89（图1）。

2011年调查，新疆甜菜白粉病平均发病率42.64%，平均病情指数21.83。其中昌吉产区白粉病最高病情指数25.64；石河子产区白粉病最高病情指数21.91；塔城产区最高病情指数21.83；阿勒泰产区白粉病最高病情指数18.33；特克斯发病率50%，病情指数7.78；新源发病率33%，病情指数15.67；伊宁发病率27.92%，病情指数17.95；尼勒克病情指数25.24%，病情指数9.49（图2）。

2012年调查，伊宁市发病率77%，病情指数23.62。其中新源县发病率71.4%，病情指数18.75；伊宁县发病率57.8%，病情指数24.2；特克斯县发病率70.7%，病情指数8.9（图3）。

在生产田甜菜和采种株甜菜上均可发病，主要侵染叶、叶柄、花梗及种球。发病初期在叶上零星出现一些白色粉状物，经过几天，整个叶片上覆盖一层白粉，即菌丝体和粉孢子。随着时间增长白粉层变厚，几乎覆盖全叶，进入甜菜生长中后期，在白色粉层中长出大量黄色至黄褐色的小粒点（即闭囊壳），尤以叶表面着生最多，几乎布满全叶，闭囊壳成熟后变为黑色颗粒。危害严重的叶片，叶面积明显变小，皱缩不平，病株生长缓慢，病叶变黄枯死。

甜菜白粉病发病使甜菜块根可减产10%～20%，含糖量下降0.5～1.2度，产糖量下降10%左右；采种甜菜种子产量减产10%～15%。

病原特征 病原为甜菜白粉菌 [*Erysiphe betae* (Vanha) Weltziem.] 属白粉菌属。该菌为专性寄生菌，菌丝表生，以吸器在寄主细胞中吸取营养物质和水分。菌丝上生分生孢子梗，梗顶端生分生孢子，分生孢子丰富，圆筒形至椭圆形，无色，大小为24～50μm×14～20μm。8月中下旬进入甜菜生长中后期，白色菌丝层中形成肉眼可见的小颗粒即闭囊壳，闭囊壳初为黄色，逐渐变为褐色，最后变成黑色，球形，直径0.1mm左右。附属丝基部褐色，大小为39～119μm×75～82μm，内有4～8个子囊，椭圆形，一端有喙状突起，双层壁。子囊内生2～4个子囊孢子，无色，椭圆形，大小为14～27μm×10～18μm。

侵染过程与侵染循环 翌年春季，甜菜白粉病子囊壳吸水后膨胀、破裂，释放出子囊和子囊孢子，子囊孢子借风雨传播到采种植株或原料甜菜，侵染甜菜叶片，或越冬菌丝萌动直接侵染甜菜叶片。

甜菜白粉病菌以闭囊壳或菌丝体在种球、病残体或留种母根上越冬。翌年闭囊壳吸水膨胀，释放出子囊和子囊孢子侵染甜菜，或越冬菌丝萌动直接侵染甜菜。甜菜生长期病部不断产生粉孢子，借气流、雨水飞溅或昆虫携带，将粉孢子传播到健株，造成多次再侵染。发病后期，至收获以后，闭囊壳随病叶进入土壤越冬，采种株表面的闭囊壳或内部的菌丝体、母根根头上的闭囊壳或菌丝体，在室内或储藏窖内随种子或母根越冬，成为翌年初次侵染来源。

流行规律 以新疆伊犁地区甜菜种植区伊宁为例，依据2010—2012年连续3年甜菜白粉病在田间发生动态调查，原料甜菜白粉病发生最早为6月中旬，大多数年份在7月上中旬，发病前期病害发展缓慢，8月下旬至9月上旬病害达

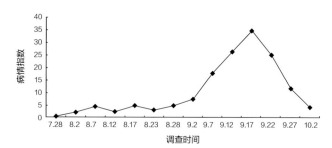

图1 2010年甜菜白粉病的田间消长规律（陈卫民提供）

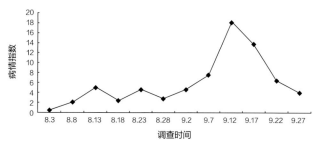

图2 2011年甜菜白粉病的田间消长规律（陈卫民提供）

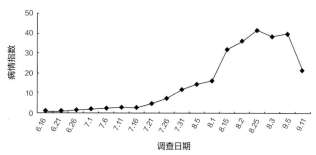

图3 2012年甜菜白粉病的田间消长规律（陈卫民提供）

到发病盛期，同时 7 月上旬产生闭囊壳。由于甜菜白粉菌菌量大量积累于 9 月中旬，使病害危害达到高峰期，9 月下旬病害扩展缓慢至 10 月上旬病害逐渐停止发生。

甜菜白粉病发生和流行与气象因子关系密切，干燥、炎热及昼夜温差大的气候有利于白粉病的发生和扩展。在新疆 6 月底至 7 月上旬，若连续 5 天日平均气温在 20℃ 以上，于采种株上先发生，经 5～15 天后在原料甜菜上相继发生。在炎热、干燥的 7、8 月气温为 22～26℃，有零星小雨，月降水量在 65mm 以下，相对湿度在 65% 以下时，有利于粉孢子的发芽和侵入（潜育期只要 2～8 天），利于甜菜白粉病发生和流行蔓延。当气温低于 20℃ 时，则不利于病害的发生。短时间降雨或湿度较高，有利于白粉病粉孢子的萌发和侵入，而连续降雨特别是暴雨对病害有抑制作用。但高温、高湿交替有利于该病扩展。

白粉病的罹病程度与灌水、施肥、前作及地下水位的高低有密切关系。适时灌水，增施肥料，合理轮作倒茬，使植株生长旺盛，可增强抗病力。而土壤干旱，肥力不足，重茬或迎茬发病严重。地势平坦，地下水位低发病轻；高坡、地下水位高发病重。

防治方法　甜菜白粉病的初侵染源广泛，除带菌甜菜种球、田间病残体和采种株外，还有感染白粉菌的苜蓿、黄花草木樨以及野生杂草寄主等，因此，必须采取综合防治措施。

农业防治　种植丰产抗病品种。病残体清理。秋收后及时清除甜菜田病残体，将甜菜田枯死叶片集中，及时运出田外焚毁或深埋。加强栽培管理。合理轮作。实行轮作倒茬，避免重茬、迎茬，不应以苜蓿、草木樨为前茬和邻作；适时浇水，防止甜菜受旱。避免偏施氮肥，防止生长过旺，增强植株抗病性。轻病田至少在两年以内不种甜菜，重病田与小麦、豆类等作物轮作 3 年以上。合理密植，增加田间通风透光性。适期播种，根据当地气候适时晚播。合理施肥，根据测土配方，合理施肥，增施有机肥，注重磷钾肥的使用，使甜菜植株生长健壮，提高抗病能力。及时中耕铲除田间杂草，减少初次侵染来源。

化学防治　种子处理。磨光种，用种子重量 0.2% 的 12.5% 烯唑醇可湿性粉剂拌种；处理种，直接选用包衣种、丸粒种。茎叶处理。保护性杀菌剂。在甜菜白粉病发病前选用 75% 百菌清（达克宁）可湿性粉剂 800 倍液、75% 嘧菌酯（阿米西达）悬浮剂 2500 倍液喷雾预防。

治疗性杀菌剂。发病初期，选用 12.5% 烯唑醇可湿性粉剂 2000 倍液、40% 腈菌唑（信生）可湿性粉剂 3000 倍液、43% 戊唑醇（好力克）SC 2500 倍液、30% 氟菌唑（特富灵）可湿性粉剂 1500～2000 倍液等药剂，根据病情发展和气候条件，一般在 7 月中下旬至 8 月初喷 1～2 次药即可。

参考文献

韩成贵，2012. 主要农作物有害生物简明识别手册——甜菜分册 [M]. 北京：中国农业出版社．

徐艳丽，2009. 甜菜白粉病防治研究进展 [J]. 中国糖料 (3): 60-62.

咸洪泉，2000. 黑龙江省甜菜病害种类调查研究 [J]. 中国糖料 (3): 36-39.

赵震宇，1979. 新疆白粉菌志 [M]. 乌鲁木齐：新疆人民出版社．

中国农业科学院植物保护研究所，中国植物保护学会，2015. 中国农作物病虫害 [M]. 3 版. 北京：中国农业出版社．

（撰稿：陈卫民；审稿：韩成贵）

甜菜丛根病　beet rhizomania

由甜菜坏死黄脉病毒引起的甜菜根部病害，是世界甜菜生产中一种毁灭性的病毒病害。又名甜菜疯根病。

发展简史　1959 年 Canova 在意大利首次发现，对于甜菜丛根病的病原很长一段时间存在争议，1964 年 Keskin 等发现甜菜多黏菌（Polymyxa betae）侵染甜菜，可能与丛根病的发生有关，1973 年日本学者 Tamada 成功分离鉴定了丛根病病原甜菜坏死黄脉病毒（beet necrotic yellow vein virus，BNYVV），由根部专性寄生的甜菜多黏菌传播。随后相继流行于欧洲和北美的甜菜主产区。1978 年中国在内蒙古呼和浩特和包头郊区首次发现，随后在华北区、西北区和东北区主要甜菜产区都有不同程度发生。20 世纪 80 年代由意大利育种家选育出世界上第一个抗丛根病品种 Rizor，已报道抗病毒基因 Rz1、Rz2、Rz3、Rz4、Rz5 均位于 3 号染色体等。分别位于 4 号染色体和 9 号染色体上的抗传毒介体基因为 Pb1 和 Pb2。甜菜抗病基因 Rz1 是加利福尼亚 Holly 甜菜公司从一个抗丛根病资源 Holly 上分离鉴定的，显性遗传，病毒含量显著降低，但不能完全抵抗病毒，多数抗病品种的抗性来源于这一资源。Rz2 和 Rz3 发现于丹麦的野生沿海甜菜（Beta vulgaris sp. maritima）中，分别登记的品系为 WB42 和 WB41。Rz2 是一个单显性基因，与 Rz1 相距 20cM，抗病毒的效率超过 Rz1，但是对于强毒株需要 Rz1 和 Rz2 配合使用才能取得理想的抗病效果。Rz3 不完全显性遗传，与 Rz1 的距离小于 5cM，杂交后代抗性水平存在差异，在 WB41 中还有参与抗病反应的其他基因。Rz4 是在 R36 品种中得到的抗病基因。Rz5 发现于 WB258 品系，和 Rz1、Rz4 位于相同的基因位点。这 5 个抗性基因位于一对等位基因上，Rz1、Rz4 和 Rz5 位于一条，Rz2、Rz3 位于另一条。还鉴定出对丛根病有抗性的一些资源，如 WB151、C28、C50、R04、R05 等，但对这些资源遗传背景了解很少。Pb1/Pb2 也是两个有价值的抗病基因，能够产生类似于 Rz1 的抗性，可以与 Rz1 叠加起作用，联合使用抗病毒和抗介体的基因会产生更持久的抗性。另外，已有转化 BNYVV 的 CP、MP 和复制酶基因片段植株具有抵抗病毒侵染的报道，加上基因编辑技术的日益成熟，为培育抗丛根病品种提供了新的途径。

分布与危害　分布于世界各地。

甜菜丛根病典型症状为在受侵染的甜菜植株主根和侧根上产生大量须根，须根逐渐坏死并不断集结形成"大胡子"症状。发病初期侧根变细、变褐直至坏死，后期主根维管束也变褐、变硬，根纵切可见中柱及维管束由黄色渐变成褐色。地上部的症状主要有坏死黄脉型、植株直立黄化型、矮化型和黄色焦枯型等。典型的坏死黄脉型在叶片上沿叶脉呈鲜黄色，后期沿叶脉形成坏死；直立黄化型为叶片变浅黄绿色，叶片变薄、狭长而直立；黄色焦枯型为叶片主脉间出现大量褐色坏死（图 1）。

甜菜丛根病对甜菜产量和含糖量影响极大。一般发生田块根减产 40%～60%，含糖量下降 4～9 度，严重地块甚至绝产。一旦发病，10～15 年再种植甜菜仍会发病。丛根病可引起储存期糖分损失 25%～41%，不感病的甜菜储存期糖分损失仅为 1%～2%，而且感病甜菜根储存期更易受冻害影响。

病原及特征　病原为甜菜坏死黄脉病毒（beet necrotic yellow vein virus，BNYVV），是甜菜坏死黄脉病毒属（*Benyvirus*）的代表种，传播介体是甜菜多黏菌（*Polymyxa betae*）。BNYVV 是一种多分体、正义链 RNA 病毒，粒子直杆状，大小为 80～390nm×20nm，外壳蛋白分子量 21kDa（图 2）。病毒基因组结构与功能已经基本明确。一般含有 4～5 条 RNA：RNA1，6746nt；RNA2，4612nt；RNA3，1775nt；RNA4，1468nt 和 RNA5，1342～1347nt。5 条 RNA 的同源序列仅限于 3' 端 Poly（A）尾序前约 70 个核苷酸和 5' 端的 8～9 个核苷酸。RNA1 和 RNA2 编码"持家基因"，为病毒侵染寄主植物所必需，RNA1 编码病毒复制相关蛋白；RNA2 编码 6 个开放阅读框，包括外壳蛋白（CP）、CP 通读蛋白 p75、三联基因区蛋白（TGB）和沉默抑制子 p14，其中，CP 是病毒长距离运动所必需的；p75 参与病毒的包装和介体传毒；TGB 参与细胞间运动；p14 富含半胱氨酸、具有"锌指"结构，具有抑制子活性，能抑制转录后基因沉默（PTGS）。而 RNA3-RNA5 对于病毒复制不是必需

的，但对于田间条件下病毒侵染寄主发挥重要的作用，其中，RNA3 编码 p25 蛋白是侵染导致甜菜丛根症状和影响产量及含糖量的重要致病因子；RNA4 编码 p31 在根部具有基因沉默抑制子活性，对于介体高效传播病毒非常重要；RNA5 编码 p26 和病毒致病性有关。深入研究病毒 RNAs 的复制、运动和致病性有助于对病毒侵染寄主的过程有更深入的认识，为防治甜菜丛根病提供科学依据。

BNYVV 自然寄主范围，一般仅侵染甜菜和菠菜。BNYVV 田间杂草寄主有龙葵、菊苣、天芥、宽叶车前草等，没有症状的植物中也能检测到 BNYVV，暗示这些植物在田间可能是潜在的病毒传染来源。试验用寄主包括局部寄主番杏（*Tetragonia expansa*）、昆诺阿藜（*Chenopodium quinoa*）、苋色藜（*Chenopodium amaranticolor*）；系统包括寄主野生甜菜（*Beta macrocarpa*）和本生烟（*Nicotiana benthamiana*）等。

BNYVV 存在分子变异与致病性分化。BNYVV 接种试验的症状表现仅与病毒致病类型有关，而与介体数量、病毒接种浓度无关。早期用 RFLP（restriction fragment length polymorphism） 和 SSCP（single strand conformation polymorphism）方法分析病毒基因组，将病毒分为 A、B 和 P 型 3 种基因型，无法用血清学区分。根据序列进行分型，利用 CP 的 3 个保守氨基酸可以区分不同类型，即 A 型为 T62S103L172，B 型为 S62N103F172，P 型归为 A 型。Schirmer 等对亚洲、欧洲和美国分离物的 CP、p25 和 p26 进行系统发育分析，将这 3 个蛋白均划分为 3 个组，借以分析不同的地理起源。CP 分为 Group Ⅰ、Ⅱ 和 Ⅲ，分别对应原划分的 A、P 和 B 型。p25 分为 p25-Ⅰ、Ⅱ 和 Ⅲ，且 68～70 位氨基酸（tetrad 基序）为一个高度变异区间，与病毒致病性密切相关。p25-Ⅰ 主要由 A 型分离物的 p25 组成，具有 11 种 tetrad 基序中的 8 种；p25-Ⅱ 由欧洲 A 型分离物（tetrad 基序为 SYHG）、日本的 A 型分离物（tetrad 基序为 AYRV、AFHG 和 AYHG）和一个中国 B 型分离物（tetrad 基序为 AYHG）构成；p25-Ⅲ 主要由 B 型分离物组成，基序均为 AYHR。RNA5 首先在日本发现，随后相继在中国、法国、英国、哈萨克斯坦和德国的甜菜种植区发现。p26 根据内部是否存在第 77 和 227～229 位的缺失，划分为 J 型（亚洲分离物，存在缺失，Groups JⅠ、JⅡ）和 P 型（欧洲分离物，无缺失，PⅢ）。选择压分析显示，CP 最为保守的，p25 变异最大。中国、日本和伊朗都有 A、B 两种类型发生，中国和日本分离物多数具有 RNA5 组分，美国仅有 A 型发生，尚未发现 RNA5。RNA3 编码 P25 作为毒性因子在非亲和性互作中变异较大，容易产生毒性突变株。研究表明 BNYVV P25 突变体的相对致抗性丧失能力（RB，resistance breaking）为 68 位氨基酸 F<Y<C=L=H<Q<VC。p25 的第 67 位缬氨酸（V67）的单点突变即可使病毒克服由 *Rz1* 基因介导的抗性，并且突变病毒能在田间抗性植株体内正常复制。P25 中出现 V67C68 基序是 *Rz1* 抗性被克服的分子标志。中国甜菜产区发生的致病类型主要有：分离物 CY1（A 型，ACHG）、CX5（A 型，AHHR）、CH3（B 型，AHHG）和 CY3（A 型，AYHR-D179），均能克服抗性基因 *MR1* 和 *MR2*。推测 CX6/CW1/Wu2/Wu3（A 型，AHHR）、CW11（A 型，

图 1 甜菜丛根病根部和叶部的典型症状（韩成贵、刘涛摄）

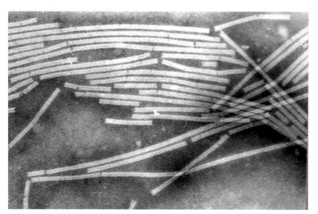

图 2 BNYVV 病毒粒子形态（刘志昕摄）

AYHR-D179）、Cha/CH2/CH3/CH4/CH5/CX3/ 呼和 Hoh1（A 型，ACHG）、酒泉 Jiu（A 型，AHHG），均可能具有较强致病性，克服抗性基因 MR1 和 MR2，但需要进行生物学测定验证。中国特有的武威 Wu1 和包头 Bao 分离物（A 型，ASHG）致病性尚不清楚。中国 BNYVV 发生地区横跨华北、东北与西北，地理环境、气候条件和种植制度等差异较大，丛根病的危害程度也不相同。因此，需要加强对中国甜菜产区 BNYVV 分离物分子变异与致病性分化特点的研究，监测强致病型病毒变异动态，对抗丛根病品种的选育和合理布局具有指导意义。

BNYVV 由甜菜多黏菌以持久性方式进行传播。Polymyxa betae 属于原生动物界根肿菌门根肿菌目多黏菌属（Polymyxa），是一种寄生于甜菜及部分黎科植物根部的低等专性寄生菌，尚无法在人工培养基上培养。对 Polymyxa betae 生活史特别是其有性生殖的认识还不十分清楚。仅在其整个生活周期中观察到休眠孢子萌发产生可游动的球形或洋梨形双鞭毛游动孢子，侵染根部细胞在细胞质内形成多核的原生质团。原生质团分化为游动孢子囊并释放游动孢子于根外，进行再侵染，环境条件不适宜时原生质团聚集成鱼卵状厚壁休眠孢子堆，休眠孢子初期淡黄色后期褐色、具六角形外壁，可以存活 15 年以上（图 3）。英国 Asher 等人（1987）将此菌生活史分为在土壤中存活的休眠孢子阶段和活跃增殖的游动孢子阶段。当 Polymyxa betae 侵染带有 BNYVV 的甜菜后，就可以在其生活史中的某个或某些阶段获取病毒并传播到其他健康植株上。休眠孢子和游动孢子都能获取并传播病毒。现有证据表明病毒不是被吸附在介体的外部而是位于内部。BNYVV 的侵染性可随介体在干燥土壤中存活 15 年以上。尽管在未成熟的游动孢子原生质和液泡中以及在游动孢子囊内成熟的游动孢子外面观察到病毒状粒子，用特异性外壳蛋白抗血清进行了特异性胶体金标记，但尚未在休眠孢子内观察到病毒粒子，只是在休眠孢子内壁观察到大量特异性金颗粒标记物。美国学者通过免疫金标记和免疫荧光方法发现甜菜多黏菌休眠孢子和游动孢子内均含有 BNYVV 基因组编码的非结构蛋白，故推测病毒可在甜菜多黏菌内增殖。对于甜菜多黏菌是怎样获取和释放病毒的分子机制，病毒在

休眠孢子中的存在方式以及病毒在介体内部能否复制增殖等问题还不十分清楚。

侵染过程与侵染循环　BNYVV 由甜菜多黏菌以持久性方式进行传播，病毒侵染过程随着介体游动孢子侵染甜菜而完成。甜菜多黏菌休眠孢子萌发产生可游动的球形或洋梨形双鞭毛游动孢子，游动孢子首先以长鞭毛接触幼根表面，进而完全附在根表、鞭毛消失形成孢囊，原生质体直接侵入寄主。砂培体系条件下，游动孢子 1 小时即可完成侵染，2 天可形成二次游动孢子，游动孢子室温 26 小时即失去活性。用游动孢子或粉碎新鲜病根接种，4 天有膜的多核原生质体形成游动孢子囊并释放大量游动孢子，7 天后裸露的多核原生质体形成鱼卵状休眠孢子堆，而用病土接种 15 天左右才能观察到休眠孢子堆。营养液 pH5.5～10 均适于侵染繁殖。BNYVV 随着甜菜多黏菌侵染甜菜完成病毒的侵入、潜育和发病过程，但介体如何获得病毒和释放病毒的细节尚不十分清楚。对甜菜多黏菌生活史特别是其有性生殖的认识还不十分清楚。病毒可以通过汁液摩擦接种侵染。

甜菜丛根病是一种"土传"病害，其病害循环与传播病毒介体甜菜多黏菌生活史密切相关。甜菜丛根病的主要初侵染源为病残株、病土和污染的粪肥中的休眠孢子，休眠孢子在土壤中可存活 15 年以上，通过家畜消化道后仍具有侵染活力。传播方式为"土壤传播"，土壤中休眠孢子极易随病残株、病土、粪肥、块根、种子及农机具等传播，雨水和灌溉水均能促进病害扩散。双鞭毛的游动孢子主动传播距离极为有限，被动地随水流迁移。在一个生长季内，休眠孢子萌发释放游动孢子通过侵染寄主根部细胞导致在细胞质内形成多核的原生质团，病毒随游动孢子进入寄主细胞，甜菜多黏菌无性繁殖可形成游动孢子囊并释放大量游动孢子到根外进行多次再侵染，整个过程 4～10 天，当环境条件不适宜时，甜菜多黏菌有性生殖可聚集成厚壁的休眠孢子堆，一般需要 7～15 天，休眠孢子经过越冬成为翌年的初侵染源，开始新一轮的侵染。

流行规律　一般年份，甜菜丛根病在中国 6 月下旬到 7 月上旬开始发病，7～8 月为发病高峰期。甜菜多黏菌在甜菜的整个生育期内都可以侵染，田间病株分布一般呈点状或条带状。甜菜发毒率与土壤中的甜菜多黏菌数量（休眠孢子）密切相关，因此，丛根病具有单循环病害的特点。灌溉和降水有利于游动孢子的二次侵染，但病害发生程度在于初次侵染的效率。土壤湿度过大（相对湿度在 50% 以上）、温度适宜（15～28℃），有利于甜菜多黏菌休眠孢子萌发和游动孢子的活动，因此，灌溉过量、排水不良的田块更易发病。甜菜重迎茬会导致甜菜多黏菌的积累和大量增殖发病加重。砂壤土和砂土发病重，黏土发病轻。在 pH6.2 以上的中性或偏碱性地块的甜菜更易发病。有效磷低或硝态氮高发病重。甜菜丛根病株还易感染根腐病。BNYVV 可通过甜菜多黏菌持久性进行传播，其休眠孢子可在土壤中长期存活，连续在病田种植感病甜菜品种会导致病害加重，最终使病田无法种植甜菜。

防治方法　甜菜丛根病的控制主要以预防为主，选择无病田块，选用抗（耐）病品种，药剂处理种子，加强栽培技术措施，科学施肥，以减少病害损失。

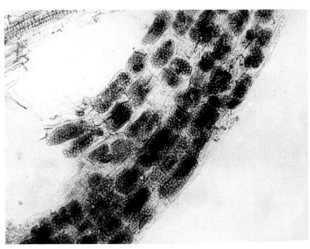

图 3　甜菜多黏菌的休眠孢子堆（韩成贵摄）

培育和选用抗（耐）病良种 选育和利用抗病品种是最经济有效控制甜菜丛根病的措施。甜菜育种公司和育种单位选育了很多抗丛根病品种，但多数商业化品种并不标注所含有的抗性基因种类。品种需要依据糖料产业技术体系和有关制糖企业的多年多点评价进行选择，要注意品种的生态适应性。在甜菜抗病品种的选育和利用过程中要注意"抗性丧失"现象。大面积单一种植抗病品种为 BNYVV 的毒性进化提供了更多的选择压力，最终导致甜菜抗病性被强毒株克服，而抗性基因并未丢失。在西班牙等欧洲国家和美国使用含有抗性基因 *Rz1* 品种的甜菜产区内一些田块出现丛根病症状，表明病毒已出现抗性突变株，研究发现 RNA3 编码 P25 的第 67 位氨基酸的突变（Ala → Val）与抗性丧失密切相关。此后相继发现 P25 蛋白不仅在第 67~70 位氨基酸会导致抗性丧失，其他部位氨基酸的突变同样会导致寄主的抗性丧失。说明单基因抗丛根病品种的长期使用会引起病毒强毒株系出现，必然会导致甜菜"抗性丧失"问题。因此，应注意品种的轮换和合理布局，避免大面积单一种植某一个品种，还需要不断加强新的抗性资源开发利用和对 BNYVV 强致病性株系的监测，为甜菜品种的培育和合理布局提供参考数据，延长品种的使用寿命。

农业防治 ①轮作换茬，控制灌溉次数，调节土壤pH6.0 以下，降低土壤湿度。②育苗防病，采用无病土育苗，控制育苗温度在 20℃ 以下，控制灌水次数等。③加强田间卫生管理，清理田间杂草寄主和病残株，病田使用过的农机具注意清洁以降低多黏菌的密度。④适当早播、增施有机肥以及过磷酸钙等生理酸性肥料等，推荐使用沼气发酵后的有机肥。⑤对拟种植田块进行介体带病毒检测，无病田可以种植不抗病高糖品种。

化学防治 早期利用溴甲烷等药剂对土壤熏蒸可以防治丛根病，但不符合绿色环保要求。国内曾结合整地或定苗后施用硫黄混剂、福美双或者对育苗土进行处理，药剂控制总体效果一般。主要是结合种子包衣或丸粒化进行药剂处理，可以减轻丛根病的危害。

生物防治 在甜菜丛根病防治中生物防治具有很大的潜力。荧光假单胞菌（*Pseudomonas fluorescens*）能够抑制 *Polymyxa betae* 菌落的形成，木霉菌（*Trichoderma* spp.）能够使 BNYVV 的积累量降低 21%~68%，中国学者也初步筛选出对丛根病具有控制效果的生防菌剂。

参考文献

韩成贵, 马俊义, 2014. 甜菜主要病虫害简明识别手册 [M]. 北京: 中国农业出版社.

中国农业科学院植物保护研究所, 中国植物保护学会, 2015. 中国农作物病虫害 [M]. 3 版. 北京: 中国农业出版社.

DECROËS A, CALUSINSKA M, DELFOSSE P, et al, 2019. First draft genome sequence of a *Polymyxa* genus member, *Polymyxa betae*, the protist vector of *Rhizomania*[J]. Microbiology resource announcements, 8(2): e01509-18.

HARVESON R M, HANSON L E, HEIN G L, 2009. Compendium of beet diseases and pests[M]. 2nd ed. St. Paul: The American Phytopathological Society Press.

MCGRANN G R, GRIMMER M K, MUTASA-GÖTTGENS E S, et al, 2009. Progress towards the understanding and control of sugar beet *Rhizomania* disease[J]. Molecular plant pathology, 10(1): 129-141.

（撰稿：韩成贵；审稿：于嘉林）

甜菜根腐病 beet root rot

由多种病原菌复合侵染引起的甜菜生长期根部病害，是甜菜生长期重要病害之一。

发展简史 Steward 于 1931 年首次描述在美国科罗拉多州甜菜植株根颈枯萎的病害症状，并鉴定病原物为 *Fusarium oxysporum* f. sp. *betae*，之后发现该病原引起甜菜块根的腐烂症状。在世界范围内，包括中国、印度等国家相继报道了由 *Fusarium* 引起的根腐病。

除 *Fusarium* 外，*Rhizoctonia solani*、*Aphanomyces cochlioides* 等多种土传真菌均可造成块根腐烂症状，这些病原或单独侵染或多种病原复合侵染，且症状复杂难以区分，因此，统称根腐病。从欧洲、美洲到亚洲，甜菜在世界范围内广泛种植，根腐病在各个甜菜产区广泛发生，但是在不同地区引起该病害的病原物种类不同，呈多样性以及分布的差异性，相关文献报道包括真菌和细菌在内有 10 余种病原可以引起根腐病。

分布与危害 由 *Rhizoctonia solani* 引起的根腐病主要分布在日本、美国、欧洲、伊朗、中国的黑龙江和新疆等地；由 *Pythium aphanidermatum* 引起的根腐病主要分布在美国的亚利桑那州、加利福尼亚州、科罗拉多州等多个州以及伊朗、菲律宾、乌拉圭、中国的新疆等地；另外，病原还包括 *Aphanomyces cochlioides* Drechs（加拿大、智利、欧洲和美国等地）、*Phytophthora drechsleri*、*Phytophthora cryptogea*、*Phytophthora capsic*（希腊、伊朗、美国）、*Phoma betae*（欧洲、亚洲、北美）、*Sclerotium bataticola*（甘薯小菌核菌；美国加利福尼亚州、埃及、希腊、匈牙利、印度、苏联）、*Phymatotrichum omnivorum*（多主瘤梗孢；美国西南干热地区）、*Sclerotium rolfsii* Sacc（齐整小核菌；美国南部、欧洲温暖湿润的地区、亚洲）。

病原物种类的分布在不同国家地区间呈现出差异，而同一个国家不同地区的主要病原物也不完全相同，这种差异可能是由于地区之间种植结构、气候、生态条件、土壤等多方面存在差异而引起的。因此，这给该病害的鉴定以及防治工作带来了较大的难度。

发生该病害的植株，前期地上部生长正常，基本没有明显症状，但发病后地上部叶片突然坏死，块根迅速腐坏或死亡，使其失去生产价值；且以病株为中心，迅速侵染四周的健康植株，造成很大的产量损失，发生病害的甜菜田一般减产 10%~40%，发病严重时减产达 60% 以上，甚至绝产；另外，受害甜菜块根含糖量显著下降，含糖率只有 7%~10%，比正常植株（含糖率 17.5%）降低 43%~60%，大大降低了甜菜的生产价值。

在中国甜菜种植地区，根腐病常年发生，且每年自甜菜块根膨大的 6 月到甜菜收获的 10 月间持续发生。2009—

2010 年经过实地普查黑龙江齐齐哈尔的依安、绥化的海伦、望奎以及内蒙古乌兰察布察哈尔右翼前旗、赤峰等地多个村庄的甜菜种植区，发现甜菜根腐病普遍发生；2009 年察哈尔右翼前旗地区的发病面积和发病级数均不高，按照发病率和 9 级分类法，田间平均发病率大约为 10%，平均发病级数大约为 3 级；依安的发病率最高大约为 70% 左右，平均发病级数为 1～3 级，发病较为严重。根腐病发病期较长、发生严重，是中国甜菜生产区的主要病害之一，该病害的发生给当地甜菜生产带来了严重影响（见图）。

病原及特征

镰刀菌引起的根腐病症状及其危害　由于甜菜根腐病能由多种不同的病原物引起，因此，在根上表现的症状也各不相同。多数情况下，病原的优势种群因种植地区而异，有时几种病原同时侵染甜菜，患病植株表现出复杂的症状，很难依据症状判断病原物种类。

由镰刀菌侵染引起的症状主要表现是：初期观察时根腐病症状为叶片萎蔫、褪色、变黄，叶脉坏死并且枯死，产生深褐色病斑。块根表皮上产生深黑色水浸状不规则斑块，逐渐向上蔓延并向根内部深入，中央维管束变深褐色坏死，维管束环呈浅褐色；中度发病病株在根体以下的组织腐烂变黑

褐色干腐，根内形成空腔；重病植株块根全部腐烂，地上部叶丛干枯死亡。多发生在定苗后至封垄前的 6 月下旬至 7 月上旬，是田间发生最早的一种根腐病。除了造成产量下降，病原 *Fusarum oxysporum* f. sp. *betae* 还造成甜菜储藏后呼吸速率加快、蔗糖含量下降以及可溶性糖类含量下降，这使得甜菜的经济价值大大降低。

立枯丝核菌引起的根腐病症状及其危害　甜菜植株约 8 周大时，由丝核菌侵染引起的根腐病开始发病，整个生育期都能侵染根部。最初能观察到突然且明显的叶部萎蔫、叶柄基部及根颈部交界处形成深褐色斑点，与根表面连成一片，腐烂处较干燥不湿软；随着病程发展，病部逐渐从上向下、由表及里腐烂，呈褐色、深褐色至黑色。一般是主根周皮坏死，剖面看呈环形，极少情况病原向根内部扩展，病根横切面可见根外呈一圈环形腐烂部分；有时腐烂处稍凹陷并形成深褐色的裂痕，在裂口处可见病菌菌丝。

该病害对甜菜的产量及含糖量有明显的影响。当流行程度达到 30% 时，产量几乎为零，含糖量比正常植株（含糖率 17.5%）下降 1.2%～1.7%，大大降低了甜菜的生产价值。

腐霉引起的根腐病症状及其危害　腐霉是引起甜菜根腐病的主要病原之一。该病原物造成的症状主要是根部湿腐，

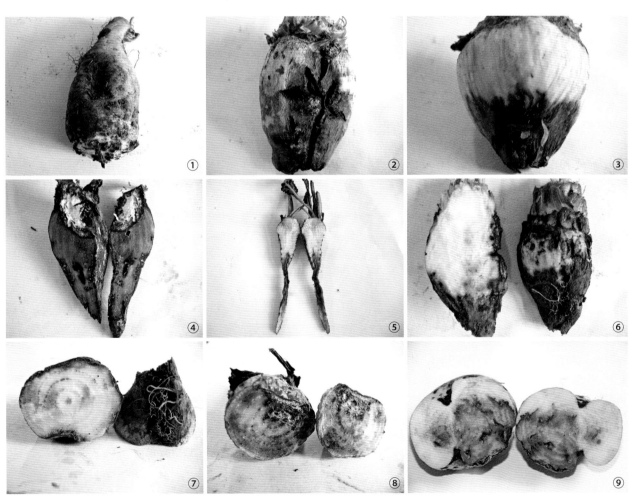

甜菜根腐病症状（吴学宏提供）

①从根冠开始坏死；②全部坏死有裂口；③从根尖坏死；④块根内部坏死、空心、有菌丝；⑤⑥坏死块根纵切；⑦块根外部、维管束都坏死；⑧⑨坏死块根横切图，维管束有坏死

地上部急性萎蔫。但不同种类的腐霉引起的症状可能存在一定的区别，例如，由 *Pythium aphanidermatum* 造成的症状是植株萎蔫、在叶柄以及主根内部产生水浸状深褐色腐烂，根外部出现类似丝核菌引起的不规则深色坏死斑点；而 *P. deliense* 则引起花纹状的褐色或黑色坏死，并由主根扩展到次生根。

疫霉引起的根腐病症状及其危害　疫霉也是甜菜根腐病的主要病原之一。由疫霉引起的根腐病症状，在田间首先表现为暂时的萎蔫，然后持久萎蔫，最后死亡。受害的根块首先在根基部出现小的坏死斑，继而从下到上发展为水浸状的坏死。主根湿腐由根尖向根冠发展，病健交界处明显，腐烂的组织呈现褐色。

疫霉引起的根腐病　掘氏疫霉和隐地疫霉这两种卵菌。掘氏疫霉产透明到黄色或者浅棕色的薄壁的藏卵器（直径 27～40μm），雄器（直径 10～14μm）。每个藏卵器着生一个表面光滑的、球形的厚壁的卵孢子（直径 24～36μm）。内生孢子囊（22～40μm×24～56μm）通过萌发管直接萌发，或者通过形成游动孢子（直径 10～12μm）间接萌发。另外，还产生厚垣孢子（直径 7～15μm）。隐地疫霉的细菌丝能形成椭圆形至倒梨形的孢子囊（直径 39～80μm×24～40μm）。

侵染过程与侵染循环

镰刀菌引起的根腐病侵染过程　黄色镰刀菌是一种对甜菜根部伤口进行二次侵染的真菌，这些伤口通常是由其他原因造成的。这种病害在田间通常是点片发生，或者单株发生，极少全田发生。黄色镰刀菌通常是通过根冠侵入植株，也会通过根部的裂缝或者伤口侵入，在根内部造成腐烂，内部组织变为浅褐色至深褐色，边缘深棕色至黑色。如果根的上部全部发病，就会造成叶片和生长点的死亡。被侵染的根表面会产生白色的菌丝，分生孢子产生后可能会从白色变成粉红色。

丝核菌引起的根腐病侵染过程　根腐和根冠腐的地上症状最先表现为植株的突然萎蔫或者叶片失绿，并伴随有叶柄基部出现深棕色到黑色病斑。发病植株的叶片坍塌但仍旧着生于根冠不脱落，形成由棕色叶片组成的莲座状。根部表现出不同程度的深棕色到带黑色的腐烂症状，并且常常从根冠部位开始腐烂并逐渐向下延伸到主根。在根冠部位或者主根的边缘常常出现溃疡或者裂缝，并且在裂缝处能看到棕色的菌丝。在块根内部，发病组织与健康组织之间具有明显的界限。1921 年在美国 Richard 报道了干腐类溃疡是根腐的一种形式。在直根的表面形成大量圆形的、带状斑纹的深棕色病斑，在病斑下面溃疡处长满了菌丝。对于根腐这个阶段的知识还很匮乏。

腐霉菌引起的根腐病侵染过程　感病植物枯萎、变黄，下部叶片死亡，叶柄水渍状，褪色，主根出现褐色至黑色湿腐，并且从根的下部向上发展，病斑上覆盖白色的菌丝体。

疫霉菌引起的根腐病侵染过程　首先是，一天之中随着温度的升高，植株出现暂时的萎蔫，然后，植株永久的萎蔫或者死亡。黑色的病斑最先出现在根基部，然后湿腐最后在甜菜主根向上扩展蔓延。腐烂的组织一般为棕色，并且在健康组织与发病组织间有黑色的间隔。

镰刀菌引起的根腐病侵染循环　镰刀菌是常见的土传真菌，寄主范围广、孢子形态多样等，病原可通过多种方式存活。首先，镰刀菌广泛存在于土壤中，MacDonald 和 Leach 发现 FOB 能存在于从未种植过甜菜的田块中，在种植甜菜 7 年后，菌量积累达到一定程度，开始引起病害。

其次，能引起甜菜根腐病的镰刀菌寄主范围较广，包括藜科和苋科植物，也能引起大豆、玉米等常见作物的根茎腐烂病害。FOB 能引起牛皮菜、菠菜、剪秋罗、扫帚菜等植物的一些品种发病，能以灰条菜、黑芥和野生莳萝为寄主存活但是并不引起症状。有的 *Fusarium oxysporum* f. sp. *radis-betae* 菌株能侵染藜科植物，比如菠菜。存在于寄主上的病原可能不会立刻侵染甜菜，但是当菌量积累到一定程度时则可能引起病害。

再次，休眠孢子也是病原存活的方式之一，*Fusarium oxysporum* f. sp. *radis-betae* 可以通过休眠孢子存在于寄主作物上，在没有寄主的情况下也能存活很长时间。另外，种子可作为携带镰刀菌的载体，且病原可以存在于种子内部和外部。美国俄勒冈州未经加工和加工过的甜菜种子外部均携带 FOB，能引起甜菜幼苗发病，只是发病率较低。

丝核菌引起的根腐病侵染循环　*Rhizoctonia solani* 主要存在于土壤中，在任何类型的土壤中均能存活，尤其是较湿的土壤中。Hyakumachi 对土壤中的 *Rhizoctonia solani* AG-2-2 的存活进行了调查，证明土壤中菌的存活影响根腐病的发生。越冬植物病残上的菌核可以成为翌年的侵染源，对病害发生有一定的影响，*Rhizoctonia solani* 也有可能侵染轮作植物，从而侵染甜菜，如 *Rhizoctonia solani* AG-2-2 ⅢB 可以侵染玉米等间作植物，但地上部不显示症状，该菌能通过前茬作物玉米从而侵染甜菜。因此，进行轮作时选择合适的轮作作物可有效地控制由该病原引起的根腐病。

腐霉菌引起的根腐病侵染循环　腐霉寄主范围广，可以侵染棉花、甜菜、大豆、小麦、瓜类、多种茄科作物等。典型的土壤习居菌，主要以卵孢子或菌丝体在土壤及病残体上存活越冬，带菌的植物残体、病土和病肥成为初侵染来源。在田间借助灌溉水和雨水溅射而传播，以游动孢子作为初侵染源与再侵染源。日夜温差大及多雨的天气有利于发病，因此，在多雨、潮湿的 7、8 月，中国甜菜主要产区的甜菜根腐病病根分离物中能分离到腐霉。温度差异对生长速率影响明显。当土壤湿度过大，气温达到 28～32℃ 该病易引起根腐病。天气炎热的情况下，对苗期已被侵染的幼苗进行灌溉时，该病害最易发生。主要是由存在于土壤中的厚垣孢子和卵孢子萌发进行侵染。

该病害主要发生在温暖天气，土壤湿度大、排水不当或者灌溉较多的地区。高温（28～31℃）有利于病害的流行，卵孢子和厚垣孢子能够在土壤中存活多年。

流行规律　高温有助于镰刀菌引起根腐病。不同种类的镰刀菌在 30℃ 条件下比 20℃ 发病率高且发病严重；此外，发病率和根部、叶部干重呈负相关。

湿度对病害的影响上有一些不同的结论。Harveson 和 Rush 认为高湿度条件下发病率显著高于低湿度，尤其是在使用混合品种的试验地中，每 5～6 周灌溉 1 次比每月灌溉 3 次的潮湿田块能显著减少发病率。但另一个试验显示了不同的结论，认为湿度对发病率和病害严重度没有显著影响，每两周浇 1 次水、每一周浇 1 次水的两种处理在发病率和病情指数上没有显著差异。Momeni 等人经过对伊朗 Khorasan 发生甜菜根腐病多个地区的前茬作物、灌溉水来源、灌溉方式及病害严重度的调查记录，发现病害严重度与湿度的相关度最高。

温度和湿度是影响该病害发生的重要条件。该病原多于 25～32℃、温暖高湿条件下发生。*Rhizoctonia solani* AG-2-2IIIB 在低温下（10℃ 和 15.6℃）不引起明显症状，但在相对高温下（21.1℃ 和 26.7℃）病害严重度和病情指数与对照相比都有显著差异。*Rhizoctonia solani* AG-2-2IV 引起的病害在 24～35℃ 时与土壤温暖密切相关，而 *Rhizoctonia solani* AG-2-2IIIB 在更高温度下则引起更严重的损失。

一些杀虫剂如涕灭威、克百威能使根腐病发生更为严重。一些除草剂对不同菌株处理，对病害的严重程度有差异，有的菌株致病力受到影响，有的则没有影响。用 *Rhizoctonia* AG-2-2 和 *Fusarium oxysporum* f. sp. *betae* 毒力中等菌株材料进行离体试验，结果说明草甘膦为前处理预防甜菜杂草对病害严重度没有负面影响。

防治方法

抗病品种　选育抗耐病品种是防治病害的重要手段，现今抗性品种多是抗 *Rhizoctonia solani* 的品种。包括日本、德国、法国、荷兰、西班牙、美国、希腊、俄罗斯等在内的多个国家都对培育抗性的甜菜品种进行了深入研究。中国的咸洪泉、赵思峰等人也对中国的甜菜品种进行了抗 *Rhizoctonia solani* 的抗病性试验，筛选出较好的甜菜品种，但是随着品种的退化、国外进口种子在国内的推广以及国内抗病育种投入减少，中国现在关于抗病品种方面的报道较少。

农业防治　合理的农业措施是减少根腐病发生的重要手段。其中，轮作是最重要的农业防治手段，可以明显增强抗 *Rhizoctonia solani* 能力，提高产量。轮作可以有效控制 *Rhizoctonia solani* AG-2-2IIIB，禾本科作物茬种植甜菜发病少，油菜、亚麻也是甜菜的良好前茬作物，但是采用不适合的前作植物如玉米、马铃薯、大豆反而会使病害加重，减少产量。最好进行 6 年以上轮作，重病区应实行 8 年以上的轮作。

肥料可影响根腐病的发生严重度。氮、磷、钾三要素组合中，高氮无磷或无钾者，发病较重，根产量及含糖率较低；无氮高磷高钾者发病较轻，根产量及含糖率较高；高氮缺磷缺钾情况下发病严重。另外，应增施硼肥和锌肥，促进植株生长，提高植株抗病能力。在苗床中使用氯化盐可以增加产量并且有降低病害发生的作用。

由于温湿度对发病有很大影响，一旦 *Rhizoctonia solani* 在常年湿涝的土壤定殖便难以清除，一般避免选择容易低洼积水的地块，采用早播、保持田块干燥。尽量避免使土壤湿度长期过高，结合深耕与深松土壤耕作层，增强植株抗逆性、提高植株抗病力，能有效防止 *Phytophthora* 的侵染。

化学防治　化学防治是防治病害的快速、有效的方法。由于引起根腐病的病原大部分存在于土壤中，因此，播种前进行土壤消毒处理或种子处理，如采用 70% 土菌消（噁霉灵）灌根处理、50% 防腐灵（复配杀菌剂）粉剂混拌基肥、77% 可杀得粉剂或菌杀净闷种、5% 菌毒清粉剂浸种、70% 土菌消可湿性粉剂与 50% 福美双可湿性粉剂拌种、60% 敌磺钠·五氯硝基苯拌种，都对根腐病有一定的控制效果。

嘧菌酯（azoxystrobin）可有效地防治由 *Rhizoctonia solani* 引起的甜菜根腐病。嘧菌酯和丙硫菌唑（prothioconazole）可完全抑制 *Rhizoctonia solani* AG-2-2IIIB 的生长，防治效果良好，而苯醚甲环唑（difenoconazole）则没有明显的抑制效果。嘧菌酯和戊唑醇（tebuconazole）单独及混合使用对病害的防治效果达到 50%～90%，嘧菌酯和生防菌 Bacillus MSU-127 混用效果最好，当 10cm 深土壤温度达到 19～22℃ 时使用嘧菌酯有良好的防病效果，但是超过 24℃ 则效果不明显。日本 Senoo 等人在甜菜茎、叶上施用嘧菌酯和戊菌隆可成功控制由 Rhizoctonia 引起的病害。另外，三苯基羟基锡（TPTH）、百菌清（chlorothalonil）、五氯硝基苯（PCNB）、肟菌酯（trifloxystrobin）等都能一定程度地控制该病害。

杀线虫剂能控制由甜菜孢囊线虫和 *Fusarium oxysporum* 引起的甜菜病害，防治效果与既有杀菌作用又有杀线虫作用的生物制剂没有显著差异。

针对病原物 *Pythium*，化学防治是防治的主要方法之一。主要采用以甲霜灵为代表的杀菌剂，该药剂对甜菜苗期病害的病原 *Pythium ultimum* var. *sporangiiferum* 和 *Pythium aphanidermatum* 都有显著的抑制作用，尤其进行种子处理和土壤处理能显著地控制病害。噁霉灵（hymexazole）用于甜菜种子处理也可以有效降低由 *Pythium* 引起的病害发生。

生物防治　用酵母 *Saccharomyces cerevisiae* 对甜菜种子进行浸种、叶面喷雾和根部接种，对引起甜菜立枯病的强致病力菌株 *Fusarium oxysporum* 有一定的抑制作用，减少其所造成的根部产量损失，对 *Rhizoctonia solani* 的生长半径也有一定的抑制作用。

利用木霉与代森锰锌混合对甜菜种子进行处理可以抑制病原 *Rhizoctonia solani* 的生长。

荧光假单胞菌（*Pseudomonas fluorescens*）、灰绿链霉菌（*Streptomyces griseoviridis*）、绿黏帚霉（*Gliocladium virens*）、寡雄腐霉菌（*Pythium oligandrum*）和哈氏木霉（*Trichoderma harzianum*）等生防菌来防治腐霉，具有发展成商品化的前景。利用尖眼蕈蚊的幼虫防治 *Rhizoctonia solani* AG-2-2，可减少菌核密度从而降低根腐病的发生，利用相同原理防治的还有线虫。利用熏衣草、金丝桃等植物的精油可显著地抑制 *Rhizoctonia solani* 菌丝的生长。

参考文献

韩成贵，马俊义，2014. 甜菜主要病虫害简明识别手册 [M]. 北京 : 中国农业出版社 .

王文君，林杰，韩成贵，等，2009. 甜菜根腐病病原的初步研究 [M]. 北京 : 中国农业科学技术出版社 : 63-64.

中国农业科学院植物保护研究所，中国植物保护学会，2015. 中国农作物病虫害 [M]. 3 版 . 北京 : 中国农业出版社 .

BRANTNER J R, WINDELS C E, 2007. Distribution of *Rhizoctonia solani* AG-2-2 intraspecific groups in the red river valley and southern Minnesota[J]. Sugarbeet research and extension reports, 38: 242-246.

BUHRE C, WAGNER G, KLUTH S, et al, 2007. Resistance of sugarbeet varieties as basis for the integrated control of root and crown rot (*Rhizoctonia solani*)[J]. Zuckerindustrie, 132 (1): 50-55.

HANSON L E, 2010. Interaction of *Rhizoctonia solani* and *Rhizopus stolonifer* causing root rot of sugar beet[J]. Plant disease, 94 (5): 504-509.

KIRK W W, WHARTON P S, SCHAFER R L, et al, 2008. Optimizing fungicide timing for the control of *Rhizoctonia* crown and root rot of sugar beet using soil temperature and plant growth stages[J]. Plant disease, 92(7): 1091-1098.

MOUSTAFA S S, MOHAMED F N, 2008. Application of *Saccharomyces cerevisiae* as a biocontrol agent against *Fusarium* infection of sugar beet plants[J]. Acta biologica szegediensis, 52(2): 271-275.

（撰稿：吴学宏；审稿：韩成贵）

用煤油和机油洗涤，此药液和蒸汽对人畜有毒，并有轻度腐蚀性，使用时应注意安全。

土壤处理　每亩施 50kg 石灰和土壤充分混合，整地作畦时施入土中，可杀死土壤中线虫的幼虫和卵。

增施肥料　增施磷钾肥增加植株抗病力。

清除残株　及时清除销毁病残根屑，防止落入粪肥中传播病害。

参考文献

布莱德 F,霍尔特舒尔德 B,雷克曼 W,2015. 甜菜病虫草害 [M]. 张海泉，马亚怀，译. 北京：中国农业出版社.

韩成贵，马俊义，2014. 甜菜主要病虫害简明识别手册 [M]. 北京：中国农业出版社.

中国农业科学院植物保护研究所，中国植物保护学会，2015,中国农作物病虫害 [M]. 3 版. 北京：中国农业出版社.

（撰稿：乔志文；审稿：韩成贵）

甜菜根结线虫病　beet root knot nematodes

由甜菜根结线虫侵染所致的一种甜菜病害。

发展简史　根据中国农业科学院植物保护研究所陈品三先生鉴定，中国甜菜根结线虫病病原为 *Meloidogyne incognita*（Kofoid et White）Chitwood。系南方根结线虫。在虫瘿内形成卵、幼虫和成虫。

分布与危害　甜菜根结线虫病在中国长江以南部分甜菜栽培区有所发生，一般发病率 10%～15%，感病严重地块发病率可达 90%，块根减产 40%～60%；含糖降低 20% 左右。病原体还能侵染南瓜、扁豆、丝瓜、甘薯及黄麻等 1800 多种植物。

甜菜定苗后，植株生长停滞，且瘦缩黄小，干旱时，中午病株叶丛凋萎下垂，严重时植株叶片变黄枯萎，病株根部发育受抑制，主根不发达，侧根增多，其特点是在细根和侧根的尖端形成大小如栗状至核桃仁状不规则形虫瘿，外围叶片发生萎蔫，呈黄绿色，植株瘦小矮化，叶柄细短，叶片狭小，为健株叶片一半。

病原及特征　病原为南方根结线虫［*Meloidogyne incognita*（Kofoid et White）Chitwood］。成虫雄虫线性，无色透明，头尖尾钝圆，有棍棒状的交合刺 1 对。

老熟幼虫梨形或柠檬形，大小为 325～440μm×200～300μm。生殖孔肛门开于尾端之后，不突出。幼龄幼虫呈长酒瓶状，乳白色。

卵，肾形，黑褐色，大小为 61.3～62.5μm×31.3～37.5μm。

幼虫，线形，无色透明，头钝尾细。

侵染过程与侵染循环　国内尚未进行系统研究。

流行规律　国内尚未进行系统研究。

防治方法　做好检疫工作，病区的块根种根、根土严禁外运。

实行 4 年以上的轮作，选择小麦等禾本科作物为甜菜前茬。不能与花生、南瓜、扁豆等作物轮作；在不能轮作的地块，可在播种前 15 天，施入土内 20cm 深滴滴混剂，每亩用原液 30～40kg，增产防病效果很好，工具和药械用过后，

甜菜褐斑病　beet *Cercospora* leaf spot

由甜菜尾孢引起的甜菜叶部真菌病害，是世界甜菜生产中最普遍、破坏性最大的病害之一。

发展简史　1876 年，Saccardo 首先报道了甜菜褐斑病，1953 年，Chupp 将命名为甜菜尾孢（*Cercospora beticola*）。2012 年，Bolton 对美国大量甜菜尾孢菌田间菌株的遗传分析表明甜菜尾孢具有有性生殖的潜力，但尚未观察到有性阶段。Smith 和 Gaskill 于 1974 年描述了甜菜褐斑病抗性为数量遗传性状，当环境条件特别适宜发病时甜菜还是会发生褐斑病。因此，需要多次施用农药保护具有中度至高度抗（耐）性品种甜菜生长到成熟阶段，否则可能导致完全绝产。1998 年和 2002 年 Windels 和 Wolf 等人先后在甜菜褐斑病控制中将甜菜尾孢侵染的预测与使用杀菌剂有机结合已经成为遗传抗性的一个重要的补充措施。2000 年，Ioannidis 和 Karaoglanidis 就甜菜尾孢对杀菌剂的抗药性问题进行了报道。因此，延缓和避免甜菜褐斑病产生抗药性是生产中亟待解决的问题，作用机制不同的杀菌剂交替使用，对于田间抗性菌株进行预测评估或降低抗性菌株的数量等措施，均有利于抗药性治理和提高病害防治效果。甜菜褐斑病是一种多循环病害，单一防治措施往往难以取得理想的效果，因此，应采用抗（耐）病品种为基础，结合栽培措施和药剂防治等技术的综合防治策略，将病害发生有效地控制在经济损失水平以下，保障甜菜安全生产。

分布与危害　该病害在欧洲、北美洲和亚洲主要甜菜产区均有发生。在中国西北（新疆、甘肃、宁夏）、华北（内蒙古、河北、山西）和东北（黑龙江、吉林、辽宁）三大甜菜主产区均有发生，常年发病较重地区主要有新疆北部、内蒙古中东部和黑龙江中西部等地区。

甜菜褐斑病可以危害甜菜的叶、叶柄及种株的花序，主要危害叶片，一般心叶不发病。发病初期，叶片上形成紫红色小斑点，逐渐扩大为直径 3～5mm 边缘褐色或深紫红色的圆形病斑，中央为灰褐色。叶柄和茎上病斑呈卵圆形或梭

形，有时露出地面的块根可见凹陷圆斑。空气潮湿时，大量灰白色霉状物出现在病斑上。发病后期，叶片上的病斑可达上千个以上。发病严重的叶片大量枯死，田间一片黄褐色至黑褐色焦枯状。由于发病甜菜补偿性恢复生长期形成大量新叶（生长点上移），消耗块根内的营养物质，形成大青头（菠萝头）和糠心（见图）。

甜菜尾孢菌能够破坏甜菜光合作用器官，导致甜菜块根增长和糖分积累受影响，造成甜菜块根产量和含糖量大幅度降低。甜菜褐斑病一般年份可使甜菜块根减产 20% 左右，含糖率降低 1～2 度，严重时块根减产 30%～40%，含糖率下降 3～4 度，甚至绝收。甜菜尾孢菌利用分泌甜菜尾孢菌毒素（CBT）杀死植物，CBT 可引起叶斑症状和抑制根的形成。感病甜菜不耐储藏，病害还导致块根有害 α- 氨基 N 等杂质含量增高，影响工业制糖产率。

病原及特征　病原为甜菜尾孢（Cercospora beticola Scc.），属尾孢属。尽管根据 DNA 序列分析应属于子囊菌门座囊菌纲煤炱目小球壳科小球壳属，对美国田间甜菜尾孢菌株的遗传分析表明，甜菜尾孢具有有性生殖的潜力，但尚未观察到其有性阶段。根据单基因抗性，病原菌可分为两个生理小种（C1 和 C2）。菌丝无色至橄榄色，有隔，直径 2～4μm。在寄主的气孔下腔中可形成假子座。分生孢子梗不分枝，从寄主气孔伸出，大小为 3～5.5μm×10～100（多数 46～60）μm，并在顶端和膝状弯曲处有明显疤痕。分生孢子无色、光滑、棒形或稍微弯曲，基部截断状，3～14 个隔，含有 1～8 个细胞核，大小为 2～3μm×36～107μm。环境条件影响分生孢子大小，当条件特别适宜时，分生孢子最长可达 400μm，有 27 个隔。甜菜尾孢在 PDA 培养基上生长缓慢，多数菌株培养菌落呈现墨绿色，中央为灰白色，菌丝平铺生长且长势缓慢，背面呈现深黑色，一周菌丝生长直径约 2.5cm，不易产孢。有些菌株形态培养菌落灰白色，绒毛状，菌丝致密，色泽均匀，背面呈现灰绿色，一周菌丝生长直径约 3.5cm。少数菌株形态培养菌落灰白色，绒毛状，边缘深绿色，菌丝致密，背面呈现黑色，产生红色色素，一周菌丝生长直径约 3.0cm。甜菜尾孢在 PDA 培养基上不易产生分生孢子，而在 70% 番茄汁洋菜培养基和 22.5°C 时 8600lx 的荧光连续照射的甜菜培养基上，能够形成大量的分生孢子。

甜菜尾孢菌为兼性寄生病原菌（死体营养型）。主要侵染危害藜科甜菜属植物，糖用甜菜、莙荙菜、红甜菜和饲用甜菜。寄主范围有 12 科 16 属多种植物，包括菠菜、滨藜、蒲公英、车前草、酸模、芹菜、蜀葵、红花、莴苣、德国高粱和虾蟆花等植物。

侵染过程与侵染循环　甜菜尾孢侵染甜菜分为 4 个阶段，孢子萌发、吸器形成、菌丝蔓延和坏死形成。分生孢子萌发产生附着胞通过气孔侵染甜菜，当温度在 12～40°C、相对湿度大于 90%、持续时间在 1～22 小时均可侵染，芽管侵染仅需几个小时就可完成。有利于产孢和侵染条件是白天温度在 27～32°C，夜间温度为 16°C 以上，每天相对湿度大于 60% 的时间至少在 15～18 小时。分生孢子一般夜间形成，白天释放，气温升高时，相对湿度低于 90% 时即大量释放，约 70% 孢子集中在 9～17 小时释放，当相对湿度上升时，孢子释放量减少，持续湿润有利于孢子侵入。有学者发现，间隔湿润最有利于分生孢子侵入，持续湿润下孢子虽萌发产生芽管，但可以成功侵染的芽管只有 1%。

甜菜尾孢以假子座、分生孢子和菌丝团在病残体及杂草上越冬，假子座在病叶残体可存活 1～2 年，分生孢子在病叶残体上可存活 1～4 个月，其中带菌的种子、杂草或野生寄主等均是重要的初侵染源。翌年春季，越冬的病原体作为初侵染源，可通过雨水、灌溉水、风、昆虫、农事操作等传播，分生孢子风雨传播距离至少可达 500m。初侵染 7～21 天可以形成分生孢子，具体情况因温度、光照、叶龄和寄主抗性而异。环境条件适宜，再侵染次数频繁，加重病害发生程度。

流行规律　甜菜褐斑病在中国主要甜菜产区一般 6 月下

甜菜褐斑病田间症状（韩成贵摄）
①叶部症状；②叶柄部症状；③大青头块根

旬到 7 月初开始发病，8 月中下旬到 9 月初为发病高峰，田间叶片焦枯，很少能见到完整的功能叶，俗称"黑色八月"，随后因天气转凉病害开始衰减。甜菜褐斑病的发生和流行，主要取决于温湿度条件、越冬菌源数量和品种抗病性。

甜菜褐斑病的发生受温度和湿度的影响较大，温暖湿润有利于发病。当温湿度条件不适时，甜菜褐斑病潜伏侵染时间延长，条件适宜时病害迅速扩展。根据天气情况可有效地预测甜菜褐斑病的流行程度，当 3～5 天内每天 10～12 小时相对湿度都保持在 96% 以上和温度高于 10℃ 时，甜菜褐斑病极可能发生大流行。若 7～8 月每月降雨 130mm 以上（2～3 次集中降雨），平均气温在 22～24℃ 时，病害可能大发生。病原菌基数大时病害发生重，甜菜种植老区，特别是重茬、迎茬和田间病残处理不干净等均有利于病害发生。灌溉过量和偏施氮肥发病重。抗病性存在明显差异，种植感病品种发病重。

防治方法　甜菜褐斑病是一种多循环病害，单一防治措施往往难以取得理想的效果，因此，应采用抗（耐）病品种为基础，结合栽培措施、药剂防治和生物防治等技术的综合防治策略，将病害发生有效地控制在经济损失允许水平以下，保障甜菜安全生产。

选用抗（耐）病优良品种　选用较好的抗（耐）病优良品种是防治褐斑病最经济有效的方法。抗（耐）病品种已经在各甜菜产区广泛应用，如欧美等国都研制出了对甜菜尾孢菌具有稳定抗性的品种。与敏感品种相比，在无药剂防治情况下，抗（耐）病品种在甜菜褐斑病严重流行的条件下能取得理想的防治效果。在中国种植的甜菜品种多数具有中等抗（耐）褐斑病的特性。

农业防治　合理轮作倒茬，实行 3 年以上轮作，避免重迎茬，老产区则需 7～8 年轮作。清理田间病残体和杂草可降低初侵染源。实行秋季深耕处理，能加快病残体的降解，减少病原越冬数量。合理施肥，增施磷钾肥，减少氮肥施用量，合理灌水，均能提高甜菜抗性。

生物防治　生物防治因其良好的环境兼容性而得到人们的重视。甜菜褐斑病的生物防治研究还处于起步阶段，没有较好的生防菌株或试剂，但发现枯草芽孢杆菌（*Bacillus subtilis*）菌株 BacB、内生细菌多黏芽孢杆菌（*Paenibacillus polymyxa*）、寡养单胞菌（*Stenotrophomonas* sp.）和弯曲芽孢杆菌（*Bacillus flexus*）对褐斑病菌均具有一定的控治效果。

化学防治　早期曾使用铜制剂防治甜菜褐斑病。使用保护性杀菌剂和有机锡杀菌剂并取得了较好的防治效果，但由于病原抗药性的产生和有机锡杀菌剂药害及残留问题而使这些药剂的使用受到了一定的限制。随着内吸性杀菌剂的研发，苯并咪唑类杀菌剂、甾醇脱甲基化酶抑制剂类杀菌剂和甲氧基丙烯酸酯类杀菌剂等先后用于甜菜褐斑病的防治。在中国生产上防效较好的药有三苯基乙酸锡、苯醚甲环唑、氟硅唑、吡唑醚菌酯、烯肟菌酯、多菌灵 - 乙霉威混剂等。也可使用甲基硫菌灵（甲基托布津）和多菌灵，但对于一些地区病原菌已经产生抗药性则防治效果不佳。延缓和避免甜菜褐斑病产生抗药性是生产中亟待解决的问题，合理有效地施药，作用机制不同的杀菌剂混用或交替使用，一种药剂在一个生长季最好只使用一次，按药剂推荐浓度使用，减少用药次数和适时施药。结合其他防治方法，建立科学的病害治理方案，有利于减少抗药性和提高病害防治效果。

参考文献

韩成贵，马俊义，2014. 甜菜主要病虫害简明识别手册 [M]. 北京：中国农业出版社 .

中国农业科学院植物保护研究所，中国植物保护学会，2015. 中国农作物病虫害 [M]. 3 版. 北京：中国农业出版社 .

BOLTON M D, SECOR G A, RIVERA V, et al, 2012. Evaluation of the potential for sexual reproduction in field populations of *Cercospora beticola* from USA[J]. Fungal biology, 116(4): 511-21.

WEILAND JOHN, KOCH GEORG, 2004. Sugarbeet leaf spot disease (*Cercospora beticola* Sacc.)[J]. Molecular plant pathology, 5 (3): 157–166.

SECOR G A, RIVERA V V, KHAN M F R, et al, 2010. Monitoring fungicide sensitivity of *Cercospora beticola* of sugar beet for disease management decisions[J]. Plant disease, 94(11): 1272-1282.

（撰稿：韩成贵；审稿：于嘉林）

甜菜黑斑病　beet *Alternaria* leaf spot

由细链格孢侵染引起的甜菜叶部病害。

发展简史　1981 年，中国学者开始报道黑斑病，但由于其危害程度远不及甜菜褐斑病，因此，系统研究的很少。

分布与危害　主要分布在黑龙江、吉林、新疆甜菜产区。一般主要发生在已经感染其他病害如褐斑病、蛇眼病、细菌性斑枯病和生长衰弱的老龄叶片上。但近年也有黑斑病菌先于上述病害侵染的情况。病斑初为黄白色，后形成黑色天鹅绒状霉层，即病菌的分生孢子层，病斑多带轮纹，直径 3～8mm，后期病斑可连接成片。

病原及特征　病原为细链格孢（*Alternaria tenuis* Nees），属链格孢属真菌。分生孢子梗暗褐色，单枝或有分枝。分生孢子淡褐色，串生，形状不一，自倒棒槌形到椭圆形或卵圆形不一，多似手雷状，顶端有一喙状细胞，分生孢子大小为 5～70μm×2.5～15μm，有 1～5 个横分隔和 0～3 个纵分隔，分隔处稍内缩。病菌多腐生。

侵染过程　只侵染外层老叶片，不侵染新叶。

流行规律　在中国尚未进行系统研究。在欧洲所有甜菜栽培区都有发生，只侵染外层老叶片，不侵染新叶，产生的经济损失很小。但甜菜受花叶病毒侵染后，很容易受黑斑病菌的再次侵染。而花叶病毒病可造成较大的经济损失。

防治方法　当田间首批病株率达到 3% 或田间出现中心病株时开始定点防治，发病率达到 5% 以上进行大面积联合防治，可用下列药剂进行喷雾防治：40% 杜邦福星乳油（氟硅唑），每亩 4～8ml。10% 苯醚甲环唑（世高或世典）水分散粒剂，每亩 35～40g。25% 三苯基乙酸锡可湿性粉剂每亩 100～120g。50% 多菌灵。乙霉威混剂每亩 50～60g。70% 甲基硫菌灵（甲基托布津、富托）可湿性粉剂每亩 40～60g。50% 多菌灵 500 倍液叶面喷雾。40% 硫黄多菌灵悬浮液每亩 150～200ml。

参考文献

布莱德 F，霍尔特舒尔德 B，雷克曼 W，2015.甜菜病虫草害 [M].张海泉，马亚怀，译.北京：中国农业出版社.

韩成贵，马俊义，2014.甜菜主要病虫害简明识别手册 [M].北京：中国农业出版社.

吕振远，刘杰贤，1981.交链孢属引致的几种甜菜叶部症状简介 [J].中国甜菜 (3): 43-54.

中国农业科学院植物保护研究所，中国植物保护学会，2015.中国农作物病虫害 [M].3 版.北京：中国农业出版社.

（撰稿：乔志文；审稿：韩成贵）

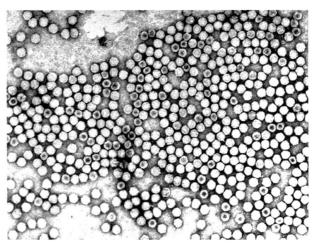

图 1　甜菜黑色焦枯病毒粒子形态（蔡祝南提供）

甜菜黑色焦枯病　beet black scorch disease

由甜菜黑色焦枯病毒引起的、危害甜菜生产的病毒病害。

发展简史　1988 年在新疆和黑龙江首先发现的甜菜新病害。早期认为该病是甜菜坏死黄脉病毒（BNYVV）引起的甜菜丛根病的一种症状类型，1993 年，蔡祝南等根据病毒的形态学、生物学、血清学，将其命名为甜菜黑色焦枯病毒（beet black scorch virus），2002 年，于嘉林等对 BBSV 进行了全基因组序列测定，鉴定其为坏死病毒属的一个新成员，在国际上正式报道了这个新病毒。

分布与危害　在中国新疆、宁夏、内蒙古、吉林、黑龙江、甘肃、河北和山西等甜菜产区均有不同程度的发生和危害。近年在美国、德国、西班牙和伊朗的甜菜产区也陆续发现了该病害。病株的根重和含糖量大幅度下降，对甜菜生产的危害较大。

病原及特征　病原为甜菜黑色焦枯病毒（beet black scorch rirus，BBSV）属于番茄丛矮病毒科乙型坏死病毒属（*Betanecrovirus*）。病毒为直径 30nm 的球形病毒（图 1），病毒核酸为正义单链 RNA，由 3644 个核苷酸组成，共编码 6 个开放阅读框，常具有由 615 个核苷酸构成的卫星 RNA（satRNA），与 BBSV 基因组没有序列同源性，其复制依赖于 BBSV 基因组 RNA，并影响病毒致病性。BBSV 通过甘蓝油壶菌（*Olpidium brassicae*）在土壤中传播。在自然条件下，BBSV 只能侵染甜菜，人工机械接种可以侵染苋色藜、菠菜、番杏、昆诺藜和本生烟等 4 科 15 种植物。发病初期，先在叶片上形成黑褐色小枯斑，随着侵染加重，叶片向上直立内卷，病斑相连呈黑色焦枯状，后期整株枯死（图 2）。发病植株丛根症状不明显，但侧根根毛大量坏死，块根变小，根内维管束坏死，变为褐色。

侵染过程与侵染循环　病毒通过甘蓝油壶菌（*Olpidiun brassicae*）的游动孢子体外带毒侵入寄主。侵染过程的具体细节尚不清楚。

甜菜黑色焦枯病为土传病害，由甘蓝油壶菌（*Olpidiun brassicae*）的游动孢子体外带毒传播 BBSV。该病的病害循环过程与传毒介体密切相关，具体细节尚不十分清楚。

图 2　甜菜黑色焦枯病症状（李大伟提供）

流行规律　一般 5 月末 6 月初田间开始发病，7 月中旬进入发病高峰期。BBSV 和 BNYVV 常混合发生。该病害的发生还与甜菜品种和土壤状况有较大关系。

防治方法　在病害的防治上，选用抗耐病品种，通过轮作、合理灌溉、科学施肥，可减缓病害的发生为害。

参考文献

崔星明，1988.一种侵染甜菜的球形病毒 [J].石河子农学院学报，10(1): 73-78.

崔星明，刘仪，蔡祝南，等，1991.甜菜丛根病症状类型的研究 [J].植物保护，17(5): 5-7.

韩成贵，马俊义，2014.甜菜主要病虫害简明识别手册 [M].北京：中国农业出版社.

中国农业科学院植物保护研究所，中国植物保护学会，2015.中国农作物病虫害 [M].3 版.北京：中国农业出版社.

CAO Y, CAI Z, DING Q, et al, 2002. The complete nucleotide sequence of beet black scorch virus (BBSV), a new member of the genus *Necrovirus*[J]. Archives of virology, 147(12): 2431-2435.

（撰稿：张馨、李大伟；审稿：韩成贵）

T

甜菜花叶病毒病　beet mosaic disease

由甜菜花叶病毒引起的、危害甜菜生产的病毒病害。一种世界上广为分布的病毒病害。

发展简史　1898 年，Prillieu 和 Delacroix 首次报道了甜菜花叶病（beet mosaic disease）。1963 年，Cockbain 等报道了影响桃蚜传播甜菜花叶病毒的因素，Duffus 发现越冬甜菜与甜菜病毒病发生率存在密切关系，1964 年，Bennett 报道了 BtMV 具有不同致病性的分离物，1973 年，Lewellen 报道了甜菜抗 BtMV 的遗传特性，2004 年，Nemchinov 等完成了 BtMV 全序列测定和特异性检测，2005 年，Wintermantel 发现 BtMV 与黄化病毒复合侵染可增加甜菜症状。在中国，1981 年，刘仪等报道了发生于北京地区菠菜上的甜菜花叶病毒病，之后国内学者相继报道了中国西北、华北和东北甜菜主产区甜菜花叶病发生及危害情况，开展了对 BtMV 的生物学特性、外壳蛋白分子量测定和氨基酸组分分析、细胞病理学等研究，2007 年，向海英等完成了中国内蒙古和新疆分离物基因组序列的测定，初步明确中国 BtMV 的分子结构特征，制备了 BtMV 外壳蛋白抗血清。

分布与危害　甜菜花叶病是一种世界性病毒病害。一般在采种区及其附近的原料甜菜发病较重，采种区发病率一般为 30%～40%，严重可达 80%～100%，病株含糖率下降 3.4%，采种量减少 10%～20%，并显著影响种子的发芽率。该病害常与甜菜西方黄化病毒（BWYV）和甜菜坏死黄脉病毒（BNYVV）等病毒混合侵染加重危害，并降低甜菜对褐斑病的抗性。

甜菜花叶病发病初期，被侵染甜菜幼叶明脉，叶片上先显现许多小黄斑，逐渐形成黄绿色斑驳或花叶的斑块，部分植株枯萎，产生褐色枯斑。采种株抽薹困难，结实率降低，籽粒干瘪，种子质量下降。发病后期整株叶片变成花叶，叶片畸形，提前衰老，植株矮化，发育不良（图 1）。

病原及特征　甜菜花叶病主要由甜菜花叶病毒（beet mosaic virus，BtMV）引起。黄瓜花叶病毒（CMV）、芜菁花叶病毒（TuMV）和烟草花叶病毒（TMV）等也可引起甜菜花叶症状。BtMV 属马铃薯 Y 病毒科的马铃薯 Y 病毒属（*Potyvirus*），线条状病毒粒子，大小 730nm×13nm，正义单链 RNA 病毒（图 2）。BtMV 由多种蚜虫以非持久性方式传播，亦可汁液摩擦传播。

美国（BtMV-Wa）和德国（BtMV-G）分离物的基因组全序列以及斯洛伐克和英国少数几个分离物 3' 端部分序列已经被报道。中国学者在相继开展了对 BtMV 的生物学特性、外壳蛋白分子量测定和氨基酸组分分析、细胞病理学等研究基础上，2007 年向海英等完成了新疆（BtMV-XJ）和内蒙古（BtMV-IM）分离物的全序列测定，初步明确中国 BtMV 的分子结构特征，基因组全长 9591nt，3' 端具有 PolyA 尾，编码一个由 3085 个氨基酸组成的多聚蛋白，可被切割成 10 个蛋白，从 N 到 C 端依次为 P1、HC-Pro、P3、6K1、CI、NIa-Vpg、NIa-Pro、NIb 和 CP。中国分离物与 BtMV-Wa 和 BtMV-G 序列分别具有 91.6% 和 93.8% 一致性。BtMV 新疆分离物 CP 氨基酸序列与内蒙古和斯洛伐克的完全相同，而与英国、美国的分别存在 1 个和 5 个氨基酸的差异，推测 BtMV 新疆分离物与内蒙古、英国、斯洛伐克的分离物同源性较高，而与美国的同源性较低。通过 RT-PCR 和血清学可以对 BtMV 进行检测。尽管对中国不同地区的甜菜花叶病病原进行了初步鉴定，但不同分离物是否存在分子变异和致病性分化尚未见报道。

BtMV 寄主范围以藜科、茄科和豆科等 10 多种双子叶植物为寄主，包括糖甜菜、红甜菜、菠菜和莴苣等作物。超过 28 种蚜虫以非持久性方式传播病毒，主要为桃蚜（*Myzus persicae*）传播。

侵染过程与侵染循环　甜菜花叶病毒主要由蚜虫以非持久性方式传播。介体获毒和接种传毒仅需要数秒钟，没有潜育期，带毒蚜虫可以持毒一至数小时，随着介体取食完成侵染。病毒可通过汁液摩擦接种侵染。田间主要依靠蚜虫传播扩散，在一个生长季病毒可以多次再侵染。病毒在甜菜母根或杂草上越冬，作为翌年的初侵染来源。

流行规律　甜菜花叶病发病盛期为 6～7 月。在采种区及采种区附近的原料甜菜发病重。气温在 10℃ 以下或 21℃ 以上症状不明显，氮肥过多、低湿地、盐碱地发病重。

防治方法　选用抗（耐）病品种，采种区与原料区隔离，轮作，清除杂草减少田间毒源，控制蚜虫数量等措施均可以减轻病害危害。

参考文献

韩成贵，马俊义，2014. 甜菜主要病虫害简明识别手册 [M]. 北京：中国农业出版社 .

中国农业科学院植物保护研究所，中国植物保护学会，2015. 中国农作物病虫害 [M]. 3 版 . 北京：中国农业出版社 .

XIANG H Y, HAN Y H, HAN C G, 2007. Molecular characterization of two Chinese isolates of beet mosaic virus[J]. Virus genes, 35(3): 795-799.

（撰稿：韩成贵；审稿：于嘉林）

图 1 甜菜花叶病叶部花叶
症状（韩成贵摄）

图 2 甜菜花叶病毒粒子形态
（元平摄）

甜菜黄化病毒病　beet yellows virus disease

主要由侵染甜菜的马铃薯卷叶病毒属几种病毒引起的、危害甜菜生产的一类病毒病害。又名甜菜黄化病。

发展简史　1912 年左右就有甜菜黄化病的病状描述。

1939年Roland推测甜菜黄化病是一种病毒病害，1952年Watson指出该病害可能由多种病毒复合引起，1958年Russell对甜菜黄化病病原进行了鉴定，称为甜菜温和黄化病毒（beet mild yellowing virus，BMYV），1961年Duffus鉴定了美国西部发生的甜菜西方黄化病毒（beet western yellows virus，BWYV）。1955年甜菜黄化病在北海道发生，曾被认为是生理性病害，20世纪60年代病害发生频繁，1964年北海道大学鉴定黄化病株存在BWYV或甜菜黄化病毒（beet yellows virus，BYV）两种病毒。2002年ICTV将欧洲不侵染甜菜的BWYV分离物正式独立为一个种——芜菁黄化病毒（turnip yellows virus，TuYV），发现一个侵染甜菜的新病毒——甜菜褪绿病毒（beet chlorosis virus，BClV）。中国1957年报道甜菜黄化病的发生流行，20世纪80年代初，一些学者认为病原为长线病毒属的甜菜黄化病毒（beet yellows virus，BYV），2008年向海英等通过检测确认中国甜菜黄化病主要是马铃薯卷叶病毒属病毒引起的，为病害的诊断和防控提供了科学依据。当然，尚不能排除中国甜菜上长线病毒属类似病毒的存在，也可能由于生态环境的变化导致病毒种类的演替与消长。

分布与危害　甜菜黄化病毒病是一种世界范围内的病毒病害，在日本、美国和欧洲广泛发生。该病在中国主要甜菜产区均有不同程度的发生，尤以新疆、甘肃和内蒙古为重病区。发病率一般为10%～20%，严重地块可达50%～60%。该病影响甜菜光合作用，导致植株发育不良，且对链格孢菌、甜菜茎点霉菌和镰刀菌等病菌更为敏感，造成田间复合侵染病害发生，影响甜菜块根产量和含糖量，一般减产10%～40%，严重时可达50%～90%，含糖量下降1～5度。

发病种株种子产量降低30%左右。

发病初期往往在靠近植株底部或中部的老叶首先表现症状，叶缘或叶尖褪绿至金黄色，随后在叶脉间出现黄色病斑，不规则的病斑逐渐扩展，仅叶脉保持绿色，整叶黄化，叶片增厚变脆，手折易碎，发出清脆声。发病后期全株仅心叶保持绿色，植株的外层叶片变黄、干枯，病株维管束变黑、坏死。中午温度高时健康叶下垂，而病叶保持直立（见图）。在田间常可见不均匀分布的发病中心，以后扩大蔓延，严重时全田分布。

病原及特征　甜菜西方黄化病毒内蒙株系（beet western yellows virus IM，BWYV-IM）是中国甜菜黄化病毒病的病原。BWYV病毒粒子球状，不能汁液摩擦传播，由桃蚜（Myzus persicae）等蚜虫以循回型非增殖方式传播。2008年在内蒙古和甘肃检测到BWYV-IM，2010年在北京地区检测到BWYV-BJ A和B两种基因型。美洲地区主要是BWYV，欧洲地区广泛流行的甜菜温和黄化病毒（BMYV）和甜菜褪绿病毒（BChV）两种病毒均可引起脉间失绿黄化症状。常规血清学不能区分，单克隆抗体可以区分，也可通过针对5' 基因序列差异的RT-PCR进行区分。在中国尚未检测到BMYV和BChV。中国1957年报道了甜菜黄化病的流行，20世纪80年代初，一些学者认为甜菜黄化病病原为甜菜黄化病毒（BYV），病毒粒子长线状，通过豆蚜、桃蚜等传播。2007年向海英等对BYV进行RT-PCR检测的结果表明所有检测样品均呈阴性；由于实验所用的引物是针对BYV的特异性引物，不能排除中国甜菜上存在同属类似病毒，而由于序列上与BYV差异较大，导致PCR检测阴性，也可能由于生态环境的变化导致病毒种类的演替和消长。因此，关于甜

甜菜黄化病毒病田间症状（韩成贵摄）

菜线形病毒属病毒在中国的发生与分布还有待于进一步的调查研究。

BWYV 寄主范围广泛，有藜科、十字花科、石竹科、番杏科、紫菀科、豆科、紫草科、茄科、葫芦科、苋科、马齿苋科植物。中国黄化病毒除侵染糖用甜菜外，还侵染饲用甜菜、叶用甜菜、菠菜、杏、中亚滨藜、西伯利亚滨藜、藜、灰绿藜、市藜、水蓼、萹蓄、车前等。由于早期对于病毒的认识局限性和研究手段的粗放，因此，有关寄主范围可能存在一些错误记载。

对引起甜菜黄化病的 BWYV 内蒙古和甘肃分离物进行基因组全序列分析表明，BWYV-IM 和 BWYV-GS 全长基因组、各基因核苷酸与其推测蛋白氨基酸序列一致性高于 95%，推测 BWYV-IM 和 BWYV-GS 为同一病毒（或株系）的不同分离物。BWYV-IM 与已报道马铃薯卷叶属其他病毒所有基因编码产物氨基酸序列一致性均低于 90%。根据黄症病毒科病毒分类标准（10% 差异原则），BWYV-IM 应属于一个新种，但鉴于缺少生物学、寄主范围和介体等数据，暂定为一个新株系，命名为 BWYV 内蒙系（BWYV-IM）。对北京地区的甜菜黄化病毒进行序列分析发现，BWYV-BJ 与 BWYV-IM 和 BWYV-US 均为不同的三种株系，暂命名为 BWYV-BJ 株系，且至少存在两个基因型，分别命名为 BWYV-BJ-A 和 BWYV-BJ-B。这些序列差异是否导致病毒在致病性、寄主范围和传毒介体种类等生物学特性方面的差异还有待于进一步研究。

侵染过程与侵染循环　甜菜黄化病毒通过桃蚜体内带毒侵入寄主。介体获毒取食最短 5 分钟，接毒取食最短 10 分钟，潜育期 12～24 小时，侵染过程的具体细节尚不清楚。

甜菜黄化病毒在甜菜母根、菠菜和藜等杂草上越冬。远离甜菜采种区的原料甜菜以田间藜科杂草和冬季菠菜为主要初侵染来源，而采种母根是采种植株及附近原料甜菜黄化病毒病的主要初次侵染来源。病毒主要依靠桃蚜、甜菜蚜和豆蚜等至少 8 种蚜虫以持久性循回型方式传播，介体可带毒 50 天以上，蜕皮后仍能传播病毒，但不能传给后代。在一个生长季内，病毒可以由蚜虫传播进行反复再侵染。

流行规律　甜菜黄化病毒随蚜虫介体侵染寄主。桃蚜经饲毒后就能传播病毒，饲毒时间越长，发病率愈高。在甜菜体内病毒潜育期 30 天。甜菜黄化病毒病发生流行与毒源、介体的来源和数量以及影响蚜虫介体活动的气候条件具有十分密切的关系。有翅桃蚜发生与病害流行程度呈正相关，有翅蚜迁飞数量多，黄化病流行严重。雨量和气温等气候因素直接影响有翅桃蚜迁飞，在华北区，相对湿度 40%～45%、温度 17～18℃情况下适宜蚜虫的发生；相对湿度 40%～60%、气温 24～25℃对有翅桃蚜的迁飞最有利。一般年份，有翅蚜在甜菜生育期内有两次迁飞高峰，第一次在 7 月中下旬，第二次在 9 月中旬。甜菜黄化病害田间 6 月中旬开始发病，流行高峰期 8 月中旬，9 月中旬病害停止扩展。不同品种抗性存在差异，但尚未发现对于黄化病毒免疫的品种。

防治方法　甜菜黄化病毒病防治主要是减少病毒初侵染来源和介体蚜虫数量。主要措施如下：①选用抗（耐）病品种。②清除田间杂草，减少病毒初侵染来源和蚜虫数量。③加强栽培技术措施，选择肥沃土地，适期早播，合理密植，合理使用氮肥、增施磷钾肥，加强田间管理等，可促使甜菜生长健壮，增强抗病能力。④采取措施控制传毒蚜虫，降低有翅桃蚜虫口密度。一般甜菜地、母根地与采种地最少相距 1km，且采种地要安排在下风口。

参考文献

韩成贵，马俊义，2014. 甜菜主要病虫害简明识别手册 [M]. 北京：中国农业出版社 .

中国农业科学院植物保护研究所，中国植物保护学会，2015. 中国农作物病虫害 [M]. 3 版 . 北京：中国农业出版社 .

XIANG H Y, DONG S W, ZHANG H Z, et al, 2010. Molecular characterization of two Chinese isolates of beet western yellows virus infecting sugar beet[J]. Virus genes, 41(1): 105-110.

ZHOU C J, XIANG H Y, ZHUO T, et al, 2011. A novel strain of beet western yellows virus infecting sugar beet with two distinct genotypes differing in the 5'-terminal half of genome[J]. Virus genes, 42 (1): 141-149.

（撰稿：韩成贵；审稿：于嘉林）

甜菜窖腐病　beet clamp rot

甜菜块根储藏期间由多种病原菌引致腐烂病害的总称。

分布与危害　在东北、西北、华北等甜菜产区的窖藏中均有发生。病害的发生，主要是由于入窖前后精选不彻底或入窖后管理不当所致。一般损失达 10%～20%，最高发病率达 83%，降低种子产量和品质。发病严重时，块根失去制糖或作母根的经济价值；感病轻微时，由于块根呼吸作用加强，使根中糖分降低，同时受害的块根在加工过程中使糖蜜增多，质量下降。

病原及特征　甜菜窖藏腐烂病的致病菌很多。凡在甜菜生长期危害甜菜块根的病原菌，都能引起窖腐病的发生。由于各地区的环境条件不同，所以引起甜菜窖腐病的主要病原菌也有所不同，一般常见的种类和症状有以下几种。

甜菜茎点霉（*Phoma betae* Frank）　其症状多半从块根内部开始发病，由内向外扩展。病根表面生有白色菌丝体，有酒糟气味，病根横切面有褐色云纹状晕圈。

镰刀菌（*Fusarium* sp.）　病根表面覆盖一层白色、粉红色或紫红色霉层，霉层下腐烂组织深褐色至黑褐色干腐（图②）。

青霉菌（*Penicillium* sp.）　病组织表面覆盖一层蓝绿色或灰绿色的粉末状霉层，霉层下面块根组织褐色或黄褐色，病原有两种：①青霉属扩展青霉［*Penicillium expansum*（Link）Thom］。②青霉属展开青霉（*Penicillium patulum* Bainier）。青霉菌是典型的腐生菌，生长最适温度 24℃，相对湿度 85%～100%（图①）。

灰葡萄孢（*Botrytis cinerea* Pers. ex Fr.）　自根头及伤口发病，最初染病块根组织中生成多细胞的无色菌丝，在病根表面形成白色霉层，后变灰色，组织变褐，块根腐烂（图③）。

黑根霉［*Rhizopus stolonifer*（Ehrenb ex Fr.）Vuill.］　病根呈淡黄色至淡褐色软腐。病根表面常附有深灰色至黑色霉层。许多交织的菌丝，往往将各个甜菜块根互相粘连（图④）。

白腐菌（*Sclerotium bataticola* Trub.）　根头发病，病部表面生成棉花状的白色霉层，其后菌丝上长出黑色鼠粪状的菌核，块根逐渐腐烂。

细菌（*Bacterium* sp.）　多自伤口发病，病部组织变软变黏，其上溢出白色菌脓，病部呈褐色，有酸臭气味。

流行规律　中国窖腐病中，以蛇眼菌为多，其次是灰霉菌、镰刀菌、蔬菜软腐病菌、根霉菌、青霉菌等。初侵染源有 3 个方面：块根带菌入窖入堆；病原菌随土沙或农具带入窖内；病原菌原来就存在于窖土中。其中块根带菌入窖是主要的初侵染来源。病菌从伤口或自然孔口侵入，以分生孢子、菌丝或菌核传播蔓延。温湿度过高或过低对块根储藏均不利，温度 3℃ 以上，相对湿度 80%～100% 时，窖腐病菌侵入、繁殖、扩展迅速，发病严重；温度低于 3℃，块根容易受冻容易被窖腐病菌感染。相对湿度在 80% 以下，窖腐病发展受到抑制。相对湿度 50% 以下，块根易失水萎蔫，经过一昼夜，甜菜根平均失水 1.77%，细胞膨压降低，也容易被窖腐病感染。特别在储藏间，块根失水萎蔫，入窖或堆放后，窖内或堆中湿度低、干燥，加快块根萎蔫程度，水分蒸发，引起细胞中有机物分解，呼吸作用加强，能量平衡破坏，根表表皮细胞死亡，空气含量增加，为好气性腐生菌提供有利条件，窖腐病发生就会严重。

防治方法　注意保持块根健康新鲜，生长期间做好病虫害防治工作，收获时，随收随埋堆，入窖过程中尽可能避免机械伤害。严格控制窖温在 1～3℃ 范围内，最高不宜超过 5℃。

保持窖内清洁，入窖前喷洒 1：40～80 的福尔马林溶液消毒，闷窖 1～2 天，或每平方米撒石灰 150～250g。

参考文献

韩成贵，马俊义，2014. 甜菜主要病虫害简明识别手册 [M]. 北京：中国农业出版社 .

中国农业科学院植物保护研究所，中国植物保护学会，2015. 中国农作物病虫害 [M]. 3 版 . 北京：中国农业出版社 .

Broom's Barn Experimental Station, 1982. Pests, disease and disorders of sugar beet[M]. Sartrouvile: B. M. Press.

（撰稿：乔志文；审稿：韩成贵）

甜菜窖腐病根部症状
（引自 Broom's Barn Experimental Station, 1982）
①青霉菌窖腐病症状；②镰刀菌窖腐病症状；③灰霉菌窖腐病症状；④黑根霉菌窖腐病症状

甜菜立枯病　sugar beet seedling damping-off

由多种植物病原菌复合侵染引起的甜菜苗期病害的总称，是甜菜苗期的重要病害。

发展简史　1931 年，Steward 首次报道在美国科罗拉多州发生尖孢镰刀菌甜菜专化型（*Fusarium oxysporum* f. sp. *betae*，FOB）侵染引起的甜菜立枯病和根腐病。随后在加拿大、波兰、西班牙、英国、芬兰、法国、德国、伊朗、日本、巴基斯坦、摩洛哥、埃及等国家和地区均报道发生了立枯病。20 世纪 50 年代中国报道了甜菜立枯病的发生情况，并于 1963 年开始对甜菜立枯病进行研究，在黑龙江、内蒙古、新疆等甜菜主产区均有该病害发生的报道。

分布与危害　甜菜立枯病在世界各地分布广泛，几乎所有甜菜种植区域均有发生。一般从甜菜种子发芽出土后到 4～8 片真叶均可发病，以 1～2 对真叶时发病最重。由于发病诱因较多，症状大致可分为 4 种类型：①土内腐死型。在种子发芽时，种子被病菌侵染造成出土前就死亡。②立枯型。出土后发病，有的子叶下轴产生水浸状病斑，以后变成深褐色至黑色，发病部位往往变细，形成绞缢，病组织上下蔓延，严重时扩展到整个子叶下胚轴和根部，罹病部位形成绞缢，变黑腐烂，幼苗萎蔫枯死。③猝倒型。幼苗根尖部发病，形成褐色干腐，使幼苗不能吸收营养和水分而死亡。④主根腐烂型。发病轻微的幼苗，由于病变只是侵入幼苗初生皮层，尚未达到髓部，经幼根皮层脱落，幼苗仍可恢复正常，但往往在绞缢处后期形成压葫芦根，或由于主根烂掉又长出很多叉根或须根（见图）。

甜菜立枯病发病率一般为 20%～40%，严重地块达 60%～80%，有的高达 95%，造成缺苗断垄甚至毁种。染病未死亡植株根部形成疤痕，影响幼苗的正常生长发育，幼苗百株重降低 30%～45%。在多粒穴播栽培区定苗时，立枯病株由于根部受害，地上部分生长茂盛，易被误认为健苗而留下，严重影响了甜菜的保苗率，给甜菜生产带来了严重影响。

病原及特征

镰刀菌　镰刀菌是甜菜立枯病的重要病原之一。由镰刀菌侵染引起的症状主要表现为：主根下部或侧根初期变淡灰色，后期整个幼根缢缩呈纺锤形或丝线状，干腐，浅灰色至深灰色，维管束被破坏。病原 *Fusarium oxysporum* f. sp. *betae* 还可造成甜菜储藏后呼吸速率加快、蔗糖含量下降以及可溶性糖类含量下降，使得甜菜的经济价值大大降低。镰刀菌既是甜菜前期立枯病，又是后期根腐病及储藏期病害的潜在传染源，加大了病害发生及经济损失。

丝核菌　立枯丝核菌（*Rhizoctonia solani* Kühn）也是甜菜立枯病的重要病原之一。立枯丝核菌引起的症状主要表现为：病根初期柠檬色，植株呈水浸状，组织变黑，病征从土表开始显现，最终蔓延至整个下胚轴，通常形成出苗前死亡或出苗后根颈部缢缩，整个根部变褐，最终死亡。

在美国，引起甜菜立枯病的丝核菌病原主要是 *Rhizoctonia solani* AG-4 和 *Rhizoctonia solani* AG-2-2，其中 AG-4 的致病力更强；在伊朗，甜菜立枯病的丝核菌病原主要是 AG-4；在爱尔兰，甜菜立枯病的丝核菌病原有 AG-2、AG-4、AG-5 及 *Rhizoctonia cerealis*，均有致病性且 AG-2 的致病力最强，*Rhizoctonia cerealis* 居中导致严重的立枯。中国新疆地区引起甜菜立枯病的立枯丝核菌以 AG-4 为主，且致病性强于镰刀菌等其他病原。

腐霉菌　腐霉菌是引起甜菜立枯病的主要病原之一。该病原物主要引起种子腐烂、种芽腐死和苗前立枯，病根呈水浸状湿腐，初限于表皮腐烂，半透明，维管束不变，浅褐色，后期全株腐烂死亡。*Pythium aphanidermatum* 致病力非常强，造成苗前大量烂种和烂芽，而 *Pythium monospermum* 的致病力弱。

腐霉属真菌寄生性较弱，多为水生真菌，其中 *Pythium ultimum* 在播种期发生较重，*Pythium ultimum* 在春季土壤水分较充足、地温较低的地块发病较重。*Pythium aphanidermatum* 是一种高温多湿条件下发生的病原菌，多在春末夏初或夏播田里发病较重。腐霉寄主范围广，可以侵染棉花、甜菜、大豆、小麦、瓜类、多种茄科作物等。引起中国新疆地区立枯病的腐霉菌主要是 *Pythium debaryanum*，日本以 *Pythium ultimum* 为主，芬兰以 *Pythium debaryanum* 为主。

黑腐丝囊霉菌　甜菜黑腐丝囊霉菌（*Aphanomyces cochlioides* Drechs）为卵菌门卵菌纲。菌丝透明，直径 3～9μm，多核体。细长、不规则的丝状孢子囊（长度可达 3～4mm）由双亲菌丝产生并与之成直角。初生游动孢子分化于孢子囊，在长长的孢子囊疏散管末端里被挤压并包裹成群。可以在无菌水中培养的受侵染组织中看到。双鞭毛、肾形的次级游动孢子从初级游动孢子的孢囊中产生，经过一段时间的运动，这些被包在囊内并且最终通过芽管萌发。丝囊霉菌的有性阶段发生在老的腐烂组织中，例如亚球体、顶端着生的、光滑细胞壁的藏卵器，直径 20～29μm，每个都具有 1～5 个（通常为 3～4 个）顶端着生的雄器，存在于覆盖藏卵器的分支上。经过受精后，一个光滑的、透明至淡黄色的卵孢子产生，直径 16～24μm。*Aphanomyces cochlioides* 是波兰和日本等国家甜菜立枯病的主要致病菌。

其他致病菌　除以上几种主要致病菌外，还有 *Phytophthora* sp.，齐整小核菌（*Sclerotium rolfsii* Sacc.），甜菜茎点霉（*Phoma betae* Frank）等也可以引起甜菜的立枯病。*Sclerotium rolfsii* 是一种主要发生在热带和亚热带的种传真菌，可以引起许多农艺作物和野草及森林树木的立枯病。在南美洲及美国的中南部地区广泛发生，在非洲、亚洲、大洋洲及欧洲的部分地区有过报道。*Sclerotium rolfsii* 被认

甜菜立枯病苗床和根部症状（吴学宏提供）

为是一种在甜菜根部发生最广泛、常见及严重的致病菌，导致严重的经济损失。而且由于可以产生抗逆性很强的菌核，因此，病害防治非常困难。摩洛哥还报道过 *Sclerotium rolfsii* 可以引起除立枯病外的冠腐病及根腐病。中国还没有 *Sclerotium rolfsii* 可以引起甜菜立枯病的报道，由于 *Sclerotium rolfsii* 是一种种传真菌，因此，需要加强检疫，防止带菌种子传入中国引起危害。

甜菜茎点霉在自然界很常见。子实体（分生孢子器和假子囊层）和孢子在受侵染的幼苗中很少见到，茎点霉菌的鉴定可通过在水琼脂上分离真菌，通过观察"hold-fasts"培养特征确定。该真菌可通过种子传播，并且能够在土壤中的作物残体上存活长达 26 个月，5～12℃ 时发病严重。该真菌可侵染甜菜、食用甜菜、饲料甜菜和藜草、燕麦。

侵染过程与侵染循环

镰刀菌立枯病的侵染过程　病原菌主要从主根下部或侧根侵入，初呈浅褐色至浅灰色，后整个根系呈丝线状黑褐干腐，引致幼苗萎蔫或猝倒。

丝核菌立枯病的侵染过程　丝核菌可引起幼苗出土前立枯，但一般在出土后危害幼苗。从土壤表层下部开始延伸到下胚轴部位出现暗褐色病变。健康和病变组织间具有明显的线状，当胚轴被环绕时，幼苗崩解死亡。立枯丝核菌还能通过定殖在幼嫩植物的根部进行初次攻击，引起压葫芦根，并导致侧部小根增生。在作物上引起典型的风筝状斑块，中心植物死亡，周围植物生长受阻，发育不良。

腐霉菌立枯病的侵染　腐霉菌是种子的激烈侵略者，尤其在潮湿的条件下会减缓出苗速率，大多数伤害在出苗期前就已经造成，也就导致了植株数量的减少。然而，水浸状、灰黑色的病斑仍然会发生在出苗之后幼苗的下胚轴上，并会引起出苗后的立枯。

黑腐丝囊菌立枯病的侵染过程　通常情况下，出苗率不受影响，但是出苗 1～3 周后子叶下胚轴会出现深灰色、水浸状病斑。病害快速扩大，很快整个下胚轴呈现深灰色、棕色至黑色，并且萎缩成线状。

镰刀菌立枯病的侵染循环　镰刀菌广泛存在于土壤中，FOB 能存在于从未种植过甜菜的田块中，种植甜菜 7 年后，菌量积累达到一定程度，开始引起病害。寄主范围广泛，人工接种可感染棉花、加工番茄、瓜类等；有的能够侵染藜科植物，也能引起大豆、玉米等常见作物的根颈腐烂病害；FOB 能引起牛皮菜、菠菜、剪秋罗、扫帚菜等植物发病，能以灰条菜、黑芥和野生莳萝为寄主存活但是并不引起症状，这些病原可能不会立刻侵染甜菜，但是当菌量积累到一定程度时则可能引起病害。此外，种子也可作为携带镰刀菌的载体，且病原可以存在于种子内部和外部。美国俄勒冈州未经加工和加工过的甜菜种子外部均携带 FOB，能引起甜菜幼苗发病，只是发病率较低。在中国新疆地区的致病性镰刀菌鉴定为 10 个种，其中以茄病镰刀菌和尖孢镰刀菌为主。

丝核菌立枯病的侵染循环　*Rhizoctonia solani* 主要存在于土壤中，在任何类型的土壤中均能存活，尤其是较湿的土壤中。*Rhizoctonia solani* 也可能侵染轮作植物，从而侵染甜菜，如 *Rhizoctonia solani* AG-2-2 IIIB 可以侵染玉米等间作植物，但地上部不显示症状，能通过前茬作物玉米从而侵染

甜菜，在种植玉米的田里种植甜菜，*Rhizoctonia solani* 症状发生增加。混有玉米残体的土壤在 12 周后利于 *Rhizoctonia solani* AG2 引起的甜菜立枯病的发生，而含大麦残体的土壤不利于病害发生，采用不同寄主植物和各种 AGs 的不同田间试验表明：延长种植敏感植物之间的间隔可以降低病害的严重程度。所以轮作时应选择合适的轮作作物，并适当延长间隔时间。酸性土壤中甜菜 *Rhizoctonia solani* AG2-2 立枯发病轻而碱性土发病重，用干燥的花生植物残渣处理土壤可以抑制非酸性土中的发病。

腐霉菌立枯病的侵染循环　腐霉菌为典型的土壤习居菌，主要以卵孢子或菌丝体在土壤及病残体上存活越冬，带菌的植物残体、病土和病肥成为初侵染来源。在田间借助灌溉水和雨水溅射而传播，以游动孢子作为初侵染源与再侵染源。

黑腐丝囊菌立枯病的侵染循环　卵孢子能在土壤和病残体上存活很长的时间。在高湿度的土壤条件下，卵孢子通过芽管萌发，并能直接侵染寄主或产生一个顶端孢子囊产生卵孢子。它们可以游向寄主，最终形成芽管。可直接穿透寄主，也可在多聚半乳糖醛酸内切酶的协助下穿透。甜菜的所有生长阶段均可以被侵染，但是苗期比成熟植株会更容易受侵染。病原菌可通过无性游动孢子的局部运动在受侵染的土壤中传播。在甜菜根部发现可引诱游动孢子的化学物质，该物质可能在病菌侵染中起到很重要的作用。

流行规律

丝核菌引起的甜菜立枯病　真菌以菌丝体、串珠状细胞、菌核的形式依靠土壤中的有机质存活，在土壤温度达到 25～33℃ 时开始活跃。菌核能够在土壤中存活数年。甜菜在温暖的土壤中种植容易诱发幼苗猝倒。土壤温度升高时，植物的叶柄、根冠和根部容易受侵染。分离自甜菜的菌株 AG-2-2 能够引起大麦、菜豆、玉米、蜀黍、甜瓜、反枝苋、红甜菜、黄豆、甜菜和小麦等发生立枯。马铃薯也是一些菌株的宿主。

腐霉菌引起的甜菜立枯病　腐霉属病菌在农业土壤中无处不在，土壤湿度高和其他因素加速种子的萌发、出苗的情况下就能引起植物减产。瑞士、芬兰和法国已经报道过这种特定的病害，但是现在由于高效杀菌剂对种子的处理已经被广泛应用于各国，所以这些真菌引起的病害流行已经得到大规模的控制。

黑腐丝囊菌立枯病的流行规律　孢子囊的产生和游动孢子的扩散需要较高的土壤湿度和游离水，但如果土壤温度过低，病害几乎不会发生。随着土温从 18℃ 上升到 32℃，病害发生程度越来越严重，最适宜发生温度为 25℃。因此，甜菜若种在温度较低的土壤中，通常能抵御丝囊霉菌的侵染，或者在被丝囊霉菌初侵染之后若土温开始变低，植株仍能恢复健康，不过它们仍然保持矮小的形态，并显示出一些潜伏侵染的症状。

其他的环境因素也能影响病害的严重程度和进程。在酸性土壤中，病害发生更频繁。黏重土中病害发生情况比在轻质土中严重。在贫瘠的尤其是在缺乏磷酸盐的土壤中，病害发生更加严重。

防治方法　甜菜立枯病发生因素较多，除 *Phoma betae*

和 *Sclerotium rolfsii* 为种传病菌外，其他大多为土传病菌，约 62.8% 来自土壤，37.2% 来自种子带菌。防治甜菜立枯病的根本办法是选育抗病品种，但采用化学药剂拌种或土壤消毒最为简洁和有效，当然还应该结合相应的农业措施（合理的轮作、因地制宜适时播种、合理的肥料施用、及时松土等）进行综合防治。

抗病品种　选育抗耐病品种是防治病害的根本途径。美国育种家育成抗 *Rhizoctonia solani* 的 FC 系列材料；将西葫芦儿丁质酶基因导入甜菜，发现一些转基因植株受 *Rhizoctonia solani* 侵染的病症减轻；抗丝核菌病品种降低了病菌侵入和定殖，cDNA-AFLP 显示抗感反应下基因表达模式差异，为抗病育种创造了基础。细菌蛋白 harpin 处理植株可增强对 *Aphanomyces cochlioides* 的抗病性。生防菌（*Pythium oligandum*）的 2 个细胞壁组分蛋白 POD1 和 POD2 基因，具诱导蛋白活性，抗 *A. cochlioides* 引起的立枯病。美国、俄罗斯的甜菜种质资源库中存在高抗 *Phoma betae* 的抗性资源。

农业防治　及时清除病株以免病害蔓延。土壤真菌可以通过处理环境来控制其生长、孢子形成及毒力以降低其致病力，也可以通过与非寄主植物的轮作降低土壤中的菌量。轮作是最重要的农业防治手段，可以明显增强抗 *Rhizoctonia solani* 能力，提高产量。长期增施腐熟有机肥可增强土壤（尤其是下潮地）的通气性和透水性，还可以提高地温，促进幼苗出土，当年增施磷钾肥可以提高抗病力。播种期不宜过早，过早气温太低，幼苗抵抗力减弱，播种也不宜过深，过深幼芽出土困难，消耗养分大，苗期生长衰弱，抗病力弱。温湿度对发病有很大影响，一般避免选择容易低洼积水的地块。

化学防治　化学防治是防治病害的快速、有效的方法。1963 年，中国确定福美双以种子量 0.8% 的剂量拌种防治甜菜立枯病，这种广谱保护性杀菌剂是防治土传病害历史最为悠久的化学药剂，直至今天世界各甜菜生产国仍在使用。1970 年，中国开展敌克松防治甜菜立枯病的药效试验，主要用于种子处理和土壤杀菌。1981 年，中国开展五氯硝基苯防治甜菜立枯病的药效试验，五氯硝基苯属有机氯保护性杀菌剂，用于由丝核菌引起的甜菜立枯病。使用 60% 敌磺钠・五氯硝基苯按药种比 0.8∶100 拌种防治甜菜立枯病、根腐病。农用抗生素 660B（streptomycese aureus 660B）拌种可以防治甜菜立枯病，又可增产和提高甜菜块跟含糖量。土菌消（噁霉灵）是一种内吸性土壤杀真菌剂和种子消毒剂，对腐霉菌、丝核菌、镰刀菌引起的甜菜立枯病有较好的防治效果。2003 年，国产 70% 噁霉灵可湿性粉剂在黑龙江甜菜产区进行田间药效试验，防治效果和进口土菌消效果相当。在甜菜播种前一天用甲基硫环磷或甲基异柳磷闷种 24 小时再拌敌克松或福美双，既可以促进甜菜种子早萌动发芽，同时又可以防治甜菜苗期立枯病和甜菜象虫、跳甲等苗期虫害。T-3 甜菜专用种衣剂对防治甜菜苗期立枯病有一定效果。此外，应重视病原菌的区划分布，确定各地区的优势种群，对单一病原菌进行药效测定，使药剂防治更有针对性，对于药剂的使用应提倡混配和复配制剂的使用，提高防治效果，延缓抗药性产生。

杀线虫剂能控制由甜菜孢囊线虫和 *Fusarium oxysporum* 引起的甜菜病害，防治效果与既有杀菌作用又有杀线虫作用的生物制剂没有显著差异。采用以甲霜灵为代表的杀菌剂进行种子处理和土壤处理可有效地控制腐霉菌引起的甜菜立枯病。

生物防治　从国外文献报道看，采用生物制剂防治甜菜立枯病为应用的重点。用酵母 *Saccharomyces cerevisiae* 对甜菜种子进行浸种、叶面喷雾和根部接种，对引起甜菜立枯病的强致病力菌株 *Fusarium oxysporum* 有一定的抑制作用，减少其所造成的根部产量损失，对 *Fusarium solani* 的生长半径也有一定的抑制作用。用于由 *Rhizoctonia solani* 引起的甜菜立枯病的生防菌主要有：*Streptomyces* spp.、*Bacillus* spp.、*Pseudomonas fluorescense* 和 *Trichoderma* sp. 等。利用木霉与代森锰锌混合对甜菜种子进行处理可以抑制病原 *Rhizoctonia solani* 的生长。利用尖眼蕈蚊的幼虫防治 *Rhizoctonia solani* AG-2-2，可减少菌核密度。利用熏衣草、金丝桃等植物的精油可显著地抑制 *Rhizoctonia solani* 菌丝的生长。另外，可以在甜菜种植 8 天后运用双核丝核菌防治 *Rhizoctonia solani* 引起的甜菜病害。用于由 *Pythium* 引起的甜菜立枯病的生防菌主要有：*Lysobacter enzymogenes*、*Rhizobium leguminosarum* bv. *viceae*、*Pseudomonas*、*Stenotrophomonas maltophilia* 和 *Bacillus* 等。此外，混合了 *Pseudomonas fluorescens* 708 的亚麻、胡荽、豌豆和兵豆的植物粉末可以用于防治由 *Pythium* sp. "group G." 引起的甜菜立枯病，其中，每粒甜菜种子平均用 7.9mg 的亚麻粉末即可有效控制甜菜立枯病。美国报道 *Penicillium* sp. 和 *Gliocladium* sp. 也可用于防治甜菜立枯病。荧光假单胞菌（*Pseudomonas fluorescens*）、灰绿链霉菌（*Streptomyces griseoviridis*）、绿黏帚霉（*Gliocladium virens*）、寡雄腐霉菌（*Pythium oligandrum*）和哈氏木霉（*Trichoderma harzianum*）等生防菌来防治腐霉菌引起的甜菜立枯病，具有发展成商品化的前景。温室条件下 *Thespesia populnea* var. *acutiloba* 及 *Chrysanthemum frutescens* 的叶部提取物对甜菜种子进行包衣或直接浸泡，可以有效抑制 *Sclerotium rolfsii* 引起的立枯病。此外，*Trichoderma* sp.、*Pseudomenas fluorescens* 和 *Streptomyces* 也可以用于防治 *Sclerotium rolfsii* 引起的立枯病。夜蛾斯氏线虫（*Steinernema feltiae*）及其共生细菌（*Xenorhabdus bovienii*）能够抑制 *Phoma betae* 的菌丝生长。可利用寡雄腐霉（*Pythium oligandrum*）防治 *Phoma* 和 *Pythium* 引起的苗前或苗后的甜菜立枯病。*Lysobacter* sp. 菌株 SB-K88 对 *Aphanomyces cochlioides* 引起的甜菜立枯病具有很好的防效。

参考文献

韩成贵，马俊义，2014. 甜菜主要病虫害简明识别手册 [M]. 北京：中国农业出版社 .

中国农业科学院植物保护研究所，中国植物保护学会，2015. 中国农作物病虫害 [M]. 3 版 . 北京：中国农业出版社 .

ABO-ELNAGA H I G, 2012. Biological control of damping-off and root rot of wheat and sugar beet with *Trichoderma harzianum*[J]. Plant pathology journal, 11(1): 25-31.

HE M M, TIAN G M, SEMENOV A M, et al, 2012. Short-term fluctuations of sugar beet damping-off by *Pythium ultimum* in relation to changes in bacterial communities after organic amendments to two soils[J]. Phytopathology, 102(4): 413-420.

KLUTH C, VARRELMANN M, 2010. Maize genotype susceptibility to *Rhizoctonia solani* and its effect on sugar beet crop rotations[J]. Crop protection, 29: 230-238.

NAGENDRAN S, HAMMERSCHMIDT R, MCGRATH J M, 2009. Identification of sugar beet germplasm EL51 as a source of resistance to post-emergence *Rhizoctonia* damping-off[J]. European journal of plant pathology, 123(4): 461-471.

WATANABE K, MATSUI M, HONJO H, et al, 2011. Effects of soil pH on *Rhizoctonia* damping-off of sugar beet and disease suppression induced by soil amendment with crop residues[J]. Plant soil, 347: 255-268.

（撰稿：吴学宏；审稿：韩成贵）

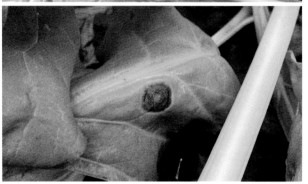

甜菜蛇眼病症状（陈卫民摄）

甜菜蛇眼病　beet snake eyes

由茎点霉菌引起、危害甜菜地上部的一种真菌病害，是中国许多甜菜种植区发生的一种叶部病害。因在甜菜成熟的叶片上形成似蛇眼睛的病斑而得名。

分布与危害　中国分布在内蒙古、黑龙江、甘肃、新疆伊犁。

经 2011 年调查，新疆伊犁特克斯甜菜蛇眼病最高发病率 40%，最低发病率 5%，平均发病率 15.83%；甘肃蛇眼病调查平均发病率 5.92%；黑龙江甜菜蛇眼病平均发病率 3.38%。除危害采种株甜菜和糖用甜菜外，亦侵染饲料甜菜。新疆伊犁产区甜菜蛇眼病对产量的影响在 10% 以内。

甜菜蛇眼病从甜菜幼苗到成株期、收获期、窖藏期的整个过程都可侵染。苗期引起甜菜黑脚病，成株期侵染叶片引起甜菜蛇眼病，当病菌侵染块根根头后，引起生长期间的甜菜根腐病和储藏期窖腐。

甜菜蛇眼病危害生产田甜菜和采种株甜菜的幼苗、叶片、叶柄、茎秆及块根，以采种株甜菜发生较重。幼苗期：主要危害地下根，使根及地下的下胚轴变为黑色，并缢缩变细，称黑脚病。成株期：主要危害叶片，一般发生在成熟的叶片上，首先在叶片背面产生褐色水浸状圆形斑点，后渐渐扩大。一种病斑较小，直径在 0.6cm 以下，病斑圆形至近圆形，淡褐色至褐色，稍下陷，病斑中央具一圆形、略突起的灰白色小斑，从病斑的斑型看，酷似蛇眼（见图）。后期病斑上生长一些稀疏分散的小黑点物即分生孢子器；另一种病斑大，初为深褐色小斑点，有些下陷，斑中央有小圆斑痕迹，病斑继续扩大后呈圆形或不规则的圆形斑，直径达 0.5～2.1cm，稍有下陷，变薄，灰褐色至暗褐色，病斑上出现多层次的由分生孢子器密集组成的环纹斑，有的病斑上的黑点物仅散生于病斑的中央，病斑质脆易破裂或脱落穿孔，病斑外围具黄晕圈，故又称轮纹斑病。

病原及特征　病原无性态为甜菜茎点霉（*Phoma betae* Frank），属茎点霉属。有性态为甜菜格孢腔菌［*Pleospora betae*（Bert）Ncvodovsky］，为子囊菌孢腔菌属。分生孢子器球形至扁球形，暗褐色，半埋生在表皮下，直径 100～

400μm，具圆形孔口，内含很多分生孢子。分生孢子在孢子器内混于胶质物中，吸水后从孢子器孔口呈长卷须状溢出。分生孢子单胞、无色、椭圆形，大小为 3.5～9μm×2.6～7μm，多数两极各具 1 小油球。在自然条件下和培养基上均能产生厚垣孢子。厚垣孢子圆形，无色，具厚壁。

侵染过程与侵染循环　翌年春季，在甜菜种球、母根和叶上越冬的菌丝体和分生孢子器，在适宜的温湿度条件下侵染幼苗，叶片发病后借风雨传播进行重复侵染。

病原菌以菌丝体和分生孢子器随病残体留在土壤中或以菌丝体和分生孢子附着在种子上越冬，翌年先侵入幼苗形成黑脚。甜菜生长期间病斑上的分生孢子器释放出分生孢子，借雨水、灌溉水等传播，通过伤口或自然孔口等途径侵入引起再侵染，开始侵染老叶，收获后侵入根部形成根腐病，引起储藏期发病或造成烂窖。收获时切去顶叶过低或沿叶柄基部割断，造成的伤口是病菌侵入的主要途径。土壤病残体、带菌的甜菜种球和留种母根为病菌的主要越冬场所，是病害的初侵染源。

流行规律　甜菜蛇眼病在新疆特克斯 6 月下旬开始侵染叶片，7 月上中旬叶片表现出明显的同心轮纹斑，7 月下旬至 8 月下旬同心轮纹斑较多，为发病盛期，病害持续发展至 9 月底。

防治方法

农业防治　选用抗病性较强的品种。病残体清理。甜菜收获后，将甜菜枯死叶片集中，及时运出田外焚毁或进行秋深翻，把病残体深埋，达到清除越冬菌源的目的，可减轻翌年发病。加强栽培管理。原料甜菜与制种甜菜隔离种植；实行轮作倒茬，轻病田在 2 年以内不种甜菜，重病田与小麦等禾本科作物轮作 3 年以上。合理密植，保持田间通风透光。适期播种，为防止甜菜褐斑病的发生应适时晚播。根据测土配方，合理施肥；增施有机肥；注重磷钾肥的使用；使甜菜植株生长健壮，提高抗病能力。及时中耕铲除田间杂草，减少病原菌的初期侵染来源。防止田间积水，破坏病原菌生长条件。

化学防治　①种子处理。磨光种，选用 50% 多菌灵可湿性粉剂按种子重量的 0.3% 进行包衣处理，或用 2.5% 咯菌腈（适乐时）种衣剂对磨光种进行包衣处理，每 250ml 药剂拌甜菜种子 100kg；处理种，选用经过丸粒化种、包衣种。②茎叶处理。保护性杀菌剂，在甜菜发病前选用 70% 品润干悬浮剂 600 倍液、75% 达克宁可湿性粉剂 800 倍液喷雾预防。治疗性杀菌剂，发病初期开始喷药，可选用 50% 多菌灵可湿性粉剂 1000 倍、70% 甲基硫菌灵可湿性粉剂 1000 倍液、10% 苯醚甲环唑（世高）水分散粒剂 1500 倍液喷雾、40% 氟硅唑（福星）乳油 4000 倍液。每 7～10 天喷雾 1 次，发病重的地块喷 2～3 次。

参考文献

高谊，景生，艾尼瓦尔·吐尔逊，等，2006. 新疆常见病害调查及防治对策 [J]. 中国糖料 (3): 32-33.

韩成贵，2012. 主要农作物有害生物简明识别手册：甜菜分册 [M]. 北京：中国农业出版社.

吕佩珂，1981. 甜菜蛇眼病菌孢子萌发的研究 [J]. 植物病理学报 (4): 63-64.

魏良民，陈生，胡善博，等，2004. 新疆伊犁地区甜菜蛇眼病病情调查 [J]. 中国糖料 (1): 30-31.

中国农业科学院植物保护研究所，中国植物保护学会，2015. 中国农作物病虫害 [M]. 3 版. 北京：中国农业出版社.

（撰稿：陈卫民；审稿：韩成贵）

甜菜霜霉病　beet downy mildew

由甜菜霜霉病菌引起，危害甜菜地上部的一种真菌病害。又名 *Peronospora farinose*，是中国局部地区发生的一种重要的检疫性病害。

发展简史　1893 年，法国首先发现甜菜霜霉病，后传至德国、俄罗斯、美国等 20 多个国家。中国 1961 年首次在贵州毕节地区叶用甜菜上发现该病害。该病于 2007 年 5 月被列入《中华人民共和国进境植物检疫性有害生物名录》。1991 年，在新疆伊犁新源、尼勒克的原料甜菜和采种株甜菜上发生。1995 年，在米泉原料甜菜上发生，主要引起幼苗死亡。

分布与危害　国外分布在法国、德国、俄罗斯、美国、以色列、肯尼亚、摩洛哥、加拿大、阿根廷、澳大利亚、新西兰、乌克兰、吉尔吉斯斯坦、哈萨克斯坦、波罗的海、北高加索等国家和地区。中国分布在贵州、四川、云南及新疆（米泉、新源、尼勒克）。

1991 年调查，新疆新源、尼勒克的原料甜菜和采种株甜菜上发生，田间发病率 5%～20%，甜菜减产 20%～80%，含糖量降低 60% 以上。

甜菜霜霉病主要危害叶片，幼叶最易感病，并可以使幼苗致死。染病甜菜叶片背面病斑初期由浅绿色变成淡黄色，病斑逐渐扩大，叶片增厚易脆，叶缘向下反卷。中后期出现浅灰色霉层。发病后期罹病叶片变黑坏死。条件适宜时，部分叶柄亦遭危害。原料甜菜染病后，病叶停止生长，卷曲畸形，最终心叶全部变黑坏死。采种甜菜感病后，花薹不能抽出或抽出很短，整个花薹呈淡黄绿色，节间缩短，最终很少结实或不结实枯死。原料甜菜重病株叶片干枯甚至整株枯死。

在采种株上，生长初期主要感染主芽茎或外围芽上最幼嫩的叶片，以后则感染花茎顶端、花轴、苞叶和花，甚至种球也可被害造成花轴嫩枝生长受阻，扭曲变形，严重时还能导致块根心腐，并引起外层叶片褪绿。采种株甜菜感病越早，危害越重，种株感病后多数不能抽薹，少数可开花、结籽，但秕粒多（图 1）。

病原及特征　病原为甜菜霜霉 [*Peronospora farinosa* f. sp. *betae* Byford，异名 *Peronospora farinosa*（Fries）Fries]，属霜霉属。

甜菜霜霉病菌为专性寄生菌。孢子囊梗单根或 3 至数根，成簇自气孔抽出，在主轴的 2/5～1/2 高度处分枝，双叉式向上分枝，4～8 次，多呈 6 次分枝，顶端小梗呈锐角分叉，短且锐，有的顶部钝圆，单细胞。少数在分枝节部产生隔膜，孢囊梗基部多较第一分枝处的主轴稍宽，少数基部稍有膨大现象，基部宽 7～12.3μm，第一分枝处宽 5.3～10.8μm，

图 1　甜菜霜霉病症状（张祥林摄）

①甜菜霜霉病田间危害症状；②甜菜霜霉病叶症状（前期）；③甜菜霜霉病叶症状（后期）

主轴长 78.8～245μm，梗的高度为 172.5～418.3μm。最后一次分枝小梗的长度为 5～11μm 和 3.25～9.8μm，无色；孢子囊多为卵圆形或椭圆形，淡色，无乳突，光滑，大小 21.5～30.0μm×17.5～22.5μm。后期在干枯病叶组织维管束两侧产生卵圆形至不规则形，黄色至黄褐色藏卵器，大小为 30.7～51.5μm；卵孢子球形，浅黄色至黄褐色，壁厚有褶皱，外壁直径为 18.4～31.9μm，内壁直径为 12.3～24.5μm（图2）。

侵染过程与侵染循环　翌年春季，甜菜病种子上的卵孢子、病残体中的卵孢子或窖藏母根上的菌丝，在适宜的温、湿度下萌发产生游动孢子，并产生芽管，在风雨作用下侵染甜菜幼嫩叶片。

甜菜霜霉病菌以卵孢子在病种子和病残体中越冬，也可以卵孢子或菌丝在窖藏母根上越冬，翌年卵孢子萌发或母根中菌丝生长产生孢子囊作为初侵染源，侵入后产生孢囊梗和孢子囊引起再侵染。原料田的初侵染源可以是种子、病残体中的卵孢子及采种株上的孢子囊；采种田最主要的初侵染源是母根上的卵孢子和潜伏菌丝，其次是病残体中的卵孢子；夏播母根田的初侵染源可以是带菌种子、病残体中的卵孢子或发病原料田和采种田产生的孢子囊（图3）。

甜菜霜霉病的远距离传播主要靠带菌种子或母根的调运而传播，近距离主要是病残体或植株上的孢囊孢子随气流传播危害。

流行规律　在新疆尼勒克甜菜霜霉病6月上旬危害叶片，6月下旬为发病高峰期，7月随着气温升高，发病迟缓，8月上中旬停止发展。

孢子囊萌发温度范围 0.5～30℃，最适温度 4～10℃ 和高的相对湿度。7～15℃ 和 70% 以上的相对湿度最适于侵染和发病，温度在 20℃ 以上孢子囊极少能侵染寄主。

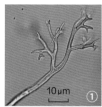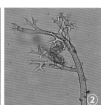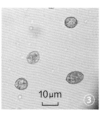

图2 ①②甜菜霜霉病菌孢囊梗；③甜菜霜霉病菌孢子囊（张祥林摄）

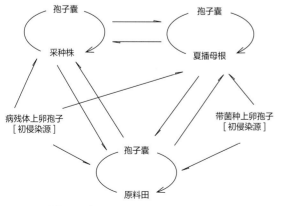

图3 甜菜霜霉病侵染循环示意图（仿胡白石等，1999）

防治方法

加强植物检疫　禁止从疫区调种，对外来种子应加强检疫与消毒，不得在疫区制种。

农业防治　培育和种植抗病品种。合理布局。在病区实行采种地与原料甜菜地距离 1000m 以上的隔离种植，以减少病菌传播机会。选留无病种株。严禁将带病块根留种。在母根出窖栽种前，用 1∶500 倍 25% 甲霜灵可湿性粉剂喷洒或浸渍母根，可杀灭寄生在上面的卵孢子和菌丝体。拔除病株。田间出现中心病株后，注意拔除，集中深埋或烧毁，防止扩散蔓延。合理轮作。实行轮作倒茬，合理施肥和防止过分密植。避免重茬、迎茬；适时浇水，防止甜菜受旱，避免偏施氮肥，防止生长过旺，增强植株抗病性；轻病田至少在2年以内不种甜菜，重病田与小麦、豆类等作物轮作3年以上。清理病残体。收获后及时清除田间病残体于田外烧毁，并进行 20cm 以上的深翻，减少越冬菌源。

化学防治　种子处理。磨光种，选用种子重量 0.2%～0.3% 的 25% 甲霜灵可湿性粉剂拌种；处理种，选用经过丸粒化种、包衣种。茎叶处理。保护性杀菌剂。甜菜发病前选用 75% 达克宁可湿性粉剂 800 倍液喷雾预防。治疗性杀菌剂。发病初期选用 58% 甲霜灵锰锌可湿性粉剂 800～1000 倍液，64% 噁霜灵（杀毒矾）可湿性粉剂 600～800 倍液，72% 杜邦克露（霜脲氰）可湿性粉剂 800～1000 倍液，69% 安克（烯酰吗啉）可湿性粉剂 2500～3000 倍液等药剂进行防治，每隔 7～10 天喷 1 次，连喷 2～3 次。防治时期应根据降水量，掌握雨前雨后喷药防治。

参考文献

韩成贵，2012. 主要农作物有害生物简明识别手册：甜菜分册 [M]. 北京：中国农业出版社 .

胡白石，翟国娜，孙长明，等，1999. 甜菜霜霉病研究初报 [J]. 植物保护 (1): 17-19.

严进，1999. 甜菜霜霉病 [J]. 植物检疫 (2): 94-95.

中国农业科学院植物保护研究所，中国植物保护学会，2015. 中国农作物病虫害 [M]. 3 版 . 北京：中国农业出版社 .

（撰稿：陈卫民；审稿：韩成贵）

甜菜土传病毒病　beet soilborne virus disease

由甜菜土传病毒引起的、危害甜菜生产的病毒病害。

发展简史　1982 年，在英国种植的甜菜上首次分离到甜菜土传病毒，随后在欧洲、美国和日本等国家相继被报道，2006 年，王斌等从内蒙古、新疆、吉林和黑龙江采集田间表现丛根病症状的甜菜样品中检测到甜菜土传病毒，并完成了内蒙古和新疆分离物基因组全序列测定。

分布与危害　1982 年，英国首次分离到甜菜土传病毒，随后在法国、德国、荷兰、比利时、芬兰、瑞典、立陶宛、西班牙、意大利、瑞士、匈牙利、奥地利、斯洛伐克、波兰、克罗地亚、土耳其、伊朗、叙利亚、美国、日本中国等国家相继被报道，是一种在世界甜菜产区广泛分布的病毒。

关于甜菜土传病毒病的致病性存在一些争议，一些学者认为甜菜土传病毒病能够引起甜菜类似的丛根病症状，损失可达到70%以上；也有一些学者认为机械接种并不能导致上述丛根症状。

病原及特征 甜菜土传病毒（beet soilborne virus，BSBV）是马铃薯帚顶病毒属（*Pomovirus*）成员，由甜菜多黏菌（*Polymyxa betae*）传播。病毒粒体直杆状，大小为300nm、150nm和65nm。基因组由3条正义单链RNA组成。不同分离物的序列变异较大，RNA1核酸长度在6.1～6.4nt，RNA2为3.0～3.6nt，RNA3为2.6～3.3nt。BSBV的3′端无多聚腺苷酸尾，可形成tRNA类似结构。仅有德国分离物、波兰分离物和中国内蒙古、新疆分离物的全序列报道。明确了中国发生的BSBV的分子结构特征。BSBV-IM、BSBV-XJ和BSBV德国三个全序列核苷酸序一致性分别为99.08%（RNA1）、99.31%（RNA2）、98.67%（RNA3），RNA1、2、3编码蛋白的氨基酸平均一致性分别为99.38%、99.32%、98.75%。利用BSBV侵染性cDNA克隆反向遗传学初步证明RNA2对于病毒在昆诺藜上复制和症状表达不是必需的。

BSBV田间能侵染甜菜、菠菜等藜科植物。昆诺藜和苋色藜是BSBV的枯斑鉴别寄主。在同一块田中甚至是同一株甜菜上可能存在BSBV、甜菜病毒Q（BVQ）、BNYVV、甜菜土传花叶病毒（BSBMV）等多种病毒，这些病毒均由甜菜多黏菌传播。已有报道BSBV或BSBMV侵染后，再接种BNYVV，由于交叉保护作用，病毒的复制和症状都会减弱。这些病毒之间的关系还有待于深入研究。

侵染过程与侵染循环 甜菜土传病毒由土壤中的*Polymyxa betae*传播，可以汁液摩擦接种侵染。因此，病害循环与甜菜丛根病类似。通过土壤中的介体进行传播。被BSBV侵染的甜菜或病残体可通过农机具、栽培、运输等农事操作传播。

流行规律 甜菜土传病毒在田间常与BNYVV混合发生。BSBV与BNYVV均由土壤中的*Polymyxa betae*传播，因此，发病规律与甜菜丛根病基本一致。

防治方法 关于甜菜土传病毒病的控制，尚无抗（耐）病品种，其他方法具体见甜菜丛根病。

参考文献

韩成贵，马俊义，2014. 甜菜主要病虫害简明识别手册[M]. 北京：中国农业出版社.

中国农业科学院植物保护研究所，中国植物保护学会，2015. 中国农作物病虫害[M]. 3版. 北京：中国农业出版社.

WANG B, LI M, HAN C G, et al, 2008. Complete genome sequences of two Chinese beet soil-borne virus isolates provide evidence that its genome is highly conserved[J]. Journal of phytopathology, 156(7/8): 487-488.

（撰稿：韩成贵；审稿：于嘉林）

甜菜细菌性斑枯病 beet bacterial blight

由*Pseudomonas aptata*引起的一类细菌性甜菜病害。又名甜菜细菌性斑点病。

分布与危害 在东北地区发生普遍，但在中国甜菜产区尚未造成严重危害。1995—2005年，国外品种种植面积逐年增大，2005年以后，国外品种的市场占有率近100%，所有的国外品种全部采用包衣或丸粒化技术，有效减轻了种传病害的发生，近几年，田间很少有此病的发生。细菌性斑枯病一般始发在6月中旬，盛发期在7月中旬，8月初进入发生末期。严重地块减产20%左右。

主要危害叶片和种株薹茎。发病开始叶片出现黄绿色斑点，边缘明显。病斑很快扩展为形状不一的黄绿色大斑，中央浅黄褐色，边缘黑褐色，界限明显，病斑常有不规则的涡状轮纹。有的叶脉和叶柄上出现长形黑色条斑。病组织逐渐干缩薄化，微呈波纹状，以后病部部分组织干枯死亡。病叶叶脉黑褐色，在天气炎热的雨后或浇水后，空气潮湿，病斑扩展很快，病部常见有菌脓溢出，状似开水烫过（见图）。

病原及特征 病原为*Pseudomonas aptata*（Brown et Jamieson）Steoens.（同义名：*Bacterium apxtata* Brown et Jamieson；*Phytomonas apxtata* Bergey et al.）。假单胞菌属适应假单胞菌。在琼脂培养基上，病原菌菌落微白色、光滑、圆形，有绿色荧光，在综合培养基上显得更清晰。细胞微小，短杆状，两端圆钝，有1～3根长3～10μm的单极生或两极生鞭毛。菌体大小约1.2μm×0.6μm，不还原硝酸盐，不凝固但胨化牛乳；分解葡萄糖、蔗糖。此菌发育最适温度25～28℃，最高温度35℃，最低温度5℃，致死温度48℃10分钟，其适应的酸碱度范围是pH 6.3～9。

侵染过程与侵染循环 病原菌从叶片伤口侵入叶组织。病菌附在种球或病株残余物上越冬，不能在土中越冬，借助雨水、风力传播，再侵染频繁。

流行规律 在东北北部地区，通常自6月中旬开始发生，7、8月高温多雨季节蔓延很快，8月下旬后因温度降低而停止扩展。田间发病与温湿度有着密切关系，一般多在气候干燥骤然天阴或将下雨前或甜菜灌溉后，病株迅速蔓延。高温高湿是缺一不可的发病条件，当外界温湿度适合病菌发育时，病株大批出现并迅速蔓延，否则，很少发现病株。

防治方法 对于甜菜细菌性斑枯病，尚无妥善的防治方法，采用下列方法能减轻受害。

由于甜菜种子能携带细菌传病，所以当采种地发现有细菌性斑枯病株刚出现症状时，立即摘除有病的花薹部分，深

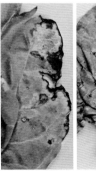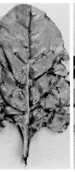

甜菜细菌性斑枯病叶部症状

（引自 Broom's Barn Experimental Station, 1982）

埋土内以防再侵染。

对于裸种而言，种子消毒可减少初侵染源，从而减轻病害的发生，播种前将种子在 52 ～ 55℃ 水温中，恒温浸种 10 分钟。杀死附在种球上的病原菌，或用 0.8% 敌克松拌种，或用福尔马林 300 倍液，使甲醛气蒸发，浸种 5 分钟后，捞出堆放闷种 2 小时，使之继续起熏蒸作用，然后将种子摊晾干燥后播种。

清除田间病株残余物，或进行秋翻将残余物深翻在土下。

增施磷钾肥，每亩施过磷酸钙 10 ～ 20kg，氯化钾 15kg，提高植株抗病力，并加速叶器官的恢复。

参考文献

布莱德 F，霍尔特舒尔德 B，雷克曼 W，2015. 甜菜病虫草害 [M]. 张海泉，马亚怀，译. 北京：中国农业出版社.

韩成贵，马俊义，2014. 甜菜主要病虫害简明识别手册 [M]. 北京：中国农业出版社.

袁美丽，张佳怀，高洁，等，1991. 甜菜四种细菌性病害的鉴定. [J]. 中国甜菜 (3): 22-25.

中国农业科学院植物保护研究所，中国植物保护学会，2015. 中国农作物病虫害 [M]. 3 版. 北京：中国农业出版社.

Broom's Barn Experimental Station, 1982. Pests, disease and disorders of sugar beet[M]. Sartrouvile: B. M. Press.

（撰稿：乔志文；审稿：韩成贵）

甜菜细菌性叶斑病　beet bacterial leaf spot

由短小杆菌属萎蔫短小杆菌糖甜菜致病变种侵染甜菜叶片引起的病害。

分布与危害　主要分布在吉林的长春、洮南、白城、农安、公主岭、四平和内蒙古的临河。

叶片上初呈水浸状斑，大小不等，灰绿色，不规则形，沿叶脉扩展，叶脉黑褐色，病斑灰褐色，病斑部常开裂或穿孔，使叶片支离破碎。整个叶片渐发黄白色干枯。

病原及特征　病原菌为短小杆菌属萎蔫短小杆菌糖甜菜致病变种（*Curtobacterium flaccumfaciens* pv. *betae*）。从叶片上分离得到的菌体棍棒状，单生，无鞭毛，革兰氏染色阳性，无荚膜无孢子。肉汁胨琼脂培养基平面上菌落圆形，平滑，半透明，黄色有光泽，边缘整齐，稍突起，稍有黏性。

明胶不液化，淀粉微弱分解，硝酸盐不还原。能产生硫化氢，不产生吲哚。七叶灵水解阴性，石蕊牛乳变蓝、胨化。耐盐浓度 5%，36℃ 能生长。孔氏液中不生长，费美液中稍有生长。甲基红阳性，V.P. 阴性，酶酯阴性。不能利用乳糖、棉籽糖和淀粉。能利用柠檬酸盐，不利用苯甲酸盐。

侵染过程与侵染循环　国内尚未进行系统研究。

流行规律　国内尚未进行系统研究。

防治方法　见甜菜细菌性斑枯病。

参考文献

陈永坚，郭坚华，方中达，2003. 引起糖甜菜细菌性叶斑病的萎蔫短小杆菌新致病变种 [J]. 植物病理学报 (5): 396-400.

韩成贵，马俊义，2014. 甜菜主要病虫害简明识别手册 [M]. 北

京：中国农业出版社.

中国农业科学院植物保护研究所，中国植物保护学会，2015. 中国农作物病虫害 [M]. 3 版. 北京：中国农业出版社.

（撰稿：乔志文；审稿：韩成贵）

甜菜叶斑病　beet leaf spot

由甜菜柱隔孢叶斑病菌侵染引起的甜菜叶部病害。

分布与危害　该病害主要分布在北美洲和欧洲。中国在新疆、云南、陕西有局部发生的报道。寄主是甜菜属，是中国进境植物检疫的危险性有害生物。甜菜叶斑病是欧洲甜菜生产上的常见病害，也是重要病害之一，该病害主要危害甜菜叶片，严重时叶片完全干枯，可使甜菜块根的产量和含糖量下降，造成经济损失较大，甜菜叶斑病菌可随种子远距离传播。病斑灰褐色，边缘浅黑色，圆形至卵圆形，直径 4 ～ 7mm，湿度大时，病斑产生白色霉层。被害严重时叶片变黄、坏死，最后完全干枯（图 1）。

病原及特征　病原为甜菜柱隔孢叶斑病菌（*Ramularia beticola Fatur*），属柱隔孢属。菌丝无色，有隔和分枝，分生孢子梗无色，常成簇从寄主气孔穿出，甜菜叶斑病病斑中间的小白点即是甜菜叶斑病菌的分生孢子梗。分生孢子梗短小不分枝，产孢梗顶端屈膝状，分生孢子卵形、长椭圆形、圆柱形，单胞或双胞，单细胞孢子 8 ～ 12μm×3 ～ 4μm，双细胞孢子 15 ～ 25μm×2 ～ 4μm（图 2）。

侵染过程与侵染循环　病原菌的分生孢子借风、雨近距离传播，也可借种子进行远距离传播。

流行规律　病菌发育的最适温度为 17℃，只有相对湿度在 95% 以上时才能侵染。一般在 6 月下旬至 7 月上旬，

图 1　甜菜叶斑病叶部症状
（引自 Broom's Barn Experimental Station，1982）

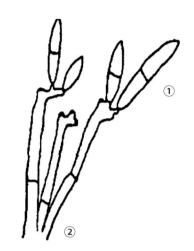

图 2　甜菜叶斑病病原菌（引自杨志伟，杨立群，2009）
①分生孢子；②孢子梗

条件适宜时，田间即可发病。

防治方法　甜菜叶斑病在北美和欧洲的经济重要性并不大，只有在和白粉病同时发生时才能造成严重损失，因此，只有在菜种田发病严重时，才对甜菜种子进行杀菌剂包衣处理，常用的杀菌剂为福美双。田间发病时，防治方法见甜菜黑斑病。

参考文献

布莱德 F, 霍尔特舒尔德 B, 雷克曼 W, 2015. 甜菜病虫草害 [M]. 张海泉, 马亚怀, 译. 北京: 中国农业出版社.

韩成贵, 马俊义, 2014. 甜菜主要病虫害简明识别手册 [M]. 北京: 中国农业出版社.

杨志伟, 杨立群, 2009. 值得关注的甜菜病害——甜菜叶斑病 [J]. 中国甜菜糖业 (4): 26-27.

中国农业科学院植物保护研究所, 中国植物保护学会, 2015. 中国农作物病虫害 [M]. 3 版. 北京: 中国农业出版社.

Broom's Barn Experimental Station, 1982. Pests, disease and disorders of sugar beet[M]. Sartrouville: B. M. Press.

（撰稿：乔志文；审稿：韩成贵）

甜瓜霜霉病　melon downy mildew

由古巴假霜霉引起的、危害甜瓜叶部的一种卵菌病害，是世界甜瓜产区普遍发生的一种毁灭性病害。又名甜瓜黑毛病、跑马干。

发展简史　古巴假霜霉（瓜类霜霉病菌）1868 年由 Berkeley 第一次在来自古巴的植物标本上被描述，并鉴定了一个新属假霜霉属（*Pseudoperonospora* Berkeley），该菌被当作假霜霉属的模式种。1903 年，Rostovzev 在莫斯科植物园活体植物上第一次发现并描述了古巴假霜霉菌。*Pseudoperonospora cubensis*（Berk. et Curt.）Rostov. 被经常用于描述这个种。但也存在一些使用不当的异名，如：*Peronospora cubensis* Berk. et Curt., *Peronospora cubensis* Berk. et Curt. var. *atra* Zimmerm., *Plasmopara cubensis*（Berk. et Curt.）Humphrey, *Peronoplasmopara cubensis*（Berk. et Curt.）Clinton 等。根据现代分类学方法，卵菌已从真菌界分出，归入茸鞭生物界。

过去有一些研究者曾观察到该病菌的卵孢子，但卵孢子在病害侵染循环中的作用多年来却一直未被证实。直到 2011 年 Cohen 报道了在实验室条件下，可人工产生 *Pseudoperonospora cubensis* 的卵孢子，在同时存在 A1 和 A2 交配型的地区，当 A1 和 A2 交配型霜霉菌的孢子囊同时侵染了同一寄主叶片时，就会在叶肉组织内产生卵孢子。并证实了其具有传染性。从而揭开了卵孢子有性世代在病害侵染循环中的作用。2015 年，中国学者报道在黑龙江、吉林、辽宁、北京、河北、山东、江苏、湖北和广东采集的 61 株黄瓜霜霉菌，其中 A1 交配型 44 株，A2 交配型 17 株。

在 20 世纪 50 年代初期，北京郊区的农民都知道在黄瓜和甜瓜上有一种叫"跑马干"的毁灭性病害，无论是温室还是露地的黄瓜上发生都很严重。1984 年，新疆喀什和疏附的露地甜瓜严重发生霜霉病，甜瓜霜霉病第一次在中国干旱荒漠生态区发现。1987 年，甜瓜霜霉病再次在新疆乌鲁木齐郊区露地甜瓜上严重发生。

分布与危害　甜瓜霜霉病在全世界保护地和露地甜瓜上普遍发生，甜瓜比黄瓜更易发生霜霉病，是葫芦科作物中最易感染该病的作物。除年降水量小于 30mm 的露地甜瓜种植区域外，其他只要种植甜瓜的国家和地区几乎都发生霜霉病。甜瓜霜霉病在中国的新疆、甘肃、内蒙古、陕西、海南、黑龙江、辽宁、山东、河北、河南、安徽、福建、云南、上海、北京、天津等地经常危害。

古巴假霜霉菌除侵染甜瓜、黄瓜外，还危害葫芦科的西瓜、南瓜、丝瓜、冬瓜、葫芦及蛇瓜等 12 种瓜类作物，因此，也泛称瓜类霜霉菌。甜瓜霜霉病危害甜瓜叶片，在整个生育期都可发生，但主要在甜瓜坐瓜后的生育中后期发生。叶片发病初期叶片形成褪绿淡黄色至鲜黄色斑点，边界不明显，后变成褐色，受叶脉限制，病斑大多形成边界清晰的角形褐色干斑。高湿条件下，病斑背面可见灰黑色的霉层。环境干热时病斑很快变褐变干，此时叶背霉层很难看到。发病严重时形成连片病斑，叶片卷曲很快干枯（图 1）。该病流行时一般可造成 30%～60% 减产，严重时经常造成大面积绝收。新疆在 1984 年前几乎未见过甜瓜霜霉病，但随着冬季保护地黄瓜生产的发展，温室为瓜类霜霉病菌在新疆本地越冬提供了大量场所，使得霜霉病开始在新疆经常发生。1991 年、1993 年、1994 年在新疆五家渠（兵团农六师）；1992 年在哈密；1993 年、1996 年、1998 年在伽师；2002 年和 2010 年在喀什地区，甜瓜霜霉病都多次大流行，一般减产都在 50% 以上，并造成大面积绝收。

病原及特征　病原为古巴假霜霉 [*Pseudoperonospora cubensis*（Berk. et Curt.）Rostov.]，属假霜霉属（*Pseudoperonospora*）。古巴假霜霉属专性寄生菌，不能用人工培养基培养。菌丝体无隔膜，在寄主细胞间寄生扩展，以卵形或指状分枝的吸器伸入寄主细胞内吸收养分。无性繁殖由孢囊梗处生出孢子囊，孢囊梗由气孔伸出，单生或 2～5 个丛生，大小为 140～450μm×5～6μm，主干占全长的 2/3～

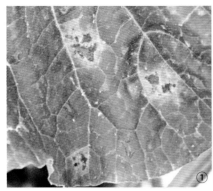

图1 甜瓜霜霉病症状（杨渡提供）
①初期症状；②典型症状；③后期症状

3/5，主干为非典型双分叉式分枝，上部有3～5锐角分枝，分枝顶端产生孢子囊，成熟孢子囊浅灰至深紫色，卵形或椭圆形，顶端有乳突，大小为21～39μm×14～23μm。在高感品种上可产生大型孢子囊27～58μm×14～30μm，孢子囊在水中萌发，产生6～8个游动孢子（大型孢子囊可产生15～22个游动孢子）。游动孢子无色，单胞，近似卵圆形，直径8～12μm，具双鞭毛，游动孢子游动后静止，变为静孢子。

古巴假霜霉有性世代为异宗配合，雄器为棍棒状至球形。卵孢子球形，直径30～51μm，壁光滑，透明至红褐色（图2）。曾在黑龙江、新疆等地黄瓜、甜瓜叶肉组织内观察到卵孢子。

侵染过程　当孢子囊降落在甜瓜叶片上后，在叶片表面存在水膜的情况下，孢子囊释放出游动孢子，游动孢子游向开放的气孔，经气孔入侵，先在气孔附近形成静孢子，静孢子发芽后形成附着胞，附着胞长出侵入菌丝入侵气孔，菌丝在细胞间扩展，通过形成吸器从植物细胞中获取营养。之后从气孔长出孢子囊梗，在孢子囊梗顶部的小梗上形成孢子囊。

侵染循环　瓜类霜霉病菌的侵染循环主要是在黄瓜上完成。黄瓜生产在中国大部分地区基本上是周年不断的，霜霉菌主要以孢子囊随风在黄瓜、甜瓜等瓜类作物上辗转传播，从前一茬传到下一茬，从一块地传到另一块地，周年不断传染、传播，从而完成侵染循环。在北方寒冷冬季存在有大量瓜类温室的区域，温室中的霜霉菌可为当地提供大量的初侵染病原菌，由温室先传播到拱棚，再传播到露地甜瓜，甜瓜霜霉病的发生从瓜类温室附近开始由近向远逐步传播开来。

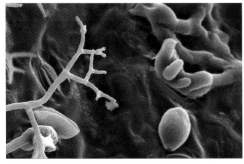

图2 甜瓜霜霉菌孢囊梗、孢子囊（杨渡提供）

这是瓜类霜霉病完成侵染循环的主要形式。

在黄瓜（瓜类）冬季生产中断的地区和年代，瓜类霜霉病的发生在世界许多地区都呈现出由南向北依次逐段发病的状态。病菌的孢子囊可随春季的季风远距离传播，侵染危害，为这些地区提供初侵染病原。

在同时存在古巴假霜霉菌A1和A2交配型的地区，当A1和A2交配型霜霉菌的孢子囊同时侵染了同一寄主叶片时，就会在叶肉组织内产生卵孢子。卵孢子可以在土壤中的病残体内越冬，成为翌年的初侵染源。

流行规律　孢子囊在病菌的侵入、传播和流行上起着重要作用，影响孢子囊侵染的因子主要有湿度、温度和光照。叶片表面存在水膜是影响游动孢子释放、芽管萌发的决定性因素，保证病菌侵染的最短保湿时间为2小时，6小时的水膜就可满足游动孢子的释放和侵染，孢子囊游动孢子释放温度范围5～30℃，最适温度10～20℃。在适宜条件下，感病品种接种霜霉菌后4～5天可在叶片背面产生孢子囊，潜育期的长短取决于接种量、发病条件和寄主感病性。平均温度为15～16℃时，潜育期5天；17～18℃时为4天；20～25℃时为3天。孢子囊接种量为$10×10^3$个/cm^2时潜育期只有3天，孢子囊接种量为10个/cm^2时潜育期为7天或更长。在最初的侵染阶段，晚上10～15℃，白天25～30℃更有利于发病。

甜瓜霜霉病孢子囊可随风、水、甲虫、农器具等进行传播。风是孢子囊传播的最主要的方式，特别是远距离传播，孢子囊可随气流传播数百千米。

甜瓜霜霉病流行传播系统单元是围绕越冬黄瓜温室区（同一初侵染菌源地）形成的。其结构由区系（包含若干甜瓜种植区）、种植区（包含若干甜瓜田块）和甜瓜田块三级结构构成（图3）。位于已发生霜霉病的黄瓜温室附近的甜瓜最先感染霜霉病，甜瓜发病后就近先在本种植区内传播，当经过数代繁殖达到一定的菌量后，作为次生菌源地，借助气流传输，为相邻的甜瓜种植区提供侵染菌菌，相邻的种植区发病后，又成为下一个相邻的种植区的次生菌源地。甜瓜霜霉病流行传播系统正是因为这种"菌源关系"而形成。有时一个甜瓜产区的甜瓜霜霉病流行传播系统是由多个甜瓜霜霉病流行传播系统单元组成，那么这个流行传播系统就是多个流行系统单元的复合、叠加的综合作用，从而形成复杂的

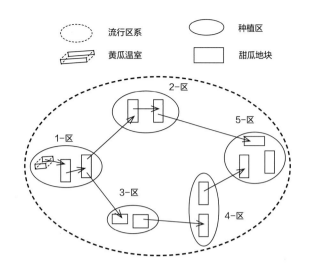

图 3　甜瓜霜霉病流行传播系统单元结构图（杨渡提供）

"菌源关系"。在有些地方也可能存在卵孢子越冬和温室越冬并存的情况，同时存在 A1 和 A2 交配型霜霉菌的地区，可产生卵孢子。有性繁殖是霜霉菌致病性变异的一个主要方式，卵孢子侵染后产生的孢子囊如果在致病力上具有竞争优势，当在种群数量上逐步占据一定的份额时，这样就可能导致一个产区流行传播系统内霜霉病致病性的变异和分化。

甜瓜霜霉病的发生程度，主要取决于该区系内甜瓜生长中后期的降雨量和降雨日数（在新疆为 6 月 1 日至 8 月 15 日的降雨量和降雨日数，降雨日数包括降雨量为 0.00 的天数）。根据多年对新疆甜瓜霜霉病流行规律的研究，得到一个预测式：

$$A=0.0862×降雨量 +0.1423×降雨日数$$

当 A>7.5875 时，发生大流行（病情指数 60 以上）。

当 6.7765<A<7.5875 时，发生中度流行（病情指数 40～60）。

当 4.9848<A<6.7765 时，发生轻度流行（病情指数 40～10）。

当 A<4.9848 时，轻度发生（病情指数 10 以下）。

防治方法　甜瓜霜霉病的防治应本着"系统控制，防重于治"的原则。瓜类温室、大棚是大田甜瓜霜霉病发生流行的主要病源地，瓜类霜霉病的发生基本呈现出从越冬温室黄瓜到春季温室、大棚黄瓜、甜瓜再到露地甜瓜，先早熟后晚熟，距离病源地先近后远的次序。这也是霜霉病调查和防治的大体顺序。在一个流行区尺度上的防治，应主要考虑清除或减少初侵染病原菌，通过选择降雨少的种植区，利用对病原菌在空间和时间上的隔离，选用抗病品种等措施，降低区系内病害的流行速度，以减轻整个区系的发病程度。在种植区尺度上的防治，应主要考虑远离和清除次生病原地，推迟病原菌入侵的时间，降低入侵菌量，对病原菌入侵时间能够进行准确预报，适时采取喷药措施。在田块尺度上的防治，应主要考虑通过各种措施降低田间湿度，选择高效、低毒的农药，及时防治。

生态防治　甜瓜种植区应该和蔬菜产区分开，在甜瓜主产区应避免建设黄瓜温室、大棚，特别是越冬黄瓜温室。甜瓜地块应远离黄瓜地，避免和黄瓜混种；拱棚甜瓜和露地甜瓜也应远离，避免混种；早熟甜瓜和晚熟甜瓜也应分开，避免混种。甜瓜种植区应选择降水少地区，特别是在甜瓜生长的中后期的季节降水少的区域。甜瓜地应选择干旱、地下水位低的砂壤地。

农业防治　甜瓜采用立架栽培是防治霜霉病的一个非常有效的措施。提高整地、浇水质量是防治霜霉病的基础，干旱地区瓜地开沟，瓜沟应大、深、短，地势要平，瓜沟保持在一个水平线上，瓜地畦面应为"龟背形"以防止积水。播种密度适宜，避免密植。甜瓜要蹲苗，从播种算起一般 40 天左右浇第一水，浇水严禁淹地，避免畦面积水；中后期逐步减少浇水量。避免大水大肥，甜瓜营养生长过旺，瓜秧密闭。合理整枝及时坐瓜，促进生殖生长，保持瓜地通风透光。

化学防治　可选用 72% 霜脲锰锌可湿性粉剂 600 倍液、69% 烯酰吗啉·锰锌可湿性粉剂 600 倍液、60% 锰锌·氟吗啉可湿性粉剂 600 倍液、10% 苯醚菌酯悬浮剂 2500 倍液和 58% 甲霜灵锰锌 600 液进行喷雾。平播地每亩均匀喷施 60kg 药液，每间隔 5～7 天喷药 1 次，根据病情防治 2～5 次。

参考文献

中国农业科学院植物保护研究所，中国植物保护学会，2015. 中国农作物病虫害 [M]. 3 版. 北京：中国农业出版社.

COHEN Y, AVIA E Rubin, 2012. Mating type and sexual reproduction of *Pseudoperonospora cubensis*, the downy mildew agent of cucurbits[J]. European journal of plant pathology, 132: 577-592.

COHEN Y, RUBIN A E, GALPERIN M, 2011. Formation and infectivity of oospores of *Pseudoperonospora cubensis*, the causal agent of downy mildew in cucurbits[J]. Plant disease, 95(7): 874-875.

LEBEDA A, COHEN Y, 2011. Cucurbit downy mildew (*Pseudoperonospora cubensis*) biology, ecology, epidemiology, host-pathogen interaction and control[J]. European journal of plant pathology, 129: 157-192.

（撰稿：杨渡；审稿：韩盛）

铁皮石斛褐斑病　brown spot of *Dendrobium candidum*

由极细链格孢引起的，铁皮石斛种苗移植时一种最常见的病害。又名铁皮石斛黑斑病。

分布与危害　广泛分布于中国各地。主要危害叶片，引起黑褐色病斑，初期病斑针尖大小，半月后病斑形成大约 3mm 的近圆形病斑，当气候条件有利于病害发展时，病斑周围叶片变黄，随后叶片脱落，个别植株叶片全部脱落（见图）。

病原及特征　病原为极细链格孢［*Alternaria tenuissima*（Fr.）Wiltsh.］，属链格孢属。分生孢子梗束生，分枝或不分枝，淡绿褐色，大小为 5～100μm×3～5μm；分生孢子有喙，孢子近椭圆形、长卵形至圆桶形，具横隔 2～9 个，纵隔（含斜隔）0～7 个。

侵染过程与侵染循环　病菌以菌丝或分生孢子在病残

铁皮石斛褐斑病症状（伍建榕摄）

组织内越冬，借风雨及水流传播。病原菌主要是通过气孔，也可通过伤口侵入寄主。

流行规律　该病 3 月中旬就可见初发症状，高温高湿、通风不良、缺肥（钾肥）时发病更盛。老叶基本不会被侵染，但可侵染 2～3 年生植株上发出的新叶。

防治方法

农业防治　保持铁皮石斛种植场地通风良好，避免种植土壤过湿。病斑初发时，及时剪去病叶，集中烧毁，可防止传染蔓延。

化学防治　治病期间，用甲基托布津加 1000～1500 倍药剂防治或用波尔多液进行预防，最好与甲基托布津交替

使用。

参考文献

董诗韬，2005. 石斛主要病害及其综合防治技术 [J]. 林业调查规划 (1): 76-79.

梁忠纪，2003. 铁皮石斛病害防治 [J]. 农家之友 (5): 32-34..

刘先辉，冯海明，洪海林，等，2019. 铁皮石斛主要病害的发生与防治技术 [J]. 湖北植保 (3): 37-39.

席刚俊，徐超，史俊，等，2011. 石斛植物病害研究现状 [J]. 山东林业科技，41(5): 96-98.

张天宇，2003. 中国真菌志：第十六卷　链格孢属 [M]. 北京：科学出版社.

（撰稿：伍建榕、武自强、肖月；审稿：陈秀虹）

铁皮石斛炭疽病　anthracnose of *Dendrobium candidium*

由胶孢炭疽菌引起，主要危害铁皮石斛地上部分的一种真菌病害，是铁皮石斛主要病害之一。

分布与危害　主要危害叶片和肉质茎。发病初时，在叶面上出现若干淡黄色、黑褐色或淡灰色的小区，内有许多黑色斑点，有时聚生成若干带，当黑色病斑发展时，周围组织变成黄色或灰绿色，而且下陷。后期病斑中心颜色变浅，病斑上轮生小黑点（见图）。严重时可导致整个叶片或整株死亡。

病原及特征　病原为真菌界子囊菌门粪壳菌纲炭疽菌属胶孢炭疽菌 [*Colletotrichum gloeosporioides* (Penz.) Sacc.]。分生孢子盘近圆形，上散生数目不等的深褐色刚毛，刚毛常稍弯，向顶渐尖且色渐淡，无隔或具 1 个隔膜，大小为 39～62μm×4～7μm。分生孢子梗无色，圆柱形或棒状，稍长于分生孢子。分生孢子单胞，无色，椭圆形或两端钝圆的圆柱形，大小为 11～13μm×3～4μm。

侵染过程与侵染循环　病原菌以分生孢子飞散进行空气传染，主要靠风雨、浇水等传播，多从伤口处侵染，栽植过密、通风不良、叶子相互交叉易感病。一年四季均可发病，春天主要感染老叶、叶尖，夏天主要感染新苗。

流行规律　一般在高温高湿、通风不良条件下发病严重，连续阴雨后突然出现暴晴天气，该病发生较为严重。发病适温为 22～28℃，相对湿度 95% 以上。栽培管理上偏施氮肥，光照不足易诱发该病。铁皮石斛遭受寒害、农药害、

铁皮石斛炭疽病症状（李凡提供）

太阳灼伤以及氮肥施量过多、基质过酸或种植太密、通风不良、水分失调等造成根系不发达的弱株，都容易受害。

防治方法　加强棚内空气的流通，并控制空气相对湿度，以 80% 为佳，基质要间干间湿。发现病株残体及时清除，并将病株、病叶及时带离大棚并集中处理，保持环境清洁。基质浸泡发酵，在浸泡液中加入多菌灵，杀死基质中附带的病原菌。发病前可用 65% 代森锌 600～800 倍液或 75% 百菌清 800 倍液加 0.2% 浓度的洗衣粉喷施预防。该病初发时可用 75% 的甲基托布津 1000 倍液，或 25% 炭特灵可湿性粉剂 500 倍液、25% 苯菌灵乳油 900 倍液，或 50% 退菌特 800～1000 倍液，或 80% 炭疽福美可湿性粉剂 800 倍液，或 50% 多菌灵 800 倍液，隔 7～10 天喷 1 次，连续 3～4 次。

参考文献

曹琦，王学平，2015. 药用铁皮石斛常见病虫害及其防治 [J]. 现代农业科技 (13): 154-155.

陈尔，王华新，陈宝玲，等，2015. 铁皮石斛病虫害调查及防治技术 [J]. 湖北植保 (5): 23-26.

李扬，任建武，史秋杰，等，2016. 北京地区温室栽培铁皮石斛炭疽病防治 [J]. 中国园艺文摘 (8): 160-161.

邱道寿，刘晓津，郑锦荣，等，2011. 棚栽铁皮石斛的主要病害及其防治 [J]. 广东农业科学 (S1): 118-120.

（撰稿：李凡；审稿：高微微）

铁皮石斛圆斑病　round spot of *Dendrobium candidium*

由露湿漆斑菌引起的，主要危害铁皮石斛地上部分的一种真菌病害。

发展简史　2015 年在云南普洱首次被发现，其他地区尚未见报道。

分布与危害　在云南局部地区有分布。铁皮石斛圆斑病是云南铁皮石斛上发生的一种真菌新病害，主要危害石斛叶片部分，种植区发病率大约为 30%。铁皮石斛感病初期叶片上出现水渍状近圆形黑色或褐色斑点，病斑稍有凹陷。随着病斑不断扩大，颜色逐渐加深，病斑形成一个同心圆环，圆环之间呈灰褐色和暗绿色相间的轮纹。后期叶片开始枯萎，变干变薄，有的叶片基部开始收缩，最后脱落，湿度较高时叶片开始腐烂，叶片正面和背面的圆斑上会长出白色的小颗粒即为分生孢子盘（见图）。

铁皮石斛圆斑病症状（李凡提供）

病原及特征　病原为有丝分裂孢子真菌漆斑菌属露湿漆斑菌（*Myrothecium roridum* Tode ex Fr.）。菌丝初为白色，绒毛状，菌落背面淡黄色，菌落以圆形向周围不断扩展，菌落上均能形成分生孢子座，为浅杯状，常被大量的墨绿色的胶黏分生孢子团覆盖，菌落表面呈墨绿色的同心轮纹，菌落背面颜色加深为褐色。分生孢子梗无色，有分枝，无分隔，顶端呈扫帚状分枝。分生孢子无色，杆状，窄椭圆形，两端钝圆，但基部略呈平截，成堆时呈墨绿色或黑色，埋藏于黏液中，孢子大小为 4.8～7.6μm×1.5～2.5μm。

侵染过程与侵染循环　病菌以菌丝体和分生孢子座随病残体遗落在土壤或基质中越冬，以分生孢子作为初侵染与再侵染接种体，借助气流或雨水溅射传播，从气孔或贯穿表皮侵入致病。

防治方法　使用 250g/L 己唑醇 8500 倍液，或 40% 苯醚甲环唑 3600 倍液进行喷施。

参考文献

CHEN X Q, LI M R, LAN P X, et al, 2015. First report of *Myrothecium roridum* causing round spot on *Dendrobium candidum* in China[J]. Journal of plant pathology, 97(S): 72.

（撰稿：李凡；审稿：高微微）

土传病害　soil-borne disease

生活在土壤中的病原物或者土壤中病株残体中的病菌，从作物根部或茎部侵害而引起的植株病害。侵染性病原包括真菌、细菌、放线菌、线虫等，其中以真菌为主，分为非专性寄生与专性寄生两类。非专性寄生是外生的根侵染真菌，如腐霉菌引起苗腐和猝倒病、丝核菌引起苗立枯病。专性寄生是植物微管束病原真菌，典型的有尖孢镰、黄萎轮枝孢等引起的萎蔫、枯死。

土传病害按侵染部位来分，可以分为从植物根部、茎部、生长点、植物伤口或表皮侵入；按侵染病源可以分为真菌、原核生物、线虫、病毒；按侵染对象可以分为大田作物、果树、蔬菜等。

土传病害的病原菌主要是在土壤里越冬（夏），依赖土壤腐殖质和残枝败叶或残存物质生存，在土壤内存活的时间较长，一般枯萎病菌在土壤内可存活 5～6 年之久。有些病原物产生各种各样的休眠体，如真菌的卵孢子、厚垣孢子、菌核、冬孢子、闭囊壳等。这些休眠体能够抵抗不良环境而越冬、越夏。如谷子白发病菌是以卵孢子在土壤、粪肥及种子上越冬；小麦秆黑粉菌和玉米丝黑粉菌是以冬孢子在土壤、粪肥及种子上越冬。引起番茄灰霉病、小麦纹枯病、黄瓜菌核病、棉花黄萎病等病害的病原真菌都是以菌核在土壤中越冬或越夏。

有些病原物可以在病株残体、土壤及各种有机物上腐生而越冬、越夏。如玉米大斑病、玉米小斑病、玉米圆斑病、稻瘟病，田间地头的秸秆是病害重要的初侵染来源。在适宜的条件下，带菌残体释放出病菌，传播导致病害。小麦赤霉病菌再侵染的作用不大，但由于病原菌有一个较长的腐生阶段，在腐生阶段可以完成菌量的大量积累，所以，短时间就可以造成严重的病害。

有些病原物的休眠体先存活在病株残体内，当残体腐烂分解后，再散落到土壤里。土传病害的病原菌一般是通过土壤、肥料（有机肥）、灌溉水或流水进行传播，危害部位以植株地下部位的根、茎为主，侵染寄主植物的维管束，逐渐向上延伸，由病原菌在维管束内繁殖，阻塞其输送营养物质，致使植株在短期内枯萎死亡。

由于农药化肥的大量施用，土壤的理化性质发生了较大变化，土壤中有益微生物减少，土壤自身的修复能力降低，因而土传病害发生严重。加之现在农业现代化水平的提高，设施土壤大量出现，种植的植物品种单一，复种指数高，生态多样性遭到严重破坏，这些都为致病微生物提供了赖以生存的寄主和繁殖场所，也是土传病害大量发生的重要原因之一。因此，必须采取综合防治措施，对土传病害进行预防和治疗。

首先，培育抗病品种，因地制宜选用抗病品种是预防土传病害简单而有效的措施。其次，对土壤进行消毒，杀死土壤里的微生物也可有效防治病害，包括物理消毒技术和化学消毒技术，立枯病、猝倒病、灰霉病、疫病、枯萎病、青枯病、根腐病、根结线虫病等均可用化学药品消毒来进行防治，但是使用化学药品消毒需要交替轮换使用，以防止病菌产生抗药性。

生物防治是指利用一种或多种微生物来抑制病原菌生命活力和繁殖能力的方法。生物防治植物病害的常见机制：改善土壤理化性质及营养状况促进植物生长，提高植物健康水平，增强寄主植物的抗病能力；利用生防细菌、真菌及放线菌等拮抗微生物的寄生、抗生作用及其与病原菌的营养物质、生态位的竞争效应抑制和消灭病原菌；诱导寄主植物产生对病原菌的系统抗性。生防微生物的寄生作用表现为拮抗寄生物与目标病原菌进行特异性识别，并诱导产生细胞壁裂解酶降解病原菌的细胞壁使寄生物能进入病原菌的菌丝内以发挥抑菌和灭杀作用。生防细菌有种类和数量众多、可人工培养、具有较好的生态位等特点，利用其防治土传病害的研究已经取得了较好的成绩。生防真菌，包括木霉菌、内生真菌、丛枝真菌、寄生真菌、生防放线菌。其中木霉属真菌是研究最多且效果最好的一种，它的生防效果已在很多应用试验中得到证实，木霉菌的生防机制主要包括竞争作用、重寄生作用、抗生作用和诱导抗性作用。

有机肥，特别是添加了多种功能菌的生物有机肥能够有效抑制病原菌，减少土传病害的发生，其中，农业生产中最常用的有机肥——堆肥能有效防治多种作物土传病害，可以有效减少小麦白粉病、生姜青枯病、草莓黑根腐病、秋海棠灰霉病、仙客来萎蔫病、康乃馨根部腐烂以及萝卜、番茄、莴苣等细菌性叶斑病的发生。

参考文献

何云龙，谢桂先，孙改革，等，2012. 土传病害防治的研究进展[J]. 湖南农业科学 (6): 27-29.

李胜华，谷丽萍，刘可星，等，2009. 有机肥配施对番茄土传病害的防治及土壤微生物多样性的调控[J]. 植物营养与肥料学报, 15(4): 965-996.

李兴龙，李彦忠，2015. 土传病害生物防治研究进展[J]. 草业学报, 24(3): 204-212.

刘滨疆，于运祥，许维辉，2009. 预防植物土传病害的新方法—空间电场/强化剂同补[J]. 农业工程技术（温室园艺）(4): 21-22.

ALABOUVETTE C, OLIVAIN C, STEINBERG C, 2006. Biological control of plant diseases: the European situation[J]. European journal of plant pathology, 114(3): 329-341.

（撰稿：马占鸿；审稿：王海光）

土传病害的综合防控　integrate management of plant soil-borne disease

综合利用物理、化学、生物和生态手段控制经土壤传播的真菌、细菌、线虫和病毒引起的植物病害。实现促进植物生长，有效控制病害，减少防治成本，保护生态环境的目的。

土传病害是指病原体如真菌、细菌、线虫和病毒随病残体生活在土壤中，条件适宜时从作物根部或茎部侵害作物而引起的病害。土传病害是农业中危害严重而且较为隐蔽、防治较为困难的一类病害，对农业生产常常造成严重的经济损失。常见的土传病害包括小麦全蚀病、棉花立枯病、黄瓜枯萎病、黄瓜猝倒病等。化学防治和抗病育种只对少数土传病害有效，对大多数土传病害防效甚微。

土传病害的综合防治已成为整个植物病害生物防治的重点。土传病害仅靠某一种防治方法难以起到作用，需要进行综合治理，即根据有害生物与环境之间的相互关系，充分发挥自然控制因素的作用，因地制宜地协调应用必要的措施，将有害生物控制在经济损害水平以下，如采用有害生物的天敌、遗传抗性和栽培管理等方法。

防治植物病害按照其作用原理，通常分为回避、杜绝、铲除、保护、抵抗和治疗等途径。每种防治途径又开发出许多防治方法和防治技术，分属于植物检疫、农业防治、抗病品种、生物防治、物理防治和化学防治等不同领域。土传病害的综合防治就是将上述各种方法有效地组合起来进行应用。

植物检疫　通过法规形式来控制有害病原生物的传播蔓延。在调运种子、苗木、接穗、果品及其包装材料时，严格检查其中的危险性病虫种类，以防止这些病虫通过不同媒介传播到新区。在植物检疫处理中采用的技术手段有熏蒸、药剂喷洒、辐射、冷处理、热处理、暴晒、水浸、剥皮、解板、微波等多种。

化学防治　利用化学药剂等手段来防治植物病害。化学农药的生产和使用技术已经取得长足的进步，正朝着低用量、低毒性、高效率的方向发展，再加上化学农药本身高效、快速、容易使用等特点，化学农药的地位在很长一段时间内仍将发挥重要作用。

生物防治　通过有益生物防治植物病害。主要利用有益微生物对病原物的各种不利作用来减少病原物的数量和削弱其致病性。方法包括拮抗微生物的选择和利用、重复寄生菌、植物诱导抗病性、交叉保护作用和生物技术等。生物防治与

T

其他防治方法相比，具有许多独特优点，如相容性和可持续性。其相容性不仅表现在能与多种其他防治措施并用，更为重要的是能与环境高度相容，这种相容性直接促进其可持续性，因为在植物生态系统中不论是有害生物还是有益生物都可在一定程度上长期共存，而对资源的利用实际上是一种再生性和可循环性利用，这一措施对保护生态环境具有积极的作用。

植物源活性成分在植物土传性病害防治中的应用研究是快速发展的一个方面。在很多植物中都能发现杀菌、抑菌和抗病毒的活性成分，结合现代植物有效活性成分提取技术，开发出以植物为原料的生物农药，具有效果好、不易引起抗药性、对人畜安全、不污染环境等优点。植物源的杀菌活性成分有萜类、挥发油、生物碱类及其他抗菌活性物质等；植物源农药抗病毒活性成分有牛心朴子草中的安托芬生物碱、马齿苋提取物等。如大蒜等10余种植物组织的挥发性成分和水溶性浸出液对立枯丝核菌、茄腐镰刀霉、细交链孢霉等引起的病害都有显著的抑制作用。苦参、烟碱、苦楝等经酸提或醇提后，与乳化剂、助剂、渗透剂、松节油、抗氧剂混合加热搅拌制成药剂，具有抑菌、杀菌和杀虫的显著效果。

在土壤中施用某些植物体或其提取液，可以降低寄生线虫的虫口密度。中国古代有记载的用于防治蠕虫、昆虫、螨类的中草药至少有500多种，把这些有记载的中草药转而用于防治植物寄生线虫，成功率大大增加。

微生物在植物土传性病害防治中的应用，如用芽孢杆菌防治马铃薯疮痂病、番茄青枯病、小麦赤霉病及其他一些土传性和地上部病害。防治土传病害的生防菌是营腐生生活的革兰氏阳性细菌，可以内生芽孢，抗逆能力强，繁殖速度快，营养要求简单，易定殖在植物表面。用于生防芽孢杆菌的种类有苏云金芽孢杆菌（Bacillus thuringiensis）、枯草芽孢杆菌（Bacillus subtilis）、多黏芽孢杆菌（Bacillus polymyxa）、解淀粉芽孢杆菌（Bacillus amyloliquefaciens）、蜡状芽孢杆菌（Bacillus cereus）、地衣芽孢杆菌（Bacillus licheniformis）、巨大芽孢杆菌（Bacillus megaterium）和短小芽孢杆菌（Bacillus pumilis）。利用枯草芽孢杆菌防治由水稻纹枯病菌（Rhizoctonia solani）、腐霉菌（Pythiwn spp.）、镰刀菌（Fusarium spp.）引起的病害，都取得了较好的效果。假单胞菌（Pseudomonas spp.）在土传病害的防治中也有很大潜力，应用的主要种类有荧光假单胞菌（Pseudomonas fluorescens）、洋葱假单胞菌（Pseudomonas cepacia）和恶臭假单胞菌（Pseudomonas putide）等。放射性土壤农杆菌（Agrobactrium radiobacter）是 K84 菌株防治由根癌土壤杆菌引起的果树冠瘿病效果很好，并在许多国家推广。

生物表面活性剂是最近发现的一类具有生防作用的拮抗物质。荧光假单胞菌的某些菌株产生的生物表面活性剂，降低了病原菌孢子的表面张力，在细胞膜内外膨压的作用下，使孢子细胞破裂而死亡。壳聚糖作为一种环境友好、具有良好生物相容性的生物农药，已经成功地应用于农业植物病害方面的防治当中并且产生了较大的经济效益及社会效益。壳聚糖可诱导植物的抗病性，可用作新型的植物病害抑制剂，减少病原菌特别是致病真菌对植物的危害。如番茄苗用壳聚糖溶液浸根或喷雾或在生长基质中加入壳聚糖可诱导番茄对根腐病的抗病性；用0.4%的壳聚糖溶液直接喷洒到烟草上，10天内即可减少烟草斑纹病毒的传染；喷洒0.1%的壳聚糖还可阻止豆科植物病原真菌的繁殖；利用壳聚糖溶液还可有效地阻止危害水果的黑斑病菌的生长。

用自然界存在的或人工诱发的一些同种或相近种的致病性较弱的病毒株系或真菌、细菌病原物菌株接种于寄主植物以降低或抵御一些致病性较强的病原物对植物的为害。

农业防治　又名栽培防治，主要通过采用农田常规作业管理的基本措施来防除病害，创造不利于病原物生长而有利于植物体生长发育的环境条件，调控病原物的数量和增强植物的抗病力，是最基本的病害防治方法。主要有无病繁殖材料的选用、合理修剪、合理肥水管理、清洁田园、调整耕作制度、拔除中心病株、适期采收和合理储藏及其他农业措施。

物理防治　采用物理方法或应用各种物理因子来防治病害，主要利用热力处理、设施保护、诱杀和驱避昆虫介体、臭氧防治、高温消毒和闷棚、人工捉虫、辐射、声控、气调、微波、阻隔以及外科手术等方法来防治病害。

抑菌土壤　在自然界中，植物会持续不断地受到来自各种有害病原菌的入侵。土壤会帮助植物抵御病原菌入侵，即使是在气候条件等有利于病原菌入侵的情况下。多种自然抑病型土壤陆续被发现，其中最为著名的是2002年小麦全蚀病抑病土壤的发现，随后马铃薯赤霉病、草莓和香草的镰刀菌枯萎病、甜菜的立枯丝核菌枯萎病等相应的特异性抑病型土壤陆续被发现。抑病型土壤的抑病能力与土壤中特定的有益微生物富集有关。这些富集的有益微生物可以分泌抗生素类物质直接抵御病原菌入侵，有益菌可以激活植物免疫系统，例如 ISR（induced systemic resistance），间接性地协助植物抵御病原菌。抑病土壤微生物群落的形成，往往是单一作物连续种植并在特定的病害剧烈暴发几次之后。

科学意义与应用价值　拮抗作用是生物之间负面相互作用的自然现象。其在农业领域的有益应用之一是生物防治方法。在生物防治方法下，利用某些生物特别是微生物的拮抗特性（称为生物防治剂，BAs）来对抗植物病原体，以控制或至少减轻植物病害的严重性。生物防治方法是环境友好的，不会影响包括人类在内的非目标生物。此外，病原体对这些方法产生抗药性的机会很小，因为所用的 BA 经常具有多靶点作用机制，例如抗菌、竞争、寄生和诱导宿主防御系统。许多微生物，特别是细菌和真菌，已显示出对各种根部病原体的生物防治潜力。尽管生物防治方法比合成化学农药具有许多额外的好处，但这些方法在农民中的普及程度仍然非常有限。

存在问题和发展趋势　不合理使用化学农药、滥施化学农药引起有害生物抗药性、有害生物再猖獗和农药残留等问题的出现，导致生态环境的不断污染和恶化、农田生态系统平衡被破坏、农产品质量下降、药害严重以及病虫害的抗药性增强。对病害发生和流行规律一知半解，见病就治，重治轻防，在防治上缺少预见性，往往等病害发生甚至流行后再开始盲目用药，忽视了"防"的作用，未能充分考虑预防性因素，即创造不利于病原物而有利于植物和有益生物生长的环境。

针对土传性病害防治中存在的问题，展开更有效的综合防治方法的研究，尤其是生物防治产品的开发与利用，是防治植物土传性病害的关键。生防菌从实验室走向田间应用是一个复杂的过程。首先是菌剂的研制，可以将它制成不同的剂型，以延长菌剂的储藏期；其次是生防菌生态学的研究，要运用分子生物学技术和先进的分析测试手段，检测生防菌产生的拮抗物质防治病害发生发展的相互作用；第三，避免植物病原菌对生防菌的拮抗物质产生抗性，可通过采用混合菌株研制生防菌剂。在对土壤微生物、根际微生物进行深入研究的基础上，利用生态的方法控制土传病害，结合灌溉技术和施肥技术的提高，土传病害的问题将得到有效的解决。

参考文献

任争光, 张志勇, 魏艳敏, 2006. 芽孢杆菌防治园艺植物病害的研究进展 [J]. 中国生物防治 (S1): 194-198.

徐美娜, 王光华, 靳学慧, 2005. 土传病害生物防治研究进展 [J]. 吉林农业科学 (2): 39-42.

HAAS D, DÉFAGO G, 2005. Biological control of soil-borne pathogens by fluorescent *Pseudomonads*[J]. Nature reviews microbiology, 3: 307-319.

（撰稿：杨根华；审稿：李成云）

T

外源流行　exodemic

外来菌源（包括田外或区外）在短时间内侵染植物引起大范围发病并导致一定程度损失的过程和现象。一般不表现明显的发病中心，田间病害一开始就呈散发性的随机分布，或本地菌源侵染时间集中的病害，如玉米瘤黑粉病、小麦赤霉病、小麦纹枯病等。外源流行病害在田间发病特点呈弥散式传播，在发病初期田间病株呈随机分布或接近均匀分布。弥散式传播的病害，多为积年流行病害。处于同一年度发生的病害位点是病原物的同一世代。发病位点之间往往没有太多的联系，所以，它们的分布格局常符合二项式分布或普瓦松分布特征。外来菌源，特别是菌量大而时间集中的远距离传播的气传病害和初始菌量大、侵染时间集中的本地菌源病害，其本田发病过程一般只有普发期或严重期。

植物病害的流行受到寄主植物群体、病原物群体、环境条件和人类活动诸方面多种因子的影响，这些因子的相互作用决定了流行的强度和广度。在诸多流行因子中，往往有一种或少数几种起主要作用，被称为流行的主导因子。病害的大流行往往与主导因子的剧烈变动有关。正确地确定主导因子，对于流行分析、病害预测和防治都有重要意义。外源流行是相对于自源流行的一个名词，都是流行学研究中的重要内容。自源流行的地区是病原菌传播路线的源头，而外源流行区则是病原物的迁移定殖区，在理论研究中外源流行区的地位虽不及自源流行重要，然而外源流行的范围和规模对作物产量的影响也极为重要。

外源流行病害的研究应结合其病原核心区，了解病原物在不同时间、不同季节的发生规律和传播模式，找到两者之间重要的串联因子。通过对其核心发病区域的控制以及其传播途径的有效治理，能够减少外源流行区病害的发生和发展。其次，在病原的外源流行区加强病害的调查和发病因素（如极端气候）的监测，及时有效地控制病情的大范围蔓延。在发病较重或较早的田块使用药剂防治等措施，控制病原物数量，对减缓甚至完全控制整个大区病害的流行具有重要作用。

参考文献

马占鸿，2010. 植病流行学 [M]. 北京：科学出版社.

肖悦岩，季伯衡，杨之为，等，1998. 植物病害流行与预测 [M]. 北京：中国农业大学出版社.

（撰稿：马占鸿；审稿：王海光）

豌豆白粉病　pea powdery mildew

由豌豆白粉菌引起的、危害豌豆地上部的一种真菌性气传病害。是世界上大多数豌豆种植区最重要的病害之一。

发展简史　豌豆白粉病记载最早可以追溯到 1805 年，病原菌被定名为豌豆白粉菌（*Erysiphe pisi* DC.）。1900 年，Salmon 将 *Erysiphe pisi* 归为蓼白粉菌（*Erysiphe ploygoni* DC.），之后，两个学名均在文献出现。1987 年，Braun 将引起豆类的白粉菌都归为 *Erysiphe pisi*，其中将豌豆属、苜蓿属、野豌豆属、羽扇豆属、小扁豆属豆科植物上的白粉病菌归为 *Erysiphe pisi* var. *pisi*，将山鳖豆属和芒柄花属植物上的白粉病菌归为 *Erysiphe pisi* var. *cruchetiana*。2004 年，Cunnington 等基于对澳大利亚豆科植物上发生的无性态白粉病菌分子鉴定结果，仅将豌豆上的白粉菌鉴定为 *Erysiphe pisi*。2005 年，Ond ej 等发现 *Erysiphe baeumleri* 引起豌豆白粉病。2010 年，Attanayake 等鉴定 *Erysiphe trifolii* 为豌豆白粉病病原菌。中国最早于 1930 年在吉林记载了豌豆白粉病，病原菌被认作为蓼白粉菌（*Erysiphe polygoni*），之后在内蒙古、辽宁被记载。1991 年，在吴全安主编的《粮食作物种质资源抗病虫鉴定方法》一书中将豌豆白粉病病原菌改正为豌豆白粉菌（*Erysiphe pisi*）。

1925 年，Hammurlund 首次筛选到豌豆抗白粉病资源。1948 年，Harland 发现豌豆对白粉病抗性由一个隐性单基因 *er1* 控制。1969 年，Heringa 等鉴定了另外一个抗白粉病隐性基因 *er2*，但该基因抗性有效性显著受叶龄和温度的影响。2007 年，Fondevilla 等在豌豆近缘种 *Pisum fulvum* 上鉴定了一个显性抗白粉病基因 *Er3*。1994 年，Dirlewanger 等将 *er1* 定位在豌豆第 Ⅵ 分子连锁群。2010 年，Katoch 等将 *er2* 定位在豌豆第 Ⅲ 分子连锁群。2010 年，Pereira 和 Leitão 通过 ENU 诱变感病豌豆品种获得 *er1* 定位基因突变体。2011 年，Humphry 等证明 *er1* 基因的抗性由大麦感白粉病基因 *MLO* 同源基因 *PsMLO1* 功能丧失，并定名了 5 个 *er1* 等位基因。2016 年，孙素丽等在中国资源中发现 *er1-6*，在一个印度资源中鉴定了一个 *er1-7*，并开发了 2 个基因功能标记。

分布与危害　该病在温带及亚热带地区普遍发生，特别是在白天温暖、夜间冷凉的气候条件下危害严重，在生产上造成 25%～50% 的产量损失，严重感染的豌豆品种损失可达 80% 以上。此外，白粉病的发生能够加速豌豆植株的成熟，导致青豌豆的嫩度值快速提高。豆荚被严重侵染可导致籽粒变色、品质下降。在中国，豌豆白粉病在所有豌豆生产区均有发生，其中在云南、贵州、四川、福建、河北、甘肃等一些豌豆主产区危害严重。

白粉病菌可以危害豌豆植株的所有绿色部分。发病初期，最先出现的症状是在叶片或叶托表面产生小的、分散的斑点。病斑初为淡黄色，逐渐扩大形成白色到淡灰色粉斑，最后病斑合并使病部表面被白粉覆盖，叶背呈褐色或紫色斑块。病害由下向上逐渐蔓延，严重的病株，叶片、茎、豆荚上布满白粉，豆荚表皮失去绿色。受害较重组织枯萎和死亡，被侵染区域下面的组织变黑（见图）。

病原及特征 病原为豌豆白粉菌（*Erysiphe pisi* DC.），是活体营养型真菌，属子囊菌门。分生孢子椭圆形至两端钝圆的柱形，无色，单胞，大小为 $30\sim50\mu m\times13\sim20\mu m$。分生孢子梗包括 1 个足胞、1 个分生孢子发生细胞、1 个第一阶段和第二阶段分生孢子，产生连续的末端分生孢子，形成分生孢子链。每一个附着胞下面在寄主表皮细胞内形成 1 个吸器。闭囊壳暗褐色，扁球形，壁细胞为不规则多角形，直径 $80\sim180\mu m$，附属丝丝状，$12\sim34$ 根，基部淡褐色，上部无色，长度为子囊壳的 $1\sim3$ 倍，不分枝，局部粗细不匀或向上稍渐细，壁薄，有 $0\sim1$ 个隔膜。闭囊壳内含有 $3\sim10$ 个椭圆形到近球形子囊，无色，有短柄至近无柄，一般含有 $3\sim6$ 个子囊孢子。子囊孢子椭圆形，大小为 $22\sim29\mu m\times10\sim17\mu m$。

侵染过程与侵染循环 分生孢子在豌豆叶片或其他绿色组织上萌发，产生附着胞直接穿透寄主表皮并在表皮细胞内形成一个吸器，接着从分生孢子上长出菌丝，在叶面上放射状扩展并从细胞间隙侵入表皮细胞。

病原菌以闭囊壳、休眠菌丝或分生孢子在病残体或转主寄主上越冬，成为初侵染源，翌年以子囊孢子进行初侵染，或从越冬的休眠菌丝上产生分生孢子进行侵染。初次侵染一旦建立，则很快形成分生孢子进行再侵染。分生孢子在分生孢子梗上连续产生，借气流远距离传播，1 小时内便可萌发造成侵染，在适宜条件下（约 25℃），潜伏期很短，5 天就能造成病害流行。除侵染豌豆外，豌豆白粉病菌还可侵害其他一些豆科作物，如苜蓿、紫云英、羽扇豆、小扁豆等。

流行规律 豌豆白粉病在白天温暖、干燥，夜间冷凉并能结露的气候条件下发病最重。因此，半干旱的生长季节病害严重流行。分生孢子萌发温度为 10～30℃，最适温度为 20℃；分生孢子适宜萌发的相对湿度为 52%～75%。在没有自由水的条件下，分生孢子也能够萌发和侵染，空气潮湿能够刺激分生孢子的萌发。但空气湿度超过 95% 则显著抑制分生孢子萌发。因此，白粉病在温暖干燥或潮湿环境都易发病，叶面因为结露和下雨时间长而存在自由水，能够降低分生孢子的活力和冲掉分生孢子，减轻病害的发生。因此，在多雨的地区或使用喷灌，白粉病一般发生较轻。

土壤干旱、氮肥施用过量及土壤缺少钙钾肥造成植株抗病力降低，病害发生相对严重。温度偏高、多年连作、地势低注、田间排水不畅、种植过密、通风透光差、长势差的田块发病重。豌豆对白粉病的最易感病生育期为开花结荚时中后期，因此，在北方地区晚熟品种或晚播有利于发病，而在南方地区如福建，迟播则发病时间也相应推迟，后期的损失较小。

品种间抗性存在明显差异，感病品种是病害流行的重要原因之一。已在豌豆上发现两个隐性抗白粉病基因位点 *er1* 和 *er2*，在豌豆野生种 *Pisum fulvum* 中鉴定了一个显性抗白粉病基因 *Er3*，其中 *er1* 介导的抗性由豌豆中与大麦白粉病感病基因 *MLO* 同源的 *PsMLO1* 基因功能丧失突变获得，为完全抗性，并具有广谱性和持久性。*er1* 在自然突变或人工诱变豌豆资源中已鉴定了 7 个 *er1* 等位基因，其中 *er1-1* 和 *er1-2* 在国外被广泛应用有抗病育种中。

防治方法 栽培抗病品种是防治豌豆白粉病最经济有

豌豆白粉病症状（朱振东提供）

效的方法。中国已育成多个抗白粉病豌豆品种，如须菜1号、陇碗5号、云豌4号、云豌8号、云豌18号、云豌21号、云豌23号、云豌35号、云豌36号、云豌37号等。

在没有种植抗病品种的情况下，白粉病防治应该采取综合治理策略。通过早播和利用早熟品种避开病害流行期，适量增施磷、施、钾肥增强植株抗病力，可以减轻白粉病的发生率和严重度。药剂防治应在发病初期（小于5%侵染率）进行，可以用以下药剂进行防治：40%福星乳油6000～8000倍液、15%三唑酮可湿性粉剂1500～2000倍液、10%世高水悬浮剂（苯醚甲环唑）2000～3000倍液、43%戊唑醇悬浮剂3000倍液等，根据病害发生情况隔10～14天1次，连续防治3～4次，不同药剂交替使用。此外，由于杀菌剂的使用增加了公众对食品和环境安全的担心及病原菌抗药性，选择环境友好型产品防治植物病害已成为发展趋势。大量研究表明，一些非杀菌剂产品，如可溶性硅、植物油、甲壳素、无机盐、植物提取物等对白粉病防治有效。0.5%（W/V）碳酸氢钾能够有效防治豌豆白粉病，苯并噻二唑（benzothiadiazole，BTH）、水杨酸（salicylic acid，SA）等诱导对白粉病的抗性。

参考文献

中国农业科学院植物保护研究所，中国植物保护学会，2015.中国农作物病虫害 [M].3版.北京：中国农业出版社.

KRAFT J M, PFLEGER F L, 2001. The compendium of pea diseases and pests[M]. 2nd ed. St. Paul: The American Phytopathological Society Press.

（撰稿：朱振东；审稿：王晓鸣）

（*Peronospora pisi*）、锈病（*Uromyces viciae-fabae*）、灰霉病（*Botrytis cinerea*）、枯萎病（*Fusarium oxysprum* f. sp. *pisi*）、镰孢菌根腐病（*Fusarium solani* f. sp. *pisi*）、丝囊菌根腐病（*Aphanomyces euteiches*）、黑根病（*Thielaviopsis basicola*）、菌核病（*Sclerotinia sclerotiorum*）、丝核菌苗腐病（*Rhizoctonia solani*）、腐霉菌腐烂病（*Pythium* spp.）、豌豆疫霉病（*Phytophthora pisi*）。细菌性病害主要有细菌性叶斑病（*Pseudomonas syringae* pv. *pisi*）和细菌性褐斑病（*Pseudomonas syringae* pv. *syringae*）。有数十种植物病毒能够侵染豌豆引起豌豆病毒病，其中主要有苜蓿花叶病毒（AMV）、菜豆黄花叶病毒（BYMV）、菜豆卷叶病毒（BLRV）、蚕豆萎蔫病毒（BBWV）、甜菜西方黄化病毒（BWYV）、豌豆耳突病毒（PEMV）、红三叶草脉花叶病毒（RCVMV）、豌豆种传花叶病毒（PSbMV）、豌豆线条病毒（PeSV）等。豌豆线虫有孢囊线虫病（*Heterodera goettingiana*）、根结线虫病（*Meloidogyne* spp.）、根斑线虫病（*Pratylenchus* spp.）。危害豌豆的寄生植物有列当（*Orobanche crenata*）。

参考文献

王晓鸣，朱振东，段灿星，等，2007.蚕豆、豌豆病虫害鉴别与控制技术 [M].北京：中国农业科学技术出版社.

宗绪晓，杨涛，李玲，等，2016.豌豆生产技术 [M].北京：北京教育出版社.

KRAFT J M, PFLEGER F L, 2001. The compendium of pea diseases and pests[M]. 2nd ed. St. Paul: The American Phytopathological Society Press.

（撰稿：朱振东；审稿：王晓鸣）

豌豆病害　pea diseases

豌豆是豆科（Leguminosae）蝶形花亚科（Papilionoideae）豌豆属（*Pisum*）双子叶植物。豌豆起源于亚洲西部、地中海地区和埃塞俄比亚、小亚细亚西部、外高加索地区，伊朗和土库曼斯坦是其次生起源中心。豌豆驯化栽培的历史至少在6000年以上，广泛种植在世界各地，是世界上第四大豆类作物。据FAO统计，2014年世界干豌豆和青豌豆种植面积分别为693.19万 hm² 和235.63万 hm²，总产量分别为1118.61万 t 和1742.64万 t。同年，中国干豌豆和青豌豆种植面积分别95.00万 hm² 和133.85万 hm²，总产量分别为135.00万 t 和1071.12万 t，是世界第一大豌豆生产国。豌豆在中国已有2000多年的栽培历史，全国各地均有种植，其中干豌豆主产区在云南、四川、甘肃、内蒙古和青海等地，青豌豆生产主要分布在沿海各地及云、贵、川高海拔地区。豌豆具有较全面而均衡的营养和药用价值。此外，豌豆还具有固氮能力强、适应性广泛等特性，是农业种植结构调整中重要的间、套、轮作和养地作物。

危害豌豆的病害包括真菌病害、细菌病害、病毒病害、线虫病害和寄生性植物病害等。豌豆真菌病害主要有白粉病（*Erysiphe pisi*）、壳二孢疫病（*Ascochyta pisi*、*Ascochyta pinodes*）、链隔孢叶斑病（*Alternaria alternata*）、霜霉病

豌豆壳二孢疫病　pea *Ascochyta* blight

由豆类亚隔孢壳、豌豆壳二孢、豌豆脚腐病菌等引起的，危害豌豆所有部分的复合性真菌病害，是世界上所有豌豆种植区最重要的病害之一。

发展简史　1927年，Jones明确和描述了3个壳二孢种引起的豌豆病害症状和真菌学特征，即豌豆壳二孢（*Ascochyta pisi*）引起壳二孢叶和荚斑病（*Ascochyta* leaf and pod spot，中文名豌豆褐斑病）、豌豆球腔菌（*Mycosphaerella pinodes*；无性型：豆类壳二孢 *Ascochyta pinodes*）引起球腔菌疫病（*Mycosphaerella* blight，中文名豌豆褐纹病或豌豆黑斑病）、豌豆脚腐病菌（*Ascochyta pinodella*，现定名为 *Phoma medicaginis* var. *pinodella*）引起壳二孢脚腐病（*Ascochyta* foot rot）。2007年，Peever等基于分子数据将 *Mycosphaerella pinodes* 重新转换为豆类亚隔孢壳（*Didymella pinodes*）。豌豆壳二孢的有形态于2009年被发现并鉴定为豌豆亚隔孢壳（*Didymella pisi*）。2009年，Davidson等在澳大利亚鉴定了一个引起豌豆壳二孢疫病的新病原菌 *Phoma koolunga*。2011年、2012年和2017年，草茎点霉（*Phoma herbarum*）、*Boremia exigua* var. *exigua*（异名 *Phoma exigua* var. *exigua*）和葡萄茎枯病菌（*Phoma glomerata*）分别被发

W

现引起豌豆壳二孢疫病。在中国，1943 年在吉林和黑龙江首次记载了豌豆壳二孢，之后该菌在大多数豌豆产区被记载，除豌豆外、扁豆、蚕豆、救荒野豌豆和长柔野豌豆也被认作寄主；1966 年，在吉林首次记录了豆类壳二孢，绿豆、救荒野豌豆和长柔野豌豆也被认作寄主。2016 年，Liu Na 等在浙江将引起豌豆壳二孢疫病的病原菌鉴定为豆类壳二孢（Ascochyta pinodes）。

分布与危害 该病害复合体广泛发生于世界各豌豆产区，可造成 20%～75% 产量损失。中国已报道豌豆壳二孢和豆类亚隔孢壳两种病原菌，分别引起褐斑病和褐纹病。褐斑病和褐纹病在各豌豆种植区都有发生，褐斑病危害较轻，褐纹病危害较重，一般造成 15%～20% 的产量损失，严重时减产高达 50%。

豌豆壳二孢主要危害植株地上部分。叶片和荚上病斑呈圆形，茎部病斑呈椭圆形或纺锤形，略凹陷，病斑中心黄褐色或棕色，有明显的深褐色边缘，病斑上产生大量小黑粒点，即分生孢子器（图 1）。豆类亚隔孢壳侵染豌豆叶片、茎、荚和子叶，症状初为小的紫色不规则斑点，边缘不明显。在较老的叶片上或在适宜的条件下，病斑扩大，有时合并，导致组织干枯。叶部和荚上病斑常常产生分生孢子器，并以黄褐色和棕色交替的同心环方式扩展形成轮纹斑（图 2）。严重侵染可导致叶片失水、易碎，但叶片不脱落。茎上病斑呈紫黑色，常常合并，甚至环茎，造成上部叶片变黄、植株枯死。病菌能够穿过荚侵染内部的种子，引起种皮皱缩和变色。

病原及特征 病原主要为豆类亚隔孢壳（Didymella pinodes），异名豆类壳二孢［Ascochyta pinodes（Berk. et Blox）Jones］和豌豆壳二孢（Ascochyta pisi Libert），分生孢子椭圆形，无色，多数具 1 隔，分隔处缢缩，大小为 10～16μm×3～6μm；假囊壳深褐色，球形，具乳突状孔口，180μm×90μm；子囊棍棒状，大小为 50～80μm×10～15μm，含 8 个子囊孢子；子囊孢子无色，双胞，分隔处缢缩，圆柱形，顶端渐尖，17.2μm×7.9μm。

豌豆壳二孢分生孢子器球形或扁球形，有圆形孔口，亮棕色，孢子器壁膜质；分生孢子无色，双胞，椭圆形或圆柱形，两端圆滑，分隔处略缢缩，大小为 10～16μm×3～5μm。有性阶段为豌豆亚隔孢壳，假囊壳球形到不规则形，直径 200～400μm，孔口不明显，褐色至黑色，质地软；子囊双囊壁，圆柱形至囊状，具短或废弃的柄，长 46～168μm，宽 10～15μm，内含 8 个子囊孢子，通常单列排列；子囊孢子无色，双胞，分隔处缢缩，两端圆形，或一端稍尖，表面光滑，大小为 12～17.5μm×6.5～8.5μm。病菌具有明显的生理分化，国外已经鉴定出 5 个以上的生理小种。

豌豆壳二孢具有较强的寄主专化型，而豆类亚隔孢壳寄主范围较宽，能够侵染包括山黧豆属、野豌豆属、豌豆属、豇豆属、苜蓿属、兵豆属、三叶草属、菜豆属、冠状岩黄芪、白羽扇豆、葫芦巴的豆科植物。

侵染过程与侵染循环 病原菌孢子遇适宜条件在寄主组织上萌发，菌丝产生附着胞和侵染钉直接穿过角质层，或通过气孔侵入，然后再通过表皮外层细胞壁生长，偶尔也侵入细胞，但不引起坏死，此阶段病菌可能为活体营养性。随着侵染组织的坏死开始典型的腐生性阶段。

图 2 豌豆褐纹病症状（朱振东提供）

图 1 豌豆褐斑病症状（朱振东提供）

豌豆壳二孢腐生能力较弱，在病残体上越冬的病菌不是主要的初侵染源。种子带菌对病害发生和流行极为重要。带菌种子出苗后在子叶和下胚轴产生病斑，并在病组织上产生分生孢子器。分生孢子借风雨传播，从气孔或者直接穿透表皮侵入寄主组织，潜育期6～8天，在新病斑上产生分生孢子器和分生孢子进行再侵染。豆类壳二孢以厚垣孢子在土壤中越冬，或以菌丝体、菌核或假囊壳在豌豆植株残体上越冬。在春天，越冬病原菌产生分生孢子或子囊孢子进行初侵染。分生孢子通过雨溅短距离扩散；子囊孢子通过风传进行大范围侵染，是主要初侵染源。

流行规律　两种病原菌都可种传，因此，种子带菌是导致病害流行的一个重要原因。冷凉、潮湿多雨的天气、植株损伤有利于病害的发生与蔓延。

防治方法　豌豆壳二孢疫病既是种传病害又是气传病害，且迄今没有发现高抗资源，因此，必须进行综合治理，即种植抗耐病品种辅以农业防治和药剂防治。

豌豆对豌豆壳二孢疫病具有数量抗性，种植耐病品种是防治该病首选方法之一。通过选育健康种子和与非寄主作物轮作可以杜绝或减少病害发生的初侵染源。在栽培防病方面，通过选择土质疏松的地种植、施用腐熟的有机肥、增施钾肥和钼肥、收获后及时清除病残体和深翻土地等措施可以减轻病害严重度。在药剂防治方面，用种子重量0.1%的50%苯菌灵和50%福美双可湿性粉剂混合药剂（1∶1）拌种，发病初期喷代森锰锌、百菌清、福美双、戊唑醇、啶酰菌胺、异菌脲、多菌灵、咯菌腈等，隔7天喷1次，连喷3～4次。

参考文献

王晓鸣，朱振东，段灿星，等，2007. 蚕豆、豌豆病虫害鉴别与控制技术 [M]. 北京：中国农业科学技术出版社.

KRAFT J M, PFLEGER F L, 2001. The compendium of pea diseases and pests[M]. 2nd ed. St. Paul: The American Phytopathological Society Press.

（撰稿：朱振东；审稿：王晓鸣）

豌豆枯萎病　pea *Fusarium* wilt

由尖孢镰刀菌豌豆专化型引起的、危害豌豆根、茎维管束的一种真菌病害，是世界上大多数豌豆种植区最重要的病害之一。又名 St. John's wilt。

发展简史　最早于1925年由 Jones 和 Linford 在美国描述。1928年，Linford 将病原菌定名为 *Fusarium othoceras* var. *pisi*，1935年，更名为 *Fusarium oxysporum* f. sp. *pisi*。1933年，Snyder 描述了豌豆近萎蔫病，其病原菌能够克服抗 *Fusarium othoceras* var. *pisi* 豌豆品种的抗性。1935年，Snyder 和 Walker 将病原菌定名为 *Fusarium oxysporum* f. 8。1940年，Snyder 和 Hansen 将上述两种病害的病原菌重新定名为 *Fusarium oxysporum* f. sp. *pisi* 1号小种和 *Fusarium oxysporum* f. sp. *pisi* 2号小种。1951年，Schreuder 鉴定了3号小种。1996年，Bolton 等鉴定了4号小种。1974年，

Huebbeling 认为这两个小种可能是2号小种的强毒力分离物。1970年，5号小种被 Haglund 和 Kraft 描述，1979年6号小种被 Haglund 和 Kraft 鉴定。

1929年，Wade 证明豌豆对1号小种的抗性由一个显性单基因控制。2002年，Grajal-Martin 和 Muehlbauer 将该抗病基因 *Fw* 定位在第Ⅲ连锁群上。2013年，Jaek Won 等利用 TRAP 标记获得可用于分子选择的 *Fw* 紧密连锁标记。2015年，Jain 等开发了 *Fw* 的功能标记。1949年，Hare 等发现对2号小种的抗性也由一个显性单基因控制，但2012年 McPhee 等通过分子遗传作图发现豌豆对2号小种的抗性为数量性状，由位于第Ⅲ连锁群的 QTL *Fnw 3.1*、*Fnw 3.2* 和第Ⅳ连锁群的 QTL *Fnw 4.1* 控制。

在中国，1955年俞大绂在其发表的《中国镰刀菌属菌种的初步名录》中记录了长直喙镰孢豌豆变种（*Fusarium othoceras* var. *pisi*）和尖镰孢型8（*Fusarium oxysporum* f. 8），但之后鲜有豌豆枯萎病的相关报道。

分布与危害　几乎在世界所有豌豆产区都有发生，可造成严重的产量损失，如在印度严重发生地区产量损失高达93%。豌豆枯萎病广泛发生在中国各豌豆种植区，是对豌豆生产影响较大的病害之一。该病为典型的土传病害。病原菌在豌豆的整个生育期均可为害。早期发病症状表现为叶片和托叶下卷、叶和茎脆硬、基部茎节变厚；根系表面似乎正常，纵向剖开时维管束组织变为黄色至橙色，变色部位向上延伸可达上胚轴和植株的茎基部。随病情发展，叶片从茎基部到顶部逐渐变黄，当土温高于20°C时，病情发展迅速，植株地上部萎蔫和死亡，呈青枯状（见图）。

病原及特征　由真菌尖孢镰刀菌豌豆专化型（*Fusarium oxysporum* f. sp. *pisi*）引起。在 PSA 培养基上，菌落致密，正面苍白色，背面米黄色或蓝紫色。小型分生孢子大量产生，长椭圆形至圆筒形，无色，1～2个细胞；大型分生孢子镰刀形，无色，多3隔膜，中间宽，两端渐窄，顶端细胞略呈喙状，大小为23.0～50.0μm×3.0～4.1μm；厚垣孢子顶生或间生，多单胞，淡黄色。病菌有小种分化，国际上已鉴定出1、2、5和6号4个小种，其中，1和2号小种在世界豌豆产区广泛分布，而5和6号小种仅在美国有报道（见表）。

侵染过程与侵染循环　土壤存活的厚垣孢子通过萌发种子、寄主或非寄主根系分泌物刺激萌发。萌发的厚垣孢子产生侵染菌丝直接从根尖未分化的区域和子叶节侵入表皮，或从根伤口根侵入。

病菌能够在土壤中腐生和在非寄主或抗病植株的根上定殖。在不种豌豆时，病菌厚垣孢子在土壤中可以存活10年以上。病菌孢子通过寄主根系分泌物萌发启动侵染循环。孢子萌发产生的侵染菌丝直接穿透根的表皮，或从伤根侵入，接着菌丝体通过皮层在细胞内扩展直至木质部导管，病菌在木质部向上运动，堵塞维管束组织，阻碍水分的运输，导致植株黄化、矮化、萎蔫和死亡。植株死亡后，病菌继续生长，并产生大量厚垣孢子，厚垣孢子进入土壤作为启动下一个侵染循环的侵染源。

流行规律　病害田间传播主要通过风雨、灌溉、农事操作等，远距离传播则通过病菌污染或侵染的种子。品种感病、土温23～27°C、土壤贫瘠和黏重、连作地发病重。

豌豆枯萎病症状（朱振东提供）

豌豆枯萎病菌鉴别品种对不同生理小种的反应表

鉴别品种	生理小种			
	1	2	5	6
Little Marvel	S	S	S	S
Darkskin Perfection	R	S	S	S
New Era	R	R	S	S
New Season	R	R*	S	R
WSU 23	R	R	R	S
WSU 28	R	S	R	R
WSU 31	R	R	R	R

注：*因病原菌分离物的不同而变化。R为抗病；S为感病。

防治方法

选择合适的抗病品种。

农业防治 适时早播，低温有利于豌豆形成壮苗，不利于病菌生长；与禾谷类作物轮作4～5年；及时清除田间病残体，集中烧毁或充分腐熟；增施磷钾肥和施用石灰，施用酵素菌沤制的堆肥或充分腐熟的有机肥，在蕾花时期叶面喷施磷酸二氢钾以提高抗病力；早耕，必要时中耕，使土壤疏松，提高根系活力。

化学防治 用35%多克福种衣剂、6.25%亮盾种衣剂进行种子包衣，或用种子重量0.4%的50%福美双可湿性粉剂或50%多菌灵可湿性粉剂加0.3%的25%甲霜灵可湿性粉剂拌种。零星发病时用50%多菌灵可湿性粉剂、70%甲基硫菌灵可湿性粉剂、75%百菌清可湿性粉剂500倍液、60%防霉宝可湿性粉剂600倍液、50%苯菌灵可湿性粉剂1000倍液、70%敌克松可湿性粉剂600～800倍液等喷施植株茎基部或灌根，每株浇灌250ml，隔7～10天1次，连续防治2～3次。

参考文献

王晓鸣，朱振东，段灿星，等，2007. 蚕豆、豌豆病虫害鉴别与控制技术 [M] 北京：中国农业科学技术出版社.

KRAFT J M, PFLEGER F L, 2001 The compendium of pea diseases and pests[M]. 2nd ed. St. Paul: The American Phytopathological Society Press.

（撰稿：朱振东；审稿：王晓鸣）

豌豆镰孢菌根腐病　pea *Fusarium* root rot

由茄镰孢豌豆专化型引起的、危害豌豆根的一种真菌病害。是世界上大多数豌豆种植区最重要的病害之一。

发展简史 由镰孢菌引起的豌豆根腐病最早于1918年在美国明尼苏达州被描述。1923年，病原菌被确定为马特镰孢豌豆变种（*Fusarium martii* var. *pisi*）。1941年，Snyder和Hansen更名为茄镰孢豌豆专化型（*Fusarium solani* f. sp. *pisi*）。1973年，Matuo和Snyder将其子囊壳阶段鉴定为红球丛赤壳交配群VI（*Nectria haematococca* MPVI）。1991年，Miao等证明病原菌对豌豆致病性由位于一个非必需的超数染色体上的细胞色素氧化酶P-450（PDA）基因家族决定。2009年，Coleman等完成了 *Nectria haematococca* MPVI基

W

因组测序。在中国，1955年俞大绂最早在其发表的《中国镰刀菌属菌种的初步名录》中记录了马特皮腐镰孢（*Fusarium solani* var.*martii*）和马特皮腐镰孢型2（*Fusarium solani* var.*martii* forma 2）为豌豆病原菌，之后为数不多的文献描述茄镰孢（*Fusarium solani*）为豌豆根腐病主要病原菌，2012年向妮等通过形态及分子特征研究将豌豆镰孢根腐病菌确定为茄镰孢豌豆专化型（*Fusarium solani* f. sp. *pisi*）并鉴定了其致病基因多样性。从20世纪70年代开始甘肃省定西市旱作农业科研推广中心开始豌豆抗根腐病育种，并相继培育出定豌号系列耐根腐病品种。

分布与危害 该病在世界豌豆产区普遍发生，其中在北美和欧洲危害严重。该病在中国也分布广泛，其中以甘肃、宁夏、云南、四川、福建、安徽、内蒙古、河北等地发生严重。病害一般导致30%～57%的豌豆产量损失，严重发生的地块减产可达60%以上。

病菌主要危害根或根颈部。最初的侵染发生在子叶节区、位于地下的上下胚轴和主根上部，随后向上扩展到地表以上茎基部和向下扩展到根部。被侵染的主根和侧根最初症状为红褐色到黑色条纹病斑，随后病斑合并，根变黑，根瘤和根毛明显减少，纵剖根部，维管束变褐或红色。茎基部产生砖红色、深红褐色或巧克力色病斑，严重时缢缩或凹陷，病部皮层腐烂。发病植株地上部分表现为植株矮化，叶片变黄，下部叶片枯萎，严重时植株死亡（见图）。

病原及特征 病原为茄镰孢豌豆专化型（*Fusarium solani* f. sp. *pisi*），属镰刀菌属真菌。菌丝有隔膜，无色，在PDA培养基上产生蓝绿色到浅黄色分生孢子座。大分生孢子丰富，在分生孢子座上产生，一般3隔，弯曲，无色，孢子长度的大部分背面与腹面平行，顶端细胞钝圆，或多或少呈喙状，足细胞圆形，或明显足状，大小为4.5～5μm×27～40μm。在固体培养基上小分生孢子稀少，但在液体培养时能够大量产生。在基本培养基上培养7～14天后，可产生大量厚垣孢子。一般厚垣孢子由菌丝发展，或由分生孢子转变而成，居间或末端，单个或成串。除侵染豌豆外，该病原菌还会引起大豆、鹰嘴豆、人参的根腐病。

侵染过程与侵染循环 侵染最初主要从上、下胚轴的气孔开始，随后向下扩展到根系，但是也可以通过分泌角质酶和细胞壁降解酶直接穿透豌豆上胚轴的角质层进行侵染。

病菌以厚垣孢子在病残体上或土壤中越冬。土壤带菌是病害发生的主要初侵染源。当土壤相对湿度超过9%时，豌豆播种在土壤中20小时后，厚垣孢子就可大量萌发。豌豆种子吸胀和萌发时向土壤中释放营养刺激厚垣孢子萌发产生侵染菌丝，菌丝通过气孔或直接侵入豌豆幼苗的上、下胚轴，随后向根系扩展，引起根部皮层腐烂，并产生大分生孢子，大分生孢子在腐烂的皮层组织中转变成厚垣孢子，厚垣孢子随腐烂组织降解进入土壤中，大分生孢子也可以通过雨水、灌溉水带入土壤中后转换成厚垣孢子。

流行规律 病菌主要靠带菌的土壤、沙尘和表面污染的种子传播。病害的田间传播主要通过雨水、灌溉水或农具等。干旱、高温气候条件有利豌豆根腐病发生。在西北地区，春季干旱、少雨、土壤墒情差，种子在土壤中萌发吸水不够，延长了萌发出苗时间，种子感染土壤中的根腐病原菌，造成苗弱、苗死。在开花结荚期高温干旱，导致豌豆植株生长衰弱，抗病性降低，有利于病害发生。短时间的田间积水也可显著提高根腐的发生率和严重度。病原菌生长的最适温度为25～30℃；病害发生的温度为10～35℃，土壤温度在10～30℃时，根腐的严重度随着温度的提高而加重，其中加重最快在25～30℃。叶部症状也随着温度的提高而加重。连作、土壤板结贫瘠、地下害虫和线虫危害、除草剂危害、种子活力低等会加重根腐病危害。

防治方法 豌豆镰孢菌根腐病是一种土传病害，必须利用综合治理方法进行防治。中国已培育出一些抗性较好的品种，不同种植地区可根据品种的适应性，合理选择用种。但是，豌豆对根腐病的抗性为数量性状，抗性受环境因素影响较大，必须辅以农业防治和药剂防治才能有效控制病害的危害。农业防治措施包括与非寄主作物轮作2～3年、适时播种、合理密植、高垄（畦）栽培、及时中耕、收获后及时清除田间病残体等。药剂防治可以选用种子处理、发病初期喷施或浇灌广谱杀菌剂等。

参考文献

中国农业科学院植物保护研究所, 中国植物保护学会, 2015. 中

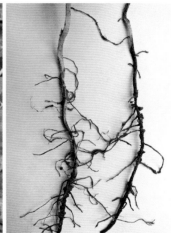

豌豆镰孢菌根腐病田间发生情况、地上部分及根部症状（朱振东提供）

国农作物病虫害 [M]. 3 版 . 北京 : 中国农业出版社 .

KRAFT J M, PFLEGER F L, 2001. The compendium of pea diseases and pests[M]. 2nd ed. St. Paul: The American Phytopathological Society Press.

（撰稿：朱振东；审稿：王晓鸣）

豌豆丝囊霉根腐病　pea *Aphanomyces* root rot

由根腐丝囊霉引起的、危害豌豆根和茎的一种卵菌病害，是豌豆的破坏性病害之一。

发展简史　1925 年，Jones 和 Drechsler 最先报道豌豆丝囊霉根腐病并将病原菌鉴定为根腐丝囊霉（*Aphanomyces euteiches*），之后，豌豆丝囊霉根腐病在世界主要豌豆产区相继被报道，并成为豌豆重要病害。1927 年，Linford 研究表明引起豌豆根腐病的 *Aphanomyces euteiches* 还危害其他豆科植物。1960 年，Lockwood 发现一些豌豆品种对 *Aphanomyces euteiches* 具有部分抗性。2000 年，Weeden 等将一个显著影响对 *Aphanomyces euteiches* 抗性表达的基因定位在豌豆第 IV 连锁群。从 21 世纪初开始，随着分子生物学的发展与应用，利用重组近交系或全基组关联分析，一些抗性 QTLs 已经被鉴定。在中国，1991 年首先在甘肃报道豌豆丝囊霉根腐病，之后在青海和福建也发现该病。

分布与危害　该病在世界绝大多数豌豆产区均有发生，其中在欧洲和北美洲发生严重。病害一般造成 10% 左右的产量损失，严重发生地块产量损失可达 50% 以上，甚至绝产。丝囊霉根腐病还引起豌豆成熟不一致，降低种子品质。

病害症状一般在出苗后及以后的任何阶段出现。病菌侵染主根和侧根的皮层，病部最初为灰色和水渍状，随后皮层组织变软腐烂，呈蜜棕色至棕黑色；最后根的体积减小、功能衰弱，当病株从土壤中拔出时，皮层常常脱落仍留在土上，只剩下中心维管束组织和植株相连。根部显症后，侵染很快向茎扩展，导致子叶黄化，上胚轴和下胚轴变黑和坏死，上胚轴的组织崩溃导致子叶上部缢缩的特征。病株根和上下胚轴受损，不能提供足够的水分和营养，导致叶片褪绿、坏死和萎蔫。根腐丝囊霉一般不引起豌豆出苗前死亡，但是幼苗被病原菌侵染，导致植株严重矮化。根染病常常导致根瘤数的减少，从而加重植株黄化（见图）。

病原及特征　病原为根腐丝囊霉（*Aphanomyces euteiches*），属丝囊菌属（*Aphanomyces*）。该菌菌丝无色，不分隔，分枝较少。根腐丝囊霉为二倍体、同宗配合生物，有性繁殖器官为藏卵器、雄器和卵孢子。卵孢子为双层细胞壁的球形或亚球形结构，直径 18～25μm，壁厚，近无色至深黄色。无性繁殖阶段产生游动孢子囊和游动孢子。游动孢子囊与菌丝在形态上无区别，由卵孢子萌发产生或由菌丝直接形成。在游动孢子囊内的初生无性孢子为圆柱形，大小为 30μm×3～3.5μm。初生无性孢子成队单个从成熟孢子囊中排出，成簇集聚在孢子囊顶端口盖处形成一个大的孢子头。在释放时初生孢子变圆，成为可以运动的游动孢子。游动孢子大小为 8～12μm，有 2 根鞭毛。游动孢子经过一段活跃的运动形成休止孢，或在寄主根分泌物的诱导下游向根部，在根表面形成休止孢。休止孢经过 1～2 小时的休眠期，可以产生肾形或梨形、大小为 12～15μm×6～8μm、具有两根鞭毛的次生游动孢子。

侵染过程与侵染循环　在适宜条件下，寄主根围土壤中的卵孢子萌发产生芽管和游动孢子囊，游动孢子囊释放游动孢子，游动孢子在根系分泌的化学信号物质的吸引下运动到

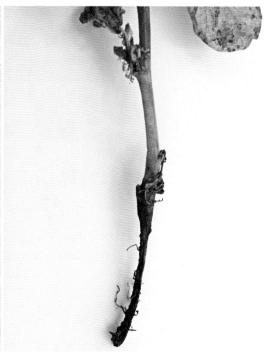

豌豆丝囊霉根腐病症状（朱振东提供）

根部，随后附着在根表的游动孢子转变成休止孢，休止孢萌发产生的菌丝直接侵入根表皮，在皮层组织内生长，并分泌酶降解皮层细胞壁。

病菌以卵孢子在土壤中越冬，卵孢子能够在土壤中存活 10 多年。田间的病害流行主要以初侵染为主。病残体或土壤内的卵孢子在寄主根系分泌的化学信号物质的刺激下萌发。卵孢子以芽管形式直接萌发形成分枝菌丝，或通过形成游动孢子囊间接萌发，游动孢子囊释放初生孢子和游动孢子。游动孢子或卵孢子萌发产生的菌丝能够侵染豌豆任何生育阶段植株的根表皮，一旦进入根组织内，病菌就在细胞外形成多核菌丝。几天后形成单倍体的雄器和藏卵器。雄器通过受精管穿透藏卵器，将雄核输入到藏卵器，雄核与雌核结合形成双倍体的卵孢子。在病组织内卵孢子在 7～14 天形成，之后保留在寄主组织内或在病组织腐烂降解后进入土壤，完成一个侵染循环。

流行规律 侵染发生的最适土壤温度为 22～28℃，最适土壤相对湿度为 60%～80%。侵染发生后，温暖和干燥的土壤条件更有利于病害症状的发展，导致最大的产量损失。如果田间接种体水平很高和天气潮湿，播种后 10 天地上症状就可出现。在春季冷凉、潮湿，接着天气干、热的年份病害常常发生十分严重。土壤类型虽然不是影响病害发生的限制因子，但是土壤中高的钙离子浓度抑制病害的发生；土壤肥力水平也影响病害发生，土壤贫瘠，利于病害的发生。土壤板结、排水不良处发病严重。

防治方法 丝囊霉的卵孢子在土壤中存在多而且具有替代寄主，迄今没有有效的抗源，丝囊霉根腐病防治十分困难，需要采取综合预防措施以避免损失。这些措施包括：种植耐病品种，与非寄主轮作，播种前检测土壤中接种体，土壤中添加有机质如污泥、绿肥、菜籽饼等，增施中性的 $CaSO_4$、$Ca(OH)_2$ 等及氮肥和钾肥，高畦深沟或高垄栽培，利用微生物拮抗菌或植物有益微生物防治。

参考文献

中国农业科学院植物保护研究所，中国植物保护学会，2015. 中国农作物病虫害 [M]. 3 版 . 北京 : 中国农业出版社 .

KRAFT J M, PFLEGER F L, 2001. The compendium of pea diseases and pests, [M]. 2nd ed. St. Paul: The American Phytopathological Society Press.

（撰稿：朱振东；审稿：王晓鸣）

大，证明该菌不存在专化型。2005 年，Emeran 等基于气孔下泡囊的形状，将 *Uromyces viciae-fabae* 描述为一个复合种。

1875 年，Schroeter 首次报道了豌豆单胞锈（*Uromyces pisi*）引起的豌豆锈病。1882 年，Ráthay 发现柏大戟（*Euphorbia cyparissias*）是 *Uromyces pisi* 转主寄主，该菌诱导柏大戟产生假花。2000 年，Pfunder 和 Roy 研究证明食蜜昆虫将假花花蜜中的真菌配子从一个交配型传到另一个交配型。

在中国，1922 年邹钟琳在江苏首先记载了豌豆单胞锈，而蚕豆单胞锈菌最早于 1941 年在云南被记载。

分布与危害 该病害广泛分布在欧洲、北美洲、南美洲、亚洲、澳大利亚和新西兰。已报道有多种单胞锈菌引起豌豆锈病，其中主要病原菌为豌豆单胞锈菌和蚕豆单胞锈菌。锈菌侵染导致植株生理与生化过程的中断，显著降低光合作用。在流行年份，病害导致豌豆叶片干枯、脱落、豆荚停止发育。在适宜病害流行的环境条件下，豌豆单胞锈菌引起的产量损失可达 30% 以上，而蚕豆单胞锈菌导致的产量损失高达 50% 以上。锈菌侵染还显著减少根瘤的数量与大小，降低固氮酶的活性。在中国，豌豆锈病在豌豆所有种植区均有发生，其中以云南严重（见图）。

病原及特征 蚕豆单胞锈菌是一种长循环生活型锈菌，产生锈菌目所有 5 种孢子类型，即夏孢子、冬孢子、担孢子、性孢子和锈孢子。该菌为单主寄生锈菌，所有孢子类型在同一种寄主上形成。性孢子器小，黄色。锈孢子器多数生于叶背面，也有生于茎上，杯形；包被白色，边缘碎裂外翻，组成细胞的外向壁有条纹，厚 6～7μm，内向壁有瘤状凸起，厚 2～3μm；锈孢子球形或椭圆形，有瘤，淡黄色，大小为 21～27μm×17～24μm。夏孢子堆生于叶的两面、叶柄和茎上，褐色，直径 0.2～1.0mm；夏孢子球形至椭圆形，淡褐色，表面具刺，大小为 22～33μm×16～27μm，壁厚 1.5～2.5μm，有 3～5 个芽孔，分布于赤道或靠近赤道。冬孢子堆生于叶的两面、叶柄和茎上，早期裸露或后期裂出，黑褐色至黑色。孢子亚球形至椭圆形，大小为 22～42μm×15～30μm，顶部圆或平，壁厚 4.5～12μm，下部稍窄，壁厚 1.5～2.5μm，平滑，褐色；柄不脱落，黄色到褐色，长达 100μm。该菌寄主广泛，能够侵染豌豆属、野豌豆属、兵豆属、山黧豆属的数十种植物。

豌豆单胞锈菌为转主寄生锈菌。在完整的生活史中能产生 5 种不同类型的孢子，即夏孢子、冬孢子、担孢子、性孢子和锈孢子。夏孢子、冬孢子堆在豌豆或其他豆类作物上，锈孢子器、性子器在大戟属植物如柏大戟（*Euphorbia*

豌豆锈病 pea rust

由豌豆单胞锈菌和蚕豆单胞锈菌引起的、以危害豌豆叶片为主的一种真菌病害。是世界上大多数豌豆种植区最重要的病害之一。

发展简史 1801 年，Persoon 首先报道蚕豆单胞锈菌（*Uromyces viciae-fabae*）引起的豌豆锈病（1862 年，de Bary 将病原菌重新定名为 *Uromyces fabae*）。1934 年，Gaumann 基于早期 *Uromyces viciae-fabae* 寄主范围研究结果建议该菌分为 9 个不同专化型，后来由于寄主范围的不断扩

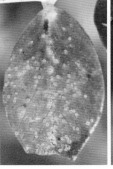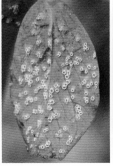

豌豆锈病症状（朱振东提供）

cyparissias）、乳浆大戟（*Euphorbia esula*）观赏植物上。夏孢子堆，肉桂色。夏孢子球形至椭圆形，具刺，黄褐色，平均 20.8μm×19.8μm，芽孔近赤道，平均 3.9 个。冬孢子堆与夏孢子堆类似，黑褐色。冬孢子亚球形，褐色，平均 22μm×17μm，柄不脱落，黄色到褐色，平均长 25.3μm。除了豌豆外，该菌还侵染鹰嘴豆、小扁豆、牧地香豌豆、单花野豌豆、亚麻叶香豌豆和蚕豆。

侵染过程与侵染循环 降落在叶表面的锈菌夏孢子在有自由水存在时形成一个黏附垫，在孢子表面释放的角质酶和丝氨酸—酯酶的作用下黏附垫黏附在叶片的角质层上。接着孢子吸收自由水、膨胀和芽孔裂解，细胞外基质产生并通过芽孔释放。长出的芽管被包围在基质形成鞘内，紧紧地附着在叶面上。芽管沿着叶的表皮生长，遇到气孔后芽管顶端形成一个附着胞，然后从附着胞下方产生一条穿透菌丝通过张开的气孔进入叶片。穿透菌丝在气孔腔内形成一个囊泡，然后一条侵染菌丝从囊泡长出，在接触到叶肉细胞时，侵染菌丝分化出一个吸器母细胞，然后吸器母细胞侵入叶肉细胞内并形成吸器，用以从豌豆组织中吸取营养和水分，至此，锈菌夏孢子完成侵入寄主的过程。

在北方，蚕豆单胞锈菌以冬孢子堆在豌豆、蚕豆等病残体上越冬。翌春，冬孢子萌发产生担子和担孢子。担孢子借气流传播到寄主叶面，萌发时产生芽管直接侵染豌豆，在病部产生性子器及性孢子和锈孢子器及锈孢子，然后形成夏孢子堆。夏孢子重复产生，借气流传播进行再侵染，在病害流行中起着重要作用。秋季形成冬孢子堆及冬孢子越冬。豌豆单胞锈菌在病残体上越冬的冬孢子萌发产生的担孢子通过风传播到转主寄主柏大戟，在柏大戟上产生性孢子和锈孢子，锈孢子借风传播侵染豌豆产生夏孢子，夏孢子重复产生并借气流传播进行再侵染。秋季形成冬孢子堆，冬孢子在植株残体越冬。豌豆单胞锈菌也可以菌丝体在柏大戟根茎内越冬。在南方，两种锈菌以夏孢子进行初侵染和再侵染，并完成侵染循环。

流行规律 蚕豆单胞锈菌锈孢子产生的温度为 10～27℃，其中在 25℃ 左右产孢量最大。夏孢子主要在植株衰老时产生。锈孢子最适萌发温度为 25℃，夏孢子萌发的最适温度为 15℃，温度大于 15℃ 则萌发率下降。100% 的相对湿度有利于锈孢子萌发，而夏孢子萌发最适相对湿度为 98%。温度对锈病的流行有显著和直接作用，而降雨和湿度与锈病的发展负相关。豌豆品种、播种期及其他环境因子与病害流行有密切关系。感病品种是病害流行的重要原因；早播豌豆发病轻，迟播则发病重；地势低洼和排水不畅、土质黏重、植株种植过密、农田通风不良则发病重。

防治方法 种植抗病品种；适时早播和利用早熟品种与非寄主作物轮作 1～2 年；采用高畦深沟或高垄栽培；合理密植；适量增施磷、钾肥；收获后及时清除豌豆秸秆；播种前铲除田间豌豆、蚕豆自生苗及其他野豌豆属禾苗；在发病初期喷施福星乳油、三唑酮、戊唑醇等药剂，连续防治 3～4 次，不同药剂交替使用。

参考文献

中国农业科学院植物保护研究所，中国植物保护学会，2015. 中国农作物病虫害 [M]. 3 版. 北京：中国农业出版社.

KRAFT J M, PFLEGER F L, 2001. The compendium of pea diseases and pests[M]. 2nd ed. St. Paul: The American Phytopathological Society Press.

（撰稿：朱振东；审稿：王晓鸣）

豌豆种传花叶病毒病 pea seed-borne mosaic virus disease

由豌豆种传花叶病毒引起的一种豌豆病毒病。是世界上大多数豌豆种植区最重要的病害之一。

发展简史 1966 年，在捷克斯洛伐克首先被报道，在相同时间日本也报道了该病。1974 年，Knesek 等确定该病毒属于 *Potyvirus*（马铃薯 Y 病毒属）。1981 年，Hampton 等发现 PSbMV 存在株系分化。1986 年，Alconero 等鉴定了 3 个株系 P-1、P-4 和 L-1（P2）。2002 年，Hjulsager 等鉴定了一个株系 P3。1998 年，Keller 等发现 *Potyvirus* 基因组连接蛋白（VPg）决定了 PSbMV 株系对豌豆的毒力专化型。1994 年，Wang 和 Maule 明确了 PSbMV 的种传机制。1970 年，Stevenson 等发现两份抗 P-1 株系豌豆资源并明确其隐性遗传特性，1973 年 Hagedorn 和 Gritton 将抗性基因命名为 *sbm*。1975 年，Gritton 和 Hagedorn 将 *sbm* 定位在豌豆第 VI 连锁群。1988 年，Provvidenti 和 Alconero 鉴定了 2 个抗 L-1 株系隐性基因 *sbm-2* 和 *sbm-3* 及抗 P4 株系的 *sbm-4*，其中 *sbm-2* 定位与第 II 连锁群，与 *mo* 基因紧密连锁。2004 年，Gao 等基于候选基因途径和蒺藜苜蓿（*Medicago truncatula*）克隆了豌豆真核细胞翻译起始因子 *eIF4E* 和 *eIF*（*iso*）*4E* 基因，其中 *eIF4E* 与 *sbm-1* 共分离，*eIF*（*iso*）*4E* 与 *sbm-2* 连锁，Gao 等进一步鉴定 *eIF4E* 是 PSbMV 侵染所必需的感病基因。在中国，2007 年，Bao 等在云南的豌豆和蚕豆上检测到 PSbMV。

分布与危害 该病分布于欧洲、亚洲、非洲、南美洲、北美洲、大洋洲主要豌豆生产国。除豌豆外，PSbMV 还侵染蚕豆、小扁豆、鹰嘴豆和一些豆类牧草。在加拿大 PSbMV 引起的豌豆种子产量损失为 11%～36%，荚产量损失 63%，而在英国导致的种子产量损失高达 84%。此外，PSbMV 也可导致 45% 的小扁豆、41% 的蚕豆和 66% 的鹰嘴豆籽粒产量损失。PSbMV 在中国云南、河北、青海、新疆、台湾等豌豆产区有分布，但没有产量损失报道。此外，云南和青海的蚕豆上也发现 PSbMV。

染病植株表现为叶向下卷、轻度褪绿、系统明脉、沿脉变色、花叶、叶扭曲、卷须非正常卷曲、过早产生腋生枝、植株不同程度的矮化。感染植株节的数量增加，节间缩短，常见末端莲座状。一般中熟品种比早熟品种产生更严重的莲座症状。感染植株也产生畸形花，花瓣杂色，开花和结荚延迟，荚短小、扭曲，成荚数和每个荚的种子数减少，通常仅产生 1～2 粒种子，种子变形、皱缩、小而轻。被侵染种子常常表现为种皮破碎、裂口或有褐色环带和褐斑，影响种子的质量（见图）。

病原及特征 病原为豌豆种传花叶病毒（pea seed-borne

W

豌豆种传花叶病毒病症状（朱振东提供）

mosaic virus，PSbMV），属马铃薯 Y 病毒科马铃薯 Y 病毒属（*Potyvirus*）线状植物病毒。病毒粒子长 770nm、宽 12nm，通常弯曲，无包膜。核酸含量 5.3%，蛋白质 94%。外壳分子量为 34000Da。核酸为单链正义 RNA，核苷酸长度 9924bp，编码一个 364kDa 蛋白的多肽。热钝化温度为 55℃，在离体叶片汁液中存活 1 天、根汁液中存活 4 天。稀释终点为 $10^{-4} \sim 10^{-3}$。病组织的超薄切片可见到病毒的风轮状内含体。

PSbMV 存在不同株系或致病型。根据对不同豌豆基因型的侵染存在差异，已经定名了 4 个致病型，包括从豌豆上鉴定的 P-1 和 P-4、从小扁豆上鉴定的 P-2（L-1）和从蚕豆上鉴定的 P-3。P-1 引起豌豆叶片暂时性明脉、花叶、小叶下卷和节间缩短，是最普通的 PSbMV 致病型。P-2 对感病的豌豆品种引起更严重的症状，导致明显的叶片杯状、叶畸形、花叶和节间缩短至植物严重矮化。然而，P-2 不侵染抗菜豆黄花叶病毒（bean yellow mosaic virus）的豌豆品系。P-4 对豌豆侵染能力与 P-1 相同，但是在许多品种上的症状表达要延迟许多天。基于对豌豆鉴别基因型不同的反应，一些暂时定名的其他致病型 U1、U2、Pi 和 Pv 已被描述。PSbMV 辅助成分蛋白酶（helper component-proteinase，HC-Pro）编码区核苷酸序列存在丰富多态性，利用 RT-PCR-RFLP 方法分析该序列可以将 PSbMV 划分为不同的基因型。

侵染过程与侵染循环　PSbMV 侵染种子是该病毒全球传播和田间病害发生最普通的机制。PSbMV 直接侵入未成熟胚，在种子成熟过程中病毒在胚组织内复制和存活，因此，种子传毒源于病毒对未成熟豌豆胚的直接入侵。病毒也可以通过花粉传到种子上。

PSbMV 为种传病毒，在豌豆上的种传率最高可达 100%。因此，种子带毒是田间发病的重要初侵染源。初次侵染一旦建立，PSbMV 通过蚜虫传毒进行再侵染。此外，PSbMV 在自然条件下侵染鹰嘴豆、小扁豆、蚕豆、香豌豆、野豌豆、*Vicia articulata*、*Vicia narbonensis*（narbon bean）、*Vicia pannonica* 和一些豆类牧草，这些感病的寄主也是重要的侵染源。

流行规律　间播种 0.3%～6.5% 的染病种子，最终可导致 17.1%～81.5% 的发病率。PSbMV 至少可以由 13 个属的 20 多种蚜虫以非持久性方式传播，传播时不需要辅助病毒。

蚜虫一般 5 分钟获毒，获毒后不到 1 分钟就可传毒。冷凉生长季节有利于蚜虫种群增加，病毒传播迅速。

防治方法　豌豆对 PSbMV 的抗性由隐性单基因（*sbm*）控制，迄今已经鉴定了 4 个 *sbm* 基因 *sbm1*、*sbm2*、*sbm3* 和 *sbm4*，因此，利用抗病品种是防治该病最有效的方法。

然而，在没有抗病品种的情况下该病毒害的防治必须依赖综合治理方法。种植无病种子是控制 PSbMV 的有效措施之一。在生产中种用种子的病粒率应控制在 0.5% 以下，因此，必须加强对种子生产的监测和种子检测。

PSbMV 一旦通过污染种子进入田间，蚜虫防治是控制病害流行的关键。在播种之前，必须搞好田园及周边环境卫生，通过控制藏匿病毒和蚜虫越冬或越夏的杂草、牧草、豌豆及蚕豆等自生苗绿桥，最大限度地减少豌豆田附近潜在的病毒侵染植物材料源。用噻虫嗪和吡虫啉对豌豆种子进行处理能够有效防治早期的蚜虫危害。在蚜虫监测的基础上，喷施 10% 吡虫啉可湿性粉剂 2500 倍液、亩旺特 2000 倍液、丁硫克百威 1500 倍液、50% 辟蚜雾可湿性粉剂 2000 倍液、绿浪 1500 倍液、20% 康福多浓 4000 倍或 2.5% 保得乳油 2000 倍液进行田间蚜虫控制。

在发病初期用 2% 或 8% 宁南霉素水剂（菌克毒克）、6% 低聚糖素水剂、0.5% 菇类蛋白多糖水剂、20% 盐酸吗啉胍·乙酸铜可湿性粉剂、6% 菌毒清、3.85% 病毒必克可湿性粉剂、40% 克毒宝可湿性粉剂、20% 病毒 A500 倍液、5% 植病灵 1000 倍液喷施。

参考文献

中国农业科学院植物保护研究所，中国植物保护学会，2015. 中国农作物病虫害 [M]. 3 版. 北京：中国农业出版社.

KRAFT J M, PFLEGER F L, 2001. The compendium of pea diseases and pests[M]. 2nd ed. St. Paul: The American Phytopathological Society Press.

（撰稿：朱振东、王晓鸣；审稿：王晓鸣）

万寿菊白绢病　marigold *Sclerotium* root rot

由齐整小核菌引起的一种万寿菊病害。又名万寿菊齐整小核菌病。

发展简史　该菌常见的无性世代，最早于 1893 年在美国佛罗里达发现，于 1911 年经 Saccardo 描述命名为罗尔夫小菌核（*Sclerotium rolfsii* Sacc.），中文名又称齐整小核菌。1932 年发现了它的有性世代，命名为罗尔夫革菌（*Corticium mario* Curzi），1987 年移到阿太菌属（*Athelia*）中，至今一直称为罗尔阿太菌［*Athelia rolfsii*（Curzi）C.C.Tu & Kimbr.］。但中国有资料记载 *Sclerotium rolfsii* 的有性态为刺孔伏革菌［*Corticium centrifugum*（Lev.）*Sacc.*］，该菌 1919 年在中国台湾就严重发生，可危害 112 种植物。而在大陆 1927 年首次被报道，发生在江苏的西瓜上。它的无性态 *Sclerotium rolfsii* 在中国于 1936 年首次在华南的甘蔗上报道。在万寿菊上的报道始见于 2017 年，发现于河南南阳，见到的也是它的无性世代。

W

分布与危害　白绢病是世界性病害，在各大洲都有报道。在中国主要分布在长江以南，如江苏、浙江、福建、湖南、湖北、四川、云南、台湾等地。此外，在河南、山东、辽宁、甘肃、吉林等地也有发现。该病寄主广泛，达100个科500余种植物。危害的双子叶植物有豆科、菊科、葫芦科、茄科、十字花科、石竹科、唇形科、毛茛科、大戟科、玄参科、唇形花科、桑科、蔷薇科；危害的单子叶植物有百合科、禾本科、鸢尾科。甚至在热带果树、苔藓植物上也有寄生。该病以豆科及菊科植物发生最重，在万寿菊上的发生，是上茬非万寿菊作物留下的病原所致。尚属点片危害。

主要危害植株的根与茎基，引起水浸状的病斑，淡褐色，很快病斑扩大，致使根颈部腐烂，环包茎后，植株萎蔫（图1①）、枯死。此时往往在病茎基部腐烂处生出大量的白霉（图1②）。在晚期病部有时可见一些小菌核。小菌核初为白色，后转为灰褐色至褐色，球形，直径1.5～2mm。病害流行时，在田间由发病中心（图1③）向四周扩展较快，会造成大面积的植株枯死。

病原及特征　常见的是无性态齐整小核菌［*Sclerotium rolfsii* Sacc.］，为小核菌属（*Sclerotium*）。在PDA培养基上菌丝和菌索白色，呈放射状在培养基表面迅速扩展（图2①）。营养菌丝白色，直径4.18～7.65μm，菌丝往往束生，每束菌丝多少不等，多时达二十多根排在一起（图2②），菌丝有隔，常见有锁状联合（也称缔状连结，图2③），数日后浓密的菌丝开始聚结形成菌核。菌核先为白色的小球状体，后逐渐变为米黄色、黄褐色，最后变为褐色。菌核直径在湿的时候较大，一般2mm左右，干后一般直径1mm左右（图2④）。在病株基部形成的小菌核一般为黄褐色，近球形，个别形状不大规则（图2⑤）。

该菌的有性态为罗耳阿太菌［*Athelia rolfsii*（Curzi）Tu & Kimbr.］，属阿太菌属（*Athelia*）。自然条件下罕见。担子棒状，上生4个担孢子，担孢子椭圆形或梨形，无色、单胞，表面光滑，大小为4～7μm×3～5μm。白绢病有性世代的产生，一般是在培养后期从高营养到低营养条件下、低光照时容易产生。此外，2002年Sarma等使用香附根茎粉琼脂培养基培养了26个花生白绢病菌株，有4个菌株产生了有性世代。

该菌可侵染植物虽广，但是各自的亲和力不同。例如：Nalim于1985—1994年在美国得克萨斯州花生田采得366个分离物，可分为25个亲和组，组内菌丝之间有亲和性。在中国宋万朵于2017年从花生上分离出39个白绢病菌的菌株，发现它们在菌落形态、菌丝生长速度、菌核大小和重量方面存在差异，依据rDNA-ITS序列和菌丝亲和性，将它们划分为2个亚组23个亲和组。

侵染过程与侵染循环　病菌以菌核、菌索或菌丝在病残体或土壤中越冬，大部分在土表1～2cm，翌年在寄主长出后，条件适合时萌发产生菌丝，通过表皮和伤口侵入。侵入的菌丝可分泌毒素使组织腐烂，转化为营养供菌丝生长发育而形成初侵染。植株发病后，产生菌丝或菌索扩大侵染的范围，同时经过营养的积累形成次生菌核，进行传播或再侵染，直到植株死亡。条件不适合发病时，侵染终止，并产生菌核越冬，菌核在不利的条件下可以休眠。菌核没有休眠期，待环境条件适合时，可以再次萌发引起新一轮的病害。菌核对不

良环境的抵抗力较强，虽6个月后存活力下降，但条件干燥的条件下最长能在土中存活6年；室内存活可达10年。由于该菌的寄主范围广泛，不仅上茬作物留下的白绢病菌可作为病害的初侵染源，杂草等野生寄主上的白绢病菌也可以成为下茬病害的初侵染源。

在中国南方或保护地中，如果条件合适，病菌可以周年长期地活跃在田间，继续危害。病菌的传播除靠自身的菌丝

图1　万寿菊白绢病危害症状（李明远摄）

①萎蔫病株；②茎部症状；③万寿菊白绢病点片发生时田间的发病中心

做短距离的扩展外,主要靠带病的幼苗、病株、粪肥、种子、土壤、气流、水流、昆虫以及农事操作做近、远距离的传播。病害的侵染循环如图3所示。

流行规律　该病的营养菌丝在培养基上生长发育的温度为8~40℃,最适30~35℃,气温在30~38℃时经3天菌核可萌发,再经8~9天又可形成新一代菌核。菌核的寿命和自身的湿度有关,在培养基上-2℃的低温下处理24小时即死亡,干燥的菌核在-10℃下仍不丧失活力。菌丝致死温度50℃(10分钟),而菌核致死温度55℃(10分

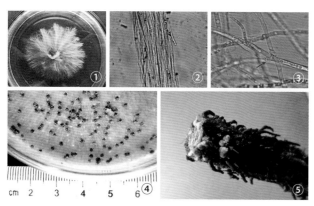

图2　万寿菊白绢病病原特征(李明远摄)

①万寿菊白绢病在培养基上的菌丝和菌索;②万寿菊白绢病菌菌索;③万寿菊白绢病菌丝形成的锁状联合;④万寿菊白绢病菌在培养基上形成的小菌核;⑤病原菌在万寿菊茎基形成的小菌核

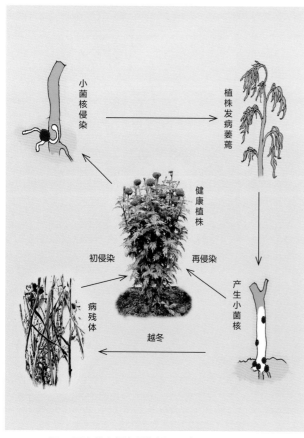

图3　万寿菊白绢病侵染循环示意图(李明远绘)

钟)。该病一般在湿热的环境下容易发生。在江浙一带切花菊4月下旬开始见病株,6~8月高温多雨的条件下流行成灾,9月下旬发展趋缓,以后逐渐停止发展。河南曾是该病发生的北线,随着设施栽培的发展,在辽宁和吉林都已有发生的报道。

该菌可以在pH1.4~8.8时生长,以pH5.3最适,所以在酸性土壤中发病较重。此外,土壤的黏度对病害的发生影响也较大,一般在沙性土发病较重,黏性土发病较轻(也有报道在黏土中病重)。肥料的三要素中,硝态氮浓度在200mg/L时对病菌有抑制作用,400mg/L时能完全抑制白绢病的发生。

栽培措施对万寿菊白绢病的发生有很大的影响。除在种植的茬口选择上,不应和敏感作物连作外,土壤偏酸、湿度过大、偏施氮肥过多、气温高时放风不够、地势低洼、排水不良、种植的密度过大,都会加重白绢病的发生。此外,在田间初发病时,病株的分布大都为局部偶发,但如不及时控制会互相连接,造成大面积的流行,所以防治必须及早动手。

防治方法　应采用农业防治和化学防治相结合的方式综合防治。

农业防治　使用无病土育苗、基质育苗或穴盘育苗。为防止苗期感染,在使用穴盘和基质育苗时,在每方基质中加50%多菌灵可湿性粉剂200g,混匀后使用。改良土壤。即采用增施石灰的方法改变土壤的pH。可结合整地,亩用量50~75kg,使土壤酸度调整到中性至微碱性。土壤消毒。整地前每亩用2亿/g枯草地衣芽孢杆菌2kg,或56%丙森戊唑醇可湿性粉剂2kg与15kg细土混匀撒在土面,整地时耙入土中,消灭土中的病原菌。使用包括经过高温堆肥的洁净农家有机肥,防止将该病小菌核带入田间。整地时深翻土壤30cm以上,将土面的病菌埋入土中。有条件的地区还可与水田轮作,或与禾本科作物轮作3年以上,防治白绢病。加强本苗期的管理预防白绢病的发生。除合理密植与施肥外,定植后应经常检查有无发病株或发病中心。如发现有可疑萎蔫植株,通过保湿进行确认后,做好病株的处理。方法是在拔除病株后,集中销毁,并对病穴处理。处理时可在病穴和周围撒施石灰外,还可用50%多菌灵可湿性粉剂500倍液浇泼病穴及周围。也可用五氯硝基苯等药土围根,即将40%五氯硝基苯500g,或35%甲基硫菌灵悬浮剂500g,或50%多菌灵可湿性粉剂500g混合半湿的土25~50kg,每亩用25~35kg围根。此外,还可用培养好的哈茨木霉0.4~0.5kg,加50kg细土,混匀后撒在病株基部。

化学防治　可用的药剂有40%菌核净可湿性粉剂1000倍液、15%三唑酮可湿性粉剂1000倍液、50%异菌脲可湿性粉剂1000倍液、10%苯醚甲环唑2000倍液、24%噻呋酰胺悬浮剂450ml/hm²,喷洒植株的茎基或灌根。药剂防治时,万寿菊白绢病病菌也有抗药性的问题,应注意交替用药。

生物防治　白绢病是土传病害,使用拮抗菌等生防措施应当是个研究方向。在防治花生白绢病方面研究的拮抗菌主要有芽孢杆菌(*Basillus* spp.)、假单胞菌(*Puseudomonas* spp.)链霉菌(*Streptomyces* spp.)、木霉菌(*Trichoderma* spp.)和丛枝菌根[*Abuscular mycorrhizal* Fungus(AMF)]等,虽都有一定的作用,但除了哈茨木霉和枯草地衣芽孢杆菌有少量应

用以外，在生产上大面积应用的种类仍较少。

参考文献

胡琼波，2003. 作物白绢病的研究进展 [J]. 岳阳职工高等专科学校学报，9(3): 18-60.

李明远，2015. 李明远断病手迹（五十九）诊断万寿菊白绢病 [J]. 农业工程技术（温室园艺）(8): 58-60.

王建伟，吕中平，杨德江，等，1989. 杭白菊白绢病的研究 [J]. 浙江林学院学报，6（3）：300-306.

（撰稿：李明远；审稿：王爽）

万寿菊黑斑病　marigold black spot

由一种或几种交链孢属真菌引起的万寿菊地上部分的病害。又名万寿菊叶斑病、万寿菊褐斑病。英文名 marigold alternaria blight、marigold leaf and flower blight。

发展简史　关于万寿菊黑斑病报道的病原菌种类较多，包括 *Alternaria zinniae*、*Alternaria tagetica*、*Alternaria dianthi*、*Alternaria patula*。但在中国发生面积最大、危害最为严重的是由万寿菊链格孢（*Alternaria tagetica* Shome & Mustafee）引起，故本条目所述主要基于由万寿菊链格孢引起的黑斑病。

万寿菊链格孢最早于 1966 年报道于印度。此后在美国、墨西哥、韩国、印度、日本以及中国都有过报道。自 20 世纪 70～80 年代以来，随着色素万寿菊在中国的发展，黑斑病也在多地发生严重。中国最早的报道是 2002 年在吉林。

分布与危害　由万寿菊链格孢引致的万寿菊黑斑病在中国主要分布在新疆、黑龙江、吉林、辽宁、河南、河北、北京、山西、甘肃、云南、四川、贵州等地。我们常见的大体上分为观赏万寿菊和色素万寿菊两类。色素万寿菊植株高大（高可达 100～110cm、冠幅 60～80cm），较观赏万寿菊郁闭，除了新疆和甘肃井灌地区因为气候干旱黑斑病发生较少外，其他地方一旦发生，在某种程度上往往是毁灭性的。如甘肃的非井灌地区 2005、2006 年色素万寿菊一般田发病率 23%～95%，病情指数 5.75～48.0；黑龙江青冈 2006 年记载全县 8 万亩色素万寿菊发病 2.67 万亩，严重田 0.65 万亩，绝收 0.03 万亩。在北京 2011—2018 年也有过较多的种植（曾达到 7 万亩），2011 年当年病田率即达 100%，至 9 月中下旬大部分田块病情指数达到 80～90，不少田块一片枯焦（图 1 ①）。此外，在贵州毕节、河南内乡都有因该病毁田的记录。在非黑斑病流行的地区（如新疆），每茬色素万寿菊一般可收花 5、6 次，总产可达 45～60t/hm^2，在流行地区如果发生了黑斑病一般每茬只能收两次花，总产仅约 15t/hm^2。黑斑病已成为该种作物发展的限制因素。

观赏万寿菊也可发生黑斑病，因这类万寿菊一般较矮（20～40cm），便于防治，黑斑病发生较轻。

该病发生时，可危害色素万寿菊的子叶、真叶、叶柄、茎及花。子叶发病时，在其上形成黑褐至紫色直径为 1～2mm 的小斑点，后病斑变为黑褐色，病斑中间形成一个灰白色略有凹陷的圆点，扩大后病斑直径为 2～6mm。中国北方在温室及冷棚中育苗，该病在苗期发生较轻，一般在此时见不到因病斑互相融合引起子叶枯死的情况。

真叶发病，起初和子叶症状相似，也先出现一些直径 1～2mm 黑褐至紫色的小斑点。后病斑扩大，直径达 3～6mm，病斑中间也会出现直径为 1～2mm 灰白色的区域。

图 1　万寿菊黑斑病危害症状（李明远摄）

①万寿菊田晚期危害状；②叶部症状；③茎部症状；④花梗及花蕾部症状

但其外围黑褐至紫色的区域大小不等，一般宽1～2mm，大时达2～3mm（图1②）。在初夏气候较干时，病斑数量增加较慢，往往在叶上同时形成大量单个的这种斑点。在高温潮湿的环境下，有时还见到一些有或无紫褐色边缘的大型枯斑，枯斑长圆形至不整齐形，病斑直径会扩大为5～10mm。这种病斑中部不发白，但有一浅色的晕圈，有时还可见到少量的轮纹，后期可扩展到整叶，也引起叶片枯死。在入秋后病菌孢子较多，发病后整个叶片发黑，当叶面的水分干后引起叶片枯焦，致发病植株自下而上枯死。

病菌还可危害茎，在茎上形成椭圆、梭形至长条形的病斑。初为褐色，大小1～30mm×2～4mm，病斑中部组织变白的情况不明显。茎部的病斑有些是从叶片上扩展上去的，开始时茎节一段段变黑（图1③），互相融合后整株枯死。

此外，病菌还可危害花，在花苞和花瓣上散生长圆至梭形的斑点（图1④）。后期病斑多时花苞和花瓣会变褐、枯死。在严重流行时花蕾和花朵往往一枯到顶。但有时是因为茎叶提早枯死，使养分供应枯绝所致。在制种田还常因棚温过高造成花瓣被灼伤，引起多种链格孢在上面腐生，并造成种子的污染。但它们只会污染种子，对翌年万寿菊黑斑病的传播和流行影响不大。

病原及特征　病原为万寿菊链格孢（*Alternaria tagetica* Shome & Mustafee）。该菌在PDA培养基上，病菌菌落初为白色，后不同的分离物间菌丝的变化较大，有的长期保持白色，有的颜色逐渐加深，转变为褐色或黑色。有的可在基物中渗出大量橙黄色的色素（真菌毒素），有的则看不到色素的渗出。在培养基上的菌丝有的平铺生长，有的稍扩后即向上生长，甚至在菌落中出现不同颜色的"角变"。该菌的同一分离物的菌落在不同的培养基上颜色也是不稳定的，例如在PDA（马铃薯葡萄糖）培养基上可分泌黄色素的分离物，换到MA（玉米培养基）培养基上即看不到有色素扩散出。

在PDA培养基上的菌丝丝状，有隔，初无色，后转变为褐色乃至黑色，宽度2～3.2μm，不经诱发一般较难大量产孢。产孢时孢子梗一般着生在菌丝上，直立或微斜，深褐色，顶端色较淡，有或无曲折，长短不一，大小为34.08～112.18μm×3.55～3.91μm，有横隔2～15个。

病原菌的孢子多为倒棒状，具有较长的喙，在不同的分离物中喙长度往往不同，在个别的分离物中有的喙长超过孢身的长度，喙较细，有多个横隔膜（图2）。病菌的产孢过程一般为单生的孢子成熟后，在其基部的孢梗顶下部生出个侧枝，并在侧枝的顶端生出下一个孢子。极少出现两个孢子串在一起的情况。

不同的万寿菊链格孢分离间存在着分化。通过ITS、GPD、ALT分析，可将72个来源不同的分离物分为4个类群，在不同的类群中，孢子的形态存在着差异。例如：属于"类群Ⅰ"的4个分离物孢子的孢身大小为41～142（平均94.64）μm×15.00～43.39（平均28.28）μm，横隔1～12个（平均7.52个），纵隔1～13个（平均5.32个），喙长0～313μm（平均78.61μm），喙宽2.26～6.56μm（平均5.0μm），横隔0～10个（平均3.89个）。而"类群Ⅲ"的4个分离物孢子的孢身大小为19.99～69.20（平均43.54）μm×8.87～26.45（平均17.03）μm，横隔2～10个（平均5.50个），

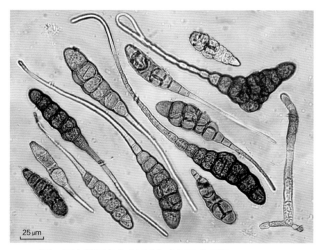

图2　万寿菊黑斑病病原分生孢子及孢子梗（李明远摄）

纵隔1～9个（平均3.10个），喙长10.00～62.96μm（平均46.10μm），喙宽1.77～5.61μm（平均3.68μm），横隔1～7个（平均2.03个）。但是这种差异是否可以定为两个种，还有待深入研究。

病菌孢子的形态会随着时间的推移有所变化。初生的孢子一般体积较小，孢子的分隔处缢缩也不明显。但是随着时间延长，不光孢子的大小会变化，分隔数也会变化（纵隔数增多），喙变长，孢子变宽。有些分离物的孢子横向发展较快，使孢子变成一团黑色的块状物。因此，在计测孢子的大小时，应当限定孢子形成后的观察时间和条件。更需要结合ITS等核酸序列的测定开展病原菌的鉴定和分析。

侵染过程与侵染循环　万寿菊链格孢可在种子上越冬。在北方，万寿菊一般是在保护地内育苗，这样的条件不大有利病害的流行，因此，在种子上越冬的病菌在流行中起的作用并不是很大，起作用较大的是田间留下的病残体。色素万寿菊茎叶较脆，越冬前连作田会存留大量的带病枝残，越冬后虽经整地仍有不少病残露出土面，如在5月中旬开始定植的万寿菊，如6月上旬遇雨，露在地面的病残体上会产生大量的病菌孢子，造成新栽种的万寿菊发病。而前茬不是色素万寿菊的地块因没有病残体，一般到8月才开始见到病株。此外，距离冬前堆放万寿菊黑斑病病残株越近的植株，发病越早、越重。说明病残体在病原越冬中有较重要的作用。

万寿菊田间链格孢的数量，在8月下旬可达到峰值。而在很多新发展色素万寿菊的地方，在种植的早期看不到黑斑病的发生，但在9、10月新种植地区会突然暴发严重的黑斑病，存在着万寿菊黑斑病通过大气传播的可能。

万寿菊链格孢仅靠无性繁殖产生孢子即可传播。一般越冬的病残体在5、6月遇雨时产生孢子，落在万寿菊植株的表面，当温湿度合适时（一般有水膜更有利）即可发芽，产生菌丝在组织表面扩展数小时后，先端膨大，然后产生侵染丝直接穿透表皮或利用植株表面的孔口、伤口入侵。在入侵后通过菌丝在寄主的组织里扩展杀死细胞并获得营养，继而菌丝产生分生孢子梗从坏死的组织上伸出，并产生分生孢子。分生孢子在外力作用下脱落，随风、雨在植株间飞散扩展，或通过大气进行远距离的传播，在寄主表面造成许多新的侵

染点。病斑扩展并互相融合后引起植株枯死。病菌可在枯死的干组织中存活、越冬，直到翌年温、湿度合适时，恢复活力，继续产生分生孢子，此时又有了新生的植株，即开始新一轮的侵染循环（图3）。

流行规律　色素万寿菊（*Tagetes erecta* L.）属于一年生的栽培种，缺乏抗性强的材料，生产上使用的主要是杂交一代橙黄及菊通一号。橙黄虽属于比较抗病的品种，但是在适合的条件下发起黑斑病来仍很严重。

黑斑病的发生和环境条件关系密切。在5～35℃菌丝都可生长，最适20℃或25℃（不同分离物间有一些差异）。分生孢子最高的致死温度为65℃（处理10分钟），分生孢子较耐低温，在−80℃低温下的无菌水中至少可以存活302天。

相对湿度对该菌的影响也很大，病菌孢子在相对湿度85%～100%下即可以完成侵染；病菌孢子在25℃水中一小时即可萌发，2小时芽管长度可达与孢子相等的长度，5小时芽管顶端开始膨大。在16～23℃时接种后保湿24小时可在叶片上形成叶斑，保湿40小时可使叶片枯萎。病菌的潜育期极短，在病原充足的条件下，遇两天的连阴雨天，植株即可因病枯萎，因此，给药剂防治带来较大困难。

总降水量，最高、最低温度，降雨天数和相对湿度与万寿菊黑斑病的流行有着极显著的相关性。特别是连续的降雨引起的高湿和和低温，非常有利该病的流行。北京在连茬地6月即有一个发病的小高潮。但是由于此时植株较小，田间通透性较好，又无连阴雨，病害仍不会流行。这种情况，一直可持续到7月下旬、8月上旬，此时植株长大，田间比较郁闭，植株的养分因采摘受到影响，病害才开始流行。经过20～30天，至9月中旬到达顶峰，全田可出现一片枯焦。

如果在没有种植过色素万寿菊的地区发展这种万寿菊，在种植的前、中期较难发现黑斑病的发生。一般待到采收过一两次花，方可发现万寿菊黑斑病。但是，一经发现，病害往往会广泛传播。在遇到连阴雨天气后，植株也会大面积枯死。在适合万寿菊黑斑病发生的地区，无论是轮作田还是连作田，黑斑病的预后都是差不多的。

种植在保护地中的色素万寿菊，由于有棚膜遮掉雨露，黑斑病发生很轻（或不发病）。鉴于色素万寿菊杂交一代橙红的制种工作一般是在冷棚中进行，往往可检测到不少链格孢属的腐生真菌，但携带的万寿菊链格孢菌较少。

防治方法　应采用以栽培为主、化学防治为辅的综合措施进行防治。

农业防治　①规划好种植区。选择适合色素万寿菊的种植区，对万寿菊黑斑病的防治十分重要。即应避开秋雨多的地区。一般秋天色素万寿菊进入花期，植株郁闭，如果多雨，很易诱发黑斑病的流行。色素万寿菊也不适宜林下种植，除了林木的遮阴会引起植株的徒长，容易倒伏。还因通风不良导致黑斑病的严重发生。②轮作与间作。即采用适合的栽培方式，有利于病害的控制。万寿菊黑斑病菌的寄主范围较窄，可与其轮作的作物较多，如玉米、马铃薯、大豆等都可与色素万寿菊轮作。此外，与马铃薯、大豆间作，采用宽窄行种植及滴灌栽培也对病害的流行有一定的减缓作用。③选用抗病品种。使用抗病品种应当是种经济有效防治万寿菊黑斑病的方法。橙黄、菊通一号比较抗病，可以试用。④加强养护管理。育苗期要加强检查，发现病叶及时摘除，集中销毁，避免将病害带到栽培田。分阶段补充肥料，定植后现蕾前，一般应施一次尿素和硫酸钾各10kg/亩。此后在每次采摘花朵后都要进行补肥、喷药，使用0.1%的尿素加0.1%的磷酸二氢钾加在防治黑斑病的农药中喷施植株。

化学防治　新发展色素万寿菊的地方播种前要做好种子处理，避免通过种子将黑斑病带入新发展的地区。种子处理的方法以药剂拌种较为方便。即使用种子重量0.3%～0.4%的50%福美双可湿性粉剂或50%异菌脲可湿性粉剂等农药与种子拌匀，然后再进行播种。使用25%咪鲜胺乳油3000倍液浸种12小时带药催芽，也可达到预防种子带菌的目的。在幼苗期防治发病中心用药及定植前的"送嫁药"都和摘花后使用的农药种类基本相同。包括50%福美双可湿性粉剂500倍液、50%异菌脲可湿性粉剂1000倍液、10%苯醚甲环唑1500倍液、50%啶酰菌胺水分散粒剂2000倍液、22.5%啶氧菌酯（商品名阿拓）悬浮剂2000倍液等。可根据需要和经济实力选用。连作田在定植缓苗后（现蕾前），应喷洒一次化学农药，重点杀灭裸露出土面病残枝上面的病菌，保护新生的植株。进入花期后田间郁闭，而色素万寿菊枝条较脆，为避免施药时进地踩踏，人为造成损失，有条件的地区应使用高压喷雾器或无人机远距离或高空施药。

参考文献

张天宇, 2003. 中国真菌志：第十六卷　链格孢属 [M]. 北京：科学出版社：86.

COTTY P J, 1986. *Alternaria tagetica* on marigold in New Jersey [J]. Plant disease, 70: 1159.

EDWARD J C, 1957. Leaf and inflorescences blight of marigold caused by *Alternaria zinniae*[J]. Sicence and culturation, 22: 683.

SHOME S K, MUSTAFEE T P, 1966. *Alternaria tagetica* sp. nov. causing blight of marigold[J]. Current science, 35: 370-371.

（撰稿：李明远、程曦、陈东亮、黄丛林；审稿：王爽）

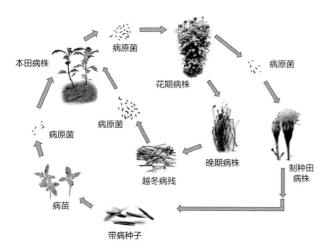

图3 万寿菊黑斑病侵染循环示意图（李明远绘）

W

万寿菊灰霉病　marigold gray mold

由灰葡萄孢引起的万寿菊真菌病害。

发展简史　灰葡萄孢最早发现于1729年，由Micheli建立，后来被Persoon（1801）和Fries（1832）认可，就以*Botrytis cinerea* Pers.这个名字延续了下来。

1919年该病原在中国台湾有过报道，当时已在17种植物上发生。1922年邹钟琳在南京发现，此后有许多植病界的老前辈都研究过。

灰霉病菌在20世纪70～80年代中国保护地生产大发展以前，更多的情况下引起的是储藏病害，在生长期的发生也多在温室或者是在很湿凉的露地，一般不会对产量构成严重威胁。但在保护地大量发展之后，农作物生长期发生的灰霉病越来越多。据《中国真菌总汇》记载，当时可危害的经济植物即有64种，其中包括蔬菜31种。在万寿菊上的危害始见于广西。

分布与危害　灰霉病被列为世界十大真菌病害之一，各大洲都有分布，在中国的分布也很普遍。该菌寄主广泛，可危害586属1400种植物。Jarvis在1980年断定"该菌可发现于几乎所有的双子叶植物（实际上在单子叶植物小麦上也有发生），在此概念上，确定灰葡萄孢复合种的寄主，似无多大的意义"。在万寿菊上报道较少，已知在黑龙江、北京、广西及四川等地有发生。

灰霉病在观赏万寿菊和色素万寿菊上都可发生。可危害幼苗、茎蔓、叶片、花蕾及花朵。幼苗被害多发生在温室里，使茎叶腐烂，生有灰霉，严重时可大量死苗。叶片发病，多为浅灰褐色的斑，扩展后可使叶片萎蔫、腐烂，在潮湿的环境下，表面生灰色霉层（图1①）。茎蔓发病，往往发生在冷凉的山区种植的色素万寿菊上，因那里早晚较凉，适合这类灰霉病的发生。发病时常在开花的后期出现点片被害，病株多从基部发病，向上蔓延，使部组织变褐，然后沿茎纵向扩展，但霉层不大明显（图1②），后期引起植株死亡（图1③）。在制种田有时危害蒴果，先在坏死的花瓣和萼片上发生，再向蒴果扩展（图1④），在收获时使种子受到病菌孢子的污染，易造成翌年苗期灰霉病的流行。花朵被害多发生在保护地中的观赏万寿菊上，多从花瓣开始发病，开始呈水浸状，进而局部花瓣萎蔫，数日后被害部长出霉层。霉层初为白色，后逐渐变灰（图1⑤）。如条件合适会随着时间的推移使整朵花被灰霉覆盖，影响植株的观赏性。鉴于色素

图1　万寿菊灰霉病危害症状（李明远摄）

①人工接种灰霉菌的万寿菊病叶；②茎部症状；③田间病株；④万寿菊蒴果受害状；⑤病花

万寿菊最有经济价值的是花朵，采收下来的花需要堆放储藏一段时间，如果在采收时混有灰霉病菌，还会引起花朵的腐烂。

病原及特征　病原为灰葡萄孢（*Botrytis cinerea* Pers.），属葡萄孢属真菌。异名为 *Sclerotinia fuckeliana*（de Bary）Fuckle、*Botryotinia fuckeliana*（de Bary）Whetzel.。

分生孢子梗为淡褐色至褐色，长 324～2850μm，宽 2.71～4.17μm，且下端与末梢的宽度差距不大，分枝 3～7 次（图 2①），分枝的末端略膨大，上密生小梗，梗上生分生孢子.分生孢子一般透明，略带淡灰褐色，雨滴形或椭圆形，密列在孢梗的小枝梗顶端（图 2②），孢子大小为 11.16～19.73μm×6.99～8.55μm（图 2③）。孢子易脱落，可浮在液滴的表面滚动。

有观点认为灰葡萄孢是复合种。自 21 世纪以来又发现 3 个新种，包括草莓葡萄孢（*Botrytis fragarias*）、卡罗来纳葡萄孢（*Botrytis caroliniana*）及中华葡萄生葡萄孢（*Botrytis sinoviticola*）。因此，万寿菊灰霉病是否也可能包括几种新的灰霉菌，有待于深入研究。

侵染过程与侵染循环　万寿菊灰霉病在秋、冬、春气温较低时，一般可在露地和保护地中以菌丝与分生孢子侵染并造成流行。当遇气温较高、湿度较低环境不适合时，可形成菌核越夏。由于菌核干燥的时候在 70～80℃ 的高温下方能杀死，所以在田间即便是出现高温，它仍可长期不死亡，当温度降下来后，它又开始活动。它的分生孢子也比较耐旱，干燥 138 天（4 个半月）仍可以存活。即便没有菌核，仅靠分生孢子就有可能越过炎热的夏季。

灰霉病菌侵染时往往先从比较衰弱的组织获得营养，立足后再向健康的部位扩展。因此，发病多从植株下部老叶的边缘、受害花蕾的鳞片或近于开败的花瓣的边缘开始侵染，然后再向整株发展（图 3）。

该菌属于死体营养型真菌，不同寄主上的灰霉菌无明显的专化性。在侵染过程中可产生附着胞和侵染垫，然后释放出纤维素霉、多聚半乳糖酶、活性氧化物质、蛋白酶、脱落酸、乙烯、毒素等破坏寄主的免疫系统，杀死细胞，然后再定殖在寄主上。

流行规律　万寿菊灰霉病菌的菌丝在 2～31℃ 下都可以生长，最适 20～24℃。菌核在 3～27℃ 可以萌生菌丝。在 15℃ 下，相对湿度在 85% 时病害即可发生；20℃，相对湿度 90% 时发生严重。万寿菊灰霉病菌比较喜欢潮湿、冷凉

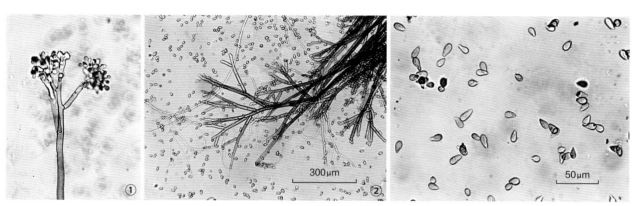

图 2　万寿菊灰霉病病原菌特征（李明远摄）

①万寿菊灰霉病菌的初生孢子梗及分生孢子；②孢子梗分枝情况；③显微镜下的万寿菊灰霉病菌的分生孢子

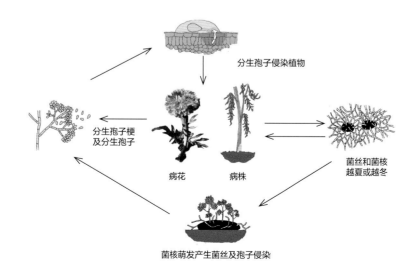

图 3　万寿菊灰霉病的侵染循环示意图（李明远绘）

的条件，一般在保护地中发生较重。但是，种植在海拔较高的地区，早晚比较冷凉，只要湿度合适，夏季也会发生。病菌分生孢子、菌丝和菌核的致死温度不同，分别为50℃、55℃和60℃。在温度偏高、营养不良时，菌丝聚集产生菌核，提高对不良环境的耐受力。与菌核病类不同的是灰霉菌的菌核不产生子囊盘及子囊孢子，而是直接产生菌丝和分生孢子进行侵染。病菌的孢子在pH3～12下都可以萌发，但更适pH5.0～6.2略为偏酸的环境。

由于病菌属于死体营养型，所以较易在伤口、衰弱及濒于死亡的组织上落脚。即在近于开败的花朵、受到高温或低温伤害濒于死亡的花蕾及老叶及采收时造成的伤口都是灰霉病容易入侵的部位，病菌在这些地方补充营养后，再向健壮的组织扩展。此外，常与病部接触的组织也容易发病。

鉴于该菌的专化性不强，而其分生孢子及菌核的寿命较长，前茬和邻作上的灰霉病菌往往可作为侵染万寿菊灰霉病的初侵染源。此外，温室的保温条件、种植密度、管理时对土壤肥力及水分的供应、对棚室温度和湿度的控制以及对病残株的清除是否及时，都会影响到万寿菊灰霉病的发生及流行。

防治方法 采用以农业防治、生态防治、生物防治、化学防治互相配合的一套综合措施来予以应对。

农业防治 在有条件的地区提倡旱田轮作。减少越夏的菌丝及菌核。推广配方施肥，避免偏施氮肥，提高植株的抗病性。保护地内的观赏用万寿菊在换茬期间可利用高温杀灭土中的菌核预防灰霉病。即利用6月花卉换茬的时候，对温室进行灌溉、旋耕、闷棚（此时晴天棚温一般可达70～80℃）处理1周，杀灭土中残留的病菌。在万寿菊的花期，适当控制设施内的水分供应和棚温，禁用水喷淋植株，避免造成病原的传播和高湿的环境条件。此外，还需避免棚内高温造成花蕾、花朵及叶片的灼伤诱发病害的发生。避免在阴天浇水、打药。在需要浇水、打药时，尽量安排在晴天上午进行。浇后扣棚，利用中午的高温使叶面和棚室内水分蒸发，然后在下午将湿气放出，减少夜间棚内的湿度。

生物防治 利用木霉菌等生物制剂，杀灭土中的菌核。每公顷用含1.5亿～2亿个活孢子/g的木霉素菌剂400～450g与50kg的细土混匀盖在万寿菊的根部，预防植株发病。

化学防治 该项措施一般在发病初使用，预防病菌孢子对万寿菊的侵染。可用来防治菌核病的化学农药较多。如10%腐霉利烟剂，250g/亩烟熏。液剂有80%多菌灵可湿性粉剂600～700倍液、70%甲基硫菌灵可湿性粉剂500～600倍液、50%乙烯菌核利1000倍液、50%腐霉利可湿性粉剂1000倍液、50%异菌脲可湿性粉剂1000倍液、40%嘧霉胺悬浮剂1000倍液、50%咪鲜胺锰盐可湿性粉剂1000～2000倍液、50%啶酰菌胺水分散粒剂2000倍液、42.8%氟菌·肟菌酯悬浮剂1500倍+25%嘧环·咯菌腈悬浮剂1200倍液、42.8%氟菌·肟菌酯悬浮剂1500倍液、42.8%氟菌·肟菌酯悬浮剂1500倍+40%嘧霉胺悬浮剂1500倍液等，每隔7～10天1次，连续防治3～5次。由于各地菌株的抗药性不同，在使用化学农药发现效果不好时，抗药性是必须考虑的因素之一。在中国防治灰霉病因为抗药性的原因经历了使用苯并咪唑类、二甲基亚胺类和N-苯氨基甲酸酯类不断更替的过程。

参考文献

陈东亮，李明远，程曦，等，2018.北京万寿菊灰霉病病原菌分离鉴定[J].中国植保导刊，38(4): 11-16.

赵春哲，左淑珍，宋艳梅，2006.万寿菊灰霉病的发生与防治[J].现代农业(6): 7-8.

（撰稿：李明远；审稿：王爽）

微梯弗利亚效应　vertiforlia effect

选育垂直抗性品种过程中，使水平抗性不断丧失的现象。这种现象首先在马铃薯品种Vertiforlia上发现，故此称微梯弗利亚效应。

简史 最早由范德普朗克（J. E. Van der Plank，1963）提出。20世纪20年代前，欧洲育成的且大面积种植的马铃薯老品种对晚疫病均具有不同程度的水平抗性，它们只是中度抗病，发病较轻较慢，减产很少。后来发现来自Solanum demissus的R基因抗病性更强，可达到免疫的程度，就把它转育到栽培种Solanum tuberosum中来，育出了携带R基因的Vertifolia等一批垂直抗病性品种。但它们大面积推广后不久就"丧失"了抗病性，短短几年内就由免疫变为高度感病，比它们的亲本老品种还要感病。这是由于在R基因的保护下，马铃薯晚疫病菌尚无相应毒性，不能侵染成功，水平抗病性也就无从表现，当然也就不可能有正向的选择压力，在连续多代无正向选择压力的情况下，选育出的抗病品种虽然含有R基因，而水平抗病性微效基因却大量流失了。因而一旦相应新小种出现，R基因失效，它就变成高度感病品种了。这种现象广泛存在于多种作物的抗病育种中，并在连续几十年垂直抗病性育种后，造成更深远的负面后果，许多育成品种和育种材料比起古老的地方品种，其水平抗病性都是被流失和削弱了，这就是为什么在古老的地方品种中较易发现到较强的水平抗病性。

表现和遗传 微梯弗利亚效应现象中通常所谓"品种抗病性丧失"乃是其有效性丧失了，品种的垂直抗病性R基因并未丧失，是相应毒性基因或毒性基因型（小种）频率上升了，同时也是品种的水平抗病性丧失了即微效基因流失了。在寄主方面丧失的不是垂直抗病性R主效基因，却是水平抗病性，水平抗病性微效基因在有病害选择压力时会逐代积累，无病害选择压力时会逐代流失。微梯弗利亚效应才是真正意义上的抗病性丧失，而且是人为丧失，也是抗病性资源的丧失。

避免抗病育种中的微梯弗利亚效应 在自然生态系中植物一般具有水平抗病性，但由于水平抗病性大多表现为中等抗病，因此，在农业生态系中，原有的水平抗性已不符合人们对品种的要求，在选育垂直抗性品种的同时使水平抗性进一步丧失，抗性更单纯，与原有品种相比，虽然增加甚至加强了垂直抗性，但水平抗性大大削弱。一旦新小种产生，垂直抗性被攻克，又没有足够的水平抗性做后防，则品种抗性丧失。实质是由于水平抗性减弱或流失，使新小种得以顺利繁衍和迅速积累，加速了对病原菌的定向选择。1987年，罗宾森提出抗病育种应以水平抗病性为基础，垂直抗病性为锦上添花，或不得已而为之，或应两者并用，不能只追求垂直抗病性而置水平抗病性于不顾。水平抗病性原是普遍存在而又能持久的，它应是寄主抗病性管理的首要目标，即使还需要加用垂直抗病性，也必须在保持一定水平抗病性强度的基础上进行。例如 20 世纪 80 年代以后马铃薯晚疫病的抗病育种已基本上又从垂直抗病性转回到水平抗病性的轨道。从长期的、进化的、可持续的观点看，罗宾森的意见是很值得植物病理学和抗病育种工作者郑重考虑的。当然现在关于两类抗性还存在不少问题，须进一步研究和认识，垂直抗病性的合理利用也还有相当潜力，而且终究不可能用一种育种方案解决所有病害问题，但是至少可以说再不能全然忽视水平抗病性育种了。

参考文献

曾士迈, 2005. 宏观植物病理学 [M]. 北京：中国农业出版社.

曾士迈，杨演，1986. 植物病害流行学 [M]. 北京：农业出版社.

曾士迈，张树榛，1998. 植物抗病育种的流行学研究 [M]. 北京：科学出版社.

COOKE B M, JONES G D, KAYE B, 2006. The epidemiology of plant diseases[M]. 2nd ed. Netherlands: Springer.

（撰稿：周益林；审稿：段霞瑜）

温州蜜柑萎缩病　satsuma dwarf

由温州蜜柑萎缩病毒引起的一种病毒病害，能感染柑橘属、枳属等多种植物。又名温州蜜柑矮缩病、温州蜜柑矮化病。

发展简史　温州蜜柑萎缩病于 1937 年在日本静冈发现。1948 年，山田・泽村发现和歌山及爱知的部分地区亦有此病发生，并有逐年蔓延的倾向，并于 1949 年进行嫁接传病试验，从而认为此病可能是由病毒引起，并称之为温州蜜柑萎缩病；1963 年，斋藤等用差速离心法从病树中纯化到一种直径约 26nm 的病毒粒体；1966—1968 年，岸国平确认此球状病毒为其病原，提议将其定名为温州蜜柑萎缩病毒（satsuma dwarf virus，SDV）。

分布与危害　温州蜜柑萎缩病是日本温州蜜柑生产上的重要病害，至 1978 年在日本的全国柑橘产区都有发生和危害。20 世纪 70 年代在土耳其、80 年代在韩国均有该病发生的报道。中国 80 年代报道有此病零星发生，均系赴日本研修人员随带病接穗无意中携带回来，并相继传播到浙江、四川、江苏、湖南和湖北等地。

温州蜜柑萎缩病在柑橘上的典型症状是船形叶和匙形叶（见图）。新梢发育受到影响后，导致全树矮化，枝、叶丛生；罹病树单位容积的叶数较多；发病后期果皮增厚变粗，果梗部位隆起成高腰果，品质降低；重病的树节间缩短，果实严重畸形。

病原及特征　温州蜜柑萎缩病由温州蜜柑萎缩病毒（satsuma dwarf virus，SDV）引起，其病毒粒子呈球状，粒子直径约 26nm。病毒粒体存在于细胞质、液泡内，在枯

斑寄主叶片内主要存在于胞间连丝的鞘内，呈一字状排列。SDV 是单链 RNA 病毒，其基因组包含两个组分 RNA1 和 RNA2，全长分别为 6795bp 和 5345bp。两条 RNA 序列各包括一个开放阅读框（ORF）、3′ 端非翻译区（3′ UTR）、5′ 端非编码区（5′ UTR）和 poly（A）尾巴。RNA1 的 ORF 开始于 AUG$_{302}$，终止于 UAG$_{6547}$，编码的前体多聚蛋白可被其本身编码的蛋白酶顺式切割产生基因组复制所需的依赖 RNA 的 RNA 聚合酶、蛋白酶等。RNA2 包括 4725nt 的 ORF，起始于 AUG$_{303}$，终止于 UAA$_{5052}$，编码的蛋白切割后包括运动蛋白和大、小外壳蛋白。根据序列对比分析建议将其定为豇豆花叶病毒科（Comoviridae）豇豆花叶病毒属（*Comovirus*）和线虫传多面体病毒属（*Nepovirus*）近缘的新属中的成员。国际病毒分类委员会在第八次报告中又将 SDV 定为新增的温州蜜柑萎缩病毒属（*Sadwavirus*）代表种。

该病毒的寄主范围相当广，包括柑橘属、枳属、金柑属、西非枳属、印度枳属等近缘属，但多数寄主植物处于潜症带毒状态。经过汁液接种发现，有 8 科草本植物可感染此病毒，包括豆科、茄科、藜科、芝麻科、番杏科、苋科、菊科、葫芦科等。

病害循环　温州蜜柑萎缩病主要通过嫁接和汁液传播。推测线虫和土壤中的油壶真菌有传毒的可能，研究证实该病毒可以通过美丽菜豆种子传播。但未发现传媒昆虫。另外，

温州蜜柑萎缩病典型症状（赵学源提供）

中国珊瑚树是 SDV 的潜症寄主，可以加速温州蜜柑萎缩病的传播。

防治方法　推广使用无病苗可从根本上预防温州蜜柑萎缩病，预防病毒随着接穗或砧木传播，严格控制嫁接过程中病毒的扩散。通过及时砍伐重症中心病株，在周围树间开深沟可以防止病害蔓延，使用氯化苦消毒土壤处理亦可减轻危害。冬季及时剪除轻病树的重症枝条可以减轻发病程度。肥水管理好、树势强也可以减轻受害。

参考文献

周常勇 , 1991. 温州蜜柑萎缩病 [J]. 中国柑橘 , 20(2): 35-37.

CUI P F, GU C F, ROISTACHER C N, 1991, Occurrence of satsuma dwarf virus in Zhejiang Province, China[J]. Plant disease, 75(3): 242-244.

（撰稿：孙现超；审稿：周常勇）

稳定化选择　stabilizing selection

是指这种选择有利于群体中单个最适值，即保留中间的基因型。选择的主要作用是淘汰由突变、迁入或重组产生的边缘变异体。在稳定的环境和群体中，已经达到高度适应的状态，某些适合度较高范围内的基因型将一代一代地保留下来。稳定化选择主要是保持一个现存的适应状态，而不是进化性变化的结果。

发展简史　稳定化选择是自然选择的方式或模式之一，它是俄国生物进化学家 Ivan Schmalhausen 1941 年在《稳定化选择及其在进化因子中的地位》中首先提出，而且他也在 1945 年出版了相关的专著《进化因子：稳定化选择理论》。在大多数生物群体中由于大部分性状随时间的变化都比较小，所以稳定化选择被认为是自然选择中最普通的一种方式。

对病原菌群体毒性的稳定化选择　稳定化选择是定向选择的反面，它是指对病原物一个位点上的无毒性比毒性等位基因优先的选择。病原物群体最初在一特殊位点上有无毒性等位基因的高频率和毒性等位基因的低频率。植物育种家把敌对的抗性基因引进寄主；显然如果毒性等位基因是普通的，他就不会有意地引进新的寄主基因，因为那样寄主基因当从开始就是无效的，这在田间试验中就会是明显的。抗性基因引进寄主，病原物就开始对新的遗传环境的适应过程，这个过程就是定向选择。但是在抗性基因引入寄主之前，无毒性等位基因，假如说是普通的，因而是更适合的等位基因。因此，适应的过程亦即定向选择，涉及用较不适合的等位基因代替更适合的等位基因，反对适应就是稳定选择。

一个关于稳定选择克服定向选择的实例曾出现在加拿大的小麦秆锈病中。在 20 世纪 50 年代早期，加拿大小麦田中秆锈病严重流行。1954 年抗病品种 Selkirk 被引用之后在十余年中它一直是生产上的优势品种，直至 1965 年才因与秆锈病无关的原因而被具有一套不同的 Sr 基因的 Manitou 品种所取代。在那十年间 Selkirk 保持了它在加拿大对秆锈病的高抗性，并且以后仍然如此。这期间 Selkirk 上应该有了对毒性的定向选择，亦即寄生物对寄主的适应。但这种适应除极少数例外从未发生，而稳定选择保持了秆锈菌的群体，其中 Selkirk 上的无毒性频率实际上是 100%，这样 Selkirk 上保持无毒性的稳定选择抗衡了对适应（通过毒性）的定向选择。1968 年，Van der Plank 认为稳定化选择是由于毒性小种的侵袭力不如无毒性小种强，在感病品种上竞争不过无毒性小种所致。小种内毒性基因的增加会削弱侵袭力，迄今尚未查明。Van der Plank 提出，毒性基因数目和侵袭力强弱之间常常存在反相关，小种含毒性基因越多，其侵袭力往往越弱。他认为病原菌获得毒性的同时要付出一定代价，其一般适应能力有所降低，从而侵袭力有所削弱。含有多余的不必要的毒性基因的小种往往竞争不过只含必要的毒性基因的小种，毒性与侵袭力的反相关是稳定化选择假说的基础，而稳定化选择又是品种布局和抗病性持久化研究常常引用的一个重要依据，因此，这个问题很需要进一步研究澄清。

参考文献

曾士迈 , 杨演 , 1986. 植物病害流行学 [M]. 北京 : 农业出版社 .

曾士迈 , 张树榛 , 1998. 植物抗病育种的流行学研究 [M]. 北京 : 科学出版社 .

（撰稿：周益林、范洁茹；审稿：段霞瑜）

稳态流行　endemic

一种或多种病害在某地区早已存在，年年或经常发生，而且波动不大的流行状态。其英文在医学中常译作"地方病"或"常发病"，指病害的流行学类别之一。移植到植物病害流行学后，其含义已有变化，除个别场合中仍为原义外，大多数情况下均为稳态流行之意。自然生态系统中，寄主植物和寄生菌存在协同进化的作用，两者在相互作用、相互适应的长期演化过程中，当寄主植物对寄生菌的抵抗能力增强，抑制寄生菌种群增长的同时也选择具有更强寄生能力的寄生菌，促使寄生菌的寄生能力相应增强。同样，当寄生菌的寄生能力和毒性增强时，也给寄主植物施加了选择压力，促进寄主植物的抵抗性相应增强。这种相互施压、适应和反适应的遗传变异，使得受益的一方不可能无限量地增长，受害的一方不被排除，以获得并维持在双方都能接受的动态平衡点上。这种平衡是经过长期动态变化实现的。当这种平衡关系因遗传因素或受外界条件干扰和破坏时，寄主植物—寄生菌系统能自体调节、修复或在新的高度恢复平衡状态，这种系统内部趋于稳定的倾向称为内稳定性或稳态（homeostasis）。

稳态流行不一定会永远保持，当生态结构有较大改变时，病害可能再度进入流行状态。根据病害在田间发展的阈值原理，当病害传染期（i）和病害日传染率（Rc）的关系为 $i \cdot Rc > 1$ 时，病害日趋严重；$i \cdot Rc = 1$ 时，病害处于稳态流行；$i \cdot Rc < 1$ 时，病害则衰退。$i \cdot Rc$ 大体上可代表病害每代有效繁殖倍数，它是一定阶段的多年平均值。

病害流行表现稳态的原因主要有：①植物病害本身就是植物与微生物协同进化的统一体。植物与病原物这两个互不交换基因的物种间相互施加选择压，使一方的进化部分地依靠另一方的进化。②自体修复和调节。受干扰失去平衡的系统,通过内部自体调节和修复达到一个新的动态平衡的倾向。植物病害起到了抑制和稳定寄主植物种群数量增长的作用,是种群调节的一个因素。③空间释散作用。由于自然生态系统中生物的多样性(外因)使病原物空间分散,密度降低;病原物在低密度下,病原物的传播和侵染耗能大,有效性降低,从而导致病害种类虽多,经常发生,但发生的水平低,波动小。

以非洲的玉米热带锈病为例。最初玉米引到非洲时并未引入该病菌,第二次世界大战后该病菌被传入非洲,非洲玉米已失去抗病性,因而突发大流行;由于玉米是异花授粉植物,遗传适应力强,经数年病害压力选择后,寄主抗病性增强,进入稳态流行。

参考文献

马占鸿,2010.植病流行学 [M].北京:科学出版社.

肖悦岩,季伯衡,杨之为,等,1998.植物病害流行与预测 [M].北京:中国农业大学出版社.

曾士迈,1996.稳态流行 [M] // 中国农业百科全书总编辑委员会植物病理学卷编辑委员会,中国农业百科全书编辑部.中国农业百科全书:植物病理学卷.北京:中国农业出版社:466.

(撰稿:马占鸿;审稿:王海光)

蕹菜白锈病　water spinach white rust

由蕹菜白锈菌和旋花白锈菌引起的、主要危害蕹菜叶片的一种真菌性病害,是蕹菜生产上的主要病害。

发展简史　世界上最早记载蕹菜白锈病是在 1922 年,由日本人 Sawada 在中国台湾的台中、台北、高雄和台南等地发现,并在日本报道,将蕹菜白锈病病原菌定为新种 *Albugo ipomoeae-aquaticae* Saw.。1935 年 Ito 和 Tokunagau 将其翻译成拉丁文。蕹菜白锈病的另一个病原菌 *Albugo ipomoeae-panduranae*(Schwein.)Swing.,异名先后有 *Aeciduim ipomoeae-panduranae* Schweinitz(1822),*Aeciduim ipomoeae* Scherin(1874),*Cystopus convolvulacearum* Otth.(1883),*Cystopus ipomoeae-panduranae* Stevens & Swingle(1889)。在中国最先由涂冶于 1932 年记载。

分布与危害　蕹菜白锈病的分布十分广泛,世界各地的大部分栽培区都有发生。主要分布中国、泰国、印度、日本、印度尼西亚、菲律宾、马来西亚、越南、老挝、柬埔寨等国,非洲的摩洛哥、苏丹,欧洲的法国、意大利、马耳他,大洋洲的澳大利亚、斐济,南美洲的阿根廷、巴西,北美洲的美国、牙买加等国家也有发生。在中国几乎所有种植区都有白锈病的发生和危害,以海南、广东、广西、江西、福建、香港、湖南、湖北、四川、云南、上海、重庆、台湾、江苏、浙江等地受害重,北京、河南、辽宁、吉林、黑龙江等地也有发生。近年随着种植面积的扩大和种植年限的增加,蕹菜白锈病的发生与危害呈日趋严重之势,发病一般的年份可造成减产 15% 左右,严重的可达 40% 以上,甚至近乎绝收。

蕹菜白锈病主要危害叶片,根、茎、花等部位也可受害。受害叶片正面生淡黄色至黄色褪绿斑点,边缘不明显,病部向上隆起(图1①)。叶片背面相对应的部位生有圆形或不规则形的白色疱斑(图1②),有时叶片正面也有,白色疱斑后期破裂,散发出白色粉状物,即病菌的孢子囊。严重时叶片上的疱斑密集,并相互连接形成较大的疱斑,导致病叶呈肥厚皱缩、凹凸不平的畸形状(图1③),后渐变褐色,最后枯死。叶柄、茎部或根部受害时,患病处变肥肿,比正常茎增粗几倍,且扭曲畸形。嫩芽受害变粗短,不能伸长,受害花蕾膨大,不能正常开花。

病原及特征　病原为蕹菜白锈菌(*Albugo ipomoeae-aquaticae* Saw.)和旋花白锈菌[*Albugo ipomoeae-panduranae*(Schwein.)Swing.]两种,属白锈菌属真菌。

蕹菜白锈菌的孢子囊梗无色或淡黄色,圆柱形,较粗大,多有楔足,不分枝,大小为 32～72μm×18～23μm,排列于基部,其上长出串生的孢子囊。孢子囊圆柱形或近立方形,无色至淡黄色,串生,大小为 18～26μm×16～23μm,平均 21μm×18.9μm,成熟孢子囊具 4～6 个核。卵孢子近圆形,表面平滑,无色,大小为 36～54μm×33～51μm,平均 45.8μm×43.6μm。藏卵器卵形、球形、椭圆形,外壁光滑,内壁波状隆起,外观表面具皱褶,直径 50～60μm。雄器肾形、棍棒形,无色,28μm×14.7μm。

蕹菜白锈菌的卵孢子存放 1 年的萌发率高、侵染力强,但存放 2 年或 2 年以上的仅有少数还有侵染力。离体孢子囊的存活期与温度、湿度密切相关,温度越高存活期越短,在低温干燥条件下可存活数十天,日平均温度为 16～17.3°C

图 1　蕹菜白锈病症状(吴楚 提供)
①病叶正面黄色褪绿斑;②病叶背面白色疱斑;③病叶肥厚、皱缩

时存活期为 4～5 天，当日平均温度为 25.6～27.3℃ 时存活期仅有 1～2 天；在适宜温度下，湿度越大存活期相对越长，但即使在 100% 湿度下也只能存活几个小时。孢子囊在 10～35℃ 温度范围内均可萌发，最适温度在 20～25℃，孢子囊只有在水膜或水滴中才能萌发，如无水滴或水膜，即使在最适温度和大气相对湿度达 100% 也不能萌发。游动孢子萌发的温度范围为 12～30℃，最适温度为 25℃。在相同条件下，游动孢子的萌发相对于孢子囊较滞后。紫外光、直射日光对孢子囊萌发有抑制作用，孢子囊在紫外光下照射 30 分钟即全部丧失活力，在日光下照射 2 小时，萌发率比遮光对照降低了 75.5%。

旋花白锈菌的孢子囊梗棍棒状、单胞，无色，顶部较大，楔足明显，大小为 19.8～33μm×13.2～16.5μm，平均 26.4μm×14.9μm；孢子囊堆白色或淡黄色，初埋于寄主表皮下，后突破表皮外露并散发出粉状的孢子囊。孢子囊短圆筒形、近圆形，单胞，无色，孢壁中腰膜稍厚，大小为 14.9～23.1μm×14.9～16.5μm，平均 19μm×15.7μm；卵孢子不常见，淡黄色至暗褐色，外壁平滑，成熟时外壁具瘤状、乳状突起，大小为 35～51.4μm×31.3～42.7μm，直径 30～60μm；藏卵器无色，散生或群生，大小为 46～61μm×41～52μm。除了侵染蕹菜，还侵染甘薯、二叶甘薯、萼状甘薯、哈氏甘薯、牵牛花、旋花、田旋花、圆叶牵牛、裂叶牵牛、圆叶茑萝等植物。

侵染过程与侵染循环 卵孢子或孢子囊萌发，释放游动孢子，游动孢子借助雨水或流水飞溅到寄主表面，遇到适宜的温度、湿度条件，游动孢子萌发，产生芽管，芽管末端膨大产生附着胞吸附在寄主表面，然后从附着胞上伸出较细的侵染丝，侵染丝从气孔侵入，穿过植物的角质层和细胞壁以后变成菌丝，菌丝以小球状或圆锥状吸器伸入细胞内，用以从寄主组织吸收养分和水分，至此，病菌萌发侵染过程已完成。

蕹菜白锈病菌的有性生殖阶段产生卵孢子，卵孢子随病残体在土壤中或厩肥中越冬，带病种子也是它的越冬场所，少数则以菌丝体在寄主根茎内越冬，翌年温度适宜时，卵孢子萌发，逸出大量游动孢子，进行初侵染。发病后病部产生大量孢子囊，此为无性繁殖阶段。成熟孢子囊呈粉状，借风、雨传播，萌发后释放游动孢子进行再侵染。在同一生长季病菌可进行多次侵染（图 2）。

孢子囊可随气流传播到邻近的植株、菜地或进行更远距离的传播。卵孢子、游动孢子随雨水或灌溉水传播，田间操作、农具、人、畜及昆虫的活动将带菌土壤、病菌传播到无病株或无病田，也是传播病菌的方式。

流行规律 蕹菜白锈病是一种相对低温、高湿的病害，在较低温度（20～24℃）和湿度接近 100%，且寄主表面有水滴或水膜存在的条件下才能侵染。寄主组织的老幼对病菌的侵染无明显差别，但对病害的发展有相当大的影响，幼嫩的组织、幼苗、新出土子叶更易感病，发病后产生大量孢子囊，发病程度相对较严重，成熟的组织只产生少量孢子囊，次生孢子囊也少。

温度、湿度是影响蕹菜白锈病发生、流行的主要因素。田间湿度大，寄主表面有水膜或水滴，并保持 5～6 个小时，

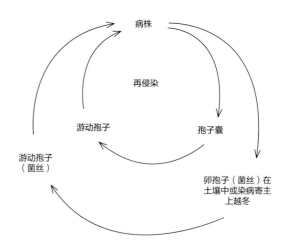

图 2 蕹菜白锈病侵染循环示意图（覃丽萍提供）

夜间温度 21℃，白天气温不低于 23℃，在病菌数量充足条件下可引起普遍发病。生产上一般在 5 月开始发病，因此时旬平均温在 25℃ 左右，最易引起病菌的侵染。6～8 月高温、多雨季节进入发病盛期，9 月气温开始下降，病害发展变得缓慢。在生产季节，遇到温暖多湿的天气，特别是日暖夜凉或连续降雨尤其是台风暴雨频繁的季节病害往往大流行。

田间菌量也是病害流行的重要因素。连年大面积种植、田间病株不清除或清除不彻底，使得田间菌源积累量大，易引起病害流行。播种未消毒的带菌种子；偏施氮肥，植株生长幼嫩；管理粗放，肥水不足或过重，植株长势差；低洼地，积水或浇水过多，种植密度过大，通风透光差的地块发病重。

防治方法

农业防治 ①选育抗病品种。蕹菜品种间的抗病性差异比较大，通常青梗品种或紫梗品种比白梗品种的抗病性强，各地可因地制宜选择抗病品种种植。②加强栽培管理。与非旋花科作物进行轮作或水稻轮作 1～2 年可大大减少土壤中卵孢子的数量，防病效果好；低洼地实行高垄、高畦栽培，播种前进行种子消毒；及时采收，加强田间通风透光性，降低湿度。③科学管理水、肥。蕹菜喜肥喜水，播种前要施足基肥，采摘后要及时追肥，追肥要前轻后重，不偏施氮肥，增施有机肥、磷肥和钾肥，促进植株苗壮生长，增强抗病能力；低洼地及时排水，干旱地勤浇水，避免田间环境过湿或过干。④清洁田间。摘除病叶、病枝，防止或延缓病害蔓延，采收后清园时彻底清除根、茎、叶等病残体并带出田园销毁，减少田间菌源积累量。

化学防治 在发病初期根据苗情、病情、天气状况及时喷农药，每隔 7～10 天喷 1 次，连续喷 2～3 次，多种药剂交替使用，避免使用单一药剂使病菌产生抗、耐药性而使防效降低。药剂可选用 58% 甲霜·锰锌可湿性粉剂，或 687.5g/L 氟菌·霜霉威悬浮剂，250g/L 吡唑醚菌酯乳油，或 250g/L 嘧菌酯悬浮剂，或 25% 甲霜灵可湿性粉剂，或 43% 戊唑醇悬浮剂，或 1：1：200 波尔多液。

参考文献

杨凤丽，宓盛，陆永连，2016. 不同药剂对蕹菜白锈病田间防效及产量的影响 [J]. 浙江农业科学，57(7): 1004-1006.

余永年 , 1998. 中国真菌志：第六卷　霜霉目 [M]. 北京：科学出版社 .

俞懿 , 陈杰 , 刘冲 , 等 , 2015. 上海地区蕹菜白锈病发生规律与防治技术 [J]. 中国植保导刊 , 35(4)：38-42.

CERKAUSKAS R F, KOIKE S T, AZAD H R, et al, 2006. Diseases, pests, and abiotic disorders of greenhouse-grown water spinach (Ipomoea aquatica) in Ontario and California[J]. Canadian journal plant pathology, 28(1): 63-70.

SATO T, OKAMOTO J, DEGAWA Y, et al, 2009. White rust of Ipomoea caused by *Albugo ipomoeae-panduratae* and *A. ipomoeae-hardwickii* and their host specificity[J]. Journal of general plant pathology, 75(1): 46-51.

（撰稿：覃丽萍、秦碧霞；审稿：赵奎华）

莴苣菌核病　lettuce drop

由核盘菌引起的、主要危害莴苣茎秆的真菌病害。病害分布广泛，许多国家的莴苣种植区都会有此病害发生，重者全株死亡，留种株莴苣受害可导致无法留种。

分布与危害　最早在美国报道，病害对莴苣种植业造成较大的影响，现在已广泛分布于各莴苣种植区。也是中国莴苣的常见病。该病在露地和保护地都有发生，但以冬春保护地栽培的莴苣发病严重。茎用莴苣和叶用莴苣均可受害，田间发病率一般在 10%～50%，严重田块会导致绝收。留种田块发病后，可导致留种株不能结果，甚至腐烂枯死，颗粒无收。莴苣菌核病病菌的寄主种类很多，主要为双子叶阔叶植物。除莴苣外还可侵染十字花科、葫芦科、豆科、茄科、藜科、伞形花科等 75 个科 278 个属 408 种植物，同样也造成植株腐烂或整株死亡。

植株一般从基部开始发病，逐渐向上部蔓延。病害初期，莴苣基部出现褐色、水渍状斑块，并沿着主脉向叶片顶端扩展，后褐色组织逐渐腐烂，病斑面积大的叶片逐渐黄萎。病斑表面可产生白色絮状菌丝，相对湿度高时，白色絮状菌丝茂盛。病部表面的菌丝逐渐形成菌丝球，颜色加深，最后形成黑色、坚硬、形状不规则的菌核。菌核大小不等，较大菌核似鼠粪状的颗粒。茎用莴苣的茎秆亦可受害，茎秆表面呈黄褐色、表皮腐烂，湿度大时，表面也可见生长茂盛的白色菌丝和颗粒状菌核。茎秆发病严重、腐烂面积较大的植株可以导致全株死亡（图 1）。留种株莴苣受害严重时，茎秆表面呈褐色坏死，茎秆内髓部腐烂变成空腔，空腔内产生许多颗粒较大的菌核，植株枯死，不能结出种子。

病原及特征　病原为核盘菌 [*Sclerotinia sclerotiorum* (Lib.) de Bary]，属子囊菌门柔膜菌目核盘菌属真菌。核盘菌菌丝为有隔菌丝，生长茂盛，菌落呈白色棉絮状。病菌生活史中不产生无性孢子。菌丝可以形成菌丝组织体，由菌丝组织体构成菌核。菌核外部黑色，表面粗糙无光泽，内部浅红褐色。菌核外层细胞排列紧密，内部细胞排列疏松。菌核萌发产生子囊盘，一般每粒菌核产生子囊盘 5～10 个，有时可多达 20 个以上；子囊盘杯状或盘状，肉色或浅褐色，有柄，子囊盘直径最大可达 11mm。子囊圆筒形，整齐平行排列在子囊盘表面，大小为 144～116μm×8.2～11μm，每个子囊内产生 8 个子囊孢子，子囊孢子斜向整齐排列。子囊孢子椭圆形，单细胞，无色，8～13μm×4～8μm。当外源营养充足时，菌核也可以萌发产生菌丝。

菌核萌发子囊盘释放子囊孢子的有利条件是，温度 8～20℃，连续 10 天以上的湿润环境，在此条件下可持续释

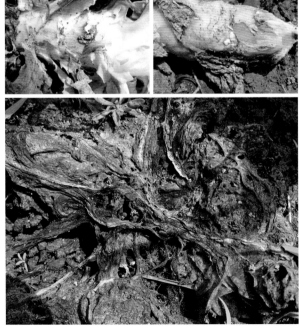

图 1　莴苣菌核病危害症状（吴楚提供）

放子囊孢子 8～15 天，1 个菌核可以释放数百万个子囊孢子。子囊孢子在 5～20°C、相对湿度 85% 以上就能达到较高的萌发率。菌核抗干热，70°C 处理 10 分钟，死亡率仅为 25%，但不耐湿热，用 50°C 热水处理 5 分钟可死亡。

病菌的致病作用主要是产生胞壁降解酶类与毒素。胞壁降解酶主要包含果胶酶和纤维素酶，这些酶类分解植物细胞壁的果胶与纤维素，形成腐烂症状。毒素主要是草酸类物质。有研究认为草酸类毒素是重要的致病因子，不能分泌草酸的突变体失去对拟南芥的致病力。其原因是草酸使病菌内环境酸化，酸化环境促进了依赖酸性的调节因子 pac1 的表达，而 pac1 是病菌致病过程中不可缺少的。草酸类毒素水平与草酸盐脱羧酶 odc1、odc2 活性有关。有观点认为草酸和果胶酶中内切多聚半乳糖醛酸酶的相互协作有利于核盘菌全部致病力的发挥。

侵染过程与侵染循环　病菌侵染寄主的接种体主要是子囊孢子和菌丝。子囊孢子由菌核萌发子囊盘产生并释放，子囊孢子一般不能侵染生长健康的组织，因此，伤口或衰老叶片、凋萎的花瓣是其主要的侵入途径。子囊孢子萌发的菌丝在伤口、衰老组织或凋萎花瓣上经过类似腐生生长，扩展至健康组织表面，再形成侵染垫。侵染垫由大量的菌丝分枝末端构成，菌丝末端细胞中有许多泡囊，泡囊中含有助于病菌侵入寄主的酶类等物质，因此，由侵染垫形成附着胞直接侵入寄主。侵入后的菌丝膨大成球状，后形成丝状菌丝，这些丝状菌丝在植物细胞内定殖、扩展，导致植物细胞迅速坏死，外表出现坏死症状。

菌核萌发产生菌丝也能侵染寄主，这种情况只发生在土表菌核，菌丝直接接触莴苣叶片或茎秆，若菌核与莴苣植株间的距离超过 1cm 以上则不易侵染。埋在土壤下的菌核萌发菌丝，由于不能接触植物则难以造成侵染。

病菌以菌核在土壤中，或混于病残体、种子中越冬，在冬季温暖的地区或保护地，菌丝可以在寄主内越冬。春季气温升高后，菌核萌发形成子囊盘，成熟子囊孢子被弹射到空中，随气流传播形成初侵染，或菌核萌发菌丝进行初侵染。发病后，只要条件适宜，病株表面菌丝生长茂盛，能够攀缘至相邻植株造成再侵染，但这种再侵染效率较低。病株表面菌丝也能形成菌核，菌核落入土中，可以随灌溉水传播（图 2）。

菌核在干燥土壤中存活期很长，可达 3 年以上，但在潮湿土壤中仅存活 1 年，若在淹水情况下，1 个月就会腐烂死亡。虽然菌核萌发需要足够的水分，但是土壤含水量变化，即从潮湿变化为干燥，更有利于子囊孢子释放，增加发病率。子囊孢子在 15～20°C 条件下，莴苣叶面保持 2～4 小时湿润时，萌发率可达到 96%。

莴苣菌核病菌的寄主范围很广，许多蔬菜都是它的寄主，其中包括大白菜、萝卜等十字花科蔬菜，番茄、辣椒等茄科蔬菜，西瓜、西葫芦等葫芦科植物，四季豆、豇豆等豆科植物。若上季植物发病严重，田间遗留大量菌核，会导致下一季作物的严重发病。气温 20°C、相对湿度 85% 以上时适宜病害发生，相对湿度低于 70% 病害明显减轻，因此，春季多雨或保护地湿度高易导致病害流行。另外，种植密度高、偏施氮肥、田间密闭、地势低洼排水不良的田块发病重。

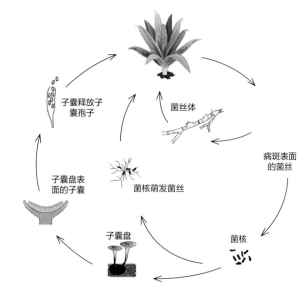

图 2　莴苣菌核病侵染循环示意图（童蕴慧提供）

流行规律　由于病菌适宜生长的温度在 20°C 以下，因此，病害主要发生在春秋两季，以春季发病较重，冬季仅在保护地和温暖地区发病。南方在早春 2～3 月、北方在 3～5 月时间内陆续发病。在莴苣生长期遭遇寒冷潮湿天气会加重病害发生。灌溉方式对病害有明显影响，地表灌水田块的病害明显重于滴灌田块。

防治方法

轮作及深耕　与非寄主植物轮作 2～3 年有较好的防病效果，能够减少土壤中菌核数量，需要注意的是菌核病菌寄主种类很多。可与葱、蒜类植物或禾本科植物轮作，其中以水旱轮作效果最好，因为菌核在淹水的状态下容易腐烂死亡。若没有轮作条件，则应深翻土壤。94% 的菌核分布于土壤表层 5cm 处，萌发菌核中的 24.6% 来自土壤表层 2cm 处。因此，将表层带有菌核的土壤翻至土壤深层，使其中的菌核不能萌发释放子囊孢子。

加强栽培管理　莴苣移栽前覆盖地膜，阻断子囊孢子向空中释放。及时清理病残体，减少田间菌核数量；合理密植，保持田间具有良好的通风透光条件；雨水多的地区应作垄栽培，根据莴苣生长需要适量浇水，沿田块四周挖深沟，做到雨后能及时排水。用腐熟的有机肥作基肥，不偏施氮肥，增施磷钾肥，基肥应占施肥总量的 60% 左右；保护地应及时通风排湿，降低相对湿度，低温时采取保温措施，防止植物冻伤。

利用抗（耐）病品种　现在，尚未发现对莴苣菌核病免疫或高抗的品种。一般来说，莴苣叶片颜色深绿或带有紫红色的品种比较耐病，如红帆紫叶生菜、红裙生菜、科兴 7 号、科兴 11 号和意大利耐抽薹生菜等；此外，茎用莴苣的挂丝红莴笋、孝感莴笋和南京紫皮香等品种也比较抗病。

化学防治　发病初期立即喷药防治，药可选用 30% 多菌灵胶悬剂 500 倍液、50% 速克灵可湿性粉剂 1000 倍液、20% 腐霉利悬浮剂 600 倍液、50% 乙烯菌核利可湿性粉剂 1000～1300 倍液、40% 菌核净可湿性粉剂 1000 倍液、50% 异菌脲可湿性粉剂 1000～1500 倍液等，连续施药 2～3 次。

保护地可选用 15% 腐霉利烟剂或 45% 百菌清烟剂，每亩用药 250g，熏蒸 5～6 小时后开棚通风，间隔 7～10 天熏蒸 1 次，连续 3～4 次。

参考文献

高锦凤，2010. 海门市春季大棚莴苣菌核病发生原因及综防措施 [J]. 现代农业科技 (9): 181-182.

李会群，赵瑞祥，查剑敏，2005. 保护地莴苣菌核病的综合防治技术 [J]. 中国植保导刊 (2): 21, 34.

刘佳东，韩泳，孙丹，2008. 大棚莴苣早春高产栽培技术 [J]. 内蒙古农业科技 (20): 113.

王万立，刘春艳，郝永娟，等，2005. 保护地莴苣菌核病关键防治技术 [J]. 中国蔬菜 (7): 54-55.

BEN-YEPHET Y, GENIZI A, SITI E, 1993. Sclerotial survival and apothecial production by *Sclerotinia sclerotiorum* following outbreaks of lettuce drop[J]. Eclolgy and epidemiology, 83(5): 509-513.

（撰稿：童蕴慧；审稿：赵奎华）

无根藤害　rootless rattan

一种樟科的寄生藤本植物产生的危害。

分布与危害　无根藤主要分布在世界各热带国家及地区。中国分布在广东、广西、海南、云南、贵州、福建、江西、湖南、浙江及台湾等地，其中以广东、广西及海南最常见。

无根藤的乔木寄主已知有 63 种，隶属 28 科共 40 个属，其中林业生产上的重要寄主有杉树、马尾松、樟树、油茶、米老排、红锥、柠檬桉、尾叶桉、巨桉、野桉、窿缘桉、赤桉、木麻黄、非洲楝、苦楝、海南蒲桃、台湾相思、木荷、乌桕、降香黄檀等 20 余种；此外，绿化树种夹竹桃、羊蹄甲、番石榴等也见受害。

无根藤属寄生性种子植物，是樟科植物中唯一的一种寄生性植物。被害树木可从 1～2m 高的幼树直至 7～8m 高的大树；苗圃幼苗也见被害。无根藤对寄主的危害，一方面靠插入寄主的吸器吸取寄主营养，影响寄主的正常生长；另一方面由于无根藤藤茎富含纤维，不易折断，对寄主的缠绕寄生，不仅影响寄主体内养分输送，而且影响植物枝叶的自然伸长及光合作用的进行。被严重寄生的树木往往树势衰弱，生长不良，产生落叶、枯梢，甚至幼树死亡（见图）。

病原及特征　无根藤（*Casytha filiformis* L.）属于无根藤属，为樟科唯一的寄生性植物，多年生藤本，半寄生。

侵染过程与侵染循环　无根藤的离体断茎生命力很弱，很难再繁殖危害新的寄主，初侵染源是来自落土中的种子。

流行规律　无根藤的近距离传播是依靠其藤茎的自然攀缘，远距离传播主要依靠种子传播。无根藤一般分布在海拔 400m 以下，地势开阔、阳光充足、气候干燥的杂草灌丛地带，郁闭度高的林分无根藤较少。

防治方法　新开苗圃或造林地应尽量避免无根藤发生严重的地方，或彻底清除无根藤及杂草；加强幼林抚育管理，人工拔除无根藤。

参考文献

庞正轰，2009. 经济林病虫害防治技术 [M]. 南宁：广西科学技术出版社.

苏星，岑炳沽，1985. 花木病虫害防治 [M]. 广州：广东科技出版社.

（撰稿：王军；审稿：叶建仁）

无根藤害症状（王军提供）

吴茱萸锈病　evodiae rust

由鞘锈菌引起的吴茱萸发生普遍的一种病害。

分布与危害　主要危害叶片。病原菌在广东、广西、贵州、四川、安徽、湖南、浙江、台湾等地有分布。发病初期，叶片呈现黄绿色、近圆形、边缘不明显的小病斑；后期叶背形成橙黄色微突起的疱斑，为病原菌的夏孢子堆。疱斑破裂后散出橙黄色夏孢子。叶片上病斑逐渐增多致使叶片枯死。

病原及特征　病原为吴茱萸鞘锈菌（*Coleosporium evodiae* Dietel ex Hiratsuka f.），现名为 *Coleosporium telioeuodiae* L. Guo，属真菌界担子菌门鞘锈菌属。冬孢子堆散生于叶背，突起，黄褐色。冬孢子圆柱形，大小为 31.6～61.6μm×11.6～19.2μm，胶质鞘厚度为 12.7μm，单层排列，底部有足细胞。夏孢子堆叶背面散生，圆形，表皮破裂后黄色或淡黄色的夏孢子。夏孢子多为宽椭圆形或近圆形，大小为 18.5～20.2μm×24.0～28.1μm，表面具 2 层环纹，顶部为半球形帽状结构，底部为柱形底座。夏孢子芽孔多散生。

侵染循环与流行规律　病原菌在马尾松上转主寄生。在松针上产生性孢子器和锈孢子器。在吴茱萸叶片背面散生夏孢子堆和冬孢子堆。多在 5 月中旬发生，6～7 月危害严重。

W

防治方法　种植吴茱萸应远离马尾松林，切断转主寄生的寄主。发病期，喷洒 0.2～0.3 波美度石硫合剂或 65% 代森锌可湿性粉剂 500 倍液，7～10 天 1 次，连喷 2～3 次。发病严重时，可喷 30% 苯醚甲·丙环乳油 1500 倍液。

参考文献

韩金声，1990. 中国药用植物病害 [M]. 长春：吉林科学技术出版社：579-580.

游崇娟，2012. 中国鞘锈菌的分类学和分子系统发育研究 [D]. 北京：北京林业大学.

（撰稿：张国珍；审稿：丁万隆）

吴茱萸烟煤病　evodiae sooty mould

由田中新煤炱引起的吴茱萸的重要真菌性病害。又名吴茱萸煤病、吴茱萸煤污病。

分布与危害　在吴茱萸产区发生普遍，危害较重。发病后植株生长势衰弱，影响开花结果。植株叶片、嫩梢和树干上形成不规则的黑褐色煤状斑，逐渐扩大，后期在叶片、枝干上覆盖厚厚的煤层。这种"煤层"容易剥落，除去后叶面仍呈绿色。严重发病时，植株生长衰退，影响光合作用，开花结果减少。

病原及特征　病原为 Capnodium tanalcae Shirai & Hara，现名为田中新煤炱 [Neocapnodium tanakae（Shirai & Hara）Yamam.]，属真菌界子囊菌门煤炱属。菌丝体暗褐色，匍匐于叶片表面。分生孢子梗暗褐色，很不规则，隔膜较多，隔膜处有缢缩。分生孢子顶生或侧生，往往数个串生，形状变化多，暗褐色，具纵横隔膜，大小为 15～32μm×9～24μm。常腐生于由蚜虫分泌的蜜露上。

侵染过程与侵染循环　病原菌以菌丝体在被害部越冬。翌年 4 月上旬产生分生孢子，随气流传播，扩大危害。

流行规律　多在 5 月上旬至 6 月中旬，蚜虫、长绒棉蚧等介壳虫滋生较多的情况下发生。种植过密，树冠内通透性不良导致过于郁闭，有利于烟煤病发生。

防治方法

农业防治　改善吴茱萸林间和树体通透性，清除杂草，消灭害虫越冬场所，整枝修剪，做到通风透光，减轻发病。

化学防治　蚜虫、介壳虫发生期，喷洒 40% 乐果乳剂 1500～2000 倍液或 25% 亚胺硫磷 800～1000 倍液，每隔 7～10 天喷 1 次。休眠期可喷施 0.3～0.5 波美度的石硫合剂，防治介壳虫类等媒介昆虫。

煤烟病发生期喷洒波尔多液（1：0.5：150～200），每隔 10～14 天 1 次，连喷 2～3 次。发病期可用洗衣粉 1000 倍液或用 50% 退菌特可湿性粉剂 800～1500 倍液进行防治。

参考文献

韩金声，1990. 中国药用植物病害 [M]. 长春：吉林科学技术出版社：578.

苏建亚，张立钦，2011. 药用植物保护学 [M]. 北京：中国林业出版社：228.

（撰稿：张国珍；审稿：丁万隆）

五味子白粉病　Schisandra chinensis powdery mildew

由五味子叉丝壳菌引起的、危害五味子地上部的一种真菌病害。

发展简史　2000 年以来在辽宁、吉林、黑龙江等地的五味子主产区大面积发生和流行。林天行等（2007）首次鉴定辽宁五味子白粉病病原是五味子叉丝壳菌，并对该病原菌进行了有害生物风险分析等研究。

分布与危害　白粉病危害五味子的叶片、果实和新梢，其中以幼叶、幼果危害最为严重，往往造成叶片干枯，新梢枯死，果实脱落。受害苗圃发病率达 100%，病果率可达 10%～25%，严重影响了五味子的产量及质量。叶片受害初期，叶背面出现针刺状斑点，逐渐上覆白粉（菌丝体，分生孢子和分生孢子梗），严重时扩展到整个叶片，病叶由绿变黄，向上卷缩，枯萎而脱落。幼果发病先是靠近穗轴开始，严重时逐渐向外扩展到整个果穗；病果出现萎蔫、脱落，在果梗和新梢上出现黑褐色斑。发病后期在叶片及新梢上产生大量小黑点，为病菌的闭囊壳（图 1）。

病原及特征　病原为五味子叉丝壳菌（Microsphaera schisandrae Sawada），属于子囊菌门叉丝壳菌属。该菌为外寄生菌，病部的白色粉状物即为病菌的菌丝体、分生孢子及分生孢子梗。菌丝体叶两面生，也生于叶柄上；分生孢子单生，无色，椭圆形、卵形或近柱形，24.2～38.5μm×11.6～18.8μm。闭囊壳散生至聚生，扁球形，暗褐色，直径 92～133μm，附属丝 7～18 根，多为 10～14 根，长 93～186μm，为闭囊壳直径的 0.8～1.5 倍，基部粗 8.0～14.4μm，直或稍弯曲，个别屈膝状。外壁基部粗糙，向上渐平滑，无隔或少数中部以下具 1 隔，无色，或基部、隔下浅褐色，顶端 4～7 次双分叉，多为 5～6 次，子囊 4～8 个，椭圆形、卵形、广卵形，54.4～75.6μm×32.0～48.0μm，子囊孢子（3～）5～7 个，无色，椭圆形、卵形，20.8～27.2μm×12.8～14.4μm（图 2）。

侵染过程与侵染循环　五味子叉丝壳菌以菌丝体、子囊孢子和分生孢子在田间病残体内越冬，经气流传播多次侵染引致病害。感染白粉病的种苗、果实在车、船等运输工具的转运下，使五味子白粉病实现地区间的远距离扩散，是该病最主要的传播途径。翌年 5 月中旬至 6 月上旬，平均温度回升到 15～20℃，田间病残体上越冬的分生孢子开始萌动，借助降雨和结露，分生孢子开始萌发，侵染植株，田间病害始发。7 月中旬为分生孢子扩散的高峰期，病叶率、病茎率急剧上升，果实大量发病。10 月中旬气温明显下降，五味子叶片衰老脱落，病残体散落在田间，病残体上所携带的病菌进入越冬休眠期。

流行规律　在中国东北地区，发病始期在 5 月下旬至 6 月初，6 月下旬至 7 月中旬达到发病盛期。高温干旱有利于发病。植株枝蔓过密、徒长，氮肥施得过多和通风不良的环境条件都有利于此病的发生。

防治方法

农业防治　注意枝蔓的合理分布，通过修剪改善架面通

图 1　五味子白粉病受害果实症状（傅俊范提供）

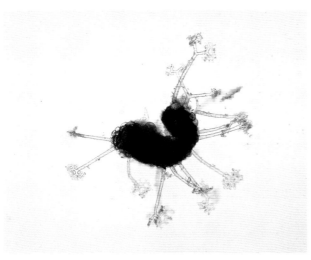

图 2　五味子白粉病菌闭囊壳（傅俊范提供）

风透光条件。适当增加磷、钾肥的比例，以提高植株的抗病力，增强树势。萌芽前清理病枝病叶，发病初期及时剪除病穗，捡净落地病果，集中烧毁或深埋，减少病菌的侵染来源。

化学防治　在 5 月下旬喷洒 1∶1∶100 倍等量式波尔多液进行预防，如没有病情发生，可 7～10 天喷 1 次；发病初期选用 0.3～0.5 波美度石硫合剂，或 25% 粉锈宁可湿性粉剂 800～1000 倍液，每 7～10 天喷 1 次，连续喷 2～3 次；还可选用 40% 硫黄胶悬剂 400～500 倍液，或 15% 三唑酮乳油 1500～2000 倍液喷雾，或 50% 醚菌酯干悬浮剂 3000～4000 倍液喷雾，7～10 天喷 1 次，连喷 2 次；也可选用仙生、腈菌唑等杀菌剂进行防治。

参考文献

丁万隆，2002. 药用植物病虫害防治彩色图谱 [M]. 北京：中国农业出版社.

傅俊范，2007. 药用植物病理学 [M]. 北京：中国农业出版社.

周如军，傅俊范，2016. 药用植物病害原色图鉴 [M]. 北京：中国农业出版社.

（撰稿：傅俊范；审稿：丁万隆）

五味子茎基腐病　*Schisandra chinensis* stem rot

由多种镰刀菌引致的一种五味子茎基部病害，是一种毁灭性的病害。

发展简史　2007 年，薛彩云等首次对该病发生规律及病原种类进行了系统研究。

分布与危害　该病在东北五味子产区普遍发生，可导致五味子植株茎基部腐烂、根皮脱落，最终整株枯死（图1）。随着五味子人工栽培面积的日益扩大，五味子茎基腐病也呈现上升趋势。一般发病率为 2%～40%，重者甚至高达 70%。严重影响五味子产业的健康发展。五味子茎基腐病在各年生五味子上均有发生，但以 1～3 年生发生严重。从茎基部或根茎交接处开始发病。发病初期叶片开始萎蔫下垂，似缺水状，但不能恢复，叶片逐渐干枯，最后地上部全部枯死。在发病初期，剥开茎基部皮层，可发现皮层有少许黄褐色，后期病部皮层腐烂、变深褐色，且极易脱落。病部纵切剖视，维管束变为黑褐色。条件适合时，病斑向上、向下扩展，可导致地下根皮腐烂、脱落。湿度大时，可在病部见到粉红色或白色霉层，挑取少许显微观察可发现有大量镰刀菌孢子。

病原及特征　该病由 4 种镰刀菌引起，分别为木贼镰刀菌［*Fusarium equiseti*（Corda）Sacc.］、茄腐皮镰刀菌［*Fusarium solani*（Mart.）Sacc.］、尖孢镰刀菌（*Fusarium oxysporum* Schlecht.）和半裸镰刀菌（*Fusarium semitectum* Berk. et Rav.），均属于真菌界子囊菌门粪壳菌纲。这几种菌一般在病株中都可以分离到，在不同地区比例有所差异（图 2）。

侵染过程与侵染循环　该病属土传病害，病原菌以分生孢子和菌丝体在土壤越冬，伤口侵入为主。地下害虫、土壤线虫和移栽时造成的伤口以及根系发育不良均有利于病害发生。冬天持续低温造成冻害易导致翌年病害严重发生。一般在 5 月上旬至 8 月下旬均有发生，5 月初病害始发，6 月初为发病盛期。

流行规律　高温高湿及多雨年份发病重，并且雨后天气转晴时，病情呈上升趋势。生长在积水严重的低洼地的五味子容易发病。生产上多采用假生苗移植，秋天五味子幼苗在地下成捆储藏数月，翌年移栽到大地。在此期间，土壤中的病原菌容易侵入植株，导致植株携带病原菌。五味子在移栽过程中造成伤口并且有较长一段时间的缓苗期，在此期间植株长势很弱，病菌很容易侵染植株。

防治方法

田间管理　注意田园清洁，及时拔除病株，集中烧毁，用 50% 多菌灵 600 倍液灌淋病穴；适当施氮肥，增施磷、钾肥，提高植株抗病力；雨后及时排水，避免田间积水；避免在前茬镰刀菌病害严重的地块上种植五味子。

种苗消毒　选择健康无病的种苗。种苗用 50% 多菌灵可湿性粉剂 600 倍液或代森锰锌可湿性粉剂 600 倍药液浸泡 4 小时。

化学防治　此病应以预防为主，在发病前或发病初期用 50% 多菌灵可湿性粉剂 600 倍液喷施，使药液能够顺着枝干流入土壤中，每 7～10 天喷雾 1 次，连喷 3～4 次；或用

W

图 1　五味子茎基腐病田间危害症状（傅俊范提供）

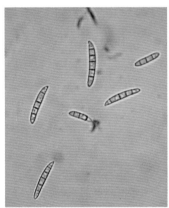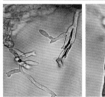

图 2　五味子茎基腐病菌分生孢子（傅俊范提供）

绿亨 1 号（噁霉灵）4000 倍液灌根。

参考文献

傅俊范，2007. 药用植物病理学 [M]. 北京：中国农业出版社．

薛彩云，严雪瑞，林天行，等，2007. 五味子茎基腐病发生初报 [J]. 植物保护，33(4): 96-99.

周如军，傅俊范，2016. 药用植物病害原色图鉴 [M]. 北京：中国农业出版社．

（撰稿：傅俊范；审稿：丁万隆）

五味子叶枯病　*Schisandra chinensis* leaf blotch

由细极链格孢侵染导致的一种真菌性五味子叶部病害。

发展简史　最早艾军等（2000）报道北五味子黑斑病病原为交链孢属（*Alternaria*）真菌，但未能鉴定具体种类。刘博等（2008）鉴定确认五味子叶枯病病原菌为细极链格孢 [*Alternaria tenuissima*（Fr.）Wiltsh.]。

分布与危害　广泛分布于辽宁、吉林、黑龙江等五味子产区，可造成植株早期落叶、落果、新梢枯死、树势衰弱、果实品质下降、产量降低等严重后果。发病植株从基部叶片开始发病，逐渐向上蔓延。病斑多数从叶尖或叶缘发生，然

后扩向两侧叶缘，再向中央扩展逐渐形成褐色的大斑块；随着病情的进一步加重，病部颜色由褐色变成黄褐色，病叶干枯破裂而脱落，果实萎蔫皱缩（图 1）。

病原及特征　病原为细极链格孢 [*Alternaria tenuissima*（Fr.）Wiltsh.]，属于真菌界子囊菌门链格孢属。分生孢子梗多单生或少数数根簇生，直立或略弯曲，淡褐色或暗褐色，基部略膨大，有隔膜，25.0～70.0μm×3.5～6.0μm。分生孢子褐色，多数为倒棒形，少数为卵形或近椭圆形，具 3～7 个横隔膜，1～6 个纵（斜）隔膜，隔膜处缢缩，大小为22.5～47.5μm×10.0～17.5μm。喙或假喙呈柱状，浅褐色，有隔膜，大小为 4.0～35.0μm×3.0～5.0μm（图 2）。

侵染过程与侵染循环　病原菌以分生孢子和侵菌丝体在田间病残体及土壤中越冬，经气流传播多次侵染引致发病。东北地区一般 5 月下旬开始发生，6 月下旬至 7 月下旬为该病的发病高峰期。

流行规律　高温高湿是病害发生的主导因素，树势较弱、结果过多的植株和夏秋多雨的地区或年份发病较重。同一园区内地势低洼积水以及喷灌处发病重。另外，在果园偏施氮肥，架面郁闭时发病亦较重；不同品种间感病程度也有差异，有的品种极易感病且发病严重，有的品种抗病性强，发病较轻。

防治方法

栽培管理　注意枝蔓的合理分布，避免架面郁闭，增强

图 1　五味子叶枯病田间危害（傅俊范提供）

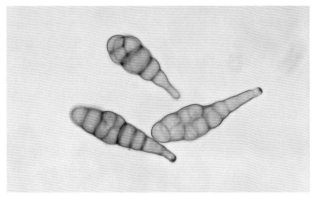

图 2　五味子叶枯病病原特征（傅俊范提供）

通风透光。适当增加磷、钾肥的比例，以提高植株的抗病力。

化学防治　在 5 月下旬喷洒 1∶1∶100 倍等量式波尔多液进行预防。发病时可用 50% 代森锰锌可湿性粉剂 500～600 倍液喷雾防治，每 7～10 天喷 1 次，连喷 2～3 次；也可选用 2% 农抗 120 水剂 200 倍液、10% 多抗霉素可湿性粉剂 1000～1500 倍液或 25% 嘧菌酯水悬浮剂 1000～1500 倍液喷雾，隔 10～15 天喷 1 次，连喷 2 次。

参考文献

艾军，李爱民，王玉兰，等，2000. 北五味子黑斑病病原菌鉴定 [J]. 特产研究 (3): 42-43.

刘博，傅俊范，周如军，等，2008. 五味子叶枯病病原鉴定 [J]. 植物病理学报，38(4): 245-248.

（撰稿：傅俊范；审稿：丁万隆）

物理防治　physical control

主要利用热力、冷冻、干燥、电磁波、超声波、核辐射等物理手段抑制、钝化或杀死植物种子、苗木、无性繁殖材料和土壤中的病原物，达到防治病害的目的。

物理防治方法主要是利用有害生物对温、湿等环境、物理因素的不适反应。常用方法有：①干热处理法。主要用于处理蔬菜种子，对多种可以通过种子传播的病毒、细菌和真菌病害都有防治效果。例如，黄瓜种子经 70℃ 干热处理 72 小时，可使黄瓜绿斑驳花叶病毒失活；番茄种子经 75℃ 处理 6 天可以杀死其携带的黄萎病菌。②热水处理。主要用于处理种子和无性繁殖材料，可杀死种子表面或内部潜伏的病原物。用 55～60℃ 的热水浸泡棉籽半小时，可以杀死棉花枯萎菌和多种引起苗期病害的病原菌。③热蒸汽处理。可用于种子、苗木和土壤处理，通常用 80～95℃ 蒸汽处理土壤 30～60 分钟。可杀死绝大多数病原菌。④干燥处理。谷类、豆类和坚果类果实充分干燥后，可避免真菌和细菌的侵染。⑤冷冻处理。常用于处理植物产品（特别是果实和蔬菜），冷冻本身虽然不能杀死病原物，但可以抑制病原物的生长和侵染。⑥核辐射处理。多用于处理储藏期农产品和食品，核辐射在一定剂量范围内有灭菌和保鲜作用。⑦微波处理。微波是波长很短的电磁波，微波加热适用于对少量种子、粮食、食品等进行快速杀菌处理。用微波炉，在 70℃ 下处理 10 秒能杀死玉米种子传带的玉米枯萎病病原。

参考文献

许志刚，2009. 普通植物病理学 [M]. 4 版. 北京：高等教育出版社.

（撰稿：王扬；审稿：李成云）

W

X

西瓜、甜瓜白粉病 watermelon and melon powdery mildew of

由白粉菌引起的危害西瓜、甜瓜叶片、叶柄和茎蔓的一种子囊菌病害。又名甜瓜、西瓜白毛病。

发展简史　瓜类白粉病19世纪初在世界上就已有发生。1819年，Schlechtendal 最早定名单囊壳白粉菌为 *Alphitomorpha fuliginea* Schlecht.。1905年，Pollacci 组合成 *Sphaerotheca fuliginea*（Schlecht. ex Fr.）Poll.。国际上对于瓜类作物白粉病菌还没有一个公认的标准化定名，且存在一些争议。1978年，W. R. Sitterly 综合不同国家的报道，认为有3个属6个种的真菌都可以引起瓜类白粉病，分别是单囊壳属单囊壳菌［*Sphaerotheca fuliginea*（Schlecht. ex Fr.）Poll.］、白粉菌属二孢白粉菌（*Erysiphe cichoracearum* DC. ex Mecat）、白粉菌属普生白粉菌［*Erysiphe communis*（Wallr.）Link］、白粉菌属蓼白粉菌［*Erysiphe polygoni*（DC.）St. Am.］、白粉菌属多主白粉菌（*Erysiphe polyphaga* Hammarl.）、内丝白粉菌属鞑靼内丝白粉菌［*Leveillula taurica*（Lev.）G. Arnaud］。1987年，《中国真菌志：第一卷　白粉菌目》记载中国瓜类白粉菌应为葫芦科白粉菌（*Erysiphe cucurbitacearum* Zheng et Chen）和瓜类单囊壳［*Spbaerotheca cucurbitae*（Jacz.）Z. Y. zhao］，并认为它们分别有别于二孢白粉菌（*Erysiphe cichoracearum*）和单囊壳白粉菌（*Sphaerotheca fuliginea*）。在国际上普遍认为瓜类白粉病主要由单囊壳白粉（*Sphaerotheca fuliginea*）［有学者认为 *Sphaerotheca fusca*（Fr.）Blumer Emend. U. Braun 是异名］和二孢白粉菌（*Erysiphe cichoracearum*）（有学者认为 *E. orontii* Cast. Emend. U. Braun 是异名）引起，而且前者更为常见。1980年后，随着分子系统学和扫描电镜技术在白粉菌研究中的应用，白粉菌科内属级分类系统发生了很大变化。Braun（1978，1981）把白粉菌属分为3个组，*Erysiphe* sect. Golovinomyces 组。1988年，Gelyuta 将其上升为一个新属戈洛文属（*Golovinomyces*）。二孢白粉菌（*Erysiphe cichoracearum*）更名为菊科高氏白粉菌（*Golovinomyces cichoracearum*）。2000年，Braun 和 Takamatsu 将单囊壳属（*Sphaerotheca*）和叉丝单囊壳属（*Podosphaera*）合并。单囊壳白粉菌（*Sphaerotheca fuliginea*）更名为苍耳叉丝单囊壳（*Podosphaera xanthii*）。并且有学者认为苍耳叉丝单囊壳［*Podosphaera xanthii*（Castagne）U. Braun & Shishkoff］与棕丝单囊壳［*Podosphaera fusca*（Fr.）U.

Braun et N. Shishkoff］、菊科高氏白粉菌［*Golovinomyces cichoracearum*（DC.）V. P. Heluta］与奥隆特高氏白粉菌［*Golovinomyces orontii*（Castagne）V. P. Heluta］是不同的种。

在中国引起甜瓜白粉病的主要是苍耳叉丝单囊壳，在新疆西瓜（籽用西瓜）上菊科高氏白粉菌和苍耳叉丝单囊壳都普遍存在，菊科高氏白粉菌所占比例偏高。

分布与危害　西瓜、甜瓜白粉病是世界上一种分布非常广泛、危害严重的病害。在世界上种植甜瓜和西瓜的各国都有发生。在中国南方和北方几乎所有露地、温室和大棚的甜瓜种植区都普遍发生白粉病。在新疆极度高温、干旱的吐鲁番地区第一季甜瓜产区基本上不发生白粉病。白粉病在西瓜上发生也较普遍，但发病较甜瓜轻，西瓜白粉病发病时在症状上不易识别，经常被忽视或误诊。温室、大棚西瓜白粉病发生较露地重，制种西瓜地发病一般较大田重。籽瓜（打瓜）白粉病发生十分严重，是一种毁灭性病害。

甜瓜白粉病可全生育期发病，在第一季露地甜瓜上多发生在果实膨大期至成熟期。在第二季种植的甜瓜上一般全生育期发病。甜瓜白粉病主要危害叶片，也危害茎蔓和叶柄。叶片初发病时，在叶片背面或正面出现很小的白色霉点，霉点扩大变成圆形白色粉状霉斑后出现多个分散的霉斑，霉斑扩大相连后，叶片上形成大片白色粉状霉层，严重时整个植株叶片上布满白粉（图1），叶片变黄垂萎。西瓜（籽瓜）白粉病主要在幼果期至成熟期发病。西瓜白粉病主要危害叶片、叶柄和瓜蔓。叶片发病初期先形成小黄点，后出现霉层稀少小霉点，霉点扩大形成白色粉状霉斑（图2），西瓜叶片上形成的白色霉层稀少，后期叶片常褐变，霉层变得模糊不清。西瓜（籽瓜）白粉病前期多在下部叶柄、瓜蔓上发生，形成较明显的白色霉点，叶柄发病部位极易折断，造成叶片枯死，迅速造成大面积死秧。新疆、甘肃、内蒙古等北方露地甜瓜产区，甜瓜白粉病后期病情指数普遍为20～40，严重发病时，病情指数达到60以上。2006年后的几年时间里，新疆喀什地区甜瓜开始大规模采用露地立架栽培，白粉病每年都会在立架栽培甜瓜上大流行，病情指数普遍在60左右，严重时病情指数在80以上。在海南，甜瓜在栽培时间上连续重叠，第二季甜瓜从苗期就开始发病，甜瓜白粉病严重而难以防治。新疆每年籽瓜白粉病都会大流行，籽瓜白粉病从6月中旬开始发生，100%的地块会发病，在7月底到8月的田间，倒秧率一般为20%～60%，常常有大面积的地块100%倒秧。

病原及特征　苍耳叉丝单囊壳［*Podosphaera xanthii*（Castagne）U. Braun & Shishkoff］和菊科高氏白粉菌

［*Golovinomyces cichoracearum*（DC.）V. P. Helnt］都为专性寄生菌，外寄生于寄主表皮细胞上，附着器乳头状，以吸器伸入寄主细胞内吸取寄主的营养和水分。不能在人工培养基上培养。在甜瓜和西瓜叶片上长出的白粉霉层为病菌的菌丝、分生孢子梗和分生孢子。无性阶段形态相似，分生孢子梗圆柱状或短棍状，不分枝，无色，有 2～4 个隔膜，其上着生分生孢子。分生孢子串生于分生孢子梗上，呈念珠状，分生孢子无色，单胞，椭圆形或圆柱形，大小为 24～

45μm×12～24μm。两种白粉菌的有性繁殖产生的闭囊壳均为扁球形或球形，暗褐色，无孔口，直径 70～140μm，表面有附属丝。但这两种病原菌在闭囊壳和分生孢子的形态特征等方面也存在一些不同（见表）。

两种白粉菌的寄主范围很广，苍耳叉丝单囊壳寄主范围如下。

葫芦科：甜瓜、黄瓜、南瓜、西葫芦、西瓜、葫芦、冬瓜、瓠瓜、吊瓜、香瓜、苦瓜、丝瓜、节瓜、笋瓜、佛手瓜、倭

图 1　甜瓜白粉病症状（杨渡提供）
①初期症状；②后期症状

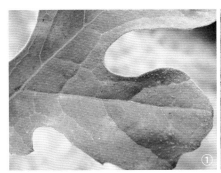

图 2　西瓜白粉病症状（杨渡提供）
①初期症状；②后期症状；③叶柄、茎蔓症状

两种主要瓜类白粉菌的特征表

	苍耳叉丝单囊壳 *Podosphaera xanthii*	菊科高氏白粉菌 *Golovinomyces cichoracearum*
闭囊壳	生于灰黄至褐色菌丝表面，较常见，直径 70～120μm	生于白色至灰色菌丝表面，较少见，直径 80～140μm
子囊	子囊数 1 个，子囊无小柄，卵圆形或椭圆形，大小为 63～98μm×46～74μm	子囊数 4～39，一般 10～15，子囊有一小柄，广卵圆形或近圆球形，大小为 40～58μm×30～50μm
子囊孢子	8 个，单胞，无色，椭圆形，大小为 15～26μm×12～17μm	每个子囊 2～3 个子囊孢子，单胞，无色，椭圆形，大小为 20～28μm×12～20μm
分生孢子类型	椭圆形，分生孢子内有发达的纤维状体	细长的圆柱形，分生孢子内没有纤维状体
分生孢子的萌发方式	萌发管叉状或顶端膨胀，从分生孢子的侧面长出，萌发管的宽度 4.3±1.16μm	萌发管指状，从分生孢子的两端长出，萌发管的宽度 6.9±1.16μm

X

瓜、番南瓜、茅瓜、蛇瓜、木鳖子。菊科：向日葵、苍耳、蒲公英、牛蒡、小蓬草、莴苣、野西瓜、千里光、刺苍耳、鬼针草、大花金鸡菊、毛脉山莴苣、尖尾风毛菊、棕脉风毛菊、总状橐吾、齿叶橐吾、钟苞麻花头、羽裂华蟹甲草、小花鬼针草、金盏银盘、白酒草风毛菊、太白山橐吾、下田菊、浅齿黄金菊、红凤菜、轮叶金鸡菊、北极千里光、深裂蒲公英。豆科：绿豆、红小豆、豌豆。茄科：茄子、番茄。凤仙花科：凤仙花。马鞭草科：马鞭草、美女樱。玄参科：婆婆纳、夏堇。锦葵科：木芙蓉。水母柱科：水母柱树。云实科：望江南。

菊科高氏白粉菌寄主范围如下。

葫芦科：西瓜、黄瓜、南瓜、西葫芦、吊瓜、苦瓜、甜瓜、香瓜、佛手瓜、丝瓜、红葫芦、金瓜。菊科：向日葵、红花、牛蒡、飞廉、苦荬菜、大蓟、粉苞菊、鸦葱、菊苣、鬼针草、刺飞廉、续断菊、黄鹌菜、千里光、蓝刺头、飞蓬、出众山柳菊、抱茎苦荬菜、祁州漏芦、柳叶山柳菊、草地风毛菊、头状风毛菊、风毛菊、笔管草、南方鸦葱、大籽鸦葱、矮鸦葱、苦菜、豨莶、烟管头草、秋分草、华丽泰莱菊、菊芋、非洲菊、荷兰菊、全缘叶金光菊、野向日葵、百日菊、翼柄山莴苣、泥胡菜、小飞蓬。车前科：车前子。茄科：烟草。

侵染过程与侵染循环　甜瓜白粉菌接种甜瓜叶片后4小时分生孢子开始萌发，从分生孢子侧面长出初生芽管，呈管状或叉状，每个分生孢子可产生2～4条芽管，多数3～4条，生出第一个芽管的顶端逐渐膨大形成椭圆或长圆形附着胞，随后附着胞中部产生侵染钉侵入寄主表皮细胞，第二个芽管相继产生吸器并在叶片表面形成菌丝，原附着胞部位也产生菌丝。若第一次侵染未成功便在附着胞另一侧产生分瓣，进行第二次侵染。其余芽管也不断分化出菌丝并生出吸器。接种处理48小时后，寄主表面形成的初生菌丝开始分枝产生次生菌丝，到接种后96小时叶片上可观察到交错生长的菌丝，接种120小时产生串生分生孢子，完成侵染过程。整个侵染过程分5个阶段：分生孢子萌发、附着胞形成、吸器产生、菌丝形成与生长、分生孢子形成。

无性分生孢子是瓜类白粉病传染传播的主要形式。在周年种植黄瓜等瓜类作物的南方温暖地区，白粉病的分生孢子可随气流远距离传播，从一块地传到另一块地，从一个种植区传到另一种植区，从前一茬传到后一茬，一季接一季地周年不断发生，因而白粉菌不存在越冬问题。在这些地区白粉菌很少产生有性世代的闭囊壳，白粉病以分生孢子辗转传播的形式完成侵染循环。

在北方冬季寒冷、干燥地区，由于白粉病菌分生孢子寿命短，抗逆力差，菌丝不能离开寄主存活。白粉菌常在秋末气温下降、寄主衰老的情况下，病叶上的菌丝开始进行有性繁殖，形成闭囊壳。闭囊壳随病残体在土壤中越冬，翌春气温回升，当气温在20～25℃时释放子囊孢子，从寄主表皮直接侵入形成初侵染。

在冬季进行保护地栽培生产的地区，白粉菌可以在温室内瓜类作物上越冬，分生孢子借风传播到春季大棚、小拱棚和露地上种植的瓜类作物上，不断进行再侵染，经过夏秋季，最后再回到温室越冬。在新疆的露地甜瓜、西瓜（打瓜）田里，苍耳叉丝单囊壳和菊科高氏白粉菌的闭囊壳都可见到。

同时，新疆的许多地区冬季温室中瓜类白粉病普遍发生。因此，白粉病菌无性阶段分生孢子和有性阶段闭囊壳均可在新疆越冬。近三十年来全国各地的保护地栽培面积不断扩大，保护地瓜类白粉病产生分生孢子的数量巨大，是甜瓜、西瓜白粉病重要的初侵染源。保护地白粉病发生的时间也大大早于露地瓜类因闭囊壳侵染而发病的时间。所以在冬季存在瓜类温室生产的地区，无性分生孢子周年的传播侵染是瓜类白粉病完成侵染循环的主要形式。另外，可感染这两种瓜类白粉菌的多年生植物和野生杂草上的白粉菌也可成为甜瓜和西瓜白粉病的初侵染源。

流行规律　甜瓜白粉菌分生孢子在10～30℃都能萌发，以20～25℃为最适，分生孢子抗逆力较差，寿命短，在26℃只能存活9小时，高于36℃或低于−1℃，很快失去活性。只有在4℃时可延长一些寿命。白粉菌对湿度的要求幅度很宽，20%～100%相对湿度条件下分生孢子均可萌发、侵入，70%～90%相对湿度最适。Nagy研究认为 *Podosphaera xanthii* 在15℃、65%相对湿度条件下侵染活力最高。虽然湿度增高有利于分生孢子的萌发和侵入，但即使空气相对湿度降低到20%的情况下，分生孢子仍可以萌发并侵入危害。往往在寄主受到一定干旱影响的情况下，白粉病发病加重，原因是干旱降低了寄主表皮细胞的膨压，这对表面寄生并直接从表皮侵入的白粉菌的侵染是有利的。叶片有水滴和水膜时不利于分生孢子萌发，水滴的存在会使分生孢子吸水过多，膨压升高致使分生孢子胞壁破裂，因而不利于孢子萌发。田间高温干旱时，能抑制病情的发展，而夏季、晚上有露水或小雨的环境有利于发病。温室、塑料大棚里湿度大，空气不流通，白粉病较露地瓜发病早而严重。通常栽培管理粗放、缺水、缺肥或浇水过大、偏施氮肥、植株徒长、枝叶过密、通风不良以及光照不足、生长衰弱的地块发病重。遮阴有利于白粉病的发生，并在一定程度上加重抗感品种上的发病程度。

瓜地附近存在侵染源是影响西瓜、甜瓜白粉病流行的关键因素，黄瓜、西葫芦等瓜类作物的温室、大棚都是甜瓜、西瓜白粉病的重要侵染源。离侵染源越近，孢子降落的密度越大，发病越早，发病越重。大田甜瓜白粉病发生一般在果实膨大期以后，但如果瓜地旁边存在侵染源（瓜类温室），甜瓜苗期就可能发病。

田间西瓜、甜瓜白粉病发病的条件一般容易得到满足，10～30℃气温、20%～100%相对湿度都可引起白粉病发生。20～25℃气温、70%～90%的相对湿度更适宜发病。连续的阴雨高湿天气不利于白粉病发生。极度干旱高温天气也不利于白粉病发生。立架栽培会加重白粉病发生。甜瓜采用立架栽培后，由于瓜秧脱离了地面，立架上瓜秧的温湿度环境相对稳定，受高约2m瓜架的阻挡，使得白粉菌孢子更易着落和扩散，造成了有利于白粉病发生的条件。一般露地西瓜白粉病发生较轻，但采用保护地方式种植后西瓜白粉病发生会加重。籽瓜采用的高密度种植（3000～6000株/亩）会造成非常有利于白粉病发生的条件。南方甜瓜和西瓜连续多季重叠种植，前季为第二季提供了大量的白粉菌侵染源，第二季白粉病会严重。甜瓜、西瓜密植、营养生长过旺、瓜秧稠密、通风透光不足、氮肥过多、养分不平衡，都会加重白粉病的发生。

在存在瓜类白粉病的温室内进行甜瓜、西瓜育苗，将带有白粉病菌的幼苗移栽到远处，人为地将白粉病侵染源传播到一个很大的种植区域。本来白粉病借助风力传染到这些区域需要较长的时间，但由于人为的运输移栽，使白粉病菌迅速传播扩散。

防治方法　西瓜、甜瓜白粉病的防治应本着"系统控制，防重于治"的原则。瓜类作物的温室、大棚和小拱棚是大田甜瓜、西瓜白粉病发生流行的主要侵染源，瓜类白粉病的发生基本呈现出从越冬温室到春季温室、大棚，到小拱棚再到露地甜瓜、西瓜的过程，先早熟后晚熟，距离病源地先近后远的次序。在大田甜瓜、西瓜生产中，白粉病发生呈现出从温度高的种植区向温度低的种植区发展的过程，播种早的地区先发病，播种晚的地区后发病，这也应是白粉病在调查和防治中应该遵循的大体次序。

生态防治　清除和减少侵染源是防治甜瓜、西瓜白粉病发生的重要措施。露地栽培时要避免种植在保护地栽培瓜类作物附近，尽量保持较远的距离。早熟瓜常常是晚熟瓜的侵染源，晚熟瓜也应和早熟瓜分开。甜瓜育苗要避免在有瓜类白粉病发病的作物附近进行。尽量避免甜瓜连茬种植，在两茬甜瓜之间最好要有一定的时间间隔。在甜瓜、西瓜主产区应避免建设瓜类温室，特别是越冬温室。

农业防治　提高整地质量、平衡施肥和合理浇水是防治白粉病的基础性措施。适当早播可减轻白粉病的危害。播种密度要适宜，避免密植。播种后应进行蹲苗，调节好营养生长和生殖生长的平衡，避免前期生长过旺，瓜秧郁闭。合理进行整枝及时坐瓜，促进生殖生长，保持瓜地通风透光。

化学防治　常用药剂有25%乙嘧酚悬浮剂1500倍液、50%醚菌酯干悬浮剂3000倍液、25%嘧菌酯悬浮剂1500倍液、10%苯醚菌酯悬浮剂2500倍液、40%氟硅唑乳油7500倍液、30%氟菌唑可湿性粉剂3000倍液、4%四氟醚唑水乳剂1500倍液、40%腈菌唑可湿性粉剂4000倍液或12.5%烯唑醇可湿性粉剂1200倍液。在发病初期及时喷药，每间隔7～10天喷药1次，根据病情和瓜采收期防治1～4次。唑类药易产生药害，使用时严格按推荐浓度使用，在甜瓜、西瓜生长中后期和其他药剂交替使用。

参考文献

梁巧兰，徐秉良，颜惠霞，等，2010. 南瓜白粉病病原菌鉴定及寄主范围测定 [J]. 菌物学报，29(5): 636-643.

刘淑艳，高松，2006. 白粉菌属级分类系统的讨论 [J]. 菌物学报，25(1): 152-159.

刘淑艳，王丽兰，姜文涛，等，2011. 中国长春瓜类白粉菌 *Podosphaera xanthii* 形态学和分子系统学研究 [J]. 菌物学报，30(5): 702-712.

赵震宇，1981. 中国单囊壳属分类的研究 II. 大戟科、蝶形花科上的新种和新变种 [J]. 微生物学报，21(3): 284-292.

中国农业科学院植物保护研究所，中国植物保护学会，2015. 中国农作物病虫害 [M]. 3 版 . 北京 : 中国农业出版社 .

（撰稿：杨渡；审稿：韩盛）

西瓜、甜瓜病毒病　watermelon and melon virus diseases

由病毒侵染西瓜和甜瓜引起的一类病害。危害症状和传播方式因病毒种的不同而异，危害西瓜、甜瓜的叶、茎蔓和果实，是世界上许多国家西瓜和甜瓜种植区最重要的病害之一。

发展简史　20世纪90年代以前中国的西瓜、甜瓜病毒种类有西瓜花叶病毒1号、西瓜花叶病毒2号（watermelon mosaic virus，WMV）、黄瓜花叶病毒（cucumber mosaic virus，CMV）、南瓜花叶病毒（squash mosaic virus，SqMV）；番木瓜环斑病毒—西瓜株系（papaya ringspot virus watermelon strain，PRSV-W）。1998年，中国报道小西葫芦黄花叶病毒（zucchini yellow mosaic virus，ZYMV）；1999年，发现瓜类蚜传黄化病毒（cucurbit aphid-borneyellows virus，CABYV）；2005年，发现黄瓜绿斑驳花叶病毒（cucumber green mottle mosaic virus，CGMMV）；2007年，发现甜瓜坏死斑病毒（melon necrotic spot virus，MNSV）；2008年，发现了甜瓜蚜传黄化病毒（melon aphid -borne yellows virus，MABYV）；2008年，发现侵染西瓜、甜瓜和黄瓜的瓜类褪绿黄化病毒（cucurbit chlorotic yellows virus，CCYV）；2009年，发现甜瓜黄化斑点病毒（melon yellow spot virus，MYSV）和西瓜银灰斑驳病毒（watermelon silver mottle virus，WSMoV）。

分布与危害　中国西瓜、甜瓜病毒病普遍发生，尤其是露地种植的西瓜、甜瓜受害更加严重，一些病重的年份会造成严重减产，甚至绝收。发病率因不同病毒种类、栽培品种、地域、栽培方式、茬口而异，为0～100%。黄瓜绿斑驳花叶病毒由于砧木种子携带病毒，在辽宁、山东、浙江、河北、广西等地因西瓜广泛采用嫁接，曾经大暴发。2009年，海南曾经大发生了由甜瓜黄化斑点病毒侵染引起的黄化斑点病。自2007年以来，瓜类褪绿黄化病毒引起的褪绿黄化病在山东、上海、浙江宁波大流行，并且分布还在逐渐扩大，南自海南，北至北京，东自山东，西至新疆的广大地域均有分布，已经成为秋季甜瓜棚室生产的最重要的病害之一；甜瓜坏死斑病毒在江苏和山东零星分布；瓜类蚜传黄化病毒在中国广泛分布，尤其西北地区露地甜瓜危害严重。

由于西瓜、甜瓜品种繁多，种植环境各异，加之毒源种类很多，所以，病毒病的田间症状十分复杂，主要症状类型如下（见图）。

花叶蕨叶　通常，花叶蕨叶多半是由小西葫芦花叶病毒、西瓜花叶病毒、黄瓜花叶病毒、番木瓜环斑病毒和南瓜花叶病毒引起。叶片或果实呈花脸状，有些部位绿色变浅。有的不仅花叶，同时也黄化，成黄花叶。病害严重时，叶片畸形，成鞋带状、鸡爪状，也称蕨叶。有时果实畸形。小西葫芦花叶病毒、西瓜花叶病毒、黄瓜花叶病毒、番木瓜环斑病毒由蚜虫传播，南瓜花叶病毒由甲虫传播。有些病毒也可以通过种子传播，如西瓜花叶病毒、黄瓜花叶病毒、南瓜花叶病毒。这些病毒中有些早期感染时也会造成植株矮缩，不结瓜，如花瓜花叶病毒。

绿斑驳花叶　主要由黄瓜绿斑驳花叶病毒引起。沿叶片

X

西瓜、甜瓜病毒病症状（古勤生提供）

①西瓜花叶蕨叶；②甜瓜花叶；③西瓜幼苗绿斑驳花叶；④西瓜成株绿斑驳花叶；⑤西瓜果实倒瓤；⑥甜瓜黄化；⑦甜瓜褪绿黄化；⑧西瓜褪绿黄化；⑨甜瓜叶片坏死斑点；⑩甜瓜整株坏死斑点；⑪甜瓜叶片黄化斑点；⑫甜瓜整株黄化斑点；⑬甜瓜皱缩卷叶；⑭西瓜银灰斑驳

边缘向内绿色变浅，叶片呈不均匀花叶、斑驳，有的出现黄斑点。可引起西瓜果实变成水瓤瓜，瓤色常呈暗红色，不能食用，失去商品价值。

黄化 主要由瓜类蚜传黄化病毒和西瓜蚜传黄化病毒引起，经蚜虫持久方式传播。叶片黄化，叶脉仍绿，叶片变脆、硬、厚。自中下部向上发展至全株。

褪绿黄化 主要由瓜类褪绿黄化病毒引起，表现为叶片出现褪绿，开始呈现黄化后，仍能看见保持绿色的组织，直至全叶黄化。叶脉不黄化，仍为绿色，叶片不变脆、不变硬和不变厚。通常中下部叶片感染，向上发展，新叶常无症状。自然感染西瓜、甜瓜、黄瓜等，以甜瓜大面积发病为常见。发病季节通常在秋季，春季也可以发生。症状表现甜瓜明显，西瓜和黄瓜略轻，但发病重时西瓜黄化也极为明显。

坏死斑点 主要由甜瓜坏死斑点病毒引起，病叶上产生许多坏死斑点，随着病害加剧，叶片上的小斑点自中间扩大形成不规则的坏死斑块，蔓上也出现坏死条斑，严重影响果实产量和品质。由种子和土壤中的油壶菌传播。

黄化斑点 主要由甜瓜黄化斑点病毒引起，在新生叶片上产生明脉、褪绿斑点，随后出现坏死斑，叶片变黄，邻近斑点融合形成大的坏死斑点，使植株叶片呈现黄色坏死斑，叶片下卷，似萎蔫状。若病毒在甜瓜生长早期侵染，果实出现颜色不均的花脸样。果实品质下降，风味变差。由蓟马传播。

皱缩卷叶 主要由中国南瓜曲叶病毒引起。甜瓜顶端叶片往下卷，植株矮化，但不变色。

银灰斑驳 由西瓜银灰斑驳病毒引起，造成西瓜褪绿发白症状。

病原及特征

小西葫芦黄化叶病毒（zucchini yellow mosaic virus，ZYMV）马铃薯Y病毒科马铃薯Y病毒属，正单链RNA病毒，粒体线状，长750nm。侵染多数瓜类作物。钝化温度60°C，稀释限点10^{-4}，体外存活期3天（室温）。机械传播、蚜虫非持久方式传播。

西瓜花叶病毒（watermelon mosaic virus，WMV）马铃薯Y病毒科马铃薯Y病毒属，正单链RNA病毒，粒体线条状，长725～765nm。侵染多数瓜类作物。钝化温度58～60°C，稀释限点10^{-4}～10^{-2}，体外存活期20～25天（室温）。种子传播、机械传播、蚜虫非持久方式传播。

黄瓜花叶病毒（cucumber mosaic virus，CMV）雀麦花叶病毒科黄瓜花叶病毒属，病毒粒子为等轴对称二十面体，直径约29nm。含3条正链RNA。侵染多数瓜类作物。钝化温度55～70°C，稀释限点10^{-4}，体外存活期3～6天（室温）。种子传播、机械传播、蚜虫非持久方式传播。

番木瓜环斑病毒西瓜株系（papaya ringspot virus-watermelon strain，PRSV-W）马铃薯Y病毒科马铃薯Y病毒属，正单链RNA病毒，粒体线条状，长760～780nm，直径12nm。侵染多数瓜类作物。钝化温度60°C，稀释限点$5×10^{-4}$，体外存活期40～60天（室温）。机械传播、蚜虫非持久方式传播。

南瓜花叶病毒（squash mosaic virus，SqMV）豇豆花叶病毒科，豇豆花叶病毒属，正单链RNA病毒，病毒粒子为等轴对称二十面体，直径30nm。侵染多数瓜类作物。钝化温度70～80°C，稀释限点10^{-6}～10^{-4}，体外存活期超过4周（室温）。种子传播、机械传播。

黄瓜绿斑驳花叶病毒（cucumber green mottle mosaic virus，CGMMV）杆状病毒科烟草花叶病毒属，正单链RNA病毒，病毒粒子杆状，300nm×18nm。侵染多数瓜类作物。钝化温度90～100°C，稀释限点10^{-7}～10^{-6}，体外存活期超过数月（室温）。种子传播、机械传播。

瓜类蚜传黄化病毒（cucurbit aphid-borne yellows virus，CABYV）黄症病毒科马铃薯卷叶病毒属，正单链RNA病毒，病毒粒子为等轴对称二十面体，直径25nm。不能机械传播，蚜虫持久方式传播。

甜瓜黄化斑点病毒（melon yellow spot virus，MYSV）布尼亚病毒科番茄斑萎病毒属，具有包膜的球体病毒粒体，直径一般为80～120nm，在病毒衣壳外有包膜，其蛋白具刺突。包括3个单链线性RNA片段基因组。节瓜蓟马，又称为棕榈蓟马，以持久增殖方式自然传播。

甜瓜坏死斑点病毒（melon necrotic spot virus，MNSV）

番茄丛矮病病毒科香石竹斑驳病毒属，病毒粒体为球形，直径约 30nm，基因组为正义单链 RNA，约 4.3kb。主要通过种子、瓜油壶菌传播，机械传播。钝化温度 60°C，稀释限点 $10^{-5} \sim 10^{-4}$，体外存活期 9～32 天。

瓜类褪绿黄化病毒（cucurbit chlorotic yellows virus，CCYV）长线病毒科毛形病毒属，病毒颗粒为长线形。基因组含 2 条线性正单链 RNA。烟粉虱半持久性方式传播。

中国南瓜曲叶病毒（squash leaf curl China virus，SLCCNV）双生病毒科菜豆金色花叶病毒属，双分体病毒，无包膜，由两个不完整的二十面体组成。基因组含 2 条闭环状 DNA 链。烟粉虱持久方式传播。

西瓜银灰斑驳花叶病毒（watermelon silver mottle mosaic virus，WSMoMV）布尼亚病毒科番茄斑萎病毒属，具有包膜的球体病毒粒体，直径一般为 80～120nm，在病毒衣壳外有包膜，其蛋白具刺突。包括 3 个单链线性 RNA 片段基因组。节瓜蓟马，又称为棕榈蓟马，以持久增殖方式自然传播。

侵染过程与侵染循环　西瓜、甜瓜的病毒传播方式不同，因此，不同类型传播的病害其侵染循环不同。

机械传播　也可理解为汁液传播。由于西瓜、甜瓜栽培过程中，需要整枝打杈、压蔓、锄草等作业，会造成病株的汁液接触到健株，造成传播。这是引起病害在田间传播的一个有效途径，尤其见于 CGMMV、ZYMV、WMV、CMV、PRSVW、SqMV 和 MNSV 引起的病害。这种传播方式的前提条件是田间有带病毒的病株，其次是农事操作造成植株微伤或者植株之间互相接触造成病毒感染。

种子传播　种子传播的西瓜、甜瓜病毒有 CGMMV、WMV、CMV、SqMV、MNSV。近几年 CGMMV 在田间暴发的情况常有发生，分析其原因，以嫁接苗的砧木瓠子带毒情况为常见。种子传播的病毒提供了初侵染源，田间暴发又必须有嫁接过程的汁液传播、田间的汁液传播。

真菌传播　MNSV 需要土壤中的油壶菌作为介体提高其种传的效率。

土壤传播　CGMMV 通过土壤传播的概率可以达到 3%。由于 CGMMV 极为耐受高温和不良环境，又特别容易汁液传播，因此，田间病害流行也很大程度上取决于田间的农事操作。

昆虫传播　SqMV 能够被甲虫传播。通常桃蚜和瓜蚜以非持久性传毒方式传播 ZYMV、WMV、CMV、PRSVW。在中国，ZYMV、WMV 分布极为广泛，发生频度也最高。田间的一些杂草或其他葫芦科作物是这些病毒的寄主，蚜虫可以从这些植株中获毒，在对西瓜、甜瓜刺食过程中进行传毒。而桃蚜和瓜蚜又以持久性方式传播 CABYV、MABYV。烟粉虱传播 CCYV，Q 型和 B 型烟粉虱以半持久性传毒方式传播 CCYV，该病害的暴发与 Q 型烟粉虱的大发生直接相关。尚没有直接的数据说明烟粉虱半持久性传播 CCYV 的特征。烟粉虱可以持久性传播 SLCCNV。

蓟马以持久且增殖的方式传播 MYSV。一龄幼虫是获毒的阶段，一旦获毒，病毒在蓟马体内增殖。成虫传毒，并可以终生传毒，传毒时间长达 20～40 天。

流行规律　由黄瓜绿斑驳花叶病毒引起的西瓜、甜瓜病毒病，其发生与流行主要取决于西瓜、甜瓜嫁接采用的砧木尤其是瓠子的带毒情况，凡是采用南瓜作为砧木的西瓜，病害发生少。干热处理或健康的砧木种子的采用，可以完全或大量减少病害，虽然有报道称土壤或灌溉水可以传播该病毒，但尚缺乏这两者引起病害暴发的报道。

蚜虫非持久性传播的病毒，其发生危害程度取决于蚜虫早期发生的群体数量，干旱少雨有利于蚜虫的大发生，进而有利于病毒病的发生流行。

烟粉虱传播的 CCYV 黄化最早发生于沿海地区，而后向南、向北扩展，短短 5 年时间已经扩大分布地域，南至海南、北至北京。同样是秋季种植的甜瓜，不同地区表现差别非常大。如在 2011 年，河南农业大学的农业示范园区的甜瓜 CCYV 黄化严重而普遍，发病率达 100%，而同在郑州地区的郑州果树研究所试验温室的甜瓜 CCYV 黄化却很轻，发病率低于 1%。在浙江宁波和台州的秋季甜瓜上也存在类似的现象，推测甜瓜周围种植的作物对于病害流行起关键作用。

蓟马传播的甜瓜黄化斑点病只发生于海南和广西。在广西虽有发生，但一般不成重灾；而在海南，2009 年曾严重暴发，这是受到节瓜蓟马发生程度的影响，蓟马愈多病毒病就愈易发生与流行。

防治方法　由于西瓜、甜瓜病毒病原种类、传播方式和流行规律不同，因此，防治方法也需要根据病毒种类来采用。

加强检疫　CGMMV 是中国检疫性病毒，加强检疫是阻隔其大量发生和大地域传播的重要途径。

清除杂草，清洁田园　田间杂草是西瓜、甜瓜病毒的重要寄主，清除杂草，清洁田园是种植西瓜、甜瓜过程中不容忽视的农业措施。

培育与利用抗病品种　中国尚没有培育出高抗病毒的西瓜、甜瓜品种，今后需加强抗病品种的选育研究。

选用健康种子并消毒　种子于 70°C 热处理 144 小时，能有效去除甜瓜种子携带的 MNSV，且不影响种子萌发；用 10% 磷酸三钠处理种子 3 小时，或用 0.1mol/L HCl 处理种子 30 分钟，均能获得很好的防治效果，但种子发芽率下降到 75%。种子干热处理是防治 CGMMV 最为关键的措施，种子在 72°C 干热处理 72 小时，可以有效降低病毒尤其是黄瓜绿斑驳花叶病毒的发生。种子处理需要温度控制比较严格且内部通风好的精密的仪器设备，根据韩国的经验，种子先经过 35°C 24 小时、50°C 24 小时、72°C 72 小时，然后逐渐降温至 35°C 以下约需 24 小时。

诱导抗病性　可通过施用 BTH（苯并噻重氮）200 倍液或腐殖酸肥料等措施，提高植株抗病性；还可以接种弱毒苗，以交叉保护的方式减轻病害。

防止介体昆虫传毒　防虫网是防治蚜虫最简单有效的措施，覆盖 50～60 目的防虫网能够有效地阻止蚜虫进入温室或大棚，减轻蚜虫传播的病毒病。银灰膜有效驱避蚜虫，蓝色对节瓜蓟马、黄色对蚜虫和烟粉虱最有吸引力，可在温室或大棚内悬挂蓝色或黄色黏板。此外，种植诱饵植物也是防治昆虫的方法，在委内瑞拉种植黄瓜和黑大豆等诱虫作物，被认为是防治蓟马成本较低的好方法。套种玉米、高粱

X

等可以减轻蚜虫传播的病毒病害。秋种西瓜、甜瓜之前，休闲8～10周，高温闷棚有利于减轻烟粉虱的发生，从而减轻CCYV黄化病。

化学防治 可以喷洒20%病毒可湿性粉剂500～800倍液，或1.5%植病灵Ⅱ号乳剂1000～1200倍液，或3.85%病毒必克水乳剂500倍液，或0.5%抗毒丰水剂200～300倍液，或NS83增抗剂100倍液，或0.5%氨基寡糖素（壳寡糖）水剂600～800倍液，或8%宁南霉素水剂750倍液，或4%嘧肽霉素水剂200～300倍液等进行防治。

参考文献

冀树娴，吴雨洪，郗征，等，2020.西葫芦环斑病病原鉴定及葫芦科作物对西瓜花叶病毒抗性筛选 [J].植物病理学报，50(4): 442-449.

姜军，吴楠，辛敏，等，2020.高通量测序发现河南开封、中牟西瓜病毒病由多种病毒复合侵染导致 [J].植物病理学报，50(3): 286-291.

毛建才，王豪杰，李俊华，等，2019.拱棚覆网对喀什地区复播甜瓜病毒病的防治效果 [J].新疆农业科学，56(12): 2304-2311.

毛晓红，刘国霞，张秀霞，等，2018.瓜蚜在西葫芦植株上传播获取西瓜花叶病毒的效率及西瓜花叶病毒病的发生规律 [J].植物保护学报，45(6): 1274-1280.

张建新，吴云锋，王睿，等，2007.西瓜花叶病毒中国分离株全基因组核苷酸序列测定 [J].病毒学报，23(2): 153-155.

中国农业科学院植物保护研究所，中国植物保护学会，2015.中国农作物病虫害 [M].3版.北京：中国农业出版社.

（撰稿：古勤生；审稿：周涛）

西瓜、甜瓜猝倒病 watermelon and melon damping-off

由瓜果腐霉和德里腐霉侵染所致，在瓜类幼苗期发生的一种常见病害，造成幼苗猝倒死亡。

发展简史 1874年，Hesse首次分离并鉴定猝倒病的病原菌为德巴利腐霉（*Pythium debaryanum*）；1928年，Mitra发现葫芦科瓜类腐烂的病原菌为瓜果腐霉 [*Pythium aphanidermatum*（Eds.）Fitz.]；1955年，植物病理学家俞大绂指出腐霉为多种作物苗期猝倒病的病原；1989年，李秀芳等人报道西瓜苗期猝倒病病原为瓜果腐霉。中国在20世纪90年代发现德巴里腐霉能够引起西瓜苗猝倒病。

分布与危害 猝倒病是西瓜和甜瓜生产中常见的重要苗期病害，中国各地均有发生。

在幼苗期间遇到低温高湿、光照不足时易发生猝倒病。北方寒冷地区冬季育苗期猝倒病发生严重，常造成瓜苗成片猝倒死亡。该病在老式土法育苗中发生较普遍，一般发病率为15%～20%，严重时可达50%左右。猝倒病不仅危害西瓜和甜瓜等瓜类作物幼苗，还可危害茄科和莴苣、芹菜、白菜、甘蓝、萝卜和洋葱等蔬菜及部分草本花卉和果树幼苗，也能引起瓜果类果实的腐烂。

幼苗出土前受害会造成胚轴或子叶腐烂。幼苗出土后幼茎基部受害，病部水浸状、暗绿色病斑，后很快变为淡褐色或黄褐色，绕茎扩展，病茎干枯缢缩为线状。在子叶尚未凋萎前，幼苗自茎基部突然猝倒，伏于地面（图1）。拔出根部，表皮褐色腐烂。湿度大时，病部及病株附近长出白色棉絮状菌丝。苗床往往先形成发病中心，条件适宜时，迅速蔓延，成片幼苗猝倒。

病原及特征 病原主要为瓜果腐霉 [*Pythium aphanidermatum*（Eds.）Fitz.]。属疫霉属真菌，菌丝无色、无隔膜，菌丝体为白色棉絮状。孢子囊着生于菌丝的先端或中间，不规则圆筒形或手指状分枝，以一隔膜与主枝分隔。孢子囊长24～625μm或更长，宽4.9～14.8μm。在PDA培养基上不易产生孢子囊，在消毒过的寄主组织上并浸于水中几天后即可产生孢子囊。孢子囊成熟后产生一个排孢管，孢管顶生一个大的球形泡囊，泡囊内形成游动孢子。游动孢子初为肾形，休止后鞭毛消失变为球形。卵孢子球形、光滑，直径14.0～22.0μm，存在于藏卵器内（图2）。病菌生长的适宜地温为15～16℃，30℃以上其生长受到抑制。

图1 西瓜猝倒病症状（引自吕佩珂等，2008）

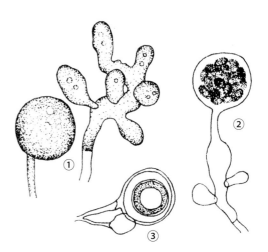

图2 瓜果腐霉形态特征（引自许志刚，2009）
①孢囊梗和孢子囊；②孢子囊萌发形成泡囊；
③雄器、藏卵器和卵孢子

德里腐霉（*Pythium deliense* Meurs.）也可引起西瓜、甜瓜猝倒病。该菌分类地位同瓜果腐霉。在 PDA 和 PCA 培养基上产生旺盛的絮状气生菌丝，孢子囊呈菌丝状膨大，分枝不规则；藏卵器光滑、球形、顶生，大小为 18.1～22.7μm，藏卵器柄弯向雄器，每个藏卵器具 1 个雄器，雄器多为同丝生，偶异丝生，柄直，顶生或间生，亚球形至桶形，大小为 14.1μm×11.5μm；卵孢子不满器，大小为 15.5～20μm。德里腐霉与瓜果腐霉相似，瓜果腐霉藏卵器柄不弯向雄器，而德里腐霉的藏卵器柄明显弯向雄器。

侵染过程与侵染循环　越冬的菌丝产生孢子囊，或卵孢子萌发产生孢子囊或芽管。孢子囊中产生游动孢子，游动孢子释放后长出芽管或卵孢子直接长出的芽管从寄主幼茎表皮或伤口侵染。病菌侵入寄主后，在皮层薄壁细胞中扩展，菌丝蔓延于寄主的细胞间或细胞内，以细胞内为多。后期在病组织内形成卵孢子。

病菌的腐生性很强，可在土壤中长期存活，以含有机质的土壤中存活较多。其主要以卵孢子和菌丝体在病残体或土壤中越冬，度过不良环境条件。当条件适宜时，病菌萌发侵染寄主。田间的再侵染主要靠病部产生的孢子囊和游动孢子通过雨水或灌溉水传播，带菌粪肥的使用和农机具的转移也可传播病害（图 3）。

流行规律　播种过密，灌水过多，土壤黏重，床土冷湿，苗床保温不好，土温不易升高，都能诱发病害。

幼苗期苗床长时间处于低温高湿的小气候是诱发病害发生的重要因素。适宜发病的地温为 10℃，低温不利于寄主生长，但病菌还能活动，再加上湿度高，有利于病菌孢子的萌发和侵入，发病则重。如果床土含水量过高，还会影响幼苗根系的生长和发育，降低抗病力，发病也重。

若阴雨天或雾霾天多，光照不足，幼苗生长弱，叶色淡绿，抗病力差，苗床的温度低湿度大，则发病重。

防治方法　防治猝倒病应采取以加强苗床管理提高幼苗抗病力为主，药剂防治为辅的综合措施。

种子处理　播种前，要将甜瓜、西瓜等瓜类的种子每 4kg 用 2.5% 咯菌腈悬浮种衣剂 10ml 加 35% 甲霜灵拌种剂 2ml 兑水 180ml 进行包衣。既可防猝倒病，也可防立枯病、炭疽病。

苗床土处理和营养基质消毒　如用老式土法育苗，苗床要建在地势较高、排水方便、向阳（冬季用）的地块。苗床土最好选用河泥或大田土。如用旧园土，有带菌可能，必须进行床土消毒。每平方米苗床将 95% 噁霉灵原药 1g 或 54.5% 噁霉·福可湿性粉剂 3.5～4.5g 掺细土 15～20kg 拌匀，施药前先把苗床底水打好，且一次浇透，水渗下后取 1/3 药土撒在畦面上，播种后再把其余 2/3 药土覆盖在种子上面以达适宜厚度。

采用穴盘育苗，营养基质不仅要求营养搭配合理，还必须要进行消毒处理。工厂化生产的营养基质应该进行了高温消毒处理。自己配制的基质，要在播种前每立方米营养基质均匀拌入 95% 噁霉灵 30g 或 54.5% 噁霉·福可湿性粉剂 10g，能有效预防猝倒病。

加强苗床管理　是有效预防猝倒病的措施。播种不宜过密，覆土不宜过厚。做好苗床的保温、通风换气工作，处理好通风与保温的矛盾。出苗后尽量少浇水，洒水时应根据土壤湿度和天气而定，每次洒水量不宜过多，尽量在晴天进行，避免床内湿度过高。

化学防治　如苗床已发现少数病苗，在拔除病苗后喷洒药剂进行防治。用药后床土湿度太大，可撒些细干土或草木灰以降低湿度。可喷淋 3% 噁霉·甲霜水剂 600 倍液，或 95% 噁霉灵精品 3500 倍液，或 68.75% 氟吡菌胺霜霉威悬浮剂 1000 倍液，或 53% 精甲霜·锰锌水分散粒剂 500 倍液等。

壳聚糖拌土施用对黄瓜苗期猝倒病具有较好的防控效果。施 0.5g/kg 壳聚糖，猝倒病防效即可达到 49.44%，施用量提高到 1g/kg，防效显著提高到 80.21%。

参考文献

刘秀芳，丁爱冬，丁建成，等，1989. 西瓜病害调查 [J]. 中国西瓜甜瓜 (1): 46-47.

吕佩珂，苏慧兰，高振江，2008. 中国现代蔬菜病虫原色图鉴 [M]. 呼和浩特 : 远方出版社 .

许志刚，2009. 普通植物病理学 [M]. 4 版 . 北京 : 高等教育出版社 .

中国农业科学院植物保护研究所，中国植物保护学会，2015. 中国农作物病虫害 [M]. 3 版 . 北京 : 中国农业出版社 .

MITRA M, SUBRAMANIAM L S, 1928. Fruit rot disease of cultivated cucurbitaceous caused by *Pythium aphanidermatum* (Eds.) Fitz[J]. Memorial department of agriculture India botany, 15: 79-84.

（撰稿：胡俊、韩升才；审稿：赵廷昌）

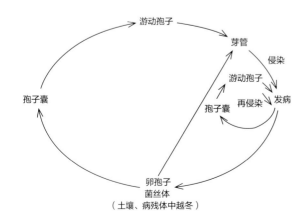

图 3　西瓜、甜瓜猝倒病病害循环图（胡俊绘）

西瓜、甜瓜灰霉病　gray mold of watermelon and melon

由灰葡萄孢引起的西瓜和甜瓜上的重要真菌病害之一。

发展简史　灰葡萄孢为葡萄孢属真菌，该属是 Micheli 在 1729 年建立且最早描述的真菌属之一。依据 1905 年双系统的真菌命名法原则，灰霉病菌具有无性和有性阶段，因此，其存在两个名称，无性阶段名称为灰葡萄孢（*Botrytis cinerea*），有性阶段名称为富克尔葡萄盘菌（*Botryotinia fuckeliana*）。随着菌物学的发展，真菌学家于 2011 年推出简化分类和命名真菌，倡议"一种真菌一个名字"。在"XVI

International Botrytis Symposium"（2013，意大利巴里市）上，经过讨论，通过"用无性阶段名称命名灰葡萄孢"的提议。

1989 年新西兰和 2004 年韩国报道了灰葡萄孢引起的西瓜灰霉病。2000 年希腊和 2004 年韩国等地分别报道了灰葡萄孢引起的甜瓜灰霉病。中国记录的西瓜、甜瓜灰霉病报道较晚。1996 年周秀兰等报道农利灵防治西瓜灰霉病的相关研究。2011 年金明霞和闫新武以及 2014 年朱荣祥和杨友辉报道了西瓜灰霉病发生、症状识别及防治研究。2009 年倪秀红和赵杰以及 2011 年周君强等报道了西瓜灰霉病发生、症状识别及防治研究。

分布与危害　西瓜、甜瓜灰霉病是一种真菌病害，在中国各地均有发生，尤以南方潮湿多雨地区（浙江、江苏、上海、安徽、江西、湖南、湖北、广西、广东等）以及在北方（黑龙江、吉林、辽宁、内蒙古、北京、河北、天津、山东等地）保护地危害严重。该病在田间能侵染叶、花、茎和果实，造成死苗、烂瓜，导致减产，严重时甚至可能绝收。此病除可在瓜类的生长期发生外，还会引起果实采后的腐烂、变质，从而导致不能储藏和长途运输。

灰霉病在西瓜、甜瓜上引起的症状相似，前期引起植物组织腐烂，后期在病部表面产生灰白色至灰褐色粉状霉层，即分生孢子梗和分生孢子（图 1）。苗床上的幼苗极易感病，初期叶片形成不规则的水渍状病斑，多数情况引起心叶受害枯死，形成烂头苗，随后全株死亡，病部形成灰色霉层。花瓣染病，初呈水渍状，后亦长出灰色霉层，造成花器枯萎脱落。幼瓜染病，多发生在果实蒂部，初期水渍状软腐，然后变为黄褐色，腐烂、脱落，后期病部出现灰色霉层。叶片染病，从叶尖或叶缘开始发病，病斑呈"V"字形、半圆形或不规则形向内扩展，初水渍状，浅褐色，具轮纹，后期干枯均密生灰色霉层。茎部染病，烂花和烂瓜附着在茎部，会引起茎秆的腐烂，导致茎秆易折断，植株死亡。

病原及特征　西瓜、甜瓜灰霉病由灰葡萄孢（*Botrytis cinerea* Pers. ex Fr.）引起，属葡萄孢属；有性态为子囊菌，菌核萌发产生子囊盘，在子囊盘中产生子囊及子囊孢子。在自然条件下，灰葡萄孢极少进行有性繁殖。

西瓜、甜瓜灰霉病菌病原形态见图 2。分生孢子梗单生或丛生，初为灰色，后转褐色，大小为 712～1745μm×10～17μm，在顶部产生多轮互生分枝，最后一轮分枝顶端膨大，芽生分生孢子。分生孢子呈葡萄状聚生在分生孢子梗顶端，椭圆形、卵形，单胞，大小为 7～14μm×6～13μm。病原菌菌核黑色，形状不规则，大多如小鼠粪状，大小为 4～10mm×0.1～5mm，每个菌核可抽生 2～3 个束生的子囊盘，子囊盘淡褐色，直径 1～5mm，柄长 2～10mm；子囊盘里长有子囊，子囊圆筒形或棍棒形，大小为 100～130μm×9～13μm，子囊中有子囊孢子。子囊孢子无色，椭圆形或卵形，大小为 8.5～11μm×3.5～6μm；侧丝线形，有隔膜。

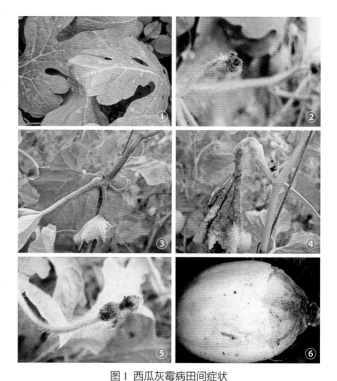

图 1　西瓜灰霉病田间症状
（①②③葛米红提供；④引自郑永利等，2005）

①西瓜病苗（子叶上分生孢子梗和分生孢子）；②和③真叶发病（叶缘枯死，着生分生孢子梗和分生孢子）；④⑤⑥病花和病果

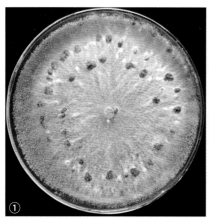

图 2　西瓜、甜瓜病原特征（周映君提供）
①②灰霉病菌分生孢子梗；③分生孢子

侵染过程与侵染循环　灰葡萄孢主要以分生孢子借助风、气流、流水或雨水溅射进行传播。分生孢子落到西瓜、甜瓜植株地上部分（叶片或残花），在环境条件适宜的情况下萌发长出芽管，芽管伸长通过植物表面气孔或伤口侵入植物组织，或是在芽管顶端形成类似附着胞的结构，附着胞则通过机械压力及分泌一些细胞壁降解酶类物质直接穿透寄主植物表皮，进入寄主植物体内。侵入寄主植物体内后，灰葡萄孢产生毒素类化学物质杀死寄主植物细胞并形成初始病斑，经过一段时间的潜伏侵染之后，病斑开始扩展并造成植物组织腐烂；侵染后期，空气湿度大的条件下，寄主组织表面产生大量分生孢子和分生孢子梗，并开始下一轮的侵染循环。

灰霉病菌主要以菌丝体、分生孢子及菌核随病残体在土壤中越冬，分生孢子也可附着在种子表面越冬。当环境条件（温度、湿度和降水量）适宜时，菌丝体产生分生孢子或菌核萌发产生子囊盘，分生孢子和子囊盘释放出的子囊孢子，借助气流、雨水和农事操作进行传播，危害两瓜的幼苗、花瓣和幼果，引起初侵染。随着侵染的加重，病部会形成灰色霉层（分生孢子梗和分生孢子），产生大量的分生孢子进行再侵染，造成病害的扩展蔓延。在发病后期，在病组织表面会产生黑色扁平状菌核（图3）。

流行规律　西瓜、甜瓜灰霉病的流行与病菌数量、温度、湿度、栽培措施以及瓜类品种及生育期等因素密切相关。

菌源数量　一般而言，灰葡萄孢分生孢子数量越大灰霉病发生越严重。灰葡萄孢的寄主范围十分广泛，源于其他寄主植物（如番茄、茄子、辣椒等）病残体上的灰葡萄孢病菌也可以感染瓜类植物。

温度和湿度　温度和湿度对病害的发生影响很大，最适宜的发病温度为18～23℃，空气的相对湿度在90%以上，湿度越高越利于发病。若田间多雨、高湿则有利于病菌分生孢子的大量形成、萌发和侵入，容易导致灰霉病的流行。

栽培措施　栽培措施与该病的流行有很大关系。保护地地势低洼、潮湿、光照不足，病害则较重；重施或偏施氮肥，常引起植株徒长或生长嫩弱，易遭冻害，抗病性降低，往往

可诱使灰霉病的大发生；合理施肥，注意氮、磷、钾的科学配合，可明显减轻发病。施入未腐熟的混有病残体的堆肥或厩肥，也可加重发病。瓜类生长过于旺盛，植株密度过大，漫灌浇水，未及时整枝、打顶、中耕、除草等粗放栽培都会加速灰霉病流行。

此外，灰霉病主要以菌丝体和菌核随病残组织于土壤中越夏越冬，故长期旱地连作有利于灰霉病流行；反之实行水旱轮作则可减少田间菌源数量，从而降低发病率。通风状况不良的大棚也会加重灰霉病发生。

寄主生育期状况和品种　西瓜、甜瓜在生长衰弱或组织受冻、受伤时易感染灰霉病。另外，生育期对灰霉病流行影响很大，苗期和花期较易感病。尚未发现真正抗灰霉病的瓜类品种。可能存在着耐病瓜类资源，有待进一步研究与利用。

防治方法　西瓜、甜瓜灰霉病与菌原数量、温湿度、栽培措施等密切相关。因而防治西瓜、甜瓜灰霉病可采取生态防治、加强栽培管理、药剂防治和生物防治等措施。

生态防治　采用高垄地膜覆盖栽培，或滴灌、管灌及膜下灌溉栽培法，生长前期及发病后，适当控制浇水，适时晚放风，降低湿度。大棚、温室采用降低白天温度、提高夜间温度、增加白天通风时间等措施来降低棚内湿度和结露时间，达到控制病害的目的。

农业防治　采用无菌床土或床土消毒，可采用新垦地的土壤或稻田土作床土，如用旧床或床土有带菌的可能，应进行消毒，具体可用75% 土菌消可湿性粉剂 700mg/kg 或用70% 敌克松可溶性粉剂 1000 倍液浇灌床土，每平方米床面浇灌 4～5kg 药液消毒；合理轮作，实行与非寄主作物轮作或水旱轮作，可明显减轻发病；加强栽培管理可选择地势高燥、排灌方便的地块种植，可采用地膜覆盖、高垄栽培等方法；加强田间管理，如保持棚室干净，通风透光，合理排灌，及时清除田间病叶、病花、病瓜，集中田外烧掉或深埋，也可通过高温闷棚(38℃左右2小时)的方法抑制病情发展；做好大棚、温室保温工作，防止瓜苗受冻后抗病性降低；晴天宜多通风换气，减低棚室内湿度，生长前期适当控水，合理控制浇水量，不宜一次浇水过多，以防湿度过大；合理施肥，根据瓜类的不同生育期的吸肥规律进行科学施肥，可增强植株抗病性。勿用带有病残体的未腐熟的堆肥或厩肥作苗床基肥。

化学防治　棚室或露地发病初期可选用50% 速克灵或农利灵可湿性粉剂 2000 倍液、50% 腐霉利可湿性粉剂 1000 倍液、40% 菌核净可湿性粉剂 800 倍液、50% 异菌脲（扑海因、秀安）可湿性粉剂 1000～1500 倍液、65% 抗霉威可湿性粉剂 1000～1500 倍液、50% 甲基托布津可湿性粉剂 500 倍液、40% 嘧霉胺（施佳乐）悬浮剂 800～1000 倍液、50% 嘧菌环胺（和瑞）1000 倍液等药剂进行喷雾防治，重点喷洒花和幼果，每隔 7～10 天喷药一次，连续喷施 2～3 次，均能取得较好的防治效果。为防止产生抗药性提高防治效果，上述杀菌剂应轮换交替或复配使用。

保护地栽培在发病初期可采用烟雾法或粉尘法防治。①烟雾法。每亩用20% 百·腐烟剂 200～500g，或10% 百·菌核烟剂 350～400g，烟熏 3～4 小时。②粉尘法。傍晚喷撒

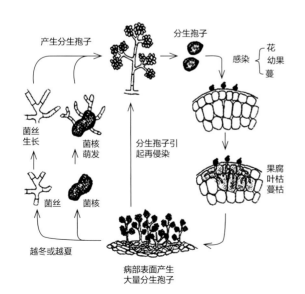

产生分生孢子　分生孢子

感染　花　幼果　蔓

菌丝生长　菌核萌发

分生孢子引起再侵染

菌丝　菌核

果腐　叶枯　蔓枯

越冬或越夏

病部表面产生大量分生孢子

图3 西瓜、甜瓜和黄瓜灰霉病病害循环（引自 Agrios，2005）

5% 福·异菌粉尘剂，5% 百菌清粉尘剂，或 6.5% 甲硫·霉威粉尘剂，每亩用量 1kg，每隔 9～11 天重复 1 次，连续或与其他防治法交替使用 2～3 次。

蘸花施药，在进行人工授粉时，可结合用药，抑制花瓣上散落的灰葡萄孢菌分生孢子萌发及定殖。具体操作方法是在配好的 2,4–D 或防落素稀释液中加入 0.1% 的 50% 扑海因可湿性粉剂或 50% 多菌灵可湿性粉剂进行蘸花或涂抹。

生物防治　木霉素是一种新型的真菌性生物杀菌剂，具有无药害、不产生抗性、无残留、投资少等优点，同时也能兼治蔬菜上的一些其他真菌性病害。在病株上喷施 600 倍液的木霉素，防效可达到 90%；苗期至结果期喷洒 200 倍的 20% 武夷霉素合剂，能起到防病和保产效果，降低灰霉病的病果率；某些枯草芽孢杆菌（*Bacillus subtilis*）菌株通过产生抗真菌物质及竞争作用会产生防治灰葡萄孢的效果。

参考文献

金明霞，闫新武，2011. 礼品西瓜灰霉病发病规律与防治措施 [J]. 吉林蔬菜 (5): 62.

郑永利，戚红炳，陆剑飞，2005. 西瓜与甜瓜病虫原色图谱 [M]. 杭州：浙江科学技术出版社.

朱荣祥，杨友辉，2014. 东台沿海地区大棚西瓜灰霉病发生原因及防治措施 [J]. 上海蔬菜 (4): 82-83.

AGRIOS G N, 2005. Plant pathology [M]. 5th ed. New York: Elsevier Academic Press.

HOLEVAS C D, CHITZANIDIS A, PAPPAS A C, et al, 2000. Disease agents of cultivated plants observed in Greece from 1981 to 1990[J]. Annales de l'institut phytopathologique Benaki, 19(1): 1-96.

VAN KAN J A L, 2006. Licensed to kill: the lifestyle of a necrotrophic plant pathogen[J]. Trends plant science, 11(5): 247-253.

WINGFIELD M J, DE BEER Z W, SLIPPERS B, et al, 2012. One fungus, one name promotes progressive plant pathology[J]. Molecular plant pathology, 13(6): 604-613.

（撰稿：张静；审稿：李国庆）

西瓜、甜瓜枯萎病　watermelon and melon *Fusarium* wilt

由尖孢镰刀菌引起的西瓜和甜瓜的土传病害。又名西瓜、甜瓜蔓割病，西瓜、甜瓜萎蔫病或西瓜、甜瓜萎凋病。

发展简史　西瓜、甜瓜枯萎病均由 Smith 于 1894 年在美国首次报道，其后在世界各地的西瓜和甜瓜产地均有发现，是世界性的重要西瓜和甜瓜土传病害。

分布与危害　西瓜枯萎病在世界各地都有发生，在中国各西瓜产区也均有发生。甜瓜枯萎病普遍发生于温带和热带地区，在中国主要发生于甘肃、陕西、河南和新疆，其他地区零星发生。病害在西瓜和甜瓜的整个生育期都能发生，以结瓜期发生最重，一般病株率在 10%～20%，重者达 80%～90%，甚至绝产。

病害可发生在植株的各个部位。种子出土前受害，造成烂芽；幼苗发病，子叶不能出土，或出土后子叶变黄，顶端

呈失水状，茎基部缢缩、变褐，后萎垂，最终呈立枯状；成株期受害，前期生长缓慢，下部叶片变黄，渐向上发展，全株叶片萎蔫，或半边正常半边萎蔫，初期早晚可恢复，反复数次后整株萎垂，数天后枯死（图 1）。病株茎基部初呈水渍状、软化缢缩，后逐渐干枯，常纵裂，表面产生粉红色胶状物，病茎内可见维管束变色。湿度大时，茎基部表面可见白色或粉红色霉层。病株根系发育差、须根少，可变褐腐烂。

病原及特征　病原为尖孢镰刀菌（*Fusarium oxysporum* Schlecht.），属于半知菌亚门瘤座孢目镰刀菌属，是子囊菌的无性型。主要有 3 种专化型：尖孢镰刀菌西瓜专化型［*Fusarium oxysporum* f. sp. *nivenm*（E. F. Smith）Snyder et Hansen］，侵染西瓜、甜瓜和黄瓜；尖孢镰刀菌甜瓜专化型（*Fusarium oxysporum* f. sp. *melonis* Snyder et Hansen），主要侵染甜瓜；尖孢镰刀菌黄瓜专化型（*Fusarium oxysporum* f. sp. *cucumerinum* Owen），弱侵染西瓜和甜瓜。

病原菌在马铃薯葡萄糖琼脂培养基上的气生菌丝呈白色絮状，小型分生孢子无色，长椭圆形，单胞或偶为双胞；大型分生孢子无色，镰刀形或纺锤形，1～5 个隔膜，多数 3 个隔膜；厚垣孢子顶生或间生，圆形，淡黄色（图 2）。西瓜专化型菌落淡紫色，大型分生孢子较少，大小为 10.55（8.0～13.1）μm×1.96（1.5～2.5）μm；小型分生孢子大小为 3.81（2.0～6.0）μm×1.57（1.0～2.0）μm；厚垣孢子较少，大小为 2.14（1.4～4.2）μm。甜瓜专化型菌落淡紫色，大型分生孢子很少；小型分生孢子大小为 3.52（1.2～7.0）μm×1.48（1.0～2.0）μm；厚垣孢子较多，大小为 4.4（3.0～6.0）μm。黄瓜专化型菌落浅橙红色，有较多的大型和小型分生孢子，大小分别为 10.05（8.0～12.1）μm×2.05（1.3～2.8）μm 和 4.2（6.5～2.0）μm×1.15（0.8～1.9）μm；厚垣孢子极少，大小为 3.3（2.0～4.0）μm。

西瓜专化型有 0 号、1 号和 2 号 3 个生理小种；甜瓜专化型有 0 号、1 号、2 号和 1，2 号 4 个生理小种；黄瓜专化型有 1 号（美国）、2 号（以色列）、3 号（日本）和 4 号（中国）4 个生理小种。

侵染过程与侵染循环　病菌主要从根部伤口或根毛顶端细胞间侵入，侵入后先在细胞间或细胞内繁殖，菌丝沿细

图 1　甜瓜枯萎病症状

①大田甜瓜枯萎病苗枯死（梁志怀提供）；
②大棚甜瓜枯萎病植株萎蔫（胡繁荣提供）

胞间生长，进入维管束，在导管内发育，菌丝体或分生孢子大量产生可堵塞导管，产生的毒素可使根组织坏死。种子带菌，病菌先在种皮中繁殖，从胚根侵入后向导管转移，引起幼苗发病。

病菌以菌丝体和厚垣孢子随病残体在土壤或未腐熟的厩肥中越冬，或种子带菌越冬。越冬菌体成为翌年病害的初侵染源。病菌在苗期侵染植株，致植株萎蔫枯死，再随病残体重新进入土壤或随种子传播（图3）。

流行规律　病菌主要借土壤、粪肥、雨水、灌溉水、农具或种子等传播和扩散。病菌菌丝生长和大、小分生孢子及厚垣孢子萌发的适宜温度均在20～30℃，3种孢子萌发的

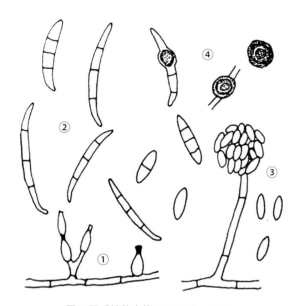

图2　西瓜枯萎病菌（仿郑建秋，2004）

①分生孢子梗；②大型分生孢子；③小型分生孢子及孢子梗；
④厚垣孢子

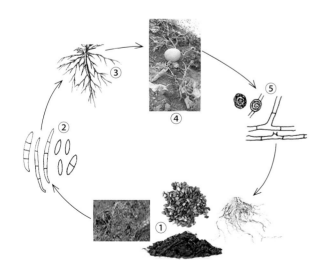

图3　甜瓜枯萎病侵染循环示意图（缪作清提供）

①病菌越冬场所（土壤、粪肥、植物残体和带菌种子）；②大型分生孢子和小型分生孢子；③侵入根部；④植株发病；⑤厚垣孢子和菌丝

适宜pH为6。感病品种和根颈有伤口容易被病菌侵染；地下害虫和线虫为害可提高病菌侵染机会。发病适宜地温25～28℃，适宜土壤pH为4.5～6.0；土壤黏重、连作地、低洼地或地下水位高有利于发病；植株在营养生长和生殖生长并进时期易发病；养分供应不足或不平衡、植株生长势弱以及移栽或中耕时伤根、地下害虫和线虫多均易发病。

防治方法

选用抗（耐）病良种　选用对枯萎病具一定抗性的品种，西瓜可选用新红宝、密桂、早花、红优2号、早抗京欣、西农8号、丰乐5号、郑抗1号和2号、郑杂5号和7号、京抗2号和3号等。甜瓜可选用伊丽莎白、锦丰甜宝、龙甜1号和2号等。

农业防治　采用营养钵或塑料套（袋）育苗；重病地可与非瓜类作物进行5年以上轮作、水旱轮作或休闲；可选用葫芦、瓠瓜和黑籽南瓜做砧木嫁接西瓜，选用南瓜、葫芦、冬瓜和丝瓜等做砧木嫁接甜瓜；施足基肥和施用充分腐熟的有机肥，避免偏施氮肥，及时追施磷钾肥，合理配施锌、硼等微量元素，保证植株健壮，提高抗病能力。采用高畦栽培，定植后适当控水，坐瓜后适当增加小水浇灌次数；雨季及时排水，防止植株早衰和茎基部自然裂伤；采用全地面地膜覆盖、膜下滴灌或渗灌等技术；病害发生时要及时控水并清除病株，同时对病穴消毒。及时打杈、整蔓、去老叶，以利通风、透光和降湿；及时防治地下害虫，减少根部伤口，减少病菌侵入机会。

物理防治　深耕暴晒土壤，或深耕后灌水和铺膜，太阳消毒5～7天，棚室栽培可同时进行闷棚。有条件的设施栽培可采用换土防病方法。

化学防治　播种前可按种子重量0.3%～0.4%用量，用50%多菌灵可湿性粉剂拌种；或用2.5%咯菌腈悬浮种衣剂，每2～3kg种子用药10ml进行包衣或拌种。也可将种子在2%～3%的次氯酸钠溶液中浸泡30～60分钟；或在40%甲醛150倍液中浸泡90分钟，清水洗净后晾干播种；或用50%多菌灵可湿性粉剂或72.2%霜霉威水剂800倍液；或50%代森铵水剂500倍液浸种60分钟，清水洗净后催芽播种。

可用50%多菌灵可湿性粉剂8g/m²进行苗床拌土；或定植前每亩用50%多菌灵可湿性粉剂2kg，与细土30kg混匀后穴施。重病地或重茬地，整地时每亩施入氢氧化钙80～100kg。

苗期可选用2.5%咯菌腈悬浮剂2000～4000倍液进行苗床灌根和移栽时浇定根水，每亩药液用量250～300kg。发病初期可用4%嘧啶核苷类抗菌素水剂200倍液、50%多菌灵可湿性粉剂500倍液、20%噻菌铜悬浮剂500～600倍液、70%甲基硫菌灵可湿性粉剂+50%多菌灵可湿性粉剂（1:1）1000倍液、30%噁霉灵水剂500～1000倍液等进行灌根，每穴药液用量300～500ml。

参考文献

中国农业科学院植物保护研究所，中国植物保护学会，2015.中国农作物病虫害[M].3版.北京：中国农业出版社.

（撰稿：缪作清；审稿：李世东）

西瓜、甜瓜立枯病　watermelon and melon *Rhizoctonia* rot

由立枯丝核菌侵染所致、在瓜类苗期发生的一种常见病害，造成茎基部收缩干枯致瓜苗死亡。

发展简史　1926 年 Jones 发现立枯丝核菌侵染造成包括西瓜在内的多种作物不出苗或者出苗后发生立枯病。1984 年冯国秀等人在钱塘江农垦区调查发现立枯病是西瓜苗期的重要病害，危害很大。随后崔明星等人在新疆瓜类种植区发现由立枯丝核菌侵染导致的苗期立枯病。

分布与危害　立枯病是西瓜和甜瓜生产中苗期重要病害之一，常发生于育苗的中后期。该病分布广，各地均有发生。发病严重时，常造成幼苗大量枯死。该病菌寄主范围广，达 160 多种作物，除危害瓜类作物外，还能危害茄科、菜豆、莴苣、洋葱、白菜、甘蓝等蔬菜苗。

刚出土的幼苗及大苗均能受害，通常多发生在育苗的中后期。受害幼苗茎基部产生椭圆形暗褐色病斑，逐渐凹陷，边缘明显。发病早期病苗白天中午萎蔫，夜晚和清晨能恢复。当病斑扩大绕茎一周后，病部收缩干枯，整株死亡。由于病苗大多直立而枯死，故称为"立枯"（图 1）。通常湿度大时，病部生不太明显的蛛丝状霉，后期形成微小的菌核，可区别于猝倒病菌的白色棉絮状霉。有时当湿度高时，接近地面的茎叶病组织表面形成一层薄的菌膜，初为灰白色，逐渐变为灰褐色。

病原及特征　病原为立枯丝核菌（*Rhizoctonia solani* Kühn），属丝核菌属。*Rhizoctonia* 属真菌有多核和双核两类，引起西瓜和甜瓜立枯病的为多核型。

该菌菌丝体发达，树枝状分枝，菌丝有隔，直径 8～12μm，初期无色，老熟时浅褐色至黄褐色，分枝处呈直角或近直角，分枝基部略缢缩，分枝附近形成隔膜。老菌丝常呈一连串桶形细胞，其交织在一起形成菌核（图 2）。菌核形状不定，浅褐色、棕褐色或黑褐色，质地疏松，表面粗糙，抗逆性强，病菌偶能形成有性孢子。有性态为瓜亡革菌［*Thanatephorus cucumeris*（Frank）Donk］，担子无色，单胞，圆筒形或长椭圆形，顶生 2～4 个小梗，每小梗上着生一个担孢子。担孢子椭圆形或圆形，无色，单胞，大小为 6.0～9.0μm×5.0～7.0μm。此菌腐生性强，生长适温为 17～28℃，当温度低于 12℃ 或高于 30℃ 时生长受到抑制。

图 1 甜瓜立枯病症状
（引自吕佩珂等，2008）

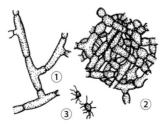

图 2 立枯丝核菌形态（引自许志刚，2009）
①直角状分枝的菌丝；②菌丝纠结的菌组织；③菌核

生长 pH 范围为 3～9，最适生长 pH6～7，此时菌核形成的时间最短。光照对菌丝的生长和菌核萌发影响比较大，太阳光能够抑制菌丝的生长而促进菌核的形成，采用荧光灯照射会提高菌核产生的数量，影响菌核的着色程度，但对菌丝的生长没有明显的影响。以葡萄糖、蔗糖、麦芽糖和可溶性淀粉为碳源时，菌丝生长快，菌核形成数量多。在以蛋白胨为氮源时生长最好，硝酸盐、尿氨酸、天冬氨酸为氮源时菌丝生长速度也较快，但菌核的形成数量有所不同。碳氮比大时，菌落扩展速度较慢，但菌丝重叠、密集，产生较多的气生菌丝；碳氮比小时，菌落直径增加快，气生菌丝少，菌丝稀疏，不形成或极少形成菌核。

侵染过程与侵染循环　越冬的菌丝或菌核萌发长出的菌丝从幼苗茎基部或根部伤口侵入，也可穿透寄主表皮直接侵入致寄主发病，发病部位在湿度大时产生菌丝和微菌核。

病菌以菌丝体或微菌核在土壤中或病残体中越冬，混有病残体未腐熟的堆肥，以及在其他寄主植物上越冬的菌核和菌丝都可以成为该病的初侵染源。病菌的腐生性较强，可在土中存活 2～3 年。在适宜的环境条件下，病菌侵染寄主，发病后在病部产生菌丝和菌核。病菌可通过流水、雨水、沾有病菌的农具传播，也可随施用带菌粪肥传播蔓延（图 3）。

流行规律　该病在土温 11～30℃、土壤湿度 20%～60% 时均可发生。当使用带有病菌的未消毒的旧床土育苗，或施用未腐熟的有机肥，在苗床温度较高和空气不流通，光照弱幼苗生长衰弱发黄时，易发生立枯病。种子带菌、苗床土或营养基质污染有病菌时，初侵染的菌源量大，病害发生就重；另外，苗床管理不善、温度忽高忽低、通风不良，不利于瓜苗的生长，抗病力弱，发病重；阴雨多湿、土壤过黏、播种过密、间苗不及时和重茬等也易诱发该病。总之，苗期管理不善、湿度大、苗弱时有利于该病的发生。

防治方法　防治立枯病应采取以加强栽培管理提高幼苗抗病力为主、药剂保护为辅的防治措施。

种子处理　播种前，将每 4kg 的甜瓜、西瓜种子用 2.5% 咯菌腈悬浮种衣剂 10ml+35% 甲霜灵拌种剂 2ml 兑水 180ml 进行包衣，也可用 30% 苯噻氰乳油 1000 倍液浸泡种子 6 小时后带药催芽或直播。

旧苗床土消毒　将 95% 噁霉灵原药 1g 掺细土 15～20kg，或 54.5% 噁霉·福可湿性粉剂 3.5～4.5g 掺细土 15～20kg 拌匀，将 1/3 药土施在苗床内，余下 2/3 药土播种后盖种。

穴盘育苗必须购买经高温消毒的营养基质。如果自己配制的基质，要在播种前每立方米营养基质均匀拌入 95% 噁霉灵 30g 或 54.5% 噁霉·福可湿性粉剂 10g，能有效预防立枯病。

加强苗床管理　播种不能过密，浇水不能过多，要避免肥料烧根。低温季节育苗时要注意提高地温，进行科学放风。也可在苗期喷洒植宝素 7500～9000 倍液，或 0.1%～0.2% 磷酸二氢钾，以增强幼苗抗病力。

化学防治　发病初期喷淋 20% 甲基立枯磷乳油 1200 倍液，或 95% 噁霉灵原药精品 3000 倍液，或 54.5% 噁霉·福可湿性粉剂 1000 倍液，隔 7～10 天 1 次，连续防治 2 次。也可将穴盘苗浸在药液中片刻后提出沥去多余药液再定植。

生物防治　喷洒 5% 井冈霉素水剂 1500 倍液，或利

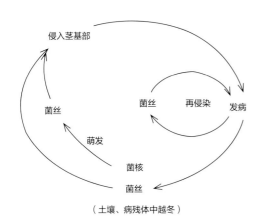

图 3　西瓜、甜瓜立枯病侵染循环示意图（胡俊绘）

用有益微生物或其代谢产物对立枯病进行防治，如康宁木霉（*Trichoderma koningii*）、具钩木霉（*Trichoderma hamatum*）、盾壳霉（*Coniothyrium sporulosum*）、粉红单端孢（*Trichothecium roseum*）、荧光假单胞菌（*Pseudomonas auorescens*）等。

参考文献

冯国秀，沈守良，戎文治，1984.钱塘江农垦区西瓜病害调查简报 [J].浙江农业大学学报 (2): 196-198.

吕佩珂，苏慧兰，高振江，2008.中国现代蔬菜病虫原色图鉴 [M].呼和浩特：远方出版社.

许志刚，2009.普通植物病理学 [M].4 版.北京：高等教育出版社.

中国农业科学院植物保护研究所，中国植物保护学会，2015.中国农作物病虫害 [M].3 版.北京：中国农业出版社.

（撰稿：胡俊、韩升才；审稿：赵廷昌）

西瓜、甜瓜蔓枯病　watermelon and melon gummy stem blight

由泻根亚隔孢壳引起的，危害西瓜和甜瓜叶片、茎蔓等主要部位的一种真菌病害，是西瓜和甜瓜上最常见、最重要的病害之一。又名西瓜、甜瓜黑腐病。

发展简史　1891 年法国最早发现蔓枯病。中国最早于 1930 年报道蔓枯病的危害。

分布与危害　世界各地均有分布。中国辽宁、黑龙江、吉林、山东、陕西、江苏、上海、浙江、安徽、湖北、广西、海南及台湾等地均有发生。随着西瓜和甜瓜的设施栽培面积不断扩大，蔓枯病逐年加重。一般发病率在 5%～25%，棚室栽培中发病率可达 60%～70%；一般减产 20%～50%，严重可达 50% 以上。

蔓枯病在西瓜和甜瓜整个生育期均可发病，主要危害叶片和茎蔓。叶片染病，多从叶缘开始发病，形成直径 1～2cm 的"V"字形或椭圆形病斑，淡褐色至黄褐色；干燥时病斑干枯，呈星状破裂；遇连续阴雨天气时，病斑遍及全叶，

叶片枯死。茎蔓受害时，在茎基和茎节附近产生油浸状病斑，呈椭圆形或梭形，逐渐扩大后常绕茎蔓半周至一周；后期病斑变成黄褐色，病茎干缩，纵裂成乱麻状，病部以上茎叶枯萎。湿度大时，病部常流出琥珀色胶质物，干枯后为红褐色。病害后期，通常在病斑表面密生小黑点，即病菌分生孢子器，此为主要识别特征。茎蔓发病后表皮易撕裂，但维管束不变色，可与枯萎病相区别（见图）。

病原及特征　蔓枯病菌的有性态是子囊菌门的泻根亚隔孢壳［*Didymella bryoniae*（Auersw.）Rehm］，无性态为西瓜壳二孢（*Ascochyta citrullina*）。子囊壳球形，黑褐色，子囊孢子无色透明双胞，梭形至椭圆形，大小约为 13μm×5μm；分生孢子器表面生，分生孢子长椭圆形，无色透明，两端钝圆，单胞或双胞，大小约为 8μm×3μm。蔓枯病菌为严格的同宗配合。

除危害西瓜和甜瓜外，蔓枯病菌还可侵染黄瓜、葫芦、冬瓜、瓠瓜等葫芦科植物，但侵染瓜类作物的蔓枯病菌不存在生理小种分化现象。

侵染过程与侵染循环　在连续 4～8 小时的雨、露下，蔓枯病菌分生孢子就可以完成萌发及侵入。分生孢子萌发后主要通过植株伤口和气孔、皮孔等自然孔口侵入，7～10 天后发病。

蔓枯病菌以菌丝体、分生孢子器或子囊壳随病残体在土壤中或附着在种子、棚室表面上越冬。翌年借助风雨、灌溉水传播，成为初侵染源。初侵染发生后，病部产生大量分生孢子通过雨水、气流或农事操作传播，引起再侵染。蔓枯病菌也可以种传，播种带菌种子可以成为田间发病的初次侵染源。

流行规律　蔓枯病发生为害程度与温湿度、栽培管理、土壤性质等密切相关。

病菌侵染危害的适宜温度为 25℃；潜育期随温度升高而缩短，如在 15℃ 条件下需 10～11 天，而在 28℃ 时只需 3～5 天。病菌发育的适宜相对湿度为 80%～92%，降水量和降水次数是蔓枯病发生的主导因素。气温在 30℃ 以上，降水多，降水量在 100mm 以上时，是发病的高峰期。

蔓枯病菌可以在土壤中长期存活，随着连作年限增加，病害逐年加重；偏施或重施氮肥可加重病害；地势低洼或雨后积水，地下水位高，缺磷、钾肥和生长较弱的田块发病重，病情发展快。

大棚栽培条件下，密植、通风不良、湿度过高易发病；一般 5 天内平均温度高于 14℃，棚内相对湿度高于 65%，即可发病；露地栽培中，降雨日多、降雨量大，发病较重；多雨年份发病快，流行迅速。

蔓枯病发生还与不同土壤有关。黏质土壤含水量高，易板结，透性差，发病重；砂质土壤土质疏松，透气性好，发病相对轻；偏酸性土壤发病重，偏碱性土壤发病轻。

防治方法

选用抗病品种　是防治蔓枯病的有效方法，抗性较强的甜瓜品种有白玉、伊丽莎白、西域 1 号、西域 3 号等，西瓜品种有西农 8 号、新红宝、京欣等，但蔓枯病抗性强且综合性状优良的品种较少。

农业防治　实行轮作。蔓枯病菌在土壤中可以存活很长

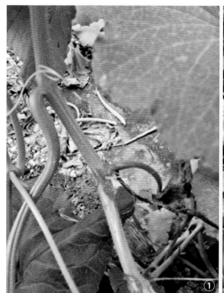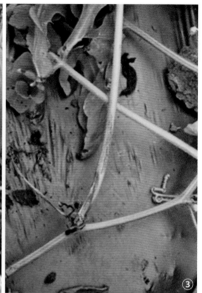

西瓜、甜瓜蔓枯病症状（宋凤鸣提供）

①甜瓜茎蔓受害状；②西瓜叶片受害状；③西瓜茎蔓受害状

时间，因此，合理的轮作可以减轻发病。建议采用与十字花科、豆科、茄科等蔬菜轮作 3～5 年或水稻、小麦、玉米等大田作物轮作 2～3 年。尽量采用水旱轮作。

优化肥水管理。采用深沟高畦栽培，防渍防涝。科学浇水，做到小水勤浇，膜下滴灌，切忌大水浇灌，雨季应加强防涝。施足基肥，多施腐熟的有机肥，氮、磷、钾配合施用，勿偏施氮肥。生长期土壤施用或喷施硅肥，可减轻发病。棚室栽培中加强通风透光。

强化农事操作。及时整枝、打杈、绑蔓，避免伤口感染；注意农事操作，避免交叉感染；及时清除杂草，摘除病叶病果，拔除病株，带出田外深埋或烧毁；收获后彻底清理田园，集中深埋或焚烧病残体。

化学防治　种子消毒。蔓枯病菌可种子带菌，因此，必要的种子消毒可以有效杀灭带菌种子上的病菌，减轻蔓枯病发生。用 55℃ 温水浸种 20 分钟，或用 70% 甲基托布津可湿性粉剂 400～700 倍液或 25% 嘧菌酯悬浮剂 1000 倍液浸种。

育苗土和棚室消毒。选用 3 年以上未种过瓜类作物的田块土用作育苗土，并用 70% 甲基托布津可湿性粉剂，或 50% 多菌灵可湿性粉剂 1000 倍液喷雾处理进行消毒。棚室栽培中，定植前用 30% 多菌灵可湿性粉剂 500 倍液喷施土表，或定植前 10～15 天时用 45% 百菌清烟剂熏蒸，杀灭棚室内的蔓枯病菌。

生长期药剂防治。发病初期及时防治中心病株，控制病害扩散和蔓延。棚室栽培中，冬春季宜于定植后 20～30 天开始施药，每隔 10 天施药 1 次，连施 3～4 次；夏秋季应在定植后 10～20 天开始施药，每 7 天施药 1 次，连施 3～4次。露地栽培中发病初期每 10 天施药 1 次，连续 2～3 次；若遇阴雨天气，必须增加用药次数。药剂防治重点是喷施植株中下部茎叶和地面。药剂可用 80% 代森锰锌可湿性粉剂 600 倍液，或 70% 代森联悬浮剂 600 倍液，或 75% 猛杀生水分散粒剂 600～800 倍液，或 75% 百菌清可湿性粉剂 600

倍液等。

参考文献

陈熙，鲍建荣，钟慧敏，等，1991. 西瓜蔓枯病研究Ⅱ. 病残体上病菌的存活力及其传病作用 [J]. 浙江农业大学学报，17(4): 401-406.

陈熙，鲍建荣，钟慧敏，等，1992. 西瓜蔓枯病研究——病害的消长规律 [J]. 浙江农业大学学报，18(5): 55-59.

李伟，张爱香，江蛟，等，2008. 甜瓜蔓枯病病原鉴定及其生物学特性 [J]. 江苏农业学报，24(2): 148-152.

CAFÉ-FILHO A C, SANTOS G R, LARANJEIRA F F, 2010. Temporal and spatial dynamics of watermelon gummy stem blight epidemics[J]. European journal of plant pathology, 128: 473-482

KEINATH A P, FARNHAM M W, ZITTER T A, 1995. Morphological, pathological, and genetic differentiation of *Didymlla bryoniae* and *Phoma* spp. isolated from cucurbits[J]. Phytopathology, 85: 364-369.

（撰稿：宋凤鸣；审稿：赵廷昌）

西瓜、甜瓜炭疽病　watermelon and melon anthracnose

由葫芦科刺盘孢引起的，危害西瓜和甜瓜叶片、茎蔓、果实等部位的一种真菌病害，是西瓜和甜瓜上的常见病害之一。

发展简史　1867 年，意大利学者首次报道了瓜类炭疽病，中国 1899 年就有西瓜炭疽病的报道。

分布与危害　炭疽病在世界各西瓜、甜瓜产区均有发生。中国山东、河南、上海、江苏、浙江、安徽、福建等地发生普遍，一般发病田块产量损失 10%～20%，重病田块损失 50% 以上。

炭疽病在西瓜和甜瓜整个生长期内均可发生，但在生长中后期发生最严重。子叶或真叶发病时，先出现圆形或半圆形的淡黄色水渍状小点，渐变褐色，外围具黄褐色晕圈，病斑中央淡褐色，外围晕圈黑紫色，有时具有同心轮纹；后期病斑扩大，易造成穿孔，常互相连合成片，干燥时容易破裂，引起叶片枯死。茎蔓或叶柄发病时，病斑呈长椭圆形、纺锤形或不规则形，病部稍凹陷，初期呈褐色水浸状，后转为黑色；当病斑绕茎一周后，病茎上端叶片、茎蔓枯死。果实发病时，病斑呈水渍状淡绿色，扩大后呈圆形或椭圆形，暗褐色至黑褐色，病斑凹陷龟裂。在高湿条件下病斑上常产生黑色小点或粉红色黏稠物（见图）。

病原及特征　炭疽病菌无性态为刺盘孢属的葫芦科刺盘孢［*Colletotrichum orbiculare*（Berk. et Mont.）Arx］，有性态为子囊菌门小丛壳属的围小丛壳圆形变种（*Glomerella cingulata* var. *orbicularis*）。菌丝有隔，分生孢子盘寄生于寄主角质层、表皮或表皮下，黑褐色，在寄主内不规则开裂，有时排列呈轮纹形。分生孢子梗无色至褐色，单胞，圆筒形；分生孢子单胞，无色，椭圆形至卵圆形，大小为 4～6μm×3～19μm，含 1～2 个油球。

除危害西瓜和甜瓜外，还可危害黄瓜等葫芦科作物。

侵染过程与侵染循环　条件适宜时，分生孢子萌发形成芽管，直接侵入寄主表皮，发育成菌丝体。菌丝体在寄主细胞间隙定殖扩展，后在寄主表皮下形成分生孢子盘和分生孢子。

病菌主要以菌丝体、拟菌核（未发育成熟的分生孢子盘）在病残体上或土壤中越冬，也可以菌丝体或分生孢子附着在种子表面越冬。病菌还能在木料、架材及操作工具上腐生生活。翌年温湿度适宜时，菌丝体和拟菌核发育成分生孢子盘，产生的分生孢子梗或分生孢子借助风雨及灌溉水传播，引起初侵染；播种带菌种子，待种子发芽后可直接侵染子叶，使幼苗发病。分生孢子主要借气流、风雨或农事作业传播到健株上，导致多次再侵染。

流行规律　炭疽病发生主要与品种抗性、气象因素及栽培管理条件等关系密切。

品种抗性　西瓜、甜瓜品种对炭疽病的抗性存在差异，一般薄皮脆瓜类较抗病，厚皮甜瓜较感病，尤其是厚皮甜瓜网纹系列、哈密瓜类明显感病。

气象因素　温湿度对炭疽病发生危害的影响较为明显。炭疽病菌生长适温为 24℃，分生孢子萌发适温为 22～27℃。温度 18℃ 左右时，病菌菌丝体或拟菌核开始萌发，温度在 20℃ 时萌发生长最快。在适宜温度范围内，湿度是诱发炭疽病的关键因素。当相对湿度持续在 87%～95% 时，

病害潜育期只有 3 天；湿度 54% 以下，病害不发生；湿度 97% 以上、温度在 24℃ 左右，发病最重。

栽培措施　不同栽培管理措施和耕作制度，也能影响炭疽病的发生。酸性土壤、连作地、过多施氮肥，发病重；灌水或降雨过多，排水不良，通风不好，种植密度过大，棚内通风透光差，发病重；偏酸性土壤（pH5～6）有利于发病。

防治方法　应采取合理选用抗病品种、加强栽培管理等农业措施为主要手段，结合化学农药防治的综合防治措施。

选用抗病品种　选择适宜当地栽培的、具有较好品质的抗病品种，是防止西瓜和甜瓜炭疽病发生最有效的方法。生产上对炭疽病有较好抗性的西瓜品种有郑抗 3 号、京抗 2 号、郑杂 5 号、西农 8 号、卫星 5 号、卫星 2 号、拿比特等。

农业防治　选用无病种子。建立无病留种田，从长势良好的无病株、无病果中采收种子。

培育壮苗。使用营养钵育苗，可以减轻移栽时对根系的损伤，移栽后返苗快生长强壮。育苗时营养土最好选用没有种过西瓜、甜瓜等的土壤，加入足量的腐熟有机肥，并进行消毒。方法是将土铺成 10cm 厚，用 40% 甲醛均匀拌土，用量为 400～500ml/m²，用塑料薄膜覆盖 2～4 小时后打开，在通风条件下 3 天待药挥发完全后使用。采用消毒育苗土，可以培育无病壮苗，有利于控制苗期和后期炭疽病的发生。

合理轮作。连作造成病菌逐年积累，增加发病概率。应合理轮作不同类型作物，如与水稻、麦类、玉米、油菜等非葫芦科作物实行 3 年以上轮作，可较好地控制炭疽病兼防枯萎病。

加强栽培管理。适时播种，合理密植；平整土地，防止田间积水，雨后及时排水；采用配方施肥，施充分腐熟的有机肥和饼肥，搞好氮磷钾配方施肥，外施微肥，增施生物肥料，生长期进行叶面喷肥。大棚栽培中，采用小水勤浇或滴灌方法，避免大水漫灌，及时排水通风；发病初期及时摘除病叶、病果，销毁或挖坑深埋；及时清除田间杂草。

化学防治　①种子消毒处理。采用 55℃ 温水浸种 15～20 分钟后，换入 2% 高锰酸钾中浸泡 15 分钟，或用 40% 福尔马林 150 倍液浸种 30 分钟、400 倍多菌灵溶液浸泡 5～10 分钟后，用清水冲洗干净，再用清水浸种。②田间药剂防治。预防可用 60% 吡唑·代森联 1200 倍液，或 70% 代森联 700 倍液，或 20% 噻菌酮 500 倍液，或 80% 代森锰锌可湿性粉剂 700 倍液，或百菌清 1000 倍液叶面喷雾。发病初期可选用 10% 苯醚甲环唑水分散粒剂 1500 倍液，或 50% 咪鲜胺锰盐可湿性粉剂 1000 倍液，或 70% 甲基硫菌灵可湿性粉剂 500～700 倍液，或 80% 炭疽福美可湿性粉剂 800 倍液，或 25% 嘧菌酯 1500 倍液进行防治。隔 7～10 天喷药一次，连续 2～3 次。合理施用农药，注意交替、轮换用药。

参考文献

罗莉，王欣，刘现报，等，2005. 保护地西瓜炭疽病的发生与防治技术 [J]. 植物保护 (12): 45-46.

MONROE J S, SANTINI J B, LATIN R, 1997. A model defining the relationship between temperature and leaf wetness duration, and infection of watermelon by *Colletotrichum orbiculare*[J]. Plant disease，81: 739-742.

西瓜炭疽病症状（宋凤鸣提供）

①叶片受害状；②茎蔓受害状；③果实受害状

PEREGRINE W T H, BINAHMAD K, 1983. Chemical and cultural control of anthracnose (*Colletotrichum lagenarium*) in watermelon[J]. Tropical pest management, 29: 42-46.

（撰稿：宋凤鸣；审稿：赵廷昌）

西瓜、甜瓜细菌性角斑病　watermelon and melon bacterial angular spot

由扁桃假单胞菌流泪致病变种引起的、危害西瓜、甜瓜、黄瓜、棉花等葫芦科和茄科植物的一种常见细菌病害。是一种世界性普遍发生病害。又名西瓜、甜瓜细菌性斑点病。

发展简史　1915 年，Smith 和 Bryan 在美国首次发现黄瓜细菌性角斑病，对其病原菌鉴定后将之命名为黄瓜假单胞菌（*Pseudomonas lachrymans*）。1963 年，Mullin 和 Schenck 在西瓜上发现细菌性叶斑病，病原菌鉴定结果与黄瓜细菌性角斑病菌一致。1969 年，Crall 和 Schenck 报道该病菌还能够引起西瓜的细菌性果腐。1978 年，Young 等正式将黄瓜假单胞菌更名为丁香假单胞菌流泪致病变种（*P. syringae* pv. *lachrymans*）。日后又陆续发现，除了黄瓜、西瓜，该病菌还能侵染其他葫芦科植物以及一些茄科植物。

分布与危害　西瓜细菌性角斑病在中国各地西瓜产区均有发生，其中东北、华北、西北以及华中等地危害较重。除危害西瓜、黄瓜外，该病害还可侵染甜瓜、西葫芦、南瓜等葫芦科植物以及辣椒、番茄、棉花等茄科植物。随着塑料大棚栽培的普及，该病的危害有逐年加重的趋势。一些老产区减产 10%～30%，严重田块超过 50%，病叶率达 100%。

该病害主要危害叶片。危害西瓜时引起的症状与黄瓜角斑病十分相似，起初叶背面出现一些水渍状的小点，以后病斑扩大，由于受叶脉的限制病斑呈多角形，在病斑的周围有黄色的晕圈。而后病部逐渐变为淡褐色至污白色，潮湿的情况下病部往往会出现白色的菌脓。病菌还可以危害茎、叶柄及果实，初为水浸状斑，后扩大并形成一层硬的白色表皮。果实病部沿着维管束向内发展，果肉变色，最后果实腐烂。此外，病果还常发生重复侵染，再次感染一些弱寄生菌，也可导致果实腐烂（见图）。

病原及特征　病原为扁桃假单胞菌流泪致病变种［*Pseudomonas amygdali* pv. *lachrymans*（Smith et Bryan）Young. Dye et Wilke］，属薄壁菌门假单胞菌属。该菌短杆状，相互呈链状连接，端生鞭毛 1～5 根，大小为 0.5～0.9μm×

1.4～2μm。有荚膜，无芽孢，革兰氏染色阴性，在金氏 B 平板培养基上，菌落呈灰白色，近圆形或略呈不规则形，扁平，中央凸起，不透明，具同心环纹，产生黄绿色荧光。生长最适温度为 25～28℃，致死温度 49～50℃，最适 pH 为 6.8。

侵染过程与侵染循环　病菌在病残体、土壤中或在种子内越冬，成为翌年的初侵染源。初侵染大都从近地面的叶片和幼果开始，病菌由叶片或幼果的伤口、气孔、水孔侵入，然后逐渐扩大蔓延，进入胚乳组织或胚根的外皮层，造成种子内部带菌。病菌在种子内可存活 2 年。土壤中的病菌靠灌水溅到叶片、瓜、卷须或茎口侵染发病。新产生的细菌靠风雨、昆虫、农事操作、农具等传播，进行多次重复侵染。

流行规律　温暖潮湿是该病发生流行的重要条件。气候温暖、多雨或潮湿发病较重。发病温度 10～30℃，适温 18～26℃，适宜的相对湿度 75% 以上，棚室低温高湿利于发病。病斑大小与湿度有关，夜间饱和湿度持续时间大于 6 小时，叶片病斑大；湿度低于 85%，或饱和湿度持续时间不足 3 小时，病斑小；昼夜温差大，叶面结露重且持续时间长，发病重。在田间浇水次日，叶背出现大量水浸状病斑或菌脓。棚内病菌初侵染源主要来自于带菌种子和土壤病残体上的越冬菌源。另外，瓜棚附近田间的自生瓜苗、野生南瓜等也是该病菌的寄主及初侵染源。

防治方法　西瓜、甜瓜细菌性角斑病的发生和流行与种子带菌、田间管理措施、气候条件以及防治方法等密切相关。因此，需采取以无菌种子为主、栽培管理和药剂防治为辅的病害综合治理措施。

种子处理　①温汤浸种。将相当于种子体积 3 倍的 55～60℃ 的温水，倒入盛种子的容器，边倒边搅动，待水温降至 30℃ 时，浸种 6～8 小时后捞出催芽。②干热消毒。将干燥的种子放在 70℃ 的干热条件下处理 72 小时，然后浸种、催芽，对侵入种子内部的病菌有特殊的消毒作用。③药剂消毒。可用次氯酸钙 300 倍液浸种 30～60 分钟。或用 40% 福尔马林 150 倍液浸种 15 小时，也可用 200mg/kg 的硫酸链霉素浸种 2 小时、1% 稀盐酸水或 0.1% 升汞水，在 15～20℃ 下浸种 5 分钟，捞出、冲洗干净后催芽播种，这种方法对防治细菌性角斑病效果好。

农业防治　重病的地块与葫芦科、茄科以外的非易感寄主作物实行 3 年以上的轮作且选择地势平坦的壤土或砂壤土为宜。苗圃周围不种植易感病寄主作物。采用“龟背式”栽培方式以减少畦面积水，降低棚内湿度，优化操作程序，创造不利于病菌繁殖、侵染的棚室环境。生育期及时通风降湿、排除田间积水，及时整枝打杈、摘除病叶，农事操作尽量选择晴天进行，利于伤口愈合，减少从伤口侵入的机会。收获后立即清除病残体，集中烧毁以减少病菌。合理施肥、合理排灌，促进植株健壮生长，增强抗病力。

化学防治　在日平均气温达到 20℃ 左右时要每天仔细观察是否有零星感染病症出现，如出现零星发病株，立即喷洒农药，田间防治可选药剂有 72% 农用链霉素可湿性粉剂 4000 倍液、2% 加收米液剂 400 倍液、20% 二氯异氰尿酸钠可湿性粉剂 750 倍液、20% 猛克菌可湿性粉剂 500 倍液、20% 龙克菌悬浮剂 600 倍液和 60% 百菌通可湿性粉剂 500 倍液、53.8% 可杀得 2000 干悬浮剂 1000 倍液等，在发病初

西瓜细菌性角斑病危害症状（张昕提供）
①叶背面受害；②叶正面受害；③果实受害

期每隔 7～10 天喷药 1 次，连续防治 3～4 次，可有效控制田间病菌扩散。

参考文献

中国农业科学院植物保护研究所，中国植物保护学会，2015.中国农作物病虫害 [M].3 版 .北京：中国农业出版社 .

（撰稿：张昕；审稿：赵廷昌）

西瓜菌核病　watermelon *Sclerotinia* rot

由核盘菌引起的、危害西瓜地上部的一种真菌病害。世界上许多西瓜种植国家均有发生。

发展简史　在中国，20 世纪 80 年代在北京、西藏、内蒙古设施栽培的番茄、茄子、辣椒上常见有菌核病发生，90 年代后，随着保护地蔬菜栽培面积的扩大，茄果类蔬菜和瓜类作物菌核病发生有逐年上升和地域扩展趋势，河北、湖北、江苏、吉林、宁夏、安徽、上海、青海、辽宁等地均报道有该类病害的发生。设施栽培瓜类菌核除侵染西瓜、黄瓜等瓜类外，也可侵染非洲菊等菊科植物，造成附近或同一棚内交叉感染，严重时整株枯死。迄今此类病害已成为设施和露地栽瓜类等蔬菜作物的重要病害。

分布与危害　菌核病在世界各西瓜产区棚室栽培和露地栽培均有发生，尤以塑料大棚和温室发生较为严重，已成为棚室西瓜生产上的重要病害。受害西瓜轻者减产 25%～30%，重者毁棚绝收。露地西瓜、甜瓜仅在多雨的个别年份和地区发病，一般危害不重。

病菌寄主范围极其广泛，除侵染葫芦科外，还侵染茄科、十字花科、豆科、菊科、伞形花科和葡萄科等 75 科 278 属 408 种植物。

菌核病在西瓜整个生育期均可发病，主要危害茎蔓、叶柄、卷须、花器和果实，引起果实腐烂，植株枯死。幼苗子叶发病，初呈水渍状，逐渐扩大呈圆形或不规则形病斑，扩展至整个子叶，引起子叶软腐，幼苗猝倒。茎蔓受害，多在近地面的基部或主侧枝分权处发病，初为水渍状褐色褪绿斑点，后逐渐向上下扩展，病斑逐渐扩大呈浅褐色至褐色，病斑环绕全茎，纵向延伸，严重受害病蔓，病部可延至 30cm 以上。湿度大时，病部软腐，表面长出浓密的白色絮状霉状物，即病原菌的菌丝体；后期菌丝聚集，在病茎表面和髓部形成黑色鼠粪状菌核。最后受害部位以上茎蔓和叶片失水萎蔫，导致植株枯死（图 1）。果实发病多自脐部开始，受害部位初呈青褐色、水渍状软腐，其后病斑逐渐向果柄扩展，病部很快产生白色絮状霉状物；受害果实易于腐烂，最后菌丝纠集在病部产生黑色颗粒状菌核。叶片发病较少见，受害叶片上产生灰白色至灰褐色圆形或近圆形水渍状斑，逐渐扩大成大型病斑，叶片软腐，并向叶柄和茎蔓部位蔓延。叶柄受害与茎蔓相同。花器受害时呈水浸状腐烂，卷须受害初为水浸状，后干枯死亡。湿度大时，病部均可产生白絮状霉层。

病原及特征　病原为核盘菌 [*Sclerotinia sclerotiorum*（Lib.）de Bary]，属真菌子囊菌门核盘菌属。病菌菌丝体发达，在病部密集而生，具有分枝，纯白色。菌丝集聚，相互交织形成菌核。菌核近球形，初为白色，后表面变为黑色鼠粪状，大小为 1.1～6.5mm×1.1～3.5mm，多数单个散生，有时多个聚生在一起。菌核萌发可产生数个子囊盘，少者 1～3 个，多者达 35 个。子囊盘初为肉色杯状，展开后呈浅褐色盘状或扁平状。子囊盘直径 2.0～7.5mm，黄褐色，有柄。子囊盘中产生很多子囊和侧丝，子囊盘成熟后子囊孢子呈烟雾状弹射，高达 90cm。子囊棍棒状，无色，内生 8 个子囊孢子。子囊孢子椭圆形，无色，单胞，大小为 10～15μm×5～10μm。侧丝丝状，无色，有分隔（图 2）。

菌核病的病原菌适于冷凉潮湿条件。菌丝生长温度为 0～35℃，菌丝生长及菌核形成的最适温度均为 20℃。子囊孢子 0～35℃均可萌发，以 5～10℃ 最适宜，菌核萌发适宜土壤含水量为 20%～30%（低于 15% 菌核不萌发），子囊孢子及菌丝传染致病的空气相对湿度在 72% 以上。菌核致死温度为 50℃10 分钟。

图 1　西瓜菌核病危害症状（刘志恒提供）

①病叶；②菌核；③病蔓

图 2　西瓜菌核病病原形态图（刘志恒提供）

侵染过程与侵染循环　病原菌主要以菌核在土壤中或混杂在种子中越冬或越夏。菌核还可以混杂于种子间，随种子调运远距离传播。菌核一般可以存活 1～3 年，越冬后菌核萌发率在 90% 以上。翌年春季，遇有适宜的温湿度条件，菌核萌发产生子囊盘露出土表，弹射释放出大量子囊孢子。子囊孢子借气流、雨水、灌溉水传播蔓延，在适宜条件下即可侵染衰老的残花败叶，引起发病，尤以侵染花瓣为主。菌核也可以萌发长出菌丝，直接侵染叶片和茎基部。病株产生的菌丝体在田间可多次重复侵染。后期病菌又形成菌核休眠越冬。

流行规律　西瓜菌核病属于以土壤菌源侵染为主，而田间又以气候条件为主要影响因素的病害。

低温高湿是影响病害发生的首要条件，利于菌核病的发生和流行。菌核病的病原菌适于冷凉潮湿条件，对水分和湿度要求较高；适宜发病温度 5～20℃，15℃ 为最适。在适温下，相对湿度 85% 以上或土壤湿度大时，有利于菌核和孢子的萌发和侵入。保护地通风换气少，相对湿度常达 80% 以上，所以保护地全年温湿度条件均利于菌核、子囊孢子萌发及菌丝生长发育，导致菌核病常严重发生。在温暖季节，土壤湿度大、相对湿度高时，利于菌核萌发、子囊盘的产生、菌丝的生长和侵入。总体上，低温、湿度大或多雨的早春和晚秋，尤其是保护地栽培，利于病害的发生和流行。而且此条件下，菌丝繁殖茂盛，菌核形成需时短、数量多，田间再侵染频繁。

定植期的早晚对发病也有一定影响。早播或早定植的西瓜，如遇春季寒流频繁、阴雨连绵的年份，往往发病重。

连年种植葫芦科、茄科、豆科及十字花科等同类寄主植物的田块，利于菌核积累而加重危害；地势低洼，排水不良，土质黏重，植株过密，通风透光不良，偏施氮肥等，瓜秧长势较弱，或受霜害、冻害后，植株抗病力下降等，均可加重病害发生。

防治方法　西瓜菌核病的发生与土壤中菌源基数、农业栽培管理以及气候条件的影响关系密切。故而对该病的防治，应采取加强栽培管理、清除初侵染来源的农业措施为主，结合化学防控的综合措施。

农业防治　选择排水良好的砂壤土种植，高垄覆地膜栽培，阻隔子囊孢子释放。重病田与非瓜类作物及蔬菜作物实行 2～3 年以上轮作，有条件的与水生作物轮作效果更佳。筛选应用耐病品种。施足基肥，配方施肥，适当增加磷、钾肥，提高植株抗性。施用腐熟的有机肥，避免带有病残体和菌核的未腐熟的有机肥进入瓜田。灌水时以浇灌根际周围为主，切忌大水漫灌。及时整枝打杈，改善通风透光条件，降低田间郁闭程度。田间发现少量病株时，及时摘除病枝、病叶和病果。收获后彻底清除有病瓜蔓等病残体，及时深翻，将菌核埋入深层，抑制子囊盘萌发出土。保护地收获后，灌水闷棚 1 个月左右，或抢种一茬小白菜，灌水诱使土壤菌核大量萌发（未见小白菜发病产生菌核），减少后续初侵菌核。

种子和床土消毒　种子用 50℃ 温水浸泡 10 分钟，可杀死菌核；用 70% 敌磺钠可溶性粉剂 1000 倍液，或每升含 75% 土菌消可湿性粉剂 700mg 的药液，按 4～5kg/m² 床面浇灌土壤消毒。

化学防治　掌握发病初期及时喷药。可选用 70% 甲基硫菌灵可湿性粉剂，或 50% 多菌灵可湿性粉剂，或 50% 异菌脲可湿性粉剂，或 40% 菌核净可湿性粉剂，或 50% 腐霉利可湿性粉剂，或 50% 乙烯菌核利可湿性粉剂，或 50% 氯硝胺可湿性粉剂，兑水喷雾，间隔 7～10 天喷药 1 次，一般连续施用 2～3 次。大棚内在遇到连续阴雨天气时，可采用烟雾法防治。选用 10% 腐霉利烟剂或 45% 百菌清烟剂，每亩 250g，熏 1 夜，间隔 8～10 天熏 1 次，连熏 2～3 次。发病严重时，可将上述杀菌剂 30～50 倍液涂于发病部位，控病效果较好。

参考文献

丁志宽，钱爱林，林双喜，等，2003. 西瓜菌核病的流行原因及综合防治技术 [J]. 植保技术与推广，23(6): 17-18.

何永梅，徐红辉，2015. 西瓜菌核病的发生原因与综合防治 [J]. 农药市场信息 (6):53.

刘志恒，刘芳岑，黄欣阳，等，2013. 西瓜菌核病菌生物学特性的研究 [J]. 沈阳农业大学学报，44(1): 32-36.

王晔，曾云林，朱秋兵，2004. 西瓜菌核病的发生与防治 [J]. 上海蔬菜 (6): 64-65.

张管曲，相建业，谢芳芹，等，2007. 西瓜、甜瓜病虫害识别与无公害防治 [M]. 北京：中国农业出版社 .

周超英，2012. 西瓜、甜瓜病虫害及其防治 [M]. 上海：上海科学技术出版社 .

（撰稿：刘志恒、魏松红；审稿：赵廷昌）

西瓜叶枯病　watermelon alternaria leaf blight

由瓜链格孢引起的、主要危害西瓜叶片的一种真菌病害，是西瓜常见病害之一。又名西瓜褐斑病、西瓜褐点病。

发展简史　中国新疆在20世纪70年代后期就有报道西瓜叶枯病发生，90年代后在河南、吉林、浙江、四川等产区均有发生。

分布与危害　叶枯病分布于世界各国西瓜产区。2000年以来，中国西瓜和甜瓜产区叶枯病发生普遍，且有逐年加重趋势。大棚栽培中叶枯病逐渐上升为西瓜的一种重要病害，平均株发病率30%，严重时达70%～90%。

叶枯病多发生在西瓜生长的中后期，主要危害西瓜叶片，也可以危害叶柄、茎蔓和果实。子叶或真叶发病，初期在叶缘和叶脉产生水渍状小点，后变成浅褐色、褐色病斑，病斑边缘稍隆起，病健部界限明显，形成直径为2～3mm的圆形至近圆形褐斑，满布叶面；严重时病斑汇合成大斑，叶片枯死。茎蔓发病，蔓上可产生菱形或椭圆形病斑，逐渐扩大并凹陷。果实发病，果面上初出现圆形褐色凹陷病斑，病菌可逐渐侵入果肉内部，引起果实腐烂。湿度较大时在叶片、茎蔓、果实上的病斑表面出现黑色轮纹状霉层，即为病菌分生孢子梗及分生孢子（见图）。

病原及特征　病原为链格孢属的瓜链格孢（*Alternaria cucumerina*）。病菌分生孢子梗单生或3～5根成簇状，正直或弯曲，淡褐色至褐色，合轴式延伸或不延伸，基部细胞稍大，具1～7个隔膜，大小为23.5～70μm×3.5～6.5μm；分生孢子倒棍棒形、椭圆形或卵圆形，多单生，少数2～3个链生，常分枝，褐色，具横、纵或斜隔膜，横隔膜8～9个，纵隔膜0～3个，隔膜处缢缩，大小为16.5～68μm×7.5～16.5μm；孢子顶端有喙或无喙，喙长10～63μm，宽2～5μm，最宽处18μm，色浅，呈短圆锥状或圆筒形，平滑或具多个疣，0～3个隔膜。

叶枯病菌寄主范围十分广泛，除危害西瓜和甜瓜外，还可危害黄瓜、冬瓜、南瓜、葫芦、丝瓜等多种葫芦科作物。

侵染过程与侵染循环　在适宜条件下，叶枯病菌分生孢子萌发后通过气孔、伤口或者从表皮直接侵入，2～3天就可形成病斑。

叶枯病菌以菌丝体和分生孢子在病残体、土壤、种子上越冬。翌年温湿度适宜时，形成大量的分生孢子借气流、风雨传播，引起初侵染。生长期间病部产生的分生孢子可引起反复再侵染，致使田间病害传播蔓延。叶枯病菌种子带菌率高，带菌种子是病害远距离传播的主要途径，也是重要的初侵染源。

流行规律　叶枯病的发生和流行强度主要取决于气候条件、栽培条件、品种抗性等因素。

气象条件　叶枯病发生与湿度关系密切。雨日多、雨量大，相对湿度高时，发病严重。病原菌在10～36℃、相对湿度80%以上时可引起发病，以28～32℃最适宜。如遇到连阴雨天，相对湿度90%以上、温度32～36℃时，病害易流行或大发生。叶枯病在坐瓜后及膨大期，可使大片瓜田叶片枯死，严重影响产量。

栽培条件　偏施氮肥或过早播种，会造成植株群体过大，田间郁闭，发病相对较重；灌水过多，或在生长后期田间漫灌，或地势过低洼，会造成排水不良，有利于病害发生；连作田块、土壤黏重及通风透光性差的田块，发病较重。

防治方法　叶枯病的防治，应以实行农业栽培防治技术为主，药剂防治为辅的综合防治措施。苗床期应以清除菌源、选用无病种子为重点，大田期应以清除菌源为基础、加强栽培管理为重点，及时施药保护为辅助进行综合防治。

选用抗病品种　生产上对叶枯病抗性较好的品种有郑杂5号、郑杂7号、庆红宝、庆农5号、西农8号、新红宝等，因此，应尽量选用种植。

农业防治　实行轮作。最好与禾本科作物实行2年以上轮作，水旱轮作可以有效减少叶枯病菌源，减轻发病。

优化栽培管理。适时播种、合理密植、加强水肥管理是防治叶枯病的有效措施。收获后及时翻晒土地，清洁田园，集中深埋或烧毁病残组织，减少菌源；合理密植，防止瓜秧种植过于繁茂；加强棚室通风，相对湿度降到70%以下；采用配方施肥技术，重施基肥，合理施氮、磷、钾复合肥，避免偏施过量氮肥；采用高垄覆膜栽培技术，严禁大水漫灌，坐瓜期需水量大，可采用小水勤灌，雨后及时开沟排水。坐瓜期叶面喷施磷酸二氢钾、天丰素等微肥，可提高植株抗病性。

化学防治　化学药剂防治是叶枯病综合治理不可或缺的手段。苗床期合理施用药剂，控制和减轻苗床期发病。大田期应在发病初期及时用药，对瓜类叶片喷雾或喷粉。

种子消毒处理用75%百菌清可湿性粉剂，或50%异菌脲可湿性粉剂1000倍液、50%多菌灵可湿性粉剂500倍液浸种2小时，或40%拌种双可湿性粉剂2000倍液浸种24小时，冲净后催芽播种。

田间药剂防治。发病前或降雨前可用78%科博可湿性粉剂500倍液，或50%异菌脲可湿性粉剂1500倍液，进行喷雾预防；发病后或湿度大时可用80%代森锰锌可湿性粉剂600倍液，或50%腐霉利可湿性粉剂1500倍液，或70%代森锰锌可湿性粉剂400～500倍液喷雾防治，每隔5～7天喷1次，连喷3～4次；发病初期可用75%百菌清可湿性粉剂600倍液，或50%腐霉利可湿性粉剂1500倍液，或10%苯醚甲环唑水分散颗粒剂3000～6000倍液等喷雾防治，

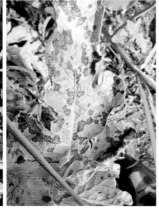

西瓜叶枯病症状（宋凤鸣提供）

每隔 7 天喷一次，连续 2～3 次。

参考文献

陈熙，楼兵干，郑小军，1996. 西瓜叶枯病病残体上病菌的存活力及其传病作用 [J]. 中国蔬菜 (6): 27-30.

刘志恒，吕彬，赵廷昌，等，2010. 西瓜叶枯病病原菌生物学特性研究 [J]. 沈阳农业大学学报，41(2): 161-164.

MACNAB A A, 1982. Effect of rotation and fungicide timing on muskmelon *Alternaria* leaf blight, fruit yield, and fruit quality[J]. Plant disease, 37: 65-66.

THOMAS C E, 1983. Effect of temperature and duration of leaf wetness periods on infection of cantaloupe by *Alternaria cucumerina*[J]. Phytopathology, 73: 506-506.

THOMAS C E, 1996. *Alternaria* leaf blight[M]// Zitter T A, Hopkins D L, Thomas C E. Compendium of cucurbit diseases. St. Paul: The American Phytopathological Society Press.

（撰稿：宋凤鸣；审稿：赵廷昌）

西瓜疫病　watermelon *Phytophthora* blight

由甜瓜疫霉引起的、危害西瓜地上部的一种茸鞭生物界菌物病害，是一种高温高湿型的土传病害，俗称"死秧"。

分布与危害　世界上许多西瓜种植国家均有发生。中国西瓜产区，以露地栽培西瓜危害严重。在中国各西瓜产区均有发生，南方发病重于北方。一般年份发病减产 20%～30%，如遇到雨季多的年份减产可达 50% 以上，甚至绝收，严重威胁西瓜生产。

疫病菌除危害西瓜外，还可侵染甜瓜、冬瓜、南瓜、黄瓜和西葫芦等葫芦科蔬菜。

西瓜疫病在作物整个生育期都能发生。病害一般侵害瓜秧根颈部，严重时也可侵害幼苗、叶片、茎蔓及果实。苗期感病，子叶初呈水渍状暗绿色圆形斑，中央部分逐渐变成红褐色，湿度大时，病斑迅速扩展，造成全叶腐烂；幼苗茎基部受害，近地面处呈暗绿色水浸状软腐，病部缢缩，直至倒伏枯死。成株期感病，茎蔓基部的根颈部先易受害。发病初期产生暗绿色水渍状斑点，病斑迅速扩展环绕茎基部，呈软腐状、缢缩，全株萎蔫枯死，叶片呈青枯状，维管束不变色。有时在主根中下部发病，产生类似症状，病部软腐，地上部青枯。潮湿时，出现暗绿色腐烂，病部以上的茎蔓及叶片凋萎下垂。叶部发病时，初生暗绿色水渍状斑点，很快扩展为圆形或不规则形的大型黄褐色病斑，边缘不明显，后期病斑中央色灰白色。湿度大时，迅速扩展，病部变软腐烂，似开水烫伤状；干燥后，病叶呈淡褐色，易于破碎。

果实受害，果面上形成暗绿色近圆形凹陷的水渍状病斑，并迅速扩展到整个果面，病果软腐，病部表面长出浓密的灰白色霉状物，即病菌的孢囊梗和孢子囊，后期果实腐烂（图 1）。

病原及特征　病原为甜瓜疫霉（*Phytophthora melonis* Katsura），属茸鞭生物界菌物卵菌门疫霉属。病菌菌丝体无色，具有分枝，分枝处缢缩不明显；幼菌丝一般无隔，老熟菌丝上常长出内部充满原生质的不规则球状体。菌丝或球状体上可长出孢囊梗。孢囊梗细长，宽 1.5～3.0μm，长达 100μm，中间偶现间轴分枝，个别形成隔膜；孢子囊顶生，卵球形或长椭圆形，无色，顶端有乳状突起，大小为 36.4～71.0μm×23.1～46.1μm。孢子囊萌发产生游动孢子，游动孢子无色，近球形或卵圆形，大小为 7.3～17.7μm（图 2）。卵孢子淡黄色或黄褐色，大小为 15.7～32.0μm。

病菌生长发育适温 28～32℃，最高 37℃，最低 9℃。

侵染过程与侵染循环　病原菌主要以菌丝体或卵孢子随病残体组织在土壤中和未腐熟的肥料中越冬，成为翌年的主要初侵染来源。厚垣孢子在土中可存活数月，种子也可以

图 1　西瓜疫病症状（刘志恒提供）
①病蔓；②病瓜；③病叶

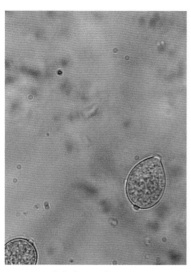

图 2　西瓜疫病病原形态图（刘志恒提供）

带菌，但带菌率低。卵孢子和厚垣孢子通过雨水、灌溉水传播到寄主上，形成孢子囊。孢子囊在适宜的条件下产生游动孢子，附着在茎、叶和果实上，从气孔、细胞间隙侵入。植株发病后，在病斑上产生的孢子囊和游动孢子又借风、雨传播，进行再侵染。病菌侵入后，菌丝先在寄主皮层薄壁细胞中延伸、扩展，然后在细胞间或细胞内蔓延，随后形成卵孢子在病组织内越冬。

流行规律　西瓜疫病的发生和流行，受气象条件、田间管理等多种因素的影响。

在发病适温范围内，雨季的长短、降水量的多少，成为病害流行与否的决定因素。通常雨季来得早、雨量大、雨日持续的时间长，空气相对湿度高，病害发生早，发展迅速。因此，田间发病高峰往往紧接在雨量高峰之后。在适宜的温湿度条件下，病害的潜育期只需 2～3 天，且病菌的再侵染频繁。

施用未腐熟的有机肥，重茬连作，浇水过多，地势低洼，排水不良，土质黏重，畦面高低不平，雨后易积水的田块，发病严重。

防治方法　西瓜疫病的发生和流行与气象条件和田间管理等多种因素的影响关系密切。对于西瓜疫病的防治，应采取加强栽培管理、注意种子消毒的农业防治为主，辅以化学防控的综合措施。

栽培措施　有条件轮作的地区，可将西瓜与非瓜类作物实行 3～4 年轮作，减轻发病。施足底肥，增施腐熟的有机肥，并注意氮、磷、钾肥配合使用，利于瓜根系生长发育，提高植株抗病能力。瓜地要深开沟，作高畦，以利田间排水。注意防涝，控制浇水，雨后注意排水，勿使瓜田积水，经常保持田面半湿半干状态。及时拔除田间中心病株，并用石灰消毒病穴。从无病健瓜上选留无病种子。

种子处理　为防止种子上携带病原菌，可用 40% 甲醛 100 倍液浸种消毒 30 分钟，捞出后清水冲洗 2～3 次，晾干后播种或催芽；或按种子重量 0.3% 的 25% 甲霜灵可湿性粉剂拌种；或播种前种子用 55℃ 热水浸 15 分钟，冷却后捞出进行催芽播种。

化学防治　注意发病初期喷药，除喷洒叶、茎和果实外，应喷洒地面或结合灌根以消灭土壤中的病原菌。可选用 68% 精甲霜・锰锌水分散粒剂每公顷用药 1020～1224g（有效成分），70% 丙森锌可湿性粉剂每公顷用药 1575～2100g（有效成分），或 23.4% 双炔酰菌胺悬浮剂每公顷用药 112.5～150g（有效成分），或 440g/L 精甲・百菌清悬浮剂每公顷用药 660～990g（有效成分），或 100g/L 氰霜唑悬浮剂每公顷用药 80～100g（有效成分），或 687.5g/L 氟菌・霜霉威悬浮剂每公顷用药 618.8～773.4g（有效成分），兑水喷雾。间隔 7～10 天喷药 1 次，一般连续施用 2～3 次。必要时可用上述杀菌剂灌根，每株灌药液 400～500g，有一定控病效果。

参考文献

陈宝宽，潘秀萍，苏生平，2010. 西瓜病害的诊断及防控技术 [J]. 农家致富 (7): 38.

黄江远，2016. 几种杀菌剂防治西瓜疫病田间药效试验 [J]. 农业与技术，36(9): 100-101.

王恩才，刘国权，夏英成，2007. 西瓜疫病的发生与防治 [J]. 吉林蔬菜 (5): 40.

张管曲，相建业，谢芳芹，等，2007. 西瓜甜瓜病虫害识别与无公害防治 [M]. 北京：中国农业出版社．

周超英，2012. 西瓜、甜瓜病虫害及其防治 [M]. 上海：上海科学技术出版社．

（撰稿：刘志恒、魏松红；审稿：赵廷昌）

西蒙得木枯萎病　jojoba wilt

由镰刀菌属部分真菌引起的，危害西蒙得木根部的真菌病害。

发展简史　云南是中国最早引种西蒙得木 ［ *Simmondsia chinensis* （Link）Schneider］的省份之一，在干热河谷地区的试种已获得成功。20 世纪 70、80 年代在云南引种的西蒙得木上发现的新病害。2001 年，西南林学院植物病理教研室组成研究组又对残存部分进行了调查，进一步证明了原来的研究结果完全正确可靠。2007 年，赵光材根据在云南发现的连续枯萎死亡的现象，首先研究了生物学习性和生态适应性，分离接种了来自病健根的菌类，得到的 4 种镰刀菌都要在根系衰弱时才能侵染根系，引起根系衰弱的原因需要进一步研究。

分布与危害　在云南永胜、弥勒、会泽等地有分布，主要危害幼树和幼苗，严重时也能危害挂果大树。病根皮层腐烂，易剥离，木质部略呈淡褐色，侧根细弱、吸收根少。潮湿环境下病根表面可见白色霉层，为病原菌所产分生孢子堆。轻度危害或者危害初期，感病植株叶芽萌动和新叶抽生较正常植株推迟；叶片退绿，失去光泽，渐枯而不脱落。严重危害或者危害后期，部分枝条回枯，甚至整株枯死（图 1 ①②、图 2 ①②）。

病原及特征　病原为镰刀菌属真菌（ *Fusarium* Link），该属的尖孢镰刀菌（ *Fusarium oxysporum* Schl. ）、茄腐皮镰

刀菌［*Fusarium solani*（Mart.）Sacc.］、木贼镰孢［*Fusarium equiseti*（Corda）Sacc.］、串珠镰孢（*Fusarium moniliforme* Sheld.）等4种能引起西蒙得木枯萎。镰孢属的有性型常为赤霉属（*Gibberella* Sacc.）、丛赤壳属（*Nectria* Fr.）的真菌，但病、死株上均未发现有性型。串珠镰孢小型分生孢子连接呈链状，多为纺锤形至棍棒形，大型分生孢子镰刀形，弯曲或近平直，纤细，多为3隔，无厚垣孢子。木贼镰孢小型分生孢子呈假头状着生，菌落底部呈品红或桃红色，大型分生孢子多为5隔，顶端细胞常伸出呈刺状，脚胞明显，厚垣孢子大量串生。尖镰孢小型分生孢子呈假头状着生，菌落底部呈品红或桃红色，小型分生孢子梗短，瓶状，大型分生孢子多为3隔，较细窄，壁薄，顶端细胞较长，逐渐变窄，较尖。腐皮镰孢小型分生孢子呈假头状着生，小型分生孢子细长，丝状，大型分生孢子多为3隔，壁厚，较宽，顶端细胞较短，钝圆或呈短喙状（图1③、图2③～⑥）。上述4种病原镰孢菌在5～35℃时均能生长和产生孢子，温度在5℃以下，40℃以上时停止生长。菌丝体生长的最适温度为25～30℃，产生分生孢子的最适温度为30～35℃。分生孢子在水滴或者相对湿度100%下萌发较好，尤其在水滴中萌发最好。4种病原菌在pH4～9时均能生长发育，pH7～8条件下生长发育最好。4种病原菌能利用碳源和氮源种类多。这些特征显示这4种病原菌对环境适应能力强，能广布于热带、亚热带地区土壤中。

　　侵染过程与侵染循环　病原菌以孢子或者菌丝侵染，主要从伤口侵入。春季，感病植株叶芽萌动和新叶抽发一般较健康株推迟5～20天；夏季，地上部分叶片褪绿，失去光泽，渐枯而不脱落，部分枝条回枯；秋冬季节，枝枯表现明显，甚至地上部分全部枯死；有些病株，地上部分枯死后，由于地下根系还有部分存活，在春夏季节从茎基处重新萌发新枝，但是长势弱，一段时间后植株均可全株枯死。

　　防治方法　西蒙得木适生于温暖干燥、降水稀少的气候条件，粗粒、轻质、排水良好和通气性强的砂质土壤上生长发育良好，在雨水多、湿度大、土壤黏重板结的环境下生长不良，易感病。为此，西蒙得木枯萎病预防和控制应遵守适地适树的原则和加强栽培管理为主，以药剂防治为辅。

　　适地适树　根据西蒙得木的生物学特性，选择温暖、干燥的气候环境栽培，开展宜林地的调查规划，避开潮湿、黏重和板结的土壤，避开易积水的低洼地块。

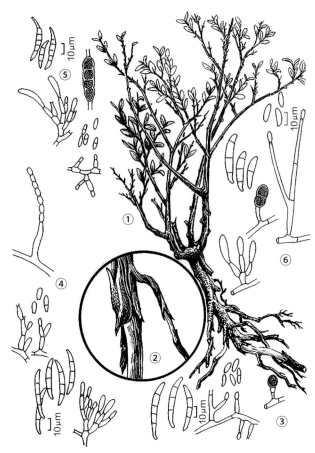

图2　西蒙得木枯萎病（李楠绘）

①病株（部分枝条枯萎，病根坏死）；②病根（局部放大）；③～⑥病原菌的分生孢子梗，产孢瓶体，大型、小型分生孢子，厚垣孢子（③尖镰孢；④串珠镰孢）

　　加强栽培管理　西蒙得木生长林地要注意防涝和排水，同时加强根部周围松土和除草工作；栽培前做好种子、土壤的消毒处理，移栽苗木时，用杀菌水溶液浸泡根部，防止病原菌侵染。

　　化学防治　一旦发现病苗和病株要及时使用杀菌剂水溶液灌根处理，防止病害扩展蔓延。

　　参考文献

任玮，1993.云南森林病害 [M].昆明：云南科技出版社．

袁嗣令，1997.中国乔、灌木病害 [M].北京：科学出版社．

（撰稿：杨斌；审稿：叶建仁）

图1　西蒙得木枯萎病症状和病原菌形态特征（杨斌提供）

①病（右）、健（左）株；②部分枝条枯萎；③木贼镰孢分生孢子

西洋参根结线虫病　American ginseng root-knot nematodes

　　由北方根结线虫引起，主要危害西洋参地下部分，是中国山东西洋参产区危害较重的一种病害。

　　发展简史　1993年，中国贵州发现西洋参根结线虫病，直至1997年，莫明和等首次明确病原为北方根结线虫。2003年赵洪海等调查了山东根结线虫的种类与分布，发现北方根结线虫在烟台和威海地区发生最普遍，是露地生长的西洋参、牛蒡、花生等植物上的优势种。

分布与危害　西洋参根结线虫病在中国各西洋参产地均有发生，主要分布于山东区域。主要侵害参根，受害幼根遭受线虫食道分泌物的刺激，使侧根和须根过度生长，形成大小不等的根结，为该病害的主要症状特征（图1）。由于根系受到寄生线虫的破坏，其正常机能受到影响，使水分和养分难以运输，病根发育不良，明显比健康参根干燥和粗糙。在一般发病情况下，发病初期地上部症状不典型，但随着根系受害逐渐变得严重，使地上部植株生长迟缓，植株弱小、叶片发黄、无光泽，叶缘卷曲，花果少而小，呈现营养不良的现象。

病原及特征　病原为北方根结线虫（*Meloidogne hapla* Chitwood）。西洋参须根部膨大，根结处有明显的卵块，拨开根结后，可以分离得到大量的柠檬型线虫；雌虫会阴花纹有高而呈方形的背弓，尾端区有清晰的旋转纹，平滑至波形或"之"字形，无明显的侧线，但在侧区出现断裂纹和叉形纹，有时纹向阴门处弯曲；雌虫的口针向背部弯曲，口针基部球与针干结合处缢缩，呈明显锯齿状（图2）。

侵染过程与侵染循环　主要以卵、幼虫和雌虫在病根、病残体和病土中越冬，卵囊团在土壤中存活能力强，在5～50cm土层中均可越冬。10℃以上开始生长发育，12℃以上侵染寄主，25～30℃生长发育最好，42℃时4小时死亡，55℃时10分钟死亡。5月初开始发病，6月下旬至10月上旬为发病高峰期，11月中旬以后以卵、幼虫和雌虫越冬。

流行规律　山东西洋参根结线虫病的发生很普遍，前茬为花生、大豆等作物时病害严重，前茬或前二、三茬为小麦、玉米等禾本科作物时发病较轻，或不发生。线虫的侵入造成伤口，有利于土壤中其他病原菌的侵入，造成复合感染，使病害加重。

防治方法

农业防治　包括与禾本科作物进行轮作，避免以花生等易发生根结线虫病的作物为前茬。对于移栽的西洋参，选用健康、无根结的参根种栽。

化学防治　阿维菌素为防治根结线虫的主要药剂，包含多种剂型，其中颗粒剂和乳油剂防治效果较好。一般需在根结线虫危害初期施药，如应用1.8%阿维菌素乳油2000倍液灌根，推荐用量15.278～17.778 kg/hm²，或5%阿维菌素B2乳油，推荐用量4.5～5.5 kg/hm²。

参考文献

白容霖，刘伟成，刘学敏，2000. 人参根结线虫病病原鉴定 [J]. 特产研究，22(1): 45-46.

莫明和，桑维均，张克勤，等，1997. 分布于南方的北方根结线虫初报 [J]. 西南农业学报 (S1): 101-104.

赵洪海，袁辉，武侠，等，2003. 山东省根结线虫的种类与分布 [J]. 青岛农业大学学报（自然科学版），20(4): 243-247.

（撰稿：张西梅、李俊飞、杨姗姗；审稿：高微微）

西洋参黑斑病　American ginseng leaf spot

由人参链格孢引起的、危害西洋参地上部的一种真菌病害。又名西洋参叶斑病。是世界各国西洋参种植区最重要的病害之一。

发展简史　链格孢引起的西洋参叶病最早是1906年由Whetzel报道，至1909年将病原鉴定为人参链格孢，为链格孢属的新种，直到1912才由Whetzel首次描述了这一真菌，并命名为*Alternaria panax* Whetzel。1982年，Simmons还对五加科植物上的链格孢属真菌进行了较为系统的研究，将五加链格孢（*Alternaria araliae* Greene）和鹅掌藤链格孢（*Alternaria actinophylla* J. W. Miller）作为*Alternaria panax* Whetzel的异名。1984年，Yu等分别对朝鲜和日本的人参黑斑病病原菌进行了描述。自西洋参20世纪80年代从北美引入中国栽培，西洋参黑斑病就有发生。

分布与危害　西洋参黑斑病在美国、加拿大及中国东北、华北、山东西洋参产区均有发生。西洋参黑斑病主要危害西洋参、人参、三七等人参属药用植物地上部分。危害部位以叶片和茎为主，有时也危害果实和芦头。茎及叶柄病斑初为纺锤形或不规则形，暗褐色，后扩展并凹陷。潮湿条件下病斑中央产生黑色霉层，即病菌的分生孢子梗及分生孢子。主茎发病严重时，叶片失水萎蔫，可导致全株枯死。

叶部病斑初为黄色褪绿斑点，后呈不规则形的水浸状褐斑，周围有黄色晕边，中间呈同心轮纹，天气干燥时病斑中心易穿孔，潮湿时病斑中心出现橄榄色的霉层（见图）。花梗受害，上部果实干缩；果实受害，病部呈现黄褐色至暗褐色斑点，高湿时，病部产生黑色霉层，果实早落。种子受害后种皮呈灰黑色，种子干腐。

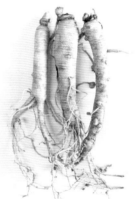

图1　1年生（左）和4年生（右）西洋参根结线虫病症状
（张西梅提供）

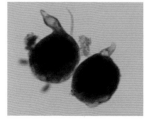
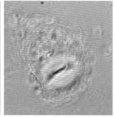

图2　根结线虫雌虫和会阴花纹（彭焕提供）

西洋参叶片黑斑病症状（高微微提供）

西洋参黑斑病的病原菌是一种非专性寄生菌，除可以侵染人参属植物外，还可以侵染辽东楤木、八角金盘、鹅掌藤及刺五加等多种五加科植物。

病原及特征　病原为人参链格孢（*Alternaria panax* Whetz.），属交链孢属真菌。在 PDA 培养基上，菌落初灰白色，后渐变为墨绿色，气生菌丝绒状，菌落表面显示不规则的同心轮纹。25℃下培养 12 天仍极少产孢，经刮去培养基表面的气生菌丝，数日后产生较多的分生孢子。分生孢子梗 2～13 枝簇生，顶端稍膨大而色淡，分隔，不分枝，32～54μm×5～8μm，或更长；分生孢子长椭圆形或棍棒形，单生或 2～5 个链生，黄褐至褐色，横隔 2～9 个，纵隔 1～5 个，分隔处显著缢缩，30～103μm×8～28μm；孢顶渐细延长为喙，喙长为孢身长度的 1/2 至等长，色淡，不分枝，0～5 分隔。

在西洋参病斑上，分生孢子梗多单生，有时簇生，10～80μm×4～6.5μm 或更长；分生孢子单生，经保湿处理的病斑上，可 2～3 链生，长倒棒形，淡黄褐色至黄褐色，50～200μm×10～27.5μm，孢子体 2～14 横隔，0～12 纵隔，隔膜处明显缢缩，孢身至喙部渐细；喙与孢身等长或更长，色淡，不分枝，具 1～9 横隔，20～125μm×3～6.5μm。

孢子萌发的最低温度为 5℃，最适温度为 15～35℃，最高温度为 40℃；生长最低、最适和最高温度分别为 5℃、25℃ 和 30℃。在平均气温 18℃ 和相对湿度 80% 下接种，潜育期 5～7 天，在平均气温 20℃ 和相对湿度 90% 以上接种，潜育期 2～3 天。孢子萌发阶段不需要光照，但侵入阶段则需要光照。孢子的萌发和侵入需要 40% 以上的相对湿度。

侵染过程与侵染循环　病原菌孢子可以从寄主气孔或表皮直接侵入，并可进行多次再侵染，向周围植株传染蔓延。病原菌大部分沉落在覆盖物或土中，以分生孢子越冬。初侵染源为遗落土壤中的病残组织及土壤中的病原菌、参床覆盖物、种子和参根表面越冬的菌丝和分生孢子。翌年气温达到 11℃ 以上，空气湿度为 70%～90% 时，侵入植株，始发期一般为 6 月上旬，6 月下旬至 7 月底为高发期，病株产生孢子可随风力及雨水传播，整个生长季可以有多次再侵染。

流行规律　西洋参黑斑病是一种气传兼种传病害，发病期孢子借助气流和雨水传播至邻近植株上。远距离传播主要靠种子传带。

西洋参黑斑病流行与否及其流行程度主要取决于空气湿度、降水量、越冬菌源数量以及外来菌源到达的时间和菌量。

赵曰丰等（1993）对黑斑病发生始期和大流行的可能性提出 4 项指标：①展叶后平均气温在 15℃ 以上，相对湿度达 65% 时，如有连续 2 天以上雨量在 10mm 以上的，5～10 天后出现首批茎斑。②田间气温 15℃ 以上，6 月降雨量较集中，且超过 40mm，7～8 月分布均匀，降雨量超过 130mm，则当年发病必重。③7 月病情指数达 25%～40% 时，如旬降雨超过 80mm，相对湿度达 85%，有大流行的可能。④参床中心病株出现早、数量多，是病害流行可靠而直接的征兆，可直接作为预测指标。

防治方法　西洋参黑斑病的发生和流行与气候条件等密切相关，需采取农业防治和化学防治的综合治理措施。

农业防治　清除菌源。秋季及时清除散落在田间的病残体，携带出田外销毁，减少翌年病菌传播。田间发病株是再侵染和病害流行的基础，田间发现零星病叶时，及时剪除，鉴于西洋参黑斑病属于重复侵染的流行性病害，应在清除越冬菌源的基础上，抓住早期茎部病害、前中期叶部病害、后期蕾果病害三个关键防治时期。

化学防治　休眠期进行苗床消毒，冬季覆盖床面所用材料也要经药剂处理，翌年春天出苗前移去覆草后要再次床面喷药。生长季发现病株及早防治。用药多为铜离子制剂、代森类、丙环唑、嘧菌酯、苯醚甲环唑等。此外，代森锰锌与甲呋酰胺的复配制剂也常被应用于黑斑病的防治。

参考文献

王崇仁，吴友三，卜增山，等，1986. 人参黑斑病的研究 I. 损失调查、病原菌及发病规律 [J]. 沈阳农业大学学报 (3): 93-94.

赵曰丰，陈伟群，张天宇，1993. 我国人参西洋参黑斑病的研究进展 [J]. 植物保护 (1): 31-32.

周如军，傅俊范，2016. 药用植物原色图鉴 [M]. 北京：中国农业出版社.

WHETZEL H H, ROSENBAUM J, 1912. The diseases of ginseng and their control[J]. Bulletin of the U.S. department of agriculture, 250: 1-44.

YU S H, NISHIMURA S, HIROSAWA T, 1984. Morphology and pathogenicity of *Alternaria panax* isolated from Panax schinseng in Japan and Korea[J]. Japanese journal of phytopathology, 50(3): 313-321.

（撰稿：高微微、张西梅、杨姗姗；审稿：丁万隆）

西洋参锈腐病　American ginseng rusty root

由土赤壳属的多种病原菌引起、危害西洋参根部的一种真菌病害，从幼苗到各年生西洋参均能感病，是世界各国西洋参种植区最重要的病害之一。

发展简史　1918 年，C. L. Zinssmeister 首次报道西洋参锈腐病，并将引起西洋参锈腐病的两种真菌分别鉴定为毁灭柱隔孢（*Ramularia destructans*）和人参生柱隔孢（*Ramularia* panacicola）。1964 年，荷兰的 Scholten 根据国际上新的分类系统，将病原修订为毁灭柱孢（*Cylindrocarpon destructans*），将 *Ramularia destructans* 列为异名。

西洋参锈腐病自西洋参 20 世纪 80 年代从北美引入中国栽培就有发生。1991 年有报道陕西地区的西洋参锈腐病症状包括干腐、湿腐及软化 3 种类型，*Cylindrocarpon destructans* 为优势病原菌。2002 年发现东北长白山地区西洋参锈腐病是由 *Cylindrocarpon destructans*、*Cylindrocarpon panacis*、*Cylindrocarpon obtusisporum* 和 *Cylindrocarpon panacicola* 引起，前两种致病力较强。2011 年，基于形态学及多基因分子系统学发展，Cylindrocarpon 被划分到子囊菌门（Ascomycota）粪壳纲（Sordariomycetes）肉座菌目（Hypocreales）丛赤壳科（Nectriaceae）的 4 个属中；来源于人参属的 *Cylindrocarpon* 病原菌归属于土赤壳属（Ilyonectria）的 4 个种，分别是 *Ilyonectria mors-panacis*、*Ilyonectria robusta*、*Ilyonectria panacis*、*Ilyonectria crassa*。依照新的分类系统，东北产区西洋参锈腐病菌归属于 *Ilyonectria mors-panacis*、*Ilyonectria robusta*。

分布与危害　西洋参锈腐病在美国、加拿大及中国东北、华北、山东西洋参产区均有发生。西洋参锈腐病菌还可以侵染人参、三七等人参属药用植物，引起根锈腐。病斑红褐色，大小不一，泡状，微突起，病斑扩展连片呈大病斑，病健交界不明显；随着病害加重病斑颜色变深红色至黑色，不论病斑大小，始终仅限于表皮，但是外表皮组织可能破裂进而脱落，使得参根呈现疮痂样表皮（图 1）；参根干燥后病斑呈现淡褐色，通常对产量影响不大，但是影响品相导致价值降低。在中国，*Ilyonectria* 和 *Fusarium* 属的多种病原菌引起的西洋参锈腐病给各个西洋参产区的生产带来严重经济损失。

病原及特征　病原为 4 种土赤壳属真菌（*Ilyonectria mors-panacis*、*Ilyonectria robusta*、*Ilyonectria panacis* 和 *Ilyonectria crassa*）。*Ilyonectria* 属真菌界子囊菌门（Ascomycota）粪

壳纲（Sordariomycetes）肉座菌目（Hypocreales）丛赤壳科（Nectriaceae）的有性属，包含多种土壤栖居菌，通常以无性型进行繁殖与侵染。*Ilyonectria mors-panacis*、*Ilyonectria robusta*、*Ilyonectria panacis* 和 *Ilyonectria crassa* 显微特征见图 2 和表。

Fusarium 属真菌也与锈腐病的发生密切相关。*Fusarium equiseti*（Corda）Sacc.、*Fusarium sporotrichioides*、*Fusarium avenaceum*（Corda et Fr.）Sacc. 和 *Fusarium*

图 1 1 年生（左）和 4 年生（右）西洋参锈腐病症状（张西梅提供）

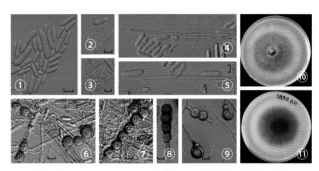

图 2 *Ilyonectria mors-panacis* 在 PDA 培养基上的菌落形态
（卢晓红提供）

①②③大小分生孢子；④⑤分生孢子梗；⑥⑦⑧⑨厚垣孢子；⑩菌落正面；⑪菌落背面，标尺 =10 μm

侵染西洋参的*Ilyonectria* spp. 显微特征总结表（引自 Cabral A et al., 2012）

分生孢子 / 菌落	特征	*Ilyonectria crassa*	*Ilyonectria robusta*	*Ilyonectria panacis*	*Ilyonectria mors-panacis*
大型分生孢子	分生孢子梗特性	分生孢子梗单分枝或多分枝	分生孢子梗单分枝	分生孢子梗单分枝或多分枝	分生孢子梗单分枝
	两端形状	两端钝圆有时会缩小	两端钝圆有时会缩小	两端钝圆	两端钝圆
	是否有脐	+	-	+	-
	平均直径（μm）单分隔	26.5×5.1	23.5×6.5	24.8×4.8	29.9×6.1
	两分隔	29.4×5.4	27.2×7.0	28.7×5.2	34.4×6.4
	三分隔	35.1×5.7	33.5×7.2	33.1×5.6	41.0×7.2
小型分生孢子	是否有脐	+		+	-
	平均直径（μm）无分隔	10.3×3.5	8.7×3.8	8.9×3.8	9.6×3.8
	单分隔	14.7×4.0	14.1×4.9	12.5×4.5	13.3×4.6
菌落直径（mm）25℃		19～34	35～48	15	31～40

culmorum（Smith）Sacc. 对加拿大产区西洋参具有致病性，并产生红褐色病斑；也有观点认为 *Rhexocercosporidium panacis* 是引起西洋参锈腐病的初侵染菌，*Fusarium* spp. 只是二次侵染的病原菌。

侵染过程与侵染循环　锈腐病菌可产生细胞壁降解酶和多酚解毒酶降解细胞壁，直接侵入，但由于酶的产生量较低，所以入侵过程比较缓慢。病原菌也可以通过伤口侵染。菌丝侵入后扩展到木栓外层、木栓形成层和栓内层细胞，接着进入韧皮部，在韧皮部大量生长形成菌丝团，部分细胞被菌丝彻底分解，整个病组织开始崩溃。

初侵染源为遗落土壤中的病残组织，锈腐病菌产生厚垣孢子在土壤中长期存活或在病残体中越冬，作为翌年病害的初侵染源。春季土壤解冻后，厚垣孢子萌发，侵入寄主，菌丝在木栓层下的薄壁组织中扩展蔓延，既可突破木栓皮层，形成颗粒状突起的子座，产生分生孢子，也可在病根内产生厚垣孢子；除土壤冰冻期外，侵染均可发生，夏季是发病高峰期，厚垣孢子继续在土壤或病残体中越冬完成一个生长季的病害循环。

流行规律　参根在整个生育期内均可被侵害。主要以菌丝体和厚垣孢子在宿根的土壤中越冬，一旦条件适宜，即可侵入参根。病原随带病的种苗、病残体、土壤、昆虫及人工操作等传播。西洋参锈腐病是弱寄生性病原真菌，在植物自身和环境条件满足时侵染致病。具有潜伏侵染的特性，参根长势健壮时，病原菌可以长期处于潜伏状态，而参根长势衰弱，抗病力下降，尤其是在土壤湿度较大的环境条件下，潜伏的病原菌扩展致病。带菌率随根龄增长而提高，参龄越大发病越重。土壤黏重、板结、积水、酸性土及土壤肥力不足会使参根生长不良，有利于锈腐病的发生。自早春出苗至秋季地上部植株枯萎，整个生育期均可侵染，但侵染及发病盛期是在土温15℃以上条件下。人参、西洋参锈腐病在吉林一般于5月初开始发病，6～7月为发病盛期，8～9月病害停止扩展。

防治方法　西洋参锈腐病的主要防治措施有农业防治和化学防治。

农业防治　清除病残体，移栽时选择健壮、芽苞饱满、完整无损伤的参苗，施用经高温发酵腐熟后的有机粪肥，雨季及时排除积水等。秋季及时清园，清除西洋参锈腐病菌寄生的覆盖秸秆，可以有效降低田间病原菌群体数量。

化学防治　主要是土壤消毒处理。栽参前采用棉隆、氯化苦、大扫灭等进行土壤消毒处理，防病效果较好。多菌灵、噁霉灵、甲基托布津灌根或进行种子、种苗处理可减轻锈腐病的发生。总体上防治人参、西洋参锈腐病的杀菌剂可选择的少，防效不理想，需要开发筛选更高效的杀菌剂。

参考文献

严雪瑞，傅俊范，2002. 柱孢属（*Cylindrocarpon*）真菌和参类锈腐病的研究历史与现状 [J]. 沈阳农业大学学报，33(1): 71-75.

张天宇，李恭民，陈伟群，等，1991. 西洋参锈腐病病原研究 [J]. 西北农林科技大学学报，19(1): 43-48.

CABRAL A, GROENEWALD J Z, REGO C, et al, 2012. *Cylindrocarpon* root rot: multi-gene analysis reveals novel species within the *Ilyonectria radicicola*-species complex[J]. Mycological progress, 11: 655-688.

CHAVERRI P, SALGADO C, HIROOKA Y, et al, 2011. Delimitation of *Neonectria* and *Cylindrocarpon* (*Nectriaceae, Hypocreales, Ascomycota*) and related genera with *Cylindrocarpon*-like anamorphs[J]. Studies in mycology, 68(1): 57-78.

PARKE J L, SHOTWELL K M, 1989. Disease of cultivated ginseng [M]. Masison USA: University of Wisconsin-Extension.

PUNJA Z K, WAN A, GOSWAMI R S, et al, 2007. Diversity of *Fusarium* species associated with discolored ginseng roots in British Columbia[J]. Canadian journal of plant pathology, 29(4): 340-353.

REELEDER R D, HOKE S M T, ZHANG Y, 2006. Rusted root of ginseng (*Panax quinquefolius*) is caused by a species of *Rhexocercosporidium*[J]. Phytopathology, 96(11): 1243-1254.

ZINSSMEISTEr C L, 1918. *Ramularia* root-rots of ginseng[J]. Phytopathology, 8: 557-571.

（撰稿：高微微、张西梅、杨姗姗；审稿：丁万隆）

吸器　haustorium

植物专性寄生真菌和卵菌的侵染菌丝穿透寄主组织后，胞间菌丝特化产生的一种短小分支变态结构，由吸器体、吸器外间质和吸器外质膜三部分组成。它可直接从寄主体内吸取养分，并且在病原菌生物合成、抑制寄主的免疫反应等方面也发挥重要作用。

吸器的形成　病原菌胞间侵染菌丝在寄主细胞间延伸的过程中，菌丝顶端与寄主细胞壁接触后被诱导分化产生隔膜，形成初生吸器母细胞。吸器母细胞穿透寄主细胞壁侵入叶肉细胞形成初生吸器，初生吸器进一步生长，顶端部位开始膨大，引起寄主细胞质膜的凹陷，进而形成各种形状的吸器，同时吸器母细胞中原生质和细胞器渐渐流入吸器，使其逐渐趋于成熟。

吸器的功能　吸器作为一种特化的寄生器官，可直接从寄生体内吸取水分、矿物质和碳水化合物，并将这些营养物质代谢转化为多元醇，为胞间菌丝生长提供能量。此外，吸器还是活体寄生真菌和卵菌分泌效应因子，并将大量效应因子转入寄主细胞的重要场所，进而干扰或抑制寄主的免疫防御反应。因此，吸器的形成是植物专性寄生菌成功侵染的标志。

参考文献

白志英，王冬梅，侯春燕，等，2003. 小麦叶锈菌侵染过程的显微和超微结构 [J]. 中国细胞生物学学报，25: 393-397.

范学锋，张河山，杨文香，2016. 植物专性寄生菌吸器功能研究现状 [J]. 微生物学报，56: 1222-1233.

黄国红，康振生，朱之堉，等，2003. 小麦叶锈菌在感病寄主上发育的组织病理学和超微结构研究 [J]. 植物病理学报，33: 52-56.

康振生，李振岐，庄约兰 J，等，1994. 小麦条锈菌吸器超微结构和细胞化学的研究 [J]. 菌物学报，13(1): 52-57.

BOURETT T M, HOWARD R J, 1990. In vitro development of penetration structures in the rice blast fungus *Magnaporthe grisea*[J]. Botany, 68: 329-342.

DE JONG J C, MCCORMACK B J, SMIRNOFF N, et al, 1997. Glycerol generates turgor in rice blast[J]. Nature, 389: 244.

VENEAULT-FOURREY C, BAROOAH M, EGAN M, et al, 2006. Autophagic fungal cell death is necessary for infection by the rice blast fungus[J]. Science, 312: 580-583.

（撰稿：郑祥梓；审稿：刘俊）

系统获得性抗性　systemic acquired resistance, SAR

指植物在受到病原物侵染之后非侵染部位获得的广谱和持久抗病性。首次被感染的部位称为局部组织（local tissue），非侵染部位称为系统组织（systemic tissue）。广谱性是指非侵染部位对病原物的抗性与首次感染时的病原物种类无关。比如，局部组织感染的是细菌，但是系统组织对细菌、真菌、病毒都有抗性。持久性是指这种获得的抗病性能够持续很长时间（数周至数月），甚至能够传递到下一代。SAR 表现为植物能够更强、更快地诱导抗病反应，包括大量抗病相关基因的表达。

系统获得性抗性的信号转导　植物的局部组织在受到病原物侵染后能够诱导系统组织的 SAR 反应。由此推测，被侵染的局部组织肯定产生了某些可移动的信号分子，通过维管系统转运到系统组织。2002 年 Maldonado 等人发现拟南芥的脂质转移蛋白 DIR1 对 SAR 反应是必需的。dir1 突变体有正常的局部抗性，但是不能把局部组织中的移动信号传递到系统组织。因此，他们推测 SAR 的移动信号是一种脂质来源的分子。近几年的研究鉴定了多个可能的移动信号分子，包括水杨酸甲酯（methyl salicylic acid，MeSA）、壬二酸（azelaic acid，AzA）、3-磷酸甘油（glycerol-3-Phosphate，G3P）、脱氢枞醛（dehydroabietinal，DA）、哌啶酸（pipecolic acid，Pip）。

植物激素水杨酸（salicylic acid，SA）在 SAR 反应中发挥核心作用。在病原物侵染后，局部组织和系统组织中的 SA 含量都会增加。1993 年 Gaffney 等人发现在烟草中过量表达水杨酸羟化酶（NahG），阻止了 SA 的积累，从而阻断了 SAR 的产生。另一方面，用外源的 SA 处理植物能够诱导 SAR 的产生。这说明 SA 是植物产生 SAR 的充分必要条件。通过筛选拟南芥的突变体，多个实验室先后独立地发现 NPR1 是 SA 信号通路中的关键基因，对 SAR 是必需的。在没有 SA 的条件下，NPR1 以寡聚体的形式存在于细胞质中。SA 能够引起体内氧化还原状态的改变，促进 NPR1 从寡聚体变成单体，从而进入细胞核中。在细胞核内，NPR1 通过与 TGA 或者 WRKY 类转录因子相互作用，从而调控抗病相关基因的表达。由于 NPR1 不能结合 SA，所以不是水杨酸的受体。2012 年 Fu 等人发现，NPR1 的同源基因 NPR3 和 NPR4 是 SA 的受体，它们以不同的亲和力结合 SA，从而调控 NPR1 在不同 SA 浓度条件下的降解。

虽然 SA 对 SAR 反应是必需的，但是 1994 年，Vernooij 等人的嫁接实验表明 SA 并不是 SAR 反应中的移动信号。水杨酸甲酯（MeSA）可能是 SAR 的移动信号。2007 年

Park 等人在烟草中的研究发现局部组织中产生的 SA 可被水杨酸甲基转移酶转变成 MeSA，然后传递到系统组织中，并由水杨酸甲酯酶将 MeSA 转变成 SA，从而激活 SAR。但是后来在拟南芥中的研究结果不支持这种假说。因此，MeSA 是否作为一种普遍的 SAR 移动信号还有争议。

2009 年 Jung 等人发现植物在受到病原物侵染后，叶柄渗出物中的壬二酸（AzA）含量会增加。AzA 能够从局部组织传递到系统组织，激活 SAR 反应，这个过程依赖于脂质转移蛋白 DIR1 和另一个受 AzA 诱导的脂质转移蛋白 AZI1。有意思的是，AzA 处理并不改变 SA 的含量，它可能对 SAR 起到"引发"的作用。

AzA 的含量在病原物侵染后 24 小时后才能显著增加，因此，可能不是最初的 SAR 移动信号。2011 年，Chanda 等人发现 3-磷酸甘油（G3P）的含量可在侵染后 6 小时内明显增加，并且依赖于 DIR1 蛋白传递到系统组织。SAR 的产生依赖于 G3P 的积累，但是单独的 G3P 处理并不能诱导 SAR。因此，G3P 是 SAR 的必要条件，但不是充分条件。

2012 年，Chaturvedi 等人发现了另一种 SAR 的移动信号——脱氢枞醛（DA）。值得一提的是，与 AzA 和 G3P 相比，DA 在激活 SAR 反应时更为有效。拟南芥需要用 100μm 的 AzA 或者 50μm 的 G3P 处理才能激活 SAR，但是只需要 1pM 的 DA 处理就可以激活 SAR。

氨基酸的代谢产物在 SAR 中也发挥重要的作用。最新被鉴定的 SAR 移动信号是哌啶酸（Pip）就是赖氨酸的代谢产物。在拟南芥中，Pip 是在 ALD1 和 SARD4 的催化下生成的。Pip 可通过 SA 依赖和 SA 不依赖两条途径激活 SAR。

SAR 的建立是一个复杂的生物学过程。随着研究的深入，也许会有更多的移动信号分子被发现。不同的信号分子有可能参与不同的 SAR 反应过程，同一个 SAR 反应过程也有可能需要多种不同信号分子的参与。

参考文献

CHANDA B, XIA Y, MANDAL M K, et al, 2011. Glycerol-3-phosphate is a critical mobile inducer of systemic immunity in plants[J]. Nature genetics, 43: 421-427.

CHATURVEDI R, VENABLES B, PETROS R A, et al, 2012. An abietane diterpenoid is a potent activator of systemic acquired resistance [J]. Plant journal, 71: 161-172.

FU Z Q, YAN S, SALEH A, et al, 2012. NPR3 and NPR4 are receptors for the immune signal salicylic acid in plants[J]. Nature, 486: 228-232.

GAFFNEY T, FRIEDRICH L, VERNOOIJ B, et al, 1993. Requirement of salicylic acid for the induction of systemic acquired resistance[J]. Science, 261: 754-756.

JUNG H W, TSCHAPLINSKI T J, WANG L, et al, 2009. Priming in systemic plant immunity[J]. Science, 324: 89-91.

MALDONADO A M, DOERNER P, DIXON R A, et al, 2002. A putative lipid transfer protein involved in systemic resistance signalling in Arabidopsis[J]. Nature, 419: 399-403.

PARK S W, KAIMOYO E, KUMAR D, et al, 2007. Methyl salicylate is a critical mobile signal for plant systemic acquired resistance

[J]. Science, 318: 113-116.

VERNOOIJ B, FRIEDRICH L, MORSE A, et al, 1994. Salicylic acid is not the translocated signal responsible for inducing systemic acquired resistance but is required in signal transduction[J]. Plant cell, 6: 959-965.

（撰稿：严顺平；审稿：陈东钦）

细菌病害综合防控　intergrated control of bacterial disease

对植物细菌病害进行科学管理的体系。其从农田生态系统总体出发，根据植物病原细菌与环境之间的相互联系，充分发挥自然控制因素的作用，因地制宜协调必要的措施，将植物病原细菌控制在经济损害允许水平之下，以获得最佳的经济、生态和社会效益。

已知有 100 多种常发性、间歇性、区域性暴发成灾的植物细菌病害。植物细菌病害发生和为害呈以下显著特点：作物感病初期，感病组织呈水渍状，后期感病叶片表面或维管束内常有菌脓，雨水是细菌病害传播扩散的重要因子。重要作物细菌病害持续成灾，如水稻白叶枯病、条斑病、植物细菌性青枯病、柑橘黄龙病和瓜类细菌性果斑病等。次要细菌性病害间歇性成灾，如作物细菌性基腐病、番茄细菌性溃疡病、马铃薯疮痂病等。外来入侵细菌性病害暴发可能性增加，如梨火疫病、香蕉细菌性枯萎病等，有些检疫性病害已在中国一些地区严重发生。植物细菌性病害随生态环境恶化、种子种苗调运和轻型栽培技术的应用，发生种类越来越多，为害加重和防控难度加大。

形成与发展过程　细菌病害防控与植物病害防控发展相一致。杀菌剂在防控病害中发挥着重要作用。利用植物抗病性也是病害防控的重要方法，例如水稻抗白叶枯病品种的选育和生产上的应用，使得水稻白叶枯病得到了控制。人类在与病害斗争中，不断研发防控新技术，也对植物细菌病害发生机理的认识不断完善，合理规定防控工作的目标和研究防控策略。植物病害防控策略由有害生物综合防治（IPC）至有害生物综合治理（IPM）到有害生物生态治理（EPM），在植物病害、有害生物治理模式上有一个新跨越，即以现行的 IPM 向以植物生态系统群体健康为主导的 EPM 的新模式跨越。

基本内容　植物细菌病害综合防控，围绕病原细菌和细菌病害发生特点，通过采用植物检疫、品种抗性利用，农业、生物、物理、化学防控等措施，起杜绝、铲除、保护、免疫和治疗作用。

植物检疫　在植物细菌病害管理中，依法检疫，严禁检疫性病原细菌随种子、种苗或植物繁殖材料及其传播媒介进境或在国内区域间扩散，是避免病原细菌入侵和传播的基本措施。强调以病原细菌特有毒性基因为目标的检疫检验技术，严防毒性强的菌株传入中国。

抗性利用　利用品种抗性或通过人工选育抗病品种已被广泛用来防治植物细菌病害，如水稻白叶枯病，众多学者从野生稻和栽培稻中，发掘抗水稻白叶枯病基因近 40 个，培育抗白叶枯病品种，采用分子标记辅助选择培育抗白叶枯病品种，如将广谱抗白叶枯病基因 *Xa21* 或 *Xa23* 导入杂交稻中，在保持原受体优良性状基础上，增强其抗白叶枯病的能力。利用嫁接技术，选用抗病力强的种类或品种作砧木培育抗土传细菌病害（如番茄抗青枯病苗），已用于蔬菜生产实践中。

农业栽培措施　①种子（苗）处理。直接使用种子（种苗）消毒剂或杀菌剂对病原物起铲除作用，例如，水稻种子用 85% 三氯异氰尿酸粉剂 300～500 倍浸种 12～24 小时，可杀灭水稻种子携带的水稻病原细菌（白叶枯病、条斑病菌）。②土壤处理。采用氯化苦、棉隆等化学土壤熏蒸剂进行土壤处理，可高效杀灭土壤中的病原细菌，例如，植物青枯病，在播种前番茄、薯块药剂处理，防治效果较好。配合高垄栽培技术，保持作物根部透气，做到及时排水，有条件的地方使用滴灌或微灌，避免大水漫灌。在出现小的发病中心时，及时拔除病株，集中进行处理。③清除侵染源。清除田间病稻草、稻桩，沟边杂草及遗留在田间病薯，减少越冬菌源，是控制水稻、薯类细菌病害的有效措施。多年生果树寄生于木质部或韧皮部的细菌性病害，如柑橘黄龙病，砍除果园或苗圃中零星发生的病株是控制该类病害再侵染的主要办法。④培育无病种苗（薯），实行轮作。规范种苗（薯）来源，建立无病良种繁育基地，培育无病种薯（苗），也可采取防虫网内繁育种苗、创新种苗（薯）带菌检疫监管方法，强化种苗产地检疫措施。实行水旱轮作或马铃薯与禾本科作物 5 年以上轮作，可有效防控马铃薯等作物青枯病。采用高垄栽培，避免大水漫灌。及时清除及烧掉病残体，杜绝利用沤制肥料。加强肥水管理：施足基肥，早施追肥，减施氮肥，平衡施肥，增施生物有机肥和磷钾肥。

化学防控　是应急防控植物细菌病害的重要措施，具有速效、使用方便的特点，但使用不当易对植物产生药害，导致病原细菌产生抗药性。柑橘细菌病害化学防治中，化学药剂主要包括铜制剂、农用抗生素、噻唑类和微生物制剂等，有机铜制剂包括噻菌铜、喹啉铜、琥珀酸铜等，无机铜制剂包括氢氧化铜、氧化亚铜、氧氯化铜及波尔多液等。在发病初期用硫酸链霉素或 72% 农用硫酸链霉素可溶性粉剂 4000 倍液或 25% 络氨铜水剂 500 倍液、77% 可杀得可湿性微粒粉剂 400～500 倍液、50% 琥胶肥酸铜可湿性粉剂 400 倍液等。

对于叶面细菌病害，筛选出新型杀菌剂噻唑锌、噻菌铜、噻森铜，对水稻白叶枯病、条斑病控制效果显著，可替代叶青双（又名川化 018、叶枯唑等），作为中国南方水稻细菌病害防治的主推药剂。有条件的情况下，针对种薯基质，可采用氯化苦或棉隆土壤熏蒸剂处理种薯基质，减少土传细菌病害发生率。

生物防控　是利用有益微生物对病原细菌的各种不利作用，来减少病原物的数量和削弱其致病性，有益微生物还能诱导或增强植物抗病性，通过改变植物与病原细菌的相互关系，抑制细菌病害发生。防控细菌病害的生物农药种类主要有微生物农药如芽孢杆菌类，农用抗生素类如中生菌素、寡糖链蛋白、氨基寡糖素。土壤健康修复技术，是增加土壤功能微生物的种类和数量，通过添加土壤有机质来维持庞大的功能微生物群体，抑制病原微生物的发生和发展，保障和促进植物健康生长，改善农作物土壤结构。

多种有益微生物已成功用于防治植物细菌病害，例如，放射土壤杆菌 K84 菌系产生抗菌物质土壤杆菌素 A84，其商品化制剂已用于园艺作物根癌病的生物防控。另外，利用植物疫苗，青枯病菌无毒菌株制备成"植物疫苗－鄂鲁特冷"，用于番茄青枯病的生物防控。以生物防控为主导的综合防控是防控青枯病等土传病害的有效方法，利用芽孢杆菌制备成生物有机肥，用于植物青枯病的生物防控。利用水稻白叶枯病菌毒性基因缺失突变体 DU728 菌株喷雾，对水稻白叶枯病具有一定的生防效果。中生菌素是中国农业科学院生物防治所研制成功的一种新型农用抗生素，是由淡紫灰链霉菌海南变种产生的抗生素，属 N—糖苷类碱性水溶性物质。中生菌素对农作物的细菌性病害具有很高的活性，同时具有一定的增产作用。

科学意义与应用价值　植物细菌病害的综合防控就是采取各种经济、安全、简便易行的有效措施对植物细菌病害进行科学的预防和控制。力求防治费用最低、经济效益最大、对植物和环境的不良作用最小，既有效地预防或控制病害的发生与发展，达到高产、稳产和增收的目的，又确保对农业生态环境最大程度地保护，对农业生产的可持续发展具有重要的科学意义和作用。

存在问题与发展趋势　植物细菌病害的防控，依赖于铜制剂和农用链霉素，铜制剂的大量使用不仅会造成病菌产生抗性的问题，而且由于铜制剂在杀菌同时释放的铜离子可被作物吸收，使果面光洁发亮，易诱集螨类害虫，且对其天敌有杀伤作用，因此，会刺激螨类害虫大量产卵，暴发成灾。铜制剂为广谱性杀菌剂，其大量使用减少了土壤和根际细菌的多样性，增加土壤的重金属污染，引起土壤结构和功能改变，改变生物群落结构，威胁生态系统稳定。

植物细菌病害的防控，要以生物农药应用为主，结合抗病育种技术和农业防除为主的绿色防控，以提高作物健康为目标。通过无人机喷雾技术，通过精细控制喷药的关键时期，减少铜制剂的使用量，提高防效的同时也有效降低生产成本。另外，研发新型的微生物农药，淘汰对环境高污染的化学农药，重点开展微生物农药、农用抗生素与化学农药交替使用，例如将中生菌素与铜制剂相结合来防控柑橘溃疡病等细菌病害，可降低药剂的用量，也可能降低选择压力从而减少病原细菌产生铜、链霉素抗性的可能，同时建立植物细菌病害药物靶标筛选体系，主要以分泌毒性蛋白的细菌Ⅲ型分泌系统和群体感应为靶标，筛选抑制剂，不影响细菌的腐生生活，从而避免抗药性的出现。抗病品种培育和利用，除利用垂直抗性基因外，重点研究病原菌和其他生物体来源的基因，例如，将含有信号肽 Cecropin B 抗菌肽基因 *PR1aCB* 和 *AATCB* 转入柑橘中，使抗菌肽基因在细胞间隙中优势积累，增强抗性水平。同时，加强植物病原细菌调控植物抗感性的"基因－基因"关系，利用基因编辑技术对互作过程中的基因进行突变，提高作物的抗病水平。加强病原细菌田间监控和防控新新理论、新技术和新方法研究，进行技术的科学化宣传和提升信息化水平。

参考文献

中国农业科学院植物保护研究所，中国植物保护学会，2015.中国农作物病虫害 [M].3 版．北京：中国农业出版社．

（撰稿：姬广海；审稿：李成云）

细菌分泌系统　bacterial secretion systems

像动物病原细菌一样，植物病原细菌也依靠自身的分泌系统将致病性和毒性相关的因子分泌或者转位进入寄主植物细胞中，干扰寄主植物正常的生理代谢途径，有利于病害的发生。现已知，至少 6 种蛋白分泌系统（typeⅠ-Ⅵ secretion system）在植物病原细菌中被鉴定。这些分泌系统在组成结构、功能以及分泌的蛋白底物上都存在显著的差异，分泌的底物主要包括毒素、胞壁降解酶、胞外多糖和脂多糖、黏附因子以及效应蛋白。对于革兰氏阴性植物病原细菌来说，Ⅲ分泌系统是最重要的蛋白分泌系统，决定着病原菌在寄主植物上的致病性（pathogenicity）以及在非寄主植物上激发的过敏反应（hypersensitive response，HR）。

Ⅰ型分泌系统（typeⅠsecretion system，T1SS）　T1SS 是一个简单的 ABC 转运装置（ABC transportor），由一个内膜 ATP 结合蛋白、一个外膜蛋白和一个连接内膜与外膜的通道蛋白组成（图 1 ③）。T1SS 可以转运包括离子、药物和蛋白质在内的多种分子，从 10kDa 的 *E. coli* 菌素肽到 900 kDa 的荧光假单胞菌（*Pseudomonas fluorescens*）的细胞黏附蛋白 LapA 均可被转运。

T1SS 的分泌底物包括毒素、蛋白酶和脂酶等，均独立于 Sec 系统分泌，推测可通过一步的分泌方式跨过细菌的内外膜，进行底物的直接分泌。Repeats-in-toxin 毒素和脂酶是主要的 T1SS 分泌底物。RTX 毒素是多种人体和动物病原菌的毒力因子，并在一些植物病原菌中也有发现，如木质菌属（*Xylella fastidiosa*）、丁香假单胞菌番茄致病变种（*Pseudomonas syringae* pv. *tomato*）菌株 DC3000、豆科根瘤菌（*Rhizobium leguminosarum*）、欧文氏软腐病菌（*Erwinia carotovora*）和水稻白叶枯病菌（*Xanthomonas oryzae* pv. *oryzae*，Xoo）等。但是 RTX 毒素显性基因 *rtxA* 和 *rtxC* 不存在于黄单胞菌属的甘蓝黑腐病菌（*Xanthomonas campestris* pv. *campestris*，Xcc）和柑橘溃疡病菌（*Xanthomonas citri* subsp. *citri*）基因组中，表明 RTX 在一些植物病原细菌中不是必需的毒力因子。T1SS 也与非蛋白质底物的分泌相关，如 β- 葡聚糖和多糖。大多数分泌底物不存在信号肽。

Ⅱ型分泌系统（typeⅡ secretion system，T2SS）　T2SS 采用的是一种常规的分泌途径（general secretion pathway，GSP），即两步分泌过程（图 1 ④）。首先，被分泌的蛋白在转移酶的协助下穿过内膜，然后被转运穿过外膜。此过程由一个保守的多组分的跨内外膜装置来调控。这个装置通常由一个基因簇编码的 12～15 个组分（依次命名为 A～O,S）构成。D 蛋白能够嵌入外膜，并在外膜上形成分泌孔洞，可识别分泌蛋白。T2SS 的其他组分与细胞质膜相连，推测穿过外膜的分泌依赖于周质纤毛，周质纤毛反复组装拆解，从

X

而将 T2SS 分泌底物通过分泌通道输出。T2SS 分泌底物能够瞬时穿过周质通道，被分泌至细菌胞外。但是，T2SS 一些具体的功能机制还有待于进一步揭示。

T2SS 的分泌底物主要有毒素和胞壁降解酶（cell wall degrading enzymes，CWDEs）。这些胞壁降解酶包括纤维素酶、脂酶、木聚糖酶、内切葡聚糖酶、多聚半乳糖醛酸酶和蛋白酶，是病原菌用来降解植物细胞壁最重要的毒性"武器"。特别是在一些引起软腐症状的欧文氏软腐病菌中，编码 T2SS 组分的基因突变后，病原菌的毒力会显著减弱。

基因组序列分析表明，包括人体病原菌沙门氏菌（*Salmonella enterica*）、弗氏志贺菌（*Shigella flexneri*）和植物病原菌根癌土壤杆菌（*Agrobacterium tumefaciens*）在内的一些病原菌不含有 T2SS；在水稻黄单胞菌的两个致病变种 Xoo 和 *Xanthomonas oryzae* pv. *oryzicola*（Xoc）中都存在一个 T2SS；但是，在辣椒斑点病菌（*Xanthomonas campestris* pv. *vesicatoria*，Xcv）、Xcc 和 *Xanthomonas citri* subsp. *citri* 中存在两个 T2SS，这些 T2SS 均由 xcs 和 xps 基因簇编码。遗传学证据表明，只有 xps 基因簇对细菌的毒力具有贡献。

基于 T2SS 组分在革兰氏阴性细菌中相当保守，一些研究专注于寻找 T2SS 抑制剂，以期研制新药防治植物细菌性病害，潜在的药物靶标包括 T2SS 的主要组分 ATP 酶 GspE。另一个研究热点为分泌系统间的相互作用，如 T2SS 可能促进分泌效应蛋白的 T3SS、T4SS 和 T6SS 发挥功能。有研究发现，T2SS 分泌的毒力因子不仅仅降解植物细胞壁，

同时，其降解产物可以诱导植物产生防卫反应，而这种防卫反应可以被 T3SS 分泌的效应因子抑制。由 T2SS 分泌的酶的合成基因能够与 T3SS 基因共表达，暗示 T2SS 和 T3SS 可能存在功能互作。

Ⅲ型分泌系统（type Ⅲ secretion system，T3SS）　随着动物病原细菌 T3SS 的组装机制被解析，植物病原细菌 T3SS 的研究取得了较大的进展。植物病原细菌的 T3SS 由位于一个基因簇的 20 多个基因编码形成。序列分析表明，这 20 多个 T3SS 组分蛋白中至少有 9 个在动植物病原细菌中保守存在，其中 8 个蛋白与鞭毛组分蛋白具有较高的同源性，说明鞭毛装置（鞭毛 T3SS，图 1 ⑤）和 T3SS 有相似的结构。通过电镜观察 *S. flexneri* 的 T3SS 和 *Salmonella* spp. 的鞭毛验证了这一想法。

现有研究表明，T3SS 一般由 3 个组分构成：跨细菌内外膜的基体组分、伸出胞外的纤毛状结构（Hrp pilus）以及位于植物细胞膜上的转位装置（translocon）（图 1 ⑥）。基体组分蛋白在动植物病原细菌中高度保守，由内膜环、跨膜通道和外膜环 3 部组成，形成一个"轴承"结构，锚定在细菌的细胞膜上。在植物病原黄单胞菌中这个基体组分由内膜蛋白 HrcR、HrcS、HrcT、HrcJ、HrcU 和 HrcV 以及预测的外膜蛋白 HrcC 以及胞内的 ATP 酶结合蛋白 HrcN 组成。基体和外部的 Hrp 菌毛类似一个"注射器"，这个结构是利用透射电子显微镜在 *P. syringae* pv. *tomato* 菌株 DC3000 中首次观察到的。植物病原细菌的 Hrp 菌毛比动物病原细

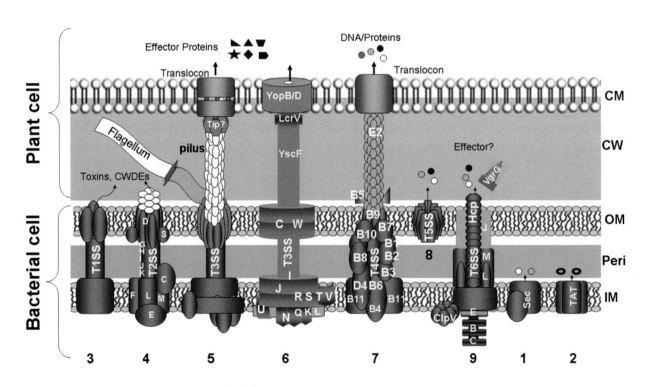

图 1　革兰氏阴性植物病原细菌的分泌系统
（引自 *Virulence Mechanisms of Plant-Pathogenic Bacteria* 一书的 *Secretion systems of plant-pathogenic bacteria* 章节 125-148 页）
效应蛋白可能通过 ① Sec 系统或者 ② Tat 系统被分泌至膜周质空间；③ Ⅰ型分泌系统；④ Ⅱ型分泌系统；⑤ 鞭毛分泌装置；⑥ Ⅲ型分泌系统；⑦ Ⅳ型分泌系统；⑧ Ⅴ型分泌系统；⑨ Ⅵ型分泌系统；CW 为植物细胞壁；CM 为植物细胞质膜；Peri 为细菌的膜周质；OM 为细菌的外膜；IM 为细菌的内膜

菌的长很多，推测可能是植物病原细菌需要穿过较厚的植物细胞壁。转位装置由两个疏水蛋白构成，锚定在植物的细胞膜上。许多植物病原细菌的转运蛋白已被鉴定，如 Xcv 的 HrpF、雷尔氏菌（*R. solanacearum*）的 PopF1 和 PopF2、*P. syringae* 和 *E. amylovora* 的 HrpK。一些研究显示，转位蛋白对细菌致病性和效应子转运具有作用，但不是Ⅲ型效应蛋白（typeⅢ secretion system effectors，T3SEs）被分泌至寄主细胞中所必需的，这表明存在其他转位蛋白协同作用，已有证据显示，Harpin 相关蛋白与效应蛋白转运相关。Harpin 蛋白是植物病原细菌中 T3SS 分泌的热稳定蛋白，富含甘氨酸，外体纯化的蛋白注射非寄主植物，能够激发 HR 反应。

T3SEs 的前 50 个氨基酸一般含有分泌信号，能够特异性被 T3SS 的胞内基体组分识别。研究显示，这些分泌信号可能为两亲性氨基酸，但因其无序的结构域，导致没有统一的鉴定规律。除了分泌信号外，T3SEs 的 50～100 位氨基酸也含有其伴侣分子的结合位点。T3SS 伴侣分子通常和它们的伴侣底物同源或异源互作，并通过 T3SS 组分启动分泌蛋白的识别。T3SEs 通过与伴侣蛋白结合，能够保护自身不被过早降解。伴侣分子一般分为 IA 和 IB 类。IA 类伴侣分子是针对特定的一个或多个同源的 T3SEs，而 IB 类可结合具有不相关序列的 T3SEs。

对于许多重要的植物病原细菌，T3SS 是致病性相关的分泌系统，编码 T3SS 组分蛋白的基因缺失后，病原菌会丧失在寄主植物上的致病性和非寄主植物上激发的 HR 反应。现有研究显示，一种病原菌中可能存在 20～37 个 T3SEs，例如 Xcv 的 85-10 菌株有 30 个 T3SEs；Xoo 的 MAFF 311018 和 PXO99A 菌株有 37 个。单个 T3SEs 的缺失并不影响病原菌的毒性，推测它们可能存在功能冗余的现象。T3SEs 一般分为两类，一类被称为无毒蛋白（Avr 蛋白），在含有匹配抗性基因（*R* 基因）的寄主植物上能够激发 HR 反应，即效应蛋白激发的免疫反应（effector-triggered immunity，ETI）。另一类为抑制子蛋白，能够抑制由病原菌相关分子模式（pathogen-associated molecular patterns，PAMPs）激发的寄主植物的先天免疫反应（PAMP-triggered immunity，PTI），有利于病原菌的繁殖和扩展，导致病害的发生。

在植物病原黄单胞菌中存在一类特殊的 T3SEs，称为 TAL 蛋白（transcription activator-like effector）（以前命名为 AvrBs3/PthA 家族蛋白）。TAL 蛋白在各类植物病原黄单胞菌中保守存在，具有相似的结构特点：高度保守的 N 端和 C 端以及由 34 个氨基酸重复单元组成的中间重复区。每个重复单元的第十二和第十三位氨基酸能够特异地结合在感病基因（*S* 基因）或 *R* 基因启动子的 EBE（TAL Effector-binding element）（图 2）。至今，在植物病原黄单胞菌中，17 个 *tale* 基因对应的感病基因已被克隆，感病基因编码的蛋白主要分为 4 大类：①转录调控子。②糖转运蛋白。③硫酸盐转运蛋白。④ miRNA 稳定相关蛋白。

近 30 年来，已经明确 *tale* 基因具有毒性和无毒性的功能。无毒性功能体现在 *tale* 基因在含有相应 *R* 基因的寄主植物上能够激发特异的 HR 反应，是一种抗性反应。例如 *Xoo* 的 *avrXa5*、*avrXa7*、*avrXa10*、*avrXa27* 和 *avrXa23* 以

及 Xcv 的 avrBs2 和 avrBs3。任一具有典型结构的 TALE，可激活 *Xa1* 这类 NBS-LRR 结构的 *R* 基因，使水稻对病原菌产生抗性，而非典型结构的 iTALE（interfering TALE），则抑制 *Xa1* 介导的抗病性，从而使水稻感病。毒性功能主要体现在 *tale* 基因是病原菌在寄主植物上适应性和致病性所需的，例如 Xoo 的 *pthXo1* 和 Xcc 的 *pthA*。番茄细菌性疮痂病菌的 AvrHah1 能够激活植物果胶裂解酶的表达，促进叶片细胞吸收水分，有利于水渍症状的形成。随着 TALE 蛋白遗传密码的破译，*tale* 基因激活植物抗（感病）性的新机理将成为植物—病原物互作研究的热点。

Ⅳ型分泌系统（typeⅣ secretion system，T4SS）　T4SS 被认为与根癌土壤杆菌的Ⅳ A 系统是同源的，与嗜肺军团菌（*Legionella pneumophila*）的 Dot/Icm Ⅳ型分泌系统具有相似性。Ⅳ型分泌系统的功能主要体现在生物大分子的转移，例如转移质粒 DNA 和可移动 DNA 元件至受体菌中，也可以将 DNA 或蛋白质转运至真核细胞中（图 1 ⑦）。

T4SS 由 12 种蛋白组装而成（VirB1-VirB11 和 VirD4），根据这些组分蛋白的功能和细胞定位情况分为四类。第一类包含 3 个成员，主要是存在于胞质或与内膜关联的 ATP 酶：VirB4、VirB11 和 VirD4。第二类组分是构成 T4SS 内膜核心复合体的蛋白质 VirB6、VirB8 和 VirB10。第三类包括定位于外膜的组分蛋白质 VirB7 和 VirB9。第四类主要是构成细长管状装置的和定位于细胞表面的蛋白质 VirB2 和 VirB5。

除了以上 10 个被归为这四类的蛋白质外，VirB1 和 VirB3 很难归于这四类。VirB3 是一个内膜蛋白，但其功能仍然未知。VirB1 是一类裂解糖基转移酶，推测其可能摧毁

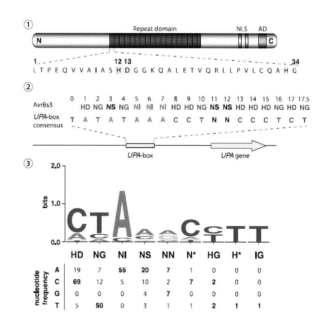

图 2　TALE 蛋白 RVD 结合 DNA 密码的推导（邹丽芳、陈功友提供）
①保守的 TALE 蛋白结构示意图。重复区域 34 个氨基酸的重复单元第十二和十三位氨基酸残基（RVD）不同。每个 RVD 结合 1 个碱基；②TALE 蛋白的 RVD 结合的 DNA 序列；③不同的 RVD 结合的 DNA 碱基可能的频率

植物细胞表面的肽聚糖层而在早期侵染过程中发挥作用。事实上，VirB1 具有促进根癌土壤杆菌 T4SS 的 T-pillus 合成的作用。根据序列同源性分析，VirB1 很可能与 Xoc 的 Hpa2 蛋白和 *P. syringae* pv. *tomato* 菌株 DC3000 的 HrpH 和 HopP1 具有类似的功能。

除了在 *A. tumefaciens* 中发现 T4SS 外，在其他革兰氏阴性植物病原细菌的基因组中也发现编码 T4SS 组分蛋白的基因，例如在 *X. fastidiosa*、*Xanthomonas* spp.、*R. solanacearum* 和 *E. carotovora* 中就含有编码 T4SS 多数组分的基因。然而，这些基因组中并不存在 VirB7 的同源物；而且，*E. carotovora* 缺少 VirB3 和 VirD4，*R. solanacearum* 缺少 VirB1、VirB6 和 VirB8。因此，这些病原菌是否具有完整功能的 T4SS 仍然未知。在伯克氏菌（*Burkholderia cenocepacia*）中却发现有 2 个 T4SS，至少 1 个 T4SS（Ptw）是在病害发展过程中发挥作用的。

在铜绿假单胞菌（*Pseudomonas aeruginosa*）PAO1 菌株、*P. syringae* pv. *tomato* DC3000、*X. fastidiosa* 和百脉根瘤菌（*Mesorhizobium loti*）中 T4SS 都发挥功能。*Mesorhizobium loti* 的 T4SS 能够向植物细胞中分泌蛋白质并帮助根瘤的形成。T4SS 这种分泌蛋白并协助菌生长的作用与根瘤菌的 T3SS 功能类似，意味着当没有 T3SS 的情况下，T4SS 可以代替其向植物细胞分泌效应蛋白。

V 型分泌系统（type V secretion system，T5SS） 与革兰氏阴性细菌的其他几种分泌系统相比，T5SS 从概念上来说并不复杂。1993 年，Klauser 等学者根据其转运物质的条件只依赖于多肽链的特点，用 "自动转运装置" 来定义 T5SS。1987 年，淋球菌（*Neisseria gonnorrhoeae*）的 IgA1 成为第一个被报道的 T5SS，自此，科学家们对 T5SS 的功能及生物起源方面进行了大量研究工作。

T5SS 是一类 Sec 依赖的分泌系统（图 1⑧），包含 3 个亚类 Va、Vb 和 Vc。Va 类型属于最经典的自动转运系统，而 Vb 分泌的蛋白含两个功能区，Vc 属于三聚体自动分泌装置（Leo 等在 2012 年把 T5SS 分成了 5 个亚类 Va 到 Ve，但是 Vd 和 Ve 的定义显得证据不足）。Va、Vb 和 Vc 三个类型的分泌过程都包括两个步骤，第一步：分泌蛋白根据其所携带的信号肽被转移至内膜，第二步：利用跨膜的 β-通道将蛋白泌出。Va 类的 β 通道的形成和被分泌的蛋白部分来自同一肽链。相反，Vb 类型的分泌系统的 β 通道和分泌蛋白有两个基因分泌编码。Vc 的 β 通道和分泌区域却有三个不同的基因编码。然而，T5SS 的亚类之间的功能和结构方面的相似性是由同一祖先进化而来还是趋同进化的结果还有待验证。

对于植物病原细菌来讲，对 T5SS 的认知几乎仍处于未知状态。然而，通过公布的全基因组序列信息分析可以发现，在某些细菌中存在编码 T5SS 的基因，例如 *X. citri* subsp. *citri* 的 XAC3548 和 XAC3546 基因，Xcc 的 XCC0658 基因，*X. fastidiosa* 的 XF1529、XF1981、XF1616、PD0731、PS0824 和 PS0744 基因，以及 *R. solanacearum* 的 RSp1620。Xcv 有四个 Va 和两个 Vb。但是，除了对 HecA 影响菊欧文氏菌（*E. chrysanthemi*）的毒力的报道外，对植物病原细菌的 T5SS 的生物学功能的实验证据仍然相对较少。

Ⅵ 型 分 泌 系 统（type Ⅵ Secretion System，T6SS） 2006 年，Mekalanos 及其同事在霍乱弧菌（*Vibrio cholerae*）及 *P. aeruginosa* 中发现了 T6SS 的存在。随后，在多数的变形菌门的成员中都有发现 T6SS，包括动物、植物和人类病原细菌。同时，在土壤、环境和水里分离的细菌中也有发现 T6SS。13 个植物病原细菌小种的 30 多个菌株中也含有编码 T6SS 的保守基因簇，其中包括 *X. oryzae*、*E. amylovora*、*R. solanacearum*、亚洲梨火疫病菌（*E. pyrifoliae*）、细菌性果斑病菌（*Acidovorax citrulli*）以及菠萝泛菌（*Pantoea ananatis*）。对 T6SS 的早期研究大多集中在其对致病性的贡献方面，但是，近期的研究表明在抵抗简单真核捕食者及菌间互作方面，T6SS 具有广泛的生理学功能。

编码 T6SS 的基因簇含有 15 或多至 20 个基因，T6SS 的核心装置由 13 个亚基组成（图 1⑨）。根据生物信息学方法，分析这些组分的编码基因可以被归为 3 类。第一类包括膜关联蛋白的编码基因，既有内膜蛋白（TSSL 和 TssM），又有脂蛋白（TssJ）。第二类基因编码噬菌体尾部组分蛋白（Hcp、VgrG、TssB、TssC 和 TssE）。第三类包括一些无法通过生物信息学预测功能的蛋白（TssA、TssF、TssG 和 TssK）。尽管 T6SS 的完整结构仍然未知，但可以将其视为两种结构的组合，即由一个类似噬菌体的结构和一个膜蛋白复合体，两者互作并镶嵌在细胞被膜上发挥作用。

T6SS 向胞外分泌溶血素协同调控蛋白（hemolysin-coregulated protein，Hcp）Hcp 缺少 N 端疏水信号肽，也就是说这些蛋白的分泌是不依赖 Sec 或 Tat 的，而是可能与细胞被膜交联。现只鉴定出了少数几个 T6SS 分泌物，其余仍待鉴定。T6SS 不仅参与病原细菌的致病过程，还能帮助细菌在植物根部有效定殖，促进固氮植物根瘤的形成，有助于共生关系的建立。

参考文献

BOCH J, SCHOLZE H, SCHORNACK S, et al, 2009. Breaking the code of DNA binding specificity of TAL-type Ⅲ effectors[J]. Science, 326: 1509-1512.

WANG N, JONES J B, SUNDIN G W, et al, Virulence mechanisms of plant-pathogenic bacteria[J]. St Paul: The American Phytopathological Society Press.

（撰稿：邹丽芳、陈功友；审稿：刘俊）

细辛菌核病 asarum *Sclerotinia* rot

由细辛核盘菌引致的一种危害细辛根部的真菌病害。是药用植物细辛种植区毁灭性病害。

发展简史 该病最早始发于辽宁细辛产区，1983 年和 1985 年王崇仁等对该病的病原学、发生规律及其防控技术进行了系统研究报道。

分布与危害 细辛菌核病是细辛产区重要病害之一，在辽宁新宾、凤城和宽甸等细辛产区大面积流行，一般发病率在 15%～30%，个别田块大面积枯死，全田毁灭。该病扩展迅速，危害性大，特别是在老病区出现发病中心后，经过 2～3 年的扩展蔓延就可以导致全田毁灭。细辛菌核病主要危害根部，也可侵染茎部、叶片、花果。一般先从地下部开始发病，渐次延及地上部分。病斑褐色或粉红色，表面生颗粒状绒点，最后变为菌核。菌核椭圆形或不规则形，表面光滑，外部黑褐色，内部白色。生于根部的菌核较大，直径 6～20mm，生于叶片和花果上的菌核较小，直径 0.4～1.6mm。发病严重时，地下根系腐烂溃解，只存外表皮。内外均生有大量菌核。病株叶片淡黄褐色，逐渐萎蔫枯死。细辛菌核病是细辛产区的主要病害，蔓延极为迅速，前期地上部分与健株几乎一样，不易识别，容易贻误防治的最佳时机（图 1、图 2）。

病原及特征　病原为细辛核盘菌（*Sclerotinia asari* Wu et C. R. Wang），属柔膜菌目核盘菌属。在 PDA 上菌丝体沿基质生长，菌落较薄，近无色至淡白色，经 5～8 天产生白色菌核，以后变为黑色菌核。菌核在春季萌生 1～9 个子囊盘，上生大量子囊孢子进行侵染发病。细辛核盘菌无性世代生长温度范围为 0～27℃，适宜温度为 7～15℃，属低温菌。菌核在 2～23℃ 条件下均可以萌发，处理后 5～15 天开始萌发。萌发方式是产生菌丝体，未见产生子囊盘。该菌仅发现侵染细辛，未见侵染其他植物。

图 1　细辛菌核病田间症状（傅俊范提供）

图 2　细辛菌核病病组织及菌核（傅俊范提供）

侵染过程与侵染循环　病原菌以菌丝体和菌核在病残体、土壤和带病种苗上越冬。初侵染以菌丝体为主，从细辛根、茎、叶侵入。在自然条件下，菌核萌发主要产生子囊盘。在东北，4 月中下旬细辛出土不久，土温 1～4℃，菌核即开始萌发，5 月上旬子囊盘出土，5 月 20 日以后自然枯萎。子囊孢子主要从伤口侵入，不能直接侵入。5 月上中旬病害始发，5 月下旬为病害盛发期，6 月中旬以后病害逐渐终止。

流行规律　该病为低温病害，2～4℃ 即开始发病，土温 6～10℃ 发病蔓延最快，超过 15℃ 停止侵染危害。低温高湿、排水不良、密植多草条件下发病严重。

防治方法

选用无病种苗和种苗消毒　可用 50% 速克灵可湿性粉剂 800 倍液浸种苗 4 小时。

农业防治　早春于细辛出土前后及时排水，降低土壤湿度。及时锄草、松土以提高地温，均能大大减轻细辛菌核病的发生与蔓延。在松林下杂草少、有落叶覆盖和保水好的地块实行免耕栽培，防止病菌在土壤中传播。

田间锄草前应仔细检查有无病株，防止锄头传播土壤中的病菌。发病早期拔除重病株，移去病株根际土壤，用生石灰消毒，配合灌施速克灵或多菌灵等药剂，铲除土壤中的病原菌。

化学防治　发病初期进行药剂浇灌防治。可采用药剂有 50% 速克灵可湿性粉剂 800 倍液、50% 乙烯菌核利可湿性粉剂 1000～1300 倍液、50% 多菌灵可湿性粉剂 200 倍液加 50% 代森铵水剂 800 倍液。每平方米施药量 2～8kg，以浇透耕作土层为宜，隔 7～10 天 1 次，连续灌施 3～4 次。

参考文献

傅俊范，2007. 药用植物病理学 [M]. 北京：中国农业出版社.

王崇仁，吴友三，1983. 核盘菌科一新种——细辛核盘菌 [J]. 植物病理学 (2): 9-13.

王崇仁，吴友三，王冶刚，等，1985. 细辛菌核疫病 (*Sclerotinia asari*) 的发生规律及综合防治研究 [J]. 中国农业科学，18(3): 63-68.

周如军，傅俊范，2016. 药用植物病害原色图鉴 [M]. 北京：中国农业出版社.

（撰稿：傅俊范；审稿：丁万隆）

细辛锈病　asarum rust

由细辛柄锈菌侵染细辛地上部的一种真菌病害。

发展简史　1993 年，傅俊范等最早首次在辽宁桓仁发现该病，后迅速传播到各个细辛产区，危害日趋严重。

分布与危害　细辛锈病在各细辛园常见。田间发病率高达 42%，病情指数为 25；叶柄发病率为 45%，病果率为 8%，少数叶片因病枯死；病株多集中在树下遮阴处。主要危害叶片，也可危害花和果。冬孢子堆生于叶片两面及叶柄上，圆形或椭圆形。初生于寄主表皮下，呈丘状隆起，后期破裂呈粉状，黄褐色至栗褐色，可聚生连片，叶片上排成圆形，叶片正面比背面明显，直径 4～7mm。冬孢子堆在叶柄上呈椭圆形或长条形，长达 7～50mm，可环绕叶柄使其肿胀。严重发病时整个叶片枯死（图 1）。

病原及特征　病原为细辛柄锈菌（*Puccinia asarina* Kunze），属锈菌目柄锈菌属。其性孢子、锈孢子及夏孢子阶段均未发现。冬孢子双胞，椭圆形、长椭圆形、纺锤形或不规则形，30～51μm×16～25μm，黄褐色至深褐色，两端圆形或渐狭，分隔处略缢缩；壁厚均匀，1.5～2（2.5）μm；每胞具 1 个芽孔，其上具有透明乳突，上部细胞芽孔顶生，下部细胞芽孔近中隔生；柄无色，长达45μm以上，细弱易折断（图 2）。

侵染过程与侵染循环　病原菌越冬方式及场所不详。

流行规律　在东北病害始发期为 5 月上旬，7～8 月为发病高峰期。病株多集中于树下等遮阴处，高湿、多雨、多露发病严重。冬孢子借助气流及雨水飞溅传播。

防治方法　秋季彻底清除病株残体，集中田外烧毁。加强栽培管理，促进植株发育健壮，增强植株抗病性。雨季及时排除田间积水。及时摘除重病叶片，降低田间菌源量。发病初期采用 25% 粉锈宁可湿性粉剂 1000～1500 倍液喷雾，或 62.25% 仙生可湿性粉剂 600 倍液喷雾，或用 95% 敌锈钠可湿性粉剂 300 倍液（加 0.2% 中性洗衣粉）喷雾防治。7～10 天 1 次，连喷 2～3 次。

图 1 细辛锈病叶正面典型症状（傅俊范提供）

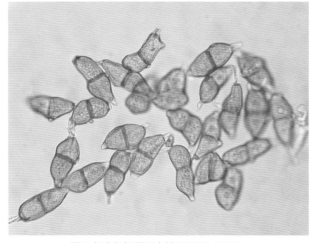

图 2 细辛柄锈菌形态特征（傅俊范提供）

参考文献

傅俊范，2007. 药用植物病理学 [M]. 北京：中国农业出版社 .

傅俊范，姚远，刘伟成，1994. 细辛锈病在辽宁省发生初报 [J]. 植物保护，20(1): 20-21.

周如军，傅俊范，2016. 药用植物病害原色图鉴 [M]. 北京：中国农业出版社 .

（撰稿：傅俊范；审稿：丁万隆）

细辛叶枯病　asarum leaf spot

由槭菌刺孢引起危害细辛地上部的一种真菌病害，是细辛地上部最重要的病害。

发展简史　该病始发于辽宁细辛产区，1995 年傅俊范等对该病的病原学、发生规律及其防控技术进行了系统研究报道。

分布与危害　各细辛产区均有发生，在辽宁、吉林和黑龙江等主产区均大面积发生。细辛叶枯病主要危害叶片，也可侵染叶柄和花果，不侵染根系。叶片病斑近圆形，直径 5～18mm，浅褐色至棕褐色，具有 6～8 圈明显的同心轮纹，病斑边缘具有黄褐色或红褐色的晕圈。发病严重时病斑相互连合、穿孔，造成整个叶片枯死。叶柄病斑梭形，黑褐色，长 2～25mm，宽 3～5mm，凹陷，病斑边缘红色。严重发病的叶柄腐烂，造成叶片枯萎。花果病斑圆形，黑褐色，凹陷，直径 3～6mm。严重发病可造成花果腐烂，不能结实。上述发病部位在高湿条件下均可产生褐色霉状物，为病菌的分生孢子梗和分生孢子。病田率 100%，病株率 50%～100%，病情指数 30～100，一般减产高达 30%～50%，严重发生地块细辛地上叶片全部枯死（图 1）。

病原及特征　病原为槭菌刺孢［*Mycocentrospora acerina*（Hartig）Deighton］，属丝刺孢菌属。分生孢子梗屈膝状，淡褐色。分生孢子无色或淡橄榄色，倒棍棒状，光滑，3～11 个隔膜，基部平截，顶部逐渐变细形成长喙，直或弯，分隔处不收缩或稍有收缩，有或无基部附属刺（图 2）。细辛叶枯病菌在 PDA 培养基上菌落疏展，初期生无色菌丝，3 天后在光照条件下菌落出现红色，10 天后菌落渐变成褐色至黑褐色。菌丝体有隔，表生或埋生，4～7μm 宽。随着菌落色泽加深，菌落中央菌丝细胞膨大，变深褐色，形成大量念珠状串生的厚垣孢子。孢子长椭圆形或矩圆形，15～30μm×15～20μm。在 PDA 培养基上正常培养不易产生分生孢子。

侵染过程与侵染循环　细辛叶枯病菌主要以分生孢子和菌丝体在田间病残体和罹病芽苞上越冬，种苗也可以带菌。早春在田间病残体上越冬的病原菌可再生大量次生孢子，成为发病的初侵染来源。种苗带菌可进行远距离传播。种子平均带菌率 17.5%，将病区种子直接播种，幼苗发病率为 3.5%～7.5%。由于种苗带菌传病，如不采取消毒措施，可将病害传入无病区。

该病是一种典型的多循环病害。气流和雨滴飞溅是田间病害传播的主要方式。发病初期田间调查可见到中心病株或

图 1　细辛叶枯病典型症状（傅俊范提供）

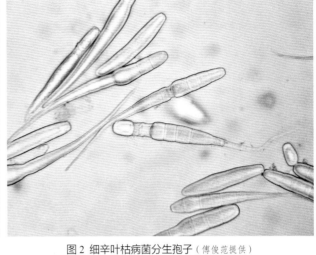

图 2　细辛叶枯病菌分生孢子（傅俊范提供）

病窝点。病菌产孢量大、致病性强，细辛叶片硕大、平展、密集，因而该病易于传播和流行。一般 4 年生以上的细辛园，到 6 月上旬以后近 100% 叶片发病，看不到明显的发病梯度。雨滴飞溅是细辛植株之间病害传播的有效方式。细辛叶片大而平展，病斑产孢量极大，雨滴可将大量分生孢子飞溅到邻株叶片上传播发病，形成新的病斑。采用挂帘或利用林地下遮阴栽培细辛，由于雨滴飞溅传播概率较小，因而发病较轻。

流行规律　细辛叶枯病是一种低温、高湿、强光条件下易于流行的病害，其中温度是影响田间流行动态的主导因素。细辛主于于长白山沿脉，年平均降水量 800mm 以上，昼夜温差明显，极易结露，病菌侵染的高湿条件易于满足。影响该病流行的限制因子是温度，15～20℃ 是最适发病温度，25℃ 以上的高温天气抑制病菌的侵染和发病。光照刺激病菌产孢，强光也不利于细辛生长，加速叶片枯死。遮阴栽培细辛较露光栽培可以减轻发病。

周年发病动态可分为春季始发期、初夏盛发期、盛夏抑制期、秋季复发期和越冬休眠期 5 个阶段。一般 5 月上旬开始发病，6～7 月是病害盛发期。7 月中旬至 8 月中旬因盛夏高温（25℃ 以上）抑制病菌侵染，病害无明显进展，而细辛叶片继续生长，因而病情指数有所回落。8 月下旬以后，随着气温下降，病情又有所加重，从而形成双峰曲线。

防治方法

种苗消毒　栽植前采用 50% 速克灵 800 倍液浸细辛种苗 4 小时进行消毒，可以全部杀死种苗上携带的病原菌，从而有效地防止种苗带菌传病。

田园卫生　秋季细辛自然枯萎后，应当及时清除床面上的病残体，集中田外烧毁或深埋。春季细辛出土前，采用 50% 代森铵水剂 400 倍液进行床面喷药消毒杀菌，可以有效地降低田间越冬菌源量。

遮阴栽培　遮阴栽培细辛与全光栽辛相比可以有效地降低发病程度。因此，可以利用林荫下栽培细辛或挂帘遮阴栽辛减轻发病。

化学防治　是细辛叶枯病防治的必要手段。可选用 50% 速克灵 1000 倍、50% 扑海因 800 倍、50% 万霉灵 600 倍。从发病初期开始，视天气和病情每隔 7～10 天 1 次，需喷多次。

喷药要求细致周到，特别是细辛长大封垄后，应尽可能喷洒细辛叶片正反面着药。

参考文献

傅俊范，2007. 药用植物病理学 [M]. 北京：中国农业出版社.

傅俊范，王崇仁，吴友三，1995. 细辛叶枯病原菌及其生物学研究 [J]. 植物病理学报，25(2): 175-178.

傅俊范，王崇仁，吴友三，1995. 细辛叶枯病侵染循环、流行规律及其防治对策研究 [J]. 植物保护学报，22(3): 275-280.

周如军，傅俊范，2016. 药用植物病害原色图鉴 [M]. 北京：中国农业出版社.

（撰稿：傅俊范；审稿：丁万隆）

显症率　rate of symptom apparition

显症率有两方面的含意，一方面是指某个时间段内显症的病斑数占总病斑数的比率；另一方面是指能形成可见症状或病斑的侵入点数占总侵入点数的比率。

在实际观测中发现，即使用遗传完全一致的病原菌同时接种的寄主植物，其发病也是一陆续的过程，发病历期从数日到数年。用同一批苹果褐斑病的分生孢子悬浮液同时接种的苹果枝条，从第一个叶片开始发病到最后一个叶片发病，最短为 8 天，最长为 62 天，平均 23.8 天，历期 54 天。为了准确描述这个过程，常采用逐日症率（Pi）、累积显症率（PPi）、显症速率等概念。逐日显症率是显症率的概率密度分布；累积显症率为概率分布函数的积分形式；它们均用来描述新斑出现的动态。

然而，实际研究也发现，侵入寄主组织内并与寄主建立寄生关系，并在寄主组织内生长扩展的病菌，并不一定能引起可见的症状。例如，组织学研究发现，苹果叶片潜伏有大量的黑星病菌，部分病菌能进一步扩展致病，形成可见的症状，并产生孢子；但在抗性较强的叶片内，存在大量菌落，因受寄主抗性的影响，这部分菌落难以继续生长扩展，也难以致病产孢，不表现可见症状，而是一直潜伏在叶组织内。

X

从这个意义上理解，显症率应是显症的侵染点数占总侵染点数的比率，总侵染点数包括已经显症的侵染点数和未显症的侵染点数两部分。由于未显症的侵染点数难以查明和计数，显症率也只是一个理论上的概念，难以在实际中应用。在实际的流行学研究中，通常假设所有已侵染病菌都能致病，并且表见可见的症状，以最终显症的病斑数代表总的侵染点数，计算显症率，而忽略不能致病的侵染点数。

病斑的显症取决于病原物本身生物学特性，同时受寄主的抗病性和环境条件的影响。苹果果实轮纹病的显症主要受寄主抗病性的影响。苹果幼果细胞代谢旺盛，细胞壁容易木栓化，轮纹病菌侵入果实后刺激果肉细胞木栓化，木栓化的细胞反过来阻止了病菌的生长扩展，因此，5～7月侵入果实的轮纹病菌在果期都不能显症，直到进入8月中旬后陆续显症。梨黑星病的显症受湿度影响很大。梨树果实在采收前若遇连续数日的大雾或连续阴雨，梨果实上会出现大量黑星病斑，这实际是潜伏在果实内的病菌遇高湿条件后大量显症的结果。

参考文献

马占鸿，2010.植病流行学 [M].北京：科学出版社.

肖悦岩，曾士迈，1985.小麦条锈病三种显症率预测式的比较 [J].中国科学 (B 辑), 15(2): 151-157.

雍道敬，李保华，张延安，等，2014.苹果褐斑病潜育动态 [J].中国农业科学，15: 3103-3111.

曾士迈，杨演，1986.植物病害流行学 [M].北京：农业出版社.

LI B, XU X, 2002. Infection and development of apple scab (*Venturia inaequalis*) on old leaves[J]. Journal of phytopathology, 150: 687-691.

（撰稿：李保华、练森；审稿：肖悦岩）

线虫病害综合防治 integrated control of nematode disease

对包括线虫在内的有害生物进行科学管理的体系。从农业生态系统总体出发，根据有害生物与环境之间的相互关系，充分发挥自然控制因素的作用，因地制宜地协调应用必要措施，将有害生物控制在经济受害允许水平之下，以获得最佳的经济、生态和社会效益，这一定义与国际上常用的"有害生物综合治理""植物病害管理"的内涵是一致的。

基本内容 植物线虫病害是一类有着土传特性的病害，防治难度大。中国地处温带、亚热带，耕作制度复杂，复种指数高，农作物种类繁多，因此，植物线虫病害的种类也很多，需要根据线虫不同的生物学习性、寄生习性、环境因素等情况来制定综合防治方案。总的原则是：①一切防治措施都不单纯以消灭线虫为目的，而是着重于抑制线虫的危害和促进作物生长，在不造成经济损失的前提下，保持寄主与寄生线虫间的动态平衡。②强调生物性防御，重视生态防治和生物防治，这种防治效果一旦实现，具有持久效应，发挥长远效果。③一切防治措施都与提高作物抗病能力和提高天敌的自然控制能力相协调，化学防治在整个防治体系中只是一种协调性的防治措施。④各种措施有机协调，防止单一措施造成的弊病，以有效阻止线虫对任何一项措施产生抗性。

参考文献

段玉玺，2011.植物线虫学 [M].北京：科学出版社.

许志刚，2009.普通植物病理学 [M].4 版.北京：高等教育出版社.

（撰稿：王扬；审稿：李成云）

相对抗病性指数 relative resistance index

一种可以反映品种本身的相对抗病性参数。其公式如下：

$$a = \ln \frac{X}{1-X} - \ln \frac{Y}{1-Y}$$

式中，a 为相对抗病性指数；X 为感病对照的病情指数；Y 为供试品种的病情指数。在 20 世纪曾士迈先生进行小麦条锈病抗病性的定量鉴定试验时发现，供试品种的病情指数本身以及相对病情指数都不能反映出品种本身的抗病性，因此，提出一个"相对抗病性指数"的概念。过去在品种抗锈性鉴定试验中，其结果通常以反应型和普遍率严重度来表示抗病性，病情指数是指普遍率和严重度的乘积，其中反应型是定性标准，可用来反映抗性等级，病情指数是定量标准，其本身的数值并不能直接表明品种的抗性强弱，只有在相同的诱发条件或者在与对照的感病品种对比下，才能反映出抗性的相对强弱，但是在进行田间试验时，难以确定诱发强度的标准，而且难以定量控制，因此，无法判断某一品种的抗病性强弱，经过多年的试验数据分析和理论推导，推导出了相对抗病性指数这一模型。

理论推导 当某一品种受到病害侵染时，其发病数量 X 由菌量 Q、环境 E 和品种抗病性 H（主要为抗侵入、抗扩展的特性）决定。即：

$$X = f(Q, E, H)$$

式中，环境 E 和抗病性 H 通过影响侵染概率和抗扩展性而决定发病数量，对 E 和 H 赋予导数值形式 X 又可表示为：

$$X = Q \cdot E \cdot H$$

当发病数量以百分数表示时，X 可以 $\frac{X}{1-X}$ 表示，即

$$\frac{X}{1-X} = Q \cdot E \cdot H$$

两边取对数可得：

$$\ln \frac{X}{1-X} = \ln Q + \ln E + \ln H$$

以 X、Y 和 Hx、Hy 分别代表两品种的病指和品种抗病性，即：

$$\ln \frac{X}{1-X} = \ln Q_X + \ln E_X + \ln H_X$$

$$\ln \frac{Y}{1-Y} = \ln Q_Y + \ln E_Y + \ln H_Y$$

当两个品种处于同一诱发环境时，$\ln Q_X = \ln Q_Y$，$\ln E_X = \ln E_Y$，因此，两式相减可得：

$$\ln\frac{X}{1-X}-\ln\frac{Y}{1-Y}=\ln H_X-\ln H_Y=\ln\frac{H_X}{H_Y}$$

可看出 $\ln\dfrac{H_X}{H_Y}$ 是一常数，此数值可用于反映品种间抗性差异。

但供试品种和感病对照病情指数的关系不是呈简单的比例关系，二者的病情指数的对数校正值呈回归关系，即：

$$\ln\frac{Y}{1-Y}=b\ln\frac{X}{1-X}-a$$

式中，X 为感病对照病情指数；Y 为供试品种病情指数；a 即是 $\ln\dfrac{H_X}{H_Y}$，为一常数；b 为回归系数。在多年水平抗锈性测定中发现所有供试品种和 1 差距很小。故上式可表示为：

$$a=\ln\frac{X}{1-X}-\ln\frac{Y}{1-Y}$$

当 $X>Y$ 时，即供试品种比感病对照抗病，a 为正值，a 越大则说明供试品种的相对抗性越强。虽然同一品种在不同年份不同地点的 a 值有一定变动，但不同品种之间 a 值差异较为显著，故 a 值可称为"相对抗病性指数"。

相对抗病性指数消除了环境因素造成的发病差异，用其可以反映不同品种不同年份之间的抗性差异，可以广泛应用于多种大田农作物。但必须满足所有品种置于同一环境下，并接种菌源相同。所测定的抗性为水平抗性，并且水平抗性在年份和地点之间交互作用很小。在测定抗病性时，需多设置对照，进行多次重复（3 次以上），严格观测记录病情，确保数据的准确性。

参考文献

曾士迈, 1981. 相对抗病性指数——小麦抗锈性定量鉴定方法改进之一 [J]. 植物病理学报, 11(3): 7-12.

（撰稿：马占鸿；审稿：王海光）

香草兰根（茎）腐病　vanilla *Fusarium* wilt

由尖孢镰刀菌香草兰专化型和茄腐皮镰刀菌引起的香草兰真菌病害，一般地下吸收根先染病变褐致死，然后是地上气生根变干枯，茎蔓出现失水皱缩，最后植株下垂枯死。

发展简史　1927 年 Tucker 首先报道了该病害并将病原物命名为尖孢镰刀菌香草兰致病变种（*Fusarium batatatis* Wr. var. *vanillae* Tucker）。1963 年 Gordon 将其重命名为尖孢镰刀菌香草兰专化型 [*Fusarium oxysporum* Schl. sp. *vanillae*（Tucker）Gordon]。在 1969 年 Alcornero 和 Santi 认为香草兰根（茎）腐病是由尖孢镰刀菌香草兰专化型和茄腐皮镰刀菌（*Fusarium solani*）混合侵染而引起的。2010 年 Pinaria 等人从印度香草兰产区分离了 542 株镰刀菌，涵盖了镰刀菌属的 12 个种，发现仅尖孢镰刀菌对香草兰具有致病性。在中国，1986 年，黄伙平对福建香草兰根腐病病原进行了鉴定，认为病原物是尖孢镰刀菌香草兰专化型。1998 年，阮兴业等人对云南西双版纳和海南的香草兰病害进行了综合报道，认为两地的香草兰根

（茎）腐病属 2 种镰刀菌（尖孢镰刀菌香草兰专化型和茄腐皮镰刀菌）混合侵染导致，其中尖孢镰刀菌香草兰专化型是主要病原菌。2016 年高圣风等人对海南的香草兰病害进行调查，发现香草兰根（茎）腐病危害重大，其病原物鉴定结果与阮兴业等人相同。

分布与危害　此病广泛分布于国内外香草兰种植区，发病率高达 30%～50%。初染病根系（一般地下吸收根先染病，然后是地上气生根）水渍状（图 1 ①），褐色腐烂，后干枯，病根只剩灰白色或棕色表皮层，内为坏死的维管束，茎蔓失水皱缩，叶片萎蔫变软呈黄绿色，重病植株停止抽生嫩芽。严重时扩展至茎蔓节，使茎蔓感病，受害茎蔓节间产生水渍状、褐色而不规则的病斑，后病部湿腐、皱缩、凹陷，并向上下和横向扩展蔓延，环缢病蔓，呈黑褐色（图 1 ②）。茎蔓内部组织变成褐色，叶片褪绿、萎蔫，严重的植株死亡。

病原及特征　病原为尖孢镰刀菌香草兰专化型 [*Fusarium oxysporum* f. sp. *vanillae*（Tucker）Gordon] 和茄腐皮镰刀菌（图 2）[*Fusarium solani*（Mart.）Sacc.]。这两种镰刀菌都能产生大、小型分生孢子和厚垣孢子。

在 PDA 培养基上，25℃ 下培养 10 天：气生菌丝体棉絮状，菌落反面为白色至粉红色，后变为紫色、紫红色，两

图 1　香草兰根（茎）腐病危害症状（刘爱勤提供）
①根感病症状；②茎感病症状

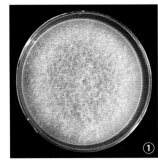
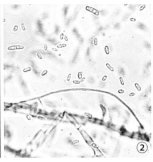

图 2　尖孢镰刀菌（高圣风提供）
①菌落；②菌丝及分生孢子

周左右已有大量分生孢子产生。大分生孢子镰刀形，壁薄，两端尖，无色，顶细胞稍钩曲，基部有足细胞，3～5个隔膜，大小30～60μm×3.5～5.5μm；小分生孢子由分生孢子梗上瓶梗型的产孢细胞上产生，无色，卵形至肾形、圆筒形，1～2个隔膜，大小为6～17μm×3.0～4.8μm；3～4周后产生厚垣孢子，厚垣孢子球形或椭圆形，壁光滑，无色，顶生或间生，单胞或2个串生。

侵染过程与侵染循环　该病周年发生，随着种植时间延长，病情会越来越严重。侵染来源是带菌土壤、带病种苗、病株残余以及未腐熟的土杂肥。病菌依靠风雨、流水和农事操作等传播。通过带病种苗进行远距离传播。病菌主要从伤口侵入根部或茎蔓，也可直接侵入根梢。

流行规律　病害的发生发展与栽培管理及周围环境有关。管理精细，在土表或根围施有机肥、落叶或锯末等覆盖，营养充足，干旱及时进行灌溉，病情较轻；反之，管理粗放，在地表、根围没有施用有机肥的，干旱不及时浇灌，病情较重。

防治方法　选择干旱季节或雨季晴天及时清除感病茎蔓、根并于当天涂药或喷施农药保护切口。根系初染病时，用50%多菌灵可湿性粉剂800倍液或70%甲基托布津可湿性粉剂1000倍液或粉锈宁可湿性粉剂500倍液淋灌病株及四周土壤2～3次（1次/月）。

茎蔓、叶片或果荚初染病时，及时用小刀切除感病部分，后用50%多菌灵可湿性粉剂涂擦伤口处，同时用50%多菌灵可湿性粉剂1000倍液或70%甲基托布津可湿性粉剂1000～1500倍液喷施周围的茎蔓、叶片或果荚。每隔5天1次，连续喷药2～3次。

参考文献

黄伙平，1986. 香荚兰根腐病研究——Ⅰ. 病原菌鉴定及其生物学特性 [J]. 亚热带植物通讯 (1): 7-11.

刘爱勤，桑利伟，谭乐和，等，2011. 海南省香草兰主要病虫害现状调查 [J]. 热带作物学报，32(10): 1957-1962.

阮兴业，陈建斌，朱有勇，1998. 香荚兰病害研究综述 [J]. 云南农业大学学报，13(1): 139-144.

ALEONERO R, SANTIAGO A G, 1969. Fusaria pathogenic to vanilla [J]. Plant disease reporter, 53(11): 854-557.

GORDON W L, 1965. Pathogenic strains of *Fusarium oxysporum* [J]. Canadian journal of botany, 43(11): 1309-1318.

PINARIA A G, LIEW E C, BURGESS L W, 2010. Fusarium species associated with vanilla stem rot in Indonesia[J]. Australasian plant pathology, 39(2): 176-183.

（撰稿：高圣风；审稿：刘爱勤）

香草兰细菌性软腐病　vanilla bacterial soft rot

由胡萝卜果胶杆菌引起的、主要危害叶片和茎蔓的一种细菌性病害。

发展简史　香草兰细菌性软腐病在国外少见报道，主要发生在中国云南、海南等香草兰栽培区。1988年，在海南兴隆地区首次发现该病害，症状为水渍状病斑，导致整张叶片腐烂。随后其他栽培区陆续有香草兰细菌性软腐病发生。

分布与危害　香草兰细菌性软腐病是分布普遍且对生产造成较大损失的病害。在海南岛各个香草兰种植区均有发生危害。

叶片受侵染的部位初时呈现水渍状、褐色纺锤形或不规则形凹陷斑，随后水渍状病痕迅速扩展，病部叶肉组织浸离，软腐塌萎，仅残留表皮，具恶臭味，腐烂病痕的边缘出现褐色线纹。在潮湿情况下病部渗出乳白色溢脓，迅速扩展，最后整片叶腐烂只剩上下两层表皮。在干燥情况下，腐烂的病叶呈干痂状。茎蔓被害部位初呈水渍状，有浅褐色病痕，后迅速扩展，组织软腐、浮肿，用手轻压有乳白色溢脓流出（见图）。

病原及特征　病原为胡萝卜果胶杆菌胡萝卜亚种（*Pectobacterium carotovorum* subsp. *carotovorum*）果胶杆菌属细菌。菌体短杆状，两端钝圆，多数单个排列，少数成双排列或3～5个菌体呈短链排列。菌体大小为0.5μm×0.9～2μm，不产生芽孢，不产生荚膜，革兰氏染色为阴性反应，生长发育适温25～30℃，pH为7.0时生长最好。用银盐染色法可见菌体有4～6根周生鞭毛。菌体在平板培养基上培养48小时，菌落圆形或不定形，稍平坦，表面光滑，边缘稍皱，乳白色半透明，菌落直径1～2mm。

侵染过程与侵染循环　病原菌随带菌的病残体、土壤、

香草兰细菌性软腐病危害症状（刘爱勤提供）

①叶片感病症状；②茎蔓感病症状

未腐熟的农家肥以及越季病株等越冬，成为重要的初侵染菌源。在生长季节病原菌可通过雨水、露水、灌溉水、肥料、土壤、昆虫等多种途径传播蔓延，人在田间操作也能传病。病菌从伤口或自然裂口侵入寄主，导致发病。伤口包括虫伤口、机械伤口、病伤口等。自然裂口多在持续降雨后出现。病组织中的病菌又借昆虫、雨水等传播，引起再次侵染，使病害扩展蔓延。昆虫取食造成大量伤口，成为软腐病病原菌侵入的重要通道，同时多种昆虫的虫体内外可以携带病原菌，能有效传病。

流行规律　该病害在海南各种植区周年都有发生，其中以海南万宁种植区发病最重。植株生长后期湿度大的条件下发病严重。病害发生流行与降水量、温湿度关系极为密切，雨量大、持续降雨天数多、田间湿度大、温度高是病害发生发展的重要条件。病害流行期通常出现在每年4～10月，11月至翌年3月发病较轻。遇到低温干旱期，病害受到抑制或发展缓慢。

防治方法　以发病株及其周围的植株为重点喷施农药，喷药时注意喷施接近地面的茎蔓及茎基部。雨季来临之前，可喷施0.5%～1.0%波尔多液1次；将病蔓、病叶处理后及时喷施农用链霉素可湿性粉剂1000倍液，或47%春雷氧氯铜可湿性粉剂500倍液，或77%氢氧化铜可湿性粉剂500～800倍液，或64%杀毒矾可湿性粉剂500倍液保护。每周检查和喷药1次，连续喷2～3次，全株均喷湿，冠幅下的地面也喷药，以喷湿地面为度。连续数日降雨后或台风后，抢晴天轮换喷施以上农药。各种药剂应轮流使用，避免诱发病菌产生抗药性。

参考文献

刘爱勤，黄根深，张翠玲，2000. 香草兰细菌性软腐病发生规律研究初报 [J]. 热带作物学报，21(3): 39-44.

刘爱勤，张翠玲，黄根深，等，2007. 香草兰细菌性软腐病防治研究 [J]. 植物保护，33(5): 147-149.

文衍堂，李木荣，1992. 香草兰细菌性软腐病病原菌鉴定 [J]. 热带作物学报，13(1): 101-104.

（撰稿：高圣风；审稿：刘爱勤）

香草兰疫病　vanilla *Phytophthora* blight

由疫霉菌引起、主要危害香草兰嫩梢和果荚的传染性很强的真菌病害。它是威胁香草兰产业可持续发展的一种重要病害，轻者减产10%～20%，重者毁灭性损失。

发展简史　该病最早于1926年在留尼汪发现并把其病原鉴定为 *Phytophthora jatrophae*（*Phytophthora parasitica*）。此后，在马达加斯加、印度尼西亚的爪哇、波多黎各和留尼汪均先后报道了香草兰疫病的发生危害情况。中国云南西双版纳于1985年发现这一疫病，每年7～8月的高温多雨季节，露地栽培的香草兰发病严重。在海南，刘爱勤曾于1997年在中国热带农业科学院香料饮料研究所（以下简称"香饮所"）香草兰园腐烂的香草兰嫩梢上分离到一疫霉菌，因病情很轻而未引起重视，后虽一直关注但未再发现病株。2006年3月，

香饮所内多块香草兰园中的香草兰嫩梢发生腐烂，经显微镜检查鉴定为疫霉菌，发病率10%左右。随后研究人员在海南香草兰种植区进行普查，结果表明各植区均有疫病发生，平均使香草兰果荚减产10%～20%，成为制约香草兰产业发展的因素之一。

分布与危害　此病最早于1926年在留尼汪发现。此后，在马达加斯加、印度尼西亚的爪哇、波多黎各和留尼汪均先后报道了香草兰疫病的发生危害情况。中国海南各香草兰种植区均有疫病发生，平均使香草兰果荚减产10%～20%，成为制约香草兰产业发展的因素之一。

植株受烟草疫霉（寄生疫霉）侵染后，茎蔓、叶片、果荚均能发病，以嫩梢、嫩叶、幼果荚和低部位（离地40cm以内）的蔓、梢、花序和果荚更易发病。在田间多数从嫩梢开始感病。发病初期嫩梢尖出现水渍状病斑，后病斑渐扩至下面第2～3节，呈黑褐色软腐，病梢下垂，有的叶片呈水泡状内含浅褐色液体，并有黑褐色液体渗出。湿度大时，在病部可看到白色棉絮状菌丝。果荚发病初期出现不同程度的黑褐色病斑，随病情扩展，病部腐烂，后期感病的叶片、果荚脱落，茎蔓枯死，造成严重减产（图1）。

病原及特征　R. S. Bhai等调查了印度香草兰疫病的发生危害情况，并对其病原菌进行了鉴定，经鉴定，印度香草兰疫病的病原菌是 *Phytophthora meadii*。P. H. Tsao等对法属波利尼西亚香草兰疫病病原菌进行了分离鉴定，病原有棕榈疫霉［*Phytophthora palmivora*（Butler）Butler（A1与A2交配型）］、寄生疫霉［*Phytophthora parasitica* Dast.（A1和A2型）］和辣椒疫霉［*Phytophthora capsici* Leon. =*Phytophthora palmivora*（Butler）Butler MF4，A1型］。杨雄飞等对云南西双版纳的香草兰疫病病情和流行规律进行了调查，并进行了病原鉴定，结果表明，云南西双版纳的香草兰疫病的病原菌有冬生疫霉（*Phytophthora hibernalis*）、柑橘褐腐疫霉［*Phytophthora citrophthora*（R. et E. Smith）Leon.］、辣椒疫霉和寄生疫霉。曾会才等从云南西双版纳景洪、勐腊的热带作物园香草兰疫病果荚、茎节、叶片上分离到10个疫霉分离菌，经鉴定，云南西双版纳的香草兰疫病疫霉鉴定为烟草疫霉（寄生疫霉）［*Phytophthora nicotianae*（*Phytophthora parasitica*）］，均属于A1交配型。刘爱勤等通过对香草兰疫病病原进行分离、形态特征鉴定和rDNA ITS序列测序分析，明确了引起海南香草兰疫病的疫霉菌种类为烟草疫霉（寄生疫霉），交配型为A2交配型。

该病菌在V8培养基上菌落丛生棉絮状（图2）、不规则，气生菌丝中等丰富。菌丝近直角分枝，主菌丝直径5～7.5μm。孢囊梗不规则合轴分枝，孢子囊端生或间生，在水中不脱落、球形、宽椭圆形至倒梨形，大小为25～50μm×20～40μm（平均41μm×30.5μm），长/宽1.2～1.63∶1（平均1.35∶1），全乳突。有性生殖为异宗配合，A2交配型，藏卵器球形，淡黄色，直径22.5～32.5μm（平均27.8μm），卵孢子近乎满器，大小为17.5μm×30μm（平均19.7μm），雄器围生，大小为7.5～17.5μm×7.5～22.5μm（平均12.2μm×14.4μm）。

侵染过程与侵染循环　病菌主要以卵孢子在土壤中的

图 1　香草兰嫩梢、嫩叶、果荚、茎蔓感病症状（刘爱勤提供）

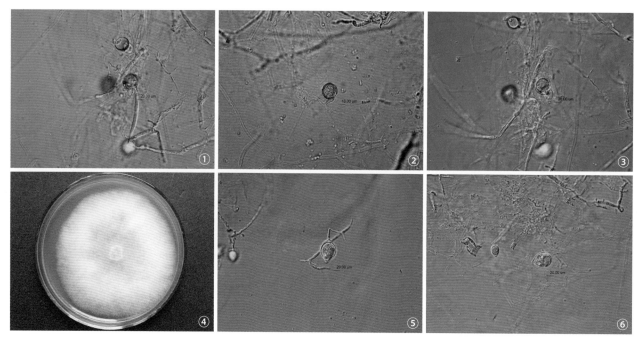

图 2　香草兰疫病疫霉菌的形态（刘爱勤提供）

①菌落形态；②③孢子囊形态；④⑤⑥藏卵器和雄器形态

病残体上越冬，卵孢子越冬后，经雨水冲刷到靠近地面的茎蔓或嫩梢上，萌发产生芽管，当芽管与寄主表皮接触时，形成压力胞，再在压力胞后部产生侵入丝，直接穿过表皮侵入寄主，引起初侵染。以后在病斑上产生大量的孢子囊。孢子囊或孢子囊萌发产生的游动孢子在植株生长期间又经风、雨和流水传播，进行再侵染，使病害在田间扩大蔓延。

发生规律　雨量充沛，就有利于发病；温度过低或过高，雨量少，则不利于发病。连作地发病早而重；田间管理不及时，杂草多或叶螨危害严重的地块，发病重；过度密植或偏施氮肥使生长繁茂，田间郁闭而通风不良时，也有利于病害的发生和蔓延。地势低洼、排水不良、土质黏重、雨后积水或渠旁漏水的地块发病重。

防治方法　在该病发生高峰期到来前先使用链霉菌M10 发酵液进行预防；茎蔓或果荚初染病时及时用小刀切除染病部分，随即用 1% 波尔多液或甲霜灵或霜疫灵或烯酰吗啉可湿性粉剂等涂擦保护切口；发病严重时，应彻底清理病叶和病嫩梢到园外烧掉，再立即使用 68% 精甲霜·锰锌水分散粒剂 1000 倍液、50% 烯酰吗啉可湿性粉剂 1000 倍液或 36% 霜脲锰锌可湿性粉剂 1000 倍液进行交替喷药防治，每隔 7 天喷药 1 次，连续喷药 2～3 次。

参考文献

刘爱勤，桑利伟，孙世伟，等，2008. 香草兰疫霉菌对 9 种杀菌剂的敏感性测定 [J]. 农药，47(11): 847-848.

刘爱勤，曾涛，曾会才，等，2008. 海南香草兰疫病发生情况调查及疫霉菌种类鉴定 [J]. 热带作物学报 (6): 803-807.

（撰稿：高圣风；审稿：刘爱勤）

香蕉根结线虫病　banana root-knot nematodes

由根结线虫属引起的造成香蕉根结的土传病害。

分布与危害　在世界所有香蕉产区均有分布，发生频率高，危害严重，可造成大幅度的经济损失。中国是根结线虫病的重发区域，在广东、广西、海南、福建、云南、贵州和台湾等香蕉产区，该病均有不同程度发生与危害。

根结线虫的寄主范围极广，除了寄生香蕉以外，还可侵染蔬菜、果树、花卉、油料、南药和野生杂草等 114 科的3000 多种植物。根结线虫的种类繁多，世界上已报道有 90多种，中国已记载的有 30 多个种。中国寄生香蕉的根结线虫主要有南方根结线虫、爪哇根结线虫和花生根结线虫。根结线虫危害香蕉根系，在根系上形成大小不等的瘤状物即根结。根结初为白色，表面光滑，后逐渐变褐色。随着侵入病原线虫数量的增加，整个根系布满根结，连接成不规则串珠状根结团，阻碍或破坏根系对肥水的吸收和输送功能，同时诱发其他病原菌的复合侵染，从而导致整个根系腐烂。根结线虫危害初期，植株地上部病状不明显，随着病情加重，地上部逐渐呈现生长不良，长势衰弱，叶片自下至上褪绿黄化、无光泽，似缺肥缺水症状，严重时叶片脱落，终致植株枯死（见图）。

病原及特征　病原主要是南方根结线虫 [*Meloidogyne*

香蕉根结线虫造成的地下部根结症状（张欣提供）

incognita（Kofoid et White）Chitwood]。雌雄异形。雄虫线形，唇区平至凹，不缢缩，常有 2～3 条不完整的环纹；口针圆锥体部尖端钝圆，杆状部常为圆柱形，靠近基部球位置较窄，基部球圆。雌虫膨大，呈球形或梨形，有突出的颈部；唇区稍突起，略呈帽状，会阴花纹变异较大，一般背弓高；花纹明显呈椭圆形或方形，背弓顶部圆或平，有时呈梯形，背纹紧密，背面和侧面的花纹从波浪形至锯齿形，有时平滑，侧区常不清楚，侧纹常分叉。

侵染过程与侵染循环　香蕉根结线虫主要以卵、幼虫和雌虫在土壤和病根组织内越冬，翌年气温回升到 10℃ 以上时开始活动。在海南岛等热带地区，根结线虫无越冬现象，可周年发生。以二龄幼虫侵入香蕉幼根，寄生于根部皮层与中柱之间，进行取食，同时分泌毒素刺激根细胞过度生长和分裂，形成多核的巨型细胞，致使根部形成大小不等的根结。幼虫在根结内生长发育，经 4 次蜕皮发育成成虫，成熟雌虫产卵于胶质卵囊中，卵囊遇水破裂，卵粒散落到土壤中成为再侵染源。在南方香蕉产区，香蕉根结线虫一年繁殖多代，可进行多次重复侵染。主要是借助流水、农具、带病有机肥、病苗、病土和人畜活动进行传播。

流行规律　前茬为葫芦科、茄科和豆科蔬菜等寄主作物，本茬为香蕉，发病重。前茬为水稻则发病轻，种植水稻的年限越长，越不利于病害发生发展。砂土和砂壤土比黏土和黏壤土更易发病。香蕉根结线虫种群数量随气温和降水量的变化而不同，气温 25～29℃、月降水量 128～150mm 是根结数量发生数量的高峰期，气温偏高或偏低，降水量增多或减少，都不利于线虫数量增长。可侵染所有栽培的芭蕉属作物，至今未发现抗香蕉根结线虫的种质材料。

防治方法　染病地因地制宜地采用非寄主作物、免疫或高抗作物如玉米、木薯、甘蔗等交替种植，水田采用水稻或水生作物轮作 1 年以上。香蕉苗种植前翻耕晒垡，采用无病种苗进行种植，种植时在底肥中加入噻唑膦、阿维菌素等杀线虫剂，香蕉生长过程中加强水肥管理，均可减轻病害发生。如发现香蕉根结线虫病有发生，可采用噻唑膦、阿维菌素、毒死蜱、二硫氰基甲烷等药剂进行沟施、穴施或灌根。

参考文献

付岗，2015. 香蕉病虫害防治原色图鉴 [M]. 南宁：广西科学技术出版社.

中国农业科学院植物保护研究所,中国植物保护学会,2015.中国农作物病虫害 [M].3 版.北京:中国农业出版社.

（撰稿：张欣；审稿：谢昌平）

香蕉褐缘灰斑病 banana sigatoka leaf spot

是危害香蕉生产的真菌病害，主要有 2 种，由斐济球腔菌引起的香蕉黑条叶斑病（banana black sigatoka）和由香蕉生球腔菌引起的香蕉黄条叶斑病（banana yellow sigatoka）。

发展简史 1963 年，斐济岛首次报道了由斐济球腔菌引起的黑条叶斑病。后来该病在整个太平洋群岛相继报道。1972 年，美洲第一次有报道是在洪都拉斯，向北传播到危地马拉、伯利兹城和墨西哥南部，向南拓展到萨尔瓦多、尼加拉瓜、哥斯达黎加、巴拿马、哥伦比亚、厄瓜多尔、秘鲁和玻利维亚。最近报道是在委内瑞拉、古巴、牙买加、多米尼加共和国。在非洲，赞比亚于 1973 年第一次报道该病。随后扩展到喀麦隆、尼日利亚、贝宁湾、多哥、加纳、科特迪瓦等地。亚洲的不丹、越南、菲律宾群岛、马来群岛以西、印尼苏门答腊岛及中国台湾、海南、广东、广西、云南和福建相继报道此病害。

分布与危害 该病害在世界各蕉区普遍发生。褐缘灰斑病危害造成香蕉叶片大量干枯死亡，致使果实产量严重减产，同时影响果实的品质，特别是贮运保鲜，褐缘灰斑病危害后，催熟过程中成熟不一致，着色不均匀，无商品价值。

黑条叶斑病的症状是在叶背出现深褐色的条纹（见图），而黄条叶斑病的症状则是在叶子正面出现浅黄色条纹，然后逐渐加剧扩大成有黄色晕圈和浅灰色中心的坏死组织。

病原及特征 病原为斐济球腔菌（*Mycosphaerella fijiensis*）。分生孢子梗主要在背叶生，单生或者 2～5 个簇生，常从叶背气孔伸出，淡色至浅褐色，屈膝状，孢子痕较厚。分生孢子倒棒形，圆筒形，有 1～10 个分隔，基部有明显脐点（孢子痕），从脐端到顶部渐变狭窄，有明显的底部。该病菌在马铃薯葡萄糖（PDA）培养基上生长的速度很慢，室温下培养 1 个月，菌落直径大小为 0.5～1cm，产孢难且少，黑色坚硬的菌块往培养基下生长，表面长出灰色或灰白色菌丝，在培养过程中，有些菌落的菌丝变为很淡的粉红色。菌落表面常伴有水泡状物生成。

香蕉生球腔菌（*Mycosphaerella musicola*）：分生孢子梗无色、叶片两面生、丛生，直立或稍弯曲，瓶状，多数无分隔、无明显孢痕。分生孢子单个着生，大多数圆筒形，有些倒棍棒形，直立或屈膝状弯曲，有 1～5 个横隔膜，基部无明显的脐点（孢子痕）。

侵染过程与侵染循环 造成斐济球腔菌流行的主要传播来源是子囊孢子。春季，越冬的病原菌产生大量子囊孢子，随风雨传播。在成熟的病斑上，叶片的两面都分布有大量的子囊果，而以叶背面近轴处最多，当雨水充足或叶片上附有水膜时，子囊果吸入水分后，产生弹力使子囊孢子弹出，进行传播。子囊果在感病叶组织死后 48 小时内充分成熟，子囊孢子在夜间富集，白天散播。

病原菌的分生孢子是香蕉生球腔菌传播的主要方式，尤其是在湿度比较高的季节，叶面上有持续水雾时，大部分分生孢子能靠雨水的冲刷和滴溅传播。

流行规律 每年的 4～5 月初见此病，6～7 月高温多雨，病情迅速加重，8～10 月病害进入盛发期，11 月随降雨减少和气温下降，病害发展速度减慢。该病害发病的严重程度和降雨量、雾及露水关系密切。香蕉抽蕾期消耗大量营养物质，抗病性弱，病害发展也较快。

防治方法 对香蕉褐缘灰斑病的控制主要还是集中在药剂防治，防效较好的为三唑类杀菌剂。在中国主要采取以下措施进行综合防治。

农业防治 种植密度合适，定期修除枯叶，除草和多余的吸芽，进行地面覆盖，保持蕉园通风透光。加强肥水管理。施足基肥，增施有机肥和钾肥，不偏施氮肥；旱季定期灌水，雨季注意排水，促进香蕉植株生长旺盛，提高抗病力。割除病枯叶，减少侵染菌源。

化学防治 在病害初发期或现蕾期前 1 个月起应加强化学防治。为防止抗药性的产生，应轮换使用农药，或者内吸性杀菌剂和触杀性杀菌剂混合使用。

参考文献

张开明,1999.香蕉病虫害防治 [M].北京:中国农业出版社.

王国芬,黄俊生,谢艺贤,等,2006.香蕉叶斑病的研究进展 [J].果树学报,23(1): 96-101.

张运强,谢艺贤,张辉强,1998.香蕉叶斑病的主要种类、发生规律及防治 [J].热带农业科学 (6): 32-44.

CARLIER J, ZAPATER M F, LAPEYRE F, et al, 2000. *Septoria* leaf spot of banana: A newly discovered disease caused by *Mycosphaerella eumusae* (anamorph *Septoria eumusae*)[J]. Phytopathology, 90(8): 884.

FOURÉ É, GANRY J, 2011. A biological forecasting system to control black leaf streak disease of bananas and plantains[J]. Fruits, 63(5): 311-317.

（撰稿：丁兆建；审稿：谢昌平）

香蕉褐缘灰斑病的叶部危害症状（丁兆建提供）

香蕉黑星病 banana freckle disease

由香蕉大茎点霉引起的危害香蕉叶片和果实的重要病害。

分布与危害 香蕉黑星病在东南亚、太平洋以及中国香蕉产区普遍发生。叶片、叶柄上散生许多深褐色至黑色突起的小点，扩大后形成近圆形黑色的斑块。病斑密生时，叶片变黄，提早干枯。果实上主要危害幼果，多在果背弯曲处的表皮上产生许多散生的黑褐色小粒，表皮突起变粗糙，果实成熟时一般不造成烂果，但可致表皮变黑、不均匀软熟，病部组织略下陷，外观差（见图）。病叶危害严重时，产量损失达 30%～50%。在果实上产生黑色斑点，严重影响果实的外观，降低果实质量等级，影响其商品性。

病原及特征 病原为香蕉大茎点霉［*Macrophoma musae*（Cke）Berl. & Vogl，异名 *Phyllosticta musarum*（Cooke）Petrak（无性态）；*Guignardia musae* Raciforski（有性态，球座菌属）］引起。常见为无性态，分生孢子器黑褐色、扁圆球形，埋生或半埋生于寄主表皮组织内。

侵染过程与侵染循环 香蕉黑星病以菌丝体或分生孢子在病叶、病果上越冬。翌年春季降雨后，分生孢子从分生孢器中溢出，由雨水或露水短距离扩散到叶片和果实上。随后在病部产生大量分生孢子，经风雨传播，形成再侵染。

流行规律 香蕉黑星病可周年发生危害，降雨、露水、多雾天气十分有利于病害的发生；夏秋温暖潮湿的条件下病害容易暴发；冬春季节气温较低，若天气多雾、露水重或雨水多，病害也可严重发生；过度密植，偏施氮肥，排水不良的蕉园发病较重。主栽品种巴西蕉、威廉斯等为感病品种，粉蕉、大蕉极少发病。

防治方法 经常检查清除蕉园老叶、下层病叶，及时抹除果指残存花器。疏通蕉园排灌沟渠，避免雨季积水；不偏施氮肥，增施有机肥和钾肥，提高植株抗病力。抽蕾期，用

香蕉黑星病叶部危害症状（张欣提供）

纸袋或塑料薄膜套果，减少病菌侵染。

叶片出现明显症状时应进行药剂防治，尤其在香蕉结果期，控制病原菌侵染果实。对于香蕉果实，宜在香蕉抽蕾后苞片未开前进行第一次喷药保护，以后每隔 7～15 天喷 1 次，连续 2～3 次后套袋护果。可采用肟菌酯·戊唑醇、戊唑醇、吡唑醚菌酯、氟硅唑、苯醚甲环唑、腈菌唑等农药，腈菌唑等三唑类药剂不宜在幼果期使用。

参考文献

蒲金基，张欣，谢艺贤，等，2006. 香蕉黑星病菌形态与生物学特性 [J]. 果树学报，23(4): 576-580.

杨绍琼，陈伟强，邓成菊等，2015. 云南河口地区香蕉黑星病与炭疽病发生规律的再研究 [J]. 热带农业科学，35(2): 45-50.

张贺，蒲金基，张欣，2011. 5 种杀菌剂对香蕉黑星病的田间防效比较 [J]. 中国热带农业 (6): 57-59.

中国农业科学院植物保护研究所，中国植物保护学会，2015. 中国农作物病虫害 [M]. 3 版. 北京：中国农业出版社.

WONG M H，CROUS P W，HENDERSON J, et al, 2012. *Phyllosticta* species associated with freckle disease of banana[J]. Fungal diversity, 56 (1): 173-187.

（撰稿：曾凡云；审稿：谢昌平）

香蕉花叶心腐病 banana mosiac heart rot

由黄瓜花叶病毒引起的香蕉重要病害之一。

发展简史 香蕉花叶心腐病从 20 世纪 20～30 年代开始在大洋洲、亚洲和南美洲等地发生危害。中国于 1974 年在广州及东莞个别地点首次发现，现已成为香蕉重要病害之一。

全世界已经报道了 100 多个黄瓜花叶病毒的株系或分离物。依据血清学及生物学等特征把众多的黄瓜花叶病毒株系分为 2 个亚组，即 DTL 血清组（亚组 I）和 ToRS 血清组（亚组 II）。从黄瓜花叶病毒引起植物病害症状上来看，亚组 I 通常引起较严重的坏死、失绿、矮化和厥叶等较严重的症状，而亚组 II 仅引起较温和的斑驳和花叶等症状。

分布与危害 在广东、广西、福建、云南和海南等地均有发生，部分蕉园发病率高达 80%～90%，一般发病率为 5%～10%。香蕉花叶心腐病有两种典型症状，一是花叶症状，即病株叶片上出现断断续续的褪绿黄色条纹或梭形圈斑；二是心腐，在嫩叶黄化或出现斑驳症之后，心叶或假茎内部继而出现水渍状病变，横切假茎病部可见黑褐色块状病斑，中心变黑腐烂、发臭，顶部叶片有扭曲的倾向，最后整株腐烂枯死（见图）。

病原及特征 病原是黄瓜花叶病毒（cucumber mosiac virus，CMV），是一种分布范围最广、发生最普遍的植物 RNA 病毒之一，能侵染 100 科 1200 多种单、双子叶植物。CMV 病毒粒体为等轴二十面体，直径 28～30nm，粒子中心有一个约 12nm 的电子致密结构。病毒遗传物质为 RNA，外壳蛋白由一种亚基组成，分子量为 24～28kDa。CMV 基因组由单链（ss）、正义 RNA 构成，包括 RNA1

长 3351nt，RNA2 长 3050nt，RNA3 长 2216nt，和亚基因组 RNA4 长 1000nt。有的株系还含有卫星 RNA（Satellite RNA）。

侵染过程与侵染循环 香蕉花叶心腐病的初侵染源主要是田间病株和吸芽，蕉园内病害近距离传播主要靠蚜虫，也可以通过汁液摩擦或机械接触方式传播；远距离传播主要是通过带毒吸芽的调运。

流行规律 该病的潜伏期长短和寄主生育期有关，幼嫩的组培苗对 CMV 敏感，感病后最短 10 天左右即可发病，吸芽和成株感染潜伏期可能 1 至数月。每年发病高峰期为 5～6 月。此病的发生与蚜虫数量、植株生育期和蕉园间作方式等有密切关系。温暖而干燥的年份有利于蚜虫繁殖活动，因而发病往往较重。幼株较成株易感病。蕉园间作或周围大面积种植蔬菜，尤其是茄科、葫芦科蔬菜，蚜虫在这些作物上辗转繁殖危害，则病害发生严重。

防治方法

加强检疫 选择不带病毒的苗繁殖，带毒苗应及时销毁，原来发病株的吸芽不能再用。

合理栽培 远离葫芦科、茄科等蔬菜作物，避免在香蕉园或附近种植黄瓜、豆类植物，以避免病毒传播。

清理蕉园 发现病蕉必须挖出病蕉，带出田外深埋沤制，同时深翻土，进行土壤消毒。

药剂防虫 可选用 40% 乐果、蚜虱净 3000 倍液防治蚜虫，每隔 7～10 天喷 1 次。

诱导抗病 在病害发生初期或抽蕾期之前，试用叶面

香蕉花叶心腐病危害症状（张欣提供）

宝、植病灵、病毒威、病毒 A 等抗病毒制剂。

参考文献

李伯传，钟瑞海，骆汝新，等，1990. 香蕉花叶心腐病的发生与防治 [J]. 植物检疫，4(2): 87-88.

林纬，黎起秦，韦绍兴，等，2000. 1999 年广西香蕉花叶心腐病严重发生原因分析 [J]. 植物保护，26(3): 26-27.

刘志昕，郑学勤，欧阳研，1993. 海南香蕉花叶病病毒分离物的研究 [J]. 热带作物学报，14(2): 93-97.

中国农业科学院植物保护研究所，中国植物保护学会，2015. 中国农作物病虫害 [M]. 3 版. 北京：中国农业出版社.

AVGELISA, 1987. Cucumber mosaic virus on banana in Crete[J]. Journal of phytopathology, 120(1): 20-24.

（撰稿：曾凡云；审稿：谢昌平）

香蕉茎点霉鞘腐病 *Phoma* sheath rot of banana

由南方茎点霉引起的香蕉病害。主要危害叶鞘，造成叶鞘腐烂，叶片倒垂，严重时造成整株枯死。又名香蕉鞘腐病。

分布与危害 主要分布在广西香蕉产区的南宁和钦州。发病率 5%～15%，个别严重的发病率高达 70%～80%。该病害严重影响香蕉的生长和产量。

主要危害叶鞘，通常在叶中肋背面以及叶柄与假茎连接处，初期在病部出现黑褐色不规则形病斑，病斑逐渐沿叶柄和叶片中肋背面由基部向端部扩展，并连接成片，在高温高湿环境下，叶鞘病斑深度加大，呈黑褐色水渍状腐烂，致使叶片尚未枯萎就从叶柄基部折断下垂，病株的病叶从下层逐渐向上层叶片扩展。全年均可发生，发病高峰期一般在 6～10 月（图 1）。

病原及特征 病原为南方茎点霉（*Phoma jolyana*）。其菌落背面黄色至紫红色，有较明显的轮纹，边缘未老熟菌丝白色，从侧面看，菌落馒头形，菌饼处气生菌丝形成明显的乳突，菌丝白色，毡毛状，致密，有隔，老熟后的菌丝黄色。分生孢子器黑色，扁球形，具短喙，孔口明显，居中，孔壁加厚，暗褐色，直径 9.2～17.3（～13.3）μm；分生孢子器大小为 124.8～241.8（～186.4）μm×83.2～150.8（～130.3）μm；分生孢子椭圆形到卵圆形，正直无色，单细胞，顶端钝圆，基部平截，分生孢子大小为 4.9～7.8（～6.1）μm×2.3～4.2（～3.3）μm。菌丝可产生较多串珠状厚垣孢子，少数为侧生的厚垣孢子（图 2）。

侵染过程与侵染循环 主要以菌丝体的形式在病株上越冬，也可以分生孢子器形式在病残体越冬。环境条件适宜时，产生分生孢子，借助风雨传播到蕉株的叶柄或叶鞘上，通过伤口侵入，引起病害的发生。发病后产生的分生孢子可以继续重复侵染危害。

流行规律 病害的发生与环境有着密切的关系，一般在高温、高湿以及通风不良的蕉园发病较为严重。在台风暴雨过后，往往容易诱发病害的发生。不同的品种或种质之间有差别，较抗病的品种有北蕉，保亭矮香蕉和泰蕉，较感病

图1 香蕉茎点霉鞘腐病叶鞘危害症状（谢昌平提供）

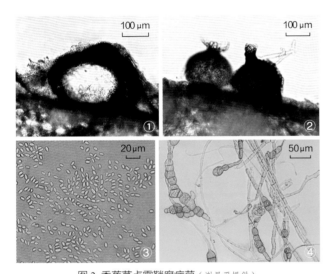

图2 香蕉茎点霉鞘腐病菌（谢昌平提供）

①②病原菌的分生孢子器；③病原菌的分生孢子；④病原菌的菌丝型厚垣孢子

的品种有尖峰岭大蕉和东莞高把蕉。香蕉主要栽培品种威廉斯、巴西属于中等感病品种。

防治方法

加强栽培管理　田间发现病株后应及时割除发病的叶片，严重发病的植株应整株连蕉头一并挖除，病穴用石灰粉消毒处理；雨季要搞好田间的排水系统，降低蕉园的湿度。

选用抗病品种（种质）　由于各品种（种质）的抗病性有一定差异，在品种培育上要加强选育，以获得高抗的品种。

化学防治　在割除病叶片后，可选用氟硅唑乳油、春雷霉素粉剂、叶枯唑可湿性粉剂等药剂喷雾，每隔7天1次，连续2～3次。

参考文献

谢昌平，张能，纪烨斌，等，2007.香蕉茎点霉鞘腐病的病原鉴定与药剂毒力测定 [J].热带作物学报，28(3): 88-92.

（撰稿：谢昌平；审稿：李增平）

香蕉枯萎病　banana *Fusarium* wilt

由尖孢镰刀菌古巴专化型引起的、危害香蕉生产的真菌病害。又名香蕉巴拿马病或香蕉黄叶病。

分布与危害　在国内外香蕉产区普遍发生，危害损失在10%～40%，严重时达90%以上，严重影响香蕉的产量和品质。

从根部入侵、系统侵染危害香蕉植株。发病蕉株下部老叶呈特异性黄化，黄化先从叶缘开始，后扩展到中脉，均匀黄化的叶片与健康的深绿色叶片形成鲜明的对比。染病叶片于叶柄处萎陷、倒垂枯萎，并迅速变褐、干枯。部分受害蕉株从假茎外围叶鞘近地面纵向开裂，渐向中心扩展，层层开裂直到心叶，裂口褐色干腐，后期叶片均匀变黄，倒垂或不倒垂。纵切或横切病株球茎和假茎可见维管束有黄至褐色病变，呈线状或斑点状，后期贯穿成长条形或块状。根部木质导管变为红棕色，并一直延伸到球茎内，后期干枯呈黑褐色（见图）。

病原及特征　病原为尖孢镰刀菌古巴专化型 [*Fusarium oxysporum* f. sp. *cubense*（E. F. Smith）Snyder et Hasen]，属子囊菌镰刀属。在 PDA（马铃薯葡萄糖琼脂）培养基上，菌丝为白色絮状，基质淡紫或淡紫红色。有三种类型孢子，分别为大型分生孢子、小型分生孢子和厚垣孢子。大型分生孢子呈镰刀形，无色，具足细胞，3～5个隔膜，多数为3个隔膜，大小为27～55μm×3.5～5.5μm。小型分生孢子卵圆形或肾形，无色，单胞或双胞，成团生于单生的瓶状分生孢子梗顶端，大小为5～16μm×2.4～3.5μm。厚垣孢子近球形，顶生或间生，单个或两个联生，无色至黄色，直径7～11μm，是抵抗不良环境的繁殖体。

现有4个生理小种：1号生理小种侵染大密哈（Gros Michel，AAA）、粉蕉（Fenjiao，ABB）、龙牙蕉（Musa，ABB）和矮香蕉（Darf cavendish，AAA）等香蕉品种；2号生理小种分布在中美洲，仅侵染杂交三倍体棱指蕉（Bluggoe，ABB）等煮食类品种；3号生理小种只侵染观赏类植物旅人蕉科羯尾蕉属（*Heliconia* spp.）；4号生理小种可侵染所有香蕉品种，寄主范围最广、危害最严重。其中基于香蕉枯萎病菌在热带地区或亚热带地区对香蕉栽培品种 Cavendish（Musa AAA）的致病性，4号生理小种又进一步划分为热带4号生理小种（TR4）及亚热带4号生理小种（STR4）。STR4的侵染往往发生在受低温胁迫后致使香蕉抵抗力下降的亚热带地区，而 TR4 毒性更强，在热带、亚热带地区均能发生。

侵染过程与侵染循环　香蕉枯萎病菌的自然寄主为香蕉、粉蕉和龙牙蕉等芭蕉属（*Musa* spp.）及野生的蝎尾蕉属（*Heliconia* spp.）植物，寄主范围较为狭窄。带菌球茎、吸芽、病株残体、土壤及水源是病害的主要初侵染源。带菌吸芽、土壤、二级种苗及地表水是病害远距离传播的主要途径。病原菌随病株残体、带菌土壤、排灌水、雨水、线虫及生产工具等近距离传播。

流行规律　该病全年均可发生，高温多雨季节发病严重，其中在土壤 pH6 以下，砂壤土、肥力低、土质黏重、

X

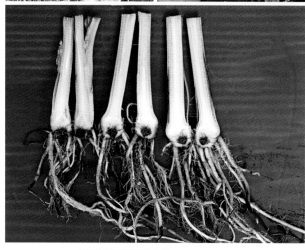

香蕉枯萎病危害症状（谢艺贤提供）

排水不良、下层土渗透性差及耕作伤根等因素作用下更有利于病害的发生和流行。

防治方法　加强植物检疫，严禁从病区调运种苗，建立无病良种繁育基地，选用抗病品种。撒施石灰，提高土壤pH。深挖排水沟，建好排灌设施，避免蕉园积水。与木瓜、甘蔗、瓜菜、韭菜等作物轮作，以降低田间带菌量。增施生物有机肥，提高土壤肥力，增强蕉株抗枯萎病的能力。水肥共施，少量勤施，不伤根。

参考文献

中国农业科学院植物保护研究所，中国植物保护学会，2015. 中国农作物病虫害 [M]. 3 版. 北京：中国农业出版社.

（撰稿：漆艳香；审稿：谢昌平）

香蕉梨孢菌叶斑病　banana *Pyricularia* leaf spot

由灰梨孢所引起的香蕉病害。又名香蕉叶瘟病。香蕉组培苗在大棚假植期间常见的叶部病害。主要危害叶片，引起叶片产生大量的叶斑、干枯，甚至死亡，严重影响组培苗在假植期间的生长。

分布与危害　广泛分布在中国香蕉组培苗育苗区，包括广东、海南、广西和云南等地的香蕉组培苗育苗圃内。田间个别育苗圃发病率高达 80%～100%。灰梨孢菌除侵染香蕉外，还可以侵染水稻、狗尾草、莎草和稗草等多种禾本科植物。

病害首先在组培苗的下层叶片开始发病，病叶初期产生锈红色的小斑点，随着病害的进一步扩展，病斑中央呈浅褐色，边缘锈红色的圆斑，略呈菱形，轮纹明显。在潮湿环境条件下，病叶背面产生大量灰色霉状物。叶片出现大量病斑，病斑愈合后形成大块的斑块，造成叶片干枯（见图）。

病原及特征　病原为灰梨孢［*Pyricularia grisea*（Cooke）Sacc.］。分生孢子梗多数从叶面气孔伸出，淡褐色、细长、直或弯，不分枝，有隔膜；产孢细胞合轴式延伸，呈屈膝状；分生孢子洋梨形，3 个细胞，无色，大小为 21～31.5（～28.5）μm×6～11.2μm。

侵染过程与侵染循环　病害侵染来源是大棚内残存的组培苗病残体，也可以来自大棚周围的一些禾本科杂草。分生孢子主要借助风雨进行传播，大棚内假植苗借助叶片之间接触和浇水也可以进行传播。分生孢子在叶片有水膜的情况下，通过叶片上的气孔侵入，潜育期一般在 7～10 天。

流行规律　病害的发生与大棚温湿度、大棚周边杂草的种类和距离、大棚内病残体的数量、香蕉组培苗管理有着密切的关系。

防治方法

加强栽培管理　搞好苗圃的规划工作，做好每垄和垄间的宽度。苗床用于装袋（杯）的土壤应富含有机质，土壤应添加充分腐熟的有机肥。大苗应及时移疏或出圃，生长过程中可喷施叶面肥，以促进叶片的生长。根据苗床的湿度，做到及时浇水或控制浇水，一般是每天早、晚淋水一次，但不宜过湿。

减少菌源　应彻底清除病害苗圃内的病残体和苗圃周

香蕉梨孢菌叶斑病叶片危害症状（谢昌平提供）

边禾本科植物的杂草，以减少病原菌的侵染来源。

化学防治 大棚内育苗期应不定期喷药防病，可选用甲基托布津可湿性粉剂、多菌灵可湿性粉剂、大生 M-45、百菌清可湿性粉剂等。

参考文献

谢昌平，郑服丛，2010. 热带果树病理学 [M]. 北京：中国农业科学技术出版社 .

（撰稿：谢昌平；审稿：李增平）

香蕉束顶病危害症状（张欣提供）

香蕉束顶病 banana bunchy top disease

由香蕉束顶病毒引起的、危害香蕉生产的病毒病害。又名虾蕉、葱蕉或蕉公。

发展简史 香蕉束顶病于 1889 年首先在斐济被发现，之后在澳大利亚、印度、巴基斯坦、印度尼西亚、太平洋诸岛屿、加蓬、埃及、中国、刚果（金）、菲律宾、越南及其他国家和地区发生。在中国台湾，关于该病最早的记载是 1900 年。在中国大陆，1954 年福建漳州有关于香蕉束顶病的最早记载。

分布与危害 在国内外香蕉产区普遍发生，危害损失占 5%～25%，严重时高达 80%。

香蕉各生育期均可发生香蕉束顶病。幼株染病后呈矮缩状，新抽叶片变短变窄，束状丛生呈束顶状，支脉、中脉及茎脉上首先出现深绿色点线状的"青筋"。中苗期植株染病后，新抽嫩叶初呈黄白色，逐渐变暗，出现暗色条纹，从叶缘变白逐渐向主脉扩展，呈连片白枯状，缺绿，致病株不孕穗现蕾。孕穗后期染病后，新抽嫩叶失绿，抽穗停滞。初穗期染病后，病株呈花叶状，穗轴不再下弯，香蕉停止生长。抽穗后期染病后，穗轴虽能下弯，但香蕉生长停滞，不能食用，病株根系生长不良或烂根，假茎基部变成微紫红色，解剖假茎有的可见褐色条纹，外层鞘皮随着叶子干枯变褐或焦枯。少数抽蕾后期受感染的植株，果形细小而弯曲、果味变淡，失去商品价值（见图）。

香蕉束顶病毒的自然寄主为芭蕉科的 *Musa* 属，主要包括香蕉、大蕉、粉芭蕉、蕉麻、长梗蕉、尖苞片蕉、班克氏芭蕉、象腿蕉等。

病原及特征 病原为香蕉束顶病毒（banana bunchy top virus，BBTV），隶属于矮缩病毒科香蕉束顶病毒属（*Babuvirus*）。BBTV 为 18～20nm 的等轴二十面体粒体，基因组至少由 6 个大小 1.0～1.1kb 的环状单链（ss）DNA 组分所组成，外壳蛋白约 20ku。

侵染过程与侵染循环 病毒颗粒在未腐烂病残体、带毒吸芽及田间病株中越冬。带毒吸芽、二级种苗是病害的主要初侵染源，同时也是病害远距离传播的主要途径。田间短距离传播则靠次侵染源香蕉交脉蚜吸食病株汁液后辗转传染。

流行规律 该病全年均可发生，带毒蕉苗的大量种植是病区迅速扩展的直接原因，而干旱少雨季节，介体香蕉交脉蚜活动猖獗及管理粗放是病害严重发生和流行的主导因素。

防治方法 加强植物检疫，选用无毒组培苗。田间定期巡查，发现病株立即挖除或销毁。加强蕉园管理，提高蕉株抗性和免疫力。合理施用化学药剂，切断虫媒，确保蕉园无蚜虫流行。发病率高的蕉地改种其他作物或与水稻、甘蔗等作物合理轮作，以降低香蕉束顶病毒源及传病虫源。

参考文献

中国农业科学院植物保护研究所，中国植物保护学会，2015. 中国农作物病虫害 [M]. 3 版 . 北京：中国农业出版社 .

（撰稿：漆艳香；审稿：谢昌平）

香蕉条斑病毒病 banana streak virus disease

由香蕉条斑病毒引起的、危害香蕉生产的病毒病害。

发展简史 1974 年首先在科特迪瓦种植的香蕉品种中发现。

分布与危害 至今已在喀麦隆、哥伦比亚、马拉维、桑给巴尔、摩洛哥、加纳、贝宁、尼日利亚、乌干达、哥斯达黎加、澳大利亚、约旦、毛里求斯、澳大利亚、约旦、毛里求斯、Madeira 群岛、加那利群岛、厄瓜多尔、南非、马达加斯加、印度、巴西、菲律宾等国家种植的香蕉上发现该病。在中国台湾和广东、云南等地种植的香蕉上也发现有此病毒存在，但尚未有报道造成严重危害。

香蕉条斑病毒侵染香蕉后可产生多种症状，症状表现和病毒株系、寄主品种和气候条件等有很大关系，其典型症状是在叶片上出现断续或连续的褪绿条斑及梭形斑，随着症状发展可逐渐成为坏死条斑（见图）。此条斑症状和已报道的香蕉花叶病的症状极为相似，在田间易于混淆，但香蕉条斑病的后期症状可发展成为坏死条斑；假茎、叶柄及果穗也可出现条斑症状；可引起假茎内部坏死、假茎基部肿大、假茎基部分叉及生长排列不规则等症状，并可导致果穗变小，造成 0～90% 的产量损失。

病原及特征 病原为香蕉条斑病毒（banana streak virus，BSV）属于花椰菜花叶病毒科杆状 DNA 病毒属（*Badnavirus*），这类病毒被称之内源拟逆转录病毒（*Endogenous pararetroviruses*，EPRV）。该病毒有两种存在形式：蛋白衣

X

香蕉条斑病毒病叶部危害症状（丁兆建提供）

壳包被的游离态和寄主基因组整合态。现有证据表明某些香蕉品种中整合有 BSV 序列，并且某些整合序列在组培或逆境条件的诱导下可游离出来，可再侵染危害寄主。

病毒粒体特征　BSV 粒体大小约为 30nm×130nm，无包膜，内含约 7.4kb 大小的双链（ds）环状 DNA 基因组。沉降系数为 200S，提取物的 $A_{260/280}$ 为 1.26。

基因组特征　BSV 杆状粒子内含约 7.4kb 单链缺口的环状 ds DNA。其正链包括 3 个开放阅读框（ORF），其中 ORFI 和 ORFII 编码两个蛋白，分子量分别为 20.8kDa 和 14.5kDa，其功能不详。ORFIII 编码一个复合蛋白，从 N 端到 C 端依次为运动蛋白（MP）、外壳蛋白（CP）、天冬氨酸蛋白酶（AP）、反转录酶及 RNase H。BSV 基因进入寄主细胞后，转录成一比原基因组更长些的转录产物，此转录产物既是多义顺反子 mRNA，又可作为负链复制的模板。BSV 可将其基因整合到香蕉基因组中。

株系特征　根据血清学性质，BSV 可划分为许多株系，株系间存在很大的血清学差异性，有些株系与已制备的 BSV 抗血清不发生反应，株系间 DNA 序列也存在很大差异。经免疫捕捉 PCR 和三抗夹心法等方法检测 BSV-Onne 株系的分布十分广泛。在澳大利亚根据寄主品种不同鉴定该几个株系，分别为 BSV-Cav、BSV-Mys、BSV-GF 和 BSV-RD 等。在尼日利亚香蕉杂交种中分离出 BSV-OL 株系。对这些株系的 PCR 产物进行测序，结果表明株系间序列同源性低。许多证据表明 BSV-IM 株系是由整合的序列激活而游离出来的产生的。由于以上一些 BSV 株系序列同源性很低，把它们作为 Badnavirus 属病毒的不同种看待。

BSV 的寄主范围比较窄。现已知的有芭蕉科（Musaceae）芭蕉属（Musa）的所有成员、象腿蕉属（Ensete），美人蕉科（Cannaceae）美人蕉属（Canna）的蕉芋（Canna edulis Ker-Gawler）（又称姜芋、蕉藕）和禾本科（Gramineae）甘蔗属（Saccharum）的甘蔗（Saccharum officinarum Linnaeus）。

侵染过程与侵染循环　大部分香蕉种植苗都来自组织培养途径，而组培是 BSV 传播的主要途径之一。BSV 可随着组培中香蕉分化芽的繁殖，通过游离病毒形式或病毒基因组整合进香蕉基因组的形式逐代传递。在一定的胁迫条件下，一些 EPRV 能重组成一个完整的有复制能力的病毒基因组，从而变得具有感染性。

流行规律　BSV 的症状表达受很多因素的影响，包括香蕉品种、病毒株系及环境条件等，从而导致症状表达不稳定、症状范围广，症状的发生有时很严重，有时则很轻，甚至隐症。例如野生长梗蕉（Musa balbisiana Colla，BB）、蕉麻（Musa textilis Nee，AAAA）、Awak（ABB）等在 BSV 侵染的情况下无症状或仅表现极轻微的症状，而有些品种，如 Cavendish 系列、TMPx 系列等，则表现出明显的条纹症状。温度也影响 BSV 症状的表达，低温（22℃）有利于症状表达，并且植株内 BSV 的浓度高；高温（28～32℃）时大部分病株隐症，这就导致症状只在一年中的某个特定时期才能表达，从而使表达具有时期性。

防治方法

栽培无病苗　建立无病育苗系统，确保使用无毒的材料进行组培育苗，以杜绝初侵染源，是阻止病害流行的最重要措施。

应用抗耐病品种　BITA-3、PITA-14、PITA-16、TMPx 等品种、品系对 BSV 有较好的抗耐病性。

植物检疫　通过检疫阻止病株的调运及扩散。在国家、地区间进行香蕉种质资源交流以及进行香蕉种质保存时，为了保证安全性，都需要进行病毒检测。

铲除初侵染源及阻止介体的二次传播发现带毒植株要及时铲除、销毁，并对原带毒植株所在穴洞撒施石灰等进行消毒。

参考文献

范武波，吴多清，王健华，等，2007. 香蕉条斑病毒及其所致病害研究进展 [J]. 热带农业科学，27(5): 58-63.

邱世明，牛立霞，刘志昕，2007. 香蕉条斑病毒病研究进展 [J]. 热带农业科学，27(3): 57-61.

GEERING A D W, POOGGIN M M, OLSZEWSKI N E, et al, 2005. Characterisation of banana streak mysore virus and evidence that its DNA is integrated in the b genome of cultivated musa[J]. Archives of virology, 150(4): 787-796.

LOCKHART B E L, JONES D R, 2000. Banana streak[M]//Jones D R. Diseases of banana, Abaca and Enset. Wallingford, UK: CABI Publishing: 263-274.

REICHEL H, BELALCÁZAR S, MÚNERA G, et al, 1997.The presence of banana streak virus has been confirmed in plantain (Musa AAB Simmonds), sugar cane (Saccharum officinarum) and edible canna (Canna edulis) in Colombia[J]. Infomusa, 6(1): 9-12.

（撰稿：丁兆建；审稿：谢昌平）

香石竹矮化带叶病　carnation caryophyllus dwarf leaf belt disease

由带叶棒状杆菌引起香石竹属植株矮化、叶片扭曲的一种细菌病害。

分布与危害　主要分布于香石竹生产地区。引起香石竹植株矮化，叶片畸形。

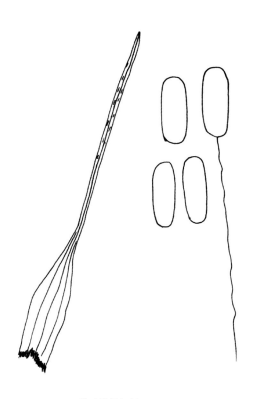

带叶棒状杆菌（陈秀虹绘）
左为病叶病状

病原及特征 病原为带叶棒状杆菌（*Corynebacterium fasciens* Tilfordg Dows.），无鞭毛或极生一鞭毛。带叶棒状杆菌为棒状杆菌属一群革兰氏阳性杆菌。菌体粗细不一，常一端或两端膨大成棒状，故称棒状杆菌。排列不规则，常呈歪斜的栅栏状，菌体两端有着色较深的异染颗粒，无鞭毛，不产生芽孢。需氧或兼性厌氧。能分解一些糖类，产酸不产气。有些种类可产生外毒素（见图）。

侵染过程与侵染循环 以病菌或菌丝体在植株病残体上越冬，通过雨水或伤口侵入到健株上，致使植株感病，通过植株间的摩擦伤口可进行再侵染。

流行规律 高温高湿的条件下有利于病害发生。

防治方法

农业防治 温室内种植，保持叶片干燥和良好的通风，可控制病害发生。拔出带病植株，减少病菌来源。

化学防治 植株喷布硫黄粉、腈菌唑800倍液、三唑酮600倍液等进行防治。

参考文献

纳玲洁，李艳琼，冯翠萍，等，2005.玉溪市香石竹主要病虫种类及防治技术 [J].西南园艺，33(1): 34-35, 37.

吴文佑，朱天辉，2006.重大园林植物病害及其研究进展 [J].世界林业研究，19(4): 26-32.

赵兰枝，蒋学杰，孙丽，等，2005.新乡地区香石竹病害调查与病原鉴定 [J].山东林业科技 (1): 33-34.

（撰稿：伍建榕、张东华、洪英娣、吴峰婧琳；审稿：陈秀虹）

香石竹白绢病　carnation southern blight

由齐整小核菌引起香石竹茎基部发病的一种真菌病害。

分布与危害 高温高湿的气候有利于菌核萌发和菌丝生长，因此，该菌主要分布在热带和亚热带地区。主要有美洲的美国、巴西、智利和乌拉圭；欧洲的西班牙、意大利、葡萄牙和捷克；非洲的摩洛哥；亚洲的以色列、巴基斯坦、日本及韩国。主要危害茎基部。受害部皮层褐色腐烂，易剥落。切开病茎可见从外侧开始有茶褐色或黑褐色的腐烂向中心发展，木质部也向上变色；辐射状生长白色菌丝体可蔓延到周围土壤表面，其后在病部及周围土表菌丝体上生长成初为白色，后变黄褐色、油菜籽大小的菌核。植株感病后从根茎处断裂，易拔起。在扦插床上，病菌在愈合形成区开始湿腐，也可引起严重的根颈腐烂（图1）。

病原及特征 病原为齐整小核菌（*Sclerotium rolfsii* Sacc.），有性态为 *Pellicularia rolfsii*（Sacc.）West. 很少出现。菌核表生，直径0.5～1.0mm，平滑而有光泽，形如油菜籽（图2）。属担子菌门真菌，2008年出版的《真菌词典》第10版分类系统将其归入担子菌门伞菌纲多孔菌目。但是，此菌一般不产生有性世代，无性世代也不产生任何孢子，仅形成大小如油菜粒的褐色至暗褐色的球形菌核，菌核由外壳、表皮层及菌髓层构成。齐整小核菌腐生性较强，寄主范围广，能侵害作物、花卉、林木等多种植物。

侵染过程与侵染循环 齐整小核菌的致病机理比较复杂，其致病基因编码着一系列侵染寄主所必须的产物，包括降解寄主细胞壁和角质的酶类、破坏寄主细胞结构的真菌吸器以及破坏寄主细胞膜和影响代谢的毒素草酸等。果胶酶与病原菌的致病力也密切相关，能迅速降解寄主细胞壁的组分，导致寄主发病。病原菌侵染寄主时，为摄取所需要的营养物质，产生大量的内源多聚半乳糖醛酸酶（PG）分解寄主细胞壁中的多聚半乳糖醛酸，形成降解产物低聚半乳糖醛酸。此外，菌核病病原菌还分泌一些膦酸脂酶、蛋白水解酶、多聚糖、β-胡萝卜素、赤型抗坏血酸等也与其致病性有关。齐整小核菌致病因子主要是乙二酸（草酸）、细胞壁降解酶类，或二者协同作用，使寄主韧皮部组织腐烂，病株青枯。

齐整小核菌的侵染循环，主要包括两种侵染路径。路径一：由土壤中保存过冬的菌核在翌年春天萌发形成菌丝体侵染敏感的寄主植株。首先菌丝侵入非生物体形成侵染的中间体菌丝体，侵染幼龄植株，在叶柄形成白色的褪色斑，然后进一步侵染成株。路径二：在适宜条件下，菌核发育成子囊盘，并释放出子囊孢子，经空气或风力传播，在非生物体上形成网状结的菌丝体，然后入侵健康的植物体。温湿的交替变化将增加齐整小核菌的发病概率，干湿交替变化会刺激菌核的萌发。环境中有机质（如枯枝落叶）的存在则会加大发病概率。农业生产中任何将感病植株带到新鲜寄主的操作都会加速病情的扩展。在适宜的温度和湿度条件下即使没有有机质，也会加速病情的发生。

流行规律 病害一般在6月上旬开始发生，至7、8月气温上升至30℃左右时，病害进入盛发期，10月病害基本

X

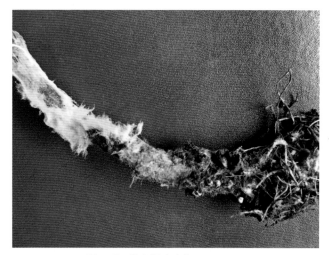

图1 香石竹白绢病症状（伍建榕摄）

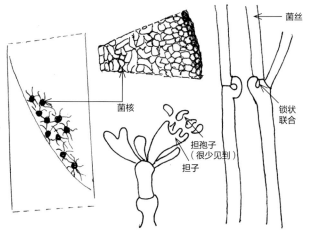

图2 齐整小核菌（陈秀虹绘）

停止。植株过密、通透不良、生长衰弱，有利于病害发生。

防治方法　对齐整小核菌的控制方法包括农艺措施、使用抗性品种、化学控制、生物防治、杀菌剂及病虫害综合管理措施。

筛选抗病品种　多种化合物与植物对病害的抗性密切相关，这些化合物在病菌的侵染过程中对病菌具有明显的抑制作用，例如一些酚类物质、类脂肪酸化合物（如幼果细胞中浓度较高的二烯烃类）。不同品种对齐整小核菌的敏感性存在着基因水平上的差异。含有草酸和细胞壁降解酶（主要是多聚半乳糖醛酸内切酶）不敏感组织的植物对齐整小核菌的入侵表现出一定的抗性。这些组织高度木质化或软木化，具有抗菌丝穿透的能力；这些组织的钙含量较高，含有抗病的酚类化合物或草酸氧化酶及多聚半乳糖醛酸内切酶抑制蛋白。羟基类化合物是植物感染病菌后寄主防御反应的重要物质。

农业防治　将作物收割后的残桩进行翻耕深埋、清理或焚烧，可以有效避免齐整小核菌菌丝体在有机质的生长和在植株残体表面形成菌核，从而阻断病原菌的源头。此外，强烈阳光照射也可以杀死部分菌核。

化学防治　使用含铵盐的化肥、含钙化合物或杀菌剂如五氯硝基苯（PCNB）、敌菌丹、氯硝铵等，可有效控制土壤中齐整小核菌的菌核数量。对土表或植株茎基部喷地茂散或胺丙威也可有效控制齐整小核菌的发病。

生物防治　利用一些拮抗微生物和重寄生菌可从抑制菌丝侵染和菌核存活的角度防治齐整小核菌。主要包括真菌寄生菌和细菌寄生菌两种方法。木霉已经在实验室及温室条件下成功用于控制齐整小核菌。

参考文献

陈秀虹，伍建榕，西北林业大学，2009. 观赏植物病害诊断与治理 [M].北京：中国建筑工业出版社.

陈秀虹，伍建榕，2014. 园林植物病害诊断与养护：上册 [M].北京：中国建筑工业出版社.

王英祥，贺颖华，喻盛甫，2002. 香石竹的三种病害 [J]. 云南农业大学学报，17(4): 400-401.

吴文佑，朱天辉，2006. 重大园林植物病害及其研究进展 [J]. 世界林业研究，19(4): 26-32.

（撰稿：伍建榕、张东华、洪英娣、吴峰婧琳；审稿：陈秀虹）

香石竹病毒病　carnation virus disease

由香石竹斑驳病毒引起石竹属叶、花斑驳的一种病毒病害。

分布与危害　引起香石竹病毒病的病毒种类多，国外已报道有10余种，较常见的有5～6种。病毒病的侵害使香石竹植株矮化，叶片缩小、变厚、卷曲，花瓣碎锦，石竹植株叶片上形成不规则的褪绿斑，幼叶叶脉上有深浅不均匀的斑驳或坏死斑，花呈碎色，严重时花瓣卷曲降低香石竹的切花产量及观赏性，造成一定经济损失。每种病毒在香石竹上引起的症状都有特异性，但在自然界常出现几种病毒的复合侵染，使症状复杂化（见图）。

病原及特征　病原为香石竹斑驳病毒（carnation mottle virus，CarMV）。病叶、病花瓣汁液经负染在电镜下观察到大量的球状（二十面体）病毒粒子，直径为28～33nm，钝化温度90～95℃，体外存活期室温下2个月。病叶超薄切片在电镜下可观察到病毒粒子在木质部导管中聚集成晶状排列。

侵染过程与侵染循环　香石竹叶脉斑驳病毒，由汁液传播，也可以由桃蚜进行非持久性传播，在园艺操作过程中（如切花、摘芽、剪枝等）工具和手也能传播病毒。带毒苗木可进行远距离传播。叶脉斑驳病发生的轻重与蚜虫种群的高峰期密切相关，蚜虫种群发生高峰期之后，叶脉斑驳病发生严重。香石竹潜隐病毒也是该病毒病的病原，由汁液传播，也可以由桃蚜做非持久性传播，该病毒侵染香石竹、美国石竹、石竹、白滨石竹等植物。香石竹坏死斑点病毒也是坏死斑病的病原，由桃蚜做非持久性传播，也可以由汁液传播，但汁液接种成功率很低，香石竹坏死斑点病毒还能侵染美国石竹等植物。石竹种植过密造成病、健株叶片相互摩擦，可以加重病害的发生。环斑病毒除侵染香石竹以外，还侵染美国石

香石竹病毒病危害症状（伍建榕摄）

竹、丹麦石竹等植物。肥皂草属植物对环斑病毒的侵染极敏感。

流行规律　不合理的园艺操作，或者种植过密造成病、健株叶片相互摩擦，都会加重病害的发生。温度较高时，蚜虫发生情况较重，有利于病害依靠蚜虫进一步传播病毒。

防治方法

加强检疫　对从国外引进的香石竹组培苗要进行严格的检疫，检出的有毒苗要彻底销毁，或处理后再种植。

农业防治　建立无病毒母本园，以供采条繁殖，从健康植株上取 0.2～0.7mm 的茎尖做脱毒组培的材料，组培苗成活率高，脱毒率也高。改进养护管理，控制病害的蔓延。母本种源圃与切花生产圃分开设置，保证种源圃不被再侵染。修剪、切花等操作工具及人手必须用 3%～5% 的磷酸三钠溶液、酒精或热肥皂水反复洗涤消毒，以保证香石竹切花圃大规模商品生产有较好的卫生环境。

化学防治　喷洒 20% 病毒 A 可湿性粉剂 500 倍液，或1.5% 植病灵水剂 800～1000 倍液，或 83 增抗剂 100 倍液。每隔 10 天喷 1 次，连喷 2～3 次。蚜虫尚未迁飞扩散前喷洒吡虫啉 1000 倍液或 2.5% 溴氰菊酯乳油 2000 倍液杀灭，治蚜防病。

参考文献

蔡红，孔宝华，刘进元，等，2001.昆明地区香石竹病毒病及综合防治研究 [J].云南农业大学学报，16(1): 18-19.

陈晶，李小军，2006.保护地香石竹病毒病的发生与防治 [J].农业工程技术（温室园艺）(12): 51-52.

段永嘉，蔡红，吴德喜，等，1995.昆明香石竹病毒病的研究 [J].云南农业大学学报 (2): 107-110.

（撰稿：伍建榕、张东华、洪英娣、吴峰婧琳；审稿：陈秀虹）

香石竹猝倒病　carnation damping-off

由丝核薄膜革菌引起香石竹苗木猝倒的一种真菌性病害。又名香石竹立枯病。

分布与危害　广泛分布于马来西亚、马拉维、土库曼斯坦、中国、日本、巴布亚新几内亚、巴西、巴基斯坦、意大利、新西兰、塞浦路斯、澳大利亚、德国等地。中国主要分布于海南、新疆、宁夏、云南、北京、山东、浙江等地。主要在植株的苗期危害，病株的根颈部腐烂，易从土壤中拔出。在扦插苗床上，病菌侵染使插条愈伤组织湿软腐烂，有时候腐烂组织表面可以看到绒毛状的淡褐色菌丝体，切开茎观察无褐色条纹。病菌侵染幼苗近土表的根颈处，初期出现褐色或黑褐色斑，逐渐扩展到周边，幼苗基部腐烂、缢缩、倒伏，近土表的皮层腐烂发黏，病株叶片呈苍白色，萎蔫下垂，最后整株枯死（图1）。

病原及特征　病原为丝核薄膜革菌［*Pellicularia filamentosa*（Pat.）Rogers］，其无性态为立枯丝核菌（*Rhizoctonia solani* Kühn）。前者不常见，后者只有菌丝和菌核，无孢子出现。是丝核菌属真菌。菌丝幼嫩时无色，老菌丝变为褐色，内外颜色一致，菌丝细胞多核，有明显的桶孔隔膜，分枝近直角，分枝处稍缢缩并形成一隔膜，培养的菌丝体3天后开始形成菌核，呈放射状，不形成孢子（图2）。

侵染过程与侵染循环　病菌主要以卵孢子在表土层越冬，并在土中长期存活，也能以菌核和菌丝体在病残体或腐殖质上营腐生生活，并产生孢子囊。孢子囊成熟时生出一排孢管，孢管顶端逐渐膨大形成一球形大泡囊，流至顶端的原生质集于泡囊内，后分割成8～50个或更多的小块，每块1核并形成1个游动孢子。游动孢子游动休止后，萌发出芽管，侵入寄主。

流行规律　寄主侵入后，当地温15～20℃时病菌增殖最快，在10～30℃范围内都可以发病。湿度大病害常发生重，湿度包括床土湿度和空气湿度，孢子发芽和侵入都需要一定水分。通风不良也易发病。光照不足、子苗生长弱、抗病性差，容易发病。子苗新根尚未长成，幼茎柔嫩抗病能力弱，此时最易感病。

土壤带菌是最重要的侵染来源，病菌可借雨水和灌溉水传播，从植株伤口或脆弱易感染的组织侵入，因此，插条最易受感染。丝核菌生长适宜的温度为24～28℃，温度稍低时，危害较重。播种过深、温度较高、土壤过湿易诱发猝倒病，露地栽培时也易发病，尤其在温暖多雨季节连作地发病严重。

防治方法

农业防治　苗期管理，露地育苗应在地势较高、能排能灌的地方进行。保护地育苗用育苗盘播种，地温低时，在电热温床上播种。播种时水要浇适量；选晴天上午浇水。播种

密度不宜过大，对容易得猝倒病的种类或缺乏育苗经验的可条播；子苗太密又不能分苗的应适当间苗；点播的轻轻松土，使苗床表土发干；发现病苗除剔除病苗及周围苗外，用药物治疗，并应早分苗。及时放风排湿，防止雨水漏入苗床。

化学防治　在发病初期用64%杀毒矾可湿粉400倍液，或72.2%普力克水剂400倍液，或15%噁霉灵水剂450倍液，或58%雷多米尔·锰锌可湿粉500倍液，或75%百菌清可湿粉600倍液，每平方米苗床喷药液2～3L。带菌种子消毒。对于易感品种，播种前应进行种子消毒处理。主要措施有对于能耐温水处理的种子用55℃温水浸种15分钟；用50%多菌灵可湿粉500倍液浸种1小时，或用福尔马林100倍液消毒10分钟，但必须用清水充分洗净后才能催芽或播种；用苯菌灵、福美双、多菌灵拌种，用药量为种子的0.2%～0.3%。床土消毒对预防猝倒病效果十分显著，如对最容易感染猝倒病的子母鸡冠、一串红等进行床土消毒，消毒后很少再感染猝倒病。在播种时将药土铺在种子下面和盖在上面进行消毒，方法简便易行。做法：每平方米苗床用25%甲霜灵可湿粉9g加70%代森锰锌可湿粉1g，或只用40%五氯硝基苯可湿粉9g，加入过筛的细土4～5kg，充分拌匀。苗床浇水后，先将药土的1/3撒匀，接着播种，播种后将2/3药土盖在种子上面，然后再撒细土至所需盖土厚度。用药量必须严格控制，否则对子苗的生长有较重的抑制作用，但随着子苗的生长抑制作用变小。也可用其他一些杀真菌药剂如此防治。将床土施药后堆置，然后再播种，防病效果也很好。做法：用0.5%福尔马林喷洒床土，拌匀后堆置，用薄膜密封5～7天，揭去薄膜后待药味彻底挥发后再使用。50%的多菌灵粉剂每立方米床土用量40g，或65%代森锌粉剂60g，拌匀后用薄膜覆盖2～3天，揭去薄膜后待药味完全挥发掉再使用。还可用蒸汽、开水、高压灭菌和微波等方法消毒。用蒸汽给床土加温，使土温达到90～100℃，处理30分钟，可杀灭所有病虫害及杂草种子。对无机基质，可用开水消毒或用0.1%高锰酸钾溶液消毒。

参考文献

陈秀虹，伍建榕，西北林业大学，2009.观赏植物病害诊断与治理[M].北京：中国建筑工业出版社.

图1　香石竹猝倒病危害症状（伍建榕摄）

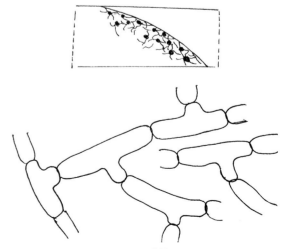

图2　立枯丝核菌的菌丝和菌核（陈秀虹绘）

吴文佑，朱天辉，2006.重大园林植物病害及其研究进展 [J]. 世界林业研究，19(4): 26-32.

（撰稿：伍建榕、张东华、洪英娣、吴峰婧琳；审稿：陈秀虹）

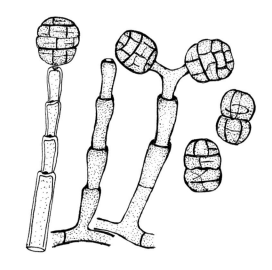

图2 束状匍柄霉（陈秀虹绘）

香石竹匍柄黑斑病 carnation *Stemphylium* black spot

由果状匍柄霉引起的香石竹上的一种真菌性病害。

分布与危害　在香石竹栽培区均有分布。主要危害叶片，发病初期出现红褐色小点，逐渐扩大为圆形病斑，后期病斑上散生黑色小点（图1）。

病原及特征　病原为匍柄霉属的束状匍柄霉［*Stemphylium sarciniiforme*（Cav.）Wiltsh.］。分生孢子梗单生或束生，直立褐色，具 2～4 个横隔，大小为 16～32μm×6～8μm，顶部膨大，上单生分生孢子，当分生孢子成熟后脱落，梗顶向上延伸，形成新的产孢细胞和新的分生孢子，这种产孢方式往往使分生孢子梗呈结节状。分生孢子近圆形、卵形或长椭圆形，橄褐色，壁光滑，有纵横隔膜，分隔处明显缢缩，大小为 18～38μm×18～29μm（图2）。

侵染过程与侵染循环　该病菌在病残体或土壤中越冬，借气流和雨水飞溅传播，植株生长的各个发育期都可以侵染。病菌经伤口、小根尖和根毛侵入。受侵染的组织变为褐色，并逐渐向绿色部分扩展。病健组织间有一明显界线。

流行规律　每年多雨潮湿时发病重。

防治方法

选用抗病品种。

农业防治　秋后清除落枝，拔除并销毁病株，尽力避免土壤污染，减少侵染来源。在除草和栽培管理中，避免伤害植株。

加强检疫　培育无病苗，严防苗木调运传病。

化学防治　用58% 苯来特 1000 倍液处理土壤有防效。

参考文献

陈秀虹，伍建榕，西北林业大学，2009.观赏植物病害诊断与治理 [M].北京：中国建筑工业出版社．

陈秀虹，伍建榕，2014.园林植物病害诊断与养护：上册 [M].北京：中国建筑工业出版社．

（撰稿：伍建榕、张东华、洪英娣、吴峰婧琳；审稿：陈秀虹）

香石竹根腐萎蔫病 carnation root rot wilt

由小蜜环菌引起的，发生在香石竹上的一种真菌性病害。

分布与危害　在香石竹栽培地区均有发生。在温室种植的香石竹受到侵染时，发生萎蔫和死亡。衰弱株又有伤口时，极易受害，生长势强的香石竹很少受侵染。

病原及特征　病原为蜜环菌属蜜环菌［*Armillariella mellea*（Vahl. ex Fr.）Karst.］。子实体蘑菇形，伞状丛生，菌柄中生，有菌环或无。其菌丝菌索黑色丰富，肉眼可见，似扁平鞋带状，在近土表的根颈上生长迅速。

侵染过程与侵染循环　该菌腐生性强，菌索可以在土内

图1 香石竹匍柄黑斑病危害症状（伍建榕摄）

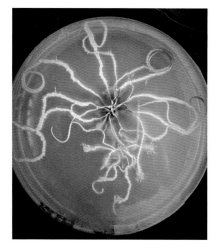

蜜环菌人工培养的根状菌索（伍建榕提供）

延伸，当接触健康的根时，可直接侵入根内或从伤口侵入。

流行规律 土壤贫瘠、湿度大容易发病。借昆虫、农具等传播。

防治方法

农业防治 病症明显的病株、病枝要及时清除，集中销毁，不能用于堆肥。挖除病株时，要连同周围的土壤一起挖除，更换无病土栽植。选用抗病、耐病品种。污染的土壤用巴氏热力灭菌。选择阳光充足的栽培地。用肥沃和排水良好的土壤栽植，令其根系生长健壮，提高抗病力。消毒的土壤要使其气味散去才能种植或播种。可以利用太阳光进行土壤消毒或蒸汽消毒，均应在种植前先进行。

参考文献

陈秀虹，伍建榕，西北林业大学，2009. 观赏植物病害诊断与治理 [M]. 北京：中国建筑工业出版社.

王国良，任善于，应兴德，1998. 香石竹萎蔫病病原的初步研究 [J]. 植物病理学报 (1): 62-66.

（撰稿：伍建榕、张东华、洪英娣、吴峰婧琳；审稿：陈秀虹）

图1 香石竹根结线虫病危害症状 (伍建榕摄)

香石竹根结线虫病 carnation root-knot nematodes

一种由爪哇根结线虫引起的香石竹病害。

发展简史 1983年在上海园林科学研究所盆栽的香石竹发现，昆明地区1999年发现该病，现有发展的趋势。

分布与危害 分布于有香石竹栽培的地方，昆明局部比较严重。病株叶色变黄，生长缓慢，晴天常表现萎蔫或缺水缺肥状，根系中长有大小不等粗糙的瘤状根结（图1）。

病原及特征 病原为爪哇根结线虫 [*Meloidogyne javanica* (Treub.) Chitwood]，雌雄成虫异型。雌虫体白色呈洋梨形，有一突出的颈部。从肛门到口针的轴线近似直线，成熟的雌虫在根结表面产生数百个卵，卵椭圆形。雄虫线形（图2）。

侵染过程与侵染循环 该线虫以卵和成虫在香石竹根部越冬，卵囊可在土壤里存活1年以上。室温下20天左右发生1代，1年发生多代，寄主范围广，在土壤里越冬可存活1年以上。线虫幼虫随根结在土中存活。幼虫蜕皮4次，二龄幼虫侵入新根危害，并一直在根结内生长发育。借雨水、农具传播。

流行规律 春季平均地温10°C以上时，线虫开始活动，13~15°C时开始侵染，22~23°C时为发病盛期。夏秋季线虫繁殖代数多、数量大，发病最重。昆明的康乃馨栽培大棚内，由于冬季地温较高，适于根结线虫的生长发育，因此，根结线虫在昆明可周年发生危害，冬春季较轻、夏秋季较重。

防治方法

加强检疫 病苗不出圃，防止病区扩大。

农业防治 与禾本科、菊科作物轮作2~3年以上。种植土最好经过堆沤高温发酵和高温下翻晒数次，可以消灭部分病原线虫。热水处理：用50°C热水浸泡带病植株10分钟或55°C水中5分钟。

化学防治 发病严重植株要彻底铲除销毁，病土进行消

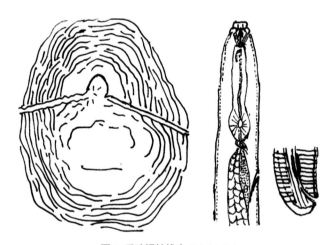

图2 爪哇根结线虫 (陈秀虹绘)
右：头与尾示意图

毒。土壤可用50倍液福尔马林每平方米5kg，均匀地淋施后覆土，用塑料薄膜严密覆盖15天左右，然后揭开薄膜暴露于空气中1周后使用。轻病株可施药防治，埋施3%呋喃丹于根际，按每平方米5~10g计算用药，随即覆土，淋少许水。或施用3%米乐尔颗粒剂，按每平方米7~10g计算用药，也可按1：1比例拌粗沙施放，更容易操作。

参考文献

孔宝华，蔡红，范静华，等，2006.云南省香石竹病害的种类和发生概况分析 [C] // 中国植物病理学会.中国植物病理学会 2006 年学术年会论文集.中国植物病理学会 : 6.

王英祥，贺颖华，喻盛甫，2002.香石竹的三种病害 [J].云南农业大学学报，17(4): 400-401.

（撰稿：伍建榕、张东华、洪英娣、吴峰婧琳；审稿：陈秀虹）

香石竹冠瘿病　carnation crown gall

由根癌土壤杆菌引起的石竹属冠瘿病的一种细菌性病害。

分布与危害　广泛分布于世界各地。发病初期，病部形成灰白色瘤状物，表面粗糙，内部组织柔软，为白色。病瘤增大后，表皮枯死，变为褐色至暗褐色，内部组织坚硬，木质化，大小不等，大的直径 5～6cm，小的直径 2～3cm。病树长势衰弱，产量降低。

病原及特征　病原为土壤杆菌属的根癌土壤杆菌 [Agrobacterium tumefaciens（Smith & Towns.）Conn]。有的周生鞭毛，有的单生鞭毛（见图）。

侵染过程与侵染循环　病原细菌主要通过伤口（虫咬伤、机械损伤等）侵入植株，

流行规律　温度为 25～30℃ 条件下有利于病害发生。

防治方法

农业防治　不要在有病的苗圃再栽培石竹或经土壤消毒后再种植，保持苗圃地排水良好。

化学防治　栽植前用根癌宁（K84）生物农药 3 倍液蘸根，或用佰明 98 灵 60 倍液蘸根；定植后发现病瘤时，用快刀切除病瘤，然后用 100 倍硫酸铜溶液消毒切口，也可用 400 单位链霉素涂切口，外加凡士林保护，或用根癌宁（K84）生物农药 30 倍液蘸根 5 分钟，对该病有预防效果。

参考文献

纳玲洁，李艳琼，冯翠萍，等，2005.玉溪市香石竹主要病虫种类及防治技术 [J].西南园艺，33(1): 34-35.

吴文佑，朱天辉，2006.重大园林植物病害及其研究进展 [J].世界林业研究，19(4): 26-32.

赵兰枝，蒋学杰，孙丽，等，2005.新乡地区香石竹病害调查与病原鉴定 [J].山东林业科技 (1): 33-34.

（撰稿：伍建榕、张东华、洪英娣、吴峰婧琳；审稿：陈秀虹）

香石竹褐斑病　carnation brown spot

引起香石竹上褐斑的一种真菌性病害。

分布与危害　病菌危害叶片和茎秆，植株下部叶片发病较多。侵染部位病斑近乎圆形，淡褐色，边缘带有浅紫褐色。病斑上产生黑色小粒点，即为病菌子实体（图 1）。由于病斑不断扩大，阻碍了营养和水分的输送造成叶尖死亡。

病原及特征　石竹白孢壳针孢（Septoria dianthi Desm.），孢子 1 分隔；破坏壳针孢（Septoria sinarum Speg.）孢子有 1～2 分隔；石竹生壳针孢（Septoria dianthicola Sacc.）孢子无分隔，即单细胞。同属壳针孢属。三个种混合侵染，以第二、三个种比重大。孢子埋在基质中的具孔的分生孢子器中，形成无色透明、线形、多隔膜的分生孢子（图 2）。

侵染过程与侵染循环　病菌孢子经灌溉水和雨水传播。以分生孢子器、菌丝在病株、病残体或土壤中越冬。分生孢子多次重复再侵染。

流行规律　阳光不足，湿度大容易发病。

防治方法

农业防治　定期摘除病叶，拔除病株，集中销毁。为使植株生长健壮，抗病力强，要创造良好的栽培条件，如良好的排水、充足的阳光、腐殖质丰富、微碱性的黏质土壤等。温室栽培时，尽可能保持叶片干燥，减少传播和侵染条件。选用抗病、耐病品种。采用无病插条或组培苗进行繁殖。从

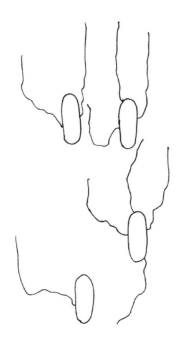

土壤杆菌（陈秀虹绘）

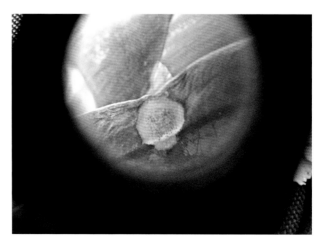

图 1 香石竹褐斑病危害症状（伍建榕摄）

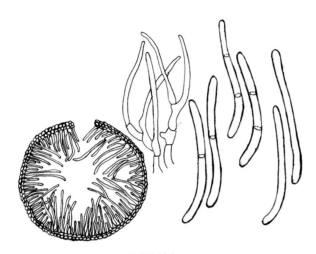

图 2 石竹生壳针孢（陈秀虹绘）

正上方浇水，减少孢子传播。

化学防治　生长期间，植株喷洒波尔多液（1∶0.5∶100），70% 福美铁 1000 倍液等化学杀菌剂防治。

参考文献

陈秀虹，伍建榕，西北林业大学，2009.观赏植物病害诊断与治理 [M].北京：中国建筑工业出版社.

匡开源，马坤，2000.保护地栽培香石竹的主要病虫害及防治 [J].上海农业科技 (5): 81-82.

刘峰，2003.香石竹主要病害识别及防治 [J].湖北植保 (4): 25.

（撰稿：伍建榕、张东华、洪英娣、吴峰婧琳；审稿：陈秀虹）

香石竹黑斑病　carnation black spot

由石竹链格孢和生链格孢引起的，危害香石竹的一种重要真菌性病害。

分布与危害　在中国主要分布于上海、北京、杭州、南京、昆明、贵阳等地，云南花卉种植地区均有发生，发生严重时可造成全园毁灭。该病菌危害叶、茎、蕾和花，叶片是主要受害部位，多从下部叶片开始发病。下部叶片开始变黄干枯。如果枝条被病斑缠绕，上部枯死。花蕾发现坏死斑，花瓣不能正常开放（图 1）。初期，叶片上产生浅绿、水渍状斑点，随后变为紫色或褐色，中心部分为灰白色。病斑呈近圆形、椭圆形，或叶尖枯不规则形。病斑产生于叶缘处，同时叶片向病部扭曲。随着病斑不断扩大，整个叶片枯萎下垂，但久不脱落。后期病斑中央变为灰白色，边缘褐色，有些香石竹病斑上产生紫色环带。茎秆感病多发生在节间或摘芽产生的伤口部位，病斑灰褐色，形状不规则，最初只限于茎皮层组织及茎秆的一边，以后扩散绕茎秆一周时，病斑以上部位枯死，并呈褐色干腐。花蕾和花瓣上病斑呈椭圆形，水渍状，黑褐色。在潮湿环境条件下，叶、茎、蕾的发病部位都会出现黑色霉层。病菌侵害花蕾时，花柄上产生坏死斑，花蕾枯死，花苞受侵染，病斑椭圆形，花瓣不能正常开放，向一侧扭曲，呈畸形花。

病原及特征　病原为石竹链格孢（*Alternaria dianthi* Stev. et Hall.）和石竹生链格孢（*Alternaria dianthicola* Neergaurd）。属链格孢属真菌。前者是主要病原菌，各地普遍发生，危害严重，分生孢子生于分生孢子梗上，分生孢子梗暗褐色，簇生于寄主植物的气孔，分生孢子倒棍棒形，有纵横隔膜，生于分生孢子梗顶端。后者少见，分生孢子细倒棍棒形，淡榄褐色，横隔多至 14 个，纵隔 0～2 个，大小为 55～130μm×10～16μm（图 2）。

侵染过程与侵染循环　黑斑病菌在有病的插条和土壤的病残体上越冬，靠气流、雨水传播，从气孔和伤口侵入，也可从表皮直接侵入。病菌生长发育适宜温度为 25～30℃，病害从 3 月下旬到初冬均可发生，温室中全年都可发病。

流行规律　一般发生在早春时期，露地栽培比温室栽培发病重。品种间存在感病差异，大花、宽叶、草体柔软的品种比花小、叶细长、草体挺硬的发病严重。多雨潮湿时发病重。暴风雨后病害迅速蔓延，温室或保护地栽培在湿度大的情况下可终年发病。

防治方法

农业防治　清除病残体，秋末翻耕土壤，以减少侵染来源。实行 2 年以上的轮作制度。选用抗病、耐病品种。改进

图 1 香石竹黑斑病症状（伍建榕摄）
①茎秆受害状；②叶尖受害状

X

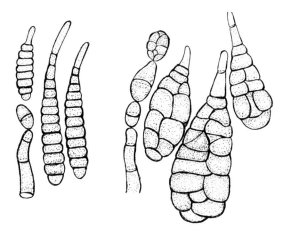

图 2　香石竹生链格孢（左）与香石竹链格孢（右）（陈秀虹绘）

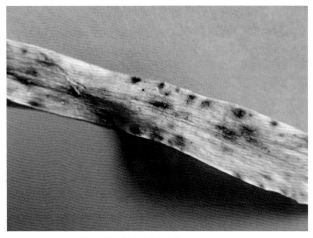

图 1　香石竹黑粉病症状（伍建榕摄）

浇水方法，变喷灌为浇灌。污染的土壤消毒处理，插条消毒。加强栽培管理，温室要保持通风透光，避免从植株上方浇水。采用无病插条或组培苗进行繁殖。

化学防治　苗圃控制病害。摘芽作业后，及时喷药防治。可用波尔多液（1 : 0.5 : 100），75% 代森锌 500 倍液，50% 代森铵 1000 倍液。

参考文献

孔宝华，蔡红，范静华，等，2006.云南省香石竹病害的种类和发生概况分析 [C] // 中国植物病理学会 . 中国植物病理学会 2006 年学术年会论文集 . 中国植物病理学会 : 6.

王英祥，贺颖华，喻盛甫，2002.香石竹的三种病害 [J]. 云南农业大学学报，17(4): 400-401.

（撰稿：伍建榕、张东华、洪英娣、吴峰婧琳；审稿：陈秀虹）

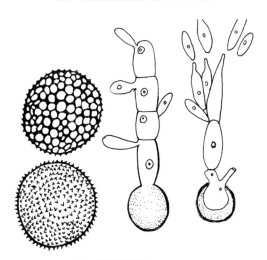

图 2　花药黑粉菌（陈秀虹绘）

香石竹黑粉病　carnation smut

由花药黑粉菌引起的，危害香石竹的一种真菌性病害。

分布与危害　在香石竹栽培地均有发生。主要危害花药，露出黑色粉末状物。全株各部位均能发生，致使全株枯死（图 1）。

病原及特征　病原为黑粉菌属的花药黑粉菌［*Ustilago violacea*（Pers.）Rouss.］（图 2）。无性繁殖由菌丝体上长出小孢子梗，梗上产生分生孢子，担子有隔，担孢子侧生。

侵染过程与侵染循环　病菌在病株上越冬，翌年产生厚垣孢子由风进行传播。

流行规律　多雨潮湿、晴天风大时发病严重。香石竹诺劳顿（Noroton White）品种极易感染花药黑粉病。

防治方法

农业防治　选取健壮无病的插穗。挖除病株时，要连同周围的土壤一起挖除，更换无病土栽植。

化学防治　发现个别花药出现黑粉，立即拔除烧毁，并喷洒 75% 达科宁可湿性粉剂 600 倍液保护石竹的周围园圃。

参考文献

陈秀虹，伍建榕，西北林业大学，2009.观赏植物病害诊断与治理 [M].北京 : 中国建筑工业出版社 .

王建红，1998.香石竹主要病虫害防治 [J]. 中国花卉盆景 (7): 4-5.

（撰稿：伍建榕、张东华、洪英娣、吴峰婧琳；审稿：陈秀虹）

香石竹花腐病　carnation flower rot

由灰葡萄孢和匍柄霉属的一个种引起的，危害香石竹的一种真菌性病害。

分布与危害　在香石竹栽培地均有发生。主要侵染花瓣和花蕾，花外围花瓣出现水渍状斑点，随后若干花瓣纠缠在一起，空气湿润时长出灰白色霉层的灰葡萄孢或黑绒状物的匍柄霉，经常是两者混生（图 1）。

病原及特征　病原为灰葡萄孢（*Botrytis cinerea* Pers.）和匍柄霉属的一个种（*Stemphylium* sp.）（图 2）。分别属葡萄孢属和匍柄霉属.灰葡萄孢子实体从菌丝或者菌核生出；分生孢子梗 280～550μm×12～24μm，丛生，灰色，后转为褐色，其顶端膨大或是尖削，在其上有小的突起；分生孢子

X

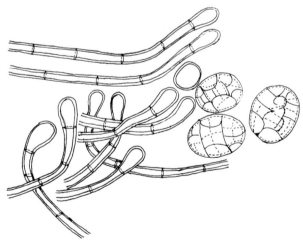

图 1 香石竹花腐病危害症状（伍建榕提供）

图 2 匍柄霉的一个种（陈秀虹绘）

单生于小突起之上，亚球形或卵形，大小为 9～15μm×6.5～10μm。匍柄霉分生孢子梗常簇生，从一半埋生的子座上生出。在自然基质上可以长达 80μm，在人工培养基上更长，粗 4～7μm，围绕各环痕膨大部分各有一条暗色带。分生孢子具纵横隔膜，大小为 27～42μm×24～30μm。

侵染过程与侵染循环　病菌以菌核或菌丝在土壤和病残体中越冬，翌年气温上升时产生分生孢子传播危害。

流行规律　湿度大容易发病，发生在早春时期，病菌生长适温为 20～25℃，温室内可全年发病。

防治方法

农业防治　保持大棚通风透光。降低栽培环境内的空气湿度。注意清除被感染的病花和病株。在鲜花和种苗的包装、冷藏过程中加强卫生管理，减少初侵染来源。

化学防治　插条可用 50% 克菌丹 800 倍液或 65% 代森锌 500 倍液等浸蘸或喷布，防止腐烂发生。发病前喷施低浓度的防病药剂，如 65% 代森锌 1000 倍液。

参考文献

李娟，肖斌，2010. 香石竹常见病虫害及其防治方法 [J]. 现代园艺 (5): 45-46.

（撰稿：伍建榕、张东华、洪英娣、吴峰婧琳；审稿：陈秀虹）

香石竹灰斑病　carnation gray spot

由刺状瘤蠕孢引起的香石竹常见真菌性病害。

发展简史　1999 年在昆明呈贡发生。

分布与危害　主要分布在云南呈贡。主要危害叶片。叶上病斑近圆形，初为灰白色，最后为黑褐色，外有一晕圈，病健交界处不明显，斑点可多个合成病斑，斑中部下凹，其内干燥时生有许多小黑点。潮湿或保湿条件下病部产生灰黑色霉层并腐烂（图 1）。

病原及特征　病原为蠕孢属的刺状瘤蠕孢 [*Heterosporium echinulatum* (Berk.) Cooke]。分生孢子梗暗褐色，簇生或单生，气孔伸出，不规则弯曲，其上有孔状突出的孢痕疤；分生孢子近圆筒形，淡橄榄色，有 1～3 个横隔，表面密生细刺（图 2）。

侵染过程与侵染循环　该病菌在土壤和病残体上越冬，借气流和雨水传播。

流行规律　多雨潮湿时发病重。

防治方法

农业防治　选取健壮无病的插穗，清除病残体并烧毁。大棚内注意通风透光，提高抗病能力。尽可能保持植株表面

图 1 香石竹灰斑病危害症状（伍建榕摄）

X

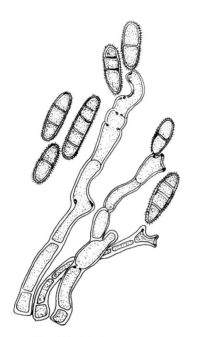

图 2　刺状疣蠕孢（陈秀虹绘）

干燥，在通风透光、排水良好处实行 2 年以上的轮作。选用抗病、耐病品种。

化学防治　每周喷一次预防性杀菌剂，特别是在切花采收之后及时喷药。发病初期可喷 0.5% 波尔多液，或 75% 达科宁可湿性粉剂 600 倍液，或 75% 百菌清可湿性粉剂 800 倍液。

参考文献

王建红，1998. 香石竹主要病虫害防治 [J]. 中国花卉盆景 (7): 4-5.

王英祥，贺颖华，喻盛甫，2002. 香石竹的三种病害 [J]. 云南农业大学学报，17(4): 400-401.

（撰稿：伍建榕、张东华、洪英娣、吴峰婧琳；审稿：陈秀虹）

香石竹枯萎病　carnation wilt

由石竹尖孢镰刀菌引起的香石竹枯萎的一种病害，是香石竹上最严重的真菌性病害之一。

分布与危害　世界各香石竹种植区均有不同程度的发生，已报道有 11 个小种，只有 2 号生理小种在全世界的香石竹种植区有分布。中国只发现了 2 号生理小种，上海、天津、广州、杭州、昆明等地均有发生，除杭州外，其他城市危害较为严重。香石竹在云南的一些地区大规模连年种植，香石竹枯萎病发生越来越严重。该病害在香石竹的各个生育期都可能发生，苗期发病引起死苗，开花期影响花朵的正常开放，品质下降，特别是在连作几年后的土地上种植，由于病原的大量积累，造成全田绝收的后果，给香石竹生产带来了严重的损失，已成为制约香石竹生产的主要因素。香石竹受害后茎变软，倒伏，叶变淡黄色，维管束内部出现淡黄色条纹，引起植株枯死。在琼脂培养基上产生分生孢子座与黏生孢子团，子座红色或浅紫色，无气味（图 1）。

1993—1995 年，昆明地区的香石竹枯萎病发病面积占总栽培面积的 45%，其中露地栽培的发生面积达 100%。2004 年昆明地区有些品种如绿夫人的发病率达到 90% 以上，一般品种的发病率为 30%～50%。云南其他地区随机调查的品种发病率在 10%～40%，所推广种植的品种中绝大多数不抗枯萎病。

病原及特征　病原为石竹尖孢镰刀菌石竹专化型（*Fusarinm oxysporum* Schlecht f. sp. *dianthiprill*. et Del Snyder & Hansen），属镰刀菌属。它是专一引起香石竹维管束病害的病原。病菌一般产生分生孢子座，分生孢子有两种类型，即大型分生孢子和小型分生孢子（图 2）。中国魏景超教授将此菌的中名定为石竹尖镰孢霉，引起香石竹萎蔫病。病菌子座为扩展型，苍白到紫红色，大型分生孢子粗壮，镰刀形，一端较直，一端稍弯曲，3～5 个隔膜，无色，具有 3 个隔膜的分生孢子，大小为 25～34.5μm×3.8～4μm，5 个隔膜的分生孢子，大小为 4.4μm×4.3μm；小型分生孢子单细胞、无色，卵圆形或椭圆形，大小为 5～9μm×2～4μm；厚垣孢子球形，直径为 6～11μm，顶生或间生；能产生菌核，直径为 0.5～2.0mm 或 3～12mm。此外，有一种瓶霉菌（*Phialophora cinerescens*）同样也引起香石竹枯萎病。

侵染过程与侵染循环　病原菌在病株残体或土壤中存活，病株根或茎的腐烂处在潮湿环境中产生子实体。这种真菌通过伤口、细小的根尖和根毛侵入植株，进入导管，阻碍水分运输。并因病菌产生的毒素伤害寄主的活组织，致使植物萎蔫。受害组织变褐色，病健组织间无明确的界线。植株在不同的发育阶段均可受侵染。孢子借气流或雨水、灌溉水的溅泼传播，通过根和茎基部或插条的伤口侵入危害，病菌进入维管束系统并逐渐向上蔓延扩展。病菌可能定殖在维管束系统而无症状表现，在症状出现以前，维管束内病菌扩展不快，但从感病母株上获得的部分繁殖材料可能有隐匿寄生，因此，繁殖材料是病害传播的重要来源，被污染的土壤也是传播来源之一。

流行规律　当空气温度高于 21℃ 时有利于病害发生发展，一般每年 6～9 月土壤温度较高，阴雨连绵，土壤积水的条件下发病率较高，10 月以后发病率明显降低，春季气温开始回升，但气候较干燥，因此发病率较夏季低。栽培中氮肥使用过多，以及偏酸性的土壤，均有利于病菌的生长和侵染，并促进病害的发生和流行。幼嫩植株比老化成株更易感病，较高温度而又潮湿的环境，病害扩展迅速。氮肥过多，植株幼嫩，发病严重。连作较轮作发病率高，第一年种植香石竹几乎不发病，而连作 2 年以后发病率明显升高，连作时间越长，发病率越高。

防治方法

农业防治　应从健康的无病母株上采取插条，最好是建立无病母本区，供采条用。发现病株及时拔除并销毁，减少病菌在土壤中的积累。选用抗病品种，虽然尚未发现对枯萎病免疫的种质材料，但还是有一些抗病性相对较好的品种可供选择，如晚霞、黄色格恩西、大太阳、流星雨等，或可与其他抗性品种搭配种植。土壤处理，苗圃地的土壤或盆土被污染，必须更换或消毒处理后再使用。

X

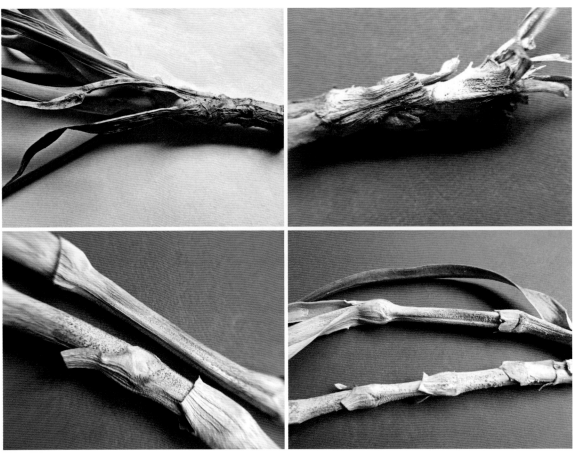

图 1 香石竹枯萎病危害症状（伍建榕摄）

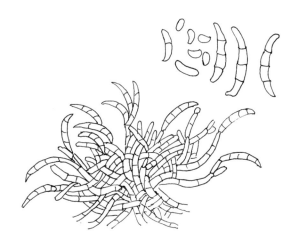

图 2 石竹尖孢镰刀菌（陈秀虹绘）

化学防治　有条件的温室可用蒸汽消毒，利用威百亩钠、溴代甲烷等对土壤进行熏蒸消毒。用 50% 克菌丹或50% 多菌灵 500 倍液于种植前浇灌土壤，或 70% 敌克松500 倍液，或 3% 硫酸亚铁处理土壤均有防治效果。

生物防治　在种植前用麦次（Metz）优质沙质肥泥按600g/m² 用量施入土壤内，能控制香石竹枯萎病的发生，这种细沙质肥泥中含有一种恶臭假单胞菌［*Pseudomonas putida*（Trevisan）Migula］，对病原菌有拮抗作用，并与其

竞争铁元素，从而达到防病目的。另一种方法是用一种细菌*Chitinolytic* sp. 处理土壤后，能减轻病害的影响。

参考文献

　　纳玲洁，李艳琼，冯翠萍，等，2005. 玉溪市香石竹主要病虫种类及防治技术 [J]. 西南园艺 (1): 34-35.

　　王建红，1998. 香石竹主要病虫害防治 [J]. 中国花卉盆景 (7): 4-5.

　　赵兰枝，蒋学杰，孙丽，等，2005. 新乡地区香石竹病害调查与病原鉴定 [J]. 山东林业科技 (1): 33-34.

（撰稿：伍建榕、张东华、洪英娣、吴峰婧琳；审稿：陈秀虹）

香石竹溃疡病　carnation canker

　　由黄萎轮枝孢病菌引起的一类香石竹真菌性病害。

分布与危害　20 世纪 50 年代已在世界范围内广泛传播，特别是南美、东欧。中国主要分布在上海、广东、云南等较大的香石竹产区。病菌通过伤口和表皮直接侵入，致使植株地上部叶缘和叶脉初变黄后发生萎蔫，叶缘和叶脉间变色逐渐干枯凋零、萎缩，发病后期植株枝干处出现纵向开裂，表面散生白色菌丝和针头大小的小菌核，致使健株染病矮缩、黄化（图 1）。

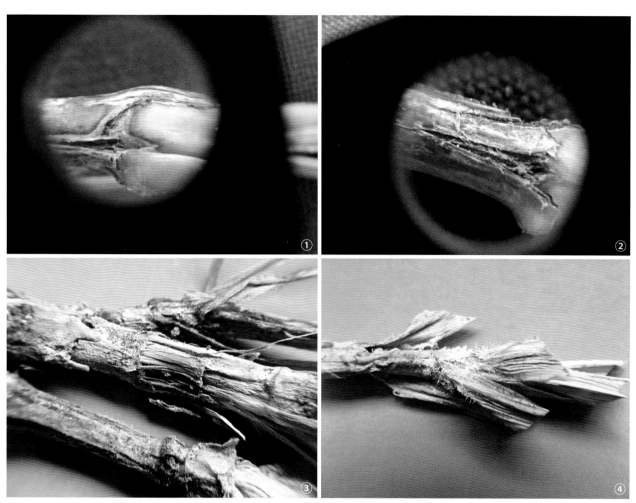

图 1 香石竹溃疡病危害症状（伍建榕摄）

①初期症状；②后期症状；③茎基部溃疡病症状；④茎基部溃疡病潮湿症状

病原及特征 病原为轮枝孢属的黄萎轮枝孢（*Verticillium albo-atrum* Reinke et Berth.）。病菌菌丝细长，老熟后能产生黑色菌核。菌丝上轮生分生孢子梗，梗上着生卵圆形2～4个轮层，每轮层有轮枝1～7根，每个轮枝顶端分裂出单个分生孢子。分生孢子椭圆形，单胞，大小为4～11μm×1.7～4.2μm，可形成黑色休眠菌丝体组成的小菌核（图2）。

侵染过程与侵染循环 菌丝体或菌核在土壤和病残体中越冬，翌年通过伤口和表皮直接侵入。病害中期可借风雨传播菌丝体或菌核，形成再侵染。

流行规律 温室大棚连作容易加重病害发生。伤口较多有利于病害的侵入和传播。繁殖材料上带有病菌或土壤中有病菌会促使病害发生。高温高湿条件下有利于病害的发生和大规模流行。

防治方法

农业防治 及时清除并销毁病残体。选用无病繁殖材料。进行土壤处理。

化学防治 植物叶面用化学药剂保护，阻止病菌侵染，可选用80%的代森锰锌400倍液；发病时可选用50%萎锈灵1000倍液、65%代森锌600倍液、15%粉锈宁800倍液喷洒植株或灌根处理。

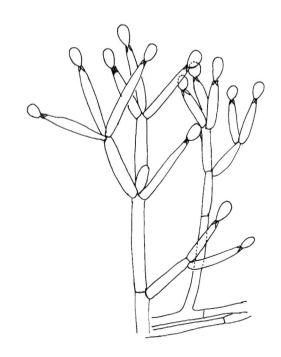

图 2 黄萎轮枝孢（陈秀虹绘）

参考文献

纳玲洁，李艳琼，冯翠萍，等，2005.玉溪市香石竹主要病虫种类及防治技术 [J].西南园艺，33(1): 34-35.

赵兰枝，蒋学杰，孙丽，等，2005.新乡地区香石竹病害调查与病原鉴定 [J].山东林业科技 (1): 33-34.

（撰稿：伍建榕、张东华、洪英娣、吴峰婧琳；审稿：陈秀虹）

香石竹丘疹病　carnation papulosis

由稻属黄单胞菌石竹变种引起香石竹叶片和茎上产生像丘疹状斑点的一类细菌性病害。

分布与危害　主要分布在生产香石竹的地区，致使香石竹叶片和茎部产生 1mm 大小的，像丘疹状的斑点，严重侵染的叶片枯萎死亡。

病原及特征　病原为稻属黄单胞菌石竹变种（*Xanthomonas oryzae* var. *dianthi*），菌落呈黄色。属黄单胞菌属，是一类革兰氏阴性菌、专性好氧、化能有机营养型的植物病原细菌。细胞直杆状，大小为 0.4～0.7μm×0.7～1.8μm，单端极生鞭毛（见图）。多数菌株分泌不溶于水的非类胡萝卜素性质的黄色素，有些菌株形成胞外荚膜多糖——黄原胶。

侵染过程与侵染循环　病菌在被害部位组织中越冬，翌年病组织内细菌开始活动。病菌从病组织中溢出，借风雨或昆虫、农具传播。

流行规律　高温高湿条件下有利于病害侵染和传播。

防治方法

农业防治　彻底清除病株及病残体并销毁。

化学防治　植株喷布化学杀菌剂和抗菌素保护，如噻唑锌 800 倍液，防治尚未见症状的石竹植物。

参考文献

陈秀虹，伍建榕，西北林业大学，2009.观赏植物病害诊断与治理 [M].北京：中国建筑工业出版社.

陈秀虹，伍建榕，2014.园林植物病害诊断与养护：上册 [M].

北京：中国建筑工业出版社.

（撰稿：伍建榕、赵长林、洪英娣、吴峰婧琳；审稿：陈秀虹）

香石竹萎蔫病　carnation *Phialophora* wilt

由紧密瓶霉引起的香石竹上的一种真菌性病害。

发展简史　中国于 1984 年有关于该病害的报道，1998 年在《植物病理学报》上有初步研究报道。

分布与危害　香石竹萎蔫病在中国各地发生普遍，以南方发病较严重。病菌侵入植株的导管，妨碍水分向茎叶输送，以致造成全株萎蔫。病株根系少，茎基部变软干枯，手捏有中空感，髓部崩溃呈纤维状，仅剩皮层（图 1）。少数病株的叶片出现隔节萎蔫现象，这是该病重要特征，区别于枯萎病。

病原及特征　病原为瓶梗霉属的紧密瓶霉（*Phialophora compacta* Carr.）。菌落淡灰色，后转灰褐色。瓶梗常 3～4 个簇生，呈散开的刷子状，上着生单个分生孢子。瓶梗平均大小为 8～12μm×2.5～3.5μm。分生孢子透明后转灰色，平均大小 3～6μm×2.5～3.5μm（图 2）。

侵染过程与侵染循环　植株生长的各个发育期都可以侵染。受侵染的组织变为褐色，并逐渐向绿色部分扩展。病健组织间有一明显界线。病株的茎秆是无茸的。病菌经伤口、小根尖和根毛侵入。该菌可在土壤中存活多年，病菌随种苗及病株残体传播扩散。

流行规律　常发生在香石竹定植后 40～50 天，株高 30～40cm 时，病株在梅雨间隙期太阳暴晒下开始出现症状。紧密瓶霉只危害石竹科植物，从未种过石竹科植物的小区或花圃，种植市场上销售的扦插苗后，有一定比例的萎蔫病株存在，说明种苗带菌，是香石竹苗期萎蔫死亡的主要原因。该病菌主要经种苗远距离传染，是顽固性毁灭性病害。

防治方法

农业防治　加强检疫，培育无病苗，严防苗木调运传病。拔除并销毁病株，尽力避免土壤污染，减少侵染来源。在除

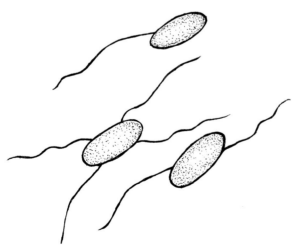

稻属黄单胞杆菌（陈秀虹绘）

图 1　香石竹萎蔫病危害症状（伍建榕摄）

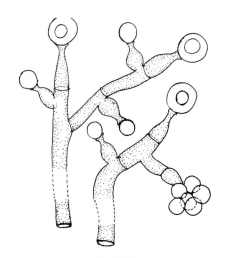

图 2　紧密瓶霉（陈秀虹绘）

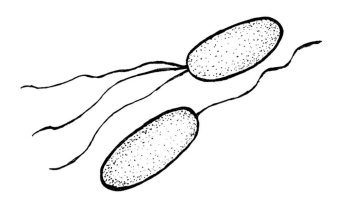

伍氏假单胞杆菌（陈秀虹绘）

草和栽培管理中，避免伤害植株。有条件的地方，从温室生长的植株上取插条。苗床污染后，必须更换土壤或土壤消毒。实行 3 年以上的轮作，提倡施用保得生物肥或酵素菌沤制的堆肥或腐熟有机肥。选用抗病的品种，建立无病母本圃，从无病株上切取插条，提倡采用组织培养种苗，做到栽植无病苗。

化学防治　栽植前消毒土壤，采用熏蒸剂与蒸汽处理相结合的方法。土壤中加入恶臭假单胞菌（*Pseudomonas putida*）或甲壳质细菌，对该菌具拮抗作用，能减少病害发生。用 58% 苯来特 1000 倍液处理土壤有防效。

参考文献

王国良，任善于，应兴德，1998. 香石竹萎蔫病病原的初步研究 [J]. 植物病理学报，28(1): 61-65.

赵志昆，田海霞，2000. 康乃馨主要病害的防治 [J]. 西北园艺 (4): 37-38.

（撰稿：伍建榕、张东华、洪英娣、吴峰婧琳；审稿：陈秀虹）

香石竹细菌性斑点病　carnation bacterial spot

由伍氏假单胞菌引起香石竹叶部斑点的一种细菌性病害。

分布与危害　为世界性病害。中国分布于上海、杭州、北京、天津、武汉、昆明、成都、贵州等地。病菌侵染后叶片形成典型的、长条形病斑，病斑周围浅灰色，后期变为褐色，一般情况下病株很快死亡。发病初期叶片上出现 2～3mm 的椭圆形小斑点，外有浅绿色、透明、下凹的边缘。随着病情的发展，约 2 周后病斑可达 15mm，中心组织死亡呈灰色，严重时整个叶片脱落。病斑首先从下部叶片发生，然后逐渐向上蔓延，幼嫩的病株特别容易染病，严重时可造成整株死亡。花小，使切花减产。

病原及特征　病原为 *Robbsia andropogonis*（异名伍氏假单胞菌 *Pseudomonas woodsii*）。菌体杆状，大小为 1～2μm×0.5～0.7μm，有 1 根具鞘的鞭毛，很少 2 根，单极生，

不产生荧光色素，革兰氏染色阴性，不抗酸，好气性。在肉汁洋菜培养基上菌落圆形，光滑，白色有光泽，稍隆起，生长迟缓，黏稠（见图）。

侵染过程与侵染循环　病原细菌在病残体上越冬，每个病斑上有数以百万计的细菌，通过灌溉水、雨水溅射到叶片上传播，从气孔侵入。

流行规律　多年连作的温室大棚有利于病害发生，其次气温 18～24℃，雨日多易发病。条件较好的温室内冬季可继续发病。不同的香石竹品种发病轻重不同，如细叶、小花品种比宽叶、大花品种发病轻。

防治方法

农业防治　培育无病苗，用无病母株作为繁殖材料。棚室栽培时，注意降低湿度，通风良好，可控制该病蔓延。发现病株及时拔除，集中烧毁。精心养护，合理灌水，水量适中，不宜过多，避免用水管冲浇，防止传播。雨后要及时排水，防止湿气滞留。

化学防治　必要时喷洒 30% 碱式硫酸铜悬浮剂 500 倍液或硫酸链霉素 3000 倍液。

参考文献

纳玲洁，李艳琼，冯翠萍，等，2005. 玉溪市香石竹主要病虫种类及防治技术 [J]. 西南园艺，33(1): 34-35.

吴文佑，朱天辉，2006. 重大园林植物病害及其研究进展 [J]. 世界林业研究，19(4): 26-32.

赵兰枝，蒋学杰，孙丽，等，2005. 新乡地区香石竹病害调查与病原鉴定 [J]. 山东林业科技 (1): 33-34.

（撰稿：伍建榕、张东华、洪英娣、吴峰婧琳；审稿：陈秀虹）

香石竹细菌性枯萎病　carnation bacterial wilt

由石竹假单胞菌和石竹科欧氏杆菌引起香石竹茎部开裂的一种细菌性病害。又名香石竹细菌性茎部开裂病。

分布与危害　主要分布于美国、德国、丹麦、法国、意大利、匈牙利、日本、中国等。感病植株突然青枯，叶片变成灰绿色。根部迅速腐烂，受害植株能轻易地从土壤中拔出，茎的输导组织维管束变成褐色。

X

幼苗染病病株向一侧扭曲，根部现黄褐色至褐色软腐，剖开病茎可见导管变褐腐烂致地上茎叶朽住不长，叶色变浅，后期呈黄白色。成株染病植株一侧的1根或几根枝条或整株突然萎蔫，叶片萎蔫成灰绿色至黄褐色。有些病株茎基部节间纵裂，裂沟处表皮脱落。根系变褐腐烂、发黏，切断茎部置入冷水中或保湿可见溢出白色菌脓，别于镰刀菌枯萎病。土温低于17℃，节间开裂深。

病原及特征 石竹假单胞菌（*Pseudomonas caryphyolli*）属假单胞菌属的细菌。该菌广泛分布于世界各地香石竹栽培区。病原菌为短杆菌，两端具有1至数根鞭毛，革兰氏阴性。在马铃薯葡萄糖琼脂培养基上培养4～5天的菌落，直径为3～4mm，呈环状，光滑且整个边缘闪光。菌落棕色至灰褐色，生长温度范围为5～48℃，生长最佳温度为30～33℃（见图）。石竹科欧式杆菌是欧氏杆菌属的细菌。病原菌为革兰氏阴性菌。周生鞭毛多根，有荚膜，菌体单生，杆状。

侵染过程与侵染循环 病菌在残存土壤中的病根中越冬，从伤口侵入。

流行规律 在14～18℃土温下染病植株典型的症状是茎部裂缝，大约18天后植株开始出现枯萎症状，当土温保持在18～22℃时，枯萎通常先出现，而后才出现茎部裂缝症状。冬季土壤温度较低的情况下，最有可能产生茎部裂缝症状。施肥过多、浇水过量、地下害虫多易发病，老苗发病重。品种间抗病性有差异，日本红花Coral感病，Elegancane、Northland等品种较抗病。高温高湿有利病害发生扩展。

防治方法

农业防治 选用抗病品种，不要在发病地区母本上采芽或插条。发现病株及时拔除。苗床或大田提倡施用保得生物肥或酵素菌沤制的堆肥。栽植时避免伤根，注意防治地下害虫。土壤宜见干见湿，不宜过湿。

化学防治 插枝用72%硫酸链霉素或高锰酸钾1000倍液浸泡30分钟消毒后扦插。发病初期喷洒47%加瑞农可湿性粉剂700倍液或77%可杀得可湿性粉剂500倍液、30%碱式硫酸铜悬浮剂500倍液、12%绿乳铜乳油500倍液，必要时也可用医用硫酸链霉素3000倍液，隔10天左右1次，连续防治2～3次。

参考文献

纳玲洁，李艳琼，冯翠萍，等，2005.玉溪市香石竹主要病虫种类及防治技术[J].西南园艺，33(1):34-35.

吴文佑，朱天辉，2006.重大园林植物病害及其研究进展[J].世界林业研究，19(4):26-32.

赵兰枝，蒋学杰，孙丽，等，2005.新乡地区香石竹病害调查与病原鉴定[J].山东林业科技(1):33-34.

（撰稿：伍建榕、张东华、洪英娣、吴峰婧琳；审稿：陈秀虹）

香石竹锈病 carnation rust

由石竹单胞锈菌引起，香石竹上一种主要和常见的真菌性病害。

发展简史 香石竹锈病于1900年首次有初步报告。

分布与危害 该病为世界性病害，在云南昆明、曲靖、玉溪发生严重。主要侵染叶片，亦危害茎和花芽。受侵害的植株常常矮化，叶片向上卷曲早枯。锈孢子侵染石竹叶片和嫩枝等部位。除侵染香石竹外，还侵染美国石竹和中国石竹。侵染后植株活力和切花质量降低，严重时能引起叶片枯萎和植株死亡（图1）。

病原及特征 病原为单胞锈菌属石竹单胞锈菌［*Uromyces dianthi*（Pers.）Niessl］。夏孢子球形或椭圆形，黄褐色单胞，外壁具细刺。冬孢子单胞，圆至椭圆形，褐色，顶壁较厚，有短柄无色（图2）。

侵染过程与侵染循环 该菌为转主寄生。病菌多以冬孢子越冬度过不良环境。从气孔侵入寄主，发病后产生大量夏孢子，又进行再次侵染。该病菌侵染大戟科植物并产生性孢子和锈孢子，锈孢子再侵染香石竹。夏孢子可通过气流传播，多次侵染香石竹。

流行规律 该菌露天和温室均可发生，以温室栽培发生较为普遍，温暖和高湿环境有利于病害发生。此外，种植密度过大、通风不良、叶面有水滴、施氮肥过多、阳光不足，均加重病害的发生。该病一年四季均有发生。

防治方法

加强植株检疫。

农业防治 大棚应保持10～15℃，这种温度不适合锈菌发展，加强温室通风透气，可控制病害。避免通过浇水传播病菌，必要浇水时，应在晴朗、阳光充足的天气进行。从无病植株上采取插条。清除病残体并销毁，以减少侵染来源。注意远离大戟属植物。清除石竹基地附近（1km）的大戟科植物，如银边翠、虎刺梅、一品红、一品白等。防治期间要增加磷、钾及微量元素肥的施用，提高植株抗性。

化学防治 植物叶面用化学药剂保护，阻止病菌侵染。选用50%萎锈宁1000倍液，65%代森锌600倍液，15%粉锈宁800倍液防治。每10天喷1次，连续2～3次。

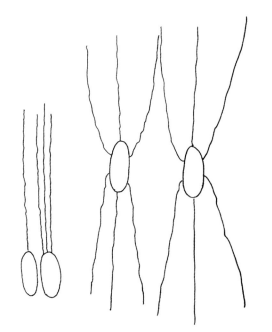

石竹科假单胞杆菌（左）和石竹科欧氏杆菌（右）（陈秀虹绘）

图 1　香石竹锈病危害症状（伍建榕摄）

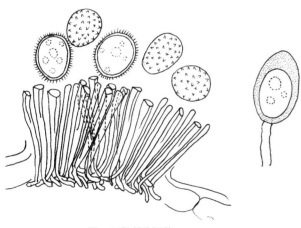

图 2　石竹单胞锈菌（陈秀虹绘）

参考文献

李向东，1999.香石竹锈病防治技术 [J].农村实用技术 (5): 22-23.

孙延斌，2001. 棚室香石竹锈病的发生与防治 [J]. 河北农业科技 (10): 26.

（撰稿：伍建榕、张东华、洪英娣、吴峰婧琳；审稿：陈秀虹）

香石竹芽腐病　carnation bud rot

由早熟禾镰孢引起香石竹芽腐的真菌性病害。

分布与危害　在中国的高原地区均有分布。危害香石竹芽部，芽染病后多从内部腐烂，幼芽外表正常。但剖开内部花器，雌蕊、花柱、雄蕊和花瓣基部呈现水渍状浅褐色腐烂，上面长有白色绵毛状菌丝层，花略开放或完全不能开放，发病重植株生长停止（见图）。

病原及特征　病原为早熟禾镰孢［*Fusarium poae*（Peck）Wollenw］。属镰刀菌属。菌落洋红色至浅黄色。小型分生孢子粉状，安瓿形至球形，0～1 个隔膜，大小为 6～14μm×4～7μm。大型分生孢子细镰刀形，两端尖，足细胞不明显，具隔膜 3～5 个，大小为 20～40μm×3～4.5μm。

侵染过程与侵染循环　病菌大多数和螨（*Pediculopsis graminum*）共生，螨常带病菌侵入芽内，利用病菌造成的腐烂物质作为营养，病菌也以螨类在植株间传播。同时这种螨类也侵害各种草本植物，白色香石竹比红色和深红色的较易染病。

防治方法

农业防治　选用抗病品种，红色石竹、淡红色的石竹抗病性强。发现病芽及时剪除，集中烧毁。栽植密度适宜，注意通风透光。

化学防治　喷洒高效杀螨剂，如 20% 好年冬 800 倍液或 3% 啶虫脒乳油 2500 倍液、10.8% 凯撒乳油 800 倍液。在防治病害的同时防治螨类，减少因害虫的移动导致的病害传播。

参考文献

纳玲洁，李艳琼，冯翠萍，等，2005. 玉溪市香石竹主要病虫种类及防治技术 [J]. 西南园艺，33(1): 34-35.

吴文佑，朱天辉，2006. 重大园林植物病害及其研究进展 [J]. 世界林业研究，19(4): 26-32.

赵兰枝，蒋学杰，孙丽，等，2005. 新乡地区香石竹病害调查与病原鉴定 [J]. 山东林业科技 (1): 33-34.

（撰稿：伍建榕、张东华、洪英娣、吴峰婧琳；审稿：陈秀虹）

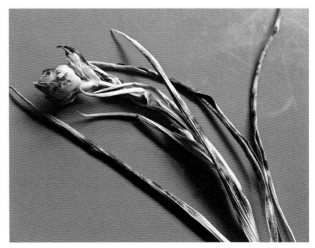

香石竹芽腐病危害症状（伍建榕摄）

香石竹叶枯病　carnation leaf blight

由枝孢属真菌引起香石竹叶枯的一种病害。

发展简史　香石竹叶枯病于1995年在中国被发现并报道。

分布与危害　主要分布于上海、北京、杭州、南京、昆明、贵阳。云南花卉种植地区均有发生。该病主要危害叶部，多从下部叶片开始发病，尤其老叶更易发病。也危害茎、花梗、花蕾和花瓣。初在叶上出现浅绿色水渍状小点，不易发现，但对光检查可以看到病斑扩展后现褐色圆形至椭圆形或半圆形斑，大小4～5mm，中央变为灰白色，有的品种边缘有紫色环纹。湿度适宜时斑面上产生粉状黑色霉层，干燥条件下，病部扭曲，病情进一步扩展常造成整个叶片枯萎下垂，但不脱落。从发病到整叶干枯需10～40天（见图）。

茎染病病斑多从分枝处及采摘产生的伤口处发生灰褐色不规则形条斑，上生黑色霉点，当病斑绕茎一周时，病部以上枝叶枯死。

花梗染病造成花蕾枯死。花蕾染病与叶片上病程近似，产生浅褐色至深褐色病斑，上生黑色小霉点，花不开放或一侧开放扭曲为畸形花，产生裂苞。该病病部两面均产生黑色霉层，即病原菌分生孢子梗和分生孢子。

病原及特征　病原为枝孢属的一个种（*Cladosporium* sp.）和石竹链格孢（*Alternaria dianthi* Stev. et Hall.）。分生孢子梗5～20根成丛，褐色，短曲，具隔膜1～4个。分生孢子倒棍棒形，2～5个呈链状，孢子多有喙，浅褐色，尖端处略膨大，喙长3.5～15μm，孢子呈橄榄色至暗褐色，有横隔膜4～8个，纵或斜隔膜1～6个，长为30～55μm，最宽处9～11μm。

侵染过程与侵染循环　病菌主要以菌丝体和分生孢子在病残组织中越冬，病插条和土中的病残体是主要侵染源。孢子距地面1m左右的高度面上分布多，主要通过气流和雨水传播，由伤口或气孔侵入，潜育期5～7天。

流行规律　露地栽培4月上旬至初冬发病，温室则全年发病。梅雨季节或9月台风暴雨多的地区，雨日多、湿度大易发病。品种间抗病性差异明显，大花、宽叶、植株柔软、气孔数量多的品种常比花小、叶细尖、植株硬挺、气孔少的品种发病重。

防治方法

加强检疫　培育无病苗，严防苗木调运传病。

农业防治　选用抗病、耐病的品种。加强管理，清除病叶，严重时病株拔除烧毁，减少侵染来源，初病喷2～3度石硫合剂进行保护。改进浇水方法，避免从上部淋浇，减少病菌传播。移植后浇1次透水，以后床面干裂时再浇1次透水。提倡采用避雨栽培法，大暴雨后，要及时排水，严防湿气滞留。冬季施足基肥，提倡施用酵素菌沤制的堆肥或采用配方施肥技术，适当增施磷钾肥，定植1周后施25%的人粪尿1次，隔1周后再施1次。9月下旬，隔7～10天施30%～40%稀薄粪水2～3次，促植株旺盛生长，提高抗病力。实行两年轮作，该菌不能存活到翌年冬天，两年轮作即有效。

化学防治　开花前喷65%代森锌1000倍，70%托布津1500倍液，控制病菌侵染。

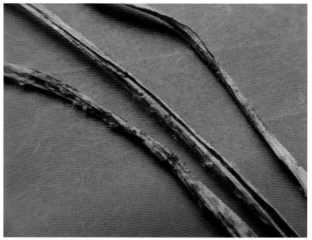

香石竹叶枯病危害症状（伍建榕摄）

参考文献

陈秀虹，伍建榕，2009. 观赏植物病害诊断与治理 [M]. 北京：中国建筑工业出版社 .

陈秀虹，伍建榕，2014. 园林植物病害诊断与养护：上册 [M]. 北京：中国建筑工业出版社 .

（撰稿：伍建榕、张东华、洪英娣、吴峰婧琳；审稿：陈秀虹）

香石竹贮藏腐烂病　carnation storage rot

由灰葡萄孢引起的香石竹采摘后的一种真菌性病害。

分布与危害　香石竹采摘后的各个时期都可以遭受灰霉菌侵染。外围花瓣出现水渍状斑点。苗期发病，初期在根茎交界处出现紫褐色病斑，单个病斑宽约0.1mm，长1～3mm。条件适宜时，小病斑很快扩展汇合，汇合后的大病斑呈不规则形，边缘清楚，病部略凹陷，灰褐至暗褐色。以后大病斑很快扩展至整个茎围并向上蔓延，病茎显着萎缩，下层叶片凋萎下垂，剖开木质部可见紫褐色腐烂。茎部病斑扩展到2～4cm长时，病株地上部分茎叶迅速失水变软，枯萎死亡。发病时，除病部呈暗褐色外，其余仍保持灰绿色。储藏插条的茎腐也是由这种病菌引起的（见图）。

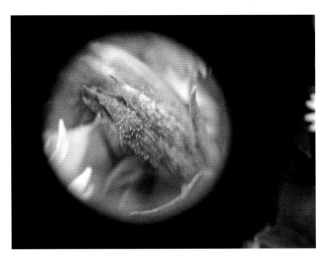

香石竹贮藏腐烂病危害症状（伍建榕摄）

病原及特征　病原为葡萄孢属的灰葡萄孢（*Botrytis cinerea* Pers.）。子实体从菌丝或者菌核生出；分生孢子梗280～550μm×12～24μm，丛生，灰色，后转为褐色，其顶端膨大或是尖削，在其上有小的突起；分生孢子单生于小突起之上；分生孢子亚球形或卵形，大小为9～15μm×6.5～10μm。

侵染过程与侵染循环　见香石竹花腐病。

流行规律　雨季发病严重。

防治方法

农业防治　保持通风、干燥。严格控制温室温度。

化学防治　香石竹采摘贮存前先喷布低浓度的防病药剂，如65%代森锌1000倍液，并事先对储藏场所消毒，插条可用50%克菌丹800倍液或65%代森锌500倍液等浸蘸或喷布，防止腐烂发生。

参考文献

白晓琦，苏庆，单会霖，等，2017.香石竹主要病虫害种类及防治方法 [J].四川农业科技 (3): 24-26.

陈秀虹，伍建榕，西北林业大学，2009.观赏植物病害诊断与治理 [M].北京：中国建筑工业出版社.

孔宝华，蔡红，范静华，等，2006.云南省香石竹病害的种类和发生概况分析 [C] // 中国植物病理学会.中国植物病理学会 2006 年学术年会论文集.北京：中国植物病理学会：6.

（撰稿：伍建榕、张东华、洪英娣、吴峰婧琳；审稿：陈秀虹）

向日葵白锈病　sunflower white rust

由白锈菌属侵染引起的一种向日葵叶部病害。中国新疆、甘肃和河北有该病害的发生。

发展简史　V. Ivancia 于 1989 年在 *Cercetari Agronomice in Moldova* 上报道了《罗马尼亚向日葵的一种新病害——白锈病》，确定了由 *Albugo tragopogonis* 引起向日葵白锈病。T. J. Gulya 等于 1992 年在 *Plant Disease* 上首次发表了《在美国堪萨斯州少数油葵和食葵上发现白锈病（*Albugo*

tragopogonis）》的报道，随后，1993—1995 年又陆续在这个州西部的 9 个地区发现了此病害。1994—1997 年，在美国科罗拉多州东部栽培和野生的向日葵也发现了该病害。1997 年，在堪萨斯州西部与科罗拉多邻近地区栽培的向日葵茎秆上发现 *Albugo tragopogonis* 的卵孢子。2005 年，Castano 报道了美国艾奥瓦州向日葵白锈病的发生，同时对白锈病的发病规律以及不同向日葵品种抗白锈病水平进行了鉴定。

A. Penaud 和 A. Perny 于 1995 年在 *Phytoma La Defense Des Vegetaux* 上报道了法国南部的向日葵白锈病。该报道还对其症状、造成的产量损失、病害的侵染循环和控制方法作了介绍。

Z. Piszker 于 1995 年在 *Novenyvedelem* 上报道了匈牙利向日葵白锈病，发现由 *Albugo tragopogonis* 造成 RHA-274 和 RHA-325 恢复系表现出很高的侵染比例，而 HIR-34B 和 RHA-340 的恢复系没有出现病害症状。

H. Krüger 等于 1999 年在 *Canadian Journal of Botany* 上报道了向日葵白锈病菌的侵染过程。A. Vijoen 等于 1999 年在 *Plant Disease* 上报道了向日葵种子带菌是白锈病进行远距离传播的主要途径。C. Crepel 等于 2006 年 3 月在 *Plant Disease* 上报道了比利时向日葵白锈病的发生，这是该病害在比利时的首次报道。此外，M. Thines 等人报道了德国新发生的向日葵白锈病的危害、病原特征及传播特性等；H. Voglmayr 等人报道了向日葵白锈病菌等 12 种白锈菌的分子特征及其亲缘性关系；A. Riethmuller 等人报道了采用 PCR 法研究霜霉属和白锈菌属真菌的系统发育特征等。

分布与危害　已在美国、阿根廷、南非、比利时、匈牙利、苏联、罗马尼亚、法国、加拿大、澳大利亚、塞尔维亚、德国、玻利维亚、肯尼亚、津巴布韦、乌拉圭等国家发生。而在中国，向日葵白锈病只发生在新疆、甘肃和河北。1997 年，新疆特克斯首次在引进向日葵品种美国 G101（油用型）种上发现向日葵白锈病。1999 年，新源的别斯托别也发现了向日葵白锈病。2000 年，由于降水量大而导致向日葵白锈病大面积发生。

向日葵白锈病主要危害叶片、茎秆、叶柄和花萼。叶部病害症状明显，多发生在中下部叶片，严重时可蔓延至上部叶片。孢子堆叶背散生，0.1～1mm，亦有集生次生孢子堆，白色至乳黄色，内有白色粉状物（孢子囊和孢囊梗），有时具有油渍状晕圈，偶有穿透叶正面形成的孢子堆，叶正面病斑呈淡黄色斑点。严重时病斑可连接成片，造成叶片发黄而枯死，对产量影响很大（见图）。茎秆前期受害部位表现为暗黑色水渍状并形成肿大，后期在病茎肿大部分失水，并在凹陷处产生白色粉末状孢子囊，严重时还可造成植株倒伏。叶柄前期受害部位呈现暗黑色水渍状，后期产生白色疱状物，即病菌孢子囊和孢囊梗。花萼前期受害部位表现为暗黑色水渍状，后期多产生扭曲、畸形病状，花萼尖干枯并产生白色疱状物。发病严重时，可导致 50% 以上的减产。

病原及特征　病菌为婆罗门参白锈菌 [*Albugo tragopogonis*（Pers.）S. F. Gray]，属白锈菌属（*Albugo*）。

向日葵白锈病菌菌丝无色，无隔，分枝，产生短的孢囊梗，31.48～59.19μm×6.07～16.12μm。孢子堆直径 0.15～1mm。

向日葵白锈病危害症状（陈卫民提供）

①叶片正面；②叶片背面；③大面积危害状

孢子囊梗短棍棒形、无色、较粗、向下渐细、不分枝、单层排列，30.7～58.9μm×10.2～13.8μm，平均44.5μm×12.5μm。孢子囊成串产生，孢子囊球形、扁球形或多角形、单胞、无色、壁膜中腰增厚，16.32～21.18μm×15.12～20.54μm。藏卵器无色、近球形或椭圆形，33.3～62.5μm×33.3～62.5μm，平均43.9μm×43.9μm。卵孢子近球形，壁有刺突，沿叶脉生或散生于叶组织内，淡褐色至深褐色，网纹双线，边缘有较高的突起，大小为46.57～66.82μm×45.49～65.77μm。向日葵叶片显微镜下1个视野内的卵孢子数量最多23个，最少2个，平均12个。

孢子囊在水滴中经30分钟即可萌发，产生游动孢子。孢子囊萌发不需光照，温度范围为4～35℃，适温12～15℃。游动孢子直径6～12μm，有1条鞭毛。游动孢子经短时间游动后，变为静止孢子，静止孢子在4～20℃范围内萌发，最适温度为15℃，萌发后产生1根、偶尔2根芽管。

侵染过程与侵染循环　经透明染色法检测，向日葵种子的种壳（种皮）和种仁膜中有卵孢子，胚中未发现有卵孢子，证明向日葵种子携带白锈病病菌。

向日葵白锈病菌在新疆以卵孢子存在于向日葵种子上，随同向日葵种子远距离传播。同时卵孢子主要在病残体（叶片）、向日葵自生苗、土壤和种子上越冬，为向日葵白锈病的主要初次侵染来源；其次带有卵孢子病残体的农家肥，也是初侵染来源。翌年向日葵播种出苗后，土壤中病残体和种子上卵孢子萌发，在适宜的环境条件下萌发产生游动孢子，游动孢子从向日葵叶片背面气孔入侵，在气孔下腔内变为静止孢子，静止孢子萌发后产生胞间菌丝和吸器，胞间菌丝在向日葵叶片细胞间蔓延，以不规则形吸器穿透向日葵叶片的细胞壁，在向日葵叶片表皮下形成孢子堆，并突破表皮外露，病斑上产生孢子囊和孢囊梗，借风雨传播，进行再侵染，田间再侵染频繁。病菌近地面传播依靠游动孢子随水流动而扩散，田间游离水是该菌扩散的一个重要因素，叶面生成的孢子囊随风雨吹溅做短距离扩散。卵孢子一般在7月底至8月初产生。

流行规律　食用型和油用型两种不同类型的向日葵抗病性有较明显的差异，相同栽培条件下，食用型向日葵白锈病发生重。同一品种不同生育阶段，抗病能力也有一定的差异。向日葵苗期（5～6片叶）、现蕾期和开花期容易感病；通常在苗期、现蕾期和开花期出现两次发病高峰。向日葵现蕾期和开花期，由营养生长转向生殖生长，是同化作用最盛时期，由于叶片、茎秆和花盘组织柔嫩，外界条件又适合于病菌的侵入，因此，向日葵现蕾期和开花期是向日葵生长期中抗病力最弱的时期，如遇到阴雨、高湿气候条件，向日葵白锈病就大流行，对产量影响较大。

向日葵叶片形态在抵抗白锈病特别是在白锈菌侵入向日葵的初期起着重要作用；向日葵叶片肥大、厚且脆、嫩绿、开张的角度大，叶片遮阴面积大，造成田间郁闭，叶表面湿度增高，病原菌孢子容易萌发，向日葵易发病。向日葵主栽品种DK3790和KW204叶片肥大，田间白锈病发生重；而康地1034、新葵杂5号等向日葵品种叶片中等大小、尖且薄、质地较坚硬，田间白锈病发生轻。

向日葵白锈病在新疆新源6月上中旬开始发生，7月上中旬为病害发生高峰期，7月底病情发展缓慢，8月上中旬病情停止；在新疆特克斯，6月下旬开始发病，7月下旬至8月上中旬为病害发生高峰期，8月下旬病情发生缓慢，9月上中旬病情停止。复播向日葵的白锈病在新疆巩留7月下旬开始发病，8月底至9月上中旬为发病高峰期，9月下旬至10月初病害逐渐停止发展。病害流行与降水量、低温有关。低温、高湿为向日葵白锈病发病条件，发病适宜温度为11～26℃。8月以后由于降水量减少病势减轻，向日葵接近成熟时，卵孢子逐渐形成，随同收获的种子附着于种子表面，或随同寄主病残体（叶片）落入土中越冬，至翌年寄主播种后开始侵染。

较高海拔的山区适宜向日葵白锈病发生和发展。新疆伊宁县城海拔771m，是平原地区，病害发生轻；新疆新源县城海拔接近1000m，属山区，病害发生较重；新疆特克斯县城海拔1210.4m，是较高海拔山区，向日葵白锈病发病重；新源那拉提海拔1400m，是高海拔山区，向日葵白锈病发病很重。

此外，连作地，病残体多，白锈菌菌源累积量大，发病重；施用氮肥过多、过晚，尤其是蕾期施氮肥过多的发病重；低洼排水不良的田块和田间湿度大的田块发病重。

防治方法

植物检疫　向日葵白锈病的检疫检验包括产地检验和种子的检验。由于该病症状特征明显，产地检验和种子检验易于实施。向日葵白锈病菌的检疫应以产地检疫和发病区治理为主。根据病情普查资料，划定疫区。疫区产出的向日葵籽粒只能在疫区加工和销售，疫区生产的种子只能在疫区销售。

农业防治　选用抗病性较强的品种，如 TK311、诺油 6 号、矮大头（567DW）、TO12244 等；清理病残体；实行轮作倒茬，与小麦等禾本科作物轮作；合理密植，每亩保苗 5000～5500 株；适时晚播；合理施肥，增施有机肥等。发病初期，摘除发病叶片，集中销毁。收获后的病株残体要也从地块中清除出去，并集中销毁。

化学防治　选用 25% 甲霜灵可湿性粉剂、64% 噁霜·锰锌（杀毒矾）可湿性粉剂，按种子量的 0.3% 的比例或每 100kg 向日葵种子用 35% 精甲霜灵悬浮种衣剂 200ml 进行拌种，先用少量水将药剂溶化，再均匀喷洒在待处理的向日葵种子上，边喷洒边搅拌，直至种子表面浸润为止，摊开阴干后播种。在发病初期选用 72% 霜脲·锰锌（杜邦克露）可湿性粉剂 1500 倍液、64% 噁霜·锰锌（杀毒矾）可湿性粉剂 1000 倍液、58% 甲霜灵·锰锌可湿性粉剂 800～1000 倍液、50% 氟吗啉·锰锌可湿性粉剂 2000 倍液等药剂进行喷雾防治，每隔 7～10 天喷 1 次，连喷 2 次。

参考文献

李征杰，章柱，任敏忠，等，2004. 伊犁地区向日葵白锈病的初步研究 [J]. 作物杂志 (3): 90.

ALLEM S J, BROWN J F, 1980. White blister, prtiole graying and defoliation of sunflowers, caused by *Albugo tragopogonis*[J]. Australasian plant pathology, 9(1): 809.

KAJORNCHAIYAKUL P, BROWN J F, 1976. The infection process and factors affecting infection of sunfiower by *Albugo tragoppgi* [J].Transactions of the British mycological society, 66(1): 91-95.

KIÜGER H, VILJOEN A VAN, WYK P S, 1999. Histopathology of *Albugo tragopogonis* on stens and petioles of sunflower[J]. Canadian journal of botany, 77(1): 175-178.

（撰稿：陈卫民、荆珺、马福杰；审稿：赵君）

向日葵病害　sunflower diseases

向日葵（*Helianthus annuus* L.）原产于北美洲，是葡科向日葵属的一年生植物。1510 年，向日葵从北美传到欧洲作为观赏植物，19 世纪末又从俄国引回到北美洲。有文字记载表明，向日葵在明朝时引入中国。向日葵是中国主要油料作物之一，全国种植面积约 100 万 hm²，年总产约 150 万 t，其中 70% 是食用向日葵。中国向日葵的种植区域主要分布在东北、西北和华北地区，面积较大的有内蒙古、黑龙江、吉林、山西、新疆、辽宁、陕西、甘肃、河北等，其中内蒙古是最大的产区。随着向日葵播种面积的不断扩大，各产区作物结构单一，轮作倒茬困难，导致向日葵病害大面积发生，影响向日葵单产和品质。中国向日葵病害共有 13 种，包括向日葵菌核病、向日葵小菌核病、向日葵黄萎病、向日葵枯萎病、向日葵锈病、向日葵黑斑病、向日葵霜霉病、向日葵白粉病、向日葵病毒病、向日葵白锈病、向日葵巧克力炭腐病、向日葵拟茎点溃疡病和向日葵列当。其中，向日葵菌核

病和黄萎病在全国呈现逐年加重的趋势。向日葵白锈病仅仅局限在新疆地区发生。向日葵黑茎病是中国对外进口种子的检疫对象。病害已成为限制向日葵产业发展的主要瓶颈，加强对向日葵重要病害的发生规律和防控技术的研究，对于保障中国向日葵产业的发展具有非常重要的意义。

参考文献

中国农业科学院植物保护研究所，中国植物保护学会，2015. 中国农作物病虫害 [M]. 3 版 . 北京：中国农业出版社 .

（撰稿：赵君、周洪友、云晓鹏；审稿：白全江）

向日葵黑斑病　sunflower black spot

由向日葵链格孢菌引起的一种向日葵真菌性病害，是世界向日葵产区的主要病害之一。

发展简史　于 1943 年由 Hansford 首次报道发生在乌干达，并将病菌定名为 *Helminthosporium helianthi* Hansf.。1964 年，日本 Tubaki 和 Nishihara 对该病的模式标本进行了比较，依据分生孢子具有纵斜隔膜这一特征，于 1969 年将向日葵黑斑病菌学名重新定为 *Alternaria helianthi*（Hansf.）Tubaki et Nishihara，并一直沿用至今，而原来的学名则作为其同种异名。自乌干达首次发现该病害后，世界各向日葵产区陆续有黑斑病发生的报道。中国戚佩坤于 1966 年首次报道该病害的发生。20 世纪 70 年代以来，随着向日葵种植面积的扩大以及缺少抗病品种资源，向日葵黑斑病已上升为主要病害。

分布与危害　向日葵黑斑病是向日葵叶部的主要病害之一，主要发生在温带和亚温带地区。该病害在乌干达、坦桑尼亚、日本、原南斯拉夫地区、印度、巴西、伊朗、澳大利亚、保加利亚、巴基斯坦、加拿大、意大利等地相继有发生的报道。中国主要在黑龙江、吉林、辽宁、内蒙古、新疆、山西、云南等地普遍发生。除向日葵外，病原菌还能侵染小花葵（小向日葵）、银针向日葵、红花、尖苍耳及刺苍耳等。

黑斑病在向日葵各生育阶段均可发生，可以危害叶片、叶柄、茎和花盘，但以危害叶片为主（见图）。叶片发病初期，病斑呈圆形，暗褐色，具同心轮纹，边缘有黄绿色晕圈，大病斑中心灰褐色，边缘褐色，天气潮湿时病斑上生出一层淡褐色霉状物，为病菌的分生孢子梗及分生孢子。叶柄染病后病斑圆形、椭圆形或梭形，病情严重时，导致叶柄和叶片同时干枯。茎部病斑椭圆形或梭形，黑褐色，由下向上蔓延，病斑常连成片，使茎秆全部变褐色。葵盘染病后病斑圆形或梭形，具同心轮纹，褐色、灰褐色或银灰色，中心灰白色，病斑扩大汇合，全葵盘呈褐色，病斑上长一层灰褐色霉状物。花瓣染病后病斑椭圆形或梭形，褐色，中央灰白色，具同心轮纹，病斑扩展使花瓣枯死。病原菌还可以侵染向日葵的种子，被侵染的种子出现棕黑色斑点，发芽率降低，播种后种苗出现症状。向日葵黑斑病可造成生育后期叶片大面积枯死，使植株早衰和死亡，减产幅度在 20%～80%，油分含量降低 15%～35%，严重影响籽实产量和油分含量。

病原及特征　引起向日葵黑斑病的病原有 8 种，分别

为 *Alternaria alternata*（Fr.）Keissl.、*Alternaria helianthi*（Hansf.）Tubaki et Nishihara、*Alternaria helianthicola*、*Alternaria leucanthemi*、*Alternaria helianthinficiens*、*Alternaria protenta*、*Alternaria zinniae* 和 *Alternaria longissima*。除 *Alternaria helianthicola*、*Alternaria helianinficiens*、*Alternaria longissim* 和 *Alternaria protenta* 4种病菌外，其余4种病菌在中国均有报道，其中以 *Alternaria helianthi* 为优势种。2014年，在内蒙古向日葵产区又分离到 *Alternaria solani*（Ell. et Mart）Jones et Grout. 和 *Alternaria tomatophila* 两个新种。

向日葵链格孢菌［*Alternaria helianthi*（Hansf.）Tubaki et Nishihara］属链格孢属。病菌的分生孢子梗单生或2～4根束生，浅榄褐色或深榄褐色，直立或屈膝状，分枝或不分枝，分隔，顶细胞稍大，有0～4隔膜，大小为40～110μm×7～10μm；基部细胞略膨大，在孢梗的顶端，折点有明显的孢痕，基部孢有2～7个隔膜，大小为25～110μm×5～10μm。分生孢子单生，初期无色，逐渐成褐色、圆柱形、长椭圆形，多正直，有的稍弯曲，横隔膜4～12个，大小为50～120μm×15～20μm，成熟后的分生孢子成褐色，圆柱形较多，正直或弯曲，横隔膜3～13个，纵隔膜0～2个，少数可达3个以上，大小为50～135μm×15～40μm。病原菌生长的温度为5～35°C，最适温度为25～30°C，形成孢子的最适温度为25°C，菌丝和分生孢子可以在pH4.5～10的条件下生存，最适pH为7。病原菌菌丝生长和产孢的最佳碳源是纤维素和淀粉，最佳氮源是蛋白胨。向日葵煎汁琼脂培养基最适于病菌生长发育，产孢量也最多。黑光灯连续照射对病菌产孢具刺激作用。

侵染过程与侵染循环　向日葵黑斑病菌分生孢子落到寄主的叶片上，遇合适的温、湿度条件时萌发长出1至多个芽管，然后形成附着胞，通过表皮、伤口或气孔直接侵入寄主体内。

向日葵黑斑病菌菌丝及分生孢子可在病残体和种子上越冬，成为翌年的初侵染源。其中病残体是主要初侵染源，带菌种子在病害远距离传播中起主导作用。病残体上的菌丝在翌年春季萌发产生新的分生孢子，随风雨进行传播，造成向日葵苗期发病。植株初次感病后，在适宜的温、湿度条件下，病斑上产生大量的分生孢子，借风、雨再传播可进行多次再侵染。另外，播种带病菌种子也可引起叶斑和苗枯症状。

流行规律　向日葵黑斑病的流行与气象条件有密切关系。每年7、8月的降水量和相对湿度对黑斑病的流行起着决定性作用，高湿多雨条件有利于病原菌的大量增殖形成多次再侵染，导致病害的迅速流行。向日葵黑斑病在植株不同生育阶段感病程度不同，随着叶龄的增加，植株的感病性也增加，所以老龄叶更易感病。向日葵在乳熟至蜡熟期最易感染，如遇雨季易造成病害的迅速流行。此外，连作地或离向日葵秆垛近的地块发病重，早播向日葵黑斑病的发生也比较严重。

防治方法

选用抗耐病品种　不同向日葵品种对黑斑病的抗性存在差异，种植抗（耐）病品种是防控黑斑病的有效措施，抗性较好的品种有CY101、赤葵2号、甘葵2号、龙食葵2号等。

农业防治　实行向日葵与禾本科作物的合理轮作。在向日葵收获后及时清除茎秆或进行深翻，可以清除菌源或减少翌年菌源传播。向日葵黑斑病一般由植株下部叶片开始出现病斑，然后向上逐渐侵染至上部叶片、叶柄、茎和花，在发病初期将下部发病叶片摘除，对黑斑病扩散有一定控制作用。向日葵乳熟至蜡熟期时最易感染此病害，每年7月和8月的气候条件适合病害的发生，可依据当地气候特点及各品种的生育特性，适当调整播期（晚播），避开阴雨连绵季节，达到防病的目的。

物理防治　用50～60°C热水浸种20分钟进行高温杀菌，可有效控制由种子传带的黑斑病菌。

化学防治　是控制该病害的重要方法。有效的杀菌剂有甲基硫菌灵、多菌灵、百菌清、代森锰锌、环唑醇、异菌脲、丙环唑、己唑醇、戊菌唑、萎锈灵、福美双等。种子处理可有效杀灭种子上携带的病原菌，可用50%福美双或70%代森锰锌可湿性粉剂按种子量的0.3%拌种，或用2.5%适乐

向日葵黑斑病危害症状（孟庆林提供）

时种衣剂包衣处理，药与种子的比例为1:50。在植株发病初期及时喷洒化学药剂，可有效控制病害造成的危害，可用25%密菌酯悬浮剂1500倍液或70%代森锰锌可湿性粉剂400～600倍液或75%百菌清可湿性粉剂800倍液、50%异菌脲可湿性粉剂1000倍液，隔7～10天喷2～3次。

参考文献

兰巍巍，陈倩，王文君，等，2009.向日葵黑斑病研究进展及其综合防治[J].植物保护，35(5): 24-29.

于莉，陆宝砚，王兴环，1998.向日葵黑斑病流行规律的研究[J].吉林农业大学学报，10(2): 33-36.

中国农业科学院植物保护研究所，中国植物保护学会，2015.中国农作物病虫害[M].3版.北京：中国农业出版社.

（撰稿：孟庆林、马立功、张园园；审稿：陈卫民）

向日葵黑茎病　sunflower black stem

由黑茎病菌引起的一种向日葵的检疫病害。对中国向日葵生产的危害呈加重趋势。

发展简史　20世纪70年代后期首次在欧洲报道。美国于1984年也发现了该病害。1990年该病害在法国向日葵上大面积发生。1990年以来，蔓延至世界许多向日葵种植国家。Boerema和Emmett分别于1970年和1980年描述了向日葵黑茎病病原菌的形态特征，1979年Maric和Schneider首次报道了该病在南斯拉夫的发生，并对病原菌进行了柯赫氏法则的鉴定，确定Phoma macdonaldii是黑茎病的病原菌；1986年，Donald等报道了Phoma macdonaldii是美国北达科他州向日葵发病株上最易分离到的致病菌；1988年Madjidieh-Ghassemi Hua报道了该病害在伊拉克、伊朗和澳大利亚的发生；1999年Miric和Aitken等首次报道了向日葵黑茎病在澳大利亚昆士兰东南部发生，并对所分离的菌株进行了多样性研究，同时还比较了分离病菌ITS序列与来自加拿大的标注菌株ITS序列的相似性；Gentzbittel与Bert分别于1995年和2004年利用限制性内切酶对向日葵DNA进行酶切，绘制了向日葵染色体的遗传图谱；Roustaee等人对向日葵黑茎病菌侵入寄主的超微结构进行了研究，发现黑茎病菌的分生孢子通过萌发的芽管直接形成侵染钉而侵入（这一过程不形成压力泡）或通过气孔直接进入；2002年Rachid等人利用作图群体确定了几个抗黑茎病菌的数量性状位点（QTL定位）。

2005年，中国首次在新疆伊犁地区发现了向日葵黑茎病。该病害分布在新疆北部地区34个县市，内蒙古达拉特、赤峰以及萨拉齐，宁夏惠农区以及山西汾阳。2010年，该病害被国家农业部、国家质量监督检验检疫总局列入《中华人民共和国进境植物检疫性有害生物名录》。该病害田间蔓延快、危害重，一般发生地块发病率在30%左右，严重的可达100%，植株死亡率在50%左右，造成向日葵严重减产及含油率降低，甚至完全绝收。该病害的发生面积和危害程度呈逐年上升趋势，新疆北疆地区是此病害发生最为严重的地区。该病已成为全国向日葵产业中急待解决的病害问题之一。

分布与危害　主要分布在保加利亚、法国、罗马尼亚、乌克兰、俄罗斯、匈牙利、意大利、塞尔维亚、加拿大、阿根廷、美国（明尼苏达州、北达科他州、南达科他州、得克萨斯州）、伊朗、伊拉克、巴基斯坦、哈萨克斯坦、澳大利亚。中国新疆共计34个县市报道了该病的发生，分布在伊犁哈萨克、博尔塔拉、昌吉、乌鲁木齐、石河子、克拉玛依。在内蒙古、山西、宁夏也有分布。

向日葵黑茎病首先从植株下部茎秆的叶柄基部发生，刚开始茎秆外表皮出现一黑点，后扩大成一黑斑，黑斑沿茎纵向扩展，无规则，但大多是长条形。开始黑斑很小，长约1cm，后来较大的病斑长3～4cm、宽1～2cm。病症首先出现在外表皮下的内皮层，刚开始发病时内皮层呈粉红色，后在内皮层纵向沿茎维管束向上下扩展形成很多小黑斑点，并向茎秆内下皮层扩展，后整个韧皮部发黑。病斑水渍状，无油性。到后来发病处茎秆横切面韧皮部维管束全部发黑，再往后黑色向内扩展到茎秆内心木质髓部，整个内心髓部都发黑，整个木质髓部呈水渍状，空洞化，并沿茎秆向上下扩展，一般扩展3～5cm长。茎秆外表皮呈黑斑状，但一般中前期茎秆外表皮上的黑斑并不连片，此时内部韧皮部和中心髓部病斑连成较长的一段。有的病斑先出现在下层叶片的叶柄上，后来扩展到茎秆上，叶柄上症状与茎秆上的基本相同。一般顶部葵盘倾斜，茎秆弯处无病，植株上部1/3处以上很少发病，中下部发病较多。到后期发病重的植株，在距地面50cm处的茎秆上都发病，茎秆上黑斑连成片，呈长条形斑，下层叶都发病，叶柄、叶片都变黑、干枯，干枯叶向上（向叶正面）中央卷缩。后来干枯叶面上有一些褐斑突起，每片叶上有几个到一二十个病斑，病斑开始是褐色，后来变成黑色，有的出现白色斑。在枯叶背面（内卷外面）出现白色病斑，白色斑干燥，斑大小0.5～1.0cm，斑整个突出叶面0.2～0.4cm，不规则。白斑外0.5～1.0cm有一圈黑褐色斑，此黑褐色斑不突起，斑点很小、很多（图1）。

发病重的病斑可环绕茎秆，整个茎秆也可全部变黑腐烂，造成植株干枯和倒伏。早期发病的植株枯死，发病较晚的矮化瘦弱，倒伏。当黑斑在叶柄基部围绕连接成带状时，向日葵早熟和早期死亡便发生，染病的植株虚弱并且更容易倒伏。此病害造成向日葵提前早熟，导致葵盘变小，并且种子灌浆不好或是空瘪子，产量低，发生严重时可减产70%以上，含油率降低5个百分点以上。

病原及特征　病原为茎点霉属黑茎病菌（*Phoma macdonaldii* Boerma）。发病部位的表面形成的小黑点结构为病菌无性阶段产生的分生孢子器。其有性世代属于子囊菌门核座孢属（*Plenodomus lindquistii* Frezzi）。有性世代的假囊壳只能在前一年死亡的向日葵上找到。

培养性状　培养5天左右，分离组织上出现白色菌落。培养7天后，菌落中产生病菌分生孢子器。在APDA上，菌落呈乳白色、象牙色或浅灰黑色。菌落边缘不整齐，生长较缓慢，生长速度4～5mm/d，气生菌丝绒毛状或絮状，培养皿背面初为象牙色或浅黄色，老熟后黄褐色或灰黑色。

无性阶段　菌丝无色、分隔、分枝多，较老熟的菌丝分隔处明显膨大。向日葵茎秆病部表面后期出现的小黑点为分生孢子器，即分生孢子器生在病斑上。分生孢子器扁球形至

图 1　向日葵黑茎病危害症状（陈卫民提供）
①茎秆椭圆形病斑；②大面积危害状；③大面积倒伏

球形，薄壁，深褐色至黑褐色，直径 110～340μm，分散或聚集、埋生或半埋生于菌落中，有乳突，孔口处有淡粉色或乳白色胶质分生孢子黏液溢出。分生孢子器内含有大量分生孢子，分生孢子单胞，无色，肾形或椭球形，两端有油球，大小为 3～8μm×1.5～5μm（图 2）。

　　有性阶段　有性阶段的假囊壳只能在前一年死亡的向日葵寄主材料上找到。假囊壳寄生于茎秆表面，近球状。假囊壳中有成束的子囊，每个子囊内有 6～8 个子囊孢子，子囊孢子具 1～3 个分隔，通常 2 个分隔，无色，腊肠形。

　　侵染过程与侵染循环

　　越冬及初侵染来源　向日葵黑茎病以假囊壳、分生孢子在向日葵茎秆、花盘、叶片、叶柄及种子上越冬。初次侵染来源为向日葵种子上携带的分生孢子和田间病残体上的假囊壳和分生孢子器释放的子囊孢子和分生孢子。它们随风雨传播到向日葵植株的叶柄及茎组织上形成初次侵染。

　　传播方式及介体　向日葵黑茎病分生孢子存在于向日葵种子表面、种壳、内种皮 3 个部位，带菌种子是该病害远距离传播的主要方式。此外，田间病株上形成的分生孢子借助雨水飞溅进行近距离传播。

　　向日葵茎象甲（Cylindrocopturus adspersus）也是向日葵黑茎病传播介体。向日葵茎象甲体内与体表可携带向日葵黑茎病菌孢子。在叶片上取食的象甲成虫可引起叶斑，而被病原菌侵染的幼虫通过蛀蚀隧道而使种子带菌。大青叶蝉（Tettigeninlla viridis）和小绿叶蝉（Empoasca flavescens）也是该病的传播介体，其体内与体表可携带向日葵黑茎病菌分生孢子。在叶柄上取食的大青叶蝉和小绿叶蝉的成虫、若虫可引起褐色病斑，而成虫和若虫携带病原菌后通过在叶柄上刺吸危害而传播病原菌。

　　野生寄主　向日葵黑茎病菌野生寄主有 3 种，即苍耳（Xanthium sibiricum Patrin. ex Widder.）、刺儿菜［Cirsium setosum（Willd.）MB.（Compositae）］、飞蓬（Erigeron acer L.），在向日葵田间地头、渠边苍耳、刺儿菜和飞蓬上症状明显，经室内分离鉴定确认为 Phoma macdonaldii Boerma 引起的症状。

　　流行规律　以新疆伊犁河谷向日葵种植区特克斯、新源为例，依据 2008—2010 年连续 3 年和 2015 年 3 个不同品种田间系统调查，向日葵黑茎病在 7 月中下旬（开花期）开

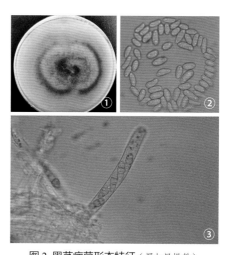

图 2　黑茎病菌形态特征（罗加凤提供）
① APDA 培养基本上菌落培养性状，背面黑灰色色素；
②单胞、无色、肾形分生孢子；③向日葵黑茎病子囊及子囊孢子

始发病；8 月中旬（籽粒充实期）病情指数逐渐上升；9 月初至下旬（籽粒成熟期）为向日葵黑茎病的发病高峰期；10 月上中旬（收获期）造成植株枯死。复播向日葵上的黑茎病在 8 月上旬开始发生，9 月中下旬为发病快速增长期，10 月下旬（收获期）病害终止。

　　防治方法　建立以加强种子检疫、种子包衣以及种植抗病品种为主要的防控措施，辅助以农业措施和苗期药剂喷施的综合防治策略。

　　植物检疫　引种时要进行严格检疫和检验，避免种子带菌。禁止从疫区调运向日葵种子，防止向日葵黑茎病菌随种子远距离传播蔓延。各地在办理向日葵国外引种检疫审批时，应要求引种单位或个人提供国外向日葵种子产地官方检疫机构出具的证明，证明该批种子产自没有向日葵黑茎病等检疫性有害生物的地区。引种后加强进口种子的田间疫情监测。

　　种植抗病品种　种植抗性相对较好的向日葵品种，如龙食葵 3 号、新食葵 6 号、T33、巴葵 118、7K512、KJ003、CY101、MT792G、TO12244 等，可以有效降低发病程度。

　　农业防治　清除病残体并进行焚烧或深埋。秋收后要将向日葵残株连根拔出，并及时运出田外，彻底焚毁或者进行深翻，使病残体腐烂，达到清除越冬菌源、减少来年的初侵

染菌源的目的。轻病田至少在 2 年以内不种植向日葵。重病田可以和禾本科作物轮作 5 年以上。采用宽窄行种植，食葵以 2500～3000 株 / 亩，油葵 5000～5500 株 / 亩密度种植，从而达到增加田间通风透光，降低湿度的目的。在不影响产量的前提下，尽量晚播。

化学防治　以 2.5% 咯菌腈悬浮种衣剂包衣，每 250ml 药剂拌向日葵种子 100kg。拌种方法：准备好桶或塑料袋，将 2.5% 咯菌腈悬浮种衣剂按药剂与种子重量比 1∶400 拌种。向日葵株高 20cm 时第一次喷施药剂，70% 甲基硫菌灵可湿性粉剂 1000 倍液。第二次喷施药剂，22.5% 啶氧菌酯悬浮剂 1500 倍液 +58% 甲霜灵·锰锌可湿性粉剂 800～1000 倍液（距离第一次施药 7～10 天）。第三次施药（现蕾前期），用 10% 氟硅唑水乳剂 1000 倍液 +64% 噁霉·锰锌（杀毒矾）可湿性粉剂 1500 倍液（距离第二次施药 7～10 天）。麦收时（7～8 月）防止大青叶蝉和小绿叶蝉大量迁入，可在向日葵田边地头喷药防治。药剂有 3% 啶虫脒乳油 2000 倍液、10% 吡虫啉可湿性粉剂 1000 倍液、1% 印楝素水剂 800 倍液。

参考文献

陈卫民，廖国江，陈庆宽，等，2011. 外来入侵有害生物——向日葵黑茎病发生与气象因子关系的研究 [J]. 植物检疫，28(1): 43-47.

陈卫民，乾义柯，2016. 向日葵白锈病和黑茎病 [M]. 北京：中国农业出版社.

陈卫民，宋红梅，郭庆元，等，2008. 新疆伊犁河谷发现向日葵黑茎病 [J]. 植物检疫，22(3): 176-178.

宋娜，陈卫民，杨家荣，等，2012. 向日葵黑茎病菌的快速分子检测 [J]. 菌物学报，31(4): 630-638.

轩娅萍，郭庆元，吴喜莲，等，2011. 向日葵黑茎病菌主要生物学特性及致病性研究 [J]. 新疆农业大学学报 (6): 494-500.

（撰稿：陈卫民、娜仁、杜磊；审稿：周洪友）

向日葵黄萎病　sunflower *Verticillium* wilt

由大丽轮枝孢引起的向日葵上普遍发生的一种真菌病害，是中国近几年来发生较严重的一种病害。

发展简史　向日葵黄萎病是继菌核病后的又一重要病害。20 世纪 40 年代末美国北部首次报道，并鉴定明确其病原为黑白轮枝孢（*Verticillium albo-atrum*）。在 70 年代后期，大丽轮枝孢（*Verticillium dahliae*）也被鉴定为该病害的病原菌，并被研究者公认为是引起黄萎病主要病原菌。大丽轮枝孢菌在茄子、花椰菜、生菜、番茄、马铃薯、向日葵、棉花等寄主上造成的危害均有报道。

分布与危害　广泛分布于欧洲、亚洲、美洲等地。在美洲部分地区，发病株率可达 40% 以上。在中国向日葵的主产区如内蒙古、宁夏、黑龙江、新疆等地均有不同程度的发生，且发病面积逐年增大，病情逐年加重。2009 年，宁夏部分地区的发生面积占向日葵播种面积的 46.9%，平均发病株率达 40%；其次为黑龙江地区，平均发病株率达 15% 以上。内蒙古地区的发生面积占向日葵播种面积的 7% 左右，发病株率均介于 10%～15%。2011 年黑龙江甘南地区个别向日葵地块发病株率高达 70%，内蒙古巴彦淖尔和宁夏地区平均发病株率达 30%。由于向日葵黄萎病是典型的土传病害，能系统侵染向日葵导致病株发育不良、花盘缩小、籽实不饱满（空籽粒可达 25%），严重时可导致植株提前枯死，是继菌核病之后的又一严重影响向日葵产业的主要病害。

向日葵黄萎病在田间从植株下层叶片开始呈现典型褪绿或黄化的症状。开花前后向日葵底层叶片从叶尖部分开始呈现浸润、褪绿或黄化症状。随后，发病组织迅速扩大，向叶片的叶片脉间组织发展并呈现组织坏死。最后，叶片除主脉及其两侧叶组织勉强保持绿色外其余组织均变为黄色，病叶皱缩变形，严重时整个叶片呈现褐色，焦脆坏死。发病后期病情逐渐向上位叶扩展，最后发病植株的全部叶片都焦枯。剖开发病植株的茎部进行观察，可见典型的维管束变褐的现象（见图）。

病原及特征　引起向日葵黄萎病的病原菌属于轮枝孢属。该属内主要包含 5 个不同的种，但是国际上报道引起向日葵黄萎病的病原菌主要是黑白轮枝孢（*Verticillium albo-atrum* Reinke et Berth.）和大丽轮枝孢（*Verticillium dahliae* Kleb.）。然而，中国迄今在向日葵黄萎病株上分离到的病原菌都是大丽轮枝孢。大丽轮枝孢菌体初期无色，老熟后变为褐色，有隔膜。菌丝上生长直立无色的轮状分生孢子梗，一般为 2～4 轮生，每轮着生 3～5 个小枝，多者为 7 枝，呈辐射状。分生孢子梗长 110～130μm，无色纤细，基部略膨大呈轮状分枝，分枝大小为 13.7～21.4μm×2.3～9.1μm。分生孢子一般着生在分生孢子梗的顶枝和分枝顶端，分生孢子长卵圆形，单孢子，无色或微黄，纤细基部略膨大，大小为 2.3～9.1μm×1.5～3.0μm。当条件不适合时，菌丝体膜加厚成为串状黑褐色的厚垣孢子（扁圆形）或膨胀成为瘤状的黑色微菌核，大小为 30～50μm，近球形或长条形。

大丽轮枝孢在土壤中的最适生长温度为 25℃，最适的 pH 为 6.0～7.0，最适宜生长的土壤类型为壤土，且在土壤湿度小于 30% 时，随着土壤湿度的增加，病原菌生长加快。

向日葵大丽轮枝孢菌产孢的最佳培养基为麸培养基，其次为燕麦粒培养基。同时，浸根接种方法是室内条件下发病最快且接种效率最高的方法。

不同地区向日葵发病株上分离到的大丽轮枝孢菌致病力存在分化现象。中国曾将 120 个向日葵大丽轮枝孢菌株按其致病力划分为 3 个致病类群，其中强致病力型菌株（Ⅰ）10 株，占 7.3%；中等致病力菌株（Ⅱ）62 株，占 52.7%；弱致病力菌株（Ⅲ）48 株，占 40%。亲和分组（VCG）的结果表明，大丽轮枝孢菌可划分为 2 个亲和组，即 VCG2B 和 VCG4B，其中 VCG2B 菌株致病力显著高于 VCG4B。不同寄主来源的大丽轮枝孢菌在向日葵上致病力试验表明，来自向日葵的致病力最强，其次为来自棉花、马铃薯的菌株。大丽轮枝孢菌有生理小种分化现象，但向日葵大丽轮枝孢菌都是 2 号生理小种。

侵染过程与侵染循环　向日葵黄萎病菌属典型的以土壤传播为主的病害，初次侵染来源于土壤中残留微菌核。微菌核是病原菌在土壤中主要的存在形式，多在被侵染的组织中形成，随着病残体分解，落入到土壤中，形成新的初侵染菌源。微菌核主要分布在田间 40cm 以上的土层中，在病残

X

向日葵黄萎病危害典型症状（赵君提供）

①发病初期症状；②发病后期症状；③发病茎秆的剖面图

体中可存活长达 7 年以上，在混有植物病残体的土壤中密度较大。

微菌核在春季萌发，以菌丝体形式侵入寄主的须根，然后进入主根的维管组织，向地上部进行蔓延。利用 GFP 标记的大丽轮枝菌研究侵染过程发现，接种 24 小时后吸附在根表面的分生孢子开始萌发形成芽管，接种 48 小时后菌丝开始沿表皮细胞连接的凹槽处生长，接种 72 小时后菌丝体在须根表面蔓延生长，接种 96 小时后菌丝体在须根表面形成复杂的网络结构，并有大量的菌丝定殖在侧根萌发处，部分菌丝体进入须根表皮细胞并在皮层细胞间或贴近导管细胞扩展，但没有进入到导管细胞中。接种 5 天后，根部木质部导管中开始有大量的菌丝体定殖，菌丝体相互交织在一起沿着根纵轴方向生长，随着蒸腾作用向植株的茎和叶片扩展。接菌 14 天后，向日葵叶片已经产生萎蔫和褪绿症状。在黄萎病菌的整个侵染过程中，病原菌绝大部分以菌丝体的形式存在于在寄主植物的维管系统中，未见有分生孢子的形成。

流行规律　向日葵黄萎病发病的最适气温为 25～28℃，低于 22℃ 或高于 33℃ 不利于发病，超过 35℃ 不表现症状。黄萎病的发生与湿度也有一定关系，当相对湿度为 55% 时，发病株率 65%；相对湿度 65% 时，发病株率上升到 70%。在适宜温度与高湿条件相结合的环境下，病株率会迅速增加。

随着播期的推迟，食葵和油葵黄萎病发病率呈逐渐降低趋势，由第一播期（5 月 1 日）的 29.1% 降低到第五播期（6 月 10 日）的 7.1%；且随着播期的推迟，向日葵黄萎病的发病级别逐渐降低，产量增加。

灌水频率对向日葵黄萎病的发生严重度以及向日葵产量有显著影响。随着灌水次数的增多，黄萎病发生加重。

肥料的种类和施用量对向日葵黄萎病发生程度也有一定的影响。施用一定比例的氮磷钾混合肥（15∶6∶12kg/亩）能够在保证向日葵产量的同时降低黄萎病的发生程度。黏土中向日葵黄萎病的发生程度重，而砂土中发病轻。发病田连作年限越长，土壤内病菌积累越多，发病越重；与非寄主作物如水稻、小麦、玉米进行轮作，可以明显减轻病害的发生。向日葵与绿菜花轮作年限越长，黄萎病发生越轻。深耕土壤把病残体翻入土壤深层，加速其分解，同时降低微菌核

的萌发率，发病减轻；地势低洼、排水不畅的大田发病较重，尤其是大水漫灌的地块，影响根系的发育，利于病害的扩展和蔓延。

向日葵黄萎病对食用向日葵危害较重，对油用向日葵危害则相对较轻。发病级别与花盘直径、株高、茎粗、叶片数、结实率、千粒重、单盘重均成明显的负相关性。

防治方法

种植抗病品种　选用对黄萎病表现高抗的向日葵品种，如食葵品种 JK102、JK103、JK105、BC11-1、BC11-2、BC11-3、巴葵 138、TK8640、K518、JK107、科阳 1 号；油葵品种 CY101、S26、S67、S18、TK3307、垦油 8 号、MGS、PR2302、TK3303、F08-2 等。

农业防治　在保证向日葵能正常成熟的前提下，推迟播期可以不同程度地降低黄萎病的发生程度，内蒙古西部和宁夏地区建议将播期推迟到 5 月底或 6 月初。实行向日葵与禾本科作物轮作 3 年以上可有效减轻病害，切忌与感病寄主植物轮作，尤其不能与棉花、十字花科蔬菜、茄科等轮作。向日葵收获后，应及时将病残株清除出田并集中烧毁，以降低来年的初始菌源量。由于黄萎病在高湿度的条件下发病严重，因此，在保证向日葵正常生长的前提下尽量减少浇水频率，同时避免大水漫灌，降低地块积水的概率，对控制黄萎病发生有一定的效果。

种子处理　用 50% 多菌灵或 40% 茹病态（多·锰锌）可湿性粉剂按种子量的 0.5% 拌种，也可用商业化的生防剂枯草芽孢杆菌颗粒剂（BK）和粉剂（BB）和抗重茬剂进行拌种处理。此外，10% 氟硅唑可湿性粉剂用于拌种或包衣也有一定的效果。

参考文献

白应文，2011. 大丽轮枝菌微菌核生物学特性研究 [D]. 杨凌：西北农林科技大学 .

曹雄，李小娟，周洪友，等，2012. 浇水频率对向日葵黄萎病严重度和向日葵产量的影响 [J]. 内蒙古农业大学学报（自然科学版）(3)：36-38.

曹雄，孟庆林，刘继霞，等，2014. 不同向日葵品种资源对黄萎病抗性的田间鉴定 [J]. 作物杂志 (1)：67-72.

裴旭，赵永新，周洪友，等，2011. 8 种杀菌剂对向日葵黄萎病菌的室内毒力测定 [J]. 内蒙古农业大学学报（自然科学版）(1): 72-75.

张总泽，刘双平，罗礼智，等，2010. 向日葵播种期对防治向日葵螟和黄萎病的影响 [J]. 植物保护学报 (5): 413-418.

FRADIN E F, THOMMA B P H J, 2006. Physiology and molecular aspects of *Verticillium* wilt diseases caused by *V. dahliae* and *V. alboatrum*[J]. Molecular plant pathology, 7(2): 71-86.

（撰稿：赵君、张键、张园园；审稿：白全江）

向日葵菌核病　sunflower white mold

由核盘菌引起的危害向日葵根、茎基部、茎、花盘和叶片的一种真菌病害。又名向日葵白腐病、向日葵烂盘病。是世界上许多国家向日葵种植区最重要的病害之一。

发展简史　最早 Shaw 于 1915 年报道该病在印度发生，但对其病原的研究可追溯到 1837 年 Libert 将核盘菌的学名最初定为 *Peziza scleritiorum*。1870 年，Fuckel 创立 *Sclerotinia* 属，将 *Peziza scleritiorum* 改为 *Sclerotinia libertiana*。1924 年，Wakefield 认为这个种的名称与国际植物委员会的命名规则相矛盾，建议改名为 *Sclerotinia sclerotiorum*（Lib.）Massee。1954 年，该真菌菌核的形成过程被明确划分为三个阶段，即初始阶段、生长阶段和成熟阶段。1970 年，发现核盘菌所分泌草酸的积累可促使菌核的形成。1973 年，发现不良环境和营养缺乏之也可促使菌核的形成。1986 年，de Bary 证实了草酸的确与核盘菌的侵染有关。1988 年，苏联学者报道利用具有抗菌核病基因的野生向日葵培育出对菌核病具有抗性的品种。2005 年，美国 USDA-ARS 资助多个地区开展了商用杂交向日葵品种的抗性鉴定，85 个杂交种发病率介于 8%～71%，表现出连续的由抗到极度感病的类型，表现为数量性状遗传的特征。2008 年，Yue 等人将向日葵盘腐病抗性进行了 QTL 定位。

分布与危害　在世界各地分布十分广泛，几乎所有向日葵栽培的地区均有菌核病的发生。该病害主要分布在加拿大、美国、阿根廷以及中国。1970 年加拿大向日葵菌核病严重地块发病率高达 95%。1970 年和 1974 年，南斯拉夫一些地块发病率达 40%。在法国，流行年份发病率可达 80%。中国向日葵菌核病分布广泛，在东北、华北和西北等向日葵种植地区，危害十分严重，其发病株率为 10%～30%。在内蒙古巴彦淖尔五原地区、宁夏固原地区严重的地块发病株率可高达 80% 以上。一般地块由向日葵菌核病造成的减产约 10%～30%，严重的高达 60%。1984—1985 年内蒙古呼伦贝尔向日葵菌核病花盘发病率高达 98%，1984 年有近 1.7 万 hm² 向日葵绝产。2009 年，陕西米脂局部地块发病率高达 100%，造成绝产。2016 年，甘肃民勤地区菌核病盘腐型严重发生，基本绝收。

向日葵菌核病菌寄主范围十分广泛，除危害向日葵外，还可危害大豆、油菜、番茄、黄瓜、甘蓝、茄子、胡萝卜等 64 科的 360 多种植物。向日葵菌核病在整个生育期均可发病，可侵染植株的各个部位，造成茎秆、茎基、花盘及叶片的腐烂。常见的症状类型有茎基腐型、茎腐型和盘腐型（图 1、图 2）三种。在中国向日葵主产区，茎基腐型发生频率最高，盘腐型次之，茎腐型发生频率最低。向日葵菌核病的盘腐和茎基腐对产量和品质危害最为严重。茎基腐型症状从苗期至收获期均可发生，其中苗期感病后植株幼芽和胚根会产生水浸状褐色斑，病斑扩展可导致被侵染部位腐烂，使幼苗不能出土或虽能出土但随着病斑的扩展导致萎蔫或死亡；成株期被侵染后，根或茎基部产生褐色的病斑，病斑在茎基部可以向上、向下或左右扩展，导致向日葵根或茎基部腐烂，导致地上部全株性的枯死，潮湿时在根颈部的发病部位看到白色菌丝和不规则形黑色的菌核。茎腐型主要发生在向日葵茎秆的中上部，可以形成椭圆形褐色病斑，病斑扩展并在病斑中央形成浅褐色同心轮纹，同时发病部位的颜色变为浅白色，茎秆受侵染后可以导致发病部位以上的向日葵叶片萎蔫或枯死，病斑表面很少见到菌核的形成，但是茎秆里面能够形成黑色菌核。盘腐型症状最初出现在花盘的背面，呈现褐色水渍状圆形斑，随后扩展蔓延并使整个花盘受害，花盘组织变软并腐烂，当环境中湿度很大时，在受侵染的花盘上可以看到白色绒毛状的菌丝生长，菌丝能在花盘中的籽实之间蔓延，最后形成网状的黑色菌核，菌核病盘腐症状严重时可以导致颗粒无收。由于菌核病对向日葵产量和品质均可造成很大影响，是向日葵生产中危害极为严重的一个病害。

病原及特征　病原为核盘菌 [*Sclerotinia sclerotiorum*（Lib.）de Bary]，属子囊菌门核盘菌属。菌丝体绒毛状白色，有分隔，在营养缺乏和环境恶劣的条件下密集形成菌核。菌核初期表层由白色变为灰白色，后变为黑色，内部组织为灰白色。菌核的形成可以划分为 3 个阶段，即起始期（有白色菌丝聚集体形成）、发育期（菌体聚集体不断增大形成颗粒

图 1　向日葵菌核病根腐、茎基腐以及茎腐的田间症状（周洪友提供）

①根、茎基部侵染初期；②茎基部侵染后期形成菌核；③根受到侵染后形成的菌核；④向日葵茎腐症状；⑤茎秆中形成的菌核

图2 向日葵菌核病盘腐症状（周洪友提供）

①花盘背面被侵染形成菌丝层；②花盘正面受到侵染；③花盘侵染后期形成的菌核

状）和成熟期（以菌丝聚集体外黑色素的沉积为标志）。菌核的形状多为椭圆、肾形、圆柱形或不规则形，大小为 5～8mm，大的可以充塞整个花盘。菌核的抗逆性强，在土壤中可存活多年。菌核在适宜的温度和湿度条件下能够萌发形成子囊盘。子囊盘肉褐色，碟状，直径达 2～6mm。一个菌核可形成多个子囊盘。子囊盘内生有子囊和子囊孢子。子囊棍棒状，无色，侧丝丝状，无色，大小为 91～141μm×6～11μm，内藏 8 个子囊孢子。子囊孢子单胞，无色椭圆形，大小为 8～14μm×3～8μm，两端有油点，在子囊内单行、斜向、整齐排列。子囊之间的侧丝呈棍棒形，有分隔，顶部较粗，可能有分枝，直径约 3μm（图 3）。

核盘菌有两个主要的致病因子即草酸（OA）和细胞壁降解酶（CWDEs）。核盘菌分泌草酸可以降低侵入部位的 pH，从而有利于细胞壁降解酶如 PG 酶（酸性酶）的活性，进而降解寄主植物的细胞壁；其次，草酸还作为一种毒素直接对寄主细胞造成毒害；最后，草酸可以螯合寄主细胞壁中的钙离子，从而抑制钙离子介入的植物防卫反应；另外，草酸也可以通过抑制寄主植物活性氧的暴发而抑制寄主植物防卫反应体系的建立，从而有利于病原菌在侵入部位的扩展。核盘菌分泌的多聚半乳醛糖酸酶（PG）是核盘菌分泌的重要的果胶酶，它们能降解存在于高等植物的胞间层与初级细胞壁中的逆酯化的果胶酸盐聚合物。

向日葵菌核病菌不同的亲和组间（MCG）的致病力存在显著的差异。不同菌株的致病力和其草酸的分泌量以及 PG 酶的活性呈极显著的正相关，但与菌丝的生长速度、菌核产生的数量以及采集地点没有显著的相关性。同一地块中采集的核盘菌菌株也存在着明显的致病力分化现象。几乎所有的供试向日葵核盘菌菌株均对 5mg/L 多菌灵和菌核净敏感。

侵染过程与侵染循环　病菌以菌核在土壤和病残体及混杂在向日葵种子间越冬。种子内的菌丝及种子间夹杂着的菌核也是该病的主要初侵染源之一。带菌的种子播种后轻者可侵染幼苗根部或茎基部形成根颈腐型症状，重者可以导致向日葵幼苗的死亡。土壤中残留的菌核在一定湿度条件下可以直接萌发形成菌丝，并通过直接或从伤口处侵入方式侵染向日葵根颈部造成典型的茎基腐症状。当土壤中的温度达到 20℃、相对湿度 80% 时菌核最易萌发形成子囊盘。子囊盘

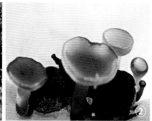

图3 菌核在田间的剖面图（周洪友提供）

①自然条件下；②室内条件下萌发形成的子囊盘

中的子囊孢子弹射出来后，能够随风、气流进行传播到向日葵的茎或花盘造成茎腐及盘腐症状。当发病部位形成菌核成熟后又可以落入土壤中作为翌年的初侵染来源。

流行规律　向日葵菌核病的发生流行取决于田间菌核积累量，与降水量、温度以及光照均有相关性。在向日葵播种后，如果温度适宜，土壤潮湿，菌核萌发形成菌丝体能够侵染寄主植物的根部或茎基部，引起根或根颈部腐烂。向日葵菌核病菌核萌发形成子囊盘最适温度是 10～25℃，最适土壤相对湿度 80%～90%。菌核是否萌发形成子囊盘主要与 7 月中下旬和 8 月上旬频繁的降雨有极高的相关性，因此，与温度相比，湿度是决定菌核是否萌发形成子囊盘的决定性因素。菌核的萌发不需要光，但子囊盘的形成需要一定的散射光。土壤中残留的菌核一般在 1～3cm 土层中极易萌发形成子囊盘；当菌核被埋入土中 7cm 以上则很难萌发出土。当遇到连续降雨以及降水量较大的年份，土层 5cm 范围内的菌核极易萌发形成子囊盘并出土。出土后的子囊盘中的子囊孢子成熟后从子囊中弹射出去，借助气流传播，落到向日葵的茎秆和花盘上，在高湿度的条件下萌发并完成侵入，并造成典型的茎腐或盘腐症状。土壤中埋藏的菌核随着埋藏时间的增加和其萌发率呈显著的负相关性，即埋藏时间越长其萌发率越低，同时菌核埋藏深度和菌核萌发率也成一定的负相关性，即埋藏度越深菌核萌发率越低。

向日葵菌核病侵染寄主的最适宜温度为 15～20℃，若平均气温超过 30℃ 则不能侵染。春季低温、多雨根腐和茎基腐发病重，花期多雨盘腐和茎腐的发生比较严重。

向日葵的花期与子囊孢子的弹射期是否吻合及时间长

短也影响向日葵菌核病特别是盘腐症状的发生程度。环境条件适宜时，落在向日葵花盘上的子囊孢子可以萌发形成菌丝体。菌丝体蔓延到整个花盘需 10～20 天。因此，适当晚播，使花期和雨季错开，能够降低向日葵菌核病盘腐的发生程度。冬季灌水能够使向日葵菌核病的发病率降低。此外，低洼、潮湿、通风不良地、连作地发病重。偏施氮肥会加重病害的发生，施用磷钾肥辅以微量元素，不仅能够提高向日葵籽仁率，同时还可提高向日葵的整体抗病性。

防治方法　由于缺少向日葵菌核病的抗源材料和抗病品种，该病害的防控主要以农业措施辅助以化学防治方法。

建立无病留种田　向日葵种子经过脱粒后，菌核可混杂在种子中进行传播。因此，向日葵制种和繁育基地要进行严格的产地检查。如制种田有菌核病发生，一律不能做种用。另外，也不能从有菌核病发生的地区调种。

选用耐菌核病品种　食葵品种可选择龙食葵 2 号、赤葵 2 号、巴葵 118、T33、JK518、科阳 1 号等；油葵品种可以选择 7K512、法国 A18、CY101、S31、白葵杂 6 号、NC209 等品种。

合理轮作　菌核病发生的地块土壤中残留有大量菌核，菌核在土壤中可存活数年，但一般 3 年后活力大大降低，所以采用禾本科作物与向日葵轮作，能大大降低菌核病的发生频率。轮作时间越长效果越好，但不能与豆科、茄科、十字花科等作物轮作。

深耕土壤　由于菌核在 5～10cm 以下的土层不易进行萌发，因此，向日葵地块一定要进行深松深耕（10cm 左右），将地面上菌核翻入深土层中使其不能萌发。

适当晚播　在保证向日葵成熟的前提下，适当推迟播期能降低向日葵菌核病的发生程度。华北和西北地区可以将播期推迟到 5 月底或 6 月初，均能不同程度降低菌核的发生程度。

大小垄种植　在原等行距的基础上，隔两垄去掉一垄，使大行行距达到 80cm，小行距达到 40cm（通过降低株距来保证每亩有效株数不变）。采用大小垄方式种植不仅利于向日葵地块的通风和透光，还能够降低田间湿度，减轻菌核病的发生。同时，大小垄种植还可充分利用边行效应增加产量，也便于在花期进行农药喷施。

合理使用肥料　建议氮肥、磷肥、钾肥的施入量要适中，适量减少氮肥的使用量，增加钾肥和磷肥的使用量，不仅可以使向日葵幼苗苗壮，植株生长健康，同时还可以增加向日葵的整体抗性水平。

生物防治　由于种子夹带和土壤中残留的菌核是翌年的主要初侵染源，因此，利用生防制剂来抑制土壤中菌核的萌发是一种有效防治方法。枯草芽孢杆菌对向日葵菌核病有一定防效，而盾壳霉只在特定地区（如宁夏惠农地区）对菌核病有一定防效。生防制剂可拌种和处理土壤。

化学防治　向日葵播种前用 10% 盐水进行选种，除去菌核、病粒、秕粒。种子洗净晒干后选用 50% 速克灵可湿性粉剂、50% 腐霉利或 50% 菌核净可湿性粉剂等药剂（用量为种子重量的 0.3%～0.5%）进行拌种，或用 2.5% 适乐时种衣剂包衣处理（药剂与种子的比例为 1∶50）。当向日葵现蕾开花后如遇连阴雨天，或本身就是重病连茬地块应及

早用药防治，药剂可用 50% 速克灵可湿性粉剂 800～1000 倍液，或 50% 多菌灵可湿性粉剂 500 倍液，40% 菌核净可湿性粉剂 500 倍液于盛花期喷施。每隔 7 天 1 次连喷药 2～3 次对向日葵盘腐的防治效果显著。播种时可以选用 50% 速克灵可湿性粉剂（用量以 0.25kg/ 亩），与细干土配成毒土，然后随种子施入垄沟或穴中。配置毒土时所需的细干土量依据当地的播种方式和器械（播种机）的情况自行确定，但总药量要保证 0.25kg/ 亩。

参考文献

向里军，雷中华，石必显，2007. 向日葵菌核病菌的生长发育和侵染循环 [J]. 新疆农业科学，44(S2): 181-182.

中国农业科学院植物保护研究所，中国植物保护学会，2015. 中国农作物病虫害 [M]. 3 版 . 北京：中国农业出版社 .

CESSNA S G, SEARS V E, DICKMAN M B, et al, 2000. Oxalic acid, a pathogenicity factor for *Sclerotinia sclerotiorum*, suppresses the oxidative burst of the host plant[J]. Plant cell, 12(11): 2191-200.

HAREL A, GOROVITS R, YARDEN O, 2005. Changes in protein kinase a activity accompany sclerotial development in *Sclerotinia sclerotiorum*[J]. Phytopathology, 95(4): 397.

（撰稿：周洪友、孟庆林、王东；审稿：赵君）

向日葵枯萎病　sunflower *Fusarum* wilt

由镰刀菌侵染所导致的一种向日葵土传病害。主要从植株根部侵染进而到达茎部破坏维管束，导致植株枯萎。

发展简史　1970 年，美国首次报道了得克萨斯州出现的由镰刀菌（*Fusarium* spp.）侵染引起的向日葵枯萎病。随后，突尼斯在 1975 年报道了 *Fusarium oxysporum* f. sp. *helianthi* 引起的向日葵维管束枯萎病。1976 年，印度发现一种由串珠镰刀菌（*Fusarium moniliforme*）引起的向日葵枯萎病。1992 年，巴基斯坦首次报道了由烟草镰刀菌（*Fusarium tabacinum*）引起的向日葵枯萎病；2006 年，塞尔维亚报道了由 *Fusarium oxysporum*、*Fusarium helianthi*、*Fusarium equiseti*、*Fusarium culmorum* 等镰刀菌引起的向日葵猝倒病。*Fusarium oxysporum* 是引起委内瑞拉和突尼斯向日葵维管束枯萎病的主要病原菌，但 *Fusarium solani* 也是这两个地区向日葵枯萎病上分离到的优势镰刀菌。在俄罗斯和匈牙利的向日葵病株上都分离到了 *Fusarium sporotrichioides*。在俄罗斯的克拉斯诺达尔地区，1999—2001 年共分离到 12 个不同种的镰刀菌，均为向日葵枯萎病的致病菌。中国在 2014 年首次报道了由层出镰刀菌（*Fusarium proliferatum*）引起的向日葵枯萎病。

分布与危害　在内蒙古、吉林、辽宁、宁夏、新疆、海南、黑龙江等地均发现疑似向日葵枯萎病的病株，尤其是种植 LD5009 的地块，发病率高达到 50% 以上。镰刀属的多个种都可以引起向日葵枯萎病，如串珠镰刀菌能危害向日葵的整个生育期，并使植株叶片变色下垂，严重者整株萎蔫甚至死亡，而茎基部没有明显异常和腐烂；烟草镰刀菌引起的向日葵枯萎病，部分染病植株茎基部呈现灰白色，易折断，

茎基部以上 30～40cm 的髓部出现浅桃红色的症状；而尖孢镰刀菌引起向日葵枯萎病的典型症状是全株性萎蔫，与向日葵黄萎病的症状相似。

向日葵枯萎病症状与黄萎病极其相似，其症状表现为初期植株下层叶片变色、下垂或萎蔫；随着时间推移，叶片上出现不规则斑驳状枯萎病斑，后期茎基部表皮变褐，严重时整株枯死（图①）。剖开病茎，髓部变褐或变红（图②）。枯萎病在茎基部或已经死亡的病茎表面，可产生大量分生孢子。而向日葵黄萎病多在向日葵籽粒灌浆期显症，下部叶片首先发病，发病组织变为黄褐色，随后逐渐向上扩增蔓延，最终导致整株枯死。剖开病茎同样可见维管束变褐。

病原及特征　病原为镰刀菌属真菌。镰刀菌属于无性真菌类，其有性时期属于子囊菌门的丛赤壳属、丽赤壳属和赤霉属等。世界最常见的侵染向日葵的镰刀菌有尖孢镰刀菌（*Fusarium oxysporum* Schlecht.）、茄腐皮镰刀菌 [*Fusarium solani*（Mart.）Sacc.]、拟轮枝镰孢 [*Fusarium verticillioides*（Sacc.）Nirenberg]、*Fusarium equiseti*、黄色镰刀菌 [*Fusarium culmorum*（Smith）Sacc.]、*Fusarium sporotrichioides* 和半裸镰孢（*Fusarium semitectum* Berk. et Rav.）等。中国分离到的侵染向日葵的镰刀菌有尖孢镰刀菌（*Fusarium oxysporum* Schlecht.）、层出镰刀菌（*Fusarium proliferatum*）、*Fusarium verticilloides*、砖红镰刀菌（*Fusarium lateritium* Nees）、锐顶镰孢（*Fusarium acuminatum*）、*Fusarium redolens*、木贼镰刀菌 [*Fusarium equiseti*（Corda）Sacc.]、茄腐皮镰刀菌 [*Fusarium solani*（Mart.）Sacc.]、三隔镰孢 [*Fusarium tricinctum*（Corda）Sacc.]、*Fusarium cerealis*、*Fusarium incarnatum* 共 11 个种，其中尖孢镰刀菌和层出镰刀菌分离数量较多，分布范围也较广，是中国向日葵枯萎病菌的优势种。尖孢镰刀菌气生菌丝绒状，白色至淡青莲色；能够产淡紫色色素，后期变为深紫色。单瓶梗产孢，小型分生孢子数量多卵圆形，大小为 5.0～7.6μm×2.1～3.5μm。大型分生孢子镰刀状，两端尖，多数 3 个分隔，孢子大小为 13.2～21μm×2.5～5.0μm；厚垣孢子球形，单生、对生或串生于菌丝间，直径 4.9～9.1μm。PDA 平板上生长速度较快，24℃ 培养 4 天时菌落直径达 4.5～5.2cm。层出镰刀菌的气生菌丝成羊毛状平铺在培养基上，基物表面浅紫色。产孢细胞为单瓶梗或层出复瓶梗，可以产生大量卵形、椭圆形的小型分生孢子，孢子大小为 3.8～8.7μm×2.1～3μm；大型分生孢子直而细长镰刀形，3～5 个分隔，10.1～42.3μm×2.3～3.2μm，厚垣孢子球形串生。24℃ 培养 4 天时菌落直径为 4～5.5cm。

中国向日葵产区分离到的 11 个种的镰刀菌的生长速度较快；最适生长温度 25～30℃，最适 pH6～8；不同种的镰刀菌产孢量差异显著。

向日葵不同种的镰刀菌之间致病力存在显著的差异，其致病力均高于向日葵黄萎病菌。尤其在高温高湿的条件下，向日葵枯萎病发病速度快且发病程度严重，病情指数高达 70～80。来源于不同向日葵种植地区的同种镰刀菌之间也存在致病力的分化，但同一地区的同种镰刀菌分化程度较小。向日葵尖孢镰刀菌寄生专化性研究结果表明供试的向日葵菌株可以侵染多个寄主如马铃薯、甜瓜、西瓜、棉花、杧果、番茄、茄子和红番茄等。而供试的其他寄主来源的尖孢镰刀菌也能侵染向日葵。因此，上述作物不能作为向日葵的轮作对象。

侵染过程与侵染循环　枯萎病菌对向日葵的初期侵染位点在根尖和侧根的成熟区和分生区。接种 24 小时后，附着在根冠区的分生孢子开始萌发形成细小的菌丝或附着在根表皮上；接种 3 天后，菌丝体在细胞表面能形成不规则的菌丝网，开始侵入根的表皮细胞并在皮层细胞间隙随机扩展或进入相邻细胞；接种 5 天后，能观察到菌丝进入寄主植物根的导管，并沿着导管纵向延伸。随着时间的推移，在向日葵的茎秆、叶柄、叶片、花盘的苞叶内膜、种子间的荚膜、种子的仁膜和花粉粒上均能观察到绿色的荧光信号，表明这些部位都有病原菌的定殖。

利用带有 GFP 标记的层出镰刀菌观察病原菌在向日葵抗、感品种中的侵染过程，表明侵染初期病原菌在抗、感品种根部的定殖能力没有显著差异；而在接种 21 天后，当感病品种的根、茎、叶柄中都观察到了绿色荧光信号后，而抗病品种却只在根和茎秆中观察到荧光信号。Q-PCR 定量的结果也表明了病原菌在感病品种不同部位中定殖量显著高于抗病品种。

镰刀菌能在土壤或植物残体中长期生存，并以菌丝体、小型分生孢子、大型分生孢子或厚垣孢子的形式越冬。其传

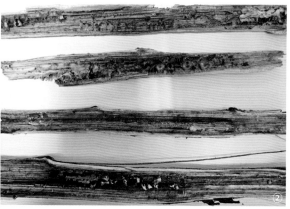

向日葵枯萎病田间症状（赵君提供）
①田间症状；②病茎髓部变褐变红

播方式分为垂直传播和水平传播两种。垂直传播是指通过携带病菌的寄主和其他亲本组合的配制，从而使得子一代的种子或无性繁殖苗带菌；水平传播是指残留在土壤和病残体内的病原菌能够直接侵染寄主的根部，使植株发病。病原菌的短距离传播主要通过灌溉水和人为耕作进行传播，而长距离的传播主要是通过种子的携带进行传播。

土壤中的病原菌能够通过根部的伤口，或者直接从根尖、侧根萌发处侵入到寄主植物细胞内。当病原菌进入植株体内后，菌丝体会在根表皮细胞间生长。当菌丝体进入木质部后，通过木质部的纹孔或直接侵入导管，在导管中纵向向上生长，或横向扩张到周围细胞，直至到达植株的茎和顶部。有些枯萎病菌会在生长过程中产生小型分生孢子，这些孢子可以在导管中上下移动。当其萌发时，菌丝体会穿透木质部的细胞壁，侵入到相邻的导管再产生更多的分生孢子。导管中的菌丝体可以通过纹孔横向侵入到维管组织中从而影响植物维管束内水分的供应和营养的运输，导致植株全株性的萎蔫。病原菌到达植株地上部分后能在寄主植物表面大量产孢，孢子落入土壤中成为病原菌再次侵染来源。

流行规律　病菌以菌丝体、小型分生孢子、大型分生孢子或厚垣孢子在土壤、病残体和种子上越冬，在土壤中可存活 5～6 年或更长时间，病菌随种子、土壤、肥料、灌溉水、昆虫、农具等传播。病害发生与温度、湿度密切相关，当温度为 20℃ 左右开始出现症状，上升到 25～28℃ 出现发病高峰，高于 33℃ 时，病菌的生长发育受抑或出现暂时隐症。进入秋季后，当降至 25℃ 左右时，又会出现第二次发病高峰。

地势低洼、土壤黏重、偏碱、排水不良或偏施、过施氮肥或施用了未充分腐熟带菌的有机肥或地下害虫多的地块发病严重。重茬地块，病害发生严重。

不同向日葵品种抗性水平有很大差异。一般油葵品种的整体抗性高于食葵品种。

防治方法

选用抗病品种　向日葵品种间对枯萎病的抗性差异明显，选用抗病品种对抑制该病害的发生能起到一定作用。油葵品种的抗性水平高于食葵品种，食葵中 JK103、JK601 抗性相对较好。

农业防治　与禾本科作物实行 3～5 年以上轮作，切忌与感病的寄主植物为轮作对象，尤其不能与茄科、瓜类等植物实行轮作。早熟品种比晚熟品种抗病性差，适当推迟播期能不同程度地降低枯萎病的发病程度。病残株应及时清理出田间，深耕土壤，晒田可以加速病残株分解，减少土壤中病菌量。保证正常生长的前提下减少浇水，避免大水漫灌。切忌用未腐熟的肥料，控制氮肥，有利于枯萎病的防治。还可喷施叶面肥提高植株的整体抗性水平。

化学防治　10% 氟硅唑可湿性粉剂用于拌种或包衣来控制枯萎病菌能起到一定的预防作用。发病期用 50% 多菌灵、10% 双效灵、枯萎灵、70% 甲基硫菌灵、2% 春雷霉素等稀释液灌根，隔 7～10 天 1 次，连续防治 2～3 次。

参考文献

高婧, 张园园, 王凯, 等, 2016. 向日葵枯萎病菌的分离鉴定及其生物学特性的研究 [J]. 中国油料作物学报, 38(2): 214-222.

LESLIE J F, SUMMERELL B A, 2006. The Fusarium laboratory manual[M]. Ames, IA: Blackwell Publishing.

REN J, ZHANG G, ZHANG Y Y, 2015. First report of sunflower wilt caused by *Fusarium proliferatum* in Inner Mongolia, China[J]. Plant disease, 99(9):1275.

（撰稿：赵君、高婧、韩生才；审稿：周洪友）

向日葵列当　*Orobanche cumana* Wallr.

一种危害向日葵的寄生性种子植物，是一种对世界向日葵产业极具威胁的恶性寄生杂草，严重威胁向日葵产业的发展。

发展简史　有关向日葵列当的描述最早始于 1825 年，但 19 世纪 80 年代，仍然经常被视为弯管列当（*Orobanche cernua*）的一个亚种（又称欧亚列当），然而这两个分类阶元无论在形态上还是寄主范围上都存在明显差异。向日葵列当主要在菊科植物上寄生，而弯管列当主要在茄科植物上寄生。现代分子生物学证据表明，两种列当的差异也是非常明显的。在中国，20 世纪 50 年代初期向日葵列当在新疆已有分布，1959 年在黑龙江肇州发现，1979 年在吉林长岭发现，2000 年以后在内蒙古河套地区出现并快速发展蔓延，2003 年山西也报道有大量发生。由此，向日葵列当基本覆盖了中国北方各向日葵主产区，并已上升为一种主要有害生物。

分布与危害　在全世界的分布范围十分广泛，主要以东南欧、中东以及西南亚为中心，在欧亚大陆上向四周延伸，包括在西班牙、法国、希腊、匈牙利、罗马尼亚、保加利亚、俄罗斯、乌克兰、摩尔多瓦、土耳其、叙利亚、以色列、伊朗、哈萨克斯坦、埃及、突尼斯等国家和地区。在中国，分布于内蒙古、新疆、黑龙江、吉林、辽宁、北京、河北、山西、甘肃等北方各地，其中内蒙古、新疆以及东北的分布最为广泛，造成的经济损失也最为严重。

向日葵列当存在生理小种分化现象，每当育出一个抗列当的向日葵品种后，列当就会在 3～5 年内进化出一个寄生性更强的生理小种。世界上不同地区分布的列当生理小种是不同的。向日葵列当生理小种以拉丁字母表示。A、B、C、D、E 的生理小种是各国都有发现的小种类型，而 F、G、H 是近 10 年来发现的仅仅局限于几个国家的致病性更强的生理小种。在土耳其、俄罗斯、保加利亚、罗马尼亚、塞尔维亚以及摩尔多瓦地区均发现了 F 以上的生理小种。在中国向日葵产区内的向日葵列当多为不同生理小种混合发生，多数地区的生理小种最高级别已到 E 以上，其中内蒙古巴彦淖尔、包头、乌兰察布等地均已出现了 G 生理小种。

向日葵列当是一种专性寄生杂草，主要寄生在向日葵植株上，但有时也会寄生于番茄和烟草。其寄生于向日葵根部，通过掠夺向日葵植株的水分与营养完成自身的生长与繁殖。受害的向日葵植株发育迟缓甚至停止，茎秆变细，花盘变小，产量下降。严重时，根部密集寄生的列当严重影响向日葵对水肥的吸收，导致叶片萎蔫或整株死亡，对感病品种造成的产量损失在 30%～100%（图 1）。

在中国，由于其分布范围有限，对向日葵产业的整体并未构成实质性威胁,产量损失大约在30%,但在2010年之后,传入向日葵主产区内蒙古,其分布范围迅速扩大,危害程度日益加重。

病原及特征　向日葵列当(*Orobanche cumana* Wallr.),属列当科(Orobanchaceae)列当属(*Orobanche* L.),俗称毒根草、独根草和兔子拐棍。属一年生草本植物,全株密被腺毛,株高一般在15~40cm,个别株高可达80cm。向日葵列当茎黄褐色,圆柱状,不分枝。叶三角状卵形或卵状披针形,螺旋状排列在茎上,无叶绿素,不能进行光合作用,靠假根侵入向日葵根组织内寄生。苞片卵形或卵状披针形。花序穗状,两性花,每株20~40朵花,最多达80多朵,花色有蓝紫、米黄、粉红等色;花萼钟状,2深裂至基部,或前面分裂至基部,而后面仅分裂至中部以下或近基部,裂片顶端常2浅裂,极少全缘,小裂片线形,常是后面2枚较长,前面2枚较短,先端尾尖。花冠长1.0~2.2cm,在花丝着生处明显膨大,向上缢缩,口部稍膨大,筒部淡黄色,在缢缩处稍扭转地向下膝状弯曲;花药、子房卵形,无毛。蒴果长圆形或长圆状椭圆形,干后深褐色。列当种子非常细小,一般在200~400μm,粒重仅有15~25mg,一株列当可产生5万~10万粒种子。种子长椭圆形,表面具网状纹饰,网眼底部具蜂巢状凹点。

在中国除向日葵列当外,其近似种弯管列当也有一定的分布,两者亲缘关系较近,形态上也较为相似,但两者之间仍存在细微的差别,一般来说,欧亚列当茎直径为5~10mm,穗状花序圆柱状,具50~70朵花;而向日葵列当茎直径一般小于5mm,穗状花序松散,一般具20~50朵花。另外,从寄主范围来说,向日葵列当主要寄生于向日葵,而欧亚列当主要寄生于茄科植物。

侵染过程与侵染循环　向日葵列当借助其种子进行传播与侵染,由于其产种量巨大且种子微小,因此,极易借助土壤、风、雨、流水、葵花籽和农业机械传播。成熟的种子在土壤中可存活10年以上。在温湿度适宜的条件下,向日葵列当种子吸水膨胀,当遇到特定的化学信号物质或萌发刺激物时即可萌发。通常这些化学信号物质存在于寄主植物的根系分泌物中,已知的化学信号物质种类包括独脚金内酯类化合物、独脚金醇、黑蒴醇、列当醇、去氢木香烃内酯等。另外,研究人员还在向日葵根部分泌物中鉴定出包括倍半萜内酯、木香烯内酯、山楂甲素等能够诱导列当萌发的刺激物,一般其浓度单位在毫摩尔至微摩尔之间。在遇到上述刺激物后,向日葵列当便开始萌发长出小芽管,芽管顶端吸附在寄主的侧根上形成吸器,通过吸器吸收寄主的营养物质和水分,并最终侵入向日葵根部的维管系统,与其建立起寄生关系。

若条件适宜,向日葵列当的种子可周年萌发。若遇不到上述化学信号物质,则列当种子再度失水,进入休眠状态。建立起寄生关系之后的列当发育出茎部并径直向上生长,出土之后开花结果。一般在当年秋季列当植株枯死,而成熟的种子则随风力或植株残体进入土壤,翌年进行下一轮的侵染循环(图2)。由于向日葵列当的产种能力极强,因此,一旦传入某个地区后,经过几年连续寄生,很快就会在土壤中形成巨大的种子库,从而难以进行根除。

流行规律　向日葵列当的危害程度与环境条件有着明显的关系。萌发的合适温度条件为15~25℃,当温度低于10℃或高于35℃时列当种子不能萌发。另外,列当种子的萌发需要具有充足的水分,但是在其建立寄生关系之后又需要充足的氧气进行呼吸,过于干旱和过于潮湿的土壤环境都不利于列当寄生与生长。向日葵列当偏好碱性土壤,当土壤pH小于7.0时,其种子同样不能萌发。在土壤质地方面,向日葵列当偏好透气性好的砂壤土或砂土,10cm左右的土层间列当寄生、出土的最多,5cm以下、12cm以上的出土最少。重茬、迎茬地发生危害多。另外,在施肥不良或干旱条件下,向日葵自身抗逆性下降,向日葵受列当危害则更为严重。

向日葵列当最早在向日葵幼苗期即可与其建立寄生关系,随后随着向日葵根系的发展,寄生数量也随之增加。向日葵列当出土日期不一致,几乎每天都有幼苗出土。在内蒙古巴彦淖尔地区,一般在7月下旬至8月上旬左右时,出土的列当数量达到最大值。随后植株开始枯萎。

防治方法

种植抗性品种　由于向日葵列当生理小种进化变异形成新的生理小种很快,因此,根据各地向日葵列当优势生理小种合理布局相应的抗性品种资源,延长抗性品种的田间推广应用时间是非常重要的。To12244、F917、WGS和S18等油用向日葵品种对向日葵列当G生理小种具有免疫或较高的抗性,但绝大多数食用向日葵对列当仍然是比较敏感的。

图1　向日葵列当危害情况(左)及其成株的形态(右)(杜磊提供)

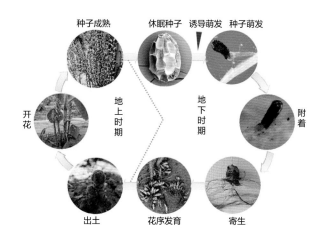

图2　向日葵列当侵染循环示意图(白全江提供)

加强检疫　严格检疫制度，杜绝疫区种子未经检疫外调。避免疫区内的种苗、土壤以及农机具在疫区以外流通，控制其分布范围。

农业防治　向日葵列当茎肉质脆嫩，拔除时易断，在列当出土后但尚未形成种子之前，连续耕除3～4次。对秋季已经成熟的列当植株，必须统一移出田间并集中烧毁，防止土壤中列当种子库的进一步扩大。在列当发生较为严重的地块进行深耕，将列当种子带到一定深度（25cm以下）。实行合理轮作。合理灌溉可以抑制列当的有氧呼吸，提高列当的死亡率，同时保证向日葵对水分的正常需求，从而减少其对向日葵的危害。

化学防治　对向日葵列当发生严重的田块，在向日葵播后苗前或播前进行土壤封闭处理，使用48%仲丁灵乳油400ml/亩、48%氟乐灵乳油300ml/亩兑水45kg，均匀喷雾，施药后立即应用12cm左右钉耙纵横两次混土，对向日葵列当有较好的控制效果。

生物防治　包括镰刀菌属的病原菌能够侵染寄生前期的列当种子，应用这些生物防治物的优势是可以在没有寄主植物存在的情况下进行操作。对向日葵列当的生物防治可采用致病镰刀菌（*Fusarium* sp.）粉剂。一般将镰刀菌粉剂2.0kg/亩与土壤混匀，播种时先将混有镰刀菌粉剂的菌土施入穴内，再点播种子，可起到一定的防治效果。

参考文献

白全江，云晓鹏，高占明，等，2013. 内蒙古向日葵列当发生危害及其防治技术措施 [J]. 内蒙古农业科技 (1): 75-76.

中国农业科学院植物保护研究所，中国植物保护学会，2015. 中国农作物病虫害 [M]. 3版. 北京: 中国农业出版社.

FERNÁNDEZ-APARICIO M, REBOUD X, GIBOT-LECLERC S, 2016. Broomrape weeds. Underground mechanisms of parasitism and associated strategies for their control: a review[J]. Frontiers in plant science, 7:135.

JOEL D M, GRESSEL J, MUSSELMAN, et al, 2013. Parasitic orobanchaceae: Parasitic mechanisms and control strategies[M]. New York: Springer, Heidelberg New York Dordrecht London.

ROELFS A P, BUSHNELL W R, 1985. The cereal rusts: Vol. I [M]. New York: Academic Press.

（撰稿：白全江、云晓鹏、杜磊；审稿：赵君）

向日葵霜霉病　sunflower downy mildew

由霍尔斯轴霉引起的向日葵病害，是向日葵生产上的一种毁灭性病害。

发展简史　最早于1882年在美国东北部报道，后来传入欧洲并迅速蔓延。在除澳大利亚和南非外的欧、亚、非和美洲的30多个种植向日葵的国家与地区均有发生。中国在1963年刘惕若等人报道了向日葵霜霉病在黑龙江有发生，以后相继在吉林、辽宁、新疆、山西、甘肃、内蒙古等地也有发生的报道。

分布与危害　中国分布在东北、西北、华北和西南局部地区，是重要的检疫性病害。一般年份此病的发生较轻，但个别年份在一些地区发生比较严重。苗期感染至少会造成25%的产量损失，由于向日葵霜霉病发病后能够导致整株死亡，可造成严重的减产和经济损失。

向日葵霜霉病在整个生长期均可发生，造成植株矮化，不能结盘或死亡（见图）。从种子发芽到第一对真叶出现时是向日葵感染霜霉病的敏感期。苗期染病2～3片真叶时开始显症，叶片受害后叶面沿叶脉开始出现褪绿斑块，叶背可

向日葵霜霉病危害症状（景岚提供）

①植株矮化；②叶片褪绿；③霜霉层

见白色绒状霉层，即病菌的孢囊梗和孢子囊。病株生长缓慢或矮住不长。成株染病初近叶柄处生淡绿色褪色斑，沿叶脉向两侧扩展，后变黄色并向叶尖蔓延，出现褪绿黄斑，湿度大时叶背面沿叶脉间或整个叶背出现白色绒层，厚密。后期叶片变褐焦枯，茎顶端玫瑰花状，病株较健株矮，节间缩短，茎变粗，叶柄缩短，随病情扩展，花盘畸形，失去向阳性能，开花时间较健株延长，结实失常或空秆。

病原及特征　病原为霍尔斯轴霜霉［*Plasmopara halstedii*（Farl.）Berl. & de Toni］。用挑针挑取或刀片刮取叶片背面病斑上的白色霉层制片在显微镜下观察，可以看到单轴霉属的孢囊梗从气孔伸出，具隔膜，主轴长 105～370μm，粗 9.1～10.8μm，常 3～4 枝簇生成直角分枝，顶端钝圆，长 1.7～11.6μm。孢子囊着生在孢囊梗上，卵圆形、椭圆形至近球形，顶端有浅乳突，无色，大小为 16～35μm×14～26μm。有性世代的卵孢子为球形，黄褐色，直径 23～30μm。此病菌只寄生在向日葵属的一年生的植物上，是专化性真菌，具有生理小种的分化。

侵染过程与侵染循环　向日葵霜霉病菌以卵孢子在土壤中或病株残体内越冬，也可以菌丝在种子内越冬，成为翌年的初侵染源。厚壁的卵孢子可以在土壤中存活长达 10 年。卵孢子产生在受侵染植株的表皮下，根部比叶部更为普遍。经过休眠后，春季在适宜的温湿度（温度 16～18℃，湿度在 70% 以上）条件下形成游动孢子，游动孢子产生芽管通过寄主的根系侵入植株，引起初侵染（系统侵染）。一般 5 月中旬始见霜霉病病株，6 月上旬病株逐渐增多。初次侵染发病植株产生的孢子囊借风雨传播进行再侵染，造成局部侵染病株。一般局部侵染病株 6 月下旬始见，7 月中旬最多，发病早而严重的局部侵染病株可发展成系统侵染病株。在向日葵生长后期，系统发病的轻病株携带的菌丝体向上发展，在营养生长末期侵染花盘和子房，造成种子带菌，带菌籽粒是该病远距离传播的主要载体。在向日葵收获时，随病株残体大量散落在土壤中的卵孢子或遗留在地面的病株残体上的卵孢子，成为翌年主要的初侵染源。

流行规律　向日葵品种间存在抗病性差异。植株最敏感的时期是萌发到出苗阶段。向日葵进入成株期以后抗病性明显增强。该病发生程度与播种及出苗期间温、湿度有关，一般早播发病轻，旱地发病轻。向日葵播种后遇有低温高湿条件，容易引起幼苗发病，生产上春季降雨多，土壤湿度大或地下水位高或重茬地易发病，播种过深发病重。

防治方法

选用抗病品种　大多数种子公司具有对所有已知生理小种抗病或免疫的杂交种，可以根据当地的生理小种情况选用抗病品种。

建立无病留种田　选用健康的无病菌的种子进行播种，特别是初次播种向日葵的地块和无病菌侵染的地块，选用健康种子尤为重要。严禁从病区引种。

农业防治　严格执行轮作制度，避免重茬和迎茬，一般发病地块要求轮作 4～5 年，重病的地块要求轮作 7～8 年，轮作作物以禾本科作物为主。及时清除田间病株，在种子田里当向日葵长至 3～4 对真叶时，发现病株要及时拔出。在冷湿土壤条件下推迟播种期可降低病害严重程度。

化学防治　为了延长向日葵品种抗性的使用年限，建议种子化学药剂处理结合使用抗性品种。发病重的地区用 25% 甲霜灵按种子重量的 0.5% 拌种、25% 瑞毒霉可湿性粉剂按种子量的 0.4% 拌种，或 58% 甲霜灵锰锌可湿性粉剂按种子量的 0.3% 拌种。苗期或成株发病后，喷洒 58% 甲霜灵锰锌可湿性粉剂 1000 倍液、25% 甲霜灵可湿性粉剂 800～1000 倍液、40% 增效瑞毒霉可湿性粉剂 600～800 倍液或 72% 霜脲·锰锌可湿性粉剂 700～800 倍液。

参考文献

刘惕若，辛惠普，杜文亮，1963. 向日葵霉病——我国向日葵的一种新的病害 [J]. 植物保护学报，2(1): 56.

GÖRE M E, 2009. Epidemic outbreaks of downy mildew caused by *Plasmopara halstedii* on sunflower in Thrace, part of the Marmara region of Turkey[J]. Plant pathology, 58: 396.

（撰稿：景岚、路妍、王东；审稿：陈卫民）

向日葵小菌核病　sunflower *Sclerotinia* rot

由小核盘菌侵染所导致的一种向日葵土传病害。主要从植株根部侵染进而到达茎部，导致全株死亡。

发展简史　1900 年，世界上首次报道小核盘菌在莴苣上引起的危害。随后美国学者 Jagger 又重新命名了小核盘菌（*Sclerotinia minor* Jagger）。1982 年，Clarke 首次报道了小核盘菌在向日葵上的危害。小核盘菌侵染向日葵后，往往定殖在向日葵的侧根、主根和茎基部，导致茎基部腐烂和全株性枯萎。国外有关向日葵小核盘菌研究有很多报道，如在澳大利亚的东南部，超过 75% 的向日葵都受到小核盘菌的侵染，发病株率超过 50%。Burgess 利用胶枝霉属处理向日葵的种子来防控小核盘菌侵染引起的向日葵茎腐病。Ekins 研究表明澳大利亚的小核盘菌能产生子囊盘，而且从这些子囊盘中收集的子囊孢子能侵染向日葵花盘导致盘腐症状。同时，通过对比小核盘菌和核盘菌接种向日葵花盘的发病程度，发现核盘菌相比小核盘菌对花盘有更强的致病力。Chitrampalam 通过研究小核盘菌和盾壳霉的相互作用，发现小核盘菌生长周期中对盾壳霉最为敏感的阶段是菌丝阶段。2015 年，赵君等利用柯赫氏法则确定了小核盘菌是引起内蒙古北部地区向日葵茎秆枯死的病原菌，并对不同地区采集的向日葵小核盘菌的遗传多样性以及致病力分化进行了研究，将内蒙古乌兰察布地区采集的 52 株小核盘菌菌株划分到 11 个亲和组，同一地块采集的向日葵小核盘菌菌株以及同一 MCG 组内的不同小核盘菌菌株的草酸分泌量、多聚半乳糖醛酸酶活力和致病力均存在显著差异，发现多菌灵和菌核净对小核盘菌都有不同程度的抑制，但小核盘菌对菌核净更敏感。

分布与危害　向日葵小核盘菌是一种世界性的向日葵病害，可侵染向日葵侧根、主根和茎基部，导致茎基部腐烂和全株枯萎。相比核盘菌，小核盘菌的自然寄主范围较窄，除向日葵外，还可侵染莴苣、油菜、萝卜、豌豆等。中国自 2015 年首次在内蒙古乌兰察布察右中旗发现向日葵小核盘菌后，相继在乌兰察布市四子王旗、察右后旗，呼和浩特武川地区发现了向日葵小核盘菌。向日葵受小核盘菌侵染，严重地块发病株率可高达15%以上，减产约为10%～20%。

茎基腐型是内蒙古地区向日葵小菌核病最常见的症状类型。向日葵被侵染后，根或茎基部产生褐色的病斑，随后病斑从根部向茎基部扩展，从而导致向日葵根和茎基部的腐烂，使得地上部全株性的枯死。潮湿时在茎基部的发病部位能够看到有白色菌丝的生长和黑色的小菌核形成（见图）。

病原及特征　病原为小核盘菌（*Sclerotinia minor* Jagger），属子囊菌门核盘菌属，其菌丝体呈绒毛状白色。菌丝体在营养缺乏和环境恶劣的条件下能够形成黑色的小菌核。小菌核的形状不规则形，菌核直径通常为0.3～2.7mm。菌核在适宜的温度和湿度条件下能够萌发形成子囊盘。子囊盘直径在0.5～2mm左右；子囊圆筒形，大小为125～135μm×8～11μm；子囊孢子椭圆形，大小为12～16μm×6～8μm。

侵染过程与侵染循环　由小核盘菌引起的向日葵菌核病是一种土传病害。发病部位形成的小菌核可以随病残体在土壤中越冬。土壤中残留的小菌核在适宜的湿度条件下可以直接萌发形成白色菌丝，直接或从伤口处侵入向日葵根，随后向茎基部扩展蔓延导致根和茎基部的腐烂。后期在腐烂部位能够形成大量小菌核。小菌核随着病株残体落入土壤中成为翌年的初侵染来源。菌核在适宜的温度和湿度条件下也能够直接萌发形成子囊盘，子囊盘中的子囊孢子弹射出来后，能够随风、气流传播，侵染花盘和茎秆。然而，在内蒙古地区至今未见有小菌核侵染所致的茎腐和盘腐症状，预示着这一地区向日葵小菌核主要以萌发形成菌丝体侵染寄主茎基部而进行危害。

流行规律　土壤中的小菌核在条件适宜时萌发形成菌丝体，并能够侵染寄主植物的茎基部，引起茎基部腐烂。由于小核盘菌对水分要求较高，当相对湿度高于85%，温度在15～20℃利于菌核萌发和菌丝的生长。因此，低温、湿度大或多雨的早春或晚秋有利于该病的发生和流行。此外，连年种植向日葵的地块、排水不良的低洼地或偏施氮肥地块发病较重。

防治方法　以选用抗（耐）病品种为主，结合农业措施和药剂拌种的防控技术。

选用耐病品种　食葵品种可以选择龙食葵2号、赤葵2号、巴葵118、T33、JK518、科阳1号等；油葵品种可以选择7K512、法国A18、CY101、S31、白葵杂6号、NC209等品种。

农业防治　与禾本科作物进行轮作换茬，能大大降低菌核病的发生频率。轮作时间越长效果越好，但不能与豆科、十字花科、茄科等作物轮作。减少初次侵染源；合理密植，通风透光，降低田间湿度。

化学防治　选用咪鲜胺、菌核净等化学药剂（0.1%～0.3%比例）或选用盾壳霉生物菌剂进行拌种处理，能降低小核盘菌对向日葵幼苗根部的侵染。

参考文献

李敏, 2015. 向日葵小核盘菌的鉴定以及小核盘菌和核盘菌遗传多样性的研究 [D]. 呼和浩特 : 内蒙古农业大学 .

BURGESS D R, HEPWORTH G, 1996. Biocontrol of sclerotinia stem rot (*Sclerotinia minor*) in sunflower by seed treatment with *Gliocladium virens*[J]. Plant pathology, 45: 583-592.

CHITRAMPALAM P, WU B M, KOIKE S T, et al, 2011. Interactions between *Coniothyrium minitans* and *Sclerotinia minor* affect biocontrol efficacy of *C. minitans*[J]. Phytopathology, 101: 358-366.

CLARKE R G, 1982. Evaluation of the reaction of sunflower cultivators to *Sclerotinia* stem rot (*Sclerotinia minor*), and time of infection on yield[J]. Department of agricultural research, 142: 1-12.

EKINS M G, AITKEN E A B, GOULTER K C, 2002. Carpogenic germination of *Sclerotinia minor* and potential distribution in Australia [J]. Australasian plant pathology, 31: 259-265.

LI M, ZHANG Y Y, WANG K, et al, 2016. First report of sunflower white mold caused by *Sclerotinia minor* Jagger in Inner Mongolia region, China[J]. Plant disease, 100(1): 211.

（撰稿：赵君、李敏、贾瑞芳；审稿：白全江）

向日葵小菌核病茎基腐症状（赵君提供）

①侵染茎基部；②茎基部侵染后接近成熟的小菌核；③成熟的小菌核

向日葵锈病　sunflower rust

由向日葵柄锈菌引起的、主要危害向日葵叶片的一种真菌病害，是世界各地普遍发生的向日葵病害。

发展简史　最早于1822年由Lewis von Schweinitz描述。它可以侵染向日葵属内25个种及50个描述种中的9个亚种。北美洲是向日葵的起源中心，也可能是该病菌的起源地。向日葵锈病已在33个国家有记载。在澳大利亚、南非、俄罗斯、加拿大、阿根廷、印度均为向日葵上的重要病害。向日葵锈菌存在生理小种分化的现象最早是由美国学者Bailey提出。之后，向日葵锈菌的生理小种划分经历了复杂的发展过程，国际上不同研究小组各自采用不同的鉴别寄主，使鉴定结果很难统一。1994年，Limpert和Muller建议使用9个国际标准鉴别寄主和三联密码系统（coded triplet system）统一向日葵锈菌生理小种鉴定与命名。自此，该标准成为国际上通用的鉴别系统，并在各国应用。

分布与危害　主要分布在苏联区域、罗马尼亚、美国、中国、澳大利亚、保加利亚、法国、日本、印度、匈牙利、津巴布韦等国家。中国有向日葵栽培的地区均有该病的发生，食葵上发生尤为严重。随着种植面积的扩大，病害呈逐年加重趋势，大流行年份可减产40%～80%，经济损失巨大。该病主要危害向日葵叶片，也可危害叶柄、茎秆、葵盘等部位。

病株因养分和水分的大量消耗而生长发育受阻，籽粒灌浆不足，空壳率增加，果实瘦小，含油量降低，经济价值下降。向日葵花期以前感染锈病可减产35%左右，种子形成期染病可减产10%左右。

向日葵锈病在各生育期、各个部位均能发生，特别是叶片发生最为严重。发病初期在叶片上开始出现不规则圆形的褪绿黄斑，随后在病斑中央很快散生出一些针尖大小的点状物即性子器；随后，在与性子器相对应的叶片背面的病斑上产生许多黄色似绒毛状的突起物即锈子器。夏初，叶片背面散生褐色小疱，小疱表皮破裂后散出褐色粉状物，即病菌的夏孢子堆和夏孢子。叶柄、茎秆、葵盘及苞叶上也能产生很多夏孢子堆。接近收获时，发病部位出现黑色裸露的小疱，内生大量黑褐色粉末，即为病菌的冬孢子堆及冬孢子（见图）。

病原及特征　病原为向日葵柄锈菌（*Puccinia helianthi* Schw.），属担子菌门柄锈菌属。刮取叶片背面病斑上的褐色粉状物和黑褐色粉末在显微镜下观察，可以看到病原菌的夏孢子着生在无色单细胞的小梗顶端，夏孢子单生、球形、卵圆形，表面密生细刺；冬孢子椭圆形至棍棒形，顶部钝圆或向上呈锥状增厚，色深，双细胞，中隔膜稍缢缩。夏孢子萌发的最适温度是18°C，适于发病的相对湿度是100%。

向日葵锈病病菌存在生理小种的分化。Gulya等在2002—2005年对美国59个标样利用9个国际标准鉴别寄主

向日葵锈病危害症状（景岚提供）
①病叶；②锈孢子器；③夏孢子堆；④冬孢子堆

鉴定出 25 个小种，其中 100、310、700 小种占 34%，其余 22 个分别占 2%～7%。2008 年在美国鉴定出 39 个小种，其中 334 和 336 为优势小种，并发现了能侵染 9 个国际鉴别寄主的毒性最强小种 777。在阿根廷，2004—2011 年收集的 11 个菌样被鉴定为 700、704、720、740、744 和 760 小种，其中 700 为优势小种。

2013—2014 年中国北方向日葵主产区内蒙古东部、中部、西部、黑龙江、吉林、河北、山西、宁夏、新疆等 33 个地点采集的 80 份锈菌菌样最终确定为 15 个生理小种。304 小种为主要优势小种，所占比例为 28%，其次是 300、310 小种，所占比例为 18%，其他 12 个生理小种（314、324、330、332、334、350、354、374、500、526、736、737）所占比例范围为 1%～6%。

侵染过程与侵染循环　向日葵锈菌是 5 种孢子俱全的单寄主寄生菌，病原菌发育的各个阶段都在向日葵植株上形成。一般冬孢子在病叶和花盘残体上越冬。翌年春天冬孢子萌发产生担孢子，担孢子随气流传播，初次侵染向日葵幼苗，产生性孢子器和锈孢子器。锈孢子传播到叶片或其他部分进行侵染，产生夏孢子堆和夏孢子，夏孢子随气流传播进行多次再侵染。接近收获时，在产生夏孢子堆的地方，形成冬孢子堆，又以冬孢子越冬。

流行规律　向日葵锈病的发生与上年累积菌源数量、当年降水量关系密切，尤其是锈孢子出现后，降雨对其流行起重要作用。进入夏孢子阶段后，雨季来得早，可进行多次重复侵染，常引起该病流行。向日葵开花期（7 月下旬到 8 月），如雨量多、雨日多、湿度大，有利于锈病流行；氮肥过多，种植过密会导致湿度增加，通风不良，锈病发生也较严重。

防治方法

选用抗病品种　由于自然界中向日葵中有抗锈病的抗源，因此，选用抗锈病的杂交种，如巴葵 29、赤 CY105、新葵杂 7 号、巴葵 138、JK518、3939 等能有效控制锈病的发生，要尽量避免使用具有常规种（如黑大片和三道眉）遗传背景的高感锈病的向日葵品种。

农业防治　注意田间卫生，及时清除病残株，降低翌年的初始菌源量。深翻地，勤中耕，合理增施磷肥，增加寄主的抗病性。

化学防治　播种前可以进行种子处理：用 25% 三唑醇种子处理干粉剂 30～45g/100kg 种子拌种。发病初期可以喷洒 15% 三唑酮可湿性粉剂 1000～1500 倍液或 50% 萎锈灵乳油 800 倍液，隔 15 天左右 1 次，施药 1～2 次。

参考文献

BAILEY D L, 1923. Sunflower rust[J]. University of Minnesota Agricultural experiment station technical bulletin, 16: 3-31.

FRISKOP A, SCHATZ B, HALLEY S, et al, 2011. Evaluation of fungicides and fungicide timing on management of sunflower rust (*Puccinia helianthi*) at three locations in North Dakota in 2008 and 2009 [J]. Phytopathology, 101 (6): 243.

GUO D D, JING L, HU W J, et al, 2016. Race identification of sunflower rust and the reaction of host genotypes to the disease in China [J]. European journal of plant pathology, 144(2): 419-429.

LIMPERT E, MULLER K, 1994. Designation of pathotypes of plant pathogens[J]. Phytopathology, 140(4): 346-358.

PUTT E D, SACKSTON W E, 1957. Studies on sunflower rust. I. Some sources of rust resistance[J]. Canadian journal of plant science, 37: 43-54.

（撰稿：景岚、路妍、张键；审稿：周洪友）

橡胶白根病　rubber white root disease

由木质硬孔菌引起的、危害橡胶地下部的一种真菌病害，是世界性橡胶树严重病害。

发展简史　橡胶白根病是橡胶树最重要的根部病害，曾在东南亚橡胶园发生造成过重大的损失。白根病在幼龄树上受害最严重，死亡也最快速。国外 20 世纪 20 年代至 40 年代，曾经造成大批胶树死亡，使一些植胶国蒙受严重损失。在植胶前、后未进行预防处理的幼树区，病害发生率可达 60%。世界上最早记载白根病是在 1904 年的新加坡，以后在许多国家和地区均有发生。白根病在中国属于检疫性病害，邓叔群在 20 世纪 50 年代报道海南、云南、广西等地有白根病菌。不同学者曾鉴定白根病菌为 *Fome lignosus*（Klotzsch）Bres.、*Rigidoporus micropoms*（Sw.）Overeem、*Polyporus lignosus* 等。1965 年马来西亚研究院将其定名为 *Rigidoporus lignosus*。但直至 1983 年在海南省东太农场的第二代更新胶园中首次报道发现白根病，发病面积达 26hm^2。张运强（1992）根据病原菌的形态特征，室内橡胶小苗、盆栽大苗接种和子实体培养的结果，确定海南东太农场发生的橡胶白根病与国外 Bose 报道的 *Rigidoporus lignosus*（Klotzsch）Imazski 是一致的。2006 年在云南河口地区也发现白根病在胶园中危害，因及时发现均已采取措施得到了有效控制。

分布与危害　橡胶白根病在世界各植胶区分布十分广泛。主要分布于科特迪瓦、安哥拉、喀麦隆、塞拉利昂、尼日利亚、中非、乌干达、刚果、扎伊尔、达荷美、加蓬、埃塞俄比亚、缅甸、马来西亚、印度、印度尼西亚、泰国、菲律宾、斯里兰卡、柬埔寨、越南、哥斯达黎加、危地马拉、巴西、阿根廷、墨西哥、秘鲁、新赫布里底群岛、巴布亚新几内亚。橡胶白根病在中国曾报道在云南和海南有发生。

白根病菌侵染危害橡胶树的侧根和主根。根部受害后导致橡胶树水分、养料的吸收受到干扰，地上部分植株表现为树冠叶片褪色、失绿、呈浅黄色。叶片褪色是植株地面部分最早出现的症状。最初这种现象只在一条或几条枝条上出现，很快整个树冠的叶片也褪色、变黄。树叶失去闪亮的蜡质，反卷呈舟状。进而整个树冠变黄褐色，最后落叶，枝条回枯，整株死亡。病害的主要特征是感病树的病根表面长出白色的根状菌索。菌索平坦，紧贴根的表面，沿根生长时分枝，形成网状。典型的根状菌索生长的前端白色、扁平，老熟菌索近圆形、黄色至暗黄褐色。菌索粗度一般小于 0.6cm。刚被杀死的病根木质部坚硬，褐色、白色或淡黄色，湿腐状。在根颈或暴露的根系和树桩上，常常产生子实体，天气潮湿时尤易产生。在马来西亚的橡胶幼树上，该病害造成的损失比其他病虫的危害加起来都大。斯里兰卡每年因白根病减产

X

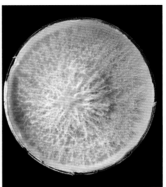

橡胶白根病病根、子实体及病原菌培养形态（贺春萍提供）

10%。除了东南亚地区，在西非，每年的平均感染率在2%，在20～25年老树龄区，每25hm²就有超过1hm²的空地；在米齐克的工业橡胶种植园，橡胶白根病造成的年平均死亡率为每公顷2～3株（0.3%～0.6%），在许多其他地区多达7.5～14株（2.5%）。

病原及特征　病原为木质硬孔菌［*Rigidoporus lignosus*（Kl.）Imaz.］，属硬孔菌属。白根病菌的担子无色，棒状，平均大小4.04μm×17.66μm（3.96～6.27μm×9.9～23.1μm），尖病着生细小的4支担子梗，上面着生4个担孢子。担孢子无色，椭圆形或近圆形，顶端较尖，有一个油粒，担孢子大小平均4.66μm×5.15μm（3.3～7.26μm）。在担子之间有棍棒状无色的薄壁隔胞。培养的菌丝为白色，在培养基上生长具轮纹状，菌丝宽度平均为3.05μm（2.64～4.29μm）。病菌在10～35℃下均能生长，最适生长温度为28℃；pH4～11均可生长，最适pH8～9；病菌喜在黑暗条件下生长。

白根病的菌索根状，粗细不一，有少数分枝，分枝多时呈细网状，后形成一层白色菌膜。白根病的子实体木质或革质，长径大小8.2～8.6cm、短径大小5.1～5.3cm；无柄，檐生，单生或群生，堆积成层，长达数尺。上表面黄色，具轮纹，有放射性沟纹和明显的鲜黄色边缘；下表面橙色、红色或淡褐色。纵切子实体能分为两层，上层厚2～3mm，菌肉白色；下层厚1～2mm，管孔红褐色（见图）。

白根病可以整年都产生子实体，但一般以雨季为多。子实体形成后很快能形成担孢子，子实体成熟后担孢子形成达到高峰。担孢子通常在早上或温度低、相对湿度高时释放。担孢子释放后24小时发芽；以在水中和20℃左右发芽率最高。阳光、紫外光照射后，或小于15℃大于40℃，担孢子的存活力明显降低。

白根病菌的寄主范围非常广泛，除危害橡胶属植物外，还可侵染热带地区的许多林木、果树和园艺植物，如槟榔、油棕、咖啡、椰子、杧果、可可、龙眼树、人心果、牛心果、银合欢、柑橘、波罗蜜、番荔枝、印度麻、樟树、细叶桉、细叶榕、鱼藤、茶、竹、胡椒、刺桐、越南蒲葵、木薯、龙脑树、木棉树属、白背桐属、紫檀属及豆科植物等。木质硬孔菌是根寄生菌，如离开寄主组织在土壤中不能存活，属专性寄生菌。

侵染过程与侵染循环　其传染来源主要是丛林病树或老胶树的残留树桩，及残留在土中的病根、带菌木块等。传播方式是通过根系接触，借根状菌索蔓延而进行传播，侧根先染病向根颈部蔓延（向心蔓延），根颈部染病后再向其他方向的侧根蔓延（离心蔓延）。此病菌也能借子实体产生的担孢子经过风雨或气传吹落至有伤口的橡胶树或根系上，担孢子萌发产生侵入丝，侵染树桩，引起新的侵染源，再经过根系接触传播。远距离传播主要靠病残体。

流行规律　根病的发生与垦前林地植被类型、土壤、环境条件、开垦方式和栽培措施等都有关系。具体见橡胶红根病。

防治方法　需采取以药剂防治为主，农业栽培、物理隔离等措施为辅的病害综合治理策略。

严格种苗检查，禁止病苗上山　在定植穴内和周围土中如发现有病根，要清除干净，防止病根回穴。

加强抚育管理　搞好林段管理，增施有机肥；发现病树死株及时挖沟隔离，彻底清除。在白根病发生地更新时在植穴周围撒施硫黄，改变土壤微生物群的平衡，促进有益拮抗微生物的生长。

化学防治　定期巡查橡胶园，对轻中病树和病树相邻的两株树，进行治疗和根颈保护。每株使用有效成分5%安维尔胶悬剂1g、25%粉锈宁可湿性粉剂5g、25%敌力脱乳油1.875g或25%种处醇乳油5g兑水3kg淋灌根颈，4个月后再施药一次。如病情较重，可连续施用2年。此外，也可用20%五氯硝基苯的地沥青制剂或75%十三吗啉乳油等药剂进行根颈保护和防病效果均较好。

参考文献

魏铭丽，崔昌华，郑肖兰，等，2008.橡胶树白根病研究概述 [J].广西热带农业 (4): 17-19.

肖倩莼，1987.橡胶白根病及其防治 [J].热带作物研究 (3): 79-82.

张开明，2006.橡胶白根病 [J].热带农业科技，29(4): 33-34.

张运强，余卓桐，周世强，等，1992.橡胶树白根病病原菌的鉴定 [J].热带作物学报，13(2): 63-70.

张欣，陈勇，谢艺贤，等，2007.橡胶树白根病的鉴别与防治 [J].植物检疫，21(2): 122-123.

中国农业科学院植物保护研究所，中国植物保护学会，2015.中国农作物病虫害：下册 [M].3版.北京：中国农业出版社.

（撰稿：贺春萍；审稿：李增平）

橡胶褐根病　rubber brown root disease

由有害木层孔菌引起的、危害橡胶地下部的一种真菌病害，是世界上橡胶种植区重要的病害之一。

发展简史　长期以来，褐根病的诊断主要依据田间发病症状和病菌的形态学特征来进行鉴定。2016年梁艳琼利用褐根病菌的一对特异性引物G1F/G1R，对来自海南及云南的10株橡胶树褐根病菌菌株的rDNA-ITS区进行PCR扩增，均能扩增出一条653bp的特异性片段，建立了橡胶树褐根病菌的分子检测技术。

分布与危害　橡胶褐根病分布于东非、西非、东南亚和澳大利亚。在中国所有种植橡胶的地区普遍发生。褐根病菌寄主广泛，可侵染超过59科200种植物，除侵染橡胶树外，柑橘、龙眼、杧果、咖啡、胡椒、可可、油棕、非洲楝、苦楝、木麻黄、台湾相思、桃花心木、三角枫、倒吊笔、麻栎、厚皮树、野牡丹、鸭脚木、柠檬桉、茶树等多种作物均可感染。橡胶褐根病在中国发生量仅次于红根病，发生严重的林段发病率超过10%，但其死树率远高于国内其他种类的根病。

褐根病菌侵染危害橡胶树的侧根和主根。根部受害后地上部植株表现为叶片无光泽、变黄、变小、卷缩；一侧枝条枯死的病树树头出现条沟、凹陷或有烂洞。严重发病的病株根系，叶片迅速失水萎垂，变黄褐色，干枯，几天后全部脱落。病根表面黏泥沙多，菌索黏着砂粒使外观呈黑且非常粗糙的症状，凹凸不平，不易洗掉，长有铁锈色、疏松绒毛菌丝和薄而脆的黑褐色菌膜。病根散发出蘑菇味。木材干腐，皮下木质腐烂初期呈灰褐色，呈现网状褐色环纹。木质轻、硬而脆，剖面有蜂窝状褐纹，皮木间有白色绒毛状菌丝体。根颈处有时烂成空洞。子实体多年生，生于病死树头或树干上，单生；菌盖半圆形或平伏反卷，无柄；上表面黑褐色，下表面灰褐色不平滑（图1）。

1965年云南省热带作物科学研究所植保队河口工作组对云南河口植胶区调查发现，发病褐根病死亡株数占总株数的7.2%；据1975年调查，海南橡胶垦区褐根病发生率占根部病害的18.4%。1988—1990年在红河和西双版纳植胶区普查发现，褐根病占总病株2.79%。

病原及特征　病原为有害木层孢菌［*Phellinus noxius*（Corner）G. H. Cunn.］，属木层孔菌属。

褐根病的子实体木质，无柄，半圆形，边缘略向上，呈黄褐色，菌肉褐色，单层，其上密布小孔，子实层体管孔状，菌管多层。培养的菌丝初期菌落乳白色，培养3天后渐变成不规则颜色深浅的黄褐色菌落。气生菌丝非常丰富，后期菌落出现黄褐色轮纹或呈现不规则黄色。菌丝透明至褐色，无锁状联合，断裂可形成杆状、球形或卵形的节孢子，较成熟的菌丝或形成深褐色毛状菌丝，鹿角状，菌丝分叉生长，表面有刺状突起。病菌在16～38℃条件下均能生长，最适生长温度为28℃；pH3～9均可生长，最适pH6～7；病菌喜黑暗条件下生长。担孢子圆形或卵圆形，无色或深褐色，透明，单胞，壁厚，大小为3.25～4.12μm×2.6～8.25μm，有油滴（图2）。

侵染过程　见橡胶红根病。

图1　橡胶褐根病地上部症状及病树颈基木质部（剖面网纹）
（贺春萍提供）

 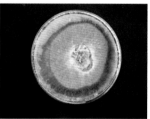

图2　橡胶褐根病病根及病原菌培养形态（贺春萍提供）

流行规律　见橡胶红根病。
防治方法　见橡胶红根病。

参考文献

白建相，王涓，黄林，等，2008. 云南河口垦区橡胶树根病普查及治理方法探讨 [J]. 热带农业科技，31(3): 7-11.

梁艳琼，吴伟怀，李锐，等，2016. 橡胶树褐根病菌的分子检测 [J]. 热带作物学报，37(3): 1-7.

刘文波，邬国良，2009. 橡胶树褐根病病原菌生物学特性研究 [J]. 热带作物学报，30(12): 1835-1839.

中国农业科学院植物保护研究所，中国植物保护学会，2015. 中国农作物病虫害：下册 [M]. 3 版 . 北京：中国农业出版社 .

（撰稿：贺春萍；审稿：李增平）

X

橡胶红根病 rubber red root disease

由橡胶灵芝菌引起的、危害橡胶地下部的一种真菌病害。是世界上橡胶种植区重要的病害之一，也是危害面积最广、影响最大的世界性根部传染性病害。

发展简史 1925 年首次发现橡胶树红根病的病原物为 *Ganoderma pseudoferreum*（Wakef.）。1931 年 Corner 将马来西亚的橡胶树红根病菌鉴定为 *Ganoderma pseudoferreum*（Wakef.）Over. et steinm；1972 年 Steyaert 经过比较将 *Ganoderma pseudoferreum* 作为 *Ganoderma philippii* 的同物异名。在中国，1989 年赵继鼎编的《中国灵芝新编》中，把橡胶树红根病原菌定为橡胶树舌［*Ganoderma philippii*（Bres. et. Henn）Bres.］；1995 年丁雄飞和刘昌芬对云南西双版纳、河口等植胶区红根病样的子实体进行了形态分类鉴定，鉴定为 6 个种，即河口树舌（*Ganoderma henkouense*）、白边树舌（*Ganoderma albomarginatum*）、橡胶树舌（*Ganoderma philippii*）、四川灵芝（*Ganoderma sichuanense*）、南方树舌（*Ganoderma australe*）和叶黄树舌头（*Ganoderma luteicinctum*），其中河口树舌和白边树舌为新种，叶黄树舌为国内新记录。1997—2000 年张运强通过对海南岛橡胶树红根病菌的子实体形态特征以及其内部的微观结构观察，认为海南岛的红根病菌与马来西亚报道的病原菌是相同的，为 *Ganoderma pseudoferreum*（Wakef.）Over. et steinm，但子实体的外部形态、内部的微观结构如担孢子、管孔间隔膜等特征存在差异，认为海南岛橡胶红根病菌可能存在 2 个不同的变种；1998 年张运强对橡胶树红根病在田间的蔓延速度及病害的蔓延发展进行了预测预报，推导出蔓延速度公式。2014 年彭军对来自海南和云南的 12 个橡胶树红根病样进行病原菌 rDNA-ITS 鉴定，其中 11 个菌株鉴定为 *Ganoderma philippii*、1 个鉴定为 *Ganoderma gibbosum*。

分布与危害 主要分布在东南亚从印度尼西亚到巴布亚新几内亚和新卡里多尼亚、马来西亚、菲律宾、科特迪瓦等热带地区。在中国所有种植橡胶的地区普遍发生，发病严重林段发病率达 40%，若没及时防治，则死亡率为 100%。

橡胶红根病危害根系。红根病菌侵染危害橡胶树的侧根和主根。根部受害后地上部分植株表现为树冠稀疏，顶芽抽不出或抽芽不均匀，叶片变黄、变小、卷缩、无光泽；枯枝多，根系坏死，整株死亡。病害的主要特征是感病树的病根表面平黏一层泥沙，用水较易清洗，洗后常见枣红色或黑红色革质菌膜，前端呈白色，后端变为黑红色。病根散发出浓烈的蘑菇味。木材湿腐，松软呈海绵状，皮木间有一层白色或淡黄色"腐竹状"菌膜，木质部的形成层易于分离。高温多雨季节在病树树头侧面或树根上长出无柄的担子果，上表面皱纹，灰褐色、红褐色或黑褐色，下表面光滑，灰白色。高温多雨的季节常会在病树基部长出菌膜和子实体（图 1）。3cm 大病根上的红根病菌在土中可以存活 2 年，直径 30cm 的红根病病树头在土中的有效侵染力达 4 年。

1965 年云南省热带作物科学研究所植保队河口工作组对云南河口 6 个农场 374677 株橡胶树普查发现，4 种类型根病总发病率 2.1%，死亡率 0.25%；根病总株数中红根病占 30.33%，死亡株总数中红根病占 70.3%。1989—1990 年对河口植胶区 569790 株胶树普查发现，根病累计总发病率 2.05%，总死亡率 0.74%；其中红根病占总病株 76.7%，占死亡株 88.7%。据海南、云南垦区 1992 年调查，发现红根病树 60 多万株，年损失干胶 1908t，以橡胶树生产周期 20 年计算，累计损失非常大。2008 年白建相报道云南河口

图 1　橡胶红根病植株地上部症状及病树基部子实体（贺春萍提供）

2006年第三次对根病进行普查，发现根病累计发病率3.3%，累计死亡率2.5%。根病在40年中发病率、死亡率呈严重上升态势。

病原及特征 病原为橡胶灵芝［*Ganoderma philippii*（Bres.et Henn.）Bers.；异名 *Fomes philippii* Bres.et Henn.，*Fomes pseudoferreus* Wakef，*Ganoderma pseudoferreum*（Wakef.）Overh.et Steinm.］，属灵芝属。红根病菌的担孢子单胞，椭圆形或卵圆形，褐色，一端斜截，中央有一油滴，大小为8.7～9.1μm×3.3～5.4μm。产孢量不多，甚至没有，无小刺孢子偶尔可见，大小为7.0～10.0μm×4.0～6.0μm。根状菌索红色，先端白色，初期呈索状，略似扇形，长至数厘米后即整合成坚硬的菌皮，老熟后变为黑色。红根病的子实体檐生，短柄，半圆形或不规则，上表面有皱纹，灰褐色、黑褐色或红褐色；下表面光滑，灰白色，边缘厚钝，白色。培养的菌丝紧密，在培养基上菌丝外缘呈不规则放射羽毛状或扇形扩散，初期为白色，后期老熟菌丝呈黄褐色密结块状。病菌在10～32℃下均能生长，最适生长温度为25～28℃；pH 3～10均可生长，最适pH 7～9；病菌喜在黑暗条件下生长（图2）。

橡胶灵芝是一种重要的野生灵芝资源，在民间作为灵芝的替代品泡酒使用。2014年杨爽对橡胶灵芝化学成分研究发现可从中分离获得16种化合物，其中化合物 muurola-4,10（14）-dien-11β-ol 和 dihydroepicubenol 为首次分离得到。红根病菌的寄主有橡胶树、柑橘、荔枝、可可、咖啡、山枇杷、三角枫、红心刀把木、厚皮树、苦楝、台湾相思、鸡血藤、茶树等。

侵染过程与侵染循环 其传染来源主要是丛林病树或老胶树的残留树桩，及残留在土中的病根、带菌木块等。传播方式是通过根系接触，借根状菌索蔓延而进行传播，侧根先染病向根颈部蔓延（向心蔓延），根颈部染病后再向其他方向的侧根蔓延（离心蔓延）。此病菌也能借子实体产生的担孢子经过风雨、昆虫、气传吹落至有伤口的橡胶树或根系上，担孢子萌发产生侵入丝，侵染树桩，引起新的侵染源，再经过根系接触传播蔓延，形成几株、几十株，甚至几百株的大病区。在橡胶树幼树阶段，仅是单株受害，损失较小；但随着树龄的增长，根系交错接触，病害传播蔓延迅速，从而形成大的病区，胶园橡胶树受害会越发严重。根病远距离传播主要靠病残体。

流行规律 根病的发生与垦前林地植被类型、开垦方式、土壤环境条件、栽培措施等都有一定的关系。

垦前林地植被类型 橡胶树根病的侵染来源是杂树病根，垦前植被为混生杂木林地或森林地的胶园根病多。海南中部、云南河口根病多，主要原因是垦前植被多为森林地的林段。海南琼山文昌地区、广西垦区及广东高州、化州地区根病少，主要是垦前植被为小灌木及芒萁草原地。如海南省国营阳江农场垦前植被属森林地的林段，发病率为1.49%，灌木林地的根病次之，发病率为1.22%，草原地较少发生根病，发病率为0.39%。红、褐、紫三种根病的发生数量及病区的大小与垦前植被关系最为密切。

开垦方式 根病发生与开垦方式有密切的关系。机垦林地，杂树头、病根等病残体清除较彻底，大大减少了病菌的侵染来源，植胶后根病也发生较少。人工开垦林地，因病死树头等清理不彻底，地里残留的杂树桩及树头多，根病发生也较多。云南红河地区根病发生严重的原因是过去开垦不烧毁砍除的树桩及树枝等残体，带病的木块或树桩堆埋于胶林保护带泥土中，促进了病菌的生长。云南槟榔寨农场同一原生植被，不清除或清理不净的林段，根病发病率10.75%，清除干净的林段发病率仅为1.79%。

农业措施 根病的发生与栽培管理也有一定的关系。林地经过开垦，深翻耕作，发病较轻。主要是由于在熟荒地、深翻地、苗圃地、间作地经过多次耕作，清除了带病的杂树头，减少了林地根病的菌源。而杂木林地残留病树头多，侵染来源多，根病会因此严重。

土壤类型 根病蔓延速度与土壤质地、土壤湿度和通气程度有关。土壤质地黏重，结构紧密、易板结、通气程度差的林段根病较重。土壤含水量过高，有利于菌膜（索）的蔓延，不利于橡胶树的生长，会降低橡胶树根系的抗病力，加重根病的发生。

防治方法 需采取以药剂防治为主、农业栽培、物理隔离等措施为辅的病害综合治理策略。

图2 橡胶红根病病根及病原菌培养形态（贺春萍提供）

根病的防治原则是认真抓好早期综合治理，早发现早治疗，不让病菌在橡胶园蔓延扩大。定期检查，发现病树，及时挖隔离沟或清除病株，并施以化学药剂来加以控制。

彻底清除杂树桩　全面清除林段内原有的死树头，对易感染根病的杂树活树头，如大叶樟、厚皮树、三角枫、麻栎、刀把木等用20% 2,4-滴丁酯（用20份2,4-滴丁酯溶于80份柴油中配成药液）等杀树剂，在树头离地面50cm处刮去一圈粗皮，将药液涂在圈内，以加速树头的死亡，同时在树头截面上涂凡士林以防病菌侵染。

禁止病苗上山定植或林地中的病根回穴　胶苗出圃要严格检查，禁止病苗上山。在定植穴内和周围土中如发现有病根，要清除干净，防止病根回穴。

加强抚育管理　搞好林段管理，增施有机肥，消灭荒芜。可在胶苗行间种植爪哇葛藤、毛蔓豆等覆盖作物，保持土壤湿润，促进腐生菌的生长，抑制根病菌的活动。扶正风倒树，树根伤口应涂上凡士林，防止病菌侵入出现新的发病中心。

定期检查与处理　橡胶树定植后，每年至少调查一次根病发生情况。调查时间宜在新叶开始老化至冬季落叶前。海南岛5、6月干旱季节，病树易表现失水症状；7～9月雨季，菌膜易爬出树头露出土面。因此，这两个时期容易发现根病树。此外，根据病树在冬季早落叶、春季迟抽叶的特点，在胶树大落叶前和春季新叶老化后进行调查，也易发现病树。

一次可查看1～3行橡胶树，远看树冠，找寻叶片变黄的植株；近查可疑的植株，如死树、杂树桩周围及防护林边的橡胶树根颈处。一旦查出病株要及时处理，防止病情蔓延和进一步扩大。

挖沟隔离　根病树、与根病树相邻的第二株和第三株橡胶树间各挖深1m、宽30～40cm的隔离沟，阻断健康树的根系与病根接触，可有效防止根病的传播。每2～3个月需要清除沟中的土壤和砍断跨沟生长根系，阻断根系传播病害的途径。

化学防治　定期巡查橡胶园，对轻中病树和病树相邻的两株树，进行治疗和根颈保护。每株使用有效成分75%十三吗啉乳油15～25g或25%敌力脱乳油5～10g兑水2kg淋灌根颈，2个月后再施药一次。如病情较重，可连续施用2年。此外，也可用15%三唑酮可湿性粉剂等药剂进行灌根防病效果均较好。

参考文献

丁雄飞，刘昌芬，1995.云南橡胶树灵芝分类研究[J].云南热作科技，18(2):14-19.

李增平，罗大全，2007.橡胶树病虫害诊断图谱[M].北京：中国农业出版社.

彭军，张贺，张欣，等，2014.橡胶树红根病病原菌rDNA-ITS序列鉴定[J].热带作物学报，35(7):1393-1397.

杨爽，马青云，黄圣卓，等，2014.橡胶灵芝化学成分研究[J].中国中药杂志，39(6):1034-1039.

张贺，蒲ômê基，张欣，等，2008.橡胶树红根病原菌生物学培养特性[J].热带作物学报，29(5):632-635.

张运强，张辉强，邓晓东，1997.橡胶树红根病病原菌的鉴定(Ⅰ)[J].热带作物学报，18(1):16-23.

张运强，谢艺贤，张辉强，2000.橡胶树红根病病原菌的鉴定(Ⅱ)[J].热带作物学报，20(1):20-24.

中国农业科学院植物保护研究所，中国植物保护学会，2015.中国农作物病虫害：下册[M].3版.北京：中国农业出版社.

CORNER E J H, 1931. The identity of fungus causing wet-root rot of rubber trees in Malaya[J]. Journal of the rubber research institute of Malaysia, 3 (2): 120-123.

（撰稿：贺春萍；审稿：李增平）

橡胶树白粉病　rubber tree powdery mildew

由橡胶树粉孢引起的橡胶树上重要的叶部真菌病害。

分布与危害　在全球各植胶区均有发生，包括东南亚的柬埔寨、印度尼西亚、马来西亚、泰国和越南，南亚的印度和斯里兰卡，非洲的刚果、加纳、坦桑尼亚和乌干达以及南美的巴西等地。白粉病是中国橡胶树上发生最严重的叶部病害，在海南、云南和广东三大植胶区每年均有发生。1959年在海南大面积流行，导致当年干胶产量减少50%左右；2008年云南西双版纳所有胶园（300多万亩）均不同程度地发病受害，部分胶园开割推迟1～2个月，造成损失数亿元。

病菌只侵染橡胶树的嫩叶、嫩芽、嫩梢和花序，不侵染老叶。叶片发病后随温度和叶片老化，呈现5种病斑类型。发病初期嫩叶上出现大小不一的白粉斑；如果嫩叶发病初期遇到高温，病斑转变为红褐色；当温度适宜时，红斑可恢复产孢，使病斑进一步扩大；病害发生严重时，叶片布满白斑，皱缩畸形、变黄甚至脱落（图1）；未脱落的病叶随着叶片老化和温度升高，白粉状物逐渐消失，变为白色藓状斑和黄斑，继而病部组织坏死，发展为褐色坏死斑。嫩芽和花序感病后表面出现一层白粉，严重时嫩芽坏死、花蕾脱落，只留下光秃秃的花轴。斯里兰卡因白粉病流行曾使该国胶乳产量损失50%。中国的测定结果发现，实生树发病程度4～5级时，年干胶产量减少可达30%左右。

病原及特征　病原为粉孢属橡胶树粉孢（*Oidium heveae* Steinmann），尚未发现其有性态。病菌菌丝生于寄主表面，无色、透明、有分隔。分生孢子梗从菌丝上长出，单生、直立不分枝、棍棒状，顶端串生多个分生孢子，分生孢子单胞、无色、透明，卵圆形或椭圆形，大小为27～45μm×15～25μm（图2）。

橡胶树粉孢只能侵染橡胶树幼嫩组织，角质层厚度达到4μm即不能侵入。病菌对湿度的适应范围很广，在相对湿度0～100%都能萌发，但相对湿度高于88%时对孢子萌发更有利。孢子萌发的适温范围为16～32℃，但病菌侵染、扩展和产孢的适温范围为15～25℃，高于28℃，病斑扩展和产孢都会显著减弱。在适宜温度下4～8天可繁殖一代。保湿条件下白粉菌分生孢子存活时间较自然条件下长，10～23℃下分生孢子离体6天后还有少量存活的孢子，而28℃下分生孢子6天后就全部死亡。

侵染过程与侵染循环　橡胶粉孢是一种专性寄生菌，只能在活的寄主组织上寄生，主要在胶林中越冬未落的老病叶、断倒树嫩梢和苗圃幼苗上越冬。春季病菌分生孢子随气流落

图 1　橡胶树白粉病危害症状（曹学仁提供）

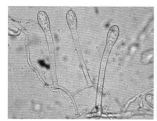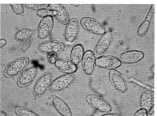

图 2　橡胶树粉孢分生孢子梗及分生孢子形态特征（李增平提供）

在橡胶树嫩叶上后，遇合适的条件萌发形成芽管，随后芽管顶端细胞膨大形成附着胞，从附着胞的中间产生垂直寄主的侵入丝，穿过寄主叶片角质层并进入表皮细胞，并在末端形成吸器获取寄主营养。叶表面生物附着胞芽管继续分化生成次生菌丝，菌丝进一步分枝并产生分生孢子梗，上端产生具圆形末端初生分生孢子，此时整个侵染循环过程已完成。

发生规律　橡胶树白粉病全年均可发生，但流行于橡胶树越冬后大量抽嫩叶的春季。其发生和流行与胶树抽叶物候期的长短、越冬菌量的大小及冬春的气候条件特别是温度有密切的关系。橡胶树新抽大量嫩叶是病害流行的基本条件，嫩叶期的长短决定着病害的流行强度；越冬菌量的多少主要影响病害流行强度和始见期的早晚；冬春温度除了直接影响病原菌侵染和病斑扩展外，还影响橡胶树落叶和春季抽叶的整齐度及叶片老化速度，进而影响越冬菌量的大小和抽叶物候期的长短。

防治方法　橡胶树白粉病的防治应贯彻"预防为主，综合防治"的方针，综合运用品种抗性、化学防治和农业防治

等措施。虽然在抗病品种选育上开展了大量的研究，但进展比较缓慢，迄今为止尚未选育出一个可以大规模推广的抗白粉病的橡胶树品种，所以针对该病害主要采取以农业防治和化学防治为主的防治方法。

农业防治　加强对橡胶树的田间栽培管理，合理施肥，适当增施有机肥和钾肥，提高橡胶树的抗病和耐病能力。

化学防治　可分为越冬防治、中心病株防治、流行期防治和后抽叶植株局部防治。冬季落叶不彻底的年份可使用10% 脱叶亚磷油剂或 0.3% 乙烯利油剂（0.8～1kg/亩），促进橡胶树越冬老叶脱落，同时摘除断倒树上的冬嫩梢 2～3 次，减少越冬菌源。在胶树抽叶 20% 以前，对发现的中心病株及时进行局部喷药防治；在抽叶达 30% 以后，结合预测预报，对胶园进行全面防治；在新叶 70% 老化后，对少部分抽叶较迟的橡胶树进行局部防治。防治可选用的药剂包括硫黄粉（325 号筛目），病情较重、橡胶树处于嫩叶盛期、遇低温阴雨天气时，应加大药剂使用量，喷粉时风力不超过2 级为宜，22：00 到翌晨 8：00 期间最适宜喷粉；此外还可选用三唑酮烟雾剂、咪鲜·三唑酮热雾剂、氟硅唑热雾剂、嘧咪酮热雾剂、百·咪鲜·酮热雾剂等，喷热雾或喷烟在下雨间歇期进行也能获得较好的防效，弥补了持续雨天影响喷粉防治效果的缺陷。在施药的过程中应注意药剂的轮换使用，以避免病菌抗药性的产生。

参考文献

中国农业科学院植物保护研究所，中国植物保护学会，2015. 中国农作物病虫害 [M]. 3 版 . 北京：中国农业出版社 .

LIYANAGE K K，KHAN S，MORTIMER P E, et al, 2016. Powdery mildew disease of rubber tree[J]. Forest pathology, 46(2): 90-103.

（撰稿：曹学仁；审稿：罗大全）

橡胶树棒孢霉落叶病　rubber tree *Corynespora* leaf fall disease

由多主棒孢引起的，在橡胶树的各个生理期均能发生，能危害橡胶幼苗、幼树和成龄树的叶片、嫩梢和嫩枝，导致叶片大量脱落、树皮爆裂、嫩梢回枯的一种病害。现已成为南亚、东南亚和中非橡胶树最具破坏性的叶部病害之一。

发展简史　该病于 1936 年首次于塞拉里昂的橡胶树苗圃发现，但未引起重视。直到 1958 年在印度的橡胶树实生苗圃中再次发现，才引起人们的足够重视。此后，1960 年在马来西亚的嫁接苗圃中发生，1969 年西非的尼日利亚、1980 年印度尼西亚、1984 年喀麦隆、加蓬、科特迪瓦、1985 年斯里兰卡、泰国和巴西的亚马孙州、1988 年孟加拉国、菲律宾先后在苗圃和成龄胶园发生，1999 年越南的苗圃和成龄胶园上也发现该病。2006 年在中国的云南、广西和海南的橡胶树苗圃和幼龄树上发现该病的危害。由多主棒孢引起的橡胶树棒孢霉落叶病业已成为世界各植胶区最具破坏性的叶部病害；同时，该病也是威胁世界天然橡胶产业健康发展的一个限制性生物因素。

X

分布与危害　橡胶树棒孢霉落叶病是影响橡胶树生产最为严重的叶部病害之一。在世界范围内该病害仅次于南美叶疫病（South American leaf blight，SALB）成为威胁天然橡胶产业健康发展的橡胶树第二大叶部病害。1998年，国际天然橡胶研究与发展委员会（IRRDB）将橡胶树棒孢霉落叶病列为危害橡胶树最为严重的病害之一，而受到了各植胶国的高度重视。该病害在马来西亚、泰国、斯里兰卡、印度、越南等10个主要的产胶国家都普遍发生危害，1986—1988年在斯里兰卡，1998年在印度尼西亚成为了橡胶树上毁灭性的病害，造成橡胶产量的而受到国际社会的广泛关注。亚洲地区天然橡胶的总产量约占世界总产量的94%，而由棒孢霉落叶病所造成的经济损失就达20%～25%。2006年，在中国的海南儋州和云南河口地区首次发现该病在苗圃和幼龄树上发生。本项目组成员在2007—2013年间对该病害进行了多次调查和监测，发现该病害在中国所有橡胶树种植区的苗圃发生非常严重，在成龄树上也有发生，并有加重趋势。因此，该病已成为中国天然橡胶产业健康发展的潜在威胁。

苗圃地的发病症状　橡胶树嫩叶和老叶都会受害，发病症状随品系、叶龄、侵染部位而异（图1）。淡绿期叶片受害常形成深褐色的圆形病斑，直径1～8mm，病斑中央浅灰色，由深褐色坏死线所围绕，外围有明显的黄色晕圈。随着叶片的老化，病斑逐渐扩大呈纸质状，最终形成"炮弹状"穿孔，外围有深褐色坏死线和明显的黄色晕圈。病斑周围的叶组织有时会出现黄红色或褐红色的缺绿症状，严重时会引起叶片脱落。受害叶片除了能产生坏死病斑和萎蔫脱落外，橡胶树棒孢霉落叶病最典型的症状就是会出现"鱼骨状"病斑，这主要是由多主棒孢病菌寄主专化性毒素沿叶脉传导，使得叶片组织内部由于毒素的积累，导致叶脉组织变褐坏死，并沿叶脉形成"鱼骨状"病斑，严重时同样会导致大量的落叶（图2）。从2006年起，黄贵修研究团队就一直对橡胶树棒孢霉落叶病进行监测，及时掌握了该病的疫情，病害的发生、发展动向，发现由多主棒孢病菌侵染危害的橡胶树棒孢霉落叶病在田间的病斑症状表现出多样性，除了典型的"鱼骨状"病斑外，还有叶缘、叶尖回枯症状，圆斑型，"纸质状"白色病斑，"炮弹状"穿孔等5种症状。感病嫩枝和叶柄，通常出现浅褐色长病斑；叶柄或叶片基部感病，则导致叶柄破裂和回枯，且叶片迅速凋落植株受害出现反复落叶，甚至整株枯死的现象。

幼龄树及开割树上的发病症状　发病初期，在淡绿期的嫩叶上出现大量的圆斑型和"鱼骨状"的病斑，外围的黄色晕圈非常明显，一般而言，该病最先危害靠近路边或在开阔位置的橡胶树，且暴露在阳光下的枝条受害更为严重。老化期的叶片感病后，叶片上出现一些面积较大的枯斑，像被火烧过一样从叶尖和叶缘开始发病至整片叶子干枯脱落，病斑通常呈黄褐色和红褐色，大面积的枯黄，叶脉受到感染则会出现典型的"鱼骨状"病斑，发病严重时，毒素沿叶脉扩张至整张叶片至凋落（图3）。

病原及特征　病原为多主棒孢［*Corynespora cassiicola*（Berk. & Curt.）Wei］，属棒孢属（*Corynespora*）真菌。

多主棒孢病菌的分生孢子顶端单生，呈倒棍棒状至圆柱状，直立或稍弯，浅橄榄色至深褐色，光滑，具

有4～20个假隔膜，基部有1个突出的脐，大小变化较大，一般为20.52～71.45μm×5.10～8.94μm，平均大小36.48μm×7.04μm，不同地域的分生孢子大小存在差异。分生孢子梗长、直立或稍弯曲，单生或偶尔分枝，浅色至浅褐色，有分隔，110～850μm×4～11μm。分生孢子萌发产生1条或数条芽管，这些芽管多从分生孢子末端伸出，不同来源的菌株在形态学上存在一定的差异。该病原菌在PDA培养基上，菌落圆形，边缘整齐，平铺，浓密，青灰色或褐色边缘为白色，细发状；菌丝有分隔、浅色至褐色，各菌株因寄主或生境的不同其培养性状也不同（图4）。

侵染过程与侵染循环　多主棒孢病菌可以在被感染的

图1　橡胶树棒孢霉落叶病苗圃地的发病症状（李博勋摄）

图 2 橡胶树棒孢霉落叶病田间发病症状（李博勋摄）　图 3 橡胶树棒孢霉落叶病发病症状（李博勋摄）

 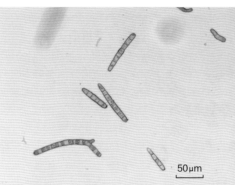 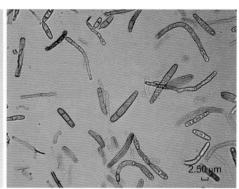

图 4 多主棒孢病菌菌落形态和分生孢子、孢子梗形态特征（李博勋、王延丽摄）

作物残体上或土壤中存活 2 年以上。该病菌的寄主范围很广，可危害 145 种园艺植物，来自不同寄主植物上的多主棒孢病菌菌株可以交叉侵染。橡胶种植园中，杂草的存在有利于病原菌的存活，多主棒孢病菌在田间的传播方式主要是分生孢子通过气流和风雨传播。胶树一旦染病整年都可能发生落叶病，并且在病区整年都能从空气中捕捉到分生孢子。当相对湿度大于 96%，温度在 28～30℃ 时，分生孢子可以萌发；但是，当温度在 20℃ 以下或 35℃ 以上时均会抑制其萌发。另外，该病原菌在田间最适宜的发病环境条件是高湿、气温在 28～30℃ 间的阴雨天气。

流行规律　橡胶树棒孢霉落叶病的发生与流行常受到寄主植物群体、病原物群体、环境条件和人类活动等诸多因子的影响，这些因子的相互作用决定了该病害发生的强度和流行的广度。在棒孢霉落叶病发生严重的地区，通过孢子捕捉试验发现，分生孢子释放有一个时间的变化：从子夜至早上 7：00，释放的孢子量很少；临近中午 12：00 急剧增加，并迅速达到高峰。多主棒孢病菌产生的孢子借助风雨传播。在田间整年都可能发生落叶，在病区整年都能从空气中捕捉到多主棒孢病菌的分生孢子。高温高湿、多雨的天气有利病害流行。另外，不同植胶地区，棒孢霉落叶病发生的严重程度有很大差异，这与各地气候和不同毒力遗传型的病菌以及不同感病性的橡胶品系密切相关。

防治方法　随着该病在各个橡胶生产国的频频暴发，各橡胶品系对该病害的抗性在逐渐丧失，至今尚未建立起十分有效的防控技术。中国 2007 年发现该病的危害后，主要在病害病原学、流行学和控制技术研究，对于该病害的监测预报和防治方面都取得很大进展。但是，随着中国橡胶产业形势的变化，栽培、管理模式的多元化，加上生态环境的改变，橡胶棒孢霉落叶病的检测、监测和控制技术上又凸显许多新难题：①病害的灾变情况，病害疫情、流行规律等研究缺乏系统性，基础研究工作薄弱；病害检测、监测预警工作技术支撑不足。②棒孢霉落叶病在中国属于新发危险性病害，暴发及蔓延迅速，潜在威胁巨大，目前对这样的危险性病害缺乏更深入的认识与技术储备。③化学防治方法持久、单一，存在生态和抗药性安全隐患。④抗病橡胶种质资源状况不清楚，抗病性基因资源的挖掘和利用在病害防治中的巨大作用未得到充分发挥等等。

监测　参照《橡胶树棒孢霉落叶病监测技术规程 NY/T 2250—2012》实施。

监测网点的建设原则。①监测范围应基本覆盖中国橡胶主产区。②监测点所处位置的生态环境和栽培品种应具有区域代表性。③以橡胶树作为监测的寄主对象，包括苗圃和大田胶园，监测品种应是对棒孢霉落叶病感病的品种。④充分利用现有的橡胶树其他有害生物监测点及监测网络资源。

监测方法。橡胶园：观测点选择品种、长势、生长环境有代表性的 3 个观察树位，收集棒孢霉落叶病的病情信息数据。10 株观察树位胶树，逐一编号。在定植园的每株监测株树冠中部的东、南、西、北 4 个方向各取一枝条上的 5 片叶片，用肉眼检查棒孢霉落叶病的发生情况和估计病斑总面积，统计发病程度、病情指数和落叶情况（表 1）。

橡胶苗圃：观测点选择品种、长势、生长环境有代表性的 3 个苗圃进行观测，按 5 点取样法随机选取 40 株苗圃植株作为监测株。在苗圃的每株监测株上随机选取 5 片叶片。

计算公式：发病率 =（发病株数 / 调查总株数）×100%

病情指数 =（∑ 各病级叶片数 × 相应病级数值）/（调查总叶片数 × 最高病害级数）×100。

监测频次及内容。4～11 月每 10 天应观测 1 次，12 月至翌年 3 月应每月观测 1 次。观测内容包括橡胶树品种、物候、树龄、发病率、病情指数、施药情况、立地条件及气象数据的收集。

防控时机

冬防。针对橡胶树棒孢霉落叶病病原菌分生孢子存活的特点，上一年发病较重苗圃和林段，对其枯枝落叶、病残体及土壤进行集中烧毁和消毒处理，尽可能减少翌年侵染菌量。

早防。橡胶树棒孢霉落叶病对橡胶树嫩叶期危害重于老化叶，因此，为了有效防治该病，防治的关键时期应放在嫩叶期，尤其是古铜叶早期，每年橡胶开始抽叶时，加强物候和病情调查，结合橡胶树白粉病和炭疽病，综合进行三病同防，保护嫩叶期少受棒孢霉落叶病侵染。

适防。棒孢霉落叶病发生时间多为 5～8 月，发病初期，往往只是零星植株的少量叶片上有病斑，此时应在古铜色物候期，把握时机对有病斑苗地进行施药防治，并根据天气情况隔 5～7 天再施 1 次，如果还有新的病斑出现，再隔 1 周施 1 次药，通过 3 次施药，往往能取得较好的效果。

持久防。该病一年四季都可侵染危害，对不同物候期叶片和叶柄等都可侵染，因此，一定要作好打持久战的思想和物资准备，根据橡胶树物候和病害发生情况，进行多次多循环喷药防治，为防止病原菌产生抗药性，不同药剂交替使用。

科学选好苗圃基地。橡胶苗圃地周围和前茬作物不能有多主棒孢的寄主植物，不要连作橡胶苗圃，要与其他非寄主作物轮作，间隔期在 2 年以上。

提前芽接时间。发病较重的苗圃，为提高芽接成活率，根据病害危害规律，提早芽接时间。

种苗消毒。橡胶苗木上山定植前，进行一次严格的消毒处理。

选用抗病种质　棒孢霉落叶病是主要植胶国橡胶树生产上最为严重的叶部病害，造成的经济损失巨大。国际上，各植胶国尝试利用化学防治、生物防治等措施防治 CLFD，效果均不理想。而对于橡胶树这种多年生的高大乔木来说，抗病品种的鉴选和创制利用才是解决该病最为有效的途径之一。中国农业行业标准《热带作物种质资源抗病虫鉴定技术规程橡胶树棒孢霉落叶病》NY/T 3195-2018 中的抗病性评价分级标准和评价结果可为相关研究单位和生产部门提供参考（表 2 和表 3）。

化学防治　可选用的化学农药主要有 45% 咪鲜胺可湿性粉剂、50% 多菌灵可湿性粉剂、80% 代森锰锌可湿性粉剂和 70% 甲基托布津可湿性粉剂等。还可用"保叶清"可湿性粉剂，针对橡胶树的防治每亩地稀释 600～800 倍液进行喷雾。另外，不同时期的橡胶树受多主棒孢病菌侵染危害，所采取的防治方法有所不同，应结合当时的天气情况和病害的发病程度，并针对苗圃地、幼树林段和成龄胶园采用不同的防治措施和防治药械。

橡胶种苗基地的防治。加强和加大国内检疫力度，严禁从发病苗圃地里调运繁殖或种植材料，对病区病株残体进行处理和集中烧毁，并对病情进行严密监测，防止病害的传播与蔓延。

尽可能在远离发病林地处开辟苗圃，选用抗病品系的种子育苗，加强苗圃的栽培管理，苗床设计要方便喷药作业。

化学防治推荐在雨季每 5 天、干旱季节每 7～10 天喷施 1 次有效杀菌剂，可使用的杀菌剂有"保叶清"中试产品、50% 苯菌灵可湿性粉剂、40% 多菌灵可湿性粉剂 800 倍液、25% 咪鲜胺·多菌灵可湿性粉剂 600～800 倍液。

幼龄胶树的防治。对于 10m 高以上的幼树可通过高位芽接技术以耐病品系替代感病品系来进行病害的防治。化学

表1　棒孢霉落叶病病害等级分级标准

危害等级	危害程度
0	叶面无病斑
1	病斑面积占叶面积 ≤ 1/8
3	1/8 < 病斑面积占叶面积 ≤ 1/4
5	1/4 < 病斑面积占叶面积 ≤ 1/2
7	1/2 < 病斑面积占叶面积 ≤ 3/4
9	病斑面积占叶面积 > 3/4

表2　橡胶树棒孢霉落叶病抗病性评价分级标准

抗性水平	菌饼和孢子液点接法（cm）	毒素生物萎蔫法	喷雾接种法
高抗（HR）	病斑直径 < 0.5	萎蔫指数 < 10	病情指数 < 15
中抗（MR）	0.5 ≤ 病斑直径 < 1.0	10 ≤ 萎蔫指数 < 20	15 ≤ 病情指数 < 20
轻感（S）	1.0 ≤ 病斑直径 < 1.5	20 ≤ 萎蔫指数 < 30	20 ≤ 病情指数 < 30
中感（MS）	1.5 ≤ 病斑直径 < 2.0	30 ≤ 萎蔫指数 < 40	30 ≤ 病情指数 < 40
高感（HS）	病斑直径 ≥ 2.0	萎蔫指数 ≥ 40	病情指数 ≥ 40

表3 中国橡胶主要种质对棒孢霉落叶病抗病性评价结果

橡胶种质	室内菌饼接种评价	室内孢子悬浮液接种评价	室内粗毒素生物萎蔫法评价	大田孢子悬浮液接种评价	综合抗病评价水平
IAN873	HR	HR	HR	HR	HR
文昌 11	MR	HR	HR	HR	HR
云研 277-5	HR	MR	HR	HR	HR
大丰 117	MR	MR	MR	MR	HR
热研 8-333	MR	MR	MR	MR	MR
大岭 64-36-101	MR	MR	MR	MR	MR
热研 7-33-97	MR	MR	MR	MR	MR
云研 77-4	MR	MR	HR	MR	MR
海垦 1	MR	MR	MR	MR	MR
PB260	MR	HR	MR	S	MR
针选 1 号	MR	MR	HR	S	MR
热研 8-333	MR	MR	HR	S	MR
大岭 68-35	MR	MR	MR	S	MR
热研 88-13	MR	MR	MR	S	MR
大丰 95	MR	MR	MR	S	MR
南华 1	MR	MR	MR	S	MR
文昌 217	MR	S	MR	MS	S
RRIC100	MR	S	MR	MS	S
保亭 155	MR	S	MR	MS	S
6-231	S	S	MR	S	S
大丰 99	S	S	MR	S	S
云研 77-2	S	S	MR	S	S
化 59-2	S	S	S	S	S
热研 7-18-55	S	S	HS	MS	MS
RRIM712	S	S	S	HS	S
热研 8-79	S	S	MS	MS	MS
幼 1	S	S	MS	MS	MS
保亭 3410	S	MS	MS	S	MS
文昌 193	S	MS	MS	MS	MS
93-114	S	MS	S	HS	MS
热研 4(7-2)	S	S	S	HS	S
RRIM600	S	S	S	MS	S
预测 24	S	S	MS	MS	MS
热研 2-14-39	S	S	S	HS	S
热研 7-20-59	S	S	MS	MS	MS
红星 1	MS	S	HS	HS	HS
热研 217	MS	S	MS	S	MS
保亭 911	MS	S	HS	HS	HS
海垦 6	HS	S	MS	MS	HS
KRS13	HS	S	MS	S	MS
文昌 7-35-11	HS	MS	HS	MS	HS
保亭 032-33-10	HS	S	MS	S	MS
保亭 235	HS	S	HS	MS	HS
热研 78-3-5	HS	MS	MS	HS	HS
PR107	HS	S	HS	HS	HS
大岭 17-155	HS	S	HS	MS	HS

注：HR为高抗；MR为中抗；S为轻感；MS为中感；HS为高感。

防治方法同橡胶种苗基地的防治。

开割林段成龄胶树的防治。对于开割林段的橡胶树，所需的喷药器应具有大功率、高喷量的特点，能保证药剂能均匀喷洒到高、中、低层的橡胶叶片上。化学防治的有效时段应在苗圃上及苗期。印度、马来西亚、泰国等国推荐使用多菌灵、代森锰锌、噻咪松、咪鲜胺和己唑醇等药剂来进行苗圃化学防治。

参考文献

蔡吉苗，王涓，陈勇，等，2007.云南橡胶树棒孢霉落叶病情调查与病原鉴定 [J]. 热带农业科技，30(4): 1-4.

高宏华，罗大全，黄贵修，2008.巴西橡胶树棒孢霉落叶病概述 [J]. 热带农业科学，28(5): 19-24.

黄贵修，高宏华，李超萍，2008.橡胶树主要病害诊断与防治原色图谱 [M].北京：中国农业科学技术出版社.

黄贵修，时涛，刘先宝，等，2008.巴西橡胶树棒孢霉落叶病 [M].北京：中国农业科学技术出版社.

李超萍，潘羡心，农卫东，等，2007.广西橡胶树棒孢霉落叶病病情调查与病原鉴定 [J].广西热带农业 (6): 26-30.

潘羡心，彭建华，刘先宝，等，2008.不同来源橡胶树多主棒孢病菌致病性及基础生物学特性的比较 [J]. 热带作物学报，29(4): 494-500.

时涛，蔡吉苗，李超萍，等，2010.橡胶树多主棒孢菌室内产孢条件的优化 [J]. 热带作物学报，31(1): 98-105.

（撰稿：李博勋；审稿：黄贵修）

橡胶树割面条溃疡病　rubber tree stripe canker

由多种疫霉真菌引起的橡胶树上重要的茎干病害。

发展简史　1909 年在斯里兰卡首次发现。1961 年，中国云南垦区首次发现，1962 年冬在海南东太、东兴、西庆、西联等 17 个农场首次暴发了条溃疡病，造成了几十万株胶树割面严重溃烂，致使 30 万株重病树在 1963 年被迫迫割，减产干胶 450t，另有大批高产胶树在 1963 年冬季提前停割，造成当年干胶产量锐减。1964 年和 1967 年又在海南垦区大流行。1978—1980 年云南西双版纳垦区条溃疡病发生流行，因病停割的重病树达 23 万多株，年损失干胶近 800t。

分布与危害　该病害初发生时，在新割面上出现一至数十条竖立的黑线，呈栅栏状，病痕深达皮层内部以至木质部。黑线可汇成条状病斑，病部表层坏死，针刺无胶乳流出，低温阴雨天气，新老割面上出现水渍状斑块，伴有流胶或渗出铁锈色的液体。雨天或高湿条件下，病部长出白色霉层，老割面或原生皮上出现皮层隆起，爆裂、溢胶，刮去粗皮，可见黑褐色病斑，边缘水渍状，皮层与木质部之间夹有凝胶块，除去凝胶后木质部呈黑褐色。斑块溃疡病：发病部位出现皮层爆胶，刮去粗皮可见黑褐色条纹，有腐臭味（见图）。

病原及特征　病原为疫霉属（*Phytophthora*）的多种疫霉菌真菌，有棕榈疫霉［*Phytophthora palmivora*（Butler）Butler］、蜜色疫霉（*Phytophthora meadii*）、柑橘褐腐疫霉［*Phytophthora citrophthora*（R. et E. Smith）Leon.］、辣椒

疫霉（*Phytophthora capsici* Leon.）、寄生疫霉（*Phytophthora parasitica* Dast.）等。其形态和生物学特性同橡胶树割面条溃疡病菌。

在 PDA 培养基上菌落为白色丝状，菌落形态为明显的玫瑰花瓣放射状。气生菌丝较少，产生孢子囊和厚垣孢子，厚垣孢子顶生或间生，直径 20～35μm。孢子囊形态变化大，为卵形、长卵形、椭圆形、近球形、梭形，大小不等，32.5～77.5μm×17.5～37.5μm。成熟孢子囊释放多个游动孢子。生长温度最适 24～26℃，最高 28～33℃。

流行规律　降雨或高湿度，是病菌侵染的主要条件，尤其是持续的阴雨天气；高湿且冷凉天气容易导致病斑的扩展、树皮的溃烂。割胶刀数多、强度大、割胶过深、伤树多、割正刀，割线呈波浪形或扁担形等病重。地势低洼、密植、失管荒芜、靠近居民点的林段，病害往往发生较重。该病菌寄主范围很广，除橡胶树外，还能侵染多种热带植物。

防治方法　加强林段抚育管理，保持林段通风透光，降低林间湿度，保持割面干燥，使病菌难以入侵。

切实做好冬季安全割胶　避免强度割胶、提高割胶技术。季风性落叶病发生的胶园安装防雨帽，坚持"一浅四不割"的冬季安全割胶措施。一浅：坚持冬季浅割，留皮 0.15cm。四不割：一是早上 8：00，气温在 15℃ 以下，当天不割胶；二是毛毛雨天气或割面未干不割胶；三是芽接树前垂线 <50cm，实生树前垂线 <30cm 不割，另转高线割胶；四是病树出现 1cm 以上病斑，未处理前不割。

在割线上方安装防雨帽，既阻隔树冠下流的带菌雨水、露水，又能保持中、小雨帽下 80～100cm 范围茎干的树皮干燥，达到头天晚上下雨，第二天早上能正常割胶，还能防止雨冲胶，安帽树每年还能多割 5～6 刀，增产干胶 0.25kg，被称为"安全帽、增产帽、安心帽"，安帽后，防止了雨冲胶，既减少了死皮和割面霉腐，也不需要涂施农药或少施农药，又节省了防治成本。

刮去割线下方粗皮然后涂施 5% 乙烯利水剂，能提高割面树皮对条溃疡的抗性，每月一次，防效相当于 1% 霉疫净水剂，但要配合减刀和增肥措施。

化学防治　在割胶季节割面出现条溃疡黑纹病痕时，及时涂施有效成分 1% 瑞毒霉或 5%～7% 乙膦铝缓释剂 2 次，能控制病纹扩展。对扩展型块斑则要进行刮治处理：用利刀

橡胶树割面条溃疡病危害症状（李博勋摄）

先把病皮刮除干净，病部修成近梭形，边缘斜切平滑，伤口用有效成分 1% 敌菌丹或乙膦铝，或 0.4% 瑞毒霉进行表面消毒，待干后撕去凝胶，再用凡士林或 1∶1 松香棕油涂封伤口。处理后的病部木质部可喷敌敌畏防虫蛀，2 周后，再涂封煤焦油或沥青柴油（1∶1）合剂，并加强病树的抚育管理，增施肥料。

参考文献

黎辉，朱智强，2011. 海南西培农场橡胶树条溃疡病发生规律及防治经验总结 [J]. 热带农业工程，4(35)2: 15-16.

孙英华，林少霞，郁顺章，等，1986. 抗生素 4261 的研究Ⅲ. 应用抗生素 4261 防治橡胶树割面条溃疡 [J]. 热带作物学报 (9): 67-75.

云南省热带作物科学研究所质保组，1977. 橡胶树割面条溃疡病在云南垦区的发生历史及其现状 (1976 年) [J]. 云南热作科技 (2): 3-6.

张开明，陈舜长，黎乙东，等，1983. 防雨帽预防橡胶树条溃疡病的初步研究 [J]. 热带作物研究 (6): 32-35.

张开明，黄庆春，胡卓勇，等，1985. 瑞毒霉和霉疫净防治橡胶树条溃疡病的试验研究 [J]. 热带作物学报 (9): 67-76.

（撰稿：李博勋；审稿：黄贵修）

橡胶树黑团孢叶斑病　rubber tree periconla leaf spot

由黑团孢霉属真菌引起的中国橡胶树上重要的检疫性、危险性病害。

发展简史　1945 年，T. A. Stevenson 等在哥斯达黎加的色宝橡胶和巴西橡胶幼苗上发现此病并给予命名。中国海南于 20 世纪 60 年代初期就发生此病，1985 年春此病在海南岛琼中地区成龄橡胶树上首次暴发流行，造成约 1 万亩橡胶树大量落叶，被迫推迟开割。

分布与危害　这种病害在南美洲和中美洲地区普遍发生，并且已经对商业化天然橡胶生产造成严重影响。在中国植胶区，该病同样零星发生。叶片染病后病斑呈圆形，直径为 8～10mm，中央呈灰白色，有时病斑坏死破裂或穿孔，黑团孢叶斑病与炭疽病症状上的区别是，黑团孢的病斑呈规整的圆形，病斑大小较为一致，没有明显的黄色晕圈，不会引起叶片的皱缩。表面常有黑色毛状物（分生孢子梗及分生孢子）生于子座上。子座呈轮状排列，似环状靶。叶柄、嫩茎染病后出现黑褐色条斑或梭形斑，叶柄上的病斑可扩展到小枝条引起溃疡或回枯（图 1）。

病原及特征　病原为黑团孢霉属真菌 Periconia heveae Stevenson & Imle。分生孢子梗暗褐色，众多，两面生，分散，直立，不分枝，2 个分隔，极少 3 个分隔。基部细胞球茎状膨大，顶部细胞浅褐色，短棍棒状，产孢细胞轮生。分生孢子球形，大小为 20～40μm，深褐色，单生或短链串生，表面有疣状突起（图 2）。病原菌在 PDA 上生长缓慢，菌落边缘不整齐，呈波浪或锯齿状，菌丝白色，菌落背面深褐色，有皱褶。

侵染过程与侵染循环　病菌以分生孢子在橡胶树和苗圃胶苗带菌组织及病残体上越冬，也可在木薯叶上越冬。通过风雨传播从胶树叶片伤口或表皮直接侵入危害。

流行规律

气象　低温高湿是该病发生流行的主导因素。易感病品系林段在寒害重的年份，于橡胶树第一蓬叶的古铜叶至淡绿叶期，遇上 7 天以上的连续低温阴雨天气，相对湿度 90% 以上时，病害会发生流行。

品系　最感病的品系是 PB86 等；比较感病的品系有 RRIM600、PR107、海垦 1 等；GT1 较抗病。

立地环境　海南分为 3 种类型病区：中部山区重病区；丘陵、低丘台地区——轻病区；沿海平原和台地地区无病区。

防治方法

农业防治　做好胶林的排水工作，及时砍除林段内及其周边的灌木竹蓬和胶树下垂枝，增加林段通透性，降低林间湿度。

图 1　病斑呈灰白色，中间坏死破裂或穿孔，无明显黄晕
（李博勋摄）

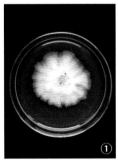
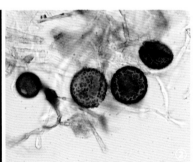

图 2　橡胶树黑团孢叶斑病病原菌（冯艳丽摄）
①菌落形态特征；②分生孢子；③分生孢子梗

化学防治　发病期间，可用 0.2% 百菌清 +70% 甲基托布津胶乳剂，或 0.2% 多菌灵 +75% 百菌清悬乳剂，或 0.2% 多效灵胶乳剂等农药进行防治。

参考文献

冯淑芬 . 1989. 橡胶树黑团孢叶斑病病原菌、致病性及室内药物筛选试验 [J]. 热带作物学报，10(1): 69-76.

冯淑芬，李凤娥，何国麟，等，1992. 橡胶树黑团孢叶斑病发生规律及防治的研究 [J]. 热带作物学报，13(2): 57-62.

冯淑芬，郑建华，李凤娥，1985. 橡胶树黑团孢叶斑病发生危害调查报告 [J]. 热带作物研究 (3): 61-64.

（撰稿：李博勋；审稿：黄贵修）

橡胶树季风性落叶病　abnormal leaf fall of rubber tree

由疫霉菌属多种疫霉菌引起的橡胶树叶部真菌性病害。该病害的病原菌也危害橡胶树干，导致橡胶树割面条溃疡病。

发展简史　橡胶树季风性落叶病在马来西亚的发生记录可追溯到 1933 年，但到 1966 年才引起注意。病害重发生致使马来西亚东北部和西北部半岛季风性气候区域大量橡胶种植园发育完全、成熟的橡胶树叶脱落。目前在该区域的易感橡胶树品系常年发病。

分布与危害　1909 年斯里兰卡和印度首先报道发生此病。以后其他植胶国家缅甸、印度尼西亚的苏门答腊和加里曼丹、越南、柬埔寨、泰国、马来西亚、巴西、秘鲁、尼加拉瓜、哥斯达黎加和委内瑞拉等也陆续有报道。云南是中国橡胶树季风性落叶病高发区，1965 年在云南西双版纳首次发现橡胶树季风性落叶病，1978 年西双版纳 6 个农场发病面积达 133.33hm²，1979 年和 1980 年在景洪农场发病胶园达 17000hm²，50% 胶树落叶，被迫停割的胶树达 57 万株。自 1965 年在西双版纳发现季风性落叶病以来，随着大面积胶园郁闭成林，发病范围逐渐扩大对生产造成了一定的影响。过去没有发生此病的临沧、德宏垦区，1984 年 7～8 月也相继在勐定、勐撒、瑞丽等农场和德宏试验站发生，并造成部分胶树停割。在海南儋州、白沙、琼中、临高、澄迈、琼山、万宁等地的农场也曾有发生。季风性落叶病可危害橡胶树地上部分的任何部位，发病时林地的树冠会出现大量病原菌，这些病原菌会使树干、树枝和割面同样出现病害，进一步加重病情，导致整个林地的橡胶树大面积染病，给生产带来很大的威胁。

该病害的特征是叶片、叶柄、未成熟的胶果和枝条感病后，均会出现水渍状病斑，并且病斑上有白色凝胶。嫩叶被害后初期呈暗绿色水渍状病斑，病部有时溢出凝胶，随后变黑，凋萎脱落。在老叶上只侵害叶柄和叶脉，叶柄上的黑色病斑有明显凝胶滴，病叶极易脱落，叶柄与枝条连接处无凝胶。在大叶柄的基部呈现水渍状黑色条斑，并在病部溢出 1～2 滴白色或黑色凝胶，整张绿色叶片连同叶柄很快脱落。侵害枝条绿色部分，感病后枝条呈水渍状，回枯变褐色，枝条上的叶片凋萎下垂，挂在枝条上不落，似火烧状。未完全

成熟的绿色胶果最易感病，感病后呈现水渍状病斑，溢出凝胶，以后病斑扩展，整个果实腐烂，天气潮湿时，病果上长出白色霉层，后期胶果萎缩变黑而不脱落，致使种子不能成熟而脱落（图 1）。

病原及特征　由疫霉属的多种疫霉菌引起，有柑橘褐腐疫霉［*Phytophthora citrophthora*（R. et E. Smith）Leon.］、辣椒疫霉（*Phytophthora capsici* Leon.）、蜜色疫霉（*Phytophthora meadii*）、寄生疫霉（*Phytophthora parasitica* Dast.）、棕榈疫霉［*Phytophthora palmivora*（Butler）Butler］。

病原菌在 PDA 培养基上菌落为白色丝状，气生菌丝较少，菌丝无色、分枝少、稍弯曲，一般无隔膜。光对病原菌的孢子囊和卵孢子形成有一定影响。孢子囊呈长梨形、卵形或亚球形，有 1～3 个乳头状凸起，有时没有，其大小变异较大。正常成熟的孢子囊，在 25℃ 以下从乳头伸出副囊，释放多个游动孢子。该病原菌在不良的环境条件下能产生厚垣孢子。卵孢子圆形、无色、壁厚。卵孢子一般不常见，它是以一种休眠形式存在，直到寄主组织分解后才释放出来。该病原菌耐酸，pH4.5～5.5 为最适范围，最适温度为 20～25℃，对湿度要求较严，相对湿度小于 90% 时便不适于生长（图 2）。

侵染过程与侵染循环　带菌的僵果、枝条、割面条溃疡病斑以及带菌的土壤为初侵染源，其中主要初侵染源是僵果和枝条。借风雨传播游动孢子到绿色胶果、嫩枝和叶片上侵染危害。其病原菌也是割面条溃疡病的重要侵染源，可以诱发割面条溃疡病的大暴发。感病果不易脱落，病原菌在病果、病枝条和土壤中越冬，翌年病原菌遇适合的气候萌发成为重要的初侵染源。

流行规律

气象因子　温凉、阴雨、高湿是该病发生和流行的主要条件。雨季阴雨多、日照少，是季风性落叶病发生和流行的有利条件，主要在雨量高度集中的 7、8、9 月 3 个月内发生流行。旬平均日照 3 小时以下、大于 2.5mm 降雨的雨日 5 天以上、平均相对湿度大于 90% 及平均最高温度不超过 30℃ 这四项指标时，有利于病害发生和发展。

地形环境　病害发生严重的林段都是地处峡谷、低洼和荫蔽度较大的地区。这种阴湿环境是病害发生的最适条件。

橡胶树结果量　病害首先侵染橡胶果，形成大量的侵染源。在一定的条件下，再扩大侵染叶柄，造成落叶。病害流行同感病橡胶果有密切关系。发病林地树冠上都有不同数量的病果，重病林地单株结果量大，果果多。轻病林地结果量少，病果亦少。在同一株树上，病重的部位，也就是结果多的部位。

橡胶树品系　不同无性系的感病性存在明显差异，PB86、RRIM600、PR107 和 PB5/51 等是易感病的橡胶树无性系，GT1 发病较轻。结果量的差异是品系感病性差异的重要特征，结果量少，树冠层高而稀疏，发病较轻；结果量多，橡胶树冠层矮而茂密，发病较重。

防治方法

农业防治　加强对林段的抚育管理。在雨季来临之前，要清除林段和防护林中的杂草、灌木等，对下垂枝条进行剪修，将积水排出去。对林段科学合理施用肥料，降低林间湿

图 1 橡胶树季风性落叶病田间危害症状（蔡志英提供）

①橡胶树季风性落叶病引起树叶变黄；②橡胶树季风性落叶病叶上长出棕黄色水渍状不规则的病斑；③受害橡胶树叶变黄逐渐脱落；④橡胶树叶柄受害后呈褐色坏死，其上有白色凝胶；⑤⑥潮湿的天气下，橡胶果受害部长出白色的霉层

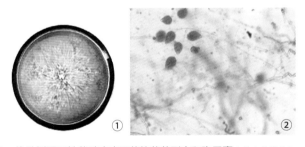

图 2 橡胶树季风性落叶病病原菌的菌落形态和孢子囊（蔡志英提供）
①菌落形态；②孢子囊

度，保持胶园通风透光。

对于病情指数在 20 以上的被害树，必须暂时停割，待树冠恢复正常后才复割；对于发病指数在 7～20 的被害树，可降低割胶强度；对病情指数 7 以下的被害树，可继续正常割胶。建议对有病的林段增加施肥量，以补充胶树恢复能力。

合理搭配栽培品种　选种抗病或耐病的高产品系以及产果少的品系，如种植云研 77-2、云研 77-4 等。

化学防治　通过调查分清不同林段的危害程度。对病情重、危害面广（病株率 5% 以上）的，要进行全面喷药。如果是零星发生，可针对中心病株或严重危害的个别植株局部喷药。①苗圃或幼龄树林区。用 1% 波尔多液加适量黏着剂，或者用 58% 甲霜灵·锰锌可湿性粉剂，用水稀释 400～500倍，用多功能喷雾机喷雾，7～10 天 1 次，连续 2～3 次。如出现回枯，则用利刀削去病部（连同几厘米健康组织一起

削除）。切口涂封后才能喷药。②成龄胶园。用氯氧化铜或胶态铜，溶于无毒害适于喷洒的油溶剂中，每亩用量为铜素杀菌剂 1.12～1.5kg，溶于 13.5～18kg 油中，热雾机或飞机喷洒。也可选用 58% 甲霜灵可湿性粉剂 900～1000 倍液，64% 杀毒矾可湿性粉剂 500 倍液，72% 霜霉威水剂 800 倍液，每隔 7～10 天喷施 1 次，连续防治 2～3 次。对胶果多和易感病林段应重点施药。避免在加工厂或收胶站附近林段或在当天割胶的林段喷药。喷药前，应将胶碗放倒，以防药液污染，影响乳胶质量。

参考文献

蔡志英，李国华，2017. 橡胶树常见病害诊断及其防治 [M]. 北京：中国农业科学技术出版社 .

黄贵修，2012. 中国天然橡胶病虫草识别与防治 [M]. 北京：中国农业出版社 .

RAO B S, 1975. Maladies of hevea in Malaysia[M]. Kuala Lumpur: Rajiv Printers.

（撰稿：蔡志英；审稿：黄贵修）

橡胶树茎干溃疡病　rubber tree stem canker

由镰刀菌引起的危害橡胶树茎干的一种真菌性病害。

发展简史　该病害于 2014 年在中国海南的多处橡胶树种植区被发现，在其他橡胶树种植区和国外均未见报道，属于新发病害。

分布与危害　2014 年在海南主要垦区和林段的中小龄树和开割树上普遍暴发流行一种茎干溃疡病，疫情十分严重。该病主要危害橡胶树茎干，感病树干树皮隆起破裂，流出胶液，韧皮部和木质部凸起且变褐；后期病斑变黑褐色，胶液顺着枝干流下，凝结成黑色长胶线，严重时病部上方的茎干和树枝干枯，甚至导致整个植株死亡。经过 2014—2016 年的多次调查发现，海南屯昌、琼中、万宁、保亭、三亚等地的胶园普遍发生一种新的茎干溃疡病，23 个调查点中有 21 个点发生该病，其中屯昌、乐东、白沙的 5 个点发病率高于 50%，而白沙的两个调查点发病最为严重，发病率高达 80%。该病病菌主要危害中小龄树（PR107、热研 7-33-97）和开割树（RRIM600、PR107、热研 7-33-97）的主干和大的分枝，其中中小龄树发病较严重，茎干上常有爆皮流出新鲜胶液的溃疡病斑（图 1、图 2）。

病原及特征　病原为茄腐皮镰刀菌［*Fusarium solani*（Mart.）Sacc.］，属镰刀属（*Fusarium*）真菌。

病原菌在 PDA 培养基上菌落圆形，边缘整齐，气生菌丝白色或灰白色，气生菌丝发达，多数情况下不产生色素，偶有棕紫色色素。茄类镰刀菌能产生大型分生孢子、小型分生孢子及厚垣孢子，小型分生孢子假头状着生，卵形或肾形，产孢细胞在气生菌丝上产生，为长筒形单瓶梗，少有分枝，4.36～12.23μm×1.99～4.93μm；大型分生孢子马特型，两端较钝，顶端稍弯，有 2～5 个隔膜，14.62～47.92μm×2.78～6.58μm；厚垣孢子圆球形，顶生、间生或者串生。小型分生孢子卵形或肾形，大型分生孢子马特型（图 3）。

流行规律　该病的发生和危害受气候影响，持续的高温天气，特别是 7、8 月发生尤为严重。

防治方法　50% 咯菌腈可湿性粉剂对该病的防治效果最好，其次是 50% 多菌灵可湿性粉剂、50% 咪鲜胺锰盐可湿性粉剂和 40% 氟硅唑乳油。同时也可以将 50% 多菌灵可湿性粉剂和 50% 咪鲜胺锰盐可湿性粉剂按 1：4 的配比混合使用，能大大提高防治效果。筛选出来的单剂或复配药剂经推荐给生产部门使用，防效良好。对于幼龄胶树，爆皮流胶部位较低且处于发病初期，建议采用涂抹药剂的方法进行防治，涂抹前，先将坏死的树皮刮除，然后将药剂涂抹到伤口上，待药剂干后再用涂封剂封口。对于成龄胶树，发病部位

图 1　受害严重的胶树枝干回枯，流出的胶乳凝结成黑色长胶线（刘先宝摄）

图 2　树干韧皮部和木质部凸起且爆皮流胶（刘先宝摄）

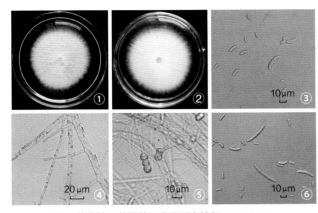

图 3 茄类镰刀菌菌落和孢子形态特征（周雪敏摄）
①②菌落正面和背面；③④大小型分生孢子；⑤厚垣孢子；⑥产孢细胞

较高或病害大面积暴发时，建议采用高扬程喷雾进行防治，连续施药 2 次，每次间隔 7 天。

参考文献

周雪敏，刘先宝，蔡吉苗，等，2016. 茄类镰刀菌引起的橡胶树茎杆溃疡病防治药剂筛选试验 [J]. 广东农业科学，43(3): 116-119.

周雪敏，刘先宝，李博勋，等，2016. 橡胶树新发茎杆溃疡病病原鉴定及其生物学特性测定 [J]. 热带作物学报，37(4): 758-765.

HUANG G X, ZHOU X M, LIU X B, et al, 2016.First report of rubber tree gummosis disease caused by *Fusarium solani* in China[J]. Plant disease, 100(8): 1788.

（撰稿：刘先宝；审稿：黄贵修）

养 14 天，载孢体大小为 110～290μm，而在叶片上载孢体 250～450μm。叶片上载孢体产生的大孢子大小为 15.5～25μm×3.8～7.5μm（平均 18.3μm×5.5μm），在 OMA 培养基上产生的孢子小一些，12.5～20μm×3.8～6.3μm（平均 16.1μm×5.0μm），孢子透明，椭圆形或舟形，大多数无隔，但大多数随菌龄的增长变为褐色，壁加厚，产生 1～3 个隔。叶片和培养的小孢子大小分别为 3.2～6.4μm×3.2μm（平均 5.6μm×3.2μm）和 3.8～7.5μm×2.5μm（平均 5.3μm×2.5μm），无隔，浅褐色，近球形、卵形或阔椭圆形。在 OMA 培养基上，初始菌落白色，气生菌丝疏松，一周后颜色变暗或橄榄绿色。最适培养基为 OMA 和 PDA，21℃ 接种 3 天后的菌落最大生长直径为 90mm（图 2）。

防治方法 选育抗病品种是该病害比较有效的防治方法。在马来西亚抗病的品种有 RRIM 2002 和 RRIM 2007。

参考文献

LIU Y X, SHI Y P, DENG Y Y, et al, 2017.First report of *Neofusicoccum parvum* causing rubber tree leaf spot in China[J]. Plant disease, 101(8): PDIS-02-17-0287.

NGOBISA A I C N, ABIDIN M A Z, WONG M Y, et al, 2013. *Neofusicoccum ribis* associated with leaf blight on rubber (*Hevea brasiliensis*) in Peninsular Malaysia[J]. Plant pathology journal, 29(1): 10.

NYAKA N A I C, ZAINAL A M A, WONG M Y, et al, 2012. Cultural and morphological characterisations of *Fusicoccum* sp. the causal agent of rubber (*Hevea brasiliensis*) leaf blight in Malaysia[J]. Journal of rubber research, 5(1): 64-79.

（撰稿：刘先宝；审稿：黄贵修）

橡胶树壳梭孢叶斑病 rubber tree *Neofusicoccum* leaf blight

由壳梭孢引起的一种橡胶树叶部真菌性病害。

发展简史 1987 年在马来西亚首次发现，并于 1989 年被首次报道。在马来西亚柔佛州的一个 50hm² 胶园，60% 的 4 龄胶树被侵染，侵染品系包括 RRIM600、PR261、PB260、PB255 和 PB217 等。该病害已成为马来西亚橡胶树重要叶部病害之一。2018 年，该病害在印度尼西亚暴发流行。2016 年，该病在中国云南金平和江城的橡胶园首次报道，发病面积约为 6hm²，约有 8% 的树木受到该病的影响。

分布与危害 由橡胶树叶枯病菌侵染引起的田间叶片症状稍微类似于炭疽病，但该病害叶片的病斑面积更大，具有弯曲或波浪形边缘，褐色的中心区域，中心区域上形成嵌入式分生孢子器，多在上表面，在长期潮湿条件下，橙红色的分生孢子慢慢地从孔口流出，叶片掉落后逐渐变为青铜色。与其他大多数橡胶树叶部病害相比，该病害的主要特征是病斑可扩展到整个叶片（图 1）。

病原及特征 病原菌的无性态为真菌界子囊菌门壳梭孢属（*Neofusicoccum*）小新壳梭孢（*Neofusicoccum ribis*）。

病原菌产生特征的黑色载孢体。在 OMA 培养基上培

图 1 橡胶树壳梭孢叶斑病危害症状
（刘先宝提供）

图 2 分生孢子形态
（刘先宝提供）

橡胶树麻点病　rubber tree bird's eye spot

由平脐蠕孢属引起，危害橡胶树叶片、叶柄和嫩梢的一种真菌病害，是橡胶树苗圃和幼树的重要病害之一。

发展简史　1904 年在马来西亚首次发现。中国于 1951 年开始报道此病的发生。

分布与危害　麻点病在中国各植胶区均有发生。在海南分布极为广泛，发病较为严重。麻点病对苗圃 1 年生胶苗危害严重，对开割的橡胶树一般不造成危害。该病主要危害叶片、叶柄和嫩梢。危害严重时会引起嫩叶脱落，顶芽不能正常抽出，苗木生长缓慢，芽接后的成活率降低。该病在橡胶树种植区均有发生，常在橡胶叶片上形成小而多的病斑，较密集。不同叶龄叶片发病后所表现的症状有所不同。古铜色嫩叶感病后，最初出现暗褐色水渍状小斑点，重病时叶片皱缩、变褐、枯死，以致叶片脱落。淡绿期叶片受害，叶片最初出现黄色小斑点，随后病斑扩展到 1~3mm 的圆形或近圆形病斑，病斑中央灰白色，对光看略透明，边缘褐色，外围有黄色晕圈，随叶片老化后，有些病斑中央组织脱落形成穿孔（图 1、图 2）。接近老化的叶片染病，叶片只出现深褐色小点。叶片的主脉、叶柄及嫩枝条发病时，会出现褐色条斑，有时顶梢由于多次落叶引起畸形肿大。在潮湿条件下，病斑背面常出现灰褐色霉状物，这是病原菌的菌丝体、分生

孢子梗和分生孢子等。

病原及特征　病原为平脐蠕孢属的 *Bipolaris heveae* Peng et Lu，属平脐蠕孢属真菌。

病原菌在 PDA 培养基上生长良好，菌丝初期成绒毡状，贴着培养基生长，菌丝呈白色，逐渐菌丝颜色加深为灰绿色，气生菌丝也越来越浓密，后逐渐变深呈青黑色，并开始产生分生孢子梗和分生孢子。分生孢子梗褐色，顶端色浅，很少分枝，弯曲或稍弯曲，膝状，宽为 5~6μm，平均为 5.5μm。分生孢子长梭形、舟形，中部略宽，两端渐窄，光滑，多数弯曲，新形成的孢子浅褐色，无隔膜。老熟孢子深褐色，脐点略突起，基底部平截，壁厚，并有隔膜 4~9 个（多数 6~8 个，多的有 13 个隔膜），大小为 42.5~90μm×11~17.5μm，平均大小为 61.7μm×13.8μm。温度 20~30℃、相对湿度 100% 或在水滴中孢子才能发芽。孢子在水滴中约半小时开始发芽，3 小时后芽管长度一般为孢子长度的 1~2 倍，芽管前端膨大成圆形的附着胞。寄主的汁液对分生孢子发芽有明显的刺激作用。孢子寿命很长，而且对不良环境有很强的抵抗力。将病叶风干后放在 24~29℃ 下，保存 2 个月以上孢子还能存活。把孢子撒在玻片上，置于 60℃ 的温度下，经过 6 天仍有 93% 的孢子发芽（图 3）。

侵染过程与侵染循环　幼树及苗圃中的病叶是该病每年发生的侵染来源。每年 3、4 月间在老叶上越冬的分生孢子，借风雨和人的耕作活动等传播到新抽嫩叶的表面，在潮湿的条件下，孢子发芽形成附着胞，从附着胞腹面长出侵入丝直接侵入叶片组织，也可以从叶表皮孔或伤口侵入，潜育期一般为 18 个小时左右。

流行规律　叶片发病后，病斑在适宜条件下产生分生孢子，并开始重复侵染。随着高温多雨季节的到来，胶苗不断抽出新叶，病情继续发展上升。旱季病情才开始下降，冬季低温干旱，不利于病菌生长繁殖。病菌常在苗圃幼苗上越冬。

苗圃环境　苗圃类型对麻点病的发生流行影响较大，靠近老苗圃的新开苗圃，或在幼树行间设置的苗圃发病较早，流行速度也快，主要原因是这些苗圃越冬菌量较大。相反，远离老苗圃发病较迟，流行速度较慢，病情也很轻。其次，在苗圃类型相同的情况下，因苗圃环境不同，发病的严重程度有所差异。如设在山谷地、低洼地、近河边和四周杂草灌木丛生、通风程度很差的苗圃，发病严重；高坡地或通风良

图 1　病斑小而密集，对光略透明（郑肖兰摄）

图 2　麻点病的田间表现症状，病斑周围有明显黄晕（李博勋、郑肖兰摄）

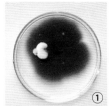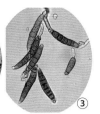

图3 菌落形态特征（冯艳丽摄）
①初生菌丝白色；②③其分生孢子

好的平地苗圃发病较轻。

栽培措施　施肥、淋灌水、田间清洁和株行距离等栽培措施与病害的发生有密切的关系。如施过多氮肥，使胶苗叶片大而柔顺娇嫩，有利于该病菌的侵染，发病较重；施足基肥，同时追施全肥，发病较轻。淋灌水过多或株行距较密的苗圃一般发病较重。

气象因素　温湿度与发病关系密切，尤以温度更为明显。日平均气温在20～32°C都可发病，但以25～30°C最有利。日平均气温在20°C以下时，由于胶苗较少抽新叶，基本不发病，即使发病亦多为褐色小点。温度在32°C以上时，病害几乎不再发展。

高湿和降雨对该病的发生关系极为密切。降雨是提高大气湿度的主要因素，据系统观察的结果表明病斑数量增加与降雨成正比。阵雨天气更为明显，原因是阵雨天气不但提供了高湿条件，而且为胶苗迅速抽新叶和病菌产生孢子提供了有利条件。连续大雨（即降雨达100mm以上的暴雨或台风雨）病情明显下降。原因应是大雨冲掉孢子，从而减少田间菌量；但大雨过后，病情又会继续上升。

防治方法　由于橡胶树麻点病在苗圃普遍发生，在高温多雨季节流行，病菌孢子对不良环境的抵抗力较强，不易彻底防治。但只要橡胶苗叶片不皱缩、不脱落，对胶苗的生长和茎杆增粗就不会有十分明显的影响。因此，应把防止叶片因病皱缩、脱落作为防治的指标，而制定相应的防治措施。

农业防治　①选择土壤肥沃、排水良好、通风透光的地块育苗。应尽量避免靠近或在老苗圃和幼树行间育苗，且行距不宜过密。②加强抚育管理。施足基肥并合理施用氮、磷、钾肥，避免偏施氮肥和淋水过多。及时清除苗圃周围的杂草、灌木，以利通风透光降低湿度。

化学防治　在病害流行季节到来之前，可用0.1%多菌灵或0.15%代森锰锌等药剂防治，每5～8天喷一次，共喷4～6次，对减少落叶脱落有一定的效果。但必须对嫩叶、老叶的叶背、叶面都均匀喷洒方能奏效。此外，用0.15%代森锌水溶液或0.5%百菌清等药剂在发病前喷雾，也有一定的预防作用。使用百菌清烟雾笼罩苗圃，防治麻点病效果也较好。

参考文献

黄贵修，许灿光，2012.中国天然橡胶病虫草害识别与防治[M].北京：中国农业出版社：25-27.

刘公民，李斌，2010.版纳地区橡胶树主要病虫害现状及防治对策[J].农业科技通讯 (3): 157-159.

肖永清，1980.国外橡胶树主要病虫害的分布与防治[J].云南热作科技 (2): 57-59.

许美洪，1979.用热雾法防治橡胶麻点病[J].热带作物译丛 (6): 27, 53.

（撰稿：郑肖兰；审稿：黄贵修）

橡胶树南美叶疫病　rubber tree South American leaf blight

由乌氏微环菌引起的橡胶树上的重要检疫性、危险性、毁灭性病害。对亚太地区的橡胶种植业构成重大威胁。对商业化天然橡胶生产造成严重影响。

发展简史　1916年在特立尼达首次发现，1935年在巴拿马和哥斯达黎加，1946年在墨西哥和1948年在危地马拉与洪都拉斯都先后报道有该病发生。在巴西，1930年该病蔓延到巴西的巴伊亚州，1960年在圣保罗州有发生，该州是南美叶疫病传播的最南极限（南纬24°），而墨西哥是其最北极限（北纬18°）。

分布与危害　该病在墨西哥、危地马拉、洪都拉斯、哥斯达黎加、巴拿马、海地、特立尼达和多巴哥、哥伦比亚、委内瑞拉、圭亚那、苏里南、厄瓜多尔、秘鲁、巴西、玻利维亚等地有分布。

幼嫩的枝、叶、花、果均可感病，叶片老化后不感病。刚展开2～3天的嫩叶最易感病。幼嫩下垂叶感病初期只出现透明斑点（叶片背面）随后变成暗淡的橄榄色或青灰色斑点，有绒毛状孢子堆。嫩枝感病后暗淡无色，萎缩，常在病部形成干癌状斑块。病斑少时，仅叶缘或叶尖向上卷曲，终成畸形叶，病斑多时，则整个叶片卷缩变黑脱落，或挂在枝上呈火烧状。后期病斑多穿孔，四周变黑部分产生许多黑色圆形子实体（多生在叶片正面）。挂在枝梢不落的叶片（叶龄约1个月）背面，病斑边缘产生许多黑褐色圆形分生孢子器。老化的叶片在原来产生分生孢子器部位的正面，产生黑色圆形成堆状子囊果。绿色胶果感病后，产生褐色近圆形病斑，表面粗糙呈疮痂状或变黑皱缩。感病叶柄呈螺旋状扭曲，病部有时形成癌状斑块。感病花序卷缩枯萎脱落（见图）。

病原及特征　病原为乌勒假尾孢（*Pseudocercospora ulei*），属假尾孢属（*Pseudocercospora*）。

该病原菌产生3种形态的孢子，即分生孢子、器孢子和子囊孢子。分生孢子梗簇生，单胞，有时有分隔，基部半圆形，40.25～70.14μm×4.05～6.89μm，褐色；分生孢子顶生，椭圆形或长圆形，幼嫩时浅色，渐变灰色，多数双胞，常扭曲，大小为23.12～65.20μm×5.13～10.01μm，而单胞型分生孢子为15.11～34.20μm×5.32～9.03μm。分生孢子器黑色，炭质，圆形或椭圆形，直径120～160μm，器孢子哑铃状，大小12.34～20.22μm×2.54～5.33μm。子座聚生，开放式，球形，黑色，直径0.3～3.0mm。子囊果炭质，球形，直径200～400μm。子囊棒状，56.34～80.20μm×12.08～16.26μm，内含8枚双列侧生的子囊孢子。子囊孢子浅色，长椭圆形，双胞（2个细胞不相等），在分隔处稍收缩，大小为12.31～19.52μm×2.24～5.31μm。

橡胶树南美叶疫病危害症状（引自 da Hora et al., 2014）

①胶果的危害状；②幼嫩叶柄感病；③南美叶疫病菌的子囊壳；④嫩叶上的分生孢子；⑤分生孢子器；⑥幼嫩叶片的早期症状；⑦植株受害田间症状

侵染过程与侵染循环 该病的分生孢子借助风雨传播。昆虫和其他动物也可以传播。

流行规律 孢子产生、释放、侵染情况随天气变化而不同。气温在24℃和高湿环境最有利于产孢。分生孢子的释放受降水量影响，雨后分生孢子释放增多。温度18～24℃、湿度100%最宜侵染。

防治方法

检疫措施 加强检疫工作，严禁从拉丁美洲疫区引进带病的橡胶树种苗、病土或其他繁殖材料。

抗病种质利用 田间调查发现，RRIM600受害程度较轻，而PR107受侵染后产生的子囊壳非常稀少。研究者还选育出CMB197、CDC308和FDR5788等高产抗病种质。这些品种和种质可供生产中选用。

农业防治 可以选择橡胶树能够正常生长而病害不发生或轻微发生的地区建立胶园，即避病栽培。通过高位芽接（冠接）在高产、感病品系的树干上形成一个新的、具有抗病（或耐病）性的树冠，从而减轻病害的危害程度。在越冬期前采用脱叶剂进行人工诱导落叶，使落叶基本一致，从而推迟下个季节的病害发生时间并减轻受害程度，落叶剂可选用叶亚磷（2.2 kg/hm²）或脱叶磷（0.6 kg/hm²）。

化学防治 利用代森锰锌、苯菌灵、甲基代森锌、托布津、百菌清、百菌酮、嗪氨灵等杀菌剂。由于橡胶树较高，故应用飞机喷洒杀菌剂。选用的化学药剂可以是80%代森锰锌可湿性粉剂（164g/hm²）和50%苯菌灵可湿性粉剂（100g/hm²）喷药4或6次，间隔期为7～10天。

化学落叶 采用脱叶剂诱导一致落叶。飞机喷洒脱叶亚磷（2.2kg/hm²）和脱叶磷（0.6kg/hm²），落叶彻底，并且可以提前抽叶。

冠接 采用冠接是一种可行的方案，但是由于树干—茎干结合不充分，发病不严重时，化学防治比树冠芽接更经济，抗性品系不抗疫霉菌等原因，该技术还有待研究。

生物防治 抗性育种是防治南美叶疫病最好方法。但是由于病原菌变异快，尚没有能够广泛种植的抗病品种。

参考文献

华南热带作物研究院植保系，华南热带作物学院植保系，1977. 橡胶南美叶疫病国外主要文献及资料综述[J]. 世界热带农业信息(1): 1-5.

CHEE K H, 1978. Evaluation of fungicides for control of South American leaf blight of Hevea brasiliensis[J]. Annals of applied biology, 90(1): 51-58.

DA HORA J B T, DE MACEDO D M, BARRETO R W, et al, 2014. Erasing the past: A new identity for the damoclean pathogen causing South American leaf blight of rubber[J]. PLoS ONE, 9(8): e104750. DOI:10.1371/journal.pone.0104750.

（撰稿：李博勋；审稿：黄贵修）

橡胶树桑寄生 rubber tree loranthaceae plants

橡胶树桑寄生，即是橡胶树桑寄生科（Loranthaceae）植物的总称。橡胶树桑寄生植物一直归在植物病理学科中，称寄生性种子植物病害，但是随着杂草科学的发展，寄生性植物（即寄生性杂草）归在杂草科学已成为趋势。

发展简史 国外研究橡胶树桑寄生较早，主要是调查种类分布，防治技术未见报道。中国研究橡胶树桑寄生从1963年开始，针对海南植胶区橡胶树桑寄生植物种类分布进行了调查，直至1984年才开展橡胶树桑寄生危害调查，并进行防治研究工作，1990年防治技术获得国家发明专利，1991年和1997年分别获得部级科技进步奖。

分布与危害 世界植胶区橡胶树桑寄生科植物大约有7属14种1变种，主要分布在亚洲和非洲植胶区，严重危害橡胶树的生长和产量。

1.鞘花属：（1）鞘花 Marcosolen cochinchinensis（Loureiro）van Tieghem，分布于海南、广东和云南橡胶树上，不丹、

柬埔寨、印度、印度尼西亚、马来西亚、缅甸、尼泊尔、新几内亚、泰国和越南均有分布。

2. 桑寄生属：（2）*Loranthus casuarineae* Ridl.，（3）*Loranthus crassipetalus* King，（4）*Loranthus globosus* Roxb.，均分布于马来西亚橡胶树上。

3. 离瓣寄生属：（5）离瓣寄生 *Helixanthera parasitica* Loureiro，即五瓣寄生，分布于海南、广东和云南橡胶树上，柬埔寨、印度东北部、印度尼西亚、老挝、马来西亚、缅甸、尼泊尔、菲律宾、泰国和越南均有分布。

4. 五蕊寄生属：（6）五蕊寄生 *Dendrophthoe pentandra*（Linnaeus）Miquel，分布于广东、广西和云南橡胶树上，柬埔寨、印度东部、印度尼西亚、老挝、马来西亚、缅甸、菲律宾、泰国和越南均有分布。

5. 梨果寄生属：（7）锈毛梨果寄生 *Scurrula ferruginea*（Jack）Danser，即 *Loranthus ferrugineus* Roxb.，分布于云南橡胶树上，柬埔寨、印度尼西亚、老挝、马来西亚、缅甸、菲律宾、泰国和越南均有分布。（8）红花寄生 *Scurrula parasitica* L.，也叫桑寄生，分布于海南、广东、广西和云南橡胶树上，印度尼西亚、马来西亚、菲律宾、泰国和云南均有分布。（8-1）小红花寄生 *Scurrula parasitica* var. *graciliflora*（Roxburgh ex J. H. Schultes）H. S. Kiu，分布于海南、广东、广西和云南橡胶树上，孟加拉国、印度东北部、缅甸、尼泊尔、锡金和泰国均有分布。（9）小叶梨果寄生 *Scurrula notothixoides*（Hance）Danser，即蓝木寄生，分布于海南和广东橡胶树上，越南也有分布。

6. 钝果寄生属：（10）广寄生 *Taxillus chinensis*（Candolle）Danser，即松树桑寄生，分布于海南、广东和广西橡胶树上，柬埔寨、印度尼西亚、老挝、马来西亚、菲律宾、泰国和越南均有分布。

7. 槲寄生属：（11）白果槲寄生 *Viscum album* L.，分布于马来西亚橡胶树上。（12）瘤果槲寄生 *Viscum ovalifolium* Wallich ex Candolle，分布于海南、广东、广西和云南橡胶树上，不丹、柬埔寨、印度东北部、印度尼西亚、老挝、马来西亚、缅甸、菲律宾、泰国和越南均有分布。（13）扁枝槲寄生 *Viscum articulatum* N. L. Burman，分布于海南、广东、广西和云南橡胶树上，南亚和东南亚、澳大利亚均有分布，寄生于五蕊寄生、鞘花、红花寄生和广寄生上，为橡胶树二重寄生。（14）柿寄生 *Viscum diospyrosicola* Hayata，即棱枝槲寄生，分布于海南、广东、广西和云南橡胶树上。

广寄生（英文名 Chinese Taxillus）是桑寄生科钝果寄生属植物，别名桑寄生、寄生茶，在中国危害橡胶树最为严重，广东、广西、海南、福建等地均有分布。该寄生植物生于海拔 20～800m 平原、丘陵或低山常绿阔叶林中，为常见的寄生植物，寄生于橡胶树、桑树、桃树、李树、荔枝、龙眼、杨桃、油茶、油梨、油桐、榕树、木棉、马尾松、水松等多种植物，分布广，危害重。在中国海南、广东和广西橡胶树上以广寄生为主，在云南橡胶树上以五蕊寄生为主，其次还有鞘花、瘤果槲寄生等，国外橡胶园可能还有其他桑寄生种类没有调查报道。据 1986 年报道，海南橡胶树平均寄生率为 25%，平均寄生指数为 10.2，云南西双版纳橡胶树的寄生率在 50% 以上，橡胶产量降低 10% 以上。

广寄生特征　广寄生为灌木，高 0.5～1m；嫩枝、叶密被锈色星状毛，有时具疏生叠生星状毛，稍后绒毛呈粉状脱落，枝、叶变无毛；小枝灰褐色，具细小皮孔。叶对生或近对生，厚纸质，卵形至长卵形，长（2.5～）3～6cm，宽（1.5～）2.5～4cm，顶端圆钝，基部楔形或阔楔形；侧脉 3～4 对，略明显；叶柄长 8～10mm。伞形花序，1～2 个腋生或生于小枝已落叶腋部，具花 1～4 朵，通常 2 朵，花序和花被星状毛，总花梗长 2～4mm；花梗长 6～7mm；苞片鳞片状，长约 0.5mm；花褐色，花托椭圆状或卵球形，长 2mm；副萼环状；花冠花蕾时管状，长 2.5～2.7cm，稍弯，下半部膨胀，顶部卵球形，裂片 4 枚，匙形，长约 6mm，反折；花丝长约 1mm，花药长 3mm，药室具横隔；花盘环状；花柱线状，柱头头状。果为浆果，椭圆状或近球形，果皮密生小瘤体，具疏毛，成熟果浅黄色，长 8～10mm，直径 5～6mm，果皮变平滑。种子呈长椭圆形，长约 6mm，最宽处直径 3mm，为淡绿色或浅褐色。种子由种皮、胚与胚乳构成；胚由胚芽和类胚根构成，其中类胚根为分化形成种子初生吸器的器官。花果期 4 月至翌年 1 月。

广寄生为多年生半寄生植物，叶片可以进行光合作用，

广寄生危害症状（范志伟、李晓霞提供）

只是以其吸根侵入寄主组织吸取水分和无机盐而危害寄主植物，轻则抑制生长和减产，重则引起枯死（见图）。

侵染循环　广寄生以种子繁殖，主要靠鸟类传播。种子成熟后通过鸟类啄食吐出或粪便排出，黏着于树皮上，在适宜的温度、水分和光照条件下即行萌发，首先见类胚根从种孔露头膨大并逐渐分化形成初生吸器，同时芽也从种孔长出，并在胚根与寄主接触的地方形成吸盘，侵入寄主皮层，以吸根的导管与寄主的导管相连，吸取寄主植物的水分和无机盐供其生长，和寄主建立寄生关系，不断蔓延危害寄主植物。

流行规律　广寄生种子属顽拗型，不具休眠期，可以独立萌发，一经成熟即可萌发生长。种子含水量为50%，对干燥脱水敏感，当含水量下降到25%时，种子不能萌发。种子萌发适宜温度为20～30℃，低于10℃和高于40℃不能萌发。在月均温度15～26℃，相对湿度78%～88%，种子平均萌发率可达87%。种子无论有无光照均能独立萌发，在有光照条件下通常分化形成一个初生吸器，并呈现避光性分化；在无光照条件下则能分化形成多个吸器。种子不耐储藏，寿命短暂。

防治方法

人工或机械防治　在每年冬季树木越冬落叶后抽芽前进行人工砍除或机械割除，并集中烧毁。

生物防治　目前，还没有找到合适的天敌昆虫或致病生防菌。

化学防治　可以采用"树头钻孔施药法"施用除草剂防除。此法操作简便、安全、经济有效。在林木冬季休眠期处理，在果树、胶树等生长期不能施用，以免产生药害。

参考文献

李开祥，梁晓静，覃平，等，2011.桑寄生研究进展[J].广西林业科学，40(4): 311-314.

李扬汉，1998.中国杂草志[M].北京：中国农业出版社.

李永华，阮金兰，陈士林，等，2010.广寄生种子结构及其萌发实验研究[J].世界科学技术—中医药现代化中药研究，12(6): 920-923.

中国科学院中国植物志编辑委员会，1988.中国植物志[M].北京：科学出版社.

（撰稿：范志伟；审稿：刘延）

橡胶树死皮病　tapping panel dryness

是天然橡胶生产中割线局部或全部不排胶的现象。该病害发生时在割面上常伴有褐色斑点、斑纹出现，是一种病症表现多样、病因复杂、严重影响天然橡胶单产的重大国际性病害。

发展简史　1877年，巴西最早报道了该病害。1913—1923年，印度、马来西亚和印度尼西亚等国的橡胶林出现了大量死皮病，引起了很大恐慌。一个多世纪来，人们并没有解决这一世界难题，尤其是在新开发出的早熟橡胶高产品系中更为严重。在中国因橡胶树褐皮而停割的树占开割树的20%以上，有的甚至高达40%，并且病情呈发展趋势，已严重影响到中国天然橡胶基本安全供给。

分布与危害　在世界植胶区广泛分布。橡胶树死皮病症状表现多样，初期呈灰暗色水渍状，割线上胶乳减少，割线断断续续，胶乳停排，胶管内缩，严重时树皮产生褐色斑点、斑纹，最后引起树皮组织坏死，病皮干枯、爆裂脱落，割面变形及韧皮部坏死等现象（图1）。

病原及特征　造成橡胶树死皮病的原因很多，尚无统一认识。根据有无致病菌，将死皮病分为生理性死皮和病理性死皮两种类型。生理性死皮主要是由于割胶强度过大，乙烯利刺激强度太大和频率过高等引起，另外，还与品系遗传性有关，病理性死皮是由类立克次氏体所引起（图2）。在橡胶园中生理性和病理性死皮常常相伴发生。该病害经常在高产品系、高产林段、高产树位或高产单株上发生严重。

流行规律　橡胶树死皮病的发生具有以下几个特点：①在中国植胶区有自北向南逐渐加重的趋势。②橡胶实生树死皮病的发生率比无性系高，而无性系中不同品系的抗病性也有不相同，如RRIM707、RRIM600死皮也较严重，GT1、PR107、PB86次之，RRIM518较轻。③病灶扩展方向与乳管的走向一致，早期病灶多由割面的右上方向左下方扩展，纵向扩展大于横向扩展。④发病的部位与割线的排胶影响面直接相关，向下割（阳刀）死皮向下扩展，直至根部；向上

图1　橡胶树死皮病危害症状（罗大全提供）

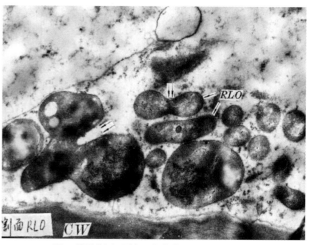

图2　橡胶树病理性死皮病病原（陈慕容提供）

割（阴刀）则向上扩展，直至分枝。⑤病灶在两个割面之间的扩展，以相邻树皮的斜向扩展为主，两个割面相距越近，扩展率越高。但是，原生皮病灶难以扩展到再生皮，再生皮病灶也难以扩展到另一个再生皮割面，通常原生皮病灶只能在原生皮上扩展。⑥乳管系统的坏死是不可逆的，在死皮的病灶范围内，由于胶乳凝固堵塞，是无法在原位恢复正常产胶的。某些干涸的割线，因乳管坏死范围较小，可将干涸的树皮割掉，然后在原割线继续轻度割胶。而一些死皮病，病灶范围较大，病斑往往扩展到根部，这种病灶必须及时进行隔离或刨皮处理，才能转换割面割胶。

防治方法　橡胶树死皮病的综合防控应坚持"以防为主，防重于治"的原则，处理好管、养、割三方面的关系。

刨皮法　即择晴天用弯刀刨去病部粗皮，然后再刨至砂皮内层，为了使未刨净的病斑自行脱落，可用 0.5% 的硼酸涂抹伤口，几天后要及时拔除凝胶以防积水。

剥皮法　在离病灶范围 5～7cm 处，用胶刀开一支水线，深度到水囊皮，然后尖刀把病皮从形成层以外剥掉。但不可碰伤形成层。长出新皮后就可恢复割胶。此方法宜在 4～7月间择晴天进行，树皮才易恢复。

去除表层病皮并涂上热焦油　在去除病皮后，再在上面涂上热焦油。

开沟隔离病皮　目的是防止病部扩大。具体方法是：在病部和健部处，从健部下刀，用利刀开一条沟，使病部和健部隔离，避免病情扩展。这种割前隔离是小胶园控制割面死皮经常采用的方法。割前隔离是一种有效的预防措施，每年隔离一次的效果比一次性隔离好，防病效率提高 50%～76%。也可将开沟隔离、刮皮并使用棕油 + 敌菌丹混合剂涂封结合的措施，该措施的死皮恢复率可达 85%。

农业防治　严格控制采胶制度，降低割胶强度，加强采胶技术的管理，做到割胶和养树相结合，避免强割胶和雨冲胶；加强胶园管理，施足化肥、有机肥，消灭林段荒芜，使林段通风，提高胶树的抗病力。对病树则根据发展情况及严重度控制割胶强度和刺激强度，无法恢复的割面转高部位割胶。

化学防治　四环素族抗生素是防治橡胶树死皮病最有效的化学药剂，重点保护开割幼树，在控制采胶强度，加强田间管理的前提下，四环素族抗生素对保护开割幼树的防治效果达差异显著水平以上，对 1～3 级中、轻病树有较好的抑制和治疗作用。施用四环素族抗生素防治死皮病，1～3 级病树发病率下降 2%，而不涂药的对照发病率上升 21.8%。在中、老龄停割病树复割部位上施用四环素族抗生素，能在一定程度上抑制病状扩展，延缓病情发展。而且该药剂可以与乙烯利混合涂施，节约了劳动力和时间，从而降低防治成本。

参考文献

中国农业科学院植物保护研究所,中国植物保护学会,2015.中国农作物病虫害 [M].3 版.北京:中国农业出版社.

（撰稿：车海彦；审稿：罗大全）

橡胶树炭疽病　rubber tree anthracnose

由炭疽菌引起的、危害橡胶树嫩叶、嫩梢的一种真菌病害，是世界上许多橡胶树种植区重要的病害之一。

发展简史　该病害于 1906 年在斯里兰卡首次发现，病原菌最初被鉴定为 *Colletotrichum heveae* Petch。以后其病原菌种类和拉丁学名经历了几次变更。Carpenter 等和 von Arx 分别于 1954 年和 1957 年将其划分为广义的胶孢炭疽菌（*Colletotrichum gloeosporioides* S. Lat.）。1997 年 Jayasinghe 等发现在斯里兰卡引起橡胶树炭疽病的病原菌主要是广义的尖孢炭疽菌（*Colletotrichum acutatum* S. Lat.）。随后，2002 年 Saha 等发现在印度引起橡胶树炭疽病的病原菌包括广义胶孢炭疽菌和广义尖孢炭疽菌两种。炭疽菌属真菌自建立以来，其分类一直都比较混乱。结合形态学和多基因序列分析的多相分类方法是被广泛接受的炭疽菌分类评价指标。2012 年 Damm 等等结合形态学和多基因序列分析（ITS、ACT、TUB2、GAPDH 和 CHS-1），将收集于印度和哥伦比亚的菌株鉴定为属于尖孢炭疽复合种的 *Colletotrichum laticiphilum*。利用同样的方法，2017 年 Hunupolagama 等揭示在斯里兰卡引起橡胶树炭疽病的尖孢炭疽复合种包括 *Colletotrichum laticiphilum*，*Colletotrichum acutatum*，*Colletotrichum citri*，*Colletotrichum nymphaeae* 和 *Colletotrichum simmondsii* 五个种，其中 *Colletotrichum simmondsii* 为优势种。中国于 1962 年在海南大丰农场首次发现，与白粉病合称"两病"。长期以来，胶孢炭疽一直被认为是引起中国橡胶树炭疽病的病原菌。2008 年，张春霞等首次发现引起中国橡胶树炭疽病的病原菌包括尖孢炭疽和胶孢炭疽两种病原菌。

分布与危害　1906 年橡胶树炭疽病在斯里兰卡首次发现，之后该病已迅速传播到非洲中部、南美洲、亚洲南部和东南亚等植胶国家。1962 年，该病在中国海南大丰农场的开割胶树上发现，危害情节十分严重。随后该病传入广东地区，1967 年在广东红五月农场开割胶树上暴发流行。1992 年橡胶炭疽病在畅好农场发生大面积流行，发病面积达 1550.53hm^2，占开割林地面积的 75%，受害胶树近 31.2 万株，造成四、五级落叶 20 多万株，部分林段的胶树因落叶、枝条枯死，造成胶树开割时间推迟 1.5 个月，也有部分林段因多次受到炭疽病病菌反复侵染危害，推迟 2～3 个月开割。干胶产量损失达 250t。由于大量更新和推广高产品系，该病的发生也日趋严重，1996 年仅海南垦区发病面积就达 73 万 hm^2，损失干胶 15000t。广西、云南和福建等各植胶区也相继发生危害。2004 年，云南西双版纳、红河、普洱、临沧、德宏和文山等橡胶种植区不同程度发生橡胶树老叶炭疽病，据勐养橡胶分公司调查，2004 年 8～10 月，0.2hm^2 橡胶林发生橡胶老叶炭疽病，病重林地的病情指数达 3～4 级，部分病叶脱落，致使胶乳产量急速下降。橡胶树炭疽病已成为中国各植胶区发生最为普遍、危害最为严重的叶部病害之一。

橡胶树炭疽病在田间表现为两种：一种是由胶孢炭疽菌复合种（*Colletotrichum gloeosporioides* species complex）侵染引起，另一种由尖孢炭疽菌复合种（*Colletotrichum* acutatum species complex）侵染引起。两种炭疽菌复合种均可侵染胶树的叶片、叶柄、嫩梢和果实，严重时引起嫩叶脱落、嫩梢回枯和果实腐烂，但发病症状上却有明显的区别。①尖孢炭疽菌引起的症状：古铜期的嫩叶染病后叶片从叶尖和叶缘开始回枯和皱缩，出现像被开水烫过一样的不规则形、暗绿色水渍状病斑，边缘有黑色坏死线，叶片皱缩扭曲，即急性型病斑（图 1）。若淡绿期叶片受害，病斑小、皱缩且连接在一起，有时病斑从中间凸起呈圆锥状，严重时可看到整个叶片布满向上凸起的小点，后期形成穿孔或不规则的破裂，整张叶片扭曲、不平整（图 2）。②胶孢炭疽菌引起的症状一般出现在老叶上，常见典型的症状有圆形或不规则形：病斑初期灰褐色或红褐色近圆形病斑，病健交界明显，后期病斑相连成片，形状不规则，有的穿孔，叶片平整，不会发生皱缩；叶缘枯型：受害初期叶尖或叶缘褪绿变黄，随后病斑向内扩展，初期病组织变黄，后期为灰白色，病健交界部呈锯齿状；轮纹状：老叶受害后出现近圆形病斑，其上散生或轮生黑色小粒点，排成同心轮纹状（图 3）。

叶柄、叶脉感病后，出现黑色下陷小点或黑色条斑。感病的嫩梢有时会爆皮凝胶，芽接苗感病后，嫩茎一旦被病斑环绕，顶芽便会发生回枯。若病菌继续向下蔓延，可使整个植株枯死。

绿果感病后，病斑暗绿色，水渍状腐烂。在高湿条件下典型的病征是，在病组织上长出一层粉红色黏稠的孢子堆。

病原及特征　橡胶树炭疽菌无性态为真菌界刺盘孢属胶孢炭疽菌复合种（*Colletotrichum gloeosporioides* species complex）和尖孢炭疽菌复合种（*Colletotrichum acutatum* species complex）。有性态为小丛壳属的围小丛壳［*Glomerella cingulata*（Stonem.）Spauld. et Schrenk］。

胶孢炭疽菌的分生孢子盘多分布在叶正面，呈不规则散生或同心轮纹状排列。分生孢子盘圆形至椭圆形，黑褐色，孢子盘周缘着生有刚毛，黑褐色，基部稍膨大，顶端尖锐，分隔，硬直或稍弯曲，长度为 45～102μm，基部宽 3～6μm；分生孢子梗短瓶状或细棒状，不分枝，栅栏状排列，一般不分隔，大小为 12.2～15.1μm×3.2～5μm；分生孢子单

图 2　尖孢炭疽引起淡绿期叶片皱缩和老叶期凸起病斑
（刘先宝、李博勋摄）

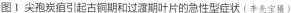

图 1　尖孢炭疽引起古铜期和过渡期叶片的急性型症状（李先宝摄）

图 3　胶孢炭疽引起圆形同心轮纹病斑（李博勋摄）

胞无色，圆柱形或椭圆形，两头钝圆，内含 1～2 个油滴，大小为 10.2～16.5μm×3.6～5.5μm，平均 15.2～4.5μm；附着胞不规则至棍棒状（图 4）。

尖孢炭疽菌很少见分生孢子盘，分生孢子柱状或纺锤形，两端尖或一端尖，单胞，大小为 14.5～18.5μm×2.75～7.0μm，平均 17.4～4.19μm；附着胞圆形或不规则形（图 5）。

胶孢炭疽菌和尖孢炭疽菌在 PDA 上 28℃的培养性状：胶孢炭疽菌落圆形，生长速度快，气生菌丝长绒毛状、浓密，正面白色至灰白色，背面黄色至黑色，多产生橙黄色孢子堆；尖孢炭疽菌落圆形，生长速度较慢，气生菌丝稀疏、薄，正面白色至灰白色，背面灰黄至橙红色。

侵染过程与侵染循环　橡胶树炭疽菌以菌丝体及分生孢子堆在染病的组织或受寒害的树梢上越冬。翌年春季条件适宜时，分生孢子随风雨传播，从寄主的伤口、气孔和表皮 3 种途径入侵。潜育期一般 3～6 天，条件最适宜时潜育期为 1～2 天。田间气温 21～24℃、相对湿度大于 95% 时，病菌产孢量较大，侵入迅速，病斑扩展快。

流行规律　橡胶树炭疽病的流行方式有潜伏侵染型和急性型 2 种，流行曲线有多峰波浪型和单峰弓型。该病发生流行与病原菌量、寄主物候期和品系、环境条件、气候和立地环境等有关。初侵染菌量和寄主感病性是该病流行的基本条件，适宜温度和高湿是病害流行的主导因素，风雨有利于分生孢子的传播。浓雾天气促使孢子向下传播。在相同栽培条件下，不同橡胶品系抗病性不同，橡胶树叶片组织越嫩的品系（或品种），受害程度越重，反之则较为抗病。橡胶树一旦感病，其叶片容易脱落，尤其是刚开芽至古铜物候期的嫩叶危害最为严重，因此，这个时期也是病害防治的关键时期。地势低洼、冷空气易沉积、隐蔽潮湿的地区，也较容易发病且危害严重。另外，栽培管理差、肥力不足的地块，病害发生也较严重。

防治方法　橡胶树炭疽病的防治要贯彻"预防为主，综合防治"的方针，运用化学防治和农业防治等措施。由于中国橡胶树种植区气候环境条件复杂，炭疽病发生流行的程度也有明显差异，因此，各植胶区应该根据当地的具体情况，因地制宜地采取最有效的防治措施，把病害控制在经济危害水平之下。

选育抗病种质　是一种最经济、有效和安全的作物病虫害防治手段，通过种植抗病品种，不采用其他任何防治措施或辅以简单的其他措施即可使病害得到有效控制。已知中国抗炭疽病的橡胶树品种有 IAN873、云研 77-2、云研 77-4、热研 8-79、云研 277-5、热研 88-13。

栽培防治　对历年重病林段和易感病品系的林段，可在橡胶树越冬落叶后到抽芽初期，施用速效肥。改善苗圃阴湿环境，避免在低洼积水地、峡谷地建立苗圃。加强栽培管理，合理施肥，使胶苗生长健壮，提高胶苗的抗病能力。

化学防治　橡胶树炭疽病在每年 2～4 月为暴发期，各植胶单位要充分利用已经建立的橡胶树炭疽病病情观测网点，认真调查、观察物候和病情，掌握炭疽病流行动态，并根据当地实时气象信息及短期疫情监测结果掌握化学防治时机。对历年重病区和易感病品系的林段，从橡胶树抽叶 30% 开始，调查发现炭疽病时，根据气象预报在未来 10 天内，有连续 3 天以上的阴雨或大雾天气，在低温阴雨天气来临前喷药防治。喷药后从第五天开始，若预报还有上述天气出现，而预测橡胶树物候仍为嫩叶期，则应在第一次喷药后 7～10 天内喷第二次药；若 7 天后仍有 20% 以上古铜叶，且又有

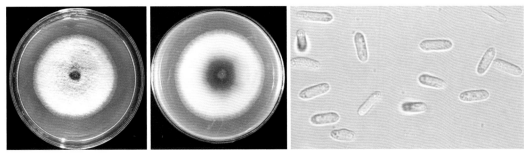

图 4　胶孢炭疽菌 PDA 培养性状及分生孢子形态（刘先宝摄）

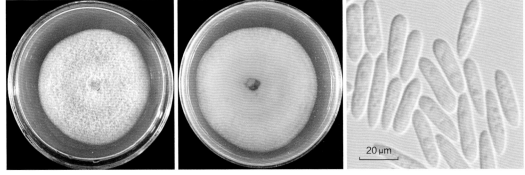

图 5　尖孢炭疽菌 PDA 培养性状及分生孢子形态（刘先宝摄）

不良天气预报，则第三次喷药。苗圃地可喷施 25% 咪鲜胺乳油或 20% 氟硅唑·咪鲜胺热雾剂，早晨 7：00 前或傍晚 19：00 以后，静风时施药，用量 1500g/（次·hm²）。每隔 7～10 天喷 1 次，喷 2～3 次。

施用硫黄粉防治。该方法适用于橡胶树叶部病害的防治。"两病"防治的传统方法为喷洒硫黄粉，该方法虽能够有效防治病害，但仍存在几个问题：使用的高扬程担架式机具，机体大而重，工人劳动强度大，尤其是在山地地区。而背负式喷粉机，扬程欠佳，工效低且防效差。硫黄粉防治原理主要是靠硫的物理升华，阴雨天气不能喷粉，会延误防治时机。喷施硫黄粉最主要是环境问题，大面积使用会造成环境污染。

施用烟雾剂或热雾剂防治。20 世纪八九十年代，粉锈宁、多菌灵等烟雾剂或热雾剂的使用可有效防治"两病"。与传统硫黄粉相比，油状烟雾剂抗雨水冲刷，药效比较持久，工效较高，成本比施用硫黄粉略低。但粉锈宁和多菌灵是一种有机农药，长期使用容易产生抗药性。

直升机或无人机施药防治。利用无人机或直升机进行防治具有防治时间短、易控制，受其他因素制约少的优势，在较短的时间内控制病情指数，达到最理想的防治效果，已在农业病虫害的防治中经得到广泛应用，在橡胶树上还处于起步阶段。前期研究，中国热带农业科学院环境与植物保护研究所研发了兼治白粉病、炭疽病和棒孢霉落叶病等叶部病害的中试药剂"保叶清"，并研发了配套的施药技术，在橡胶苗圃地、中小龄橡胶树和成龄胶园进行了施药技术的集成和示范，该技术结合现代施药技术及药械，既节约了劳动时间和成本，又提高了防效。

参考文献

蔡志英，李加智，何明霞，2009. 三种热雾剂对橡胶炭疽病大田防治试验 [J]. 热带农业科技，32(3)：10-11.

蔡志英，黄贵修，2011. 巴西橡胶树炭疽病研究进展 [J]. 西南林业学报，31(1)：89-93.

崔昌华，2006. 橡胶老叶炭疽病病原菌的生物学、对药物的敏感性及 ITS 序列分析 [D]. 儋州：华南热带农业大学.

李加智，2008. 云南橡胶树叶炭疽病病状及发生近况 [J]. 热带农业科技，31(3)：13-16.

孙卓，郑服丛，2008. BTH 诱导橡胶抗炭疽病效果初探 [J]. 广东农业科学 (7)：76-77.

王绍春，冯淑芬，2001. 粤西地区橡胶树炭疽病流行因素分析 [J]. 热带作物学报，22(1)：15-22.

张春霞，何明霞，李加智，等，2008. 云南西双版纳地区橡胶炭疽病病原鉴定 [J]. 植物保护，34(1)：103-106.

（撰稿：刘先宝；审稿：黄贵修）

橡实僵干病　oak acorns black rot

由橡实杯盘菌引起的、危害橡实的一种真菌病害。

分布与危害　发生于中国安徽、陕西、甘肃、辽宁和吉林等地。在法国、德国、英国、美国等均有发现。在自然状况下发病率为 30%～50%，严重时可达 70%，被害橡实发芽率降低，影响育苗。

发生初期，果壳表面出现变色病斑，初期颜色较浅，之后颜色加深，呈灰褐色，病斑边缘一圈呈铅黑色。剥开果壳，可见受害子叶表皮上出现橙黄色梭形小斑，周围环以暗色晕纹。发病后期，子叶变黑，被浅灰色菌膜包被，内部长满菌丝，形成假菌核。最后，子叶失水干缩，橡实失去萌发能力。在适宜条件下，假菌核吸水膨胀，种壳被胀裂，有时菌核上长出子实体，喇叭状至杯盘状，浅褐色至深褐色。

病原及特征　病原为橡实杯盘菌 [Ciboria batschiana (Zopf) N. F. Buchw.]，又称橡实假核盘、栎杯盘菌，属子囊菌门杯盘菌属。该菌只有菌丝体及子囊盘，无分生孢子。菌丝无色，有分枝，表面带疣状突起，直径 1.8～2.4μm。感病橡实中菌丝与子叶组织组成假菌核，越冬后，春季假菌核吸水，逐渐生出小喇叭状子囊盘 3～6 个。子囊盘直径 2～8mm，浅褐色至深褐色，具 5～25mm 的细长柄。子囊盘内许多子囊直立单层排列，构成子实层。子实层深黄色，后变深褐色。子囊圆筒形，大小为 105～130μm×6～8μm，内有 8 个子囊孢子。子囊孢子近椭圆形，单细胞，大小为 8～10μm×5～6μm，光滑无色，在子囊中单列排列。孢子成熟后，从子囊中挤出，并弹入空中，随气流传播。侧丝线形，顶端稍膨大，直径 1.5～3μm。

侵染循环　橡实僵干病菌以假菌核在被害橡实中越冬。翌年秋季，当新橡实成熟落地后接触果上的菌丝，菌丝发生的芽管从种脐侵入果内，以子叶为营养持续生长，逐渐形成新的假菌核。

流行规律　橡实僵干病 1 年发生 1 次，多发于秋季。自然环境下，落地橡实一般零星发病，高温多湿易于发病。在 20℃ 下，病菌侵入后 2～6 周便可完全破坏子叶，形成假菌核。橡实储存过程中，如有病果混入则成为侵染源，当温湿度过大，橡实含水量高于 40%，特别是橡实带伤时，则易造成该病蔓延。春季橡实发芽期间，如遇霜冻更有利于病菌侵染，致使子叶、根、幼芽变色以致死亡。

防治方法　秋季橡实落地后要及时收集，严格选择，淘汰不良果、病果，减少感染机会。橡实储存前要充分晾干，至含水量达 30%～40% 时混入一些细沙储存。储藏期间严格控制温湿度，定期检查，及时除去病果。

参考文献

秦利，李树英，2017. 中国柞蚕学 [M]. 北京：中国农业出版社.

中国农业科学院植物保护研究所，中国植物保护学会，2015. 中国农作物病虫害 [M]. 3 版. 北京：中国农业出版社.

（撰稿：夏润玺；审稿：秦利）

小豆白粉病　adzuki bean powdery mildew

由苍耳叉丝单囊壳引起的、主要危害小豆叶片的一种绝对寄生的真菌性病害。

发展简史　小豆白粉病于 1922 年在日本首先被发现。1937 年，本间康将日本发生的小豆白粉病病原菌记载为豌豆白粉菌（*Erysiphe pisi*）和菜豆单囊壳（*Sphaerotheca phaseoli*，异名棕丝单囊壳 *Sphaerotheca fuliginea*）。1939年，贺俊峰等在中国首次记载了小豆白粉病，认为病原菌为棕丝单囊壳，王晓鸣等在 2000 年出版的《小豆病虫害鉴别与防治》一书中认为小豆白粉病为蓼白粉菌（*Erysiphe polygoni*）和黄芪单囊壳（*Sphaerotheca astragali*）。2013年，Thite 和 Kore 将印度发生的小豆白粉病病原菌初步鉴定为 *Oidium* sp.。随着分子系统发育分析的应用，白粉菌分类发生了较大的变化，基于 ITS 和 28S rDNA 序列分析结果，2000 年 Braun 和 Takamatsu 将单囊壳属（*Sphaerotheca*）和叉丝单囊壳属（*Podosphaera*）合并，并将前者作为后者的异名。小豆白粉病菌的命名在文献中还没有完全标准化，但 2004 年 Cunnington 等基于对澳大利亚豆科植物上发生的无性态白粉病菌分子鉴定结果，将包括小豆在内的豇豆属和菜豆属植物上的白粉菌鉴定为苍耳叉丝单囊壳 ［*Podosphaera xanthii*（Castagne）U. Braun & Shishkoff］。

分布与危害　该病在中国各小豆生产区均有分布，以北京、河北、吉林、黑龙江、内蒙古、山西等地发生严重。病害发生于植株生长中后期。由于菌丝体覆盖叶面，影响正常光合作用，同时寄生菌丝吸收植物营养，破坏植株的正常生长，导致籽粒变小和减产。病害可以危害植株地上所有部分。首先，被侵染的叶、茎、荚产生点状褪绿，随后在侵染点出现白色菌丝和粉状孢子。菌丝在植物组织上不规则扩展蔓延，逐渐覆盖叶片，或在茎和荚上形成粉斑（见图）。小豆生长后期，病叶逐渐变黄、脱落。

病原及特征　苍耳叉丝单囊壳［*Podosphaera xanthii*（Castagne）U. Braun & Shishkoff］菌丝无色，分枝，有隔膜，附着胞不明显；分生孢子梗直立，无色，具脚胞和 1～4（～6）个短圆柱形细胞，大小为 57.6～100.8μm×9.6～12μm；分生孢子串生，椭圆形或卵圆形，大小为 24～36μm×13.2～20.4μm，平均 30.4μm×17.6μm，具纤维体。闭囊壳聚生至散生，直径 64.8～118.3μm；附属丝数量 10～36 根，长 23.8～138.8μm，宽 4～7μm；附属丝简单，扭曲状，偶尔分枝，深褐色，或基部褐色向上渐变淡色；闭囊壳含 1 个子囊，子囊椭圆形至亚球形，大小为 60.8～84（～96）μm×55.6～75（～80）μm，含有 8 个子囊孢子；子囊孢子椭圆形或卵形，大小为 12.6～22.5μm×11.3～16.9μm。

侵染过程与侵染循环　病菌以闭囊壳在病残体上越冬，或在其他寄主上越冬。翌年在适宜条件下，病原菌分生孢子通过气流从其他寄主上传播到小豆上造成侵染，或闭囊壳释放子囊孢子侵染植株。被侵染植株发病部位产生分生孢子形成田间发病中心。在病斑上产生的分生孢子通过风的传播造成大范围的发病。

流行规律　气候湿润、温暖，田间植株密度高时，病害发生严重。

防治方法　小豆白粉病的发生和流行与品种感病性、耕作制度、气候条件等密切相关，必须采取以种植抗病品种为主、栽培和药剂防治为辅的病害综合治理措施。

种植抗病品种。秋季及时清除田间病株残体，深翻土地，减少越冬菌源；合理密植，增施磷钾肥，以提高植株抗性。在病害常发区，可以在未发病前，喷施石硫合剂进行预防；发病初期可喷施 40% 氟硅唑（福星）乳油 5000～8000 倍液、10% 世高水分散粒剂 1500～2500 倍、25% 粉锈宁可湿性粉剂 2000 倍液、75% 百菌清可湿性粉剂 1000 倍液。

参考文献

田静，朱振东，张耀文，等，2016. 小豆生产技术 [M]. 北京：北京教育出版社.

王晓鸣，金达生，列顿 R，2000. 小豆病虫害鉴别与防治 [M]. 北京：中国农业科学技术出版社.

LIU S Y, WANG L L, JIANG W T, et al, 2011. Morphological and molecular characterizations of powdery mildew, *Podosphaera xanthii* occurring on cucurbits in Changchun Agri-Expo Garden, China[J]. Mycosystema, 30: 702-712.

（撰稿：朱振东；审稿：王晓鸣）

小豆白粉病危害症状（朱振东提供）

X

小豆孢囊线虫病　adzuki bean cyst nematodes

由大豆孢囊线虫引起的、主要危害小豆根系的土传病害。

发展简史　大豆孢囊线虫于 1915 年首次由 Hori 在日本发现，最初被认为是甜菜异皮线虫（*Heterodera schachtii*）（Ishikawa，1916）。1952 年，Ichinohe 重新定名为大豆孢囊线虫。自 1915 年发现大豆孢囊线虫后，该病一直是日本大豆和小豆的重要病害。1962 年，Riggshe 和 Hamblem 报道了大豆孢囊线虫的寄主有 170 种，其中包括小豆。大豆孢囊线虫病在中国有较早的发生历史，但直到 1979 年陈品三才确定了病原为大豆孢囊线虫。虽然，小豆孢囊线虫在中国多地严重发生，但迄今没有相关研究报道。

分布与危害　小豆孢囊线虫病主要分布在东北及华北地区，其中在黑龙江、吉林、河北等地危害严重，可导致较大的产量损失。被害植株地上部分表现为叶片褪绿、黄化，严重被害时植株矮化、瘦弱，叶片焦枯似火烧状。根系被侵

染，产生褐色病斑，根系发育受阻，须根减少，很少或不结瘤，被害根部表皮破裂，易受其他土传真菌侵染。雌虫成熟后在根上形成大小 0.3～0.5mm 的白色或淡黄色球状颗粒（孢囊），这是鉴别孢囊线虫的重要特征（见图）。

病原及特征　病原为大豆孢囊线虫（*Heterodera glycines* Ichin.）大豆孢囊线虫雌、雄虫，卵初为圆筒形，后发育为长椭圆形，稍向一侧弯曲，大小为 50～110μm×39～43μm。雌成虫梨形或柠檬形，发育后期直接转化成柠檬形孢囊。孢囊初为白色，随后变为黄色，最终变为褐色，头颈和尾部明显突出，大小为 500～786μm×330～560μm。雄虫线性，体长 1.2～1.4mm。大豆孢囊线虫具有生理分化，但危害小豆的生理小种尚未进行鉴定。

侵染过程与侵染循环　孢囊线虫以卵在孢囊内于土壤中越冬，成为翌年初侵染源。孢囊具有极强的抗逆境能力，在土壤中可存活 11 年以上。翌年春季温度在 16℃ 以上，卵发育孵化出二龄幼虫进入土壤，以口针侵入根系的皮层中吸食，虫体露于其外。孢囊线虫幼虫在土壤中仅能作短距离的移动，活动范围很小。在田间主要通过农事耕作、田间水流或借风携带传播，也可混入未腐熟堆肥或种子携带远距离传播。

流行规律　土壤内线虫量大，是发病和流行的主要因素，盐碱土、砂质土发病重，连作田发病重。

防治方法　选用适合当地的抗病或耐病品种；与禾本科植物实行轮作；加强栽培管理，增施有机肥，适时灌溉和追肥；用 35% 多克福种衣剂进行种子处理。

参考文献

田静，朱振东，张耀文，等，2016. 小豆生产技术 [M]. 北京：北京教育出版社 .

（撰稿：朱振东；审稿：王晓鸣）

小豆孢囊线虫病危害症状（朱振东提供）

小豆病害　adzuki bean diseases

小豆是豆科（Leguminosae）蝶形花亚科（Papilionoideae）菜豆族（Phaseoleae）豇豆属（*Vigna*）一年生草本双子叶植物。小豆起源于中国，主要种植在东亚多国，如中国、日本、韩国、尼泊尔等，非洲、欧洲和美洲有少量种植。小豆在中国已有 2000 多年的栽培历史，除少数高寒山区外，全国各地均有种植，年播种面积在 25 万 hm² 左右，总产量约 30 万 t。东北、华北及江淮地区为主产区，以黑龙江、内蒙古、吉林、辽宁、河北、陕西、山西、江苏、河南种植较多。

危害小豆的病害包括真菌病害、细菌病害、病毒病害、线虫病害等。小豆真菌病害主要有丝核菌茎腐病（*Rhizoctonia solani*）、尾孢叶斑病（*Cercospora canescens*）、炭腐病（*Macrophomina phaseolina*）、疫霉茎腐病（*Phytophthora vignae*）、白粉病（*Podosphaera xanthii*）、菌核病（*Sclerotinia sclerotiorum*）、锈病（*Uromyces azukicola*）、轮纹叶斑病（*Phoma exigua*）、链隔孢叶斑病（*Alternaria alternata*）、角斑病（*Phaeoisariopsis griseola*）、灰霉病（*Botrytis cinerea*）、叶腐病（*Thanatephorus cucumeris*）、炭疽病（*Colletotrichum lindemuthianum*）、褐茎腐病（*Cadophora gregata* f. sp.

adzukicola）、丝核菌根腐病（*Rhizoctonia solani*）、镰孢根腐病（*Fusarium solani* f. sp. *phaseoli*）、枯萎病（*Fusarium oxysprum* f. sp. *adzukicola*）、笄霉荚腐病（*Choanephora cucubitarum*）。

细菌性病害主要有普通细菌性疫病（*Xanthomonas axonopodis* pv. *phaseoli*）、叶疫病（*Pantoea agglomerans*）、细菌性茎腐病（*Pseudomonas adzukicola*）。小豆病毒病主要有花叶病毒病、小豆黄化病。小豆线虫病害有根结线虫病（*Meloidogyne* spp.）和孢囊线虫病（*Heterodera glycines*）。

参考文献

田静，朱振东，张耀文，等，2016. 小豆生产技术 [M]. 北京：北京教育出版社.

王晓鸣，金达生，列顿 R，2000. 小豆病虫害鉴别与防治 [M]. 北京：中国农业科学技术出版社.

（撰稿：朱振东；审稿：王晓鸣）

小豆花叶病毒病危害症状（朱振东提供）

小豆花叶病毒病 adzuki bean mosaic virus disease

由小豆花叶病毒等多种病毒引起的、主要危害小豆叶片的病毒性病害。

发展简史　小豆花叶病毒病 1922 年首次在日本报道（Matsumoto）。1989 年，Choi 和 Lee 在韩国报道该病。1992 年，McKern 等通过外壳蛋白特性分析发现小豆花叶病毒、黑眼豇豆花叶病毒、花生条纹病毒（peanut stripe virus，PSV）及 3 个大豆分离物均属相同 *Potyvirus* 的株系。在中国，1989 年陆天相等鉴定河北小豆病毒病主要由黄瓜花叶病毒引起。

分布与危害　小豆花叶病毒病广泛分布于中国各小豆产区，在小豆整个生育期均可发生，一般发生情况下减产 30%～40%，严重发生时，减产 80% 以上，多种病毒常造成复合侵染，导致更大的产量损失。因为病毒、品种等不同引起的症状多样，叶片上的症状主要有不同程度的花叶、褪绿、斑驳、明脉、绿脉带、皱缩、卷叶、黄化斑驳等；全株性症状主要表现为植株矮化（见图）。

病原及特征　多种病毒可以引起小豆花叶病毒病，如小豆花叶病毒（adzuki bean mosaic virus，AzMV）、菜豆普通花叶病毒（bean common mosaic virus，BCMV）、黑眼豇豆花叶病毒（blackeye cowpea mosaic virus，BLCMV）、黄瓜花叶病毒（cucumber mosaic virus，CMV）等。小豆花叶病毒隶属于马铃薯 Y 病毒科（Potyviridae）中的马铃薯 Y 病毒属（*Potyvirus*）。病毒粒子无包膜，线状，长 750nm。黄瓜花叶病毒隶属于雀麦花叶病毒科（Bromoviridae）黄瓜花叶病毒属（*Cucumovirus*），病毒粒子为等轴 20 面体，无包膜，直径 29nm。

侵染过程与侵染循环　几种病毒均可以通过小豆种子带毒传播，种子带毒是重要的初侵染源。同时，这些病毒寄主范围广泛，其他带毒植物也是主要侵染源。蚜虫是这些病毒的自然传播介体，一旦田间初侵染形成中心病株，传毒介体蚜虫的存在与否及其数量则是病毒病蔓延流行的重要因素。

传毒介体蚜虫主要有豆蚜（*Aphis craccivora*）、桃蚜（*Myzus persicae*）、棉蚜（*Aphis gossypii*）等，以非持久方式传播。

流行规律　如遇少雨、高温气候，田间出现大量有翅蚜，则病毒病暴发流行。

防治方法　种植抗病品种。生产和使用无病毒种子；调整播期，避开蚜虫传毒高峰；苗期及时拔除病苗。药剂防治分为蚜虫防治和病毒病防治两部分。蚜虫可以用种子重量 10% 吡虫啉可湿性粉剂拌种防治，或者在蚜虫发生初期喷施 10% 吡虫啉可湿性粉剂 2500 倍液、丁硫克百威 1500 倍液、50% 辟蚜雾可湿性粉剂 2000 倍液等。病毒病防治可在病害发生前或发病初期叶面喷施 NS-83 或 88-D 耐病毒诱导剂 100 倍液，或 2% 或 8% 宁南霉素水剂（菌克毒克）、6% 低聚糖素水剂、0.5% 菇类蛋白多糖水剂、20% 盐酸吗啉胍·乙酸铜可湿性粉剂、6% 菌毒清、3.85% 病毒必克可湿性粉剂、40% 克毒宝可湿性粉剂、20% 病毒 A500 倍液和 5% 植病灵 1000 倍液。

参考文献

田静，朱振东，张耀文，等，2016. 小豆生产技术 [M]. 北京：北京教育出版社.

王晓鸣，金达生，列顿 R，2000. 小豆病虫害鉴别与防治 [M]. 北京：中国农业科学技术出版社.

（撰稿：朱振东；审稿：王晓鸣）

X

小豆菌核病 adzuki bean *Sclerotinia* stem rot

由核盘菌引起的、主要危害小豆地上部分的真菌性病害。

发展简史 原攝祐于1942年在日本首次记载了小豆菌核病，之后国外鲜有该病的报道。中国尚无该病害研究的报道，仅2016年刘春来等在其核盘菌菌丝融合群分化及致病性的研究中包括一个小豆分离物，该分离物被鉴定为独立的融合群。

分布与危害 该病在黑龙江小豆产区有分布，可导致严重减产。病害可危害植株地上所有部分，但主要发生在近地面茎基部、下部茎秆分枝处和幼荚。染病茎秆最初产生水渍状病斑，随后病斑上下扩展，变为白色，表皮组织发干崩裂，导致植株上部萎蔫、死亡。湿度大时，病部位有白霉长出。病茎组织中空，内有鼠粪状黑色菌核；病部表面白霉生长旺盛时，也有黑色菌核形成（见图）。

病原及特征 核盘菌[*Sclerotinia sclerotiorum* (Lib.) de Bary] 菌核不规则形或似老鼠屎状，直径2～20mm；菌核萌发产生一个至多个杯形子囊盘，着生在细长菌柄上；子囊盘盘形，淡红褐色，直径0.5～11mm，上生栅状排列的子囊；子囊棒状，大小为81～252μm×4～22μm，内含8个子囊孢子；子囊孢子单胞，无色，椭圆形，大小为11.7～15.1μm×5.9～7.3μm；侧丝无色，丝状，夹生在子囊间。

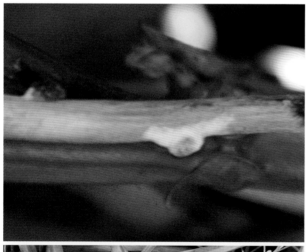

小豆菌核病危害症状（朱振东提供）

侵染过程与侵染循环 菌核在土壤中或混在种子上越冬。越冬菌核在适宜条件下萌发产生子囊盘，子囊成熟后，遇空气湿度变化即将囊中孢子射出，随风传播。

流行规律 菌核病是一个低温病害，冷凉潮湿的气候条件利于病害的发生。此外，豆类、向日葵等作物连作易加重发病。

防治方法 种植耐病品种；与禾本科作物进行5年以上的轮作；高垄种植，适当晚播，合理密植；少施氮肥，增施磷钾肥；收获后及时清理病残体，进行深耕，将菌核埋入地面10cm以下，使其不能萌发；发病初期喷施50%速克灵可湿性粉剂、40%菌核净可湿性粉剂1000～1500倍液、50%多菌灵可湿性粉剂600～800倍液、50%甲基托布津可湿性粉剂500～700倍液、40%纹枯利可湿性粉剂800～1000倍液或50%氯硝胺可湿性粉剂1000倍液。

参考文献

田静，朱振东，张耀文，等，2016. 小豆生产技术[M]. 北京：北京教育出版社.

王晓鸣，金达生，列顿R，2000. 小豆病虫害鉴别与防治[M]. 北京：中国农业科学技术出版社.

（撰稿：朱振东；审稿：王晓鸣）

小豆丝核菌茎腐病 adzuki bean *Rhizoctonia* stem rot

由茄立枯丝核菌引起的、主要危害小豆茎的一种真菌性土传病害。

发展简史 2000年，王晓鸣等在编著的《小豆病虫害鉴别与防治》中记载一种小豆丝核菌根腐病，认为该病由茄丝核菌引起。2011年，北京和河北发生一种类似于小豆丝核菌根腐病的小豆茎腐病；2015年，孙素丽等通过病原形态学观察及分子特征研究将病原菌鉴定为立枯丝核菌（*Rhizoctonia solani* Kühn）AG 4 HGI。

分布与危害 该病在北京、河北有发生。病害主要发生在小豆生长中后期。染病植株首先在靠近地表的茎基部产生水浸状的病斑，随后病斑沿茎迅速向上下扩展，可见红褐色、绕茎发展的病斑，可环剥全茎，随着病斑的扩展，植株根系和茎变褐色，植株早衰、形成干腐状，最后导致植株枯萎死亡（见图）。

病原及特征 病原为立枯丝核菌（*Rhizoctonia solani* Kühn）AG 4 HGI融合群。菌丝有隔，初无色，后变为褐色，呈直角或者锐角分枝，分枝处有缢缩并形成隔膜，菌丝细胞具有多核，不产生无性孢子，产生菌核。除小豆外，病原菌还侵染绿豆、菜豆、豇豆、棉花、丝瓜。

侵染过程与侵染循环 病原为土壤习居菌，以菌丝体或菌核在土壤中或病残体上越冬。该菌寄主范围广泛，在其他作物、杂草上越冬的病原菌也是该病重要初侵染源。

流行规律 降水、高温、高湿条件适合病害发生发展。多年连作田块、地势低洼、地下水位高、排水不良发病重。

防治方法 选用耐病品种。低洼地实行高畦栽培，雨后

小豆丝核菌茎腐病危害症状（朱振东提供）

及时排水；收获后及时清除田间病残体；严重发病的地块，收获后进行深耕；与禾本科作物轮作 2～3 年。

参考文献

王晓鸣，金达生，列顿 R，2000. 小豆病虫害鉴别与防治 [M]. 北京：中国农业科学技术出版社 .

SUN S, XIA C, ZHANG J, et al, 2015. Stem rot on adzuki bean (*Vigna angularis*) caused by *Rhizoctonia solani* AG 4 HGI in China[J]. The plant pathology journal, 31(1): 67-71.

（撰稿：孙素丽、朱振东；审稿：王晓鸣）

小豆炭腐病　adzuki bean charcoal rot

由菜豆壳球孢引起的、主要危害小豆根和茎的一种真菌性土传病害。

发展简史　1958 年，西原夏树首次在日本记载由菜豆

壳球孢菌引起的小豆炭腐病，随后再无该病相关报道。2014 年，孙素丽等在中国陕西榆林和北京房山小豆田里发现大量感病植株呈现出炭腐病症状，植株死亡率在 80% 以上，经病原菌分离、结合形态学及分子特征将病原菌鉴定为菜豆壳球孢菌。

分布与危害　该病仅在中国报道，山西、河南、陕西、北京等局部地区发生严重，植株死亡率在 80% 以上。被侵染的小豆植株地上部分初期表现为叶片黄化，随后叶片萎蔫和枯死，但附着在茎秆上不脱落，形成青枯或干枯状。后期，秆染病部位呈亮灰色或银灰色，一些染病分枝和叶柄上也有银灰色病斑产生。植株被拔起后，植株主根和基部茎秆的表皮腐烂，并在表皮、下表皮和维管束组织及髓部产生大量的黑色微菌核。纵向劈开主根和茎，主根和茎的维管束组织变色，有时可在根冠木质部见到黑色条纹（见图）。

病原及特征　病原为菜豆壳球孢［*Macrophomina phaseolina*（Tassi）Goid.］，属壳球孢属。菌丝初期为白色，随着生长时间延长，渐变为褐色至深褐色，最后呈黑色；菌丝体呈锐角或近直角分枝，分枝处不缢缩或缢缩不明显；先

小豆炭腐病危害症状（朱振东提供）

端菌丝一般不分隔，成熟菌丝有明显分隔且隔间较短。在绿豆上，分生孢子器不产生。该菌典型特征是易形成微菌核，由50～200个单个菌丝细胞聚集在一起形成的多细胞结构，呈不规则形状，大小为50～150μm。微菌核的数量和大小与其生长的环境中营养成分的多少有密切关系。

侵染过程与侵染循环　病菌主要以微菌核形态在土壤、病残体上越冬，是翌年病害的主要初侵染源。微菌核产生于植物病组织处，随着植物病残体进入土壤中，存活时间长达2～15年。

流行规律　炭腐病害的发生与环境条件有密切关系，高温和干旱的环境条件，有利于病原菌的生长和繁殖，并产生大量的微菌核。若连续种植感病品种，土壤中的微菌核数量也会逐年增加，进而造成病害大流行。土壤贫瘠、种植密度过大、根部损伤等条件发病严重。

防治方法　选用耐病品种和健康种子。与非寄主作物轮作2～3年。配方施肥，增施厩肥、堆肥等有机肥。合理密植，遇旱及时灌溉，或进行免耕栽培。调整播期，避开开花结荚期高温、干旱。用苯菌灵、甲基硫菌灵、福美双、噻菌灵、嗪胺灵、克菌丹等处理土壤；用多菌灵、敌菌丹、代森锰锌、二甲呋酰胺、甲基硫菌灵等处理种子，用生防菌如哈茨木霉、绿色木霉菌、铜绿假单胞菌等进行种子处理可以有效防止病害发生。

参考文献

朱振东，段灿星，2012. 绿豆病虫害鉴定与防治手册[M].北京：中国农业科学技术出版社.

SUN S, WANG X, ZHU Z, et al, 2016. Occurrence of charcoal rot caused by *Macrophomina phaseolina*, an emerging disease of adzuki bean in China[J]. Journal of phytopathology, 164(3): 212-216.

（撰稿：孙素丽、朱振东；审稿：王晓鸣）

小豆尾孢叶斑病危害症状（朱振东提供）

小豆尾孢叶斑病　adzuki bean *Cercospora* leaf spot

由变灰尾孢等多种尾孢菌引起的、主要危害小豆叶片的一种真菌性病害。

发展简史　1924年，柴田万年在日本记载了由变灰尾孢（*Cercospora canescens*）引起的小豆叶斑病。1993年，印度Basandrai和Gupta在小豆上发现并报道变灰尾孢和菜豆尾孢（*Cercospora cruenta*）。在中国，没有小豆尾孢叶斑病病原菌鉴定报道。1991年，李怡林建立了该病害抗性鉴定方法。2000年，王晓鸣等对该病害进行了描述。

分布与危害　该病在中国小豆产区均有发生，其中在天津、北京、河北等地发生严重。小豆苗期至成株期均可发病，但主要发生在开花结荚期。叶片染病，最初产生水渍状斑点，病斑逐渐扩大并变为黄褐色至红褐色，形状不规则。随病害发展，病斑中部变为灰白色，边缘深褐色。条件适宜时，病斑扩展迅速，相连成大片的不规则坏死区，导致叶片脱落，植株早衰，造成严重减产。茎与豆荚上的病斑通常为红褐色的不规则状（见图）。

病原及特征　变灰尾孢（*Cercospora canescens*）孢子座近球形，气孔下生，褐色，直径22.5～54.0μm。分生孢子梗5～19根稀疏簇生至多根紧密簇生，浅褐色至中度褐色，色泽均匀，顶部较窄，直立至弯曲，不分枝，1～5个屈膝状折点，顶部圆锥形平截至平截，具1～8个隔膜，大小为20.0～332.0μm×3.0～6.5μm，孢痕明显，宽2.2～3.2μm；分生孢子针形至倒棍棒形，无色，直或稍弯曲，顶端尖细至近钝，基部倒圆锥形平截至平截，3至多个隔膜，大小为30.0～300.0μm×2.5～5.4μm。该菌能够产生非寄主专化性毒素尾孢素，尾孢毒素能够影响种子萌发和根的生长，在病原菌致病过程中起作用。

侵染过程与侵染循环　分生孢子在小豆叶片或其他绿色组织上萌发，产生芽管，芽管伸长和分枝，部分到达气孔口并产生附着胞；随后附着胞产生侵染菌丝在寄主保卫细胞间扩展侵入气孔下腔，在细胞间分枝进入薄壁组织；最后邻近气孔下腔的细胞变形和坏死，导致病斑产生。

病菌以菌丝体在植株病残体上越冬，在小豆生产季节，病残体上病菌在适宜条件下产生分生孢子，分生孢子随风雨传播到植株下部叶片，形成初侵染。发病后，在病斑上产生新的分生孢子通过气流在田间扩散和侵染。除小豆外，变灰尾孢还能够侵染包括绿豆、豇豆、花生、扁豆、黑木豆、大豆、菜豆等作物在内的数十种豆科植物。

流行规律 当小豆开花后，植株代谢改变，此时如遇多雨、高温气候，病害迅速从下部叶片向上扩展，导致田间病害流行。种植密度过大，导致田间通风透光差和湿度增大，有利于病害发展。

防治方法 小豆尾孢叶斑病的发生和流行与品种感病性、种子带菌、耕作制度、气候条件等密切相关，必须采取以种植抗病品种为主、栽培和药剂防治为辅的病害综合治理措施。

利用抗病品种和无菌种子。适时播种，避免在生育后期阶段遇上高温高湿或多雨天气。实行轮作或间套作。采用高畦深沟或高垄栽培，适当减少种植密度和加宽行距，播种后覆盖稻草、麦秆等或覆盖地膜，可防止土壤中病菌侵染地上部植株。增施农家肥，追施多元肥和复合肥，特别是增加钾肥、锌肥的施用量，培肥地力，增加抗性。收获后应及时清除植株残体和杂草，集中深埋或烧毁，或深翻地灭茬促使病残体分解，杜绝或减少侵染来源；田间发现病株及时拔除，减少侵染源，防止病害扩散。降雨后及时排水，降低田间湿度。

在药剂防治方面，可以采用药剂拌种。在发病较重的地区和高温多雨地区，一旦出现连雨、高湿和寡照的不良天气，应提前进行喷药预防，或发病初期开始喷施多菌灵、代森锰锌、百菌清等药剂。

参考文献

田静，朱振东，张耀文，等，2016. 小豆生产技术 [M]. 北京：北京教育出版社.

王晓鸣，金达生，列顿 R，2000. 小豆病虫害鉴别与防治 [M]. 北京：中国农业科学技术出版社.

（撰稿：朱振东；审稿：王晓鸣）

小豆锈病　adzuki bean rust

由小豆单胞锈引起的、主要危害小豆叶片的一种绝对寄生性的真菌病害。

发展简史 最早于 1922 年在日本报道。由于夏孢子形态与菜豆（*Phaseolus vulgaris*）上的相似，Ito 将小豆锈病菌视为疣顶单胞锈（*Uromyces appendiculatus*）。1952 年，Hirata 发现小豆、野生小豆（*Vigna angularis* var. *nipponensis*）和饭豆（*Vigna umbellata*）上的锈病菌与疣顶单胞锈在夏孢子和冬孢子形态与大小上存在差异，将这些寄主上的锈病菌描述为一个新种，即小豆单胞锈（*Uromyces azukicola*）。然而，2003 年，Chung 等根据夏孢子芽孔位置、冬孢子壁上饰物及寄主专化性，将小豆锈病菌界定为疣顶单胞锈的一个变种（*Uromyces appendiculatus* var. *azukicola*）。2004 年，Chung 等发现疣顶单胞锈小豆变种的锈孢子形态与疣顶单胞锈其他变种的相似，但夏孢子和冬孢子形态特征及寄主关系不同于其他变种，根据对日本豆类的疣顶单胞锈和豇豆单胞锈（*Uromyces vignae*）进行形态和系统发育分析结果，将不同寄主来源的锈病菌划分为疣顶单胞锈、小豆单胞锈和豇豆单胞锈 3 个种，其中疣顶单胞锈主要危害菜豆，小豆单胞锈主要危害小豆、野生小豆、饭豆、土圞儿（*Apios fortunei*），豇豆单胞锈主要危害豇豆（*Vigna unguiculata*）。田间观察和接种试验表明，小豆单胞锈具单主寄生和大循环生活史，在小豆和饭豆上产生性孢子、锈孢子、夏孢子和冬孢子。在中国，Cummis 于 1951 年首次记载了小豆锈菌为疣顶单胞锈菌，后来一些研究者将小豆锈病菌分别视为小豆单胞锈或疣顶单胞锈；2014 年，支叶等基于夏孢子的芽孔位置、冬孢子壁的厚度、疣顶单胞锈菌及豇豆单胞锈特异性引物检测结果和 ITS 序列分析将小豆锈病菌鉴定为小豆单胞锈。

分布与危害 该病在黑龙江、吉林、天津、河北、北京、山西、陕西和广西等地有发生，其中在黑龙江、天津小豆产区发生严重。病菌危害植株所有地上部分。在叶片上，初期产生小的苍白色褪绿斑点，渐变为黄褐色，斑点（夏孢子堆）逐渐扩展，常突破叶片表皮，从中散出大量黄褐色或锈褐色的粉状夏孢子；夏孢子堆周围有时产生褪绿晕圈；在发病后期，夏孢子堆由黄褐色转为深褐色，中间产生黑褐色的粉状冬孢子。若叶片为大量夏孢子堆所覆盖，易造成叶片早落。严重危害可造成小豆绝产（见图）。

病原及特征 小豆单胞锈（*Uromyces azukicola*）夏孢子球形、卵形或椭圆形，壁上有刺，黄褐色，大小为 22.2～25.9μm×19.1～23.3μm，平均 25.0μm×21.8μm，壁厚 1.3～

小豆锈病危害症状（朱振东提供）

1.9μm，平均 1.6μm；冬孢子亚球形至椭圆形，褐色，顶部有无色至淡黄褐色乳状突起，大小为 26.6～32.5μm×19.6～22.9μm，平均 29.3μm×21.4μm，壁厚 1.7～2.3μm，平均 2.0μm。

侵染过程与侵染循环　病原菌以冬孢子在植株的病组织中越冬。翌年在适宜条件下萌发形成担孢子并形成初侵染，条件适宜时很快产生夏孢子，成为田间发病中心。夏孢子随风传播，造成大范围的侵染与发病。

防治方法　种植抗病品种；与非豆科作物轮作；及时清除田间植株残体；降低种植密度，适当调整播期；增施磷、钾肥，提高植株抗性。病害发生初期喷施 25% 三唑酮可湿性粉剂 1500 倍液、20% 萎锈灵乳油 400 倍液、20% 粉锈宁乳油 1000～1500 倍液、25% 双苯三唑醇可湿性粉剂 2500 倍液、30% 氟菌唑可湿性粉剂 2500 倍液或 75% 十三吗啉乳油 4000 倍液，间隔 7～10 天，连续喷施 2～3 次。

参考文献

田静，朱振东，张耀文，等，2016. 小豆生产技术 [M]. 北京：北京教育出版社 .

王晓鸣，金达生，列顿 R，2000. 小豆病虫害鉴别与防治 [M]. 北京：中国农业科学技术出版社 .

（撰稿：朱振东；审稿：王晓鸣）

小豆疫霉茎腐病　adzuki bean *Phytophthora* stem rot

由豇豆疫霉小豆专化型引起的、危害小豆根和茎的一种卵菌病害。

发展简史　小豆疫霉茎腐病首先于 1978 年在日本报道，最初该病被认为由豇豆疫霉（*Phytophthora vignae*）引起。随后，Tsuchiya 等研究了豇豆疫霉小豆分离物和豇豆分离物的致病性，发现该菌具有寄主专化型，将侵染小豆的分离物定名为豇豆疫霉小豆专化型（*Phytophthora vignae* f.sp. *adzukicola*），同时还发现该菌具有生理专化型，并鉴定出 3 个生理小种。2003 年，Notsu 等在日本发现 4 号生理小种。在中国，小豆疫霉茎腐病首先于 1999 年在黑龙江佳木斯被发现。

分布与危害　该病是日本主要小豆病害，适宜条件下病害损失到 60%。中国仅在黑龙江发现有该病发生。病害的典型症状是在茎部产生红色或红棕色条纹病斑，病斑环茎，导致植株萎蔫和死亡，一些植株豆荚发病腐烂，有时可在病茎和病荚产生白色霉层，严重时发病植株萎蔫、死亡（见图）。

病原及特征　病原为豇豆疫霉小豆专化型（*Phytophthora vignae* f. sp. *adzukicola*）。病原菌游动孢子囊常产生于不分枝的孢囊梗上，不具脱落性。新的孢子囊一般在老孢子囊内层出。孢子囊卵圆形至倒梨形，向基部渐尖，无乳突。平均大小为 47μm×30μm，长宽比为 1.6：1。有性生殖为同宗配合，藏卵器圆形，平均直径为 36.8μm；卵孢子未满器，平均直径为 29.7μm，壁光滑，平均壁厚为 2.9μm；雄器球形至卵圆形，围生，平均大小为 16.4μm×15.7μm。

小豆疫霉茎腐病危害症状（朱振东提供）

侵染过程与侵染循环　病菌以卵孢子在土壤中越冬，条件适宜时卵孢子萌发产生游动孢子侵染小豆植株。

流行规律　土壤和田间湿度是影响病害严重度的重要因子，侵染后，如若环境湿度较大，则病害发展迅速。

防治方法　种植抗、耐病品种，与非寄主轮作，播种前检测土壤中接种体，土壤中添加有机质如污泥、绿肥等，增施中性的 $CaSO_4$、$Ca(OH)_2$ 等及氮肥和钾肥，高畦深沟或高垄栽培，利用微生物拮抗菌或植物有益微生物防治。

参考文献

王晓鸣，金达生，列顿 R，2000. 小豆病虫害鉴别与防治 [M]. 北京：中国农业科学技术出版社 .

朱振东，王晓鸣，2003. 小豆疫霉茎腐病病原菌鉴定及抗病资源筛选 [J]. 植物保护学报，30(3)：289-294.

KITAZAWA K, TSUCHIYA S, KODAMA F, et al, 1978. Phytophthora stem rot of adzuki bean (*Phaseolus angularis*) caused by *Phytophthora vignae* Purss[J]. Annals of the phytopathological society of Japan, 44(4): 528-531.

TAUCHIYA S, YANAGAWA M, OGOSHI A, 1986. Formae speciales differentiation of *Phytophthora vignae* isolates from cowpea and adzuki bean[J]. Annals of the phytopathological society of Japan, 52(4): 577-584.

（撰稿：孙素丽、朱振东；审稿：王晓鸣）

小麦矮缩病　wheat dwarf

由小麦矮缩病毒引起的、危害小麦的一种病毒病害。

发展简史　最早由 Vacke 于 1961 年在捷克斯洛伐克的西部发现，随后在欧洲的多个国家陆续发生。引起矮缩病的病原最早被命名为小麦矮缩病毒，2007 年，Schubert 等发现 WDV 分别存在侵染小麦、大麦和燕麦的株系，并针对其基因组序列同源性的差异，提出是 3 种不同的病毒。2012 年，Kumar 等鉴定出印度小麦矮缩病是由小麦矮缩印度病毒（wheat dwarf India virus，WDIV）侵染所致。国际病毒分类委员会（ICTV）已确定双生病毒科（Geminivridae）玉米线条病毒属（*Mastrevirus*）下的小麦矮缩病毒（WDV）、燕麦矮缩病毒（ODV）和小麦矮缩印度病毒（WDIV）均可引起麦类作物的矮缩病。

中国以前没有小麦矮缩病的报道，2004 年以后在中国许多地区出现严重矮化、黄化且不能抽穗的小麦植株，经鉴定是小麦矮缩病。WDV 在国内已经广泛存在，并可侵染小麦、大麦和燕麦。未发现国外报道的燕麦 ODV 和 WDIV。小麦矮缩病于 2007 年开始已经在陕西局部地区流行，发病田平均病株率为 80%，严重矮缩病株约占 20%，发病田减产达 50%～80%。

分布与危害 小麦矮缩病在世界各地分布十分广泛，几乎凡是有小麦、大麦和燕麦栽培的地区均有发生。主要分布于北非、欧洲、亚洲和大洋洲等，在欧洲的捷克、法国、乌克兰、匈牙利、瑞典、德国和西班牙等国家先后严重发生，减产可达 40%～80%，损失惨重。2001—2005 年，匈牙利的麦类作物上发生的病毒病害 95% 以上都是由小麦矮缩病毒引起的。麦类作物感病后，体内激素代谢遭到干扰和破坏，导致分蘖无限增多，节间缩短，不能抽穗，造成产量严重下降。

病原及特征 病原是小麦矮缩病毒（wheat dwarf virus，WDV）是联体病毒科玉米线条病毒属的成员。病毒粒体为球状孪生颗粒，直径为 18nm，20 面对称，蛋白衣壳呈六边形（图 1 ①）。小麦矮缩病毒的核酸的重量占总重的 20%，它的基因组包含一个环状的单链 DNA，由 2739～2750 个核苷酸组成，编码 4 个蛋白和两个非编码区，包括运动蛋白（MP/V1）、外壳蛋白（CP/V2）、两个复制酶相关蛋白酶（Rep A 和 Rep）、LIR 和 SIR（图 1 ③）。

小麦矮缩病毒由异沙叶蝉（*Psammotettix alienus*）传播，异沙叶蝉属半翅目（Hemiptera）叶蝉科（Cicadellidae）（图 1 ②）。

小麦拔节之前受到侵染会造成植株严重矮缩，轻者植株 20cm 高，重者 10cm 高，自此植株就不再增高，拔节之后，受侵染的小麦分蘖长短不一，根部有众多的小分蘖产生；受寄主种类、品系、生长期及生理条件、病毒株系、接种剂量和环境条件等因素的变化，发病植株的叶片病害症状呈现多样性，有的严重黄化，有的保持着浓绿的颜色；有的叶片具有褪绿斑晕圈，叶尖呈现紫褐色；有的叶片叶脉黄绿相间；有的叶片有不规则的褪绿斑块；有的植株的心叶失绿变黄；发病严重的植株不会抽穗或抽穗很少，病株矮化严重，分蘖少或减少，严重时病株在拔节前即死亡，轻病株虽能拔节，多不抽穗，有的虽抽穗，但籽粒不实（图 2）。

侵染过程与侵染循环 小麦矮缩病毒只能由介体异沙叶蝉以持久非增殖方式传播，病害循环与传毒叶蝉的发生规律及寄主植物的分布、生物学特性密切相关。夏秋期间异沙叶蝉多分散于秋作物和杂草地上，秋末冬春则集中于麦田危害，因此，田间管理不善的麦田造成杂草丛生，成为异沙叶蝉理想的生息场所，又是病毒寄宿和传播的毒源。

流行规律 小麦播种时期愈早发病愈重，有些植株在越冬之前就已经感染了病毒，发病很严重，直至不能越冬，田间出现缺苗断垄的情况。在翌春小麦返青时，幼嫩的麦苗吸引着作物和杂草上越冬的带毒的异沙叶蝉，不久小麦就会表现出矮缩的症状，随着异沙叶蝉群体的不断扩大，矮缩症状

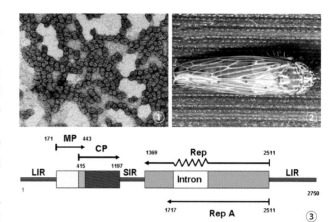

图 1 小麦矮缩病病原及特征（王锡锋提供）

①小麦矮缩病毒粒体；②介体异沙叶蝉；③基因组结构

图 2 小麦矮缩病田间危害症状（王锡锋提供）

的植株越来越多。此外，气象条件对异沙叶蝉发生、消长有明显影响，2 月气温高有利越冬卵孵化，夏季 5、6 月降雨量适中，有利于该虫的生活繁殖，降雨量过多抑制其发展，但过度干旱，影响到寄主植物生长，因食料缺乏而不利该虫的发生。冬季降雪早，雪量大，不利于该虫冬前的活动及产卵，从而影响到翌年春季 4 月虫口的发生量。

防治方法 小麦矮缩病的发生和流行与传毒异沙叶蝉数量与带毒率、气候条件和耕作栽培管理水平等密切相关。需采取以提高耕作栽培管理水平为基础、治虫防病为关键的病害综合治理措施。

治虫防病 对早播小麦田、向阳小气候优越的麦田，用直径 33cm 的捕虫网捕捉成虫、若虫，当每 30 单次网捕 10～20 头时，及时喷撒 1.5% 乐果粉或 1% 对硫磷粉剂、4% 敌马粉剂、4.5% 甲敌粉剂，每亩用药 1.5～2kg；也可用芸薹素 7500 倍液、5% 高效氯氰菊酯 1000 倍液、病毒立克 1000 倍液（或其他防病毒病药剂）、尿素 750 倍液、磷酸二氢钾 300 倍液混合喷雾。配制药液时，先用 40～50℃ 温水，将一包 2g 的芸薹素化开后搅匀，1 分钟后将尿素、磷酸二氢钾、病毒立克等倒入，加满水，再搅拌 1 分钟就可喷施了；必须做好药剂拌种工作，播种前用 75% 甲拌磷 100g，水 3～4L，喷洒在 50kg 种子上，闷种 12 小时后晾干播种，

X

以防治出苗初期的叶蝉。如苗期虫口密度很大，可用40%乐果乳油兑水稀释1000～2000倍喷洒，或40%氧化乐果乳油1000～2000倍液喷洒，或25%亚胺硫磷乳剂1000倍喷洒。

农业防治　实行农作物大区种植，科学安排种植结构；掌握好播种期，严防早播，适时晚播，是一项关键的防病栽培技术。要精耕细作，清除杂草寄主。麦收后及时灭茬深翻。麦苗越冬期间做好镇压耙糖，使麦苗安全越冬并压埋清除带越冬卵的残茬，减少春季虫口。通过合理密植，增施基肥、种肥，合理灌溉，改变麦田小气候，增强小麦长势，抑制该虫发生。

推广抗病良种　根据欧洲各国的经验，小麦种质资源中存在抗、耐病的材料。匈牙利和德国育成了Banquet、Svitava、Bohemia、Mv Vekni和Mv Dalma等为中度到高抗的小麦品种，以及高抗的Kijevska JA7和SGU 8077B等育种材料，对防治小麦矮缩病起到了很大作用。

参考文献

孙智泰，2004. 甘肃叶蝉及所传病害 [M]. 兰州：甘肃文化出版社 .

王江飞，柳树宾，吴蓓蕾，等，2008. 陕西韩城严重发生的小麦矮缩病病原鉴定与原因分析 [J]. 植物保护，34(2): 17-21.

HUTH W, 2000. Viruses of graminae in Germany—a short overview[J]. Journal of plant disease and protection, 107: 406-414.

（撰稿：王锡锋；审稿：陈剑平）

小麦矮腥黑穗病　wheat dwarf bunt

由小麦矮腥黑粉菌引起的一种重要的国际检疫性病害，是麦类黑穗病中危害最大、极难防治的检疫性病害之一。小麦矮腥黑穗病2007年被列为《中华人民共和国进境植物检疫性有害生物名录》271号检疫性有害生物。

发展简史　小麦矮腥黑粉菌之前很长一段时间被认为是普通腥黑粉菌的生理小种，首次正式确认矮腥黑粉菌是在1935年，主要基于矮腥黑粉菌冬孢子在形态上与普通腥黑粉菌截然不同，且其萌发温度（最适5℃）同普通腥黑粉菌冬孢子差异很大（最适17℃）。

国内外对小麦腥黑粉菌属病原菌的研究工作主要集中在小麦矮腥黑粉菌及其近源种的种内及种间分子生物学分类方面的相关研究，曾依据rDNA的转录间区测序分析、随机扩增多态性DNA标记、重复片段PCR基因指纹分析及ITS、Rpb2等方法研究腥黑粉菌的种内及种间差异寻求其变异特征，均未能实现准确区分。基于AFLP及ISSR的方法，报道了小麦矮腥黑粉菌多个特异性分子标记，实现小麦矮腥黑粉菌冬孢子与其近似种属的分子检测、实时荧光定量早期检测及与近似种属在显微镜下通过颜色差异快速准确区分冬孢子的免疫荧光法鉴定。

分布与危害　小麦矮腥黑穗病最初发生在美洲、欧洲和西亚地区，现已扩散至大洋洲、非洲及亚洲其他地区。小麦矮腥黑粉菌除侵染小麦外，还能侵染大麦属、黑麦属及燕麦草属等18个属的70多种禾本科植物。流行年份引起的产量损失一般为20%～50%，严重时可达75%～90%，甚至绝产。小麦矮腥黑穗病除导致产量方面的损失外，还严重影响面粉的品质，未经有效处理的病麦加工的面粉带有腥臭味。

感病植株苗期阶段产生异常大量的矮化分蘖；健株分蘖2～4个，病株4～10个，甚至可多达20～40个分蘖；褪绿斑纹及矮化多蘖的症状因病害严重程度和环境条件而有所差异。抽穗、扬花期病株矮化，感病植株的高度仅为健康植株的1/4～2/3，在重病田常可见到健穗在上面，病穗在下面，呈现典型的"二层楼"现象（图1）；健穗每小穗的小花一般为3～5个，病穗小花增至5～7个，从而导致病穗宽大、紧密。成熟期发育完全的孢子团一般呈籽粒状，比正常籽粒圆大，使内外稃张开，有芒品种芒外张，孢子团散发出由三甲胺引起的强烈的鱼腥气味。成熟病粒近球形，坚硬不易压碎，破碎后成块状。在小麦生长后期，若雨水多，病粒可胀破，孢子外溢，干燥后形成不规则的硬块。

病原及特征　病原为小麦矮腥黑粉菌（*Tilletia controversa* Kühn），属腥黑粉菌属（*Tilletia*）。冬孢子黄褐色到红褐色，球形或近球形，胶质鞘1.5～5.5μm，直径19～24μm，光学显微镜下其形态如图2所示。冬孢子外壁通常具有规则的多边形网格，网脊高1.5～3μm，网隙直径3～5μm，扫描电镜下形态如图3所示。不育细胞呈规则的球形、透明，壁薄光滑，淡绿色或淡褐色，直径9～22μm，偶有胶质鞘包围。70%以上的小麦矮腥黑粉菌冬孢子网脊高度集中在1.5～2.5μm，胶质鞘厚度集中在2～3μm，而与其极其近似的小麦网腥黑粉菌冬孢子网脊高度小于1.2μm，胶质鞘厚度小于1.5μm。

冬孢子萌发需要长期低温和光照。通常在3～6周内萌发，萌发温度为：最低–2℃，最适3～8℃。弱光会刺激病菌冬孢子的萌发，绿光降低萌发而蓝光增加萌发，波长在400～600nm的辐射刺激孢子萌发最为有效。在室内培养一般可采用2盏40W的白色冷光荧光灯泡作为光源。冬孢子在中性到酸性条件下萌发率较高。

矮腥黑粉菌存在生理分化现象，根据病菌分离菌株在鉴别寄主（或鉴别基因品系）上的反应，可划分为不同的生理小种，美国已鉴定出17个生理小种。

病原菌休眠冬孢子通常含有一个二倍体核。冬孢子萌发后，单倍体核连同细胞质进入先菌丝，随后单个进入初生担孢子，并在此进行有丝分裂，其中一个单倍体核回到先菌丝，留在先菌丝中的细胞核进入无核的初生孢子中或退化。这样，初生担孢子为单倍体。当相反交配型的初生担孢子融合形成H体，其产生的菌丝或次生担孢子通常为双核，但亦可能含数目不定的细胞核。病菌侵入到寄主体内一直保持双核状态，直到冬孢子形成期间才进行核配。双核细胞核在冬孢子形成开始之前可能会分离或再联会。

侵染过程与侵染循环　接种体的初侵染源是来自前茬带病作物散落在土壤中或被风刮来的散落在土表的冬孢子，其在冬麦播种后陆续萌发并侵染麦苗，侵染期可延续3～4个月。在积雪覆盖下–2～2℃范围内冬孢子萌发侵染，温度不适时其萌发将暂停或延缓。冬孢子在自然条件的土壤中可存活10年以上。小麦矮腥黑穗病的生活史如图4所示，散落在土壤中的该病菌冬孢子萌发后侵染小麦幼嫩的分蘖处，逐步进入穗原始体、花器等组织，破坏子房，最终形成该病菌的冬孢子堆。1989 年，Trione 等人采用切片技术，发现小麦子房被侵染后菌丝在子实层形成冬孢子；1978 年，Fernandez 和 Duran 采用组织切片技术，发现该真菌在小麦生长点存在大量菌丝。2016 年，蔚慧欣等人发现被该真菌侵染后的小麦叶片细胞超微结构发生了显著变化，该真菌侵染小麦后不但影响小麦的正常生理，且在小麦的根、茎、叶及看似正常的成熟籽粒中均发现冬孢子。

流行规律　发病程度依赖于大面积感病品种的种植、土壤中足够的冬孢子浓度、数周持续的积雪覆盖、相对稳定的日平均温度等条件。病害严重程度取决于长时间由深厚而持续的积雪覆盖所提供的持续低温和湿度条件。

防治方法

选用抗病良种　培育抗矮腥黑穗病的品种是控制病害的最好方法，在美国，抗病品种已经控制了矮腥黑穗病，

图 1　小麦矮腥黑穗病田间危害症状
（高利提供）

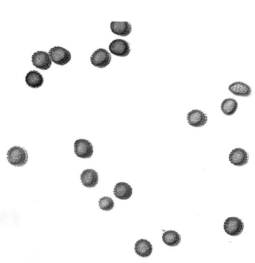

图 2　普通显微镜下的冬孢子形态（高利提供）

图 3　扫描电镜下的小麦矮腥黑粉菌冬孢子
（高利提供）

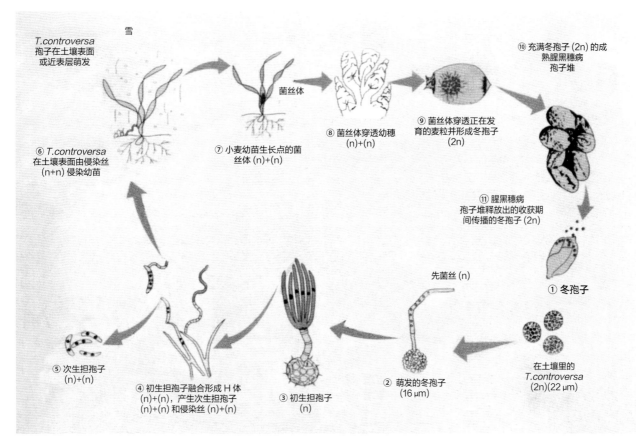

图 4　小麦矮腥黑穗病病害循环（引自 Ballantyne，1999）

美国农业部国家小粒作物保存中心从数以千计的品系中经集中筛选，鉴定出几个高抗矮腥黑粉菌多毒性小种的普通小麦（*Triricum aestivum*）和硬粒小麦（*Triricum durum*）的品系。从土耳其收集的 PI 178383 是美国现在利用的主要抗源，其具有抗性基因 *Bt-8*、*Bt-9*、*Bt-10*，该抗性在美国保持稳定已达 20 年，主要是因为北美菌株缺乏对 *Bt-8* 的毒性。到目前为止，已鉴定出 *Bt-1* 到 *Bt-15* 等 15 个主效抗性基因，这些基因在小麦中单独或组合存在，利用 *Bt* 基因的单基因品系用来对病原菌小种进行鉴定。*Bt-1* 到 *Bt-10* 基因的遗传方式已经建立，*Bt-3* 为隐性基因，*Bt-1*、*Bt-5*、*Bt-8*、*Bt-9*、*Bt-10* 具有完全显性特点，*Bt-2*、*Bt-4*、*Bt-6*、*Bt-7* 带有具杂合体 50% 外显率的部分显性。Blizzard、Carlisle 及 Tarso 等引进品种对小麦矮腥黑穗病菌有较好的抗性。

化学防治　内吸性杀菌剂敌萎丹对小麦矮腥黑穗病具有特效。用 3% 敌委丹悬浮剂按药种比 3∶1000 进行种子包衣，防治效果在 95% 以上；用 40% 五氯硝基苯可湿性粉剂按药种比 1∶100 进行拌种，防治效果可达 70% 以上。此外，内吸性杀菌剂苄氯三唑醇、涕必灵、三唑醇和乙环唑等拌种或包衣对小麦矮腥黑穗病也有一定的防治效果，可根据药源情况选用。若种子处理在晚播时更有效，可使农药种子处理在植株中有足够有效的农药浓度。

栽培措施　重病地应实施轮作或改种春小麦，通过深播或提前或推迟播种避开植株最易感病的时期，也可降低矮腥黑穗病的发病率。

参考文献

BALLANTYNE B, 1999. 小麦腥黑穗病和黑粉病 [M]. 杨岩，庞家智，译. 北京：中国农业科技出版社.

陈万权，周益林，2005. 小麦矮腥黑穗病 [M] // 万方浩，郑小波，郭建英. 重要农林外来入侵物种的生物学与控制. 北京：科学出版社.

高利，陈万权，周益林，2011. 小麦矮腥黑穗病的检测技术. 生物入侵：检测与监测篇 [M]. 北京：科学出版社.

蔚慧欣，高利，沈慧敏，等，2016. 小麦矮腥黑粉菌在小麦体内侵染过程的显微观察 [J]. 中国科学，5(46): 637-645.

GAO L, YU H X, HAN W S, et al, 2014. Development of a SCAR marker for molecular detection and diagnosis of *Tilletia controversa* Kühn, the causal fungus of wheat dwarf bunt[J]. World journal of microbiology and biotechnology, 30: 3185-3195.

（撰稿：高利；审稿：陈万权）

小麦白秆病　wheat white stem

由小麦壳月孢引起的、高寒地区小麦生产中一种真菌性病害。

发展简史　小麦白秆病在中国最早于 1952 年由四川康藏高原的甘孜州农业科学研究所在黑麦上发现并报道，至 1955 年该病害在当地小麦上普遍发生，造成严重危害。随后，在四川、甘肃、青海、西藏等地高寒麦区均有该病害发生和危害的报道。小麦白秆病在美国、英国和北欧地区等冷凉而潮湿的气候环境条件下可在田间造成危害，但由于病害发病率低，在生产中未造成严重影响，因而国外研究学者对该病研究较少。1985 年，中国科学院微生物研究所刘锡进、郭英兰等确定了病菌种类。20 世纪 70～90 年代，研究者明确了小麦白秆病的发病范围和发病条件，并建立了以药剂拌种为主的病害防治技术。

分布与危害　在世界小麦产区均有发生。在中国主要在青海、甘肃、西藏和四川等地海拔较高、气候冷凉地区的春小麦生产中造成严重危害。病害发生轻时，可造成千粒重下降 5%～20%，发病重时导致千粒重下降 50%～70%。除小麦外，小麦白秆病还危害黑麦、小黑麦、鹅冠草和野燕麦。

小麦白秆病在小麦各生育阶段均可发病，主要危害叶片和茎秆。在叶部病害的症状有系统性条斑和局部斑点两种类型。系统性条斑的症状主要表现为叶片基部产生与叶脉平行向叶尖扩展的水渍状条斑，初为暗褐色，后变淡黄色。边缘色深，黄褐色至褐色，每个叶片上常生 2～3 个宽为 3～4mm 的条斑；后期条斑愈合导致叶片干枯。叶鞘病斑与叶片相似，条斑从茎节起扩展至叶片基部，灰褐色至黄褐色，有时深褐色，边缘色较深。茎秆上的病斑与叶鞘相似，多发生在穗颈节，少数发生在穗颈节以下 1～2 节。局部斑点的症状表现为受害叶片上产生四周褐色的圆形至椭圆形草黄色斑点，后期叶鞘上产生长方形角斑，四周褐色，中间灰白色，茎秆上形成褐色斑点（见图）。

病原及特征　病原为小麦壳月孢（*Selenophoma tritici* Liu，Guo et H. G. Liu），属壳月孢属。分生孢子器球形至扁球形，浅褐色或褐色，大小为 49～81μm×49～65μm，常埋生于气孔腔中。其孔口可突破表皮，释放分生孢子。分生孢子梗短棍棒形，无色，单胞。分生孢子镰刀形或新月形，弯曲，顶端渐尖细，基部钝圆，大小为 12～26μm×1.5～3.2μm。病菌可在 0～20℃ 范围内生长，15℃ 为最适温度；当温度高于 25℃ 病菌生长受到抑制。

侵染过程与侵染循环　小麦白秆病菌以菌丝体或分生孢子器在种子和病残体上越冬或越夏。在青藏高原低温干燥的条件下，种子种皮内的病菌可存活 4 年，病菌存活率随储藏时间的延长而下降。土壤带菌也可传病，但病残体一旦翻入土中，其上携带的病菌只能存活 2 个月。在田间早期侵染形

小麦白秆病危害症状（侯生英提供）

成的病斑上病菌可产生分生孢子器，释放出大量分生孢子，侵入寄主的组织，引起再次侵染，导致病害扩展蔓延。

流行规律　该病流行程度与当地种子带菌率高低、小麦拔节后期开花至灌浆期温、湿度及小麦品种的抗病程度有关。在青藏高原 7～8 月间的低温、多雨的气候条件有利于病害发生和流行。向阳的山坡地，气温较高，湿度低，通风良好则发病轻；背阴的麦田，温度偏低，湿度偏大则发病重。小麦品种间对白秆病的抗病程度差异显著。许多农家品种如青海的大白麦、六月黄、四川的大头麦、佛手麦发病都极轻。

防治方法　采取严格的检疫制度，选用抗病良种，种子处理及其发病期药剂防治相结合的综合防治策略。

建立检疫制度　明确病害分布区，对小麦种子进行检疫，严控带菌种子调入无病区。

选用抗病良种　建立无病留种田，选育抗病品种。

农业栽培　对病残体过多或靠近打场的麦地实行轮作，降低菌源量。

种子处理　用 25% 三唑酮可湿性粉剂 20g 拌 10kg 麦种可兼防根腐病和大麦云纹病、条纹病，或 40% 拌种双粉剂 5～10g 拌 10kg 种子、25% 多菌灵可湿性粉剂 20g 拌 10kg 种子，拌后闷种 20 天或用 28～32℃ 冷水预浸 4 小时后，置入 52～53℃ 温水中浸 7～10 分钟，也可用 54℃ 温水浸 5 分钟。浸种时要不断搅拌种子，浸后迅速移入冷水中降温，晾干后播种。

化学防治　在田间发现中心病株后，进行药剂防治，可有效降低田间发病率，减少损失。药剂可选用 50% 甲基硫菌灵可湿性粉剂 800 倍液或 50% 苯菌灵可湿性粉剂 1500 倍液。

参考文献

陈志国，张怀刚，窦全文，2005.青藏高原及其毗邻地区小麦白秆病发生危害与综合防治 [J]. 植物保护，31(1): 68-70.

（撰稿：黄丽丽；审稿：陈万权）

小麦赤霉病　wheat head blight or scab

由多种镰刀菌引起的小麦苗腐、茎基腐、秆腐和穗腐，以穗腐影响最大，是世界上许多小麦种植区最重要的真菌病害之一。

发展简史　1884 年 William Gardner Smith 报道在英国发生小麦赤霉病，病原物定名为黄色梭霉（*Fusisporium culmorum* W. G. Smith），即黄色镰刀菌［*Fusarium culmorum*（W. G. Smith）Sacc.］的异名；20 世纪 70 年代德国发生的小麦穗腐病原菌中，黄色镰刀菌也是优势致病菌。美国 Augstine Dawson Selby 于 1900 年报道小麦赤霉病的病原菌为硕宾赤霉［*Gibberella saubinetii*（Mont.）Sacc.］即玉蜀黍赤霉［*Gibberella zeae*（Schw.）Petch］的异名；随后日本和中国等报道禾谷镰刀菌（即玉蜀黍赤霉的无性态）为小麦赤霉病的主要致病菌。研究发现，19 种病原菌可以引起禾谷类作物的赤霉病，主要包括黄色镰刀菌（*Fusarium culmorum*）、禾谷镰刀菌（*Fusarium graminearum*）、假禾谷镰刀菌（*Fusarium pseudograminearum*）、燕麦镰刀菌（*Fusarium avenaceum*）、梨孢镰刀菌（*Fusarium poae*）以及雪腐镰刀菌（*Microdochium nivale*）等。

分布与危害　赤霉病是世界湿润和半湿润地区麦田广泛发生的一种毁灭性病害，也是中国小麦的重要病害之一，在淮河以南以及长江中下游麦区发生最为严重，黑龙江春麦区也常严重发生。

1936 年，在安徽宣城一带小麦赤霉病大流行，病穗率高达 95%，减产严重。1950—1991 年的 42 年间，大流行年达 7 次（病穗率 50%～100%，产量损失 15%～40%），中度流行年（病穗率 20%～50%，产量损失 5%～15%）有 16 次。如 1985 年小麦赤霉病在河南、陕西、山东等地大流行，仅河南的发病面积就达 366 万 hm^2，产量损失 8.85 亿 kg。由于小麦—玉米轮作、秸秆还田等耕作措施的大面积推广及全球气候变化等因素的影响，小麦赤霉病逐渐向北扩展，使得发病面积不断扩大至黄淮海和西北等广大冬麦区，且发病程度呈加重发生的趋势。2010 年和 2015 年小麦赤霉病发病面积近 666 万 hm^2，2016 年发生面积近 933 万 hm^2，给中国小麦生产造成严重影响。

小麦赤霉病不仅造成严重的产量损失，病菌在感病籽粒中还可以产生脱氧雪腐镰刀菌烯醇（deoxynivalenol，DON）和玉米赤霉烯酮（zearalenone，ZEN）等多种真菌毒素，人畜误食病粒后引起发热、呕吐、腹泻等中毒反应，还有致癌、致畸和诱变的作用，严重的甚至导致死亡。因此，中国规定小麦及其产品毒素含量不能超过 1mg/kg。

小麦从幼苗到抽穗期都可受赤霉病危害，引起苗枯、茎基腐、秆腐和穗腐，以穗腐影响最大（图 1）。苗腐：由种子带菌或土壤中病残体上病菌侵染所致。先是幼苗的芽鞘和根鞘变褐，然后根冠随之腐烂，轻者病苗黄瘦，严重时全苗枯死，枯死苗在湿度大时产生粉红色霉状物（病菌分生孢子）。穗腐：小麦扬花期后出现，初在小穗和颖片上产生水浸状浅

图 1　小麦赤霉病危害症状（吴楚提供）

①小麦赤霉病病粒；②病穗上粉红色霉状物；③秆部发病；④穗轴发病，形成白穗

褐色斑，渐扩大至整个小穗，小穗枯黄。湿度大时，病斑处产生粉红色胶状霉层。后期产生密集的蓝黑色小颗粒（病菌子囊壳）。小穗发病后扩展至穗轴，病部枯褐，使被害部以上小穗形成枯白穗。茎基腐：自幼苗出土至成熟期均可发生，麦株基部受害后变褐腐烂，造成整株死亡。秆腐：多发生在穗下第一、二节，初在叶鞘上出现水渍状褪绿斑，后扩展为淡褐色至红褐色不规则形斑或向茎内扩展。病情严重时，造成病部以上枯黄，有时不能抽穗或抽出枯黄穗。

病原及特征 禾谷镰刀菌是引起赤霉病的重要病原菌之一，其有性态为 *Gibberella zeae*，是子囊菌门赤霉属玉蜀黍赤霉菌。此外，多种镰刀菌如亚洲镰刀菌、燕麦镰刀菌、黄色镰刀菌、梨孢镰刀菌和串珠镰刀菌等均可以引起赤霉病。世界上不同的地区，因生态地理环境的不同，引起赤霉病的优势致病菌种也不同，在北美和澳大利亚等温暖地区病菌优势种为禾谷镰刀菌，但在欧洲北部冷凉地区优势种为黄色镰刀菌和梨孢镰刀菌。在中国禾谷镰刀菌和亚洲镰刀菌为优势种，其中长江中下游地区以亚洲镰刀菌为主，黄淮流域以北地区以禾谷镰刀菌为主。

禾谷镰刀菌的大型分生孢子多为镰刀形，稍弯曲，顶端钝，基部有明显足胞，一般具有3～5个隔膜，单个孢子无色，聚集时呈粉红色黏稠状（图2①），一般不产生小型分生孢子和厚垣孢子。有性态产生球形或近球形子囊壳，散生或聚生于病组织表面，或埋生病部表面子座中，呈紫黑色，顶部有瘤状突起，其上有孔口（图2②）。子囊整齐地排列于子囊壳内壁，子囊无色，棍棒状，基部有短柄，内含8个螺旋状排列的子囊孢子（图2③），子囊孢子无色，弯纺锤形，多有3个隔膜。

侵染过程与侵染循环 赤霉病菌是一种兼性寄生菌。中国中南部稻麦两作区，病菌在稻桩和玉米、棉花等多种作物病残体中营腐生生活越冬。翌年春，病菌产生子囊壳，子囊壳成熟后，遇水滴或是相对湿度≥98%时即可放射出大量的子囊孢子，子囊孢子借风雨传播，侵染麦穗，而病穗上产生的分生孢子可再次侵染为害。在中国北部、东北部麦区，病菌能在麦株残体、带病种子和其他植物如稗草、玉米、大豆、红蓼等残体上以菌丝体或子囊壳越冬。北方冬麦区则以菌丝体在小麦、玉米轴上越夏越冬，翌年条件适宜时产生子囊壳放射出子囊孢子进行侵染。麦收后，病菌继续在土壤中残留的作物残体上存活、越夏（图3）。病残体产生的子囊孢子和分生孢子是下一个生长季节的主要初侵染源，土壤中的病菌可引起茎基腐症状。赤霉病菌侵染多集中在小麦抽穗扬花期。

流行规律 小麦赤霉病的发生和流行强度主要取决于气候条件、菌源数量、寄主抗病性及生育期等因素。初始菌源量大、感病品种、潮湿多雨的气候条件与小麦扬花期相吻合，就会造成赤霉病流行成灾。目前尚未发现对赤霉病免疫的小麦品种，相对而言，小穗排列稀疏，抽穗扬花期整齐集中，花期短，扬花后小花内残留花药少，耐湿性强的品种比较抗病。从生育期来看，以开花期最易感病，抽穗期次之，乳熟期病菌侵染明显降低。此外，栽培条件对赤霉病的发生影响较大，地势低洼、土壤黏重、排水不良，发病较重；偏施氮肥、植株群体密度过大、田间郁闭发病较重；小麦成熟

图 2 禾谷镰刀菌病原（马忠华提供）
①禾谷镰刀菌的分生孢子；②稻茬上赤霉病菌子囊壳；③赤霉病菌的子囊和子囊孢子

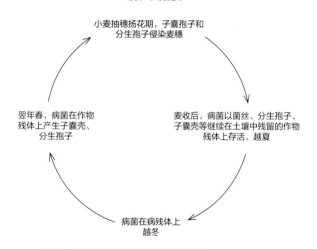

图 3 小麦赤霉病的病害循环示意图（马忠华提供）

小麦抽穗扬花期，子囊孢子和分生孢子侵染麦穗

麦收后，病菌以菌丝、分生孢子、子囊壳等继续在土壤中残留的作物残体上存活、越夏

病菌在病残体上越冬

翌年春，病菌在作物残体上产生子囊壳、分生孢子

后因阴雨不能及时收割，赤霉病仍继续发生。

防治方法 小麦赤霉病防治采取以农业防治为基础，减少初侵染源，选用抗病品种和关键时期进行药剂保护的综合防治策略。

选用抗（耐病）品种 小麦品种间对赤霉病的抗性存在差异，虽尚未发现对赤霉病高抗的小麦品种，但是中国已选育出一些比较抗病的品种。赤霉病常发区应选取对赤霉病中等抗性以上的品种，避免盲目引种高感品种。

加强农业防治 播种前做好前茬作物残体的处理，利用机械等方式粉碎作物残体，翻埋土下，使土壤表面无完整秸秆残留，减少田间初侵染菌源数量。此外，要加强田间管理，科学肥水运筹，防止小麦群体过大造成田间郁闭；及时清沟理墒，降低田间湿度，避免形成适宜病害流行的田间生态小环境，以减轻病害流行危害。

小麦抽穗扬花期做好药剂防治 在当前品种普遍抗性较差的情况下，化学药剂防治乃是防治小麦赤霉病的重要手段。赤霉病防治上应努力做到"三个坚持"：一要坚持"见花打药、适期防治"，抽穗扬花期如遇到连阴雨、大面积结露和雾霾等天气，在扬花初期第一次用药4～6天后，再次喷药防治，切实做到雨前预防和雨后控制相结合。二要坚持"科学选药、高效用药"，选用的药剂应保证有足够的有效

剂量和助剂成分，优先考虑耐雨水冲刷的剂型；需二次用药的田块，推荐轮换使用不同作用机理的药剂品种，以延缓抗药性产生。出现多菌灵抗性问题的地区，应谨用多菌灵，建议使用氰烯菌酯与戊唑醇等三唑类药剂混用防治赤霉病，保证药剂防治效果。三要坚持"因地制宜，统筹兼顾"，以赤霉病为重点，兼顾白粉病、蚜虫、黏虫等小麦穗期重大病虫害防控，实现防病治虫和控旺防衰相结合。

参考文献

杨荣明，吴燕，朱凤，等，2011. 2010 年江苏省小麦赤霉病流行特点及防治对策探讨 [J]. 中国植保导刊，31(2): 16-19.

LIDDELL C, 2003. Systematics of *Fusarium* head blight with emphasis on North America[M] // Leonard K, Bushnell W. *Fusarium* head blight of wheat and barley. St Paul: The American Phytopathological Society Press.

SCHMALE III D G, BERGSTROM D G, 2003. Fusarium head blight in wheat[J]. The plant health instructor.DOI: 10. 1094/ PHI-I-2003-0612-01.

WALTER S, NICHOLSON P, DOOHAN F M, 2010. Action and reaction of host and pathogen during *Fusarium* head blight disease[J]. New phytologist ,185:54-66.

XU X, NICHOLSON P, 2009. Community ecology of fungal pathogens causing wheat head blight[J]. Annual review of phytopathology, 47: 83-103.

（撰稿：马忠华；审稿：陈万权）

小麦丛矮病　wheat rosette stunt

由北方禾谷花叶病毒引起的、危害小麦的一种病毒病害，又名小麦芦渣病、小麦小蘖病，河北俗称"小麦坐坡"。

发展简史　小麦丛矮病最早于 1910 年在日本北海道发现；1944 年，Ito & Fukushi 把病原命名为北方禾谷花叶病毒；1977 年，在韩国也报道了该病的发生。

20 世纪 60 年代在中国山东泰安、惠民和昌潍等地局部流行，1977 年在河北和京津地区大面积发生。最初病原命名为小麦丛矮病毒（wheat rosette stunt virus，WRSV），后经分析发现与日本报道的北方禾谷花叶病毒高度相似。

分布与危害　小麦丛矮病在日本和韩国均有发生危害。在中国分布较广，陕西、甘肃、宁夏、内蒙古、山东、山西、河北、河南、江苏、黑龙江、新疆、北京、天津等地均有发生。20 世纪 60 年代，曾在西北地区及河北、山东等地的部分地区流行。1965 年，山东发病 10 万 hm²。70 年代在河北及北京、天津推行冬小麦在棉花、玉米田中套种的地区病害扩展迅速。1979 年，河北发病 13.3 万 hm²，损失小麦1.5 亿 kg。80 年代又在内蒙古、黑龙江的春麦区部分地区流行，造成严重损失。小麦感病越早，产量损失越大。出苗后至三叶期感病的病株，冬前绝大多数死亡；分蘖期感病的病株，病情及损失均很严重，基本无收；返青期感病损失46.5%；拔节期感病受害较轻，损失为 2.9%；孕穗期基本不发病。田间轻病田减产 10%～20%，重病田减产 50% 以上，

甚至绝收。根据病情轻重在田间调查时可划分为 0，1，2，3，4 级，1 级病株千粒重损失 52.6%，2 级病株千粒重损失66.7%，3 级病株千粒重损失 93.2%。

小麦丛矮病的重要特征是上部叶片有黄绿相间的条纹，分蘖显著增多，植株矮缩，形成明显的丛矮状（图 4）。在河北中南部，冬小麦播种后 20 天即可出现病状，在麦叶上最初的症状为心叶有黄白色断续的虚线条，沿叶脉呈虚线状，逐渐发展成不均匀的黄绿相间的条纹，分蘖明显增多，可达20～30 个，甚至更多。冬前感病的植株分蘖多而细弱，苗色变黄，大部分不能越冬而死亡，能越冬的轻病株返青后分蘖继续增多，表现细弱，叶部仍有明显黄绿相间的条纹，病株严重矮化，一般不能拔节抽穗或早期枯死。冬前染病较晚尚未表现症状以及早春染病的植株，在返青和拔节期陆续显症，心叶有条纹，与冬前显病植株相比，叶色变黄不明显，多不能抽穗或抽穗后不结实。拔节以后感病的植株只上部叶片显现条纹，能抽穗，但籽粒秕瘦。孕穗期染病的植株症状不明显。

除感染小麦外，该病毒还侵染大麦、黑麦、小黑麦、燕麦、粟（谷子）、部分高粱品种、稷、雀麦、野雀麦、虎尾草、大画眉草、小画眉草、画眉草、青狗尾草、金狗尾草、升马唐、看麦娘、日本看麦娘、早熟禾等 24 属 65 种禾本科植物。在禾本科植物上的症状表现仍然是条纹、矮化及丛生这 3 个特点，成为该病害区别于小麦其他病毒病的重要特征。

病原及传毒介体　北方禾谷花叶病毒（northern cereal mosaic virus，NCMV）属于弹状病毒科（Rhabdoviridae）细胞质弹状病毒属（*Cytorhabdovirus*）。粒子弹状或杆状，病株超薄切片中病毒质粒大小为 50～54nm×320～400nm（图 1）；带毒灰飞虱唾液腺超薄切片中病毒质粒为 28～30nm×210～250nm；抽提液中病毒质粒为 58～64nm×290～370nm。有些病毒质粒长达 590nm。病毒由核衣壳及外膜组成。核衣壳即核酸蛋白的螺旋结构，直径 27～30nm。螺旋一般有 60～70 层，层间距约 4.3nm。外膜上有突起，直径约 10nm，按六角形排列。病毒质粒主要分布在细胞质内，常单个、多个、成层或成簇地包于内质网膜内。在传毒灰飞虱唾液腺中病毒质粒只有核衣壳而无外膜。

日本报道的 NCMV 具有 13222 个核苷酸，9 个开放阅读框架，3′ 端非编码区（3′ Leader）（ORF），5 个推定的蛋白分别为核衣壳蛋白（nucleocapsid protein，N）、磷酸化蛋白（phosphoprotein，P）、基质蛋白（matrix protein，M）、糖蛋白（glycoprotein，G）和聚合酶蛋白（polymerase protein，L），在 *P* 和 *M* 基因之间有 4 个小的 ORF（基因 3-6），基因结构为 3′ Leader-N-P-3-4-5-6-M-G-L-5′Trailer（图 2）。发生于河北、河南、山东和山西的小麦丛矮病的病原与日本报道的 NCMV 基因组序列同源性为 93%，推导氨基酸序列同源性为 99%；但 *N*、*P*、*M*、*G* 基因和小麦丛矮病毒相应基因没有同源性；3′ 端非编码区高度保守，5′ 端非编码区长度与日本的 NCMV 相比少了 1 个核苷酸，基因组全长13221nt。

NCMV 不经汁液、种子和土壤传播，只能由灰飞虱（*Laodelphax striatellus*）（图 3）以持久性增殖方式传毒，灰飞虱一旦获毒便可终生带毒。灰飞虱吸食病株后，病毒

 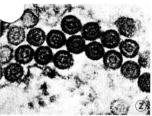    

图 1 小麦丛矮病病原（①引自龚祖埙，陈巽祯，1977；②苗红琴提供）
①小麦丛矮病病原病毒粒子（62000×）；②北方禾谷花叶病毒粒体

图 3　传毒介体灰飞虱（王锡锋提供）
①雄成虫；②雌成虫；③雄若虫；④雌若虫

图 2 NCMV 基因组结构（苗洪芹提供）
N：核衣壳蛋白；P：磷酸化蛋白；M：基质蛋白；G：糖蛋白；L：聚合酶蛋白

在虫体内需经循回期才能传毒。在日平均温度 26.7℃ 条件下最短循回期为 7～9 天，最长循回期为 36～37 天，平均 10～15 天；在 20℃ 条件下最短循回期为 11 天，最长循回期为 22 天，平均 15.5 天。1～2 龄的若虫易得毒，而传毒能力以成虫最强。灰飞虱的最短获毒期为 12 小时，最短传毒期为 20 分钟，获毒率与传毒率随吸食时间而提高。连续吸食病株 72 小时获毒率可达 60%，一旦获毒可终生带毒。但病毒不经卵传递，带毒若虫越冬时，病毒可在若虫体内越冬。

侵染过程与侵染循环　在田间北方禾谷花叶病毒主要由灰飞虱传播，灰飞虱适应性强、分布广，南自浙江，北到黑龙江，东起山东，西至新疆，均有灰飞虱发生。其世代数因各地气候不同而异。江苏 1 年发生 6 代，湖北 1 年发生 5～6 代，天津稻区 1 年发生 4～5 代。河北中南部 1 年发生 5 代，以第五代（又称越冬代）三至五龄若虫越冬，其中四龄越冬虫占 77.8%。灰飞虱一个极为重要的习性是趋向嫩绿寄主植物。这一习性驱使它在一年内随季节变化和植物的交替更新而进行周期性的寄主转移，同时传播病毒病。在冬麦区第四代灰飞虱成虫秋季从病毒的越夏寄主上大量迁入麦田危害，造成早播麦田秋苗发病的高峰。越冬代若虫主要在麦田、杂草及其根际土缝中越冬。小麦丛矮病毒也随之在越冬寄主和灰飞虱体内度过冬季，成为翌年的毒源。春季随气温的升高，秋季感病晚的植株陆续显病，形成早春病情的一次小峰。此时越冬代灰飞虱也逐渐发育并继续危害，传播病毒，造成病情的高峰。灰飞虱喜在小麦、水稻、大麦、稗草、马唐草等禾本科植物上取食繁殖。第一代灰飞虱主要在麦田生活，待小麦进入黄熟阶段，第一代成虫迁出麦田，到玉米田、水稻秧田、杂草等禾本科植物上生活。第二代、三代和四代灰飞虱有世代重叠现象，在生长茂盛的秋作物田间杂草上或荫蔽的水沟边杂草丛中越夏。自生麦苗、谷子、狗尾草、画眉草、升马唐等是病毒的主要越夏寄主。秋季在小麦苗期，第四代成虫又迁入麦田传毒危害，由此形成小麦丛矮病的周年循环。

流行规律　作为灰飞虱传播的病毒病害，凡对介体灰飞虱繁殖和传毒有利的种植制度、栽培管理措施及气象条件，均有利于小麦丛矮病的发生。病害多发生在地头田边或靠近沟渠及晚秋作物等，这些地方杂草丛生，易于灰飞虱栖息，

有些杂草又是病毒的寄主，临近灰飞虱栖息场所的麦田发病较重。间作套种的麦田发病重，精细耕翻的麦田发病轻。秋作物收获后不耕地，田间杂草多，或者直接在秋作物行间套种小麦，这样的地块飞虱数量大，小麦出苗后受其取食和传毒，发病往往很重。早播麦田发病重，适期播种的发病轻。早播麦田出苗早，正是越冬前虫害集中活动危害期，感病机会多，同时温度高，有利于病毒增殖、积累，发病重而且毒源充足，这种情况下冬前发病重，冬后发病也重。夏秋多雨年份，气候潮湿，杂草大量滋生，有利于飞虱繁殖越夏；冬暖春寒有利于飞虱越冬，不利于麦苗的生长发育，降低抗病力。因此，夏秋多雨、冬暖春寒的年份发病较重。

防治方法　北方冬麦区应采用避免早播，不在秋作物田中套种小麦等农业措施为主，辅以药剂综合防治传毒介体。春麦区如内蒙古及黑龙江等地应采用种植抗耐病品种，辅以药剂防治的综合防治。

农业防治　合理安排种植制度，不在棉田和其他作物田中套作是控制冬麦区小麦丛矮病流行的关键性措施。北京提出不在玉米田中套种小麦；河北棉麦种植区改小麦秋季在棉田中套种为棉花春季在小麦田中套种。采用以上措施利于小麦播种前施足底肥、翻耕灭草，消灭灰飞虱的适生环境，压低虫源、毒源，有利小麦的生长，减少病毒的危害。

清除杂草、适期连片种植　地边、垄沟上的杂草是毒源、虫源的集中地和秋季小麦丛矮病的初侵染源，因此，小麦播种前要除净地边、垄沟上的杂草。适期连片种植，避免早播，可减少苗期及地边的危害。

加强田间管理　麦田灌冻水有利于小麦安全过冬，而对灰飞虱越冬不利。早春抓紧压麦、耙麦，兼有灭虫及增产作用。小麦返青期对病苗早施水可以增加成穗率，减少损失。

治虫防病　灰飞虱带毒率在 1%～9% 时，每平方米 18 头需防治；带毒率在 10%～20% 时，每平方米 9 头需防治；带毒率在 21%～30% 时，每平方米 4.5 头即需防治。

播种期及苗期防治。秋季是冬麦区药剂防治关键时期，早播田、在秋作物中套种田及与秋作物插花种植的小块麦田是防治的重点。可选用 50% 辛硫磷拌种，按种子量的 0.2% 拌种，也可用 48% 毒死蜱乳油按种子重量的 0.3% 拌种，拌后堆闷 4～6 小时便可播种。用吡虫啉有效成分 420g，或噻

图 4　田间小麦丛矮病病株（苗洪芹提供）

虫嗪 240～360g，喷拌麦种 100kg，加水 1.5～2kg，堆闷 3～5 小时后播种，杀虫防病效果良好。

　　小麦播种后出苗前在套种麦田喷药治虫，出苗后喷药保护幼苗。可选用高效氯氟氰菊酯 3000～4000 倍液或吡虫啉 1500～2000 倍液等药剂。9 月下旬播种的喷药 2 次，10 月上旬播种的喷药 1～2 次，一般防病效果在 70%～80%；10 月中旬播种的一般可以不喷药。套作麦田及小块插花种植田需全田喷药；大片平作麦田一般在地边喷 5～7m 药带（连同道边杂草及邻近的秋作物地边）即可。

　　对秋季漏治的麦田、邻近秋作物的晚播麦田及稻茬麦田进行全田喷药或喷药带。河北中南部在小麦返青至拔节期喷药，一般喷 1～2 次。用 10% 吡虫啉或功夫菊酯或啶虫脒等菊酯类药剂，按推荐用量喷雾。喷药时，同时对麦田周围的杂草进行喷施，可显著降低虫口密度，必要时，可用 20% 克无踪水剂或 45% 农达水剂 550ml/ 亩，对水 30kg，针对田边地头进行喷雾，杀死田边杂草，破坏灰飞虱的生存环境。

　　选用抗耐病品种　此项措施是春麦区防治小麦丛矮病的基础。内蒙古的呼麦三号、黑龙江的东农川春小麦均具有较好的抗病性及丰产性，已在生产上推广应用。

参考文献

段西飞，邸垫平，余庆波，等，2010. 小麦丛矮病病原分子生物学鉴定 [J]. 植物病理学报，40(4): 337-342.

龚祖埙，郑巧兮，彭海，等，1985. 中国小麦丛矮病毒与日本北方禾谷花叶病毒相关性的研究 [J]. 病毒学报 (9): 257-261.

TANNO F, NAKATSU A, TORIYAMA S, et al, 2000. Complete nucleotide sequence of northern cereal mosaic virus and its genome organization[J]. Archives of virology, 145: 1373-1384.

（撰稿：王锡锋、苗红琴；审稿：陈剑平）

小麦秆黑粉病　wheat flag smut

　　由小麦秆黑粉菌引起，主要危害小麦秆、叶和叶鞘的一种真菌病害，是世界各小麦种植区发生的一种重要病害。又名乌麦、小麦黑枪、小麦黑疸、小麦锁口疸，在西方也曾被称为小麦黑锈病。

　　发展简史　小麦秆黑粉病于 1868 年首次在澳大利亚南部发现，后来在世界各大洲小麦生产国陆续有发生报道。1873 年，沃尔夫（Wolff）将其命名为 *Urocystis occulta*（Wallr.）Rab.。1877 年，科米克（Komike）发现该病菌的担孢子形态与 *Urocystis occulta* 的截然不同，因此，科米克将其更名为 *Urocystis tritici* Korn。1943 年后费舍尔（Fischer）提出 *Urocystis tritici* 与牧草上的病原菌 *Urocystis agropyri*（Preuss）Schroer 在形态上极为相似，应该为同一种，因 *Urocystis agropyri* 发表在先，该命名应更具有优先性。但 1985 年万基（Vanky）和其他欧洲真菌分类学家认为小麦上的秆黑粉菌与杂草上的不同，仍称之为 *Urocystis tritici* Korn，而 *Urocystis agropyri*（Preuss）Schroer 则作为同种异名。

　　分布与危害　小麦秆黑粉病在澳大利亚、美国、南美、欧洲的许多国家，南亚、日本、埃及、南非等均有分布。在中国 20 多个省（自治区、直辖市）都有发生，主要在北部冬麦区。新中国成立之前，秆黑粉病在部分地区危害猖獗，例如安徽萧县的小麦被害率曾经达到 94%。新中国成立初期，河南、河北、山东、山西、陕西、甘肃等地和苏北、皖北地区发生相当普遍，局部地区甚为严重。经过防治，已基本消灭此病害的为害。80 年代后期以来，河南、河北等地的病情普遍回升，部分地区发病严重。例如，河南的发病面积从 70 年代末的 1.8 万 hm² 发展到 1985 年的 10 万 hm²，1990 年高达 52 万 hm²，病株率一般 20%～70%，部分重病地块达 90% 以上。小麦是秆黑粉病菌最常见的寄主，但病菌也侵染小麦族的其他属、种，如 *Agropyron* spp.、*Elymus* spp.、*Aegilops squarrosa* 等及大麦属的 *Hordum jubatum* var. *caespitosum* 等的报道。

　　病原及特征　病原为 *Urocystis tritici* Körn，同种异名 *Urocystis agripyri*（Prenss）Schroter，属条黑粉菌属（*Urocystis*）真菌。植株茎、叶、叶鞘上条斑所生的黑粉即病原菌的厚垣孢子。病菌以 1～4 厚垣孢子为核心，外围以若干不孕细胞组成孢子团。孢子团圆形或长椭圆形，大小为 18～35μm×35～40μm。厚垣孢子单胞，球形，深褐色，直径 8～18μm。只有厚垣孢子有发芽侵染能力，不孕细胞没有侵染作用。孢子团萌发时，由厚垣孢子生出圆柱状先菌丝，经由不孕细胞伸出孢子团外。先菌丝无色透明，长 30～110μm，顶端轮生出担孢子 3～4 个。担孢子长棒状，顶端尖削，微曲，长 25～27μm，先菌丝在不同温度下，有各种畸形萌发现象。例如，先菌丝畸形有分隔，或先菌丝直接插上侵染丝，或先菌丝插上担孢子后再产生侵染丝等。

　　厚垣孢子有后熟现象，打破休眠后才能萌发。用 30～34℃ 高温和灯光处理 36 小时，即可打破休眠。萌发还需要经过一定时间的预浸，使其吸收水分，以土壤浸液预浸 3 天为最好。利用植物组织浸出液，也可以促进厚垣孢子萌发。经过预浸的孢子，在加入麦芽组织后 12 小时，萌发率即能达到 67%。大麦、粟、玉米、豌豆等幼芽组织也有不同程度的刺激作用。厚垣孢子在黑暗中比在光照条件下萌发好，其萌发的适温为 19～21℃。在 4～7℃ 至 21～22℃ 的变温中虽能萌发，但不产生担孢子，而直接在先菌丝上产生畸形分枝。厚垣孢子在试验室 13～31℃ 低湿度的条件下保存可存活至少 10 年。在田间条件下，存活期的长短依环境条件而不同，在干燥土壤中存活较久，可达 4～7 年。经过牛马消化系统的孢子仍有成活力。

小麦秆黑粉菌有明显的生理专化现象。河南、河北、山西、山东及苏北、皖北、陕西关中等地的小麦秆黑粉菌可分为 5 个不同的致病类型。同一类型的菌系在地理分布上比较接近。例如，河南平原地区绝大多数菌系均属类型Ⅰ，陕西关中地区的菌系则属类型Ⅲ。但是，地理上相距较远地区的菌系也有可能属于同一类型，如河南永城和河北石家庄菌系均属于类型Ⅴ。

该病在小麦幼苗期即开始发病，拔节以后症状逐渐明显，至抽穗期仍有发生。发病部位主要在小麦的秆、叶和叶鞘上，极少数发生在颖或种子上。茎秆、叶片和叶鞘上的病斑初为淡灰色条纹，逐渐隆起，后转深灰色，最后寄主表皮破裂，露出黑粉，即病菌的厚垣孢子（图1）。

图 1 小麦秆黑粉病危害症状（吴楚 提供）

病株显著矮小，分蘖增多，病叶卷曲，重病株不能抽穗而枯死。有些病株虽能抽穗，但常卷曲于顶叶叶鞘内，即使完全抽出，多不结实，少数结实的籽粒也秕瘦。轻病株只有部分分蘖发病，其余分蘖仍能正常抽穗结实。

小麦秆黑粉菌存在生理分化，某些国际鉴别寄主对采自中国、巴基斯坦、印度的部分菌株表现感病，但对澳大利亚、美国的菌株表现抗病。在中国，俞大绂等曾于 20 世纪 30 年代发表了一系列关于中国小麦品种对秆黑粉病的抗性及秆黑粉菌生理分化的研究结果，发现小麦品种间的抗病性有显著差异。

侵染过程与侵染循环 小麦播种后，病菌孢子随种子发芽而萌发、侵入小麦芽鞘，并进入生长点。以后，病菌随小麦的发育进入叶片、芽鞘和茎秆，在病组织表皮下形成孢子堆，产生大量厚垣孢子团，次年春季出现症状。

在种子表面或土壤中的小麦秆黑粉菌在小麦第一片叶生长之前侵染小麦幼苗的胚芽鞘，病菌对抗病和感病品种均能形成侵染，但系统侵染仅在感病品种中发生。病菌在小麦的细胞间和细胞内均能生长，几乎在整个植株内形成网状，严重时可使植株细胞分离，病菌在表皮细胞和维管组织间产孢，孢子成熟后散出，落于种子表面或土壤中。这样就完成一个侵染循环（图2）。小麦秆黑粉菌 1 年只侵染 1 次，初侵染源主要来自带菌的土壤，种子、粪肥也能传播。由于病株较健株矮小，小麦收获后，大部分病株遗留田间，随麦茬翻入土中，使土壤中储存大量病菌。病菌在干燥土壤中可存活多年，因此，土壤带菌是传播此病的主要途径。小麦收获、脱粒时，飞散的病菌孢子黏附种子表面，使种子成为传播病害的又一来源。用病株残体沤肥和饲养牲口，病菌孢子混入粪肥，施入麦地后，也可传播病害。

流行规律 小麦秆黑粉病 1 年仅存在 1 次侵染，其发生

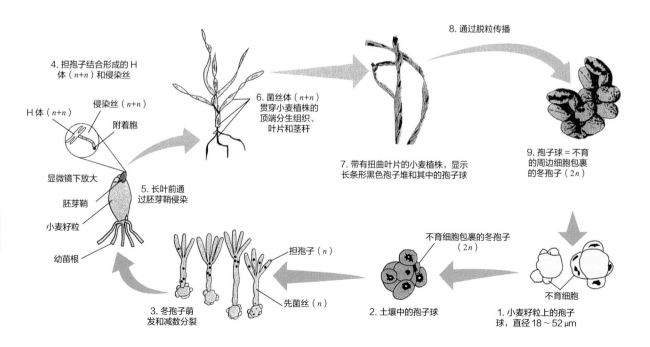

4. 担孢子结合形成的 H 体（n+n）和侵染丝

H体（n+n）

侵染丝（n+n）

附着胞

显微镜下放大

胚芽鞘

小麦籽粒

幼苗根

5. 长叶前通过胚芽鞘侵染

3. 冬孢子萌发和减数分裂

先菌丝（n）

担孢子（n）

2. 土壤中的孢子球

不育细胞包裹的冬孢子（2n）

1. 小麦籽粒上的孢子球，直径 18～52 μm

不育细胞

6. 菌丝体（n+n）贯穿小麦植株的顶端分生组织、叶片和茎秆

7. 带有扭曲叶片的小麦植株，显示长条形黑色孢子堆和其中的孢子球

8. 通过脱粒传播

9. 孢子球 = 不育的周边细胞包裹的冬孢子（2n）

图 2 小麦秆黑粉病病害循环示意图（引自 Wilcoxson and Saari, 1996）

与种子是否带菌，以及土壤温度、湿度、麦苗出土快慢、小麦个体生活力以及品种抗病性和栽培制度等因素有关。

小麦秆黑粉病是一种种子和土壤传播的病害，黏附在种子表面或掉落在土壤中的病菌是初侵染源。因此，调种和大规模机械收割可造成远距离传播。风和水流也可形成近距离的田间传播。

病菌侵入寄主最适宜的土壤温度为 14～21℃。所以，播种过早或过晚的麦田一般发病较轻。

土壤湿度对发病的影响很大。在土壤较干的情况下，适宜于病菌侵入的温度范围为 10～20℃；在土壤相对湿度为 40% 时，为 11～15℃；在土壤温度为 60% 时，为 10℃ 左右。即土壤愈干，侵入愈容易。夏季田间长期积水，可大大降低病菌孢子存活率。因此，水涝地和水稻地种植小麦，病害发生轻。

病菌多在种子萌发后的几天内侵入麦苗，以幼芽鞘长 1～2mm 时最易受侵染，芽鞘长度超过 4mm 时，病菌即难于侵入。种子萌发出土经历的时间愈长，被侵染的可能性愈大。土壤干旱、贫瘠、土质黏重、整地保墒不好、施肥不足等，均可延迟麦苗出土，有利于病菌侵染，发病就重。反之，如果麦苗出土快，可减轻病害发生。

防治方法

加强产地检疫　禁止将未经检疫且带有小麦秆黑穗病的种子调入未发生地区，对来自疫区的收割机要进行严格的消毒处理；一旦发现田间病害，要采取焚烧销毁等灭除措施。重病田采取土壤熏蒸杀菌。

选育抗病品种　加强抗病品种的筛选和选育，推广和种植抗耐病品种，是病害综合治理策略的主要组成部分。已鉴定发现，一些小麦品种 / 材料对秆黑粉病表现较好抗性，如洛夫林 10 号、洛夫林 13 号、阿勃、咸 151 等对秆黑粉病表现免疫，山前麦、矮丰 3 号、丰抗 13 号等品种表现高抗，可在小麦品种布局和抗病育种中选用。

种子处理　常年发病较重地区可用 2.5% 咯菌腈（适乐时）悬浮种衣剂 100～200ml，兑水 0.5kg，拌麦种 50kg；或 12.5% 烯唑醇（禾果利）可湿性粉剂每 10kg 种子用药 20～30g 拌种；2.5% 咯菌腈悬浮种衣剂 10ml 兑水 0.5kg，拌麦种 10kg；每 100kg 麦种用 3% 敌萎丹悬浮种衣剂 200～300ml 进行种子包衣；此外，用 15% 粉锈宁可湿性粉剂或 50% 多菌灵可湿性粉剂 0.1kg 兑水 5kg 喷拌种子 50kg，摊开晾干后播种。其他有效的药剂包括三唑醇、萎锈灵、氧化萎锈灵、粉唑醇等。

处理带菌粪肥　在有粪肥传染的地区，也可采用粪肥处理和粪种隔离法防治。具体方法见小麦网腥黑穗病和小麦光腥黑穗病。

栽培防治　适当灌水降低病原菌的存活率；浅播、施用硫铵等速效化肥做种肥可促进幼苗早出土，减少侵染机会。

参考文献

阿力索保罗 C J，明斯 C W，布莱克韦尔 M，2002. 菌物学概论 [M]. 姚一建，李玉，主译. 北京：中国农业出版社.

农作物病虫害防治丛书编写组，1974. 麦类病害防治 [M]. 北京：农业出版社.

WILCOXSON R D, SAARI E E, 1996. Bunt and smut diseases of wheat: Concepts and methods of disease management[M]. Mexico, D. F.: CIMMYT.

（撰稿：段霞瑜；审稿：陈万权）

小麦秆枯病　wheat stem blight

由禾绒座壳菌引起的、危害小麦茎秆和叶鞘的一种真菌病害。

分布与危害　在中国华北、西北、华中、华东均有发生，病田发病率一般在 10% 左右；部分地区发病较严重，重病地块发病率可达 50% 以上。该病害目前仅危害小麦。

病原及特征　病原为禾绒座壳菌（*Gibellina cerealis* Pass.），属子囊菌门。子囊壳为椭圆形，大小为 300～400μm×140～270μm，口颈长 150～250μm，宽 110～125μm。子囊壳着生于子座上，子座初期埋生于叶鞘表皮下，成熟后突破表皮。子囊棒状并列，有短柄，大小为 118～139μm×13.9～16.7μm，内含 8 个子囊孢子。子囊孢子梭形，两端钝圆，双细胞，黄褐色，大小为 27.9～34.9μm×6～10μm。

侵染过程与侵染循环　小麦自苗期到抽穗结实期均可发病，主要危害茎秆和叶鞘。最初在幼苗第一片叶与芽鞘之间形成针尖大的小黑块，以后扩展到叶片、叶鞘及叶鞘内，有黑色粪状物，四周有菱形的褐边白斑。病株拔节后，在叶鞘上形成有明显边缘的褐色云斑，病斑中间有黑色或灰褐色的虫粪状物（见图）。叶鞘与茎秆间逐渐发生一层白色菌丝，将内外层紧紧粘贴在一起。由于叶鞘受到破坏，有的叶片亦下垂卷缩，叶色先深紫而后枯黄，茎秆内充满白色菌丝。植物由于生长受阻而略有矮化，似红矮病株。抽穗后茎秆与叶鞘间的菌丝层变为黑灰色，形成许多针尖大小的小黑点（子囊壳）突破叶鞘。此时茎基部被病斑包围而干缩，甚至倒折，形成枯白穗和秕谷。病斑可发展到穗轴下，但穗部一般不被侵染。

小麦收割后，子囊壳随病残体在土壤和粪肥中越夏、越

小麦秆枯病危害茎秆症状

（郭书普提供）

冬。土壤潮湿时，子囊孢子即从子囊壳中逸出，并落入土壤中，成为主要的初侵染源。冬小麦播种出苗后，病菌的菌丝和子囊孢子在适宜条件下随即活动或萌发，侵染小麦幼苗的芽鞘或叶鞘。翌春，病菌自下而上，由外层向深层发展，侵染小麦植株。一般很少发生植株之间的再次侵染。

流行规律 小麦秆枯病的主要侵染源是土壤中的病菌。菌丝和子囊孢子可在土壤中存活 3 年以上。因此，土壤中病菌的多少是决定病害流行程度的主要因素。混杂有病残组织的粪肥也可传病。种子带菌率很低，对病害发生的作用不大。小麦秆枯病菌喜低温、高湿气候，低温有促进子囊孢子后熟的作用。田间土壤湿度大、平均气温 10～15℃ 时，最适宜秆枯病菌的侵入。小麦品种间对秆枯病的抗性有显著差异，同一品种不同生育期感病性也不同。麦苗在 3 叶期前为病菌侵入适期，3 叶期后，随着苗龄的增长，抵抗力大大增强，侵入愈困难，分蘖后感病很轻。

防治方法 加强栽培管理是防治小麦秆枯病最有效的措施。重点在清除田间的病残株，集中沤肥或烧毁，以及深翻土地和轮作倒茬。重病麦田应与其他作物实行 3 年以上的轮作；麦秸、麦糠沤肥要允分腐熟；开沟排渍，雨后及时排水，避免苗期土壤过湿。适期早播，合理施肥，增强小麦抗病能力，也可减轻发病。品种间抗病性有显著差异，可以根据品种在各地种植后秆枯病的情况，因地制宜地选种抗病品种。

使用药剂拌种防治小麦秆枯病。用 50% 福美双可湿性粉剂 500g 拌麦种 100kg、或 40% 多菌灵可湿性粉剂 100g 加水 3L 拌麦种 50kg，50% 甲基硫菌灵可湿性粉剂按种子量的 0.2% 拌种，均可减轻病害发生。

参考文献

董金皋，2001. 农业植物病理学：北方本 [M]. 北京：中国农业出版社.

吕佩珂，高振江，张宝棣，等，1999. 中国粮食作物、经济作物、药用植物病虫原色图鉴：上 [M]. 呼和浩特：远方出版社.

喻璋，2002. 小麦病虫害及其防治 [M]. 成都：四川大学出版社.

中国农业科学院植物保护研究所，中国植物保护学会，2015. 中国农作物病虫害 [M]. 3 版. 北京：中国农业出版社.

（撰稿：刘博；审稿：陈万权）

小麦秆锈病 wheat stem rust

由禾柄锈菌小麦专化型引起的、危害小麦茎秆、叶鞘和叶片等地上部位的一种真菌病害。又名小麦黑秆锈病、小麦夏锈病。

发展简史 广义的秆锈病，其病原菌的中文（拉丁）种名是：禾柄锈菌（*Puccinia graminis* Pers.），分类上属担子菌门锈菌纲锈菌目柄锈菌科柄锈菌属。禾柄锈菌是一种非常古老的真菌，可侵染危害很多禾本科植物，其中以禾柄锈菌小麦专化型（*Puccinia graminis* Pers. f. sp. *tritici* J. Eriksson et E. Henning）引起的小麦秆锈病最受关注，认知历史最悠久。该病一旦流行起来比其他禾谷类锈病危害更为严重，范围更广大，病情发展更迅速，极端情况 3～4 周即可完成一次突发的毁灭性流行。该病害引起的经济损失巨大，因而其国际关注度高，研究最为深入，防治也最为成功。

以色列发掘的距今约 3000 年青铜器时代晚期的小麦化石，其上就着生有小麦秆锈病夏孢子堆；文字记载的小麦锈病可追溯到公元前 750 年的《旧约全书》；在古罗马 Numa Pompilius 时期（约公元前 700 年）创立了每年 4 月 25 日的锈病神节。中国重要的古农书《齐民要术》（531—550）和《马首农谚》（1836）亦提及了小麦锈病的流行及其造成的损失。

禾柄锈菌的完整生活史 1767 年，F. Fontana 率先确认麦类作物秆锈病由锈菌引起（奠定了病原说）。H. A. De Bary，1865 年，探明了小麦属（*Triticum*）植物（禾本科 Gramineae）上的秆锈病与小檗属（*Berberis*）植物（小檗科 Berberidaceae）上的锈病均由"禾柄锈菌"种所引起。因此，明确了禾柄锈菌必须在两个不同科的植物上寄生才能形成完整生活史，即转主寄生现象。1927 年，J. H. Craigie 揭示了小麦秆锈菌在转主寄主小檗上的有性过程，致使小麦秆锈菌的小种（或毒性）产生高度变异，为后来提出控制小麦秆锈病及其病菌小种（或毒性）变异的有效途径提供了理论依据。

禾柄锈菌的寄生专化性 1870 年，J. Schrodter 最早注意到寄生专化现象，明确提出了植物病原菌存在着寄生专化性。1894 年，J. Eriksson 对来自禾本科植物不同属的禾柄锈菌进行交互接种，表明同为禾柄锈菌但对不同属间存在寄生选择性（或专化性）。然而，这些来自禾本科不同属植物上的禾柄锈菌在形态上很难看出明显差别。J. Eriksson 把具有上述形态相似但对禾本科不同属的植物的寄生性存在差别的病原类型称为专化型（formal speciales：简写 f. sp.）或变种（variety：简写 var.）。1896 年，J. Erisson 和 Henning 鉴定了禾柄锈菌小麦专化型（*Puccinia graminis* f. sp. *tritici*：寄主为小麦及大麦）、禾柄锈菌黑麦专化型（*Puccinia gramins* f. sp. *secalis*：寄主包括黑麦属及大麦和偃麦草 *Agropyron repens*）、禾柄锈菌燕麦专化型（*Puccinia gramins* f. sp. *avenae*：寄主有燕麦属及禾本科的一些种的杂草）等 6 个专化型，后来其他学者又发现了其他禾本科杂草近缘属的新专化型，总共形成了 10 个专化型。

小麦秆锈菌生理小种鉴定及其鉴别寄主演变 E. C. Stakman 与 J. Piemeisel 进一步研究发现，其寄生专化型不仅存在于禾本科植物不同属间，也存在于小麦不同品种间，例如对小密穗等品种的寄生（侵染）就存在选择性，进而提出了生理小种概念。E. C. Stakman 从包括密穗小麦、普通小麦、一粒小麦、硬粒小麦、二粒小麦等不同类型的数百份小麦品种中筛选出 12 个品种作为一套鉴别寄主，制定了相应鉴定程序及品种反应型标准和小种的命名方法来进行小麦秆锈菌生理小种鉴定。

1917 年，E. C. Stakman 等首次报道了鉴定出的小麦秆锈菌生理小种 1 号和生理小种 2 号。各国不同学者也开展相同研究，报道了他们鉴定出的小麦秆锈菌其他生理小种。截至 1962 年，各国共报道了 297 个生理小种。

小麦秆锈菌生理小种鉴定工作成为小麦秆锈病抗源筛选、抗病品种选育不可或缺的理论依据，推广抗病品种成为近百年来经济有效、环境友好地防治小麦秆锈病的最佳途径，为 20 世纪 70 年代以来全球小麦秆锈病的有效控制做出了贡献。

随着该鉴定寄主在各国使用愈来愈广泛，也逐渐暴露出鉴定出的同一个小种其毒力表现显著不同、部分鉴别寄主完全没有鉴别力等问题。为了解决这些问题，各国根据各自的实际情况，因地制宜地进行了鉴别寄主的变更或补充。为了使补充或变更的寄主与 E. C. Stakman 的鉴别寄主相区别，各国自己的鉴别寄主被称为辅助鉴别寄主。其小种的命名也相应地进行了变更，例如中国的小种 21C1、34C2 等，以及澳大利亚和新西兰小种 126-Anz-6、126-Anz-6.7 等。

1956 年，H. H. Flor 首次提出了基因对基因假说，被公认为 20 世纪植物病理学对生命科学的一项重要贡献。根据该学说的原理，澳大利亚、美国、加拿大等在 20 世纪 50 年代后期开始培育小麦近等基因系，并在 20 世纪 70 年代用了 10 余个单基因系进行试测，观察其对小种及其毒力鉴定的有效性。1988 年 A. P. Roelfs 等报道了 12 个（三组）单基因系（$Sr5、21、9e、7b、11、6、8a、9g、36、9b、30、17$）鉴定小种的方法和三辅音字母命名规则，即生理小种的密码系统。

1999 年，乌干达出现了对 $Sr31$ 等基因高毒力的新小种 Ug99 及其后来连续出现的增加了对 $Sr24$ 或 $Sr36$ 毒力的更强突变体。为了鉴别这些超毒新菌系，又及时增加了 8 个（第四组和第五组）单基因系（$Sr9a、9d、10、Tmp、24、31、38、McN$），小种命名就相应改为五辅音字母命名系统。目前，20 个单基因系鉴别寄主及其命名体系，已在美国、加拿大、澳大利亚、肯尼亚、南非、埃塞俄比亚、丹麦、英国等完全取代了 E. C. Stakman 的鉴别寄主体系，实现了由鉴定病菌对未知基因品种的毒性到鉴定病菌内在遗传毒性基因的转变。

分布与危害　小麦秆锈病是一种喜温暖天气的病害，极易形成大范围严重流行。历史上，小麦秆锈病曾在世界大部分小麦栽培国家或地区造成了严重危害，例如，在 20 世纪 70 年代前，美国、加拿大、澳大利亚、新西兰、墨西哥、巴西、智利、乌干达、肯尼亚、坦桑尼亚、苏丹、埃塞俄比亚、南非、印度、巴基斯坦和伊朗等国，秆锈病流行十分频繁。在中国，如东北、内蒙古、西北春麦区与云南南部的德宏、红河、文山、思茅、楚雄彝族自治州中部的元谋等亚热带麦区，常因大流行年份造成小麦严重减产或绝收；其次是长江中下游、淮河流域、东南沿海麦区，是中国历史上小麦秆锈病流行频发区；四川等西部及西北麦区地貌与生态多样，历年来小麦秆锈病均有零星发生。

小麦秆锈病的危害性主要是破坏小麦茎、叶组织，也危害穗部乃至颖壳和芒。病菌夏孢子能穿透叶片，以侵染钉通过气孔侵入小麦，菌丝在细胞间扩展，以吸器在小麦细胞内吸收其养分，使得小麦的正常生理受到干扰和破坏，呼吸作用加强，光合作用降低，严重影响小麦生长发育和灌浆。被严重侵染的小麦茎秆虚弱，最后甚至会折断倒伏，中断向麦穗输送的水分、营养，形成空瘪粒，对小麦生产和产量造成的损失严重时可达 75% 以上，甚至绝收。如中国东北春区于 1923—1964 年的 42 年间，曾发生 9 次大流行和中度流行，

其中 1923 年小麦因秆锈病损失达 $7.3×10^8$kg，1948 年减产 $5.6×10^8$kg。江淮一带于 1956 年和 1958 年曾两次发生大流行，仅江苏、安徽就损失粮食 10^9kg。东南沿海小麦秆锈病菌越冬基地福建，1950 年、1955 年、1958 年、1960 年、1964 年和 1966 年发生流行，尤其是 1958 年大流行成灾，粮食损失惨重，一般麦田损失 30%～50%，严重地块颗粒无收。

在 20 世纪 20～60 年代，美国明尼苏达州，南、北达科他两州，就有 8 年因小麦秆锈病流行致使小麦产量损失达到 10%～20%。在重度流行年份里，损失超过了 50%；差不多同时期，在温暖的印度南部以及澳大利亚昆士兰和新南威尔士，小麦生产也间断性受到秆锈病的严重危害；在欧洲，1935 年和 1951 年经历两个小麦秆锈病大流行年，其中，1935 年斯堪的纳维亚小麦损失达到 9%～33%。

不过，经过 20 世纪 70 年代的绿色革命后，以 $Sr31$（$1B/1R$ 易位系）为主的小麦抗秆锈病基因广泛使用，长达 30 余年各国都未出现秆锈病大流行。1999 年从非洲的乌干达监测到对 Sr31 等重要抗病基因具有强毒力的新小种 Ug99，震撼了小麦抗病育种和植物病理学界。该小种及其后来出现的多个家系，已传入非洲的主要小麦生产国、阿拉伯半岛的也门、中东的伊朗以及南亚次大陆的巴基斯坦。在 Ug99 所到之地，均有小麦秆锈病的流行。因 Ug99 在非洲猖獗流行，其小麦生产受到严重威胁。例如，Ug99 造成肯尼亚的小麦严重减产 50%～70%。中国自 20 世纪 70 年代后小麦秆锈病发生逐步减轻，近 30 年来，仅在云南、贵州、四川、湖北、河南及东北麦区零星发生，对产量影响不大。分析其持久控制的重要原因之一，便是广泛使用了 1B/1R 易位系血缘（含 $Sr31$ 基因）的抗病品种。

病原及特征　病原为禾柄锈菌小麦专化型（*Puccinia graminis* Pers. f. sp. *tritici* J. Eriksson et E. Henning），属柄锈菌属。小麦秆锈病主要危害茎秆、叶鞘和叶片基部，严重时在麦穗的颖片和芒上也有发生。发病初期病部产生褪绿斑点，以后出现褐黄色至深褐色的夏孢子堆，表皮大片开裂呈窗户状向外翻卷，孢子飞散呈铁锈状（图 1），后期病部生成黑色的冬孢子堆。夏孢子堆长椭圆形至梭形，在 3 种病中最大，隆起高，排列散乱无规则。冬孢子堆长椭圆形，黑色散生，多在夏孢子堆中部产生。小麦秆锈菌孢子堆穿透叶片的能力较强，同一侵染点叶片正反两面均出现孢子堆，同一个孢子堆，叶片背面的孢子堆一般较叶片正面的大。

侵染过程与侵染循环　如上所述，小麦秆锈病的病原菌是禾柄锈菌小麦专化型，是典型的转主寄生菌，即在完整的生活史产生 5 种不同类型的孢子——夏孢子、冬孢子、担孢子、性孢子和锈孢子。在小麦上产生夏孢子（是 5 种孢子类型中唯一能反复产生并侵染其寄主的孢子类型）、冬孢子。担孢子只能侵染转主寄主小檗（*Berberis* spp.）和十大功劳（*Mahonia* spp.），受侵染的小檗叶片正面形成性孢子器及性孢子，然后在叶背面形成锈孢子器及锈孢子，锈孢子侵染对象是麦类等禾谷类作物，在麦类寄主上发育产生夏孢子（堆）并可反复侵染小麦寄主，构成无性夏孢子世代循环（图 2）。除了夏孢子堆阶段外，如转主寄主小檗普遍存在、小麦上冬孢子的萌发、担孢子传播和侵染条件皆适宜，受侵染产生锈子器（锈孢子）的小檗距离麦田足够近，中国小麦秆

锈菌的有性阶段也应能自然发生。

小麦秆锈菌生活史如图2所示，由小麦上夏孢子反复侵染或由转主寄主上锈孢子侵染小麦后，其上形成夏孢子（堆）（阶段Ⅲ）：受侵染5～6天后，小麦体表先呈现褪绿斑，随后病斑部凸起、表皮开裂露出夏孢子（堆）。在苗期叶片上，每个病斑扩展期约2周，但可持续散发夏孢子。在茎秆上，夏孢子堆扩展时间长，孢堆长度可达10mm以上，或融合连片（图1）。夏孢子堆酷似被风化的铁器表面的锈斑。随着植株的成熟老化，营养供给不足，就不再产生砖红色夏孢子，而是渐渐地在夏孢子堆中间产生黑色的冬孢子（堆），冬孢子堆出现致使麦秆呈黑色，故名黑锈。

小麦秆锈菌的夏孢子堆卵形、长形或纺锤形，大小3mm×10mm。夏孢子单胞，长椭圆形或球形，暗橙黄色，大小17～47μm×14～22μm，中部有4个发芽孔，胞壁褐色，表面有细刺。

夏孢子有远距离传播能力：夏孢子一旦从孢子堆上弹射出，就可随空气传播。若遇到上升气流进入3000m高空，则能超远距离，甚至不同大陆间传播。由于夏孢子在低温下具有很强的抗紫外辐射能力，经洲际传播后，仍有活力，随雨水落在感病小麦上引起发病。夏孢子在80%以上高湿条件下寿命较短，但在相对湿度20%～30%、低温条件下，其存活时间则较长。夏孢子在黑暗条件下，萌发形成芽管，3～6小时内在寄主表皮气孔上方形成附着胞和伸入气孔的侵染钉。这时，辅以光照，对侵染钉穿透寄主和成功侵染有利。

在发病末期，原夏孢子（堆）处转变成黑褐色冬孢子（堆）（阶段Ⅳ）：冬孢子双胞，有柄，椭圆形、棍棒形或纺锤形，浓褐色，大小为35～65μm×13～24μm，在横隔膜处稍缢缩，表面光滑，顶端圆形或略尖，顶端壁厚5～11μm，侧壁厚1.5μm。上部细胞的发芽孔在顶部，下部细胞的发芽孔在侧方。冬孢子抗低温等逆境能力强，是自然越冬的病原体，但在高温，尤其干燥条件下，生活力下降快（图1）。

冬孢子萌发后形成担孢子（阶段Ⅴ）：冬孢子通常需经过一段风化环境条件，如交替冻融过程后方可萌发。冬孢子萌发形成担子，在担子内进行减数分裂，并形成一个特别结构：先菌丝，在先菌丝上坐落单倍体的4个担孢子。冬孢子萌发的温度应比夏孢子的萌发的温度略低，即低于18℃会更适宜，且形成冬孢子过程需几天甚至1周。新产生的担孢子释放时，能弹出几厘米，借微风估计可传播至100～200m以外，引起感病的小麦幼嫩叶感染。

性子器与性孢子（阶段Ⅰ）：担孢子侵染小檗，约5天后即可在小檗叶上呈现性子器病灶（图2②），8～15天后性子器内性孢子（n）借昆虫传到另一性子器内受精丝（n）上，使不同性子器的性孢子和受精丝双核遗传重组（是病菌小种或毒力变异的原因）。

锈子器与锈孢子（阶段Ⅱ）：性孢子进入受精丝后，性孢子核在受精丝内移动进入锈子器原基，很快双核化，7～10天在小檗叶背面形成锈子器和锈孢子。锈孢子双核、柱状，方圆约20μm，需借空气传播侵染主要寄主小麦。秆锈菌的锈孢子萌发最适温度22℃。Stakman曾估计，在自然状况下锈孢子产生数量非常大。在北美洲，一个小檗丛上的锈孢子量可达6.4×10^{10}个，在离产孢中心几米或十几米远的地方，小檗受侵染的概率仍会很高。

流行规律和大区循环

影响流行的主要因素 小麦秆锈病流行主要是由夏孢子侵染所造成。夏孢子存活力高低、侵染过程及流行条件适宜与否是决定病害是否能流行或程度轻重的关键因素之一。

①小麦秆锈菌的存活力。小麦秆锈菌夏孢子的寿命与温度、湿度、光照等环境条件密切相关，在相对湿度40%～50%，温度4.4℃的条件下，可存活1年之久；将夏孢子在10～35℃的气温条件下，放在管口直径8mm，长120mm的玻璃指形管内，然后加入与孢子等量的重结晶过的氯化血红素，充分与孢子混合，再在1mm水银柱压力的真空条件

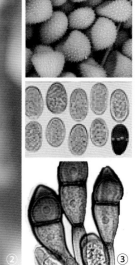

图1 小麦秆锈病症状（曹远银提供）
①小麦苗期；②成株期秆锈病症状；③夏孢子和冬孢子

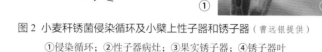

图 2 小麦秆锈菌侵染循环及小檗上性子器和锈子器（曹远银提供）

①侵染循环；②性子器病灶；③果实锈子器；④锈子器叶

下干燥 2 小时，然后用火焰将指形管密封，冷却后，储藏于 4.4℃ 的冰箱内，这样孢子可存活 5 年之久。

②侵染过程。小麦秆锈病是一种主要借高空气流远距离传播的病害，小麦秆锈菌的夏孢子随气流传播到植株上，在条件适宜时，6 小时内，夏孢子萌发产生芽管沿叶脉垂直方向生长，遇气孔后顶端膨大，形成附着胞，12 小时左右，长出侵入钉，伸入气孔穿透寄主表皮，并形成气孔下泡囊，其上长出侵染菌丝，约 24 小时，伸入寄主叶肉细胞内形成初生吸器，以吸器在寄主细胞内吸取养分，菌丝在寄主细胞间隙蔓延，不断侵入邻近健康寄主叶肉细胞，以产生新的次生吸器吸取养分。条件适宜时，侵入的菌丝 5～6 天即可形成夏孢子堆（图 2③）。小麦秆锈菌有时可在先前形成的夏孢子堆周围又生出几个小的次生孢子堆，所以，小麦秆锈菌在叶组织内为局部定植。

③侵染条件。小麦秆锈菌对温度的要求相对较高，病菌侵入适温为 18～25℃，在叶面有水滴、水膜或空气湿度饱和的条件下，更易萌发侵入寄主。夏孢子必须有水滴（水膜）或 100% 的大气湿度才能萌发，萌发的最高温度 31℃，最适温度 18～22℃，最低温度 3℃。在适温条件下，与水膜接触 3～4 小时即可萌发侵入，萌发需要黑暗条件，当光照达 1000lx 时就停止萌发；但在侵入末期，光照又利于夏孢子入侵（图 3）。冬孢子需要经过干湿、冷暖过程才能后熟萌发，萌发的最适温度为 20℃。南方冬季气温高，冬孢子不能充分后熟，一般不能萌发产生担孢子，因此，冬孢子实际上所起作用不大。担孢子对湿度要求相对较低，无水膜也能萌发，20℃ 时担孢子最易形成。锈子器在小檗形成的最适温度为 20～32℃，而萌发的最适温度为 16～18℃。影响病菌扩展的主要因素是温度。温度越适宜，潜育期越短，在 0℃ 为 85 天，5～9℃ 为 22～23 天，10～13℃ 为 13～21 天，14～17℃ 为 11～12 天，18～21℃ 为 7～8 天，22～24℃ 为 5～6 天。在感病品种正常生长的条件下，每个小麦秆锈菌夏孢子堆每天可产生 5 万个以上的夏孢子，持续 10 多天，可繁殖大量菌源。

④寄主的抗病性。大面积栽培感病的小麦品种是造成秆锈病流行的必要条件之一。中国的小麦生产品种对秆锈病的抗性总体较好，对国内流行小种，北方的品种比南方品种抗病，尤其是东北春麦区的品种，在新品种审定时，长期实行秆锈病感病的一票否决制，其生产品种的抗秆锈能力都很强；南部和西部，尤其长江中下游麦区的生产品种抗病性普遍差。95% 以上的中国小麦品种对 Ug99 都是感病的，因此，Ug99 等小种一旦入侵，中国小麦秆锈病流行的潜在危险巨大。

病菌越冬、越夏和周年循环

①小麦秆锈菌的越冬基地及演变。福建、广东、广西、云南、贵州和四川等地，秆锈病初发时间均在 1～3 月，除云南和四川南部外，大致位于 1 月平均气温 6～8℃ 等温线以南的地区，20 世纪 80 年代前曾是中国小麦秆锈菌在东南沿海的主要越冬区。此区内福建莆田、仙游、福清等县，因地理地形特殊，有武夷山和括苍山做屏障，阻挡北方南下的冷空气，又受海洋暖气流影响，夏天温度比同纬度低，冬天温度比同纬度高，气温十分适宜秆锈菌在此地区冬季流行；20 世纪 70 年代前，当地一度盛行种"年糕麦"，即小麦提前到 8 月初至 9 月初播种，到 1 月下旬至 2 月初收获，恰好赶上春节食用。这种"年糕麦"更适宜秆锈病在冬季流行，从而为 10～11 月晚播小麦提供了初始菌源。翌年 2 月至 3 月上旬气温逐渐升高，秆锈病进入盛发期，产生大量夏孢子，传给邻近的浙江大部、江苏、安徽、湖南部分和湖北等长江中下游冬麦区及更远麦区。

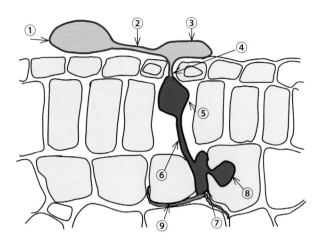

图 3 小麦秆锈菌夏孢子侵染过程示意图（曹远银提供）

①夏孢子；②芽管；③附着胞；④侵染钉；⑤气孔下囊；⑥侵染菌丝；
⑦吸器母细胞；⑧初吸器；⑨胞间菌丝

20世纪80年代后，广东基本上不种小麦，广西小麦面积减至可以不计，福建的"年糕麦"地改成水稻田，所以本地已基本不再有小麦秆锈菌越冬及初菌源。

秆锈病菌越冬的场所有云南、贵州、四川、重庆等地部分麦区。

②病菌越冬区及北限。在范围较宽的长江流域冬麦区，涉及四川大部、重庆、贵州大部、湖南大部、湖北、河南南部、江苏和浙江大部，位于1月平均温度为2～6°C等温线之间。在隆冬季节，小麦有长短不同的生长停滞期，秆锈菌亦处于潜伏状态，待到阳春4月，小麦与秆锈菌同时恢复生长，秆锈病开始发生，5月盛发。小麦秆锈菌的越冬北限位于1月平均气温3～4°C的狭长带，主要有30°N北侧的重庆万州区、四川达州和位于30°N的四川雅安和峨眉山（西部高原分界线）以东及长江中下游平原30°N南侧。这一东西向的狭长带，每年3月中下旬至5月中旬，受梅雨季节的雨云团阻碍，南方吹来的小麦秆锈菌孢子难以继续北上，只能随降雨落地，引起当地小麦感病。于4月底至5月中旬进入发病盛期，产生的菌源输送给北方的冬、春麦区，引起秆锈病流行。因此，该地带为小麦秆锈菌越冬区的北限过渡带。

③病菌越夏区范围。中国北方受小麦秆锈菌危害的地区主要有：东北春麦区，包括黑龙江北部、吉林和辽宁的大部；华北春麦区，包括河北北部张北坝上、山西雁北坝上和内蒙古；西北春麦区的甘肃、陕西、青海和宁夏的部分地区；西部高原冬春麦混栽区的四川甘孜州、阿坝州及凉山州的少部和冬麦区的宜宾、绵阳地区的局部高山地带。这些地区秆锈病主要发生在7月中旬至8月上旬，最晚可到9月下旬，甚至10月下旬田间也有小麦秆锈病。上述发病麦区成为南方冬麦区小麦秋苗冬前侵染的初始菌源地之一。其中，在西北冬春麦区和西部高原冬春麦区，本地自生麦苗、秋苗、麦茬再生分蘖以及晚生成株是小麦秆锈病菌越夏的主要寄主，可提供一些菌源，属于小麦秆锈菌的主要越夏区域，而华北春麦区属于小麦秆锈菌越夏的过渡区域，实际菌源很少。

④病菌周年循环区域。20世纪80年代后，广东、广西

及福建东南沿海，这些曾经的小麦秆锈菌越冬的主要菌源基地，耕作制度改变后，在小麦秆锈菌的周年循环中已失去作用。西南地区的云南、四川凉山州南部、贵州兴义与毕节，地形地貌复杂，山川交错，海拔相差很大，受太平洋季风和印度洋季风影响，属亚热带、热带高原型湿润气候；这些地区7月月均温度一般不超过24°C，1月平均温度一般在8～10°C，完全具备秆锈菌越冬和越夏的温度条件。云南东南部的蒙自，小麦秆锈菌在气温最低的月份能够侵染蔓延，无冬季休眠期，侵染当地秋苗的主要初侵染源来自越夏的自生麦上的夏孢子；西部的大理，小麦能够周年持续生长；在海拔2500m的旱地麦（小麦—玉米间作或小麦—小麦复种连作），1月仍有秆锈病发生，表明小麦秆锈菌能在这一地带越冬。在云南各平坝区，小麦秆锈病3～4月流行，小麦收获后，病菌在未收净的晚分蘖上生存一段时间，转移到自生麦苗，再传给秋苗，完成周年循环。

云南中北部的元谋及毗邻的四川西昌以南地区，秆锈病的发生与流行程度与大理和蒙自地区的明显不同。元谋地区南面平坦，东、西、北三面环山，1月平均温度10°C以上，并且全年有不同时期的生产性小麦生长。冬季温度对秆锈病的流行无限制，小麦早播早发病，晚播晚发病，只要品种感病，病情随小麦生长不断加重。四川的西昌及凉山州东南的宁南一带，冬麦和春麦交替种植，全年都有小麦生长，为小麦秆锈病的周年循环创造了有利条件。这些地区通过不同海拔冬春麦交替及漏割的晚分蘖麦苗和自生苗，为小麦秆锈病在当地完成周年循环提供了不间断的活体寄主，是小麦秆锈病的重要越冬菌源基地。

中国小麦秆锈菌生理小种鉴定　中国小麦秆锈菌的生理小种研究工作起步于1932年，但在1956年以后才持续进行。通过对国际鉴别寄主的引进、筛选和发展，建立了适合中国小麦秆锈菌生理小种研究的鉴别寄主系统。1960年以前，全部采用Stakman的12个鉴别寄主，1960—1989年，陆续增加了免字52、明尼2761、欧柔、如罗和华东6号等5个品种作为国内辅助鉴别寄主，1990年增加了12个单抗基因系（Sr5，6，7b，8a，9b，9e，9g，11，17，21，30，36）为鉴别寄主；2009年为了鉴定国际流行小种Ug99及其变异菌株，摈弃了8个没有鉴别力的寄主，保留了4个有鉴别作用的标准鉴别寄主（小密穗、履浪斯、爱因克、浮纳尔）和5个国内辅助鉴别寄主，并新增加了8个单基因系（Sr9a，9d，10，24，31，38，TMP，McN）作为鉴别寄主，对中国小麦秆锈菌及Ug99及其变异菌系进行鉴定和命名，如小种21C3CTHTM和34MKGQM。中国的这套鉴别寄主不仅全包含了国际上5字母命名的20个单基因系，也包括有鉴别力的标准和辅助鉴别寄主，使现有鉴定数据既国际接轨，又可与中国历史资料进行比较。

分离和鉴定条件：在温室或人工气候室内，孵育培养温度为20±1°C，光照（日光灯）强度为5800～6000lx，光照时间为13小时，用感病品种小密穗进行分离、纯化和扩繁，之后接种在鉴别寄主的幼苗上进行鉴定，其侵染型的划分标准见表。从1956年开始至今分析鉴定了全国的小麦秆锈菌生理小种17号、19号、21号（21C0）、21C1、21C2、21C3、34号（34C0）、34C1、34C2、34C3、34C4、34C5、

34C6、40号、116号、194号、207号等17个生理小种。小种群的出现频率始终以21群占优势（82.9%），其次是34群（17.1%）。小种34C2、116、40和34C4的毒力较强，但出现频率一直很低。

单基因系鉴别寄主鉴定结果表明，中国小麦秆锈菌主要群体为Sr5无毒力的21C群和Sr5有毒力的34C群。在5字母命名系统中，以C字母开头的则代表Sr5无毒力的21C群，如21C3CTHTM；以M开头的则是Sr5有毒力的34类群，如34MKGQM；以F开头的Sr5无毒力且Sr9e有毒力的则为116小种；以N开头的Sr5和Sr9e均有毒力者则代表40号小种。其中21C3是发生最普遍、出现频率最高的小种类群之一。经过有性过程（源于小檗上的锈孢子器）的秆锈菌种群的新小种频率和毒性多样性水平均极显著地高于无性菌群，从中发现了具有Sr5+Sr11联合毒力的菌株。

防治方法

利用抗病品种　①抗源利用及合理布局。培育和推广抗病品种是控制小麦秆锈病最经济、有效、环境友好的措施。20世纪70年代以来，中国加强了小麦秆锈菌生理小种的监测与鉴定，并因地制宜地进行抗源引进、筛选、选育和推广，使得中国的小麦秆锈病得到有效的控制，没有出现大流行。

小麦秆锈菌引起小麦品种（系）病害的侵染型记载标准表

侵染型	症状描述
0	既无夏孢子堆，也不发生任何过敏性枯斑
0;	不产生夏孢子堆，但产生黄白色的过敏性枯斑
1	有微小的夏孢子堆发生，但其周围环境有明显的枯死斑
2	有小到中等大小的夏孢子堆，但孢子堆常居绿岛中，绿岛周围有明显的失绿圈或枯斑圈
X	纯培养物接种时不同大小的夏孢子堆在单个叶片上随机分布
Y	不同类型的孢子堆分布整齐，且大的孢子堆位于叶片顶端
Z	不同类型的孢子堆分布整齐，且大的孢子堆位于叶片基部
3	夏孢子堆大小中等，孢子堆周围无枯斑，但有时孢子堆周围会有失绿圈
4	夏孢子堆甚大，常互相联合，周围无枯斑，但寄主在生长不适时，孢子堆周围会有失绿圈

注：鉴定标准参照Roelfs（1988）的分级标准。根据侵染型分为0、0;、1、2、X、Y、Z、3、4九级，辅以++、+、-、= 等符号表示同一级别中发病程度的不同，彩图4。0～2、X、Y、Z表现为低侵染型，3～4表现为高侵染型。

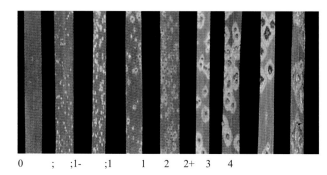

0　　;　　;1-　　;1　　1　　2　　2+　3　　4

图4 小麦秆锈病在小麦苗期反应型（曹远银提供）

如东北春麦区有克丰系列、克旱系列、龙麦系列、龙辐麦系列、辽春系列中的大部分以及新克旱9号、垦大8、垦九9、垦九10、丰强5、丰强6、丰强7、沈免85、沈免91、沈免96、沈免1167、铁春1号、铁春7号、辽春系列等；黄淮平原冬麦区有陕7859、烟农9、烟优361、鲁麦3号、鲁麦7号、鲁麦9号、鲁麦21号、济系系等、淮麦18、冀麦31、冀麦38、河农2552、京冬8号、晋太179、周麦18、豫麦2、豫麦7、豫麦10、豫麦13、豫麦49、徐州21等；长江中下游冬麦区有鄂恩1号、华麦13、荆12、荆13、荆135等；华南冬麦区有贵农22、贵州98-18、毕2002-2、晋麦2418、龙溪18、龙溪35、福繁16、福繁17、泉麦1号、国际13、云麦29、精选9号等。

在选育和推广抗病良种时必须掌握小麦秆锈菌的发生发展规律、病菌小种的组成、消长变化规律、流行关键地区以及生产品种的抗病基因情况，以更好地进行品种（或抗病基因）的合理布局。如在小麦秆锈菌越夏、传播桥梁区、越冬区和流行区等，分别种植不同抗锈类型品种，以阻止病菌的越夏、越冬，减少菌源、切断病菌的周年循环，从而有效控制秆锈病流行。

②发掘新的抗病基因资源。抗源多样化，是选育抗病品种，提高品种持久抗病能力，延长基因使用年限的有效途径。小麦的野生近缘种属中蕴藏着丰富的抗性基因，现已定位58个抗秆锈病基因，其中大部分来源于普通小麦，但绝大多数现有有效抗病基因则来自于偃麦草属、山羊草属、黑麦等小麦的近缘种属，因此，可以从小麦近缘物种中发掘抗秆锈病新基因，结合染色体工程和分子生物学技术等将其转移到普通小麦中，有利于作物改良和品种的选育。

加强栽培管理　加强小麦田间栽培管理，创造和利用不利于秆锈病发生危害的环境条件，促进植株健壮生长，提高植株抗性，对防治秆锈病有重要作用。

在福建、云南等越冬区，对仍少量种冬麦的部分农户，规定适期晚播，以减少初始菌源，但在云南等小麦秆锈病发生严重的地区，在南部麦区，适当早播，有利于减少后期秆锈病危害，在北部麦区适时早播，可提早小麦成熟，减轻后期病害。在闽东南一带，取消9～10月的早播冬麦，将播期推迟到11月，可推迟始期30～40天，有效消除早发区菌源。

一般地势低洼、土质黏重、排水不良、氮肥偏施过多过迟、植株茂密荫蔽、生长柔嫩、成熟期延迟，均有利于病菌的侵入和为害，发病常较重。适期播种，施足底肥，增施磷、钾肥，控制氮肥，促进麦株健壮生长，增强抗病力；小麦收获后及时翻耕灭茬，消灭自生麦苗，减少越夏菌源。

化学防治

①药剂拌种。在小麦播种前进行药剂拌种，不仅可以有效防治小麦锈病、纹枯病、黑穗病及蛴螬、蝼蛄、金针虫等多种病虫害，确保小麦苗全、苗壮，稳健生长，而且技术简单、用药量小。应用于防治小麦秆锈病的拌种药剂主要是15%或25%三唑酮（又名粉锈宁）可湿性粉剂，12.5%烯唑醇（又名禾果利/速保利）可湿性粉剂，25%三唑醇干拌种剂，唑醇·福美双和唑酮·福美双悬浮种衣剂等。如用粉锈宁按种子重量0.03%的有效成分拌种，或

12.5% 特谱唑按种子量 0.12% 的有效成分拌种，可提高种子的抗病性，推迟冬前发病 60 天左右，大大降低冬前发病菌源基数，减轻春季防治压力。

②叶面喷药。在秋季和早春，田间发现锈病中心，应及时喷药控制。在锈病发生初期用药防治效果最好，若发生大流行情况下，除及时防治发病严重的麦田外，要对周边发病轻和不发病的麦田施药剂防治，以控制病害进一步蔓延，减轻损失。一般在小麦扬花灌浆期，发病率达 1%～5% 时开始喷药，以后 7 天 1 次，共喷 2～3 次；如病原菌菌源量大，春季气温回升早，雨量适宜，则需提前到病秆率 0.5%～1% 时开始喷药。防治小麦锈病的药剂比较多，推广应用较广的药剂是粉锈宁（又称百里通、三唑酮）。该药剂喷洒在小麦上可被植株各部分吸收，在植物体内传导，对锈病有很好的防效。粉锈宁有 15%、20%、25% 3 种含量的可湿性粉剂或乳油，15% 含量的用 1.5kg/hm²，20% 含量的用 1.05kg/hm²，25% 含量的用 0.75kg/hm²，兑水 750～1500kg/hm² 喷雾。发病田块必须喷药 2～3 次，每次间隔 7～10 天，才可控制病害，确保丰收。

参考文献

曹远银，陈万权，2010. 小麦秆锈菌生理小种鉴别寄主及命名方法的演变 [J]. 麦类作物学报，30(1): 167-172.

李振岐，曾士迈，2002. 中国小麦锈病 [M]. 北京：中国农业出版社.

吴友三，黄振涛，1987. 中国二十年间小麦秆锈菌生理小种鉴定和消长分析 [J]. 沈阳农业大学学报，13(3): 105-138.

ROELFS A P, BUSHNELL W R, 1985. The cereal rusts: Vol. Ⅱ [M]. New York: Academic Press.

（撰稿：曹远银；审稿：陈万权）

小麦根腐病　wheat common rot

由麦根腐平脐蠕孢引起的一种土传真菌性病害，危害小麦根、茎、叶、叶鞘、穗和种子，是一种全球性小麦病害，也是中国小麦生产上主要病害之一。又名小麦蠕孢叶斑病。

发展简史　小麦根腐病很早就引起了人们的广泛重视，20 世纪 20 年代初开始了有关其病原菌的研究。该病原菌腐生能力强，除危害小麦外，还可以侵染其他禾谷类作物和多种禾本科杂草；生理小种多，Christonsen 根据形态和病理学特征从这种真菌中鉴定出 73 个生理小种。Wood 也认为在其病原菌中存在致病力不同的生理小种，它们出现在不同来源的病样中。20 世纪 70 年代之前，人们认为小麦根腐病病原物是单一病菌长蠕孢。20 世纪 80 年代之后国内外研究却发现，小麦根腐症状是由多种病原物混合侵染引起的，在病样中分检出蠕孢菌、镰刀菌、丝核菌、链格孢菌等，也有人认为一些微生物并不直接引起根腐病，而是在寄主被侵染后引起再次感染而造成根腐症状。镰刀菌、丝核菌、链格孢菌等侵染小麦不同部位所产生的发病症状与麦根腐平脐蠕孢存在一定的差异，本条目中所述的小麦根腐病是指由麦根腐平脐蠕孢 [*Bipolaris sorokiniana*（Sacc.）Shoem.] 侵染小麦而引起小麦根、茎、叶、穗、叶鞘和种子发病的总称。

分布与危害　小麦根腐病在世界上分布广泛，在亚洲、欧洲、南美洲和北美洲等很多国家均普遍发生。其中，英国、法国、德国以及北美的加拿大、美国等发生危害最为严重。在中国黑龙江、吉林、辽宁、河南、河北、山东、内蒙古、山西、陕西、甘肃、新疆等地区也普遍发生，20 世纪 80 年代其发生分布不断扩大，广东、福建麦区也有发生。一般病田发病率为 1%～5%，较重病田发病率在 10% 左右，对小麦产量的影响比较大，一般病田减产 10%～30%，严重地块会减产 30%～70%。

小麦根腐病病病原菌是一种弱寄生菌，寄主范围很广，能侵染小麦、大麦、燕麦、黑麦等禾谷类作物和 30 多种禾本科杂草。该病除引起小麦根腐外，还侵染危害其他部位，产生叶斑和叶枯、穗腐、褐斑粒及黑胚等症状。小麦种子发芽后幼芽和根即可被种子及土壤中的病菌侵染发病，重者根部变褐腐烂，幼芽烂死，不能出苗，轻者根部变褐，病苗仍可出土，但发育迟缓，生长不良，直接影响植株后期的长势和麦穗的大小；苗期地上部发病，多是近地面的叶片发病，病斑散生，圆形或不规则形，重者病叶变黄而死（见图）；成株期叶片上的病斑初为散生、黑褐色的小斑点，逐渐扩大呈椭圆形或不规则形、褐色、周围具明显褪绿晕圈的病斑；叶鞘上的病斑不规则形，淡黄色或黄褐色，周围色略深或无

小麦根腐病危害叶部症状（张匀华、孟庆林提供）

清楚的界限，严重时常出现整个叶鞘连同叶片因病枯死；穗部发病，被害颖壳基部初呈水渍状斑点，随后扩延变褐，病部产生黑霉；小穗被害后，病菌进一步侵害穗轴，使其变褐或腐烂，由于穗部被害，造成部分小穗不能结实或种子不饱满或造成种子胚部感病；在高湿条件下，感病穗颈变褐腐烂，使全穗枯死或掉穗；麦芒发病后产生局部褐色病斑，严重时病斑部位坏死造成病斑部位以上的一段芒干枯；感病籽粒多是胚部被害，局部或全胚部变为暗褐色，即所谓黑胚粒；种子其他部位也可被侵染受害，于种皮上产生梭形或不规则形的暗褐色病斑。小麦的幼芽、幼苗被侵害造成田间缺苗，在东北春麦区，常年因苗腐造成的缺苗率达10%～30%，成穗率和穗粒数亦明显降低。成株期叶片受害造成叶片早枯，光合作用下降，籽粒不饱满而降低粒重，进而降低产量和种子质量。在西北春麦区主要危害根部和茎部，引起成株茎基腐和根腐，穗粒空秕。在冬麦区，小麦返青阶段受冻害，易诱发根腐病，引起死苗；成株期根腐，因根部或茎基腐烂而呈青枯状死亡，不能结实；成株期穗和籽粒被害，结实率下降，种皮或种胚变褐变黑，粒重轻，发芽率低；褐斑粒和黑胚率高的小麦磨出的面粉色泽灰暗，品质差。因此，根腐病不仅影响产量，而且还降低了小麦的品质和商品价值。

病原及特征　病原为麦根腐平脐蠕孢［*Bipolaris sorokiniana*（Sacc.）Shoem.］，异名 *Helminthosporium sativum* Pammel. et al.，有性态为禾旋孢腔菌［*Cochliobolus sativus*（Ito et Kurib.）Drechsl.］。

小麦根腐病病原菌无性态属真菌类平脐蠕孢属。分生孢子梗生于寄主枯死部位，单生或2～5根丛生，淡褐色至暗褐色，梗长90～260μm，宽5～10μm，直立或有膝状曲折，基部细胞膨大，顶端色稍浅，孢痕坐落于顶端及折点；分生孢子褐色或深褐色，梭形至长椭圆形，略弯曲，中央处宽，两端渐狭钝圆，外壁较厚，有3～12个离壁隔膜（多数孢子6～10个），孢子大小为40～120μm×17～28μm，脐明显、平截。分生孢子萌发温度范围为0～39℃，以22～32℃最适。相对湿度低于98%分生孢子不能萌发，在饱和湿度下和水滴中萌发最好。分生孢子萌发适宜的pH范围较广，中性偏酸的条件更有利于萌发。分生孢子在蔗糖、葡萄糖溶液中的萌发率明显高于清水。光对分生孢子的萌发无明显的刺激或抑制作用。分生孢子萌发从端胞伸出芽管，在6～34℃范围内均可侵染小麦，22～30℃最适于侵染。菌丝体最低生长温度为0～20℃，最高温度为35～39℃，最适温度为24～28℃。病原菌在PDA培养基上菌落深橄榄色，气生菌丝白色，生长繁茂，菌落边缘具轮纹。光对菌丝生长无明显的刺激或抑制作用。

小麦根腐病病原菌有性态属子囊菌门格孢腔菌目，异宗配合，由不同交配型的单分生孢子菌系在Such琼脂培养基上对峙培养而产生。子囊壳生于病残体上，凸出，球形，有喙和孔口，大小为370～530μm×340～470μm，子囊无色，大小为110～230μm×32～45μm，内有4～8个子囊孢子，作螺旋状排列，线形，淡黄褐色，有6～13个隔膜，大小为160～360μm×6～9μm。

侵染过程与侵染循环　病原菌分生孢子在小麦叶面萌发后产生芽管，由气孔或伤口侵入叶片，亦可穿透叶表皮直接侵入。直接穿透侵入在接种后4小时叶面上的部分孢子便萌发产生芽管，48小时后部分芽管前端膨大产生球形附着胞，牢固地附着于叶面上，随即产生纤细的侵染丝直接穿透叶片表皮侵入叶组织内部；气孔与伤口侵入的方式与直接侵入不同，分生孢子萌发产生的芽管在遇有气孔时，芽管前端向孔口处弯曲，由气孔口处侵入；伤口侵入的方式与由气孔侵入的大致相同，即遇有伤口的芽管前端向伤口处弯曲，随即由伤口侵入寄主体内。

土壤中、病残体和种子带菌成为该病的主要初侵染菌源。小麦收获后，遗留在田间地表和浅土层中未腐烂的病残体其内部潜藏的菌丝体都能顺利越冬或越夏，病残体上和散落于土壤中的分生孢子也能越冬或越夏。病原菌以菌丝体潜伏在种皮、胚乳和胚中，病原菌在种子中可存活多年。种子表面也附带病原菌分生孢子。此外，发病的自生麦苗和其他寄主也是侵染小麦的菌源。

小麦播种后，种子、病残体和土壤中的病菌侵染幼芽和幼苗，造成芽腐和苗腐；越冬或越夏病残体新产生的分生孢子，上一季残留的分生孢子亦可随气流或雨滴飞溅传播，侵染麦株地上部位，产生叶斑和叶枯。气候潮湿和温度适合，发病后不久病斑上便产生分生孢子，借风雨传播，可发生多次再侵染。小麦抽穗后，分生孢子从小穗颖壳基部侵入和危害穗部和种子。在冬麦区，病菌可在病苗体内越冬，返青后带菌幼苗体内的菌丝体继续为害，病部产生的分生孢子进行再侵染。

流行规律　小麦根腐病的流行程度取决于菌源数量、气象条件、栽培管理及寄主抗病性等多种因素。

东北和西北春麦区麦收后地温降低，田间病残体腐解较慢，有效菌源较多，有利于根腐病发生。耕作粗放的连作麦田菌源尤多，发病较重。一年两作的冬麦区，夏季高温多雨，病残体腐解较快，复种玉米田和休闲地块菌源数量随病残体分解而逐渐减少，秋播前达最低点，秋苗期有所上升，冬春又逐渐减少，早春又达低谷，以后随病害发展菌量又复上升。因而生长后期病害流行取决于田间发病过程中的菌量积累。在黑龙江春麦区小麦开花期田间菌源数量多，当年叶枯和穗腐流行程度多加重。

成株期叶部发病主要与气候、田间菌源量等有关。因分生孢子萌发侵染要求有饱和湿度和水滴，所以该病害以在潮湿多雨的地理环境或多雨的年份发生重。一般条件下小麦成株期的气温基本适于该病侵染所要求的温度条件，所以一旦遇到多雨高湿的气象条件，叶片、叶鞘和穗部发病程度则会较严重。小麦开花期旬平均气温18℃以上，或者气温略低于18℃，相对湿度在85%以上，叶片均重，如生育后期高温多雨，将发生大流行。黑龙江春麦区小麦抽穗后正进入雨季，雨湿条件对根腐病发生发展十分有利，因而成为这一地区小麦的主要病害。黄河流域春季雨日数和降水量是影响冬小麦叶斑和叶枯流行的主导因素，华北、西北麦区由于该期湿度低，危害轻。

幼苗发病与土壤环境关系密切，连作地，土壤含菌量大，苗腐发病重；黑龙江春麦区春播期间地温高于15℃，有利于苗腐发生。播种过迟，5cm土层地温较高，发病重，而适期早播地温较低，发病轻；土壤湿度过高或过低都不利于种子发芽和幼苗生长，苗腐均重；播种过深（超过 6cm）不利于幼苗出土，病苗增多。西北春麦区春季干旱低温，土壤含水量较低，根腐和茎基腐加重。另外，如土壤板结、种子带菌量大等因素均可促进苗腐发生。

小麦品种间对根腐病的抗病性有很大差异。已有研究发现有高度抗病或耐病的品种以及育种的原始材料，但未发现免疫品种。小麦品种对苗腐、叶枯和穗腐的抗病性之间没有明显的相关性。有的品种根部病重，造成死穗、死株，有的品种叶部感病较重，有的黑胚率较高。小麦个体抗病性与发育阶段关系很大，多数品种在孕穗前叶片抗病性较强，抽穗开花期以后，抗病性明显下降。小麦遭受冻害、旱害或涝害以及土质贫瘠、水肥不足时，生长衰弱，抗病性降低，发病加重。

防治方法　采取以种植抗病品种为主，合理的耕作栽培措施及化学防治为辅的综合防治措施。

选用抗（耐）病品种　虽然还未发现对小麦根腐病免疫的小麦品种，但不同小麦品种对该病害的抗性差异较大，选择较抗病品种是防治该病害的一种有效措施。各地应因地制宜选用抗病、耐病品种。对根腐病（叶斑）表现较抗病的品种有：望水白、郑麦 9962、豫保 1 号、洛麦 21、花培 8 号、周麦 26、新麦 9817、石新 733、许科 718、辽中 4 号、中抗 1 号、克春 1 号、克春 4 号、北麦 9 号、克旱 20、垦九 10 号、龙春 3 号等。

耕作栽培措施　主要包括轮作、翻耕灭茬、选用无病种子、科学播种和合理施肥等多种措施。

小麦根腐病严重地区应与豆类、马铃薯、胡麻、蔬菜等非禾本科作物轮作。麦收后及时翻耕灭茬，清除田间禾本科杂草。秸秆还田后要及时翻耕使秸秆埋入地下，促进病残体腐烂；轮作与翻耕灭茬是减少田间菌源的一项有效措施。采用无病田留种，无病种子可减少苗期根腐、苗腐的发生。

科学播种，适期早播，播种深度不宜过深，避免在土壤过湿、过干条件下播种，都可减轻苗期病害的危害，不仅可提高田间保苗株数，又可减轻苗期根腐病的危害程度，是一项不增加防治成本的防病措施。

合理施肥，施足底肥，有条件的可增施有机肥或经酵素菌沤制的堆肥，以促进出苗，培育壮苗。小麦生长期需防冻、防旱，增施速效肥，以增强植株抗病性和病株恢复能力。

化学防治　种子处理可有效防治苗期根腐，提高种子发芽率和田间保苗数与成穗数。50% 代森锰锌可湿性粉剂或 50% 福美双可湿性粉剂或 12.5% 特谱唑可湿性粉剂或 15% 三唑酮可湿性粉剂，按种子重量的 0.2%～0.3% 拌种；2.5% 咯菌腈悬浮种衣剂按药种比 1∶500 包衣，可防治苗期根腐、苗腐和降低田间菌量。

喷药防治是大面积控制小麦根腐病流行危害的主要手段，可提高籽粒重量和减轻病粒率等危害损失。用 25% 丙环唑乳油每公顷用药 500～600ml、50% 多菌灵可湿性粉剂或 70% 甲基托布津可湿性粉剂每公顷 1500g、15% 三唑酮可湿性粉剂每公顷 1200～1500g，以上药剂均按每公顷兑水 750L 喷雾。两种药剂混用如：三唑酮 + 多菌灵混用可提高防效。东北春麦区一般年份在扬花期 1 次用药即可，大发生年份应在第一次喷药后 7～10 天再喷 1 次。黄淮冬麦区在孕穗至抽穗期喷药防病保产效果最好。

参考文献

白金铠，陈其本，1982. 东北春小麦根腐病防治研究 [J]. 植物保护学报，9(4):201-256.

董金皋，2001. 农业植物病理学：北方版 [M]. 北京：中国农业出版社.

胡艳峰，王利民，张一凡，等，2016. 黄淮地区主推小麦品种对根腐病抗性的初步鉴定与评价 [J]. 河南农业科学，45(6): 62-66, 71.

孙光祖，1990. 小麦根腐病的致病特点及培育抗病品种的策略 [J]. 种子世界 (10): 16-17.

中国农业科学院植物保护研究所，中国植物保护学会，2015. 中国农作物病虫害 [M]. 3 版. 北京：中国农业出版社.

（撰稿：张匀华、孟庆林；审稿：康振生）

小麦光腥黑穗病　wheat stinking smut

由光腥黑粉菌引起的小麦真菌病害。主要危害小麦的穗部，在春小麦和冬小麦上都有发生，且遍布世界小麦各个种植区。又名腥乌麦、黑麦、黑疸、小麦丸腥黑穗病。

发展简史　光腥黑粉菌是引起普通腥黑穗病的一个种，另一个种为网腥黑粉菌。人们从古代就认识了小麦的普通腥黑穗病。在 1755 年 Tillet 就研究了普通腥黑穗病，他有关腥黑穗病的工作极大地促进了现代植物病理学的建立，为了承认他的开拓性工作，腥黑粉菌属被命名为 *Tilletia*。光腥黑穗病和网腥黑穗病这两种普通腥黑穗病的病原菌种名在历史上变化比较大，其中光腥黑粉菌的种名先后用过 *Tilletia foetens*（Berk & Curt.）Schröt（1860）、*Tilletia laevis* Kühn（1873）、*Tilletia foetida*（Wall.）Liro（1920）等。在 20 世纪 90 年代前，光腥黑穗病菌公认名字是 *Tilletia foetida*，但是按照国际植物命名法，对黑粉菌目的命名以 1753 年为开始日期，而不是原来的 1801 年，因此，光腥黑粉菌的正式命名变为 *Tilletia laevis*，此种名由 Kühn 在 1873 年命名。

自有历史记载以来，普通腥黑穗病就一直伴随着小麦的栽培和生产，寄主抗性基因研究证实，该病菌如同小麦和小麦近缘种属一样起源于同一中心——近东。国外学者对普通腥黑穗病大量研究开始于 20 世纪 50～60 年代，主要在病害的生物学和流行学、病菌生理小种、寄主抗病性、防治方法等方面做了不少工作。中国主要的研究也多集中在抗病性鉴定、病菌生物学、病菌生理小种、药剂防治等方面。

分布与危害　小麦光腥黑穗病是世界性病害，在亚洲、欧洲、非洲、大洋洲均有分布。由于近东是小麦及其近缘种的起源中心，所以近东也可能是此病原菌的起源中心，因此，该病害在西亚和近东是仅次于锈病的、分布最广和危害最重的小麦病害。例如，在土耳其小麦光腥黑穗病是最常见的病害，其病原菌占普通腥黑粉菌的 88%，而且光腥黑粉菌的小种数目也比网腥黑粉菌多；在当地一般年份 10% 的麦田有普通腥黑穗病，感染植株可高达 60%～90%，可造成 10%～20% 的产量损失。普通腥黑穗病在伊朗部分地区可造成的产量损失达 25%～30%。在巴基斯坦小麦光腥黑穗病也重于网腥黑穗病，其在丘陵地区的发病率为 20%～25%，有些田块高达60%～70%。在非洲的埃塞俄比亚沙伊尔高海拔地区该病发病比较严重。在整个欧洲、大洋洲的澳大利亚等地区过去此病害发生比较重，普通腥黑穗病发生率高达50%，由于种子检验和种子处理的广泛应用，近些年来这些地区发生比较轻。

在中国除北纬25°左右以南、年平均气温高于20℃以上的少数地区外，全国各地都有发生。以华北、华东、西南的部分冬麦区和东北、西北、内蒙古的春麦区发生较重。20世纪50年代，该病在不少地区非常严重，通过推广抗病品种、药剂拌种等手段进行大力防治，1960年代末在全国大部地区已消除其危害。1970年代以来，由于调种频繁、机器跨区收割和放松防治等原因，部分地区病情又有回升。河南、山东、河北、江苏、北京等小麦主产区时有发生，而且一些地区或田块发病较重，有蔓延扩展的趋势。如河南起初仅在一些山区麦田发病，以后继续传播到安阳、开封、周口、驻马店等平原地区，部分地块病穗率达50%以上，1980年河南黄泛区农场重病地块的病穗率达80%以上；从1998年始在渑池等县市发生逐年加重，2004年大面积暴发，发病田平均病穗率为14.5%，局部造成绝收。河北1987年各地普遍发病，全省发病面积500万亩以上，一般病穗率5%～10%，严重的达60%以上。江苏2009年在邗江、金坛、武进等10多个县（市、区）发现此病害，全省发生面积达2200多亩，发病品种主要为扬麦系列，一般田块病穗率1.5%～18.3%；2011年常熟、吴中等地局部田块发生，病穗率有的高达60%以上；2012年尽管只在东台等地零星发生，但个别田块病穗率达30%左右。黄淮海、华北麦区的局部地区和个别田块时有发生。

小麦光腥黑穗病症状主要出现在穗部，病株一般较健株稍矮，分蘖增多，矮化程度及分蘖情况依品种而异。病穗较短，直立，颜色较健穗深，开始为灰绿色，以后变为灰白色，颖壳略向外张开，露出部分病粒。小麦受害后，通常是全穗麦粒变成病粒，但也有一部分麦粒变成病粒的。病粒较健粒短粗，初为暗绿，后变灰黑色，外包一层灰包膜，内部充满黑色粉末（病菌厚垣孢子），破裂散出含有三甲胺鱼腥味的气体，故称腥黑穗病（图1）。该病害不仅使小麦减产，而且使麦粒用面粉的品质降低。一般流行年份可造成10%～20%的产量损失，严重年份可达30%以上，个别田块甚至绝收。

病原及特征　病原为 *Tilletia laevis* Kühn［异名 *Tilletia foetida*（Wall.）Liro］，属腥黑粉菌属。该病原菌除主要侵染 *Triticum* spp. 外，还发生在许多禾本科植物上。此病菌孢子堆生在子房内，外包果皮，与种子同大，内部充满黑紫色粉状孢子，厚垣孢子圆形、卵圆形或稍长，淡灰褐色至暗橄榄褐色，直径14～22μm，但有时较小（13μm），外壁平滑；不孕细胞球形到近球形，但有时呈不规则形或扭曲，直径11～18μm，透明到半透明（图2）。

小麦光腥黑穗病的厚垣孢子能在水中萌发；在具有某些营养物质的液体中，如在0.05%～0.75%的硝酸钾溶液中更易萌发。猪、马、牛粪的浸出液有促使孢子提早萌发的作用，特别是猪粪浸出液最为明显。孢子萌发所需的温度随病菌的种和生理小种不同而异，最低温度为0～1℃，最高为25～29℃，最适为18～20℃；也有试验结果为，最低温度为5℃，

图1　小麦光腥黑穗病危害症状（周益林摄）

图2　小麦光腥黑穗病病原菌的厚垣孢子（周益林提供）

最高为20～21℃，最适为16～18℃。孢子萌发适温较小麦为低（小麦种子发芽温度最低为1～2℃，最高30～35℃，最适20～25℃）。孢子对碱性不太敏感，但对酸性很敏感。当土壤溶液的 pH < 5 时，孢子不能萌发。孢子萌发时需要大量氧气。贮存于干燥场所的病粒内的厚垣孢子可以存活数年之久，但置于潮土内的厚垣孢子则只能存活几个月。病菌在水田内只要经过一个夏季即全部死亡。厚垣孢子的致死温度为55℃10分钟。

小麦光腥黑穗病菌有生理专化现象。不同生理小种对寄主的致病力不同。用16个已知的单基因系鉴别寄主（表1）可鉴定出10个光腥黑粉菌小种（表2）。

表1 腥黑粉菌生理小种鉴别寄主

品种	抗性基因	CI 或 PI 编号
Heines VII	*Bt-0*	PI 209794
Sel 2092	*Bt-1*	PI 554104
Sel 1102	*Bt-2*	PI 554094
Ridit	*Bt-3*	CI 6703
CI1558	*Bt-4*	CI 1558
Hohenheimer	*Bt-5*	CI 11458
Rio	*Bt-6*	CI 10061
Sel 50077	*Bt-7*	PI 554100
PI 173438×Elgin	*Bt-8*	PI 554120
Elgin×PI 178383	*Bt-9*	PI 554099
PI 178383×Elgin	*Bt-10*	PI 554118
Elgin×PI 166910	*Bt-11*	PI 554119
PI 119333	*Bt-12*	PI 119333
Tule III	*Bt-13*	PI 181463
Doubbi	*Bt-14*	CI 13711
Carleton	*Bt-15*	CI 12064

表2 光腥黑粉菌小种对不同抗病基因的毒性

小种	寄生抗性基因（*Bt*）														
---	1	2	3	4	5	6	7	8	9	10	11	12	13	14	15
L-1				X		X	X								
L-2	X						X								X
L-3		X					X								
L-4	X						X								
L-5	X	X					X								
L-7	X	X					X						X		
L-8		X		X			X		X						
L-9	X	X	X												
L-10	X	X					X								
L-16	X	X		X		X	X								

注：X表示10%及以上的侵染水平。

侵染过程与侵染循环 病菌以厚垣孢子附着在种子外表或混入粪肥、土壤中越冬或越夏。当播种后种子发芽时，厚垣孢子也随即萌发，先产生先菌丝，其顶端生8～16个线形的担孢子。由性别不同的担孢子在先菌丝上呈"H"状结合，然后萌发为较细的双核侵染丝。侵染丝从芽鞘侵入麦苗并到达生长点。病菌在小麦植株体内以菌丝体形态随麦株生长而生长，以后侵入开始分化的幼穗，破坏穗部的正常发育，至抽穗时在麦粒内形成菌瘿即病原菌的厚垣孢子。

小麦收获脱粒时，病粒破裂，厚垣孢子飞散黏附在种子表面越夏或越冬。用带有病菌厚垣孢子的麦秸、麦糠等沤肥，在通常的温度下，孢子不会死亡；用带有病菌的麦秸、麦糠等饲养牲畜，通过牲畜肠胃粪便排出的病菌孢子也不会死亡，而使粪肥带菌。小麦收获时，病粒掉落田间，或小麦脱粒扬

场时，病菌孢子被风吹到附近麦田内，可使土壤带菌。种子带菌是传播病害的主要途径。在沤粪习惯的地区，粪肥带菌也是传病的主要途径。在麦收后寒冷而干燥的地区，病菌孢子在土壤中存活时间较长，病害可通过土壤传染（图3）。

流行规律 小麦腥黑粉菌是幼苗侵染性病害。在小麦芽鞘未出土之前，病菌侵染不必经过伤口。但当第一叶展开后，就一定要经过伤口侵入。因此，在地下害虫危害较重的麦田内，腥黑穗病往往发生较重。凡后期侵入的菌丝，只能到达以后新生的蘖芽和生长点中，所以只在后生的分蘖上产生黑穗。

小麦幼苗出土以前的土壤环境条件与病害的发生发展关系极为密切。在各种土壤因素中，以土壤温度对发病的影响最为重要。小麦光腥黑粉菌侵入幼苗的适温较麦苗发育适温为低，其最适温度为9～12℃，最低5℃，最高20℃（冬小麦幼苗发育适温为12～16℃，春小麦为16～20℃）。土温较低一方面有利于病菌侵入，另一方面由于麦苗出土较慢，又增加了病菌侵染的机会。因此，冬小麦迟播或春小麦早播，对病菌侵染有利，发病往往较重。土壤湿度对病害的发生也有重要影响。病菌孢子萌发需要水分，也需要氧气。土壤太干燥时，由于水分不足，限制了孢子发芽；土壤太湿，由于氧气不够，也不利于孢子萌发。一般湿润的土壤（持水量40%以下）对孢子萌发较为有利。地势的高低、播种前后的雨量、灌溉及土壤性质等都与土壤湿度有关。此外，播种时覆土过深，麦苗不易出土，增加了病菌侵染的机会，可增加病害的发生。

土壤和种子带菌量高，播种期气温偏低或冬小麦迟播或春小麦早播，有利病害的发生。如果土壤和种子带菌量高，小麦播种时的土壤温度为9～12℃、湿度为20%～22%时，翌年病害则发生严重。

防治方法

加强检疫 做好产地检疫，禁止将未经检疫且带有小麦光腥黑粉菌的种子调入未发生区，对来自疫区的收割机要进行严格的消毒处理，一旦发现病害，要采取焚烧销毁等灭除措施。

种植抗病品种 加强抗病品种的选育，推广和种植抗耐

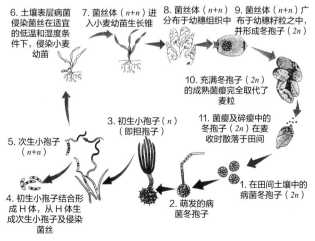

图3 小麦光腥黑穗病菌侵染循环（引自 Wilcoxson et al., 1996）

病品种。已鉴定出了抗腥黑穗病的基因有 15 个主效基因，从 Bt-1 到 Bt-15，这些基因在小麦品种中以单独或组合的形式存在。PI17383 是来自土耳其的一个很好的抗源材料，含有 Bt-8、Bt-9、Bt-10 三个主效基因。在中国生产上抗性比较好的品种有豫麦 47 优系、兰考矮早 8、宛原白 1 号、品 99281、西杂 5 号、小偃 22、皖协 240、淮 9706、新优 1 号、周麦 18、石 01Z056、兴资 9104、藁麦 8901、开麦 18、花培 5 号等。

种子处理　常年发病较重地区用 2% 戊唑醇（立克秀）拌种剂 10～15g，加少量水调成糊状液体与 10kg 麦种混匀，晾干后播种。也可用种子重量 0.15%～0.2% 的 20% 三唑酮（粉锈宁）或 0.1%～0.15% 的 15% 三唑醇（百坦）、0.2% 的 40% 福美双、0.2% 的 40% 拌种双、0.2% 的 50% 多菌灵、0.2% 的 70% 甲基硫菌灵（甲基托布津）、0.2%～0.3% 的 20% 萎锈灵以及六氯苯、苯醚甲环唑、腈菌唑、五氯硝基苯等药剂拌种或闷种，也都有较好的防治效果。

处理带菌粪肥　在以粪肥传染为主的地区，还可通过处理带菌粪肥进行防治。提倡施用酵素菌沤制的堆肥或施用腐熟的有机肥。对带菌粪肥加入油粕（豆饼、花生饼、芝麻饼等）或青草保持湿润，堆积 1 个月后再施到地里，或与种子隔离施用。

栽培防治措施　春麦不宜播种过早，冬麦不宜播种过迟，播种不宜过深。播种时施用硫铵等速效化肥做种肥，可促进幼苗早出土，减少侵染机会。

参考文献

BALLANTYNE B，1999. 小麦腥黑穗病和黑粉病 [M]. 杨岩，庞家智，陈新民，等译. 北京：中国农业出版社.

刘惕若，1984. 黑粉菌与黑粉病 [M]. 北京：农业出版社.

WILCOXSON R D, SAARI E E, 1996. Bunt and smut diseases of wheat: Concept and methods of disease management[M]. Mexico, D. F. : CIMMYT.

（撰稿：周益林；审稿：陈万权）

小麦黑胚病　black point of wheat

由链格孢、麦根腐平脐蠕孢等多种病菌引起的、危害小麦籽粒胚部的真菌病害。在全世界小麦种植区普遍发生，是一种重要的小麦种子病害。

发展简史　1913 年由 Bolly 首次报道，1938 年，Machacek 报道该病在加拿大曼尼托巴发生危害，随后，相继在墨西哥、印度、英国、澳大利亚、中国等国报道发生。在中国最初是北方冬小麦种植区的一种轻度发生的病害，但随着小麦成熟期间气候变化、矮秆小麦品种的推广种植以及土壤肥力的提高，使得北方冬麦区小麦黑胚病的发生有加重趋势。在黄淮、华北、东北、西北等地冬春麦区发生普遍，并呈现明显加重趋势，尤其是优质强筋小麦黑胚病病情更重，已经引起人们的广泛重视。1989 年，郑是琳等报道山东推广的一些品种通常发病率达 20%～40%；1990 年，田世民等报道，在河北张家口地区小麦黑胚率达 20%～

30%，山西南部推广的临汾 10 号黑胚率高达 50%；河南 257 份小麦品种（系）中，黑胚率居于 0～54%。

引起小麦黑胚病的病原种类较多，国内外及各地报道的病原种类有所不同。细链孢（Alternaria tenuis）为澳大利亚、新西兰、巴勒斯坦、加拿大、智利、意大利和埃塞俄比亚等地黑胚病的病原。中国从 20 世纪 80 年代开始对小麦黑胚病展开相关研究，1982 年，白金铠等报道，东北春小麦区小麦黑胚病的病原菌主要是麦根腐平脐蠕孢（Bipolaris sorokiniana）；河南则报道小麦黑胚病病原菌主要是细链格孢，另外，还有细极链格孢、麦根腐平脐蠕孢、小麦链格孢；新疆、甘肃、山西、山东等地小麦黑胚病的病原也以 Alternaria tenuis 为主，其次是 Bipolaris sorokiniana；1990 年，张天宇等报道，陕西关中地区小麦黑胚病仅由 Bipolaris sorokiniana 引起。由此可知，小麦黑胚病的病原菌主要有链格孢（Alternaria alternate=Alternaria tenuis）、麦根腐平脐蠕孢（Bipolaris sorokiniana）、镰刀菌（Fusarium spp.）、葡萄孢属（Botrytis cinerea）、细极交链孢（Alternaria tennuissima）等。

小麦黑胚病病影响种子出苗、幼苗生长和小麦产量，导致小麦品质下降，出粉率降低，并且有研究表明，小麦黑胚病产生的毒素可能与人类食道癌的发生有关。小麦发生黑胚病后，病粒导致发芽势、发芽率、幼芽鲜重、出苗率、苗高、苗鲜重、根长、根鲜重降低，尤其是发芽势、发芽率明显降低。一般由链格孢引起的小麦黑胚病对小麦产量及其构成因素没有明显影响，而由麦根腐平脐蠕孢和镰刀菌引起的黑胚病粒千粒重低于正常籽粒。黑胚病对小麦籽粒外观和面粉质量的不利影响，通常表现在小麦磨粉品质下降，使籽粒容重、出粉率和降落值降低。黑胚现象严重的小麦除出粉率下降外，面粉颜色发暗，影响销售和食品加工。同时，链格孢可以产生毒素，有些成分如交链孢酚（altenaiol，AOH）、交链孢酚单甲醚（alternaiol monomethyl ether，AME）可使人体发生癌变。小麦黑胚病已经直接影响到小麦商品粮的等级和农民的收入，成为制约小麦生产可持续发展的重要因素。

分布与危害　在世界各主要产麦国均有发生。在中国北方冬、春麦区如河南、河北、山东、山西、陕西、黑龙江、甘肃、新疆等地均有发生报道。

小麦黑胚病因病原菌种类不同，病害对种子发芽、出苗及小麦产量的影响不同。一般认为由链格孢引起的黑胚病对种子发芽率影响不显著，而由麦根腐平脐蠕孢引起的黑胚籽粒大多数不能发芽，由镰刀菌引起的黑胚籽粒基本上不发芽。能发芽的黑胚籽粒的幼苗长势明显较差，主要表现在幼苗株高降低，根系发育不良。收获后，病粒率与病苗率呈极显著正相关。通常，由链格孢引起的黑胚病对小麦产量构成因素影响较小，而由麦根腐平脐蠕孢和镰刀菌引起的黑胚病往往造成穗粒数减少、籽粒秕瘦、千粒重小。小麦黑胚病主要病原菌链格孢能产生交链孢酚、交链孢酚单甲醚等毒素，该类毒素具有强毒性和致突变作用，对人体细胞的 DNA 造成损伤，与食道癌的发生有关。2000 年 4 月 1 日起，中国实行了新的小麦商品粮收购标准（GB51—1999），将黑胚病粒与破碎粒、虫伤粒、赤霉病粒等一起作为不完善粒。不完善率超过 6% 就达不到商品小麦的收购要求，必须降级处理。

X

小麦黑胚病主要危害小麦籽粒，其典型症状是在籽粒胚部或其周围出现深褐色至黑色斑点，故又称黑点病。有时病籽粒上出现多个眼状病斑，即浅褐色至深褐色环斑，中央为圆形或椭圆形，灰白色。不同病原菌侵染小麦籽粒可引起的黑胚病症状有所差异。链格孢侵染引起的症状通常是在籽粒胚部或其周围出现深褐色的斑点，这种褐色斑或黑斑代表典型的"黑胚"症状（图1）。其籽粒一般饱满，大小和形状正常。麦根腐平脐蠕孢侵染引起的症状是籽粒带有浅褐色不连续斑痕，其中央为圆形或椭圆形的灰白色的区域，这种斑痕为典型的眼状。这种眼状斑多数位于籽粒中间或远离种子胚，而很少靠近另一端。在大多数情况下单个籽粒可见多个斑痕，通常这些斑痕连接在一起占据较大的籽粒表面，严重时籽粒全部变成黑褐色。镰刀菌侵染引起的症状是籽粒灰白色或带浅粉红色凹陷斑痕。籽粒一般干瘪、重量轻、表面长有菌丝体。此外，植株叶片和茎秆均可受侵染，病斑呈椭圆形或梭形，黄褐色至褐色，也可引起茎基变褐腐烂等症状，但均为麦根腐平脐蠕孢所致。中国小麦主产区推广的大部分小麦品种都发生有不同程度的黑胚病，一般病粒率在5%～15%，有些品种则高达50%。尤其是种植面积逐渐增大的优质强筋小麦，黑胚病病情更为严重。

病原及特征 可以引起小麦黑胚病的病原菌有10余种，其中以链格孢［*Alternaria alternata*（Fr.）Keissl.］、麦根腐平脐蠕孢［*Bipolaris sorokiniana*（Sacc.）Shoem.］、镰刀菌（*Fusarium* spp.）、多主枝孢［*Cladosporium herbarum*（Pers.）Link］等为主。通常认为链格孢菌是引起黑胚最常见的病原菌。小麦黑胚籽粒病原分离物包括链格孢菌、麦根腐平脐蠕孢、细极链格孢和小麦链格孢（图2）。致病性测定，结果发现链格孢和麦根腐平脐蠕孢致病力最强，结合分离频率和致病性测定结果，链格孢是小麦黑胚病的优势病原菌。

链格孢在PDA平板上菌落灰绿色至墨绿色。分生孢子梗暗色，单枝或多枝，长短不一，顶生分生孢子。分生孢子多方向次生产孢，分生孢子顶部一般不延伸，形成孢子之间无明显间隔的树状分枝的分生孢子短链。分生孢子暗褐色，有3～7个横隔膜，2～4个纵隔膜，倒棍棒形、椭圆形或卵形。细极链格孢落灰白色至暗褐色，产孢梗细长，常形成超

过10个孢子的分生孢子长链，多数不分枝，罕生1～5个的孢子侧枝。小麦链格孢落黄绿色至橄榄绿色，分生孢子单生或短链生，多顶端次生产孢，孢子顶端可稍有延伸，孢子链一般较短（2～8个孢子），作简单分枝。麦根腐平脐蠕孢分生孢子梗黑褐色，上部呈屈膝状弯曲。分生孢子纺锤形或圆筒形，向一侧弯曲，暗褐色，两端钝圆，2～10个隔膜，脐部明显但不突出，基部平截（图2）。

侵染过程与侵染循环 引起小麦黑胚病的病原菌在土壤中的病残组织中，或以分生孢子附着在种子表面或以菌丝潜入种子胚部。病残组织中或麦田附近的病原菌在条件适宜时产生分生孢子传播，小麦抽穗至灌浆期，分生孢子落在小麦穗部，黏于顶毛、颖壳间隙、小花残存的花药上，遇水即可发芽侵入，引起胚部病变，随着籽粒成熟黑胚率逐渐增加。黏附在种子表面的分生孢子或潜藏在种子胚部的菌丝，在种子萌发的过程中也可继续生长发育，成为麦田的菌源。但对于黑胚病菌侵染小麦的时期，研究结果并不尽一致。一般认为小麦从开花到灌浆后期黑胚病菌均可侵染，虽然侵入时间可能较早，但灌浆中后期病菌才到达小麦籽粒胚部。

流行规律 小麦黑胚病发病的轻重及流行与品种的抗性、小麦品种生育期及开花习性、栽培管理措施、田间湿度和温度条件等因素有关。由于黑胚病菌侵入时间的特点，如果在灌浆期雨水较多则会使发病加重。在温度低、湿度小、雨水少的干旱地区，黑胚率低。同一品种高肥水田的小麦籽粒黑胚率大大高于旱地，雨后收获的种子黑胚率明显高于雨前收获的种子。不同品种（系）对黑胚病抗性有较大的差异，小麦生理代谢活动缓慢的品种易被病菌侵染，黑胚率高。

品种是影响黑胚病发生的关键因子，品种（系）之间存在着明显的抗性差异。春性强的早熟品种和颖壳口松的品种容易感病，主要是由于春性小麦品种耐寒性弱、抗逆性差，而颖壳口松使得病原菌孢子易侵入籽粒，加之雨水易进入，有利于孢子萌发和侵染。不少学者对收集的小麦推广品种和新选育的小麦品种（系）进行的抗黑胚病鉴定，结果发现不同品种（系）的抗性差异非常明显，病粒率从1%～60%不等，并以感病类型的品种居多，抗病和免疫品种较少。

小麦籽粒灌浆期间遇低温天气有利于黑胚的发生，而高温则相反。这主要是因低温延迟了小麦成熟，从而延长了该

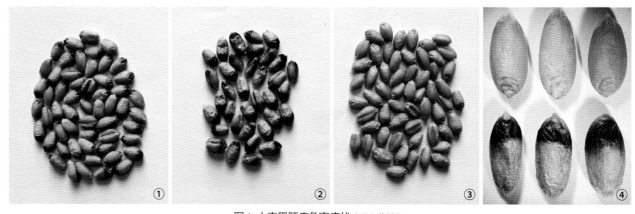

图1 小麦黑胚病危害症状（邢小萍摄）
①轻病籽粒；②重病籽粒；③健康籽粒；④病健粒比较（上：健粒；下：病粒）

图 2　小麦黑胚病主要病原菌的分生孢子（于巧丽摄，李洪连提供）
①链格孢；②细极链格孢；③小麦链格孢；④麦根腐平脐蠕孢菌

病原菌的侵染期，而高温则缩短了病原菌侵染期。在小麦乳熟至蜡熟期接种链格孢，在 25℃ 条件下保持 36 小时，潜育期为 3 天。在环境因素中，土壤湿度对黑胚发生的影响较大，降雨、灌溉和露水对黑胚的发生有明显影响。5 月降水量超过 90mm，雨日 10～15 天，连阴雨 2～3 次，大气湿度 70% 以上，麦田早晚有结露，是该病流行的前兆。在开花前完成全部灌溉，黑胚的发病率较低，灌浆中前期灌溉会使黑胚率急剧增加。如果收获前连续几天阴雨，多数品种的黑胚率及严重度将显著增加。降雨和灌溉对黑胚发生的影响主要有两方面：一是由于雨水对作物残余秸秆上的链格孢的刺激作用；二是降雨和灌溉为病原菌侵染创造适宜的环境条件。同一小麦品种，在地势、土质、施肥、栽培、防治和气候等条件基本一致的情况下，生长后期浇水与否及浇水次数不同，小麦黑胚病发生程度不同，不浇水或少浇水的发病率低，浇水次数多的则发病率高。

不同施肥处理对小麦黑胚的病粒率及千粒重均有影响，氮肥施用量增加，生长茂密，有利于小麦黑胚病的发生蔓延。而不同形式的氮肥以及磷钾肥对黑胚病发生亦有一定影响，对N∶P∶K不同比例的复合肥进行了研究，发现影响黑胚病发生主要是复合肥中N的含量。拔节期及以前追肥，黑胚率随施氮水平的提高而降低，孕穗期及以后追施氮肥会提高小麦黑胚率，尤其是扬花期追肥或喷肥均较大幅度提高了小麦黑胚率。

防治方法　小麦黑胚病是一种弱寄生菌引起的病害，任何一种不良的环境条件都会不同程度地诱发该病发生。必须把选育抗病品种放在首位，以农业防治为基础，同时结合灌浆初期的及时药剂防治，以减轻该病发生。

选育和利用抗病品种　小麦黑胚率在品种间抗性差异十分显著，因此，必须加强小麦的抗病育种工作。种植抗病品种，淘汰高感种质是最重要的防治措施。矮丰 3 号、铭贤 169 的籽粒外观无病，为免疫类型；西安 8 号、豫麦 13 号等材料病粒率在 0.1%～4.9% 为抗病类型。豫优 1 号、豫麦 47、陕麦 229 等品种（系）平均籽粒黑胚率小于 5%，为抗病类型，多年抗病性结果均较稳定，可考虑在病区推广应用。

栽培防治　主要包括精选种子、合理施肥、科学播种、轮作倒茬等。病粒种子导致小麦苗期株高降低，次生根总长及干重下降，一定程度上延缓了植株的生长，且病粒影响种子发芽势，后代黑胚率高，因此，选种时黑胚率高的小麦品种不宜留作种子。

在重施有机肥的基础上，合理施用氮肥，稳定磷肥用量，增施钾肥，以增强植株抗病性。同时播种前土地要精耕细整，增加土壤透气性；播种时土壤湿度要适宜，播深要合理，确保幼苗出土快且苗全苗壮，以提高植株抗病力，减轻受害；发病重的地块，要尽量实行轮作倒茬和深耕灭茬，减少土壤病残体。

化学防治　药剂处理种子对小麦黑胚病有一定的防治效果，播种前可选用 3% 苯醚甲环唑悬浮种衣剂或 2.5% 咯菌腈（又名适乐时）悬浮种衣剂 1∶500 进行种子包衣，也可选用 2% 戊唑醇（又名立克秀）湿拌剂 1∶1000 拌种，或用种子量 0.2% 的 15% 三唑酮（又名粉锈宁）可湿性粉剂拌种。

在药剂处理种子的基础上在灌浆期喷药防治可明显降低感病品种的黑胚率。在小麦扬花后 5～10 天（灌浆初期）喷施 25% 丙环唑（又名敌力脱）乳油或 12.5% 烯唑醇（又名禾果利）可湿性粉剂 1500 倍液等杀菌剂对小麦黑胚病具有较好的防治效果，黑胚粒率显著降低。

参考文献

代君丽，于巧丽，袁虹霞，等，2011. 河南省小麦黑胚病菌的分离鉴定及致病性测定 [J]. 植物病理学报，41(3): 225-231.

何文兰，宋玉立，杨共强，2002. 小麦品种资源对子粒黑点病的抗性鉴定 [J]. 植物保护学报，28(4): 19-21.

李洪连，邢小萍，袁虹霞，等，2005. 小麦黑胚病药剂防治研究 [J]. 麦类作物学报，25(5): 100-103.

王会伟，邢小萍，袁虹霞，等，2006. 小麦品种（系）的黑胚病抗性评价 [J]. 麦类作物学报，26(3): 132-135.

BOLLEY H L, 1913. Wheat:Soil troubles and seed deterioration. [Z]. Goverment agricultural experiment station for North Dakota, Bulletin No. 107: 1-94.

MACHACEK J E, GREANEY F J, 1938. The "black point" or "kernel smudge" disease of cereals[J]. Canadian journal of research, 16: 84-113.

（撰稿：李洪连、邢小萍；审稿：康振生）

小麦黑颖病　wheat black chaff

由半透明黄单胞菌引起的、危害小麦地上部的一种细菌病害。又名小麦细菌性条纹病或小麦条斑病（wheat bacterial stripe）；病斑出现在颖壳上的称为黑颖，褐色条斑出现在叶片上的称为细菌性条纹病或条斑病，是一种遍及全球的重要细菌性病害。

发展简史　1917 年由美国的琼斯（Jones）首次报道，20 世纪 80 年代之后，全球科学家对小麦黑颖病菌的检测技术、生物学特性、菌株遗传多样性和寄主抗性等进行了系统研究，如 1985 年夏德（N. W. Schaad）等建立了一个半选

X

择性培养基来从小麦种子上分离黑颖病菌；1987年，金（H. K. Kim）等发现小麦黑颖病菌存在冰核活性；2012年，阿嗨喀日（T. B. Adhikari）揭示了美国北达科他州小麦黑颖病菌的遗传变异，侃德尔（Y. R. Kandel）等发现春小麦种质资源抗性的差异。随着高通量测序技术的发展，2015年，册赖（P. Celine）等绘制了高质量的小麦黑颖病菌基因组图谱。中国小麦黑颖病的研究始于20世纪70年代，主要集中于病害的发生报道、起因和防治措施等。

分布与危害　是世界上许多小麦种植区最重要的病害之一，主要分布于美国、墨西哥、乌拉圭、巴西、法国、比利时、伊朗、巴基斯坦和韩国等。在中国东北、西北、华北、西南麦区均有发生。主要危害小麦叶片、叶鞘、穗部、颖片及麦芒。在孕穗开花期受害较重，造成植株提早枯死，穗形变小，籽粒干秕，发病严重田块小麦发病株率达85%～100%，平均病株率98%，减产20%～30%，并且造成品质和等级下降。

小麦黑颖病除危害小麦外，也能侵染黑麦、大麦、燕麦、无芒雀麦、水稻和许多杂草及蔬菜，但以对小麦造成的经济损失较大。危害部位以小麦叶片为主，严重时也可危害叶鞘、穗部、颖片及麦芒（图1）。穗部染病：穗上病部为褐色至黑色的条斑，多个病斑融合在一起后颖片变黑发亮。颖片染病：引起种子感染，致使种子皱缩或不饱满，发病轻的种子颜色变深。穗轴、茎秆染病产生黑褐色长条状斑。叶片染病初现针尖大小的深绿色小斑点，渐沿叶脉向上下扩展为半透明水浸状的条斑，后变深褐色。湿度大时，以上病部均产生黄色细菌脓液。

病原及特征　病原为半透明黄单胞菌半透明致病变种（*Xanthomonas translucens* pv. *translucens*）；同名 *Xanthomonas campestris* pv. *translucens*（Jones et al. Dye，*Xanthomonas campestris* pv. *cerealis*，*Xanthomonas campestris* pv. *hordei*，*Xanthomonas campestris* pv. *secalis*，*Xanthomonas campestris* pv. *undulosa*）。该病原细菌菌体大多数单生或双生，短杆状，两端钝圆，大小为1～2.2μm×0.5～0.7μm，极生单鞭毛，革兰氏染色阴性，有荚膜，无芽孢，好气性，呼吸代谢，永不发酵。在洋菜培养基上能产生非水溶性的黄色色素；在马铃薯琼脂培养基上长有黄、黏生长物；在肉汁陈琼脂培养基上菌落生长不快，呈蜡黄色，圆形，表面光滑，有光泽，边缘整齐，稍隆。生长适温24～26℃，高于38℃不能生长，致死温度50℃。

侵染过程与侵染循环　种子带菌是小麦黑颖病主要初侵染源。病原细菌主要在种子内越冬和越夏（图2），病菌在储藏的小麦种子上可存活3年以上；其他寄主也可带菌，是次要的；病菌也能在田间病残组织内存活并传病，但病残组织腐解后，病菌即难生存，病菌不能在土壤里存活。小麦种子萌发时，病菌从种子进入导管，并沿导管向上蔓延，最后到达穗部，产生病斑。在小麦生长季节，病斑上产生的菌脓含有大量病原细菌，借风雨或昆虫及接触传播，从气孔或伤口侵入，进行多次再侵染。

流行规律　小麦黑颖病的发生和流行强度主要取决于气候条件、寄主抗病性及栽培管理等因素。多次高温高湿的气候有利于该病的发生和扩展，病菌在田间经暴风雨、昆虫

图1　小麦黑颖病危害症状（吴楚提供）

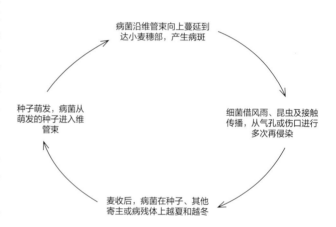

图2　小麦黑颖病的病害循环示意图（李斌提供）

和接触传播蔓延，进行再侵染。因此，小麦孕穗期至灌浆期降雨频繁，温度高，则发病重。生产上冬麦较春麦易发病，冬麦中新冬2号、中引4号、75-149、74-56发病重，而新冬7号、4B-10-5发病轻。春麦中白欧柔发病重，阿勃次之，赛洛斯发病轻。一般土壤肥沃，播种量大，施肥多且集中，尤其是施氮肥较多，致植株密集，枝叶繁茂，通风透光不良则发病重。

防治方法　采取以农业防治为基础，进行种子处理，选用抗病品种和关键时期进行药剂保护的综合防治策略。①建立无病留种田，选用抗病品种。②适时播种，冬麦不宜过早。春麦要种植生长期适中或偏长的品种，采用配方施肥技术。③种子处理采用变温浸种法，28～32℃浸4小时，再在53℃水中浸7分钟；也可用15%叶青双胶悬剂3000mg/kg浸种12小时；还可用1%生石灰水在30℃下浸种24小时，晾干后再用种子重量0.2%的40%拌种双粉剂拌种。④发病初期开始喷洒25%叶青双可湿性粉剂，每亩用100～150g兑水50～60L喷雾2～3次，或用新植霉素

4000 倍液效果也很好。

参考文献

何礼远,孙福在,华静目,等,1983.新疆小麦黑颖病病原细菌及其专化型鉴定 [J].新疆农业科学 (6): 14-16.

尹燕妮,张晓梅,郭坚华,等,2006.小麦的细菌性病害 [J].江苏农业科学 (6): 159-162.

尹玉琦,崔星明,李国英,等,1987.新疆小麦细菌性条斑病的初步研究 [J].植物保护学报 (3): 17-18.

中国农业科学院植物保护研究所,中国植物保护学会,2015.中国农作物病虫害 [M].3 版.北京:中国农业出版社.

（撰稿:李斌;审稿:康振生）

小麦黄花叶病　wheat yellow mosaic disease

由小麦黄花叶病毒引起、危害小麦生产的一种重要病毒病害。

发展简史　小麦黄花叶病于 1927 年在日本首次被发现并描述。20 世纪 70 年代以来,这种病害陆续在中国安徽、河南、江苏、湖北、陕西、四川、山东、浙江各地发生。在病原鉴定和命名上,由于小麦黄花叶病毒(WYMV)与小麦梭条斑花叶病毒(wheat spindle streak mosaic virus,WSSMV)具有相同或相似的病毒形态、病害症状、寄主范围、血清学特性和传播媒介,从而两种病毒曾被长期混淆,认为是同种异名,后来通过病毒基因序列分析,发现 WYMV 与 WSSMV 核苷酸序列同源性较低,仅为 67.7%～77.7%,从而明确两者是不同病毒种类。其中 WYMV 主要分布在日本、韩国和中国,小麦梭条斑花叶病毒主要分布在北美和西欧各国。中国没有发现小麦梭条斑花叶病毒。

分布与危害　在中国主要分布在北部冬小麦区的胶东沿海区,黄淮冬小麦区,长江中下游冬小麦区和西南冬小麦区的四川盆地等。随着种植制度的改变,特别是冬小麦种植区的变化,病害分布区域也发生了变化。河南驻马店所属各县市,山东烟台和荣成,江苏扬州、大丰、泰州、常州、六合、淮安等地,陕西武功和周至两地,安徽滁州、来安、天长等地发生严重,都是老病区;山东滕州、泰安、临沂,湖北襄阳、丹江口、随州,四川内江和贵州也发现病害的发生。其中,WYMV 在烟台、荣成、临沂、大丰、宝应、兴华等地还与中国小麦花叶病毒(Chinese wheat mosaic virus,CWMV)复合发生,加重了病情。

受害小麦嫩叶上呈现褪绿条纹或黄色花叶症状,后期在老病叶上出现坏死斑,叶片呈淡黄绿色到枯黄色,严重时会心叶扭曲、植株矮化,分蘖减少,甚至造成小麦死亡,从远处看病田出现黄绿相间的斑块(图 1)。

温度是症状表现的决定因素。4～13℃ 是小麦显症的最佳温度;当日平均气温高于 20℃ 时,症状逐渐消失。因气温不同,不同麦区病害显症时间存在差异,通常南方在早春,北方在 4 月表现症状。

感染小麦黄花叶病的小麦,成熟期穗短小,秕籽多,部分小穗死亡,造成不同程度的产量损失,一般病田小麦减产

图 1　小麦黄花叶病危害症状（陈剑平提供）

10%～30%,重病田减产可达 50%～70%,甚至绝收。

病原及特征　病原为小麦黄花叶病毒(wheat yellow mosaic virus,WYMV),属于马铃薯 Y 病毒科大麦黄花叶病毒属(*Bymovirus*),粒子呈线状,直径 12～14nm,长度为 274～300nm 和 550～700nm,其中后者占多数(图 2)。和其他马铃薯 Y 病毒科成员一样,均能在病株细胞质内形成特征性风轮状内含体或卷轴状内含体,这些内含体由一个病毒基因编码蛋白(CI)形成。WYMV 基因组由两条单链正义的 RNA 组成,均含有一定长度的 Ploy(A)尾。RNA1 由 7635 个核苷酸组成,含一个由 7215 个核苷酸组成的大开放阅读框,编码 1 个由 2551 个氨基酸组成、分子量为 269 kDa 的多聚蛋白,经蛋白酶切割后生成 8 个成熟蛋白,从 N 端到 C 端依次为 P3、7K、CI、14K、NIa-VPg、NIa-Pro、NIb 和 CP。RNA2 由 3656 个核苷酸组成,含一个由 2712 个核苷酸组成的开放阅读框,编码 1 个由 904 个氨基酸组成的、分子量为 101 kDa 的多聚蛋白,经蛋白酶切割后生成 P1 和 P2 两个成熟蛋白。其中 P1、P2 和 P3 蛋白通过直接的互作结合形成膜状包涵体结构,同时通过蛋白质互作将 Nib、Nia 和 VPg 等复制相关蛋白募集到包涵体结构上。该内涵体的形成与细胞从内质网到高尔基体的分泌途径有关。VPg 包含有 NES 核定位的信号肽,是核质穿梭所必需的。另外,该蛋白与 CP 蛋白互作可能有利于核质穿梭的功能(图 3)。

侵染过程与侵染循环　小麦黄花叶病的传播介体是土壤中的禾谷多黏菌(*Polymyxa graminis* Ledingham)。该菌自身无致病力,对寄主生长和发育基本上没有影响,但是可以传播多种植物病毒引起严重的病害。

小麦残根中或散落在土壤中的禾谷多黏菌休眠孢子堆,经过一段休眠期,释放初生游动孢子侵染小麦幼苗根细胞,

X

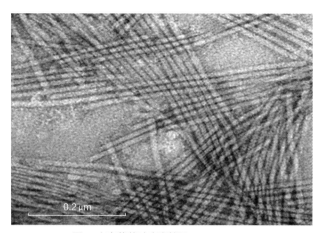

图 2 小麦黄花叶病毒粒子（陈剑平提供）

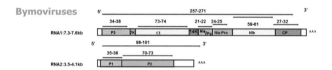

图 3 小麦黄花叶病毒基因组结构（陈剑平提供）

并且将体内携带的病毒传入小麦幼苗根细胞，或者在小麦病根获毒，初生游动孢子侵入小麦根细胞后形成原生质团，产生游动孢子囊，释放次生游动孢子，次生游动孢子携带病毒再次侵染小麦根细胞，形成原生质团和游动孢子囊，不断侵染循环，或形成休眠孢子堆，完成生活史。

自然条件下，小麦黄花叶病仅危害小麦。从病区引种（种子携带微量含有禾谷多黏菌休眠孢子堆的病土或小麦病根）是病害远距离传播建立病害新的侵染点的主要途径，而机械化跨病区作业或跨病区灌溉则是病害近距离传播蔓延的主要途径。土壤中的休眠孢子堆可随耕作、流水等方式扩散导致病害流行。

流行规律　病毒在禾谷多黏菌休眠孢子堆内越夏，小麦播种后 10 天，病毒随游动孢子开始侵染，播种后 30 天可以检测到根部的病毒，随后 7～14 天可以在叶部检测到病毒，但是此时小麦一般无症状，一直到翌年春返青后才表现症状。秋季降雨有利于病害传播和侵染，春季低温寡照有利于病毒的复制和症状表现。连作感病小麦品种会导致病害流行，播种偏早等条件均会使病情加重，休耕在一定程度上能降低病害的侵染性。

防治方法　由于禾谷多黏菌传播的小麦病毒一旦传入无病田就很难彻底根除。轮作、改种非禾谷多黏菌寄主作物、休耕、推迟播种、增施有机肥、春季返青期增施氮肥、土壤处理等方法可以一定程度上减轻病害。种植抗病品种是经济有效的防病措施。

参考文献
中国农业科学院植物保护研究所，中国植物保护学会，2015.中国农作物病虫害 [M].3 版.北京：中国农业出版社.

（撰稿：陈剑平；审稿：康振生）

小麦茎基腐病　wheat crown rot

由多种镰刀菌引起的小麦真菌性土传病害，是一种世界性小麦病害。又名小麦镰刀菌茎基腐病。

发展简史　关于小麦茎基腐病及其病原的描述最早记载于 1923 年，当时，澳大利亚人海因斯（H. J. Hynes）认为一些不易产生子囊壳的小麦赤霉病菌分离物 Gibberella saubinetii（相当于现在的 Gibberella zeae）可能是小麦茎基腐病的病原。1951 年，麦克奈特（McKnight）在昆士兰州达令草地发现并第一次系统描述了该病的症状特点，且证实了引起这种小麦茎基部坏死症状的病原物是禾谷镰刀菌（Fusarium graminearum Schwabe，Fg）。1969 年，珀斯（Purss）在研究来自不同禾谷类植物上的禾谷镰刀菌的致病力时发现，玉米茎基腐和穗粒腐的禾谷镰刀菌分离物并不能引起小麦茎基腐病，且比小麦上的病原更易发生有性生殖。后来他还证实这几种来源的培养物均可引起小麦赤霉病和玉米茎基腐病。因此，认为能够引起严重小麦茎基腐病症状的可能是一种不同的禾谷镰刀菌致病小种或专化型。1977 年，弗朗西斯（Francis）和伯吉斯（Burgess）比较了玉米茎基腐和小麦茎基腐病的禾谷镰刀菌分离物 Fusarium roseum 'Graminearum' 的子囊壳产生、菌落的形态和生长速率、分生孢子的产生和形态特征以及毒素的产生等方面，将其分成了 Group1（G1）和 Group2（G2），其中 G1 主要引起小麦茎基腐病，G2 则引起玉米茎基腐病和小麦赤霉病，两者的主要区别在于有性阶段的发生，G1 在田间很少产生其有性阶段的子囊壳。自此，小麦茎基腐病病原被公认为 F. graminearum Group1。

20 世纪 90 年代，随着分子标记技术的发展，禾谷镰刀菌的两个组进一步被区分。Benyon 等人和 Schilling 等人分别利用限制性片段长度多态性（restriction fragment length polymorphism，RFLP）和随机扩增多态性 DNA（random amplified polymorphic DNA，RAPD）技术研究 G1 和 G2 之间的遗传关系，发现两者在遗传学上明显不同，应该在种的水平上予以区分。这种区别在 1999 年被青木尊之（T. Aoki）和奥唐奈（K. O'Donnell）证实，他们对不同培养基上 G1 和 G2 的菌落形态、生长速率、颜色和气味、厚垣孢子的产生以及分生孢子的形态等方面进行了比较，并基于 β-tubulin 基因序列进行了系统进化分析，正式将 Fusarium graminearum Group1 看作一个新种，并命名为假禾谷镰刀菌（Fusarium pseudograminearum sp. nov.，Fpg）。他们发现，在含滤纸片的合成低营养琼脂培养基（synthetic low nutrient agar，SNA）上产生的大分生孢子的形态可用于区分 Fusarium pseudograminearum 与 Fusarium graminearum G2，前者孢子的最宽处常位于最中间，而后者则更靠近顶细胞，与 G2 相比，Fpg 在自然条件下不易产生同宗配合的子囊壳。随后，他们通过异宗配合的方式得到了 Fpg 的有性型（Gibberella coronicola），其菌落形态和子囊孢子的大小均与 G2 的有性型（Gibberella zeae）不同。

进入 21 世纪，随着世界各地不断报道该病害的发生，从病株分离出来的病原种类也出现多样化，有多个国家和地区报道了 Fpg 或 Fg 引起小麦茎基腐病害的发生，包括美国、加拿大、伊朗、土耳其等地。2012 年，李洪连等首次报道了在河南 Fpg 引起小麦茎基腐病的发生。除了上述两种主要病原外，黄色镰刀菌（Fusarium culmorum，Fc）也是一些国家和地区引起小麦茎基腐病的主要病原，包括澳大利亚、美国、挪威等地。2016 年，李洪连等首次在河北小麦茎基腐病株上分离得到 Fc，但分离频率不高。致病力测试结果显示，Fpg 和 Fc 是引起小麦茎基腐病两种致病性最强的病原镰刀菌。

澳大利亚昆士兰大学的 Akinsanmi 等研究表明 Fpg 主要来自于小麦的茎基部组织，Fg 主要分离自小麦的穗部，从小麦茎基部分离得到的镰刀菌更容易造成茎基腐症状，而从小麦穗部上分离得到的镰刀菌更容易造成穗腐症状（赤霉病）；小麦连作田分离到的镰刀菌更容易造成小麦茎基腐病，从小麦与玉米或高粱轮作的地块分离到的镰刀菌更容易造成小麦赤霉病。美国的斯迈利于 2003—2004 年间测定小麦茎基腐病 5 种病原菌共计 178 个分离株对小麦的致病性，发现 5 种病原菌的分离株均可影响植株的高度、穗的密度，Fc 和 Fpg 发病最重，产量损失更大。Dyer 研究表明黄色镰刀菌主要造成苗枯，假禾谷镰刀菌和禾谷镰刀菌主要引起严重的小麦茎基腐病，而且假禾谷镰刀菌引起的小麦茎基腐病造成的产量损失更大。

不同地区小麦茎基腐病的病原组成不同，相对致病力水平也有所差异，说明来自不同地域的病原群体之间存在着遗传多样性。2005 年，Bentley 等认为 Fpg 在自然条件下的有性阶段可能是造成田间群体遗传多样性的重要原因。Akinsanmi 等人在 2006 年也证实了这一观点，同时指出，与同宗配合的 Fg 群体相比，地理上的差异并非造成澳大利亚 Fpg 群体遗传多样性的主要因素，致病性差异与遗传多样性的相关性更高，说明菌株之间可能存在基因流动的现象，因此，他们认为这可能是由有性生殖的方式（异宗配合）所决定的。2008 年，本特利等人对来自澳大利亚的 8 个地理群体共计 217 个菌株进行遗传多样性研究，聚类分析表明，所有的菌株可形成两大类群，即东北群体和西南群体。2016 年，贺小伦等利用 ISSR 的分子标记技术对中国黄淮麦区河南、河北两地共计 6 个地理群体 166 株 Fpg 分离物进行遗传多样性研究，发现群体内多样性大于群体间，河南北部地区 Fpg 群体内的遗传多样性最为丰富，不同地理群体间存在着较大的基因流动，6 个群体可聚类为两个大的类群，河南南部群体为一个类群，而河南北部、河南东部、河南中部、河北中部和河南西部地区则被聚在另一类群。

在小麦对茎基腐病的抗病性方面，1966 年在澳大利亚，McKnight 和 Hart 首次针对 Fusarium graminearum 研究小麦品种对小麦茎基腐病的抗病性。1994 年，Wildermuth 和 McNamara 利用土壤接种法比较了苗期和成株期植株对 Fusarium pseudograminearum 抗病性水平的相关性。Mitter 从澳大利亚 1400 多份小麦种质资源中筛选出一些对茎基腐病的抗病材料。

张鹏研究了中国 82 份小麦种质对 Fusarium graminearum 茎基腐病的抗性，得到了 13 份中抗材料。杨云等测定了中国黄淮麦区 88 个主推小麦品种对 Fusarium pseudograminearum 的抗病性，筛选出了兰考 198、许科 718 等 10 个中抗品种，但调查发现大部分为感病品种和高感品种，没有发现高抗品种。

分布与危害　小麦茎基腐病是小麦生产上一种重要的病害，据统计，该病害在澳大利亚每年可导致 8000 多万美元的经济损失，在美国西北太平洋地区可使小麦平均减产 9.5%～35%，人工接种田减产高达 61% 以上，在中国黄淮麦区某些重病地块小麦茎基腐病引起的白穗率可达 80% 以上。另外，在病害发展过程中可产生一些毒素，如 Deoxynivalenol（DON）、Nivalenol（NIV）等，人、畜摄入含毒素的谷物后出现中毒现象，具有严重的危害性。小麦茎基腐病多发生于干旱麦区，已在世界上多个国家报道发生，包括南非、北非地区、中东地区、欧洲、澳大利亚、美国的西北部以及中国。中国小麦主产区黄淮麦区由于普遍实施秸秆还田，有利于病原体的残留，加上品种抗性较差等原因，使得该病害的发生逐年加重，已经成为小麦生产上的重要病害（图 1）。

病原及特征　病原主要为 Fusarium pseudograminearum O'Donnell & T. Aoki（有性态为 Gibberella coronicola）、Fusarium graminearum Schw.（有性态为 Gibberella zeae）和黄色镰刀菌［Fusarium culmorum（Smith）Sacc.］（未发现有性态），Fpg 和 Fg 大型分生孢子一般 3～7 个分隔，大小分别为 23～94μm×2.5～6.0μm（5～7 分隔）、48～50μm×3～3.5μm（5～7 分隔）；Fc 则以 3～5 个分隔最为常见，大小为 30～50μm×5.0～7.5μm。3 种镰刀菌均可增加病株率和严重度，降低穗密度，Fusarium pseudograminearum 引起的作物减产高于其他两种病原菌。其他的一些镰刀菌 如 Fusarium avenaceum（Corda et Fr.）Sacc.、Fusarium acuminatum Ellis & Everh.、Fusarium oxysporum Schlecht.、Fusarium equiseti（Corda）Sacc. 等在一些报道中也被看作为该病的病原，但其致病力均不高。3 种镰刀菌中，Fusarium pseudograminearum 分布最广，而 Fusarium culmorum 多分布于夏季平均气温低于 24.5℃ 且年平均降雨量超过 350mm 的较湿冷地区，Fusarium graminearum 则多分布于夏季平均气温高于 18.7℃ 降雨量超过 195mm 的地区（图 2）。

另外，麦根腐平脐蠕孢（Bipolaris sorokiniana）也可引起小麦茎基部褐变的症状，只是它所引起的褐变颜色较镰刀菌更暗，多为深褐色。由于该菌是小麦普通根腐病的病原菌，一般不认为 Bipolaris sorokiniana 作为小麦茎基腐病的病原菌。

侵染过程与侵染循环　茎基腐病原菌主要来源于植株残体或土壤中，在植物的整个生育期均可侵染。从植株根部或茎基部侵入，具体的侵染位置取决于菌源在土壤中的分布情况。在免耕田中，病原菌主要存在于土表，其侵染点主要出现在茎基部或者下部茎节。在深翻田里，病原菌则主要从地中茎侵入。随着病害的发展，发病部位可上升至植株的下部第一、二茎节，在植物生长后期，穗部以下茎节均可见腐烂症状，但一般很少上升至穗部。有研究表明，病原菌通过菌丝缠绕的形式附着在植物表面，经由自然孔口进入植物体内，沿着维管束通过菌丝膨大形成的厚壁菌丝（有时可形成附着胞和侵染钉结构）充满植物细胞间隙，致使木质部运输系统紊乱，同时可产生的一些毒素也参与致病过程，如脱氧

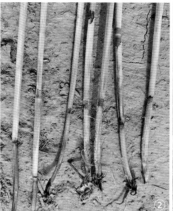

图1 小麦茎基腐病危害症状（李洪连提供）
①苗期（茎基部变褐）；②成株期（茎基腐及病部霉层）；③穗期（白穗）

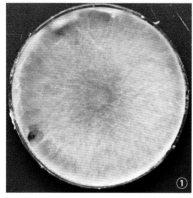
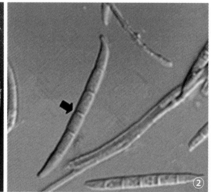
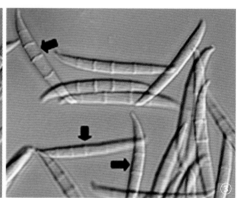

图2 小麦茎基腐病病原菌（李洪连提供）
①②假禾谷镰刀菌培养性状及分生孢子形态；③分生孢子形态

雪腐镰刀菌烯醇（deoxynivalenol，DON），最终导致植物组织的坏死。

小麦茎基腐病菌在其生活史中可分为两个阶段，即无性阶段和有性阶段，在病害发展过程中，无性阶段占主导地位。在整个生活史中，镰刀菌主要形成3种孢子，分别是大型分生孢子、厚垣孢子和子囊孢子，一般很少产生小型分生孢子。

镰刀菌一般以厚垣孢子或菌丝的形式在植株残体内部、种子表面或者土壤中越冬，翌春，分生孢子厚垣孢子萌发产生的分生孢子或菌丝产生的分生孢子或外来分生孢子随气流传入，通过自然孔口侵入到小麦组织内，并定殖在寄主的茎秆组织和穗部。病原菌在侵染过程中，产生分生孢子座，从而产生更多的分生孢子，对寄主进行再侵染。植株的茎基部可被多次侵染。在小麦收获期，如果遇到高温干旱天气，定殖在寄主体内的病原菌产生一些次生代谢产物（如DON），从而污染小麦籽粒，导致人畜中毒。

小麦茎基腐病病原菌的寄主范围主要包括温带地区的小麦（包括普通小麦和硬粒小麦）、大麦、野燕麦等禾本科作物和杂草。

流行规律 田间环境是影响病害发展和流行的重要因素，主要包括播期、土壤类型、土壤湿度、营养状况等。另外，品种抗性也在一定程度上影响发病程度。

耕作制度 常年连作会加重病害的发生，免耕和秸秆还田均可增加菌源的积累，导致病害的加重与流行。

播期 早播会使病害加重发生，而适当晚播可减轻病害的发生程度。

土壤类型 茎基腐病在所有土壤类型中均可发生，尤以黏性偏碱性土壤发病较重。地势低洼、排水不良可促进其发病。

土壤湿度 土壤湿度是影响茎基腐病在田间的发病率和严重度大小的主要因素。湿润的表层土壤是病害苗期侵染的必要条件，土壤湿度高有利于发病。一般降水量高的年份和地区，*Fusarium pseudograminearum* 和 *Fusarium graminearum* 引起的茎基腐病发生更为普遍，后期枯白穗的症状明显，产量损失也较为严重。也有资料报道，小麦播种后遭遇阴雨天气以及扬花期至成熟期之间遇到干旱天气有利于茎基腐病的发生。

营养状况 氮和锌是影响茎基腐病发病率和严重度的主要营养元素。施用氮肥过多有利于小麦茎基腐病的发生，植物缺锌也有利于茎基腐病的发生，在茎基腐病严重的地区，适当增施锌肥，可有效减轻茎基腐病的发生。

品种抗性 不同小麦品种对茎基腐病的抗性存在明显差异，国外品种2-49、Sunco、Kukri、Gluyas Early 等具有一定抗性，在生产上应用后防病效果较好。中国黄淮麦区主要推广的小麦品种中大多数表现为感病和高度感病，没有高抗品种，只有极少数品种表现中抗。张鹏等研究了 82 份国内外小麦种质对 Fusarium graminearum 引起的茎基腐病的抗性，也没有发现高抗材料，只鉴定出 CI12633、红蚰子、FHB143 等 13 份中抗材料，大多数种质特别是推广品种表现感病。因此，应大力加强中国小麦抗茎基腐病品种的筛选和选育工作。

防治方法　由于发病部位隐蔽，又多为复合侵染，小麦茎基腐病的防治应采取以农业措施和药剂防治相结合的措施，同时应加强抗病品种筛选和培育、生物防治等研究工作。

农业防治　主要包括清除植株病残体、深耕细作、适当晚播、合理轮作、合理施肥等措施。重病田尽量避免秸秆还田，收获时最好留低茬并将秸秆清理出田间进行腐熟或作他用。必须还田时应进行充分粉碎，及早中耕或深翻，或施用秸秆腐熟剂，加速其腐熟，以减少田间病菌数量。

播种时应根据小麦品种特性适时播种，不宜早播。可与十字花科作物、棉花、豆类、烟草、蔬菜等双子叶作物进行 2～3 年轮作。施肥时应避免偏施氮肥，适当增施锌肥、磷钾肥和有机肥，可有效减轻茎基腐病的发生。

化学防治　使用杀菌剂拌种或种子包衣可以在一定程度上减轻病害的发生。用多菌灵拌种，或苯醚甲环唑、种菌唑、戊唑醇、灭菌唑、适麦丹等杀菌剂拌种或包衣防效较好，可使田间白穗率较对照减少 40%～70%。另外，苗期或返青拔节期用多菌灵或烯唑醇等杀菌剂茎基部喷雾也具有一定的防治效果，如二者结合使用效果会更好。

生物防治　澳大利亚研究发现，某些假单胞菌，如洋葱伯克氏菌（Burkholderia cepacia）对 Fpg 引起的小麦茎基腐病具有一定的防效。另外，他们还发现利用木霉菌（Trichoderma spp.）处理小麦秸秆并掩埋，可以加速病菌的死亡，6 个月后可将秸秆上面的 Fpg 完全清除，而不处理的秸秆上仍有大量的病原菌存活。

种植抗性品种　国外报道小麦品种 Sunco、2-49 和 Kukri 对茎基腐病具有较好抗性的且比较稳定，但这些品种由于产量低等多种原因，难以在中国推广使用，只能作为育种材料。在中国黄淮麦区主推的小麦品种中，兰考 198、许科 718、泛麦 8 号等小麦品种对茎基腐病表现一定程度的抗性，可以考虑在重病田推广使用。

参考文献

贺小伦，周海峰，袁虹霞，等，2016. 河南和河北冬小麦区假禾谷镰刀菌的遗传多样性 [J]. 中国农业科学 (49): 272-281.

杨云，贺小伦，胡艳峰，等，2015. 黄淮麦区主推小麦品种对假禾谷镰刀菌所致茎基腐病的抗性 [J]. 麦类作物学报 (35): 339-345.

周海峰，杨云，牛亚娟，等，2014. 小麦茎基腐病的发生动态与防治技术 [J]. 河南农业科学 (43): 114-117.

AKINSANMI O A, MITTER V, SIMPFENDORFER S, et al, 2004. Identity and pathogenicity of *Fusarium* spp. isolated from wheat fields in Queensland and northern New South Wales[J]. Australian journal of agricultural research, 55: 97-107.

AOKI T, O'DONNELL K, 1999. Morphological and molecular characterization of *Fusarium pseudograminearum* sp. nov., formerly recognized as the group 1 population of *F. graminearum*[J]. Mycologia, 91: 597-609.

BURGESS L W, BACKHOUSE D, SUMMERELL B A, et al, 2001. Crown rot of wheat[M] // Summerell J L BA, Backhouse D, Bryden W L, et al, *Fusarium*: Paul E. Nelson memorial symposium, St. Paul: The American Phytopathological Society Press: 271-294.

DYER A T, JOHNSTON R H, HOGG A C, et al, 2009. Comparison of pathogenicity of the Fusarium crown rot (FCR) complex (*F. culmorum*, *F. pseudograminearum* and *F. graminearum*) on hard red spring and durum wheat[J]. European journal of plant pathology, 125: 387-395.

（撰稿：李洪连、周海峰；审稿：康振生）

小麦蓝矮病　wheat blue dwarf

由小麦蓝矮植原体引起的、危害小麦生产的一种重要病害。

发展简史　20 世纪 50 年代，该病首次在陕西报道。

分布与危害　小麦蓝矮病仅在中国发生，国外尚未报道。该病主要分布于中国北部冬麦区，甘肃、青海、宁夏、陕北等地。蓝矮病的典型症状是感病初期植株显著矮缩，节间越往上越短缩，成套叠状，致使叶片轮生，基部叶片显著增生、增宽、变厚、变为暗绿色，挺直光滑；后期心叶卷曲变黄、坏死，成株上部叶片呈现黄色不规则的宽条带。植株绝大多数不能正常拔节成穗，或抽穗呈塔状退化（图 1）。该病在陕西先后大发生过 10 余次，仅 1967 年受灾面积就达到 135.4 万亩，绝收 43 万亩，小麦损失达 5000 万 kg。90 年代以来，随着小麦间作套种和麦草覆盖等耕作制度的改进，该病逐渐扩展到黄河中下游干旱区，以及雁北和内蒙古等中低产晚熟冬麦区。由于这些地区春季麦田发病后小麦矮缩，叶片变为暗绿色，故称为蓝矮病。该病害从陕西北部旱塬逐步扩展蔓延到关中水地及南部高产中熟冬麦区，许多地区常年发病，一些田块绝收翻种。

病原及特征　病原为小麦蓝矮植原体（wheat blue dwarf phytoplasm，WBD），属于翠菊黄化植原体属（AY）16S rI-C 亚组。采用 Solexa 大规模 DNA 测序方法，首次完成了 WBD 植原体全基因组图谱，也是中国完成的第一个植原体基因组（GenBank，登录号为 AVAO10000000），基因组大小为 611462bp，含有 525 个 ORF，2 个 *rRNA* 操作子基因和 32 个 *tRNA* 基因，编码 37 个效应因子，其中 32 个位于染色体 DNA 上，其余的 5 个位于 WBD 的 3 个质粒上。其中 2 个（SWP1，SWP14）引起寄主丛枝，1 个（SWP3）引起矮化，1 个（SWP11）引起细胞坏死（图 2）。

环从外到内分别为：环 1，WBD 基因组草图中的 contigs；环 2，正链上预测的 ORFs；环 3，负链上预测的 ORFs；环 4，编码预测的膜蛋白的 ORFs；环 5，编码预测的分泌到胞外的膜蛋白的 ORFs；环 6，编码预测的转运蛋白的 ORF（不同功能的转运系统以不同的颜色表示）；环 7，*rRNA* 基因（紫色）和 *tRNA* 基因（灰色）的定位。

图 1 小麦蓝矮病危害症状（吴云锋提供）

侵染过程与侵染循环　在田间，该病害由介体异沙叶蝉（*Psammotettix striatus*）传播 WBD 植原体侵染引起。自 20 世纪 90 年代以来，小麦间作套种和麦草覆盖面积的逐年扩大，使得传播介体的越冬场所得到改善，介体越冬基数增加，逐渐扩展到黄河中下游干旱区，周期性发生，灾害严重。在自然条件下主要由小麦、谷子、糜子及狗尾草、画眉草、稗草、雀麦、直穗鹅观草、赖草、虎尾草、白草止、血马唐等杂草构成寄主转换和侵染循环。冬季，病毒在越冬寄主体内越冬，在高寒地带，在冬小麦地上部分枯死殆尽的情况下，仍可在地下部分越冬而成为翌年发病传病的毒源。另外，由于异沙叶蝉可将病毒经卵传于后代，故部分带毒的越冬卵也成为翌年继续传病的毒源（图 3）。

流行规律　在病害大发生流行年份，叶蝉的带毒率相应提高。异沙叶蝉在甘肃陇南地区 1 年发生 4 代，以卵越冬，卵产于麦茬叶鞘内壁及枯枝落叶上。春夏季各代的卵则产于叶片叶鞘的活组织内。越冬卵于 2 月初至 3 月初孵化，集中在麦田中危害并繁殖 1 代，于麦收后迁散于杂草秋作地上，繁殖 2 代，待冬麦出苗后再迁入麦田产卵越冬。异沙叶蝉在小麦秋播前分散在杂草和秋作物地里，小麦出苗以后，即迅速迁入麦田危害。播种愈早，趋集的虫口愈多。如陇南一带，在 9 月 20 日左右播种的麦田较 10 月初播种的虫口密度要高出 1～30 倍。同时，早播麦田虫子由迁入至封冻前为害的时间长，且在早期较温暖的情况下，虫子活跃、传毒概率高。因此，感染时期越早，发病率越高病情亦重。分蘖以前感病发病率 93%～100%、病指 35～87，拔节时感病发病率 3.8%、病指 2.3，孕穗后感染不发病。

防治方法

种植抗病良种　抗病品种有小偃 52、小偃 54、平凉 35 号、榆林 8 号、庆选 15 号、庆选 27 号、庆丰 1 号、静宁 6 号、7537、昌乐 5 号等。

常发病区要严防早播，适时晚播。精耕细作，清除杂草，夏秋期间要做好茬地的伏耕灭茬和秋作物的中耕，消灭杂草和自生麦苗，清除带有越冬卵的枯枝落叶，减少传病虫源。

化学防治　根据异沙叶蝉的消长进行药剂防除的综合防治措施，或在播种时，采用杀虫剂拌种，效果很好。

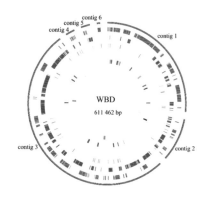

图 2 WBD 基因组图谱（吴云锋提供）

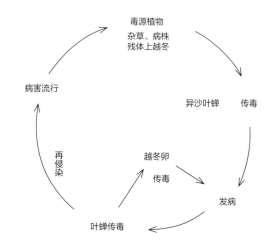

图 3 小麦蓝矮病侵染循环示意图（吴云锋提供）

参考文献

顾沛雯，安凤秋，吴云锋，2007. 小麦蓝矮植原体寄主范围的分子鉴定及病原多态性 RFLP 分析 [J]. 植物病理学报，37(3): 390-397.

中国农业科学院植物保护研究所，中国植物保护学会，2015. 中国农作物病虫害 [M]. 3 版. 北京：中国农业出版社.

（撰稿：吴云锋；审稿：陈剑平）

小麦粒线虫病　wheat seed gall nematodes

由粒线虫引起的、危害小麦穗部，引起小麦籽粒病变的一种线虫病害，是世界上许多国家小麦的病害之一。

发展简史　小麦粒线虫是第一个被观察和描述的植物寄生线虫。1743 年，罗马天主教牧师 Turbevill Needham 在显微镜下观察到小麦虫瘿中的小麦粒线虫（Anguina tritici），随后向伦敦皇家学会报告了他的观察结果，说发现了一种可称为蠕虫的水生动物。这是迄今为止全世界公认的植物线虫显微观察的首次记录。

病原及特征　此病由小麦粒线虫引起。隶属于垫刃目粒线虫科。

雌虫　与雄虫形态差异很大，雌虫体肥大，体长 3～5.2 mm；a=13～30；b=9.8～25；c=24～63；而端尖细，温热杀死后向腹面弯曲成螺旋形。唇区低平，轻微缢缩，体表环纹很细，仅在食道部分可以看到。侧区明显，有 4 条侧线或更多。口针 8～11μm 长，有小而明显的基部球。食道前体部膨大，与中食道球连接处明显收缩。中食道球圆形。食道峡部有时往后膨大，与食道腺分界处有一个极深的收缩，因此，缢缩十分明显。食道腺近梨形，有时呈不规则的叶状，与肠不重叠，分界明显。阴门位于虫体后部，70～94，阴门唇明显，卵巢 1 个，有 2 个或更多的转折。卵母细胞近似轴状排列。受精囊梨形，由一个括约肌与输卵管分隔。有后子宫囊，长约为肛门处体宽 1 倍，里面充满精子。尾圆锥形，逐渐变细，尾末端钝或圆形，无尾尖突。

雄虫　比雌虫更纤细，a=21～30；b=6.3～13；c=17～28，体长 1.9～2.5mm；热杀死时可能轻微向背面或者腹面弯曲。口针长 8～11μm；精巢具 1 个或 2 个转折，精母细胞近似轴状排列。交接刺 1 对，肥硕、弓形。从顶端到最宽部分，有两个腹脊。交合刺顶端向腹面卷曲，引带简单，槽状。抱片起于交接刺稍前处，不包裹到尾部末端。也可使用分子方法进行快速鉴定。

分布与危害　小麦粒线虫是小麦和黑麦等作物的具有经济重要性的线虫。在全世界五大洲的小麦主要生产区如澳大利亚、新西兰、奥地利、巴西、中国、印度、巴基斯坦、英国、法国、德国、意大利、匈牙利、荷兰、罗马尼亚、瑞典、瑞士、埃及、叙利亚、土库曼斯坦、俄罗斯、埃塞俄比亚等国家发生危害。由于采用先进的种子清洁方法除去虫瘿，在许多地区已消除或很少发生。还分布于印度、罗马尼亚等少数国家。中国于 1915 年在南京首次发现该线虫，随后调查在河北、山东、山西、内蒙古、宁夏、甘肃、青海、新疆、陕西、四川、贵州、安徽、湖北、江苏、浙江等局部山区高寒地有发生危害，减产 10%～50%，1949 年前此病害造成的全国小麦损失 5 亿 kg 以上，因此，在 1956—1957 年全国农业发展纲要中曾把此病列为十大病虫害之一，1964 年全国普查结果，28 个省（自治区、直辖市）均有发生危害，国内曾将此线虫列入检疫对象，组织了防治和检疫，危害逐步得到控制。1980 年以来，主要产麦区已经绝迹，目前仅在山东、浙江、陕西、四川、新疆等部分地区有零星发生，个别地区有死灰复燃的趋势，其他麦区极少有发生分布。

侵染过程与侵染循环　小麦粒线虫以二龄幼虫在虫瘿内或者秋季侵染的植株内越冬。混在种子中的虫瘿可作远、近距离传播，成为主要的初侵染来源。当小麦播种后，混在小麦种子中的虫瘿吸水变软，虫瘿内的二龄幼虫吸水恢复活力，虫瘿释放二龄幼虫进入土壤营自由生活，在土壤中找寻寄主，待小麦发芽后，当植株叶片表面存在水膜时，幼虫向上游动，用口针从靠近生长点的芽鞘间隙刺进小麦叶片组织内，营外寄生生活，当小麦芽鞘展开时，线虫又转移到生长点继续营外寄生生活，引起叶片和幼茎生长异常和扭曲，当花序开始形成时，线虫进入到花原基，发育成三龄幼虫、四龄幼虫和成虫，在花器穗部子房内营内寄生生活，破坏花器，并刺激周围组织。每一个受害花原基最后都变成虫瘿，每个虫瘿含 80 多个雌虫和雄虫。在新形成的虫瘿内，几周内每个雌虫可产卵多达 2000 粒，因此，每个虫瘿含 10000～30000 个卵，雌虫产卵后死亡。虫瘿内的卵然后孵化，一龄幼虫在卵内出现，然后蜕皮成二龄幼虫。小麦成熟收获后，虫瘿干瘪，二龄幼虫停止活动进入失水休眠状况，二龄幼虫抗干燥能力很强，在干燥情况下，二龄幼虫在虫瘿内可以存活 30 年之久（图 1、图 2）。收获时虫瘿与种子混杂或落入土中，落入土中的虫瘿不易存活。

此线虫 1 年发生 1 代，没有世代交替和世代重叠现象。主茎受害后，可随主茎分蘖扩展到邻株的分蘖上，所以一般病株的主茎与分蘖都受害。

流行规律

病源数量　混杂在小麦种子内的虫瘿是主要传染源。种子间混杂的虫瘿数量是病害发生轻重的主要因素。当麦种含有 0.1%～1% 的虫瘿时，田间的发病率达 2%～19%，造成的小麦产量损失达 2%～14%，麦种中虫瘿的含量低于 0.3% 时，田间的发病率亦可达 6%～8%。

环境因素　小麦播种期也影响病害的发生。一般来说，冬麦适宜早播。地温高，发芽快，缩短了麦苗受侵染的时间，减少了侵染率；同时早播麦苗生长健壮，抵抗力强，发病较轻。反之，发病就重。虫瘿随小麦种子播入土中，吸水变软，土温 12～16℃ 最适宜线虫活动为害，冬麦播种后雨水较多有利于线虫侵染。如雨水较多，土壤潮湿，发病较重，干旱则发病较轻，砂土发病重，黏土发病较轻。此外，温度适中，地势较高，土壤湿度小有利于线虫生长发育、越夏和越冬，发病比较重；洼地发病相对轻；品种之间的抗性也有显著差异。

线虫的存活　二龄幼虫受虫瘿的保护，有很强的抗逆能力，混在小麦种子间的虫瘿贮存 28 年后还有活力。虫瘿内的幼虫抗干枯力很强，但在潮湿的土壤中，如果幼虫离开虫瘿后没有合适的寄主，最多存活 1～2 个月，12℃ 时只能活 7～10 天。吸水后的虫瘿在 5℃ 下 30 分钟、52℃ 下 20 分钟或 54℃ 下 1 分钟，内部的二龄幼虫死亡率可达 100%。但干燥的虫瘿在 54℃ 下 10 分钟后，仍有 24% 的幼虫存活。幼虫耐低温，−8～−7℃，1～2 天后被冻死；温度为 −18～−15℃，5 小时后仍有存活。福尔马林、硫酸铜等药剂在不影响小麦种子发芽的浓度时，能杀死虫瘿内的幼虫。

线虫的越夏和传播　病原线虫以虫瘿的形式混在小麦

图1 小麦粒线虫危害麦穗形成的虫瘿（引自 Agrios, 2005）

①健康麦穗（左）和受害麦穗；②健康麦粒和非常小的、圆形褐色至黑色的虫瘿

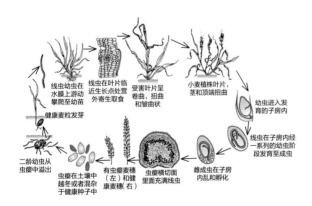

图2 小麦粒线虫生活史（引自 Agrios, 2005）

种子中，落入土壤和混在肥料中越夏。田间传播主要是搬动混有虫瘿的病土，流水也能传带病土中的虫瘿，远距离的传播是调运混有虫瘿的麦种。

寄主范围 小麦粒线虫主要危害普通小麦（*Triticum aesticum*）、黑麦（*Secale cereale*）；燕麦（*Avena sativa*）和大麦（*Hordeum vulgare*）也可以寄生，但线虫在它们上很少繁殖或者根本不繁殖，不是适宜的寄主。小麦粒线虫的二龄幼虫在苗期可以侵染燕麦，但不能形成虫瘿。在大麦上虽可出现虫瘿。但大多数栽培品种是免疫的。

与小麦蜜穗病的关系 由病原细菌小麦棒杆菌（*Corynebacterium tritici*）引起的小麦蜜穗病（Wheat yellow ear rot disease）与小麦粒线虫的关系密不可分。小麦蜜穗病

在印度特别重要，在当地称作"tundu"病，发生有很多年。蜜穗病在澳大利亚西部、中国、埃及、埃塞俄比亚也有发生。该病害的典型症状是感病麦穗瘦小，全部或局部不能正常结实，颖片间溢出鲜黄色胶状菌脓，含有大量的细菌，干燥后变为黄色胶状小粒，当麦穗处于含苞阶段，鞘叶上也会流出鲜黄色胶状菌脓。朱凤美（1946）证实没有小麦粒线虫小麦蜜穗病不会发生。病原细菌 *Corynebacterium tritici* 随线虫侵害麦苗时带入侵染危害，因此，在没有小麦粒线虫的麦苗上便不会发生小麦蜜穗病。

防治方法

加强种子检疫 引种或调种时必须加强种子检疫检验，防止带有虫瘿种子远距离传播，一旦发现引入带有虫瘿的种子后必须进行严格的种子处理方可使用。国内外主要产麦国家小麦粒线虫病已基本控制，一般不再大面积发生危害，严格执行检疫，就可防止病害回升。

建立无病留种田 是获得健壮饱满种子的最根本措施，选用无病种子田，种植可靠无病种子，留种地除了加强栽培管理外，还应杜绝经粪、肥、水传入小麦粒线虫。

汰除麦种中的虫瘿 可以采用以下几种方法汰除虫瘿：①机械汰选。用小麦线虫汰选机汰除虫瘿。朱凤美利用麦粒和虫瘿形状大小的差异，创造了小麦粒线虫虫瘿汰除机，一台铁制的汰选机每小时可以处理麦种500kg。汰除效果达95%～99%。②液体漂选法。此方法是利用虫瘿与麦粒的比重差异，用液体进行漂选。虫瘿比较轻，其比重为0.8125，而麦粒则比水重。因此，可以利用不同液体比重，把虫瘿浮选掉。常用漂选液可以是清水汰选：把干燥的麦种倒入清水中迅速搅动，虫瘿上浮即可捞出，可汰除95%的虫瘿；使用这种方法时操作要快，整个操作争取在10分钟内完成，防止虫瘿吸足水后下沉，影响汰除效果。20%食盐水（比重为1.15左右）选种，可以淘汰除大部分虫瘿和一些秕粒种子，盐水选出的种子需要用清水洗净。硫酸铵液选种，用26%硫酸铵水溶液也能有效汰除虫瘿。处理后用清水冲洗再播种。漂选过的种子，要晒干才能收藏漂选出或汰除出来的虫瘿、草籽、杂物等，如用作饲料，须经煮熟，用作堆肥，必须充分腐熟，此种堆肥，也不宜施入麦田。

防止肥料传病 家畜食用混有虫瘿而未经过煮沸的饲料。其粪便要用高温堆积腐熟后再作肥料。从种子中汰选出来的虫瘿应该烧毁，不能随意抛弃。

热水处理和药剂处理种子 将种子放入54℃温水中浸泡10分钟，可以杀死轻度受害种子中的幼虫。用40%甲基异柳磷乳油1000～1200倍浸种2～4小时杀虫效果可达92%～100%，甲基异柳磷也可以用作拌种，方法是称取种子重量的0.2%甲基异柳磷药剂和5%～7%的水混好拌种，然后堆起。加覆盖物保湿闷4小时。1.8%阿维菌素乳油按种子量的0.2%拌种。也可在播种前使用15%涕灭威颗粒剂或10%克线磷颗粒剂4kg撒施后翻耕。重病区也可以进行与非小麦属、黑麦等以外的作物轮作1年。

参考文献

中国农业科学院植物保护研究所，中国植物保护学会，2015. 中国农作物病虫害 [M]. 3版. 北京：中国农业出版社.

AGRIOS G N, 2005. Plant pathology[M]. 5th ed. New York:

Elsevier Academic Press.

（撰稿：彭德良；审稿：康振生）

小麦全蚀病 wheat take-all

由禾顶囊壳小麦变种引起的、危害小麦根部和茎基部的一种真菌病害，是世界许多小麦种植区的重要根部病害，也是中国小麦主产区的重要病害之一。

发展简史 1852 年，在澳大利亚南部有人对小麦全蚀病的症状做过记载。1881 年早期植物病理学家 Saccardo 将小麦全蚀病菌命名为 *Ophiobolus graminis*，一直沿用 70 多年，直到 1952 年 Arx 和 Olivier 重新命名为 *Gaeumannomyces graminis*。1972 年，Walker 为将小麦、燕麦和水稻上的全蚀病菌进行区分，把小麦全蚀病菌修改为 *Gaeumannomyces graminis* var. *tritici*，沿用至今。20 世纪中期，数以百计的研究者曾描述过小麦全蚀病，并发起为一个独立的研究领域——根部病害和土传病原菌；同时小麦全蚀病自然衰退现象也作为植物根部病害生物防治研究的模式。

中国最早于 1931 年在浙江发现小麦全蚀病，20 世纪 40～50 年代在浙江、云南、陕西、河北和山东零星发生；70～80 年代初在河北、山西、江苏、辽宁、湖北、安徽、四川、黑龙江、青海和新疆零星发生，而在陕西、甘肃、宁夏、山东、内蒙古和西藏大发生，危害严重；20 世纪 90 年代至 21 世纪初在陕西、河北、山西、山东、河南、江苏、湖北和贵州大发生。

分布与危害 小麦全蚀病在世界各地的小麦主产区均有分布，包括澳大利亚、欧洲、南非、日本、巴西、智利、阿根廷、北美大部分地区和中国。小麦全蚀病已经蔓延至中国 21 个省（自治区、直辖市），并在黄淮海冬麦区和长江中下游冬麦区广泛流行，危害严重。

小麦全蚀病是一种造成根部和茎基部腐烂的毁灭性病害，病菌危害的是小麦根和茎基部，但症状在地上部也有表现。小麦整个生育期都可受侵染。幼苗受害时，叶色变浅，发黄，分蘖减少，类似缺肥水状。拔出麦苗可见种子根和地

下茎变黑，严重的次生根也变黑。小麦拔节期下部叶片发黄，植株矮化，根部变黑加重。成株期症状最为明显，类似于小麦干旱时的症状，植株由于根系和茎基部受害，阻止了小麦体内水分、养分的吸收运输，导致病株矮化枯死，麦穗枯白，穗粒数减少，籽粒干瘪。小麦全蚀病典型的田间症状是穗期呈现大面积的"白穗"症状和茎基部和根部黑化症状（图 1、图 2）。小麦全蚀病造成产量大幅度降低，且发病越早损失越重。如在拔节前发病严重，则多形成无效分蘖并且早期枯死；在拔节期显症，一般平均株高矮缩 17cm，有效穗数、穗粒数分别较健株减少 34.8%～45%、13.3%～24.3%，千粒重降低 42.2%～48.9%，减产 71%～73%；小麦抽穗期显症的，一般平均较健株矮 14cm，有效穗数、穗粒数分别较健株减少 17.7%～37.2%、11.6%～27.3%，千粒重降低 18.7%～41.9%，减产 47.5%～50%；小麦灌浆期显症的，有效穗数、穗粒数分别较健株减少 0～7.9%、3%，千粒重降低 11.1%～20.6%，减产 26%～29.7%。

小麦制种田一旦发病，种子将无法利用，会造成更大的经济损失。

病原及特征 病原为子囊菌门顶囊壳属的禾顶囊壳小麦变种 [*Gaeumannomyces graminis*（Sacc.）Arx & Olivier var. *tritici* J. Walker]。病原菌的子囊壳单生，埋入基质，黑色，颈圆柱形，微侧生，顶端有孔口；壳壁为假薄壁组织，浅色或黑棕色。子囊多为圆柱形，薄壁，有柄。子囊内有 8 个子囊孢子，平行排列，线形，成熟时有假隔膜。假侧丝线形，纤细，逐渐消失。禾顶囊壳小麦变种的有性世代在病害发生和发展中并不重要。病菌的菌丝体粗壮，栗褐色。老化的营养菌丝多呈锐角分枝，在分枝处主枝与侧枝各形成一个隔膜，两个隔膜多相接呈"∧"形。菌丝在 PDA 培养基上生长缓慢，在 20～25℃ 条件下 7 天左右，形成浅灰色菌落，边缘菌丝有反卷现象。随菌龄增长菌丝逐渐变为深灰色至黑色。

禾顶囊壳除了小麦变种外，还有燕麦变种（*Gaeumannomyces graminis* var. *avenae*）、禾谷变种（*Gaeumannomyces graminis* var. *graminis*）和玉米变种（*Gaeumannomyces graminis* var. *maydis*）。禾顶囊壳的变种是根据寄主范围、侵染结构和子囊孢子大小划分的。小麦变种可以侵染小麦、大麦和黑麦，子囊孢子 70～

图 1 小麦全蚀病田间白穗症状（宋玉立提供）

图 2 小麦全蚀病根部黑化症状（宋玉立提供）

105μm，并能形成简单的附着枝；燕麦变种的子囊孢子（100～130μm）比小麦变种的子囊孢子长；虽然禾谷变种的子囊孢子和小麦变种类似，但能形成裂瓣状的附着枝；玉米变种子囊孢子（55～85μm）比小麦变种的子囊孢子短（见表）。

禾顶囊壳小麦变种在湿度较大的条件下，能在发病小麦叶鞘形成大量子囊壳，子囊壳单生，梨形，黑色，周围有褐色毛绒状菌丝，基部着生在寄主组织中，直径为250～495.8μm（平均直径377.4μm），颈长为250～966.7μm（平均颈长为623μm），颈宽为75～240μm（平均颈宽为134μm）；子囊孢子线形，略弯，两端较细，无色透明，长度为66.7～88.4μm（平均长度为78μm）（图3）。

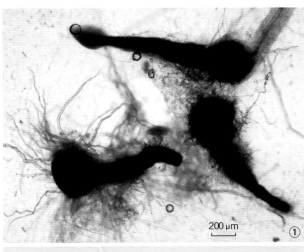

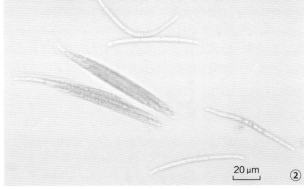

图3 小麦全蚀病菌（徐飞提供）
①子囊壳；②子囊和子囊孢子

禾顶囊壳变种类型及其寄主范围、子囊孢子大小和侵染结构表

禾顶囊壳变种类型	寄主范围	子囊孢子大小（μm）	侵染结构
G. graminis var. *tritici*	小麦、小黑麦、大麦和黑麦	70～105	简单的附着枝
G. graminis var. *avenae*	燕麦和草坪草（*Agrostis* spp.）	100～130	简单的附着枝
G. graminis var. *graminis*	水稻和百慕达草	80～105	裂瓣状的附着枝
G. graminis var. *maydis*	玉米	55～85	简单的附着枝

侵染过程与侵染循环 小麦全蚀病菌菌丝体从小麦幼苗的初生根、根颈、次生根以及根颈下的节间侵入根颈内，也可以从胚芽鞘和外胚叶侵入。小麦种植后随着根系的不断生长，小麦全蚀病菌的菌丝受到根系分泌物的刺激萌发伸长，在温度和湿度合适的条件下在根组织表面形成简单的附着枝，随后形成侵染菌丝侵入小麦根部细胞，并在细胞间上下扩展，完成侵染过程。

全蚀病菌以菌丝体在田间小麦残茬上和夏季寄主的根部以及混杂在土壤、麦糠、种子间的病残体组织上长期存活。在田间12～18℃土壤温度条件下有利于病菌侵染。小麦出苗以后，随着根的生长，病残体和其他寄主组织上的病菌菌丝与麦苗根部接触，随后在根毛区反复分枝，形成颜色较深的类似附着胞的组织（附着枝），在附着枝上长出纤细无色透明的侵染菌丝侵入根毛；侵染菌丝在根部形成大量侵染点，并侵入根中轴，然后在根中轴上下侵入形成可见黑色病斑；病菌以菌丝体在小麦根部及土壤中病残组织中越冬。小麦返青后，随着地温的升高，菌丝加快生长，沿根扩展，向上侵害分蘖节和茎基部。拔节后期至抽穗期，菌丝蔓延侵害茎基部，并在茎基部大量繁殖，缠绕在茎基表面，形成一层黑色菌丝鞘，且越接近基部颜色越深，状似在小麦的茎基部贴上了一块黑膏药。由于茎基部受害腐烂，阻碍了水分和养分的吸收、输送，致使病株陆续死亡，田间出现枯白穗，在小麦灌浆期，病势发展最快。全蚀病菌对土壤微生物的颉颃作用很敏感，在土壤中的扩展受限，很难通过在土壤中生长传播，可以将全蚀病视为很少发生再侵染的病害。植株死亡后，病菌腐生在病残体上直至在下季小麦上寄生，完成侵染循环（图4）。

流行规律 在小麦连作条件下，第一年全蚀病的发病率很低，第二至第四年后逐年升高，达到发病率和严重度的顶峰，然后又自发减退，这种现象称之为"全蚀病自然衰退"。在美国和欧洲湿润的气候条件下，"全蚀病自然衰退"现象比较普遍，在澳大利亚干燥的气候条件下，"全蚀病自然衰退"现象很少出现。

防治方法

植物检疫 小麦全蚀病是河南、山东等地的补充检疫对象。通过规范严格的植物检疫流程，可以有效防止小麦全蚀病的传播与蔓延。尤其是产地检疫，要选取无病地块留种，单打单收，严防种子间夹带病残体传病。

品种防治 生产上尚没有抗小麦全蚀病的品种；随着试验条件和实验方法的改进，人们逐渐认识到绝大多数品种（系）对全蚀病的抗性整体较差，但小麦品种间存在着明显的抗病性差异。河南省农业科学院植物保护研究所研究结果表明，品种抗病性差异可以通过病指和补充评价指标（株高、根干重和茎叶干重）来进行综合评价，其中茎叶干重为最佳补充指标。例如郑麦3596和郑麦366，两个品种在根部和茎部都变黑（图5），但是补充指标中郑麦3596的根干重、茎叶干重显著高于郑麦366。另外，英国洛桑试验站研究表明不同小麦品种对全蚀病田间传播和持续性具有不同的影响。

农业防治 农业防治一般采用轮作倒茬、耕作栽培、配方施肥。

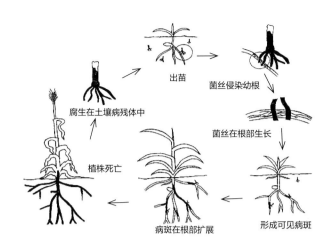

图 4　小麦全蚀病菌的病害循环（引自 Bockus et al., 2000）

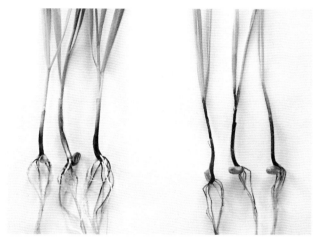

图 5　接种 28 天后郑麦 3596（左）和郑麦 366（右）的症状图
（徐飞提供）

　　小麦全蚀病菌主要以菌丝体随病残体在土壤中长期存活，越夏或越冬。合理轮作不仅阻断了病菌菌丝与寄主作物的接触，使土壤中菌丝量不断降低，而且某些轮作作物还可能产生对病原菌有抑制作用的物质。因此，在重病区实行轮作倒荐是控制全蚀病的有效措施，轻病区合理轮作可延缓病害的扩展蔓延。生产上常用轮作作物有水稻、烟草、薯类、蔬菜和绿肥等作物进行轮作。

　　重病地播前深翻，可将大量病残体翻入下层，降低了繁殖体存活力，改善了土壤透气性，促使小麦根际发育，增强植株抗耐病能力，减少病菌入侵机会。

　　增施有机肥可提供较全面的营养，增强小麦植株抗病性，改良土壤理化性质，促进土壤微生物活力，增强微生物间的竞争性，可以减少病原菌数量。氮肥对小麦全蚀病菌的侵染有重要影响。不同类型的氮对病菌侵染的影响不同，铵态氮能降低小麦根际 pH，对降低病害严重度效果明显，施用铵态氮，细菌和链霉菌数量将大大增加，对全蚀病菌有不同程度的抑制作用；而硝态氮则提高了根际 pH，促使病害严重度增加。

　　生物防治　国内外都在研发各种生防菌防治全蚀病。采用浸种和生长期喷雾等方法，荧光假单胞菌对小麦全蚀

病具有显著防病增产作用；美国华盛顿州立大学研究组发现 Q8r1-96 所代表主要基因型的荧光假单胞菌通过 10～100 CFU/ 个种子的浓度拌种防治病害后，在自然发病土壤中能达到 107CFU/g 根，而且连续 8 次轮作后仍然能保持较高的浓度，Q8r1-96 的使用加速了全蚀病的自然衰退。2005 年，乔宏萍等发现放线菌对小麦全蚀病有较好的防治效果。

　　化学防治　早期防治全蚀病主要采用溴甲烷和氯化苦来进行土壤熏蒸，防治效果好且增产显著，但由于成本高、对环境和土壤中其他微生物的不利影响大，在实际应用中受到限制。英国和澳大利亚研究人员分别使用三唑醇或噻菌醇与土壤混合和沟施苯并咪唑或三唑类杀菌剂，具有一定的防病增产的效果，但是商业上使用并不经济实惠。用 70% 甲基托布津可湿粉或 50% 多菌灵可湿粉 2～3kg/ 亩，混入 20kg 细土，施入播种沟内，防效可达 70% 以上。

　　种子包衣是防治该病害最为经济有效的途径。最早欧洲研究人员使用新的酰胺类农药硅噻菌胺对种子进行处理（25～50g/100kg 种子），能够显著降低全蚀病发病率，增产 10%～15%；用 12.5% 全蚀净（硅噻菌胺）悬浮剂按 0.2%～0.3% 的比例拌种，对全蚀病防效可达 90% 以上。硅噻菌胺是目前唯一一个防治全蚀病的特效药剂。1991—1992 年史建荣等研究表明三唑类杀菌剂（三唑酮、三唑醇和烯唑醇）内吸性好，拌种后药剂缓慢向根外释放，从而减少根围病原菌的数量，抑制植株基部叶鞘病原菌的侵染，但浓度不当时易在苗期产生药害。

　　另外，还可以使用药液浇灌防治小麦全蚀病。用 15% 三唑酮可湿性粉剂 200g/ 亩，加水 50kg，在小麦返青拔节期喷浇麦苗，防效可达 60%。

参考文献

郝祥之，段剑勇，李林，等，1982. 小麦全蚀病及其防治 [M]. 上海：上海科学技术出版社.

宋玉立，何文兰，杨共强，2001. 小麦全蚀病的发生及其防治 [J]. 河南农业科学 (2): 34.

中国农业科学院植物保护研究所，中国植物保护学会，2015. 中国农作物病虫害 [M]. 3 版. 北京：中国农业出版社.

COOK R J, 2003. Take-all of wheat[J]. Physiological and molecular plant pathology, 62:77-86.

（撰稿：宋玉立、徐飞；审稿：陈万权）

小麦散黑穗病　wheat loose smut

　　由小麦散黑粉菌引起的、危害小麦穗部的一种真菌性病害。又名小麦黑疸、小麦灰包、小麦火烟包、乌麦等。

　　发展简史　小麦散黑穗病是最古老的病害之一。中国明代 1587 年李时珍所著的《本草纲目》中提到的"麦奴"即为麦类黑穗病；宋代著名诗人陆游《村居书事》"春深水暖多鱼婢，雨足丰少麦奴"中记载了黑穗病的危害。19 世纪前期，国外研究者确定了病菌的分类地位、生物学特性及其病害循环和防治方法。

　　分布与危害　小麦散黑穗病在世界范围内发生；在中国

冬、春麦区也普遍发生，湿润和半湿润地区发生更为频繁和严重。一般发病较轻，病穗率为1%～5%；某些年份，发病严重地区所造成的损失可达10%～40%。

小麦散黑穗病菌只侵染小麦，主要危害穗部。在小麦植株抽穗前通常不表现明显的症状。染病植株通常要略高于健康植株，并提前抽穗。穗部染病，整穗全被病原菌破坏，子房、种皮及内外颖壳全部消失而变为黑色粉末（冬孢子）。病穗发病初期，籽粒外被一层灰色薄膜，后薄膜破裂，黑粉飞散，仅剩下裸露的穗轴（见图）。

病原及特征　病原为小麦散黑粉菌［*Ustilago tritici* (Pers.) Rostr.］，属黑粉菌属成员。菌丝体在植株体内生长期间呈透明状，近成熟时转为褐色，成熟的菌丝体细胞发育为褐色的冬孢子。冬孢子球形或近球形，直径5～9μm，淡黄色至褐色，一半较暗，一半较亮，表面有微刺。冬孢子萌发产生由1～4个细胞组成的担子，不形成担孢子。担子的细胞萌发后产生短小的单核菌丝；单核菌丝成对融合形成双核菌丝体，从而侵染寄主。冬孢子在5～35℃均可萌发，最适宜温度为20～25℃。

侵染过程与侵染循环　小麦散黑穗病菌以休眠菌丝体在病粒子叶的小盾片内越冬。带菌种子开始萌芽时，潜伏菌丝体恢复活力，在幼苗组织细胞间生长，直至进入植株的生长点，并随植株的生长而伸展。在小麦孕穗期病菌到达穗部，菌丝体侵入所有小穗，破坏大部分穗组织；病粒中的菌丝体很快变为冬孢子。

冬孢子成熟时间与小麦开花期相一致。成熟的冬孢子随气流传播至健康小麦穗部，萌发后通过柱头或幼嫩的子房壁入侵，在籽粒成熟前定殖于果皮和胚组织。随着籽粒的成熟，菌丝体变为厚壁休眠菌丝，潜伏在种子胚内，其主要存在于小盾片中，直至带菌的籽粒萌发，引致下一生长季发病。因此，小麦散黑穗病为花器侵入的系统性病害，小麦的一个生长期内仅有一次侵染。

流行规律　小麦扬花期的气候条件和病菌数量与小麦散黑穗病的发生程度密切相关。通常情况下，小麦扬花期的田间温度常在散黑穗病菌所需要的适温范围内，因而田间湿度成为影响病害发生的主导因素。当相对湿度56%～85%时，人工接种的发病率为91%；相对湿度11%～30%时，发病率仅为22%。因此，小麦扬花期如遇多雾、小雨、湿度高的环境，有利于冬孢子萌发及入侵，种子带菌率高，下一生长季病害发生程度重。微风有利于冬孢子传播，但花期如遇大雨，可将冬孢子淋落至土壤中，不利于病害传播病害发生轻。不同小麦品种对散黑穗病的感染程度虽有差别，但已知的免疫或高抗的品种较少。

防治方法　带菌种子是小麦散黑穗病的初侵染源，因此，小麦黑穗病的防治应以使用无病种子和种子处理为主的病害防控措施。

建立无病留种田　繁育无病种子是控制小麦散黑穗病的有效方法。留种田与生产田隔离200m以上，并及时拔除田间病株。

种子处理　种子处理方法有温水浸种、冷浸日晒、石灰水浸种以及药剂处理等多种方法。温水浸种有恒温浸种和变温浸种两种方法。恒温浸种是将小麦种子置于44～46℃水中浸泡3小时。变温浸种是将麦种先在冷水中浸泡4～6小时，再将麦种置于49℃水中浸泡1分钟，之后再移至54℃水中浸10分钟，随后再次放入冷水中，待冷却后捞出晾干。石灰水浸种是用生石灰0.5kg，加水100kg，浸麦种30～35kg。浸种时水面应高出种子面10～15cm。在不同水温条件下浸泡时间有所不同，水温为35℃时只需浸泡1天，温度每降低5℃，浸种时间延长1天。石灰水浸种应注意：浸种量不宜过多，避免日光照射，凡受伤、秕瘦、发育不良或发芽率差的麦种，不宜用石灰水浸种。用种子重量0.3%萎锈灵粉剂（有效含量75%）拌种，或用0.2%萎锈灵（纯量）药液在30℃条件下浸种6小时。

参考文献

陈利锋，徐敬友，2015.农业植物病理学 [M].4版.北京：中国农业出版社.

（撰稿：黄丽丽；审稿：陈万权）

小麦散黑穗病危害症状（黄丽丽提供）

小麦霜霉病　wheat downy mildew

由大孢指疫霉引起的小麦霜霉病。又名小麦黄化萎缩病。在世界小麦种植区均有发生。

发展简史　小麦霜霉病发生历史久远，分布广泛。意大利于1900年首次报道该病害。中国1936年报道在台湾发现此病，1943年在辽宁、吉林等地亦有该病危害；随后在多地报道了该病造成的危害及损失。M. V. 威斯在1977年出版的《小麦病害概要》中简述了该病害的特点和防治方法。20世纪80～90年代，中国研究者对小麦霜霉病的危害症状、病菌种类、发病特点等进行了详细描述。

分布与危害　在美国、日本和俄罗斯等18个国家均有发生。在中国，小麦霜霉病为偶发性病害，主要分布在长江中下游、华北、西北、西南和西藏高原等麦区以及台湾。

1977—1979 年在甘肃有 21 个县市发生此病，有些田块发病很重，个别病田发病率高达 45%。1980 年四川天全调查，发病率一般在 10% 左右，严重的达 65%。

小麦霜霉病的症状在小麦返青后表现明显，其典型症状是植株黄化萎缩，分蘖增多，叶片变厚变硬，花序增生呈叶状。苗期发病植株叶色淡绿并有轻微条纹状花叶；拔节后，病株明显矮化，病叶略有增厚，叶色淡绿并有较明显的黄色条纹或斑纹；重病株常在抽穗前死亡或不能正常抽穗；穗期表现为"疯顶症"（见图）。

小麦霜霉病菌除危害小麦外，还可危害大麦、燕麦、黑麦、玉米、高粱、水稻等多种禾本科作物和看麦娘、稗草、马唐等多种禾本科杂草。

病原及特征　病原为大孢指疫霉［*Sclerophthora macrospora*（Sacc.）Thirum. et al.］，属指疫霉属成员。孢囊梗由气孔伸出，较短，长度仅有 9.8～11.2μm。孢子囊着生于孢囊梗上，淡黄色，柠檬形，顶端有乳突，大小为 84.4～32（63.2）μm×56～19.2（40）μm，萌发产生游动孢子。卵孢子近圆形，壁较光滑，直径为 27.2～64μm。卵孢子壁与藏卵器壁融合。

侵染过程与侵染循环　小麦霜霉病菌以卵孢子随病残体在土壤中越夏或越冬。卵孢子在水中萌发产生游动孢子随水传播，从幼芽侵入。卵孢子在 10～26°C 均可萌发，最适宜温度为 19～20°C。病原菌入侵后在寄主体内系统发展，菌丝在维管束部分及邻近组织细胞间扩展，后期在病株叶片、颖壳及叶鞘等组织内，沿维管束两侧产生卵孢子。卵孢子存活可达 2 年以上。病菌孢子囊不易产生，即使产生，数量极少，因此，在病害发生发展过程中，由孢子囊引发的再侵染少，与病害流行的关系不大。

流行规律　适宜的温度、多雨高湿及麦田淹水等条件有利于小麦霜霉病的发生。病害在 10～25°C 之间均可发生，但发病的适温为 15～20°C。长江中下游地区，小麦播种出苗期的温度适于病原菌侵染，若此时雨水多，则发病重。降水少的年份，播种后灌水不当，易造成田间长期积水，从而有利于发病。此外，凡苗期采用漫灌或灌水量过大，且不能迅速排水的，病害发生较重。

防治方法　小麦霜霉病的防治应采取以农业防治为主的防控措施。

实行轮作　发病重的地区和田块，应与非禾谷类作物进行 1 年以上轮作。

栽培措施　重视农田基本建设工作，修建完好的排灌水系统，严禁大水漫灌，雨后及时排水防止湿气滞留，要求做到灌水不淹水。增强土壤的排水和通气性，促进麦株的迅速生长，并注意清除田间杂草。田间发现病株要及早拔除并销毁。

化学防治　主要以药剂拌种为主，可使用 25% 甲霜灵可湿性粉剂进行拌种。

参考文献

李长松，李明立，齐军山，2013. 中国小麦病害及其防治 [M]. 上海：上海科学技术出版社.

（撰稿：黄丽丽；审稿：陈万权）

小麦霜霉病危害症状（宗兆锋提供）

小麦条锈病　wheat stripe rust

由条形柄锈菌引起的、危害小麦地上部的一种真菌病害。又名小麦黄锈病（wheat yellow rust）。是一种古老的病害，是世界上许多小麦种植区最重要的病害之一。

发展简史　世界上最早记载锈病是在公元前 700 年的古罗马时代，每年 4 月 25 日定为锈神节——罗比加里亚（Robigalia），供奉锈病神罗比戈斯（Robigus），祈求保佑，祈祷免灾，使小麦锈病进入神化时代。公元前 384 至前326年古希腊的亚里士多德注意到不同年份锈病发生情况的差异，并将其归因于温度和湿度的影响。1827年，斯米特（J. K. Schmidt）首先将条锈菌命名为 Uredo glumarum，以后其拉丁学名经历了几次变更。1854年，威斯坦道普（G. D. Westendorp）将之改名为 Puccinia striaeformis，1860年法克尔（L. Fuckel）将之改名为 Puccinia straminis。1894年埃里克森（J. Eriksson）和亨宁（E. J. Henning）在禾谷类锈病专著中对小麦条锈病的发生历史和病菌命名做了详细的描述，根据冬孢子的形态特征，将小麦条锈菌命名为 Puccinia glumarum，直到19世纪50年代，海兰德（N. Hylander）等、卡明斯（G. B. Cummins）和斯蒂文森（J. A. Stevenson）根据命名法则更名为学术界普遍接受的 Puccinia striiformis Westend.。2010年，刘（M. Liu）和汉布尔顿（S. Hambleton）对来自不同地区和寄主植物的30个条锈菌标本进行了 ITS 和 β-微管蛋白 DNA 序列分析，根据系统进化学和形态学特征比较，将条锈菌划分为4个种，即小麦条锈菌（Puccinia striiformis Westend.）、早熟禾条锈菌（Puccinia pseudostriiformis）、园艺草条锈菌（Puccinia striiformoides）和一个新种 Puccinia gansensis。根据寄主的不同，进一步将小麦条锈菌划分为4个专化型，即小麦专化型（Puccinia striiformis Westend. f. sp. tritici Erikss.et Henn.）、大麦专化型［Puccinia striiformis Westend. f. sp.（hordei）Erikss.et Henn.]、披碱草专化型（Puccinia striiformis Westend. f. sp. elymi Erikss.et Henn.）和山羊草专化型（Puccinia striiformis Westend. f. sp. aegilops Erikss.et Henn.）。19世纪后半叶至20世纪30年代，德巴利（H. A. de Bary）、比芬（R. H. Biffen）、斯塔克曼（E. C. Stakman）、加斯纳（G. Gassner）、克雷吉（J. H. Craigie）、梅达（K. C. Mehta）等对锈菌转主寄主、生理专化、寄主抗锈性遗传、锈菌生活史、锈病流行学和细胞学等领域开展广泛研究。1905年，比芬（R. H. Biffen）首次发现小麦对条锈病的抗性遗传符合孟德尔遗传规律。1930年，德国的加斯纳（G. Gassner）和斯特埃布（W. Straib）发现小麦条锈菌存在生理专化现象，建立了条锈菌生理小种鉴别系统和命名方法，随后，德国的富克斯（E. Fuchs）和英国的约翰逊（R. Johnson）先后于1956年和1972年做了两次修订。进入21世纪初，随着分子生物学的兴起，条锈菌基因组学和蛋白组学研究广泛开展。2007年，凌（P. Ling）等成功构建了包含42240个克隆的小麦条锈菌 cDNA 文库。2011年，坎涂（D. Cantu）等完成了条锈菌全基因组测序，获得了近8000万个高质量的末端配对的阅读框，组装成29178叠连群（64.8Mb）。2003年，斯拜尔米亚（W. Spielmeyer）和拉格达赫（S. Lagudah）克隆了首个抗条锈病基因（Yr10），随后一些抗条锈病基因（Yr18、Yr36、Yr39）相继被克隆成功。2010年，美国的靳月（Y. Jin）等发现小麦条锈菌存在转主寄主——小檗，揭开了小麦条锈菌有性时期的奥秘。

中国小麦条锈病存在时间大体上与小麦栽培历史相同。北魏末年（533—544）在《齐民要术·辨谷》中提到"春多雨，麦脚着土面黄，名黄疸瘟"，即指小麦条锈病。1916年，章祖纯发表了《北京附近发生最盛之植物病害调查表》，报道了小麦条锈病，为中国近代首次记载。20世纪50年代后，

全国开展大协作，对小麦条锈病流行规律、病菌致病性变异监测、抗病育种、药剂防治和菌源基地综合治理等进行了系统研究，取得了重要进展。1987年，"中国小麦条锈病流行体系研究"获得国家自然科学二等奖；2012年，"中国小麦条锈病菌源基地综合治理技术体系的构建与应用"获得国家科技进步一等奖。

分布与危害　小麦条锈病在世界各地分布十分广泛，几乎凡是有小麦栽培的地区均有小麦条锈病发生。主要分布于美国、印度、巴基斯坦等国西北部以及中亚和西亚山区、西欧国家，在澳大利亚、新西兰、北非、东非和南美安第斯山区域发生也较多。根据2011年国际干旱地区农业研究中心（ICARDA）统计，2009—2011年间中亚、西亚和北非（CWANA）国家每年病害发生面积3000万 hm^2，产量损失10%～80%不等，每年因条锈病造成的经济损失达10亿美元以上。2003年美国条锈病流行造成全美小麦损失117亿 kg。2002—2010年澳大利亚小麦条锈病大流行，严重发生麦田产量损失超过80%，每年杀菌剂花费4000万～9000万澳元。中国是世界上最大的小麦条锈病流行区，条锈病在主产麦区每年都有不同程度的发生和危害，主要发生在陕西、甘肃、青海、宁夏、新疆、四川、云南、贵州、重庆、西藏、河南、河北、山东、山西、江苏、安徽、广西等地冬、春麦区，某些年份在东北春麦区亦有发生。

条锈病主要危害小麦，少数小种也可侵染危害大麦、黑麦和一些禾本科杂草。危害部位以叶片为主，有时也危害叶鞘、茎秆和麦穗。发病初期在麦叶上产生褪绿的斑点，以后在发病部位产生铁锈色虚线状的粉疱（夏孢子堆），故名条锈病，后期长出黑色疱斑（冬孢子堆）。夏孢子堆小，一般为鲜黄色，有时也呈黄色或橘黄色，狭长形至长椭圆形，成株期常沿叶脉排列成行，幼苗期症状不明显，孢子堆破裂后可散出粉状夏孢子（图1）。冬孢子堆黑色、狭长形，埋伏于寄主表皮下，呈条状。小麦感病后，生理机能遭到干扰和破坏，麦粒千粒重下降，穗粒数降低。病害大流行年份可使小麦减产30%左右，中度流行年份减产10%～20%，特大流行年份减产率高达50%～60%，甚至麦子不能抽穗，形成"锁口疸"，使小麦几乎没有收成。如中国小麦条锈病在1950年、1964年、1990年、2002年和2009年发生5次全国性大流行，分别减产小麦60亿 kg、30亿 kg、26.5亿 kg、14亿 kg 和4.5亿 kg。

病原及特征　病原为条锈菌（Puccinia striiformis Westend.= Puccinia glumarum Eriks. & Henn. f. sp. tritici），属柄锈菌科条形柄锈菌小麦专化型，在完整的生活史中能产生5种不同类型的孢子，即夏孢子、冬孢子、担孢子、性孢子和锈孢子。夏孢子为无性世代孢子；冬孢子、担孢子、性孢子和锈孢子为有性世代孢子。夏孢子可重复侵染危害小麦。

条锈菌的夏孢子球形或卵圆形，淡黄色，大小为18～28μm×18～24μm，表面有微小细刺，散生6～12个芽孔。冬孢子菱形或棒形，大小为30～53μm×12～20μm，顶端平截或圆，褐色，下部颜色较浅，一般为双细胞，偶见单细胞或三细胞，顶端壁厚3～5μm，横隔处稍缢缩，柄短，有色，不需冷冻处理便可萌发。小麦条锈菌夏孢子的寿命与日光照射的时间长短及温、湿度的高低有密切关系。夏孢子经日光

图 1 小麦条锈病危害症状（陈万权提供）
①苗期；②成株期；③穗期

照射 1 天，发芽率下降至 0.1%。在相对湿度 40% 的条件下，气温 0℃ 时可存活 443 天，气温 5℃ 时可存活 179 天，气温 15℃ 时可存活 47～89 天，气温升至 25℃ 时迅速丧失生活力，在 36℃ 下经过 2 天、45℃ 下经过 5 分钟即行死亡。在相对湿度 80% 的条件下，生活力很快丧失。在真空冻干的条件下可存活 3～5 年，在 –196℃ 超低温液态氮中存活期更长。因此，常用真空抽气 1～2 小时后在密封低温干燥条件下或在液态氮中保存菌种。

小麦条锈菌夏孢子萌发的最低温度为 0℃，最适温度为 5～12℃，最高温度为 20～26℃；侵入最低、最适和最高温度分别为 2℃、9～12℃ 和 23℃；生长和产孢最低、最适和最高温度分别为 3～5℃、12～15℃ 和 20℃。夜间 15℃ 是小麦条锈病发生发展的关键界限，高于 15℃ 其发生发展受到严重抑制。在平均气温为 –3～1℃ 的条件下，病害潜育期为 46～80 天；1～3℃ 时，30～45 天；3～6℃ 时，16～25 天；6～9℃ 时，13～20 天；9～12℃ 时，11～16 天；12～15℃ 时，9～14 天；15～20℃ 时，6～11 天。锈菌夏孢子萌发阶段不需要光照，但侵入阶段则需要光照。低光照引起感染反应，高光照则产生抗病反应，弱光条件下病害潜育期较强光条件下长 1 倍，温室中的光照达到 10000lx 或以上为宜。夏孢子的萌发和侵入需要叶片表面具有水滴、水膜或者饱和的相对湿度。如无水滴或水膜，即使相对湿度达到 90% 以上，夏孢子也很少或不能萌发。因此，结露、降雾、下毛毛雨均非常有利于条锈病的发生与流行，而以结露最为有利。在适宜的温度条件下，叶面露水只需保持 3～4 小时，锈菌就可以侵入小麦。一般结露 6～8 小时便可使锈菌充分侵染。保湿时间越久，对侵染越有利，产生孢子堆数量越多，保湿 24～48 小时达到最高峰。

小麦条锈菌是一种专性寄生菌，只能在活的寄生植株上生存。条锈菌种内存在一些彼此在形态上没有明显差异，但在致病性方面有所区别的生理小种。一个特定的生理小种只能危害小麦的一些品种，对另一些品种不造成危害。条锈菌生理小种类型多、变异快，一个品种是否抗病主要取决于它是否能够抵抗当地的优势小种。抗病品种大面积推广种植后，多者经过 8～10 年，少者经过 3～5 年，其抗锈性往往就会减退或"丧失"。条锈菌生理小种的变化、新的致病小种的产生和发展是引起小麦品种抗锈性"丧失"的主要原因，同时这种变化又与小麦品种类型和布局的改变有着密切的联

系，二者之间存在着相互依存、相互制约的关系。条锈菌的致病性变异有基因突变、异核作用、适应性变异、准性生殖和有性重组等多种途径。

小麦条锈菌生理小种类型是根据其在一套鉴别寄主上侵染型的差异而确定的，各国采用的鉴别寄主品种有所不同。国际鉴别寄主有 Chinese 166、Lee、Heines Kolben、Vilmorin 23、Moro、Strubes Dickkopf、Suwan92/Omar、Riebesel 47/51（或 Clement）。欧洲辅助鉴别寄主为 Hybrid46、Riechersberg 42、Heines Peko、Nord Depreg、Compair、Carsten Ⅴ、Spalding Prolific、Heines Ⅶ。侵染型按 0～9 级或 0～4 级两种标准划分，欧洲国家、北美国家、叙利亚、黎巴嫩等采用 0～9 级标准；澳大利亚、印度、南非、巴基斯坦和中国等采用 0～4 级标准。中国自 20 世纪 50 年代以来，每年都采用成套鉴别寄主监测小麦条锈菌生理小种的组成、分布、致病性特点、变异动态以及品种抗病性的变化趋势。目前，所用的鉴别寄主有 20 个小麦品种（系），即 Trigo Eureka、Fulhard、保春 128、南大 2419、维尔、阿勃、早洋、阿夫、丹麦 1 号、尤皮Ⅱ号、丰产 3 号、洛夫林 13 号、抗引 655、水源 11 号、中四、洛夫林 10 号、Hybrid 46、*Triticum spelta album*、贵农 22 号和铭贤 169（感病对照）。繁殖和鉴定生理小种的平均温度保持在 15±2℃，光照强度为 8000～10000lx，光照时间为每天 10～14 小时，标样在感病品种铭贤 169 上繁殖后接种上述 20 个鉴别寄主品种的幼苗，15～20 天后进行调查鉴定。先后发现了 33 个条锈菌生理小种，其中，条中 1 号、8 号、10 号、13 号、16 号、17 号、18 号、19 号、25 号、28 号、29 号、30 号、31 号、32 号、33 号等是不同时期导致小麦生产品种"丧失"抗锈性的主要原因（见表）。

小麦条锈菌在甘肃东南部、四川西北部等地区能顺利完成越夏、越冬和周年循环，这些地区强烈的紫外光照射有利于病菌的变异以及新小种的产生、保存和发展。中国小麦条锈菌的几乎所有新小种都是在这些地区首先发现，而且在这些地区小麦抗锈性"丧失"也较快。因此，陇南、川西北等地区是中国小麦条锈菌新小种产生的策源地、易变区和品种抗锈性"丧失"的易发区。

小麦品种的感病性以及感病品种的种植面积是决定条锈病发生程度和范围的重要因素。小麦品种对条锈病的抗性可分为成株期抗性、全生育期抗性、数量抗性和慢锈性等多

X

20世纪70年代以来中国小麦条锈菌的主要生理小种表

鉴别寄主	条中17号	条中19号	条中25号	条中29号	条中30号	条中31号	条中32号	条中33号
Trigo Eureka	S/R	R	S/R	S	S	S	S	R/S
Fulhard	S	S	S	S	S	S	S	S
保春128	R	S	S	S	S	S	S	S
南大2419	S/R	S	S	S	S	S	S	S
维尔	R	R	R	R	R	R	R	S/R
阿勃	S/R	S	S	S	S	S	S	S
早洋	S	S	S	S	S	S	S	S
阿夫	R	S	S/R	S	S	S	S	S
丹麦1号	R	S	S/R	S	S	S	S	S
尤皮Ⅱ号	R	R	R	R	R	R	R	R
丰产3号	R/S	S	S	S	S	S	S	S
洛夫林13号	R	R	R	R	R	R	R	R
抗引655	R	R	R	R	R	R	R	R
水源11号	R	R	R	R	R	R	R	R
中四	R	R	R	R	R	R	R	R
洛夫林10号	R	R	R	R	R	R	R	R
Hybrid 46	R	R	R	R	R	R	R	R
Triticum spelta album	R	R	R	R	R	R	R	R
贵农22号	R	R	R	R	R	R	R	R
铭贤169	S	S	S	S	S	S	S	S
出现最高频率（%）及年份	77.6 1971	88.6 1979	44.2 1982	40.3 1989	7.9 1995	16.7 1997	34.6 2002	26.7 2007

注：R为抗病；S为感病；R／S为抗病和感病分离，以抗病为主；S／R为抗病和感病分离，以感病为主。

种类型，由抗条锈病基因控制。迄今为止，已发现和命名了78个抗条锈病基因（Yr1-Yr78），其中，41个基因为苗期抗性基因，Yr16、Yr18、Yr29、Yr30、Yr39、Yr52等为成株期抗性基因，2个基因（Yr3、Yr4）具有复等位特性。大部分抗条锈病基因来自普通小麦，少部分来自黑麦（Yr9）、山羊草（Yr8、Yr17、Yr37、Yr38、Yr40、Yr42）、斯卑尔脱（Yr5）、野生二粒小麦（Yr15、Yr35、Yr36）、硬粒小麦（Yr7）、圆锥小麦（Yr24/26、Yr53）、节节麦（Yr28）、中间偃麦草（Yr50）等小麦近缘种属。小麦品种抗病性与条锈菌致病性的关系是以基因对基因为基础的，大多数基因表现为小种专化抗性，少部分基因（Yr11-14、Yr16、Yr29、Yr30、Yr36、Yr39、Yr46、Yr48）为非小种专化抗性。除Yr6、Yr19、Yr23等少数基因呈隐性遗传外，其余抗条锈病基因均为显性遗传基因。Yr9—Lr26（抗叶锈病基因）—Sr31（抗秆锈病基因）、Yr18—Lr34、Yr29—Lr46、Yr30—Sr2具有连锁遗传关系。除小麦染色体1D和3A外，在其余染色体上均发现有大量的数量抗性位点（QTLs），对条锈病的抗性表现为数量遗传特征。

侵染过程与侵染循环 小麦条锈菌夏孢子落到感病小麦品种的叶片上，遇合适的温、湿度条件即萌发长出芽管，沿着麦叶表皮生长。遇到气孔后，芽管顶端膨大形成压力胞，然后从压力胞下方伸出一条管状的侵入丝，钻入气孔内。在

气孔下长出侵染菌丝和吸器，伸入附近细胞内，用以从小麦组织中吸取养料和水分，至此，锈菌夏孢子萌发侵入寄主的过程即告完成。

小麦条锈菌在完整的生活史中能产生5种不同类型的孢子，即夏孢子、冬孢子、担孢子、性孢子和锈孢子。夏孢子和冬孢子发生在小麦等禾本科植物寄主上，属无性繁殖世代。冬孢子萌发产生担孢子，可侵染特定的转主寄主小檗属的一些种（Berberis chinensis、Berberis holstii、Berberis koreana、Berberis vulgaris），然后产生性孢子和锈孢子，完成有性世代（图2）。从现有资料来看，条锈菌的转主寄主对病害的发生和流行作用不大，主要是靠夏孢子重复侵染、危害小麦。小麦条锈菌主要在陕西关中、华北平原中南部、成都平原及江汉流域等冬麦区以潜伏菌丝或夏孢子状态越冬或冬繁，春季小麦返青后潜伏菌丝长出夏孢子，反复侵染小麦，并向北部麦区扩散传播，直至小麦生长中后期病菌夏孢子随东南风吹送到甘肃、四川、青海、宁夏等高山冷凉地带的晚熟冬、春麦和自生麦苗上繁殖蔓延，越过夏季，秋季越夏菌源又随西北气流传播到平原冬麦区和海拔较低的冬麦区侵染危害秋播麦苗，如此循环往复，构成小麦条锈病的全国大区侵染循环。其中，越夏是条锈菌侵染循环中的关键环节。

流行规律 小麦条锈病是一种气流传播病害，锈菌夏孢子遇到轻微的气流，就会从夏孢子堆中飞散出来。风力弱时，夏孢子只能传播至邻近麦株上。当菌源量大、气流强时，强大的气流可将大量的条锈菌夏孢子吹送至1500～5000m的高空，随气流传播到800～2000km以外的小麦上侵染危害。夏孢子在被吹送至高空以前有一部分已失去生活力，在传播过程中又有部分孢子濒于死亡，降落到麦株上的孢子只有很少一部分尚保持着侵染力，但总的数量仍然足以使大面积的小麦受到侵染。

条锈病是一种低温病害，在中国平原冬麦区和海拔较低的山区，病菌不能越夏。甘肃、青海、宁夏、四川、云南、贵州、新疆、西藏等高寒地区，海拔高，气温低，且有不同生育期的小麦可供条锈菌在夏季生存。条锈菌或直接在9月至10月初收割的晚熟春麦上越夏，或由晚熟冬、春麦转移到冬、春麦的自生麦苗上越夏。凡夏季最热阶段（7月下旬至8月上旬）旬平均气温在20℃以下的地区，病菌在感病小麦品种上可延续侵染，顺利越夏；气温在22～23℃的地区，虽可越夏，但很困难，往往呈藕断丝连状态；气温在23℃以上的地区，病菌不能越夏。因此，一般将夏季最热一旬平均气温22～23℃定为小麦条锈菌越夏的温度上限。限制小麦条锈菌越夏的另一个因素是菌源能否与寄主衔接。凡在一个局部区域内不同海拔小麦种植呈垂直分布，成熟期相差悬殊，早熟小麦的自生麦苗出土后可从部分晚熟小麦上获得菌源，晚熟小麦与自生麦苗重叠生长达30天以上的地区，条锈菌能够顺利越夏。此外，降水也是限制条锈菌越夏的重要条件。夏季降水多，一方面可使温度降低，使病菌越夏海拔高度下移，越夏范围扩大；另一方面可使夏季自生麦苗增多，大气湿度加大，有利于病菌侵染和繁殖。

在中国，小麦条锈菌越夏菌源地分布划分为五大片。①西北越夏区。甘肃的陇南、陇东、陇中，青海东部农区，宁夏的隆德、固原等地区，是中国小麦条锈菌最大也是最重要

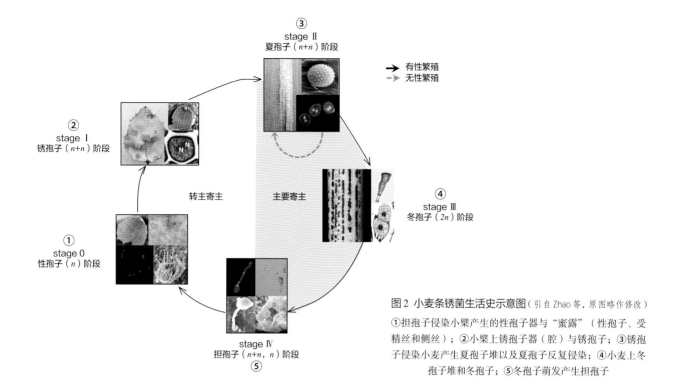

图 2　小麦条锈菌生活史示意图（引自 Zhao 等，原图略作修改）
①担孢子侵染小檗产生的性孢子器与"蜜露"（性孢子、受精丝和侧丝）；②小檗上锈孢子器（腔）与锈孢子；③锈孢子侵染小麦产生夏孢子堆以及夏孢子反复侵染；④小麦上冬孢子堆和冬孢子；⑤冬孢子萌发产生担孢子

的越夏区。其越夏方式有 3 种：一是在甘青高原晚熟春麦上直接越夏，这类地区小麦种植的最低海拔为 2000m 左右，故不存在越夏海拔下限问题；二是在洮岷高寒地区、六盘山两侧等晚熟春麦和自生麦苗上混合越夏，其越夏范围一般在海拔 1700～2100m 地区；三是在渭河上游、陇南南部、陇东山塬地区的自生麦苗上越夏，越夏海拔下限为 1400m。西北越夏区的越夏总面积约 20 万 hm²。其中，陇南、陇东越夏区位置适中、菌量最多，是中国小麦条锈菌的核心越夏区和东部广大麦区秋苗感病的主要菌源基地。②川西北越夏区。四川阿坝、甘孜和凉山自治州海拔 1800m 以上的麦区，条锈菌在春麦、早播晚熟冬麦和自生麦苗上越夏，越夏总面积约 3 万 hm²。春麦上越夏菌源的主要作用在于给早播晚熟冬麦的麦苗提供菌源，使越夏菌源能够继续保留下来，成为成都平原及其邻近丘陵地区冬播秋苗发病的主要菌源，还可波及江汉流域等麦区。该越夏区因种植结构调整，春麦和自生麦苗面积大幅减少，条锈菌越夏面积显著缩小。③云贵越夏区。云南昆明、玉溪、曲靖、大理、楚雄和丽江等地海拔 2000m 以上麦区，条锈菌在自生麦苗和晚熟冬、春麦上越夏，有效越夏面积约 1.5 万 hm²。在黔西北赫章等地海拔 1700m 以上的自生麦苗上也能安全越夏，越夏菌源能够与当地秋苗衔接，引起秋苗发病。云贵越夏区位置偏南，越夏菌源的作用仅限于本地，同时也可波及邻近的成都平原和江汉流域麦区。④华北越夏区。包括晋北高原、内蒙古乌兰察布及河北坝上等地区，条锈菌可在海拔 1200m 以上的晚熟春麦和自生麦苗上越夏。该越夏区为不稳定越夏区，常年越夏面积很小，菌源很少，作用很小。⑤新疆越夏区。包括北疆的昭苏、特克斯、新源、尼勒克等伊犁河上游地区和南疆的喀什、焉耆、轮台、新和、拜城、阿克苏及和田平原地区，条锈菌在晚熟冬、春麦及自生麦苗上越夏，越夏面积为 20 万～30 万 hm²。该越

夏区地处边疆，位置偏西，且有辽阔的沙漠戈壁隔离，其作用主要是为新疆境内小麦提供菌源，对中国东部广大麦区影响不大。

在小麦秋苗发病的地区，均存在小麦条锈菌的越冬问题。中国东部麦区条锈菌的越冬界线可沿陕西黄陵—山西介休—河北石家庄—山东德州（北纬 37°～38°）画线，此线以南地区条锈菌都可越冬，此线以北地区一般不能越冬。条锈菌在陇南地区越冬海拔上限为 2000m 左右，在海拔 1800m 以下地区一般年份越冬率较高；在四川阿坝藏族自治州越冬海拔上限为 2800m 左右；云南地区由于冬季气温较高，小麦条锈菌可在大部分地区越冬；新疆的河谷盆地及平原冬麦区，冬季覆雪时间长，病菌在雪层下能安全越冬。

在华北地区，条锈菌主要以菌丝状态潜伏在未冻死的麦叶中越冬。在陕西关中地区，潜育病叶可以陆续产生夏孢子，遇到阴雨或露雾天气，还可以再侵染。四川和云南的坝区或平原、陕西的汉中和安康、湖北以及河南信阳等地区，条锈菌不但能顺利越冬，而且在冬季还能繁殖蔓延，是当地和邻近麦区春季流行的重要菌源基地，亦是越冬的关键地区（冬繁区）。如以四川绵阳地区为例，冬季 12 月至翌年 2 月气温为 5.1～7.4℃，适于条锈菌侵染繁殖，2010 年 11 月 29 日发现的单片病叶，至 12 月 29 日发展为面积 4m²、病叶 260 片的大型发病中心，到翌年 2 月已全田普遍发病。实际上这类地区条锈菌在冬季不断发生和发展，繁殖、扩散速度较快。

条锈菌的越冬范围和越冬菌量在年度间有较大差异，有的年份越冬范围很大、越冬菌量很多，有的年份则范围很小、菌量很少。影响小麦条锈菌越冬的主要因素是气象条件、秋苗发病程度和品种抗寒能力。当 12 月上中旬或中下旬平均气温下降到 1～2℃ 时，病菌进入越冬阶段。1 月气温低于

–7℃时条锈菌不能越冬，但麦田被积雪覆盖时可提高雪下温度，气温即使降到 –10℃ 病菌也能顺利越冬。河谷、阳坡的低湿田块和冬灌麦田，湿度较大，小麦冻害轻，也有利于条锈菌越冬和再侵染。冬小麦播种越早，秋苗发病越早、越重，条锈菌越冬菌量也就越大。华北地区小麦在 10 月上旬以前特别是在节气秋分以前播种的发病较重，10 月 15～20 日以后播种的不发病；陇南半山地区，9 月中下旬播种的小麦比 10 月上旬以后播种的发病早而重。寄主品种抗冻力强，锈菌越冬率高；抗冻力弱，越冬率低。

在华北、西北等气温较低的地区，条锈菌越冬后，从 2 月下旬至 3 月上中旬开始显病。干旱地区，越冬后一般要经过从少量越冬病叶再次形成发病中心的过程。旱地在早春无雨的情况下，小麦病叶死亡较快。当旬平均气温上升到 2～3℃ 和旬平均最高气温上升到 8～9℃ 时，病菌由潜伏状态复苏显病，向四周传播危害。传播一般要经过单片病叶、发病中心和全田病病三个阶段，或经过发病中心和普遍发病两个阶段。

在以当地越冬菌源为主的地区，条锈病一般先从基部叶片开始发生，随着病害发展逐步向上蔓延，最后导致植株严重发病。在有利条件下，病害发展速度很快，单片病叶和发病中心每半月增长百倍以上。因此，早春发现的越冬菌源数量即使很少，只要条件有利，也会造成病害流行。在很少或没有越冬菌源的地区，小麦条锈病的春季菌源依靠从外地传来夏孢子，一般在小麦生长中后期开始发生。其特点是病叶分布均匀，发病部位多在旗叶或旗叶下第一叶，没有从植株基部越冬病叶向中上部叶片蔓延发展的发病中心。

小麦条锈病春季流行与否及其流行程度主要取决于以下几个因素：①小麦感病品种的种植面积。②条锈菌的越冬菌源数量以及外来菌源到达的早晚和多少。③3～5 月的降水量，特别是 3、4 两个月的降水量。④早春气温回升的早晚，不同地区的关键时期有所不同，如淮北一般在 2 月中下旬至 3 月上旬，豫中北平原为 2 月下旬至 3 月上旬，华北平原中北部在 3 月上旬至 3 月下旬之间。

根据春季气候条件和越冬菌源等情况，中国小麦条锈病发生地区可划分为 11 个区域（越夏区除外）：①关中、晋南常发区；②豫东南常发区；③豫、苏、皖、鲁的淮北易发区；④豫中北平原易发区；⑤冀中南平原易发区；⑥晋中易发区；⑦冀中、冀东平原偶发区；⑧汉中常发区；⑨甘肃渭、泾河流域常发区；⑩陇东中部高原偶发区；⑪川西盆地常发区。此外，云南的中部和西部以及新疆的伊犁、塔城、阿克苏、喀什等地区，条锈病也常发生。

防治方法 小麦条锈病的发生和流行与品种感病性、越夏和越冬菌源、生理小种和气候条件等密切相关，影响因素较多。因此，需采取以选种抗锈良种为主、栽培和药剂防治为辅的病害综合治理措施。

选育抗锈良种 小麦不同品种对条锈病的抗性差异非常明显，利用抗锈良种是防治条锈病最经济、有效的措施。抗锈良种可通过引种、杂交育种、系统选育和人工诱变等途径获得。小麦品种对条锈病的抗性表现有不同的类型，其侵染型可被划分为免疫（0）、近免疫（;）、高抗（1）、中抗（2）、中感（3）和高感（4）等不同等级。大多数品种都表现为全

生育期抗病，但有的品种表现为成株期抗病，也有一些品种表现为慢锈性。各地都选育出了不少抗锈丰产品种，可因地、因时制宜地推广种植。如对条锈菌多个生理小种表现免疫到高抗的品种有中植系统、兰天系统、中梁系统、川麦系统和绵阳系统的一些品种；表现成株抗病的品种有豫麦 34 号、豫麦 49 号、豫麦 69 号、新麦 19 号和皖麦 19 号等；表现慢锈性的品种有鲁麦 23 号、晋麦 54 号和陕 229 等。在选用抗锈丰产良种时，要注意品种的合理布局和轮换种植，避免大面积单一使用某一个品种。

在菌源传播关系密切的条锈菌越夏区、越冬区、冬繁区和春季流行区之间，采用多套不同的抗源系统，实行抗病品种的大区合理布局。在较小范围内条锈菌能够完成周年循环的一些地区，如陇南、川西北、云南、新疆等地区，山上山下部署携带有不同抗病基因类型品种，实行品种多样化种植。此外，还需要建立种子田，做好品种提纯复壮和抗锈良种保持工作，防止品种性状的退化。

栽培防治 主要包括停麦改种、适期晚种、作物间作套种、自生麦苗清除和肥水调控等多种措施。甘肃东南部和四川西北部是中国小麦条锈菌的重要越夏菌源基地。在这些地区实施作物结构调整，推广种植地膜玉米、地膜马铃薯、油菜、喜凉蔬菜、油葵、优质牧草等高经济效益作物，压缩小麦种植面积，增加作物多样性，降低小麦秋苗条锈病的菌源数量和病菌致病性的变异频率。例如，地膜玉米在陇南海拔 1400～2400m 区域种植，产量 6.0～7.5t/hm²，每公顷经济收入 1.2 万～1.5 万元，经济效益比种小麦高 2～3 倍。

适期晚种是指在小麦适宜播种时期范围内尽量晚播、避免早播，对于控制小麦秋苗菌源数量和春季流行程度效果显著。播期对秋苗条锈病菌源的影响程度因地而异，以陇东、陇南、川西北等山区不同播期的病情差异较大。陇南不同海拔高度地区冬麦的适宜播种期是：高山地区（1650m 以上）9 月下旬、半山地区（1500m 左右）9 月 25 日至 10 月 5 日和川区（1200m 以下）10 月中下旬。华北中北部和陕西关中地区，9 月底至 10 月上旬播种；华北南部 10 月 15 日左右播种；鄂西北平原 10 月下旬、山区 10 月上旬播种；四川平坝地区 10 月中下旬和西北部山区 9 月 20 日至 10 月初播种，小麦均极少发病或基本不发病，且产量比早播的高。

小麦品种混种或间种对条锈病具有一定的防病增产作用。在选用混种或间种品种时，要注意选择综合农艺性状相近、生态适应性相似、抗病性差异较大的品种进行搭配。在陇南地区，兰天 6 号与兰天 13 号或 95-108 分别按 3∶1 和 1∶3 的比例间种，以及咸农 4 号、洮 157、863-13 混种和洮 157、天 94-3、咸农 4 号混种，均具有较好的控病增产效果。小麦分别与玉米、马铃薯、蚕豆、辣椒、油葵等作物按 60cm∶60cm 间套作，对小麦条锈病也有一定的防控效果。

在夏季小麦收获后至秋播冬小麦出苗前，自生麦苗是小麦条锈菌赖以生存的重要越夏寄主，也是小麦条锈菌从晚熟冬、春麦向秋播麦苗转移繁殖的"绿色桥梁"，在小麦条锈菌的周年侵染循环中起着至关重要的作用。麦收后 1 个月左右进行机械翻耕耙糖，或人工深翻 2 次以上，或在自生麦苗发生初期喷施 20% 百草枯水剂，对控制自生麦苗和秋苗菌源效果显著。

合理施用氮、磷、钾肥，避免偏施、迟施氮肥而引起植株贪青晚熟；在土壤湿度大的地区，注意开沟排水降低田间湿度，减轻麦株发病程度；后期发病严重的地块，适当灌水，以补偿因锈病为害所损失的水分，减少产量损失。

药剂防治　小麦药剂拌种是一种高效多功能病害防治技术。小麦播种时采用三唑酮等三唑类杀菌剂进行拌种或种子包衣，可有效控制条锈病的发生危害，还能兼治其他多种小麦病害，具有一药多效、事半功倍的作用。特别是在条锈病菌源基地进行药剂拌种，可防止越夏、越冬菌源的扩散和蔓延，达到"压前控后、控点保面，控西保东、控南保北"的目的。处理面积越大，拌种越彻底，效果越好。对小麦条锈病有效的拌种剂（或种衣剂）有15%或25%三唑酮（又名粉锈宁）可湿性粉剂、12.5%烯唑醇（又名禾果利）可湿性粉剂、15%三唑醇（又名羟锈宁）可湿性粉剂、30%戊唑醇（又名立克秀）悬浮种衣剂等。

喷药防治是大面积控制条锈病流行为害的主要手段，同时也是品种防治措施的必要补充。要充分发挥药剂的最大防锈保产效果，提高经济效益，必须根据当地小麦条锈病的发生流行特点、气候条件、品种感病性及杀菌剂特性等，结合预测预报，确定防治对象田、用药量、用药适期、用药次数和施药方法等。冬麦区要狠抓冬前、早春苗期防治和春、夏季成株期防治两个关键时期，以高感品种、早播麦田或者晚播产量水平高的麦田作为重点防治对象。苗期防治采取带药侦察的方法，发现一点，控制一片。大量应用的药剂主要是三唑酮（15%、25%可湿性粉剂、20%乳油、20%胶悬剂），每公顷用药60～180g（或mL）（有效成分），依小麦品种感病性不同而异，高感品种用150～180g（或mL）、中感品种105～135g（或mL）、慢锈品种60～90g（或mL），加水750～1125L，在拔节期明显见病或孕穗至抽穗期病叶率5%～10%时喷药1次，如病情重，持续时间长，15天后可再施药1次。此外，12.5%烯唑醇可湿性粉剂、15%三唑醇可湿性粉剂、20%丙环唑微乳剂、25%丙环唑乳油、25%腈菌唑乳油、5%烯唑醇微乳剂，喷雾防病效果均较好。

参考文献

中国农业科学院植物保护研究所，中国植物保护学会，2015.中国农作物病虫害 [M].3版.北京：中国农业出版社.

ROELFS A P，BUSHNELL W R，1985. The cereal rusts Vol. Ⅱ [M]. New York: Academic Press.

（撰稿：陈万权；审稿：康振生）

小麦网腥黑穗病　wheat hill bunt

由网腥黑粉菌引起的、主要危害小麦穗部的一种真菌病害，与小麦光腥黑穗病并称小麦普通腥黑穗病（wheat common bunt）。

发展简史　小麦腥黑穗病最早是1755年由梯列特（Tillet）在法国报道的，通过研究普通腥黑穗病，他证明了寄生性植物病害的成因及其侵染特性，梯列特的工作和其他早期关于腥黑穗病的经典工作，为现代植物病害科学奠定了基础，为了纪念梯列特在小麦腥黑穗病方面的先驱性工作，腥黑粉菌属真菌被命名为 *Tilletia*。

分布与危害　小麦网腥黑穗病是世界性病害，在全球均有分布，特别是半干旱地区分布广泛，在冬小麦和春小麦上均能发生。在中国，除北纬25°以南、年平均气温高于20℃以上的少数地区外，全国各地都有发生。以华北、华东、西南部分冬麦区和东北、西北、内蒙古春麦区发生较重。在20世纪30年代前后，小麦腥黑穗病曾经在17个省（自治区、直辖市）大面积严重发生，例如贵州曾有24%的县区发病，河北怀来鸡鸣驿的小麦腥黑穗的发病率达到56%。20世纪40年代末，此病在中国许多地区发生严重。

20世纪60年代末在全国大部地区已消除其为害。90年代以来，由于调种频繁、机器跨区收割和放松防治等原因，部分地区病情又有回升。2005年以来，河南、河北、山东、安徽、山西、陕西、甘肃、黑龙江等主要小麦生产地区都有严重发生的报道。例如，2006年小麦腥黑穗病在山东济宁部分县区发生，重病地块病穗率达15%以上，一般造成小麦减产20%左右；2008年小麦腥黑穗病在河南栾川部分乡镇偏重发生，全县累计发生面积约415hm²，其中发生最为严重的庙子乡新南村病田率30%，一般地块病株率在20%～30%，严重地块病株率在70%以上。陕西宝鸡渭北塬区小麦腥黑穗病发生面积由2007年的73.33hm²发展到2008年的658.7hm²，危害损失率达30%以上，产量损失达910t，部分地区小麦籽粒形成菌瘿不能食用，几乎绝收。2009年小麦腥黑穗病在甘肃古浪部分地区偏重发生，全县累计发生面积达845.8hm²，严重地区病田率达22%，病株率高达50%以上。

小麦网腥黑粉菌侵染小麦穗部（图1），是威胁小麦生产的重要病害。该病不仅使小麦减产，而且由于穗部发病，病粒内大量的病菌冬孢子产生具有鱼腥臭味的有毒物质三甲胺，破裂后散发出来，可引起人的过敏和皮肤炎症、恶心、呕吐、甚至昏迷等症状。病菌孢子（菌瘿）混于麦粒中，磨粉时使面粉变色和气味难闻，大大降低小麦的品质和价值。因此，国家严格规定，当小麦病粒大于3%时，粮食部门不予收购，也不能作为畜禽饲料，病麦只能做焚烧处理。

病原及特征　小麦网腥黑穗病病原菌为 *Tilletia tritici*（Bjerk.）Wint（异名 *Tilletia caries* Tul.），属腥黑粉菌属（*Tilletia*）真菌。直到20世纪90年代，小麦网腥黑穗病公

图1　小麦网腥黑穗病危害症状（①引自 Agrios, 2005；②引自 Wilcoxson and Saari, 1996）

①健穗（左）及病穗（右）；②菌瘿；③部分发病的小麦粒

认种名为 *Tilletia caries*。小麦网腥黑粉菌孢子堆生在子房内，外被果皮，与种子大小相同，内部充满紫黑色粉状孢子。厚垣孢子常呈圆形，较少呈近圆形，偶尔呈卵圆形，淡灰褐色或深红褐色，直径 14～24μm，外壁具网状花纹，网眼宽 2～4μm，网脊高 0.5～1.5μm；不孕细胞球形到近球形，直径 9.8～18.2μm，透明到半透明。

小麦网腥黑粉菌的厚垣孢子能在水中萌发，在 0.05%～0.75% 硝酸钾溶液中更易萌发。猪、马、牛粪的浸出液可促使孢子提早萌发，特别是猪粪浸出液最为明显。孢子萌发所需的温度随病菌的种和生理小种不同而异。一般说来，最低温度为 0～1℃，最高为 25～29℃，最适为 18～20℃；也有研究报道，其孢子萌发最低温度为 5℃，最高为 20～21℃，最适为 16～18℃。病菌孢子对碱性不太敏感，但对酸性很敏感。当土壤溶液的 pH5 时，孢子不能萌发。孢子萌发时需要大量氧气。贮存于干燥场所病粒内的厚垣孢子可以存活数年之久，而置于潮土内的厚垣孢子则只能存活几个月。病菌在水田内只要经过一个夏季即全部死亡。厚垣孢子的致死温度为 55℃10 分钟。

小麦网腥黑粉菌有生理专化现象。不同生理小种除对寄主的致病力不同以外，在孢子大小、萌发形式、色泽、培养性状以及受侵染植株高矮、分蘖多少和病粒形态等方面也有差异。病菌的致病力因所侵染的小麦品种的抗病性不同，会发生不同的变异。当病菌通过感病品种发育时，其致病力可能降低；相反，病菌通过抗病品种发育时，其致病力可能提高。

小麦对网腥黑穗病的抗性与其对小麦光腥黑穗病及小麦矮腥黑穗病的抗性由同样的基因所控制，已知的主效基因有 *Bt-1* 至 *Bt-15* 及源于 *Agropyron intermedium* 的易位基因 *Bt-Z* 等。此外，近年还发现了一些数量性状位点，如 QTL08 和 QTL09 等。携带单一 *Bt-1* 至 *Bt-15* 基因的小麦品种已被用作小麦网腥黑粉菌的生理小种鉴定（见表）。

侵染过程与侵染循环 病菌以厚垣孢子附着在种子外表或混入粪肥、土壤中越冬或越夏。当小麦播种后种子发芽出苗前，侵染就在土表下发生。厚垣孢子萌发，产生先菌丝，其顶端生 8～16 个线形的担孢子。由性别不同的担孢子在先菌丝上呈"H"状结合，形成 H- 体，然后萌发为较细的双核侵染丝。侵染丝从胚芽鞘侵入麦苗并到达生长点。菌丝在抗病和感病品种上都能定殖，但在抗病植株中不会延伸到顶端分生组织。在节间伸长前菌丝必须进入顶端分生组织，否则病害就不会发生。菌丝穿过胚芽鞘后，进入第一叶基，然后穿过后来的叶或到叶原基顶端分生组织正下方。到大约 5 叶期时，胞间菌丝出现在顶端分生组织中，以后侵入开始分化的幼穗，破坏穗部的正常发育，至抽穗时在麦粒内形成菌瘿即病原菌的厚垣孢子。

小麦收获脱粒时，病粒破裂，厚垣孢子飞散黏附在种子表面越夏或越冬。用带有病菌厚垣孢子的麦秸、麦糠等沤肥，在通常的温度下，孢子不会死亡；用麦秸、麦糠等饲养牲畜，通过牲畜肠胃粪便排出的病菌孢子也不会死亡，从而使粪肥带菌。小麦收获时，病粒掉落田间，或小麦脱粒扬场时，病菌孢子受风吹到附近麦田内，可使土壤带菌。种子带菌是传播病害的主要途径。在有沤粪习惯的地区，粪肥带菌也是传

病的主要途径（图 2）。

流行规律 小麦网腥黑穗病是幼苗侵染性病害。病菌在小麦芽鞘未出土之前侵染小麦植株，其侵染不必经过伤口。但当第一叶展开后，就一定要经过伤口侵入。因此，在地下害虫为害较重的麦田内，网腥黑穗病往往发生较重。凡后期侵入的菌丝，只能到达以后新生的蘖芽和生长点，所以只在后生的分蘖上产生黑穗。

小麦幼苗出土以前的土壤环境条件与病害的发生发展关系极为密切。在各种土壤因素中，以土壤温度对发病的影响最为重要。小麦网腥黑粉菌侵入幼苗的适温较麦苗发育适温为低，其最适温度为 9～12℃，最低 5℃，最高 20℃，而冬小麦幼苗发育适温为 12～16℃，春小麦为 16～20℃。土温较低一方面有利于病菌侵染，另一方面由于麦苗出土较慢，又增加了病菌侵染的机会。因此，冬小麦迟播或春小麦早播，对病菌侵染有利，发病往往较重。土壤湿度对病害的发生也有重要影响。病菌孢子萌发需要水分，也需要氧气。土壤太干燥时，由于水分不足，限制了孢子萌发；土壤太湿，由于氧气不够，也不利于孢子萌发。一般湿润的土壤（持水量 40% 以下）对孢子萌发较为有利。地势的高低、播种前后的雨量、灌溉及土壤性质等都与土壤湿度有关。此外，播种时覆土过深，麦苗出土不易，增加了病菌侵染的机会，能增加病害的发生。

土壤和种子带菌量高，播种期气温偏低或冬小麦迟播或春小麦早播，有利于病害的发生。如果土壤和种子带菌量高，小麦播种时的土壤温度为 9～12℃、湿度为 20%～22% 时，翌年病害则发生严重。

防治方法 小麦网腥黑粉菌可以通过沾染在种子表面、混在秸秆、粪肥以及沾染在农机具上进行传播，又可通过收获季节的农事活动撒落在田间。但是，该病害又是单循环病

国际小麦网腥黑粉菌生理小种鉴别寄主表

（引自Wilcoxson and Saari, 1996）

品种	抗病基因	编号
Heines Ⅶ	*Bt-0*	PI 209794
Sel 2092	*Bt-1*	PI 554101
Sel 1102	*Bt-2*	PI 554097
Ridit	*Bt-3*	CI 6703
CI1558	*Bt-4*	CI 1558
Hohenheimer	*Bt-5*	CI 11458
Rio	*Bt-6*	CI 10061
Sel 50077	*Bt-7*	PI 554100
PI 173438 x Elgin	*Bt-8*	PI 554120
Elgin x PI 178383	*Bt-9*	PI 554099
PI 178383 x Elgin	*Bt-10*	PI 554118
Elgin x PI 166910	*Bt-11*	PI 554119
PI 119333	*Bt-12*	PI 119333
Thule Ⅲ	*Bt-13*	PI 181463
Doubbi	*Bt-14*	CI 13711
Carleton	*Bt-15*	CI 12064

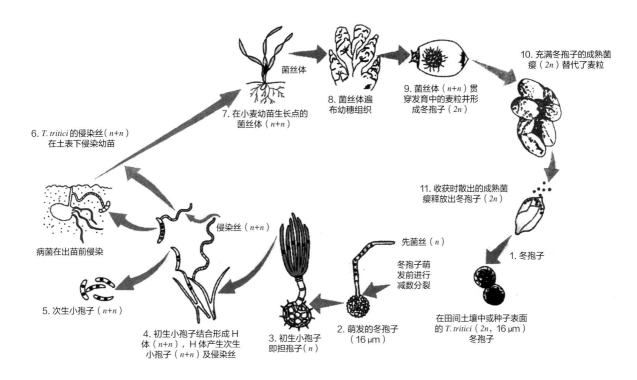

10. 充满冬孢子的成熟菌瘿（2n）替代了麦粒

9. 菌丝体（n+n）贯穿发育中的麦粒并形成冬孢子（2n）

8. 菌丝体遍布幼穗组织

7. 在小麦幼苗生长点的菌丝体（n+n）

菌丝体

6. T. tritici 的侵染丝（n+n）在土表下侵染幼苗

11. 收获时散出的成熟菌瘿释放出冬孢子（2n）

病菌在出苗前侵染

侵染丝（n+n）

先菌丝（n）

冬孢子萌发前进行减数分裂

5. 次生小孢子（n+n）

1. 冬孢子

4. 初生小孢子结合形成H体（n+n），H体产生次生小孢子（n+n）及侵染丝

3. 初生小孢子即担孢子（n）

2. 萌发的冬孢子（16μm）

在田间土壤中或种子表面的 T. tritici（2n，16μm）冬孢子

图 2　小麦网腥黑穗菌的病害循环示意图（引自 Ballantyne，1999）

害，一年只有 1 次侵染，因此，切断侵染源可以有效地防治该病害。

加强检疫　加强产地检疫，禁止将未经检疫且带有小麦网腥黑粉菌的种子调入未发生地区，对来自疫区的收割机要进行严格的消毒处理；一旦发现麦田病害，要采取焚烧销毁等灭除措施。

种植抗病品种　加强抗病品种的筛选和选育，推广和种植抗耐病品种。

种子处理　常年发病较重地区用 2% 戊唑醇（立克秀）拌种剂 10～15g，加少量水调成糊状液体与 10kg 麦种混匀，晾干后播种。可用种子重量 0.1%～0.15% 的 15% 三唑醇（羟锈宁）、0.2% 的 40% 福美双、0.2% 的 40% 拌种双、0.2% 的 50% 多菌灵、0.2% 的 70% 甲基硫菌灵（甲基托布津）、0.2%～0.3% 的 20% 萎锈灵，以及六氯苯、苯醚甲环唑、腈菌唑等药剂拌种或闷种，均有较好的防病效果。

处理带菌粪肥　在以粪肥传染为主的地区，可通过处理带菌粪肥进行防治。提倡施用酵素菌沤制的堆肥或施用腐熟的有机肥。对带菌粪肥加入油粕（豆饼、花生饼、芝麻饼等）或青草保持湿润，堆积 1 个月后再施到地里，或与种子隔离施用。

栽培防治措施　春麦不宜播种过早，冬麦不宜播种过迟，播种不宜过深。播种时施用硫铵等速效化肥做种肥，可促进幼苗早出土，减少侵染机会。

参考文献
BALLANTYNE B，1999. 小麦腥黑穗病和黑粉病 [M]. 杨岩，庞家智，译. 北京：中国农业科技出版社.

阿力索保罗 C J，明斯 C W，布莱克韦尔 M，2002. 菌物学概论 [M]. 姚一建，李玉，主译. 北京：中国农业出版社.

AGRIOS G N, 2005. Plant pathology[M]. 5th ed. New York: Elsevier Acadenuc Press.

DUMALASOVA V, SIMMONDS J, BARTOS P, et al, 2012. Location of genes for common bunt resistance in the European winter wheat cv. Trintella[J]. Euphytica, 186: 257-264.

WILCOXSON R D, SAARI E E, 1996. Bunt and smut diseases of Wheat: concepts and methods of disease management[M]. Mexico, D. F.: CIMMYT.

（撰稿：段霞瑜；审稿：陈万权）

小麦纹枯病　wheat sharp eyespot

由禾谷丝核菌引起的、危害小麦茎秆基部或叶鞘的一种真菌病害，是世界温带小麦种植区的常见病害之一。又名小麦尖眼斑病。

发展简史　该病最早于 20 世纪 30～40 年代在荷兰、英国等地发现，因其病斑类似于小麦眼斑病（Eyespot，由 *Cercosporella herpotrichoides* 所引起），但病斑更尖，因此，荷兰人 Oort 将其命名为尖眼斑病。因为后期症状与水稻纹枯病类似，中国通常称其为纹枯病。根据形态学特性，1942 年 Blair 将分离自加拿大和英国的小麦纹枯病株上的病菌鉴定为立枯丝核菌（*Rhizoctonia solani* Kühn）。1977 年，Van der Hoeven 根据病菌在 PDA 培养基上生长较慢、菌核小（初期白色、后期褐色）和细胞双核等特性，提出小麦纹枯病的病原为一个新的种，称为禾谷丝核菌（*Rhizoctonia* *cerealis*）。

小麦纹枯病是世界温带小麦种植区的一种常见病害，与眼斑病相比，通常该病害在田间的发病率低，危害也相对较小，并常常与其他危害性更强的根部和茎基部病害共同发生，因此，在欧美国家一直未引起重视。20世纪70年代以前，小麦纹枯病在中国一些麦区零星发生，但发病轻，对小麦产量造成的损失较小。自70年代中后期开始，随着小麦品种的更替及丰产栽培措施（如早播、密植、高肥等）的推广，该病在各冬麦区普遍发生，并成为长江中下游及黄淮麦区小麦上的重要病害。

分布与危害　在长江流域及黄淮平原麦区分布广泛，尤以江苏、安徽、山东、河南、陕西、湖北等地发生普遍且危害严重。2006年全国小麦纹枯病发生面积达到780万hm²。一般病田病株率为10%～20%，重病田块可达60%～80%，特别严重田块的枯白穗率可高达20%以上。病株于抽穗前部分茎蘖死亡，未死亡的病蘖也会因输导组织被破坏、养分和水分运输受阻而影响麦株正常生长发育，导致麦穗的穗粒数减少，籽粒灌浆不足，千粒重降低，一般减产10%～15%，严重时高达40%。

小麦各生育期都可发生纹枯病，造成烂芽、死苗、花秆烂茎、倒伏、枯孕穗和枯白穗等多种症状。种子发芽后，芽鞘可受侵染而变褐，继而烂芽枯死，造成小麦缺苗。在小麦3～4叶期，在叶鞘上开始出现中间灰白、边缘褐色的病斑，严重时抽不出新叶而造成死苗。返青拔节后，病斑最早出现在下部叶鞘上，产生中部灰白色、边缘浅褐色的云纹状病斑。条件适宜时，病斑向上扩展，并向内扩展到小麦的茎秆，在茎秆上出现尖眼斑或云纹状病斑。田间湿度大时，叶鞘及茎秆上可见蛛丝状白色的菌丝体，以及由菌丝纠缠形成的黄褐色的菌核。小麦茎秆上的云纹状病斑及菌核是纹枯病诊断识别的典型症状。由于茎部腐烂，后期极易造成倒伏，发病严重的主茎和大分蘖常抽不出穗，形成"枯孕穗"，有的虽能抽穗，但结实减少，籽粒秕瘦，形成"枯白穗"。枯白穗在小麦灌浆乳熟期最为明显，发病严重时田间出现成片的枯死（图1）。

病原及特征　主要是禾谷丝核菌〔*Rhizoctonia cerealis*

Van der Hoeven（=禾谷角担菌 *Ceratobasidium cereale* Murray et Burpee）〕，属于双核丝核菌 AG-D 融合群的 DI 亚群。从发生纹枯病的小麦病株上偶尔也能分离到多核丝核菌的 AG-4 和 AG-5 融合群的菌株，但是其对小麦的致病力较弱。丝核菌归属于角担菌科（Ceratobasidiaceae），其中包括两个属：双核丝核菌是禾谷角担菌属（*Ceratobasidium*），多核丝核菌是亡革菌属（*Thanatephorus*）。菌丝融合分类法是丝核菌常用的鉴定和分类方法。研究者普遍接受的融合群分类中，多核丝核菌被分为13个融合群，以阿拉伯数字命名为：AG-1 到 AG-13；双核丝核菌被分为16个融合群，以大写英文字母命名为：AG-A 到 AG-S，其中需除去 AG-J、AG-M 和 AG-N。

根据 Van der Hoeven 的描述，在 PDA 培养基上，*R. cerealis* 生长速度较慢，气生菌丝少，菌落颜色从白色至灰白色。主菌丝直径为 3.8～6.2μm，分枝菌丝为 5.1～8.7μm，气生菌丝为 2.8～5.3μm。菌丝一般直角分枝，分枝处有缢缩。菌丝的分枝会发生融合。菌丝在 PDA 培养基上生长10天后产生菌核，菌核的颜色开始白色，后变黄，再变灰。菌核呈球形或不规则形状，直径 0.3～1.2mm，由疏松排列的桶状细胞组成，表面略有分化。王裕中等、李清铣等对中国小麦纹枯病菌株的研究发现，*Rhizoctonia cerealis* 菌株菌落白色，生长慢（13～14mm/d），菌丝直径 3.48～3.95μm。菌株属于低温生长型，生长适温为 20～25℃，30℃ 以上时生长明显抑制，13℃ 以下生长缓慢。10～11天开始形成菌核，初为白色，后为褐色，菌核小，不规则。在 pH2～10 范围内，该菌都可以生长，生长的适宜 pH 为 4～7，pH 低于 3 或大于 8 时生长变缓。

侵染过程与侵染循环　纹枯病的初侵染源主要来自土壤中的菌核或病残体。自小麦出苗开始，病菌菌丝即可侵染根或与土壤接触的芽鞘或叶鞘。冬麦区，小麦纹枯病的发生发展大致可分为冬前发生期、越冬稳定期、返青上升期、拔节盛发期和枯白穗显症期 5 个阶段。冬前病害零星发生，播种早的田块会有较明显的侵染高峰，随着气温下降，越冬期病害发展趋于停止。翌春，小麦返青后，天气转暖，随气温的升高，病情又加快发展。小麦进入拔节阶段时，病情开始

图1　小麦苗期（左）、成株期（中）和穗期（右）纹枯病危害症状（陈怀谷提供）

上升，至拔节后期或孕穗阶段，病株率和严重度都急剧增长，达到高峰。在小麦抽穗以后，植株茎秆组织老化，不利于病菌的侵入和在植株间水平扩展，病害发展渐趋缓慢。但在已受害的植株上，病菌可由表层深入至茎秆，加重危害，使病害严重度继续上升，造成田间枯白穗。此外，麦株病部常可产生大量白色菌丝体，向四周扩展进行再侵染。小麦成熟之前，在病部的菌丝层上产生菌核（图 2）。

流行规律 影响小麦纹枯病发生流行的因素包括品种抗性、气候因素、耕作制度及栽培技术、土壤类型等。生产上推广的小麦品种绝大多数感和中感纹枯病，未发现高抗品种，但品种间抗、耐病性有明显差异。在多年的抗性鉴定和筛选中，虽未发现稳定的免疫或高抗种质，但在一些远缘种质如簇毛麦、野生二粒麦、偃麦草等后代中也发现一些材料对纹枯病的抗、耐性较好。气候因素影响发病严重程度，出苗期气温高、降水量大，有利于病菌侵染幼苗；越冬期遇低温使麦苗受冻，可加重病情；春季气温回升快、降雨多，则有利于病菌扩展蔓延。3～5 月的降水量与温度是决定当年病害流行程度的关键因素。耕作栽培措施中，早播及播种量过多有利于纹枯病发生；免、少耕田的小麦纹枯病的发生重于常规耕翻田，稻茬麦田的病情重于旱茬麦田；氮肥用量增加能加重纹枯病危害；麦田杂草多也是重要的发病诱因。土壤类型中，一般砂土地区小麦纹枯病发生重于黏土地区。

防治方法 针对纹枯病，主要采用以农业防治为基础，通过种子处理降低冬前发病基数，早春进行药剂防治控制病害发展和减少危害的综合防治技术。

农业防治 选种抗耐病品种；适期精量播种，控制群体数量；做好田间排水，沟系配套，降低田间湿度；平衡施肥，不偏施氮肥，增施钾肥；适当降低基肥施用量，防止冬前生长量大、侵染早；搞好麦田除草工作。

化学防治 ①药剂拌种。2% 立克秀（戊唑醇）悬浮剂，每 10kg 小麦种子用药 15～20g，加水 0.5kg 拌种；或采用 30g/L 苯咪甲环唑悬浮种衣剂，每 10kg 种子用药 20～30g，兼治黑穗病。②药剂喷雾。防治适期为小麦拔节初期，当病株率达 10% 时开始第一次防治，以后（隔 7～10 天）根据病情决定是否需要再次防治。防治药剂主要有井冈霉素、丙环唑、己唑醇、戊唑醇等单剂及其复配剂。纹枯病严重田块，

在拔节期可采取"大剂量、大水量或兑水粗喷雾"方法，确保药液淋到根、茎基等发病部位，提高防治效果。

参考文献

中国农业科学院植物保护研究所，中国植物保护学会，2015. 中国农作物病虫害 [M]. 3 版. 北京：中国农业出版社.

庄巧生，杜振华，1996. 中国小麦育种研究进展 [M]. 北京：中国农业出版社.

LIPPS P E, HERR L J, 1982. Etiology of *Rhizoctonia cerealis* in sharp eyespot of wheat[J]. Phytopathology, 72: 1574-1577.

（撰稿：陈怀谷、李伟；审稿：陈万权）

小麦线条花叶病 wheat streak mosaic disease

由小麦线条花叶病毒侵染引起，危害小麦生产的病毒病害。

发展简史 小麦线条花叶病在 1937 年首次被 McKinney 报道。

分布与危害 该病害先后在美国、加拿大、约旦、罗马尼亚、前南斯拉夫和俄罗斯发生，主要侵染小麦、燕麦、大麦以及部分玉米和谷子等。在中国，病害主要分布西北的新疆、甘肃、陕西麦区。小麦线条花叶病常发生在糜子地边，引起糜子发病，又称为糜疯病，小麦发病后茎秆扭曲所以又叫拐节病。幼苗期感病，叶色变淡，叶片变窄，叶片自一侧向上卷曲，发病初期叶片出现细小黄色短条及黄色小点，与叶片平行，随后沿叶脉褪绿丛叶尖或一侧变黄呈黄绿相间的条纹，最后全叶变橘黄色。拔节后，节间向外向下呈弧状弯拐，此症状在基部 1～3 节最为明显。病情严重时，全株分蘖向四周匍匐，穗鞘扭卷，不易抽穗，或穗而不实，轻者减产 30%～50%，重者颗粒无收。感病越早发病愈重，冬前发病不能拔节抽穗，提早枯死造成绝收。拔节期感病植株严重矮化，仅主穗和个别分蘖抽穗，穗小粒少。拔节后感病结实小穗减少、千粒重降低（见图）。受病麦田与糜田愈近发病愈重，病株密度随之成梯级分布，150m 以外，麦田基本不受病。在糜子收获前，小麦出土越早受病越重，在甘肃 9 月 1 日播

图 2 中国小麦纹枯病周年侵染循环示意图（陈怀谷提供）

小麦病株 — 再侵染 — 菌丝菌核 — 萌发菌丝初侵染 — 病株上的菌丝、菌核 — 土壤或病残体上越冬或越夏

小麦拔节期发病症状（吴云锋提供）

种的小麦，发病率达到 67.2%，而 10 月初回种的发病率仅 10.6%。

病原及特征　小麦线条花叶病毒（wheat streak mosaic virus，WSMV）为马铃薯 Y 病毒科（Potyviridae）小麦花叶病毒属（Tritimovirus）。病毒异名：小麦病毒 6 号和 7 号。

病毒粒子呈线状，病毒质粒 550～1300nm×18nm，平均长度 700nm×18nm，直径 18nm，长度大多为 550～1300nm 和 550～700nm，其中后者占多数。WYMV 基因组由两条单链正义的 RNA 组成。病叶细胞质有风轮状内含体。

侵染过程与侵染循环　小麦线条花叶病毒由汁液及小麦曲叶螨传播，小麦曲叶螨又称郁金香螨（Aceria tulipae）。介体传毒率为 25%～100%。自然条件下，介体郁金香螨主要在小麦心叶中危害，在冬小麦上越冬，小麦返青后即在心叶危害产卵繁殖，抽穗后转入穗部，灌浆时转入小麦颖壳或麦粒表面，麦收后转入附近的玉米、高粱、糜子、狗尾草、冰草、稗、芦苇及自生麦苗，秋播小麦出苗后转入麦田，完成病害的侵染循环。小麦曲叶螨在秋苗上，主要附在叶缘，造成边缘卷折，冬日转向心叶内或在冰草等杂草地下部的叶鞘内越冬。小麦拔节后，又转向叶及叶鞘，叶部可形成条斑，麦穗形成后转移到颖壳内危害。带毒曲叶螨从黄熟的糜子上借风传播到相邻小麦田内，在小麦上越冬。冬前感病的小麦是翌年春季的毒源中心。返青后，毒源中心的病毒随小麦曲叶螨的扩散而逐渐蔓延，到夏季小麦收获前，带毒螨又传播到早糜子田越夏。此外，在冰草、鹅观草、稗草等禾本科杂草上也可越夏，但不表现症状。自生麦苗也是病毒越夏的寄主植物之一。麦田邻糜田越近发病率越高。

流行规律　小麦的播期越早发病越早亦越重。在新疆冬前气温高、延续时间长入冬较晚，冬季气温高、开春早、气温稳定上升无倒春寒的年份流行严重。小麦发病率与虫口密度呈正相关，虫口密度越大，发病率越高。WSMV 在螨体内循回期和小麦体内潜育期较短，在 15℃ 条件下，一周即可发病，10℃ 以下及 25℃ 以上，病症潜隐，不易表现。成虫和若虫均可带毒传染，病毒不经卵传递。

防治方法　在防治措施上，①要种植抗病品种，选用丰产 3 号、农大 155、农大 157、唐山 1 号等。②在易灾区，合理安排轮作倒茬，避免糜、麦连坪种植；或选用生长期短的糜、麦品种，使二者收获期和播种期错开，以切断侵染循环。③加强田间管理，清除田边、地头带毒杂草。④春季的杀虫防病，控制病害传播流行。或在播种时，采用杀虫剂拌种，效果很好。

参考文献

中国农业科学院植物保护研究所，中国植物保护学会，2015. 中国农作物病虫害 [M]. 3 版. 北京：中国农业出版社.

（撰稿：吴云锋；审稿：陈剑平）

小麦雪霉叶枯病　wheat Gerlachia leaf blight

由雪腐格氏霉菌引起的全生育期入侵的病害，引起小麦芽腐、苗枯、基腐、鞘腐、叶枯和穗腐等症状。又名小麦雪腐叶枯病、小麦红色雪腐病。

发展简史　该病最早于 1961 年发现于陕西武功的丰产 3 号小麦品种上，以后湖北、河南、四川、江苏、贵州、青海、宁夏、甘肃、西藏等地也相继发生。1972 年以后，墨西哥、英国、日本、朝鲜等国也有报道。

分布与危害　该病在冬季积雪时间长的地区主要在苗期危害造成茎基腐病，致使大面积越冬死亡。在陕西关中、河南等地很少造成苗腐和基腐，主要表现为叶斑、叶枯和鞘腐。成株病斑上初呈水浸状，后扩大成近圆形或椭圆形大斑，边缘灰绿色，中部污褐色，常形成数层不甚明显的轮纹。后期多数病斑汇合或因叶鞘发病而使叶片枯死。该病在河南省黄河以南麦区水浇地及沿河流域均有分布，以豫南、豫西南、豫西地区发生普遍，是豫西山区小麦叶枯类病害中发生最重、对产量影响最大的一种病害。在西藏，雪霉叶枯病主要发生在雅鲁藏布江及其支流流域、海拔 3000～4200m 的河谷农区，气候略为温暖，属半干旱类型，年降水量 300～650mm，主要集中于 6～8 月。冬小麦一般 9～10 月播种，这时土壤比较湿润，病菌在冬前侵入麦苗。但冬季无雨，寒冷和干燥常将麦苗地上部冻死，病菌难以扩展而潜伏在麦苗基部，春季麦苗开始返青生长，但因气候干燥，病菌扩展缓慢，病苗症状不明显。随着麦苗拔节生长，病菌从植株基部沿叶鞘向上缓慢扩展。小麦抽穗前后，降雨增加，加上此时植株郁闭，基部小气候湿度较大，受侵染的植株基部叶鞘产生大量子囊壳，其子囊孢子随风雨在田间传播，引起上部叶片发病，叶斑上产生的分生孢子随风雨传播可引起多次再侵染。所以此时常突然发病甚至造成流行。新疆也是该病发生的主要区域，如伊犁地区每年该病发生面积占冬小麦播种面积的 56.32%，其中翻种面积达 15.29%。该菌还引起麦类红色雪腐病，分布在北欧、北美及日本北海道和中国新疆北部，危害积雪覆盖下的幼苗。红色雪腐病和雪霉叶枯病是同一种病原菌因生态条件和小麦生育阶段不同而引起的两种病害。

病原及特征　病原菌无性态为雪腐格氏霉［Gerlachia nivalis（Ces. ex Berl. & Voglino）W. Gams & E. Müll.］，属真菌类。在叶片、叶鞘等发病部位产生病原菌的分生孢子座，黏分生孢子团和分生孢子。分生孢子梗短而直，无隔，棍棒状，5～11μm×3～5μm，产孢细胞瓶状或倒梨状，顶端环痕状，分生孢子以顶式层出的方式生出，宽镰形，弯曲，两端尖削，无脚胞，1～3 隔，1 隔的 12.5～28μm×2.5～5.5μm，3 隔的 18～32μm×3～6μm。在 PDA 培养基上菌落浅橙色、橙红色。气生菌丝较少，薄绒状，有时呈羊毛状或毡状。菌落边缘较整齐。菌丝透明，壁薄，光滑，分隔，2.5～5μm 宽。培养中可形成鲜橙色黏分生孢子团，不产生厚垣孢子。

病原菌有性态雪腐小座菌［Microdochium nivale（Fr.）Samuels & I. C. Hallett］，异名为雪腐小画线壳［Monographella nivalis（Schaffn.）E. Müll.］，属子囊菌门。子囊壳黑色，近球形，大小为 147～200μm×126～188μm，有侧丝，具乳突状孔口。自然条件下子囊壳埋生于病植物表皮下，只孔口外露。子囊棍棒状或圆柱状，单囊膜，40～73μm×6.5～10μm，顶部有淀粉质环，可用碘液染成蓝色。子囊孢子纺锤形或椭圆形，无色透明，1～3 隔，9.5～10.5μm×2～5.5μm（见图、表）。

X

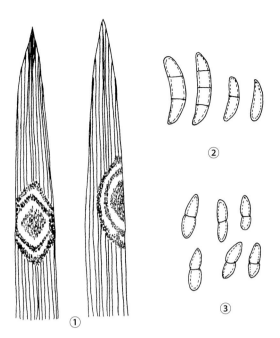

小麦雪霉叶枯病（仿商鸿生，1989）

①叶片症状；②病原菌的分子孢子；③子囊孢子

小麦雪腐叶枯病菌子实体形态表（引自商鸿生，1989）

子实体类型		特点	尺度（μm）
无性态	分生孢子梗	短而直，无隔，棍棒状	5～11×3～5
	产孢细胞	瓶状或倒梨形，端部较长，有划痕	7～10×2.5～4
	分生孢子	全型芽生孢子，孢子无色，宽镰形，无脚胞，1～3隔，有些1隔孢子，一端细胞楔形，另一端钝圆	1隔孢子：16～24×3～4 3隔孢子：20～31×3.5～5
有性态	子囊壳	埋生，球形或卵形，顶端乳头状，具孔口，壳壁有内、外两层，厚，有侧丝	90～100×160～250
	子囊	棒状或圆柱状，单囊膜，顶端有淀粉质环，内具6～8个子囊孢子	47～70×3.5～6.5
	子囊孢子	纺锤形至椭圆形，无色，1～3隔	10～18×3.5～4.5

病原菌有生理分化现象。新疆和四川的菌系引致芽腐的能力较强，贵州和宁夏的菌系较弱。新疆、陕西和贵州菌系对幼苗的致病力较强而湖北、四川和宁夏菌系较弱。陕西、青海、新疆和湖北菌系的穗部致病力较强。多数菌系引致叶枯的能力因小麦品种不同而有差异。

小麦雪霉叶枯病菌从小麦萌芽期到成熟期前均可侵染，其中以成株期叶斑和叶枯特征最明显，危害也最重，常作为诊断的主要依据。

芽腐和芽枯　种子萌发后，胚根、胚根鞘和胚芽鞘腐烂变色。胚根数目减少，根长变短。胚芽鞘上产生长条形或长圆形黑褐色病斑，严重者胚芽鞘全部黑褐色腐烂，表面生白色菌丝。在出土前或出土后生长点均可烂死，幼芽水渍状溃散。病苗基部叶鞘变褐坏死，根数减少，苗高降低，第一叶和第二叶明显缩短。重病幼苗植株水渍状变褐死亡。枯死苗倒伏，表面生白色菌丝层，有时呈污红色。病苗基部叶片上也产生大小不同的褐色纺锤形或椭圆形病斑。

基腐和鞘腐　麦株拔节后，发病部位逐渐上移，产生基腐和鞘腐。抽穗前，多数病株基部1～2节的叶鞘变褐腐烂，叶鞘枯死后色泽逐渐淡化，由深褐色变为枯黄色，与病叶鞘相连叶片也变褐枯死。有时病部的茎秆上产生暗褐色稍凹陷的长条形病斑。抽穗后，植株上部叶鞘也陆续发病，此时基部病鞘上出现子囊壳。上部叶鞘多由与叶片相连处开始发病，继而向叶片基部叶鞘中下部扩展，病叶鞘变枯黄色至黄褐色，变色部多无明显的边缘，潮湿时，上面产生稀薄的红色霉状物。上部叶鞘发病可使旗下叶和旗叶枯死，危害严重。

叶枯　成株叶片上病斑初呈水浸状，后扩大为近圆形或椭圆形大斑，发生在叶片边缘的多为半圆形。病斑直径1～4cm，多至2～3cm，边缘灰绿色，中部污褐色。由于浸润性地向周围扩展，常形成数层不甚明显的轮纹。病菌的分生孢子座由气孔外露，形成大量分生孢子，致使病斑敷生砖红色霉状物。潮湿时病斑边缘具白色菌丝薄层，迎着阳光观察尤为明显。有时病斑上还生出微细的黑色粒点，即病菌的子囊壳。子囊壳埋生于叶片表皮下，只孔口由气孔外露，排列成行。后期多数病叶枯死。有时病苗基部叶片上也产生大小不同的褐色纺锤形或椭圆形病斑。

穗腐　多数病穗仅个别或少数小穗发病，颖壳上生黑褐色水渍状斑块，上生红色霉，小穗轴褐变腐烂。少数病穗穗颈或穗轴变褐腐烂，使穗子全部或局部变黄枯死。病粒皱缩变褐色，表面常有污白色菌丝层。

病菌引起的芽腐、苗枯和基腐等症状常与禾谷镰刀菌（*Fusarium graminearum* Schw.）、燕麦镰刀菌［*Fusarium avenaceum*（Corda et Fr.）Sacc.］、小麦根腐病菌（*Bipolaris sorokiniana*）和禾谷丝核菌（*Rhizoctonia cerealis* Van der Hoeven）的症状混淆，难以区分。上述病菌还可能混合发生，诱发复杂的症状。小麦雪霉病菌和禾谷镰刀菌都能在麦株基部枯腐的叶鞘上产生子囊壳，但前者的子囊壳较细小，埋生在表皮下，只孔口外露。两菌引起的穗腐症状也很相似，且多混合发生。

侵染过程与侵染循环　病菌由带菌种子、土壤和病残体引起初侵染。病菌以菌丝潜藏于种子内部，以孢子附着于种子表面。播种后，种子传带的病菌首先侵染胚根鞘和胚芽鞘，继而向其他部位扩展。本菌的种子带菌率较低，但对病害的远距离传播有重要意义。土壤和土壤内病残体带菌也首先引起幼根、幼芽发病。地表带菌小麦病残体在潮湿多雨的季节释放大量子囊孢子和分生孢子侵染幼苗地上部分。在小麦整个生长期间，病株在潮湿条件下产生子囊孢子和分生孢子，随气流和雨水传播，不断引起再侵染。小麦雪霉叶枯病菌能侵染多种禾本科杂草，这些杂草发病后能提供菌源侵染小麦。

病菌由气孔和伤口侵入叶片和叶鞘。叶面上孢子萌发后

X

通过芽管或孢子表面的小突起相结合，形成 7～8 个孢子组成的复合体。复合体长出 1 条至数条较粗壮的叶面菌丝，它们由气孔保卫细胞间隙进入气孔腔，不产生任何特殊化的侵染结构。病菌在气孔腔内分枝形成多条侵染菌丝，向叶面组织扩展，形成菌落。侵染菌丝主要在细胞间隙生长和分枝，也可穿越细胞壁进入叶肉细胞内。受害细胞变色崩坏，病组织侵解。侵染菌丝还能由气孔逸出，在叶面蔓延。气孔下可形成分生孢子座，其上产生分生孢子梗穿出气孔。梗的顶端或侧面着生产孢细胞，产生分生孢子。

流行规律　病菌适应的温度范围较宽，耐低温。菌丝生长的温度范围为 –2～30℃，最适温度 14～18℃；分生孢子在 16～18℃ 下产生最多；8～24℃ 范围内均可形成子囊壳；10～22℃ 之间形成子囊和子囊孢子，而以 14～18℃ 最适。病菌在低温下能侵染植株基部叶鞘，但 18～22℃ 最适于侵入上部叶片和发病。春季日平均温达 15℃ 以上，若遇连续阴雨，不久田间就普遍出现叶枯症状。

潮湿多雨和比较冷凉的生态环境适于小麦雪霉叶枯病的流行，因而平原灌区和阴湿山区发病最重。

在关中灌区，降水量和环境湿度与流行的关系最密切。关中灌区秋季雨量充沛，冬季和早春降水虽少，但经过冬灌和春灌，常年土壤含水量和近地面的空气湿度仍足以保证病菌活动和侵染持续。这样，4 月下旬到 5 月中旬的降水就成为制约雪霉叶枯病流行的关键因子。春季降水多，阴雨日数和结露日数多，空气湿度高，有利于孢子产生、分散和侵入，再侵染频繁，病害由基部向上部转移快，叶枯病会突然地暴发。4 月下旬到 5 月中旬降水量 75mm 以上发病严重，40mm 以下发病轻。冬季和早春干旱，土壤含水量很低的年份，不利于基部叶鞘发病和侵染持续，后期虽有一定数量的降雨，但病害流行迟而轻。

在青海春麦区，发病程度与平均温度和日照时数呈负相关，与平均相对湿度和降水量呈正相关。以发病盛期前 25～40 天的平均气温、平均相对湿度、累计日照时数以及发病盛期前 20 天内的累计降水量对病情的影响作用最大。在贵州铜仁地区小麦拔节孕穗期间遭受冻害，抗病力减弱，病部迅速增大，枯死增多。

在栽培管理措施中以水肥管理、播期、密度等对发病影响最大。排灌失调，灌溉方式不合理，尤其是春灌过量、灌水次数过多以及生育后期大水漫灌等均诱发病害。灌区排水不畅，低洼积水田块和地下水位高，土质黏重的田块发病严重。

播期和播种量也影响发病程度。在关中进行的小麦播期试验结果表明，早播（10 月上旬）比晚播（10 月中下旬）发病重。播量加大，田间植株密度增大，发病重。矮秆密植田块，郁闭湿度高，叶枯严重。

矮秆品种发病尤重，这与矮秆品种叶层密集、上部叶片和穗部距地面近、利于病害上位转移有关。另外，矮秆品种高肥密植栽培，田间通风透光差，湿度高，有利于发病。

防治方法　以药剂防治和栽培防治为主，尽量选用抗、耐病品种。无病区需避免使用带菌种子。在混合发生小麦赤霉病和雪霉叶枯病的地区，应以防治赤霉病为主兼治该病。

选用无病种子　小麦雪霉叶枯病是种子传播的病害，必须搞好种子田的病害检查和防治，进行无病选种、留种。自病区引种时应特别注意，必要时应进行种子检验。

化学防治　在冬季有积雪，小麦雪霉叶枯病在苗期发生造成苗基腐等常发区，建议采用种衣剂拌种预防该病害的发生，适宜的种衣剂有 2.5% 适乐时悬浮种衣剂，200FF 卫福种衣剂等。在小麦生长后期，建议采用叶面喷雾防治，采用的药剂有 25% 三唑酮可湿性粉剂，12.5% 速保利可湿性粉剂，25% 多菌灵可湿性粉剂等。

栽培防治　应深翻灭茬，改撒播为条播，适时播种。提倡合理密植，种植分蘖性强的矮秆品种时尤应减少播量。要增施基肥，氮磷搭配，施足种肥，控制追肥。春季追肥应适时提早，切忌施用氮肥过多、过晚。重病地区可冬灌不春灌（干旱年份除外），结合冬灌把化肥一次施下，早春耙糖保墒。若行春灌，应根据墒情、降水和小麦生育状况，适时适量地灌水，避免连续灌水和大水漫灌。另外，还要平整土地，兴修排水渠，排灌结合，综合治理灌区低洼积水农田。

选用轻病、耐病品种　尚没有免疫或高抗的栽培品种，但品种间发病情况仍有明显差异。应尽早选用轻病、耐病品种。

参考文献

康业斌，商鸿生，王树权，1997. 小麦雪霉叶枯病菌侵染条件研究 [J]. 西北农业学报，6(1): 39-42.

林晓民，胡公洛，侯文邦，等，1993. 豫西地区小麦雪霉叶枯病的初步研究 [J]. 河南农业科学 (3): 13-15.

牛永春，商鸿生，王树权，等，1992. 中国小麦雪霉叶枯病菌种的鉴定 [J]. 真菌学报，11(1):43-48.

牛永春，王宗华，1992. 西藏小麦雪霉叶枯病发生初报 [J]. 植物保护，17(2): 50.

商鸿生，1989. 小麦雪腐叶枯病及其诊断 [J]. 植物保护 (6): 31-32.

商鸿生，王树权，齐艳红，等，1989. 小麦雪霉叶枯病的侵染过程 [J]. 植物病理学报，19(3): 155-159.

王翠玲，杨雪莲，席永士，等，2002. 小麦雪霉叶枯病病原菌分离鉴定与发病规律初探 [J]. 西藏科技 (9): 7-8.

（撰稿：王保通；审稿：康振生）

小麦叶枯病　wheat *Septoria tritici* blotch

广义的小麦叶枯病是引起小麦叶斑和叶枯类病害的总称。世界上报道的小麦叶枯病的病原菌多达 20 余种。中国以雪霉叶枯病、根腐叶枯病（根腐病）、壳针孢类叶枯病等在各麦区危害较大，已成为生产上的一类重要病害。

分布与危害　小麦叶枯病是世界性病害，已有 50 多个国家报道有该病的发生。在中国各个主要小麦种植区均有发生，局部地区发生普遍，危害严重。该病主要侵染小麦和黑麦（见图）。受害小麦籽粒皱缩，出粉率低，一般减产 1%～7%，严重者可达 31%～51%。

病原及特征　病原为小麦壳针孢（*Septoria tritici* Rob. et Desm.）属球腔菌科壳针孢属。有性态为一种子囊菌 *Mycosphaerella graminicola*（Fückel）Sand.，在新西兰、澳

小麦叶枯病危害症状（吴楚提供）

①病斑汇合，导致叶片枯死；②病斑向上下扩展；③发病初期症状；④小麦壳针孢叶枯病

大利亚、以色列、荷兰、英国、美国等国均有报道，在中国尚未发现。

分生孢子器生于寄主表皮下，黑褐色，球形至扁球形，大小为 60～100μm×150～200μm，表面光滑，顶端孔口略有突起。分生孢子无色，有大小两种类型。大型分生孢子数量较多，细长，微弯曲，基部钝圆，顶端略尖，大小为 35～98μm×1～3μm，有 3～5 个隔膜；小型分生孢子为单胞，细短，微弯，大小为 5～9μm×0.3～1μm，产生数量很少。两种分生孢子均能侵染小麦。有性世代的子囊壳埋于寄主表皮内，球形，黑褐色，直径 68～114μm。子囊大小为 30～40μm×11～40μm，椭圆形，成束生在子囊腔内，拟侧丝早期消解。每个子囊含 8 个子囊孢子。子囊孢子为双细胞，透明，椭圆形，大小为 2.5～4μm×9～16μm。

分生孢子萌发最适温度为 20～25℃，最低 2～3℃，最高 33～37℃。菌丝生长最适温度为 20～24℃。在此温度范围内，潜育期一般为 15～21 天。孢子的萌发和侵入需要较长时间的湿润条件。在试验室内，保湿 12 小时，孢子开始萌发，24 小时后侵入，保湿时间短于 24 小时，通常不产生病斑；保湿 48 小时比保湿 72 小时和 96 小时产生的病斑明显减少。分生孢子可在富含糖、蛋白质的浓的黏性基质中产生，在死的组织上不能形成分生孢子器。分生孢子器释放孢子后不能再产生新的分生孢子。在 2～10℃ 下，分生孢子可保持活力数月。以色列、美国、澳大利亚、乌拉圭等国发现，小麦叶枯病菌存在生理专化现象，不同菌株在病害潜育期、病斑数和分生孢子器产生数量上有明显差异。

侵染过程与侵染循环　小麦叶枯病菌在春麦区以分生孢子器及菌丝体在小麦病残体上越冬，翌年春天，当环境条件适宜时，分生孢子器吸水后即释放出分生孢子，借风、雨传播引起初侵染。在冬麦区，病菌在小麦病残体或种子上越夏，秋季侵入麦苗，以菌丝体在病株上越冬。病株上产生的分生孢子可借风、雨传播，进行再侵染。禾本科杂草寄主可能是病菌的重要越夏场所。在新西兰、澳大利亚和英国等国家，子囊孢子可借风、雨传播，侵染早期麦苗，成为重要的初侵染源，对其产量的影响比分生孢子后期侵染植株上部叶片的作用更大。分生孢子和子囊孢子的芽管可直接或通过伤口、气孔侵入小麦。如温度和湿度条件适宜，可进行多次再侵染。抽穗后灌浆期是主要危害时期。

流行规律　该病的流行与适宜的气候条件（降水频繁、气候温和）、特殊的栽培措施、有效的接种体和感病品种的存在有着密切的关系。小麦病残体和种子带菌是病害重要的初次侵染来源，其上菌源的有无和多少是影响病害流行的主要因素。小麦叶枯病菌喜低温、高湿气候。病害在低温、多雨的条件下容易发生。温、湿度条件既影响病菌孢子的萌发、侵入和病害的潜育期，也影响病害的传播。如在夜间温度低于 7℃、气候干燥等条件下，病害的垂直传播和水平传播速度均较慢。相反，当夜间温度上升到 8～10℃ 和有降水时，病害传播较快。病田连作、田间病桩残体较多和施用未充分腐熟的有机肥，病害初侵染源增多，病害发生重；土壤结构差、土质贫瘠的麦田，植株生长衰弱，抗病力差，病害发生重；氮肥施用过多，引起植株倒伏和小麦群体密度过大，使叶片重叠，通风透光不良，均会加重病害的发生；冬麦早熟，成熟期提前，病害发生加重；增施磷、钾肥可提高植株抗病

X

力而减轻发病。小麦品种间对叶枯病的抗病性有明显差异。一般高秆、晚熟品种较矮秆、早熟品种抗病，春性小麦品种较冬性小麦品种发病重。小麦品种对叶枯病的抗病性通常是由单个显性、部分显性或隐性基因所控制，但修饰基因和积加基因的作用也十分重要。

防治方法

选用抗病或耐病品种　扬麦 1 号、67-777 等品种较抗小麦叶枯病；甘麦 23、702-28-11-5 等品种叶片感病率在 10% 以下，牛朱特及其后代品种对叶枯病表现高抗；东北地区的合作 2 号、合作 3 号、合作 4 号等品种发病均较轻。

加强栽培管理　深翻灭茬，清除田间病株残体集中烧毁；使用充分腐熟的有机肥料；消灭田间自生苗，以减少越冬、越夏菌源；冬麦适时晚播，施足底肥，及时追肥，增施磷、钾肥，控制灌水量或次数，以增强植株抗病力，减轻危害；病重田实行 3 年以上轮作。

化学防治　①药剂拌种和种子消毒。主要药剂有 25% 三唑酮可湿性粉剂 75g，拌麦种 100kg 闷种；75% 萎锈灵可湿性粉剂 250g，拌麦种 100kg，闷种；50% 多福混合粉（25% 多菌灵 +25% 福美双）500 倍液，浸种 48 小时；50% 多菌灵可湿性粉剂、70% 甲基硫菌灵可湿性粉剂、40% 拌种灵可湿性粉剂、40% 拌种双可湿性粉剂等 4 种药物，均按种子重量 0.2% 拌种，其中拌种灵和拌种双易产生药害，使用时要严格控制剂量，避免湿拌。有条件的地区，也可使用种子重量 0.15% 的噻菌灵（有效成分）、种子重量 0.03% 的三唑醇（有效成分）拌种，控制效果均较好。②喷药：重病区，可在小麦分蘖前期，每公顷用 70% 代森锰锌可湿性粉剂 2145g 或 75% 百菌清可湿性粉剂 225g（均加水 750～1125L），或 65% 代森锰锌可湿性粉剂 1000 倍液或 1∶1∶140 波尔多液进行喷药保护，每隔 7～10 天喷 1 次，共喷 2～3 次。也可在小麦挑旗期顶 3 叶病情达 5% 时，每公顷用 25% 或 50% 苯菌灵可湿性粉剂 255～300g（有效成分）或 25% 丙环唑乳油 495ml，加水 750～1125L 喷雾，每隔 14～28 天喷 1 次，共喷 1～3 次，可有效地控制小麦叶枯病。

参考文献

葛东风，2009. 小麦叶枯病发生流行原因及防治技术 [J]. 现代农业科技 (22): 147-149.

李海燕，马翠平，王卫民，等，2010. 小麦叶枯病发生与防治技术 [J]. 现代农业科技 (14): 156.

李振岐，商鸿生，魏宁生，1994. 麦类病害 [M]. 北京：中国农业出版社.

牛庆国，2007. 近年来小麦叶枯病流行成因分析及防治技术 [J]. 中国植保导刊 (2): 16-17, 20.

中国农业科学院植物保护研究所，中国植物保护学会，2015. 中国农作物病虫害 [M]. 3 版. 北京：中国农业出版社.

EYAL Z, 1999. The *Septoria tritici* and *Stagonospora nodorum* blotch diseases of wheat[J]. European journal of plant pathology, 105: 629-641.

（撰稿：刘博；审稿：陈万权）

小麦叶锈病　wheat leaf rust

由小麦隐匿柄锈菌引起的铁锈状病斑症状的小麦叶部病害，有时危害叶鞘和茎秆。又名小麦棕（褐）锈病。

分布与危害　小麦叶锈病是 3 种小麦锈病中分布最广、发生最普遍的一种病害，在亚洲、欧洲、非洲、北美洲、南美洲、大洋洲等地的小麦种植区均有发生。叶锈病损失高低与发病早晚有密切联系，在抽穗期 60%～70% 的旗叶被侵染可导致 30% 以上的产量损失，而灌浆初期同样的侵染造成的损失只有 7%。

印度、巴基斯坦、孟加拉国和尼泊尔每年种植的 3700 万 hm^2 小麦中 80% 会发生叶锈病。1978 年，巴基斯坦小麦叶锈病的流行导致 10% 的产量损失，价值约 8600 万美元。小麦叶锈病在西亚国家每年都可发生，面积约 2100 万 hm^2，损失达 30%；中亚 1330 万 hm^2 小麦种植区中 90% 都是叶锈病流行区。

英国、荷兰、法国、罗马尼亚、比利时、前南斯拉夫区域、波兰和俄罗斯叶锈病发生较重，通常损失 5%～10%，甚至 40% 以上。在北高加索地区，冬小麦面积约 450 万 hm^2，总产量约占俄罗斯的 20%，损失 18%～25%。

南非小麦叶锈病因防控得力发生轻。摩洛哥、埃及和突尼斯小麦叶锈病发生较重，埃及小麦叶锈病损失曾高达 50%，而突尼斯也可达 30%。

2000—2004 年，北美因叶锈病损失小麦约 300 万 t，价值 3.5 亿美元。2001—2003 年，墨西哥因小麦叶锈菌 BBG/BN 小种的传入造成了 3200 万美元的损失。1996—2003 年，阿根廷、巴西、智利、巴拉圭、乌拉圭等国家，每年种植 900 万 hm^2 小麦，叶锈病菌生理小种的变异导致病害流行，损失小麦 1.72 亿美元；1999—2003 年，南美每年防治小麦叶锈病杀菌剂用量超过 5000 万美元，如果环境条件适宜且不采取防治措施，在南部锥形地区可造成 50% 以上的产量损失。

澳大利亚所有麦区均可发生小麦叶锈病，在高感品种上损失约 10% 或更高。1999 年澳大利亚南部和维多利亚地区、2005 年新南威尔士叶锈病大流行，2009 年整个澳大利亚因叶锈病实际损失达 1200 万澳元。

中国小麦叶锈病在全国小麦种植区均有发生，通常在西南和长江流域一带发生较重，华北和东北部分麦区也较重。华北冬麦区曾在 1969、1973、1975 和 1979 年叶锈病大流行，东北春麦区 1971、1973、1975 和 1980 年中度流行。1990、2012、2015、2016 年由于适宜的气象因素与使用感叶锈病品种，造成小麦叶锈病在中国小麦主产区严重发生，减产达 10%～15%。

锈菌夏孢子堆多在叶片正面不规则散生，圆形至长椭圆形，疱疹状隆起，成熟后表皮开裂一圈，表皮破裂后现橙黄色的粉状物，散出橘黄色的夏孢子。在初生夏孢子堆周围有时产生数个次生的夏孢子堆，一般多发生在叶片的正面，少数可穿透叶片。生长后期在叶片背面和叶鞘上产生冬孢子堆，冬孢子堆散生，圆形或长椭圆形，黑色，扁平，排列散乱，埋生于寄主表皮下，成熟时表皮不破裂（图 1）。

病原及特征　病原为小麦叶锈菌（*Puccinia triticina*

图1　小麦叶锈病危害症状（刘太国提供）

Erikss.）异名为小麦隐匿柄锈菌（*Puccinia recondita* Rob. et Desm. f. sp. *tritici* Eriks et Henn.），属柄锈菌属。基因组100～106Mb。叶锈菌生活史中存在5种类型的孢子，即夏孢子、冬孢子、担孢子、性孢子和锈孢子。夏孢子和冬孢子为无性世代；担孢子、性孢子和锈孢子为有性世代。夏孢子可重复侵害危害小麦。小麦叶锈病菌夏孢子球形至近球形，单胞，16～26μm×16～20μm，黄褐色，表面具有微刺，有散生。

小麦叶锈菌的寄主范围包括普通小麦、硬粒小麦、野生二粒小麦、栽培二粒小麦和黑小麦，在一定条件下也可侵染冰草属（*Agropyron*）和山羊草属（*Aegilops*）的一些种。

小麦叶锈菌生理分化明显，存在许多生理小种或致病类型。大多数国家采用Long和Kolmer的密码命名法。该命名法用含有 *Lr1*、*Lr2a*、*Lr2c*、*Lr3*、*Lr3Ka*、*Lr9*、*Lr11*、*Lr16*、*Lr17*、*Lr24*、*Lr26*、*Lr30*、*LrB*、*Lr10*、*Lr14a* 和 *Lr18* 等16个已知抗叶锈基因的小麦近等基因系作为鉴别寄主，鉴别基因分4组，每组包括4个基因。根据每组小麦和叶锈菌相互作用产生的高低侵染型格局，分别赋予一个大写辅音字母，按组将4个字母组合起来即为一个生理小种或致病类型的名称。在中国的优势致病类型包括THTT、PHTT、FHTT、PHJS、THTS、THPS、PHTS、PHPS、THPG、PHPL、TGTS、THPJ、THPN等，优势类型随着年度间有一定变化。

侵染过程与侵染循环　小麦叶锈菌的侵染过程包括侵入前期、侵入期、潜育期和发病期4个阶段。叶锈菌萌发需

要100%的相对湿度或者有水膜存在，进入气孔不需要光照，也不受CO_2浓度的影响。小麦叶锈菌借助于风力传播，当落在小麦叶片的夏孢子吸水膨胀，在20℃左右、100%相对湿度条件下，夏孢子4～8小时即可萌发，田间如果没有足够的湿度和水分，夏孢子可保持活力1～3天。夏孢子萌发后，芽管沿着与表皮细胞长轴垂直的方向生长，直到孢子内含的能量减少或者遇到气孔才停止延长生长。芽管遇到气孔后，原生质体流向芽管尖端，聚集在气孔口上方形成附着胞，从接种到附着胞形成在24小时内完成，不能形成附着胞的芽管无法存活。附着胞形成后，产生分枝，夏孢子的两个核发生有丝分裂，由隔膜隔开分别进入新产生的芽管中。附着胞形成时气孔立即关闭直到形成成熟的附着胞。成熟的附着胞在关闭的气孔内形成侵染钉，进入寄主叶片的细胞间隙后形成气孔下囊泡，再次进行有丝分裂。叶锈菌直接从气孔下囊泡内向叶肉细胞生长形成侵染菌丝。细胞质和细胞核随着侵染菌丝的生长一同向顶端运转，直到接触到叶肉细胞，随后，形成吸器母细胞，通常吸器母细胞包含3个细胞核，在侵入后的12～24小时内形成。吸器母细胞形成后，再与寄主细胞接触的区域内随着侵染栓的形成完成菌丝穿透寄主细胞过程进而形成吸器，靠吸器结构吸取寄主的营养。成熟的吸器中只有1个核。吸器形成后，从吸器母细胞产生更多的侵染菌丝，迅速扩展至其他寄主细胞，进而形成新的吸器母细胞和吸器，这样不断生长导致菌丝在寄主体内扩散。条件适宜时接种7～10天后，感病品种中的菌丝不断生长，产生可见的双核的夏孢子，橙色至红色的夏孢子突破寄主表皮而释放出来，在叶片上呈典型的铁锈状，产生的夏孢子进行再侵染。一般接种后12～14天，小麦叶片上的侵染型趋于稳定，此时可以进行小麦品种抗病性的调查记载。因此，小麦叶锈菌完成一个病程需要12～14天（图2）。

小麦叶锈病菌周年侵染循环与条锈菌基本一致，主要靠夏孢子世代完成侵染循环。锈菌夏孢子遇到轻微的气流，就会从夏孢子堆中飞散出来。风力弱时，夏孢子只能传播至邻近麦株上。当菌源量大且遇到强气流时，大量的叶锈菌夏孢子可以被强大的气流吹送至1500～5000m的高空，并随气流传播，传播范围可以达到800～2000km，造成远距离的传播。

被传播的叶锈菌遇到合适的条件便开始侵染寄主。叶锈菌较耐高温，在平原麦区可以侵染当地的自生麦苗，成功越过夏季。少数地区，如四川、云南、青海、黑龙江等地可在春小麦上越夏，至秋播冬小麦出苗后，传播至秋苗上危害。在冬季气温较高的麦区，如贵州、四川、云南、安徽等地，叶锈菌通过夏孢子进行再侵染进行越冬。在春麦区，病菌在当地不能越冬，外来菌源是病害发生的侵染源。叶锈菌在华北、西北、西南、中南等地自生麦苗上都有发生，越夏后成为当地秋苗感病的主要病菌来源，从高寒麦区吹送来的叶锈菌夏孢子是次要菌源。华北平原冬麦区，翌年叶锈病发生程度与秋苗病情无明显相关性。小麦叶锈菌通过夏孢子进行多次再侵染引起病害流行。

流行规律　小麦叶锈病的发生和流行主要取决于锈菌生理小种群体结构的变化、小麦品种的抗叶锈性以及环境条件的影响。

X

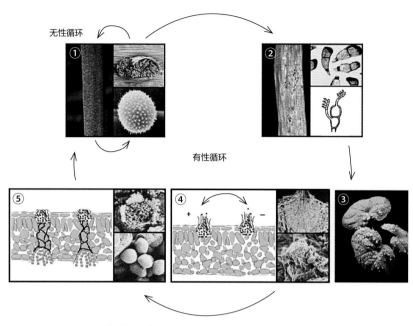

图 2 小麦叶锈菌生活史示意图（引自 Bolton et al., 2008）

①小麦上夏孢子堆和夏孢子；②小麦上冬孢子堆和冬孢子；③冬孢子萌发产生担孢子侵染转主寄主（如唐松草等）产生的性孢子堆；
④转主寄主上的性孢子堆；⑤性孢子和锈孢子示意图，锈孢子侵染小麦

叶锈菌生理小种群体结构存在明显的时空格局，不同省份、不同区域小麦叶锈菌的毒性基因存在差异，不同麦区间存在一定的基因流。锈菌毒性基因的产生和发展与特定的生态条件密切相关。云南、四川、甘肃、新疆、西藏等地的叶锈菌群体的毒性结构不同，主要原因在于这些地域拥有独特的气候条件，而且种植的小麦品种也不同，品种含有的不同的抗叶锈基因对菌株具有重要的筛选效果。

叶锈菌的发生与流行取决于越冬菌源的有无和数量、种植小麦品种的抗叶锈性及温湿度条件。冬小麦播种越早，秋苗发病也越早、越重。冬季气温高，积雪时间长，土壤湿度大，越冬菌源多，品种抗叶锈性差，感病重。春天升温早、湿度大有利于病害的发生与流行。

在感病品种和强毒性叶锈菌群体存在的前提下，春季降雨次数、降雨量及温度回升的早晚是影响叶锈病流行的主要因素。温度回升早且雨露充沛，叶锈病可能提早发生，发病即重。小麦生长中后期，湿度对病害的影响较大。小麦抽穗前后，如果降雨频繁，叶锈病就可能流行。同时，由于小麦叶锈病菌夏孢子可以在相对湿度高于95%的条件下萌发，因此，只要田间小气候湿度高，病害仍可能流行。耕作、播期、种植密度、水肥管理及收获方式对麦田小气候的影响很大，直接影响着小麦叶锈病的发生与严重程度。冬灌利于小麦叶锈菌的越冬；追施氮肥过多过晚，造成植株贪青晚熟，加重叶锈病发生；大水漫灌或灌溉次数多，利于病菌侵染。云南、贵州等地具有冬暖夏凉、雨水充沛的条件，适于叶锈病的发生与流行。在这些地区秋苗病情与翌年流行程度成正相关。

中国地域宽广，气候条件差异明显，不同地域间小麦叶锈病的流行各有特点：

闽东南地区　气温高，11～12月平均气温为17～20℃，1～2月为14℃左右。秋苗发病较少，但能形成明显的发病中心。冬季继续向四周蔓延，2月上旬就可能普遍发生。潮湿多雨年份，可发生严重危害，干旱年份，则受到抑制。

川、黔地区　1月平均温度为2.5～5.5～11℃，春雨多，常年3～5月降雨量200～300mm，4～5月平均气温15～20～23.5℃。病菌在冬季多数偏暖地区仍可为害。4月中、下旬至5月上旬为盛发期。

豫南地区　12月至翌年1月平均气温为0.9～4.1℃，3月中旬至4月上旬为9.3～12.6℃，4月中旬至5月下旬为15.6～18.5～22.5℃。历年的越冬菌都较大，流行强度与3、4月的雨量、雨日有关，而4月的降雨关系最大。

淮北地区　1月平均气温为0～2℃，平均最低气温为-6～-5℃。叶锈病在秋苗上发生普遍，以夏孢子和潜伏菌丝越冬。春季流行与否，取决于越冬菌量和降雨的多少。

华北平原北部地区　一般秋苗期病情的轻重与翌年春季叶锈病的为害程度没有明显相关。该地区由于常年总有外来菌源，因此，温度和降雨量成为决定是否流行的因素。

东北春麦地区　此区叶锈病发生为害期为6～7月，平均温度多半在18℃以上，而且温度上升快，不利其流行。这期间如遇阴雨多，温度低于常年的时间长，则为害严重。

防治方法　小麦叶锈病应采取以种植抗病品种为主，栽培防病和药剂防治为辅的综合防治措施。

选育抗锈良种　抗病品种的利用是防治小麦叶锈病的最经济安全、高效的方法。冬小麦和春小麦中都有一些品种对叶锈病表现较好的抗性。已鉴定获得抗叶锈病基因100余个，其中大多数为小种专化抗病基因，少数为非专化抗病基因。其中 *Lr12*、*Lr13*、*Lr22a*、*Lr22b*、*Lr34*、*Lr35*、*Lr37*、*Lr46*、*Lr48*、*Lr49*、*Lr67*、*Lr68*、*Lr74*、*LrSv1*、*LrSv2* 等基因表现为成株抗病性。*Lr13*、*Lr34*、*Lr46*、*Lr67* 具有明

显的持久抗病特性。中国小麦叶锈菌菌株在苗期对 *Lr9*、*Lr19*、*Lr24*、*Lr28*、*Lr36*、*Lr38*、*Lr39*、*Lr42* 和 *Lr45* 的毒性频率低于30%，这些基因为苗期有效抗叶锈基因。成株期 *Lr12*、*Lr13*、*Lr35*、*Lr37*、*Lr46*、*Lr68* 表现很好的抗叶锈性。*Lr34* 与其他抗叶锈病基因共同存在时表现出很好的抗叶锈病性。在品种选育和推广中应重视选育成株抗锈病和多抗基因的品种，注重品种的多样化和合理布局，注意多个品种合理搭配和轮换种植，避免单一品种长期大面积种植，以延缓和防止因病菌新生理小种的出现而造成品种抗病性的退化。

　　栽培防病　小麦收获后翻耕灭茬，消灭杂草和自生麦苗，减少越夏菌源；适期晚播，减少秋苗发病程度，降低病菌越冬基数；雨季及时排水；合理密植、善管肥水，提高根系活力，适量适时追肥，避免过多、过晚使用氮肥，增强植株抗（耐）病力。锈病发生时，南方多雨麦区要及时排水，北方干旱区则要及时灌溉，补充因锈病发生造成过多水分的丧失，减轻产量损失。

　　化学防治　小麦药剂拌种是一种高效多功能病害防治技术。对于闽东南地区以及川、黔地区等冬暖麦区，小麦药剂拌种对于有效控制秋苗发病，减少越冬菌源数量，推迟春季叶锈病流行具有重要意义。对于黄淮海麦区以及东北、西北春麦区，春季防治是关键，可在小麦抽穗前后，田间发病率达5%～10%时开始喷药。①药剂拌种或包衣。常用拌种或包衣药剂为三唑类药剂，包括立克秀、禾果利、三唑酮（粉锈宁）三唑醇（羟锈宁）等。播前按种子重量0.2%的25%粉锈宁可湿性粉剂拌种或用种子重量0.03%～0.04%（有效成分）叶锈特用种子重量0.2%的20%三唑酮乳油拌种，或用种子重量0.1%的立克锈（15ml/15kg种子），用这些药拌种或包衣，可有效防治除黑穗病、黑粉病，较长时间地控制小麦苗期的锈病、白粉病，并能减轻小麦全蚀病、黑穗病、黑粉病的发生，对控制秋苗叶锈病发生、全面减少翌年菌源量具有重要意义。②适时喷药。于发病初期（普病率5%）喷洒20%三唑酮乳油1000倍液或43%戊唑醇悬浮剂2000～3000倍液，10～20天1次，防治1～2次；喷施25%粉锈宁1500～2000倍液2次，隔10天1次，喷匀喷足；喷施12.5%烯唑醇可湿性粉剂或12.5%的烯唑醇乳油3000～4000倍液1～2次，可兼治条锈病、秆锈病和白粉病。此外，25%苯醚甲环唑、欧博、25%氰烯菌酯、50%咪锰多菌灵可湿性粉剂、70%甲基硫菌灵可湿性粉剂对叶锈病、赤霉病、白粉病具有很好的防效，可以作为轮换药剂使用。

参考文献

李振岐，曾士迈，2002. 中国小麦锈病 [M]. 北京：中国农业出版社 .

中国农业科学院植物保护研究所，中国植物保护学会，2015. 中国农作物病虫害 [M]. 3 版 . 北京：中国农业出版社 .

BOLTON M D, KOLMER J A, GARVIN D F, 2008. Wheat leaf rust caused by *Puccinia triticina*[J]. Molecular plant pathology, 9: 563-575.

LONG D L, KOLMER J A, 1989. A North American system of nomenclature for *Puccinia recondita* f. sp. *tritici*[J]. Phytopathology, 79: 525-529.

（撰稿：刘太国、杨文香；审稿：陈万权）

小麦颖枯病　wheat glume blotch

　　由颖枯壳针孢引起的、危害小麦穗部和茎秆的一种真菌病害。

　　分布与危害　该病在世界50多个国家有分布，给小麦生产带来巨大损失。20世纪70年代以来，该病在中国局部地区零星发生，且往往与根腐叶斑病、叶斑病等叶枯性病害混合发生，未引起注意。90年代末，随着小麦高肥水栽培及半矮秆、抗锈小麦的大面积推广，小麦颖枯病的发生和危害日益严重。该病害在中国冬、春麦区均有发生，以北方春麦区发生较重。一般叶片受害率为50%～98%，颖壳受害率为10%～80%。受害植株穗粒数减少，籽粒皱缩干瘪，出粉率降低，早期受害还可影响成穗率。一般减产1%～7%，严重者可达30%以上，严重影响了小麦的产量和品质（见图）。国内发现该病只侵害小麦，国外报道还可侵害大麦和许多禾本科杂草。

　　病原及特征　病原为颖枯壳针孢（*Stagonospora nodorum* Berk.），以前称为 *Septoria nodorum* Berk.，属壳针孢属。其有性态是颖枯球腔菌［*Leptosphaeria nodorum* Müller（=*Phaeosphaeria nodorum* E. Müller）］，在中国尚未发现。

　　分生孢子器埋生寄主皮层下，散生或成行排列，扁球形，暗褐色，大小为118.8～154.8μm×80～144μm，顶端孔口微露。分生孢子为狭圆柱形，直或微弯曲，无色透明，两端钝圆，大小为15～32μm×2～4μm，初为单胞，成熟时有1～3个隔膜，隔膜处稍收缩，每个细胞含1个核。菌丝分枝、分隔，前期透明，后期变黑。有性时期在寄主组织上形成的假囊壳，球形，黑褐色，直径为120～200μm，内含大量的棒形子囊，成排生在子囊腔内。子囊大小为8～11μm×40～80μm，每个子囊含有8个并列的子囊孢子。子囊孢子长柱形，两端稍尖，无色至黄色，直或轻微弯曲，有3个隔膜，大小为4～6μm×24～32μm，顶部第二个细胞为最大。

　　分生孢子萌发和菌丝生长的最适温度为20～23℃，低于6℃或高于36℃，生长显著延缓。侵染温度为10～25℃，以22～24℃最适。在此温度条件下，潜育期一般为

小麦颖枯病危害麦穗症状（郭书普提供）

7～14 天。分生孢子萌发需湿润的环境，相对湿度 90% 以上或有游离水存在的条件下孢子萌发最好。分生孢子器和分生孢子可在死的小麦组织上有周期性地再生。分生孢子活力很强，残存颖上的病菌在室外经 18 个月后，分生孢子仍有 30% 以上的发芽率。在人工培养基和寄主组织中的分生孢子器和分生孢子可以发展；综合培养基中碳水化合物含量减少到 1%～0.1% 时，病菌生长衰弱，这与田间含糖量高的品种发病重的现象一致。另外，小麦颖枯病菌可能存在生理专化现象。大麦上的颖枯病菌株对大麦具有高度毒性，而对小麦的毒性较弱；反过来，小麦上的颖枯病菌株对小麦的毒性较强，对大麦的毒性较弱。

侵染过程与侵染循环　在春麦区，病菌以分生孢子器和菌丝体在病残体上越夏、越冬。翌春，在适宜的环境条件下，分生孢子器释放出分生孢子，侵染春小麦。病粒上的分生孢子器和分生孢子，也可引起初侵染。在冬麦区，病菌在病残体或种子上越夏，秋季侵入麦苗，以菌丝体在病株上越冬。寄主病斑上产生的分生孢子可借风、雨传播，不断扩大蔓延。有性时期的子囊孢子也是一个不可忽视的初侵染源。

流行规律　该病的流行与初侵染源、气候条件、栽培措施和品种感病性等均有密切关系。首先，病残体和种子带菌的有无和多少是影响病害流行的重要因素。麦田长期连作，田间病残体多，使用带菌种子和未腐熟的有机肥，均可使病害初侵染源增多，病害发生重；土质瘠薄，土壤中缺乏磷、钾和微量元素，则植株抗病力减弱，发病也较重；偏施氮肥，引起植株倒伏；春麦晚播，生育期延长，也会加重发病，土壤含水量对病害的发生程度也有一定的影响。在湿润年份，10% 的种子带菌即可为病害大流行提供足够的菌源。小麦颖枯病菌喜温暖潮湿环境，抽穗前后高温高湿有利于病害的发生和蔓延。它仅能侵染未成熟的麦穗，随着麦穗成熟度的增高、颖壳等组织内的含糖量减少，病菌感染程度也便逐渐减弱，至蜡熟期就完全不受侵染。小麦品种间对颖枯病的抗病性有一定的差异，已推广的小麦品种中还无对颖枯病表现免疫或高抗的品种。一般来说，含糖高的品种比含糖量低的品种发病重；春性小麦品种比冬性小麦品种发病重，主要原因可能是春小麦含糖量较高；矮秆、晚熟品种比高秆、早熟品种发病重。小麦品种对颖枯病菌的抵抗性大多是由多基因所控制，在耐病和中度抗病品种中尤其如此。

防治方法

搞好监测预警　冬前进行病情调查，根据发生基数、品种布局、气候特点等因素，做出翌年的发生预测。3～5 月开展系统监测、大田普查和定点调查，掌握发生动态，结合气象信息，及时预报，指导大田防治。

选用无病种子或进行种子处理　使用健康无病的种子，减少菌源量，可减轻病害的发生。种子处理多选用以下几种方法：①1% 石灰水浸种。在伏天用 50kg 的 1% 优质生石灰水浸种子 30～35kg，浸种 1 天后，立即取出晾干、储藏。也可在播种前用 1% 石灰水浸种，浸种时间随温度降低而适当延长。②恒温拌种。将麦种放入 50～55℃ 热水中，立即搅拌，使水温迅速降至 45℃，并保持 3 小时，取出晾干即可。③药剂拌种。50% 多菌灵可湿性粉剂、70% 甲基硫菌灵可湿性粉剂、40% 拌种双可湿性粉剂，按种子量的 0.2% 拌种。

加强栽培管理　搞好冬前和早春麦田人工或化学除草，麦收后及时深耕灭茬，促进病残体腐烂分解，消灭自生麦苗，以压低越冬、越夏菌源；加强健身栽培，大力推广精耕细作，深翻土壤，浇足底墒水。重病区调整作物布局，搞好轮作倒茬，实行 2 年以上的轮作；足墒播种，保证一播全苗，苗情一致。适期晚播，以推迟病菌的侵入，减轻秋苗侵染。控制播种量，防止麦苗群体过大，增大植株间通透性；配方施肥，增施充分腐熟的有机肥，多施复合肥、专用肥，做到氮、磷、钾肥均衡；科学浇水，避免大水漫灌，及时排除田间积水。

化学防治　在小麦抽穗至灌浆期，对重点田块喷雾防治。可选择两种不同类型药剂混合使用，提高防治效果。小麦抽穗期，可用 65% 代森锰锌可湿性粉剂 500 倍液、70% 甲基硫菌灵可湿性粉剂 800～1000 倍液等药液喷雾。每隔 7～10 天喷洒 1 次，共喷 2～3 次。小麦灌浆期，当顶 3 叶病叶率达 5% 时，可用 40% 多·酮可湿性粉剂 800～1000 倍液、25% 丙环唑乳油 1200～1500 倍液、12.5% 烯唑醇可湿性粉剂 1500～2000 倍液等药液喷雾，重病田隔 5～7 天再喷 1 次。

参考文献

董杰，王开运，王伟青，等，2011. 小麦颖枯病发生趋势分析与防治技术探讨 [J]. 植保技术与推广，21(9): 23-24.

刘志勇，2004. 安阳市小麦颖枯病发生原因及防治对策 [J]. 河南农业 (9): 33.

王子权，1964. 小麦颖枯病菌的培养研究 [J]. 吉林农业科学，1(2): 91-94.

中国农业科学院植物保护研究所，中国植物保护学会，2015. 中国农作物病虫害 [M]. 3 版 . 北京：中国农业出版社 .

（撰稿：刘博；审稿：陈万权）

效应因子诱导的感病性　effector-triggered susceptibility, ETS

效应因子是指植物病原菌在侵染过程中产生的一类分泌蛋白，其中大多数能够通过调控植物的免疫有利于自身侵染。很多效应因子能够增强病原菌的致病力，帮助病原菌抑制植物的免疫，因此，又被称为效应因子诱导感病性。效应因子可以通过多种途径抑制植物的免疫，其中研究较为深入的主要包括下面几类：

抑制植物的细胞膜表面蛋白　植物的细胞膜表面分布有很多免疫相关的蛋白，它们可以识别来自病原菌的保守成分，激发植物产生抗病性。相应的，许多植物病原菌以其作为靶标进行攻击以抑制植物免疫。例如丁香假单胞菌（Pseudomonas syringae）的一个效应因子 AvrPto 可以直接与拟南芥细胞膜表面免疫蛋白 FLS2 或 BAK1 结合并抑制其活性，干扰 FLS2-BAK1 异源二聚体的形成。

抑制植物的具有磷酸化功能的蛋白　植物细胞中存在很多具有磷酸化功能的蛋白，它们在植物免疫信号传递中起着承上启下的作用。而有些植物病原菌的效应因子会特异性地抑制这些蛋白质的功能，从而影响植物免疫信号的传递。比如野油菜黄单胞菌（Xanthomonas campestris）的效应因子

AvrAC 可以对拟南芥的两个磷酸化功能蛋白 BIK1 及 RIPK 进行尿苷单磷酸共价键修饰，抑制 BIK1 及 RIPK 的磷酸化功能。

干扰植物的激素合成　植物激素的内在平衡和响应在植物与病原物互作过程中扮演了十分重要的角色，其中水杨酸、乙烯以及茉莉酸在植物抗病过程中表现最为突出。植物病原菌通过多种手段来干扰植物体内的激素水平，其中有些效应因子可以直接影响植物的激素合成。玉米黑粉菌（*Ustilago maydis*）能分泌一个效应因子 Cmu1，它是一个分支酸变位酶，能够将分支酸变成预苯酸，而分支酸又是植物合成水杨酸的一个关键中间体，所以 Cmu1 通过破坏分支酸影响植物中水杨酸的积累。

调控植物基因的转录　在黄单胞菌属以及罗尔氏菌属中有一类类似于转录激活子（transcription activator-like）的效应因子（TAL effectors），它们能够直接结合植物基因启动子的核酸序列，从而调控植物基因的表达。水稻黄单胞菌（*Xanthomonas oryzae*）的效应因子 PthXo1 具有转录激活活性，它能够激活水稻感病基因 *Os8N3* 的转录，对细菌的增殖以及病害的扩展起到非常重要的作用。

除此之外，来自植物病原菌的效应因子还能影响植物免疫相关蛋白的分泌、操纵植物的泛素化系统、影响植物细胞壁和细胞膜的结构等，还有些效应因子作用于植物免疫相关的 RNA 结合蛋白。

得益于对植物病原细菌效应因子早期深入的研究，真菌及卵菌效应因子的研究也取得了长足的进展。研究结果表明，植物病原细菌、真菌和卵菌的效应因子能够作用于植物免疫中最关键的几个过程，尽管这些效应因子可能分别具有完全不相干的功能。随着微生物基因组学的发展，研究人员已经从不同的植物病原菌中鉴定到大量的效应因子，尤其是真菌和卵菌。病原菌效应因子的研究一方面有助于阐明病原菌的致病机制，另一方面也有利于我们更好地理解植物免疫的内在机制。

参考文献

DJAMEI A, SCHIPPER K, RABE F, et al, 2011. Metabolic priming by a secreted fungal effector[J]. Nature, 478: 395-398.

FENG F, YANG F, RONG W, et al, 2012. A Xanthomonas uridine 5'-monophosphate transferase inhibits plant immune kinases[J]. Nature, 485: 114-118.

XIANG T, ZONG N, ZOU Y, et al, 2008. Pseudomonas syringae effector AvrPto blocks innate immunity by targeting receptor kinases[J]. Current biology, 18: 74-80.

（撰稿：窦道龙；审稿：朱旺升）

效应因子诱导的免疫　effector-triggered immunity, ETI

指病原微生物分泌到植物细胞内的效应因子被植物的抗性基因编码的蛋白直接或间接识别后诱导的免疫反应。而被 R 蛋白识别的病原微生物效应因子被称为无毒蛋白。

绝大多数已经克隆的 R 蛋白均为 NBS-LRR 类型。ETI 的重要特征就是使植物产生过敏反应（hypersensitive response, HR），即植物在病原微生物侵染部位产生细胞程序性死亡，从而限制病原微生物的进一步扩散。另外，尽管 ETI 最早从植物中发现，但研究证实，动物中也存在类似的现象。

简史　早在 1956 年，Flor 就提出了基因对基因假说。当植物含有与病原微生物无毒蛋白基因相对应的抗性基因时，植物就会对该病原微生物表现出抗性。1994 年，拟南芥的第一个 NBS-LRR 类的抗性基因 *RPS2* 被克隆。一年以后，另一个拟南芥抗性基因 *RPM1* 被克隆。20 世纪初，一系列病原菌的无毒蛋白在植物中的靶蛋白被陆续发现，如 PBS1、RIN4 等。而对这些靶蛋白的各种修饰被相应的抗性蛋白，如 RPS5、RPM1 和 RPS2 所识别，从而激活 ETI 免疫反应。基于这些证据，效应因子诱导植物免疫的最重要理论之一，guard hypothesis 被提出并得到了验证。

信号转导及机制　通过对拟南芥—丁香假单胞菌为主的植物—病原菌互作系统的研究，使人们对 ETI 产生的机制有了更深入的了解。丁香假单胞菌的效应因子 AvrRpm1 和 AvrB 在被分泌到拟南芥细胞后，使胞质类受体激酶 RIPK 磷酸化 RIN4，RIN4 发生磷酸化后被 NBS-LRR 类抗性蛋白 RPM1 所识别，从而激活了植物的 ETI 免疫反应。另一个丁香假单胞菌的效应因子 AvrRpt2 具有蛋白酶活性，也可以把 RIN4 作为其靶蛋白并对 RIN4 进行切割。RIN4 的切割激活了 NBS-LRR 类抗性蛋白 RPS2，同样导致 ETI 的产生。在这些过程中，RIN4 被称作警卫（guardee），其磷酸化或被切割等修饰作用被抗性蛋白所警戒（guarded）。因此，病原菌的效应因子 AvrRpm1、AvrB 和 AvrRpt2 通过直接修饰 RIN4、或使 RIN4 发生修饰，而被抗性蛋白间接识别。类似的，效应因子 AvrPphB 可以将其靶蛋白 PBS1 切割，PBS1 的切割被另一个抗性蛋白 RPS5 所警戒，因而 AvrPphB 就被 RPS5 所间接识别，从而激活 ETI 免疫反应。而在西红柿与丁香假单胞菌的互作系统中，效应因子 AvrPto 和 AvrPtoB 的靶蛋白均为蛋白激酶 Pto，Pto 被 NBS-LRR 类抗性蛋白 Prf 所警戒，使 AvrPto 和 AvrPtoB 被 Prf 间接识别，从而激活植物的 ETI 免疫反应。

应用　ETI 免疫反应的机制也广泛存在于各种农作物与其病原微生物的互作过程中，如水稻对于稻瘟菌的抗性。在水稻与稻瘟菌的互作系统中，一些具有对应关系的"稻瘟菌无毒基因—水稻抗性基因"被陆续发现和鉴定，如 *AvrPi-ta* 对 *Pi-ta*，*AvrPiz-t* 对 *Piz-t*。而其他一些水稻的抗性基因，尽管它们对应的稻瘟菌无毒基因尚未被克隆，如 *Pi2*、*Pi9*、*Pigm*、*Pib* 和 *Pi5* 等，但育种家通过分子育种手段，已经成功地将这些 NBS-LRR 类基因用于水稻抗稻瘟病的育种实践中，并取得了良好的经济效益。

参考文献

马军韬，张国民，辛爱华，等，2016. 水稻品种抗稻瘟病分析及基因聚合抗性改良 [J]. 植物保护学报，43(2): 177-183.

JONES J D, DANGL J L, 2006. The plant immune system[J]. Nature, 444(7117): 323-329.

（撰稿：吕东平；审稿：陈东钦）

效应子　effectors

狭义的效应子是指病原微生物侵染寄主时产生的一类在寄主细胞内具有特定生理生化与细胞学功能的小分子蛋白质；而广义的效应子是指在互作体系中寄生物产生的能直接造成寄主植物细胞结构和功能改变的蛋白质或小分子物质。效应子的广义概念已经被植物病理学和生物互作领域普遍接受，其中寄生物包括细菌、真菌、线虫与寄生植物等引起植物病害的有害生物，也包括生防菌、共生微生物、甚至害虫等所有其他植物寄生物。具体的分子有寄生物来源的毒素，生物调节素类似物质，作用于植物细胞的水解酶类，微生物固有模式分子（microbe-associated molecular patterns，MAMPs），以及在寄主细胞中起作用的蛋白质等；而引起寄主的改变有利或有害或兼而有之，比如诱导或抑制植物的抗病性。按照作用位置，效应子可分为寄主胞内效应子（host intracellular effectors，cytoplasmic effectors）和胞间效应子（host extracellular effectors，apoplastic effectors）两大类。

在植物学领域，效应子概念的形成与发展可分为三个阶段。病原细菌三型分泌系统产生的蛋白质在寄主植物细胞内起作用，当寄主有相应的识别抗病基因时诱导植物抗病反应，按照"基因对基因假说"，称之为无毒蛋白，但随着研究的深入，人们发现当寄主植物中没有识别该无毒蛋白的抗病基因时，这些蛋白往往表现出毒性活性抑制植物防卫反应，即无毒蛋白具有无毒和毒性双重活性（avirulence activity 和 virulence activity），为了避免无毒蛋白的歧义，提出了效应子概念，也就是说第一阶段的效应子专指细菌三型分泌蛋白。第二阶段，随后发现细菌的四型分泌蛋白，病原卵菌、真菌、线虫与寄生植物等的某些分泌蛋白也能进入寄主胞内，这些蛋白互作过程中与细菌三型分泌蛋白的功能类似，因此，科学家曾经仅将这类由不同病原菌产生的在寄主细胞内调控寄主免疫反应的蛋白质称之为效应子。第三阶段，随着研究的不断深入，人们发现越来越多的病原微生物蛋白尽管在寄主细胞间隙起作用，但也能调控寄主的免疫反应，在协同进化过程中起到的作用也和胞内效应子类似，因此，又提出了胞间效应子的概念。一些小分子化合物如毒素和植物生长调节剂类似物也具有类似的表型效应，也就是说效应子不仅局限于蛋白质，同时在害虫、共生菌和生防菌中也发现有小分子蛋白质或化合物具有调节植物生长发育及抗性的活性，也逐渐被称之为效应子。

效应子的概念在不断发展变化，其内涵和外延不断扩展。作为生物互作体系中的"桥梁"或"媒介"，其研究在植物保护和生物互作领域也越来越受到重视，主要表现在：

第一，在植物病理学领域，病原菌效应子首先是有害生物侵染寄主引起病害的武器，明确其功能与作用机制对了解病原菌致病机制具有重要意义；其次它们能被寄主抗病基因识别诱导抗病反应，是植物抗病性发生的要素之一，阐述其被识别机制对于植物抗病性发生的分子基础解析与利用途径开发具有明显意义；同时，在大田生产中作物抗性的丧失也是由于病原菌效应子的分子变异造成的，了解其分子多样性特征与变异规律有望能指导抗病品种的选育、合理布局；还有的科学家希望能以病原菌保守效应子为"诱饵"去筛选抗病基因，选育持久广谱高抗作物品种。

第二，在共生菌和生防菌领域，这些益生菌也会产生效应子在植物上具有表型效应，由于这类菌在田间的不稳定是限制其应用的主要因素，如果能鉴定到某个有活性的蛋白质和化合物替代活菌的使用，将具有极大应用潜力，这方面已经有很多生产实际应用的先例。

第三，效应子作为功能蛋白或化合物，具有一些基本特征：功能广泛，可以几乎影响寄主各个方面的细胞学和生理学功能；生化活性强，作用于寄主的不同信号通路。因此，科学家一直致力于如何挖掘在生产中有应用潜力的效应子开发配套技术，比如基于细菌三型效应子开发的 DNA 编辑技术已经成功应用。

效应子研究是植物保护领域各学科的重要方向，几乎涉及各种寄生物，但现存科学问题还有很多：比如一些寄生物的效应子难以鉴定，效应子由于分子变异大，同源序列少，造成的生化功能与作用机制难以解析，寄主胞内效应子转运到寄主胞内的过程和细胞学机制缺乏了解，需要新的理论来理解效应子与寄主互作的协同进化模式与机制，利用效应子成果和利用，推动材料创新和技术进步。效应子作为"钥匙"，将在基础理论方面帮助我们了解有害生物致害机制与寄主抗性发生的过程和机理，在应用上开发新的植物保护技术与产品。

参考文献

MARTIN F, KAMOUN S, 2011. Effectors in plant-microbe interactions[M]. New Jersey: Wiley-Blackwell.

（撰稿：窦道龙；审稿：刘俊）

杏鲍菇细菌性腐烂病　pleurotus eryngii bacterial rot

由多种病原菌引起的危害杏鲍菇的细菌性病害。

发展简史　韩国于 2007 年最早发现了细菌可以引起杏鲍菇腐烂病，之后世界多地的学者从发病的杏鲍菇子实体上分离到病原菌株。

分布与危害　几乎所有杏鲍菇产区都有细菌性腐烂病的存在，主要分布在韩国、意大利和西班牙等国。中国的杏鲍菇产量大，细菌性腐烂病广泛流行于各个产区，尤其在春夏之交和秋冬之交，主要产区都有不同程度的发生，主要集中在福建、湖北、江苏、北京等地。在传统栽培和工厂化生产方式中均可流行。细菌性腐烂病主要危害杏鲍菇、平菇等，危害部位为菌盖和菌柄，并在子实体生长的任何周期都可发生，发病时子实体表面分布黄褐色水渍状病斑或菌脓，致使整个子实体失去商品价值，无法售卖造成直接经济损失。病害传播速度快，发病周期短，病害流行年份可使杏鲍菇产量减少 10%，并且影响下一茬杏鲍菇的正常生产。

病原及特征　病原主要是恶臭假单胞菌（*Pseudomonas putida*），泛菌（*Pantoea* sp.）及果胶杆菌（*Pectobacterium* sp.）也能引起杏鲍菇细菌性腐烂病。3 种病原物单独侵染都能表现典型的细菌性腐烂病症状，区别在于发病时间和程度有所不同，恶臭假单胞菌的发病时间短，病状程度强，致病力明显强于另外两种病原物。3 种病原物也可同时起到侵染致病的作用。恶臭假单胞菌为假单胞菌属（Pseudomonas），菌落半透明，淡黄色突起，近圆形，边缘略粗糙，细胞呈杆状，大小为 0.5～1.0μm×1.1～4.0μm，单生，革兰氏阴性。泛菌和果胶杆菌均为肠杆菌科（Enterobacteriaceae），菌体形态特征一致，菌落呈乳白色、圆形、表面光滑、边缘整齐，菌体短杆状，大小为 0.5～1.0μm×1.0～2.0μm，单生或对生，革兰氏阴性。恶臭假单胞菌生长的最低、最适和最高温度分别为 15℃、29℃和 35℃，最适生长 pH 为 7，在 pH 为 4～10 时可生长。泛菌和欧文氏菌在 12～40℃内均能生长，且最适生长温度为 27～29℃，最适生长 pH 为 6，而 pH 为 3 和 9～11 时基本不生长。

在原基阶段和子实体生长发育阶段均可发病，最初在原基表面出现黄色水珠，菌丝生长受到抑制。幼蕾期感病时，菇体表面形成黄色病斑，停止发育。子实体感病会出现两种不同的发病症状，一种是初期在菌柄上出现黄褐色水渍状病斑，不凹陷，有黏液，随着子实体生长，病斑逐渐向四周扩展，后期可侵染整个子实体；另一种病斑凹陷，菌柄上出现褐色腐烂的病斑，呈溃疡状。菇盖发病后畸形，形成黄色菌落瘤状物或乳白色菌脓。最终子实体变软腐烂，散发腐臭味（见图）。

侵染过程与侵染循环　病原菌广泛存在于空气和土壤中，主要集中分布在栽培房及其周围环境、培养料、废弃栽培袋和不洁净水源，由人工、空气、昆虫和水源等途径传播。病原菌初次感染杏鲍菇子实体后，在高温高湿的条件下迅速繁殖。在 17～20℃ 时，病原菌菌落 OD_{600} 值达到 $5×10^7CFU$，即满足发病的细菌数条件。出菇期间的人为活动和喷水方式补水，使菇房内的病原菌传播到杏鲍菇子实体上，或者病菇上的病原菌传播到健康的子实体，并在子实体表面形成水膜，易于病原菌侵染。由于不当操作或蚊虫叮咬导致子实体表面出现磨损伤口时，极易受到再次侵染。栽培结束后，病原菌在废弃栽培袋、培养料、周边垃圾中等多种有机质中越冬存活，翌年再次感染杏鲍菇。

流行规律　该病是一种在高温高湿的环境中易发生的病害。菇房温度高于 20℃，空气相对湿度 95% 以上以及通风不良，是此病发生的主要原因。现多数地区采用喷水方式补水，且为保湿紧闭门窗，不仅会加大空气湿度，也传播了大量病原菌，更易导致病害流行。在菌袋进入出菇房开袋催蕾、菌袋袋口处积水，原基或幼菇表面有水膜时，易导致此病发生。杏鲍菇的主要产区福建，高温高湿的条件加上常年栽培的菇房病菌基数大，容易造成病害的流行。工厂化栽培房角落因通风不良、环境空气湿度及温度相对较高，成为病害发生最主要的区域。

菇房卫生条件也是重要的环境因素，杏鲍菇生长发育阶段，病死菇未被及时清除，易造成再次侵染。采收后未彻底消毒，菇房内可能携带有大量病原菌。菇蚊、菇蝇叮咬发病子实体后，将病原菌从伤口传播到健康子实体，加剧腐烂病的危害。

防治方法

农业防治　严格进行栽培房间的卫生清理，彻底打扫菇房。采用洁净水冲洗床架，通风干燥，最后采用气雾消毒剂或甲醛进行消毒，熏蒸密闭 48 小时以上。加强菇房内温、湿度、通风和水分的管理，菌袋进入出菇房（18℃ 以下），当菌袋开始吐黄水时，严禁菇房加湿，避免原基和幼蕾感病。子实体生长期间空气相对湿度保持在 90% 以下，温度控制在 17℃ 以下，合理通风，根据子实体的大小适当调整湿度和通气量。尽量使用无污染的清洁水源，采用雾化方式或地面洒水进行加湿。发现病菇后应及时摘除尽快焚烧，并在病菇及其周围菌袋上撒石灰或喷洒 500 倍农药链霉素进行消毒。适量喷洒醋酸或低浓度的盐酸能一定程度预防病害的发生和扩散。活性氯（175～700mg/L）可有效降低泛菌属引起的细菌性腐烂病的症状，具有 175mg/L 活性氯的次氯酸钙溶液能有效降低发病率，并且不影响杏鲍菇的产量。

生物防治　该病作为新出现的病害，生物防治技术仍然处于初级探索阶段。银杏叶、蒲公英及石榴皮提取物对恶臭假单胞菌具有抑菌生物活性，将银杏叶提取物喷洒到杏鲍菇子实体上表现出良好的病害防控效果，明显减弱病害症状。结合细菌性病害发病迅速及来源广泛的特点，选择在菌丝长满到原基萌发之前对栽培袋进行植物提取物喷洒可减少病害的发生，节省防治成本和时间。解淀粉芽孢杆菌作为拮抗菌通过产生抑菌有机物迅速争夺营养和繁殖空间，致使病原菌欧文氏菌数量大量减少，在不影响杏鲍菇子实体正常生长的基础上，可有效应用于细菌性腐烂病的防治，但在技术应用上有待进一步研究。

参考文献

边银丙，2016. 食用菌病害鉴别与防控 [M]. 郑州：中原农民出版社 .

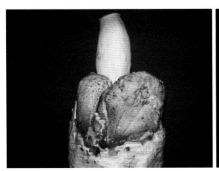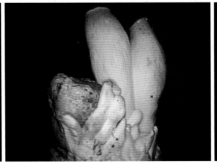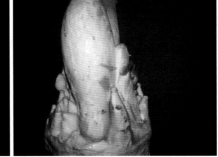

杏鲍菇细菌性腐烂病危害症状（边银丙提供）

KIM M K, LEE S H, LEE Y H, 2015. Characterization and chemical control of soft rot disease caused by *Pantoea* sp. strain PPE7 in *Pleurotus eryngii* mushroom crops[J]. European journal of plant pathology, 141(2): 1-7.

WANG G Z, GONG Y H, HUANG Z Y, et al, 2016. Identification of and antimicrobial activity of plant extracts against *Pseudomonas putida*, from rot fruiting bodies of *Pleurotus eryngii*[J]. Scientia horticulturae, 212: 235-239.

（撰稿：边银丙；审稿：赵奎华）

选择压力　selective pressure

外界施与一个生物进化过程的压力，从而改变该过程的前进方向。又名进化压力。所谓达尔文的自然选择，或者物竞天择、适者生存，即是指自然界施与生物体选择压力，从而使得适应自然环境者得以存活和繁衍，而不适应此环境者就不能存活和繁衍。在植物保护研究领域中，选择压力主要指品种组成或者环境条件对病原菌群体或昆虫群体造成的选择压力，其中选择压力可来源于人为或者自然环境，研究内容涉及选择压力的类型、其流行学和遗传学机制、被选择群体的频率变化、品种多样性防治田间病虫害及调控作物生长发育的机制、人为因素对被选择对象的选择压力分析、不同环境条件下被选择群体的变化分析等。

19世纪中期，达尔文在《物种起源》中，首先提出自然选择学说，指出现存各种各样生物，是由其共同祖先经自然选择的进化而来；提出"生存竞争"的理论，在自然选择下"适者生存，不适者淘汰"；又提出生物变异理论，在自然选择下有利的变异保存下来，不利的变异被淘汰；在长期的自然选择中，微小的变异积累为显著的变异，形成新的亚种或新的物种，从而形成达尔文的渐进进化论。近半个世纪以来，由于分子生物学、分子遗传学和群体遗传学的兴起，结合生物学其他分支学科的新成就，对生物进化问题，提出了新的见解，即现代达尔文学说或称综合性进化机理学说。该学说认为生物进化是在群体中实现的，其主要内容为：①种群是生物进化的基本单位，生物进化的实质在于种群基因频率的改变。②突变和基因重组产生生物的原材料。③突变和基因重组、自然选择及隔离是物种形成的3个基本环节，通过它们的综合作用，种群产生分化，并最终导致新物种的形成。④自然选择使种群的基因频率定向改变并决定生物进化的方向。⑤隔离是新物种形成的必要条件。在此基础上，通过研究不同地理环境条件下昆虫或者病原菌群体基因频率的不同，以及人工生态系统和自然生态系统中昆虫或者病原菌群体基因频率的改变，提出了选择压力这一概念，认为来源于人为或者自然的选择能够对昆虫或者病原菌产生定向的选择压力，从而造成群体内基因频率的改变。例如，大面积种植单一抗性品种对病原菌群体造成了定向的适合度选择，能够克服此抗性基因的小种频率急剧上升，进而造成病害的大发生和流行。

生物多样性（biodiversity）是指生物及其环境形成的生态复合体以及与此相关的各种生态过程的总和（生物多样性公约，1992），包括生态多样性、遗传多样性、物种多样性等。利用农业作物多样性进行病害防治的策略之一就是混种或间栽对某种病原菌群体反应不同的品种，模仿自然生态系统对病害的控制作用，减小人为播种对病原菌群体造成的选择压力。因此，2010年以来利用生物多样性持续控制病害的研究成为国内外植物病理学家研究的焦点之一。在小麦条锈病的研究中，大量的试验工作表明混合群体中病害数量要低于净种组分病害数量的平均数，其抗性机制主要由密度效应、阻挡效应和诱导效应组成。研究品种多样性对病害的控制作用及其机制，减轻对小种的选择压力，避免定向选择毒性小种，对于持续控制病害的发生和危害，确保农作物安全生产具有重要的理论意义和实用价值。

参考文献

曹克强，曾士迈，1994. 小麦混合品种对条锈叶锈及白粉病的群体抗病性研究 [J]. 植物病理学报，24(1): 21-24.

杨昌寿，孙茂林，1989. 对利用多样化抗性防治小麦条锈病的作用的评价 [J]. 西南农业学报，2(2): 53-56.

ZHU Y Y, CHEN H R, FAN J H, et al, 2000. Genetic diversity and disease control in rice[J]. Nature, 406: 718-722.

（撰稿：马占鸿、范洁茹；审稿：王海光）

雪松根腐病　deodar root rot

主要由樟疫霉引起的、危害雪松根部及根颈部的一种重要病害。又名雪松疫霉根腐病。

分布与危害　在中国主要发生分布于江苏（南京、扬州、淮阴等）、浙江、福建和河北等地。国外报道发生该病的国家包括美国、俄罗斯和印度等。

该病主要危害根及根颈部。多为新生吸收根感病，受害根部初为浅褐色，后病斑沿根扩展，皮层组织水渍坏死，引起根腐或根颈腐。受害植株地上部分针叶褪绿、黄化；大树干基受害后，树干上有时出现流脂现象；发病严重时，常导致整株死亡（图1）。

病原及特征　病原为樟疫霉（*Phytophthora cinnamomi* Rands）、掘氏疫霉（*Phytophthora drechsleri* Tucker）、寄生疫霉（*Phytophthora parasitica* Dast.）。其中樟疫霉为主要致病种（图2）。樟疫霉菌孢子囊长椭圆形至椭圆形，不脱落，内层出。厚垣孢子球形，顶生，单生或簇生，直径25～64μm。藏卵器球形，基部棍棒状，少数近圆锥形，壁光滑，直径32～47μm。卵孢子球形，大多满器，直径25～44μm。雄器围生，筒形或近圆形，高11～26μm，宽11～22μm。

侵染过程与侵染循环　病原菌以菌丝在病部越冬，翌年温度回升时开始侵染。从根尖、剪口和伤口等处侵入，沿内皮层蔓延。也可直接透入寄主表皮，破坏输导组织。流水和带菌病土均能传播。

流行规律　在温暖、潮湿土壤中病菌致病力增强。种植于地下水位较高、土壤黏重板结或积水地方的植株发病较重。

移植伤根易发病。扦插苗比实生苗易感染病菌。幼苗至大树均可发病，以幼龄树发病率较高。病菌可随苗木、带菌土及流水进行传播。

防治方法 杜绝病苗出圃，防止病害扩散。排除积水，避免土壤过湿。增施速效氮肥，可将尿素（20～25g/m²）于根际松土后撒施，或以150～200倍液泼浇。发病期，可用35%瑞多霉100～150倍液或80%乙膦铝400～600倍液浇灌根际土壤。

参考文献

袁嗣令，1997.中国乔、灌木病害 [M].北京：科学出版社.

（撰稿：吴小芹；审稿：张星耀）

图1 雪松根腐病危害症状（吴小芹提供）

雪松枯梢病 deodar shoot blight

由蝶形葡萄孢菌引起的、危害雪松针叶和嫩梢的一种重要病害。

分布与危害 该病主要发生于中国江苏、上海、浙江和江西等地。危害寄主雪松，幼树和大树均可受害。

发病初期，个别针叶基部产生淡黄色段斑，后逐渐向针叶束基部蔓延，并由此传染至同束其他针叶，致使整束针叶基部黄色至黄褐色萎缩，并向针叶先端蔓延，使叶先端渐褪绿呈凋萎状，受害针叶病健交界处不明显。最后整束针叶变褐枯死，脱落。嫩梢受害后，产生淡绿色水渍状段斑，并迅速扩展蔓延至梢头，使整段嫩梢上针叶褪绿枯萎而呈黄棕色枯梢，最后针叶脱落，仅剩干缩"秃头梢"。阴雨天病斑上可见黑色霉点。

病原及特征 病原为蝶形葡萄孢菌（*Bostrytis latebricola* Jaap.），分生孢子梗直立或弯曲，分枝或不分枝，顶端膨大呈半球形或不膨大，灰白色，大小95～300μm×8～16μm。分生孢子无色或淡灰色，单胞，卵圆或椭圆形，6.3～21μm×6.3～15μm，聚生在分生孢子梗顶端，形如葡萄穗状分生孢子堆（见图）。

侵染过程与侵染循环 病菌在病落针叶束座及小枝溃疡斑上越冬。翌春4月下旬至5月中下旬左右，雪松新梢萌

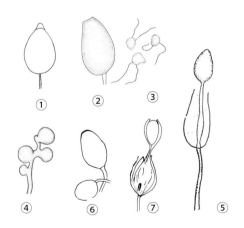

图2 雪松根腐病病原特征（吴小芹提供）

①寄生疫霉孢子囊；②樟疫霉孢子囊；③樟疫霉游动孢子；④樟疫霉菌丝膨大体；⑤樟疫霉孢子囊梗与孢子囊；⑥掘氏疫霉孢子囊；⑦掘氏疫霉孢子囊层出

蝶形葡萄孢菌（吴小芹提供）

发生长时若遇阴湿多雨期，则病害发生迅速，发病重。此后随气温升高，病害发展缓慢并渐止。

防治方法　发病初期，剪除病梢头清理销毁，并及时喷洒 1% 波尔多液或 70% 甲基托布津 500 倍液，可控制病情发展。

参考文献

袁嗣令 , 1997. 中国乔、灌木病害 [M]. 北京 : 科学出版社 .

周益见 , 郑少峰 , 2002. 雪松主要病虫害发生与防治 [J]. 林业科技开发 , 16(3): 58.

（撰稿：吴小芹；审稿：张星耀）

X